中国科学院科学出版基金资助出版

配位化合物的结构和性质

（第二版）

游效曾　编著

科学出版社
北京

内 容 简 介

配位化学是在无机化学基础上发展起来的一门独立的前沿学科。它不仅与化学中各个分支学科密切相关，也和生物、材料、物理、信息和能源等学科互相渗透。

本书重点从原理和方法上系统地介绍配位化合物结构与性质的关联。全书共六章。第1章简述配位化学的研究内容及其和超分子化学的关联，第2、3章分别研究配位化合物结构与成键的量子化学原理以及其结构和谱学研究方法。第4~6章用现代化学观点分别讨论配位化合物的结构特点和成键规律、物理化学性质、反应活性与结构的关系。

本书可作为高等学校化学院系高年级学生及研究生的教材及参考书，也可供与配位化学相关专业的师生和科技工作者参考。

图书在版编目(CIP)数据

配位化合物的结构和性质/游效曾编著.–2版.—北京：科学出版社，2011
ISBN 978-7-03-032422-1

I. ①配… II. ①游… III. ①络合物化学 IV. ①O641.4

中国版本图书馆CIP数据核字(2011)第195537号

责任编辑：朱　丽 / 责任校对：陈玉凤
责任印制：赵　博 / 封面设计：王　浩

科 学 出 版 社 出版
北京东黄城根北街 16 号
邮政编码：100717
http://www.sciencep.com

涿州市般润文化传播有限公司印刷
科学出版社发行　各地新华书店经销
*
1992年 2 月第　一　版　　开本：B5 (720 × 1000)
2012年 1 月第　二　版　　印张：45
2024年 1 月第十次印刷　　字数：885 000
定价：128.00 元
（如有印装质量问题，我社负责调换）

前　言

　　本书初版撰写于我国改革开放初期的 20 世纪 80 年代末。当时百废待兴，倡导科学教育振兴中华为全国所瞩目；在国际上，作为自然科学中心的化学学科，也日益发展和壮大。为了尽快地缩小我国与国际化学研究先进水平的差距、培养高级科技人才，在南京大学配位化学国家重点实验室建立伊始，我根据在南京大学的教学和科研实践，结合国际上在该领域中的发展趋势，撰写了本书的第一版。

　　金属配位化合物是化学学科所研究的重要化合物类型之一，它所具有的特殊性能使其在生产实践和高新技术发展中获得了重要的应用。种类繁多的价键和空间结构暴露出传统的化学键理论的一些缺陷，但这也引起理论化学家的兴趣。配位化学的领域已经远远超越了经典无机化学的范围，发展和渗透到许多其他分支学科。固体无机化学、有机金属化学、生物无机化学、环境无机化学的出现就是这种发展和渗透的一些突出的例子，这不仅使得配位化学已成为众多化学分支学科的通道和交叉点，而且已深入到生命、材料、物理、信息和能源等领域而引起相关科技工作者的密切关注。

　　近代配位化学研究的一个特点是：广泛应用量子化学理论和现代物理方法对所合成的配位化合物的结构与性质进行表征及研究。除了熟知的一般的基础化学描述外，很多配位化合物的结构特征和特殊性质还要求适合于这个特定领域的具体理论及实验方法。Hoffmann 所发展的等瓣相似理论和磁圆二色谱法就是这方面的例子。

　　本书第一版旨在适应当时配位化学的发展，使高年级学生、研究生以及相关科研人员能够在已有基础上较全面地了解如何从结构和成键的微观角度去理解并认识配位化合物的宏观特征与性质，使得基础理论和化学实验之间有较密切的结合，为相关人员开展有关的研究工作提供一些方法和思路。在编写过程中，我们考虑到在教学和科研工作中涉及的课题，也注意到使本书的内容能自成体系，联结和概括当前配位化学中结构、成键和性质研究的主要方面，同时有助于促进与化学相关学科间的相互沟通。为此，我们在叙述中尽量避免理论上一些复杂的数学推导，而着重分析所得概念的物理含义。读者只要具备大学化学学科学生应该掌握的量子化学、结构分析方法和配位化学基础知识，就能阅读本书。

　　本书第一版出版至今已约 20 年了。国内外学者在该领域取得了新的进展，特别是我国与配位化学相关的应用研究及高新技术方面取得了世人瞩目的成就，其范围及内容变得更为丰富和深入。及时修订这本系统介绍配位化学基本原理的著作就显得更为必要了。在进行修订时，作者考虑到作为传统性学科的配位化学，其基本概念和原理早已较为明确和稳定，不致有太大变化，因而在这类基础性专著的修订版中，为保持原来的特色，不拟过分扩大，而保留了其原有的框架风格和思路。本次修订不仅对第一版中的一些印刷错误和不足之处进行了勘正与修改，并且在每章后加入了一节小结和近期的研究进展。由于篇幅限制，对于未能加入更多国内外优秀的研究成果深感遗憾。

本书第 1 章概述配位化学的研究内容、配位化合成键理论的发展简史及其与超分子化学的关系。第 2、3 章分别介绍研究配位化合物结构和成键的量子化学原理以及物理实验方法，也为下面几章的讨论提供一定的理论和实验基础。第 4 章讨论一些重要配位化合物的成键规律和性质。第 5、6 章分别从结构和成键观点讨论配位化合物的热力学稳定性与反应动力学性质。因为所涉及的内容相互关联而又相互独立，本书既适合作为高年级学生、研究生的教学参考书，也可在略去其中较深的数理公式后，由相关专业教师适当选择其中的章节作为独立选修课程的教材。

在本书第一版编写期间，戴安邦院士、黎乐民院士给予了热情支持，很多同事和研究生给予了许多具体帮助，本书责任编辑朱丽和第一版责任编辑白明珠做了认真细致的编辑工作，作者在此一并表示衷心感谢。最后，对我家人在我所致力的化学事业上所给予始终不渝的关怀和帮助，在此表示深深的谢意。

由于时间仓促及作者水平有限，敬请读者对书中不妥及谬误之处给予指正。

游效曾
配位化学国家重点实验室
2010 年 8 月

目 录

前言
第1章 绪论 ·· 1
  1.1 配位化合物的结构和成键理论的发展简史 ·· 1
  1.2 配位化学的研究内容 ··· 4
    1.2.1 新型配位化合物的合成 ·· 4
    1.2.2 配位化合物在溶液中的平衡和反应性能 ··· 5
    1.2.3 生物无机化学 ··· 6
    1.2.4 功能配位化合物及其材料的研究 ··· 7
    1.2.5 配位化合物的结构和成键 ··· 8
  1.3 小结和进展——配位化学和超分子化学 ·· 9
    1.3.1 超分子化学 ··· 11
    1.3.2 配位化学和超分子化学的关联 ·· 13
  参考文献 ·· 18
第2章 配位化合物的电子结构理论 ·· 20
  2.1 引言 ·· 20
  2.2 原子结构概述 ·· 24
    2.2.1 氢原子的解 ··· 24
    2.2.2 多电子原子 ··· 27
    2.2.3 原子光谱项及其能量 ··· 30
  2.3 群论基础知识 ·· 38
    2.3.1 群操作和点群 ··· 38
    2.3.2 群表示和特征标 ·· 40
    2.3.3 旋转群和基函数 ·· 44
    2.3.4 投影算符 ··· 45
  2.4 配位场理论 ··· 47
    2.4.1 配位场势能的形式 ··· 49
    2.4.2 d^1 组态的能级分裂 ··· 51
    2.4.3 弱场方案 ··· 54
    2.4.4 强场方案 ··· 59
    2.4.5 低对称性配位场 ·· 63

2.4.6　自旋 – 轨道偶合和双值群 ································· 65
　　2.4.7　配位化合物的分子轨道理论 ····························· 68
2.5　分子轨道理论 ··· 72
　　2.5.1　Hartree-Fock-Roothaan 方程 ····························· 73
　　2.5.2　全略微分重叠法 ··· 75
　　2.5.3　推广的 Hückel 法 ··· 78
　　2.5.4　分子轨道系数和布居数分析 ································· 85
　　2.5.5　多重散射 Xα 方法 ··· 87
2.6　角重叠模型 ··· 91
　　2.6.1　原子轨道间的重叠积分 ······································· 92
　　2.6.2　角重叠模型的基本原理 ······································· 95
　　2.6.3　能级图的推导 ··· 99
　　2.6.4　配位化合物结构的阐明 ······································· 106
2.7　价键理论 ··· 110
　　2.7.1　电子配对理论 ··· 110
　　2.7.2　过渡金属配位化合物的价键理论 ····························· 113
　　2.7.3　杂化轨道方案 ··· 115
　　2.7.4　杂化和定域轨道 ··· 120
2.8　低维晶体的能带理论 ·· 122
　　2.8.1　Bloch 理论 ··· 122
　　2.8.2　一维晶体的 Hückel 解 ······································· 123
　　2.8.3　一维晶体的能带结构 ·· 127
　　2.8.4　Peierls 效应 ··· 130
2.9　小结和进展——密度泛函理论 ································· 133
　　2.9.1　分子的电子结构计算进展 ····································· 133
　　2.9.2　密度泛函理论 ··· 136
　　2.9.3　不同计算方法的比较 ·· 138
参考文献 ·· 140
第 3 章　配位化合物结构研究的谱学方法 ························· 144
3.1　电子光谱 ··· 144
　　3.1.1　时间相关微扰和跃迁的一般理论 ····························· 144
　　3.1.2　谱线强度和选择规则 ·· 147
　　3.1.3　配位化合物的电子吸收光谱 ·································· 150
　　3.1.4　光谱参数和成键性质 ·· 154
　　3.1.5　配位化合物的发射光谱 ·· 156

3.2 圆二色谱 …… 160
3.2.1 一般概念 …… 160
3.2.2 光和光学活性分子的相互作用 …… 164
3.2.3 量子力学理论 …… 166
3.2.4 配位化合物的光学活性测定 …… 168
3.2.5 配位化合物的绝对构型 …… 173
3.2.6 旋光色散和 Pfeiffer 效应 …… 176
3.2.7 磁圆二色谱 …… 179

3.3 光电子能谱 …… 181
3.3.1 化学位移及其经验规律 …… 183
3.3.2 光电子能谱的理论分析 …… 185
3.3.3 光电子能谱的精细分裂 …… 189
3.3.4 在结构分析中的一些应用 …… 191

3.4 振动光谱 …… 196
3.4.1 简正坐标和简正振动 …… 197
3.4.2 简正振动的数目 …… 202
3.4.3 基频振动跃迁的选择规则 …… 204
3.4.4 简正坐标分析实例 …… 206
3.4.5 成键性质的研究 …… 210
3.4.6 配位化合物结构的阐明 …… 214

3.5 核磁共振谱 …… 218
3.5.1 核磁共振参数的分子轨道理论 …… 221
3.5.2 核磁共振参数的理论计算 …… 225
3.5.3 反磁性配位化合物的核磁共振 …… 228
3.5.4 顺磁性配位化合物的化学位移本性 …… 233
3.5.5 顺磁性配位化合物的核磁共振 …… 237

3.6 顺磁共振谱 …… 242
3.6.1 顺磁分子中的相互作用 …… 243
3.6.2 自旋 Hamilton 参数的计算 …… 247
3.6.3 配位化合物的 ESR 谱特征 …… 252
3.6.4 不同状态的 ESR 谱 …… 254
3.6.5 ESR 分析示例 …… 259

3.7 Mössbauer 谱 …… 263
3.7.1 Mössbauer 效应 …… 263
3.7.2 超精细作用 …… 267

3.7.3 化学位移和成键 …………………………………… 273
3.7.4 分子对称性和结构研究 …………………………… 276
3.8 小结和进展 —— 和时间分辨相关的谱学研究 ……………… 279
3.8.1 物理测量方法的时间标度 ………………………… 280
3.8.2 时间分辨红外光谱 ………………………………… 282
3.8.3 电溅射质谱 ………………………………………… 283
3.8.4 激发态分子内质子转移(ESIPT)三重态研究 …… 285
参考文献 …………………………………………………………… 286

第4章 配位化合物的结构和成键 …………………………………… 291
4.1 简单配位化合物的几何构型 ……………………………………… 291
4.1.1 价电子对互斥理论 ………………………………… 291
4.1.2 价电子对互斥理论的进一步讨论 ………………… 296
4.1.3 配位化合物的异构体 ……………………………… 299
4.1.4 构象分析 …………………………………………… 304
4.2 有机金属化合物 …………………………………………………… 307
4.2.1 有效原子序数规则 ………………………………… 309
4.2.2 羰基配位化合物的结构和成键 …………………… 313
4.2.3 环茂二烯配位化合物的结构和成键 ……………… 316
4.2.4 立体化学非刚性 …………………………………… 319
4.3 大环配位化合物 …………………………………………………… 322
4.3.1 大环配位体 ………………………………………… 323
4.3.2 卟啉类配位化合物 ………………………………… 325
4.3.3 大环配位化合物的分子加合物 …………………… 330
4.3.4 大环醚配位化合物 ………………………………… 336
4.4 生物分子配位化合物 ……………………………………………… 344
4.4.1 生物分子配位体 …………………………………… 345
4.4.2 金属离子和蛋白质间的作用 ……………………… 352
4.4.3 铜蛋白的结构特性 ………………………………… 355
4.4.4 生物分子中的电子转移 …………………………… 360
4.4.5 稀土离子探针 ……………………………………… 364
4.4.6 二维NMR及其在生物分子结构研究中的应用 … 371
4.5 多核配位化合物 …………………………………………………… 375
4.5.1 多核配位体及其配位化合物 ……………………… 376
4.5.2 双核配位化合物中的磁交换作用 ………………… 379
4.5.3 磁交换偶合的顺磁共振研究 ……………………… 385

4.5.4 混合价配位化合物和 Robin-Day 模型 ……………………………… 387
4.6 簇状化合物 …………………………………………………………………… 397
　4.6.1 典型的簇合物结构 ……………………………………………………… 398
　4.6.2 金属-金属成键的判据 ………………………………………………… 403
　4.6.3 溶液中簇合物的结构 …………………………………………………… 407
　4.6.4 多面体骨架电子对理论 ………………………………………………… 410
　4.6.5 簇合物的结构规则 ……………………………………………………… 416
4.7 无机化学和有机化学的桥梁——等瓣相似理论 …………………………… 420
　4.7.1 分子片的分子轨道理论 ………………………………………………… 420
　4.7.2 等瓣相似理论 …………………………………………………………… 422
　4.7.3 等瓣相似概念的推广 …………………………………………………… 424
　4.7.4 无机化学和有机化学的连接 …………………………………………… 426
4.8 小结和进展——配位化合物中的组装和晶体设计 ………………………… 430
　4.8.1 模板的自组装方法 ……………………………………………………… 430
　4.8.2 配位化合物的晶体设计 ………………………………………………… 433
　4.8.3 DNA 和基因中的分子组装 …………………………………………… 437
参考文献 …………………………………………………………………………… 440

第5章 配位化合物的物理化学性质 …………………………………………… 444

5.1 溶液热力学和平衡 …………………………………………………………… 444
　5.1.1 配位化合物在溶液中的稳定性 ………………………………………… 444
　5.1.2 配位化合物生成的基本过程 …………………………………………… 447
　5.1.3 配位热力学函数的意义 ………………………………………………… 451
　5.1.4 形成内界和外界配位化合物的热力学判据 …………………………… 453
　5.1.5 热力学配位场稳定性 …………………………………………………… 455
　5.1.6 影响配位化合物稳定性的因素 ………………………………………… 459
　5.1.7 配价键的给予-接受作用及其强度 …………………………………… 463
5.2 溶液电化学性质 ……………………………………………………………… 469
　5.2.1 电位-pH 图及其应用 ………………………………………………… 469
　5.2.2 配位化合物的氧化还原稳定性 ………………………………………… 475
　5.2.3 伏安法的基本原理 ……………………………………………………… 479
　5.2.4 配位化合物的溶液电化学 ……………………………………………… 483
　5.2.5 化学修饰电极 …………………………………………………………… 487
5.3 磁化学性质 …………………………………………………………………… 493
　5.3.1 基本概念 ………………………………………………………………… 493
　5.3.2 磁性的半经典理论 ……………………………………………………… 500

5.3.3 磁性的量子理论 … 504
5.3.4 过渡金属离子的磁化率 … 506
5.3.5 自旋交叉配位化合物 … 513
5.3.6 自旋交叉体系的物理化学性质 … 520

5.4 光化学性质 … 526
5.4.1 光化学原理 … 526
5.4.2 光化学反应机理 … 529
5.4.3 光取代反应 … 531
5.4.4 电荷转移和光氧化还原反应 … 535
5.4.5 光解反应 … 539

5.5 配位化合物的光电功能 … 542
5.5.1 固体配位化合物的导电特性 … 543
5.5.2 固体配位化合物的光物理效应 … 547
5.5.3 分子电子器件 … 551

5.6 小结和进展——功能配位化合物的分子工程和分子器件 … 561
5.6.1 分子铁电体 … 561
5.6.2 纳米单分子磁体 … 565
5.6.3 分子和超分子器件 … 567

参考文献 … 570

第6章 配位化合物的反应动力学和机理 … 573
6.1 概述 … 573
6.1.1 化学动力学 … 573
6.1.2 反应势能面 … 579

6.2 Jahn–Teller 效应 … 581
6.2.1 基本原理 … 582
6.2.2 一级 Jahn–Teller 效应的应用 … 584
6.2.3 二级 Jahn–Teller 效应的应用 … 589

6.3 反应中的对称性规则 … 592
6.3.1 绝热相关规则 … 593
6.3.2 电环合反应 … 596
6.3.3 环加成反应 … 605
6.3.4 σ键迁移反应 … 613

6.4 配位化合物的取代反应 … 616
6.4.1 八面体配位化合物的取代机理 … 619
6.4.2 中心原子的电子结构影响 … 621

	6.4.3 平面配位化合物的取代反应	625
	6.4.4 反位效应理论	628
6.5	配位化合物的氧化还原反应	632
	6.5.1 电子转移的外界机理	633
	6.5.2 电子转移的内界机理	638
	6.5.3 电子转移的分子轨道理论	642
	6.5.4 外界反应机理的推广	649
6.6	均相配位催化	650
	6.6.1 配位催化中的基本反应	653
	6.6.2 配位体效应和配位体的反应性	659
	6.6.3 配位催化中的相互作用	665
	6.6.4 轨道相互作用和催化活性	668
	6.6.5 簇合物的催化作用	672
6.7	小结和进展——固-液界面的光催化反应和太阳能源	677
	6.7.1 激发态的光电化学	677
	6.7.2 光能储存的光反应	680
	6.7.3 光电转换的光反应——光敏纳米太阳能电池	682
参考文献		683
附录 I	一些常见配位体的缩写符号和化学式	686
附录 II	重要点群的特征标及 O_h 群分解表	689
附录 III	八面体对称场中 $d^2 \sim d^8$ 组态的能级图	694
附录 IV	定态微扰理论	696
附录 V	向量符号及其运算	699
内容索引		701

第1章 绪　　论

化学是研究化合物的合成、结构、成键和性质的学科,是处于现代自然科学中心的一门学科[1,2]。传统上,配位化学是化学中无机化学的一个分支学科[3~5]。他主要是研究金属或金属离子(中心原子)与其相邻离子或分子(配位体)相互作用的化学,所研究的对象是配位化合物(coordination compound),简称为配合物。由于早期对这类化合物的实质不够清楚,故最初曾称之为"复杂化合物",后又曾称之为"错合物"和"络合物"(complex compound)。当测定这些性质不同产物的晶体结构时,甚至会发现围绕金属原子的配位体数目超过金属离子的氧化数或电荷数。例如,配位化合物 $K_2[PtCl_6]$ 中的中心原子就是一个正四价的 Pt^{4+},它被六个 -1 价配位体 Cl^- 所围绕,两个 K^+ 离子只起电荷平衡作用。

由于配位化合物的实质及其稳定性差别很大,本身又处于不断发展和丰富的过程中,所以至今化学家对其确切含义仍无一致意见。目前通常认为它是由两种或更多种可以独立存在的简单物种结合起来的一种化合物。例如

$$2KCl + PtCl_4 \longrightarrow K_2[PtCl_6]$$

事实表明,配位化合物是较为普遍存在的化合物形式之一。因此,配位化学的许多概念和方法几乎可以影响整个化学领域,在化学学科中也自成一体,并对其他学科起着广泛的"配位"作用[6~11]。

1.1 配位化合物的结构和成键理论的发展简史

化合物结构和成键理论的发展与配位化学的发展密切相关。早期的化学是一个较为单纯的领域,后来为了适应含碳化合物的发展而分为有机化合物和无机化合物。传统上配位化学是属于无机化学的一个领域。自从地球上出现水后就存在金属的水溶液,此后生命的出现也可能和金属离子与有机分子的相互作用有关。配位化学是一个涉及多种领域和现象的学科,其特点是稳步发展。最早实用的配位化合物可能是亮红色的茜素染料,它是一种含氢、蒽、醌、钙、铝的螯合物。历史上第一个有记载的无机配位化合物可能是德国的炼金学家 Libavins(1540—1616)观察到的 $[Cu(NH_3)_4]^{2+}$。第一个配位化合物则是 1704 年由 Diesbach 偶然得到的经验式为 $KCN\cdot Fe(CN)_2\cdot Fe(CN)_3$ 的普鲁士蓝。不过由于其中含有Fe—CN键而被认为是第一个金属有机配位化合物。最早的人工合成配位化合物是 1798 年法国 Tassert 报道的 $CoCl_3\cdot 6NH_3$,它是由原来已稳定存在的 $CoCl_3$ 和 NH_3 反应而成的。随后又发现了 Vauquelin 盐 $[Pd(NH_3)_4](PdCl_4)$、Gmelin 化合物 $[Co(NH_3)_6]_2(C_2O_4)$、Zeise 盐等大量配位化合物。但只是从 1891 年瑞士人

Werner 在他发表的博士论文"对于无机化合物结构的贡献"明确提出配位化学成键理论后,才使配位化学正式成为无机化学的一个分支。他认为原子有主价和副价之分,如在 $CoCl_3 \cdot 6NH_3$ 中钴的主价为3,和三个氯原子化合,而副价为6,和六个氨分子结合。关于配位键理论方面的工作,早在 Werner 以前就有 Berzelius、Ostwald、Jørgensen、Kekulé 等一批先驱者对这类复杂化合物的价键结构做了前期工作。对于 Werner 的开创性工作及其前后期有关配位化学键方面的发展及细节,可以参考文献[12],下面仅对20世纪后配位化合物的结构和成键理论的一些主要内容作一简介,后面章节中将再作细述。

1916年,美国人 Lewis 基于刚刚建立的量子化学理论,提出配位键理论,对这类经典配位化合物的本质从微观的成键角度做了更深刻的阐明,即它是由具有孤对电子的配位体和具有空轨道的中心金属原子形成的配价键。按此,$CoCl_3 \cdot 6NH_3$ 配位化合物的电子结构应写为 $[Co(NH_3)_6]Cl_3$(图1.1)。六个 Co—NH_3 配价键中的共享电子对由电子给予体 D(NH_3) 单方面提供给电子接受体 A(Co^{3+}),即

$$D: + A \Longrightarrow D \rightarrow A \tag{1.1.1}$$

这里用配价键"→"记号区别于共价键"—"记号(如水分子 H—O—H)。

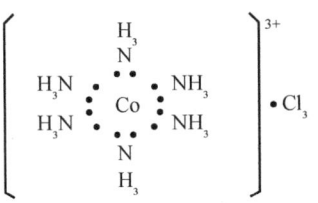

图1.1 $[Co(NH_3)_6]Cl_3$ 的 Lewis 结构

在配价键概念的引导下,由已独立存在而稳定的饱和化合物进一步合成了大量的经典配位化合物,其特点是:中心金属离子有明确的氧化态及空轨道,配位体为含有具有孤对电子的配位原子的饱和化合物,二者之间可以形成配价键。当时这类配位体大多为简单的无机化合物 NH_3、H_2O、OH^-、F^-、乙二胺、EDTA 等含 O、N、S、P 等原子的有机配位体。科学家利用化学分析、旋光、电导等经典方法研究了它们在溶液中的配位数、稳定性、反应动力学、立体结构和异构现象等性质。它们的一系列特殊性能在元素的分析分离、矿物的提取精选、有机合成和工业催化等科学实验及生产实践中得到广泛的应用。

为了解释当时积累的大量实验事实,提出了一些理论。Sidgwick 于1923年提出了"有效原子序数"(EAN)规则,即中心原子的价电子数和配位体给予的电子数之和应等于周期表中它随后的那个惰性气体原子的原子序数。对于 $[Co(NH_3)_6]^{3+}$ 来说,其 EAN 为

$$EAN = 6(Co^{3+}电子数) + 6 \times 2(孤对电子数) = 18 \tag{1.1.2}$$

进一步深入到配位化合物的价键和空间几何构型规律的研究。1939年,Sidgwick-Nyholm-Gillespie 等提出了价层电子对排斥理论(VSEPR),其要点是价电子对之间的 Coulomb 斥力和 Pauli 斥力决定了分子的几何构型。由此导出 ML_6 型的 $[Co(NH_3)_6]^{3+}$ 应取八面体结构。

1930年 Pauling 提出了配位化合物的杂化轨道理论和价键理论。由此可以说明配位化合物的几何构型和磁性,例如,$[Co(NH_3)_6]^{3+}$ 中 Co^{3+} 就具有 d^2sp^3 杂化

的空轨道,正好被六个 NH_3 分子中氮原子的孤对电子所填充而形成六个配价键,它应具有正八面体构型(参考2.7.2小节)。

为了对过渡金属配位化合物的光谱和磁性进行阐明,在 Bethe 和 van Vleck 等工作的基础上,20 世纪 50 年代后配位场理论(LFT)得到迅速的发展。我国的唐敖庆等从群论角度做了系统的工作[参考式(4.6.9)]。根据中心金属离子受到配位体微扰的强弱分为强场和弱场处理方案。例如,对于八面体的 $[Co(NH_3)_6]^{3+}$,NH_3 为强场配位体,故其结构应描述为强场组态 $t_{2g}^6 e_g^0$,说明它是反磁性的,其激发态对应于 $t_{2g}^5 e_g^1$(参考2.4.2小节)。

对于一些明显具有离域性质的体系,人们发展了更为有效的分子轨道理论。在 2.4.7 小节中可以导出一个具有对称性的典型八面体结构的分子 $[Co(NH_3)_6]^{3+}$ 的分子轨道图,其基本情况是由金属(左边)和配位体(右边)的群轨道按相同的对称性组成了配位化合物的分子轨道(中间)。显然,当每个不含 π 键的 NH_3 配位体提供一对 σ 电子时,12 个配位体的电子正好填满能量最低的 a_{1g}(单重简并)、t_{1u}(三重简并)和 e_g(双重简并)这六个分子轨道。Co^{3+} 的 6 个电子则恰好填充为 $t_{2g}^6 e_g^0$ 组态,达到了和配位场异曲同工的效果,但在一般情况下分子轨道理论具有更强的灵活性和整体性。

和无机配位化合物发展相对应,一系列金属有机化合物也在有机化学基础上沿着自己的方向发展。事实上,Zeise 早在 1827 年就制备了含有不饱和配位体的 Zeise 盐 $K[PtCl_3(C_2H_4)] \cdot H_2O$[图 1.2(a)],但在 20 世纪 50 年代初测定了夹心面包式二茂铁 $Fe(\eta^5\text{-}C_5H_5)_2$ 的结构后[图 1.2(b)],才使得配位化合物成为 20 世纪中期现代化学中最富有成果的领域之一,也有人将此作为无机化学复兴的标志。这就使人们从实验化学的角度难以区分有机化合物和无机化合物了。和一般双电子配价键的经典配位化合物(图 1.1)不同,在这些烯烃、环戊二烯等配位体中并没有可以供给金属的孤对电子[图 1.2(c)],人们称之为新型配位化合物。比起一般的主族和高价过渡金属的经典配位化合物来,其特点是:①有利于反馈的中心原子常为低价或零价;②配位体除能给予电子形成 σ 键外,还可以利用 π^* 轨道接受电子形成反馈键;③通常形成非定域的分子轨道,电荷密度分布较分散。此后,随着研究范围从无机配位体转向有机配位体,各类混合配位体的新型有机金属配位化合物也被合成出来了[图 1.2(d)]。它们包含一系列的烷基和芳基,1960 年以后还合成了包含 $M=C\begin{smallmatrix}R'\\R\end{smallmatrix}$ 结构的金属碳烯(carbene)和含 $M\equiv C-R$ 结构的金属碳炔(carbyne)化合物。

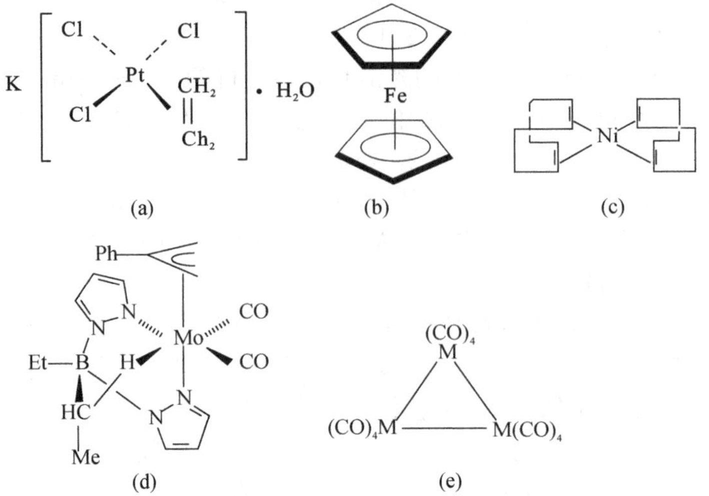

图 1.2　不同类型的金属有机配位化合物

上面主要涉及只含一个中心金属离子的单核配位化合物。20 世纪 50 年代后,对于多核化合物,特别是包含一个以上金属－金属键的金属簇合物[图 1.2(e)]的研究也已成为当前国际化学界的前沿领域,现在,化学家已经能合成许多稳定性不同的有机金属化合物。它们的出现,从实践上使得传统的无机物和有机物之间的界线不清楚了。实际上,我们很难从定义出发,而只能以"难得模糊"的方式在它们之间进行"分类"。以 1982 年诺贝尔奖获得者 Hoffmann 为代表的科学家,根据过渡金属有机配位化合物的新进展所提出了等瓣相似理论(参考 4.7 节),从理论上将化学学科中的无机化学和有机化学这两个领域予以沟通,揭示了它们的特性后面所隐藏的共性。这种突破性增强了实验化学家的预见性,对于认识这类新型配位化合物的电子组态、几何构型和反应性能的本质也具有重要意义。

1.2　配位化学的研究内容

据估计,新近无机化学杂志中有 70% 的论文与配位化学有关。配位化合物已渗透到化学、化工等各个分支学科,甚至物理、材料科学、生物、医学和环境科学等各个领域。从有机金属配位化合物的性质来看,其中心金属原子所起的作用比有机配位体所起的调节作用更为重要,因此,国际上有很多无机化学家介入这方面的研究工作。配位化合物的合成、性质、结构和成键等研究内容十分丰富,大致包括下列几个方面。作为基础研究,其中结构和性质的研究始终处于重要地位。

1.2.1　新型配位化合物的合成

早期的配位化合物只涉及 Pt、Co、Cr 等少数金属,现在几乎已涉及周期表中所有的金属元素。目前已合成大量的配位化合物,其配位数也已开拓到 2 ~12 个,甚至更多,特别是稀土金属;氧化态也更为多样化,例如,Pt(Ⅰ)到Pt(Ⅴ),甚至一些分数配位数或氧化态,又如,零价金属的 $Ni(CO)_4$,反常氧化态及配位数的 K_3CuF_6。早期的配合物主要应用 OH^-、$—NH_2$、Cl^-、CN^- 等基团作为桥基,现在已经拓展到 O_2、O_2^-、O_2^{2-}、O_2H^-、S^{2-}、SO_4^{2-}、N_2、NO_2^-、N_2O_2、HPO_4^{2-}、$C_2O_4^{2-}$ 和 $MeCO_2^-$ 等桥基,并发展到很多包含 M—M 键的簇合物和多核聚合物。

新型配位化合物的合成是化学合成中重要的基础研究课题之一,和简单离子性无机化合物合成及共价性有机化合物合成不同[13~16],虽然人们对配位化合物的合成积累了不少实验数据,但尚未形成较系统的方法[12,17]。周期表中各种元素的反应性能差别远比有机化学中的大。在研究中必须经常使用独特的化学技术和合成条件,如厌氧、无水、高压、低温溶剂热、模板法等。原位生成配位体法日益受到重视。例如,将 $[Co(en)_3]^{3+}$ 用甲醛和氨处理时,使金属八面体的面打开而使用—$N(CH_2)$—基团桥结,从而生成将钴离子完全包住的穴笼状(sepulchrate)的 Co^{3+} [19]。

在光、电、磁激光诱导条件下的现代物理合成方法正在向越来越精细的方向发展。气相介质的溅射法、金属有机化学气相沉积法、离子束法、成膜技术和组合化学等日益发展,新近已用基质隔离法制备了一些只有在气相才能稳定的不稳定自由基和配位化合物,这给合成新型配位化合物将带来新的希望[16]。

不对称反应日益广泛应用于有机金属化合物和具有生理活性物质的合成。因此,理论预示和不对称催化剂反应过程的研究十分重要,从某种意义上讲,它可以和酶参与立体专一的反应相媲美。

现代结构化学方法和理论对于设计与合成出指定结构及性能的化合物的所谓"分子工程"具有指导性意义。例如,分子片和等瓣相似理论对于新型配位化合物的合成就具有一定的启发作用(参见4.7.4小节)。

1.2.2 配位化合物在溶液中的平衡和反应性能

合成反应、湿法冶金、生物体系、海水化学、电镀、萃取、均相催化、配位滴定等很多实际体系和应用都是处于溶液状态[8,11,20]。

配位化合物在溶液中的热力学稳定性是指它在溶液中离解为溶剂化金属离子和配位体后达到平衡时的分布情况。通常以稳定常数 K 来表征,这些稳定常数等物理参数不仅在生产实践中有着重要应用,而且为了解配位化合物的形成、结构以及中心原子和配位体间的成键本质提供了宏观的资料。在这个传统的领域中已积累很多数据,除了经典的萃取法、溶解度法、量热法、电位法、电导法、分光光度法外,近来还发展了核磁共振等波谱法,其中一些已有较成熟的程序可资利用。

目前的趋势是将混合配位体、多核配位化合物的研究从水溶液推广到非水溶液,而且有关簇合物(cluster)溶液中的平衡问题还有待研究。我们知道原有的重要热力学数据有遗漏、错误或精度不高等缺点,且不适用于新型配位化合物及高温高压实际体系。因此,继续发展这个领域仍有必要。

从酸–碱、软–硬性、电价–共价或氧化–还原等概念研究配位化合物溶液性质仍然是一个十分活跃的领域,因此可以对配位化合物进行分类并将其作为联系各种规律和性质的手段。

配位化合物的化学反应动力学所研究的反应速率和机理具有重要的实际与理论意义。工业化学家从动力学方程和机理知识出发设计工艺设备及流程,理论化学家从中寻找其微观变化的规律性。和有机反应中一般保持骨架不变的反应不同,无机反应的特征常常是分子结构的完全破裂,情况更为复杂。大多数配位化合物的反应机理分为取代和氧化还原两种。后者主要是通过简单的电子或原子转移机理。取代机理则涉及配位体的缔合和离解,甚至扭曲机理(参见6.4节)。涉及配位化合物(特别是手性配位化合物)在溶液中各种异物体的几何构型变化时情况更为复杂。例如,发现$[Co(PEt_3)_2(NCS)_2]$在固态时为平面形,但在非极性溶剂中为四面体。

在完成一个有效而有选择性的多步合成中,至少有一半以上的有机合成新方法都是在金属有机配位化合物催化下完成的,特别是在均相配位催化中,它们具有关键性的意义。光化学中利用金属氧化物作催化剂光(太阳能)解水制氢、N_2的还原,具有空间选择性的光化学反应都是目前活跃的研究课题,这种研究对于理解分子激发态性质很有意义。分子动态学也开始步入配位化学领域。现在研究无机化学中快速动态过程的停流法(stopped flow),闪光光解法和纳秒(10^{-9}s)、皮秒(10^{-12}s),甚至飞秒(10^{-15}s)时间分辨光谱的出现,为这方面的研究开辟了新的领域。尽管目前使用了各种现代手段,但真正弄清楚的配位化合物的反应机理还为数不多,有待进一步研究。

1.2.3 生物无机化学

已知在很多生物过程中,微量的金属起着关键作用。熟知的有铁、铜、锌、钴和镁等离子,特别是周期表中从V到Zn这类离子对人类生活起着重要的作用,如碱金属和碱土金属冠醚配位化合物在生物的离子输送过程中起重要作用。

金属和生物大分子的结合会产生特异的生物功能。例如,酶在催化过程中就会形成活性的含有混合配位体的配位化合物(图1.3),这种低对称性的金属酶化合物远比我们在大学课程中所提及的$[Mn(CN)_6]^{4-}$八面体配位化合物要复杂得多。从进化的观点看,现代人类及其生物环境能从很有限的构造单元(配位体)构筑出千百万种不同的配位化合物,从而大大节约了进化时间。还有很多这方面特异功能的例子,如含Mg的酶(叶绿素)在植物中的光合作用(参考4.3.1小节)。

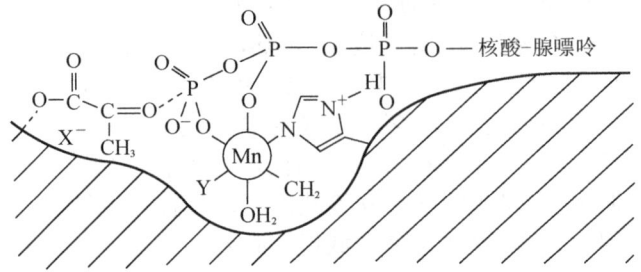

图1.3 丙酮酸激酶的活性部位(Mn^{2+}形成混合配位化合物)

金属配位化合物在药物、疾病治疗和环境保护方面也有重要作用,如顺铂配位化合物 $Pd(NH_2)_2Cl_2$ 是最早且仍行之有效的治癌药物。配位化合物在制造荧光传感器及所谓的生物导弹定向治疗等方面都有重要应用。由于这些方面进展很快,更多的论述参考 4.4 节及相关文献[21,22]。含 Co^{3+} 的维生素 B_{12} 用于抗贫血病(参考 4.3.2 小节),含 Fe^{2+} 的血红蛋白作为动物的氧载体(参考 4.4.1 小节),海水中的痕量元素 V 被海鞘类动物富集 100 万倍等。目前,固氮和抗癌、抗菌配位化合物的研究也十分活跃,生命活动和生物配位化合物的化学模拟日益引人注目。

1.2.4 功能配位化合物及其材料的研究

无机材料是人类最早使用的材料,它与金属和高分子物质并列为现代三大材料。从广义的无机化合物的角度来看,前两种包括众所周知的陶瓷、水泥、玻璃、合金等耐高温、抗氧化、耐腐蚀、高韧性等材料,可称之为原子基材料,因为它们是由原子(或离子)作为基块(building block)所组成的。随着高新技术的发展,目前一类以分子为基块所组成的一系列具有特殊光、电、热、磁等物理功能,高选择性和高活性的化学特性,生物化学特性的化合物以及超分子聚集体等所谓的分子材料得到了迅速发展[23]。在早期的配位化学研究中,人们主要着重于配位化合物的结构和成键的研究,而在后期才关注其实际应用。

基于不同配位化合物的化学、物理和生物性质的差异而形成了一类特定的功能配位化合物,它们在科学实验和生产实践中有着广泛的应用。在化学功能方面最重要的是它的催化作用(参见 6.6 节)。在有机合成工业中,配位化合物常可作为有机合成中的试剂、中间体和催化剂。例如,分子中只含一个碳(CO、CH、CO_2、HCHO、CH_4 等)的"C_1 体系"的开发是当前化学工业的重要基础。在这些反应中使用了大量的过渡金属羰基配位化合物和簇合物,有时还会引入有机配位体,以改进其性质。与此相关的小分子活化问题随着能源和绿色化学开发等的研究而日益活跃。实验测定的含有氢原子和 SO_2 等小分子经活化后所生成的金属配位化合物结构如图 1.4 所示。

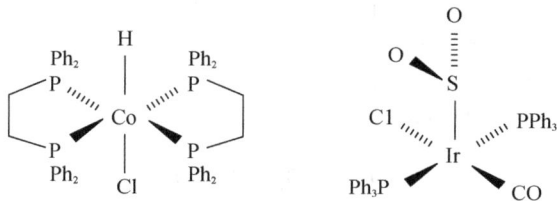

图 1.4 小分子活化后的金属配位化合物

根据配位化合物或螯合物的稳定性和溶解度的差异,通过溶剂萃取法、沉淀分离法和离子交换法等可以进行元素分离、富集和提取,这是配位化合物的经典应用之一。由于原子能工业、核燃料、稀有金属及有色金属工业的发展,广泛使用配位化合物的湿法冶炼在 20 世纪 60 年代后已经发展到工业生产的规模。各种有机配位体已广泛作为显色剂、沉淀剂、萃取剂、滴定剂、掩蔽剂及解蔽剂,它们在元素分析化学中起着重要作用,特别是高灵敏度、选择性和准确度的三元配位化合物反应,已成为近代分析化学发展的方向之一。

在精细化工中,配位化合物现已用作紫外吸收剂和光敏物质、合成抗静电物质的原料等。在某些体系中加入少量金属配位化合物添加剂,常可大大改进其性能。众所周知,夹心配位化合物二茂铁及其衍生物可作为火箭燃料抗震剂。在金属表面技术中,广泛使用可与金属离子配位的缓冲剂和添加剂等,以获得具有各种功能(如导电、磁性、可焊性、耐磨、滑润和太阳能光敏等)的表面镀层结构。

随着空间技术、激光、能源、计算机和电子技术的发展,作为新型功能化合物的固体材料的应用也逐渐引人注目。在高新技术中,实际上具有实用意义的光电热磁材料大都是无机化合物。图1.5是具有超导性质的无机化合物 $YBa_2Cu_3O_{7-x}$ 和 ABO_3 的钙钛矿型结构及其单胞结构,目前分子基的配位化合物室温超导材料等也已成为国际上高技术的主攻方向之一。已经发现,一系列过渡金属和含有共轭 π 键的有机配体所形成的配位化合物具有低维导电性能,即这种导电性仅在某个特定方向才接近金属导电或半导体性。这些分子材料在制作电子计算机的分子电子器件以及光、电、热、磁显示和信息材料方面可能有十分重要的应用,这方面的研究还有待于无机化学和材料学、物理学的密切结合。

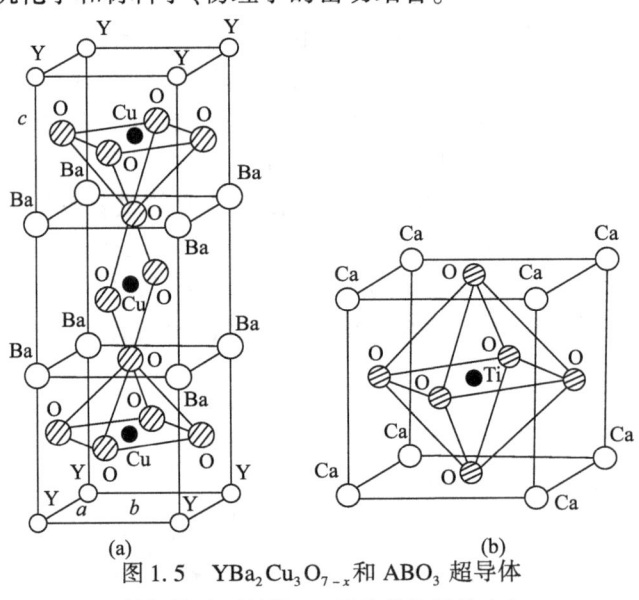

图 1.5　$YBa_2Cu_3O_{7-x}$ 和 ABO_3 超导体的钙钛矿型结构(a)及其单胞结构(b)

1.2.5　配位化合物的结构和成键

在配位化合物的合成、反应和应用中,经常要求我们从理论上研究其物理和化学规律,借以解释各种图谱,总结基元反应的规律,预测分子的稳定性和反应活性,为实际应用提供理论信息。新型层状化合物,螯合物,簇状、笼状、包结、夹心以及非常氧化态、非常配位数和罕见构型稳定配位化合物的合成,特别是近期结合超分子化学所发展的拓扑结构(图1.12);不仅丰富了配位化学的内容,也促进了结构化学和理论化学的研究。

现代各种结构分析方法对配位化学的发展起着重要作用。目前X射线衍射法在晶体结构测定中仍起关键性的作用。例如,已经测定了簇合物 $[Co_8C(CO)_{18}]^-$(参考4.6.1小节)的结构,其中碳原子的成键本质目前仍难以用成键理论解释。人们已广泛使用各种光谱、波谱、能谱和质谱技术,获得了配位化合物的更多结构信息[20,24~28]。

除了继续研究测定一些难以制备和稳定性差的新型化合物和非化学计量及无序的结构外,不稳定配位化合物在溶液中的结构是今后研究的重要课题。配位化合物溶液结构的特征之一是通过分子振动或分子内重排而使分子从一种核构型转化到另一种核构型的瞬变性。特别是随着表面及纳米配位化学的发展,一系列新型扫描探针显微镜(SPM),其中包括扫描隧道显微镜(STM)、原子力显微镜(AFM)和近场光学显微镜等技术已得到广泛应用[29]。

和静态结构相对应,有关组成原子的转移动力学行为、Jahn-Teller畸变、气态簇状分子结构以及载体上簇状物结构的研究正在深入。

在成键理论的研究中,主要工作是应用量子化学理论研究原子和分子中电子的运动规律[30,31]。理论超前于实践的一个例子是,1963年理论预见存在 $(C_8H_8)_2U$,1968年把它合成出来了。随着新型配位化合物,特别是多中心离域键配位化合物的出现,在成键理论的研究中,目前国际上应用最多的还是分子轨道(MO)和密度函数(DFT)理论。由于配位化合物体系的复杂性及多样性,它的成键理论受到普遍的重视。在近似计算方面,各种量子化学方法在阐明配位化合物的成键、结构和性质方面起着越来越重要的作用。在基础理论研究中,过去大都偏重于稳定和静态物理性质的研究,而配位化合物反应规律性的研究也正在开展。在配位化合物的反应活性问题上,重点常常是配位体对中心金属原子的影响,这时广义配位体的概念有着重要的应用。金属对配位体的影响,以及配位体的反应活性已引起人们广泛的重视。

1.3 小结和进展——配位化学和超分子化学

化学是以原子、离子或其他基团,通过共价键、离子键和金属键相互作用而形成的分子为研究对象。前面我们简述了配位化学所研究的配位化合物。其中由金属和配位体所形成的配位键,其强度的范围很广,一般介于共价键和弱的分子间键之间。本节将重点介绍近来进展很快的超分子化学,它是一种建立在弱分子间键的基础上,并和配位化学密切相关的领域。

自从1828年F. Wöhler合成尿素($H_2N-\overset{\overset{O}{\|}}{C}-NH_2$)以来,化学家已人工合成了几千万种自然界不存在的化合物,其中大部分为由共价键所形成的有机化合物。

实际上除了在理想气体状态下外,这些分子之间总是存在着弱相互作用。这些作用包括:离子－离子静电作用(键能为 100~350kJ·mol^{-1}),如图 1.6(a)中的三(二氮杂二环辛烷)阳离子和[Fe(CN)$_6$]$^{3-}$阴离子间的作用;离子－偶极作用(键能为 50~200kJ·mol^{-1}),如大环醚中氧的孤对电子和碱金属离子间的作用[图 1.6(b)];偶极－偶极作用(5~50kJ·mol^{-1}),如液体水中的邻近分子键间的偶极矩作用;氢键(4~120kJ·mol^{-1}),它可以看做有方向性的偶极－偶极作用,如在生物 DNA 双螺旋结构中也大量出现这种成键(参考 4.4.1 小节);范德华力(小于 5kJ·mol^{-1}),是由邻近核－电子云间的极化引起的色散和交换－排斥作用,如对叔丁基环[4]芳烃分子空穴包结甲苯分子[图 1.6(c)];π－π堆积(0~5kJ·mol^{-1}),卟啉芳香环之间常发生这种弱静电作用[图 1.6(d)];阳离子－π相互作用(5~80kJ·mol^{-1}),过渡金属或甚至碱金属和烯烃或芳香化合物(K^+和苯)常有这种作用,如二茂金属 M(C$_5$H$_4$)$_2$(参考 4.2.1 小节);以及其他涉及较小焓和熵变化的疏水效应以及固体中的紧密堆积等。这种分子间相互作用虽然很弱,但是它广泛而大量地存在于实际的气、液和固态的体系中,"以数量对质量"而使体系总的结合能并不低,从而使其能够稳定存在。正是体系中这类弱相互作用引发了其新的性质和功能、新的概念、新的术语和理论的研究,在现实中也有着重要的应用。"超分子化学"这个新领域也就顺理成章地产生了。实际上,这个学科的成长过程可以追溯到现代化学的初期(表 1.1)[32,33],但在 1978 年由诺贝尔奖得主 Lehn 归纳和总结后才得到发展。他定义超分子化学是"研究分子组装和分子间键的化学",简单地说就是"超越分子的化学"[34]。它代表了继物理中的基本粒子、原子核、原子和分子之后的另一个复杂的物质层次。

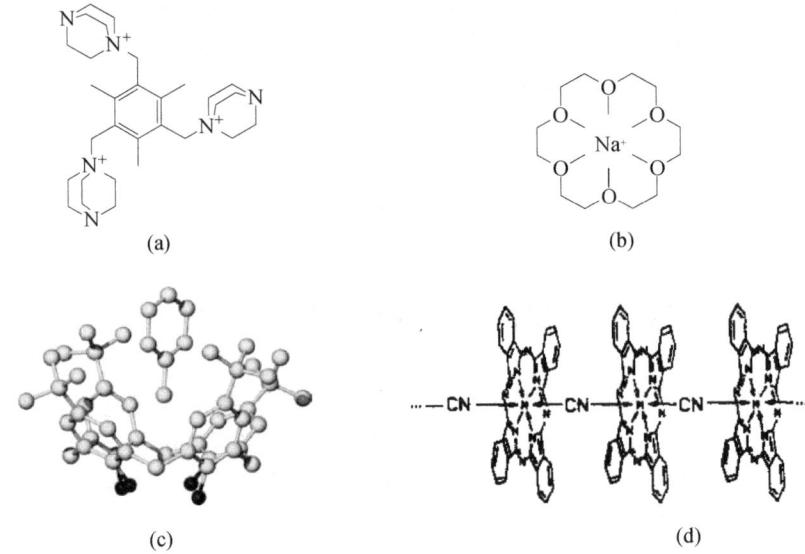

图 1.6 分子间成键的示例
(a)离子－离子静电作用;(b)离子－偶极作用;
(c)偶极－偶极作用;(d)芳香 π－π 堆积

表 1.1 超分子化学发展大事记

年份	事件
1823	M. Faraday：叶绿素水合物的分子式
1891	Villier 和 Hebdi. ：β-环糊精包合物
1893	A. Werner：配位化学的建立
1894	E. Fischer：锁和钥匙的概念
1906	P. Ehrlich：接受体的概念
1939	L. Pauling：《化学键的本性》书中提出氢键
1940	M. F. Bengen：尿素包合物
1953	Watson 和 Crick. ：DNA 双螺旋的结构
1964	Busch 和 Jäger ：Schiff 碱大环化合物
1967	C. Pedersen：冠醚化合物
1978	J. M. Lehn：提出"超分子化学"
1986	A. P. de Silva：荧光传感
1987	由于在超分子化学方面的贡献,三位学者（D. J. Cram、J. M. Lehn、C. J. Pedersen）获得诺贝尔奖
1996	J. L. Atwood、J. E. D. Davis、D. D. MacNicol、F. Vogtle：出版了《超分子化学大全》一书
1996	由于在富勒烯化学方面的贡献,三位学者（Kroto、Smalley 和 Curl）合获诺贝尔奖
2003	由于在水、阳离子和阴离子通道方面的贡献,两位学者（P. Agre 和 R. MacKinnon）合获诺贝尔奖
2004	J. F. Stoddart 在拓扑合成方面有里程碑的贡献

1.3.1 超分子化学

超分子化学有很多类似的名词及概念是从配位化学和生物学中借鉴而来的[34,35]。超分子中的分子和分子间的结合(binding)相当于分子中的原子和原子间的"共价键",超分子化学中的"结构和功能"相当于分子化学中的结构和性质。超分子中的组合可称为接受体(用 ρ 表示)和给予体(用 σ 表示)之间的结合,特别是对应于配位化合物中的配位体和金属离子间的配位。在配位化学中常出现的包合物(包括笼状包合物),其中的一个组分完全被另一个组分所包裹,通过适当的弱相互作用及组分间形状的匹配,从而具有一定的结构(图 1.7)。在生物体系中,人们很早就认识到,当接受体和底物结合时还必须具有选择性,就像"锁和钥匙"一样必须有空间和键合的匹配。在概念上也就相当于生物学中的接受体和底物。特定的底物 σ 和接受体 ρ 通过分子间相互作用及分子识别过程生成超分子 ρσ（图 1.3）(令人奇怪的是将这两个希腊字母的互补结合 ρσ,居然在形象上和我国的太极图☯惊人地相似,真是一种有趣的巧合!)。这样就很容易对不同的学科领域中的不同术语进行对应的转换。

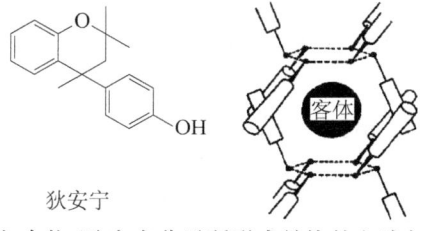

图 1.7 分子包合物(狄安宁分子所形成晶格的空腔包含了一个客体)

在超分子化学和配位化学中,人们已共同习惯地将一个所谓的主体分子(通常是指较大的分子或聚集体)和另一个客体分子(通常是其中较小的分子)结合而生成一个主-客体化合物(图1.7)。主体可以是一个较大的有机和生物的酸、空穴、笼、环状化合物;客体可以是激素、信息素神经传递单元,也可以是作为静电配合物的中心单原子的阳离子、简单的无机阴离子,直至复杂的无机沸石、金属氧杂多酸盐。

从电子的给体和受体观点来看,也可将主体看做是具有汇集结合位点的(如Lewis碱性的给体原子、氢键给体)分子实体;客体则看做是具有发散结合位点(如Lewis酸的金属阳离子、氢键受体或卤素阴离子等)。1986年,Gram也曾将主-客体化合物定义为通常所谓的复合物(complex),它统指由两个或多个分子或离子通过不同非共价键的静电作用,按照特定的成键和结构关系而聚集在一起的物种。

在主体和客体结合时,要求二者之间具有正确的电子状态(如软硬度)及空间匹配(如几何构象)的互补关系。这种互补性就常常要求在键合前主、客体进行适当的变形,这个过程称为预组织。特别是在主体和客体结合中,作为第一步的是主体构象重排的预组织,从而使之能和客体实现几何匹配的过程。当忽略溶剂化效应时,这一步活化过程在能量上是不利的,但在随后主-客体中间配合物的寿命范围内,由于主-客体间有利的互补关系,主-客体键合点增多而增加了反应焓,从而在能量上又是有利的。所以总的看来,过程自由能 ΔG 的减少有利于主-客体的形成。

预组织的概念在配位化学中十分重要(参考6.5.1小节)。在动力学上表现为:刚性预组织的主体在通过配位过渡态时比柔性组织的主体更为困难,这就说明了刚性构型的球烯-6单环冠醚主体(图1.8)比构象易变的[18]冠-6单环冠状主体(图1.9)对碱金属阳离子 Li^+ 的配位作用弱很多,实质上相差 10^{10} 数量级。

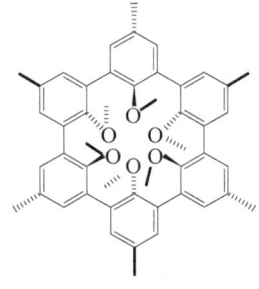
图1.8 刚性球烯-6
单环冠醚

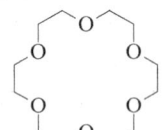
图1.9 柔性[18]冠-6单环
冠状化合物

从超分子化学观点来考察一下在配位化学中十分重要的反应选择性问题。根据热力学研究超分子主体 H 和客体 G 的体系

$$H + G \rightleftharpoons HG \tag{1.3.1}$$

的选择性时,要求获得较大的配位常数 K(参见5.1节):

$$K = \frac{[HG]}{[H] \times [G]} \tag{1.3.2}$$

当指定一个特定的主体 H 和两个客体 G_1 和 G_2 配位时要求其选择性(K 值比)

$$\text{选择性} = \frac{K_{(G_1)}}{K_{(G_2)}} \tag{1.3.3}$$

这时就要巧妙地运用主客体的互补作用性和预组织性等概念进行分析。另外从动力学观点来考虑选择性问题时,就会涉及形成主客体 HG 超分子时的竞争中底物 G 的转换速率问题。不少的酸催化动力学实验表明,重要的是要客体转化得快,而不是要求互补的非刚性预组织过渡态结合得最稳定。因为在反应的时间分辨过程中,由于动力学速度减慢,结合常数太大,对整个反应反而不利。实际上受体除了具有通过结点和给体进行识别的作用外,还可以把它看做化学试剂而起着载体和催化的作用。

超分子所具有的分子识别、变换和移位的功能可以促进分子和超分子的电子、离子和光子等分子电子器件的发展[29]。作为小结,我们列出 Lehn 在他的诺贝尔奖演讲词中所表明的从分子化学到超分子化学的一个简明示意图(图 1.10)。进一步的论述请参考有关文献[34]及相关专著。

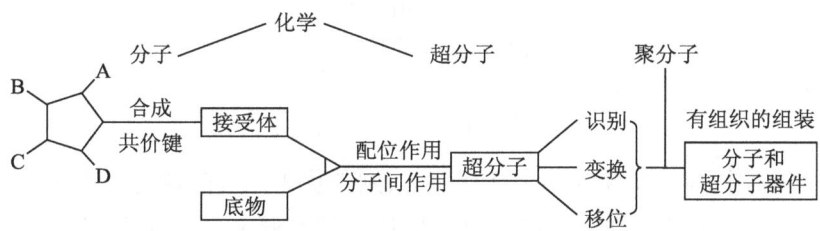

图 1.10 从分子化学到超分子化学及其器件

1.3.2 配位化学和超分子化学的关联[24,30]

如前所述,配位化学和超分子化学之间有着传统的血缘关系,真是"你中有我,我中有你"。Lehn 曾经从两个互补的观点阐明两者的关系:超分子化学可以看做广义的配位化学,配位化学则在概念上受惠于超分子化学,后者为超分子化学的发展开辟了新的前景。

1. 超分子化学作为推广的配位化学

基于 19 世纪由 P. Ehrlich、E. Fischer 和 A. Werner 分别提出的受体(receptor)、识别(recognition)和配位作用(coordination)等概念,超分子化学曾分别被定义为"分子组装和分子间键的化学"、"超越分子的化学","由两个或多个化学物种通过分子间力缔合在一起而形成的高级复杂性的有组织的实体的化学"等。因此超分子可以看为广义的配位化学,只是不要把超分子中的接受体仅仅看做过渡金属离子,更不要把底物只看做有机或无机配位体,而应该将其看做是包括阳离子、阴离子、中性,甚至生物物种等各种形式的底物。

我们进一步从超分子化学中的接受体化学的观点来论述它和配位化学的关系。"分子接受体"通常是具有共价键(或离子键)支撑的主体结构。在对不同的底物设计配位体时要求底物分子具有特定强度的结构和成键的选择性,使底物和接受体间有大范围的接触和结合位点。这就要求接受体可以围绕着作为底物的客体适当地卷曲,以非共价的形式相互识别而结合成超分子的主–客体化合物(图1.3)。这种结合的适应性和动力学特性对其分子的大小、形状和构造非常敏感。

基于这种观点,化学中的人工合成接受体可以看做配位化学中的配位体,从而发展了不同含 O、N、S、COO—、NH$_2$ 结构结合位点的分子,它们可以选择性地形成不同稳定性的大环化合物接受体。特别是在 20 世纪 60 年代中期发展了碱金属阳离子配合物的三大新配体:①可以作为传导 K$^+$ 的天然大环抗体(antibiotics);②可以配位碱金属离子的冠醚;③可以包含大双环合三维分子空穴的穴醚(图1.11)。

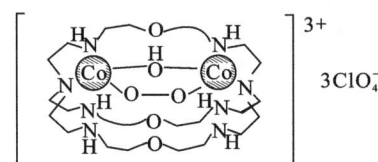

图 1.11　穴醚化合物

在这类化合物中用含 N 和 S 的杂环代替 O,则他优先包合过渡金属离子。类似地,用带正电或缺电子基团则优先和阴离子配位。铵和胍基团易于和阴离子 X$^-$ 等形成 $^+$N—H$\cdots$X$^-$ 键;而中性的极性氢键(如—NHCO—或—COOH 基团)、缺电子中心(B、Sn 等)或配位化合物的金属离子中心也可以和阴离子相互作用。

超分子化学中分子底物的成键作用的研究也是配位化学中的一个重要领域。前面介绍了这种弱成键和结构互补的实例(图1.6)。用 X 射线晶体结构分析的方法对一系列含氢键的配位化合物进行测定,证实了它们的成键方向性以及明确的配位数。对于较"软"的给体–受体型超分子,其中范德华引力型相互作用和溶剂效应引起的角度和键距的方向性则不够明显。和过渡金属配位化合物比较,这种超分子相互作用当然较弱,为此可以采用增加这种弱成键结合位点或改良结构形状匹配性的方法,以增强化合物总的成键强度。从而低极性的中心底物也可以和刚性空心的接受体形成包合物。

有一类新型的索烃和轮烷的超分子化合物(图1.12)。索烃之间是由两个或两个以上的环互相连锁在一起;而轮烷则是由一根线状分子穿过大环而形成的超分子。这种分子中的两个组分之间不是以传统化学键结合,而是所谓的机械成键,或称之为拓扑键。它们在生成过程中常是应用分子基块所含有的富电子和缺电子的接受体及底物之间的给体与受体作为功能基团的相互作用通过配位而生成分子型球状化合物。例如,联吡啶和酚醚衍生物结合时可以形成结构明确而稳定的绳索状和转轮状的复杂化合物。有趣的是目前已合成出了被称为"奥林匹克烷"的

[5]索烃(图1.13),详见文献[20]。

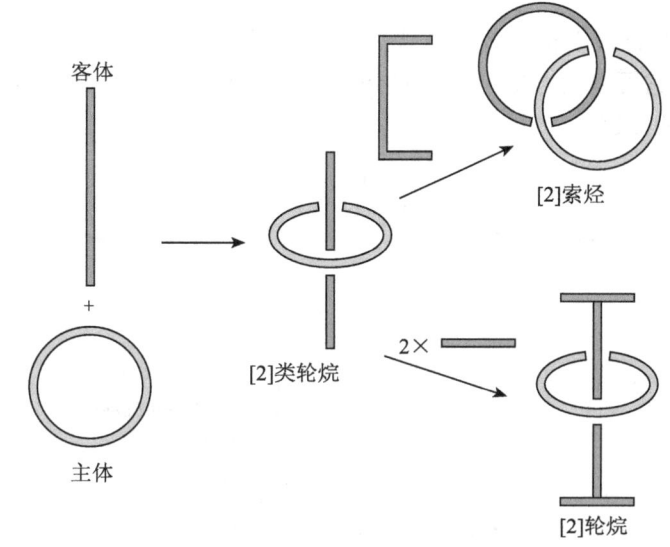

图 1.12　主-客体作用合成索烃和轮烷化合物

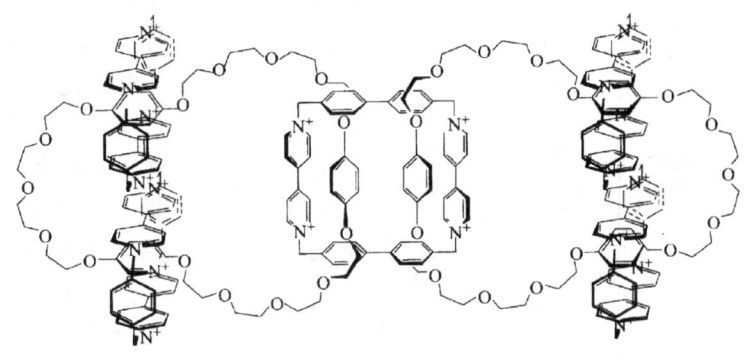

图 1.13　[5]索烃(又称奥林匹克烷)

2. 配位化学中的超分子概念

从超分子化学观点来看经典无机配位化学时,可将超分子化学看做配位化学的补充。超分子化学中最基本的概念是分子识别。将金属离子作为底物,识别作用可以表示为金属离子与有一定结构和含有结合位点的有机配位体发生相互稳定及选择性的配位作用。例如,碱金属和碱土金属离子与含氧配位体相互识别形成冠醚配位化合物,过渡金属离子与含 N、S、P 等配位体相互识别形成刚性配合物。

金属离子的特殊配位作用可以实现它选择接受体的识别作用,这种识别作用可以通过导向作用,使大环的功能基团聚集在一起,控制配位体的空间排列。金属离子作为不同结构组合的结合点,由于其具有从弱到强的配位作用力,从而在溶液及固体中以逐级或自发多步的形式形成动力学活性或惰性的超分子复杂结构。其中金属离子通过模板(templating)、自组装(self-assembly)和自组织(self-organigation)这三种方法依次通过分子程序化(moleculor programming)的方式控制超分子结构的形成。

模板作用在合成上最有效的方式之一是利用配位化合物作为"暂时"或永久的"帮手"物种。它可以使合成一步步地组织出相互锁住的"索状"或"结状"的复杂超分子结构(图 1.14)。

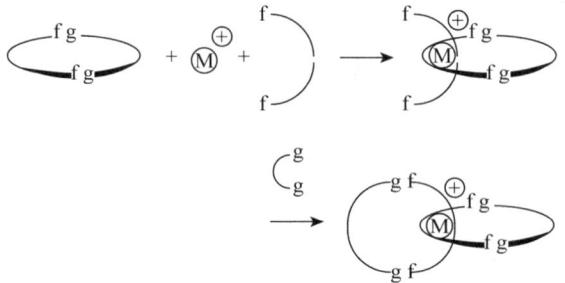

图 1.14　模板法合成索烃过程的示意图
f 和 g 为能和金属离子配位的官能团

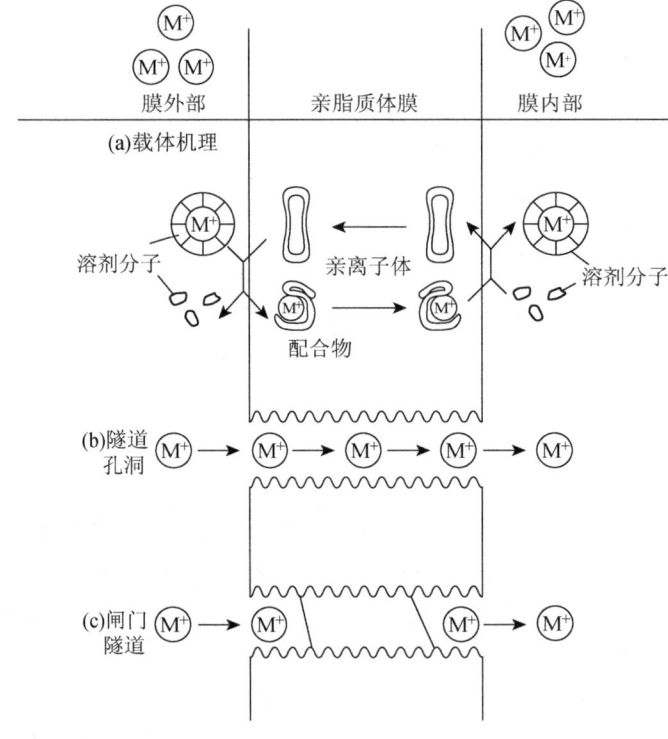

图 1.15　离子穿过生物膜时的三种机理

反应和输送是超分子反应的两个基本特性,它们可以将金属离子和特定配位体的特殊反应性相关联。简单的例子如受制于大环化合物中的镍可以发生 CO_2 的电催化还原反应。一个涉及生命科学的实例是可以利用细胞脂质体内外离子浓度梯度的差别和大环载体膜的离子识别作用对 Li^+、Na^+、K^+ 等碱金属离子 M^+ 通过三种形式进行选择性地传输(图 1.15):直接载体、输送隧道孔洞或闸门隧道。图 1.15(a)为直接载体机理。在膜外脱除了溶剂的金属离子 M^+,在膜内和亲离子体结合形成超分子,直接传输到膜外而再度和溶剂结合。图 1.15(b)和(c)则分别通过隧道孔洞和单向的闸门隧道的方式进行传输。

在自组装和自组织过程中,第一步经常是自组装作用,随后进行更多或更复杂的步骤。这就要求体系发生足够的动力学不稳定而且可逆的过程,并且从理论上研究体系的超势能面以得到一个最后的结构。在金属离子和配位体的自组装中,超分子中的金属离子就像水泥一样将配位体按一定方向粘在一起。用新兴的化学信息学语言来说,自组装要求成键;自组织还意味着信息(information),包含着正的协同性(positive cooperetivity)以使全过程得以完成。信息对于过程的发生是必需的,随后的算法(algorithm)必须是储存(stored)于组分(component)中,而操作(operate)则是通过选择性的分子之间的相互作用。因此这种系统(system)已被称为程序化的超分子体系。这就基于分子识别过程按一定的程序产生有组织的实体。这相当于广义的分子设计:其程序是分子的,它的操作是超分子的。

自组装可以发生在固体、液晶和溶液中。现在已组织了大量有四面体和平面基块(buiding block)的无机三维聚合物,不同桥基的多核金属簇合物,各种三角形、四方形、多角体形的金属大环化合物,以及这类受体空穴中所形成的包合物。采用不同性质的无机或金属有机基块就发展了分子工程的方法。由配位化合物通过自组装而自发地形成无机螺旋体是一个十分有趣的领域(图1.16)。在含有一些重复成键次单元的线性链状配位体或非环受体中,这些次单元彼此可以发生自组织作用。2,2′-联吡啶基团在 Cu(Ⅰ)存在时,bpy 先卷曲而和Cu(Ⅰ)自动组装预先形成双螺旋体。这种配位体的设计就是应用了它优先和 Cu$^+$ 形成了四面体的 Cu(bpy)$_2^+$而且不利于形成单链的特性。这两个特性分别称为识别算法(algorithm)和分子立体"程序化"(programme),从而有利于产生双螺旋结构,即螺旋的生成归功于储存于 bpy 股中读出四面体分子信息。

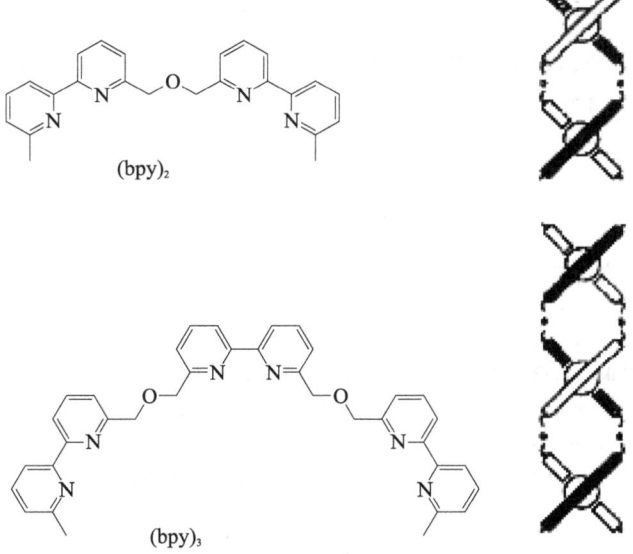

图1.16 由 Cu(Ⅰ)离子和(bpy)$_2$及(bpy)$_3$配位得到的无机双螺旋结构

由上可见:一方面,配位化学为超分子化学提供了大量周期表中的金属离子,它们呈现了不同相互作用的几何构型、光化学和反应特性;另一方面,超分子化学则扩大了配位化学的范围,使得配位化学中金属离子的成键扩展到各种其他物种,并将其概念扩大到无机配位化学以外,从而使其研究领域扩大到与之交叉的生物、材料和物理等学科,这种结合和渗透将会为未来带来丰硕的成果。这方面详细的内容及进展请参考文献[34~38]。

超分子化学和配位化学的研究范围之广,对化学家创造性的想象力是一种挑战。它是一个发展迅速、充满活力的学科。它实际上已处于化学各分支学科的结合处,在大学课程中也应受到更大的重视。当然对于其研究范围,既不要将其稀释扩大化到认为它包罗万象,也不要浓缩到失去其特性。

由于超分子化学这门年轻学科的迅速发展,互联网上专门开设了一个网页:"Supremolecular Chemistry: A Homepage"。网址是 http://www.ch.kcl.ac.uk/supramo/textbook.htm。有兴趣的读者可以参考网站上的大量文献和信息。

综上所述,当前配位化合物的发展趋势可以概括为"多样化",合成方法、功能性质、应用潜力、物种类型、结构层次和理论阐明等方面都显示出它的这一特征,其各领域的发展将是齐头并进的[39,40]。它的很多基础及实际问题都处于化学学科的前沿,有待于人们去探讨和研究。

配位化学是具有重大经济效益的科学领域。它的基础和理论研究处在现代化学发展的前沿领域,具有重要科学意义,对生产和社会的发展必将产生广泛影响,它已成为国际上化学学科中蓬勃发展的领域之一。在国际上此类专业期刊有 *Coordination Chemistry*、*Coordination Chemistry Review*,以及分散在其他主体的化学及相关学科的杂志。该领域最大的国际会议是 International Conference on Coordination Chemistry(ICCC,IUPAC)。1983 年曾在我国举行第 25 届ICCC会议[41]。为了提高科学研究水平,我们应加强在微观水平上开展配位化合物的合成、结构、性质及其应用的深入研究。

参 考 文 献

[1] Brown T E, LeMay H E, Bursten B E. Chemistry: The Central Science. 10th ed. International Edition. New Jersey: Prentice Hall, 2005.

[2] Laidler K J(ed.). Frontiers of Chemistry. Oxford: Pergamon Press, 1981.

[3] Cotton F A, Wilkinson G. Advanced Inorganic Chemistry. 5th ed. New York: Interscience Puboisher, 1988.

[4] Rodgers G E. Descriptive Inorganic, Coordination, and Solid State Chemistry. Chapter 5. 2nd ed. South Melbourne: Thomson Learning, 2002.

[5] Whitten K W, Davis R E, Peck L M. Stanley G G. General Chemistry. 7th ed. California: Brooks Cole, 2004.

[6] Bailar Jr J C. Busch D H (ed.) The Chemistry of the Coordination Compound. New York: Reinhold, 1956.

[7] 巴索罗 F,蒋逊 R. 配位化学. 宋银柱,王耕霖,等译. 北京:北京大学出版社,1980.

[8] 戴安邦. 配位化学. 北京:科学出版社,1987.
[9] 徐志国. 现代配位化学. 北京:化学工业出版社,1987.
[10] 章慧,等. 配位化学——原理和应用. 北京:化学工业出版社,2008.
[11] Lewis J, wilkins R G(ed.) Modern Coordination Chemistry. London:Interscience Publisher,1960.
[12] (a)Wilkinson G(ed.). Comprehensive Coordination Chemistry—The Synthesis, Reactions Properties and Applications of Coordination Compounds. Oxford:Pergamon Press,1987;(b) McDleverty J A, Meyer T J. Comprehersive Coordination Chemistry Ⅱ—From Biology to Nanotechnology. New York:Elservier,2003.
[13] Marusak R A, Doan K, Cummings S D. Inregrated Approach to Coordination Chemistry:An Inorganic Laboratory Guide. New York:Wiley,2007.
[14] Beller M, Bolm C(ed.). Transition Metals for Organic Synthesis. New York:Wiley-VCH,2004.
[15] Shapley JR. Inorganic Syntheses. New York:Wiley,2004.
[16] Booth H S,et al. 无机合成(1~19卷). 龚敬生,申泮文译. 北京:科学出版社,1959.
[17] Schubert U, Hüsing N. Synthesis of Inorganic Materials. 2nd ed. New York:Wiley–VCH,2004.
[18] Carruthers W, Coldham L. Modern Methods of Organic Synthesis. 4th ed. Cambridge:Cambridge University Press,2008.
[19] Sargeson A M. Chem Br,1979,15:23.
[20] Martell A E (ed.). Coordination Chemistry. Vol. 1,2. New York:Van Nostrand Reinhold,1971.
[21] 杨频,高飞. 生物无机化学原理. 北京:科学出版社,2002.
[22] Jachson A R W, Jackson J M. Environmental Science:The Natural Environment and Human Impact. 2nd ed. New Jersey:Prentice Hall,2000.
[23] 游效曾. 分子材料. 上海:上海科学技术出版社,2000.
[24] Carlin R(ed.). Transition Metal Chemistry. Vol. 1~6. New York:M Dekker,Inc,1966.
[25] Mark T W, Zhou G D. Crystallography in Mordern Chemistry. New York:Willy Interscien,1992.
[26] Drago R S. Physical Methods in Chemistry. 2nd ed. Saunders:Philadelphia,1992.
[27] Isaacs N S. Physical Organic Chemistry. 2nd ed. London:Longman,1997.
[28] Rayman F M, Stoddart J F. Chem. Rew,1999,99:1643.
[29] 白春礼. 扫描隧道显微术及其应用. 上海:上海科技出版社,1992.
[30] 欧格耳 L E. 过渡金属化学导论——配位场理论. 游效曾,等译. 北京:科学出版社,1966.
[31] 徐光宪,黎乐民,王德民. 量子化学(上、中、下册). 第二版. 北京:科学出版社,2007.
[32] (a)Steed J W, Atwood J L. Supramolecular Chemistry. 2nd ed. New York:Wiley,2009.
(b) 斯蒂德 J W,阿特伍 J L. 超分子化学. 赵耀鹏,孙震译. 北京:化学工业出版社,2006.
[33] Ögtle C F V. 超分子化学. 张希译,林志虫,高倩译. 长春:吉林大学出版社,1995.
[34] Lehn J M. 超分子化学——概念和展望. 沈兴海,等译. 北京:北京大学出版社,2002.
[35] Fabbrizzi L, Poggi A(ed.). Transition Metals in Surpramolecular Chemistry. Dordrecht:Kluwer,1994.
[36] Williams A F, Florlani C, Merbach A E. Perspectives in Coordination Chemistry. Weinheim:VCH,1992.
[37] 吴世康. 超分子光化学导论. 北京:科学出版社,2005.
[38] Atwood J L, Davies J E D, MacNicol D D, Vogtle F. Comprehensive Supramolecular Chemistry. Oxford:Pergamo,1996.
[39] (a) 洪茂椿,陈荣,梁文平. 21世纪的无机化学. 北京:科学出版社,2005;(b)国家自然科学基金委员会. 无机化学——自然科学学科发展战略调研报告. 北京:科学出版社,1994.
[40] 游效曾,孟庆金,韩万书. 配位化学进展. 北京:高等教育出版社,2000.
[41] Xu Guang-xian, You Xiao-zeng. Conference Editors, Special Issue, Pure and Appl Chemistry,1988,60(8)

第 2 章 配位化合物的电子结构理论

由 n 个配位体 L 围绕着中心金属离子 M 形成的配位化合物 ML_n,其中研究得最多的是 M 为过渡元素的配位化合物。和主族元素化合物比较,它的一系列特征光谱、磁性、热力学和反应活性,以及它的变价性和 M—L 键的离域性等都与 M 中含有的 d^n 或 f^n 轨道参与成键有关。配位体 L 理解为与金属离子直接接触并与之成键的离子或分子,常见的配位体为负离子(如 Cl^-、CN^-)、含有未共享电子对的中性极性分子(如 NH_3、CO)、不饱和碳氢化合物(如苯、$C_5H_5^-$)和多官能团螯合配位体(如乙二胺 $NH_2CH_2CH_2NH_2$、二酮 $CH_3COCH_2COCH_3$)等,它们通过复杂的电子效应与空间效应而影响配位化合物的结构和性质。从微观电子结构理论阐明它们之间的成键特性,对于配位化合物的研究具有实质性的意义[1~5]。20 世纪初所发展的量子力学对此有很多叙述和表达方式,有些令一般化学家很难理解。但它们实际上是等价的,并且严格的处理会得到同样的结果。由于读者已具有基本的量子化学知识,所以本章将从不够严格但较为直观的方式引入量子化学基本方法,再结合配位化学介绍几种常用的成键理论。

本章包含较为抽象的量子化学内容的叙述,难以被实验化学家理解,因而必要时可以略过烦琐的数学推导,着重物理概念及符号含义,重视其与化学的关联和随后的应用。

2.1 引言

在研究宏观物质的运动(如地球绕太阳的轨道运动)规律时,通常运用熟知的 Newton 方程。质量为 m 的物体在力 F 的作用下沿一维空间 x 方向运动时,其运动规律可用二阶微分方程描述:

$$F = m\frac{d^2 x}{dt^2} \tag{2.1.1}$$

原则上只要给定初始条件就可以求出时间 t 时物体的位置 x 和能量 E 等物理量。

量子力学是研究微观物质运动规律的基本方法[6~8],如同宏观物质运动所遵守的 Newton 方程一样,下面所述的 Schrödinger 方程概括了原子核、电子、原子和分子等微观客体运动的基本"自然规律"。它是长期以来的实验结果普遍而又简洁的表示。

为了简单起见,我们将以一个沿 x 方向做一维运动的情况为例进行说明。对于以光速 $c = \lambda\nu$ 传播的电磁波,它的位置 x 及时间 t 的电场强度或磁场强度 $\Psi(x,t)$ 服从经典的 Maxwell 波动方程:

$$\frac{\partial^2 \Psi}{\partial x^2} = \frac{1}{\lambda^2 \nu^2} \frac{\partial^2 \Psi}{\partial t^2} \quad (2.1.2)$$

其中 λ 为波长；ν 为频率。现在我们用变数分离法来求解这一偏微分方程，为此，假定 Ψ 可以写为坐标函数 $\psi(x)$ 和时间函数 $\phi(t)$ 的乘积，即

$$\Psi(x,t) = \psi(x)\phi(t) \quad (2.1.3)$$

将式(2.1.3)代入式(2.1.2)，得到

$$\frac{\lambda^2}{\psi} \frac{\partial^2 \psi}{\partial x^2} = \frac{1}{\nu^2 \phi} \frac{d^2 \phi}{dt^2} \quad (2.1.4)$$

由于式(2.1.4)左边只是坐标 x 的函数，右边只是时间 t 的函数，二者都可独立无关地变化，因此可以令它们等于常数 $-a^2$，即可以变数分离为下列两个方程：

$$\frac{\lambda^2}{\psi} \frac{\partial^2 \psi}{\partial x^2} = -a^2 \quad (2.1.5a)$$

$$\frac{1}{\nu^2 \phi} \frac{\partial^2 \phi}{\partial t^2} = -a^2 \quad (2.1.5b)$$

这就是经典的"波动方程"。数学上，这两个各含 x 和 t 的单变量微分方程的解分别是 $\exp(\pm 2\pi i k x)$ 和 $\exp(\pm 2\pi i \nu t)$ 或其组合$\left(\text{通常称 } k = \frac{1}{\lambda} \text{ 为波向量 } k \text{ 的大小}\right)$。

现在转向建立由具有波动-粒子二象性的电子和分子等微观粒子运动所遵守的量子力学波动方程。假定它的波函数 $\Psi(x,t)$ 也具有类似于式(2.1.3)的变数分离形式，但这时由于对微观波函数所赋予的统计概率特征，要求 $\int \Psi^* \Psi dx$ 不随时间而变化(归一化)，以使 $\exp(2\pi i \nu t) \exp(-2\pi i \nu t) = 1$，因此时间因子只能选择 $\exp(2\pi i \nu t)$ 或 $\exp(-2\pi i \nu t)$，而不能是它们的组合。假定我们选定时间因子为 $\exp(-2\pi i \nu t)$，然后再在归一化条件下寻找下列波函数所满足的微分方程：

$$\Psi(x,t) = [A\exp(2\pi i k x) + B\exp(-2\pi i k x)]\exp(-2\pi i \nu t) \quad (2.1.6)$$

为此对这种"物质波"应用自由运动粒子关系式：

$$p = \frac{h}{\lambda} \quad (\text{de Broglie 关系式}) \quad (2.1.7)$$

$$E = h\nu \quad (\text{Einstein 公式}) \quad (2.1.8)$$

将式(2.1.6)分别对 x 取二阶微分及对 t 取一阶微分，得到

$$\frac{\partial^2 \Psi}{\partial x^2} = -\frac{4\pi^2}{\lambda^2} \Psi = -\frac{4\pi^2 p^2}{h^2} \Psi \quad (2.1.9)$$

$$\frac{\partial \Psi}{\partial t} = -2\pi i \nu \Psi = -\frac{2\pi E i}{h} \Psi \quad (2.1.10)$$

此外，根据能量守恒定理，体系的总能量 E 应为动能 $\frac{1}{2}mv^2$ 和势能 V 之和：

$$E = \frac{1}{2}mv^2 + V = \frac{p^2}{2m} + V \quad (2.1.11)$$

其中 m 为微观粒子质量，v 为速度。将式(2.1.11)两边右乘 Ψ 就得到恒等式

$$\left(\frac{1}{2m}p^2 + V\right)\Psi = E\Psi$$

将式(2.1.9)和式(2.1.10)代入上式,就可以得到与时间有关的 Schrödinger 第一方程:

$$-\frac{h^2}{8\pi^2 m}\frac{\partial^2 \Psi}{\partial x^2} + V\Psi = \frac{ih}{2\pi}\frac{\partial \Psi}{\partial t} \tag{2.1.12}$$

若将上述一维(x)空间形式推广到三维(x,y,z)空间,则具有形式

$$-\frac{h^2}{8\pi^2 m}\nabla^2 \Psi + V(x,y,z)\Psi = -\frac{h}{2\pi i}\frac{\partial \Psi}{\partial t} \tag{2.1.13}$$

式中引入了简写记号

$$\nabla^2 \equiv \frac{\partial^2}{\partial x^2} + \frac{\partial^2}{\partial y^2} + \frac{\partial^2}{\partial z^2}$$

称为 Laplace 算符。再应用简写 Hamilton 算符

$$\hat{H} = -\frac{h^2}{8\pi^2 m}\nabla^2 + V(x,y,z)$$

则式(2.1.13)还可以简写为

$$\hat{H}\Psi = -\frac{h}{2\pi i}\frac{\partial \Psi}{\partial t} \tag{2.1.14}$$

其中尖角符号 ^ 表示这是一个算符(Operator)算符是数学中"运算符号"的简称,正如代数中的根号 $\sqrt{}$ 这个算符表示进行开方运算的含义一样。

在分子结构理论中重要的是讨论能量和电荷密度均与时间无关的"定态",这时波函数 $\Psi(x,t)$ 具有特别的形式:

$$\Psi(x,t) = \Psi(x)\exp\left(-\frac{2\pi i E t}{h}\right) \tag{2.1.15}$$

将它代入式(2.1.12),就得到与时间无关的 Schrödinger 第二方程:

$$\hat{H}\Psi = -\frac{h^2}{8\pi^2 m}\nabla^2 \Psi + V\Psi = E\Psi \tag{2.1.16}$$

值得强调的是,上述与时间无关的所谓 Schrödinger 第二方程的快速引入是建立在自由粒子及与经典力学对比的基础上,因而不能算是"推导",正如 Newton 方程不可能被推导一样。事实证明,将这种简单的推导结果推广到 $V = V(x,y,z)$ 不是常数的普遍情况是允许的。

类似于经典力学中利用 Newton 方程解出宏观物体定态下的位置 x 和能量 E,按量子力学基本原理,对于一个包含 N 个核和 n 个电子的分子之类的多粒子体系,为了解其中电子运动的规律或电子结构,必须由下列 Schrödinger 方程求解出算符 $\hat{H}$ 的本征函数 Ψ(波函数)和本征值 E(能量):

$$\hat{H}\Psi(r_i, r_k) = E\Psi(r_i, r_k) \tag{2.1.17}$$

其中 $\hat{H}$ 为体系的 Hamilton 算符,其形式与具体对象和条件有关。当不考虑 v 接正光速 c 的相对论效应及磁矩相互作用时,则为

$$\hat{H} = -\frac{h^2}{8\pi^2}\sum_{i=1}^{n}\frac{1}{m_i}\nabla_i^2 - \sum_{i=1}^{n}\sum_{k=1}^{N}\frac{Z_k e^2}{r_{ik}} + \sum_{k<i}^{N}\frac{Z_k Z_l e^2}{r_{kl}} + \sum_{i<1}^{n}\frac{e^2}{r_{ij}} \qquad (2.1.18)$$

　　　　电子动能算符　　　　电子－核吸引算符　　　核－核排斥算符　　　电子－电子排斥算符

下标 i,j 和 k,l 分别为电子和核的标号；r 为相应粒子间的距离。

除了只含一个电子的氢原子外，要对复杂的原子或分子的多粒子（电子）体系的微分方程进行求解在数学上还有困难，因而总是根据具体的讨论对象及物理模型对式(2.1.18)进行不同的简化而求近似解。根据数学处理方法的近似性，目前流行的化学键理论可分为三大类：

（1）价键（VB）理论。主要是由两次诺贝尔奖(1954年化学奖、1962年和平奖)获得者 Pauling 发展的[9]。价键理论特别强调了相邻原子间的相互作用，适于讨论非共轭分子和基态的磁性及空间构型等问题。由于其简明直观性而常用于结构和性质的定性说明及教学。

（2）晶体场（CF）理论和配位场（LF）理论[10]。起始于 Bethe 的晶体场理论，后来发展成配位场理论。晶体场理论和配位场理论都强调中心离子的作用，配位体只起着微扰作用，但配位场理论更强调了两者之间的共价作用。这种理论能近似地解释过渡金属配位化合物的光谱和磁性。

（3）分子轨道（MO）理论[11]。由 Mulliken 和 Slater 等提出的这种理论统一而灵活地将分子看做一个整体。价键理论和配位场理论可以看做是它的特例[12]，特别适宜于阐明涉及激发态的谱学和构型等的讨论。

更细致的分类如图2.1所示。本章将以综述的方式重点介绍其中的配位场理论和分子轨道理论。

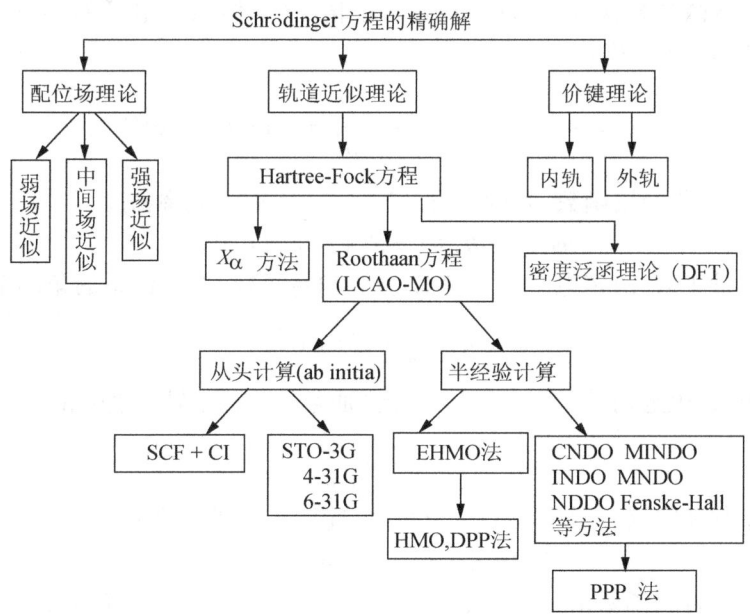

图2.1　各种量子化学近似计算方案示意图

2.2 原子结构概述

原子结构是讨论分子结构的基础,本节将简要地介绍其基本内容[13~15]。

2.2.1 氢原子的解

对于由 n 个电荷为 $-e$、质量为 m 的电子,围绕原子序数为 Z 的电荷为 $+Ze$ 的单个原子核运动的体系,按式(2.1.18),其 Schrödinger 方程可表示为

$$\left[-\frac{h^2}{8\pi^2 m}\sum_{i=1}^n \nabla_i^2 - \sum_{i=1}^n \frac{Ze^2}{r_i} + \frac{1}{2}\sum_{i\ne j}^n \sum^n \frac{e^2}{r_{ij}} \right]\Psi = E\Psi \quad (2.2.1)$$

特别是对于最简单的只有一个电子的氢(或类氢原子 He^+、Li^{2+} 等),式(2.2.1)可以简化为

$$\nabla^2 \psi + \frac{8\pi^2 m}{h^2}\left(E + \frac{Ze^2}{r}\right)\psi = 0 \quad (2.2.2)$$

由于原子结构的中心势场 $V = -\dfrac{Ze^2}{r}$ 具有球对称性,因此为了数学处理方便,将上述直角坐标 (x,y,z) 变换为球坐标 (r,θ,ϕ) 的形式:

$$\frac{1}{r^2}\frac{\partial}{\partial r}\left(r^2\frac{\partial \psi}{\partial r}\right) + \frac{1}{r^2 \sin\theta}\frac{\partial}{\partial \theta}\left(2\sin\theta \frac{\partial \psi}{\partial \theta}\right) + \frac{1}{r^2 \sin^2\theta}\frac{\partial^2 \psi}{\partial \phi^2} + \frac{8\pi^2 m}{h^2}\left(E + \frac{Ze^2}{r}\right)\psi = 0 \quad (2.2.3)$$

在物理上对波函数连续、单值、有限和归一化的条件下,经过数学上复杂的变数分离严格求解该微分方程后,可以得到其本征值 E(即体系中电子的能量,其中常数 R 又称为 Redbury 常数)

$$E_n = -\frac{2\pi^2 m e^2 Z^2}{n^2 h^2} = -R\frac{Z^2}{n^2} = -13.6\frac{Z^2}{n^2}(\text{eV}) \quad (2.2.4)$$

和本征函数 ψ(称为波函数,它的平方 $\psi^*\psi = |\psi|^2$ 称为概率密度)

$$\psi_{nlm}(r,\theta,\phi) = R_{nl}(r)Y_{lm}(\theta,\phi) \quad (2.2.5)$$

其中 n 为主量子数,决定电子的能量 E_n;l 为角量子数,决定体系的角动量。

$$p_l = \frac{h}{2\pi}\sqrt{l(l+1)} \quad (2.2.6)$$

m 为磁量子数,决定角动量 p_l 在磁场方向(通常取作为 z 轴)的分量:

$$p_z = m\frac{h}{2\pi} \quad (2.2.7)$$

理论和实验都证实这些量子数必须为整数,且具有下列制约关系

$$n = 1,2,3,\cdots, \quad l < n, \quad |m| \leq l \quad (2.2.8)$$

式(2.2.5)中的波函数 $\psi_{nlm}(r,\theta,\phi)$ 可以表达为三个只与 r 有关的径向波函数 $R_{nl}(r)$ 和只与角度 θ、ϕ 有关的角度波函数 $Y_{lm}(\theta,\phi)$,它们分别用下列复杂的特殊

函数表示。径向函数为

$$R_{nl}(r) = \sqrt{\frac{(n-l-1)!}{(n+l)!\,2n}} \left(\frac{2Z}{na_0}\right)^{l+\frac{3}{2}} e^{-\frac{Zr}{na_0}} r^l L_{n+l}^{2l+1}\left(\frac{2Zr}{na_0}\right) \qquad (2.2.9)$$

其中 $a_0 = h^2/4\pi^2 me^2 = 0.5292$Å（Bohr 半径），被称为连带 Legendre 多项式

$$L_k^i(x) = \frac{d^i}{dx^i}\left[e^x \frac{d^k}{dx^k}(x^k e^{-x})\right] \qquad (2.2.10)$$

表 2.1 中列出了它的一些明显形式。角度函数是归一化的球谐函数 $Y_{lm}(\theta,\phi)$，它还可以进一步分离成只与 θ 有关的函数 Θ_{lm} 和只与 ϕ 有关的 Φ_m 两部分：

表 2.1 类氢原子的径向波函数 $R_{nl}(r)$（$\alpha = Z/na_0$）

R_{nl} 函数	表 示 式
R_{10}	$2\alpha^{3/2} e^{-\alpha r}$
R_{20}	$2\alpha^{3/2} e^{-\alpha r}(1-\alpha r)$
R_{21}	$(2/\sqrt{3})\alpha^{5/2} r e^{-\alpha r}$
R_{30}	$(2/3)\alpha^{3/2} e^{-\alpha r}(3 - 6\alpha r - 2\alpha^2 r^2)$
R_{31}	$(2\sqrt{2}/3)\alpha^{5/2} r e^{-\alpha r}(2-\alpha r)$
R_{32}	$(4/3\sqrt{10})\alpha^{7/2} r^2 e^{-\alpha r}$
R_{40}	$(2/3)\alpha^{3/2} e^{-\alpha r}(3 - 9\alpha r + 6\alpha^2 r^2 - \alpha^3 r^3)$
R_{41}	$(2/\sqrt{15})\alpha^{5/2} r e^{-\alpha r}(5 - 5\alpha r + \alpha^2 r^2)$
R_{42}	$(2/3\sqrt{5})\alpha^{1/2} r^2 e^{-\alpha r}(3-\alpha r)$
R_{43}	$(2/3\sqrt{35})\alpha^{9/2} r^3 e^{-\alpha r}$

$$Y_{lm}(\theta,\phi) = \Theta_{lm}(\cos\theta)\Phi_m(\phi) \qquad (2.2.11)$$

其中归一化的 Θ_{lm} 部分为

$$\Theta_{lm}(\cos\theta) = \left[\frac{(2l+1)(l-m)!}{2(l+m)!}\right]^{\frac{1}{2}} p_l^m(\cos\theta) \qquad (2.2.12)$$

令 $x = \cos\theta$，则上式中连带 Legendre 多项式 p_l 的 m 次微分表示式为

$$p_l^m(x) = \frac{1}{2^l l!}(1-x^2)^{m/2}\frac{d^{l+m}}{dx^{l+m}}(x^2-1)^l \qquad (2.2.13)$$

Φ_m 部分的归一化形式为

$$\Phi_m = \frac{1}{\sqrt{2\pi}} e^{im\phi} \qquad (2.2.14)$$

由于 Φ_m 和 $\Phi_{|m|}$ 这两个复数（除了 $m=0$ 时，$\Phi_0 = \frac{1}{\sqrt{2\pi}}$ 外）都是满足式（2.2.3）的解，按数学上微分方程理论，将它们按下式线性组合后得到的一套等价的实数形式也是它的解。

$$\Phi_{|m|}(\phi) = \begin{cases} \dfrac{1}{2}(\Phi_{|m|} + \Phi_{-|m|}) = \dfrac{1}{\sqrt{\pi}}\cos|m|\phi \\ -\dfrac{i}{2}(\Phi_{|m|} - \Phi_{-|m|}) = \dfrac{1}{\sqrt{\pi}}\sin|m|\phi \end{cases} \quad (2.2.15)$$

在化学键的讨论中常采用这种方便而直观的形式。表 2.1 和表 2.2 中列出了在极坐标及直角坐标下角度部分函数 $Y_{l|m|}(\theta,\phi)$ 的明显实数表示式。按光谱学上的习惯，常用 s,p,d,f,g 作为 $l=0,1,2,3,4$ 的代号。

表 2.2　归一化的原子角度波函数 $Y_{lm}(\theta,\phi)$

符号	角度波函数	
	极坐标	直角坐标
s	$1/\sqrt{4\pi}$	$1/\sqrt{4\pi}$
p_x	$\sqrt{3/4\pi}\sin\theta\cos\varphi$	$\sqrt{3/4\pi}\,r^{-1}x$
p_y	$\sqrt{3/4\pi}\sin\theta\cos\varphi$	$\sqrt{3/4\pi}\,r^{-1}y$
p_z	$\sqrt{3/4\pi}\cos\theta$	$\sqrt{3/4\pi}\,r^{-1}z$
d_{z^2}	$\sqrt{5/16\pi}(3\cos^2\theta-1)$	$\sqrt{15/16\pi}\,r^{-2}(3z^2-r^2)$
$d_{x^2-y^2}$	$\sqrt{15/16\pi}\sin^2\theta\cos2\varphi$	$\sqrt{15/16\pi}\,r^{-2}(x^2-y^2)$
d_{xy}	$\sqrt{15/16\pi}\sin^2\theta\sin2\varphi$	$\sqrt{15/4\pi}\,r^{-2}xy$
d_{xz}	$\sqrt{15/4\pi}\sin\theta\cos\theta\cos\varphi$	$\sqrt{15/4\pi}\,r^{-2}xz$
d_{yz}	$\sqrt{15/4\pi}\sin\theta\cos\theta\sin\varphi$	$\sqrt{15/4\pi}\,r^{-2}yz$
f_{x^3}	$\sqrt{7/16\pi}(5\cos^3\theta-3\theta\cos\theta)$	$\sqrt{17/16\pi}\,r^{-3}z(5z^2-3r^2)$
f_{xz^2}	$\sqrt{21/32\pi}\sin\theta\cos\varphi(5\cos^2\theta-1)$	$\sqrt{21/32\pi}\,r^{-3}x(5z^2-r^2)$
f_{yz^2}	$\sqrt{21/32\pi}\sin\theta\sin\varphi(5\cos^2\theta-1)$	$\sqrt{21/32\pi}\,r^{-3}y(5z^2-r^2)$
f_{xyz}	$\sqrt{105/16\pi}\sin^2\theta\cos\theta\sin2\varphi$	$\sqrt{105/4\pi}\,r^{-3}xyz$
$f_{z(x^2-y^2)}$	$\sqrt{105/16\pi}\sin^2\theta\cos\theta\cos2\varphi$	$\sqrt{105/16\pi}\,r^{-3}z(x^2-y^2)$
$f_{x(x^2-3y^2)}$	$\sqrt{35/32\pi}\sin^3\theta\cos3\varphi$	$\sqrt{35/32\pi}\,r^{-3}x(x^2-3y^2)$
$f_{x(3x^2-y^2)}$	$\sqrt{35/32\pi}\sin^3\theta\sin3\varphi$	$\sqrt{35/32\pi}\,r^{-3}y(3x^2-y^2)$

图 2.2 和图 2.3 中绘制了一些典型的角度分布 $Y_{l|m|}(\theta,\phi)$ 及径向分布图 $R_{nl}(r)$。可以证明，$R_{nl}(r)$ 函数与坐标轴的交点($\psi=0$，也称为节点)数目为 $n-l-1$ 个。因此，R_{1s} 没有节点，R_{3p} 有一个节点。含两个变数 θ 和 ϕ 的三维空间 $Y_{l|m|}(\theta,\phi)$ 图的节面数等于角量子数 l，其中的正负号对于今后判断化学键的对称性组合及成键特性有重要意义。

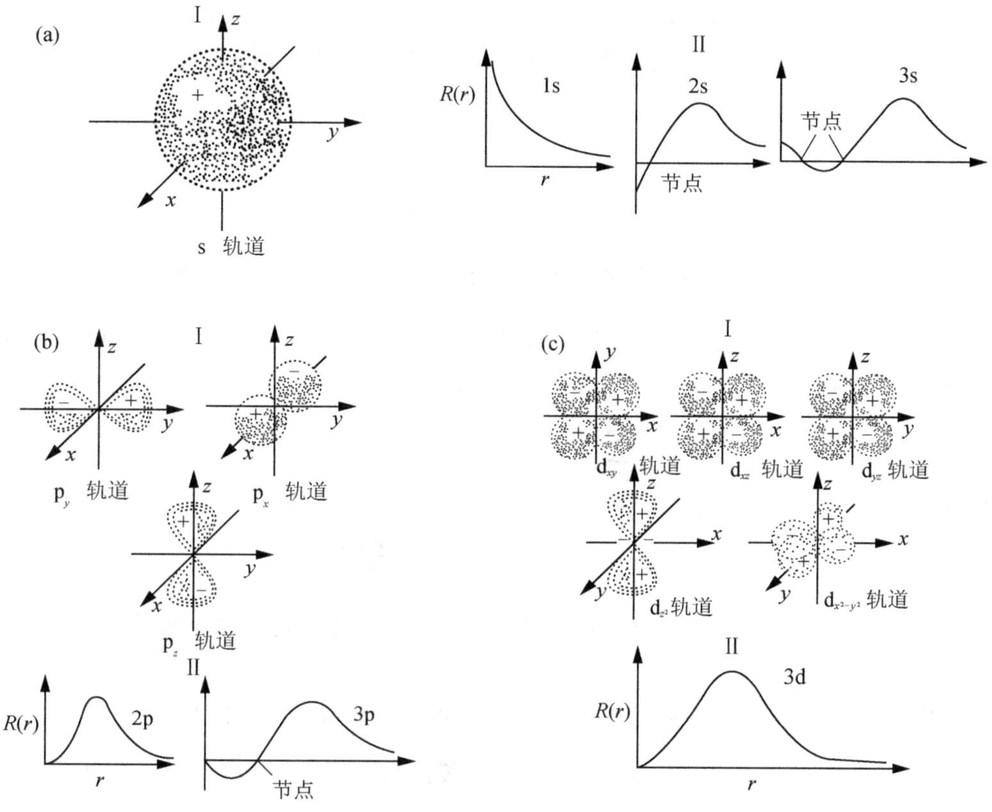

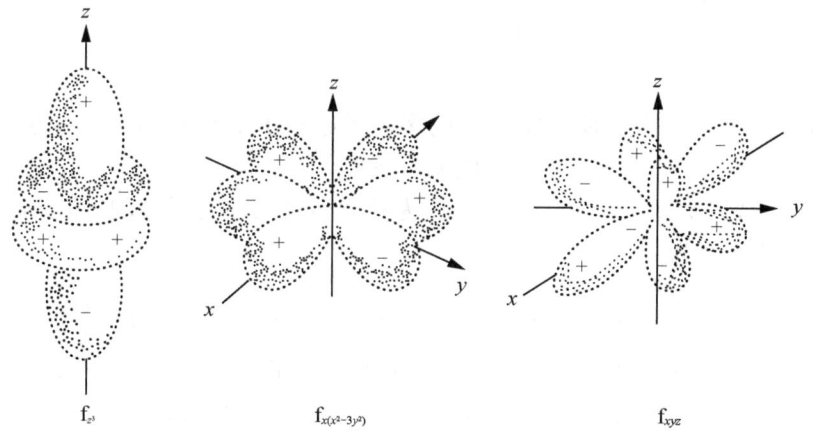

图 2.2　原子波函数的角度(Ⅰ)和径向(Ⅱ)分布

(a)s 轨道;(b)p 轨道;(c)d 轨道

图 2.3　f 原子波函数的角度分布

2.2.2　多电子原子

对于多电子原子应该严格地由方程(2.2.1)求解,但实际上,由于数学上的困

难通常采用 *Born-Oppenheimer* 近似将体系中的电子运动和核运动分开处理。对原子这种体系常采用中心势场近似。这时认为原子中的电子 i 除了受到中心核的吸引作用 $-\dfrac{Ze^2}{r_i}$ 外，还受到其他 $(n-1)$ 个电子的势场作用，因此电子 i 的势能为

$$V(r_i) = -\frac{Ze^2}{r_i} + \sum_{j\neq i}^{n} \frac{e^2}{r_{ij}} \tag{2.2.16}$$

由于其他 $(n-1)$ 个电子可能处在非球对称的 p、d、f 轨道上，因此 $\sum_{j\neq i}^{n} \dfrac{e^2}{r_{ij}}$ 一般不是球对称的，但在对电子云的各个方向取平均值后可以使其近似地取为球对称势能函数 $f(r_i)$。若进一步近似将 $f(x_i)$ 取 Coulomb 势，即

$$\sum_{j\neq i}^{n} \frac{e^2}{r_{ij}} = f(r_i) = \frac{\sigma_i e^2}{r_i}$$

则有

$$V(r_i) = -\frac{Ze^2}{r_i} + \frac{\sigma_i e^2}{r_i} = -\frac{(Z-\sigma_i)e^2}{r_i} \tag{2.2.17}$$

式中 σ_i 称为屏蔽常数，其数值与所处轨道的 n 和 l 量子数有关。通常使用 Slater 提出的计算经验规则[11]。

由此我们得到在中心势场模型下的零级近似 Hamilton 算符为

$$\hat{H}_0 = \sum_{i=1}^{n} \left[-\frac{h^2}{8\pi^2 m}\nabla_i^2 - V(r_i) \right] \tag{2.2.18}$$

将式 (2.2.1) 中所表示的真实 Hamilton 算符和中心势场近似下的零级 Hamilton 算符 $\hat{H}_0$ 之差为

$$\hat{H}_1 = -\sum_{i=1}^{n} \left[\frac{Ze^2}{r_i} - V(r_i) \right] + \frac{1}{2}\sum_{i\neq j}^{n}\sum^{n} \frac{e^2}{r_{ij}} \tag{2.2.19}$$

$\hat{H}_1$ 是较小的微扰项。

我们先求解无微扰（即令 $\hat{H}_1 = 0$）的多电子原子体系的 Schrödinger 方程：

$$\hat{H}_0 \Psi_0 = E\Psi_0 \tag{2.2.20}$$

由式 (2.2.18) 近似地将原子中的电子作为独立运动的单电子处理，即按 Hartree 近似，体系的波函数为

$$\Psi_0(1,2,\cdots,n) = \psi_1(1)\psi_2(2)\psi_3(3)\cdots\psi_n(n) = \prod_{i=1}^{n}\psi_i(i) \tag{2.2.21}$$

它表示电子 1 处在原子轨道 ψ_1，电子 2 处在原子轨道 ψ_2，……，电子 n 处在原子轨道 ψ_n 的概率函数。将式 (2.2.20) 左边乘 Ψ_0^* 并进行积分，得到

$$\int \Psi_0^* \hat{H}_0 \Psi_0 \mathrm{d}\tau = E\int \Psi_0^* \Psi_0 \mathrm{d}\tau$$

其中微体积 $\mathrm{d}\tau = \mathrm{d}\tau_1 \mathrm{d}\tau_2 \cdots \mathrm{d}\tau_n$。这样，很容易进行变数分离而得到

$$\left[-\frac{h^2}{8\pi^2 m}\nabla_i^2 - \frac{(Z-\sigma_i)e^2}{r_i} \right]\psi_i = \varepsilon_i \psi_i \qquad (i=1,\cdots,n) \tag{2.2.22}$$

$$\sum_{i=1}^{n} \varepsilon_i = E \qquad (2.2.23)$$

该式和单电子的类氢原子式(2.2.2)完全相同,只不过是用 $\xi_i = Z - \sigma_i$ 代替了 Z 而已。因此中心模型近似的一个直接结论是,将多电子原子中的电子 n 看做是独立地在有效核电荷为 ξ_i 的原子核周围运动,每个电子仍然具有如下形式的波函数或轨道

$$\psi_{nlm}(r, \theta, \phi) = R_{nl}(r) Y_{lm}(\theta, \phi) \qquad (2.2.24)$$

及轨道能量

$$\varepsilon_{ni} = -\frac{(Z - \sigma_i)^2}{n^2} \left(\frac{e^2}{2a} \right) \qquad (2.2.25)$$

考虑到屏蔽效应,n 相同而 l 不同的轨道,其能量也有些不同。按式(2.2.23),原子中电子的总能量 E 为各个单电子占据原子轨道 ψ_i 的能量 ε_i 之和。

值得注意的是,若平均势场 $\sum_{j \neq i}^{n} \frac{e^2}{r_{ij}} = f(r)$,不是采取 $\frac{\sigma e^2}{r}$ 的形式,则原子轨道的 $R_{nl}(r)$ 可能和类氢离子的式(2.2.9)不同。在实际的量子化学计算中,为了减少工作量,常采用没有节点的 Slater 径向波函数:

$$R_{nl}(r) = A r^{n-1} e^{-(Z-\sigma)r/n^*} \qquad (2.2.26)$$

其中 n^* 为有效主量子数,它和主量子数 n 有下列对应经验关系:

$$n = 1, 2, 3, 4, 5, 6$$
$$n^* = 1, 2, 3, 3.7, 4.0, 4.2$$

当 n^* 为整数时,其中归一化常数 A 为

$$A = \frac{[2(Z - \sigma_{nl})]^{n^* + \frac{1}{2}}}{[(2n^*)!]^{\frac{1}{2}}} \qquad (2.2.27)$$

在上面的讨论中,为描述电子在三维空间的轨道运动,导出了三个量子数 n、l、m。由量子力学可以证明,l 和 m 还分别和轨道角动量算符 $\hat{L}$ 和 $\hat{L}_z$ 的本征值和本征函数有下列关系(常用简写 $\hbar = h/2\pi$):

$$\hat{L}^2 Y_{lm}(\theta, \varphi) = l(l+1) \hbar^2 Y_{lm}(\theta, \varphi) \qquad (2.2.28)$$

$$\hat{L}_z [Y_{lm}(\theta, \varphi) = m \hbar \Phi_m] \qquad (2.2.29)$$

根据原子的磁学和光谱等实验表明,电子本身还具有自旋运动,它可以从相对论的量子力学进行阐明。自旋角动量所对应的量子力学算符用 $\hat{s}$ 表示,电子自旋波函数为 α (m_s),其中自旋变量 m_s 只能取两个数值:$m_s = \frac{1}{2}$ 的自旋态为 α;$m_s = -\frac{1}{2}$ 的自旋态为 β。电子自旋波函数 α 和 β 是自旋角动量算符平方 $\hat{s}^2$ 和它在 z 轴投影 $\hat{s}_z$ 的共同本征函数,即

$$\hat{s}^2 \alpha = S(S+1) \hbar^2 \alpha \qquad (2.2.30a)$$

$$\hat{s}^2 \beta = S(S+1) \hbar^2 \beta \qquad (2.2.30b)$$

$$\hat{s}_z \alpha = +\frac{1}{2} \hbar \alpha \qquad (2.2.31a)$$

$$\hat{s}_z\beta = -\frac{1}{2}\cdot\hbar\beta \qquad (2.2.31b)$$

自旋函数 α 和 β 是正交归一化的。式(2.2.31)表明自旋角动量在 z 轴上(常为物理上的磁轴)的分量只有 $\frac{1}{2}\cdot\frac{h}{2\pi}$ 和 $-\frac{1}{2}\cdot\frac{h}{2\pi}$ 这两个值,其中两个量子化数值 $+\frac{1}{2}$ 和 $-\frac{1}{2}$ 就称为自旋磁量子数 m_s。这样就可以用 n、l、m 和 m_s 这四个量子数对原子中每个电子的运动状态做完全的描述。空间波函数 Φ 和自旋波函数的乘积

$$\psi_1 = \Phi_{nlm}(r,\theta,\phi)\alpha(m_s)$$
$$\psi_2 = \Phi_{nlm}(r,\theta,\phi)\beta(m_s) \qquad (2.2.32)$$

称为自旋轨道①。它仍然是单电子 Schrödinger 方程的解,因为自旋波函数与空间坐标 (r,θ,ϕ) 无关。

综上讨论,原子中电子的能量主要取决于主量子数 n,因此化学上将相同 n 的电子称为处于同一壳层。按式(2.2.25),对于 n 与 l 相同的轨道,其能量应该相同,这种轨道称为简并轨道。同一个 l 的轨道应有 $(2l+1)$ 个简并轨道。例如,$l=1$ 的 p 轨道,其简并度为 3,相应于 $m=0,\pm1$(或等价的 p_x、p_y、p_z 轨道)所表征的三个状态。根据熟知的 Pauli 原理,同一原子内不可能有两个电子具有一组相同的四个量子数(即每个自旋轨道只能容纳一个电子),可以求出原子中量子数为 n 的壳层最多可容纳的电子数:

$$\sum_{l=0}^{n-1}2(2l+1) = 2(1+3+5+\cdots) = \frac{2+2(2n-1)}{2}\cdot n = 2n^2 \qquad (2.2.33)$$

由此可知,$n=1$ 的 K 壳层最多容纳 2 个电子,$n=2$ 的 L 壳层最多容纳 8 个电子,$n=3$ 的 M 壳层最多容纳 18 个电子,这就从理论上阐明了元素周期表的结构特点。

当电子在原子中的各个状态的分布遵守能量最低原理时,就可得到原子的基态,例如,Ti^{2+} 共有 $Z=20$ 个电子,其电子在各个轨道中的分布情况(称为电子组态)应为 $1s^22s^22p^63s^23p^63d^2$。通常略去充满电子的内壳层,简记为 $3d^2$。当其中一个电子由较低的 3d 轨道跃迁到 4s 轨道时,就可以得到激发态的电子组态 $3d^14s^1$。

2.2.3 原子光谱项及其能量

以上的零级近似处理对原子的周期性结构可以做出令人满意的合理解释,但是,在讨论与激发态有关的原子光谱和磁性等问题时这种近似是不够的,这是由于我们忽略了原子中各个电子间更细微的电磁相互作用。下面对多电子原子进行更深入的讨论,详情参看经典著作[14]。

对于 n 个电子的原子,在零级近似讨论中,我们实质上应用了组态中各个自旋轨道乘积所组成的 Hartree 型波函数

---

① 此式中 ψ 和 Φ 的含义与式(2.2.5)Ψ_{nlm} 和式(2.2.11)Φ_m 的类似符号的含义不同。量子化学中经常出现符号不够用的情况,请读者根据上下文情况加以区分。

$$\psi_0 = \psi_1(1)\psi_2(2)\psi_3(3)\cdots\psi_n(n) \tag{2.2.34}$$

实际上,从物理上,由于电子的不可区分性,以及电子属于 Fermi 粒子而要求其全波函数 ψ 在任意交换两个电子时具有反对称的特点,因而更正确的处理应该使用下列 Slater 行列式波函数作为体系的波函数,因为该行列式在任意交换其中两行或两列时其值必定变号。

$$\Psi(1,2,\cdots,n) = \frac{1}{\sqrt{n!}} \begin{vmatrix} \psi_1(1)\psi_2(1)\cdots\psi_n(1) \\ \psi_1(2)\psi_2(2)\cdots\psi_n(2) \\ \cdots\cdots \\ \psi_1(n)\psi_2(n)\cdots\psi_n(n) \end{vmatrix} \tag{2.2.35a}$$

其中 $\frac{1}{\sqrt{n!}}$ 为满足 $\int \Psi\Psi^* d\tau = 1$ 的归一化常数。式(2.2.35a)常以保留其对角项的形式,而简记为

$$\Psi(1,2,\cdots,n) = |\psi_1(1)\psi_2(2)\cdots\psi_n(n)| \tag{2.2.35b}$$

例如,对于组态为 $1s^2$ 的 He 原子基态,其行列式波函数可简记为下列各种形式

$$\Psi(1,2) = \frac{1}{2!} \begin{vmatrix} \Phi_{1s}\alpha(1) & \Phi_{1s}\beta(1) \\ \Phi_{1s}\alpha(2) & \Phi_{1s}\beta(2) \end{vmatrix} = |\Phi_{1s}\alpha(1)\Phi_{1s}\beta(2)|$$

$$= |\Phi_{1s}^+ \Phi_{1s}^-| = |1s(1)1_s^-(2)| \tag{2.2.36}$$

其中 Φ_{1s} 为在中心势场近似下由式(2.2.5)所求出的 1s 轨道

$$\Phi_{1s} = \left(\frac{\xi^3}{\pi}\right)^{\frac{1}{2}} e^{-\xi r} \tag{2.2.37}$$

根据行列式的性质,当交换行列式的任意两列(即交换任意两个电子的位置)时,Ψ 就变号,故也称为反对称波函数。当行列式中两列相同时,行列式就等于零,亦即每个自旋轨道至多只能被一个电子占据,因而该行列式波函数也自动满足 Pauli 原理。

在前述的中心力场近似下,多电子原子中每个电子的状态可以用 n、l、m_l、m_s 这四个量子数来描述。例如,对于不计及满壳层的三价钒 V(Ⅲ) d^2 组态的自由金属离子,它的任何一个 d 电子都可以占据 $m_l = 0, \pm 1, \pm 2$ 五个简并 d 轨道中的一个,并可以有自旋 $m_s = \frac{1}{2}$ 或 $-\frac{1}{2}$。因此在 Pauli 原理的限制下,这两个电子可以在这 10 个不同的 m_l、m_s 自旋轨道中做如表 2.3 所示的配置(称为微观态)。由于第一个电子可占据 10 个自旋轨道中的任意一个,而第二个电子只能占据其余 9 个中的任意一个,因而 d^2 组态共有 $\frac{10 \times 9}{2} = 45$ 个微观态。表 2.3 中的微观态 $(m_{l_1}^{m_{s_1}}, m_{l_2}^{m_{s_2}})$ 表示 d^2 自由离子中 1,2 两个电子的 m_l 和 m_s 量子数,其中状态 $(m_{l_1}^{m_{s_1}}, m_{l_2}^{m_{s_2}})$ 这个符号实际上也就是 Slater 行列式波函数的缩写。例如

$$(2^+, 2^-) = \frac{1}{\sqrt{2}} \begin{vmatrix} 2^+(1) & 2^-(1) \\ 2^+(2) & 2^-(2) \end{vmatrix} = \frac{1}{\sqrt{2}} [2^+(1) 2^-(2) - 2^-(1) 2^+(2)]$$

(2.2.38)

表 2.3 单电子近似下 (nd^2) 组态的 45 个微观态

M_L	M_S		
	1	0	-1
4		$\Phi(2^+ 2^-)$	
3	$\Phi(2^+ 1^+)$	$\Phi(2^+ 1^-), \Phi(2^- 1^+)$	$\Phi(2^- 1^-)$
2	$\Phi(2^+ 0^+)$	$\Phi(2^+ 0^-), \Phi(2^- 0^+), \Phi(1^+ 1^-)$	$\Phi(2^- 0^-)$
1	$\Phi(2^+ -1^+)$	$\Phi(2^+ -1^-), \Phi(2^- -1^+)$	$\Phi(2^- -1^1)$
	$\Phi(1^+ 0^+)$	$\Phi(1^+ 0^-) \Phi(1^- 0^+)$	$\Phi(1^- 0^-)$
0	$\Phi(2^+ -2^+)$	$\Phi(2^+ -2^-), \Phi(2^- -2^+)$	$\Phi(2^- -2^-)$
	$\Phi(1^+ -1^+)$	$\Phi(1^+ -1^-), \Phi(1^- -2^+), \Phi(0^+ 0^-)$	$\Phi(1^- -1^-)$
-1	$\Phi(1^+ -2^+)$	$\Phi(1^+ -2^-), \Phi(1^- -2^-)$	$\Phi(1^- -2^-)$
	$\Phi(0^+ -1^+)$	$\Phi(0^+ -1^-), \Phi(0^- -1^+)$	$\Phi(0^- -1^-)$
-2	$\Phi(0^+ -2^+)$	$\Phi(0^+ -2^-), \Phi(0^- -2^+), \Phi(-1^+ -1^-)$	$\Phi(0^- -2^-)$
-3	$\Phi(-1^+ -2^+)$	$\Phi(-1^+ -2^-), \Phi(-1^- -2^+),$	$\Phi(-1^- -2^-)$
-4		$\Phi(-2^+ -2^-)$	

在中心力场近似下,这 45 个微观态由于都是属于 nd^2 组态,因此具有相同的能量。实际上,由于式(2.2.19)所示的微扰 $\hat{H}_1$ 引起的电子间的相互作用而可能使这 45 重简并态产生分裂(即去简并化)。当电子的自旋 S 和轨道 L 之间的偶合较弱时,可以采取所谓的 L-S 偶合(称为 Russell-Saunders 偶合)方案。由于电子之间的微扰,个别电子的 l_i、s_i 已经不是好的量子数,只有由它们导出的总角量子数 L 和总自旋量子数 S 才是更正确地反映了原子整体内部电子相互作用后状态的好量子数(注意:用大写的 L、S 字母以区别对应于小写字母的单电子 l、s)。应用形象化的向量加和模型,可以由单电子的 l_i 和 s_i 组合出(参考 2.3.3 小节)

$$L = (l_1 + l_2), (l_1 + l_2 - 1), \cdots, |l_1 - l_2| \quad (2.2.39)$$

$$S = \frac{n}{2}, \frac{n}{2} - 1, \frac{n}{2} - 2, \cdots, \frac{1}{2} \text{ 或 } 0 \quad (2.2.40)$$

例如,对于 d^2 组态,可以有 $L = 4, 3, 2, 1, 0; S = 1, 0$。它们在 z 轴方向的投影分别为 M_L 和 M_S,例如,当 $L = 2$ 时,可以有 $M_L = 2, 1, 0; S = 1$ 时,可以有 $M_S = 1, 0$ 等。注意到:$M_L = \sum m_i, M_S = \sum m_{s_i}$,就可以按 M_L/M_S 的方式将 45 个微观态分类(表 2.3)。

我们进一步具体地讨论上述微观态按 L 和 S 进行归属的方法。通常用光谱项符号 ^{2S+1}L 来简记这些更准确描述其状态的好量子数 L 和 S 所表示的状态,左上角 $2S+1$ 称为光谱项的多重性,而整个该光谱项所描述状态的总简并度应为 $(2S+1)$

$\cdot(2L+1)$。对于表 2.3 所列的 45 个微观态,首先由表中找出具有最大 M_L 值的 $M_L=4$ 这一行,它只含有一个微观态($2^+,2^-$),因而必定属于 d^2 组态中 $L=4$ 的 G 态。再者,由于在该 $M_L=4$ 的行中不存在其他微观态,因而具有 $M_S=0$ 的(2^+,2^-)微观态必定来自 $S=0$ 的态。这样,我们就知道表中存在一个 ^1G 谱项,如上所述,它的简并度为 $(2S+1)\cdot(2L+1)=(2\times 0+1)(2\times 4+1)=9$。由于 M_L 取值从 $+4$ 到 -4,因此我们可以从表中 9 个 M_L/M_S 格子中各挑出一个 $M_S=0$ 的微观态,无论挑出其中哪一个都无关紧要。下一步是在 $M_L=3$ 的那一行中找出($2^+,1^+$),它的 $M_S=1$,从而属于 ^3F 谱项,该 ^3F 谱项应具有 $(2\times 3+1)(2\times 1+1)=21$ 个简并度。任意地从 $|M_L|\le 3$ 的行中的每一列挑出一个微观态,由于剩下来的最高 M_L 值的微观态为 $M_L=2$ 和 $M_S=0$,从而得到谱项 ^1D,它具有 5 重简并度,可以从每个格子中挑出 $M_S=0$ 的 5 个微观态。用类似上述方法可以继续往下挑出 ^3P 谱项的 9 重简并微观态、^1S 谱项的一个微观态。

综上所述,我们对 d^2 电子组态中的 45 个简并微观态导出了五个光谱项 ^1G、^3F、^1D、^3P 和 ^1S,将这五个用光谱项表示的多电子态的总简并度加起来当然总数不变,仍是 45 个。对于一个确定的谱项 ^{2S+1}L 除了确定的 L 和 S 外,M_L 和 M_S 也都有确定的数值,因此该谱项所属的 $(2L+1)(2S+1)$ 个状态的波函数可以记为 $\Psi(L,M_L,S,M_S)$。对于多电子体系,只有 L、M_L、S、M_S 才是描述体系的好量子数。对应于这五个谱项状态的本征函数应是上述微观态的线性组合,即

$$\Psi_K(L\ M_L\ S\ M_S) = \sum_i G_{ki}\Phi_i(m_l m_s;m'_l,m'_s) \tag{2.2.41}$$

式中 G_{ki} 为线性组合系数,其求法简述如下。利用量子力学中(这里不加证明)谱项本征函数的正交归一化条件及下列升算符 $\hat{L}_+$ 和降算符 $\hat{L}_-$ 的性质

$$\hat{L}_+\Psi(L,M_L) \equiv (\hat{L}_x+i\hat{L}_y)\Psi(L,M_L)$$
$$= \hbar\sqrt{(L+M_L+1)(L-M_L)}\Psi(L,M_L+1) \tag{2.2.42}$$

$$\hat{L}_-\Psi(L,M_L) \equiv (\hat{L}_x-i\hat{L}_y)\Psi(L,M_L)$$
$$= \hbar\sqrt{(L-M_L+1)(L+M_L)}\Psi(L,M_L-1) \tag{2.2.43}$$

其中 $\hbar=\dfrac{h}{2\pi}$,$\hat{L}_x=\sum_i \hat{l}_{xi}$,$\hat{L}_y=\sum_i \hat{l}_{yi}$($S_+$ 和 S_- 有类似形式的公式,只是用 S 代替 L 而已),经过一些不难但繁杂的数学运算后可以得到表 2.4 所示的结果。例如,对于 d^2 组态的 ^1G 谱项的波函数,其 $L=4$,$S=0$。由表 2.3 可知,其中 M_L 值最大 ($M_L=4$) 的只有一个 $M_S=0$ 的态 ($2^+,2^-$),即一个电子 $m_{l_1}=2$,$m_{s_1}=-\dfrac{1}{2}$,另一个电子 $m_{l_2}=2$,$m_{s_1}=-\dfrac{1}{2}$。因此得到

$$\Psi(4\ 4\ 0\ 0) = \Phi(2^+\ 2^-) \tag{2.2.44}$$

表 2.4 d² 组态的谱项波函数 $\Psi_k(LM_LSM_S)$

谱项	波 函 数
^1G	$\Psi(4\ 4\ 0\ 0) = \Phi(2^+\ 2^-)$
	$\Psi(4\ 3\ 0\ 0) = \sqrt{\dfrac{1}{2}}[\Phi(2^+\ 1^-) - \Phi(2^-\ 1^+)]$
	$\Psi(4\ 2\ 0\ 0) = \sqrt{\dfrac{3}{14}}\Phi(2^+\ 0^-) - \sqrt{\dfrac{3}{14}}\Phi(2^-\ 0^+) + \sqrt{\dfrac{8}{14}}\Phi(1^+\ 1^-)$
	$\Psi(4\ 1\ 0\ 0) = \sqrt{\dfrac{1}{14}}\Phi(2^+\ -1^-) - \sqrt{\dfrac{1}{14}}\Phi(2^-\ -1^+) + \sqrt{\dfrac{6}{14}}\Phi(1^+\ 0^-) - \sqrt{\dfrac{6}{14}}\Phi(1^-\ 0^+)$
	$\Psi(4\ 0\ 0\ 0) = \sqrt{\dfrac{1}{70}}\Phi(2^-\ -2^-) - \sqrt{\dfrac{1}{70}}\Phi(2^-\ -2^+) + \sqrt{\dfrac{16}{70}}\Phi(1^+\ -1^-) - \sqrt{\dfrac{16}{70}}\Phi(1^-\ -1^+)$
	$\qquad + \sqrt{\dfrac{36}{70}}\Phi(0^+\ 0^-)$
	$\Psi(4\ -1\ 0\ 0) = \sqrt{\dfrac{1}{14}}\Phi(1^+\ -2^-) - \sqrt{\dfrac{1}{14}}\Phi(1^-\ -2^+) + \sqrt{\dfrac{6}{14}}\Phi(0^+\ -1^-)$
	$\qquad - \sqrt{\dfrac{6}{14}}\Phi(0^-\ -1^+)$
^3F	$\Psi(4\ -2\ 0\ 0) = \sqrt{\dfrac{3}{14}}\Phi(0^+\ -2^-) - \sqrt{\dfrac{3}{14}}\Phi(0^-\ -2^+) + \sqrt{\dfrac{8}{14}}\Phi(-1^+\ -1^-)$
	$\Psi(4\ -3\ 0\ 0) = \sqrt{\dfrac{1}{2}}[\Phi(-1^+\ -2^-) - \Phi(-1^-\ -2^+)]$
	$\Psi(4\ -4\ 0\ 0) = \Phi(-2^+\ -2^-)$
	$\Psi(3\ 3\ 1\ 1) = \Phi(2^+\ 1^+)$
	$\Psi(3\ 2\ 1\ 1) = \Phi(2^+\ 0^+)$
	$\Psi(3\ 1\ 1\ 1) = \sqrt{\dfrac{6}{10}}\Phi(2^+\ -1^+) + \sqrt{\dfrac{4}{10}}\Phi(1^+\ 0^+)$
	$\Psi(3\ 0\ 1\ 1) = \sqrt{\dfrac{1}{5}}\Phi(2^+\ -2^+) + \sqrt{\dfrac{4}{5}}\Phi(1^+\ -1^+)$
^1D	$\Psi(3\ -1\ 1\ 1) = \sqrt{\dfrac{6}{10}}\Phi(1^+\ -2^+) + \sqrt{\dfrac{4}{10}}\Phi(0^+\ -1^+)$
	$\Psi(3\ -2\ 1\ 1) = \Phi(0^+\ -2^+)$
	$\Psi(3\ -3\ 1\ 1) = \Phi(-1^+\ -2^+)$
	$\Psi(2\ 2\ 0\ 0) = \sqrt{\dfrac{2}{7}}\Phi(2^+\ 0^-) - \sqrt{\dfrac{2}{7}}\Phi(2^-\ 0^+) - \sqrt{\dfrac{3}{7}}\Phi(1^+\ 1^-)$
	$\Psi(2\ 1\ 0\ 0) = \sqrt{\dfrac{6}{14}}\Phi(2^+\ -1^-) - \sqrt{\dfrac{6}{14}}\Phi(2^-\ -1^+) - \sqrt{\dfrac{1}{14}}\Phi(1^+\ 0^-) + \sqrt{\dfrac{1}{14}}\Phi(1^-\ 0^+)$
	$\Psi(2\ 0\ 0\ 0) = \sqrt{\dfrac{4}{14}}\Phi(2^+\ -2^-) - \sqrt{\dfrac{4}{14}}\Phi(2^-\ -2^+) + \sqrt{\dfrac{1}{14}}\Phi(1^+\ -1^-)$

为了求得 $\Psi(4\ 3\ 0\ 0)$,可以将轨道角动量降算符 $\hat{L}_-$ 作用于式(2.2.44)

$$\hat{L}_-\Psi(4\ 4\ 0\ 0) = \hbar\sqrt{(4-4+1)(4+4)}\Psi(4,3,0,0)$$
$$= 2\sqrt{2}\hbar\Psi(4\ 3\ 0\ 0) \qquad (2.2.45)$$

此外,将 $\hat{L}_-$ 的定义表示为各分量 $\hat{L}_-$ 之和

$$\hat{L}_- = \hat{L}_x - i\hat{L}_y = (\hat{L}_{x_1} - i\hat{L}_{y_1}) + (\hat{L}_{x_2} - i\hat{L}_{y_2})$$
$$= (\hat{L}_-)_1 + (\hat{L}_-)_2 \qquad (2.2.46)$$

将此式作用于式(2.2.44)的右边,则得到

$$\hat{L}_-\Phi(2^+2^-) = [(\hat{L}_-)_1 + (\hat{L}_-)_2]\frac{1}{\sqrt{2}}[\Phi_2\alpha(1)\Phi_2\beta(2) - \Phi_2\beta(1)\Phi_2\alpha(2)]$$

$$= 2\hbar\frac{1}{\sqrt{2}}[\Phi_1\alpha(1)\Phi_2\beta(2) - \Phi_2\beta(1)\Phi_1\alpha(2)]$$

$$+ 2\hbar\frac{1}{\sqrt{2}}[\Phi_2\alpha(1)\Phi_1\beta(2) - \Phi_1\beta(1)\Phi_2\alpha(1)]$$

$$= 2\hbar[\Phi(1^+2^-) + \Phi(2^+1^-)] \qquad (2.2.47)$$

比较式(2.2.45)和式(2.2.47),得到

$$\Psi(4\ 3\ 0\ 0) = \frac{1}{\sqrt{2}}[\Phi(1^+2^-) + \Phi(2^+1^-)] \qquad (2.2.48)$$

类似地使用 $\hat{L}_+$、$\hat{L}_-$、$\hat{S}_+$ 和 $\hat{S}_-$ 升降算符,可以得到其他谱项的波函数(表2.4)。

如前所述,在中心势场模型下,d^2 组态的 45 个简并态都具有相同的能量,在考虑了电子间的相互作用的非球形对称项 $\hat{H}' = \sum_{i>j}\sum\frac{e^2}{r_{ij}}$ 后分裂成五个谱项。对于一个确定的谱项 ^{2S+1}L,就有一个确定的能量 $E(L,S)$,可以利用微扰理论来计算各个谱项的能量。对于我们所举的 d^2 组态的例子,由于这五个谱项中每个谱项只出现一次,可以应用较简单的非简并态微扰理论(参考附录Ⅳ)。假定在电子独立运动模型 $\hat{H}_0$ 的基础上再附加电子 i 和 j 之间的相互作用 $\hat{H}' = \sum_{i>j}\sum\frac{e^2}{r_{ij}}$ 作为微扰,由此可以求出谱项的相对能量,它近似地应为一级微扰能

$$E' = \int\Psi(LM_LSM_S)^*\left(\sum_{i>j}\sum\frac{e^2}{r_{ij}}\right)\Psi(LM_LSM_S)d\tau \qquad (2.2.49)$$

其中谱项 Ψ 为 Slater 行列式波函数 Φ 的线性组合,因而式(2.2.49)展开后会出现下列积分

$$\int\Phi_a(1)^*\Phi_b(2)^*\left|\frac{1}{r_{12}}\right|\Phi_c(1)\Phi_d(2)d\tau_1d\tau_2 \qquad (2.2.50)$$

这种积分可以用数学方法通过将 $\frac{1}{r_{12}}$ 展开成球谐函数的公式

$$\frac{e^2}{r_{12}} = \frac{e^2}{r_>}\sum_{k=0}^{\infty}\sum_{q=-k}^{k}\frac{4\pi}{2k+1}\frac{r_<^k}{r_>^k}Y_k^q(1)Y_k^{q*}(2) \qquad (2.2.51)$$

而求解,式中符号含义如图2.4所示,$r_>$ 和 $r_<$ 分别为 r_1 和 r_2 中较大者和较小者,γ 为其二者的夹角,Y_k^q 对应式(2.2.11)中的 Y_{lm}。详细数学推导可参考文献[14]。

经过详细运算后得到 d^2 组态各个谱项的能级,如表2.5所示,其中 F_0、F_2 和 F_4 称为 Slater-Condon 参数,它们是与径向波函数 R_{3d} 积分有关的参数

$$F^k(3d,3d) = \int_0^\infty\int_0^\infty[R_{3d}(r_1)]^2\frac{r_<^k}{r_>^k}[R_{3d}(r_2)]^2r_1^2r_2^2dr_1dr_2$$

$$F_0 = F^0, \qquad F_2 = \frac{F^2}{49}, \qquad F_4 = \frac{F^4}{441} \qquad (2.2.52)$$

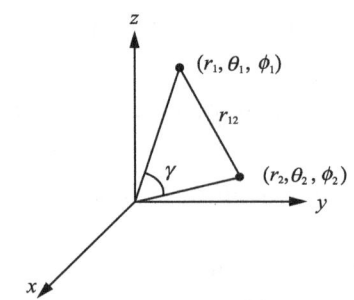

图 2.4 多电子原子中两个电子的球坐标

表 2.5 d^2 组态各谱项的相对能量

谱项	谱项能量 Slater-Condon 参数	谱项能量 Racah 参数	与基态谱项的能量差 ΔE
^3F	$F_0 - 8F_2 - 9F_4$	$A - 8B$	0
^1D	$F_0 - 3F_2 + 36F_4$	$A - 3B + 2C$	$5B + 2C$
^3P	$F_0 + 7F_2 - 84F_4$	$A + 7B$	$15B$
^1G	$F_0 + 4F_2 + F_4$	$A + 4B + 2C$	$12B + 2C$
^1S	$F_0 + 14F_2 + 126F_4$	$A + 14B + 7C$	$22B + 7C$

为了避免出现大的数字,也常用所谓的 Racah 参数 A、B、C 来表示电子间的排斥作用[14]

$$A = F_0 - 49F_4, \quad B = F_2 - 5F_4, \quad C = 35F_4 \tag{2.2.53}$$

表 2.6 中列出了一些其他 d^n 组态的谱项能量。由于 d^n 电子和 d^{10-n} 空穴的等价性,它们具有相同的谱项及能量差,因此表中只列出了 d^2、d^3、d^4、d^5 电子组态的谱项能量值。值得指出的是,当 d^n 组态中出现 N 个谱项时,$(N>1)$ 谱项能级的计算要用到简并态微扰理论去求解 N 阶久期方程,从而在谱项能级公式中会出现非线性项。例如,d^3 组态中就出现两个 ^2D 谱项($^2D'$ 和 $^2D''$),它们就具有略微不同的能级(表 2.6)。

不同谱项中的能级差别主要在于 F_2 和 F_4 的项次,原则上可以从理论上进行计算。例如,对于钒(3d)^{2}V(Ⅲ)离子,假定采取类氢原子的径向波函数

$$R_1 = R_2 = -\frac{4}{81\sqrt{30}} \left(\frac{Z}{a_0}\right)^{7/2} r^2 e^{-(Z/3a_0)r} \tag{2.2.54}$$

将它代入式(2.2.52),可求出

$$F_2 = 203Z \text{cm}^{-1} \quad F_4 = 14.7Z \text{cm}^{-1} \tag{2.2.55}$$

其 $F_2/F_4 = 13.8$。为了避免理论计算的近似性,一般采取模拟实验的光谱数据而确定这套 F_i 经验参数。例如,对于 V(Ⅲ)离子,由原子光谱实验数据求得的能量差 $E(^3P - ^3F) = 13\,000 \text{cm}^{-1}$, $E(^1D - ^3F) = 106\,000 \text{cm}^{-1}$,将它和表 2.5 中所列理论值进行比较,有

$$E(^3P - ^3F) = 15F_2 - 75F_4 = 13\,000 \text{cm}^{-1}$$

$$E(^1D - ^3F) = 5F_2 + 45F_4 = 10\,600 \text{cm}^{-1}$$

表 2.6 d^n 组态的光谱项及其能量

电子组态	谱项	相对能量
d^1, d^9	^2D	
d^2, d^8	^3F	$A - 8B$
	^3P	$A + 7B$
	^1G	$A + 4B + 2C$
	^1D	$A - 3B + 2C$
	^1S	$A + 14B + 7C$
d^3, d^7	^4F	$3A - 15B$
	^4P	$3A$
	$^2H, ^2P$	$3A - 6B + 3C$
	^2G	$3A - 11B + 3C$
	^2F	$3A + 9B + 3C$
	$^2D', ^2D''$	$3A + 5B + 5C \pm (193B^2 + 8BC + 4C^2)^{1/2}$
d^4, d^6	^5D	$6A - 21B$
	^3H	$6A - 17B + 4C$
	^3G	$6A - 12B + 4C$
	$^3F', ^3F''$	$6A - 5B + (11/2)C \pm (3/2)(68B^2 + 4BC + C^2)^{1/2}$
	^3D	$6A - 5B + 4C$
	$^3P', ^3P''$	$6A - 5B + (11/2)C \pm (1/2)(912B^2 - 24BC + 9C^2)^{1/2}$
	^1I	$6A - 15B + 6C$
	$^1G', ^1G''$	$6A - 5B + (15/2)C \pm (1/2)(708B^2 - 12BC + 9C^2)^{1/2}$
	^1F	$6A + 6C$
	$^1D', ^1D''$	$6A + 9B + (15/2)C \pm (3/2)(144B^2 + 8BC + C^2)^{1/2}$
	$^1S', ^1S''$	$6A + 10B + 10C \pm 2(193B^2 + 8BC + 4C^2)^{1/2}$
d^5	^6S	$10A - 35B$
	^4G	$10A - 25B + 5C$
	^4F	$10A - 13B + 7C$
	^4D	$10A - 18B + 5C$
	^4P	$10A - 28B + 7C$
	^2I	$10A - 24B + 8C$
	^2H	$10A - 22B + 10C$
	$^2G'$	$10A - 13B + 8C$
	$^2G''$	$10A + 3B + 10C$
	$^2F'$	$10A - 9B + 8C$
	$^2F''$	$10A - 25B + 10C$
	$^2D', ^2D''$	$10A - 3B + 11C \pm 3(57B^2 + 2BC + C^2)^{1/2}$
	$^2D'''$	$10A - 4B + 10C$
	$2P$	$10A + 20B + 10C$
	$2S$	$10A - 3B + 8C$

求解上述联立方程,可以求出 $F_2 \approx 1900 \text{cm}^{-1}, F_4 \approx 210 \text{cm}^{-1}, F_2/F_4 = 9.0$。有关原子能级的详细资料可参考文献[13]。

表2.7 中列出了一些由实验数据,根据最小二乘法求出的自由金属原子 Racah 参数 B、C 以及 2.4.6 小节将要讲到的自旋-轨道偶合参数 ζ。应该指出的是,这些数值随计算方法的差异而有所不同,一般可归纳出 $C \approx 4B$ 的规律。

表2.7 一些过渡金属原子的 Racah 参数 B、C 和自旋-轨道偶合常数 ζ

d^x	M^{n+}	B	C	ζ	d^x	M^{n+}	B	C	ζ
$3d^2$	Ti^{2+}	718	3630	120	$3d^2$	V^{3+}	860	4165	210
$3d^3$	V^{2+}	766	2855	170	$3d^3$	Cr^{3+}	918	3850	275
$3d^4$	Cr^{2+}	830	3430	230	$3d^4$	Mn^{3+}	1140	3675	355
$3d^5$	Mn^{2+}	960	3325	347	$3d^5$	Fe^{3+}	1015	4800	460
$3d^6$	Fe^{2+}	1058	3900	400	$3d^6$	Co^{3+}	1065	5120	580
$3d^7$	Co^{2+}	970	4366	515	$3d^7$	Ni^{3+}	1115	5450	710
$3d^8$	Ni^{2+}	1040	4830	630					
$3d^9$	Cu^{2+}	1240	4710	830					
$4d^8$	Pd^{2+}	830	2660	1460					

注:B、C 单位为 cm^{-1},$1cm^{-1}$ 相当于 $11.902 J \cdot mol^{-1}$。

2.3 群论基础知识

实际的配位化合物通常多少具有一定的对称性,例如,$[PtCl_6^{2-}]$ 和 $SbCl_3$ 配位化合物就分别具有图 2.5(a) 和(b) 所示的八面体和三角锥形结构。在处理配位化合物的电子结构、分子光谱和反应活性等一系列结构与性质问题时,充分应用其对称性特点不仅可以减少实际计算的工作量,而且对于结果的系统化及分类可以有一个清晰的概念,在数学上这个工具属于"群论"的范围。本节扼要介绍有关的基本公式,详细的原理及公式推导参考文献[16~18]。

2.3.1 群操作和点群

我们熟知,通过分子的电子衍射和晶体 X 射线衍射等谱学实验方法证实分子或晶体的立体结构是具有一定对称性的几何图形。使一个图形能不改变其中任何两点间距离而复原的操作称为对称操作。图 2.5(b) 所示的 $SbCl_3$ 配位化合物就具有通过顶点 Sb 和 C_3 轴旋转 60°而复原的操作。在进行对称操作时必须借助于点、线、面等(实际的或假想的)几何元素,这些几何元素称为对称元素。上述的 C_3 这根假想的线就是一个对称元素,称为三重旋转轴。可以证明,对于分子或晶体这一类具有一定外形的有限图形,有下列四类对称元素及相应数目的对称操作:

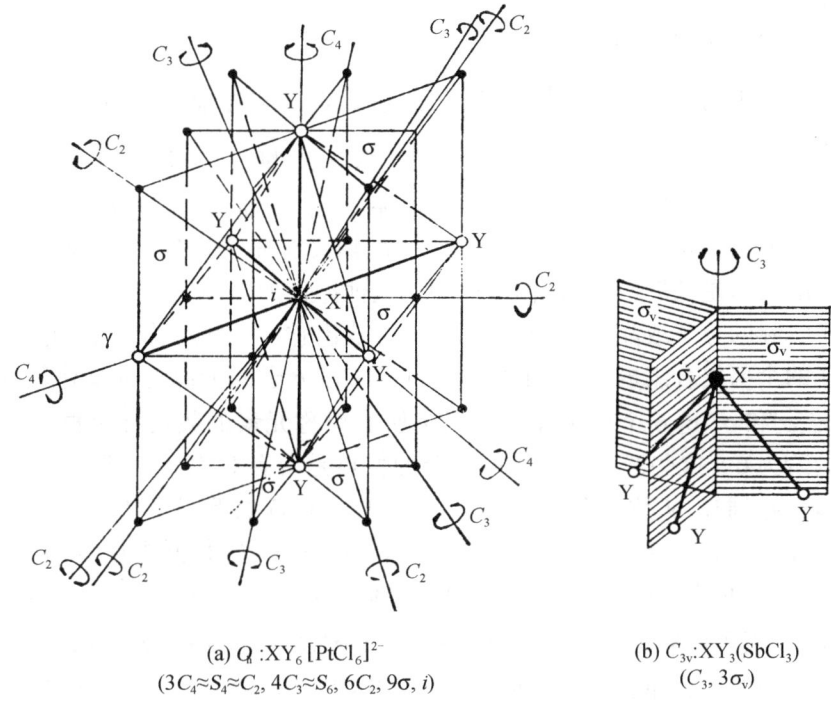

(a) O_h:XY_6 [PtCl$_6$]$^{2-}$
($3C_4 \approx S_4 \approx C_2$, $4C_3 \approx S_6$, $6C_2$, 9σ, i)

(b) C_{3v}:XY_3(SbCl$_3$)
(C_3, $3\sigma_v$)

图 2.5　O_h 和 C_{3v} 点群的对称元素

1. 旋转和旋转轴

当图形围绕给定的轴旋转 $\dfrac{360°}{n}$ 能复原时,称该图形具有 n 重旋转轴,记为 C_n (其中下标 n 表示轴的阶次)。例如,SbCl$_3$ 分子就具有一个 C_3 轴对称元素。对于 n 重轴,共有 C_n^1,C_n^2,$\cdots$,C_n^n 这 n 个对称操作,分别对应于旋转 $\alpha\left(=\dfrac{360°}{n}\right)$,$2\alpha$,$\cdots$,$n\alpha(=360°)$,其中的 C_n^n 相当于没有旋转的初态,特称之为恒等操作 E。因此 SbCl$_3$ 分子具有 C_3^1、C_3^2 和 $C_3^3(=E)$ 对称操作。图形中 n 最大的那个轴称为主轴。SbCl$_3$ 分子的 C_3 就是主轴。

2. 反演和对称中心

图形中所有的点 (x,y,z) 经过某一原点变换到 $(-x,-y,-z)$ 而能使图形复原的这种操作称为反演操作 (i)。原点所在的点就称为对称中心。对称中心只能生成反演这一个对称操作。SbCl$_3$ 分子就不具有对称中心 i,[PtCl$_6$]$^{2-}$ 分子则具有对称中心 i。

3. 反映和镜面

当图形能对其中的一个平面进行镜像反映而复原时,该平面称为镜面或对称面,记为 σ。如果以镜面的法线表示其方向,则垂直于主轴的镜面,记为 σ_v,平行于主轴的镜面,记为 σ_h。SbCl$_3$ 分子中就含有 3 个 σ_v。显然,一个对称面只产生一个

4. 非真旋转和非真轴

当图形首先通过某轴旋转 $\dfrac{180°}{n}$ 后,再通过垂直于旋转轴的平面反映而能复原时,该轴称为非真轴,记为 S_n。$SbCl_3$ 分子不具有 S_n 轴,八面体中却含有 S_4 和 S_6 轴。值得注意的是,这时该图形中并不一定存在 C_n 及与它垂直的 σ,例如,八面体中就不存在 C_6 元素。不难验证,偶数阶的 S_n 轴具有 n 个操作,奇数阶的 S_n 轴具有 $2n$ 个操作,但是,其中有些操作可以使用其他操作加以完成。

对于实际的分子或晶体,根据它的图形可找出它的全部对称操作,则这些一定数目操作的全部集合组成一个"群"。例如,$SbCl_3$ 分子的全部对称操作只能是 E、C_3^1、C_3^2、σ_v'、σ_v'' 和 σ_v''' 这 6 个对称操作。群中所有对称元素的数目称为群的阶,所以这个群的阶为 6。这些群对称操作的集合的特点是所有对称元素都通过一个公共点,故称之为点群。从数学上看,作为一个群必须具备如下四个条件:①其中必须包含恒等操作,例如,$SbCl_3$ 分子中就含有 $C_3^3 = \sigma_v^2 = E$ 等;②群中任意两个对称操作的连续使用,必为群中另一个对称操作。例如,在 $SbCl_3$ 分子中 C_3^1 和 σ_v' 操作的连续使用,相当于该群中另外一个 σ_v''' 操作。这种关系称为乘法运算 $C_3^1 \times \sigma_v' = \sigma_v'''$;③满足乘法中的结合律,例如,八面体中有 $(C_3^2 C_3^1)E = C_3^2(C_3^1 E)$;④群中每一个对称操作 R 必有一个逆操作 S,它们满足 $RS = SR = E$,例如,C_3 和 C_3^2 旋转就是互逆的。通过图 2.5(b) 三角锥模型的实际操作不难证明,它们的对称操作的确是组成一个群,通常把它简记为 C_{3v},同理,八面体的对称操作集合组成的点群,简记为 O_h。

2.3.2 群表示和特征标

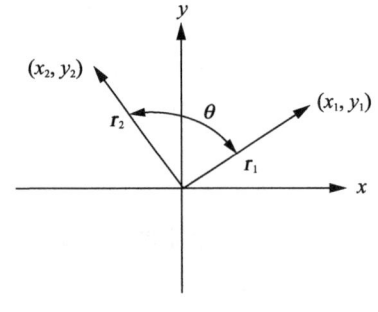

图 2.6 平面上的直角坐标变换

从物质具体对称性所发展出来的"群",其数学概念比较抽象。广义的"群的元素"不仅可以是上述对称操作,也可以是数、矩阵或算符。例如,当固定空间坐标轴运用对称轴操作 R 而将坐标为 (x_1, y_1) 的向量 $\boldsymbol{r}_1$ 逆时针旋转 θ 角度后,就得到坐标在 (x_2, y_2) 的新向量 $\boldsymbol{r}_2$(图 2.6)。新旧坐标的关系为

$$x_2 = x_1 \cos\theta - y_1 \sin\theta \quad (2.3.1)$$
$$y_2 = x_1 \sin\theta + y_1 \cos\theta \quad (2.3.2)$$

若用矩阵符号来表示,则为

$$\begin{bmatrix} x_2 \\ y_2 \end{bmatrix} = R(\theta) \begin{bmatrix} x_1 \\ y_1 \end{bmatrix} = \begin{bmatrix} \cos\theta & -\sin\theta \\ \sin\theta & \cos\theta \end{bmatrix} \begin{bmatrix} x_1 \\ y_1 \end{bmatrix} \quad (2.3.3)$$

对于 C_{3v} 点群的 $SbCl_3$ 分子的任何一点 $P(x, y, z)$,在其六个对称操作下的坐标变

换关系为

$$E\begin{bmatrix}x\\y\\z\end{bmatrix}=\begin{bmatrix}1&0&0\\0&1&0\\0&0&1\end{bmatrix}\begin{bmatrix}x\\y\\z\end{bmatrix} \qquad C_3^1\begin{bmatrix}x\\y\\z\end{bmatrix}=\begin{bmatrix}-\dfrac{1}{2}&-\dfrac{\sqrt{3}}{2}&0\\[4pt]\dfrac{\sqrt{3}}{2}&-\dfrac{1}{2}&0\\[4pt]0&0&1\end{bmatrix}\begin{bmatrix}x\\y\\z\end{bmatrix}$$

$$C_3^2\begin{bmatrix}x\\y\\z\end{bmatrix}=\begin{bmatrix}-\dfrac{1}{2}&\dfrac{\sqrt{3}}{2}&0\\[4pt]-\dfrac{\sqrt{3}}{2}&-\dfrac{1}{2}&0\\[4pt]0&0&1\end{bmatrix}\begin{bmatrix}x\\y\\z\end{bmatrix} \qquad \sigma_v'\begin{bmatrix}x\\y\\z\end{bmatrix}=\begin{bmatrix}-1&0&0\\0&1&0\\0&0&1\end{bmatrix}\begin{bmatrix}x\\y\\z\end{bmatrix}$$

$$\sigma_v''\begin{bmatrix}x\\y\\z\end{bmatrix}=\begin{bmatrix}\dfrac{1}{2}&\dfrac{\sqrt{3}}{2}&0\\[4pt]\dfrac{\sqrt{3}}{2}&-\dfrac{1}{2}&0\\[4pt]0&0&1\end{bmatrix}\begin{bmatrix}x\\y\\z\end{bmatrix} \qquad \sigma_v'''\begin{bmatrix}x\\y\\z\end{bmatrix}=\begin{bmatrix}\dfrac{1}{2}&-\dfrac{\sqrt{3}}{2}&0\\[4pt]-\dfrac{\sqrt{3}}{2}&-\dfrac{1}{2}&0\\[4pt]0&0&1\end{bmatrix}\begin{bmatrix}x\\y\\z\end{bmatrix}$$

(2.3.4)

上述式(2.3.4)的一组矩阵可称为以(x,y,z)为基构成的C_{3v}群相应对称操作的一种三维表示Γ(其中"表示"是名词,不是动词)。利用矩阵的乘法可以验证,这些矩阵也服从相应对称操作群的乘法规则,并满足群的四种性质。通常定义矩阵对角元素之和为矩阵的特征标χ,上述C_{3v}群的三维表示矩阵的特征标$\chi(R)$为

R	E	C_3^1	C_3^2	σ_v'	σ_v''	σ_v'''
$\chi(R)$	3	0	0	1	1	1

可以直观地看出,两个旋转操作C_3^1和C_3^2是相似的,三个镜面σ_v'、σ_v''和σ_v'''也是相似的,称它们属于同一类。线性代数理论指出,相似矩阵具有相同的特征标。由上表可知,同一类操作确实对应于同一特征标。

式(2.3.4)中这六个C_{3v}矩阵表示的一个特点是,它们都按$\begin{bmatrix}\times&\times&0\\\times&\times&0\\0&0&\times\end{bmatrix}$的方式沿主对角线分为用$E$和$A_1$表示的$2\times 2$和$1\times 1$子矩阵(表2.8)。这种可以约化(从数学含义上说是通过相似变换)为较低级矩阵的表示,称为可约表示。反之,不可约表示则是找不到一种相似变换、以使其矩阵按同一方式对角化。这样,我们就说C_{3v}群中[式(2.3.4)]的三维表示Γ可约化为一个二维的不可约表示E和一个一维的不可约表示A_1,通常用数学符号记为$\Gamma=E\oplus A_1$,称Γ为E和A_1的直和。

表 2.8 C_{3v} 群的不可约表示

C_{3v}	E	C_3^1	C_3^2	σ_v'	σ_v''	σ_v'''
E	$\begin{bmatrix} 1 & 0 \\ 0 & 1 \end{bmatrix}$	$\begin{bmatrix} -\frac{1}{2} & -\frac{\sqrt{3}}{2} \\ \frac{\sqrt{3}}{2} & -\frac{1}{2} \end{bmatrix}$	$\begin{bmatrix} -\frac{1}{2} & \frac{\sqrt{3}}{2} \\ -\frac{\sqrt{3}}{2} & -\frac{1}{2} \end{bmatrix}$	$\begin{bmatrix} -1 & 0 \\ 0 & 1 \end{bmatrix}$	$\begin{bmatrix} \frac{1}{2} & \frac{\sqrt{3}}{2} \\ \frac{\sqrt{3}}{2} & -\frac{1}{2} \end{bmatrix}$	$\begin{bmatrix} \frac{1}{2} & -\frac{\sqrt{3}}{2} \\ -\frac{\sqrt{3}}{2} & -\frac{1}{2} \end{bmatrix}$
A_1	1	1	1	1	1	1
A_2	1	1	1	-1	-1	-1

表 2.8 中的 A_2 表示也是 C_{3v} 群的一个不可约表示,因为其表示矩阵也符合群的四种基本性质,而一维表示总是一个不可约表示。当然还可以写出其他形式的表示。为了方便,人们可以采取不同的基[如表 2.3.3 中的 (x,y) 就是一组二维基],从而某种点群的不可约表示的形式和数目虽然是各种各样的,但是由群表示理论可以证明,一个点群的互不等价的不可约表示的数目却是有限的。例如,对于 C_{3v} 点群,它只具有表 2.8 所示的 A_1、A_2 和 E 这三个不可约表示。在很多场合下(如 3.4 节中振动光谱的分类),不需要表 2.8 所示的较复杂的群表示矩阵,而只用群的特征标表就可以解决问题。C_{3v} 群的特征标表如表 2.9 所示。

表 2.9 C_{3v} 点群的特征标表

C_{3v}	E	$2C_3$	$3\sigma_v$		
A_1	1	1	1	z	x^2+y^2, z^2
A_2	1	1	-1	R_z	
E	2	-1	0	$(x,y)(R_x,R_y)$	$(x^2-y^2, xy), (xz, yz)$

这里我们将不加证明地列出在推导不可约表示及其特征标表时要用到的一些重要特性及规则,现以 C_{3v} 群为例加以验证。

(1)在一给定的表示中,同一类对称操作的特征标相同。C_{3v} 群中 2 个 C_3 及 3 个 σ_v 操作就具有相同的特征标。

(2)群的不可约表示的数目等于群中类的数目。C_{3v} 中有三类群操作,因而只有 A_1、A_2 和 E 三个不可约表示。

(3)群的不可约表示维数 l_i(即恒等操作 E 的特征标数值)的平方和等于群的阶 h,即

$$\sum_i l_i^2 = l_1^2 + l_2^2 + \cdots = h \tag{2.3.5}$$

故由 E 操作的特征标,可有 $1^2 + 1^2 + 2^2 = 6$。

(4)不可约表示的特征标平方和等于 h,即

$$\sum_R [\chi_i(R)]^2 = h \tag{2.3.6}$$

例如,对于 E 不可约表示,有

$$\sum \chi_i^2 = (2)^2 + 2(-1)^2 + 3(0)^2 = 6$$

(5) 以两个不同的不可约表示 i 和 j 的特征标作为分量的向量相互正交，即

$$\sum_R \chi_i(R)\chi_j(R) = 0 \quad (当 i \neq j 时) \tag{2.3.7}$$

例如，对于 A_2 和 E 这两个表示，有

$$\sum_R \chi_i(R)\chi_j(R) = 1 \times 2 + 2 \times [1 \times (-1)] + 3 \times [(-1) \times 0] = 0$$

本书附录 Ⅱ 中列出了一些重要点群的特征标表。在不可约表示的命名中规定，一维表示记为 A 和 B，对主轴 C_n 为对称的（即特征标为 1），记为 A，反对称的（即特征标为 -1），记为 B。下标 1 和 2 分别表示对于垂直于 C_n 和 C_2 轴或通过 C_n 的镜面是对称的或反对称的。二维和三维不可约表示分别记为 E 和 T。

利用特征标表可以更简便的将可约表示 Γ 约化为维数较低的不可约表示 Γ_1，Γ_2，…，即

$$\Gamma = a_1\Gamma_1 + a_2\Gamma_2 + \cdots \tag{2.3.8}$$

其中不可约表示 Γ_i 出现的次数 a_i 可由下列群论公式计算：

$$a_i = \frac{1}{h}\sum_R \chi^*(R)\chi_i(R) \tag{2.3.9}$$

式中，h 为元素的个数；$\chi(R)$ 和 $\chi_i(R)$ 分别为可约表示 Γ 和不可约表示 Γ_i 中相应于对称操作 R 的特征标。例如，根据式 (2.3.4) 所示的 C_{3v} 可约表示特征标：

C_{3v}	E	$2C_3$	$3\sigma_v$
Γ	3	0	1

按式 (2.3.9)，可求出

$$a_{A_1} = \frac{1}{6}[1 \times 3 + 2 \times 1 \times 0 + 3 \times 1 \times 1] = 1$$

$$a_{A_2} = \frac{1}{6}[1 \times 3 + 2 \times 1 \times 0 + 3 \times (-1) \times 1] = 0$$

$$a_E = \frac{1}{6}[2 \times 3 + 2 \times (-1) \times 0 + 3 \times 1 \times 0] = 1$$

这和前面式 (2.3.4) 用矩阵变换方式得到的值和 $\Gamma = A_1 + E$ 相同。

在前面对 C_{3v} 群的 $SbCl_3$ 分子进行讨论时是以群操作 R 对坐标 (x,y,z) 这组基向量进行变换而形成了式 (2.3.4) 所表示的一个群表示。如果我们一开始就分别选准了只以 z 和 (x,y) 作为基向量，则可以验证我们将会直接得到表 2.8 所列的一维不可约表示 A_1 和二维不可约表示 E。由此可见，属于不同不可约表示的基向量是不会互相混杂的。下面我们将要看到，不仅坐标 (x,y,z) 这组基向量可以作为群表示的基，而且满足正交，归一化条件的一组坐标的函数 $f(x,y,z)$，$g(x,y,z)$，…的完全集合也可以作为群操作下变换的基函数，例如原子的 5 个 d 轨道见式

(2.3.11)。群表示理论还可以证明,属于不同的不可约表示的基函数 f_A 和 f_B 必定是相互正交的,即

$$\int f_A f_B \mathrm{d}\tau = 0 \tag{2.3.10}$$

通常将这些基函数按不可约表示分类列在特征标表中的最后两列(表 2.9)。

2.3.3 旋转群和基函数

前面讨论了分子或宏观晶体这类有限图形对称操作的集合所形成的"点群"。实际上群的概念是很广泛的,例如,对于原子结构的讨论,很重要的三维旋转群(记为 R_3)就是一个由无穷多个旋转任意角度 ϕ 的对称操作 $C(\phi)$ 所构成的连续群。表 2.2 中一个 s 轨道、三个 p 轨道、五个 d 轨道和七个 f 轨道等单电子波函数分别构成了三维旋转群 $(2l+1) = 1、3、5$ 和 7 维表示的基函数集合。这些 R_3 群的不可约表示可以用轨道角量子数 l 标记。

为了求出 R_3 群各个表示的特征标,只需考虑绕通过原点的某任意 z 轴旋转 ϕ 角时基函数的变化,则绕其他 z 轴的旋转和它也必是同属一类的。例如,对于 $l=2$ 的五个 d 轨道基函数[只考虑式(2.2.14)中与 ϕ 角有关的部分],在 $C(\phi_0)$ 旋转轴作用下,根据 $C(\phi_0) \mathrm{e}^{im\phi} = \mathrm{e}^{i(m\phi+\phi_0)} = \mathrm{e}^{i\phi_0} \cdot \mathrm{e}^{im\phi}$,得到

$$C(\phi_0) \begin{bmatrix} d_{+2} \\ d_{+1} \\ d_0 \\ d_{-1} \\ d_{-2} \end{bmatrix} = \begin{bmatrix} \mathrm{e}^{i2\phi_0} & 0 & 0 & 0 & 0 \\ 0 & \mathrm{e}^{i\phi_0} & 0 & 0 & 0 \\ 0 & 0 & 1 & 0 & 0 \\ 0 & 0 & 0 & \mathrm{e}^{-i\phi_0} & 0 \\ 0 & 0 & 0 & 0 & \mathrm{e}^{-i2\phi} \end{bmatrix} \cdot \begin{bmatrix} d_{+2} \\ d_{+1} \\ d_0 \\ d_{-1} \\ d_{-2} \end{bmatrix} \tag{2.3.11}$$

从而由上式中的矩阵对角线之和求出 $l=2$ 表示在操作 $C(\phi_0)$ 下的特征标:

$$\chi_2(\phi_0) = \mathrm{e}^{i2\phi_0} + \mathrm{e}^{i\phi_0} + 1 + \mathrm{e}^{-i\phi_0} + \mathrm{e}^{-i2\phi_0}$$
$$= 1 + 2\cos\phi_0 + 2\cos2\phi_0 \tag{2.3.12}$$

可以导出以 l 为标记的不可约表示在 $C(\phi)$ 操作下的特征标

$$\chi_l(\phi) = 1 + 2\cos\phi + \cdots + 2\cos l\phi = \frac{\sin\left(l+\dfrac{1}{2}\right)\phi}{\sin\dfrac{\phi}{2}} \tag{2.3.13}$$

现在进一步讨论在应用上很重要的群表示的直积概念。当群的一个 $(2l_1+1)$ 维表示 Γ_1 的基函数为 $\{f_1^{l_1}, f_2^{l_1}, \cdots, f_{2l_1+1}^{l_1}\}$,群的另一个 $(2l_2+1)$ 维表示 Γ_2 的基函数为 $\{g_1^{l_2}, g_2^{l_2}, \cdots, g_{2l_2+1}^{l_2}\}$,这两组基函数相乘而得到的函数集合 $\{f_i^{l_1} g_k^{l_2}; i=1,2,\cdots,2l_1+1; k=1,2,\cdots,2l_2+1\}$ 仍是群的另一个可约表示 Γ 的基,则称 Γ 为 Γ_1 和 Γ_2 的直积[参见附录V式(3)]

$$\Gamma = \Gamma_1 \otimes \Gamma_2 \tag{2.3.14}$$

其间的特征标关系为

$$\chi(\Gamma) = \chi(\Gamma_1)\chi(\Gamma_2) \tag{2.3.15}$$

例如,对于三维旋转群,得到

$$\begin{aligned}
\chi_\Gamma(\phi) &= \chi_{l_1}(\phi)\chi_{l_2}(\phi) \\
&= [e^{il_1\phi} + e^{i(l_1-1)\phi} + \cdots + e^{-il_1\phi}] \\
&\quad \cdot [e^{il_2\phi} + e^{i(l_2-1)\phi} + \cdots + e^{-il_2\phi}] \\
&= [e^{i(l_1+l_2)\phi} + e^{i(l_1+l_2-1)\phi} + \cdots + e^{-i(l_1+l_2)\phi}] \\
&\quad + [e^{i(l_1+l_2-1)\phi} + e^{i(l_1+l_2-2)\phi} + \cdots \\
&\quad + e^{-i(l_1+l_2-1)\phi}] + \cdots + [e^{i(l_1-l_2)\phi} \\
&\quad + e^{i(l_1-l_2-1)\phi} + \cdots + e^{-i(l_1-l_2)\phi}] \\
&= \chi_{l_1+l_2}(\phi) + \chi_{l_1+l_2-1}(\phi) + \cdots + \chi_{l_1-l_2}(\phi) \tag{2.3.16}
\end{aligned}$$

上式中右边共有$(2l_1+1)(2l_2+1)$个乘积项,这也就是三维旋转群的分解公式[对比点群中的式(2.3.8)]。因此旋转群的不可约表示l_1和l_2的直积一般得到可约表示Γ,它可以分解为不可约表示$l_1+l_2,l_1+l_2-1,\cdots,|l_1-l_2|$。这个群表示理论的结果在量子力学中就是原子结构中的"向量和规则"[参考式(2.2.39)]。

2.3.4 投影算符

为了便于今后系统地利用对称性条件以构成杂化轨道、分子轨道、配位场群轨道或分子振动简正坐标,经常要运用投影算符法。投影算符$\mathbf{P}_i$是由式(2.3.17)定义

$$\mathbf{P}_i = \frac{1}{h}\sum_R \chi_i(R)\hat{R} \tag{2.3.17}$$

其中h为群的阶数;$\chi_i(R)$是不可约表示i中操作R的特征标。例如,对于可作为配位体的苯分子(图2.7),按照分子轨道理论,由其中共平面碳原子的六个p_π原子轨道ϕ_i的线性组合可以得到六个分子轨道ψ_j(简称为LCAO-MO)

$$\psi_i = \sum_j c_{ji}\phi_j \quad (i,j=1,\cdots,6) \tag{2.3.18}$$

现在我们根据分子的结构特性,应用投影算符法求出ψ_i的表示式。

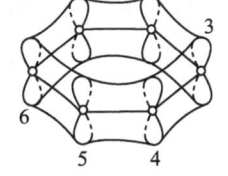

图2.7 苯分子结构式

苯分子属于D_{6h}群,但是,由于p_π轨道的固有平面对称性,因而它的主要对称性质都取决于其中单轴旋转子群C_6的操作。当以六个p_π轨道作为C_6群的基时,得到表2.10的结果。不难看出,在该C_6点群的一个给定操作下,每个基轨道对于矩阵对角线的贡献规律为:如果经过对称操作轨道移到另一个位置,则其贡献为零;如果轨道回到它本身,则为$+1$;如果轨道成为其本身的负值(即使其上下颠倒),则为-1。因此表2.10中最后一行变换矩阵的$\chi(E)=6$,而其他特征标为零。因为恒等操作E使每个ϕ_i变为自身,而其他操作必定使每个ϕ_i移动到其他位置。由该矩阵的特征标值,按式(2.3.9)约化的结果,可以得到

表 2.10 C_6 点群的特征标表

C_6	E	C_6	C_3	C_2	C_3^2	C_6^5		$\varepsilon=\exp(2\pi i/6)$
A	1	1	1	1	1	1	z, R_z	x^2+y^2, z^2
B	1	-1	1	-1	1	-1		
E_1	$\begin{cases}1\\1\end{cases}$	$\begin{matrix}\varepsilon\\\varepsilon^*\end{matrix}$	$\begin{matrix}-\varepsilon^*\\-\varepsilon\end{matrix}$	$\begin{matrix}-1\\-1\end{matrix}$	$\begin{matrix}-\varepsilon\\-\varepsilon^*\end{matrix}$	$\begin{matrix}\varepsilon^*\\\varepsilon\end{matrix}$	(x,y) (R_x,R_y)	(xz, yz)
E_2	$\begin{cases}1\\1\end{cases}$	$\begin{matrix}-\varepsilon^*\\-\varepsilon\end{matrix}$	$\begin{matrix}-\varepsilon\\-\varepsilon^*\end{matrix}$	$\begin{matrix}1\\1\end{matrix}$	$\begin{matrix}-\varepsilon^*\\-\varepsilon\end{matrix}$	$\begin{matrix}-\varepsilon\\-\varepsilon^*\end{matrix}$		(x^2-y^2, xy)
Γ_ϕ	6	0	0	0	0	0		

$$\Gamma_\pi = \Gamma_\phi = A+B+E_1+E_2 \tag{2.3.19}$$

然后再用式(2.3.17)的投影算符 $\hat{\mathbf{P}}_i$ 分别作用于六个 p_π 基中的任一个波函数,就可以得到对称性匹配的分子轨道,例如,作用于 ϕ_1(碳原子 1 上的 p_π 轨道)的效果是[暂时略去式(2.3.17)中的 $\frac{1}{h}$,并入后面的归一化系数中]

$$\begin{aligned}\hat{\mathbf{P}}\phi_1 &= \chi(E)\hat{\mathbf{E}}\phi_1 + \chi(C_6)\hat{\mathbf{C}}_6\phi_1 + \chi(C_6^2)\hat{\mathbf{C}}_6^2\phi_1\\ &\quad + \chi(C_6^3)\hat{\mathbf{C}}_6^3\phi_1 + \chi(C_6^4)\mathbf{C}_6^4\phi_1 + \chi(C_6^5)\hat{\mathbf{C}}_6^5\phi_1\\ &= \chi(E)\phi_1 + \chi(C_6)\phi_2 + \chi(C_6^2)\phi_3 + \chi(C_6^3)\phi_4\\ &\quad + \chi(C_6^4)\phi_5 + \chi(C_6^5)\phi_6\end{aligned} \tag{2.3.20}$$

最后一个表示式说明群的各组特征标就是 LCAO-MO 的系数。这个结论适用于所有具有 D_{nh} 点群对称性形状的 $(CH)_n$ 体系。

对于苯分子,用这种方法具体导出的式(2.3.18)为

$$\begin{aligned}&A:\psi_1 = \phi_1+\phi_2+\phi_3+\phi_4+\phi_5+\phi_6\\ &B:\psi_2 = \phi_1-\phi_2+\phi_3-\phi_4+\phi_5-\phi_6\\ &E_1:\begin{cases}\psi_3 = \phi_1+\varepsilon\phi_2-\varepsilon^*\phi_3-\phi_4-\varepsilon\phi_5+\varepsilon^*\phi_6\\ \psi_4 = \phi_1+\varepsilon^*\phi_2-\varepsilon\phi_3-\phi_4-\varepsilon^*\phi_5+\varepsilon\phi_6\end{cases}\\ &E_2:\begin{cases}\psi_5 = \phi_1-\varepsilon^*\phi_2-\varepsilon\phi_3+\phi_4-\varepsilon^*\phi_5-\varepsilon\phi_6\\ \psi_6 = \phi_1-\varepsilon\phi_2-\varepsilon^*\phi_3+\phi_4-\varepsilon\phi_5-\varepsilon^*\phi_6\end{cases}\end{aligned} \tag{2.3.21}$$

实际应用时为了避免虚数运算,将 E 表示进行下列组合,以得到实数函数

$$\begin{matrix}\psi(E_{1a}) = \psi_3+\psi_4 & \psi(E_{1b}) = (\psi_3-\psi_4)/i\\ \psi(E_{2a}) = \psi_5+\psi_6 & \psi(E_{2b}) = (\psi_5-\psi_6)/i\end{matrix} \tag{2.3.22}$$

最后对所有分子轨道进行归一化,得到

$$\psi(A) = \frac{1}{\sqrt{6}}(\phi_1 + \phi_2 + \phi_3 + \phi_4 + \phi_5 + \phi_6)$$

$$\psi(B) = \frac{1}{\sqrt{6}}(\phi_1 - \phi_2 + \phi_3 - \phi_4 + \phi_5 - \phi_6)$$

$$\psi(E_{1a}) = \frac{1}{\sqrt{12}}(2\phi_1 + \phi_2 - \phi_3 - 2\phi_4 - \phi_5 + \phi_6)$$

$$\psi(E_{1b}) = \frac{1}{2}(\phi_2 + \phi_3 - \phi_5 - \phi_6) \tag{2.3.23}$$

$$\psi(E_{2a}) = \frac{1}{\sqrt{12}}(2\phi_1 - \phi_2 - \phi_3 + 2\phi_4 - \phi_5 - \phi_6)$$

$$\psi(E_{2b}) = \frac{1}{2}(\phi_2 - \phi_3 + \phi_5 - \phi_6)$$

由于不同不可约表示或相同不可约表示中的不同分量是相互正交的,因此这样用群论方法构成的分子轨道也自动满足了式(2.3.10)的正交化条件。

2.4 配位场理论

在金属配位化合物中,具有 d^n 或 f^n 组态的自由原子或离子处于由周围配位体所形成的某种对称性配位体电场环境中。在处理其中配位体 L 和金属 M 的相互作用时,若把它们看做是离子键或离子-偶极子的静电作用,这就是 Bethe 等所提出的晶体场理论。若把它们看做是形成了某种有共价成分的化学键时,这就是 van Vleck 等所发展的配位场理论。但是,在许多原理方面它们却是共同的[10,15,19~21]。

在配位场理论中着眼于中心离子未充满壳层(3d 或 4d)的 n 个价电子,这些电子在有效核电荷为 z^* 的中心离子实(core)的势场和配位体静电势场中运动。根据这个模型,并且进一步考虑到电子的自旋-轨道相互作用(参考 2.4.6 小节),则该配位分子体系的 Hamilton 算符应在式(2.2.1)基础上改写为

$$\hat{H} = -\frac{h^2}{8\pi^2 m}\sum_i^n \nabla_i^2 - \sum_i^N \frac{Ze^2}{R_i} + \sum_{i>1}^n \sum_j^n \frac{e^2}{r_{ij}}$$
$$+ \sum_{i=1}^n \zeta_i l_i \cdot S_i + \sum_{i=1}^n V(r_i) = \hat{H}_0 + \hat{H}_1 \tag{2.4.1}$$

其中 $\hat{H}_0$ 为零级近似 Hamilton 算符[式(2.2.18)];$\hat{H}_1$ 代表式(2.4.1)中的最后三项,依次为金属离子中 n 个价电子间的静电作用 $\hat{H}_{el}$、自旋-轨道偶合作用 $\hat{H}_{so}$、配位场作用;$V(r_i)$ 为配位场对金属离子中第 i 个电子的作用能。严格求解这个方程是不可能的。通常按微扰理论,应该在求解出原子体系(取其零级微扰)

$$\hat{H}_0 \phi = E_0 \phi \tag{2.2.20}$$

的基础上,以

$$\hat{H}_1 = \sum_{i>j}\sum \frac{e^2}{r_{ij}} + \sum_i V(r_i) + \sum_{i=1}^n \zeta_i(r_i)\mathbf{l}_i \cdot \mathbf{S}_i \tag{2.4.2}$$

作为微扰算符(参考附录Ⅳ),求解 n 重简并的久期行列式

$$|\langle\phi_r|\hat{H}_1|\phi_s\rangle - \Delta E\delta_{rs}| = 0 \quad (r,s = 1,2,\cdots,n) \tag{2.4.3}$$

其中我们用到 Dirac 符号 δ_{rs}(定义为当 $r = s$ 时为 1,当 $r \neq s$ 时为 0)

$$\langle\phi_r|\hat{H}_1|\phi_s\rangle = \int \phi_r^* \hat{H}_1 \phi_s \mathrm{d}\tau \tag{2.4.4}$$

$\langle\phi_r|$ 称为左矢,$|\phi_s\rangle$ 称为右矢,右式为左式的积分表达形式。

为了避免求解这种高阶次的久期行列式,通常根据微扰算符 $\hat{H}_1$ 中各作用项的相对大小分为三种情况进行简化处理。

1) 弱场方案

$$\sum_{i<j}^n \frac{e^2}{r_{ij}} > \sum_{i=1}^n V(r_i) > \sum_{i=1}^n \zeta_i(r_i)\mathbf{l}_i \cdot \mathbf{s}_i \tag{2.4.5}$$

$\sim 10^4 \mathrm{cm}^{-1} \sim 10^4 \mathrm{cm}^{-1} \sim 10^2 \mathrm{cm}^{-1}$

2) 强场方案

$$\sum_{i=1}^n V(r_i) > \sum_{i>j}^n \frac{e^2}{r_{ij}} \geqslant \sum_{i=1}^n \zeta_i(r_i)\mathbf{l}_i \cdot \mathbf{s}_i \tag{2.4.6}$$

$\sim 5 \times 10^4 \mathrm{cm}^{-1} \sim 3 \times 10^3 \mathrm{cm}^{-1} \sim 10^2 \mathrm{cm}^{-1}$

3) 自旋-轨道偶合方案

$$\sum_{i>j}^n \frac{e^2}{r_{ij}} \geqslant \sum_{i=1}^n \zeta_i(r_i)\mathbf{l}_i \cdot \mathbf{s}_i > \sum_{i=1}^n V(r_i) \tag{2.4.7}$$

$\sim 5 \times 10^3 \mathrm{cm}^{-1} \sim 5 \times 10^3 \mathrm{cm}^{-1} \sim 10^3 \mathrm{cm}^{-1}$

对于第一过渡金属($3\mathrm{d}^n$)配位化合物,由于电子间排斥能和配位场作用能是同一数量级,自旋-轨道偶合较小,故弱场和强场理论都可应用。第二、三过渡金属($4\mathrm{d}^n$ 和 $5\mathrm{d}^n$)配位化合物的配位场作用能较大,故宜采取强场方案。对于电子组态为 $4\mathrm{f}^n$ 和 $5\mathrm{f}^n$ 的稀土和锕系配位化合物,其静电作用 $\hat{H}_{el}$ 的大小和自旋-轨道偶合作用 $\hat{H}_{so}$ 的相当,配位场 $V(r_i)$ 只起微扰作用。因此,对于 $4\mathrm{f}^n$ 电子组态,当 $\hat{H}_{el} \gg \hat{H}_{so}$ 时,优先采用 Russell-Saunders 的 L-S 偶合方案,把 $\hat{H}_{so}$ 和 $V(r)$ 看做微扰。反之,当 $\hat{H}_{el} \ll \hat{H}_{so}$ 时,优先采用 j-j 偶合方案。我国的唐敖庆等在从群论角度使配位场理论计算方法标准化方面做了创新性工作[22]。

下面我们从配位场势能 $V(r_i)$ 的具体表示式开始讨论。

2.4.1 配位场势能的形式

在配位场模型中,假定金属离子处于坐标原点,配位化合物中所有配位体具有空间电荷密度分布 $\rho(R,\Theta,\Phi)$。按照静电学原理,电荷分布 ρ 对 $r(r,\theta,\phi)$ 处中心金属离子的电子所产生的配位场势能(图 2.8)为

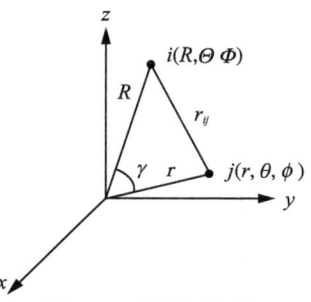

图 2.8 配位场势能

$$V(r) = \int \frac{\rho d\tau}{|r-R|} = \int \frac{\rho d\tau}{\sqrt{R^2+r^2-2Rr\cos\gamma}} \quad (2.4.8a)$$

根据球谐函数的展开公式[参看式(2.2.51)],可以将式(2.4.8a)写成

$$V(r) = \sum_{k=0}^{\infty}\sum_{q=-k}^{k} \frac{4\pi}{2k+1} r^k Y_k^q(\theta,\phi) \cdot \int \frac{Y_k^{q*}(\Theta,\Phi)\rho(R,\Theta,\Phi)}{R^{k+1}} d\tau \quad (2.4.8b)$$

在导出式(2.4.8b)时考虑到配位体在中心离子的电子活动区域内的配位体电荷密度 ρ 几近于零,即近似地取 $r_< = r, r_> = R$。若令只与配位体有关的量

$$A_{kq} = \frac{4\pi}{2k+1} \int \frac{Y_k^{q*}(\Theta,\Phi)\rho(R,\Theta,\Phi)}{R^{k+1}} d\tau \quad (2.4.9)$$

则式(2.4.8b)可简化为

$$V(r) = \sum_{k=0}^{\infty}\sum_{q=-k}^{k} A_{kq} r^k Y_k^q(\theta,\phi) \quad (2.4.10)$$

这个 $V(r)$ 表示式看起来是一个很复杂的无穷级数。幸好由于球谐函数的一些性质及配位场的对称性要求,使得 $V(r)$ 级数中只有很少几项起作用。具体项次的多少及形式与配位体的对称性有关。例如,当 d 电子处于图 2.9 所示的正八面体时,可以证明其中 k 必须为偶数,且 $k \leq 4$。所以势能就简化为

$$V_{O_h}(r) = A_{00}Y_0^0 + A_{40}r^4\left[Y_4^0 + \sqrt{\frac{5}{14}}(Y_4^4 + Y_4^{-4})\right] \quad (2.4.11)$$

表 2.11 中列出了金属的 d^n 或 f^n 电子组态在 32 种点群下的配位场势能公式[23]。

现在再进一步按早期的晶体场理论近似,将电荷密度分布 ρ 考虑为点电荷模型 V_{O_h} 的计算。式(2.4.8)中的积分变为对 i 个配位体求和:

$$A_{kq} = \frac{4\pi}{2k+1} \sum_i \frac{-qY_k^{q*}(\Theta_i,\Phi_i)}{R_i^{k+1}} \quad (2.4.12)$$

例如,对于六个电荷为 $-q$,坐标为 $(\pm R_0,0,0)$、$(0,\pm R_0,0)$ 和 $(0,0,\pm R_0)$ 的正八面体配位场,有

$$A_{00} = 4\pi Y_0^0 \sum_i -\frac{q}{R_0} = -\sqrt{4\pi} \cdot \frac{6q}{R_0} \quad (2.4.13)$$

表 2.11 f^n 或 d^n 电子组态在 32 个配位场点群下的势函数 $[V(r)]$

类别	晶系	点群	f^n 组态的 $V(r)$ [a]
1	立方	O_h, O, T_d, T_h, T $C_{6v}, D_6, D_{6h}, D_{3h}$	$A_{00}Y_{00} + A_{40}r^4\left[Y_{40} + \sqrt{\dfrac{5}{14}}(Y_{44} + Y_{4-4})\right] + A_{60}r^6\left[Y_{60} - \sqrt{\dfrac{7}{2}}(Y_{64} + Y_{6-4})\right]$ $A_0^b + A_{66}r^6[Y_{66} + Y_{6-6}]$
2	六方	C_6, C_{3h}, C_{6h}	$A_0 + A_{66}r^6Y_{66} + A_{6-6}r^6Y_{6-6}$
		C_{3v}, D_3, D_{3a}	$A_0 + A_{43}r^4(Y_{43} + Y_{4-3}) + A_{63}r^6(Y_{63} + Y_{6-3}) + A_{66}r^6(Y_{66} + Y_{6-6})$
3	三方	C_3, C_{3i} (或 S_6)	$A_0 + A_{43}r^4Y_{43} + A_{4-3}r^4Y_{4-3} + A_{63}r^6Y_{63} + A_{6-3}r^6Y_{6-3} + A_{66}r^6Y_{66} + A_{66}r^6Y_{66}$
4	四方	$C_{4v}, D_4, D_{4h}, D_{2d}$	$A_0 + A_{44}r^4(Y_{44} + Y_{4-4}) + A_{64}r^4(Y_{64} + Y_{6-4})$
		C_4, C_{4h}, S_4	$A_0 + A_{44}r^4Y_{44} + A_{4-4}r^4Y_{4-4} + A_{64}r^6Y_{64} + A_{6-4}r^6Y_{6-4}$
5	正交	C_{2v}, D_2, D_{2h}	$A_0 + A_{22}r^2(Y_{22} + Y_{2-2}) + A_{42}r^4(Y_{42} + Y_{4-2}) + A_{44}r^4(Y_{44} + Y_{4-4}) + A_{62}r^6(Y_{62} + Y_{6-2}) + A_{64}r^6(Y_{64} + Y_{6-4}) + A_{66}r^6(Y_{66} - Y_{6-6})$
6	单斜	C_2, C_{2h}, C_s	$A_{00}Y_{00} + \sum\limits_{x=0,\pm 2} A_{2x}r^2Y_{2x} + \sum\limits_{x=0,\pm 2,\pm 4} A_{4x}r^4Y_{4x} + \sum\limits_{x=0,\pm 2,\pm 4,\pm 6} A_{6x}r^6Y_{6x}$
7	三斜	C_1, C_i	$A_{00}Y_{00} + \sum\limits_{x=-2}^{2} A_{2x}r^2Y_{2x} + \sum\limits_{x=-4}^{4} A_{4x}r^4Y_{4x} + \sum\limits_{x=-6}^{6} A_{6x}r^6Y_{6x}$

a 若令表中所有 $A_{6x} = 0 (x = -6, 6)$，就成为 d^n 组态的势函数。
b $A_0 = A_{00}Y_{00} + A_{20}r^2Y_{20} + A_{40}r^4Y_{40} + A_{60}r^6Y_{60}$。

$$A_{40} = \frac{4\pi}{9} \sum_i - \frac{qY_4^0(\Theta_i, \Phi_i)}{R_0^5}$$

$$= -\frac{4\pi q}{9}\sqrt{\frac{9}{4\pi}}\sqrt{\frac{1}{64}} \cdot \frac{1}{R_0^5} \sum_i \frac{35Z_i^4 - 30Z_i^2 R_0^0 + 3R_0^4}{R_0^4} \tag{2.4.14}$$

$$= -\frac{7\sqrt{\pi}}{3} \cdot \frac{q}{R_0^5}$$

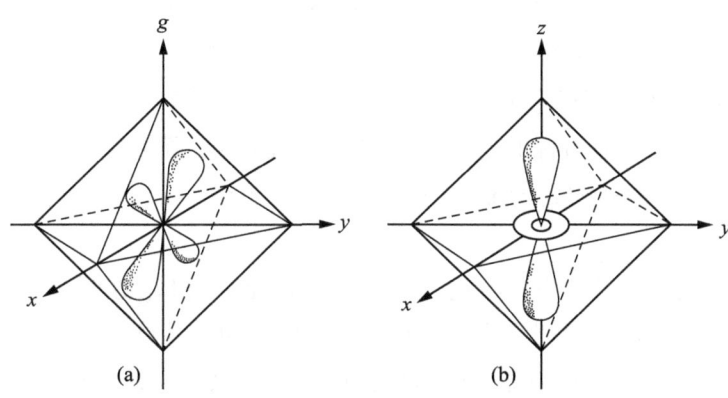

图 2.9 正八面体场中的 d 轨道
(a) t_{2g}; (b) e_g

因此在点电荷模型下,正八面体晶体场下的势能为

$$V_{O_h} = -\frac{6q}{R_0} - \frac{7\sqrt{\pi}}{3R_0^5} r^4 \left[Y_4^0 + \sqrt{\frac{5}{14}}(Y_4^4 + Y_4^{-4}) \right] \tag{2.4.15}$$

2.4.2 d^1 组态的能级分裂

我们首先处理最简单的 d^1 组态离子处于八面体 O_h 点群晶体场的情况。如前所述,自由离子的五个 d 轨道可以作为三维旋转群 R_3 的 $l = 2$ 不可约表示的基函数。为了简化,我们先按照

$$\chi(\phi) = 1 + 2\cos\phi + 2\cos2\phi \tag{2.3.13}$$

求出 $l = 2$ 的这一组基在 O 群中所包含的对称操作下的特征标 $\chi(\phi)$:

$$\chi(E) = \chi(0) = 5$$
$$\chi(C_2) = \chi(C_2') = \chi(180°) = 1$$
$$\chi(C_3) = \chi(120°) = -1$$
$$\chi(C_4) = \chi(90°) = -1 \tag{2.4.16}$$

当这一组在三维旋转群 R_3 中特征标为 $\Gamma_d(5,1,1,-1,-1)$ 的不可约表示降低到较低对称性子群 O 中就会成为可约表示。再根据附录 II 中 O 群的特征标表及约化公式[式(2.3.9)],就不难得到在 O 群中各不可约表示 A_1、A_2、E、T_1 和 T_2 在可

约表示 Γ_d 中出现的次数 a。注意到,这时群的阶 $h=24$,有

$$a_e = \frac{1}{24}[5 \times 2 + 6 \times 0 + 3 \times 2 + 8 \times (-1)$$
$$\times (-1) + 6 \times 0] = 1 \qquad (2.4.17)$$

$$a_{t_2} = \frac{1}{24}[5 \times 3 + 6 \times 1 + 3 \times (-1) + 8 \times 0$$
$$\times (-1) + 6 \times (-1) \times (-1)] = 1 \qquad (2.4.18)$$

其他 a_{a_1}、a_{a_2} 和 a_{t_1} 都是零,因此得到 $\Gamma_d = e + t_2$。为了求出在 O_h 群下的约化情况,只要将 O 群的结果在下标中加上中心反演对称性 g(对称)或 u(非对称)即可。由于五个 d 轨道都是中心对称的(参看图 2.2),因此在 O_h 群中自由原子的五重简并 d 轨道分裂为二重简并的 e_g 轨道和三重简并的 t_{2g} 轨道

$$\Gamma_d = e_g + t_{2g} \qquad (2.4.19)$$

但是单纯从上述对称性出发的群论分析并不能确定 e_g 和 t_{2g} 这两个点群谱项能级的相对高低,为此,需要根据配位场的具体物理作用加以计算。

直接应用 O_h 群特征标表中各操作下的变换特性[更一般地可以使用式(2.3.17)投影算符法],不难证明,文献上用不同符号方式表达的下列 e_g 和 t_{2g} 两种形式都可作为这两个不可约表示的基函数(参考图 2.9):

$$e_g \begin{cases} \phi_1 = \phi_{n20} = \theta = d_{z^2} & \sim 3z^2 - r^2 \\ \phi_2 = \frac{1}{\sqrt{2}}(\varphi_{n22} + \phi_{n2-2}) = \theta \\ \quad = d_{x^2-y^2} & \sim \sqrt{3}(x^2 - y^2) \end{cases} \qquad (2.4.20)$$

$$t_{2g} \begin{cases} \phi_3 = \frac{1}{i\sqrt{2}}(\phi_{n22} - \phi_{n2-2}) = \zeta = d_{xy} & \sim xy \\ \phi_4 = -\frac{1}{\sqrt{2}}(\phi_{n21} - \phi_{n2-1}) = \eta = d_{xz} & \sim xz \\ \phi_5 = -\frac{1}{i\sqrt{2}}(\phi_{2-1} + \phi_{n2-1}) = \xi = d_{yz} & \sim yz \end{cases} \qquad (2.4.21)$$

应用式(2.4.11)所示的单个电子在八面体点群 O_h 中的微扰算符 $\hat{V}_{O_h}(r)$,可以求出处于不同 d 轨道中电子所受的微扰能。例如,对于 e_g 表示的能级,有

$$E(e_g) = \langle d_{x^2-y^2} | \hat{V}_{O_h} | d_{x^2-y^2} \rangle = \langle d_{z^2} | \hat{V}_{O_h} | d_{z^2} \rangle$$
$$= -\int_0^\infty \int_0^\pi \int_0^{2\pi} R_{n2}^*(r) Y_{20}^*(\theta,\phi) \hat{V}_{O_h}(r,\theta,\phi) R_{n2}(r) Y_{20}(\theta,\phi)$$
$$\cdot r^2 dr \sin\theta d\theta d\phi$$
$$= -A_{00} \int_0^\infty R_{n2}^*(r) r^0 R_{n2}(r) r^2 dr$$

第 2 章 配位化合物的电子结构理论

$$\cdot \int_0^\pi \int_0^{2\pi} Y_{20}^*(\theta,\phi) Y_{00} Y_{21}(\theta,\phi) \sin\theta \mathrm{d}\theta \mathrm{d}\phi$$

$$-A_{40} \int_0^\infty R_{n2}^*(r) r^4 R_{n2}(r) r^2 \mathrm{d}r \cdot \int_0^\pi \int_0^{2\pi} Y_{20}^*(\theta,\phi)$$

$$\cdot \left[Y_{40} + \sqrt{\frac{5}{14}} (Y_{44} + Y_{4-4}) \right] Y_{20}(\theta,\phi) \sin\theta \mathrm{d}\theta \mathrm{d}\phi \tag{2.4.22}$$

通常将径向积分简写为平均值 $\bar{r}^k$

$$\int_0^\infty R_{n2}^*(r) r^k R_{n2}(r) r^2 \mathrm{d}r = \bar{r}^k \tag{2.4.23}$$

并利用三个球谐函数联乘的积分公式(参考文献[15]),从而得到

$$\langle \mathrm{d}_{x^2} | \hat{V}_{O_h} | \mathrm{d}_{z^2} \rangle = -A_{00} \bar{r}^0 \cdot \frac{1}{2\sqrt{\pi}}$$

$$-A_{40} \bar{r}^4 \left[\frac{6}{14\sqrt{\pi}} + \sqrt{\frac{5}{14}} (0+0) \right] \tag{2.4.24}$$

$$= -\frac{A_{00}}{2\sqrt{\pi}} \bar{r}^0 - 6 \cdot \frac{A_{40}}{14\sqrt{\pi}} \bar{r}^4$$

再分别将式(2.4.24)中的第一项(常数)和第二项分别用较简单的符号 ε_0 和 Dq 替换,即

$$\varepsilon_0 = -\frac{A_{00}}{2\sqrt{\pi}} \bar{r}^0 \qquad -Dq = \frac{A_{40}}{14\sqrt{\pi}} \bar{r}_4 \,(或令 \Delta = 10Dq) \tag{2.4.25}$$

最后得到

$$E(e_g) = \varepsilon_0 + 6Dq = \varepsilon_0 + \frac{3}{5}\Delta \tag{2.4.26}$$

同样可以证明

$$\begin{aligned}
E(t_{2g}) &= \langle \mathrm{d}_{xy} | \hat{V}_{O_h} | \mathrm{d}_{xy} \rangle \\
&= \langle \mathrm{d}_{xz} | \hat{V}_{O_h} | \mathrm{d}_{xz} \rangle \\
&= \langle \mathrm{d}_{yz} | \hat{V}_{O_h} | \mathrm{d}_{yz} \rangle \\
&= -\frac{A_{00}}{2\sqrt{\pi}} \bar{r}^0 + \frac{4A_{40}}{14\sqrt{\pi}} \bar{r}^4 \\
&= \varepsilon_0 - 4Dq \\
&= \varepsilon_0 - \frac{2}{5}\Delta
\end{aligned} \tag{2.4.27}$$

由此可以得到图 2.10 所示的 d 轨道在 O_h 群作用下的能级分裂情况。

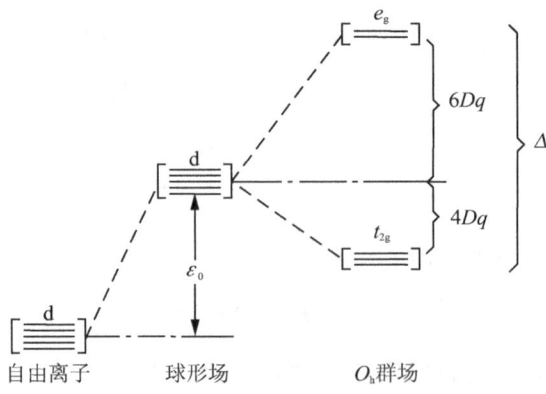

图 2.10 d 轨道在 O_h 群中的能级分裂

2.4.3 弱场方案

弱场方案分为两步处理。首先将自由离子作为无微扰体系,即取

$$\hat{H}_{ion} = \sum_i \hat{H}_0 + \sum_{i>j}^n \frac{e^2}{r_{ij}} \qquad (2.4.28)$$

这一步实际上已在 2.2 节中完成了。由此求出了在电子间相互作用微扰下给定组态 d^n 所分裂出的谱项波函数 $\Psi_i|L\,M_L\,S\,M_S\rangle$ 及其相应的能量(表 2.6)。再将配位场的 Hamilton 算符 $\hat{H}_L = \sum_{i=1}^n V(r_i)$ 作为对每一个谱项 ^{2S+1}L 的微扰而求解久期方程

$$\left| \langle \Theta_r | \sum_{i=1}^n V(r_i) | \Theta_s \rangle - \delta_{rs}\Delta E \right| = 0 \qquad (2.4.29)$$

其中波函数 Θ_r 可以是谱项波函数 $\Psi_i|L\,M_L\,S\,M_S\rangle$,也可以是下列由谱项波函数 Ψ_i 组合而成的配位场谱项波函数

$$\Theta_r = \sum_i c_i \Psi_i | L\,M_L\,S\,M_S \rangle \qquad (2.4.30)$$

所以弱场方案的关键是按下面的方法求出式(2.4.29)矩阵元中的 Θ_r 的明显表示式。

1. 光谱项在配位场中的分裂

当自由原子形成配位化合物时,其中心离子的波函数就从连续群对称性降低到对称性较低的点群对称性,这时相应的原子光谱项 ^{2S+1}L 在配位场作用下就分裂为点群谱项 $^{2S+1}\Gamma$。我们将以 3 价钒离子的配位化合物 $[V(H_2O)_6]^{3+}$ 为例加以说明。在自由离子中,该 d^2 组态由于电子排斥作用分裂成 ^3F、^1D、^3P、^1G 和 ^1S 五个谱项(参见表 2.6),现在讨论其中 ^3F 基项在 O_h 群配位场下的分裂情况。

如前所述,^3F 谱项的波函数为旋转群 R_3 的 $l=3$ 表示的 7 个基函数(参看表 2.5,但这里还用不着它的具体形式)。为了简化起见,我们先按式(2.3.13),由

$$\chi(\phi) = \frac{\sin\left(3+\frac{l}{2}\right)\phi}{\sin\frac{\phi}{2}} = 1 + 2\cos\phi + 2\cos2\phi + 2\cos3\phi \tag{2.4.31}$$

求出 ^3F 谱项在点群 O 中所包含的对称操作下的特征标：

$$\begin{aligned}\chi(E) &= \chi(0) = 7\\ \chi(C_2) &= \chi(\pi) = -1\\ \chi(C_3) &= \chi\left(\frac{2\pi}{3}\right) = 1\\ \chi(C_4) &= \chi\left(\frac{\pi}{2}\right) = -1\end{aligned} \tag{2.4.32}$$

由此得到 ^3F 谱项波函数为基在 O 群下的可约表示 Γ 的特征标：

	E	$6C_2$	$3C'_2$	$8C_3$	$6C_4$
$\chi(\Gamma)$	7	-1	-1	1	-1

再根据附录 II 中 O 群的特征标表及约化公式[式(2.3.9)]就得到 $\Gamma(^3F) = A_2 + T_1 + T_2$。为了要得到向 O_h 群的约化结果，只要将 O 群的结果加注中心反演对称性 g 或 u 于其下标即可。由于我们所讨论的 d 轨道总是中心对称 g（图 2.3），因此得到 ^3F 谱项在 O_h 点群配位场下分裂成三个配位场谱项：

$$\Gamma(^3F) = {}^3A_{2g} + {}^3T_{1g} + {}^3T_{2g} \tag{2.4.33}$$

由于配位场 $V(r)$ 与电子自旋无关，因此式(2.4.33)中自旋多重度 $(2S+1)$ 仍保留在左上角。值得注意的是，在约化前后[即式(2.4.33)左右]的总波函数的数目不变，都是 21 个，即

$$3 \times (2 \times 3 + 1) = 3 \times (1) + 3 \times (3) + 3 \times (3) = 21 \tag{2.4.34}$$

表 2.12 中列出了旋转群 l（或 J）向不同点群的分解结果。

表 2.12　旋转群 l 向不同点群的分解

L 或 J	O_h	T_d	D_3	D_{4h}	C_{4v}	C_{2v}
0	A_{1g}	A_1	A_1	A_{1g}	A_1	A_1
1	T_{1u}	T_2	$A_2 + E$	$A_{2u} + E_u$	$A_1 + E$	$A_1 + B_1 + B_2$
2	E_g	E	E	$A_{1g} + B_{1g}$	$A_1 + B_1$	$2A_1$
	T_{2g}	T_2	$A_1 + E$	$B_{2g} + E_g$	$B_2 + E$	$A_2 + B_1 + B_2$
3	A_{2u}	A_1	A_2	B_{1u}	B_2	A_2
	T_{1u}	T_2	$A_2 + E$	$A_{2u} + E_u$	$A_1 + E$	$A_1 + B_1 + B_2$
	T_{2u}	T_1	$A_1 + E$	$B_{2u} + E_u$	$B_1 + E$	$A_1 + B_1 + B_2$

续表

L 或 J	O_h	T_d	D_3	D_{4h}	C_{4v}	C_{2v}
4	A_{1g}	A_1	A_1	A_{1g}	A_1	A_1
	E_g	E	E	$A_{1g}+B_{1g}$	A_1+B_1	$2A_1$
	T_{1g}	T_1	A_2+E	$A_{2g}+E_g$	A_2+E	$A_2+B_1+B_2$
	T_{2g}	T_2	A_1+E	$B_{2g}+E_g$	B_2+E	$A_2+B_1+B_2$
5	E_u	E	E	$A_{1u}+B_{1u}$	A_2+B_2	$2A_2$
	T_{1u}	T_2	A_2+E	$A_{2u}+E_u$	A_1+E	$A_1+B_1+B_2$
	T_{1u}	T_2	A_2+E	$A_{2u}+E_u$	A_1+E	$A_1+B_1+B_2$
	T_{2u}	T_1	A_1+E	$B_{2u}+E_u$	B_1+E	$A_1+B_1+B_2$

2. 配位场谱项的能量和波函数

由于配位场与电子自旋无关，在按照简并态微扰理论求解上述分裂后所得配位场谱项的能量时，只要考虑 ^3F 谱项中自旋相同（如取 $M_S=1$）的这七个（$2L+1=7$）谱项波函数 $|L\ M_L\ S\ M_S\rangle$（表2.4）：

$$\Psi_1 = |3\ 3\ 1\ 1\rangle = (2^+\ 1^+)$$

$$\Psi_2 = |2\rangle = (2^+\ 0^+)$$

$$\Psi_3 = |1\rangle = \sqrt{\frac{2}{5}}(1^+\ 0^+) + \sqrt{\frac{3}{5}}(2^+\ -1^+)$$

$$\Psi_4 = |0\rangle = \frac{2}{\sqrt{5}}(1^+\ -1^+) + \frac{1}{\sqrt{5}}(2^+\ -2^+) \quad (2.4.35)$$

$$\Psi_5 = |-1\rangle = \sqrt{\frac{2}{5}}(0^+\ -1^+) + \sqrt{\frac{3}{5}}(1^+\ -2^+)$$

$$\Psi_6 = |-2\rangle = (0^+\ -2^+)$$

$$\Psi_7 = |-3\rangle = (-1^+\ -2^+)$$

为了简化，式2.4.35中后六个 Ψ 表示式只要用缩写 $|M_L\rangle$ 就足以明确表示其 $|L\ M_L\ S\ M_S\rangle$。这时微扰算符应为 d^2 中两个单电子算符之和

$$\hat{H}_L = \hat{V}_{O_h}(1) + \hat{V}_{O_h}(2) \quad (2.4.36)$$

将上述结果代入式(2.4.29)，采用式(2.4.22)的方法，最后可以得到用单电子参数 Dq 表示的求解配位场谱项能量的久期行列式：

$$\begin{array}{c|ccccccc}
 & |3\rangle & |2\rangle & |1\rangle & |0\rangle & |-1\rangle & |-2\rangle & |-3\rangle \\
\hline
\langle 3| & -3Dq-E & & & & \sqrt{15}Dq & & \\
\langle 2| & & 7Dq-E & & & & 5Dq & \\
\langle 1| & & & -Dq-E & & & & \sqrt{15}Dq \\
\langle 0| & & & & -6Dq-E & & & \\
\langle -1| & \sqrt{15}Dq & & & & -Dq-E & & \\
\langle -2| & & 5Dq & & & & 7Dq-E & \\
\langle -3| & & & \sqrt{15}Dq & & & & -3Dq-E
\end{array} = 0$$

(2.4.37)

求解上述久期方程,可以得到表 2.12 左边所示的两个三重态能级和一个单重态能级。将这三个根分别代回到久期方程中求解,可以得到表 2.12 右边所列的配位场谱项波函数。为了验证所得波函数所属表示的正确性,可以选用 O_h 群中适当的操作进行验证。例如,将 $\hat{C}_4$ 操作对相应于能级 E'_1 的这三个配位场波函数作用,得到

$$\hat{C}_4 \begin{bmatrix} \Psi_1^1 \\ \Psi_1^2 \\ \Psi_1^3 \end{bmatrix} = \begin{bmatrix} 1 & 0 & 0 \\ 0 & -i & 0 \\ 0 & 0 & i \end{bmatrix} \begin{bmatrix} \Psi_1^1 \\ \Psi_1^2 \\ \Psi_1^3 \end{bmatrix} \chi(\hat{C}_4) = 1 \quad (2.4.38)$$

根据 O_h 群的特征标表,可以看出,这组基是属于 T_{1g} 群而不是 T_{2g} 群。若预先按群论方法构成配位场波函数 Θ_r,则可以得到相同的结果,这时的优点是只要求解低阶久期方程,并易于按点群不可约表示进行明确的分类。

表 2.13 d^2 组态,^3F 谱项在 O_h 群中的配位场谱项能及波函数

E'(能量)	波函数	
$E'_1 = 2E_0 - 6Dq$	$\Psi_1^1 = \Psi(0)^{1)}$ $\Psi_1^2 = \sqrt{\dfrac{3}{8}}\Psi(1) + \sqrt{\dfrac{5}{8}}\Psi(-3)$ $\Psi_1^3 = \sqrt{\dfrac{3}{8}}\Psi(-1) + \sqrt{\dfrac{5}{8}}\Psi(3)$	T_{1g}
$E'_2 = 2E_0 + 2Dq$	$\Psi_2^1 = \sqrt{\dfrac{1}{2}}\Psi(2) + \sqrt{\dfrac{1}{2}}\Psi(-2)$ $\Psi_2^2 = \sqrt{\dfrac{5}{8}}\Psi(1) - \sqrt{\dfrac{3}{8}}\Psi(-3)$ $\Psi_2^3 = \sqrt{\dfrac{5}{8}}\Psi(-1) - \sqrt{\dfrac{3}{8}}\Psi(3)$	T_{2g}
$E'_3 = 2E_0 + 12Dq$	$\Psi_3 = \sqrt{\dfrac{1}{2}}\Psi(2) - \sqrt{\dfrac{1}{2}}\Psi(-2)$	A_{2g}

1) $\Psi(M_L)$ 是 $|S\ L\ M_L\ M_S\rangle$ 的简写,其他类此。

用类似的方法可以求出其他谱项的分裂。将表 2.6 中的原子光谱项的能量加到配位场的作用能上，就可以求出同一谱项 ^{2S+1}L 中分裂的各点群谱项 $^{2S+1}\Gamma$ 的相对能量 $E(^{2S+1}\Gamma|^{2S+1}L)$。例如，对于 d^2 组态，有

$$E(^3T_{1g}|^3F) = A - 8B + 2\varepsilon_0 - 6Dq$$
$$E(^3T_{2g}|^3F) = A - 8B + 2\varepsilon_0 + 2Dq$$
$$E(^3T_{2g}|^3F) = A - 8B + 2\varepsilon_0 + 12Dq$$
$$E(^3T_{1g}|^3P) = A + 7B + 2\varepsilon_0 \tag{2.4.39}$$

图 2.11 中左边表示 d^2 组态在弱场情况下各个谱项能级的分裂情况，例如，由 ^1D 谱项可以形成 $^1T_{2g}$ 和 ^1E_g 项，等等。

表 2.14 中列出了 $d^0 \to d^{10}$ 自由离子基态与基态中具有相同自旋多重度的谱项所形成的弱场谱项，其能级按由低到高的顺序排列。

表 2.14 d^n 组态的谱项

组态	自由离子谱项	在 O_h 群中弱场谱项	在 T_d 群中弱场谱项
d^0	^1S	$^1A_{2g}$	$^1A_1$
d^1	^2D	$^2T_{2g}, ^2E_g$	$^2E, ^2T_2$
d^2	^3F	$^3T_{1g}, ^3T_{2g}, ^3A_{2g}$	$^3A_2, ^3T_2, ^3T_1$
	^3P	$^3T_{1g}$	$^3T_1$
d^3	^4F	$^4A_{2g}, ^4T_{2g}, ^4T_{1g}$	$^4T_1, ^4T_2, ^4A_2$
	^4P	$^4T_{1g}$	$^4T_1$
d^4	^5D	$^5E_g, ^5T_{2g}$	$^5T_2, ^5E$
d^5	^6S	$^6A_{1g}$	$^6A_1$
d^6	^3D	$^5T_{2g}, ^5E_g$	$^5E, ^5T_2$
d^7	^4F	$^4T_{1g}, ^4T_{2g}, ^4A_{2g}$	$^4A_2, ^4T_2, ^4T_1$
	^4P	$^4T_{1g}$	$^4T_1$
d^8	^3F	$^3A_{2g}, ^3T_{2g}, ^3T_{1g}$	$^3T_1, ^3T_2, ^3A_2$
	^3P	$^3T_{1g}$	$^3T_1$
d^9	^2D	$^2E_g, ^2T_{2g}$	$^2T_2, ^2E$
d^{10}	^1S	$^1A_{1g}$	$^1A_1$

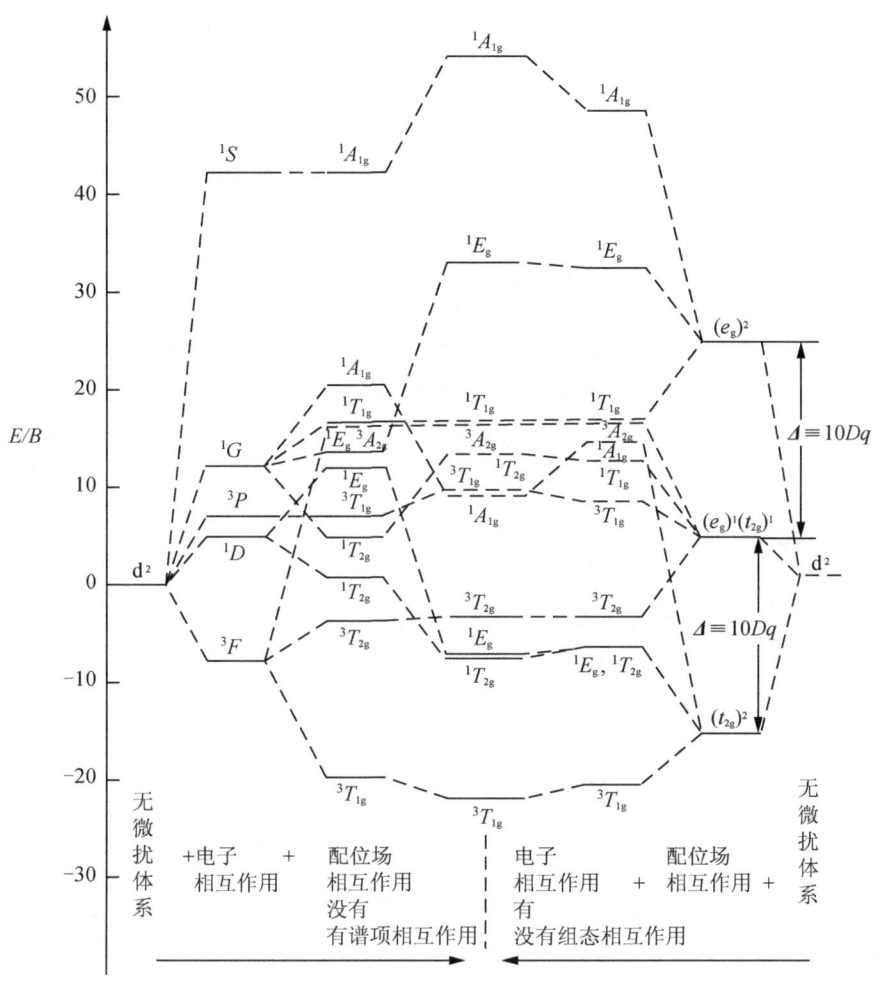

图 2.11 八面体 d^2 体系的谱项分裂

$C/B = 4, \Delta \equiv 10Dq = 20B$

没有考虑式(2.4.39)中对于所有谱项都相等的能量位移 $2\varepsilon_0 + A$

2.4.4 强场方案

由于前面已较详细地介绍了在配位场理论中的一些概念及方法,本节将以 O_h 群中的 d^2 组态为例,对强场方案进行简要的讨论。

强场方案也分为两步处理。首先认为未受微扰体系为不考虑电子排斥作用而只处于配位场中的离子,即取 $\hat{H}_L = \sum_{i=1}^{n} V(r_i)$ 作为起点。如图 5.10 所述,五个 d 轨道在 O_h 配位场中分裂为 t_{2g} 和 e_g 轨道。d^2 组态中的两个电子分别填入这些轨道时,可以形成三种强场电子组态 t_{2g}^2、$t_{2g}^1 e_g^1$、e_g^2,其中 $t_{2g}^1 e_g^1$ 表示一个 d 电子在 t_{2g} 轨道,另一个 d 电子在 e_g 轨道等。当不考虑电子间相互作用时,三种组态的能量为

$$E(t_{2g}^2) = 2E_0 - \frac{4}{5}\Delta \qquad (2.4.40)$$

$$E(t_{2g}^1 e_g^1) = 2E_0 + \frac{1}{5}\Delta \qquad (2.4.41)$$

$$E(e_g^2) = 2E_0 + \frac{6}{5}\Delta \qquad (2.4.42)$$

现在从 e_g^2 组态为例,说明各强场组态所形成的配位场谱项。以 O_h 群的 E、C_4、C_2、C_3 和 C_2' 对称操作作用于 e_g 轨道,得到其相应的特征标为(2,0,0,−1,2),和特征标表中所列出的结果一致。因此 e_g 轨道可以作为 O_h 群 E_g 不可约表示的基函数(实际上可以从特征标表中最后一列的 z^2,x^2-y^2 查出这两个基所属的表示)。当以 e_g 和 e_g 作为 O_h 表示的基集合时,按直积公式[式(2.3.15)],有

$$\Gamma(e_g \otimes e_g) = \Gamma(e_g) \otimes \Gamma(e_g) \qquad (2.4.43)$$
$$\chi(\Gamma) = \chi(e_g)\chi(e_g) = \chi^2(e_g) \qquad (2.4.44)$$

将由此求出的 $\chi(\Gamma) = (4,0,4,1,4)$ 结合 O_h 特征标表,应用式(2.3.9),可以将 $\Gamma(e_g \otimes e_g)$ 约化为

$$\Gamma(e_g \otimes e_g) = A_{1g} + A_{2g} + E_g \qquad (2.4.45)$$

再进一步确定每个配位场的自旋多重度。两个 d 电子在不违背 Pauli 原理的条件下,在 e_g 这个双重简并轨道中共有

$$\begin{array}{llll}
|\phi_1^+\ \phi_2^+\rangle & M_S = 1 & |\phi_1^+\ \phi_2^-\rangle & M_S = 0 \\
|\phi_1^+\ \phi_1^-\rangle & M_S = 0 & |\phi_1^-\ \phi_2^+\rangle & M_S = 0 \\
|\phi_2^+\ \phi_2^-\rangle & M_S = 0 & |\phi_1^-\ \phi_2^-\rangle & M_S = -1
\end{array} \qquad (2.4.46)$$

$C_4^2 = \frac{4 \times 3}{2} = 6$ 种排列方式,即 e_g^2 形成了六个独立的态函数。由于有一个 $M_S = 1$,一个 $M_S = -1$ 和四个 $M_S = 0$ 的反对称波函数,故强场组态中必有一个 $2S+1 = 3$ 的三重态和两个 $2S+1 = 1$ 的单重态。群论的进一步讨论可确定各谱项的自旋多重度,即为

$$\Gamma(e_g \otimes e_g) = {}^1A_{1g} + {}^3A_{2g} + {}^1E_g \qquad (2.4.47)$$

并可求出这些点群谱项的波函数 Ξ 为[15]

$${}^1A_{1g}: \Xi({}^1A_{1g}|(e_g)^2|M_S = 0) = \frac{1}{\sqrt{2}}[|\phi_1^+\ \phi_1^-\rangle + |\phi_2^+\ \phi_2^-\rangle] \qquad (2.4.48)$$

$${}^1E_g: \Xi({}^1E_g|(e_g)^2|M_S = 0) = \frac{1}{\sqrt{2}}[|\phi_1^+\ \phi_2^-\rangle - |\phi_1^-\ \phi_2^+\rangle]$$
$$\Xi({}^1E_g|(e_g)^2|M_S = 0) = \frac{1}{\sqrt{2}}[|\phi_1^+\ \phi_1^-\rangle - |\phi_2^+\ \phi_2^-\rangle] \qquad (2.4.49)$$

$${}^3A_{2g}: \Xi({}^3A_{2g}|(e_g)^2|M_S = 1) = |\phi_1^+\ \phi_2^+\rangle$$
$$\Xi({}^3A_{2g}|(e_g)^2|M_S = 0) = \frac{1}{\sqrt{2}}[|\phi_1^+\ \phi_2^-\rangle + |\phi_1^-\ \phi_2^+\rangle] \qquad (2.4.50)$$
$$\Xi({}^3A_{2g}|(e_g)^2|M_S = -1) = |\phi_1^-\ \phi_2^-\rangle$$

下一步的处理类似于弱场方案。按微扰理论,将电子排斥能 $\hat{H}_{e1} = \sum_{i>j}^{n}\sum_{j}^{n}\frac{e^2}{r_{ij}}$

作为微扰,以上述配位场谱项波函数 Ξ 为无微扰的波函数,就可以求出配位场谱项的静电能 ΔE_{e1}。例如,对于 e_g^2 组态中的 $^3A_{2g}$ 谱项,有

$$\Delta E_{e1}(^3A_{2g}|(e_g)^2) = \langle \phi_1^+ \phi_2^+ | \frac{e^2}{r_{12}} | \phi_1^+ \phi_2^+ \rangle$$
$$= \langle \phi_1 \phi_2 | \frac{e^2}{r_{12}} | \phi_1 \phi_2 \rangle - \langle \phi_1 \phi_2 | \frac{e^2}{r_{12}} | \phi_2 \phi_1 \rangle \quad (2.4.51)$$
$$= A - 8B$$

用类似的方法可以求出各个配位场谱项的静电能 ΔE_{e1}。将静电能 ΔE_{e1} 和配位场能 ΔE_L 相加后,就可以得到 d^2 体系中各谱项的能量。例如,对于其中的 e_g^2 组态,有

$$E(^3A_{2g}) = 2\varepsilon_0 + 12Dq + A - 8B \quad (2.4.52)$$
$$E(^1A_{1g}) = 2\varepsilon_0 + 12Dq + A + 8B + 4C \quad (2.4.53)$$
$$E(^1E_g) = 2\varepsilon_0 + 12Dq + A + 2C \quad (2.4.54)$$

相关图:在实际应用中,只要我们在矩阵元计算时精确而完整,则弱场方案及强场方案会得到相同的结果。例如,对于只出现一次的 $^3A_2$ 谱项的能量,弱场方案也得到了和上述强场方案相同的 $E(^3A_2|^3F) = (A-8B) + (2\varepsilon_0 + 12Dq)$ 的结果,只是处理的先后次序不同而已。图 2.11 表明了这种殊途同归的相关图。在强场和弱场谱项的能级相关时要遵守两条原则:①强场和弱场的谱项能级要一一对应;②对称性相同的谱项连线不能相交。由这种相关图可以定性地得到强场方案谱项能级随配位场 Dq 由弱到强的变化趋势,还可以定性地得到谱项间相互作用时中间场的情况。图 2.12 表示 d^2、d^3、d^7 和 d^8 电子组态的 F 基态及低弱场下的状态。根据群论原理,属于同一不可约表示的 $T_{1g}(P)$ 和 $T_{1g}(F)$ 配位场谱项间会相互作用,从而使能级发生位移,图中就会出现曲线(参考6.2.1 小节)。

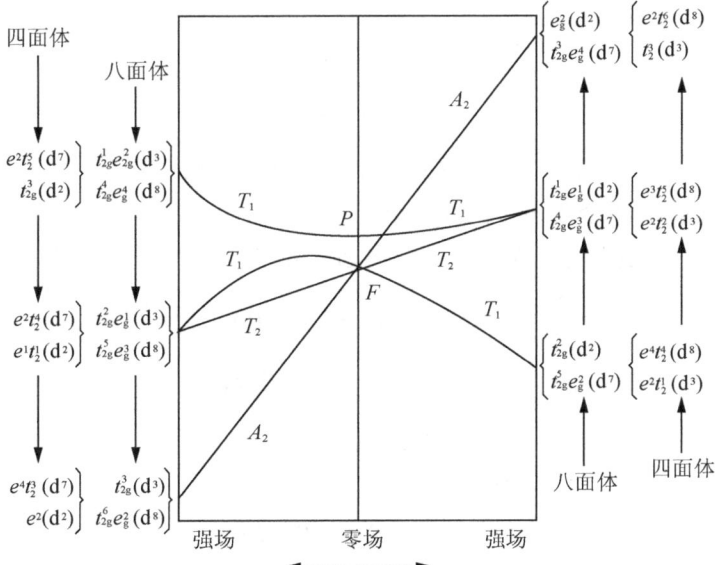

图 2.12 具有 F 基态离子的弱场配位化合物的 Orgel 图

Tanabe-Sugano 图:考虑到谱项间相互作用的中间场严格处理的结果,可以得到所谓的 Tanabe-Sugano 能级图(附录Ⅲ),详情参考文献[15]。为了能用于一般情况,图中的横坐标和纵坐标不用绝对单位,而用电子间排斥参数 B 作为单位。作为参考实例,图的上方列出了自由离子的 B 值。此外,在画图时为使基态能量处于水平线,从而使在基态发生改变的地方的所有线的斜率都会有急剧变化。

作为该图的一个应用,考虑具有 d^2 组态$[V(H_2O)_6]^{3+}$的可见吸收光谱(图 2.13),由^3F谱项分裂出来的基态$^3T_{1g}(F)$。按照光谱跃迁时的自旋守恒规则(3.1节),所涉及的中间场的配位场谱项能量为[对比式(2.4.39)]

$$^3T_{1g}(F): \frac{1}{2}\left[15B - \frac{3}{5}\Delta - (225B^2 + 18B\Delta + \Delta^2)^{\frac{1}{2}}\right] \quad (2.4.55)$$

$$^3T_{2g}: \frac{1}{5}\Delta \quad (2.4.56)$$

$$^3T_{1g}(P): \frac{1}{2}\left[15B - \frac{3}{5}\Delta + (225B^2 + 18B\Delta + \Delta^2)^{\frac{1}{2}}\right] \quad (2.4.57)$$

$$^3A_{2g}: \frac{6}{5}\Delta \quad (2.4.58)$$

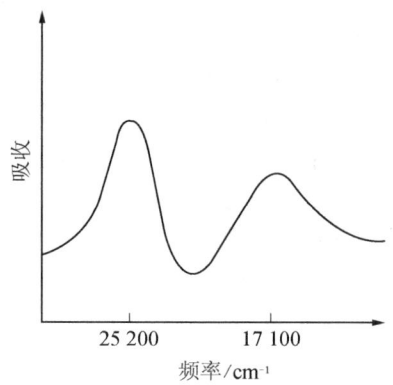

图 2.13 $V(H_2O)_6^{3+}$的 d–d 可见吸收光谱

因而对应于实验的两个弱谱带的跃迁能为

$$E(^3T_{2g} \leftarrow ^3T_{1g}(F)) = 17\,200\,\text{cm}^{-1}$$
$$= \frac{1}{2}[\Delta - 15B + (225B^2 + 18B\Delta + \Delta^2)^{\frac{1}{2}}] \quad (2.4.59)$$

$$E(^3T_{1g}(P) \leftarrow ^3T_{1g}(F)) = 25\,600\,\text{cm}^{-1}$$
$$= (225B^2 + 18B\Delta + \Delta^2)^{\frac{1}{2}} \quad (2.4.60)$$

根据图 2.12,用尝试法,在 $\Delta/B = 28$ 时可得到

$$E(^3T_{2g} \leftarrow ^3T_{1g}(F))/B = 25.9 \quad (2.4.61)$$

$$E(^3T_{1g}(P) \leftarrow ^3T_{1g}(F))/B = 38.6 \quad (2.4.62)$$

从而由这两个跃迁都得到 $B = 665\,\text{cm}^{-1}$(比自由离子的 $B = 860\,\text{cm}^{-1}$小)。因为 Δ/B

= 28,所以得到 Δ = 18 600cm^{-1}。

值得注意的是,当处理自旋禁阻的跃迁时,其跃迁能中会出现 C/B 项,在作 Tanabe-Sugano 图时一般采用 $C/B \approx 4.5$(比自由离子的 C/B 平均值 4.0 要大)。

2.4.5 低对称性配位场

通过上述八面体配位化合物的讨论,我们对配位场的基本理论及方法已有大致的了解。实际的配位化合物的几何构型十分多样,这节只定性地讨论四面体(T_d)及正方形(D_{4h})配位离子的能级分裂情况。

T_d 群和八面体 O 群都属于立方点群,因而这两个群有类似的特征标表。正如在点电荷模型中所证实的那样(图 2.10),它们的 d 轨道都分裂为 t_2 和 e 两个态,其晶体场分裂参数关系为

$$\Delta_{\text{四面体}} = -\frac{4}{9}\Delta_{\text{八面体}} \tag{2.4.63}$$

即它们的能级次序正好相反,而且四面体的 Δ 值比八面体的约小一半,这就说明了几乎所有四面体配位化合物都是高自旋的。

至此,可以导出所谓的"空穴规则"。由表 2.14 可见,d^n 和 d^{10-n} 组态具有相同的弱场谱项,但能级次序则正好相反,这是由于它们正好相对于满壳层而言,具有电子-空穴的对应关系。此外,如上所述,同一组态在 O_h 群和 T_d 群中也具有相同的谱项,但能级次序也正好相反。因此对能级高低有下列"空穴规则":

$$d^n(\text{八面体}) \equiv d^{10-n}(\text{四面体}) \tag{2.4.64a}$$

是

$$d^n(\text{四面体}) \equiv d^{10-n}(\text{八面体}) \tag{2.4.64b}$$

光谱的倒置。这就可以将八面体理论的处理直接应用于四面体。例如,附录Ⅲ中八面体的 Tanabe-Sugano 图就可以运用于相应的四面体配位化合物(参考图 2.12)。

对于其他低对称性配位化合物的能级分裂,可以采用逐级降阶的方法得到。例如,将八面体沿 C_4 轴拉伸或压缩就可以得到四方畸变的 D_{4h} 群对称性配位化合物。由 O_h 群和 D_{4h} 群特征标表可见,对称性的降低使原来 O_h 群的 e 不可约表示基(θ,ε)分裂成 D_{4h} 群的 a_{1g} 不可约表示基 θ 和 b_{1g} 不可约表示基 ε;O_h 群的 t_{2g} 不可约表示基(ζ,η,ξ)分裂成 D_{4h} 群的 b_{2g} 不可约表示基(ζ)和 e_g 不可约表示基(ξ,η)。这种从高对称性降低为低对称性时引起不可约表示维数降低(分裂)的现象称为约化。表 2.15 中列出了一些对称群降低时的约化关系,类似地,可以得到不同对称性配位场中 d 轨道的能级分裂(图 2.14)及其相对能量值。

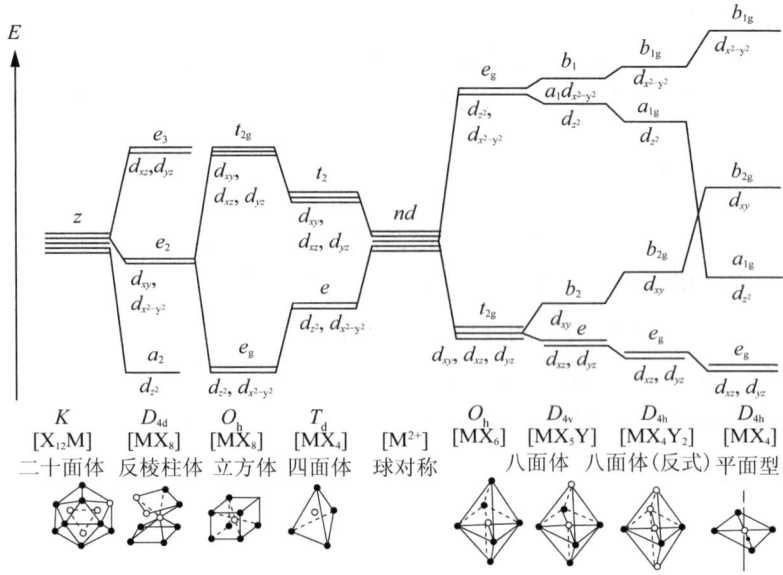

图 2.14 在不同对称性配位场下 d 轨道的分裂

表 2.15 由高对称群不可约表示到低对称群的约化

群	子群			群	子群	
O_h	T_d	D_{4h}	D_3	D_{4h}	C_{4h}	C_{2v}
A_{1g}	A_1	A_{1g}	A_1	A_{1g}	A_1	A_1
A_{1u}	A_2	A_{1u}	A_1	A_{1u}	A_2	A_2
A_{2g}	A_2	B_{1g}	A_2	A_{2g}	A_2	B_1
A_{2u}	A_1	B_{1u}	A_2	A_{2u}	A_1	B_2
E_g	E	$A_{1g}+B_{1g}$	E	B_{1g}	B_1	A_1
E_u	E	$A_{1u}+B_{1u}$	E	B_{1u}	B_2	A_2
T_{1g}	T_1	$A_{2g}+E_g$	A_2+E	B_{2g}	B_2	B_1
T_{1u}	T_2	$A_{2u}+E_u$	A_2+E	B_{2u}	B_1	B_2
T_{2g}	T_2	$B_{2g}+E_g$	A_1+E	E_g	E	A_2+B_2
T_{2u}	T_1	$B_{2u}+E_u$	A_1+E	E_u	E	A_1+B_1

可以用和八面体类似的方法讨论各种低对称场下的能量及波函数。例如,对于 D_{4h} 场中 d^1 组态配位化合物,根据表 2.11 的 D_{4h} 势函数 V 进行计算,可以用八面体强场参数 Dq 以及四方场参数 D_s 和 D_t 将谱项能量表示为

$$E(a_{1g}) = 6Dq - 2D_s - 6D_t \quad (2.4.65)$$

$$E(b_{1g}) = 6Dq + 2D_s - D_t \quad (2.4.66)$$

$$E(b_{2g}) = -4Dq + 2D_s - D_t \quad (2.4.67)$$

$$E(e_g) = -4Dq - D_s + 4D_t \quad (2.4.68)$$

图 2.14 中为拉长的八面体($D_s>0,D_t>0$)的 D_{4h} 谱项分裂。对于压扁的八面体

($D_s<0, D_t<0$),分裂谱项的能级次序为 b_{2g}、e_g、b_{1g} 和 a_{1g}。目前这方面已有专著,详情参考文献[24]。

2.4.6 自旋-轨道偶合和双值群

角量子数为 l 的电子绕着距离原子核 r 处的轨道运动相当于核绕电子作相反方向的运动,这种类似使得载有核电荷的电流在位于中心的电子处产生一个磁场。该磁场和电子的自旋 S 产生的磁矩相互作用,从而形成所谓的自旋-轨道偶合,其作用算符可由相对论量子力学导出

$$\hat{H}_{so} = \zeta(r) \mathbf{l} \cdot \mathbf{s} \tag{2.4.69}$$

其中,ζ 称为单电子自旋-轨道偶合参数,即

$$\zeta(r) = -\frac{e}{2m^2c^2} \frac{1}{r} \frac{\partial V(r)}{\partial r} \tag{2.4.70}$$

严格的 Schrödinger 方程的势能项中应包括算符 $\hat{H}_{so}$。它的出现会引起光谱项进一步分裂、破坏自旋禁阻规则、磁化率不再只由自旋决定和顺磁共振中的零场分裂等效应。下面只讨论自旋-轨道偶合引起的谱项分裂。

对于多电子原子,从 d^n 电子组态可以导出以总轨道量子数 L 和总自旋量子数 S 表征的光谱项。如上所述,考虑到 L 和 S 之间的较弱的磁相互作用,也可用向量加法[式(2.2.39)]导出总角量子数 $\mathbf{J}$

$$\mathbf{J} = \mathbf{L} + \mathbf{S} \tag{2.4.71}$$

按照这种所谓的 L-S 偶合方式,得到

$$J = (L+S), (L+S-1), \cdots, |L-S| \text{ 或 } |S-L| \tag{2.4.72}$$

对于 $L=2, S=\frac{1}{2}$ 的 ^2D 谱项,其 J 值只能取 $J=\frac{5}{2}$ 和 $\frac{3}{2}$。用光谱支项符号 $^{2S+1}L_J$,可以分别表示为 $^2D_{5/2}$ 和 $^2D_{3/2}$,也可以导出相应的 $(2J+1)$ 个磁量子数 M_J,以描述其在磁场中的行为。可以证明,对于自由的多电子原子,其总磁矩 μ 为[14]

$$\mu = g\sqrt{J(J+1)}\beta \tag{2.4.73}$$

磁矩沿磁场的分量为

$$\mu_z = gM_J\beta \tag{2.4.74}$$

其中常数 $\beta = \frac{he}{4\pi mc}$ 称为 Bohr 磁子,Landé 因子

$$g = 1 + \frac{S(S+1) + J(J+1) - L(L+1)}{2J(J+1)} \tag{2.4.75}$$

磁矩 μ 和外磁场 H 的相互作用能为

$$E(M_J) = -\mu \cdot H = -\mu_z H = -gM_J\beta H \tag{2.4.76}$$

当我们限于在一个谱项内考虑自旋-轨道作用时,相应于单电子的公式[式(2.4.69)],其作用算符为

$$\hat{H}_{so} = \sum_k \left[\sum_i \zeta_i(r_{ik}) l_{ik} \right] \cdot \mathbf{S}_k = \lambda \mathbf{L} \cdot \mathbf{S} \tag{2.4.77}$$

其中 r_{ik} 为电子 k 到核 i 间的距离,λ 是谱项的函数,称为多电子自旋－轨道偶合参数。它和单电子的 ζ 之间的关系为 $\lambda = \pm \zeta nd/(2S)$。对于 d^n 电子组态,小于半满 ($n<5$)时为正值,大于半满($n>5$)时为负值。

1. 双值群

当量子数 J 为整数时,和球谐函数 Y_{lm} 在旋转 ϕ 角度的操作下变换的情况类似[式(2.3.13)],在旋转下与 J 相应波函数的变换特征标也是

$$\chi_J(\phi) = \frac{\sin\left(J + \frac{1}{2}\right)\phi}{\sin\frac{1}{2}\phi} \tag{2.4.78}$$

可见,当以 $\phi+2\pi$ 代入式(2.4.78)时,有 $\chi_J(\phi+2\pi) = \chi_J(\phi)$,即 2π 旋转是恒等操作。

对于自旋量子数 S 为半整数的 J,则情况很不相同,这时有

$$\chi_J(\phi+2\pi) = -\chi_J(\phi) \tag{2.4.79}$$

即 2π 旋转不是恒等操作,而是一个新的群元素 R。它导致特征标变号,但却有

$$\chi_J(\phi+4\pi) = \chi_J(\phi) \tag{2.4.80}$$
$$\chi_J(\pi) = \chi_J(3\pi) = 0 \tag{2.4.81}$$

即只有 4π 才是一个恒等操作 E。因此对半整数 J 是双值的。从原来的单值群的元素 $E,A,B,C,\cdots$ 出发,借助于新的群元素 R 作用于它们就可以造出相应的所谓双值群(用在原来的群记号上加一撇来表示)的元素,其数目恰好是原来简单群的 2 倍。通常将双值群的元素按下列形式分类:

$$\{E\},\{R\},\{C_2,C_2R\},\{C_n,C_n^{n-1}R\},\{C_n^m,C_n^{n-m}R\} \tag{2.4.82}$$

例如,为了求得双值群 O' 的元素,将 R 对单值群 O 的 24 个元素

$$E\ 8C_3\ 3C_2\ 6C_4\ 6C'_2 \tag{2.4.83}$$

分别用 R 作用后,得到 48 个 O' 群的元素:

$$E,R,8C_3,8C_3R,3C_2,3C_2R,6C_4,6C_4R,6C'_2,6C'_2R \tag{2.4.84}$$

按式(2.4.82),它们可以分为 8 个类:

$$\{E\}\{R\}\begin{Bmatrix}4C_3\\4C_3^2R\end{Bmatrix}\begin{Bmatrix}4C_3^2\\4C_3R\end{Bmatrix}\begin{Bmatrix}3C_2\\3C_2R\end{Bmatrix}\begin{Bmatrix}3C_4\\3C_4^3R\end{Bmatrix}\begin{Bmatrix}3C_4^3\\3C_4R\end{Bmatrix}\begin{Bmatrix}6C'_2\\6C'_2R\end{Bmatrix} \tag{2.4.85}$$

双倍群 O' 的 8 个不可约表示及其特征标列于附录Ⅲ中。

2. 自旋－轨道偶合引起双值群配体场谱项的分裂[15]

作为介绍概念,考虑自旋－轨道偶合引起八面体 d^1 组态配位化合物中谱项的分裂。可以分别从类似于弱场和强场这两种方案出发。

方案(1)如前所述,考虑到自旋－轨道偶合后,$^2D_{5/2}$ 的六个 m_j 波函数和 $^2D_{3/2}$ 的四个 m_j 波函数分别形成八面体双值群 O' 表示的基。表 2.16 中列出了按式(2.4.78)求出的特征标。同样,结合 O' 的特征标表(附录Ⅱ)及约化公式[式(2.3.9)],得到

$$\Gamma(j_2=3/2) \text{为不可约表示} \Gamma_8 \tag{2.4.86}$$
$$\Gamma(j_1=5/2) \text{为可约表示,可约化为} \Gamma_7 + \Gamma_8 \tag{2.4.87}$$

由此得到图 2.15 中右边的结果。

表 2.16　方案(1)中不同 J 值 O' 群表示的特征标表

O'	E	R	$4C_3$ $4C_3^2 R$	$4C_3 R$ $4C_3^2$	$3C_2$ $3C_2 R$	$3C_4$ $3C_4^3 R$	$3C_4 R$ $3C_4^3$	$6C'_2$ $6C'_2 R$
$\chi_{J=3/2}$	4	-4	-1	1	0	0	0	0
$\chi_{J=5/2}$	6	-6	0	0	0	$-\sqrt{2}$	$\sqrt{2}$	0

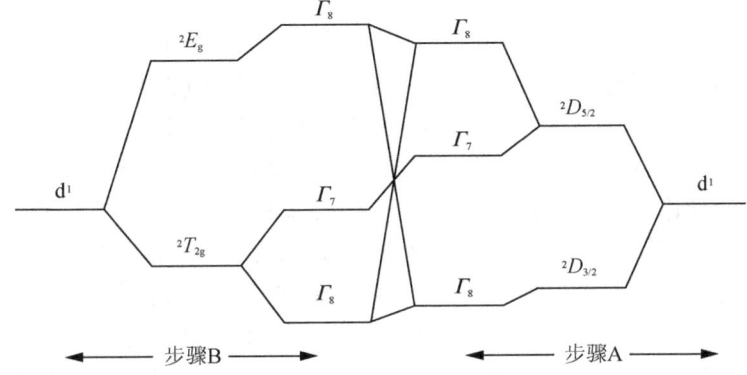

图 2.15　两种自旋-轨道偶合方案引起的 d¹ 离子谱项在八面体群中的分裂图

方案(2) 若先不考虑 d¹ 离子的自旋-轨道偶合,则在八面体配位场影响下先分裂成四重的 ^2E_g 谱项和六重的 $^2T_{2g}$ 谱项。这些谱项的完全波函数(空间部分×自旋部分)应为双值群 O' 的表示。

我们以 ^2E_g 谱项为例,将简单群 O 中 E_g 表示的特征标和双值群 O' 的特征标表比较,可以看出,它作为波函数空间部分是属于双值群 O' 的 Γ_3 表示(表 2.17 中第二行),相应于电子自旋 $\left(S=\dfrac{1}{2}\right)$ 的函数也应属于 O' 的一个表示。只要令 $j=\dfrac{1}{2}$,应用关系式[式(2.4.78)]就可以求出表 2.17 中第三行的特征标,可见波函数的自旋波函数属于 O' 群的 Γ_6 表示。

表 2.17　方案(2)的特征标表

O'	E	R	$4C_3$ $4C_3^2 R$	$4C_3 R$ $4C_3^2$	$3C_2$ $3C_2 R$	$3C_4$ $3C_4^3 R$	$3C_4 R$ $3C_4^3$	$6C'_2$ $6C'_2 R$
$\chi E_g = \chi\Gamma_3$	2	2	-1	-1	2	0	0	0
$\chi_{j=1/2}$	2	-2	1	-1	0	$\sqrt{2}$	$-\sqrt{2}$	0
$\chi T_{2g} = \chi\Gamma_5$	3	3	0	0	-1	-1	-1	1

我们进而考虑由于自旋-轨道偶合所引起的 ^2E_g 晶体谱项的分裂。由于 ^2E_g 的完全波函数是空间部分 Γ_3 和自旋部分 Γ_6 的乘积 $\Gamma_3 \times \Gamma_6$。按照 O' 群的特征标表(附录Ⅱ)及直积公式,有

$$\Gamma(e_g) \times \Gamma\left(S=\dfrac{1}{2}\right) = \Gamma_3 \times \Gamma_6 = \Gamma_8 \tag{2.4.88}$$

亦即 ^2E_g 在自旋-轨道偶合作用下不会分裂。用完全类似的方法可以得出 $^2T_{2g}$ 谱项在双值群 O' 中的表示为

$$\Gamma(t_{2g}) \times \Gamma\left(S=\frac{1}{2}\right) = \Gamma_5 \times \Gamma_6 = \Gamma_7 + \Gamma_8 \quad (2.4.89)$$

后面一步用到了约化公式。可见,在自旋-轨道作用下,$^2T_{2g}$ 谱项分裂成对称性为 Γ_7 的双重谱项和 Γ_8 的四重谱项。图 2.15 中左边给出了所得的结果。

2.4.7 配位化合物的分子轨道理论

在前述的晶体场理论中,将配位化合物看成是类似 NaCl 的离子型晶体,只研究其中没有结构的点电荷或点偶极邻近配位体[参看式(2.4.15)]的晶体场对于中心金属离子 d 电子的效应。但是,即使在 $[CoF_6]^{3-}$ 和 $[Fe(H_2O)_6]^{2+}$ 之类典型的离子型配位化合物中,也存在金属-配位体轨道重叠的共价键成分。在前述的简单的配位场理论中,为了考虑这种共价成分,保留了晶体场中"d"轨道能量的静电表示形式,但对其中配位场参数 Δ,静电场参数 A、B 和 C 以及自旋-轨道偶合参数 ζ 等进行经验性的调整(即不采用自由离子的数值)。我们将会看到,这对于解释配位化合物的光谱及磁性质有一定意义。在有些讨论中并不严格区分晶体场和配位场理论。这里我们结合对称性简单介绍一种以明显形式来描述配位化合物中电子云重叠作用的分子轨道理论,它实际上是一种晶体场理论和分子轨道理论相结合的理论[6,25,26]。一般的分子轨道理论将在 2.5 节中论述。

对于具有一定对称性的配位化合物,首先将中心离子的轨道和配位体轨道分别按所属分子点群对称性组合成不可约表示的基:金属离子轨道 ψ_M 和配位体群轨道 ψ_L(这种对称性匹配的线性组合函数常记为 SALC)。然后再将它们组合成分子轨道

$$\psi_{M-L} = c_1 \psi_M + c_2 \psi_L \quad (2.4.90)$$

我们仍以 O 群对称性的配位化合物 AB_6 为例加以说明。

1. 金属离子轨道分类(表 2.2)

球形对称的 s 轨道在 O 群的各个操作下不变,因此显然属于 a_1 表示。对于 p 轨道,由于 $p_x \sim x, p_y \sim y, p_z \sim z$,采用式(2.3.4)的方法,不难导出 O 群的各个操作分别作用于主坐标轴 x, y, z(图 2.16)时,其三维矩阵的特征标为

$$\chi(E) = 3, \quad \chi(C_3) = 0, \quad \chi(C_2) = -1,$$
$$\chi(C_4) = 1, \quad \chi(C'_2) = 1$$

由特征标表可知,p_x, p_y, p_z 正是 O 群的 t_1 表示的基。由于 p 轨道对中心反演为反对称 u,因而也是 O_h 群 t_{1u} 表示的基。直接查阅附录Ⅱ O_h 群特征表中最后一行,或直观地将 O_h 群对称操作作用到图 2.3 中所示的波函数上的方法,不难证明,d 轨道中 d_{xy}、d_{yz}、d_{zx} 是 O_h 群的 t_{2g} 表示的基,d_{z^2}、$d_{x^2-y^2}$ 是 E_g 表示的基。

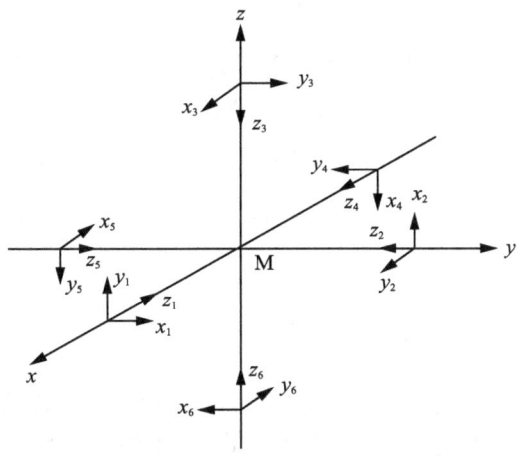

图 2.16　八面体配位体群轨道的局部坐标

2. 配位体群轨道

对于每个 B 原子,我们采取图 2.16 所示的局部坐标及标号,其中 z 轴都指向中心离子。在 O_h 群的操作下配位原子的轨道可以分为三个集合:

集合 1　　6 个 s 轨道　　　　　　（可形成 σ 型轨道）
集合 2　　6 个 p_z 轨道　　　　　（可形成 σ 型轨道）
集合 3　　12 个 p_x 和 p_y 轨道　（可形成 π 型轨道）

由于在这三个集合间不会发生交换关系,因此可以采用式(2.3.19)的方法,分别将上述三个集合求出的可约表示约化为下列不可约表示:

集合 1　　$\Gamma_{s\sigma} = a_{1g} + e_g + t_{1u}$ 　　　　　　(2.4.91)

集合 2　　$\Gamma_{p\sigma} = a_{1g} + e_g + t_{1u}$ 　　　　　　(2.4.92)

集合 3　　$\Gamma_{p\pi} = t_{1g} + t_{2g} + t_{1u} + t_{2u}$ 　　(2.4.93)

采用式(2.3.17)所示的投影算符法,可以系统地构成 SALC 轨道。例如,对于图 2.16 中的 σ 型轨道,令 $\phi_i = s^i$ 或 p_z^i,可以得到

$$\psi(a_{1g}) = \frac{1}{\sqrt{6}}(\phi_1 + \phi_2 + \phi_3 + \phi_4 + \phi_5 + \phi_6) \tag{2.4.94}$$

$$\psi(e_g^1) = \frac{1}{\sqrt{12}}(2\phi_3 + 2\phi_6 - \phi_1 - \phi_2 - \phi_4 - \phi_5) \tag{2.4.95}$$

$$\psi(e_g^2) = \frac{1}{\sqrt{2}}(\phi_1 - \phi_2 + \phi_4 - \phi_5) \tag{2.4.96}$$

$$\psi(t_{1u}^1) = \frac{1}{\sqrt{2}}(\phi_1 - \phi_4) \tag{2.4.97}$$

$$\psi(t_{1u}^2) = \frac{1}{\sqrt{2}}(\phi_2 - \phi_5) \tag{2.4.98}$$

$$\psi(t_{1u}^3) = \frac{1}{\sqrt{2}}(\phi_3 - \phi_6) \tag{2.4.99}$$

3. 分子轨道 ψ_{M-L}

只要将在 O_h 点群下相同对称性的金属离子轨道 ψ_M 和配位体群轨道 ψ_L 组合起来,就可以得到配位场分子轨道 ψ_{M-L}。例如,对于 a_{1g} 对称性的不可约表示,由 $\psi_M(a_{1g})$ 和 $\psi_L(a_{1g})$ 这两个轨道按照一般的分子轨道法,可以组合成成键分子轨道

$$\psi(a_{1g}) = c_1\phi_s(M) + c_2\left[\frac{1}{\sqrt{6}}(\phi_1+\phi_2+\phi_3+\phi_4+\phi_5+\phi_6)\right] \quad (2.4.100)$$

和反键分子轨道

$$\psi^*(a_{1g}) = c_2\phi_s(M) - c_1\left[\frac{1}{\sqrt{6}}(\phi_1+\phi_2+\phi_3+\phi_4+\phi_5+\phi_6)\right] \quad (2.4.101)$$

同理,可以导出其他类似于上式的、按对称性分类的成键及反键分子轨道(表 2.18),其中具有 T_{2u} 和 T_{1g} 表示的配位体轨道,由于没有与之对称性相匹配的金属轨道,所以它们属于非键轨道。

表 2.18　八面体配位化合物轨道的对称性分类

不可约表示	金属轨道	配位体的 σ 轨道	配位体的 π 轨道
a_{1g}	4s	$\frac{1}{\sqrt{6}}(\sigma_1+\sigma_2+\sigma_3+\sigma_3+\sigma_4+\sigma_5+\sigma_6)$	
e_g	$3d_{z^2}$	$\frac{1}{\sqrt{12}}(2\sigma_3+2\sigma_6-\sigma_1-\sigma_2-\sigma_4-\sigma_5)$	
	$3d_{x^2-y^2}$	$\frac{1}{2}(\sigma_1-\sigma_2+\sigma_4-\sigma_5)$	
t_{1u}	$4p_x$	$\frac{1}{\sqrt{2}}(\sigma_1-\sigma_4)$	$\frac{1}{2}(p_{x3}+p_{y2}-p_{x5}-p_{y6})$
	$4p_y$	$\frac{1}{\sqrt{2}}(\sigma_2-\sigma_5)$	$\frac{1}{2}(p_{x1}+p_{y3}-p_{y4}-p_{x6})$
	$4p_z$	$\frac{1}{\sqrt{2}}(\sigma_3-\sigma_6)$	$\frac{1}{2}(p_{x1}+p_{y2}-p_{x4}-p_{y5})$
t_{2g}	$3d_{xy}$		$\frac{1}{2}(p_{x1}+p_{y2}+p_{x5}+p_{y4})$
	$3d_{xz}$		$\frac{1}{2}(p_{x2}+p_{y3}+p_{y5}+p_{x6})$
	$3d_{yz}$		$\frac{1}{2}(p_{x3}+p_{y1}+p_{x4}+p_{y6})$
t_{2u}			$\frac{1}{2}(p_{x3}+p_{y6}-p_{y1}-p_{x4})$
			$\frac{1}{2}(p_{x2}+p_{y5}-p_{y3}-p_{x6})$
			$\frac{1}{2}(p_{x1}+p_{y4}-p_{y2}-p_{x5})$
t_{1g}			$\frac{1}{2}(p_{x3}-p_{y2}-p_{y6}+p_{x5})$
			$\frac{1}{2}(p_{x1}-p_{y3}-p_{y4}+p_{x6})$
			$\frac{1}{2}(p_{x2}-p_{y1}-p_{y5}+p_{x4})$

4. 分子轨道能级图

有了 AB_6 型配位化合物的对称性分子轨道:

$$\psi_{ML} = c_1\psi_M + c_2\psi_L \quad (2.4.102)$$

为使 ψ_{M-L} 满足 Schrödinger 方程:

$$H\psi_{M-L} = \varepsilon\psi_{M-L}$$

就要求解久期方程:

$$\begin{bmatrix} H_M - \varepsilon & H_{ML} - S\varepsilon \\ H_{ML} - S\varepsilon & H_L - \varepsilon \end{bmatrix} \begin{bmatrix} c_1 \\ c_2 \end{bmatrix} = 0 \quad (2.4.103)$$

为此,按照我们熟知的方法(2.5 节中的 EHMO 法),求解出该分子的轨道系数 c 及能级 E。图 2.17 为对 $[Co(NH_3)_6]^{3+}$ 作了这种计算后得到的分子轨道能级图(不考虑配位体的 π 轨道)[21]。

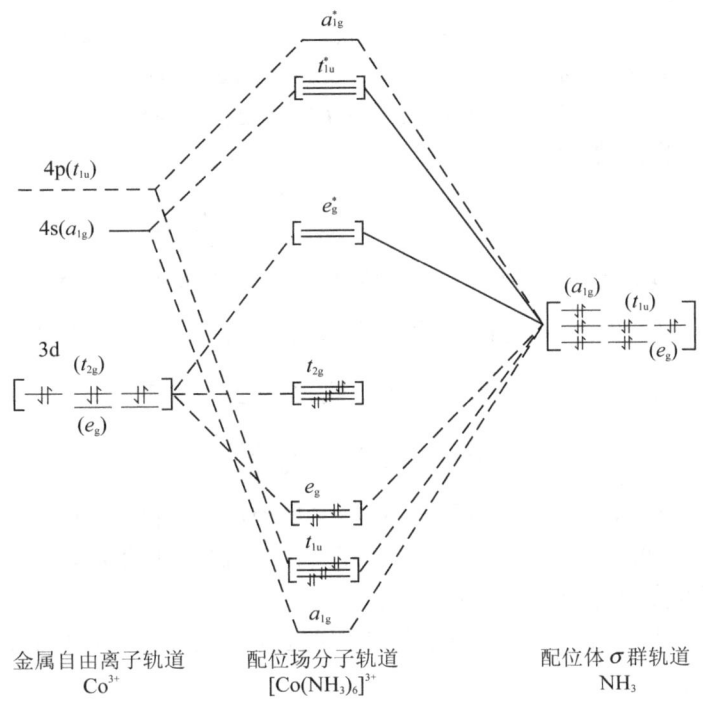

图 2.17 $[Co(NH_3)_6]^{3+}$ 分子轨道能级图

自由的 Co^{3+} 有 6 个 d 电子,6 个配位体总共有 12($=6\times2$)个 σ 孤对电子,它们在形成 $[Co(NH_3)_6]^{3+}$ 配位化合物后,12 个 σ 电子填入成键的 a_{1g}、t_{1u}、e_g 轨道,6 个 d 电子填入主要是金属 d 轨道贡献的 t_{2g} 非键轨道,所以该配位化合物的电子组态为

$$(a_{1g})^2 (t_{1u})^6 (e_g)^4 (t_{2g})^6$$

这就说明了它的稳定性及反磁性,相当于价键理论的低自旋配位化合物。由于 e_g^* 反键轨道主要是金属离子的 e_g 轨道成分,所以这里的 t_{2g} 和 e_g^* 轨道间的能级差相当于晶体场中的 $\Delta(10Dq)$。但是分子轨道理论具有更大的灵活性,它原则上考虑了配位体的贡献,并预言了较高能级 e_g 的反键性质。

2.5 分子轨道理论

在自洽场分子轨道(SCF-MO)理论中,原则上是将金属和配位体同等看待[1,2,27,28]。按照"轨道近似",我们把分子中每个电子近似地看成处于某个多中心的分子轨道 ψ_i 中。对于一个由 $2n$ 个电子组成并充满 n 个分子轨道的这种闭壳层分子,其体系波函数应为满足反对称要求的 Slater 行列式波函数[对比式(2.2.35),只是用分子轨道 ψ_i 代替其中的原子轨道 ψ_i]

$$\Psi(1,2,\cdots,2n) = |\psi_1(1)\psi_1(2)\cdots\psi_n(2n-1)\psi_n(2n)| \qquad (2.5.1)$$

我们要求解 N 个核和 $2n$ 个多电子体系的 Schrödinger 方程

$$\hat{H}\Psi(1,2,\cdots,2n) = E\Psi(1,2,\cdots,2n) \qquad (2.1.17)$$

其中 Hamilton 算符 $\hat{H}$ 为

$$\hat{H} = \sum_{i=1}^{2n}\left[-\frac{1}{2}\nabla_i^2 - \sum_k^N \frac{Z_k}{r_{ki}}\right] + \sum_{i>j}^{2n}\sum\frac{1}{r_{ij}} \qquad (2.5.2)$$

为了简化起见,式(2.5.2)应用了原子单位(简记为 a.u.),即长度用 Bohr 半径 $a_0 = \frac{h^2}{4\pi^2 me}$ 为单位,能量以 hartree $= \frac{4\pi^2 me^4}{h^2} = 27.21\text{eV}$ 为单位,质量以电子静质量 m_e 为单位,电荷以电子所带电荷为单位。式(2.5.2)又常写为

$$\hat{H} = \sum_{i=1}^{2n}\hat{h}(i) + \sum_{i>j}\sum_{i=1}^{2n}\frac{1}{r_{ij}} \qquad (2.5.3)$$

其中第一项为涉及电子 i 的单电子算符,第二项为涉及 i 和 j 的双电子算符。在以下的讨论中我们将避免冗长的数学推导,它们可以在标准的量子化学教科书中找到,这里只扼要介绍些便于理解的思路。

将上述 Ψ 及 $\hat{H}$ 代入量子力学求期望值的公式后,经过推导就可以得到体系的总电子能量 E_{el}[29]。

$$E_{el} = \int \Psi^* \hat{H} \Psi d\tau_1 d\tau_2 \cdots d\tau_{2n}$$

$$= 2\sum_{i=1}^{n} H_{ii} + \sum_{i=1}^{n}\sum_{j=1}^{n}(2J_{ij} - K_{ij}) \qquad (2.5.4)$$

其中

$$H_{ii} = \langle \psi_i | \hat{h} | \psi_i \rangle$$

$$= \langle \psi_i(1) | -\frac{1}{2}\nabla_1^2 - \sum_k \frac{Z_k}{r_{k1}} | \psi_i(1) \rangle \qquad (2.5.5)$$

它表示一个电子处在第 i 个分子轨道 ψ_i 中的动能和核吸引能之和。Coulomb 积分为

$$J_{ij} = \iint \psi_i^*(1)\psi_j^*(2)\frac{1}{r_{12}}\psi_i(1)\psi_j(2)d\tau_1 d\tau_2 \qquad (2.5.6)$$

它表示处于分子轨道 ψ_i 和 ψ_j 中的两个电子间的排斥能。交换积分为

$$K_{ij} = \iint \psi_i^*(1)\psi_j^*(2)\frac{1}{r_{12}}\psi_j(1)\psi_i(2)d\tau_1 d\tau_2 \qquad (2.5.7)$$

它只有当1,2两个电子自旋平行时才不为零。为了实际推求体系的波函数,我们还要作进一步的简化。

2.5.1 Hartree-Fock-Roothaan 方程

实际运算时需要选择一套单电子轨道函数 ψ_i(即分子轨道),以使式(2.5.1)所示体系的波函数接近体系的精确解。为此,可以运用量子力学中常用的变分法。即令分子轨道 $\psi_1,\psi_2,\cdots,\psi_n$ 在保持正交归一化 $\int \psi_i^* \psi_j \mathrm{d}\tau = \delta_{ij}$ 的条件下,以使体系的总能量 E 对单电子波函数进行变分(通俗地说就是调控),这样求出的波函数 $\Psi(1,\cdots,2n)$ 才是体系的最佳近似波函数。由此可以推导出一组单电子的 Schrödinger 方程,即通常所称的 Hartree-Fock 方程[29]:

$$\hat{F}(1)\psi_i(1) = \varepsilon_i \psi_i(1) \quad (i=1,2,\cdots,n) \tag{2.5.8}$$

其中 ε_i 为第 i 个分子轨道的能量。Fock 算符 $\hat{F}$ 为

$$\hat{F}(1) = \hat{h}(1) + \sum_j (2\hat{J}_j - \hat{K}_j) \tag{2.5.9}$$

Coulomb 算符 $\hat{J}_j$ 表示 ψ_j 中的一个电子对 ψ_i 中的一个电子的排斥作用:

$$\hat{J}_j \psi_i(1) = \left[\int \frac{\psi_j^*(2)\psi_j(2)}{r_{12}} \mathrm{d}\tau_2\right]\psi_i(1) \tag{2.5.10}$$

交换算符 $\hat{K}_j$ 这一项是由于自旋平行电子间的相互作用:

$$\hat{K}_j(1) = \left[\int \frac{\psi_j^*(2)\psi_i(2)}{r_{12}} \mathrm{d}\tau_2\right]\psi_j(1) \tag{2.5.11}$$

求解式(2.5.8)的 n 组联立微分方程比求解 n 电子体系的 Schrödinger 方程[式(2.1.7)]要容易得多。但在解这种分子轨道的自洽场方程时需要应用迭代法,即求解其中任何一个单电子 $\hat{F}\psi_i = \varepsilon_i \psi_i$ 时先要假定一套试探的 $\{\psi_i\}$,由此计算出 $\hat{F}$ 算符中的 $\hat{J}_j$ 及 $\hat{K}_j$ 算符,再求解式(2.5.8)所示的 n 个微分方程组,从而得到 n 个单电子的分子轨道 $\psi'_1, \psi'_2, \cdots, \psi'_n$,及相应的单电子轨道能量 ε_i。再利用求得的这一套 $\{\psi'_j\}$ 重复上述过程(迭代),直到求得一套不变的"自洽场"分子轨道 $\{\psi_j\}$ 和 ε_i 为止。但是,这种方法对于求解较大的分子体系还是太复杂。

考虑到分子是由原子组成的,从化学直观考虑,自然的近似是将分子轨道 ψ_i 写成原子轨道 ϕ_μ 的线性组合(称为 LCAO-MO 近似):

$$\psi_i = \sum_\mu c_{\mu i} \phi_\mu \quad (\mu = 1,2,\cdots,m) \tag{2.5.12}$$

$c_{\mu i}$ 称为分子轨道 ψ_i 中第 μ 个原子轨道 ϕ_μ 的组合系数(所取原子轨道数 m 一般大于被占据分子轨道数 n)。将式(2.5.12)代入分子的总电子能量表示式[式(2.5.4)]后可以得到(一般 ϕ_μ 取实数)

$$E_{\mathrm{el}} = \sum_{\mu\nu} P_{\mu\nu} H_{\mu\nu} + \frac{1}{2} \sum_{\mu\nu\lambda\sigma} P_{\mu\nu} P_{\lambda\sigma} \left[(\mu\nu \mid \lambda\sigma) - \frac{1}{2}(\mu\lambda \mid \nu\sigma)\right] \tag{2.5.13}$$

其中

$$P_{\mu v} = 2 \sum_{i=1}^{n} c_{\mu i}^{*} c_{vi} \qquad (2.5.14)$$

称为密度矩阵元,以及缩写

$$(\mu v \mid \lambda \sigma) = \iint \phi_{\mu}(1) \phi_{v}(1) \frac{1}{r_{12}} \phi_{\lambda}(2) \phi_{\sigma}(2) \mathrm{d}\tau_{1} \mathrm{d}\tau_{2} \qquad (2.5.15)$$

$$H_{\mu v} = \int \phi_{\mu}(1) \left[-\frac{1}{2} \nabla_{1}^{2} - \sum_{k} \frac{Z_{k}}{r_{k1}} \right] \phi_{v}(1) \mathrm{d}\tau_{1} \qquad (2.5.16)$$

和传统的变分法类似,在正交归一化条件下,采用 Lagrange 不定乘子法,将上述能量公式对 ψ_i(即 $c_{\mu i}$)进行变分,以求 E_{el} 的极小值,就可以导出一组代数方程(称为 Roothaan 方程):

$$\sum_{v} (F_{\mu v} - \varepsilon_i S_{\mu v}) c_{vi} = 0 \qquad (2.5.17)$$

其中重叠积分为

$$S_{\mu v} = \iint \phi_v \phi_v \mathrm{d}\tau \qquad (2.5.18)$$

Fock 矩阵元为

$$F_{\mu v} = H_{\mu v} + \sum_{\lambda \sigma} P_{\lambda \sigma} \left[(\mu v \mid \lambda \sigma) - \frac{1}{2} (\mu \lambda \mid v \sigma) \right] \qquad (2.5.19)$$

由于式(2.5.19)中包含密度矩阵元 $P_{\mu v}$,为了求解式(2.5.17)这一组代数方程,仍然要采用自洽迭代方法,即首先假定一套式(2.5.17)的初始展开系数 $c_1, c_2, \cdots, c_n$,按式(2.5.14)求出密度矩阵元 $P_{\lambda \sigma}$,由式(2.5.19)计算出 Fock 矩阵元 $F_{\mu v}$,再通过式(2.5.17)用行列式展开求解 m 次方程,或者用矩阵对角化的方法就可以求出本征值 ε_i 及新的一套 $c_{1i}, \cdots, c_{mi}$ 系数。重复这种过程,直至 ε_i 或 $c_{\mu i}$ 收敛到指定值为止。实际上,这种冗长的计算是用电子计算机进行的。

在求解方程组[式(2.5.17)]时,如果不应用实验数据将积分进行参数化,也不忽略其中任何积分,这种求解 Roothaan 方程的方法就是所谓的"从头计算法"(*ab initio* 法)[1,28]。1969 年对 NiF 应用从头计算法后,过渡金属配位化合物的从头计算法有了很大的发展。这种高精度的计算结果与实验的几何构型、偶极矩、力常数、旋转势垒、热力学性质、磁超精细常数、光谱数据,特别是在解释反应活性与过渡态、光化学与激发态等性质方面取得了很大的成功。但是,由于工作量极其巨大,特别是其中的双电子积分 $(\mu v \mid \lambda \sigma)$ 可能是单中心的、双中心的、三中心的,甚至是四中心的[11],其中所含的积分数目与电子数 n 的四次方成正比。例如,对于由 20 个原子组成的分子,若每个原子只含有 5 个电子也要计算 $(20 \times 5)^4 = 1$ 亿个积分,这是一般计算机所难以承受的。下面就要介绍一些不同近似的方法和模型[30~33]。在早期的日常研究中,常用各种近似方法,它们的差别就在于如何近似处理这些单电子或双电子积分值(令其为零,或用半经验参数代替复杂的积分)。目前由于计算技术的发展,出现新的精确计算方法,为了加深对近似概念及物理意义的理解,下面重点对教学及文献上常用的 CNDO 及 EHMO 方法进行介绍。

2.5.2 全略微分重叠法

全略微分重叠(complete neglect of differential overlap)法基于下述几种近似[29]。

1. 价电子近似

假定分子中各原子的内层电子形成一个不可极化的原子实(core),只处理价电子及价轨道 μ、ν(C、N、O、F 等原子取 2s、2p 4 个价轨道,过渡金属取 d、s、p 的 9 个价轨道)。这时单电子的 $H_{\mu\nu}$ 为

$$H_{\mu\nu} = \int \phi_\mu^* \left[-\frac{1}{2}\nabla^2 - \sum_A V_A(r) \right] \phi_\nu d\tau \qquad (2.5.20)$$

其中 $\sum_A V_A(r)$ 是各 A 原子实的静电场贡献之和。

2. 忽略全部微分重叠

双电子排斥积分为

$$(\mu\nu \mid \lambda\sigma) \equiv \int \phi_\mu(1)\phi_\nu(1)\frac{1}{r_{12}}\phi_\lambda(2)\phi_\sigma(2) d\tau_1 d\tau_2$$

它是量子化学计算中难以处理的部分。当 $\mu \neq \nu$ 或 $\lambda \neq \sigma$(不论它们是否属于同一原子)时,令

$$\phi_\mu(1)\phi_\nu(1)d\tau = 0 \qquad (2.5.21)$$

则称之为零微分重叠近似。为了减少计算误差,如果只对不同原子 A 和 B 的 ϕ_μ 和 ϕ_ν 应用式(2.5.21),即令 $(\mu_A\nu_B \mid \lambda\sigma) = 0$,$(\mu\nu \mid \lambda_A\sigma_B) = 0$,但 $(\mu_A\nu_A \mid \lambda_B\sigma_B) \neq 0$,则称为忽略双原子微分重叠(记为 NDDO 方案)。这时也忽略了相应的重叠积分

$$S_{\mu\nu} = \int \phi_\mu(1)\phi_\nu(1) d\tau \qquad (2.5.22)$$

但不忽略包含重叠分布的实积分

$$H_{\mu\nu} = \int \phi_\mu(1) H^{实} \phi_\nu(1) d\tau_1 \qquad (2.5.23)$$

在所谓的 CNDO(neglect of differential overlap)方案中,不论原子轨道 ϕ_μ 和 ϕ_ν 是否属于同一原子,完全采用式(2.5.21),

$$(\mu_A\nu_A \mid \lambda_B\sigma_B) = 0 \quad 若 \mu \neq \nu 或 \lambda \neq \sigma \qquad (2.5.24)$$

但保留

$$(\mu_A\mu_A \mid \lambda_B\lambda_B) = \gamma_{AB} \neq 0$$

不论 A 和 B 原子是否相同,以上两式都适用,γ_{AB} 是 A 原子中 μ 轨道一个价电子和 B 原子中 λ 轨道一个价电子间的平均排斥作用。

3. 原子实矩阵元的简化

对于描述价电子在原子实场中运动的积分 $H_{\mu\nu}$,可以按三种情况分别近似:

$$H_{\mu\mu}^{AA} = U_{\mu\mu} - \sum_{\lambda \neq \mu} \langle \mu | v_{\mu\lambda} | \mu \rangle \quad (\mu \text{ 属于 A 原子}) \quad (2.5.25)$$

$$H_{\mu\nu}^{AB} = 0 \quad (\text{当 } \mu \neq \nu \text{ 时},\text{且 } \mu, \nu \text{ 同属于 A 原子}) \quad (2.5.26)$$

$$H_{\mu\nu}^{AB} = \frac{1}{2}(\beta_{\mu}^{0A} - \beta_{\mu}^{0B})S_{\mu\nu} \quad (\mu \text{ 属于 A 原子}, \nu \text{ 属于 B 原子}) \quad (2.5.27)$$

其中 $U_{\mu\mu}$ 为原子实的单电子矩阵元。

经过上述近似后,最后我们就可以得到便于求解的 CNDO 闭壳层 Hartree-Fock-Roothaan 方程:

$$\sum_{\nu}(F_{\mu\nu} - \varepsilon_i \delta_{\mu\nu})c_{\nu i} = 0 \quad (2.5.28)$$

其中的矩阵元为

$$F_{\mu\mu}^{AA} = U_{\mu\mu} + \left(P_{AA} - \frac{1}{2}P_{\mu\mu}\right)\gamma_{AA}$$

$$+ \sum_{B \neq A}(P_{BB}\gamma_{AB} - \langle \mu | v_B | \mu \rangle) \quad (2.5.29)$$

$$F_{\mu\nu}^{AA} = -\frac{1}{2}P_{\mu\nu}\gamma_{AA} \quad (2.5.30)$$

$$F_{\mu\nu}^{AB} = \frac{1}{2}K(\beta_A^0 + \beta_B^0)S_{\mu\nu}^{AB} - \frac{1}{2}P_{\mu\nu}\gamma_{AB} \quad (2.5.31)$$

将这种应用于简单化合物的 CNDO/2 方案推广到包含 d(或 f)轨道的过渡金属配位化合物时,有各种方案。按 Clack 的处理,仍然保留了原来对 Coulomb 积分 $\gamma_{\mu\nu}$ 采取球对称的 s 轨道计算[27,34]。但考虑到 d 轨道指数和 s、p 轨道的不同,因此出现三类双电子排斥积分 γ_{ss}^{AB}、γ_{sd}^{AB} 和 γ_{dd}^{AB}。其中下标 s 类轨道代表 s 和 p 轨道,d 类轨道代表 d 轨道,单电子原子实积分 $U_{\mu\mu}$ 则表示为

$$U_{4s,4s} = -\frac{1}{2}(I_{4s} + A_{4s}) - \gamma_{4s,4s} - \left(Z - \frac{3}{2}\right)\gamma_{3d,4s} \quad (2.5.32)$$

$$U_{4p,4p} = -\frac{1}{2}(I_{4p} + A_{4p}) - \gamma_{4s,4s} - \left(Z - \frac{3}{2}\right)\gamma_{3d,4s} \quad (2.5.33)$$

$$U_{3d,3d} = -\frac{1}{2}(I_{3d} + A_{3d}) - 2\gamma_{3d,4s} - \left(Z - \frac{5}{2}\right)\gamma_{3d,3d} \quad (2.5.34)$$

其中 I_μ 和 A_μ 分别为可参考实验值得到的轨道 μ 的电离能和电子亲和势,Z 为价电子数。

将式(2.5.32)、式(2.5.33)和式(2.5.34)代入式(2.5.29),就可得到包含过渡金属离子的 Fock 对角矩阵元:

$$F_{\mu\mu}(2s,2s) = -\frac{1}{2}(I_{2s} + A_{2s}) - \left(Z_A - \frac{1}{2}\right)\gamma_{2s,2s}^{AA}$$

$$+ \left[P_{AA}(s) - \frac{1}{2}P_{\mu\mu}\right]\gamma_{2s,2s}^{AA} + \sum_{B \neq A}^{s} P_{BB}(s)\gamma_{2s,ns}^{AB}$$

$$+ \sum_{B \neq A}^{d} P_{BB}(d) \gamma_{2s,3d}^{AB} - \sum_{B \neq A} N_B \gamma_{2s,\mu}^{AB} \qquad (2.5.35)$$

$$F_{\mu\mu}(4s,4s) = -\frac{1}{2}(I_{4s} + A_{4s}) + \left[\gamma_{4s,4s}^{AA} + \left(Z_A - \frac{3}{2}\right)\gamma_{4s,3d}^{AA}\right]$$

$$+ \left[\left(P_{AA}(s) - \frac{1}{2}P_{\mu\mu}\right)\gamma_{4s,4s}^{AA} + P_{AA}(d)\gamma_{4s,3d}^{AA}\right]$$

$$+ \sum_{B \neq A}^{s} P_{BB}(s) \gamma_{4s,ns}^{AB} + \sum_{B \neq A}^{d} P_{BB}(d) \gamma_{4s,5d}^{AB} - \sum_{B \neq A} N_\mu^B \gamma_{4s,\mu}^{AB} \qquad (2.5.36)$$

$$F_{\mu\mu}(3d,3d) = -\frac{1}{2}(I_{3d} + A_{3d}) - \left[\left(Z_A - \frac{5}{2}\right)\gamma_{3d,3d}^{AA} + 2\gamma_{3d,4s}^{AA}\right]$$

$$+ \left[\left(P_{AA}(d) - \frac{1}{2}P_{\mu\mu}\right)\gamma_{3d,3d}^{AA} + P_{AA}(s)\gamma_{3d,4s}^{AA}\right]$$

$$+ \sum_{B \neq A}^{s} P_{BB}(s) \gamma_{3d,4s}^{AB} + \sum_{B \neq A}^{d} P_{BB}(d) \gamma_{3d,3d}^{AB} - \sum_{B \neq A} N_\mu^B \gamma_{3d,\mu}^{AB} \qquad (2.5.37)$$

其中 N_μ^B 为 B 原子轨道类型相关的电荷数。对于只有 s 类轨道的氯以下的原子,取 $N_\mu^B = Z_B$;当 B 为过渡金属时,若 μ 属于 d 类轨道,则 $N_\mu^B = Z_B - 2$,μ 属于 s 类轨道,则 $N_\mu^B = 2$。对于非对角矩阵元,有

$$F_{\mu\nu}(s,s) = \frac{K(\beta_A^0 + \beta_B^0)}{2} S_{\mu\nu} - \frac{1}{2} P_{\mu\nu} \gamma_{ss}^{AB} \qquad (2.5.38)$$

$$F_{\mu\nu}(s,d) = \frac{K(\beta_A^0 + \beta_B^0)}{2} S_{\mu\nu} - \frac{1}{2} P_{\mu\nu} \gamma_{sd}^{AB} \qquad (2.5.39)$$

$$F_{\mu\nu}(d,d) = \frac{K(\beta_A^0 + \beta_B^0)}{2} S_{\mu\nu} - \frac{1}{2} P_{\mu\nu} \gamma_{dd}^{AB} \qquad (2.5.40)$$

至此,LCAO-SCF 方程[式(2.5.28)]就易于求解了,因为大多数双电子积分已经是零或化成为以 I、A 和 β 表示的参数。表 2.19 中列出了一些元素通常采用 CNDO/2 方案的计算参数。因此,只要将分子中各原子的坐标及上述参数输入电子计算机进行自洽计算,就可通过式(2.5.28)求解出本征值 ε 和本征函数 ψ(或 $c_{\mu i}$ 值),由此可以计算体系中一系列其他物理量及性质。

表 2.19　CNDO/2 方案计算参数(单位:eV)

(1)第一和第二周期元素								
参数	H	Li	Be	B	C	N	O	F
$\frac{1}{2}(I_s + A_s)$	7.176	3.106	5.946	9.594	14.051	19.316	25.390	32.275
$\frac{1}{2}(I_p + A_p)$	—	1.258	2.563	4.001	5.572	7.275	9.111	11.080
$-\beta_A^0$	9	9	13	17	21	25	31	39

续表

(2) 第三周期元素

参数	Na	Mg	Al	Si	P	S	Cl
$\frac{1}{2}(I_{3s}+A_{3s})$	2.804	5.125	7.771	10.033	14.033	17.650	21.591
$\frac{1}{2}(I_{3p}+A_{3p})$	1.302	2.052	2.995	4.133	5.464	6.989	8.708
$\frac{1}{2}(I_{3d}+A_{3d})$	0.150	0.162	0.224	0.337	0.500	0.713	0.977
$-\beta_A^0$	7.720	9.447	11.301	13.065	15.070	18.150	22.330

(3) 第一过渡系列元素

参数	Sc	Ti	V	Cr	Mn	Fe	Co	Ni	Cu
$\frac{1}{2}(I_{3d}+A_{3d})$	3.793	4.140	4.475	4.822	5.157	5.504	5.839	6.182	6.590
$\frac{1}{2}(I_{4s}+A_{4s})$	3.657	3.770	3.822	3.909	3.983	4.120	4.170	4.306	4.567
$\frac{1}{2}(I_{4p}+A_{4p})$	0.558	0.690	0.777	0.876	0.975	1.062	1.16	1.26	1.347
AO 取 $-\beta_A^0$(3d) Burns	15.0	16.0	16.5	17.3	18.0	18.5	19.1	19.5	20.0
指数 $-\beta_A^0$(4s)	0.5	2.0	3.5	5.5	8.0	12.0	17.5	24.6	35.0
AO 取 $-\beta_A^0$(3d) Gouterman	15.0	18.0	21.0	23.0	25.0	27.0	28.0	29.0	30.0
指数 $-\beta_A^0$(4s)	2.0	7.0	12.0	17.0	22.0	26.0	29.0	32.0	35.0
Gouterman ξ_{3d}	2.120	2.240	2.360	2.480	2.600	2.722	2.830	2.960	3.080
指数 ξ_{4s}	1.240	1.270	1.300	1.330	1.360	1.370	1.423	1.473	1.482

综上所述,CNDO 方案是一种相当粗略的近似方法,它甚至连一些单中心双电子交换积分$\langle\mu\nu|\mu\nu\rangle$($\mu,\nu$ 属于同一原子 A)也忽略了。在较此精确些的所谓间略微分重叠(INDO)方案中考虑了这种作用。徐光宪等已经将这种 INDO 方法发展到可以应用于包括 f 轨道的稀土配位化合物。详情参考文献[33]和[34]。CNDO 法不能讨论同一电子组态的能级分裂。由于忽略了诸如$(2s_A 2p_{xA}|2s_A 2p_{xA})$之类的单中心积分,因此碳的组态$(1s^2)(2s)^2(2p)^2$所导出的三个光谱项$^3P$、$^1D$和$^1S$被看成一个态(参考表 2.3 中的 d^2 组态)。尽管 CNDO 法在表示能量、键长、振动频率和光谱信息方面不够好,但在确定分子构型等方面却和从头计算法的结果相近。

2.5.3 推广的 Hückel 法

自 1963 年 Hoffmann 推广了早期,应用于有机分子的 Hückel 近似法以后,它在量子化学计算中得到了广泛应用[11,35]。推广的 Hückel(EHMO)法也是由 Roothaan 方程导出的,但引入了下列更多的近似:

(1) 将 Hamilton 算符中的电子排斥作用 $\sum_{i>j} \frac{1}{\gamma_{ij}}$ [式(2.5.3)] 用等效势场代替,从而在形式上把分子中的电子看做是彼此无关。这时 $\hat{H}$ 中只保留了单电子算符

$$\hat{H} = \sum_i \hat{h}(i) \tag{2.5.41}$$

(2) 对体系的波函数,按 Hartree 近似写成单电子分子轨道的乘积,即类似式(2.2.34),令

$$\Psi = \prod_i \psi_i \tag{2.5.42}$$

在上述近似下,类似 2.2 节所述,就可以将式(2.1.17)进行变数分离而得到单电子 Schrödinger 方程

$$\hat{h}\psi_i = \varepsilon_i \psi_i \quad (i = 1, 2, \cdots, n) \tag{2.5.43}$$

并且得到的分子体系的总能量 E 为各个占据分子轨道 ψ_i 能量 ε_i 之和

$$E = \sum_{i=1}^{n} \varepsilon_i \tag{2.5.44}$$

(3) 引入了 LCAO-MO 近似[式(2.5.12)]后采用变分法求极小,得到

$$\hat{H} \sum_\mu c_{\mu i} \phi_\mu = \varepsilon_i \sum_\mu c_{\mu i} \phi_\mu \tag{2.5.45}$$

将式(2.5.45)两边左乘以 ϕ_ν 并对三维空间 τ 进行积分,就得到久期方程

$$\sum_\mu c_\mu \int \phi_\mu (\hat{H} - E) \phi_\nu \mathrm{d}\tau = 0 \tag{2.5.46}$$

令

$$\int \phi_\mu \hat{H} \phi_\nu \mathrm{d}\tau = H_{\mu\nu} \tag{2.5.47}$$

$$\int \phi_\mu E \phi_\nu \mathrm{d}\tau = E \int \phi_\mu \phi_\nu = E S_{\mu\nu} \tag{2.5.48}$$

式(2.5.48)化为

$$\sum_\mu c_\mu (H_{\mu\nu} - E S_{\mu\nu}) = 0 \tag{2.5.49}$$

每个分子轨道 ψ_i 都有这样一个方程。

按照线性代数理论,这一组方程具有非零解的条件是其系数行列式为零,即

$$|H_{\mu\nu} - \varepsilon S_{\mu\nu}| = 0 \tag{2.5.50}$$

通过求解该久期行列式,就可以求出分子轨道能量 ε_i 及轨道系数 $c_{\mu i}$。在实用时这种方法的一个特点是,不采用 $H_{\mu\nu}$ 的解析形式,而是将它用经验参数的形式表示,以处理包括非对角元在内的完整行列式。

下面我们分别讨论在 EHMO 方法中最重要的重叠积分 $S_{\mu\nu}$ 和矩阵元 $H_{\mu\nu}$ 的计算。由此也可以加深对量子化学计算的了解,但对具体计算不想过多了解的也可略而不读。

1. 重叠积分

我们熟知,在简单的 HMO 方法中,令 $S_{\mu\nu} = \delta_{\mu\nu}$,但在 EHMO 方法中,则要具体计

算 $S_{\mu\nu}$。我们考虑在 A 原子上的 ϕ_a 原子轨道和 B 原子上的 ϕ_b 原子轨道间的重叠积分 S_{ab}^{AB}。由于这种双中心积分具有圆柱形对称性,为了计算方便,常采用图 2.18 所示的椭球坐标 μ、ν [注意此处的 μ、ν 与式(2.5.15)中的含义不同]和 ϕ 来代替原来原子轨道 ϕ 中的球坐标变数 r、θ 和 ϕ。它们的关系是[36]

$$\mu = \frac{r_A + r_B}{R} \quad (\mu : 1 \to \infty) \tag{2.5.51}$$

$$\nu = \frac{r_A - r_B}{R} \quad (\nu : -1 \to 1) \tag{2.5.52}$$

$$\phi_A = \phi_B = \phi \quad (\phi : 0 \to 2\pi) \tag{2.5.53}$$

$$d\tau = r^2 \sin\theta d\theta d\phi dr = \left(\frac{R}{2}\right)^3 (\mu^2 - \nu^2) d\mu d\nu d\phi$$

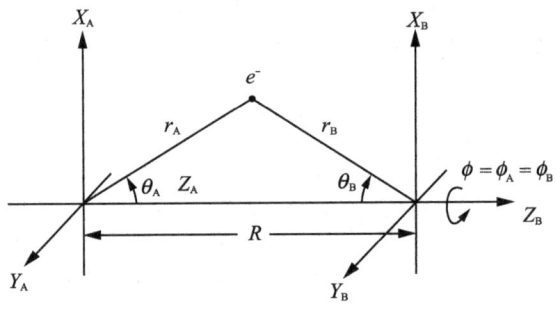

图 2.18 椭球坐标

经过烦琐的演算可以证明,量子数和轨道指数分别为 n_a、l_a、m、ζ_a 和 n_b、l_b、m、ζ_b 的两个 Slater 型[式(2.2.26)]原子波函数 ϕ_a 和 ϕ_b 间的重叠积分为

$$\begin{aligned}
S_{ab} &= S(n_a, l_a, m, n_b, l_b, \alpha, \beta) \\
&= \int \phi(n_a, l_a, m, \zeta_a) \phi(n_b, l_b, m, \zeta_b) d\tau \\
&= \int N_a N_b r_A^{n_a-1} r_B^{n_b-1} \exp(-\zeta_a r_A - \zeta_b r_B) \\
&\quad \cdot \Theta_{l_a m}(\cos\theta_A) \Theta_{l_b m}(\cos\theta_B) \Phi_m^2(\phi) d\tau \\
&= N_a N_b \left(\frac{R}{2}\right)^{n_a+n_b+1} \int_1^\infty \int_{-1}^1 (\mu+\nu)^{n_a} (\mu-\nu)^{n_b} \\
&\quad \cdot \exp\left[-\frac{1}{2}(\alpha+\beta)\mu - \frac{1}{2}(\alpha-\beta)\nu\right] T(\mu,\nu) d\mu d\nu
\end{aligned} \tag{2.5.54}$$

其中 $\alpha = \zeta_a R, \beta = \zeta_b R$。与角度部分有关的函数 T 较为复杂:

$$\begin{aligned}
T(\mu,\nu) &= \Theta_{l_a}^m(\cos\theta_A) \Theta_{l_b}^m(\cos\theta_B) \\
&= D(l_a, l_b, m) \sum_{u=0}^{l_a-m} \sum_{v=0}^{l_b-m} c_{l_a m u} c_{l_b m v} (\mu^2-1)^m \\
&\quad \cdot (1-\nu^2)^m (1+\mu\nu)^u (1-\mu\nu)^v (\mu+\nu)^{-m-u}
\end{aligned}$$

$$\cdot (\mu - v)^{-m-v} \quad (2.5.55)$$

式中

$$D(l_a, l_b, m) = \left[\frac{(m+1)!}{8}\right]^2 \left[\frac{2l_a+1}{2} \frac{(l_a-m)!}{(l_a+m)!}\right]^{\frac{1}{2}}$$

$$\cdot \left[\frac{2l_b+1}{2} \frac{(l_b-m)!}{(l_b+m)!}\right]^{\frac{1}{2}} \quad (2.5.56)$$

这种重叠积分的形式看起来确是很烦琐(由前面提到的多中心积分$\langle \mu v | \lambda \sigma \rangle$的复杂程度就可想而知了,难怪会出现各种近似的简化方案),实际上是有表可查的,或者已按 σ、π 或 δ 等轨道类型列出封闭公式以便应用[36]。例如,对于 s 轨道和 p_z 轨道所形成的 σ 型轨道,其重叠积分有显式:

$$S(n_a s, n_b p_\sigma) = \sqrt{\frac{3}{2}} N_a N_b \left(\frac{R}{2}\right)^{n_a+n_b+1} \sum_{i=0}^{n_a} \sum_{j=0}^{n_b-1} (-1)^j \cdot \binom{n_a}{i}\binom{n_b-1}{j} \bigg\{ A_{(n_a+n_b)-(i+j+1)}$$

$$\cdot \left[\frac{1}{2}(\alpha+\beta)\right] \cdot B_{i+j}\left[\frac{1}{2}(\alpha-\beta)\right] - A_{(n_a+n_b)-(i+j)}\left[\frac{1}{2}(\alpha+\beta)\right] \cdot B_{i+j+1}\left[\frac{1}{2}(\alpha-\beta)\right] \bigg\}$$

$$(2.5.57)$$

其中 $\binom{n}{i}$ 为 $\frac{n!}{i!(n-i)!}$ 的缩写。引进的辅助函数[2]:

$$A_k(\rho) = \int_1^\infty x^k \exp(-\rho x) dx$$

$$= \exp(-\rho) \sum_{\mu=1}^{k+1} \frac{k!}{\rho^\mu (k-\mu+1)!} \quad (2.5.58)$$

$$B_k(\rho) = \int_{-1}^1 x^k \exp(-\rho x) dx = -\exp(-\rho) \sum_{\mu=1}^{k+1} \cdot \frac{k!}{\rho^\mu (k-\mu+1)!}$$

$$-\exp(\rho) \sum_{\mu=1}^{k+1} \frac{(-1)^{k-\mu} k!}{\rho^\mu (k-\mu+1)!} \quad (2.5.59)$$

值得注意的是,这里的结果是按图 2.18 所示坐标导出的标准型重叠积分。实际上,在多于两个原子的复杂分子中,必须借助于坐标变换将任意的 A 和 B 两个原子在分子坐标系中取向变换成 A 和 B 原子间的标准取向,才能得到我们所要的 A 和 B 原子间的重叠积分,它表示为上述 A 和 B 原子间标准型重叠积分的线性组合。详细情况这里不加细述,在实际应用中,这些关系都自动包含在计算程序中。

2. Hamilton 矩阵元 $H_{\mu v}$

首先讨论对角元 $H_{\mu\mu}$,一般令它为价轨道电离能(VOIE)的负值

$$H_{\mu\mu} = E(q+1) - E(q) = -\text{VOIE} \quad (2.5.60)$$

当电子从原子轨道 ϕ_μ 电离后,原子的电荷从 $q \to q+1$。对于一般的原子,其 VOIE 值和原子的电荷 q 有下列关系:

$$H_{\mu\mu} = -\text{VOIE} = -(Aq^2 + Bq + C) \quad (2.5.61)$$

其中 C 为中性原子上第 μ 个原子轨道的 VOIE 值，A 和 B 为经验参数。表 2.20 中列出了一些主族原子价轨道的 A、B、C 数值。

表 2.20　主族元素的 EHMO 经验参数 A、B、C 值（单位：eV）

轨道	C	A	B
H(1s)	13.60	16.65	3.80
He(1s)	24.55	20.00	—
Li(2s)	5.37	4.50	—
Li(2p)	3.54	2.98	—
Be(2s)	9.32	7.52	0.82
Be(2p)	5.31	7.17	0.75
B(2s)	14.04	9.37	1.37
B(2p)	7.37	8.78	0.91
C(2s)	19.52	11.75	1.15
C(2p)	9.75	10.86	1.55
N(2s)	25.58	13.31	1.78
N(2p)	12.38	13.09	1.54
O(2s)	32.30	15.55	1.49
O(2p)	14.61	14.77	2.17
F(2s)	40.20	17.02	1.16
F(2p)	17.42	15.08	1.16
Ne(2s)	48.00	14.00	0.80
Ne(2p)	20.40	16.00	0.5
Na(3s)	4.67	4.20	—
Na(3p)	3.04	2.96	—
Mg(3s)	7.64	6.12	0.72
Mg(3p)	4.67	5.27	0.66
Al(3s)	11.32	7.10	0.40
Al(3p)	6.00	5.99	0.10
Si(3s)	15.03	8.38	0.41
Si(3p)	7.07	7.46	1.23
P(3s)	18.16	10.12	—
P(3p)	9.85	7.93	0.35
S(3s)	21.13	10.83	1.24
S(3p)	11.07	10.37	1.68
Cl(3s)	25.23	11.48	0.70
Cl(3p)	13.92	10.44	0.24
Ar(3s)	29.50	13.00	—
Ar(3p)	16.80	10.50	—

对于过渡金属原子,情况较为复杂。价轨道$(n-1)$d、ns 和 np 和 VOIE 值以及它们处的组态有关。例如,对于 Ni 的 d 轨道,当电离时,组态变化 $d^n \to d^{n-1}$,VOIE = 5.9eV;d^{n-1}s$\to d^{n-2}$s,VOIE = 10.03eV;d^{n-1}p$\to d^{n-2}$p,VOIE = 11.89eV。在实际计算中要考虑这三种组态的贡献,即

$$-H_{dd} = \text{VOIE}(d) = (1.0 - n_s - n_p)\text{VOIE}(d:d^n)$$
$$+ n_s \text{VOIE}(d:d^{n-1}s) + n_p \text{VOIE}(d:d^{n-1}p) \quad (2.5.62)$$

对于其 s 轨道和 p 轨道,类似地有

$$-H_{ss} = \text{VOIE}(s) = (2.0 - n_s - n_p)\text{VOIE}(s:d^{n-1}s)$$
$$+ (n_s - 1)\text{VOIE}(s:d^{n-2}s^2) + n_p \text{VOIE}(s:d^{n-2}sp) \quad (2.5.63)$$

$$-H_{pp} = \text{VOIE}(p) = (2.0 - n_s - n_p)\text{VOIE}(p:d^{n-1}p)$$
$$+ (n_p - 1)\text{VOIE}(p:d^{n-2}p^2) + n_s \text{VOIE}(p:d^{n-2}sp) \quad (2.5.64)$$

其中 n 是价电子数,n_s 是 s 轨道上的电子数,n_p 是 p 轨道上的电子数,符号 VOIE $(d:d^{n-1}p)$ 是指 $d^{n-1}p \to d^{n-2}p$ 组态的一个 d 电子的电离能,等等。表 2.21 中列出了一些过渡金属原子价轨道的 VOIE 及其与电荷关系式中的 A、B、C 参数。

非对角元 $H_{\mu\nu}$ 的计算较为简单,通常按需要采用下列两种经验关系之一。

Wolfsberg 和 Helmholz 近似:

$$H_{\mu\nu} = 0.5 K S_{\mu\nu}(H_{\mu\mu} + H_{\nu\nu}) \quad (2.5.65)$$

Ballhausen 和 Gray 近似:

$$H_{\mu\nu} = K S_{\mu\nu}(H_{\mu\mu} \cdot H_{\nu\nu})^{\frac{1}{2}} \quad (2.5.66)$$

其中可调节经验参数 K 在 1.5~2.2。

在实际计算时首先假设一种金属离子的电荷 $q = n - n_d - n_s - n_p$ 及组态 $d^{n-n_s-n_p-q}s^{n_s}p^{n_p}$,进而计算价轨道的 $H_{\mu\mu}$ 及 $H_{\mu\nu}$。结合已有的 $S_{\mu\nu}$ 值,通过求解式(2.5.50)可以得到分子轨道能量 ε_i,从而得到轨道系数 $c_{\mu i}$。根据所得的 $c_{\mu i}$ 值,按照式(2.5.84)和式(2.5.85)求出原子中轨道 μ 上的电子数 n_μ 及原子的电荷密度 q。利用这一组新的电荷和组态重复上述计算,直到电荷或组态自洽为止。

尽管这种 EHMO 方法比较粗糙,特别是由于没有明显地考虑电子间的相互作用,因而没有"交换"效应,而且不能考虑光谱多重态。但是由于它具有能较好地预见分子构型等优点,因而在实践中也得到了广泛应用。第 4 章就是用这种方法计算出的二茂铁 Fe(η^5-C$_5$H$_5$)分子轨道能级图。

表 2.21　第二过渡金属系原子的价轨道电离能 $VIOE = Aq^2 + Bq + C$ 式中的 A、B 和 C 参数

参数	电离的电子	电子组态	原子										
			Tl	V	Cr	Mn	Fe	Co	Ni	Cu	Zr	Nb	Mo	Tc	Ru	Rh	Po
A	d	d^n	17.15	15.8	14.75	14.1	13.8	13.85	14.2	7.0*	6.6	5.4	4.6	4.15	4.3	5.05	6.25
	d	$d^{n-1}s$	18.45	14.0	9.75	5.5	13.8	13.85	14.2	7.0	6.65	5.65	4.85	4.25	3.8	3.4	3.5
	d	$d^{n-1}p$	18.45	14.0	9.75	5.5	13.8	13.85	14.2	7.0	7.15	7.2	7.1	7.05	6.9	6.70	3.5
	s	$d^{n-1}s$	9.3	8.55	8.05	7.6	7.35	7.25	7.35	7.6	5.05	4.45	4.0	3.55	3.3	3.25	3.25
	s	$d^{n-2}s^2$	9.3	8.55	8.05	7.6	7.35	7.25	7.35	7.6	7.0	4.1	1.0	−0.7	−1.6	−1.6	−0.8
	s	$d^{n-2}sp$	9.3	8.55	8.05	7.6	7.35	7.25	7.35	7.6	8.1	(7.85)	(6.95)	(5.65)	(4)	(2.1)	(0.5)
	p	$d^{n-1}p$	7.8	7.45	7.25	7.2	7.3	7.55	7.95	8.45	5.4	4.35	3.6	3.15	3.05	3.3	3.75
	p	$d^{n-2}p^2$	7.8	7.45	7.25	7.2	7.3	7.55	7.95	8.45	7.9	5.75	4.0	4.05	4.75	7.2	8.35
	p	$d^{n-2}sp$	7.8	7.45	7.25	7.2	7.3	7.55	7.95	8.45	7.9	5.75	4.0	4.05	4.75	7.2	8.35
B	d	d^n	60.85	68.0	74.75	80.8	86.2	91.15	95.5	120.0*	61.8	69.2	75.5	80.85	84.8	87.35	88.85
	d	$d^{n-1}s$	77.85	87.0	95.95	105.0	101.5	106.25	110.7	122.7	66.15	72.35	78.15	83.65	88.9	94.2	98.4
	d	$d^{n-1}p$	76.75	87.3	96.95	106.0	101.9	105.55	108.2	117.8	64.65	68.6	73.1	77.25	81.7	86.5	100.2
	s	$d^{n-1}s$	50.4	54.15	57.55	60.9	63.85	66.65	69.05	71.3	48.25	51.55	54.7	58.05	61.2	64.15	67.15
	s	$d^{n-2}s^2$	58.5	62.95	66.85	70.3	73.05	75.25	77.05	78.1	51.5	58.1	66.3	71.3	74.9	76.8	77.3
	s	$d^{n-2}sp$	55.0	57.55	60.45	63.8	67.35	71.35	75.65	80.3	43.7	44.95	47.55	51.35	56.2	61.8	69.5
	p	$d^{n-1}p$	35.6	45.45	47.55	49.3	50.8	51.95	52.85	53.55	39.9	43.45	46.6	49.35	51.55	53.3	54.85
	p	$d^{n-2}p^2$	48.9	50.85	52.85	55.2	57.8	60.65	63.75	67.15	36.5	40.05	43.2	45.95	48.15	48.9	51.45
	p	$d^{n-2}sp$	48.9	50.85	52.85	55.2	57.8	60.65	63.75	67.15	36.5	40.05	43.2	45.95	48.15	48.9	51.45
C	d	d^n	27.4	31.4	35.1	38.6	41.9	44.8	47.6	127.42*	31.1	36.5	42.3	48.5	55.1	62.1	69.6
	d	$d^{n-1}s$	44.6	51.4	57.9	64.1	70.0	75.6	80.9	86.0	45.8	52.2	62.6	70.8	78.9	86.7	94.7
	d	$d^{n-1}p$	55.4	61.4	67.7	74.3	81.2	88.4	95.9	103.7	54.6	63.7	72.4	81.5	90.2	98.8	101.4
	s	$d^{n-1}s$	48.6	51.0	53.2	55.3	57.3	59.1	60.8	62.3	50.2	52.8	55.0	56.8	58.2	59.3	60.0
	s	$d^{n-2}s^2$	57.2	60.4	63.3	65.9	68.3	70.5	72.3	74.0	56.0	60.0	61.6	64.0	66.0	67.8	69.2
	s	$d^{n-2}sp$	66.0	70.6	74.7	78.3	81.4	81.0	86.0	87.6	66.6	71.3	75.3	78.5	81.0	83.0	83.6
	p	$d^{n-1}p$	26.9	27.7	28.4	29.2	29.9	30.7	31.4	32.1	29.8	31.0	31.8	32.2	32.3	31.9	31.1
	p	$d^{n-2}p^2$	34.4	36.4	38.1	39.4	40.3	40.8	40.6	40.6	41.0	44.5	48.0	51.5	55.0	58.3	62.0
	p	$d^{n-2}sp$	35.9	36.8	37.8	38.8	39.7	40.7	41.6	42.6	36.4	38.2	40.0	40.4	40.7	40.7	40.2

3. 简单的 Hückel 方法(HMO)

早期的分子轨道理论处理使用更为简化的 Hückel 方法。它适于讨论一些含有 n 个 p 轨道所组成的共轭大 π 键的配位体。按照式(2.5.50),有

$$\begin{vmatrix} H_{11} - E & H_{12} - ES_{12} & \cdots & H_{1n} - ES_{1n} \\ H_{21} - E & H_{22} - ES_{22} & \cdots & H_{2n} - ES_{2n} \\ \vdots & \vdots & \vdots & \vdots \\ H_{n1} - E & H_{n2} - ES_{n2} & \cdots & H_{nn} - ES_{nn} \end{vmatrix} = 0 \qquad (2.5.67)$$

按 Hückel 近似,令

$$H_{ii} = \alpha \qquad H_{ij} = \begin{cases} \beta(\text{当 } i,j \text{ 为相邻原子}) \\ 0(\text{当 } i,j \text{ 为非相邻原子}) \end{cases} \qquad S_{ij} = \delta_{ij} \qquad (2.5.68)$$

这就使得久期方程的求解变得更为容易。

一般可以证明,将 n 个碳键的环状共轭分子的 n 个原子轨道组合成 n 个分子轨道,其能量为

$$E = E_0 + 2\beta\cos\frac{2p\pi}{n} \quad (p = 0, 1, 2, \cdots, n-1) \qquad (2.5.69)$$

其中 $E_0 = n\alpha$,相当于没有相互作用以前的能量。对于具有 6 个 p 轨道的苯分子,可以得到和群论[式(2.3.23)]相同的 6 个分子轨道。由于 β 为负值,它们的能量由低到高地分别为(参看 3.1.2 小节):

$$E_A = E_0 + 2\beta \qquad E_{1a} = E_{E_1b} = E_0 + \beta$$
$$E_{E_2a} = E_{E_2b} = E_0 - \beta \qquad E_B = E_0 - 2\beta \qquad (2.5.70)$$

类似的处理可以得到多烯烃的 n 个原子轨道所组合成的 n 个分子轨道,其能量为

$$E = E_0 + 2\beta\cos\frac{p\pi}{n+1} \quad (p = 1, 2, \cdots, n) \qquad (2.5.71)$$

例如,对于丁二烯,可以得到第 6 章所示的结果。

我国唐敖庆等[37]和张乾二等[38]曾应用图形理论对 Hückel 方法重新做了处理,建立了新的形式体系,更概括性地论述了分子的结构和性质问题。

2.5.4 分子轨道系数和布居数分析

对于实验化学家,半经验分子轨道最大的优点是可以很方便而直观地利用分子轨道系数得到有关分子性质的一系列信息,特别是有关电子密度分布的情况[25]。涉及过渡金属配位化合物体系的布居数分析比简单有机化合物的情况复杂,其原因是每个原子有 s、p、d 等几种原子轨道,而且通常不能忽略微分重叠。

在配位化合物中,设求出的第 i 个分子轨道为

$$\psi_i = \sum_{\mu, A} c_{\mu_A i} \phi_{\mu_A} \quad (\mu \in A) \qquad (2.5.72)$$

其中 ϕ_{μ_A} 为 A 原子的第 μ 个原子轨道。若该分子轨道的占据数为 $N(i)$(等于 2 或 1),则按波函数概率特性,在 ψ_i 归一化的形式下,有

$$N(i) = N(i)\sum_{\mu, A} c_{\mu_A i}^2 + 2N(i)\sum_{\substack{\mu, \nu, A, B \\ \mu \in A, \nu \in B \\ A < B}} c_{\mu_A i} c_{\nu_B i} S_{\mu_A \nu_B} \tag{2.5.73}$$

可近似地将式(2.5.73)中第一项解释为与原子有效电荷相联系的"原子布居数"，由此可以更细致地确定下列数值：

(1)分子轨道中属于原子轨道 ϕ_{μ_A} 的净电子数(可能是个分数)

$$n(i; \mu_A) = N(i) c_{\mu_A i}^2 \tag{2.5.74}$$

(2)将式(2.5.74)对所有占据的分子轨道求和，得到在所有分子轨道中属于原子轨道 ϕ_{μ_A} 的净电子数

$$n(\mu_A) = \sum_i n(i; \mu_A) \tag{2.5.75}$$

该值也称为轨道 ϕ_{μ_A} 的布居数，用以说明原子轨道参与成键的性质。

(3)将式(2.5.75)对 A 原子中所有参与线性组合的原子轨道求和，得到和 A 原子电荷相关的净的总布居数

$$n_A = \sum_{\mu \in A} n(\mu_A) \tag{2.5.76}$$

同理，式(2.5.73)中第二项可近似地看做原子间的"重叠区域布居数"，由此可以引出下列数值。

(4)在分子轨道 ψ_i 中 A 原子的 ϕ_μ 轨道与 B 原子 ϕ_ν 轨道重叠布居数

$$n(i; \mu_A, \nu_B) = 2N(i) c_{\mu_A i} c_{\nu_B i} S_{\mu_A \nu_B} \tag{2.5.77}$$

(5)在所有占据分子轨道中，A 原子的 ϕ_μ 轨道与 B 原子的 ϕ_ν 轨道间的重叠布居数

$$n(\mu_A, \nu_B) = \sum_i n(i; \mu_A, \nu_B) \tag{2.5.78}$$

(6)在所有占据分子轨道中，A 原子参与线性组合的全部原子轨道与 B 原子参与线性组合的全部原子轨道间的总重叠布居数

$$n(A, B) = \sum_{\substack{\mu \in A \\ \nu \in B}} n(\mu_A, \mu_B) \tag{2.5.79}$$

在上述理论分析中，将占据电子分为原子布居数和重叠布居数两部分，但在实际的化学应用中经常用到将占据电子数分配到各个原子上的布居数，因此产生如何将原子间的重叠布居数划分给各个原子的问题。Mulliken 建议将重叠布居数平分给两个原子。因此在分子轨道 ψ_i 中属于原子轨道 ϕ_{μ_A} 的布居数应写为

$$n(i; \mu_A) = N(i) c_{\mu_A i}^2 + N(i) \sum_{\substack{\nu, \beta \\ (B \neq A, \nu \in B)}} c_{\mu_A i} c_{\nu_B i} S_{\mu_A \nu_B} \tag{2.5.80}$$

在分子轨道 ψ_i 中属于原子 A 的布居数

$$n(i; A) = \sum_{\mu \in A} n(i; \mu_A) \tag{2.5.81}$$

在所有占据的分子轨道 ψ_i 中，原子轨道 ϕ_{μ_A} 的总布居数

$$n(\mu_A) = \sum_i n(i, \mu_A) \tag{2.5.82}$$

在所有占据的分子轨道 ψ_i 中，原子 A 的总布居数为

$$n(A) = \sum_{\mu \in A} n(\mu_A) \tag{2.5.83}$$

按照上述定义,在原子轨道 ϕ_{μ_A} 上的电荷等于

$$q(\mu_A) = n_0(\mu_A) - n(\mu_A) \tag{2.5.84}$$

原子 A 的总电荷为

$$q(A) = n_0(A) - n(A) \tag{2.5.85}$$

其中 $n_0(\mu_A)$ 和 $n_0(A)$ 分别为孤立的中性原子 A 中原子轨道 ϕ_{μ_A} 上的电子数以及按式(2.5.83)所定义的分子中原子 A 的总电子数。

2.5.5 多重散射 Xα 方法

在通常的分子轨道计算中大多利用 Koopmans 定理,即分子轨道能级的负值等于电离能,而不考虑电子从某个分子轨道电离后必然会使分子结构发生变化而引起的弛豫效应。对于较大的分子,由于计算机耗时等困难,严格采用自洽场组态相互作用(SCF-CI)方法对初态和终态进行能量计算是不现实的。1951 年 Slater 提出了同时兼顾机时和精度的多重散射 Xα 方法,详尽的数学处理过程请参考文献[39,40]。本节扼要介绍其基本概念。

1. 原理和方法

对于多电子分子体系,从 Hartree-Fock 方程出发,采用单行列式波函数,并将 Hamilton 算符分离为单电子和双电子算符,则可以导出总能量表示式[参考式(2.5.4),但用 Rydberg 单位①]

$$E_{X\alpha} = \sum_i n_i \langle \psi_i | \hat{h} | \psi_i \rangle + \int \rho(1) V_c(1) d\tau_1 \\ + \int \rho(1) V_{X\alpha} d\tau_1 \tag{2.5.86}$$

其中 ψ_i 为包含自旋在内的单电子波函数,n_i 为占据 ψ_i 分子轨道的电子数,$\rho(1)$ 为电荷密度

$$\rho(1) = \sum_i^{occ} n_i \psi_i^*(1) \psi_i(1) \tag{2.5.87}$$

式(2.5.86)中第一项 $\hat{h} = -\Delta_1 - \sum_p 2Z_p/r_{1p}$ 为单电子算符,第二项 $V_c(1) = \int \frac{\rho(2)}{r_{12}} d\tau_2$ 为计算量不大的 Coulomb 排斥势,它们和从头计算法一样。Xα 法的特点在于,为了避免复杂的交换积分的计算,对第三项交换势采用固体电子理论中的统计平均近似[39]

$$V_{X\alpha} = -6\alpha \left[\frac{3}{8\pi} \rho(1) \right]^{\frac{1}{3}} \tag{2.5.88}$$

其中 α 为 Xα 方法引入的待定参数,可由半经验的方法确定。这也是 Xα 方法这个名词的来源。

---

① 1Rydberg = 13.6eV。

在正交归一化条件下由变分法求能量极小值时,可以导出自旋限制的单电子的 $X\alpha$ 方程:

$$[\hat{h}(r) + V_c(r) + V_{X\alpha}(r)]\psi_i = \varepsilon_i\psi_i(r) \tag{2.5.89}$$

为了求解上述方程,早期将 $X\alpha$ 方法用于处理具有单中心球对称的原子,以及具有空间周期性的晶体。后来 Johnson 提出了散射波方法而扩大到较为复杂的具有点群对称性的分子体系。应用圆球分区近似(muffin-tin approximation, muffintin,直译应为松饼罐头)将由原子组成的分子划分为三个区域:原子内区(Ⅰ区)、原子间区(Ⅱ区)和分子外区(Ⅲ区)。为了直观,我们画出了 CS_2 分子的平面图(图 2.19),其中区域Ⅰ和Ⅲ的势能是分别在原子半径为 b_j 的第 j 个球和外球半径为 b_0(称为 Watson 球)的中心球内取平均

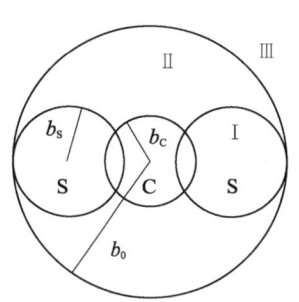

图 2.19 CS_2 分子中区域的划分

$$V = \frac{1}{4\pi}\int_0^{2\pi}\int_0^{\pi} V(r)\sin\theta\,d\theta\,d\phi \tag{2.5.90}$$

由于势能为球对称的,它的解分别是

$$\psi_\mathrm{I}^j = \sum_L C_L^j R_l^j(r_j, E) Y_L(r_j) \tag{2.5.91}$$

$$\psi_\mathrm{III}^0 = \sum_L C_L^0 R_l^0(r_0, E) Y_L(r_0) \tag{2.5.92}$$

其中 C_L^j、C_L^0 为待定系数,$Y_L(r)$ 为实球函数,$L = (l, m)$,$R_l^j(r_j, E)$ 和 $R_l^0(r_0, E)$ 分别满足微分方程

$$\left[-\frac{1}{r^2}\frac{d}{dr}r^2\frac{d}{dr} + \frac{l(l+1)}{r^2} + V^j(r) - E\right]R_l^j(r, E) = 0 \tag{2.5.93a}$$

$$\left[-\frac{1}{r^2}\frac{d}{dr}r^2\frac{d}{dr} + \frac{l(l+1)}{r^2} + V^0(r) - E\right]R_l^0(r, E) = 0 \tag{2.5.93b}$$

式(2.5.93)可用数值方法求解。

区域Ⅱ为原子间区域,它是由 Watson 球和内球之间的复杂空间所组成的,其中势能对区域Ⅱ的体积 Ω_II 作平均,即得常数势能

$$V_\mathrm{II}(r) = \frac{1}{\Omega}\iiint_{\Omega_\mathrm{II}} V(r)\,dr \tag{2.5.94}$$

Ⅱ区的解较为复杂,其形式为

$$\psi_\mathrm{II} = \sum_L B_L^j i_l(kr_j) Y_L(r_j)$$
$$+ \sum_L A_L^j K_l^{(1)}(kr_j) Y_L(r_j) \quad (\text{以 } j \text{ 原子为原点}) \tag{2.5.95}$$

$$\psi_{\mathrm{II}} = \sum_L B_L^0 K_l^{(1)}(kr_0) Y_L(r_0) + \sum_L A_L^0 i_l(kr) Y_L(r_0)$$

（以外球中心为原点）

其中 i_l 和 $K_l^{(1)}$ 分别为修正的 Bessel 函数和第一类 Hankel 函数。这些解满足微分方程

$$(-\nabla^2 + \overline{V} - E)\psi_{\mathrm{II}} = 0 \tag{2.5.96}$$

进一步根据波函数在各个区域的边界上连续和一阶导数连续的要求，可以推导出下列关系：

(1) A_L^j 与 B_L^j、A_L^0 与 B_L^0、A_L^j 与 C_L^j、A_L^0 与 C_L^0 这些待定系数之间的关系为

$$A_L^j = t_l^j(E) B_L^j$$
$$A_L^0 = t_l^0(E) B_L^0 \tag{2.5.97}$$

$$A_L^j = (-1)^{l+1} k b_j^2 [i_l(kb_j), R_l^j(b_j, E)] C_L^j$$
$$A_L^0 = (-1)^{l+1} k b_0^2 [R_l^0(b_0, E), K_l^{(1)}(kb_0)] C_L^0 \tag{2.5.98}$$

(2) A_L^j 和 A_L^0 所满足的一组线性齐次方程，即 Xα-SW 久期方程

$$\begin{bmatrix} T^{-1}(E)_{LL'}^{jj'} & -S_{LL'}^{j0}(E) \\ S_{LL'}^{0j'}(E) & -\delta_{LL'}[t_l^0(E)]^{-1} \end{bmatrix} \begin{bmatrix} A_{L'}^{j'} \\ A_{L'}^0 \end{bmatrix} = 0 \tag{2.5.99}$$

其中 T^{-1}、S 和 t 都是一些可用特殊函数来定义的复杂函数。为了得到非平凡解，令上面方程组的系数所构成的久期行列式为零，和一般的久期行列式不同，它是 E 的超越方程，要用迭代法解出本征值 E。将 E 代回到式(2.5.99)就可求出 A_L^j 和 A_L^0，再通过式(2.5.97)和式(2.5.98)中的关系就可算出 B_L^j、B_L^0、C_L^j 和 C_L^0。从式(2.5.91)、式(2.5.92)和式(2.5.95)可得到三个区域的 ψ_{I}、ψ_{II} 和 ψ_{III}。从而求得分子轨道

$$\psi(E) = \sum_j \psi_{\mathrm{I}}^j + \psi_{\mathrm{II}} + \psi_{\mathrm{III}} \tag{2.5.100}$$

应该指出的是，在实际运用中总是充分利用分子的点群对称性，将波函数按不可约表示基展开，而将久期方程[式(2.5.99)]简化为对角块形式。这样，不仅使计算时间大为缩短，而且使谱项等意义更为明确。此外，也可以不采取相切的球模型，而是采取用重叠球模型，如图 2.19 所示，这会尽量缩小区域 II 的体积，可以提高计算的精确度。

和一般的分子轨道方法不同，在 Xα 法中电离能 I_i 并不等于分子轨道能量 ε_i 的负值，而是等于在 φ_i 分子轨道中取走半个电子而保留半个电子的能量。这种处理方法称为过渡态法，它自动地包括了弛豫效应，即应用 $I_i = -\varepsilon_i(n_i = 0.5)$，来和光电子能谱的实验进行比较。同理，在从轨道 i 跃迁到 j 的电子能谱时，可由 $\Delta E_{ij} = \varepsilon_i(n_i = 0.5) - \varepsilon_j(n_j = 1.5)$ 加以计算。

2. 计算示例

Xα 的计算过程比较复杂,实际应用的程序很多。按照应用的散射波 Xα-SW 程序简述如下(图 2.20)[41a]:

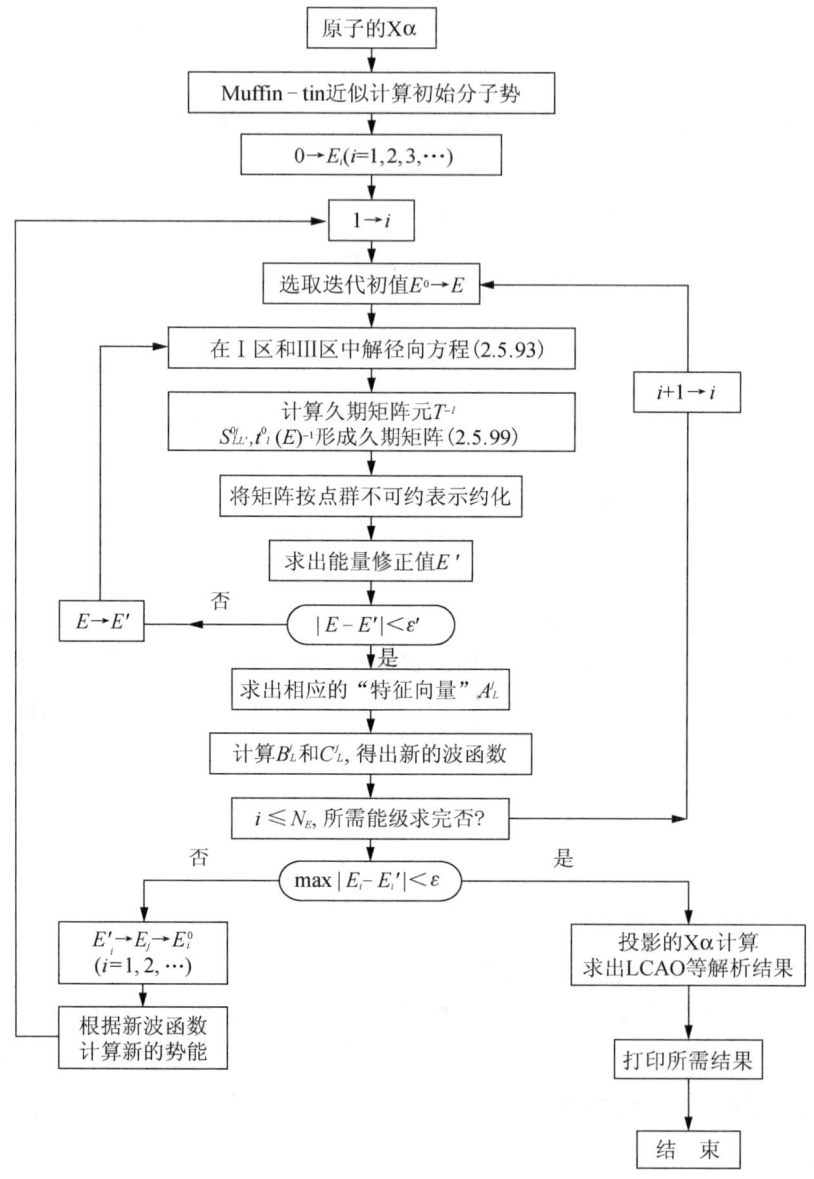

图 2.20 Xα-SW 计算方框图

以 CS_2 分子为例简明地说明这种方法的特点。分子的构型均取自实验值。在使用的重叠球 Xα-SW 计算中[41b],区域 I 球半径 b_c = 1.495a. u.,b_s = 1.957a. u. 是由初步近似计算的电子半径乘以 0.74 而得到。C—S 键的键长为 2.937a. u.。外球及其半径 b_0 的选择是使得恰恰包括所有的原子球。区域

Ⅱ及Ⅲ的交换参数值α是将原子α值按价电子权重平均求得。在投影的Xα方法中，γ、θ和ϕ部分都是采用32点分割。

在表2.22中列出了它们的群不可约表示基态轨道、电离能I和总能量E_t。分子的电荷分布为C(-0.626)、S(0.313)。计算的Virial比$-\frac{2T}{V}$接近于理论值1，分子轨道的组成的百分数也符合它们的对称性特征，这说明计算是正确的。将计算值和从头计算法的计算值及光电子能谱的实验结果进行比较，可以看出，结果是相当满意的，特别是对于原子实的ESCA实验结果，一般都比从头计算法还要好。

表2.22 分子电离能的Xα计算值和实验值

分子	轨道	电离能/eV			分子轨道组成%
		Xα	从头计算法	实验	
CS_2	C_{1s}	299.70	310.3	293.1	
E_t(Rydberg)	S'_{2s}	219.45	244.5	234.2	
$= -1664.08836$	S_{2p}	167.10	181.6	170	
$-\frac{2T}{V}$	$5\sigma_g$	20.17	31.2	26.5	$C_{2s}41.80, S_{2s}47.26, S_{2p}10.82$
$= 1.0029971$	$4\sigma_u$	16.997	18.4	16.2	$C_{2p}42.80, S_{3s}54.86$
	$5\sigma_u$	15.30	15.7	14.5	$C_{2p}25.56, S_{3p}39.6, S_{3s}34.64$
	$2\pi_u$	13.03	14.3	12.90	$C_{2p}47.01, S_{3p}52.88$
	$2\pi_g$	10.37	9.9	10.1	$S_{3p}98.88$

Xα-SW法的特点是，将Hartree-Fock方程中的难以计算的交换势用定域的$V_{X\alpha}$势代替，使计算工作量约减少到从头计算法的十分之一。它自动地满足了动能T和势能X相关的Virial定理$\left(-\frac{2T}{V}=1\right)$。采用了过渡态计算后又照顾到弛豫效应，使得对过渡金属光电子能谱的计算结果并不比从头计算法逊色。曾首次将Xα-SW方法推广到过渡金属核磁共振化学位移的计算中，得到了满意的结果[42]。近年来，Xα方法在原子簇、吸附分子和化学活性的研究中也得到了广泛的应用。当然，这种方法也存在一些有待解决的问题。例如，α参数及球半径b的选择不够明确。但是，无论从计算时间还是从精度方面来看，它们都是当前量子化学计算及应用的一个重要方法。特别在簇状配位化合物研究中已得到广泛的应用。

2.6 角重叠模型

角重叠模型(angular overlap model, AOM)是一种简化的分子轨道理论。这种方法虽然用了20多年，但只是在1965年才得到发展。它着眼于金属-配位体的相互作用，在很多方面比配位场理论更为方便有效，是较直观、简明地解释低对称性配位化合物立体结构、光谱和磁性的有效方法[43,44]。

2.6.1 原子轨道间的重叠积分

首先介绍一下后面将要用到的一些概念。我们知道多电子原子的 Schrödinger 波动方程不能严格求解,在近似的处理中能得到近似的单电子波函数。

$$\psi_{nlm} = R_{nl}(r) Y_{lm}(\theta, \phi) \tag{2.2.5}$$

其中径向波函数 $R(r)$ 常采用 Slater 型,$Y_{lm}(\theta,\phi)$ 是只依赖于角度的球谐函数[式(2.2.11)]。

按照重叠积分的定义,在不同原子 a、b 上的两个轨道之间按标准坐标取向[参考式(2.5.54),其中 m 反映了其 $\sigma(m=0)$,$\delta(m=\pm1)$,$\pi(m=\pm2)$ 的特性]。而得到其间重叠最大的标准重叠积分,并将其定义为 S_{ab}。对于实际的多原子形成的分子,方便的是采用非标准坐标取向的重叠积分 S。这时以含 M—L 键的配位化合物中的金属原子为体系的坐标原点,M—L 键为 Z 轴。它也可以简单地写成下列径向和角度两角度部分的乘积:

$$S = S_\lambda(r) F(\theta, \phi, \lambda) \tag{2.6.1}$$

其中径向部分 $S_\lambda(r)$ 既与两个原子中心间的距离、原子的本性及轨道的量子数 n 和 l 有关,也与重叠所具有的局部对称性 $\lambda = \sigma$、π 或 δ 有关。角度部分 $F(\theta,\phi,\lambda)$ 是类似球谐函数的角度因子和一个原子相对于另一个原子的角极坐标的函数,不同的 λ 值有不同的函数。例如,对于图 2.21(a),它是一个金属原子上的 p_z 轨道和另一个配位体原子上的 σ 型轨道间的重叠积分,可简单地表示为

$$S(z, \sigma) = \langle p_z(M) | \sigma(L) \rangle = S_\sigma(p_z, \sigma) \cos\theta \tag{2.6.2}$$

其中 S_σ 为径向部分 $S_\lambda(r)$,$\cos\theta$ 为角度部分 $F(\theta,\phi,\lambda)$。

在过渡金属配位化合物的讨论中,重要的是金属的 d 轨道。考虑在简单的单配位化合物 M—L 中所形成的键,在 $C_{\infty v}$ 点群对称性条件下,5 个 d 轨道分别属于下列不可约表示:σ 表示(d_{z^2})、π 表示(d_{xz}, d_{yz}) 和 δ 表示($d_{xy}, d_{x^2-y^2}$)。详情参考 4.6.1 小节。作为一个例子,考虑图 2.21(b) 所示的金属 d_{z^2} 轨道和配位体的 σ 轨道间的重叠积分

$$S(z^2, \sigma) = \langle d_{z^2}(M) | \sigma(L) \rangle$$
$$= \langle f(r) \left[z^2 - \frac{1}{2}(x^2 + y^2) \right] | \sigma(L) \rangle \tag{2.6.3a}$$

考虑到表 2.2 中 d_{z^2} 的角度波函数 $Y_{lm}(\theta,\phi)$ 形式,可以将式(2.6.3)写为

$$S(z^2, \sigma) = S_\sigma(d_{z^2}, \sigma) \frac{1}{2}(3\cos^2\theta - 1) \tag{2.6.3b}$$

可见对于图 2.21(b) 所示的金属 d_{z^2} 轨道和配位体的 σ 轨道间的重叠积分中 $F(\theta,\phi,\lambda) = \frac{1}{2}(3\cos^2\theta - 1)$，在讨论配位化合物的分子结构时，重要的是重叠积分的角度部分 F。它和 a、b 原子的本性及其间的距离无关，而只和它们的角度或几何配置有关。表 2.23 中列出了按式(2.6.1)形式表示的轨道间的重叠积分[45]，由表可以查出和上面相同的数值。

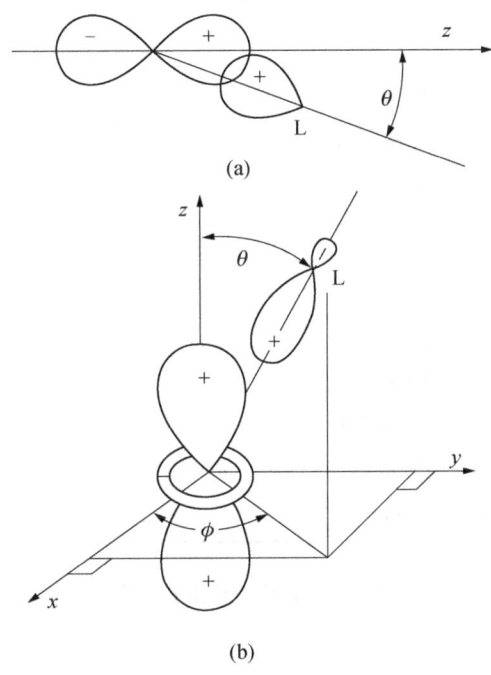

图 2.21 两个不同原子之间的重叠积分
(a) p_z 轨道；(b) d_{z^2} 轨道

表 2.23 中心原子 s、p 和 d 轨道与配位体 σ 和 π 轨道间的一些常用的重叠积分 $S^{a,b}$

$$S(s,\sigma) = S_\sigma$$

$$S(s,\pi) = 0$$

$$S(z,\sigma) = HS_\sigma$$

$$S(z,\pi_{/\!/}) = IS_\pi$$

$$S(z,\pi_\perp) = 0$$

$$S(z^2,\sigma) = \frac{1}{2}(3H^2 - 1)S_\sigma$$

$$S(x^2 - y^2,\sigma) = \sqrt{3}/2(F^2 - G^2)S_\sigma$$

$$S(xy,\sigma) = \sqrt{3}FGS_\sigma$$

$S(xz,\sigma) = \sqrt{3} FHS_\sigma$

$S(yz,\sigma) = \sqrt{3} GHS_\sigma$

$S(z^2, \pi_{/\!/})^c = \sqrt{3} HIS_\pi$

$S(z^2, \pi_\perp) = 0$

$S(x^2-y^2, \pi_{/\!/}) = -HIS_\pi$

$S(x^2-y^2, \pi_\perp) = 0$

$S(xy, \pi_{/\!/}) = 0$

$S(xy, \pi_\perp) = IS_\pi$

$S(xz, \pi_{/\!/}) = (I^2 - H^2)S_\pi$

$S(xz, \pi_\perp) = 0$

$S(yz, \pi_{/\!/}) = 0$

$S(yz, \pi_\perp) = HS_\pi$

$F = \sin\theta\cos\phi$

$G = \sin\theta\sin\phi$

$H = \cos\theta$

$I = \sin\theta$

a. $\pi_{/\!/}$ 是其轴处于 z 轴和配位体所组成的平面中的配位体 π 轨道，$\pi_\perp$ 是其轴垂直于该平面的 π 轨道；
b. z、z^2、xyz 等分别表示 p_z、d_{z^2}、f_{xyz} 等；
c. 配位体处于 xz 平面。

$$S(z^2, \sigma) = \frac{1}{2}(3H^2 - 1)S_\sigma = \frac{1}{2}(3\cos^2\theta - 1)S_\sigma \qquad (2.6.3c)$$

作为一个实例，我们考虑八面体配位化合物 ML_6 中 F^2 值的计算（其重要性参看 2.6.3 小节）。在极坐标时，这六个配位体的方向如下：

配位体	1	2	3	4	5	6
$\theta/(°)$	90	90	90	90	0	180
$\phi/(°)$	0	90	180	270	0	0

代入表 2.23 中相应的角度部分公式，就可得到表 2.24 中的 F^2 值（以 S_σ 或 S_π 为单位）。例如，对配位体 5 的 σ 轨道和金属的 d_{z^2} 轨道相互作用的 F^2 值，将 $\theta=0$ 代入式(2.6.3c) 就得到表 2.24 中的 1。用类似的方法，表 2.24 中也列出了一些其他常见配位体位置的计算值。

表 2.24　不同位置上一个 σ 和两个 π($\pi_{//}$ 和 $\pi_\perp$) 轨道的配位体和金属五个 d 轨道的 F^2 值

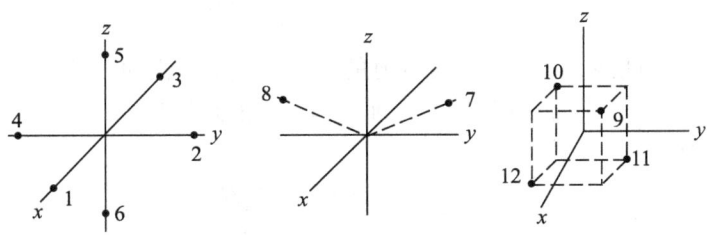

配位体位置		金属原子轨道				
		d_{z^2}	$d_{x^2-y^2}$	d_{xz}	d_{yz}	d_{xy}
1	σ	1/4	3/4	0	0	0
	π	0	0	1	0	1
2	σ	1/4	3/4	0	0	0
	π	0	0	0	1	1
3	σ	1/4	3/4	0	0	0
	π	0	0	1	0	1
4	σ	1/4	3/4	0	0	0
	π	0	0	0	1	1
5	σ	1	0	0	0	0
	π	0	0	1	1	0
6	σ	1	0	0	0	0
	π	0	0	1	1	0
7	σ	1/4	3/16	0	0	9/16
	π	0	3/4	1/4	3/4	1/4
8	σ	1/4	3/16	0	0	9/16
	π	0	3/4	1/4	3/4	1/4
9	σ	0	0	1/3	1/3	1/3
	π	2/3	2/3	2/9	2/9	2/9
10	σ	0	0	1/3	1/3	1/3
	π	2/3	2/3	2/9	2/9	2/9
11	σ	0	0	1/3	1/3	1/3
	π	2/3	2/3	2/9	2/9	2/9
12	σ	0	0	1/3	1/3	1/3
	π	2/3	2/3	2/9	2/9	2/9

2.6.2　角重叠模型的基本原理

如果我们考虑金属和配位体间所形成的双原子配位化合物 ML，并以它们之间的 σ 轨道的相互作用为例，根据量子力学微扰理论的简化形式，可以导出久期方程[参看式(2.5.50)]:

$$\begin{vmatrix} H_{11} - E & H_{12} - SE \\ H_{12} - SE & H_{22} - E \end{vmatrix} = 0 \tag{2.6.4}$$

其中,金属轨道的能级 H_{11} 和配位体轨道的能级 H_{22} 并不相同。这个方程并没有简单的代数结果。但如果能量移动很小,假定非对角项为 $H_{ij} - H_{ii}S_{ij}$,即 $E_i \sim H_{ii}$,则该久期方程的根可以写为

$$E_1 = H_{11} + \frac{(H_{12} - S_{12}H_{11})^2}{H_{11} - H_{22}}$$
$$E_2 = H_{22} - \frac{(H_{12} - S_{12}H_{22})^2}{H_{11} - H_{22}} \tag{2.6.5}$$

在 $0 > H_{11} > H_{22}$ 的约定下,E_1 所对应的波函数 ψ_1 是反键的,E_2 所对应的波函数 ψ_2 为成键的。上两式中右边的第二项分别称为反键的不稳定能和成键的稳定能。

如果采用 Wolfsberg-Helmholz 近似

$$H_{ij} = \frac{1}{2}kS_{ij}(H_{ii} + H_{jj}) \tag{2.6.6}$$

并令 $k = 2$,则得到特别简单的形式:

$$E_1 = H_{11} + \frac{H_{22}^2}{H_{11} - H_{22}}S_{12}^2 \tag{2.6.7}$$

$$E_2 = H_{22} - \frac{H_{11}^2}{H_{11} - H_{22}}S_{12}^2 \tag{2.6.8}$$

图 2.22 为所得能级的示意图。由于 $|H_{22}| > |H_{11}|$,成键轨道的稳定能小于反键轨道的不稳定能。可见,当两个接近轨道的能级 H_{11} 和 H_{22} 相近或增加其重叠程度 S_{12} 时,则相互作用能或稳定能 ε 和它们按下列近似关系

$$\varepsilon \doteq H_{11}S^2/\Delta E \tag{2.6.9}$$

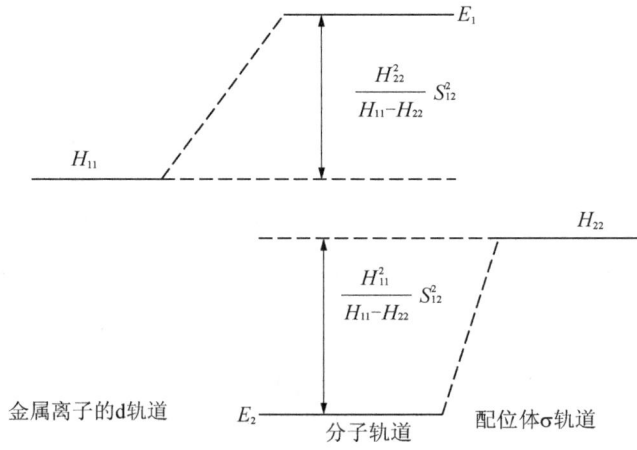

图 2.22 两个不同能级的轨道相互作用图

而随着增加。如果我们更精确地考虑附录Ⅳ中的二级微扰的能量表示式,则得到

$$\varepsilon_{\text{不稳定}} = \frac{H_{22}^2 S_{12}^2}{H_{11} - H_{22}} - \frac{H_{22}^4 S_{12}^4}{(H_{11} - H_{22})^2} + \cdots \quad (2.6.10)$$

$$\varepsilon_{\text{稳定}} = \frac{H_{11}^2 S_{12}^2}{H_{11} - H_{22}} - \frac{H_{11}^4 S_{12}^4}{(H_{11} - H_{22})^2} + \cdots \quad (2.6.11)$$

正如角重叠模型这个名词的含义那样,重要的是,按式(2.6.1)将重叠积分表示为径向和角度的乘积 $S = S_\lambda F$,由此我们得到 d 轨道在配位体中的能量改变

$$\varepsilon_{\text{不稳定}} = e_\lambda F^2 - f_\lambda F^4 \quad (2.6.12)$$

$$= \beta_\lambda S_\lambda^2 F^2 - \gamma_\lambda S_\lambda^4 F^4 \quad (2.6.13)$$

其中

$$\beta_\lambda = \frac{H_{22}^2}{H_{11} - H_{12}} \qquad \gamma_\lambda = \frac{H_{22}^4}{(H_{11} - H_{22})^2} \quad (2.6.14)$$

$$e_\lambda = \frac{H_{22}^2}{H_{11} - H_{22}} S_\lambda^2 = \beta_\lambda S_\lambda^2 \qquad f_\lambda = \frac{H_{22}^4}{(H_{11} - H_{22})^2} S_\lambda^4 = \gamma_\lambda S_\lambda^4 \quad (2.6.15)$$

这些方程说明反键分子轨道 ψ_1 对金属 σ 轨道的能量升高值可以表示为参数 e_σ 和 F 的函数。同理,成键分子轨道 ψ_2 对配位体 σ 轨道的能量降低值有相同的形式,只是将 e_σ 改为 e'_σ 而已。

对于 π 成键的情况,当配位体的能量比金属轨道的能量低时,则所满足的条件和上述对 σ 成键的情况一样。这时配位体为 π 电子给予体,e_π 为正号。但当配位体处在比较高的空轨道,而相当于使 $H_{22} > H_{11}$ 时,则金属轨道的能量是成键型,但其 e_λ 的表示式仍为式(2.6.15),只是要注意符号。这时配位体为 π 电子接受体,e_π 应取负号(参考 2.6.3 小节)。

以上讨论的是双原子分子 ML。对于更复杂的 ML_n 配位化合物,应考虑 n 个配位体 L_j 对一个金属轨道 d_i 所引起的能量变化:

$$\varepsilon_i = \sum_{j=1}^n e_\sigma F_{ij}^2 \quad (2.6.16)$$

为了得到总的 σ 成键能 $\Sigma(\sigma)$,则应考虑每个反键轨道电子占据数 n_i(=0,1,2),并对五个 d_i 轨道的贡献求和

$$\Sigma(\sigma) = \sum_{i=1}^5 n_i \varepsilon_i = \sum_{i=1}^5 \sum_{j=1}^n n_i e_\sigma F_{ij}^2 \quad (2.6.17)$$

当配位化合物的成键轨道的电子占据数为 m_i 时,其稳定作用会抵消相应反键轨道的不稳定作用。为了简化,把成键的 e'_σ 和反键的 e_σ 看做相等的,则可以导出分子轨道稳定能(MOSE):

$$\text{MOSE} = \Sigma(\sigma) = \sum_{i=1}^5 \sum_{j=1}^n (m_i - n_i) e_\sigma F_{ij}^2 = \sum_{i=1}^5 \sum_{j=1}^n h_i e_\sigma F_{ij}^2 \quad (2.6.18)$$

其中 $h_i = n_i - m_i$,它相当于反键 i 轨道上的"空穴数"。

在讨论角重叠模型方法时,经常用到两个很有用的加和规则:①基于式(2.6.16)中 e_λ 二次项相互作用能的配位体加和规则,即中心原子和 n 个配位体的相互作用能可由配位体的加和性得到;②重叠积分中的角度部分加和规则

$$\sum_{ml} F^2(\lambda, l, m_1) = n_\lambda \quad (2.6.19)$$

其中 n_λ 为配位体中 λ 型轨道数。根据表 2.23,对于八面体中任一配位体的位置,其 σ 和 π 型轨道分别具有

$$\sum_{ml} F^2(\sigma, l, m_1) = \left(\frac{1}{4} + \frac{3}{4}\right) = 1 \quad (2.6.20a)$$

和

$$\sum_{ml} F^2(\pi, l, m_1) = (1+1) = 2 \quad (2.6.20b)$$

但对于 F^4 项,不具有类似的加和规则。

为了得到角重叠模型的初步概念,我们利用配位体加和规则来推求八面体 ML_6 各个 d 轨道的能量变化。为此,只要将配位体在表 2.23 各列的 F_{ij}^2 系数加和起来再乘以 e_σ(或 e_π),就可以得到各轨道的能量变化。根据八面体中配位体占据的位置 1~6,引起 d_{z^2} 轨道的能量变化为(单位为 e_λ 或 $\beta_\lambda S_\lambda^2$)

$$\left(\frac{1}{4} + \frac{1}{4} + \frac{1}{4} + \frac{1}{4} + 1 + 1\right)e_\sigma = 3e_\sigma \quad (2.6.21)$$

同样可以求出 $d_{x^2-y^2}$ 的能量变化

$$\left(\frac{3}{4} + \frac{3}{4} + \frac{3}{4} + \frac{3}{4}\right)e_\sigma = 3e_\sigma \quad (2.6.22)$$

类似地可以求出三重简并的 d_{xz},d_{yz} 和 d_{yz} 的能量变化为 $4e_\pi$。对应于配位场理论中的 2.4.2 小节,e_g 和 t_{2g} 轨道的能级差应为

$$\Delta = 3e_\sigma - 4e_\pi \quad (2.6.23)$$

对 π 电子接受性配位体,e_π 取负值,忽略 π 成键贡献时,$\Delta = 3e_\sigma$。

e_σ 的作用相当于配位场中的 Δ 参数。近似地取 $H_{22} = H_{LL}$,$H_{11} = H_{MM}$,则原则上可以由式(2.6.15)

$$e_\lambda = \frac{H_{LL}^2 S_\lambda^2}{H_{MM} - H_{LL}} \quad (2.6.24)$$

从理论上计算 e_λ,但实际上是把它作为一个待定参数从光谱实验中求出来。表 2.24 中列出了从光谱实验求出的一些八面体配位化合物的 e_λ 数值。由式(2.6.24)可以看出 e_λ 值的变化规律:①随着重叠积分 S_λ 的降低而降低(π 成键时更敏感);②随着金属的有效核电荷 Z_{eff} 的增加(从而 $|H_{MM}|$ 增加到更接近 $|H_{LL}|$)而增加;③随着配位体的电负性(从而 $|H_{LL}|$)的增加而增加。这和表 2.25 中 CuX_4^{2-} 的结果一致,从 $X = Cl$ 到 $X = Br$,重叠积分减小,Z_{eff} 减小,电负性降低。值得指出的是,这里是从 ML 的反键轨道形式通过光谱法求得 e_λ 值,它和从占据的 ML 成键轨道求出的 e'_λ 值应有一些差别[参看式(2.6.10)和

式(2.6.11)]。在后一形式中,对于给定的金属原子,H_{MM}可以看做常数,因此e'_σ和e_σ的次序有时会有差别。在讨论被占据成键轨道控制的基态性质时,要特别注意σ参数的使用。

表 2.25 从电子光谱得到的角度重叠参数(单位:1000cm^{-1})[46]

配位化合物[a]	赤道平面配位体 L			轴向配位体 L'		
	e_σ	e_π	e_σ/e_π	e_σ	e_π	e_σ/e_π
$D_{4h}\text{ML}_4\text{L}_2$ 配位化合物						
Ni(py)$_4$Cl$_2$	4.670	0.570	8.19	2.980	0.540	5.52
Ni(pyr)$_4$Cl$_2$	5.480	1.370	4.00	2.540	0.380	6.68
Ni(py)$_4$Br$_2$	4.500	0.500	9.00	2.540	0.340	7.21
Ni(pyr)$_4$Br$_2$	5.440	1.350	4.03	1.980	0.240	8.25
[Cr(en)$_2$F$_2$]$^+$	7.233	—	—	8.033	2.000	4.02
[Cr(en)$_2$(H$_2$O)$_2$]$^{3+}$	7.833	—	—	7.497	1.410	5.32
[Cr(en)$_2$Cl$_2$]$^+$	7.500	—	—	5.857	1.040	5.63
[Cr(en)$_2$Br$_2$]$^+$	7.500	—	—	5.120	0.750	6.83
$D_{2d}\text{ML}_4$ 配位化合物						
[CuCl$_4$]$^{2-}$	6.764	1.831	3.69			
[CuBr$_4$]$^{2-}$	4.616	0.821	5.62			

a. 配位化合物中常用的有机化合物缩写符号及化学式参看附录 I。

2.6.3 能级图的推导

Schaffer 和 Jørgensen 将角重叠模型方法用于讨论过渡金属-配位体的相互作用。一般只要用到二次项(e_λ或$\beta_\lambda S_\lambda^2$)就可以得到和配位场理论相似的结果。但更细致的结构讨论应包括四次项(f_λ或$\gamma_\lambda S_\lambda^4$)。

对于八面体配位化合物,与 σ 型和 π 型 d 轨道有关的重叠积分主要有图 2.23 所示的四种类型,其数值参考表 2.22。实验表明 σ 作用比 π 作用强,我们将从具有高对称几何构型的 σ 轨道开始讨论。六个配位体的 σ 轨道按$a_{1g} + e_g + t_{1u}$不可约表示变换(表 2.25),金属的 d 轨道则为$e_g + t_{2g}$(表 2.26)。我们先对 e_g 型的 ML 的相互作用进行讨论。按群论处理[参看式(2.4.95)和式(2.4.96),但注意图

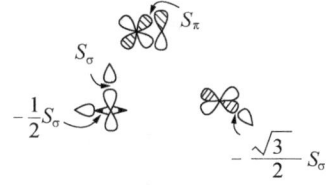

图 2.23 八面体的金属 d 轨道和配位体 σ、π 轨道间的四种重叠积分

2.16 的轨道编号和这里用的表 2.23 中的不同],配位体的对称性可接受的 σ 轨道应为

$$\psi_{e_g}(1) = \frac{1}{\sqrt{12}}(2\phi_5 + 2\phi_6 - \phi_1 - \phi_2 - \phi_3 - \phi_4) \quad (2.6.25)$$

$$\psi_{e_g}(2) = \frac{1}{2}(\phi_1 - \phi_2 + \phi_3 - \phi_4) \quad (2.6.26)$$

然后分别将上列两个配位体 σ 轨道中 φ 的位置序号按表 2.23 中的一列对应的 F 值和金属的 σ 轨道 d_{z^2} 及 $d_{x^2-y^2}$ 有相互作用的对应组分求和,就可得到它们的重叠积分:

表 2.26 在 ML_n 型配位化合物中配位体 σ 轨道的变换性质[40]

几何构型	σ 轨道的对称性
ML 线形 C_{2v}	σ^+
ML_2 线形 $D_{\infty h}$	$\sigma_g^+ + \sigma_u^+$
弯曲 C_{2v}	$a_1 + b_2$
ML_3 三个空位 C_{3v}	$a_1 + e$
三角面 D_{3h}	$a'_1 + e'$
T 型 C_{2v}	$2a_1 + b_2$
ML_4 四面体 T_d	$a_1 + t_2$
四方形 D_{4h}	$a_{1g} + b_{1g} + e_n$
三角锥 C_{3v}	$2a_1 + e$
两个空位 C_{2v}	$2a_1 + b_1 + b_2$
ML_5 五角面 D_{5h}	$a_1 + e'_1 + e'_2$
三角双锥 D_{3h}	$2a'_1 + e'$
平面锥 C_{4v}	$2a_1 + b_1 + e$
ML_6 八面体 O_h	$a_{1g} + e_g + t_{1u}$
六角面 D_{6h}	$a_{1g} + b_{1u} + e_{2g} + e_{1u}$
五角锥 C_{5v}	$2a_1 + e_1 + e_2$
ML_7 六角面 D_{7h}	$a'_1 + e'_1 + e'_2 + e'_3$
五角双锥 D_{5h}	$2a_1 + e'_1 + e'_2$
六角双锥 C_{6v}	$2a_1 + b_1 + e_1 + e_2$
ML_8 立方 O_h	$a_{1g} + t_{2g} + a_{2u} + t_{1u}$
四方反棱柱体 D_{4d}	$a_1 + b_2 + e_1 + e_2 + e_3$
八角面 D_{8h}	$a_{1g} + b_{1g} + e_{1u} + e_{2g} + e_{3u}$
六角双锥 D_{6h}	$2a_{1g} + a_{2u} + b_{1u} + e_{2g} + e_{2u}$
ML_{10} 五角反棱柱体 D_{5d}	$a_{1g} + a_{2u} + e_{1g} + e_{1u} + e_{2g} + e_{2u}$
ML_{12} 二十面体 I_h	$a_g + h_g + t_{1u} + t_{2u}$

表 2.27 不同几何构型配位化合物中金属 s、p、d 轨道的群变换性质

几何构型	s	p_x	p_y	p_z	z^2	x^2-y^2	xy	xz	yz
ML 线形 $C_{\infty v}$	a_1	b_1	b_2	a_1	a_1	---	a_2	b_1	b_2
ML$_2$ 线形 $D_{\infty h}$	σ_g^+	π_u	π_u	σ_u^+	σ_g^+	δ_g	δ_g	π_g	π_g
弯曲 C_{2v}	a_1	b_1	b_2	a_1	a_1	a_1	a_2	b_1	b_2
ML$_3$ 三角空位 C_{3v}	a_1	e	e	a_1	a_1	e	e	e	e
三角面 D_{3h}	a_1'	e'	e'	a_2''	a_1'	e'	e'	e''	e''
T 形 C_{2v}	a_1	b_1	b_2	a_1	a_1	a_1	a_2	b_1	b_2
ML$_4$ 四面体 T_d	a_1	t_2	t_2	t_2	e	e	t_2	t_2	t_2
四方平面 D_{4h}	a_{1g}	e_u	e_u	a_{2u}	a_{1g}	b_{1g}	b_{2g}	e_g	e_g
三角锥 C_{3v}	a_1	e	e	a_1	a_1	e	e	e	e
顺式双空位 C_{2v}	a_1	b_1	b_2	a_1	a_1	a_1	a_2	b_1	b_2
ML$_5$ 五角面 D_{5h}	a_1'	e_1'	e_1'	a_2''	a_1'	e_2'	e_2'	e_1''	e_1''
三角双锥 D_{3h}	a_1'	e'	e'	a_2''	a_1'	e'	e'	e''	e''
四方锥 C_{4v}	a_1	e	e	a_1	a_1	b_1	b_2	e	e
ML$_6$ 八面体 O_h	a_{1g}	t_{1u}	t_{1u}	t_{1u}	e_g	e_g	t_{2g}	t_{2g}	t_{2g}
六角面 D_{6h}	a_{1g}	e_{1u}	e_{1u}	a_{2u}	a_{1g}	e_{2g}	e_{2g}	e_{1g}	e_{1g}
五角锥 C_{5v}	a_1	e_1	e_1	a_1	a_1	e_2	e_2	e_1	e_1
ML$_7$ 七角面 D_{7h}	a_{1g}	e_{1u}	e_{1u}	a_{2u}	a_{1g}	e_{2g}	e_{2g}	e_{1g}	e_{1g}
五角双锥 D_{5h}	a_1'	e_{1u}	e_{1u}	a_2''	a_1'	e_2'	e_2'	e_1''	e_1''
六角锥 C_{6v}	a_1	e_1	e_1	a_1	a_1	e_2	e_2	e_1	e_1
ML$_8$ 立方体 O_h	a_{1g}	t_{1u}	t_{1u}	t_{1u}	e_g	e_g	t_{2g}	t_{2g}	t_{2g}
四方反棱柱体 D_{4d}	a_1	e_1	e_1	b_2	a_1	e_2	e_2	e_2	e_2
八角面 D_{8h}	a_{1g}	e_{1u}	e_{1u}	a_{2u}	a_{1g}	e_{2g}	e_{2g}	e_{1g}	e_{1g}
六角双锥 D_{6h}	a_{1g}	e_{1u}	e_{1u}	a_{2u}	a_{1g}	e_{2g}	e_{2g}	e_{1g}	e_{1g}
ML$_{10}$ 五角反棱柱体 D_{5d}	a_{1g}	e_{1u}	e_{1u}	a_{2u}	a_{1g}	e_{2g}	e_{2g}	e_{1g}	e_{1g}
ML$_{12}$ 二十面体 I_h	a_g	t_{1u}	t_{1u}	t_{1u}	h_g	h_g	h_g	h_g	h_g

$$S_{e_g}(1) = \frac{1}{\sqrt{12}}\left(2\times1 + 2\times1 + \frac{1}{2} + \frac{1}{2} + \frac{1}{2} + \frac{1}{2}\right) = \frac{1}{\sqrt{12}} \cdot 6 \cdot S_\sigma \quad (2.6.27)$$

$$S_{e_g}(2) = \frac{1}{2}\left(\frac{\sqrt{3}}{2} + \frac{\sqrt{3}}{2} + \frac{\sqrt{3}}{2} + \frac{\sqrt{3}}{2}\right) = \frac{1}{2}\cdot 4\cdot\left(\frac{\sqrt{3}}{2}\right)S_\sigma \quad (2.6.28)$$

不出所料,其数值都取相同值 $S = \sqrt{3}S_\sigma$。因此,按照包括二次微扰的角重叠模型基本方程[式(2.6.13)],这一对 $e_g\sigma$ 轨道 d_{z^2} 和 $d_{x^2-y^2}$ 的相互作用能为

$$\epsilon = 3\beta_\sigma S_\sigma^2 - 9\gamma_\sigma S_\sigma^4 \quad (2.6.29)$$

$$= 3e_\sigma - 9f_\sigma \quad (2.6.30)$$

结果示于图 2.24,对于成键轨道和反键轨道,我们采用了不同的 e_σ 和 f_σ 值。这个结果和我们前面采用配位体加和规则得到的式(2.6.23)相同。

再考虑 π 成键。六个配位体共 6 个 $\pi_{/\!/}$ 和 6 个 $\pi_\perp$,这 12 个 π 轨道分属 $t_{1g} + t_{2g} + t_{1u} + t_{2u}$ 不可约表示,其中我们只对与金属 t_{2g} 轨道对称性匹配的那个 t_{2g} 感兴趣。图 2.25 表示 t_{2g} 的一个组分。由图 2.23 可以得到

$$S_{t_{2g}}(1) = \frac{1}{2}\cdot 4\cdot S_\pi \quad (2.6.31)$$

因此每个组分引起的能量变化为

$$\varepsilon = 4e_\pi - 16f_\pi \quad (2.6.32)$$

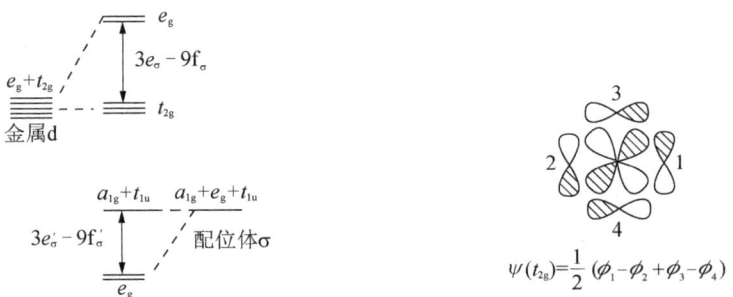

图 2.24　八面体中金属 d 轨道和配位体 σ 轨道作用的角重叠模型处理结果

图 2.25　t_{2g} 对称的配位体 π 轨道

t_{2g} 轨道是升高还是降低决定于 π 轨道是作为接受体(如 CO、PR_3)还是作为给予体(如卤素)。前者使 $\Delta_{\text{八面体}}$ 增加,其中 d 轨道的 t_{2g} 组为 MLπ 成键;而后者使 $\Delta_{\text{八面体}}$ 降低,其中 d 轨道为 MLπ 反键(图 2.26)。总之,我们得到包括 π 成键及四次项的八面体配位化合物的配位能:

$$\Delta_{\text{八面体}} = (3e_\sigma - 9f_\sigma) \pm (4e_\pi - 16f_\pi) \tag{2.6.33}$$

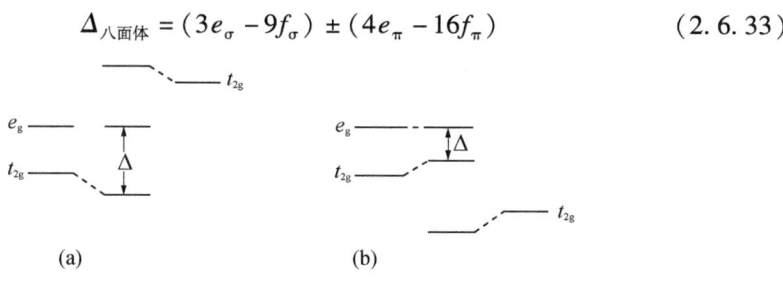

图 2.26 ML₆ 配位化合物中 π 接受配位体(a)和
π 给予配位体(b)对 d 轨道能级的影响

用完全类似上述的方法可以导出四面体配位化合物的各个 d 轨道的能级。对于 σ 相互作用,由于它都包括在 t_2(d_{xz}、d_{yz} 和 d_{xy})表示中,所以可用配位体加和规则来求出二次项 σ 相互作用能为 $4e_\sigma$,每个 t_2 组分的贡献则应为 $\frac{4}{3}e_\sigma$。总的作用能为

$$\varepsilon = \frac{4}{3}e_\sigma - \left(\frac{4}{3}\right)^2 f_\sigma = \frac{4}{3}e_\sigma - \frac{16}{9}f_\sigma \tag{2.6.34}$$

对于 π 体系,则没有太方便的办法,因为它包括了 e 和 t_2 这两种轨道。但这可以通过类似上述求 π 群轨道和金属 d 轨道的重叠积分求出,也可以根据表 2.23 中配位体的 9~12 这 4 个位置用加和法求出。最后结果为

$$\Delta_{\text{四面体}} = \frac{4}{3}e_\sigma - \frac{16}{9}f_\sigma \pm \left(\frac{16}{9}e_\pi - \frac{512}{81}f_\pi\right) \tag{2.6.35}$$

比较式(2.6.33)和式(2.6.35),得到和配位场理论相同的结论(忽略四次项,并假定 M—L 的距离相同):

$$\Delta_{\text{四面体}} = \frac{4}{9}\Delta_{\text{八面体}} \tag{2.6.36}$$

与晶体场理论相比,角重叠模型方法的优点是它很容易推广到低对称性或无对称性的配位化合物。例如,用式(2.6.21)和式(2.6.22)就可以导出表 2.28 中 ML₆ 八面体 O_h 几何构型中这一行的结果。表 2.28 中列出了各种几何构型的 σ 和 π 相互作用。利用重叠积分公式,不难求出一些低对称性下的 d 轨道分裂(图 2.27)。

表 2.28 不同几何构型的 σ 和 π 轨道的角度重叠[1),2)]

几何构型	z^2		x^2-y^2		xy		xz		yz	
	e_σ	e_π	e_σ	e_π	e_σ	e_π	e_σ	e_π	e_σ	e_π
ML 线形 $C_{\infty v}$	1	0	0	0	0	0	0	1	0	1
ML$_2$ 线形 $D_{\infty h}$	2	0	0	0	0	0	0	2	0	2
弯曲(90°) C_{2v}[3)]	$\frac{1}{2}$	0	$\frac{3}{2}$	0	0	2	0	1	0	1
ML$_3$ 三个空位 C_{3v}	$\frac{3}{2}$	0	$\frac{3}{2}$	0	0	2	0	2	0	2
三角平面 D_{3h}	$\frac{3}{4}$	0	$\frac{9}{8}$	$\frac{3}{2}$	$\frac{9}{8}$	$\frac{3}{2}$	0	$\frac{3}{2}$	0	$\frac{3}{2}$
T形 C_{2v}[4)]	$\frac{3}{2}-\frac{3}{2}$	0	0	0	0	2	0	3	0	1
ML$_4$ 四面体 T_d	0	$\frac{8}{3}$	0	$\frac{8}{3}$	$\frac{4}{3}$	$\frac{8}{9}$	$\frac{4}{3}$	$\frac{8}{9}$	$\frac{4}{3}$	$\frac{8}{9}$
四方平面 D_{4h}	1	0	3	0	0	4	0	2	0	2
三角锥 C_{3v}[5)]	$\frac{7}{4}$	0	$\frac{9}{8}$	$\frac{3}{2}$	$\frac{9}{8}$	$\frac{3}{2}$	0	$\frac{5}{2}$	0	$\frac{5}{2}$
顺式双空位 C_{2v}[6)]	$\frac{5}{2}$	0	$\frac{3}{2}$	0	$\frac{3}{2}$	2	0	3	0	3
ML$_5$ 五角平面 D_{5h}	$\frac{5}{4}$	0	$\frac{15}{8}$	$\frac{5}{2}$	$\frac{15}{8}$	$\frac{5}{2}$	0	$\frac{5}{2}$	0	$\frac{5}{2}$
三角双锥 D_{3h}	$\frac{11}{4}$	0	$\frac{9}{8}$	$\frac{3}{2}$	$\frac{9}{8}$	$\frac{3}{2}$	0	$\frac{7}{2}$	0	$\frac{7}{2}$
四方锥 C_{4v}[5)]	2	0	3	0	0	4	0	4	0	4
ML$_6$ 八面体 O_h	3	0	3	0	0	4	0	4	0	4

续表

几何构型	z^2		x^2-y^2		xy		xz		yz	
	e_σ	e_π	e_σ	e_π	e_σ	e_π	e_σ	e_π	e_σ	e_π
六角平面 D_{6h}	$\frac{3}{2}$	0	$\frac{9}{4}$	3	$\frac{9}{4}$	3	0	3	0	3
五角锥 C_{5v} [5)]	$\frac{9}{4}$	0	$\frac{11}{8}$	$\frac{5}{2}$	$\frac{11}{8}$	$\frac{5}{2}$	0	$\frac{7}{2}$	0	$\frac{7}{2}$
ML_7 七角平面 D_{7h}	$\frac{7}{4}$	0	$\frac{21}{8}$	$\frac{7}{2}$	$\frac{21}{8}$	$\frac{7}{2}$	0	$\frac{7}{2}$	0	$\frac{7}{2}$
五角双锥 D_{5h}	$\frac{13}{4}$	0	$\frac{15}{8}$	$\frac{5}{2}$	$\frac{15}{8}$	$\frac{5}{2}$	0	$\frac{9}{2}$	0	$\frac{9}{2}$
六角双锥 C_{6v} [5)]	$\frac{5}{2}$	0	$\frac{7}{4}$	3	$\frac{7}{4}$	3	0	4	0	4
ML_8 立方 O_h	0	$\frac{4}{3}$	0	$\frac{4}{3}$	$\frac{8}{3}$	$\frac{16}{9}$	$\frac{8}{3}$	$\frac{16}{9}$	$\frac{8}{3}$	$\frac{16}{9}$
四方反棱柱体 D_{4d} [7)]	0	$\frac{2}{3}$	$\frac{4}{3}$	$\frac{32}{9}$	$\frac{4}{3}$	$\frac{32}{9}$	$\frac{8}{3}$	$\frac{37}{9}$	$\frac{8}{3}$	$\frac{37}{9}$
八角平面 D_{8h}	2	0	3	4	3	4	0	4	0	4
六角双锥 D_{6h}	$\frac{2}{5}$	0	$\frac{9}{4}$	3	$\frac{9}{4}$	3	0	5	0	5
ML_{10} 五角反棱柱体 D_{5d} [8)]		$\frac{24}{5}$	$\frac{12}{5}$	$\frac{24}{5}$	$\frac{12}{5}$	$\frac{24}{5}$	$\frac{12}{5}$	$\frac{14}{5}$	$\frac{12}{5}$	$\frac{14}{5}$
ML_{12} 二十面体 I_h	$\frac{12}{5}$	$\frac{24}{5}$	$\frac{12}{5}$	$\frac{24}{5}$	$\frac{12}{5}$	$\frac{24}{5}$	$\frac{12}{5}$	$\frac{24}{5}$	$\frac{12}{5}$	$\frac{24}{5}$

1) 系数 p_σ 和 p_π 用于二次作用能 $\varepsilon = p_\sigma e_\sigma + p_\pi e_\pi$。 2) 除另加说明外,沿着图轴。 3) 配位体沿着轴。 4) 在该点群中 z^2 和 x^2-y^2 互相混合。 5) $L_a; ML_{ba} = 90°$。 6) 配位体沿 $x,y,\pm z$。 7) ML 键和 z 轴相交 57.4°。 8) 配位体处在和二十面体相同的位置。

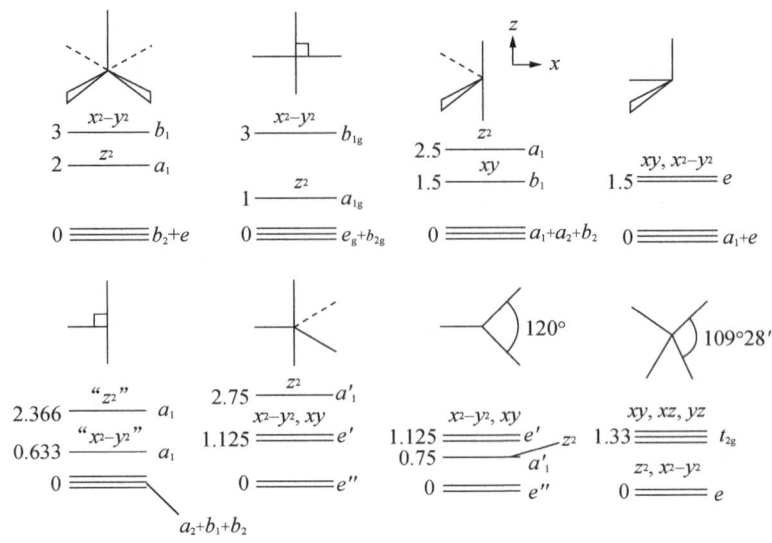

图 2.27 角重叠模型导出某些简单 ML_n 分子几何构型的 d 轨道分裂
（只考虑 σ 型及其二项式作用能）

2.6.4 配位化合物结构的阐明

综上所述，由角重叠模型法导出的 d 电子在不同几何构型下的电子配布和能级基本上与配位场理论相同。由于四面体 ML_4 的 Δ_t 较小，设电子成对能为 P，则由于 $\Delta_t < P$ 而导致 d 电子组态为 $d^{3\sim 6}$ 时，只能采取高自旋的电子配布。对于八面体配位化合物，d 电子少于 4 和多于 7 时，其排列方式是很明确的。但在 $d^{4\sim 7}$ 组态时，则 $\Delta_o > P$，为低自旋排列，$P > \Delta_o$，为高自旋排列。一般说来，Δ_o 较大的高价金属离子、e_σ 值较大的强 σ 给予配位体、$e_\pi \leqslant 0$ 的弱 π 给予体或强 π 接受体都会使 Δ_o 变大，而有利于生成低自旋配位化合物。关于配位化合物磁性的进一步讨论，参看 5.3 节。

1. 四配体化合物 ML_4 的结构稳定性

通常四位配体化合物以四面体、平面正方形和顺式双空位八面体的形式出现（后两者的构型参看图 2.27），例如，在主族化合物中的 CF_4、XeF_4 和 SF_4 就分别具有上述构型。过渡金属配位化合物中的 $Ni(CO)_4$、$CuCl_4^{2-}$ 和 $Cr(CO)_4$ 也分别具有上述构型。按角重叠模型理论，当忽略了 π 成键作用和四次项时，应用表 2.24 可以求出这三种四配位结构的轨道能量，其相对能级如图 2.27 所示，能量单位为 e_σ。

如前所述，由于成键的 σ 分子轨道一般都填满了电子，因此较方便的是用式 (2.6.18)，按 σ^* 的分子轨道能量求出配位化合物的稳定能 $\Sigma(\sigma)$。这时，对于电子在 5 个 d 轨道中的填充情况，采用下列五个数字表示的速写符号。例如，22 000 表示前两个较低的 d 轨道各占据两个电子，而三个较高的轨道未占据电子。根据图 2.27 及式 (2.6.18) 计算所得的各种电子组态的 σ 稳定能 $\Sigma(\sigma)$ 列于表 2.28 中。

对于各种四配位结构 22220(d^8，低自旋)电子组态，由图 2.27 可知，四面体空轨道是 d_{xy}、d_{xz} 或 d_{yz} 中的一个，正方形的空轨道是 $d_{x^2-y^2}$，顺式双空位八面体空轨道是 d_{z^2}。根据它们的空穴数及式(2.6.18)，得到下列稳定能：

四面体：$\Sigma(\sigma) = (h_{xy})e_{xy} = 2 \cdot \dfrac{4}{3} = 2.66$ （2.6.37）

正方形：$\Sigma(\sigma) = (h_{x^2-y^2})e_{x^2-y^2} = 2 \cdot 3 = 6.0$ （2.6.38）

顺式双空位八面体：$\Sigma(\sigma) = (h_{z^2})e_{z^2} = 2 \cdot \dfrac{5}{2} = 5$ （2.6.39）

由此得出重要结论：d^8 低自旋组态的最稳定结构是正方形结构，例如，$[Ni(CN)_4]^{2-}$(d^8) 就是如此。

由表 2.29 可以知道，d^9 组态的配位化合物的最稳定结构也是正方形，例如，$CuCl_4^{2-}$(d^9) 就是如此。但是，由于 d^9 的稳定能(3.0)只有 d^8 低自旋的一半(6.0)，所以处于固态的 $CuCl_4^{2-}$ 易于受晶体堆积力的作用而产生变形。对于电子组态 22222(d^{10})、22111(d^7 高自旋)和 00000(d^0)，从只考虑金属和配位体相互作用的角重叠模型方法的观点看，四面体、正方形和顺式双空位八面体这三种结构具有相同的稳定能。为此，必须考虑配位体-配位全相互作用。根据 Sidgwich 的价层电子对互斥理论(VSEPR，参考4.1节)，在一个原子的价层中给定电子对的最有利的排列方式是使它们之间的距离最大。因此最有利的结构是四面体，和实验测定的 $Ni(CO)_4$(t_2 全满，$e^4 t_2^6$)、$CoCl_4^{2-}$($e^4 t_2^3$，t_2 半满)和 $TiCl_4$($e^0 t_2$，t_2 全空)结构完全一致。对于电子组态 22200(d^6 低自旋)的 $Cr(CO)_4$ 分子，其正方形和顺式双空位八面体的稳定能相同(8.0)，但是实验表明顺式双空位八面体的结构最稳定。因为它具有五对相交 $90°$ 的配位体-配位体相互作用，而正方形结构只有四对配位体-配位体相互作用，因此不能用 VSEPR 理论解释。但这可以将角重叠模型法扩展到四次项 S^4 而加以阐明。

表 2.29 不同四配位结构中的 $\Sigma(\sigma)$ 值(单位：e_σ)

电子组态	四面体	平面正方形	顺式双空位八面体
22222	0	0	0
22221	1.33	3.0	2.5
22220	2.67	6.0	5.0
22210	4.0	7.0	6.5
22211	2.67	4.0	4.0
22200	5.33	8.0	8.0
22111	4.0	4.0	4.0
22110	5.33	7.0	6.5
22100	6.67	8.0	8.0
22000	8.0	8.0	8.0

2. 成键和键长的相关性

实验上经常出现不同几何构型中两个原子间的键长并不相同的现象。对于一系列 $d^8 Ni(II)$ 形四配位化合物，发现其正方形 M—L 键的键长要比四面体结构的要短些,其相应的键长 Ni—N(如 Py 中)为 1.86 和 1.96Å,Ni—P 为 2.14Å 和 2.28Å,Ni—S 为 2.15Å 和 2.28Å 等。这很容易从角重叠模型法所导出的式(2.6.37)和式(2.6.38)得到解释。因为在四方形中,每个键的稳定能为 $\Sigma_i(\sigma) = \frac{3}{2}e_\sigma$,而四面体的为 $\frac{2}{3}e_\sigma$。

在 ML_n 型配位化合物中,我们也经常观察到 M—L 键的键长随配位数 n 的增加而增加,这可以从力常数随配位数 n 的增加而减小的事实,由红外光谱实验证实。例如,$HgCl_2$、$HgCl_3^-$ 和 $HgCl_4^{2-}$ 的全对称伸缩振动分别为 $360cm^{-1}$、$293cm^{-1}$ 和 $270cm^{-1}$。这些汞配位化合物可以作为一个强调金属的 s、p 轨道和配位体的轨道之间的相互作用也很重要的一个例子。在四面体和八面体中,以 e_σ 和 f_σ 参数及配位数 n 表示的金属 s、p 轨道和配位体 σ 轨道的相互作用如图 2.28 所示。由此不难看出,当每个成键轨道放置两个电子时,则每个 M—L 键的总稳定能为

$$\Sigma_i(\sigma) = 2\left\{e_\sigma(s) + e_\sigma(p) - n\left[f_\sigma(s) + \frac{1}{3}f_\sigma(p)\right]\right\} \quad (2.6.40)$$

这就说明了随着配位数 n 的增加而稳定能降低和键长增加的事实。当然,这只是从电子效应角度考虑,实际上配位数 n 的增加而导致空间拥挤的效应也会增加 M—L 键的键长。

3. Walsh 图

Walsh 图是描述从一种分子结构变化到另一种分子结构时相关联的分子轨道能级的变化,这种描述可以通过定性的、经验的或较严格的计算来表示。我们知道,角重叠模型法在描述能级随角度变化的规律方面比配位场理论容易得多。对于 C_{4v} 对称性的四方锥(图 2.29),由表 2.23 可以导出

$$\epsilon(z^2) = \left[1 + 4\left(1 - \frac{3}{2}\sin^2\theta\right)^2\right]e_\sigma \quad (2.6.41)$$

$$\epsilon(x^2 + y^2) = 4\left(\frac{\sqrt{3}}{2}\sin^2\theta\right)^2 e_\sigma \quad (2.6.42)$$

$$\epsilon(xz, yz) = 2\left(\frac{\sqrt{3}}{2}\sin^2\theta\right)^2 e_\sigma \quad (2.6.43)$$

$$\epsilon(x, y) = 0 \quad (2.6.44)$$

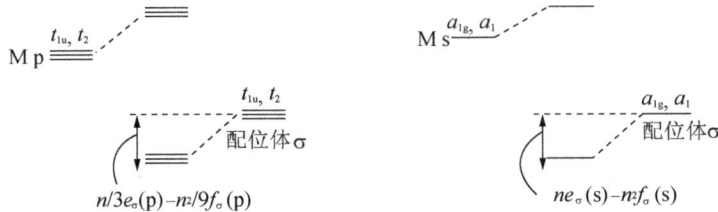

图 2.28 在八面体和四面体 ML_n 结构中金属的 s、p 轨道和配位体 σ 轨道相互作用的 AOM 图

加上对应的四次项 f_σ 部分(其系数只是 e_σ 项负号的平方),因此只要按照配位体加和规则及重叠积分角度部分的平方就可以得到 Walsh 图(图 2.29),它显示了在分子弯曲时其电子组态的变化,必要时也可将较小的 π 成键作用考虑进去。

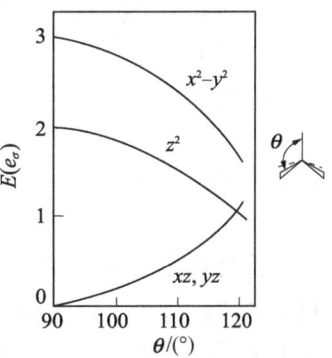

图 2.29 角重叠模型法得到的 $ML_5(C_{4v})$ 变形的 Walsh 图

最后我们介绍一下,当对称性降低到有两组金属的 d 轨道按相同对称性变化时,应如何导出其能级图。对于有两个 a_1 不可约表示的 T 形配位化合物,配位体的 σ 轨道按 $2a_1+b_2$ 变换(表 2.25),而五个 d 轨道按 $2a_1+a_2+b_1+b_2$ 变换,因而也要对金属的 a_1 轨道求解久期方程。如式(2.6.16)所示,对角项为 $\Sigma e_\lambda F_\lambda^2(n)$,但是控制相同对称性的两个 d 轨道 ϕ_1 和 ϕ_2 这两个 a_1 函数混合程度的非对角项则为

$$\sum_n e_\lambda F_\lambda(n,\phi_1) F_\lambda(n,\phi_2) \tag{2.6.45}$$

在这个例子中,ϕ_1 和 ϕ_2 分别为 d_{z^2} 和 $d_{x^2-y^2}$(图 2.27),由此按表 2.23 求出对角元素为 $\left(1+2\times\dfrac{1}{4}\right)e_\sigma$ 和 $\left(2\times\dfrac{3}{4}\right)e_\sigma$,非对角元素为 $\left[\dfrac{\sqrt{3}}{2}\times\left(-\dfrac{1}{2}\right)+\dfrac{\sqrt{3}}{2}\times\left(-\dfrac{1}{2}\right)+0\times 1\right]e_\sigma$,d 轨道的相互作用能表示式为

$$\begin{vmatrix} 1.5e_\sigma - E & -\dfrac{\sqrt{3}}{2}e_\sigma \\ \dfrac{\sqrt{3}}{2}e_\sigma & 1.5e_\sigma - E \end{vmatrix} = 0 \tag{2.6.46}$$

它的解为

$$E = \left(1.5 \pm \dfrac{\sqrt{3}}{2}\right)e_\sigma \tag{2.6.47}$$

结果表示于图 2.30 中。值得注意的是,在本节对顺式双空位的讨论中(图 2.27)也有两个金属的 a_1 表示。但由于图示坐标的特殊取法,使得其中 $d_{x^2-y^2}$ 和 xy 平面的配位体 σ 轨道重叠正交而为零,所以对它的处理就简单化了。

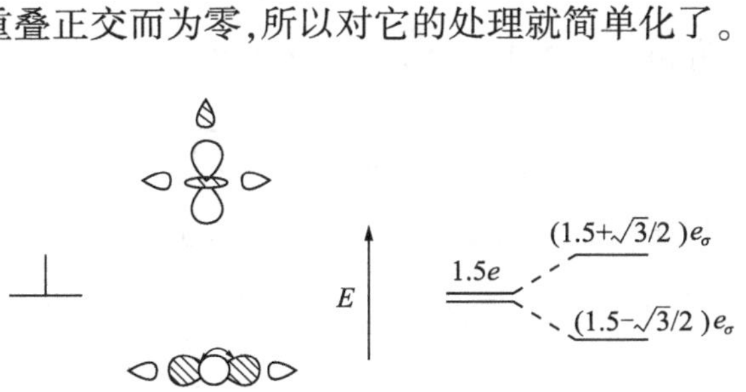

图 2.30 C_2 对称的 T 形分子中两个 a_1 轨道 d_{z^2} 和 $d_{x^2-y^2}$ 的相互作用能

综上所述，角重叠模型是一种近似的分子轨道理论。它和简单的化学键直观概念很一致，在配位化合物的热力学和反应活性上也有一系列的应用[47]。目前已经推广到混合配位体及包括 f 轨道在内的处理[48]。在概括和估计一系列配位化合物的结构和性质方面，受到化学工作者的重视。

2.7 价键理论

价键理论是在1927年 Heitler-London 用量子力学处理 H_2 分子的基础上发展起来的成键理论。由于其实质是考虑两个电子配对而形成定域的化学键，所以又称为电子配对理论。由于其基本概念和经典分子式化学键共振、电子定域等直观物理图像的一致性，以及其近似处理的简便性，因而在配位化学的定性处理及教学中常被采用。但是，在定量计算上的难度较大，只是在20世纪60年代计算技术发展后才使其重新受到重视。本节着重介绍 Pauling 等发展的价键理论，重点放在 d 轨道的杂化轨道理论及其相关概念[9,49,50]。

2.7.1 电子配对理论

对于单组态的价键理论，波函数也是由空间函数和自旋函数两者的乘积构成[1]。对于 n 个电子的单组态空间函数 Ω，可固定地用 n 个原子轨道 $\phi_i(r)$ 的乘积表示：

$$\Omega(r_1, r_2, \cdots, r_n) = \phi_1(r_1)\phi_2(r_2)\cdots\phi_n(r_n) \quad (2.7.1)$$

对于这个固定的空间函数，可以与它组合的自旋函数却不止一个。由于每个电子的自旋可处于 α 或 β 状态，因此对 n 个电子就可能有 2^n 种选择，也可以有 2^n 个自旋函数 $\Theta_k(S_1, S_2, \cdots, S_n)$。最简单的正交归一化的 Θ_k 是

$$\Theta_k(S_1, S_2, \cdots, S_n) = \prod_i^{n_1} \alpha(i) \prod_l^{n_2} \beta(l) \quad (2.7.2)$$

其中 $n_1 + n_2 = n$。但它们只是 $\hat{S}_z$ 算符的本征函数，为了实际的计算符合化学习惯，通常将它们线性组合成 $\hat{S}^2$ 和 $\hat{S}_z$ 的本征函数（虽然它们未必是正交归一化的）：

$$\Theta_k(S_1, S_2, \cdots, S_n) = \prod_{i,j}' \frac{1}{\sqrt{2}} [\alpha(i)\beta(j)$$
$$- \alpha(j)\beta(i)] \prod_l \alpha(l) \quad (2.7.3)$$

其中 $\prod_{i,j}'$ 表示连乘中 $i \neq j$，而这样的电子 i 和 j 是自旋配对的。反之，l 是自旋未配对的，因此，价键理论又称为电子配对理论。对于指定的 S，其组合的线性无关的 Θ_k 的数目 n_s 为

$$n_s = \binom{n}{\frac{n}{2} - S} - \binom{n}{\frac{n}{2} - S - 1} \quad (2.7.4)$$

对于每一个空间函数 Ω 和自旋函数 Θ_k，按照 Pauli 原理可以组合成反对称的空间自旋波函数：

$$\Phi_k = \frac{1}{\sqrt{n!}} | \Omega(r_1, r_2, \cdots, r_n) \Theta_k(S_1, S_2, \cdots, S_n) | \qquad (2.7.5)$$

Φ_k 的数目和 Θ_k 的数目相同。再将 Φ_k 组合起来就可以得到多电子体系的波函数：

$$\Psi = \sum_k c_k \Phi_k \qquad (2.7.6)$$

应用通常的线性变分法后，就由本征矩阵方程

$$HC = EMC \qquad (2.7.7)$$

求解出系数 c_k 和对应的分子中电子的总能量 E。其中 Hamilton 矩阵 H 和重叠矩阵 M 的矩阵元为

$$H_{k\lambda} = \langle \Phi_k | \hat{H} | \Phi_\lambda \rangle \qquad (2.7.8)$$

$$M_{k\lambda} = \langle \Phi_k | \Phi_\lambda \rangle \qquad (2.7.9)$$

一般说来，这种价键理论的矩阵方程的阶数比分子轨道理论的高，并且随着分子中原子数的增加而增高。例如，对于苯、萘和蒽，按式(2.7.4)求出其阶数分别为 5、42 和 329，而分子轨道理论的单行列式波函数阶数仅依次为 6、10 和 14。虽然后来发展了广义价键理论(VB)和现代的 BOVB 价键理论，它们甚至可研究化学活性和过渡金属氢化物 MH^+ 的解离能[51~53]，但这种计算的复杂性却是价键理论发展缓慢的原因。详细讨论请参考文献[46]。下面以 H_2 分子为例，加以说明。

以含两个核间距为 R 的两个氢原子组成的 H_2 分子为例，它是含有两个核 a 及 b 和两个电子 1 及 2 的体系，按原子单位其 Hamilton $\hat{H}$ 为

$$\begin{aligned}\hat{H} &= \left[-\frac{1}{2}\nabla_1^2 - \frac{1}{r_{a1}} \right] + \left[-\frac{1}{2}\nabla_2^2 - \frac{1}{r_{b2}} \right] \\ &\quad + \left[-\frac{1}{r_{a2}} - \frac{1}{r_{b1}} + \frac{1}{r_{12}} + \frac{1}{R} \right] \\ &= \hat{H}_{A(1)} + \hat{H}_{B(2)} + \hat{H}' \end{aligned} \qquad (2.7.10)$$

以两个氢原子的 1s 轨道作为单粒子函数 ϕ 组成空间函数 $\Omega(1,2) = \phi_a(1)\phi_b(2)$。由 $2^N = 2^2 = 4$ 个自旋函数 $\alpha(1)$、$\alpha(2)$、$\beta(1)$ 和 $\beta(2)$ 也可以组合成四个 $\hat{S}^2$ 和 $\hat{S}_z$ 本征波函数的自旋波函数 Θ_k（见下两式），因而我们得到四个反对称的空间自旋波函数：

单重态

$$^1\Phi_S = \frac{1}{\sqrt{2 + 2S_{ab}^2}} [\phi_a(1)\phi_b(2) + \phi_a(2)\phi_b(1)]$$

$$\cdot \frac{1}{\sqrt{2!}} [\alpha(1)\beta(2) - \alpha(2)\beta(1)] \qquad (2.7.11)$$

三重态

$$^3\Phi_A = \frac{1}{\sqrt{2 - 2S_{ab}^2}} [\phi_a(1)\phi_b(2) - \phi_a(2)\phi_b(1)]$$

$$\cdot \begin{cases} \alpha(1)\alpha(2) \\ \beta(1)\beta(2) \\ \dfrac{1}{\sqrt{2!}}[\alpha(1)\beta(2)+\alpha(2)\beta(1)] \end{cases} \qquad (2.7.12)$$

其中 Φ 的下标 S 和 A 分别表示交换电子 1,2 的空间坐标时不变号(对称的)和变号(反对称的)。求解久期方程后,可证明这两种状态的相应能量为

$$E_S = 2\varepsilon_H + \frac{Q+A}{1+S_{ab}^2} \qquad (2.7.13)$$

$$E_A = 2\varepsilon_H + \frac{Q-A}{1-S_{ab}^2} \qquad (2.7.14)$$

其中重叠积分 $S_{ab} = \int \phi_a \phi_b \mathrm{d}\tau$,$\varepsilon_H$ 为氢原子基态能量$\left(-\dfrac{1}{2}\text{原子单位}\right)$,Coulomb 积分 Q 及交换积分 A 为

$$Q = -\int \frac{\phi_a^2(1)}{r_{b1}}\mathrm{d}\tau_1 - \int \frac{\phi_b^2(2)}{r_{a2}}\mathrm{d}\tau_2$$
$$+ \int \frac{\phi_a^2(1)\phi_b^2(2)}{r_{12}}\mathrm{d}\tau_1\mathrm{d}\tau_2 + \frac{1}{R} \qquad (2.7.15)$$

$$A = -S_{ab}\int \frac{\phi_a(1)\phi(1)}{r_{a1}}\mathrm{d}\tau_1 - S_{ab}\int \frac{\phi_a(2)\phi_b(2)}{r_{b2}}\mathrm{d}\tau_2$$
$$+ \int \frac{\phi_a(1)\phi_b(1)\phi_a(2)\phi_b(2)}{r_{12}}\mathrm{d}\tau_1\mathrm{d}\tau_2$$
$$+ \frac{1}{R}S_{ab}^2 \qquad (2.7.16)$$

从能量公式 E 可以看出,一般积分 Q 和 A 值(当 S_{ab} 不能忽略时)都是负值,故单重态 Φ_S 为比两个无相互作用的氢原子能量低的稳定态,而三重态 Φ_A 为能量高的排斥态(图 2.31)。

综上所述,可以得到两个重要结论:

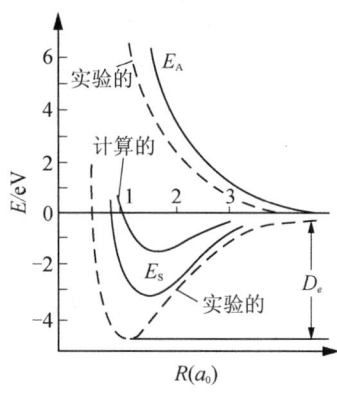

图 2.31 H$_2$ 的能量曲线

(1) 电子云最大重叠原理。从波函数 Φ 的空间部分可以看出,由于其中的组合系数分别取正号和负号,因而处于稳定态 Φ_S 的氢分子的核间 $\phi_a \cdot \phi_b$ 值比排斥态 Φ_A 的大,亦即 Φ_S 态的氢分子间的电子云密集在核间,对两个核产生吸引能而使体系能量降低。ϕ_a 和 ϕ_b 轨道的电子云重叠得愈多,则体系愈稳定[图 2.32(a)]。

(2) 电子配对原理。当两个处于 ϕ_a 和 ϕ_b 轨道的价电子相互接近而成键时,若它们自旋平行($S=1$),则会形成不稳定的排斥态,若它们自旋反平行($S=0$),就可以形成稳定态的分子[图 2.32(b)]。

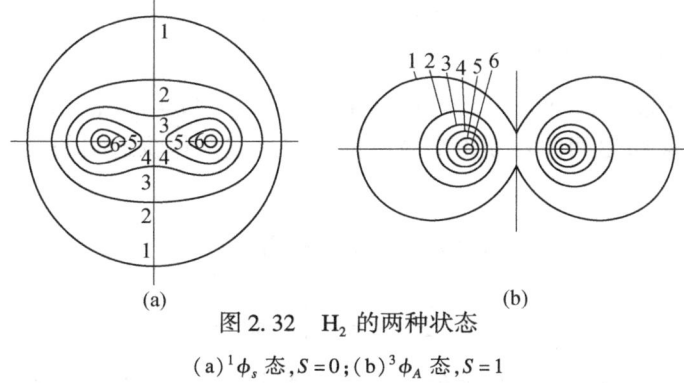

图 2.32 H_2 的两种状态

(a) $^1\phi_S$ 态，$S=0$；(b) $^3\phi_A$ 态，$S=1$

2.7.2 过渡金属配位化合物的价键理论

价键理论的中心问题是分子中每一对结合的原子必须各自具有一个处在适当轨道的电子在下式中分别表示为·及x[54]。这一对电子在结合的原子间按照电子云最大重叠的方向形成一个共享的定域单键。例如，按照 Lewis 的表示式，对于 F—H 分子，其共价单键的形成可示意为

$$:\ddot{F}\cdot + \times H \longrightarrow :\ddot{F}\times H \tag{2.7.17}$$

当形成配价键时，和上述经典共价单键唯一的区别是共享的一对电子来自同一个结合的原子。例如，甲硼烷-氨中形成的配价键可示意为

$$\begin{array}{c}H\\ H-B\\ H\end{array} + :N\begin{array}{c}H\\ -H\\ H\end{array} \longrightarrow H-B:N-H \tag{2.7.18}$$

但是这种简单的电子键理论不能解释$[Fe(CN)_6]^{3-}$和$[FeF_6]^{3-}$等过渡金属配位化合物的结构和性质。Fe^{3+}具有电子组态 $1s^22s^22p^63s^23p^63d^5$，不考虑内层占满的电子，其 3d 成键电子可描述为

$$\text{Fe}^{3+}\;\boxed{\uparrow\;\uparrow\;\uparrow\;\uparrow\;\uparrow}\;\boxed{}\;\boxed{} \tag{2.7.19}$$

我们熟知，$:CN^-$ 或 $:Cl^-$ 都具有未成对电子，因而按原有价键理论的电子云最大重叠原理：当配位体和金属原子结合时，应沿着 Fe^{3+} 中 3d、4s 或 4p 轨道的取向方向（图 2.2）形成配价键。但这种机理不能说明这些配位化合物的八面体结构及磁性｛磁矩实验表明，$[Fe(CN)_6]^{3-}$有一个未成对电子，而$[FeF_6]^{3-}$有五个未成对电子｝。

Pauling 根据大量实验结果提出了包括 d 轨道在内的杂化轨道理论，并扩大到过渡金属配位化合物。原子在形成分子过程中，为了使形成的化学键强度增大而有利于降低体系的能量，趋向于将一个原子中原有的 n 个不同原子轨道线性组合成新的 n 个杂化轨道。一般说来，当过渡金属原子中的 f-d-s-p 轨道之间形成等性杂化轨道 ψ 时，若令其 s、p、d、f 的成分依次为 α、β、γ、δ，则有关系

$$\alpha + \beta + \gamma + \delta = 1 \tag{2.7.20}$$

其杂化波函数 ψ 的一般形式为

$$\psi_{dspf}^{i} = \sqrt{\alpha}\,\psi_s + \sqrt{\beta}\,\psi_p + \sqrt{\gamma}\,\psi_d + \sqrt{\delta}\,\psi_f \quad (i=1,2,\cdots,n) \tag{2.7.21}$$

唐敖庆等从杂化轨道间的相互正交关系推导出这些杂化轨道间的夹角 θ 符合下列方程[55]：

$$\alpha + \beta\cos\theta + \gamma\left(\frac{3}{2}\cos^2\theta - \frac{1}{2}\right)$$
$$+ \delta\left(\frac{5}{2}\cos^3\theta - \frac{3}{2}\cos\theta\right) = 0 \tag{2.7.22}$$

若以波函数在角度分布上的最大值作为该轨道成键能力 f 的度量，则 s、p、d 和 f 轨道的成键能力分别为 1、$\sqrt{3}$、$\sqrt{5}$ 和 $\sqrt{7}$（参见表2.2），因而杂化轨道 ψ 的成键能力为

$$f = \sqrt{\alpha} + \sqrt{3\beta} + \sqrt{5\gamma} + \sqrt{7\delta} \tag{2.7.23}$$

例如，对于 Fe^{3+}，在形成上述两种配位化合物时，Pauling 认为它们分别按下列图式，以两个 d 轨道、一个 s 轨道和三个 p 轨道形成六个虚线方框所示的 d^2sp^3 杂化轨道：

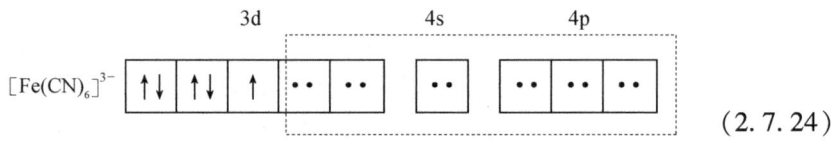

$$(2.7.24)$$

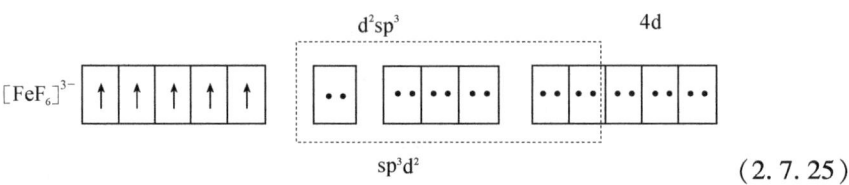

$$(2.7.25)$$

六对配位体的孤对电子（以两个圆点 ·· 表示）正好填满这六个杂化轨道。对于 $[Fe(CN)_6]^{3-}$ 配位离子，用到内部的"3d"轨道，这种配位化合物称为"内轨配位化合物"，对应于一般的强场、共价性及低自旋配位化合物，较为惰性。对于 $[FeF_6]^{3-}$ 配位离子，则用到外部的"4d"轨道，称之为"外轨配位化合物"，对应于一般的弱场、电价性及高自旋配位化合物，较不稳定。按照式(2.7.20)，可以求出这六个 d^2sp^3 杂化轨道的 s、p、d 成分，依次为

$$\alpha = \frac{1}{6}, \quad \beta = \frac{3}{6}, \quad \gamma = \frac{2}{6} = \frac{1}{3} \tag{2.7.26}$$

其波函数形式为

$$\phi_{d^2sp^3} = \frac{1}{\sqrt{6}}\psi_s + \frac{1}{\sqrt{2}}\psi_p + \frac{1}{\sqrt{3}}\psi_d \tag{2.7.27}$$

其几何图形如图2.33所示。由此可以看出，杂化后的轨道能更加集中优势的电子云去成键，这也正是轨道杂化的优点。如果将上述 α、β、γ 值代入式

(2.7.23),也可以求出 d^2sp^3 杂化轨道的成键能力 $f=2.92$,可见它形成了比杂化前单个 s、p 或 d 轨道更强的键。再根据式(2.7.22)可以求解出两个根 $\theta=90°$ 和 $180°$,因此这六个杂化轨道指向正八面体的六个顶点(图 2.33),这就通过中心原子的 d^2sp^3 杂化解释了所示配位离子的八面体空间结构。

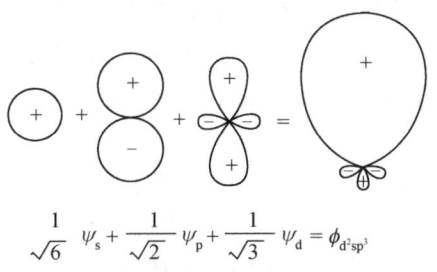

图 2.33 d^2sp^3 杂化轨道

由式(2.7.24)和式(2.7.25)的方框电子结构图也可以分别说明 $[Fe(CN)_6]^{3-}$ 具有一个未成对电子,而 $[FeF_6]^{3-}$ 具有五个未成对电子的磁矩实验结果。对比自由 Fe^{3+} 的结果,可见,在形成配位化合物时腾空两个 d 轨道要消耗一些能量,但它可以由形成六个更强成键能力的杂化轨道去成键而得到补偿,因而总的来说,杂化仍然是有利的。下面我们进一步讨论杂化波函数的具体形式。

2.7.3 杂化轨道方案

我们将以具有 D_{4h} 对称性的平面形 AB_4 分子为例{如 $AuCl_4^-$、$[Ni(CN)_4]^{2-}$ 等}来说明中心原子 A 以什么原子轨道组成杂化轨道,并求出它的杂化轨道 ψ 的形式[16]。

和 2.3 节中运用群论的方法类似,用指向四个配位体方向的这一组向量来表示四个 σ 杂化轨道(图 2.34)。以这一组向量为基,用 D_{4h} 群的操作作用在这一组基上就可以由它的表示矩阵求出其特征标 Γ_σ(参考 2.3 节)。根据表 2.30 中的 Γ_σ 值,应用约化公式[式(2.3.9)],得到

$$\Gamma_\sigma = A_{1g} + B_{1g} + E_u \tag{2.7.28}$$
$$(s, d_{z^2}) \quad d_{x^2-y^2} \quad (p_x, p_y)$$

表 2.30 $AB_4(D_{4h})$ 分子杂化轨道表示的特征标

D_{4h}	E	$2C_4$	C_2	$2C_2'$	$2C_2''$	i	$2S_4$	σ_h	$2\sigma_v$	$2\sigma_d$
Γ_σ	4	0	0	2	0	0	0	4	2	0
$\Gamma_\pi(\perp)$	4	0	0	-2	0	0	0	-4	2	0
$\Gamma_\pi(/\!/)$	4	0	0	-2	0	0	0	4	-2	0

根据附录Ⅱ中特征标表,将要求的不可约表示中所包含的原子轨道列在式(2.7.28)相应的不可约表示符号下面,由此得到下列两组原子轨道可以组合成杂化轨道:

$$(s, d_{x^2-y^2}, p_x, p_y) \quad 简记为 dsp^2 \quad (2.7.29)$$
$$(d_{z^2}, d_{x^2-y^2}, p_x, p_y) \quad 简记为 d^2p^2 \quad (2.7.30)$$

进一步考虑 π 成键的杂化方案。在一个 B 原子上的各个 π 原子轨道,可以用垂直于节面并指向波函数正值方向的一个向量来代表。在每个 B 原子上可以有两个这样成直角的向量,在图 2.34 中用两个垂直的箭头来表示。将这八个可能的 π 键分为两组,即四个垂直于分子平面的 $\pi_\perp$ 和四个在平面内的 $\pi_{//}$,以这两组 π 键作为基向量的表示矩阵特征标列于表 2.29 中的最后两行,进行约化后得到不可约表示:

$$\Gamma_\pi(\perp) = A_{2u} + B_{2u} + E_g \quad (2.7.31)$$
$$p_z \quad 没有 \quad (d_{xz} d_{yz})$$
$$\Gamma_\pi(//) = A_{2g} + B_{2g} + E_u \quad (2.7.32)$$
$$没有 \quad d_{xy} \quad (p_x, p_y)$$

根据 D_{4h} 的特征标表,将原子 A 中符合上述对称性要求的原子轨道列在各个不可约表示下面。由于在原子 A 的 s、p 和 d 轨道中不存在所要求的 B_{2u} 和 A_{2g} 轨道,因此没有一组完整的杂化 π 键。值得强调的是,没有原子轨道的完备集合并不表示不能形成 π(⊥)轨道或 π(//)轨道,也不表示只有两个 B 原子可以形成 π(⊥)或 π(//)杂化轨道。它仅仅表示可能有多至三个 π(⊥)键平均分配在四个 A—B 键之间,因为在形成上述四个 σ 杂化轨道时完全没有用到 p_z、d_{xz} 和 d_{yz} 这三个原子轨道。但是,我们熟知 σ 键的重叠性比 π 键的要好,因而总是假定优先形成四个 σ 杂化轨道。如上所述,在形成四个 σ 杂化轨道时已经用去了 A 原子上的 s、p_x、p_y 和 $d_{x^2-y^2}$ 轨道,所以只有 d_{xy} 轨道才能参与形成 π(//)垂直轨道,而且它平均分配在所有四个 A—B 键之间(图 2.35)。

综上所述,在形成 σ 杂化轨道时未被利用的只有 p_z、d_{xz}、d_{yz} 和 d_{xy} 这四个轨道,它们可以参与形成"强"的 π(⊥)及 π(//)型杂化轨道,简记为 d^3p。文献上还将在优先形成 σ 杂化轨道后未被利用而又能形成 π 杂化轨道的那些轨道称为"弱"的 π 杂化轨道。例如,在 dsp^2 和 d^2p^2 这两种 σ 杂化方案中,虽然分别剩下 d_{z^2} 和 s 轨道未被利用,但是它不包含在 π 杂化的不可约表示中,故不可能参与形成 π 杂化轨道。表 2.31 中列出了用上述方法对于从二配位到八配位的中心原子的群论分析结果[50]。表 2.31 中各列依次为配位数,用于形成 σ 杂化的电子组态,由此 σ 杂化轨道所构成的几何构型,符合形成强 π 键和弱 π 键对称性的轨道。有时只要从两个或更多的轨道中选择一种 π 轨道,而将其他轨道放入括号内。显然,群论结果一般只能定性地告诉我们,可能出现几种杂化形式,但真实出现的稳定结构形式及其稳定程度的问题则只有通过具体的定量计算才能解决。

上面我们讨论了 σ 杂化和 π 杂化要求中心原子 A 应具备哪种原子轨道,下面简述如何利用群论方法明确地写出每个杂化轨道的表示式。现在以 D_{4h} 对称性的平面 AB_4 分子中 dsp^2 的 σ 杂化轨道作为例子,选取图 2.34 所示坐标轴和标号。根据前面的结果,σ 杂化轨道 ϕ_1、ϕ_2、ϕ_3 和 ϕ_4 应写为用到的原子轨道 s(A_{1g})、

$d_{x^2-y^2}(B_{1g})$ 和 p_x、$p_y(E_u)$ 的线性组合：

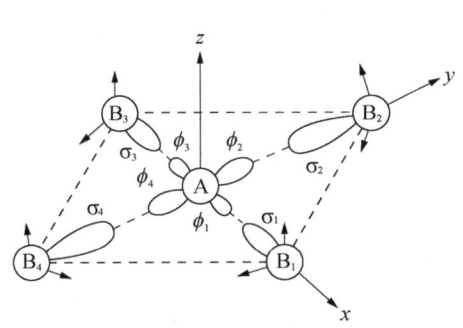

图 2.34　AB_4 型分子中的坐标轴和轨道标号

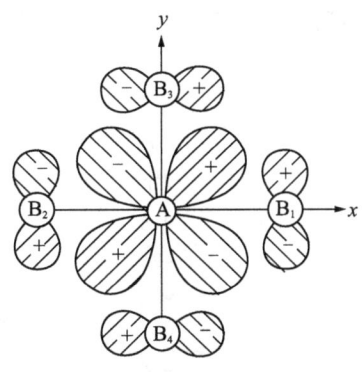

图 2.35　AB_4 型分子中原子 A 的 $d\pi$ 轨道和 B 原子的关系

$$\phi_1 = c_{11}s + c_{12}d_{x^2-y^2} + c_{13}p_x + c_{14}p_y \quad (2.7.33)$$

$$\phi_2 = c_{21}s + c_{22}d_{x^2-y^2} + c_{23}p_x + c_{24}p_y \quad (2.7.34)$$

$$\phi_3 = c_{31}s + c_{32}d_{x^2-y^2} + c_{33}p_x + c_{34}p_y \quad (2.7.35)$$

$$\phi_4 = c_{41}s + c_{42}d_{x^2-y^2} + c_{43}p_x + c_{44}p_y \quad (2.7.36)$$

将式(2.7.33)~式(2.7.36)写成矩阵形式，则我们要求出其中的 C 系数矩阵

$$\begin{bmatrix} \phi_1 \\ \phi_2 \\ \phi_3 \\ \phi_4 \end{bmatrix} = \begin{bmatrix} c_{11} & c_{12} & c_{13} & c_{14} \\ c_{21} & c_{22} & c_{23} & c_{24} \\ c_{31} & c_{32} & c_{33} & c_{34} \\ c_{41} & c_{42} & c_{43} & c_{44} \end{bmatrix} \begin{bmatrix} s \\ d_{x^2-y^2} \\ p_x \\ p_y \end{bmatrix} \quad (2.7.37)$$

表 2.31　稳定杂化轨道键的构型和可能的多重键

配位数	电子组态	几何构型	强 π 键	弱 π 键
2	sp	线形	p^2d^2	—
	dp	线形	p^2d^2	—
	p^2	非线形	d(pd)	d(sd)
	d^s	非线形	d(pd)	p(pd)
	ds	非线形	d(pd)	p(spd)
3	sp^2	平面三角形	pd^2	d^2
	dp^2	平面三角形	pd^2	d^2
	ds^2	平面三角形	pd^2	p^2
	d^3	平面三角形	pd^2	p^2
	d_{sp}	非对称平面	pd^2	(pd)d
	p^3	三角锥形	—	$(sd)d^4$
	d^2p	三角锥形	—	$(sd)p^2d^2$

续表

配位数	电子组态	几何构型	强 π 键	弱 π 键
4	sp^3	四面体形	d^2	d^3
	d^3s	四面体形	d^2	p^3
	dsp^2	平面四边形	d^3p	—
	d^2p^2	平面四边形	d^3p	—
	d^2sp	非正四面体形	—	d
	dp^3	非正四面体形	—	s
	d^3p	非正四面体形	—	s
	d^4	四角锥形	d	$(sp)p$
5	dsp^3	双角锥形	d^2	d^2
	d^3sp	双角锥形	d^2	p^2
	d^2sp^2	四角锥形	d	pd^2
	d^4s	四角锥形	d	p^3
	d^2p^3	四角锥形	d	sd^2
	d^4p	四角锥形	d	sp^2
	d^3p^2	平面五边形	pd^2	—
	d^5	五角锥形	—	$(sp)p^2$
6	d^2sp^3	八面体形	d^3	—
	d^4sp	三角柱形	—	p^2d
	d^5p	三角柱形	—	p^2s
	d^3p^3	反三角柱形	—	sd
	d^3sp^2	混晶	—	—
	d^5s	混晶	—	—
	d^4p^2	混晶	—	—
7	d^3sp^3	ZrF_7^{3-}	—	d^2
	d^5sp	ZrF_7^{3-}	—	p^2
	d^4sp^2	TaF_7^{2-}	—	dp
	d^4p^3	TaF_7^{2-}	—	ds
	d^5p^2	TaF_7^{2-}	—	ps
8	d^4sp^3	十二面体形	d	—
	d^5p^3	反棱柱形	—	s
	d^5sp^2	面心棱柱形	p	—

和式(2.7.37)相反的变换就是

$$\begin{bmatrix} s \\ d_{x^2-y^2} \\ p_x \\ p_y \end{bmatrix} = \begin{bmatrix} d_{11} & d_{12} & d_{13} & d_{14} \\ d_{21} & d_{22} & d_{23} & d_{24} \\ d_{31} & d_{32} & d_{33} & d_{34} \\ d_{41} & d_{42} & d_{43} & d_{44} \end{bmatrix} \begin{bmatrix} \phi_1 \\ \phi_2 \\ \phi_3 \\ \phi_4 \end{bmatrix} \qquad (2.7.38)$$

式(2.7.38)中 D 系数矩阵就是 C 矩阵的逆矩阵。因此求 C 矩阵的方法是取 D 矩阵的逆矩阵。为此,我们分三步处理。

(1)利用与 A 原子的杂化轨道等价的 B 原子的 σ 轨道集合形成对称性允许的

线性组合(SALC)。按照式(2.3.17)的投影算符方法,只要运用 C_4 旋转对称性就可以求出 SALC:

$$\psi_A = \frac{1}{2}(\sigma_1 + \sigma_2 + \sigma_3 + \sigma_4) \tag{2.7.39}$$

$$\psi_B = \frac{1}{2}(\sigma_1 - \sigma_2 + \sigma_3 - \sigma_4) \tag{2.7.40}$$

$$\psi_{E_a} = \frac{1}{\sqrt{2}}(\sigma_1 - \sigma_3) \tag{2.7.41}$$

$$\psi_{E_b} = \frac{1}{\sqrt{2}}(\sigma_2 - \sigma_4) \tag{2.7.42}$$

(2)写出上述方程的系数矩阵,并变换成逆矩阵(由于这是一个正交矩阵,线性代数理论告诉我们,求逆就是转置,即沿左边矩阵中对角线方向将矩阵元素转动180°):

$$\begin{bmatrix} \frac{1}{2} & \frac{1}{2} & \frac{1}{2} & \frac{1}{2} \\ \frac{1}{2} & -\frac{1}{2} & \frac{1}{2} & -\frac{1}{2} \\ \frac{1}{\sqrt{2}} & 0 & -\frac{1}{\sqrt{2}} & 0 \\ 0 & \frac{1}{\sqrt{2}} & 0 & -\frac{1}{\sqrt{2}} \end{bmatrix}^{-1} = \begin{bmatrix} \frac{1}{2} & \frac{1}{2} & \frac{1}{\sqrt{2}} & 0 \\ \frac{1}{2} & -\frac{1}{2} & 0 & \frac{1}{\sqrt{2}} \\ \frac{1}{2} & \frac{1}{2} & -\frac{1}{\sqrt{2}} & 0 \\ \frac{1}{2} & -\frac{1}{2} & 0 & -\frac{1}{\sqrt{2}} \end{bmatrix} \tag{2.7.43}$$

(3)将得到的矩阵应用于原子轨道的列向量(严格按照所属表示的正确次序)就可以得到杂化轨道 ϕ_i:

$$\begin{bmatrix} \frac{1}{2} & \frac{1}{2} & \frac{1}{\sqrt{2}} & 0 \\ \frac{1}{2} & -\frac{1}{2} & 0 & \frac{1}{\sqrt{2}} \\ \frac{1}{2} & \frac{1}{2} & -\frac{1}{\sqrt{2}} & 0 \\ \frac{1}{2} & -\frac{1}{2} & 0 & -\frac{1}{\sqrt{2}} \end{bmatrix} \begin{bmatrix} s \\ d_{x^2-y^2} \\ p_x \\ p_y \end{bmatrix}$$

即

$$\frac{1}{2}(s + d_{x^2-y^2} + \sqrt{2} p_x) = \phi_1$$

$$\frac{1}{2}(s - d_{x^2-y^2} + \sqrt{2} p_y) = \phi_2$$

$$\frac{1}{2}(s + d_{x^2-y^2} - \sqrt{2} p_x) = \phi_3 \tag{2.7.44}$$

$$\frac{1}{2}(s - d_{x^2-y^2} - \sqrt{2} p_y) = \phi_4$$

用同样的方法可以导出其他杂化方案的波函数形式。

2.7.4 杂化和定域轨道

前面介绍的非定域的分子轨道理论在处理分子的单电子性质(如光的吸收、电离势)方面取得了很大成功,因为这种性质主要取决于个别电子所占据的轨道。但对于有些非共轭多原子分子,例如 CH_4,其键长、力常数、偶极矩和键能等局部性质表明,其中 C—H 键具有较为固定的特征数值。这意味着,该键具有定域的电子分布,这种定域分子轨道通常直观地称为"键轨道"。对于 CH_4 分子,我们可以把这个键轨道表示为由 sp^3 杂化轨道和一个氢的 s 原子轨道定域地重叠而成。实际上,在 LCAO-MO 计算中,我们可以用任意一组等价的线性组合函数(如 sp^3 杂化轨道)以代替 s 和 p 轨道,它仍对应于价键理论的电子对概念[56]。

由于分子轨道理论和价键理论都是对分子客观性质的一种近似描述,它们之间存在一定的变换关系及内在联系。实际上,从数学上来说,总可以找到一个所谓的酉变换,将离域的分子轨道变换成定域的分子轨道,以使它和通常价键理论的孤对电子、双电子键及三中心键等概念联系起来[2,57]。已有很多将离域的分子轨道定域化的方法,下面将结合杂化轨道理论介绍一种有价值的"自然杂化轨道法"(简记为 NHO 法)。

NHO 法的基本原理如下[58a]:从分子轨道计算可以求出以原子轨道为基的密度矩阵 P,其矩阵元为[参考式(2.5.14)]

$$P_{\mu\nu} = 2\sum_{i=1}^{n} c_{\mu i}^* c_{\nu i} \qquad (2.7.45)$$

为了求得原子 A 的杂化轨道,我们考虑使 A 原子与 B,L,…原子成键时的轨道占据数最大。为此,将密度矩阵 P 分割成下列原子块:

$$P = \begin{bmatrix} P_{AA} & P_{AB} & \cdots & P_{AL} & \cdots \\ P_{BA} & P_{BB} & \cdots & P_{BL} & \cdots \\ \vdots & \vdots & & \vdots & \\ P_{LA} & P_{LB} & \cdots & P_{LL} & \cdots \\ \vdots & \vdots & & \vdots & \end{bmatrix} \qquad (2.7.46)$$

子矩阵 P_{AA} 只涉及特定的中心 A。将 P_{AA} 对角化得到本征值 $n_i^{(A)}$ 和本征向量 $h_i^{(A)}$:

$$P_{AA} h_i^{(A)} = n_i^{(A)} S_{AA} h_i^{(A)} \qquad (2.7.47)$$

若 $n_i^{(A)} = 2$,则为 A 原子上的孤对电子,相应的本征向量 $h_i^{(A)}$ 是孤对电子键的波函数。从密度矩阵 P 中删去这种孤对电子的贡献后,再对包括中心 A 和 B 中轨道的双中心子矩阵 $\begin{bmatrix} P_{AA} & P_{AB} \\ P_{BA} & P_{BB} \end{bmatrix}$ 通过对角化求出其本征值和本征向量,从而得到 A—B 间的电子数和"键轨道":

$$\phi_{AB} = \lambda_A h_A + \lambda_B h_B \qquad (2.7.48)$$

键轨道 ϕ 进一步分解成在各个中心具有混合（或极化作用）系数 λ 的杂化轨道 h。类似的方法可以推广至三中心键。

作为 NHO 方法的一个应用，考虑 T_d 群分子 CX_4（X = F、Cl、Br、H）中非金属成分碳原子的 d 轨道参与和 X 原子存在 $d\pi$-$p\pi$ 成键的可能性[58]。对于 CCl_4 分子，用上述 NHO 方法得到四个等价的 C—Cl 键的电子数 $n_i \approx 2.0$，键函数 ϕ 为

$$\phi_{C-Cl} = \lambda_C h_C + \lambda_F h_{Cl}$$
$$= 0.675[0.500\phi_{2s} + 0.498(\phi_{2p_x} + \phi_{2p_y} + \phi_{2p_y})$$
$$+ 0.042(\phi_{3d_{xy}} + \phi_{3d_{xz}} + \phi_{3d_{yz}})]$$
$$+ 0.738[0.532\phi_{2s} + 0.489(\phi_{2p_x} + \phi_{2p_y} + \phi_{2p_z})] \quad (2.7.49)$$

由式(2.7.49)中杂化轨道 h 中的系数平方可以求出杂化轨道中各组成原子的百分数[NHO 特征(%)]。表 2.32 中列出了对这类分子的一些计算结果。

表 2.32　CX_4 分子中杂化轨道的 s、p、d 的比例(%)及极化参数 λ

分子	中心原子	NHO 特征/%			总反键密度	键长 C—X /Å	C—X 轨道的极化参数
		s	p	d			
CF_4	C	25.0	68.2	6.80	0.315	1.317	0.608
	F	49.3	50.7				0.794
CCl_4	C	25.0	74.5	0.53	0.023	1.769	0.675
	Cl	28.3	71.7				0.738
CBr_4	C	25.0	74.9	0.15	0.006	1.940	0.693
	Br	21.5	78.5				0.721
CH_4	C	25.0	74.6	0.43	0.000	1.093	0.722
	H	100.0					0.692

从上述结果我们可以得到有关其成键和性质的一些结论。由表 2.31 的群论结果可知，四面体的杂化轨道具有 sp^3 和 d^3s 的形式。式(2.7.49)计算的结果更为定量地表明了这种形式，也指明了是碳原子的 d_{xy}、d_{xz} 和 d_{yz} 这三个 d 轨道部分地参与了成键。键轨道占据数 $n_i \approx 2.0$ 说明 CX_4 分子确是可以用具有 C∶X 键的 Lewis 结构表示。极化系数 λ 表示了杂化轨道的占据度。表 2.32 中 A 和 B 原子具有大致相近的 λ 系数，说明这是一类典型的共价键。碳原子上 d 成分随 X 原子电负性的增加而升高。这是由于电负性较大的卤素原子和碳原子上较扩散的 d 轨道具有较强的相互作用。根据 C—X 键长（表 2.32）及原子 X 的大小次序，其共价性次序为 C—F > C—Cl > C—Br。按照 Bent 经验规则，当 A—B 键的共价性愈小时，则在 A 的杂化轨道中 p 特性越多。我们的计算结果（表 2.32）证实了这个规则。碳原子 d 轨道参与成键将会增强某些轨道的稳定性，从而在光电子能谱中也会有所表现，这里不再讨论。

2.8 低维晶体的能带理论

由于对高技术固态新材料的需求,人们对光电功能性配位化合物重要性的认识日益加深。固体配位化合物的导电性、磁性和光学性质都和它的电子结构密切相关,特别重要的是原子结合成固体的价电子的行为。有两种描述固体中原子外层电子的近似方法:一种是适于描述邻近原子有明显重叠的能带理论,它对应于前述的分子轨道理论,适用于外层为 s 和 p 电子的化合物,因为这些电子与原子实的结合较弱,而和邻近原子结合较强;另一种是适用于原子间相互作用较强的定域电子理论,它对应于前述的配位场理论,适应于稀土化合物,其 4f 电子受到 $5s^25p^6$ 电子的屏蔽而定域于原子。价电子为 d 电子的过渡金属固体化合物则一般介于两者之间。目前广为应用的是能带理论。为了直观和简化,本节将用和分子轨道理论对比的方法对低维导体进行讨论[59]。更严格的能带理论属于固体物理的范畴。

2.8.1 Bloch 理论

目前化学家已经熟悉了三维的固体化合物,但对于具有特殊各向异性性质的低维固体也很感兴趣。石墨就是一个很好的二维(平面内)金属导体,而在三维(平面间)则具有半导体性质。又如聚合的 $K_2Pt(CN)_4$,开环的聚乙炔 $+CH=CH+_n$ 和闭环的聚乙炔 $\boxed{+CH=CH+_n}$ 掺杂后也都属于一维导体。按结晶学原理,将这些无限的一维分子中具有相同环境的等同点抽取出来就可以组成下列周期为 a 的开环[图 2.36(a)]或闭环[图 2.36(b)]形式的点阵。

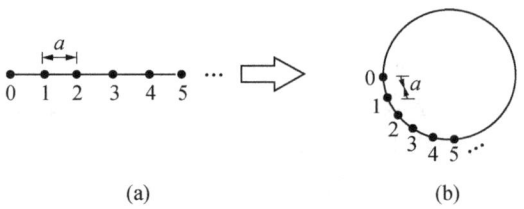

(a)   (b)

图 2.36 一维固体点阵模型

对于由一组向量为 $r = na$ 组成的一维晶体(n 为整数),由于其周期性,在晶体中的位置 x 处,电子的势能 $V(x)$ 应与 $x + na$ 处的相同,即

$$V(x + r) = V(x) \tag{2.8.1}$$

用群论语言,势能是一个经过平移操作 $\hat{T}(r)$ 后可以复原的物理量。这点可以推广,对于一维晶体中任何位置 x 的函数 $f(x)$,经过平移算符 $\hat{T}(na)$ 作用后有

$$\hat{T}(r)f(x) = f(x + r) \tag{2.8.2}$$

这些平移算符显然也符合群的条件(参考 2.3 节),即组成所谓的平移群。平移群中的元素都是可以相互交换的,而且它们和周期势函数单电子 Hamilton 算符 $\hat{H}$

$$\hat{H} = -\frac{\hbar^2}{2m}\nabla^2 + V(\boldsymbol{x}) \tag{2.8.3}$$

也是可以交换的,因此晶体中电子波函数 $\psi(\boldsymbol{x})$ 可以同时是能量和所有平移 $\hat{T}(\boldsymbol{r})$ 的本征函数,即有

$$\hat{T}(\boldsymbol{r})\psi(\boldsymbol{x}) = \psi(\boldsymbol{x}+\boldsymbol{r}) = \lambda_i\psi(\boldsymbol{x}) \tag{2.8.4}$$

其中 λ_i 为本征值。乘以共轭复数,可得

$$|\psi(\boldsymbol{x}+\boldsymbol{r})|^2 = |\lambda_i|^2|\psi(\boldsymbol{x})|^2 \tag{2.8.5}$$

显然,晶体中的电子波函数应具有和势能相同的周期性,即

$$|\psi(\boldsymbol{x}+\boldsymbol{r})|^2 = |\psi(\boldsymbol{x})|^2 \tag{2.8.6}$$

因此 λ_i 必须是模为 1 的复数,即 λ 应具有形式

$$\lambda_i = e^{i\theta_i} \tag{2.8.7}$$

按平移群定义,两个平移算符 $\hat{T}(\boldsymbol{r}_j)$ 和 $\hat{T}(\boldsymbol{r}_i)$ 同时作用的连续平移应该等价于一次作用的单个平移 $\hat{T}(\boldsymbol{r}_i+\boldsymbol{r}_j)$,即

$$\hat{T}(\boldsymbol{r}_j)\hat{T}(\boldsymbol{r}_i)\psi(\boldsymbol{x}) = \psi(\boldsymbol{x}+\boldsymbol{r}_i+\boldsymbol{r}_j) \tag{2.8.8}$$

$$\lambda_j\lambda_i\psi(\boldsymbol{x}) = \lambda_{i+j}\psi(\boldsymbol{x}) \tag{2.8.9}$$

式(2.8.9)要求对应于不同平移的本征值必须等于组合平移的本征值,即要求 $\lambda_j\lambda_i = \lambda_{i+j}$。显然这就要求式(2.8.7)中的 θ_i 满足条件

$$\theta_i = \boldsymbol{k}\cdot\boldsymbol{r} \tag{2.8.10}$$

其中 $\boldsymbol{k}$ 为对于所有 $\hat{T}$ 操作都相同的向量,它与晶体动量 $\hbar\boldsymbol{k}$ 相关,$\boldsymbol{k}$ 相当于表征电子在周期势场中运动波函数的量子数。后面我们将看到它只能取一定的数值,通常就将它作为波函数的下标。这样,我们就证明了在晶体中正确的波函数形式必须满足公式

$$\psi_k(\boldsymbol{x}+\boldsymbol{r}_i) = e^{i\boldsymbol{k}\cdot\boldsymbol{r}_i}\psi_k(\boldsymbol{x}) \tag{2.8.11}$$

这种形式的电子波函数称为 Bloch 函数,它也可以看做为求解周期势能 Schrödinger 方程的边界条件。

2.8.2 一维晶体的 Hückel 解

我们熟知,在分子结构中两个氢原子的 s 轨道组合可以得到两个氢分子轨道,其中一个为成键轨道,另一个为反键轨道。也处理过六个碳原子 p_z 轨道所形成的六个苯分子轨道,还具体地得到了它的分子轨道形式[参看式(2.3.21)]和对应的本征值[参看式(2.5.71)],它可以看成是图 2.36(b)中 $N=6$ 的一维环状结构的特例。对于图 2.36(b)所示的闭链一维固体[无限的开链一维固体如图 2.36(a)所示],首尾相连后也可看做 N 个格子闭链[图 2.36(b)],假设每一个格子点 n 只有一个轨道 χ_n,用 Hückel 方法并将波函数写为原子轨道 χ_i 的线性组合:

$$\psi = c_1\chi_1 + c_2\chi_2 + \cdots + c_{N-1}\chi_{N-1} + c_N\chi_N \tag{2.8.12}$$

则组合系数可由以下列方程得出

$$\begin{bmatrix} \alpha-\varepsilon & \beta & 0 & 0 & 0 & \cdots & 0 & 0 & \beta \\ \beta & \alpha-\varepsilon & \beta & 0 & 0 & \cdots & 0 & 0 & 0 \\ 0 & \beta & \alpha-\varepsilon & \beta & 0 & \cdots & 0 & 0 & 0 \\ & & & \vdots & & & & & \\ 0 & 0 & 0 & 0 & 0 & \cdots & \beta & \alpha-\varepsilon & \beta \\ \beta & 0 & 0 & 0 & 0 & \cdots & 0 & \beta & \alpha-\varepsilon \end{bmatrix} \begin{bmatrix} c_1 \\ c_2 \\ c_3 \\ \\ c_{N-1} \\ c_N \end{bmatrix} = 0 \quad (2.8.13)$$

上述方程组的代表性方程为

$$\beta c_{n-1} + (\alpha-\varepsilon) c_n + \beta c_{n+1} = 0 \quad (2.8.14)$$

根据边界条件

$$c_{n+N} = c_n \quad (2.8.15)$$

可知 $c_n = \mathrm{e}^{\mathrm{i}n\theta}$ 并有 $\mathrm{e}^{\mathrm{i}N\theta} = 1$，即

$$N\theta = l(2\pi) \quad \text{或} \quad \theta = \frac{2l\pi}{N} \quad (l = 0,1,2,\cdots,N-1) \quad (2.8.16)$$

由式(2.8.14)得到

$$\frac{\varepsilon - \alpha}{\beta} = \frac{c_{n-1} + c_{n+1}}{c_n} = \mathrm{e}^{-\mathrm{i}\theta} + \mathrm{e}^{\mathrm{i}\theta} = 2\cos\theta \quad (2.8.17)$$

由此得到能量

$$\varepsilon_l = \alpha + 2\beta\cos\theta = \alpha + 2\beta\cos\frac{2l\pi}{N} \quad (2.8.18)$$

将式(2.8.18)代入式(2.8.13)，可求出

$$\psi_l = \frac{1}{\sqrt{N}} \sum_{n=1}^{N} \mathrm{e}^{\mathrm{i}2ln\pi/N} \chi_n \quad (l = 0,1,\cdots,N-1) \quad (2.8.19)$$

其中 $\frac{1}{\sqrt{N}}$ 为归一化系数。将式(2.8.16)表示为 $\theta = 2l\pi/N = \boldsymbol{k}a$，其中定义了所谓的波向量 $\boldsymbol{k} = \theta/a$。因为 $\boldsymbol{k}$ 正比于晶格常数 $\boldsymbol{a}$ 的倒数，故也称为倒易格子向量。于是得到

$$\varepsilon(k) = \alpha + 2\beta\cos ka \quad (2.8.20)$$

$$\left\{ k = 0, \frac{2}{N}\left(\frac{\pi}{a}\right), \frac{4}{N}\left(\frac{\pi}{a}\right), \cdots, \frac{\pi}{a}, -\frac{2}{N}\left(\frac{\pi}{a}\right), -\frac{4}{N}\left(\frac{\pi}{a}\right), \cdots, -\frac{\pi}{a} \right\}$$

$$\psi_k = \frac{1}{\sqrt{N}} \sum_{n=1}^{N} \mathrm{e}^{\mathrm{i}nka} \chi_n \quad (2.8.21)$$

显然，由这种波函数组成的晶体波函数确实满足 Bloch 关系式[式(2.8.11)]的一般要求。苯分子的结果只是式(2.8.21) $N=6$ 时，由六个 p_z 轨道形成 p 能带的一个特例。它的一半轨道是成键的(其中最高的是 HOMO)，另一半轨道是反键的(其中最低的是 LUMO)。

应用式(2.8.20)得到图 2.37 所示的波向量 $\boldsymbol{k}$ 与能级分布结果。不难看出，由于 $\cos(-ka) = \cos ka$，而出现二重简并 $\varepsilon(k) = \varepsilon(-k)$。由最大能级和最小能级 $\alpha \pm 2\beta$ 之间的能级差得到能级宽度为 $w = 4|\beta|$。能级 ε 随 k 值的变化和共振积分 β 的符号有关。当 $\beta < 0$ 时，$\varepsilon(k)$ 按下列 k 值次序增加：

$$0, \pm \frac{2}{N}\left(\frac{\pi}{a}\right), \pm \frac{4}{N}\left(\frac{\pi}{a}\right), \cdots, \pm \frac{N-4}{N}\left(\frac{\pi}{a}\right),$$
$$\pm \frac{N-2}{N}\left(\frac{\pi}{a}\right), \pm \left(\frac{\pi}{a}\right) \tag{2.8.22}$$

当 $\beta > 0$ 时,则 $\varepsilon(k)$ 随上列次序降低,其增减斜率则与 $|\beta|$ 绝对值成比例。当 $|\beta|$ 大时, $\varepsilon(k)$ 剧烈增减。$|\beta|$ 小时,则 $\varepsilon(k)$ 缓慢变化。根据 β 值的定义及其近似比例关系

$$\begin{aligned}\beta &= \langle \chi_n | \hat{H} | \chi_{n+1}\rangle \sim -\langle \chi_n | \chi_{n+1}\rangle \\ &= -\int \chi_n^* \chi_{n+1} \mathrm{d}\tau\end{aligned} \tag{2.8.23}$$

可以估计 β 的符号,即当 χ_n 和 χ_{n+1} 为同相时, $\beta<0$,当 χ_n 和 χ_{n+1} 为反相时,则 $\beta>0$ 。根据不同类型原子轨道 χ_n 和 χ_{n+1} 重叠的情况可以形象地得到表 2.33 的结果,其中 ↑ 和 ↓ 分别表示 $\varepsilon(k)$ 的上升或下降。由此得到 $|\beta|$ 参数和带宽 w 反比于晶胞参数 a ,其大小定性地有下列次序:

$$s > p > d, \quad \sigma > \pi > \delta \tag{2.8.24}$$

将有限的环推广到 $N \to \infty$ 的一维晶体时,定义 $\chi(r-na)$ 为处在第 n 个晶胞中的原子轨道,则得到 N 个带轨道:

$$\psi_k = \frac{1}{\sqrt{N}} \sum_{n=1}^{N} \mathrm{e}^{\mathrm{i}nka} \chi(r-na) \quad (k=0,1,2,\cdots,N-1) \tag{2.8.25}$$

和分子中分子轨道具有分立的能级不同,晶体中的能级非常密集,形成连续的所谓能带。若对 k 值的范围 $-\frac{\pi}{a} \leq k \leq \frac{\pi}{a}$ (即 $n = \pm 1$) 内作出 $E(k)$ 图,就可得到图 2.37 所示的第一 Bloch 区(相当于一个单胞)。

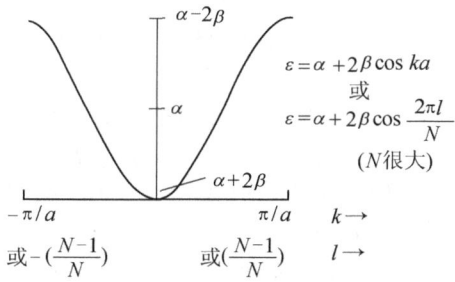

图 2.37 能级和波向量的关系

实际的体系很复杂,一个单胞中的原子可能具有一组原子轨道 $\{\chi_1, \chi_2, \cdots, \chi_n\}$ 。因而可以形成一组 Bloch 函数:

$$\phi_\mu(k) = \frac{1}{\sqrt{N}} \sum_{n=1}^{N} \mathrm{e}^{\mathrm{i}nka} \chi_\mu(r-na) \tag{2.8.26}$$

其中 $\mu = 1, 2, \cdots, n$ 。这时带轨道 $\phi_j(k)$ ($j = 1, 2, \cdots, n$) 可写为 Bloch 函数的线性组合:

$$\psi_j(k) = \sum_{\mu=1}^{n} c_{\mu j}(k) \phi_\mu(k) \tag{2.8.27}$$

表 2.33　不同轨道间的共振积分 β 和能带特征

ϕ	图形	ϕ_n	ϕ_{n-1}	β	$\varepsilon(k)$	$\|\beta\|, w$
s				−	↑	
p, σ(z)				+	↓	$\propto \dfrac{1}{a}$
p, π(x,y)				−	↑	
d, σ(z^2)				−	↑	s > p > d
d, π(xz, yz)				+	↓	σ > π > δ
d, δ(x^2-y^2, xy)				−	↑	

可用通常的方式表示这种带轨道的能量 $\varepsilon_j(k)$：

$$\varepsilon_j(k) = \frac{\langle \psi_j(k) | \hat{H}_{\text{eff}} | \psi_j(k) \rangle}{\langle \psi_j(k) | \psi_j(k) \rangle} \tag{2.8.28}$$

按熟知的变分法，求解下列久期方程可以得到系数 $c_{\mu j}(k)$：

$$\begin{vmatrix} H_{11}(k) - S_{11}(k)\varepsilon(k) & H_{12}(k) - S_{12}(k)\varepsilon(k) & \cdots & H_{1n}(k) - S_{1n}(k)\varepsilon(k) \\ H_{21}(k) - S_{21}(k)\varepsilon(k) & H_{22}(k) - S_{22}(k)\varepsilon(k) & \cdots & H_{2n}(k) - S_{2n}(k)\varepsilon(k) \\ \vdots & \vdots & & \vdots \\ H_{n1}(k) - S_{n1}(k)\varepsilon(k) & H_{n2}(k) - S_{n2}(k)\varepsilon(k) & \cdots & H_{nn}(k) - S_{nn}(k)\varepsilon(k) \end{vmatrix} = 0 \tag{2.8.29}$$

其中相互作用矩阵元 $H_{\mu\nu}(k)$ 和重叠积分 $S_{\mu\nu}(k)$ 由 Bloch 函数定义为

$$H_{\mu\nu}(k) = \langle \phi_\mu(k) | \hat{H}_{\text{eff}} | \phi_\nu(k) \rangle \tag{2.8.30}$$

$$S_{\mu\nu}(k) = \langle \phi_\mu(k) | \phi_\nu(k) \rangle \tag{2.8.31}$$

式(2.8.29)和分子轨道理论中的久期方程类似，但在晶体中，为了求出能带，则必须在 k 不同的条件求解久期方程。

当所得的带轨道主要由 p 原子轨道 χ_p 组成时，就称之为 p 能带，同样可以得到 s 能带和 d 能带区域。

2.8.3 一维晶体的能带结构

根据上述能带理论的结果可知,若每个原子在形成固体时提供两个电子,则能带就全部充满了。若每个原子只提供一个电子,就正好占据了一半成键的带轨道(假定每个原子只提供一个轨道)。最高占据能带中的带轨道可以全部被占据,也可以部分被占据。许多固体的物理性质取决于其最高占据的能带(称为价带)和最低的未占据能带(称为导带)。它们之间的能级差称为带隙 E_g。在热力学绝对零度 0K 时最高占据的带轨道所处的能级称为 Fermi 能级 E_F,即低于图 2.38 中虚线所示 E_F 的能级都被占据了。固体物质因其禁带宽度 E_g 的大小不同而分为导体、半导体或绝缘体。它们的电阻率 ρ 一般分别为 $10^{-5} \sim 10^{-1} \Omega \cdot cm^{-1}$、$10^{-5} \sim 10^{10-1} \Omega \cdot cm^{-1}$ 和 $10^{10} \sim 10^{15} \Omega \cdot cm^{-1}$。在图 2.38(a)(b)中,$E_g$ 为非零值,当 E_g 值很大时,为绝缘体[图 2.38(a)],E_g 较小时,为半导体[图 2.38(b)],因为这时热运动能量 kT 就可以将电子从价带激发到导带,其 E_F 值随温度升高而上升,一般处在价带和导带之间。但若能带只是部分充满[图 2.38(c)],或者满带和空带发生部分重叠[图 2.38(d)],则不存在带隙,故为金属。

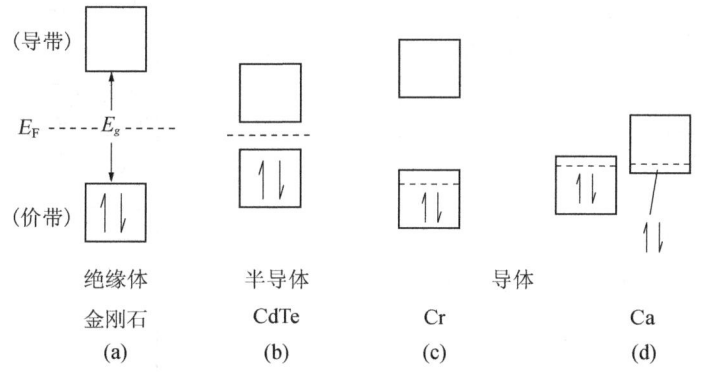

图 2.38 晶体的能带结构及其导电性分类

可以采用一维配位化合物 $[K_2Pt(CN)_4]_n$(图 2.39)作为例子来总结一下前述原理。为了简化,我们把每个起导电作用的 $[Pt(CN)_4]^{2-}$ 配位离子作为一维晶体的阵点(这时也就相当于单胞)。从分子轨道理论可以得到由图 2.40 两边的一个金属 Pt^{2+} 和四个配体 CN^- 价轨道所组成的分子轨道(图 2.40 中间)。按照表 2.32 及前述有关原理可以估计出这种一维分子粗略的能带结构(图 2.41)。对于这种由 d^8 电子组态的 Pt^{2+} 和四个具有两个孤对电子的 CN^- 配体 L 所形成晶体的最高占据的能带是 d_z 能带,其中 z 是沿着链的轴方向。就其定性特征来看,它和采用 EHMO 方法进行能带计算所得到的更为定量的结果[图 2.42(a)]比较一致。

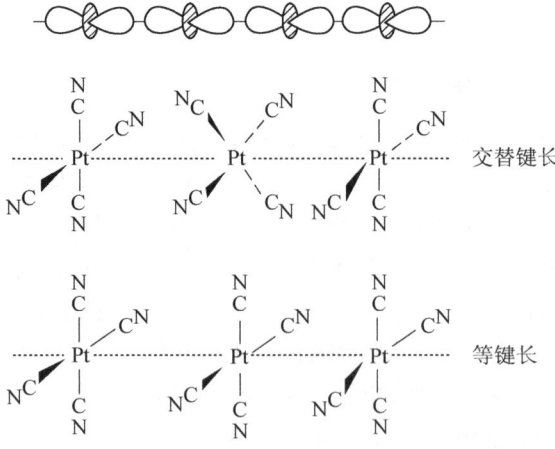

图 2.39　一维配位离子 $[Pt(CN)_4]^{2-}$ 的结构

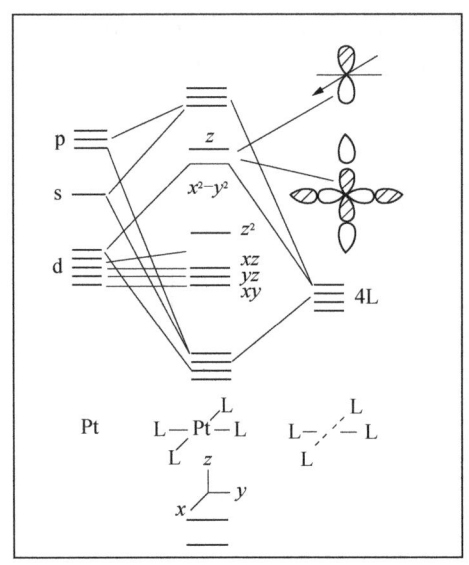

图 2.40　$[Pt(CN)_4]^{2-}$ 价轨道的分子
　　　　　轨道能级图

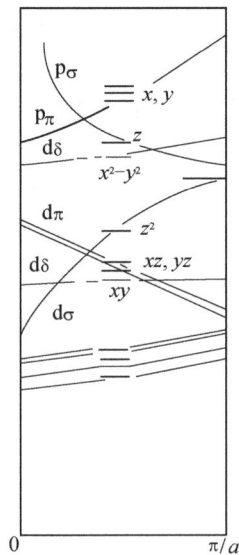

图 2.41　估计的 $[Pt(CN)_4^{2-}]_n$
　　　　　的能带曲线

态密度：在分子和固体电子结构的描述中态密度(DOS)是个重要的概念，它表示单位体积(或单胞)中在一定能量范围内存在的电子态的数目。例如，对于苯分子，由式(2.3.21)可见，二重简并能级 E_1 处的允许态数为 2，非简并能级 A 处的为 1，而不存在能级处的态密度则为零。在固体中 $DOS(E)$ 是一个非常复杂的能量函数。在描述与部分充满能带有关的物理性质时，Fermi 能级附近的态密度数值非常重要。对应于"前线轨道"附近的其活性较大，一旦有了 $DOS(E)$ 的数值，就可以计算固体的很多性质。例如，$DOS(E)dE$ 表示在 $E \to E + dE$ 能量间隔中的能级数，而总的能量可以表示为

$$E(总) = \int_0^{E_F} \mathrm{DOS}(E)\mathrm{d}E \qquad (2.8.32)$$

可以用一个简单的方法,绕过 k 和能带的计算而直接得到 $\mathrm{DOS}(E)$ 的近似表示。按照式(2.8.20),有

$$\varepsilon(k) = \alpha + 2\beta\cos ka \qquad (2.8.33)$$

其中 $k = \dfrac{2l}{N}\left(\dfrac{\pi}{a}\right)$, $l = 0,1,2,\cdots,N$。设在能带的 $E \to E + \Delta E$ 间隔内,其 l 值为 $l \to l + \Delta l$,则

$$\frac{\mathrm{d}l}{\mathrm{d}E} = \lim_{\Delta E \to 0}\left(\frac{\Delta l}{\Delta E}\right) = \frac{N}{2}\left(\frac{a}{\pi}\right)\frac{\mathrm{d}k}{\mathrm{d}E} \qquad (2.8.34)$$

而态密度

$$\mathrm{DOS}(E) \sim \left(\frac{\mathrm{d}\varepsilon}{\mathrm{d}k}\right)_E^{-1} = (2\beta a \sin ka)^{-1} \sim \frac{1}{\sqrt{4\beta^2 - (\varepsilon - \alpha)^2}} \qquad (2.8.35)$$

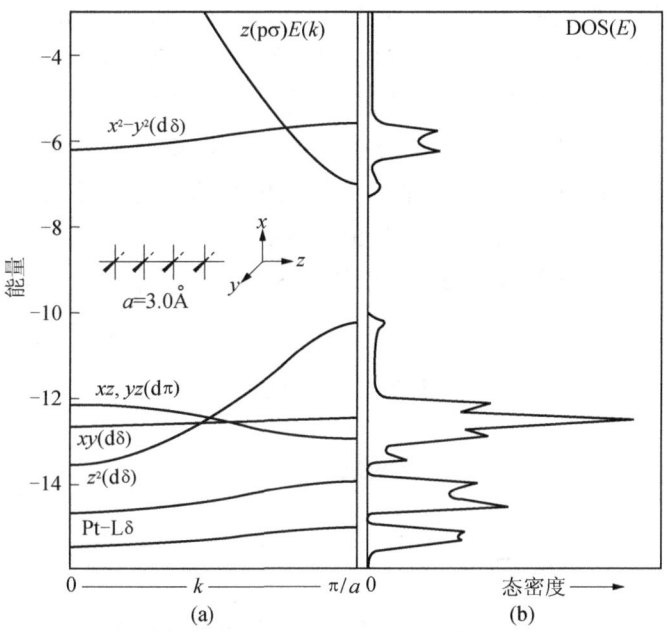

图 2.42 $[\mathrm{Pt}(\mathrm{CN})_4^{2-}]_{N\to\infty}$ 的计算能级图(a)和态密度图(b)

其中应用了关系 $\sin ka = (1 - \cos^2 ka)^{\frac{1}{2}} = \sqrt{4(\beta)^2 - (\varepsilon - \alpha)^2}/(2\beta)$。因此可以根据能带曲线估计态密度图的一些特征(图 2.43)。首先 $\mathrm{DOS}(E)$ 在 $E = \alpha \pm 2\beta$ 处为极大值,因此每一个能带对应地出现两个 DOS 峰。能带越宽,$|\beta|$ 越大,则对应的两个 DOS 峰距离较远,其峰则低而宽。能带越窄,则 $|\beta|$ 越小,对应的两个 DOS 峰距离较近,峰也高而窄,当 $\beta = 0$ 时,电子实际上是处于定域状态,呈现明锐的单个线形 DOS 峰。

图 2.42(b)表示对 $[\mathrm{Pt}(\mathrm{CN})_4^{2-}]_n$ 一维固体所得到的态密度图,这种理论结果可以和电子能谱实验相对照。

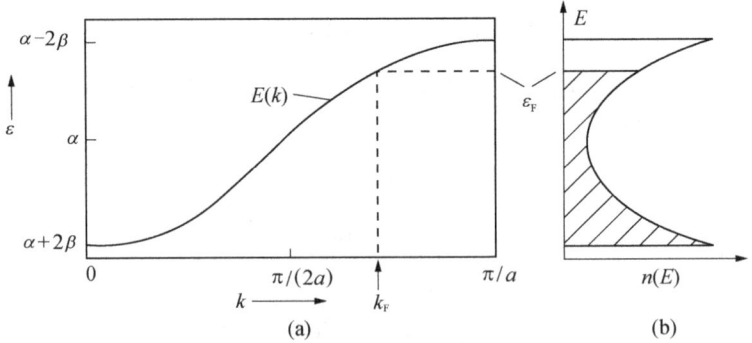

图 2.43 p_π 轨道组成的一维能带图(a)和态密度图(b)

2.8.4 Peierls 效应[53]

金属状态的一维线形分子常呈现结构变形,而在 Fermi 能级处呈现一个带隙,引起金属→绝缘体的性质变化,称为 Peierls 效应[61]。我们熟知,当非线形多原子分子的最高占据能级是简并而并未充满时,降低其分子对称性,可以解除轨道简并而使分子处于更稳定的状态。一维晶体中的 Peierls 畸变是类似于分子中的这种 Jahn-Teller 畸变(参考 6.2 节),能带部分充满体系的等键长结构会变形成更为稳定的交替键长结构。下面从能带理论加以说明。

对于一维等键长 a 的线形分子,按式(2.8.21)可以求出其 $k=0$ 时,$e^0=1$,其带底波函数为

$$\psi_0 = \frac{1}{\sqrt{N}} \sum_{n=1}^{N} \chi_n \sim \chi_1 + \chi_2 + \cdots + \chi_N \qquad (2.8.36)$$

$k = \frac{\pi}{a}$ 时,$(e^{ika})^n = (-1)^n$,其带顶波函数

$$\psi_{\frac{\pi}{a}} = \frac{1}{\sqrt{N}} \sum_{n=1}^{N} (-1)^n \chi_n \sim -\chi_1 + \chi_2 - \chi_3 + \cdots + \chi_N \qquad (2.8.37)$$

同理,可求出 $k = \pm \frac{1}{2}\left(\frac{\pi}{a}\right)$ 的 Bloch 函数(总是双重简并的):

$$\psi_\pm = \frac{1}{\sqrt{N}} \sum_{n=1}^{N} (e^{i\pi/2})^n \chi_n \sim \sum_n (\pm i)^n \chi_n \qquad (2.8.38)$$

采用其线性组合,可以得到实数函数形式:

$$\begin{aligned}\psi'_\pm &\sim (1 \pm i^{-1})\psi_+ + (1 \mp i^{-1})\psi_- \\ &\sim \chi_0 \pm \chi_1 - \chi_2 \mp \chi_3 + \chi_4 \pm \chi_5 - \chi_6 \mp \cdots\end{aligned} \qquad (2.8.39)$$

图 2.44 表示出这些结果,轨道的节点性质表明,相邻 χ 轨道间是反键结合。为了方便起见。通常将 k 为 $\frac{\pi}{2a} \to \frac{\pi}{a}$ 的波向量结果绘制在 $0 \to \frac{\pi}{2a}$ 的同一图上。

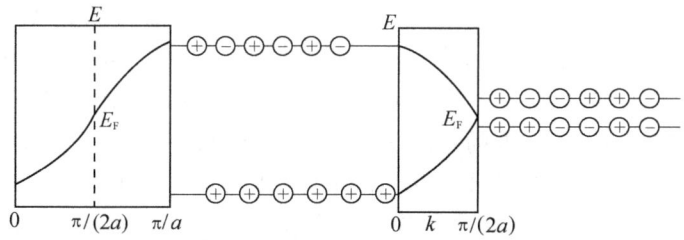

图 2.44　等键长结构的能级图

当一维晶体中重复的原子(或单胞)含有奇数个电子时,就会得到部分充满的能带。这时就会在 Fermi 能级处通过电子和晶格(声子)相互作用,使得原来的简并轨道消去简并,产生带隙(图 2.45),从而得到更为稳定的交替键长结构,例如,考虑线形的键 NbX_4(X = 卤素),其中包含 Nb^{4+}(d^1)形式的离子,理想的 NbX_4 键[图 2.46(a)]是由共享相对的两条棱的 NbX_6 八面体组成的。实际上,观察到的是由铌原子沿键畸变的结构[图 2.46(b)]。虽然理论上当链结构具有某些特殊的对称元素时,由含有偶数个电子的原子所组成的一维晶体有时也可以形成部分充满的能带。但实际上通常是采用好的电子接受体(或给予体),使一维晶体受到部分氧化(或还原)而得到部分充满的轨道,从而提高其导电性能。例如 $[Pt(CN)_4]^{2-}$(r_{Pt-Pt} = 3.478Å,电导率 = 5×10^{-7} S·cm^{-1})部分氧化成 $[Pt(CN)_4]^{(2-\delta)-}$ 时,电子从 d_{z^2} 带顶部的反键性带轨道移去电子,从而使 r_{Pt-Pt} 降低到 2.87Å,电导率升高到 0.5~2000 S·cm^{-1}。忽略电子相关作用的单电子理论预期具有部分充满能带的一维晶体都是金属导体,但是,即使不存在 Peierls 畸变,电子相关作用也可能产生带隙,从而导致绝缘性。

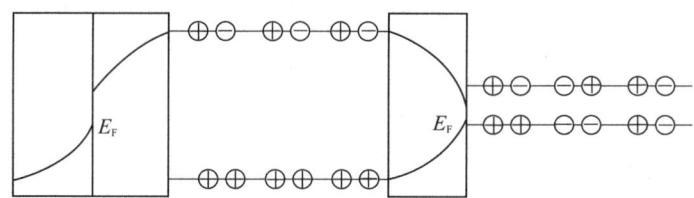

图 2.45　交替键长结构的能级图

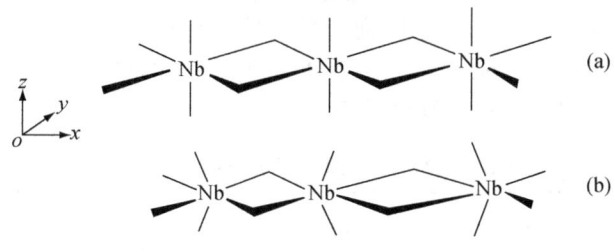

图 2.46　NbX_4 的结构

能带理论对于固体磁性的讨论也十分重要。在图 2.38 中,所有在占据轨道中的电子都是成对的,因而是非磁性的。在图 2.47(a)中能带填充了晶体中所有的未成对电子,因此是一个磁性的绝缘体。极端情况下的图 2.47(a)和(b)对应于晶体分子中所有电子都自旋成对的低自旋配布。图 2.47(c)是一种中间情况,其中并不是所有的电子都成对,因而它除了具有金属导电性外还具有磁性,体心立方的金属铁就是这样,这时每个原子约有 1.5 个未成对电子。我们熟知,四配位的 d^8 分子在为四面体和四方平面形几何构型时分别具有高自旋态和低自旋态(参见图 2.14 或图 2.27)。和分子中的情况一样,自旋态的改变经常伴随着结构的变化。例如,磁性铁具有体心立方结构,但是非磁性铁却是六方密堆积的。

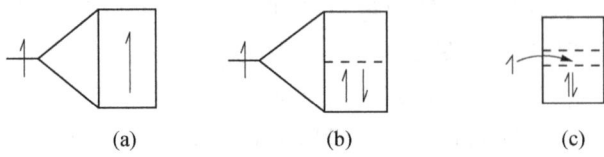

图 2.47　晶体磁性的能带理论诠释

对于一维的半充满能带体系,Peierls 效应产生双聚畸变;依次类推,能带 $\frac{1}{3}$ 或 $\frac{1}{4}$ 充满的体系其晶格畸变应该分别是三聚或四聚的[图 2.48(a)]。图中下方短竖线 1 表示晶格中分子的排列方式。然而,如果变形排列是磁性的,则二聚畸变是有利的[图 2.48(b)]。一维分子晶体 $(MEM)^+(TCNQ)_2^-$ 就是这种二聚畸变的例子,其中两个四氰代二甲基苯醌(TCNQ)的轨道有一个电子。

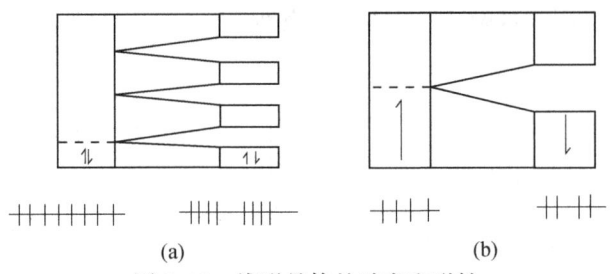

图 2.48　线形晶体的畸变和磁性
(a)四聚;(b)二聚

本节将分子轨道 LCAO 法应用到一维固体讨论的方法,在固体物理中称为紧束缚法(tight-binding method)[62]。在表 2.34 中将这两种方法做了一个对比。可以将这种情况推广到二维和三维的情况。

表 2.34　分子轨道和能带理论中名词的对比

分　子	固　态
LCAO 近似	紧束缚法(TB)
分子轨道	晶体轨道(带轨道)
HOMO	价带
LUMO	导带

续表

分 子	固 态
HOMO-LUMO 间隙	带隙(E_g)
Jahn-Teller 畸变	Peierls 畸变
高自旋或中间自旋	磁性
低自旋	非磁性

2.9 小结和进展——密度泛函理论

20 世纪 20 年代由物理学家所发展的量子力学理论很快地就由 Heitlet – London 等用来处理 H_2 分子而拓展到化学学科,从而建立了量子化学体系。由此建立了直观的价键理论。其代表性著作是诺贝尔奖金得主 Pauling 的《化学键的本性》一书[9],但在定量计算方面困难重重而发展较慢。将物理中 Bethe 等在物理上的晶体场理论发展到化学上的配位场理论特别适用于以金属离子为中心的离子固体和配位化合物。Slater 和 Hund 等在化学中建立了类似于物理中紧密束缚法的分子轨道理论。特别是在 50 年代后发展了很多的基于实验参数的半经验分子轨道方法(图 2.1)。

目前,在教学和科研中已广泛将量子化学的结构成键理论、计算方法和实验分析密切结合[63~67]。广泛使用计算机及量化计算程序,在实践中已几乎成为化学家的惯常方法。前面我们着重从基础入门的观点出发,介绍了配位化学中成键和结构的三种传统的主流理论。由于它们为其后发展方法的基本原理及思维方法奠定了基础,因而比起只学习计算机操作来说,建立量子化学概念和物理模型的结合对于化学基本教育训练及创新性思想的培养具有基本意义。下面我们总结了一些新近的进展。

2.9.1 分子的电子结构计算进展

19 世纪 80 年代以来对于化学成键及电子结构理论的研究有了很大的进展。随着化学研究对象的深入,其特点是:由静态结构进入到动态结构(始态、过渡态、终态)和反应机理从小尺度体系到大尺度体系,如大分子、生物体系、纳米体系、介观体系等[68~72];量子化学理论方法也在不断地由定性向更加定量精细化的方向发展,例如,在分子轨道理论从头计算法中考虑不同组态间的相互作用(CI);电子间的相关效应;重原子中的相对论效应的校正;多原子体系中的赝势价基法;研究反应过程的能量梯度法;多粒子体系中的电子交换效应和相关效应[2]。

这些基础研究对于难以研究的激发态特别重要。实验化学家对于激发态的结构和成键性质了解很少。仅仅对于不太大的分子,应用量子化学计算方法可以得到较定量的结果。

为了叙述简单,这里选取一个最小的金属化合物 Li_2H,它是最简单的缺电子配位化合物,也可看做是小簇合物催化活性研究的模型。对其激发态在理论和实验上进行过不少的研究,但仍无定论。我们采用具有能量梯度技巧的 UMP2(自旋非限制性二级 Möller-Plesset)微扰方法,对 Li_2H 分子的基态和低激发态的分子结构、电子组态、振动频率、转动常数和电偶极矩进行了计算和分析,得到了和实验一致的基态 C_{2v}^1 点群结构及其基态的自旋非限制电子组态[73]:

α:$1a_11b_22a_13a_1$;β:$1a_11b_22a_1$。对低激发态的 $^2B_2$ 和 $^2A_2$ 的结构计算也和前人的一致。但是对于 $^2B_1$ 激发态,用第一振动带的转动结构已经得到了 $^3B_1$ 态的键距 $r(Li-H)=2.286$Å 和键角 90.23°的数据。前人的计算无法解释这个结果。但使用 MRSDCI 计算(多参考态组态相互作用)方法从 $^2B_1$ 的势能面计算得到了和实验完全一致的结果[74]。其 SCF 电子组态为:α,$1a_11b_22a_11b_1$;β,$1a_11b_22a_1$。对 H 和 Li 原子间成键的分析表明,基态 $^2A_1$ 态为部分共价键,而激发态 $^2B_1$、$^2B_2$ 和 $^2A_2$ 为离子键。

再举一个量子化学计算在光化学反应机理中应用的简单实例。对工业和医药中有广泛应用的甲基丙烯酸及其酯进行了研究,这种具有配位能力的最小不饱和羧酸根官能团 C=C—C=C 的吸收光谱表明,用 193nm 辐射可激发至 $^1\pi\pi^*(^1A')$ 态,而 249nm 可激发至 $^1n\pi^*(^1A'')$ 态。光照下可能随之发生去羧酸、去羰基和聚合等反应。但不论光照下处在二者哪种激发态,都会通过系间穿越到 $^3n\pi^*$ 态,对于多原子分子,特别容易发生这种非辐射跃迁。基于这种概念,我们应用非限制的 UMPI/3-21G 方法研究了甲基丙烯酸在 249nm 的光化学去羧基作用的机理[75],得到的势能曲线表明基态(S_0)和激发态($^1A''$ 和 $^3A''$)的二步 TS_1 和 TS_2 的机理类似,而且三者的中间态 IM 能级差别不大,在振子作用和旋轨偶合作用下它们之间可以转换。因此表明在 249nm 光照下其机理为

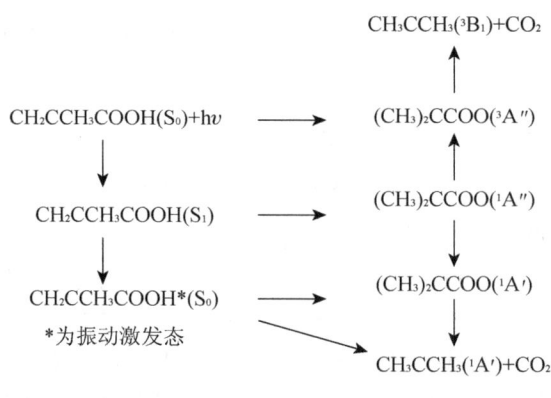

(2.9.1)

即单分子的除羧基作用的机理是从基态 S_0 通过其最低的激发态 $^1n\pi^*$ 态转换到 $^1A'$ 而得到产物 $CH_3CCH_3^1A'$,或者随后的系间穿越到 $^3A''$ 而得到产物 $CH_3CCH_3(3B_1)$。

由于研究体系的不断扩大及问题的复杂性,当前量子化学计算方法的一个特点是采用各种方法进行组合和杂化,如严格的计算和半经验方法、量子力学和 Monte-Carlo 法、HF 交换能-DFT 相关能(B3LYP)等的杂化法。

计算机技术的高速发展表现在两个方面:一方面是大型超计算机的出现,甚至

允许申请联网应用;另一方面小型 PC 机快速升级和大量普及。为了应用方便,目前世界上已出现了很多较为成熟的量子化学软件包。

更多类型的理论化学程序可以在国际《量子化学程序交换》(*Quantum Chemistry Program Exchange*,QCPE)[76]中检索到;甚至可以由《计算化学目录》(*Computation Chemistry List*,CCL)[77]下载其程序。

表 2.35 中列出了从头计算、密度函数理论和半经验计算的程序包。它们各有特点,如功能、计算效率、人机交流的友好性、价格、使用支持的计算平台和操作系统,甚至程序包中还包括作图界面(GUI),有助于准备输入和输出处理的前、后处理过程的程序。通常商品化程序软件还会无偿地提供其新程序的版本。其中最有用的软件包是 20 世纪 70 年代后出现的从头计算的 Gaussian、Polyatom 和 Hondo 等,特别是每隔 2~4 年后出现新版本的 Gaussian 程序,尚可由 QCPE 免费索取而更为普及。重要的用于从头计算和密度函数计算法的资源是 EMSL Gaussian Basis Set Order Form[78]。人们可以根据要求的精度、计时和计算价格费用来选择所用的计算方法程序。

表 2.35 从头计算、密度函数理论和半经验计算的程序包[a]

程序	通用资源网址(URL)
"Hybrid" Packages[b]	
CADPAC 6	http://www-theor.ch.cam.ac.uk/software/cadpac.html
CRYSTAL 98	http://www.cse.clre.ac.uk/cmg/CRYSTAL/
GAMESS	http://www.msg.ameslab.gov/GAMESS/;Chapter2.53
	http://classic.chem.msu.su/gran/gamess/index.html
Gaussian 03	http://www.gaussian.com/
GAMESS-UK	http://www.dl.ac.uk/CFS/cfs.html
Jaguar	http://www.schrodinger.com/Products/jaguar.html
HyperChem 7	http://www.hyper.com/
MOLPRO 2002	http://www.molpro.not/
NWChem	http://www.emsl.pnl.gov:2080/docs/nwchem/nwchem.html
PQS	http://www.pqs.chem.com/
Q-Chem	http://www.q.chem.com/
Qsite	http://www.schrodinger.com/Products/qsite.html
Spartan'02	http://www.wavefun.com/software/software.html
Titan	http://www.wavefun.com/software/titan/titan_main.html
TURBOMOLE	http://www.chemie.uni-karlsruhe.de:/TheoChem/turbomole/intro.en.html
ab initio Packages	
ACES 11	http://www.qtp.ufl.edu/Aces2/
CASTEP[c]	http://www.accelrys.com/cerius2/castep.html
COLUMBUS	http://www.itc.univie.ac.at/~hans/Columbus/columbus.html
DALTON	http://www.kjemi.uio.no/software/dalton/dalton.html
HONDO 95	http://qcpe.chem.indiana.edu/
MOLCAS	http://www.teokem.lu.se/molcas/
Psi 3	http://zopyros.ocqc.uga.edu/

续表

程序	通用资源网址(URL)
Dertsity Functional Packages	
ACRES	http://cst-www.nrl.navy.mil/~singh/acres/info.html
ADF 2002	Chapter 2.56;http://www.scm.com/
AllChem	http://ws2.theochem.uni-hannover.de/AllChem/
DeFT	http://server.ccl.net/cca/software/SOURCES/FORTRAN/DeFT/index,shtml
DeMON	Chapter 2.57;http://www.demon-software.com/public_html/
DGauss[c]	http://www.cachesoftware.com/cache/dgauss/index.shtml
DMol[c]	http://www.accelrys.com/cerius2/dmol3.html
DoD Planewave	http://cst-www.nrl.navy.mil/people/singh/planewave/v3.0/
WIEN2k	http://www.wien2k.at/
Semiempirical Packages	
AMPAC[d]	http://www.semichem.com/ampac.html
ArgusLab	http://www.planarla-software.com/
MOPAC 2002[e,f]	http://www.cachesoftware.com/mopac/index.shtml
	http://www.schrodinger.com/Products/mopac.html
MNDO97	http://www.mpi-muelheim.mpg.de/kofo/institut/arbeitsbereiche/thiel/themen/MNDO97.html
MSINDO	http://www.theochem.uni-hannover.de/software.html
PM3d	http://quark.unn.runnet.ru/TCG_SOFTWARE.html
ZINDO[c,e]	http://www.qtp.ufl.edu/zindo.html

a. 截止到 2002 年 10 月。
b. 适于从头算、密度函数、半经验和 MM/MD 计算。
c. 包含在 Cerius^2(http://www.accelrys.com/cerius2/index.html)。
d. 适用于 SYBYL Molecular Modelling 环境。
e. 适用于 CAChe 5(http://www.cachesoftware.com/cache/)。
f. 较早版本(MOPAC 6、MOPAC 7)取自于 QCPE 和 CCL。

20 世纪 90 年代后,在量子力学、分子力学和统计力学相结合的分子模型的基础上,分子动力学(MD)和蒙特-卡罗法(MC)也得到了迅速发展。有关纯粹的这类 MD 和 MC 方法的程序我们没有列出,有兴趣的可以参考评论性文献[79]和文献[80~84]。

除了应用理论物理等方法外,理论化学家开始借鉴和模拟计算更大的配体和超分子体系[85,86]及生物分子学中的"遗传算法"和"神经网络"法[69]。据统计,20 世纪发展的密度泛函理论也已经和化学领域中广为应用的分子轨道理论处于平分秋色的地位,下面将对密度泛函理论略加介绍。

2.9.2 密度泛函理论

在应用量子化学方法讨论化合物的电子结构和成键时,当体系中所含电子数目 N 越多时,由 Hamilton 方程(2.1.17)求解波函数 $\psi(1,2,3,\cdots,N)$ 的过程越复杂,例如,用组态相互作用(CI)方法得到的很多组态函数叠加的波函数就很复杂,得到的 ψ 波函数意义也不够明确、直观。因而人们就探讨不用波函数 $\psi(1,2,3,\cdots,N)$,而用 $\psi^*\psi$ 直接求出能量的方法。鉴于此,20 世纪 60 年代科学家提出了密度泛函理论[1,2,63,87,88]。实际上,从数学上由 $\psi(x_1,x_2,x_3,\cdots,x_N)$ 描述了 N 个粒子(x_i 为第 i 个粒子的三维空间和自旋空间坐标)组成的 4^N 维空间中的状态函数,则 $\psi^*\psi$ 就可以看做为一种特殊的密度函数。

由于在量子化学中所讨论的力学量一般只涉及单粒子和双粒子的全对称算符[参看式(2.5.3)],因而在实际计算中并不需要像过去那样通过求出 N 个粒子的波函数 ψ_i,再去求能量 E,而是有可能直接通过一个包含与 $\psi^*\psi$ 有关的如下两式所示的一阶约化密度矩阵 $\rho_1(x_1'|x_1)$ 和二阶约化密度矩阵 $\rho_2(x_1',x_2'|x_1,x_2)$

$$\rho_1(x_1'|x_1) = N\int \psi(x_1'x_2'\cdots x_N')\psi^*(x_1x_2\cdots x_N)dx_2 dx_3 dx_4 \cdots dx_N \quad (2.9.2)$$

$$\rho_2(x_1',x_2'|x_1,x_2) = \frac{N(N-1)}{2}\int\cdots\int \psi^*(x_1'x_2'\cdots x_N')\psi(x_1x_2\cdots x_N)dx_3 dx_4\cdots dx_N \quad (2.9.3)$$

所适合的微分方程以代替 Schrödinger 方程而达到用更为简化的计算方法直接求出体系的总能量 E 的目的。

可以证明,一阶和二阶约化密度矩阵 ρ_1 和 ρ_2 之间是可以通过变换而相互表示的。

根据以上这种用密度函数 ρ 代替波函数 ψ 的思路,由此就发展了 Hartree-Fock 能量方程的密度矩阵表示式:

$$\begin{aligned} E_{HF}[\rho_1] &= \int\left[\left(-\frac{1}{2}\nabla^2 + V(r_1)\right)\rho_1(r_1'r_1)\right]dr_1 + \frac{1}{2}\iint\frac{1}{r_{12}}\rho(r_1)\rho(r_2)dr_1 dr_2 \\ &\quad - \frac{1}{2}\iint\frac{1}{r_{12}}[\rho_1(r_1 r_2)\rho_1(r_1 r_2) + \rho_1(r_1 r_2)\rho_1(r_2 r_1)]dr_1 dr_2 \\ &= T[\rho_1] + V_{ne}[\rho] + J[\rho] - K[\rho] \end{aligned} \quad (2.9.4)$$

其中 T 为动能,第二项 V_{ne} 为核与电子的相互作用,最后二项的 J 和 K 对应于式(2.5.4)中 Coulomb 和交换积分,ρ_1 就是所谓的一阶约化密度矩阵。

对于一个 n 电子体系,可以用将能量作为密度泛函极小化的方法求出基态能量。现在一般采用著名的密度泛函理论方案之一的 Kohn-Sham(K-S)方程可以将能量表示为

$$E = \sum_i^n \varepsilon_i - \frac{1}{2}\iint\frac{\rho(r)\rho(r')}{|r-r'|}dr dr' + E_{xc}[\rho] - \int V_{xc}(r)\rho(r)dr \quad (2.9.5)$$

其中

$$\rho(r) = \sum_i^n n_i \sum_s |\psi_i(r,s)|^2 \quad (2.9.6)$$

其中 $n_i(n=0,1)$ 为自旋轨道占据数,$E_{xc}[\rho]$ 为交换相关能,$V_{xc}(r)$ 为交换相关势。在采取了初始试探的 $\rho(r)$ 后也可以用自洽方法求解。

从 K-S 方程中只含有密度函数 ρ_1 可见只要能够成功地表达交换能 E_{xc} 及相关能 E_c 就可以得到精确的 ρ 和能量 E，进而研究电荷和自旋分布、分子几何构型的优化、振动频率、电离能、催化活性功能和性质、金属相变、表面化学，特别适用于电子相关能大的过渡金属配位化合物。其计算机时相当于 Hartree-Fock 方法、计算精度相当于 MP2 方法。

由于 DFT 方法是一种自旋非限制的行列式，不适于研究含自旋污染的开壳层体系、激发态和过渡态，也不适于讨论 van der waals 引力等的弱相互作用体系。由于近似密度泛函理论计算只具有统计平均的意义，所以计算结果精度不够确定。一般主要用于研究分子的基态，但目前也可扩展到激发态研究和与时间有关的密度泛函理论(TDDFT)的研究。J. A. Popele 等由于在发展 DFT 等方面的贡献而荣获 1998 年诺贝尔奖。

2.9.3 不同计算方法的比较

在配位化学研究中，主要研究中心金属原子 d 轨道和配位体 L 之间的成键，因而配体场理论得到了广泛的应用。特别是它和分子轨道理论结合后，对于 d 或 f 轨道分裂相关的光谱、esr、磁性和几何性质等的结果常和实验更为符合。其主要优点是由于使用了参数(包括 2.6 节中更为简单的角重叠模型方法)，计算速度和准确度不亚于一般的 DFT 方法。但其主要对象为单金属核的 Werner 型配合物。另外，分子轨道的概念在讨论分子的电子结构中十分重要，但在分子结构，特别是 HOMO 和 LUMO 配合物中会涉及在 HOMO 和 LUMO 附近更多的有意义的次前线轨道。

自从 1990 年后，DFT 方法在配位化学中开始得到广泛应用。事实上我们在 2.5 节中介绍的 Slater 所提出的 $X\alpha$ 方法就是考虑了交换作用的 DFT 方法的雏形。应该注意的是如本节开始所述，DFT 中的 K－S 轨道只能看做是一种建立理论时的数学工具，它并没有明确的物理意义，它并不能与通常的 MO 以及实验数据相提并论，例如，配体场理论中的 d 轨道是建筑在围绕金属的球形势能基础上，而在 DFT 中的波函数则是基于单重态对整个分子对称进行优化得到的，但人们并不认为 DFT 函数没有明确意义。目前正在这方面进行探讨，并取得进展。已将它们与实验数据以及其他 MO 方法相关，如采取 Slater 型行列式或 TDDFT 计算，也可以讨论激发态问题。

TDDFT 和考虑了组态相互作用(CI)的半经验 INDO/SCI 方法是目前较为成熟的两种研究配位化合物电子光谱方法。表 2.36 中列出了这两种方法对 $Cr(CO)_6$ 电子光谱计算的结果(参考图 4.24)，可见至少对于偶极矩允许跃迁的标记是一致的，但对于 $Ni(CO)_4$ 之类的配位化合物的计算结果就不怎么令人满意了[77,89,90]。

表 2.36 $Cr(CO)_6$ 电子光谱的实验值和计算值（TDDFT 和 INDO/SCI）

实验值			TDDFT(BP/ALDA)[71,72]			INDO/S CIS[70]		
E^a	f^b		E^a	f^b	标记	E^a	f^b	标记
$[Cr(CO)_6]\ ^1A_{1g} \rightarrow\ ^1T_{1u}$ 跃迁								
4.4	0.25		4.19	0.03	$2t_{2g} \rightarrow 9t_{1u}$ (64%)	4.60	0.01	$2t_{2g} \rightarrow 9t_{1u}$ (59%)
					$2t_{2g} \rightarrow 2t_{2u}$ (36%)			$2t_{2g} \rightarrow 2t_{2u}$ (41%)
5.5	2.3		5.76	1.52	$2t_{2g} \rightarrow 2t_{2u}$ (58%)	5.79	4.0	$2t_{2g} \rightarrow 2t_{2u}$ (56%)
					$2t_{2g} \rightarrow 9t_{1u}$ (32%)			$2t_{2g} \rightarrow 9t_{1u}$ (36%)

a. 跃迁能。
b. 振动强度；注意：INDO/S 高估了 2～3 倍的电子跃迁振子强度[12]。
c. 仅报道了主要的激发作用。

通过理论化学计算与模拟可以对化学中各种层次及实验结果进行解释、预测，但理论化学仍处于发展阶段，面对各种复杂的化学问题，研究者们正面临着挑战，目前主要有几个有待解决的问题[91]，即：密度泛函数的新形式，如杨伟涛改善了DFT泛函数的形式及其判断标准；功能材料的从头计算和模拟，Carber 综述了各种理论方法对材料光、电、热、磁等性质的评价和对激发态的挑战；原子作用力场，如Stone 在该方向的工作进展；分子自组装模拟和衔接化，对于 100 万个原子以上的体系，需要发展各个不同尺度间的模拟和衔接；表面散射，特别提出了分子在金属表面上的化学动力学是理解催化反应的核心问题，2007 年 Nobel 奖得主 Ertl 在这方面做了很好的工作；气相分子反应动力学，Clary 从量子力学角度阐述了化学反应动力学的理论进展，我国的杨学明、张东辉和帅志刚在该领域也取得了很好的成就[92]。

由此可见，国际上在计算化学及其理论上的进展对于配位化学等交叉学科的发展也起着重要的作用。

参 考 文 献

[1] 唐敖庆. 量子化学. 北京：科学出版社，1982.
[2] 徐光宪，黎乐民. 量子化学基本原理和从头计算法（上册）第二版. 北京：科学出版社，2007.
[3] Schatz G C. Quantum Mechanics in Chemistry. New York：Dover Publications Inc，2002.
[4] 威耳孙 E B. 量子力学导论. 陈洪生译. 北京：科学出版社，1964.
[5] Hedvig P. Experimental Quantum Chemistry. Budapest：Akad Kiad，1975.
[6] 刘若庄等. 量子化学基础. 北京：科学出版社，1983.
[7] 赖文 I N. 量子化学. 宁世光，余敬曾，刘尚长译. 北京：人民教育出版社. 1974.
[8] 默雷尔 J N，凯特尔 S F A，特德 J M. 原子价理论. 文振翼，姚惟馨等译. 北京：科学出版社，1978.
[9] 鲍林 L. 化学键的本质. 卢嘉锡等译. 上海：上海科学技术出版社，1966.
[10] Ballhausen C J. Introduction to Ligand Field Theory. New York：McGraw Hill Book Co，1962.
[11] Ballhausen C J，Gray H B. Molecular Orbital Theory. New York：Benjamin，1964.
[12] (a) Van Vleck J H. J Chem. Phys，1935，3：803；
(b) Leihr A D. J Chem Educ，1962，39：135.
[13] Moore C E. Atomic Energy Levels as Derived from the Analysis Optical Spectra. Circ. 467. National Bureau of Standards. Washington D. C. 1949. 1952，1958.
[14] Condon E U，Shortley G H. The Theory of Atomic Spectra. Cambridge：Cambridge University Press，1953.
[15] 施莱弗 H L，格里曼 G. 配体场理论导论. 曾成等译. 南京：江苏人民教育出版社，1962.
[16] 科顿 F A. 群论在化学中的应用. 刘春万，游效曾，赖伍江译. 北京：科学出版社，1975.
[17] 唐有祺. 对称性原理. 北京：科学出版社，1977.
[18] Kette S F A. Symmetry and Structure：Readable Group Theory for Chemists. 3rd ed. New York：Wiley VCH，2007.
[19] 格里菲斯 J S. 过渡金属离子理论. 黄武汉等译. 上海：上海科学技术出版社，1965.
[20] (a) Figgis B N，Mithman M A. Field Theory and its Applications. New York：Wiley VCH，2000；
(b) Figgis B N. Introduction to Ligand Fields. New Yord Interscience，1966.
[21] Jones R，Moore E A. Metal - Liganding. Cambridge：Royal Society of Chemistry，2004.
[22] 唐敖庆，孙家钟，江元生. 配位场理论方法. 北京：科学出版社，1979.

[23] 冯星洪,曾成. 化学通报,1984,(1):15.
[24] Konig E,Kremer S. Ligand Field Energy Diagrams. New York Plenum Press,1977.
[25] 加特金娜 M E. 分子轨道理论基础. 朱龙根译. 北京:人民教育出版社,1975.
[26] Hehre W J,Radom L,Pople J A et al. "*Ab Initio* Molecular Orbital Theory. New York:John Wiley & Sons, 1986.
[27] Segal G A(ed.). Semiempirical Methods of Electronic Structure Calculation (Part A,B). New York:Plenum Press,1977.
[28] Schaefer Ⅲ H F. Applications of Electronic Structure Theory. New York:Plenum Press,1977.
[29] 波普尔 J A. 贝弗里奇 D L. 分子轨道近似方法理论. 江元生译. 北京:科学出版社,1976.
[30] Csizmadia I G,有机分子轨道计算的理论与实践,戴乾圜译,北京:科学出版社,1980
[31] (a)Springborg M. Methods of Electronic - Structure Calculations:From Molecules to Solids. New York:John Wiley & Sons,2000.
(b)Helgaker T, Jørgensen P, Olsen J, Molecular Electronic Structure Theory. Chichester:John Wiley & Sons,2000.
[32] Sherrill C D,Schaefer Ⅲ H F. Advances in Quantum Chemistry,1999,34:P. 143n - dash269.
[33] 杜瓦 M J S. 有机化学分子轨道理论. 戴树栅,刘有德译. 北京:科学出版社,1977.
[34] 任镜清,黎乐民,徐光宪. 北京大学学报,1982,3(30):49.
[35] Heilbronner E,Bock H. The HMO Model and its Application. Weinheim:Verlag Chemie,1968.
[36] Kotani M A et al. Table of Molecular Integral. Tokyo:Maruzen Co Ltd,1963.
[37] 唐敖庆,江元生,鄢国森,戴树珊. 分子轨道图形理论. 北京:科学出版社,1980.
[38] 张乾二,林连堂,王南钦. 休克尔矩阵图形方法. 科学出版社,1981.
[39] Slater J C. Quantum Theory of Molecules and Solids. Vol. 1,2,3. New York:McGraw-Hill Book Company. Inc,1963.
[40] (a)潘毓刚,李俊清,祝继康,李笃. Xα 方法的理论和应用. 北京:科学出版社,1987;
(b)肖慎修,孙泽民,刘洪霖等. 量子化学中的离散变分 Xα 方法及计算程序. 成都:四川大学出版社,1986.
[41] (a)Slater J C. The Self-Consistent Field for Molecules and Solids. New York:McGraw Hill,1974;
(b)游效曾. 结构化学,1983:2,183.
[42] Freier D G,Fenske R F,游效曾. J Chem phys,1985,83:3525.
[43] (a)Larsen E,LaMar G N,J Chem Educ,1974:51:633;
(b)Miessler G L,Tarr D A. Inorganic Chemistry. 3rd ed. New Jesey:Prentice - Hall Inc.,2004.
[44] Smith D W. *In*:Dunitz J D et al. Structure and Bonding. Vol. 35. Berlin:Springer-Verlag,1978.
[45] Burdett J K. Molecular Shapes,Theoretical Models of Inorganic Stereochemistry. New York:John Wiley & Sons,1980.
[46] Gerich M,Slade R C. Ligand Field Parameters. London:Cambridge University Press,1973.
[47] Bencini A. Coord Chem Rev,1984,60:131.
[48] Perkins W G,Crosby G A. J Chem Phys,1965,42:407.
[49] Brown I D. Chemical Society Review,1978,7:359.
[50] 艾林 H. 沃尔特 J,金布尔 G E. 量子化学. 石宝林译. 北京:科学出版社,1981.
[51] Bobrowicz F W,Goddard Ⅲ W A. Methods of Electronic Structure Theory. New York:Plenum,1977.
[52] Hirao K,Nakano H,Nakayama K. J Chem Phys,1997,107:9966.
[53] Cooper D L,Klein K D,Wu W et al. Valence Bond Theory. Amsterdam:Elsevier Science,2002.
[54] (a)库尔森 C A. 原子价. 余敬曾译. 北京:科学出版社,1986.
(b)Cooper D L. Valence Bond Theory. Amsterdam:Elsevier,2002.

[55] (a) 唐敖庆, 戴树珊. 东北人民大学自然科学学报, 1956, 2:215;
(b) 唐敖庆, 刘若庄. 中国化学会会志, 1954, 18:53.
[56] Randic M, Maksic Z B. Chem Rev, 1972, 72:43.
[57] Forster J R, Weinhold F. J Amer Chem Soc, 1980, 102:721.
[58] (a) Reed A E, Curtiss L A, Weinhold F. Chem Rev, 1988, 99:899;
(b) 游效曾, 朱龙根, 曾似惠, 任彤, 周精玉. 分子科学与化学研究, 1986, 4:265.
[59] Albright T A, Burdett J K, Whangbo M H. Orbital Interaction in Chemistry. New York: Wiley-Interscience Publication, John Wiley & Sons, 1985.
[60] Rodgers G E. Descriptive Inorganic, Coordination, and Solid-State Chemistry. 2nd ed. South Melbourne: Thomson Learning, 2002.
[61] Whangbo M H. Acc Chem Res, 1983, 16:95.
[62] 赵成大. 固体量子化学——材料化学的理论基础. 北京: 高等教育出版社, 1997.
[63] (a) 林梦海. 量子化学计算方法与应用. 北京: 科学出版社, 2004.
(b) Jensen F. Introduction to Computational Chemistry. Chichester: John Wiley & Sons, 1999.
[64] Young D C. Computational Chmeistry. New York: John Wiley & Sons, 2001.
[65] Raabe D. Computational Materials Science. New York: Wiley-VCH, 1998.
[66] Cook D B. Handbook of Computational Quantum Chemistry. London: Dover Publications, 2005.
[67] Jensen F. Introduction to Computational Chemistry. 2nd ed. New York: John Wiley & Sons, 2007.
[68] Leach A. R. Molecular Modelling: Principles and Application. 2nd ed. London: Longman, 2001.
[69] Zupan J, Gasteiger J. Neural Networks for Chemists. Weinheim: VCH, 1993.
[70] Parr R. G, Yang W. Density-Functional Theory of Atoms and Molecules. Oxford: Oxford University Press, 1989.
[71] Foresman J B, Frisch A E. Exploring Chemistry with Electronic Structure Methods. Pittsburgh: Gaussian Inc., 1996.
[72] Herzberg G. Molecular Spectra and Molecular Strcture: I. Spectra of Diatomic Molecules. Princeton: Van Nostrand, 1950
[73] Feng W H, You X Z, Yin Z. Chem Phys Lett, 1995, 238:236.
[74] Vanorden A, Provencel R A, Kentsch F N. J Chem Phys, 1996, 105:611.
[75] Feng W H, You X Z. Inter J Quant Chem, 1995, 56:43.
[76] Mc Cleverty J A, Meyer T J. Comprehensive Coordination Chemistry II. From Biology to Nanotechnolgy. Oxford: Permon Press, 2003.
[77] http://qcpe.chem.indiana.edu/
[78] http://www.ccl.net/chemistry/
[79] Boyd D B. In: Reviews in Computational Chemistry. eds. by Lipkowitz K B, Boyd D B. New York. VCH Publishers Volumes 1-7. 附录II: Compendium of Software for Molecular Modeling.
[80] http://www.emsl.pnl.gov:2080/forms/basisform.html
[81] Field M J. A Practical Introduction to the Simulation of Molecular Systems. Cambridge: Cambridge University Press, 1999.
[82] Leach A R. Molecular Modeling: Principles and Application. 2nd ed. New Jersey: Prentice Hall, 2001.
[83] Haile J M. Molecular Dynamics Simulation Elementary Method. New York: Hohn-Wiley, 1992.
[84] Allen M P, Tidesley D J. Computer Simulation of Liquids. Oxford: Oxford University Press, 1987.
[85] Johnson M A, Maggiora G M. (ed). Concepts and Applications of Molecular Similarity. New York: Wiley, 1990.
[86] Wipff G (ed). Computational Approaches in Supramolecular Chemistry. Dordrecht: Kluwer, 1994.

[87] Parr R G, Yang W. Density-Functional Theory of Atoms and Molecules. Oxford: Oxford University Press, 1989.
[88] Sham L J, Schluter M. Principles and Applications of Density Functional Theory. Teaneck: World Scientific, 1991.
[89] Kotzian M, Rösch N, Schröder H, Zerner M C. J Am Chem Soc, 1989, 111: 7687-7696.
[90] van Gisbergen S J A, Groeneveld J A, Rosa A, Snijders J G, Baerends E J. J Phys Chem A, 1999, 103: 6835-6844.
[91] Service R F. Science, 2008, 321: 784.
[92] 帅志刚, 邵久书. 理论化学原理与应用. 北京: 科学出版社, 2008.

第3章 配位化合物结构研究的谱学方法

配位化合物的结构研究主要包括两方面内容,一方面研究其分子及晶体中组成粒子之间的相互作用,特别是中心离子和配位体间的相互作用本性(键型);另一方面研究其分子及晶体中组成粒子在空间的几何排列和配置方式(构型)。第2章介绍了配位化合物电子结构的理论基础,本章将着重介绍研究配位化合物结构及其性质的谱学方法[1~4]。

目前,已有很多研究结构的方法。从基于各种化学实验结果的直观猜想,到用X射线、电子和中子衍射对键长和键角的精确测定,其中应用最为广泛而且行之有效的是X射线衍射单晶结构分析方法[5,6],最早用该方法研究的配位化合物之一是K_2PtCl_4。目前已积累了很多配位化合物的结构数据,其基本原理已有专著介绍[7]。下面分别讨论研究配位化合物的光谱、波谱、能谱和质谱等近代物理方法。

3.1 电子光谱

早期的研究就注意到过渡金属配位化合物的颜色和可见光谱与其d电子结构有关。目前,电子光谱已广泛地应用于配位化合物的组成、热力学平衡、动力学、光化学和结构等方面的研究[8~10]。

3.1.1 时间相关微扰和跃迁的一般理论

在原子或分子的电子结构讨论中,我们应用与时间无关的定态Schrödinger方程[式(2.1.15)]。在光谱中将涉及不同波长(λ)的电磁波和分子相互作用从而使分子从低能量ε_l的初态ψ_l激发到高能量ε_m的终态ψ_m,这两个状态可以是分子中的电子、振动、转动或核的状态函数。这时要用到与时间有关的Schrödinger方程(以一维为例):

$$-\frac{h^2}{8\pi^2 m}\frac{\partial^2 \Psi}{\partial x^2} + V_0(x)\Psi = -\frac{h}{2\pi i}\frac{\partial \Psi}{\partial t} \quad (2.1.12)$$

第2章我们利用了附录Ⅳ中与时间无关的定态微扰理论讨论了一些涉及确定外界条件下对已知定态体系的作用。这里我们将通过状态之间的跃迁来简单介绍与时间相关的微扰理论[10]。

假定所讨论的两种状态的波函数具有形式[式(2.1.15)]:

$$\Psi_l(x,t) = \psi_l(x)\exp(-2\pi i/h)\varepsilon_l t \quad (3.1.1a)$$

$$\Psi_m(x,t) = \psi_m(x)\exp(-2\pi i/h)\varepsilon_m t \quad (3.1.1b)$$

其中,$\psi_l(x)$和$\psi_m(x)$为这两种状态中与时间t无关的未微扰本征函数。

第3章 配位化合物结构研究的谱学方法

假定分子初始处于 Ψ_l 态,在电磁场微扰 $\hat{H}'$ 作用下,其未被微扰体系的哈密顿算符 $\hat{H}_0$ 变为 $\hat{H}_0 + \hat{H}'$,则与时间 t 有关的微扰波动方程的解应为下列线性组合:

$$\Psi = a_l(t)\Psi_l + a_m(t)\Psi_m \tag{3.1.2}$$

即该分子受微扰后不再只停留在 Ψ_l 态,而可以随着时间进程从 Ψ_l 变到 Ψ_m 态。[请注意式(3.1.2)中明确地表示了系数 $a(t)$ 是时间 t 的函数,以下从略记为 a]这时 Schrödinger 方程为

$$(\hat{H}_0 + \hat{H}')(a_l\Psi_l + a_m\Psi_m)$$
$$= -\frac{h}{2\pi i}\frac{\partial}{\partial t}(a_l\Psi_l + a_m\Psi_m) \tag{3.1.3}$$

该方程可以展开为

$$a_l\hat{H}_0\Psi_l + a_m\hat{H}_0\Psi_m + a_l\hat{H}'\Psi_l + a_m\hat{H}'\Psi_m$$
$$= -\frac{h}{2\pi i}\left(\Psi_l\frac{da_l}{dt} + \Psi_m\frac{da_m}{dt} + a_l\frac{\partial\Psi_l}{\partial t} + a_m\frac{\partial\Psi_m}{\partial t}\right) \tag{3.1.4}$$

根据式(2.1.12),可以从式(3.1.4)消除下列两项:

$$a_l\hat{H}_0\Psi_l = -\frac{h}{2\pi i}a_l\frac{\partial\Psi_l}{\partial t} \tag{3.1.5a}$$

$$a_m\hat{H}_0\Psi_m = -\frac{h}{2\pi i}a_m\frac{\partial\Psi_m}{\partial t} \tag{3.1.5b}$$

从而得到

$$a_l\hat{H}'\Psi_l + a_m\hat{H}'\Psi_m = -\frac{h}{2\pi i}\left(\Psi_l\frac{da_l}{dt} + \Psi_m\frac{da_m}{dt}\right) \tag{3.1.6}$$

将式(3.1.6)从两边左乘 Ψ_m^* 并对空间坐标 x 进行积分,考虑到 Ψ 函数的正交归一化条件 $\int_{-\infty}^{+\infty}\Psi_m^*\Psi_l dx = 0$,经重排后得到

$$\frac{da_m}{dt} = -\frac{2\pi i}{h}\left[a_l\int_{-\infty}^{\infty}\Psi_m^*\hat{H}'\Psi_l dx + a_m\int_{-\infty}^{\infty}\Psi_m^*\hat{H}'\Psi_m dx\right] \tag{3.1.7a}$$

由这个方程可以求出体系在 $\hat{H}'$ 微扰下从 Ψ_l 状态跃迁到 Ψ_m 的速率 $|a_m|^2$,在一般讨论中,初始处于确定的状态 Ψ_l,即 $|a_m|^2 = 0$,所以右边第二项并不重要,式(3.1.7a)中 $\hat{H}'$ 是对以 $\Psi(x,t)$ 表达的矩阵元。若以式(3.1.1)中右边的定态波函数 $\psi(x)$ 来表达,则描写体系激发态增长速率的 $\frac{da_m}{dt}$ 可表示为

$$\frac{da_m}{dt} = -\frac{2\pi i}{h}a_l\exp\left(\frac{2\pi i}{h}\right)\cdot(\varepsilon_l - \varepsilon_m)t\int_{-\infty}^{\infty}\psi_m\hat{H}'\psi_l dx \tag{3.1.7b}$$

上述结论可以推广到三维情况,由此得到与激发态 Ψ_m 的存在概率有关的系数 a_m,它随时间的变化比例于

$$\frac{da_m}{dt} \propto \int\psi_m^*\hat{H}'\psi_l d\tau = \langle\psi_m|\hat{H}'|\psi_l\rangle \tag{3.1.8}$$

在量子力学中经常会出现式(3.1.8)右边这一类更一般的积分矩阵元 $\langle\psi_m|\hat{F}|\psi_l\rangle$

的计算,该积分矩阵元代表物理量 F 的积分,其数值不会随坐标的变换而变化,因此由群论可以证明:只有当波函数 ψ_m、ψ_l 和对应物理量的算符 $\hat{F}$ 这三者分别所属的不可约表示 Γ 的直积表示[式(2.3.14)]包含(数学上简记为⊂)恒等表示 Γ_A 时,矩阵元才不为零,即只有当

$$\Gamma_m \otimes \Gamma_F \otimes \Gamma_l \subset \Gamma_A \tag{3.1.9}$$

时,才有 $\int \psi_m^* \hat{F} \psi_l \mathrm{d}\tau \neq 0$。将这个一般结论应用于 $\hat{F} = \hat{H}'$ 的式(3.1.11)就可以得到结论:电磁场微扰 $\hat{H}'$ 能否使 Ψ_l 到 Ψ_m 态的跃迁发生取决于三者的对称性关系是否符合式(3.1.9)的要求。当符合式(3.1.9)的要求时,$\mathrm{d}a_m/\mathrm{d}t \neq 0$,分子从 Ψ_l 到 Ψ_m 态的跃迁称为允许的;不符合式(3.1.9)的要求时,$\mathrm{d}a_m/\mathrm{d}t = 0$ 就称为禁阻的。

式(3.1.9)中电磁辐射引起的微扰算符 $\hat{H}'$ 视具体情况而有多种形式。例如,在核磁共振、顺磁共振和 Mössbauer 谱的研究中,$\hat{H}'$ 是电磁辐射中的磁场 H 和分子固有磁矩 $\boldsymbol{\mu}_M$ 的相互作用:

$$\hat{H}' = -\boldsymbol{\mu}_M \cdot H \tag{3.1.10}$$

在电子光谱、红外光谱和转动光谱的研究中,$\hat{H}'$ 则主要是辐射中的电场 E 和分子的电偶极矩 $\boldsymbol{\mu}_E$ 的相互作用:

$$\hat{H}' = \boldsymbol{\mu}_E \cdot E \tag{3.1.11}$$

本节我们具体讨论电场所引起分子中电子跃迁的电子光谱。当 $\lambda \gg$ 分子大小时,在整个分子上令 E_x^0 为常数,电场的 x 分量可以写为

$$\begin{aligned} E_x &= 2E_x^0 \cos 2\pi\nu t \\ &= E_x^0 [\exp(2\pi\nu t) + \exp(-2\pi\nu t)] \end{aligned} \tag{3.1.12}$$

其中,E_x^0 为 x 方向的振幅。它和分子偶极矩的 x 分量 μ_x 相互作用得到在 x 方向的相互作用能为

$$\hat{H}' = E_x \mu_x = E_x^0 [\exp(2\pi i\nu t) + \exp(-2\pi i\nu t)] \mu_x \tag{3.1.13}$$

将式(3.1.13)代入式(3.1.8),当初始条件 $a_l = 1$,$t = 0$ 时,$a_m = 0$,从 $t = -\infty$ 到 $t = +\infty$ 进行积分,若 $E_m > E_l$,则讨论的是吸收一个量子略去一些次要项,可以得到

$$a_m(t) = |\mu_{xml}| E_x^0 \left[\frac{1 - \exp(2\pi i/h)(\varepsilon_m - \varepsilon_l - h\nu)t}{\varepsilon_m - \varepsilon_l - h\nu} \right] \tag{3.1.14}$$

其中,跃迁偶极矩的矩阵元定义为

$$|\mu_{xml}| = \int_{-\infty}^{\infty} \psi_m^* \mu_x \psi_l \mathrm{d}x \tag{3.1.15}$$

将式(3.1.14)对所有辐射频率 $\nu = \dfrac{\omega}{2\pi}$ 进行积分,其中用到定积分公式 $\int_{-\infty}^{\infty} \dfrac{\sin^2 y}{y^2} \mathrm{d}y = \pi$。由此可以得到分子在 Ψ_m 态的概率:

$$a_m^*(t) a_m(t) = \frac{4\pi^2}{h^2} |\mu_{xlm}|^2 (E_x^0)^2 t \tag{3.1.16}$$

对于三维的情况,从状态 l 跃迁到 m 的速率应为

$$\frac{d(a_m^* a_m)}{dt} = \frac{4\pi^2}{h^2}(E^0)^2 |(\mu_{xml})^2 + (\mu_{yml})^2 + (\mu_{zml})^2|$$

$$= \frac{4\pi^2}{h^2}(E^0)^2 |\mu_{ml}|^2 \tag{3.1.17}$$

进一步讨论上面的理论关系式和通常光谱实验的观察量消光系数 $\varepsilon(\nu)$ 之间的联系。根据实验的电子吸收光谱峰的吸光度 A，由 Beer 定律可以求出摩尔消光系数 $\varepsilon(\nu)$：

$$\varepsilon(\nu) = \frac{A}{cl} = \frac{1}{cl}\lg\frac{I_0}{I} \tag{3.1.18}$$

其中，c 为分子的物质的量浓度，l 为吸光池厚度，I_0 和 I 分别为入射光和出射光强度。但实际上吸收峰具有一定的宽度，所以实验上谱带的强度 f（通常称为该电子跃迁的振子强度）应是 $\varepsilon(\nu)$ 的积分，即吸收光谱峰下的面积：

$$f = \int_\nu \varepsilon(\nu) d\nu \tag{3.1.19}$$

根据量子电动力学方法及 Einstein 的辐射理论，式(3.1.17)所涉及的吸收速率可以表示为

$$\frac{d(a_m^* a_m)}{dt} = B_{lm} \rho(\nu_{ml}) \tag{3.1.20}$$

其中，B_{lm} 为诱导吸收的 Einstein 系数，如式(3.1.21)所示，$\rho(\nu_{ml})$ 为在频率 ν_{ml} 到 $\nu_{ml} + d\nu$ 之间的能量密度。

$$B_{lm} = \frac{8\pi^2}{3h^2}|\mu_{ml}|^2 \tag{3.1.21}$$

若对式(3.1.12)取 $E_l > E_m$，则类似地可以得到和 B_{lm} 相似的受激发射的 Einstein 辐射概率 B_{ml} 的表达式，即有 $B_{ml} = B_{lm}$。由该理论还可以导出从实验振子强度 f 推求理论跃迁偶极矩 μ_{lm} 的关系式：

$$f = \frac{8\pi^3 N_A}{2.303 \times 1000c \times 3h}\nu_{lm}|\mu_{lm}|^2 \tag{3.1.22}$$

其中，N_A 为 Avogadro 常量。该理论还可以通过式(3.1.23)求出从激发态自发发射的 Einstein 跃迁概率 A_{ml}：

$$A_{ml} = \frac{32\pi^3 \nu_{ml}^3}{3c^3 h}|\mu_{ml}|^2 \tag{3.1.23}$$

对于一般的允许跃迁，其数值为 $10^6 \sim 10^9 \text{s}^{-1}$。当不存在其他活化过程时，$A_{ml}$ 就相当于激发态寿命 τ 的倒数，进而可以在 $\pm 20\%$ 误差内估计分子激发态的寿命[11]。

3.1.2 谱线强度和选择规则

电子吸收光谱是给定分子中的电子在不同电子态之间的跃迁的反映。更严格地说，电子跃迁是发生在不同电子态的振动能级之间（略去较小的转动能级）。按照 Franck-Condon 原理，电子跃迁所需的时间远小于核振动的时间。因而可以用

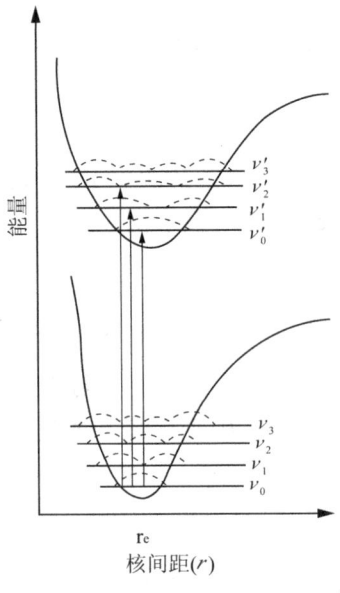

图 3.1 双原子分子的势能曲线

图 3.1 的势能曲线中的垂直线来表示由电子基态的振动态 v 到电子激发态的振动态 v' 的跃迁。当然,不同的简正振动(3.4 节)有不同的势能曲线。电子跃迁的强度则依赖于基态和激发态的电子能级中相应振动能级概率曲线(即图中虚线波函数的平方)的重叠程度[3,12,13]。

从决定谱线强度的跃迁偶极矩积分

$$\mu_{lm} = \int_{-\infty}^{\infty} \psi_m^* \hat{\mu} \psi_l \mathrm{d}\tau \tag{3.1.24}$$

可以导出两个选择规则:①自旋对称性匹配:由于电偶极矩算符 $\hat{\mu}$ 不包含自旋,而且不同自旋态波函数 ψ 彼此正交,因此只有自旋 S 相同的两个电子态间才可能发生跃迁,即单重态只能跃迁到单重态,而不能跃迁到三重态。②轨道对称性匹配:即式(3.1.9)所示的对称性要求。但由于微扰 $\hat{H}'$ 中的 μ 在直角坐标中有对应于 x,y,z 变换的三个组分,只要下列三个直积中任何一个包含全对称的 A_1 不可约表示,则称为轨道允许跃迁。

$$\Gamma_l \otimes \Gamma_x \otimes \Gamma_m \quad \Gamma_l \otimes \Gamma_y \otimes \Gamma_m \quad \Gamma_l \otimes \Gamma_z \otimes \Gamma_m \tag{3.1.25}$$

如果只有 μ_x 组分包含全对称表示,称为 x 偏振。作为一个特例,我们来证明,在严格 O_h 群对称性的含 d 轨道过渡金属配位化合物中,d–d 跃迁是 Laporte 禁阻(即轨道不允许)的。由于在 O_h 群中,对于对称中心操作 i 而言,d 轨道是偶对称(不变号)的,但三个 μ_x, μ_y, μ_z 偶极矩分量都是奇对称(即在对称操作下会变号),通常分别用下标 g 和 u 表示这种偶和奇对称性,对于 O_h 群,由特征标表则有

$$\int d_g \mu_u d_g \mathrm{d}\tau \not\subset a_{1g} \tag{3.1.26}$$

即两个偶对称和一个奇对称的直积中不含有偶对称的 a_{1g}。

为了明确起见,我们仍以可作为配位体的苯分子为例[式(2.3.23)],其基态的电子组态如图 3.2(a)所示,其中满壳层的组态为 $^1A_{1g}$ 态。若电子从 e_{1g} 分子轨道激发到 e_{2u} 轨道,则得到图 3.2(b)所示的组态。按照附录III D_{6h} 点群的特征标表,由 $e_{1g} \otimes e_{2u}$ 的直积得到下列可约表示:

D_{6h}	E	$2C_6$	$2C_3$	C_2	$3C_2$	$3C'_2$	σ_h	$3\sigma_v$	$3\sigma_d$	$2S_6$	$2S_3$	i
$e_{1g} \otimes e_{2u}$	4	-1	1	-4	0	0	4	0	0	-1	1	-4

按照式(2.3.9)的方法,可以约化为下列不可约表示

$$e_{1g} \otimes e_{2u} = b_{1u} + b_{2u} + e_{1u} \tag{3.1.27}$$

因而上述的激发态电子组态存在单重激发态 $^1B_{2u}$、$^1B_{1u}$ 和 $^1E_{1u}$,同样,当激发态为两个平行的未成对电子组态时,可以得到三个三重态 $^3B_{2u}$、$^3B_{1u}$ 和 $^3E_{1u}$。

由图 3.2(c)可知,有三个可能的低能电子跃迁,并且它们都是自旋允许的。

由 D_{6h} 特征标表可以查出 μ_z 属于 a_{2u} 的基,μ_x 和 μ_y 共同属于 e_{1u} 的基。根据式 (3.1.25),只有 $^1A_{1g} \to\,^1E_u$ 为允许跃迁:

$$\psi_l \begin{pmatrix} \mu_x \\ \mu_y \end{pmatrix} \psi_m$$

$$A_{1g} \otimes E_{1u} \otimes E_{1u} \subset A_1 \tag{3.1.28}$$

它是 x、y 偏振的,因而只有当辐射的电场处在苯的 xy 平面时才可以发生跃迁。

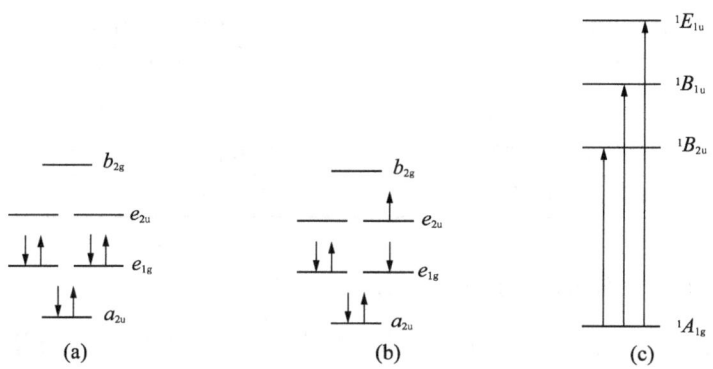

图 3.2 苯分子的电子组态及其跃迁

实际上很多自旋禁阻的电子跃迁以弱带的形式出现。苯分子在 345 nm 处的弱带($\lg \varepsilon = 10^3$)就是自旋禁阻的 $^1A_{1g} \to\,^3B_{1u}$ 跃迁,其原因是 $^3B_{1u}$ 和 $^1B_{1u}$ 两个激发态间的自旋-轨道偶合形成了 $^3B'_{1u}$ 态,即

$$^3B'_{1u} = a(^3B_{1u}) + b(^1B_{1u}) \tag{3.1.29}$$

正是由于 $^1B_{1u}$ 态有一定的组合系数 b,从而使得 $^1A_{1g} \to\,^3B_{1u}$ 跃迁成为可能。

有些轨道禁阻的电子跃迁谱带也有一定的强度。苯在 256 nm 处的中强带就是 $^1A_{1g} \to\,^1B_{2u}$ 跃迁,这可以由电子坐标和核振动坐标的相互偶合来加以说明,称为电子-振动偶合[Born-Oppenheimer 近似所导出的式(2.1.12)没有考虑这种作用]。这时跃迁偶极矩积分中应考虑振动波函数 ψ^{vib},因此式(3.1.24)应写为

$$\mu_{lm} = \int_{-\infty}^{\infty} \psi_m^{\text{el}} \psi_m^{\text{vib}} \mu \psi_l^{\text{el}} \psi_l^{\text{vib}} d\tau \tag{3.1.30}$$

在室温或低温下,按 Boltzmann 分布规律,大多数分子处在电子基态中的振动基态(图 3.1 中 $v=0$),而不必考虑其他更高的 $v=1,2,\cdots$ 振动激发态。因此 ψ_l^{vib} 应为全对称的 A_1 不可约表示。这就可以简化为探讨是否满足下列直积关系:

$$\mu_{ml} = \int_{-\infty}^{\infty} \psi_m^{\text{el}} \psi_m^{\text{vib}} \mu \psi_l^{\text{el}} \psi_l^{\text{vib}} d\tau$$

$$\Gamma_{B_{2u}} \otimes \Gamma_{\psi_m}^{\text{vib}} \otimes \begin{pmatrix} \Gamma_{E_{1u}} \\ \Gamma_{A_{2u}} \end{pmatrix} \otimes \Gamma_{A_{1g}} \subset \Gamma_{A_1} \tag{3.1.31}$$

式(3.1.31)下方列出了在 D_{6h} 点群下,$^1A_{1g} \to\,^1B_{2u}$ 电子-振动允许跃迁时对应项的不可约表示 Γ 的直积关系。在讨论振动光谱时(3.4 节)将证明苯分子具有 $3N-6=30$ 个简正振动模型,因而 $\Gamma_{\psi}^{\text{vib}}$ 对称性有很多可能值。通过特征标表具体运算式

(3.1.31)可知,只有两个 e_{2g} 简正振动对 $^1A_{1g} \rightarrow {}^1B_{2u}$ 跃迁有足够的贡献。表 3.1 中列出了一些常见跃迁强度的近似值。

表 3.1　过渡金属配位化合物电子光谱的吸收强度

消光系数 ε	跃 迁 类 型	示　　例
$10^{-3} \sim 1$	自旋禁阻,Laporte 禁阻	d–d 吸收带(自旋自由型八面体)
$1 \sim 10^2$	自旋禁阻,Laporte 禁阻(d–p 混合)	d–d 吸收带(四面体)
	自旋允许,Laporte 禁阻	d–d 吸收带(八面体)
$10^2 \sim 10^3$	自旋允许,Laporte 禁阻(d–p 混合)	d–d 吸收带(四面体)
	自旋允许,Laporte 禁阻	d–d 吸收带(八面体)(P、As、S 配位体)
	自旋允许,Laporte 禁阻	CT 吸收带
$10^3 \sim 10^6$	自旋允许,Laporte 允许	CT 吸收带

3.1.3　配位化合物的电子吸收光谱

配位化合物的溶液或晶体光谱大致可以分为三类:①d–d 跃迁谱带。这时电子从中心离子中较低的 d 轨道跃迁到较高的 d 轨道。这种 d–d 跃迁通常是轨道不允许的 Laporte 禁阻,只是由于电子–振动作用解除了禁阻,因此强度较弱,但它落在可见区范围,所以它体现了配位化合物的颜色。②电荷转移谱带。这时,若电子从金属贡献的分子轨道跃迁到配位体贡献的分子轨道上,则称为金属到配位体的电荷转移带(简记为 MLCT)。而更常发生的是配位体到金属的电荷转移带(简记为 LMCT),其特点是,由于电荷转移产生较大的 μ_{lm},因而强度较大,通常处于紫外区域。③配位体内的电荷转移带。在有机配位体中经常出现分子内的电子转移带,由于其分子轨道能级次序通常为成键 σ < 成键 π < 非键 n < 反键 $π^*$ < 反键 $σ^*$,因此,一般 $n \rightarrow π^*$ 跃迁较 $π \rightarrow π^*$ 跃迁处在较长的波长方向。当中心离子和配位体间形成较强的共价键时,这种谱带相对于自由配位体的谱带有较大的位移。下面将通过电子结构理论来阐明电子光谱的特性[12,13]。

1. 八面体配位化合物的光谱

对于六配位的配位化合物 $[ML_6]^{n-}$,当 L = CO、CN^- 等配位体时,应将配位体所含较低空轨道 $π^*$ 加到图 2.17 所示的分子轨道能级图中去(图 4.24),因此在占据"金属 t_{2g}"轨道中应有配位体 L 的 $π^*$ 成分。Gray 和 Fenske 等对这类电子结构作了较定量的计算,例如 $[Fe(CN)_6]^{4-}$ 的能级图如图 3.3 所示,在 O_h 群下,除了考虑 σ 型分子轨道外,还要考虑约化为 t_{1u}、t_{1g}、t_{2u} 和 t_{2g} 不可约表示的 12 个 pπ 轨道(参考表 2.18)。pσ 轨道对金属核的择优取向导致较强的吸引作用,所以 pσ 轨道的能量低于 pπ。大量计算表明 $[Fe(CN)_6]^{4-}$ 具有图 3.3 所示的分子轨道能级图。

以低自旋 d^6 配位化合物为例,大多数第 2 和第 3 系的过渡金属卤化物、氰化物和羰基化合物都是低自旋的,具有基态 $\cdots(2t_{2g})^6 \equiv {}^1A_{1g}$(参见附录Ⅲ中 d^6 组态能级图),配位场跃迁 $2t_{2g} \rightarrow e_g^3$ 产生激发态 $^3T_{1g}$、$^3T_{2g}$、$^1T_{1g}$ 和 $^1T_{2g}$。由配位场理论求出相对于 $^1A_{1g}$ 基态,激发态的能量 W 为

ν_A:　　　$W(^3T_{1g}) = 10Dq - 3C + 50B^2/10Dq$　　　(3.1.32)
ν_B:　　　$W(^3T_{2g}) = 10Dq + 8B - 3C + 14B^2/10Dq$　　　(3.1.33)
ν_1:　　　$W(^1T_{1g}) = 10Dq - C + 86B^2/10Dq$　　　(3.1.34)
ν_2:　　　$W(^1T_{2g}) = 10Dq + 16B - C + 2B^2/10Dq$　　　(3.1.35)

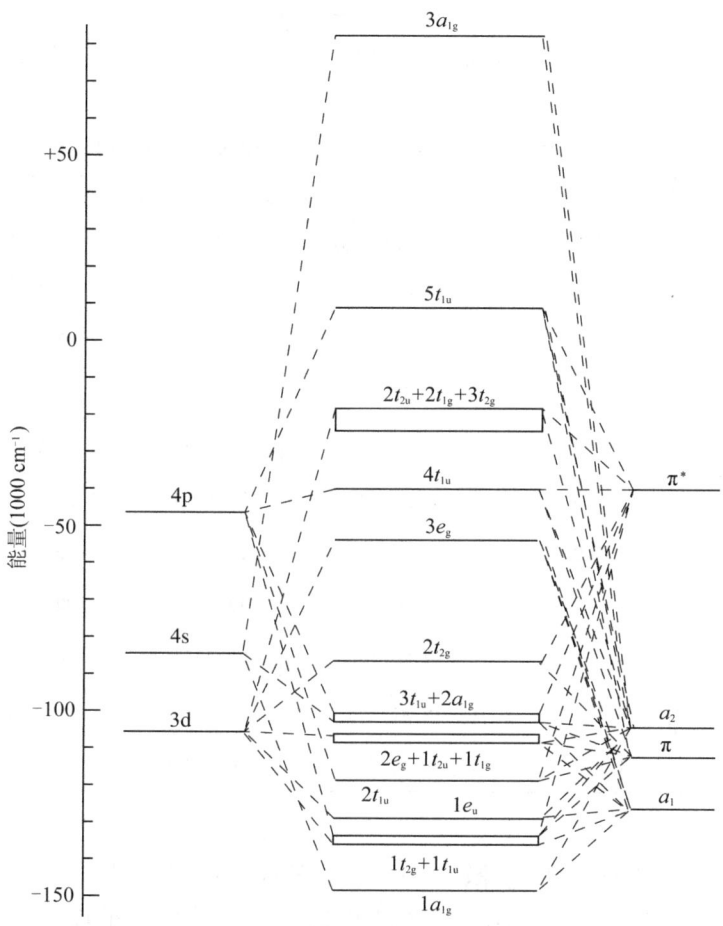

图 3.3　$[Fe(CN)_6]^{4-}$ 的分子轨道图

根据光谱实验的 ν 值及较为稳定的自由原子的 C 值,由上述方程可以拟合出适宜于各种配位化合物的 Dq 及 B 值(表 3.2)。采用适当的 Racah 参数,可以证实激发态的能级次序为

$$^1T_{2g} > {^1T_{1g}} > {^3T_{2g}} > {^3T_{1g}} \quad (3.1.36)$$

低自旋 d^6 配位化合物的电荷转移光谱不太复杂。在 L→M 的跃迁中不可能有 Lπ→$2t_{2g}$ 和 Lσ→$2t_{2g}$ 所引起的态之间的跃迁。从图 3.3 中可以预计有三个电偶极矩允许的到 $^1T_{1u}$ 的跃迁,它们对应于 $2t_{1u}$→$3e_g$ ($^1A_{1g}$→a^1T_{1u}), $1t_{2u}$→$3e_g$ ($^1A_{1g}$→b^1T_{1u}) 和 $1t_{1u}$→$3e_g$ ($^1A_{1g}$→c^1T_{1u})。例如,根据 $[PtBr_6]^{2-}$ 在 2-MeTHF/MeOH 非水溶剂中以

及它们在 $d^{10}s^0$ 的 $[SnCl_6]^{2-}$ 中的磁圆二色谱实验[14]，得到的这种电荷转移光谱的指认为

$$^1A_{1g} \to a^1T_{1u} \quad 30\,100 \text{ cm}^{-1} \quad (3.1.37)$$

$$^1A_{1g} \to b^1T_{1u} \quad 31\,800 \text{ cm}^{-1} \quad (3.1.38)$$

$$^1A_{1g} \to c^1T_{1u} \quad 43\,700 \text{ cm}^{-1} \quad (3.1.39)$$

但是 $[RhCl_6]^{3-}$ 配位离子只出现在 $41\,000$ cm^{-1} 的一个 $^1A_{1g} \to a^1T_{1u}$ 跃迁和 b^1T_{1u} 谱峰。

表 3.2 3d^6 离子自旋成对型六配位配位化合物的 d-d 吸收带

配位化合物	跃迁/10^3 cm^{-1}（消光系数 ε）			10Dq	B	β
	$^3T_{1g} \leftarrow {}^1A_{1g}$	$^1T_{1g} \leftarrow {}^1A_{1g}$	$^1T_{2g} \leftarrow {}^1A_{1g}$			
$[Fe(phen)_3]^{2+}$	8.96(1.2)	12.26(1.2)	—	13.11	602	0.68
$[Fe(CN)_6]^{4-}$	27.3(2.1)	31.0(345)	—	32.20	490	0.55
$[Co(O_x)_3]^{3-}$	—	16.6(125)	23.75(155)	18.02	540	0.49
$[Co(H_2O)_6]^{3+}$	8(0.1)	16.5(40)	24.7(50)	20.76	510	0.46
$[Co(NH_3)_6]^{3+}$	13.0(0.2)	21.2(56)	29.55(46)	22.87	615	0.56
$[Co(en)_3]^{3+}$	13.7(0.3)	21.55(88)	29.60(78)	23.16	590	0.53
$[Co(CN)_6]^{3-}$	—	32.40(200)	39.00(140)	32.2	400	0.36
$[Rh(NH_3)_6]^{3+}$	—	32.80(134)	39.20(101)	34.0	430	0.60
$[RhCl_6]^{3-}$	14.7(3)	19.3(102)	24.3(82)	20.4	350	0.49
$[Ir(NH_3)_6]^{3+}$	31.8(14)	39.8(92)	46.8(160)	41.2	470	0.71

对于 M→L 的 $d\pi_g \to L\pi_u^*$ 激发，从 $^1A_{1g}$ 基态跃迁到 $^1T_{1u}$ 态是允许的。预计有两个可允许的跃迁：$2t_{2g} \to 4t_{1u}$ ($^1A_{1g} \to c^1T_{1u}$) 和 $2t_{2g} \to 2t_{2u}$ ($^1A_{1g} \to d^1T_{1u}$)。其中 c^1T_{1u} 态的能量应该较低，因为 $4t_{1u}$ 和金属 $t_{1u}(p)$ 价轨道相互作用而使它更为稳定。例如，对于 $[Fe(CN)_6]^{4-}$ 水溶液，测得它的 $^1A_{1g} \to c^1T_{1u}$ 和 $^1A_{1g} \to d^1T_{1u}$ 电荷转移光谱分别为 $45\,900$ cm^{-1} 及 $50\,000$ cm^{-1}。含有能级较低的空 π^* 轨道的 CO 或 CN$^-$ 之类的配位体，常会出现这种 M→L 的电荷转移光谱。

2. 平面型配位化合物的光谱

大量具有 d^8 电子组态金属的配位化合物都具有四方平面结构，例如，对于 $[MX_4]^{n-}$ 型的 $[PtCl_4]^{2-}$ 配位化合物，通过对它的低温单晶偏振光谱的研究，人们获得了丰富的实验资料。图 3.4 为表示这类 D_{4h} 群配位化合物分子轨道能级的示意图。

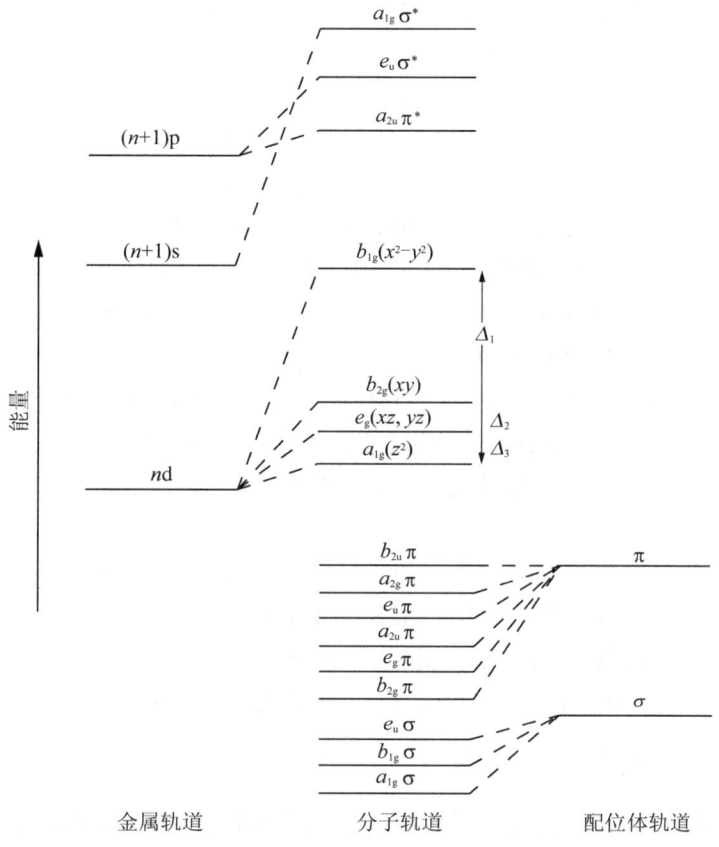

图 3.4 四方配位化合物 $[MX_4]^{n-}$ 的分子轨道能级示意图[15]

其基态为 $(a_{1g})^2(e_g)^4(b_{2g})^2$ 和 $^1A_{1g}$。单电子激发到空的 b_{1g} 轨道,产生下列对称态及其相对于基态的能量:

$$b_{2g} \to b_{1g} \begin{cases} ^3A_{2g} & W = \Delta_1 - 3C \\ ^1A_{2g} & W = \Delta_1 - C \end{cases} \tag{3.1.40}$$

$$e_g \to b_{1g} \begin{cases} ^3E_g & W = \Delta_1 + \Delta_2 - 3(3B+C) \\ ^1E_g & W = \Delta_1 + \Delta_2 - (3B+C) \end{cases} \tag{3.1.41}$$

$$a_{1g} \to b_{1g} \begin{cases} ^3E_{1g} & W = \Delta_1 + \Delta_2 + \Delta_3 - 3(4B+C) \\ ^1B_{1g} & W = \Delta_1 + \Delta_2 + \Delta_3 - (4B-C) \end{cases} \tag{3.1.42}$$

若对 $[PtCl_4]^{2-}$ 采用 Racah 参数 $B = 750 \text{ cm}^{-1}$、$C = 3000 \text{ cm}^{-1}$,则得到

$$W(^3A_{2g}) = \Delta_1 - 9000 \text{ cm}^{-1} \tag{3.1.43}$$

$$W(^1A_{2g}) = \Delta_1 - 3000 \text{ cm}^{-1} \tag{3.1.44}$$

$$W(^3E_g) = \Delta_1 + \Delta_2 - 15\ 750 \text{ cm}^{-1} \tag{3.1.45}$$

$$W(^1E_g) = \Delta_1 + \Delta_2 - 5250 \text{ cm}^{-1} \tag{3.1.46}$$

$$W(^3B_{1g}) = \Delta_1 + \Delta_2 + \Delta_3 - 18\ 000 \text{ cm}^{-1} \tag{3.1.47}$$

$$W(^1B_{1g}) = \Delta_1 + \Delta_2 + \Delta_3 - 6000 \text{ cm}^{-1} \tag{3.1.48}$$

实验发现,在溶液中较低能态间跃迁所产生的光谱为

$$18\ 000\ \text{cm}^{-1}(\varepsilon_{\max}=2.6)$$
$$20\ 000\ \text{cm}^{-1}(\varepsilon_{\max}=15)$$
$$26\ 000\ \text{cm}^{-1}(\varepsilon_{\max}=60)$$
$$30\ 000\ \text{cm}^{-1}(\varepsilon_{\max}=64)$$

其中,强度较大的 26 000 cm^{-1} 和 30 000 cm^{-1} 为自旋允许跃迁。由于 26 000 cm^{-1} 带为(x,y)偏振,因而根据群论分析[式(3.1.12)],它应为$^1A_{1g}\to{}^1A_{2g}$。此外,由磁圆二色散实验,证实 30 000 cm^{-1} 带为$^1A_{1g}\to{}^1E_g$[16],因此得到$\Delta_1=29\ 000\ \text{cm}^{-1}$,$\Delta_2=6\ 250\ \text{cm}^{-1}$,$\Delta_3$ 约为 10 000 cm^{-1},使得$^1B_{1g}$位于 39 000 cm^{-1}处。

利用在晶体中的光谱得到$\Delta_1=29\ 000\ \text{cm}^{-1}$,$\Delta_2=5250\ \text{cm}^{-1}$,由此得到$^3E_g$位于 18 500 cm^{-1}处,$^3A_{2g}$位于 20 000 cm^{-1}处(实验值分别为 18 000 cm^{-1} 和 20 000 cm^{-1})。若把 24 000 cm^{-1}肩峰对应于$^3B_{1g}$态,则得到$\Delta_3=8000\ \text{cm}^{-1}$。于是$^1B_{1g}$位于 36 250 cm^{-1}处。

与 d^6 低自旋的 MX$_6^{n-}$ 配位化合物一样,在 d^{8}MX$_4^{n-}$ 配位化合物中也有三个允许的电荷转移跃迁:两个 L$\pi_u\to$dσ_g^* 型和一个 L$\sigma_u\to$dσ_g^* 型。在[PtBr$_4$]$^{2+}$中观察到三个允许的电荷转移带,从强度上考虑,33 000 cm^{-1} 带应为 $b_{2u}\pi\to b_{1g}$,而 36 100 cm^{-1} 带为 $e_u\pi\to b_{1g}$,在 47 400 cm^{-1} 处最强的宽峰为 $e_u\sigma\to b_{1g}$。

3.1.4 光谱参数和成键性质

对于一系列八面体配位化合物,由上述光谱方法得到的晶体场分裂参数 Δ 和 Racah 电子排斥参数 B 能够反映配位化合物的成键性质。根据 Δ 值的大小,得到不同配位体对 d 轨道分裂能力的次序为

$$\text{I}^-<\text{Br}^-<\text{Cl}^-\approx\text{SCN}^-<\text{dtp}<\text{F}^-\approx\text{尿素}\approx\text{OH}^-$$
$$\approx\text{NO}_2^-\approx\text{HCO}^-<\text{Ox}^{2-}<\text{H}_2\text{O}\approx\text{mal}^{2-}<\text{NCS}^-$$
$$<\text{gly}^-\approx\text{EDTA}<\text{Py}\approx\text{NH}_3<\text{en}<\text{den}\approx\text{tren}$$
$$<\text{SO}_3^{2-}<\text{bipy}<\text{Phen}<\text{NO}\ll\text{CN}^-\approx\text{COP}(\text{OR})_3 \qquad (3.1.49)$$

通常称该次序为光谱化学序列。这种光谱化学序列并非固定不变的,特别是对于高自旋和非正常氧化态的金属配位化合物,其次序可能会发生变动。经验的"平均环境规则"表明,混合配位化合物[MA$_n$B$_{6-n}$]的 Δ 值可由[MA$_6$]和[MB$_6$]的 Δ 值通过线性内插法得到。

Δ 值与配位体和金属原子的本性有关,研究发现,在很多场合,对于严格的八面体配位化合物,这种关系可以写为

$$\Delta=fg \qquad (3.1.50)$$

其中,f 因子代表配位场效应,g 代表中心原子效应(表 3.3)。如果某些配位化合物的 Δ 计算值和实验值有较大偏差,则认为它们并不具有严格的八面体的对称性。如果我们按中心原子的 g 值进行排列,也可以得到一个序列:

$$\text{Mn}(\text{II})<\text{Ni}(\text{II})<\text{Co}(\text{II})<\text{Fe}(\text{II})<\text{V}(\text{II})<\text{Fe}(\text{III})$$

$$< Cr(Ⅲ) < V(Ⅲ) < Co(Ⅲ) < Mn(Ⅲ)$$
$$< Mo(Ⅲ) < Rh(Ⅲ) < Pu(Ⅲ) < Pd(Ⅲ)$$
$$< Ir(Ⅲ) < Re(Ⅳ) < Pt(Ⅳ) \tag{3.1.51}$$

表 3.3　光谱化学序列的 $\Delta = fg$ 表示式中的 f 和 g 值

配位体	f	中心原子	$g/10^3 \text{cm}^{-1}$
6F$^-$	0.9	V(Ⅱ)	12.3
6H$_2$O	1.00	Cr(Ⅲ)	17.4
6 尿素	0.91	Mn(Ⅱ)	8.0
6NH$_3$	1.25	Mn(Ⅳ)	23
3en	1.28	Fe(Ⅲ)	14.00
3Ox^{2-}	0.98	Co(Ⅲ)	19.00
6Cl$^-$	0.80	Ni(Ⅱ)	8.9
6CN$^-$	1.70	Mo(Ⅲ)	24.0
6Br$^-$	0.76	Rh(Ⅲ)	27.0
3dtp	0.86	Re(Ⅳ)	35
6I$^-$	0.7	Ir(Ⅲ)	32
3dsp[1)]	0.8	Pt(Ⅳ)	36
		Tc(Ⅳ)	30

1) dsp 为二硒代磷酸二乙基。

从配位场理论的观点来看,共价作用使配位体轨道伸展到中心原子的 d 电子云中去,从而改变 d 电子间的排斥程度,这种效应称为配位体的电子云伸展效应,从实验结果总结出其次序为

$$F^- < H_2O < (CH_3)_2SO \approx CH_3CONH_2 < 尿素 < NH_3$$
$$< en < Ox^{2-} < NCS^- < oxide < Cl^- < CN^- < Br^-$$
$$< I^- \approx dtp \approx S^{2-} < dtc < dsp \tag{3.1.52}$$

由于配位化合物的共价性,其光谱实验的 B 值比自由金属离子的 Racah 参数 B_0 要小一些。如果令 $\beta = B_0/B$(参看表 3.2)表示配价键的共价性,则发现电子云伸展效应和 $(1-\beta)$ 近似一致,而且和 Δ 一样,也可以写成

$$(1-\beta) = hk \tag{3.1.53}$$

其中,h 和 k 也分别为配位体和金属离子的特征参数。中心原子的 k 值次序为

$$Mn(Ⅱ) \approx V(Ⅱ) < Ni(Ⅱ) \approx Co(Ⅱ) < Mo(Ⅲ)$$
$$\approx Cr(Ⅲ) < Fe(Ⅲ) < Os(Ⅳ) < Ir(Ⅲ)$$
$$\approx Rh(Ⅲ) < Co(Ⅲ) < Pt(Ⅳ) \approx Mn(Ⅳ)$$
$$< Ir(Ⅵ) < Pt(Ⅵ) \tag{3.1.54}$$

和 g 值类似,该次序随着金属价的增加而增加,但是,从一个过渡金属系到另一个过渡金属系时其次序相反。将共价性弱的 H$_2$O 和 F$^-$ 配位体及共价性强的 CN$^-$、Br$^-$、I$^-$、dtp 等配位体的配位化合物在两种序列中的位置进行比较,可见配

位体的电子云伸展序列更好地反映了配位化合物的共价性,而且与配位体的极性和还原能力次序是一致的。

3.1.5 配位化合物的发射光谱

现在我们讨论由高能级跃迁到低能级的发射光谱。首先简略介绍一下过渡金属配位化合物的发光性质,进而较深入地讨论一些稀土金属配位化合物的光谱[17]。

通常分子的发射态是和基态有相同自旋多重度的那个最低激发态,例如,d^3 组态能级图,图 3.5 中的 $^4T_{2g} \to {}^4A_{2g}$(参见附录Ⅲ)。但是,当自旋-轨道相互作用较大时,实际上只有能量最低的激发态可以发射(如图 3.5 中 $^2E_g \to {}^4A_{2g}$)。对于更高的激发态,由于会发生很快的无辐射过程,所以观察不到它的发射光谱。通常只要次低电子态的谷底大致落在电子基态的五个振动量子数($v = 5$)之内,则无辐射过程速率比辐射速率大得多。在高自旋 d^3 和 d^5 金属配位化合物(如 Cr^{3+} 和 Mn^{2+})中,经常观察到发光现象。在 Ni^{2+} 和 Co^{2+} 配位化合物中观察到红外发光,在 $[Ru(biPy)_3]^{2+}$ 中还观察到配位体→金属电荷转移所引起的发光。目前已有配位化合物发光性质的总结性文献,这里以八面体 Cr^{3+} 配位化合物为例加以说明[18]。

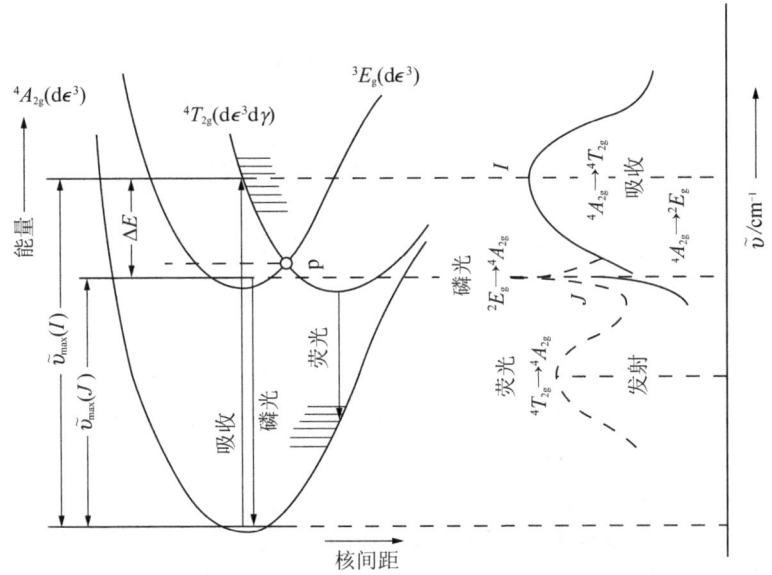

图 3.5 Cr^{3+} 在基态($^4A_{2g}$)、磷光态(^2E_g)和荧光态($^4T_{2g}$)的势能曲线(左)及其光谱(右)

一般情况下,Cr^{3+} 配位化合物在光的激发下从基态 $^4A_{2g}$ 跃迁到自旋允许的激发态 $^4T_{2g}$,从而产生吸收光谱。高能态 $^4T_{2g}$ 分子的寿命很短($10^{-9} \sim 10^{-6}$ s),因而可以直接发射,或先通过和其他分子碰撞而回到能级较低的振动态 $v' = 0$ 而发射出所谓的共振荧光,可见荧光光谱的波长比吸收光谱的更长些(图 3.5 右)。而 ^2E 和 $^4A_2$ 态具有类似的势能曲线。由于 $^4T_{2g}$ 和 ^2E_g 态的势能曲线相互有一定的重叠,因而有可能通过非辐射的形式从 $^4T_{2g}$ 态跃迁到自旋不同的 ^2E_g 态(常称为系统内交叉),然后再以辐射的形式回到基态,就产生所谓的磷光。由于这种跃迁是自旋禁阻的,因此磷光的寿命可达 10^{-3} s 以上,且吸收光谱和荧光光谱在磷光光谱的两侧对称分布。对于八面体 Cr^{3+} 配位化合物,通常观察到它的磷光光谱,有时也观察到 $^4T_2 \to {}^4A_2$ 的荧光光谱。已经证实,当 Dq 值减小,而使 $^4T_2 \to {}^2E$ 的交叉点靠近时,发射光谱就会从纯磷光光谱转向荧光光谱。

稀土金属配位化合物的发射光谱:稀土螯合物的发光是当前十分活跃的一个领域,这类化合物可用作发光和激光材料,其中有趣的问题是由螯合环吸收光能而由稀土离子发出敏锐谱线这段时间内能量是如何转换的。目前已清楚,主要是螯合体系的单重激发态通过系统内自旋交叉而衰减到最低三重态,再跃迁到稀土三重态,最后发射出稀土明锐的荧光谱线,可以用晶体场理论对它们进行讨论[19]。

通常的稀土金属配位化合物以三价离子的形式存在,其电子结构为 $4f^n 5s^2 5p^6$。由于 4f 电子被外层球对称的 5s 和 5p 电子所屏蔽,因此其配位化合物光谱常具有"原子光谱"的特征。我们熟知,含有稀土元素的激光晶体具有很好的激光性能,为了深入了解它的发射光谱性质,下面简要说明 f 轨道的配位场理论。

我们将以目前广为使用的稀土激光晶体 NdP_5O_{14} 为例进行说明[20],稀土 f 电子的 $l=3$,因而有 $(2l+1)=7$ 个的简并轨道。Nd^{3+} 为 f^3 电子组态。根据 Russell-Saunders 的 L-S 偶合,其光谱基项为 $^4I_{9/2}$,激发态光谱项为 $^4I_{11/2}$、$^4I_{13/2}$、$^4F_{3/2}$ 等。将 Nd^{3+} 掺入 YP_5O_{14} 对称晶格中,所得到的 YP_5O_{14}/Nd 晶体中 Nd^{3+} 离子周围的局部点对称性近似为 C_{2v},由其生成对称元素可导出配位场势能,其具体表达式为[参见表 2.11,对应于式(2.4.10),但采用了不同的习惯符号,分别用参数 B 和 C 表示其中的径向和角度参数部分]

$$\hat{H}_{cf} = B_{20}C_0^2 + B_{40}C_0^4 + B_{60}C_0^6 + B_{22}(C_2^2 + C_{-2}^2) \\ + B_{42}(C_2^4 + C_{-2}^4) + B_{62}(C_2^6 + C_{-2}^6) \\ + B_{44}(C_4^4 + C_{-4}^4) + B_{64}(C_4^6 + C_{-4}^6) \\ + B_{66}(C_6^6 + C_{-6}^6) \quad (3.1.55)$$

Nd^{3+} 的光谱支项能级 J 在配位场静电场作用下会进一步分裂成以不同 $|M_J|$ 标记的 Stark 子能级,例如,光谱基项 $^4I_{9/2}$ 中 $J=9/2$,可以分裂成 $|M_J|=|9/2|$、$|7/2|$、$|5/2|$、$|3/2|$ 和 $|1/2|$ 这五个子能级。

稀土离子中存在着较强的自旋-轨道偶合作用,其数量级与 Coulomb 静电作用相当(2.4 节),对于配位场影响则较小,属于弱场情况。因而在进行稀土离子的配位场计算时,作为一级微扰,首先应考虑静电作用和自旋-轨道偶合作用的中间偶合。中间偶合作用的 Hamilton 算符为

$$\hat{H}_{int} = \hat{H}_{el} + \hat{H}_{so} \quad (3.1.56)$$

其中,$\hat{H}_{el}$ 为静电作用 Hamilton 算符,$\hat{H}_{so}$ 为自旋-轨道偶合 Hamilton 算符。在推导其矩阵元时要用到较复杂的不可约张量算符方法,下面不再详述,只简介它的最后结果;若无必要,可以略而不读。Racah 将 $\hat{H}_{el}$ 的矩阵元表示为 Slater 径向积分的线性组合,并将其参数化,从而其矩阵元重新表示为[对比式(2.2.49)]

$$E = \sum_{k=1}^{3} e_k E^k \quad (3.1.57)$$

其中，e_k 为新算符的角度贡献部分，E^k 为 Coulomb 作用参数，它和 Condon – Shortley 参数 F_k 的关系为

$$E^0 = F_0 - 10F_2 - 33F_4 - 286F_6$$

$$E^1 = \frac{1}{9}(70F_2 + 231F_4 + 2002F_6) \quad (3.1.58)$$

$$E^3 = \frac{1}{3}(5F_2 + 6F_4 - 91F_6)$$

自旋 – 轨道偶合矩阵元可表示为

$$\langle f^N \alpha SLJM_J | \hat{H}_{so} | f^N \alpha' S' L' J M_J \rangle$$

$$= \zeta_{4f}(-1)^{j+L+S'} \begin{Bmatrix} L & L' & 1 \\ S' & S & J \end{Bmatrix} \cdot \langle f^N \alpha SL \| V_{11} \| f^N \alpha' S' L' \rangle \quad (3.1.59)$$

矩阵元中，$|f^N \alpha SLJM_J\rangle$ 为纯 Russell – Saunders 偶合态（其中 α 为需要时用来更明确地标记该状态的附加量子数，如主量子数 n 等），ζ_{4f} 为稀土离子的自旋 – 轨道偶合参数。式(3.1.59)中的 $\langle f^N \alpha SL \| V_{11} \| f^N \alpha' S' L' \rangle$ 为自旋 – 轨道偶合计算中出现所定义的所谓约化矩阵元（物理因子），花括号 $\{\ \}$ 为由其中出现的量子数 L、S 等参数所决定的所谓 $6-j$ 符号（几何因子），它们均有表可查[13(a)]。

当考虑不同光谱支项的组态相互作用时，须在对角矩阵元内引入 Casimir 算符的作用：

$$\hat{H}_{ca} = \alpha L(L+1) + \beta G(G_2) + \gamma G(R_7) \quad (3.1.60)$$

其中，$G(G_2)$ 和 $G(R_7)$ 为群论中 G_2 群和 R_7 群的 Casimir 算符的本征值，α、β、γ 为 Casimir 算符引入的拟合参数。中间偶合中考虑这三种作用，则引入了七个参数：E^1、E^2、E^3、ζ、α、β、γ。例如，可以采用已知 Carnall 的拟合值。经过中间处理后偶合得到新的波函数为

$$|f^N \alpha S L J\rangle' = \sum_i C_i |f^N(\alpha S L)_i J\rangle \quad (3.1.61)$$

其中，$|f^N(\alpha S L)_i J\rangle$ 为纯 Russell-Saunders 态，$|f^N \alpha S L J\rangle'$ 为中间偶合态。

下面考虑晶体场微扰作用。按式(3.1.55)对于晶体中的稀土离子，根据配位场理论，其配位场 Hamilton 算符为

$$\hat{H}_{cf} = \sum_{k,q} B_{kq}(C_q^k)_i \quad (3.1.62)$$

其中，B_{kq} 为配位场参数，C_q^k 为张量算符，i 为对稀土离子的所有电子求和。由不可约张量算符理论导出配位场 Hamilton 矩阵元的形式为

$$\langle f^N \alpha S L J M_J | \hat{H}_{cf} | f^N \alpha' S' L' J' M'_J \rangle$$

$$= \sum_{k,q} B_{kq} \langle f^N \alpha S L J M_J | U_q^k | f^N \alpha' S' L' J' M'_J \rangle \cdot \langle f \| C^k \| f \rangle \quad (3.1.63)$$

其中，$|f^N \alpha S L J M_J\rangle$ 是中间偶合态。将式(3.1.63)和物理上的 Wigner – Eckart 理论结合得到

$$\langle f^N \alpha\, S\, L\, J\, M_J | \mathbf{U}_q^k | f^N \alpha' S' L' J' M_J \rangle$$
$$= (-1)^{J-M_J} \begin{pmatrix} J & k & J' \\ -M_J & q & M'_J \end{pmatrix}$$
$$\langle f^N \alpha\, S\, L\, J \| \mathbf{U}^k \| f^N \alpha' S' L' J' \rangle \tag{3.1.64}$$

由于球谐算子 $\mathbf{U}^k$ 只作用在波函数的空间部分,因而有

$$\langle f^N \alpha\, S\, L\, J \| \mathbf{U}^k \| f^N \alpha' S' L' J' \rangle$$
$$= (-1)^{S+L'+J+K}(2J+1)^{\frac{1}{2}}(2J'+1)^{\frac{1}{2}}$$
$$\cdot \begin{pmatrix} J & J' & L \\ L' & L & S \end{pmatrix} \langle f^N \alpha\, S\, L \| \mathbf{U}^k \| f^N \alpha' S L' \rangle \tag{3.1.65}$$

式中,$\mathbf{U}_q^k$ 为单位张量算符,$\langle f^N \alpha\, S\, L \| \mathbf{U}^k \| f^N \alpha' S L' \rangle$ 称为二次约化矩阵元,大圆括号( )为所谓的 $3-j$ 符号。将式(3.1.61)代入式(3.1.65)最右边矩阵元得到

$$\langle \sum_i C_i \big| f^N(\alpha SL)_i J \| \mathbf{U}^k \| \sum_j C_j \big| f^N(\alpha SL)_j J \rangle$$
$$= \sum_i \sum_j C_i C_j (-1)^{S+L'+J+K}(2J+1)^{\frac{1}{2}}(2J'+1)^{\frac{1}{2}}$$
$$\cdot \begin{pmatrix} J & J' & L \\ L' & L & S \end{pmatrix} \langle f^N(\alpha SL)_i \| \mathbf{U}^k \| f^N(\alpha SL)_i \rangle \tag{3.1.66}$$

式中,被称为一次约化矩阵元 $\langle f^N(\alpha SL)_i \| \mathbf{U}^k \| f^N(\alpha SL)_j \rangle$ 中的态 $|f^N(\alpha SL)_i\rangle$ 是纯 Russell-Saunders 态。

根据上述原理,计算中间偶合一次约化矩阵元

$$\langle \sum_i C_i \big| f^N(\alpha SL)_i J \| \mathbf{U}^k \| \sum_j C_j \big| f^N(\alpha SL)_j J \rangle$$

后就可以用最小二乘法与实验能级值拟合出配位场参数 B_{kq} 等参数。

对于激光 $Nd_{0.5}P_5O_{14}/Y_{0.85}$,我们采用 7 个参数 $E^1 = 4739.3, E^2 = 24.0, E^3 = 485.96, \alpha = 0.5611, \beta = -117.5, \gamma = 1321.3, \xi = 884.58\ \text{cm}^{-1}$。经中间偶合后计算得到这种晶体的 Stark 子能级,列于表 3.4。拟合所得的配位场参数 B_{kq} 如下:

表 3.4 Nd^{3+} 在 $Nd_{0.5}P_5O_{14}/Y_{0.85}$ 晶体中 Stark 子能级能量值

$^{2S+1}L_J$	实验值 /cm^{-1}	计算值 /cm^{-1}	差值 /cm^{-1}	$^{2S+1}L_J$	实验值 /cm^{-1}	计算值 /cm^{-1}	差值 /cm^{-1}
$^4I_{9/2}$	0	-6.4	-6.4	$^4I_{11/2}$	2163	2153.0	10.0
	91	97.1	6.1		3922	3920.2	-1.8
	186	193.8	7.8		3948	3953.5	5.5
	279	273.7	-5.3	$^4I_{13/2}$	3996	3992.5	-3.5
	299	296.9	-2.1		4044	4043.4	-0.6
$^4I_{11/2}$	1959	1958.5	-0.5		4064	4070.2	6.2
	1981	1988.5	7.5		4099	4099.3	0.3
	2045	2044.2	-0.8		4163	4156.9	-6.1
	2058	2055.7	-2.3	$^4F_{3/2}$	11 465	11 467.4	2.4
	2086	2092.3	6.3		11 560	11 557.6	-2.4

$$B_0^2 = 233.4, \quad B_2^2 = 380.7, \quad B_0^4 = 0.0,$$
$$B_2^4 = 446.1, \quad B_4^4 = -740.9, \quad B_0^6 = 347.2,$$
$$B_2^6 = 149.0, \quad B_4^6 = 586.6, \quad B_6^6 = 0.0$$

计算结果与实验能级值相当一致。上面的分步介绍,可以加深对应用的理解。由于计算机的高速发展,目前已发表了更为方便的,一步到位的配位场理论计算程序[20b]。

本节主要讲述了配位化合物溶液或晶体的吸收光谱和发射光谱。多年来已经发展了一些研究光的强散射物质或不透明物质的电子光谱技术,其中应用广泛的是漫散射光谱[21]。近几年来发展了另一种技术,称为光声光谱法(photoacoustic spectroscopy)[22],用以研究传统的光透射法或反射法无法分析的配位化合物,例如,粉末、无定形固体、冻胶、涂层和悬浮体等其非光辐射过程。

3.2 圆二色谱

在研究分子(或固体)的结构时,其手性(chirality)或不对称性研究十分重要。手性是指分子或分子中某一基团的构型可以排列成互为镜像而不能叠合的两种形式,如人的左手和右手一样。手性是分子产生旋光性的必要条件。手性可以分为中心性、轴向性和面性三种类型。存在镜像异构体的化合物称为光学异构体(参考4.1.3小节),根据点群观点,这种分子必定不具有 S_n 轴。例如,含有不对称碳原子(或氮、磷原子)的化合物,氨基酸之类的螺旋分子。

早在1874年,van't Hoff 和 Le Bel 就对含有非对称碳原子(asymmetric carbon)的分子引进了对映体的概念,从而开辟了立体化学的新纪元。但当时不可能了解这类光学活性分子的特殊构型和旋光性质间的关系。在有机立体化学研究中主要讨论四面体的碳原子,但在配位化学的立体化学中主要讨论八面体配位的金属原子。后来过渡金属配位化合物的旋光性被广泛用于研究配位化合物的相对构型,虽然 Jaeger 和 Mathien 先后对旋光色散和圆二色散进行过研究,但只有在配位场理论和测定绝对构型的 X 射线方法得到发展后人们才开始理解电子跃迁与金属配位化合物光学活性的关系[23~26]。

3.2.1 一般概念

按照经典物理的 Maxwell 原理,对于沿 z 方向运动、角频率为 ω 的平面偏振光,它的电场和磁场与传播方向 E 垂直,且其强度可分别用式(3.2.1)和式(3.2.2)的实数部分表示:

$$E = E_0 \exp\left[i\omega\left(t - \frac{z}{c}\right)\right] \quad (3.2.1)$$

$$H = H_0 \exp\left[i\omega\left(t - \frac{z}{c}\right)\right] \quad (3.2.2)$$

当 E 用静电单位而 H 用电磁单位时 $|E|=|H|$，采用右手坐标如图 3.6 所示。

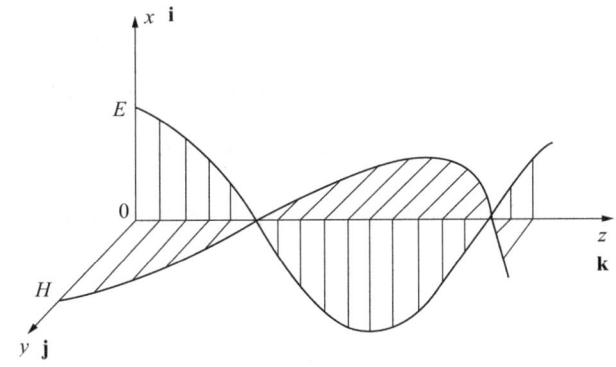

图 3.6　沿 z 方向运动的平面偏振光所伴随的振动电场和磁场

图 3.7 表示对着眼睛传播来的平面偏振光的电向量。这个平面（或线形）的偏振光可以分解为沿左右相反方向的左旋转的 R_l 和右旋转的 R_r 两个频率相同的相干圆偏振光分量（由于磁向量总是垂直于电向量，这里不加叙述）。在空间看来，圆偏振光成一螺旋轨迹，其螺距为波长，半径为振幅。图 3.8 表示一个椭圆偏振光，也可以分解为两个不同振幅 R_l 和 R_r 的相干圆偏振光。其椭球率定义为

$$\tan\theta = \frac{R_r - R_l}{R_r + R_l} \tag{3.2.3}$$

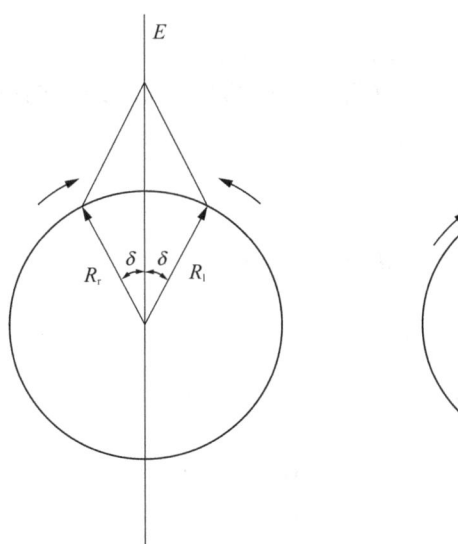
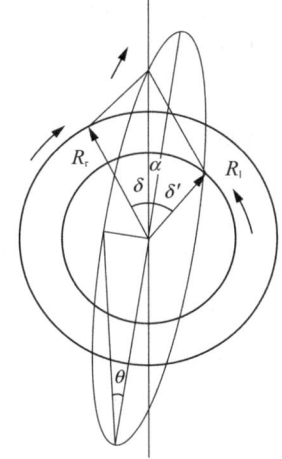

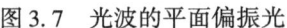

图 3.7　光波的平面偏振光　　图 3.8　光波的椭圆偏振光

对于物质的量浓度为 c 的溶液，当线形光通过这种具有手性的光活性溶液时，一方面，按照光吸收的 Beer 定律，有

$$I = I_0 \times 10^{-\varepsilon dc} \tag{3.2.4}$$

其中，I_0 为入射强度，d 为溶液厚度。左圆偏振光和右圆偏振光将具有不同的消光系

数 ϵ_l 和 ϵ_r;另一方面,这两种偏振光在通过光活性溶液时也具有不同的传播速度

$$v_l = \frac{C}{n_l}, \ v_r = \frac{C}{n_r} \ (其中,C 为光速) \quad (3.2.5)$$

和折光系数 n_l 和 n_r。当这两束偏振光和原来偏振面有一定偏转角度 δ 和 δ' 的圆偏振光进行合成后,就成为与原偏振面形成夹角为 α 的椭圆偏振光。当光强度为 $\frac{\sqrt{I_0}}{2}$ 的左偏振和右偏振光通过距离为 d 的溶液后,其强度 R_l 和 R_r 分别为

$$R_l = \left(\frac{\sqrt{I_0}}{2}\right) 10^{-(\frac{1}{2})\varepsilon_l dc} \quad (3.2.6)$$

$$R_r = \left(\frac{\sqrt{I_0}}{2}\right) 10^{-(\frac{1}{2})\varepsilon_r dc} \quad (3.2.7)$$

因此两束偏振光穿过 d 距离所需的时间分别为

$$d(n_l/C), d(n_r/C) \quad (3.2.8)$$

其差值 $d(n_l/C - n_r/C)$ 所对应的位相差为

$$2\pi \nu d(n_l - n_r)/C$$

或

$$2\pi d(n_l - n_r)/\lambda \quad (3.2.9)$$

如图 3.8 所示,图中左圆偏振光滞后于右圆偏振光,使得其方向和原来线偏振光的夹角为

$$\delta' = \delta + 2\pi d(n_l - n_r)/\lambda \quad (3.2.10)$$

两束偏振光合成后的电向量极大方向(椭球主轴方向)和原来线偏振光方向的夹角为 α。由于两个分向量以相同的角速度旋转,因而有

$$\delta + \alpha = \delta' - \alpha \quad (3.2.11)$$

由式(3.2.10)和式(3.2.11)得到

$$\alpha = \pi d(n_l - n_r)/\lambda \quad (3.2.12)$$

而椭球率为

$$\tan\theta = (R_r - R_l)/(R_r + R_l)$$
$$= (10^{-\frac{1}{2}\varepsilon_r dc} - 10^{-\frac{1}{2}\varepsilon_l dc})/(10^{-\frac{1}{2}\varepsilon_r dc} + 10^{-\frac{1}{2}\varepsilon_l dc}) \quad (3.2.13)$$

分子和分母乘以 $10^{(\varepsilon_r + \varepsilon_l)dc/4}$ 后得到

$$\tan\theta = [10^{(\varepsilon_l - \varepsilon_r)dc/4} - 10^{-(\varepsilon_l - \varepsilon_r)dc/4}]/$$
$$[10^{(\varepsilon_l - \varepsilon_r)dc/4} + 10^{-(\varepsilon_l - \varepsilon_r)dc/4}]$$
$$= \tanh(\ln 10) dc(\varepsilon_l - \varepsilon_r)/4 \quad (3.2.14)$$

对于小的 θ 值

$$\theta(按弧度) \doteq \tan\theta \doteq \tanh\theta \quad (3.2.15)$$

因而得到

$$\theta \doteq (\ln 10)/4 \, dc(\varepsilon_l - \varepsilon_r)$$
$$= 0.576 dc(\varepsilon_l - \varepsilon_r) \quad (3.2.16)$$

总之，电向量描写出一个椭球，旋转是沿吸收较小的圆偏振组分方向进行的，即 $\varepsilon_1 - \varepsilon_r > 0$，对应于图 3.8 中顺时针旋转。椭球的主轴旋转角度 $\pi d/\lambda (n_1 - n_r)$，即 $(n_1 - n_r) > 0$ 意味着右旋，反之称为左旋。

在旋光光谱实验中，常引入温度 t、波长 λ 时的比旋光，即

$$[\alpha]_\lambda^t = \alpha/l\rho \quad (\text{对纯液体}) \quad (3.2.17)$$

$$[\alpha]_\lambda^t = \alpha/lc \quad (\text{对溶液}) \quad (3.2.18)$$

其中，α 为观察到的旋光(度)，l 为以分米表示的光程，ρ 为液体的密度，c 为以 g/mL 表示的光活性溶质的浓度。

摩尔旋光度则定义为

$$[\phi]_\lambda^t = M/100 [\alpha]_\lambda^t \quad (3.2.19)$$

在圆二色散实验中则通常测定椭圆度 θ_λ（习惯上用度而不用弧度表示）。和比旋光类似，比椭圆度定义为

$$[\psi]_\lambda = \theta_\lambda/(l\rho) \quad (\text{对纯液体}) \quad (3.2.20)$$

$$[\psi]_\lambda = \theta_\lambda/(lc) \quad (\text{对溶液}) \quad (3.2.21)$$

摩尔椭圆度为

$$[\theta]_\lambda = [\psi]_\lambda M/100 \quad (3.2.22)$$

其中，M 为相对分子质量。考虑到式(3.2.16)，得到

$$\begin{aligned}
[\theta]_\lambda &= 2303 \frac{4500}{\pi}(\varepsilon_1 - \varepsilon_r) \\
&= 3300(\varepsilon_1 - \varepsilon_r) \\
&= 3300\Delta\varepsilon
\end{aligned} \quad (3.2.23)$$

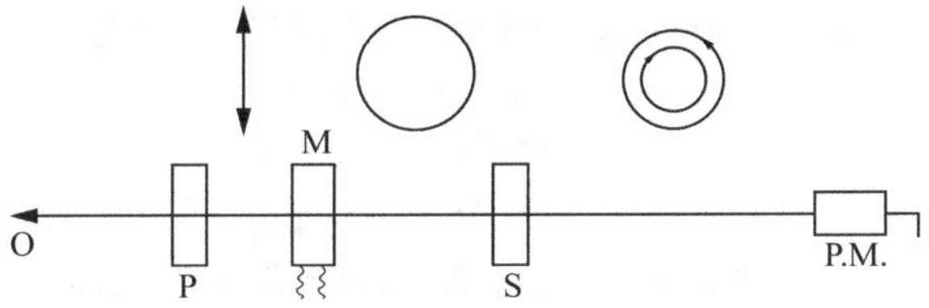

图 3.9　圆二色散仪示意图

O. 光源；P. 偏振器；M. 调幅器；S. 样品；P.M. 光电倍增管
图上方表示光的偏振形式

实际上很容易由实验得到摩尔圆二色性吸收系数，所以化学家常直接应用 $\varepsilon_1 - \varepsilon_r$ 的值。

在立体化学研究中，能测定绝对构型及反映微观分子轨道能级次序的圆二色谱法(简记为 CD，基于光的吸收差 $\Delta\varepsilon$ 或 θ)远比旋光谱(简记为 OR，基于光的色散差 Δn 或 ϕ)更为重要。在圆二色谱中主要利用圆偏振光的消光系数之差，即根据通常的吸收光谱方法测定左圆偏振光和右圆偏振光的消光系数之差 $\Delta\varepsilon$。图 3.9 为一个典型的圆二色散仪的示意图。光源 O 通过偏振器 P 后的单色线偏振光经过双折射片 M 周期性地转换成左圆偏振光和右圆偏振光，样品 S 对这两种偏振光有不同的吸收作用，变动的光强度在光电倍增管上产生直流和交流信号，从而测量出与 $\Delta\varepsilon$ 成比例的周期性信号。也可以利用电光效应的电-光片(Pockel 池)使线

性偏振光转换成左的和右的圆偏振光。

3.2.2 光和光学活性分子的相互作用

首先用易于理解的经典的电动力学来处理光和分子的相互作用(必要时可以略而不读)[24(α)]。当图3.7所示的平面偏振光垂直地照射于单位体积中含有N个非活性分子、厚度为d的薄层时,该电磁波中的电场E会在每个分子中诱导出一个电偶极矩:

$$P = \alpha E = \alpha E_0 \exp\left[i\omega\left(t - \frac{z}{c}\right)\right] \qquad (3.2.24)$$

其中,α为分子的极化率。物理上,在电场下加速的电荷会发射出脉冲电场,所以这种分子振荡偶极子也可以发射出和入射波相同频率的电磁辐射(式中所用到的向量乘积×等运算符号的意义参考附录Ⅴ):

$$E_s = \left(\frac{1}{c^2 r^3}\right)\left(r \times r \times \frac{\partial^2 P}{\partial t^2}\right) \qquad (3.2.25)$$

考虑到电磁脉冲从电荷传输到r处需要时间r/c,可以证明,在距离电偶极子r处的点产生的净电场强度为

$$E_s = -2\pi i E_0(\alpha\omega/c)Nd\exp\left[i\omega\left(t - \frac{z}{c}\right)\right] \qquad (3.2.26)$$

E_s也是一个平面波,虚数i表示散射E_s波落后于入射波$\pi/2$的相角。考虑到介质效应还应乘以Larentz因子$(n^2+2)/3$,但暂时略去这个常数并不影响后面的讨论。同样,根据Maxwell理论,电磁波中磁场也可以在每个分子中诱导出磁偶极矩M,由此也可以发射出电磁波。在距离该磁矩r处所观察到的电场强度为

$$E_m = \left(\frac{1}{c^2 r^2}\right)\left(r \times \frac{\partial^2 M}{\partial t^2}\right) \qquad (3.2.27)$$

现在我们进入到具有手性光学活性分子的讨论。手性光学活性分子的特点是具有以下能力:电磁波中磁场的变化会引起诱导电偶极矩,而电场的变化除了会诱导电偶极矩[式(3.2.24)]外,还会引起诱导磁偶极矩。因而对于光学活性的分子,其诱导电偶极矩和诱导磁偶极矩可以分别表示为

$$P = \alpha E - (\beta/c)\partial H/\partial t \qquad (3.2.28)$$
$$M = (\gamma/c)\partial E/\partial t \qquad (3.2.29)$$

其中,β和γ为常数。将式(3.2.1)和式(3.2.2)分别代入式(3.2.28)和式(3.2.29),得到

$$P = \alpha E_0 i\exp[i\omega(t-z/c)] - i(\omega/c)\beta E_0 j\exp[i\omega(t-z/c)] \qquad (3.2.30)$$
$$M = i(\omega/c)\gamma E_0 i\exp[i\omega(t-z/c)] \qquad (3.2.31)$$

其中,i为虚数;i和j分别为图3.6中沿E_0和H_0的单位向量。基于式(3.2.30)和式(3.2.31),按照和式(3.2.26)类似的方法(和透射波相结合)也可以求出光学活性分子振荡偶极矩所产生的电场强度。

$$E\exp[i\omega(t-z/c)] = \{[1 - 2\pi dN i(\omega/c)\alpha]E_0 i$$
$$- 2\pi dN(\omega/c)^2(\beta+\gamma)E_0 j\}\exp[i\omega(t-z/c)] \qquad (3.2.32)$$

式中 $2\pi dN\mathrm{i}(\omega/c)\alpha$ 项远小于 1,故可以忽略,从而得到

$$E\exp[\mathrm{i}\omega(t-z/c)]$$
$$=(\boldsymbol{E}_0\boldsymbol{i}-\boldsymbol{E}_s\boldsymbol{j})\exp[\mathrm{i}\omega(t-z/c)] \quad (3.2.33)$$

其中

$$\boldsymbol{E}_s=2\pi dN(\omega/c)^2(\beta+\gamma)\boldsymbol{E}_0 \quad (3.2.34)$$

当 $\beta+\gamma$ 为实数时,式(3.2.34)代表一个沿 z 轴传播的平面偏振波,它的偏振面和入射波的不同,如图 3.10 所示,$\boldsymbol{E}_s$ 相对 $\boldsymbol{E}_0$ 旋转了角度 χ:

$$\tan\chi=\frac{E_s}{E_0}=\frac{2\pi\omega^2}{c^2}dN(\beta+\gamma)$$
$$=(8\pi^3/\lambda^2)dN(\beta+\gamma) \quad (3.2.35)$$

当 χ 很小时

$$\chi=(2\pi\omega^2/c^2)dN(\beta+\gamma) \quad (3.2.36)$$

如果人们面对着光源偏振面,偏振面做顺时针旋转,则 χ 为正值,这和一般规则是一致的。如果 $\beta+\gamma$ 是正值,则为右旋(记为 d);若为负值,则为左旋(记为 l)。

现在,根据复数 $\beta+\gamma$ 的情况来推广式(3.2.36),这时 χ 也是复数。

令

$$\chi=\chi'+\mathrm{i}\chi'' \quad (3.2.37)$$
$$\beta=\beta'+\mathrm{i}\beta'' \quad (3.2.38)$$
$$\gamma=\gamma'+\mathrm{i}\gamma'' \quad (3.2.39)$$

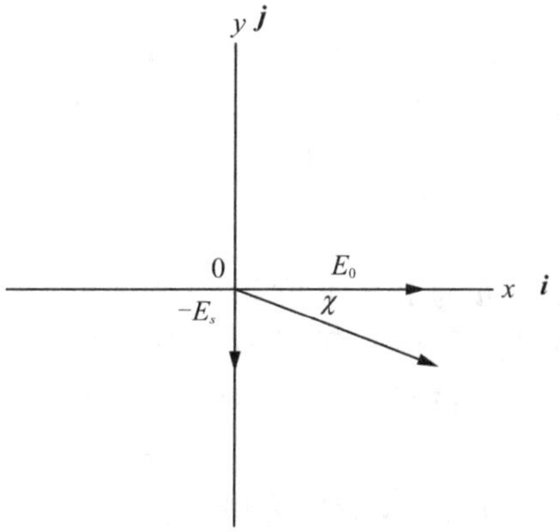

则沿 x 和 y 方向的电场可写为

$$E_x=E_0=E\exp(\mathrm{i}\omega t\cos\chi) \quad (3.2.40)$$
$$E_y=E_s=-E\exp(\mathrm{i}\omega t\sin\chi) \quad (3.2.41)$$

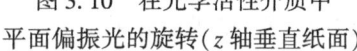

图 3.10 在光学活性介质中平面偏振光的旋转(z 轴垂直纸面)

将 x 和 y 坐标轴沿顺时针方向旋转角度 χ' 而使新坐标轴为 ξ 和 η,根据图 2.6,则有

$$E_\xi=E_0\cos\chi'-E_s\sin\chi'$$
$$=E\exp[\mathrm{i}\omega t\cos(\mathrm{i}\chi'')]$$
$$=E\exp[\mathrm{i}\omega t\cosh\chi''] \quad (3.2.42)$$
$$E_\eta=E_0\sin\chi'+E_s\cos\chi'$$
$$=E\exp[\mathrm{i}\omega t\sin(-\mathrm{i}\chi'')]$$
$$=-\mathrm{i}E\exp[\mathrm{i}\omega t\sinh\chi''] \quad (3.2.43)$$

由于电场是用式(3.2.43)中的实数部分表示的,因而得到

$$E_\xi=E\cos\omega t\cosh\chi'' \quad (3.2.44)$$
$$E_\eta=E\sin\omega t\sinh\chi'' \quad (3.2.45)$$

显然,式(3.2.44)和式(3.2.45)代表一个具有 ξ 和 η 为主轴的椭球。椭球率定义为

$$\tan\theta=-\sinh\chi''/\cosh\chi''$$

$$= -\tanh\chi'' \tag{3.2.46}$$

或者当 χ'' 很小时,有 $\theta = -\chi''$。

对于复数的 χ、β 和 γ,方程[式(3.2.36)]仍然适用,即

$$\chi = (2\pi\omega^2/c^2)dN(\beta + \gamma) \tag{3.2.47}$$

其实数部分为

$$\chi' = \phi = (2\pi\omega^2/c^2)dN(\beta' + \gamma') \tag{3.2.48}$$

虚数部分为

$$\chi'' = -\theta = (2\pi\omega^2/c^2)dN(\beta'' + \gamma'') \tag{3.2.49}$$

因此,$(\beta + \gamma)$ 的实数部分 ϕ 决定了旋光性质,虚数部分 θ 决定了圆二色性的椭圆性,它们都和入射光的波长有关。

3.2.3 量子力学理论

早在 1928 年 Rosenfeld 就用量子力学方法处理了光学活性。利用微扰理论(参考附录Ⅳ)导出了式(3.2.28)和式(3.2.29)中的 β 和 γ 常数为

$$\begin{aligned}\beta &= \gamma \\ &= [C/(3\pi h)]\sum_a R_{0a}/(\nu_a^2 - \nu^2 + i\nu\Gamma_{0a})\end{aligned} \tag{3.2.50}$$

其中,h 为 Planck 常量;ν 为入射频率;ν_a 为对应于从基态 0 跃迁到激发态 a 的频率,Γ_{0a} 是考虑到吸收谱区域附近的阻尼效应后引入的一个正的常数,通常 $\Gamma_{0a} \ll \nu_a$;加和号是对所有跃迁态进行求和;跃迁的旋转强度 R_{0a} 为

$$R_{0a} = \mathrm{Im}\langle 0|\hat{P}|a\rangle \cdot \langle a|\hat{M}|0\rangle \tag{3.2.51}$$

其中,$\hat{P}$ 和 $\hat{M}$ 分别为诱导电场和磁场偶极矩算符[其含义参考式(3.1.24)],Im 表示取其虚数部分。由式(3.2.51)可直观理解,为使 R_{0a} 不为零,则诱导的电偶极矩 P 和磁偶极矩 M 彼此的投影必须不为零。而电磁光波彼此的电场 E 和磁场 H 是互相垂直的,所以对一般分子,其 R_{0a} 为零;对于手性分子,当 E 诱导的磁矩 M 或 H 诱导的电矩 P 使两者投影不为零(不正交)才具有光学活性。对于一般的非活性光学分子,可以证明下列的"总和规则":

$$\begin{aligned}\sum_a R_{0a} &= \mathrm{Im}[\sum_a \langle 0|\hat{P}|a\rangle\langle a|\hat{M}|0\rangle] \\ &= \mathrm{Im}\langle 0|\hat{P} \cdot \hat{M}|0\rangle = 0\end{aligned} \tag{3.2.52}$$

因为 $\langle 0|\hat{P} \cdot \hat{M}|0\rangle$ 是一个可观察的实数对角元,故其虚数部分应为零。

对于一个光学活性分子的电子跃迁,它的转动强度 R_{0a} 必定不为零,而且分子对称性本身也会附加一些限制。这里我们将证明,当分子具有对称中心和对称面时,$R_{0a} = 0$,即不具光学活性。在直角坐标下,$\hat{P}$ 和 $\hat{M}$ 算符的形式为

$$\hat{P} = -e\sum_n (ix_n + jy_n + kz_n) \tag{3.2.53}$$

$$\begin{aligned}\hat{M} = \left(-\frac{eh}{4\pi mc}\right)\mathrm{i}\sum_n &\left[i\left(z_n\frac{\partial}{\partial y_n} - y_n\frac{\partial}{\partial z_n}\right)\right.\\ &\left.+j\left(x_n\frac{\partial}{\partial z_n} - z_n\frac{\partial}{\partial x_n}\right) + k\left(y_n\frac{\partial}{\partial x_n} - x_n\frac{\partial}{\partial y_n}\right)\right]\end{aligned} \tag{3.2.54}$$

其中,诱导磁偶极矩算子 $\hat{M}$ 的不可约表示类似于分子的转动算子 $\hat{R}$ 的变换[参见式(2.3.12)]。积分 $\langle 0|\hat{P}|a\rangle$ 和 $\langle a|\hat{M}|0\rangle$ 在任何坐标系中计算都是一样的结果。若所讨论的分子具有对称中心,则对于直角坐标进行反演操作

$$x, y, z \rightarrow -x, -y, -z \quad (3.2.55)$$

若其非简并态波函数变号,则属于奇属性;不变号,则属于偶属性。由于在反演动作时电偶极算符 $\hat{P}$ 变号,磁偶极算符 $\hat{M}$ 不变号,因此,不论波函数 $|0\rangle$ 或 $|a\rangle$ 的属性如何,都有

$$\langle 0|\hat{P}|a\rangle \langle a|\hat{M}|0\rangle = -\langle 0|\hat{P}|a\rangle \cdot \langle a|\hat{M}|0\rangle \quad (3.2.56)$$

这就意味着不具有光学活性,即

$$\langle 0|\hat{P}|a\rangle \cdot \langle a|\hat{M}|0\rangle = 0 \quad (3.2.57)$$

如果分子具有处在 xy 面上的镜面,则根据该镜面的反演。

$$x, y, z \rightarrow x, y, -z \quad (3.2.58)$$

波函数也可以分为奇属性或偶属性。由算符表示式[式(3.2.53)和式(3.2.54)]可见,当对 xy 平面反射时,$\hat{P}$ 的 z 组分为奇属性,$\hat{M}$ 的为偶属性;而 $\hat{P}$ 的 x、y 分量为偶属性,$\hat{M}$ 的为奇属性。可以看出,标量积 $\langle 0|\hat{P}|a\rangle \cdot \langle a|\hat{M}|0\rangle$ 仍是零,因而也不具有光学活性。还可以更进一步扩展,只要分子具有非真旋转轴,则这类分子都不具有光学活性,因为这种旋转都不能使分子和其镜像重合。

将式(3.2.50)代入式(3.2.47),得到

$$\phi = (16\pi^2 N/3hc) \sum_a \nu^2 (\nu_0^2 - \nu^2) R_{0a} / [(\nu_a^2 - \nu^2)^2 + \Gamma_{0a}^2 \nu^2] \quad (3.2.59)$$

$$\theta = (16\pi^2 N/3hc) \sum_a \nu^2 \Gamma_{0a} R_{0a} / [(\nu_a^2 - \nu^2)^2 + \Gamma_{0a}^2 \nu^2] \quad (3.2.60)$$

或写为

$$\phi = \sum_a \phi_a$$

$$\phi_a = (16\pi^2 N/3hc) \nu^2 (\nu_a^2 - \nu^2) R_{0a} / [(\nu_a^2 - \nu^2)^2 + \Gamma_{0a}^2 \nu^2] \quad (3.2.61)$$

$$\theta = \sum_a \theta_a$$

$$\theta_a = (16\pi^2 N/3hc) \nu^3 \Gamma_{0a} R_{0a} / [(\nu_a^2 - \nu^2)^2 + \Gamma_{0a}^2 \nu^2] \quad (3.2.62)$$

图 3.11 表示在吸收区内 ϕ_a 和 θ_a 的变化。当 $R_{0a} > 0$ 时,则 θ_a 在 ν_a 处呈现正峰,而 ϕ_a 则在频率比 ν_a 低的区域为正,比 ν_a 高的区域为负[图 3.11(a)]。若 $R_{0a} < 0$,则 θ_a 在 ν_a 处呈现负峰,而 ϕ_a 随频率的变化如图 3.11(b)所示。Cotton 早在 1895 年对 Cu(Ⅱ)(+)-酒石酸的观察中发现这种效应,故称之为 Cotton 效应。

在配位化合物研究中,圆二色谱比旋光谱更为优越。圆二色谱只限于吸收区,可以将观察到的圆二色谱根据各个跃迁进行分解;而且由于它呈现出正峰和负峰的特性,使得我们可以将两个能级相近的跃迁分为正圆二色谱峰和负圆二色谱峰(一般的吸收光谱法做不到这一点)。这种分解也有利于绝对构型的分析,因为旋转强度的符号和构型密切相关。

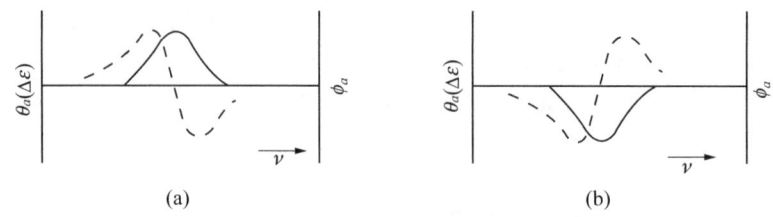

图 3.11 Cotton 效应 [− − − 表示旋光性 ϕ_a，——表示椭圆性 θ_a（圆二色散）]
(a) $R_{0a} > 0$；(b) $R_{0a} < 0$

实验观察到的圆二色性和旋转强度间的关系如下：将 θ_a/ν 从 $\nu = 0$ 到 $\nu = \infty$ 进行积分，有

$$I = \int_0^\infty (\theta_a/\nu) d\nu$$
$$= [16\pi^2 N \Gamma_{0a} R_{0a}/(3hc)]$$
$$\int_0^\infty \nu^2/[(\nu_a^2 - \nu^2)^2 + \Gamma_{0a}^2 \nu^2] d\nu \qquad (3.2.63)$$

令 $\nu^2 = x$，并应用积分公式：

$$\int_0^\infty \frac{\sqrt{x} dx}{ax^2 + 2bx + c} = \frac{\pi}{\sqrt{2a(\sqrt{ac} + b)}}$$

可以求出上式中的积分为 $\pi/(2\Gamma_{0a})$，因而有

$$R_{0a} = [3hc/(c\pi^3 N)] \int_0^\infty (\theta_a/\nu) d\nu \qquad (3.2.64)$$

将式(3.2.64)和式(3.2.16)结合，得到

$$R_{0a} = [3hc 10^3 (\ln 10)/(32\pi^3 N_A)] \int_0^\infty (\Delta\varepsilon/\nu) d\nu \qquad (3.2.65)$$

其中，假定 $d = 1$ cm，$c = 1$ mol/1000mL，$N = N_A/10^3$，N_A 为 Avogadro 常量。对于一个半宽为 $\Delta\nu_{\frac{1}{2}}$、最大在 ν_0 的圆二色谱 Gauss 峰，式(3.2.65)还可以简化为

$$R_{0a} = 2.45 \times 10^{-39} (\varepsilon_l - \varepsilon_r)_{\max} \Delta\nu_{\frac{1}{2}}/\nu_0 \qquad (3.2.66)$$

这样就可以从圆二色谱带的面积求出旋转强度 R_{0a}。

3.2.4 配位化合物的光学活性测定

在对于不对称催化手性对映体拆分、手性识别、手性探针、药物及生物活性化合物的立体选择等进行一系列基础和应用研究中，手性分子的绝对构型的测定十分重要。目前已经用 X 射线衍射的反常散射效应方法测定了大量的人工和天然有机化合物及几百个金属配位化合物金属中心的绝对构象[26]，为用圆二色谱法等物理化学方法和经验的化学相关方法来测定金属配位化合物的绝对构型（参看 4.1.3 小节）奠定了基础。

1. 圆二色谱方法的一些实例

具有 D_3 对称性的三 − 双齿配位化合物在光学活性的理论和实验研究中具有代表性的地位。它们较为稳定，又易于合成和分离出光学异构体。

图 3.12 中给出了 $(+)_{589}[\mathrm{Co(en)}_3]^{3+}$ 的吸收光谱和圆二色谱。图 3.13 表示 Co(Ⅲ)3d^6 在配位场中分裂的能级图。实验结果列于表 3.5。$[\mathrm{Co(en)}_3]^{3+}$ 由五个吸收带组成两个很弱的 A、B 带和中等强度的Ⅰ、Ⅱ带,这四个带属于 $t_{2g}^5 e_g^1$ 的 d-d 跃迁,最后一个在紫外区的属于配位体到金属的电荷转移光谱(LMCT)。根据式(3.1.28),吸收带Ⅰ由两个不可分辨的 $^1A_1 \rightarrow {}^1E$ 和 $^1A_1 \rightarrow {}^1A_2$ 的允许跃迁组成。吸收带Ⅰ有较大的旋转能力,并对应于两个符号及大小不同的圆二色谱,如式(3.2.51)所示。对于光学活性跃迁,相关的磁矩必须在电偶极矩方向有非零分量[参考附录Ⅱ中 D_{n_h} 群 R_x、R_y、R_z 不可约表示及式(3.1.28)]。由此得到表 3.6 中所示 D_3 对称性的磁偶极矩选择规则。这说明在带区Ⅰ中有两个圆二色谱组分,$^1A_1 \rightarrow {}^1E$(正的)和 $^1A_1 \rightarrow {}^1A_2$(负的),而在带区Ⅱ中只有 $^1A_1 \rightarrow {}^1E$ 组分,另一个 $^1A_1 \rightarrow {}^1A_1$ 是磁偶极禁阻的,这和图 3.12 的实验完全一致。对比晶体的实验结果,说明在溶液中无规排列的配位离子使两个符号相反的圆二色谱大大抵消。

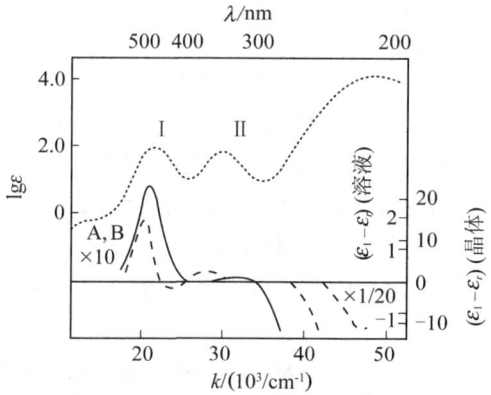

图 3.12　$(+)_{589}[\mathrm{Co(en)}_3]^{3+}$ 在水溶液中的吸收谱(······)和圆二色谱(- - -)
光沿 C 轴(光轴)传播时 $(+)_{589}[\mathrm{Co(en)}_3]_2\mathrm{Cl}_6 \cdot \mathrm{NaCl} \cdot 6\mathrm{H}_2\mathrm{O}$
单晶的圆二色谱(——)

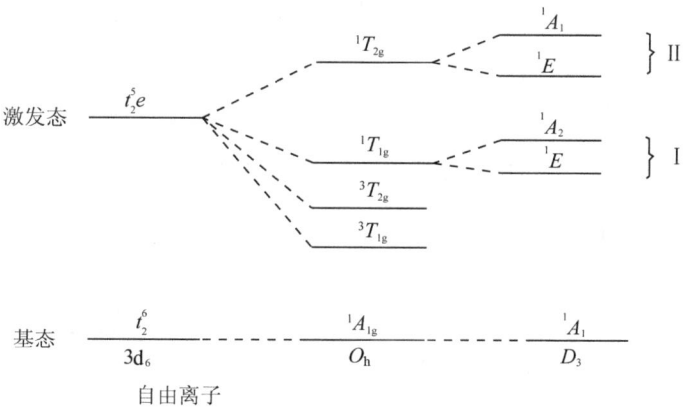

图 3.13　3d^6 组态的 O_h 和 D_3 环境中 d 轨道能级的分裂

表 3.5 $(+)_{589}[Co(en)_3]^{3+}$ 的电子光谱和圆二色谱

样品状态		电子光谱			圆二色谱		
		ν_{max} /10^3 cm^{-1}	ε	光密度 D /$\times 10^{-40}$ cgs	ν_{max} /10^3 cm^{-1}	$\varepsilon_l - \varepsilon_r$	R /$\times 10^{-40}$ cgs
水溶液	A	13.7	0.35	4	13.7	+0.008	—
	I	21.3	84	1200	20.3	+1.89	+4.2
					23.4	−0.166	−0.24
	II	29.4	74	950	28.5	+0.250	+0.48
	C.T.	48.1	1.5×10^4	3×10^5	47.2	−31	−67
单晶	A				14.0	+0.0025	+0.068 ⎫ 80℃
	B				18.0	+0.15	+0.32 ⎭
	I	21.4	95	1500	21.1	+23.3	+79 ⎫ 室温
	II	29.4	110	1500	29.0	+0.9	+2 ⎭

表 3.7 中列出了一系列含五元环二齿配位化合物的晶体圆二色谱[23(a),24(b)]。在其电子光谱区第 I 吸收区中都出现 E 和 A 这两个圆二色谱组分。他们一般都符合下列一般经验规律：凡在长波部分出现在正圆二色谱带的都属于 Λ 绝对构型，出现负圆二色谱带的为 Δ 绝对构型（参看 4.1 节）。这两个经验规律也适用于大多数具有五元螯合 d^6（低自旋）或 d^3 配位化合物。表 3.7 中的绝对构型都用 X 射线方法证实过。

表 3.6 O_h 和 D_3 对称性中磁偶极矩的选择规则[1)]

	O_h				
	A_{1g}	A_{2g}	E_g	T_{1g}	T_{2g}
A_{1g}	×	×	×	○	×
A_{2g}	×	×	×	×	○
E_g	×	×	×	○	○
T_{1g}	○	×	○	○	○
T_{2g}	×	○	○	○	○
	D_3				
	A_1	A_2	E		
A_1	×	∥	⊥		
A_2	∥	×	⊥		
E	⊥	⊥	∥,⊥		

1) ○表示允许，×表示禁阻的，∥表示平行于 C_3 轴，⊥表示垂直于 C_3 轴。

表 3.7　Co(Ⅲ)和 Cr(Ⅱ)的三-双齿配位化合物的圆二色谱

配位化合物[1]	发色团[2]	CD $\bar{\nu}$ /10^3cm^{-1}	$\Delta\varepsilon$	绝对构型
$(+)_{589}[Co(en)_3]^{3+}$	[CoN$_6$]	20.28	+2.18	$\Lambda(\delta\delta\delta)lel_3$
		23.31	-0.20	
$(+)_{589}[Co(S-pn)_3]^{3+}$	[CoN$_6$]	20.28	+1.95	$\Lambda(\delta\delta\delta)lel_3$
		22.78	-0.58	
$(+)_{589}[Co(S-pn)_3]^{3+}$	[CoN$_6$]	21.0	+2.47	$\Lambda(\lambda\lambda\lambda)ob_3$
$(-)_{589}[Co(S,S-chxn)_3]^{3+}$	[CoN$_6$]	20.0	+2.28	$\Lambda(\delta\delta\delta)lel_3$
		22.5	-0.69	
$(+)_{589}[Co(R,R-chxn)_3]^{3+}$	[CoN$_6$]	20.8	+3.9	$\Lambda(\lambda\lambda\lambda)ob_3$
$(+)_{589}[Co(S,S-cptn)_3]^{3+}$	[CoN$_6$]	18.9	+0.59	$\Lambda(\delta\delta\delta)lel_3$
		21.1	-1.91	
$(-)_{589}[Co(sar)(en)_2]^{2+}$	[CoN$_5$O]	19.4	-1.8^b	$\Delta(\lambda_{sar}\delta_{en}\lambda_{en})$
$(+)_{495}[Co(S-glut)(en)_2]^{2+}$	[CoN$_5$O]	19.6	+2.5^b	$\Lambda(\delta\delta)$
$(+)_{589}[Co(S-ala)_3]$	[CoN$_3$O$_3$]	18.5	+1.3	Λ
		21.0	-0.2	
$(-)_{589}[Co(Ox)_3]^{3-}$	[CoO$_6$]	16.2	+3.3	Λ
$(+)_{546}[Co(thiOx)_3]^{3-}$	[CoS$_6$]	15.8	-0.2	Λ
$(+)_{580}[Cr(Ox)_3]^{3-}$	[CrO$_6$]	15.9	-0.6	Λ
		18.9	+2.8	
$(+)_{589}[Cr(mal)_3]^{3-}$	[CrO$_6$]	16.1	-0.07	Λ
		18.0	+0.20	

1) S-pn 表示 s(+)-1,2-丙二胺;S,S-chxn 表示(1S),(2S)-(+)-$trans$-1,2-环己二胺;(R),(R)-cptn 表示(1R,2R)-$trans$-1,2-环戊二胺。

2) 其中的 N$_5$O 表示 5 个 N、1 个 O 原子的成环配位体,其余类推。

一般说来,配位化合物的手性来源较有机化合物复杂,其中,除了配位化合物及配体的固有手性外,还包含有机配体和金属离子不同配体排列引起的手性。例如,对于引起八面体配位化合物不对称的因素有:①构型不对称性。由于螯合环围绕金属原子中心分布的不对称性。②构象不对称性。由于每个螯合环具有手性构象所引起的本征不对称性。③邻近效应。由于连接非对称中心的取代基所引起的 d-d 跃迁中的光学活性。因为晶体场势能具有加和性,所以这些因素也大致具有加和性。一般①、②两个因素多少会相互抵消,但前者较占优势。通常螯合环上的取代作用不太影响变形,但会扭转配位体原子。研究者曾经用配位场理论和分子轨道理论对实验规律进行讨论和总结,但目前仍不够成熟。有迹象表明,R_{0a} 的符号不是取决于螯合环围绕金属的绝对构型,而是取决于配位体原子相对于规则八面体顶点的位移。对于含有二齿以上的多齿配体的配位化合物,很难用一般简单的方法来命名及确定其构型。

2. 多齿配位体圆二色谱的象限规则

研究者已经提出了将过渡金属配位化合物的光学活性和它的立体化学相关联的各种经验规则,其中最重要的有两种殊途同归的方法:

(1) 1969 年 Hawkin 和 Larsen[23] 提出的八隅符号规则:对于有螯合环的配位化合物(图 3.14 中有三个螯合环),根据右手坐标将中心金属原子放置在坐标原点,使得由某一螯合环相连的两个给予体原子处在 xy 平面并且分别具有坐标 $(+x,+y)$ 和 $(-x,+y)$ (图 3.14),如果所讨论分子的其他某螯合环处在 $(-x,-y,+z)$ 象限中,则该特定的螯合环的象限符号为 $+$(螯合环1)。同样,处在 $(+x,-y,-z)$ 象限的符号螯合环2也记为 $+$,由于不处在 xy 平面的两个环完全包含在正的象限中,因此整个配位化合物的象限符号是正号。与此类似,将分子中每个环各自放在 xy 平面上再计算各个螯合环的象限符号,最后将所有符号相加就可以得到整个配位化合物的象限符号。对于表 3.7 中具有发色团 $[CoN_6]$ 的 $Co(Ⅲ)$ 配位化合物,若象限符号为正号,则第Ⅰ个吸收区中圆二色谱长波部分呈现正峰(图3.12);其绝对构型为 Λ,反之亦然。

(2) Legg 和 Douglas 提出的环成对方法[24]:对一个给定的配位化合物写出所有两个螯合环的可能组合(当两个螯合环之间没有间隔,如图 3.15 中的 1 和 2、2 和 4 等之间,则不能参加组合),再按 IUPAC 的惯例(4.1.3 节)决定每种组合的手性(Λ 或 Δ),净的或主要的手性应由出现次数最多的手性决定。图 3.15 说明了这种规律在具有五元螯合环配位化合物 $(+)_{589}[Co(penten)]^{3+}$ 中的应用。如果净的手性是 Λ,则在第一个吸收峰中长波部分的圆二色谱峰的符号是正的,反之亦然。

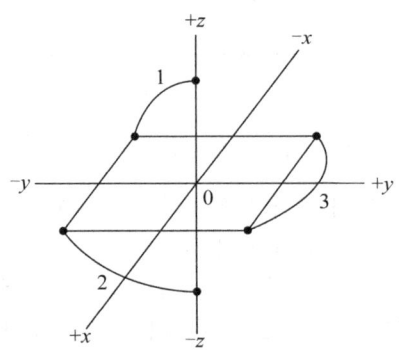

图 3.14 $\Lambda - [Co(en)_3]^{3+}$ 象限符号的标记

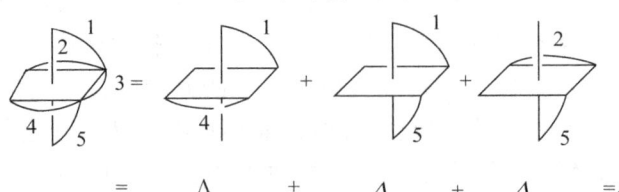

图 3.15 说明得到 $(+)_{589}[Co(penten)]^{3+}$ 净手性 Δ 的过程

除了 Co(Ⅲ)和 Cr(Ⅲ)的配位化合物外,对氨基酸和多肽的 Cu(Ⅱ)和 Ni(Ⅱ)配位化合物也进行过广泛研究,特别是用 X 射线反常衍射法对其绝对构型加以证实。研究者曾经用理论分析的方法来研究这些经验规律,在符号的解释方面取得了一些进展,但在定量方面还有很多工作要做,目前主要还是根据一些经验规律来通过圆二色谱确定分子的绝对构型,并且镧系手性配位化合物的研究最近也取得了进展[27]。

3.2.5 配位化合物的绝对构型

前面讨论了配位化合物中金属 d–d 跃迁电荷转移光谱(MCT)。对于具有两个以上 —N=C、C=C 之类的强 $\pi-\pi^*$ 跃迁(LLCT)的共轭配位体的金属配位化合物,当多个强发色团的跃迁偶极之间在空间相邻且处于一个刚性的手性微扰环境时,偶极之间的相互作用[称为邻近 Cotton 效应(CE)]使得激发态能级发生分裂。这种手性激发态偶合所引起 CD 谱中原有的一个峰可能在紫外区分裂为符号相反的两个峰。我们以 $M(Phen)_3^{n+}$ 体系为例(其中 Phen 为双齿配位体邻菲绕啉),说明如何利用这种 $L \to L^*$ 跃迁来确定它的绝对构型[28]。

对于平面型共轭分子,其分子平面是一个对称面,则所有的 $L\pi \to L\pi^*$ 跃迁必定是在分子平面内偏振的。对这个平面进行反演操作,$P\pi$ 变为 $-P\pi$,则 $L\pi \to L\pi^*$ 的电子跃迁是长轴偏振或短轴偏振[参考图 3.16(a)及式(3.1.28)中对于苯共轭体系的处理]。实验表明,邻菲绕啉在 38 000 cm^{-1} 的谱带为具有跃迁偶极矩 P 的长轴偏振,而且这个量在形成配位化合物后几乎不变。对于较低能态的短轴偏振跃迁,假定该配位化合物属于 D_3 对称性,则这种跃迁对其旋转强度没有贡献[参见式(3.2.78)的处理]。

为了构造出适当的波函数,通常采取适于处理弱相互作用的激子(exciton)理论[18,29]。将处于低能级的三个 Phen 配位体的基态波函数记为 ψ_1、ψ_2 和 ψ_3,全对称 A_1 的基态波函数为 $\varPsi_0 = \psi_1\psi_2\psi_3$,围绕中心金属原子配位的三个 Phen 配位体中的任何一个都可以依次激发,被激发配位体的波函数记为 ψ^*。对于图 3.16 中的长轴偶极矩跃迁的取向,可以写出下列激发态的波函数:

$$\varPsi_1 = \psi_1^* \psi_2 \psi_3 \quad \varPsi_2 = \psi_1 \psi_2^* \psi_3 \quad \varPsi_3 = \psi_1 \psi_2 \psi_3^* \quad (3.2.67)$$

将式(3.2.67)中三个波函数适当进行线性组合,得到 D_3 群中的三个不可约表示 A_2 和 E 的基函数。根据群论,体系中对称性相同的不可约表示的基函数可以线性组合方的观点,参考图 3.13 可以得到

$$A_2: \frac{1}{\sqrt{3}}(\varPsi_1 + \varPsi_2 + \varPsi_3) \quad (3.2.68)$$

$$E_a: \frac{1}{\sqrt{2}}(\varPsi_2 - \varPsi_3) \quad (3.2.69)$$

$$E_b: \frac{1}{\sqrt{6}}(2\varPsi_1 - \varPsi_2 - \varPsi_3) \quad (3.2.70)$$

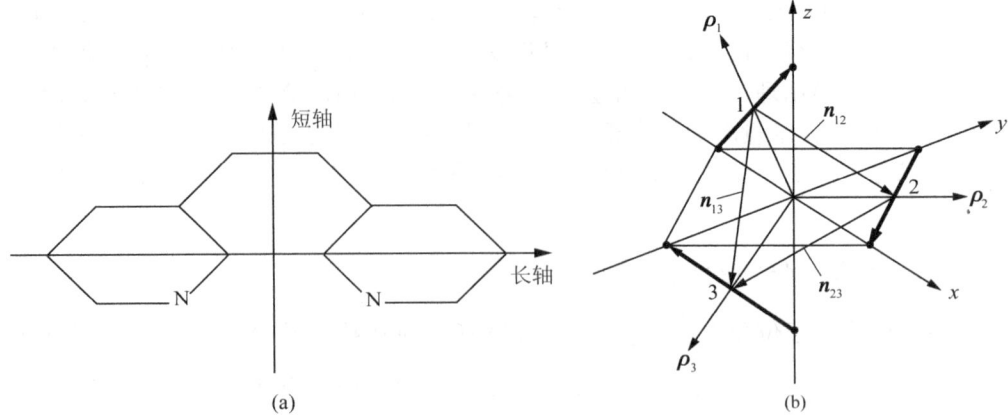

图 3.16 邻菲绕啉谱带偏振的参考轴(a)及其长轴跃迁偶极矩向量 P 的取向(b)

类似于 3.5.1 小节中跃迁偶极矩 P 之间有相互作用[29]，例如 P_1 和 P_2 之间为

$$W_{12} = \frac{P_1 \cdot P_2 - 3(n \cdot P_1)(n \cdot P_2)}{|x_1 - x_2|^3} \tag{3.2.71}$$

其中

$$n_{12} = \frac{x_2 - x_1}{|x_1 - x_2|^{\frac{1}{2}}} \tag{3.2.72}$$

从而由微扰理论(参考附录Ⅳ)可以求出 A_2 和 E 态的微扰能为(方便的是考察它的方向余弦)

$$W(A_2) = \frac{1}{2}(P^2/r^3) \tag{3.2.73}$$

$$W(E) = -\frac{1}{4}(P^2/r^3) \tag{3.2.74}$$

其中，r 为跃迁偶极矩 P 中心间的距离。可见，对于邻菲绕啉配位化合物从基态 $A_1 \rightarrow A_2$ 的跃迁能大于 $A_1 \rightarrow E$ 跃迁。

将跃迁偶极矩平行地和垂直地投影于 C_3 轴上，可以计算出跃迁偶极强度 D 的分量(参看3.1节)，得到

$$D^z = 2P^2, \quad D^x = D^y = \frac{1}{2}P^2 \tag{3.2.75}$$

三个方向偶极强度的总和($D^z + D^x + D^y$)都为 $3P^2$。

对于旋转强度 R[参考式(3.2.51)及附录Ⅴ]，得到[23]

$$R(A_2) = \left\langle \Psi_0 | r \times \nabla | \frac{1}{\sqrt{3}}(\Psi_1 + \Psi_2 + \Psi_3) \right\rangle$$

$$\cdot \left\langle \frac{1}{\sqrt{3}}(\Psi_1 + \Psi_2 + \Psi_3) | r | \Psi_0 \right\rangle$$

$$= \frac{1}{3}[\rho_1 \times \langle \psi_1 | \nabla | \psi_1^* \rangle + \rho_2 \times \langle \psi_2 | \nabla \rangle \psi_2^* \rangle$$

$$+ \rho_3 \times \langle \psi_3 | \nabla | \psi_3^* \rangle] \cdot [P_1 + P_2 + P_3] \tag{3.2.76}$$

其中，$\boldsymbol{\rho}_1$ 是一个向量，其长度是从坐标原点垂直到 $\boldsymbol{P}_1$ 的距离。利用

$$\langle \psi_1 | \boldsymbol{\nabla} | \psi_1^* \rangle = \bar{\nu} \boldsymbol{P}_1 \tag{3.2.77}$$

其中，$\bar{\nu}$ 为光的波数，从而得到

$$R(A_2) = \frac{\bar{\nu}}{3}(\boldsymbol{\rho}_1 \times \boldsymbol{P}_1 + \boldsymbol{\rho}_2 \times \boldsymbol{P}_2 + \boldsymbol{\rho}_3 \times \boldsymbol{P}_3)(\boldsymbol{P}_1 + \boldsymbol{P}_2 + \boldsymbol{P}_3) \tag{3.2.78}$$

由和式(3.2.78)类似地可以看出，对于和长轴垂直的短轴跃迁偶极矩 $\boldsymbol{P}'_1$，有诸如 $\boldsymbol{\rho}_1 \times \boldsymbol{P}'_1 = 0$ 的关系。因此，对于菲绕啉，我们只需考虑长轴跃迁偶极矩。

展开式(3.2.78)，并按图 3.16 考察方向余弦，可以得到

$$R(A_2) = -\bar{\nu}\rho P^2 \sqrt{2} \tag{3.2.79}$$

同样，可以得到

$$R(E_a) = R(E_b) = \bar{\nu}\rho P^2 \frac{1}{\sqrt{2}} \tag{3.2.80}$$

对该分子构型 I 进行反映操作后所得到的分子构型 II。计算表明，构型 II 中 A_2 组分的能量仍是比 E 组分的高，但是 A_2 的旋转强度取正号，而 E 的则取负号，如图 3.17 所示。

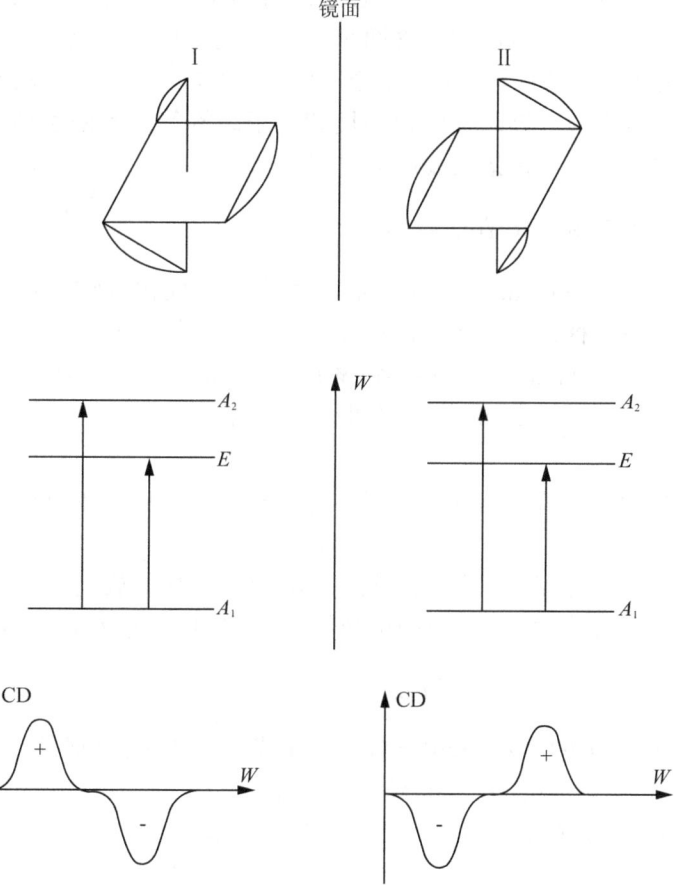

图 3.17 M(Phen)$_3^{n-1}$ 体系的绝对构型和旋转强度的符号（I，Λ 型，II，Δ 型）

因此,对于绝对构型Ⅰ(图3.17),在38 000 cm^{-1}附近的圆二色散谱应该是正的。反之,对于绝对构型Ⅱ,圆二色散谱应为负的。总之,应用圆二色谱曲线可以区分结构Ⅰ和它的镜像结构Ⅱ[28],同样也可以区分顺式二(双)齿金属配位化合物的异构体[30]。

实际应用时图谱的重叠会引起图谱标识困难,但这里的结果原则上只依赖于分子的对称性和 A_2 及 E 的能级次序。如果在估计能级次序时不是使用上面的偶极-偶极相互作用,而是考虑其他更重要的作用,则微扰能也许会变成 $W(A_2) < W(E)$。这会引起圆二色谱曲线发生相应的变化。

由上述激子裂分 CD 光谱规则可见:对于含有 N—N 的手性[M(N—N)$_3$]型八面体和含甲乙胺 C=N—Schiff 碱中的 cis[MX$_2$(N—N)$_2$]$^{n+}$型(X 为单齿配位体)型的八面体配合物,当其具有 Δ-绝对构型时,其 CD 激子分裂方式为正手性(处于波长较长的吸收称为第一 CE);当其处于具有 Λ-绝对构型时则其 CD 激子分裂方式为负手性(处于波长较短的吸收称为第二 CE)。后来实验证实这种利用紫外区的激子分裂以确定手性金属中心的绝对构型,对于含乙酰丙酮类不饱和有机双齿配体也适用,有时也可用于含两个以上发色团甚至多核八面体的配位化合物(当核距较远时具有加和效应)。但当通过这种经验关联的方法来确定绝对构型时,要注意只有类似立体结构配位环境和电子结构等的不同手性化合物才有对比性,这已为更多的圆二色谱实验所证实[30b]。

3.2.6 旋光色散和 Pfeiffer 效应

1931 年,Pfeiffer 和 Quehl 观察到,在一种光学活性化合物(称为环境化合物)的溶液中,加入另一种光学活性配位化合物的外消旋混合物,将会改变环境化合物的旋光。例如,在 (d)-α-溴樟脑-π-磺酸酯的溶液中,随着消旋的 dl[Ni(o-Phen)$_3$]SO$_4$ 的加入,溶液的旋光不断变化(表 3.8),这种效应称为 Pfeiffer 效应[31]。

Kuhajek 提出了计算 Pfeiffer 效应的定量公式。设观察到的 Pfeiffer 旋光为

$$P_{obs} = \pm (\alpha_{e+c} - \alpha_e) \qquad (3.2.81)$$

其中,α_e 为仅包含光学活性环境化合物(e)溶液时观察的旋光值,α_{e+c} 为包含环境化合物(e)和配位化合物(c)溶液的旋光值,± 代表正号或负号。可定义

$$[P_M]_\lambda^t = \frac{P_{obs}}{[e][c]d_m} \qquad (3.2.82)$$

为温度 t 和波长 λ 下的摩尔 Pfeiffer 效应。旋光[e]和[c]分别是环境化合物和配位化合物的物质的量浓度,d_m 是被测溶液的厚度。式(3.2.82)与一般情况的光学活性化合物的摩尔旋光度表示式[式(3.2.19)]相似。

表3.8　一些能产生 Pfeiffer 效应的体系

配位化合物	光学活性化合物或离子	溶　剂
$[Zn(o-Phen)_3]^{2+}$	(d)-溴樟脑磺酸酯	水
$[Zn(o-Phen)_3]^{2+}$	(l)-硫酸马钱子碱	水
$[Zn(dipy)_3]^{2+}$	(d)-樟脑磺酸酯	水
$[Zn(dipy)_3]^{2+}$	(d)-溴樟脑磺酸酯	水
$[Ni(o-Phen)_3]SO_4$	(d)-溴樟脑磺酸酯	水

表3.9　一些不能产生 Pfeiffer 效应的体系

配位化合物	光学活性环境化合物	溶　剂
$[Zn(bzac)_2]$	(d)-樟脑	甲醇
$[Ni(en)_3]Cl_2$	(d)-α-溴樟脑-π-磺酸酯	水
$[Ni(dipy)_3]Cl_2$	3-(d)-溴樟脑	甲醇
$[Fe(o-Phen)_3](ClO_4)_2$	(d)-酒石酸硅	水
$[Ni(o-Phen)_3]Cl_2$	(d)-酒石酸钠	水

不是所有的环境化合物、配位化合物与溶剂的结合都能产生 Pfeiffer 效应。表3.8中列举了一些产生这种效应的体系,表3.9中列举的是一些不能产生这种效应的体系。在这方面的基础工作主要有三个目的:①发现产生 Pfeiffer 效应的新体系;②通过对影响化合物旋光性因素的分析,定量地表示 Pfeiffer 效应;③用旋光色散技术来分析 Pfeiffer 效应的本质。

尽管已做了很多工作,但是至今还没有公认的最好的解释。其中,Duyer 的观点是,在一种光学活性的环境化合物存在的条件下(这种溶质不与配位化合物发生化学反应),一种光学易变配位化合物的外消旋混合物中的一个对映体的活性与另一个对映体的活性不同,在这种情况下,溶液中的两种对映体之间存在着平衡常数不等于1的平衡。但是这种观点并不能预见哪种溶剂、配位化合物和环境配位化合物的体系会产生 Pfeiffer 效应。

下面分别对体系中的环境化合物、溶剂和金属配位化合物进行说明。

1. 环境化合物

除了那些已被充分研究过的环境化合物外,已发现有三种化合物可以作为环境化合物,分别为(d) - 酒石酸、(l) - 苹果酸和(-) - 联苯甲酰 - (d) - 酒石酸钠。表3.10中列举了包含这些环境化合物在内的能产生 Pfeiffer 效应的体系。

2. 溶剂

Landis 曾报道过,三(邻菲绕啉)锌(Ⅱ)配位化合物和作为光学活性环境物的 α - 溴樟脑 - 磺酸酯 BCS 在甲醇中观察不到 Pfeiffer 效应,在绝对乙醇中也观察不到这种效应,原因之一也许是这些实验中所用的环境物是非离子性化合物,也可能体系中确实有 Pfeiffer 效应,但数值太小,现代仪器观测不出来。

在 DMF 和冰醋酸作为溶剂时可以观察到 BCS 的 Pfeiffer 效应(表 3.10),同时注意到,在水中的 Pfeiffer 效应数值比在非水溶剂中小,而在冰醋酸中,Pfeiffer 效应与在水中相反,这一现象至今还无法解释。

表 3.10 新的 Pfeiffer 效应体系

配位化合物	光学活性环境化合物	溶 剂	摩尔 Pfeiffer 效应/(°)
$[Ni(o-Phen)_3]^{2+}$	(l)-苹果酸	水	269.6
$[Ni(dipy)_3]^{2+}$	(l)-苹果酸	水	48.4
$[Co(o-Phen)_3]^{2+}$	(l)-苹果酸	水	257.5
$[Mn(o-Phen)_3]^{2+}$	(l)-苹果酸	水	185.0
$[Mn(dipy)_3]^{2+}$	(l)-苹果酸	水	52.5
$[Ni(o-Phen)_3]^{2+}$	(d)-酒石酸	水	237.6
$[Ni(dipy)_3]^{2+}$	(d)-酒石酸	水	35.2
$[Mn(o-Phen)_3]^{2+}$	(d)-酒石酸	水	1045.0
$[Mn(o-Phen)_3]^{2+}$	(l)-酒石酸	水	995.0
$[Mn(o-Phen)_3]^{2+}$	(d)-酒石酸钠	水	1495.0
$[Ni(o-Phen)_3]$	DBT	DMF/H_2O(体积比为 1∶1)	340.0
$[Al(acac)_3]$	二甲氧奎马钱子碱	DMF	500.0
$[Al(abm)_3]$	$(d)-\alpha$-BCS	DMF	150.0
$[Al(hfa)_3]$	$(d)-\alpha$-BCS	DMF	-160.0
$[Zn(o-Phen)_3]^{2+}$	$(d)-\alpha$-BCS	DMF	20.0
$[Zn(o-Phen)_3]^{2+}$	$(d)-\alpha$-BCS	乙酸	-140.0
$[Zn(dipy)_3]^{2+}$	$(d)-\alpha$-BCS	乙酸	-25.0
$[Zn(Pybim)_3]^{2+}$	$(d)-\alpha$-BCS	乙酸	-65.0
$[Zn(o-Phen)_3]^{2+}$	(d)-辛可宁	乙酸	320.0

注:DBT 为联苯甲酰酒石酸,BCS 为溴樟脑磺酸酯。

3. 配位化合物

无论在水中还是在冰醋酸中,两个新合成的锌的 2-(2-吡啶基)-咪唑啉配位化合物和 2-(2-吡啶基)-苯并咪唑酮配位化合物都存在 Pfeiffer 效应,一些铝的配位化合物也有 Pfeiffer 效应。

如果存在上述 Duyer 提出的平衡观点,则最不稳定的 Zn、Cd、Hg 离子配位化合物应显示较强的 Pfeiffer 效应。研究者们已经对比了具有相同配位体的 Zn、Cd、Hg 的 o-Phen 配位化合物的稳定常数,发现其和 Pfeiffer 旋光性相关,当环境化合物是溴樟脑-π-磺酸铵时,配位化合物越不稳定,则 Pfeiffer 旋光越大。

曾经比较了(l)-$[Ni(o-Phen)_3]^{2+}$的旋光色散曲线和 Pfeiffer 旋光色散曲线,得到两条曲线的形状十分相似,说明由于 Pfeiffer 效应引起一个对映体过量。另外,Pfeiffer 效应体系显示的 Cotton 效应表明,易变化合物的性质是体系能否有 Pfeiffer 效应的主要因素,这实际上显示的是一种环境微扰效应。

必须指出的是,一般能产生 Pfeiffer 效应的体系中,易变配位化合物的配位体通常是高度不饱和的,例如,苯环或相似的共轭环。

3.2.7 磁圆二色谱

当在偏振光谱实验中引入磁场时,光的偏振平面发生旋转,从而呈现出 ORD 或 CD 发生变化的效应,这就是 Faraday 效应。这是由于磁场和电子或自旋的角动量相互作用所引起的 Zeeman 效应 $E = gM_L\beta H$[参见式(2.4.76)]。当 $S = 0$ 时, $J = L$,使原来含有未成对电子体系中简并的基态或激发态能级分裂为不同的磁量子数 M_L,并按照选择规则 $\Delta M_L = \pm 1.0$ 产生跃迁。根据磁圆二色谱(MCD)的实验 $(\varepsilon_l - \varepsilon_r)$ 数据可以更细微地了解这种分裂能级的状态及跃迁机理[32a]。

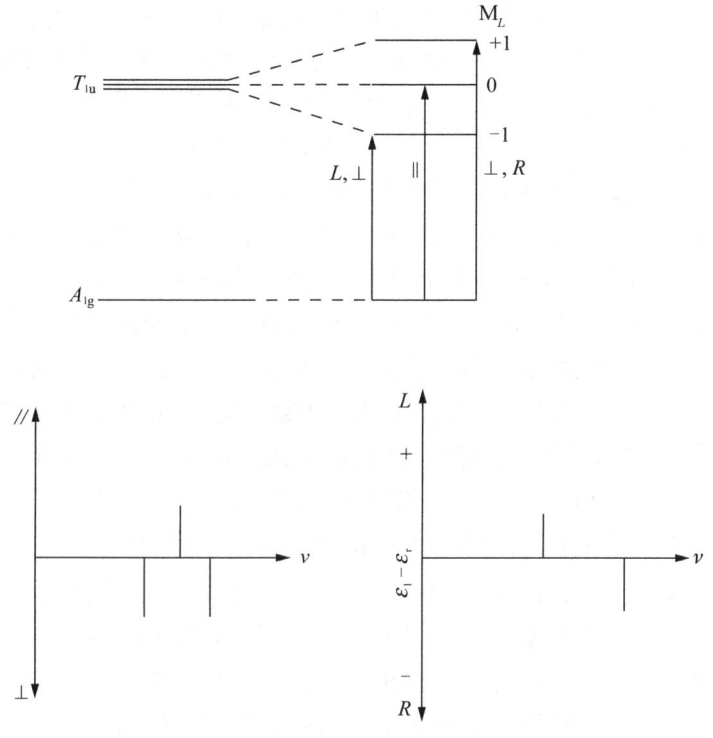

图 3.18 d^6 电子组态(O_h)的线性偏振(左下)和圆偏振(右下)的 Zeeman 效应的谱峰差别

磁场条件下的特点是可以区分沿磁场方向的左右两种螺旋方向。图 3.18 说明了在 O_h 群 d^6 组态配位化合物中,线性偏振和圆偏振(CP)的 Zeeman 光谱的差别,图中上方为由 Zeeman 效应引起的磁量子数 M_L 分裂(参考 3.6.1 小节),其中 $\perp(\Delta M_L = \pm 1)$ 和 $\parallel(\Delta M_L = 0)$ 表示线性偏振作用分别垂直和平行于磁场方向,L 和 R 表示左圆偏振和右圆偏振作用。CP 谱的特点是,在 ⊥ 谱中,左偏振和右偏振光的两根吸收谱线有明显的不同(图 3.18 下方),具体情况取决于跃迁对称性(取决于选择规则)和磁场分裂符号(控制能级次序)。研究者已经对 MCD 谱的近代理论作了处理[32a],认为根据量子理论,对所有允许的电子跃迁可以导出 MCD 谱的强度分布方程。主要是通过对该方程中出现的 A_1、B_0 和 C_0 这三个 Faraday 项的大小进行分析,以导出分子中磁能级的分布,因为分子引起偏振光的旋转强度分布与 Faraday 效应中的 A_1、B_0 和 C_0 这三项参数有关。图 3.18 中的右下方谱线是 Faraday A 函数的示意图,故称为 Faraday A_1 项图形。若所讨论的激发态 T_{1u} 的简并 M_L 态的 Zeeman 能级分裂自下而上具有图 3.18 上方图中所示 -1,0,+1 的次序,则其右下方的图谱符号为正;若激发态 T_{1u} 中简并态的 Zeeman 分裂次序倒过来,即自下而上为 +1、0、-1,则 MCD 曲线的形状应为图 3.18 中下方图形的倒反,即呈现负的 Faraday A_1 项图形。可见,A_1 项图形的正负及间距特性反映了激发态能级次序及分裂大小。

若分子的基态可被磁场分裂,则由于 Boltzmann 能量分布定律,较低的 Zeeman 能级有较大的布居数,从而引起 CD 谱强度(即图中谱线的高度)随温度而变化。和图 3.18 相反,若基态是简并的 T_{1u} 态而激发态是 A_{1g} 态,则可能只得到图 3.18 的右下图中较强的 R - CP 线,常称其为 Faraday C_0 项图形的 MCD 谱,其符号为正。与上面的讨论类似,MCD 谱也可能出现负的 Faraday C_0 项图形。

我们以 $[IrCl_6]^{2-}$(d^5)的 MCD 谱为例来分析 MCD 谱在研究配位化合物电子跃迁方面的应用。在可见吸收光谱区出现两个从配位体 t_{1u}、t_{2u}(参见图 2.17 右配位体轨道)到金属(空的 t_{2g})的电荷转移峰(一般的吸收光谱不能说明哪个峰来自什么跃迁)。$[I_rCl_6]^{2-}$(d^5)的 MCD 谱主要是由基态 Kramers 双重简并的 Zeeman 分裂引起的(参考 3.6.2 小节)。由于这两个能级的布居数不同,因此两个相反圆二色偏振跃迁实际上只有一个具有明显的强度。理论证实,$t_{1u} \to t_{2g}$ 跃迁有负的 Faraday C_0 项图形,$t_{2u} \to t_{2g}$ 跃迁有正的 Faraday C_0 项图形;而实验的 MCD 谱中的 20 200 和 22 700 cm^{-1} 处出现两个 C_0 项图形,且峰的 MCD 符号不同,从而确定它们分别来自 t_{1u} 和 t_{2u} 对称性跃迁。又如,在研究 MgO 中 Cr^{3+} 的荧光时(图 3.5),这种 t_{2g}^3 组态内的 $^2E_g \to {}^4A_{2g}$ 的跃迁敏锐谱峰,其各向同性表明离子处在不受局部缺陷微扰的立方对称性位置,偏振作用证实这是一种磁偶极跃迁,而不是振动诱导的电偶极矩跃迁。理论和实验的一致性也表明激发态是 ^2E_g 而不是和邻近的 $^2T_{1g}$ 态。

我们熟知 CD 谱的特点是用于研究手性配位化合物的几何结构或构型,而 MCD 谱则主要用于研究具有 Zeeman 效应的含有未成对电子体系的电子结构。原则上,对于基态,它既能提供类似于 ESR 所得到的 g 值和自旋-轨道偶合等数据,也能得到 ESR 所不能得到的关于光学激发态的信息。但由于其理论分析较为复杂,因此不如 ESR 和 NMR 等波谱方法应用普遍。具体分析请参考文献[32a]。

在本节所介绍的手性光学研究法中重点介绍了 CD 谱方法。目前已从可见-紫外的 CD 谱发展到利用红外波段的振动圆二色(VCD)谱和时间分辨 CD 谱,以及基于荧光和磷光的手性分子发光性质而得到的 FDCD 和 CPL 谱。它们各自具有特色,并且日益得到广泛的应用[27]。我们曾利用 CD 和 VCD 谱对新型 14π 电子三元环卟啉及其他配位化合物的结构和性质开展研究[32(b),(c)]。

3.3 光电子能谱

1954年Siegbahn在瑞典和1962年Turner在英国分别从实验室上开创了X射线光电子能谱和紫外光电子能谱的工作。1969年美国制造了第一台商品电子能谱仪后,光电子能谱在化学领域研究中,特别是在化学分析、物质的电子结构和表面化学这三个方面的研究中得到了广泛的应用。目前已出版了一些有关配位化合物和金属有机化学光电子能谱方面的专著、评论和一般介绍性文章[33~36]。

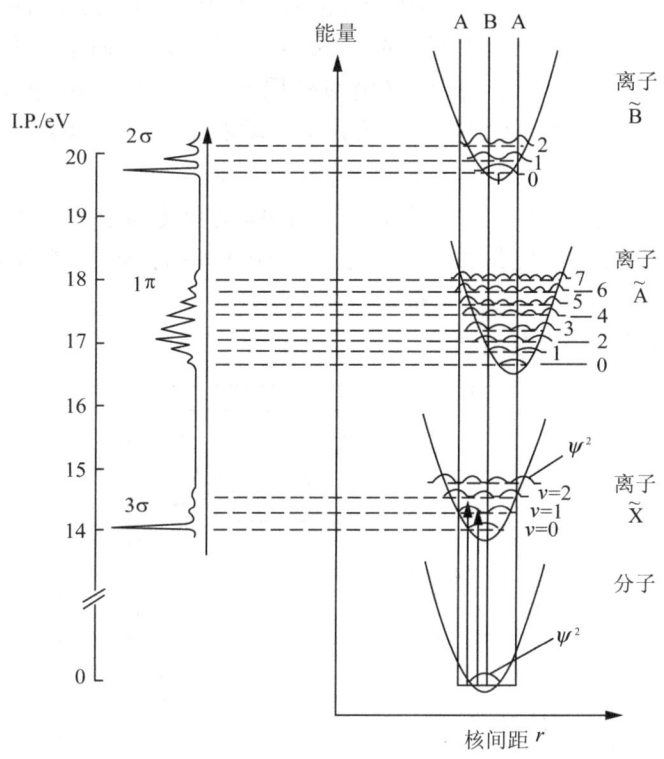

图 3.19 CO 的紫外光电子能谱(右边为势能曲线和振动能级)

通过电子能谱仪可以从实验上测定各种光电子的动能 E_k 及其强度 I(与光电子数目成正比)的数值而得到光电子能谱。图 3.19 和图 3.20 为在实验时分别用 He(Ⅰ)作为低能量的紫外光源所得到的价电子光电子能谱(UPS)和用 Mg(1254eV)和 Al(1487eV)的高能量 K_α 作为 X 射线源所得的内层电子光电子能谱(XPS 或 ESCA)。以 CO 的 UPS 为例,图 3.19 左边是电离势(或结合能)的标度;右边是基态中性分子和三种不同电离状态的势阱及振动能级;图中间为光致电离中由 3σ、1π 和 2σ 三个分子轨道产生的三个不同的实验谱带,它们分别与光致电离过程中生成的三种不同电离状态的振动结构相关联。图 3.20 是气体 CO 的完整的光电子能谱,图左边是 CO 中 C 和 O 的"实"电子能谱,右边是由 C 和 O 原子的价层轨道结合成的分子轨道能谱。可见 UPS 的特点是，其分辨率比 ESCA 高，能显示价层分子能级及其振动结构。但 X 射线电子能谱因使用较高的能源，故能显示包括价电子及实(core)电子在内的完整轨道能级。实际应用中，我们可以从能谱实验中得到谱带的位置、分裂形式、相对强度和精细结构等原始数据；经过分析处理后，不仅可以直接得到物质中电子所处各个轨道能级 I_n 和 E_b 的第一手资料，而且经过半经验地比较一系列相关物质的光电子能谱后，还可能得到有关分子几何构型、取代电子效应、配位体在配位化合物中的电子效应、表面吸附分子的本性和芳香性概念等第二手资料。

光电子能谱是电子能谱的一个分支，包括多项内容，在化学的各个领域中都得到广泛应用。众所周知，当具有足够能量 $h\nu$ 的光子和分子 M 相互作用后，若将处在电离势为 I_n 的第 n 个分子轨道上(由最外层算起 $n = 1, 2, \cdots$)的电子 e 轰击出来，则根据能量守恒原则，所发射出来的光电子动能 E_k 应为(以真空能级为零点)

$$E_k = h\nu - I_n - E_\nu - E_r \tag{3.3.1}$$

其中，E_ν 和 E_r 分别为所形成的分子离子 M^+ 的振动和转动激发态能。当考虑到光子和固体的相互作用时，能量关系式应写为(以固体中的 Fermi 能级为零点)

$$h\nu = E_b + E_k + \phi_s \tag{3.3.2}$$

其中，E_b 为结合能，ϕ_s 为逸出功。

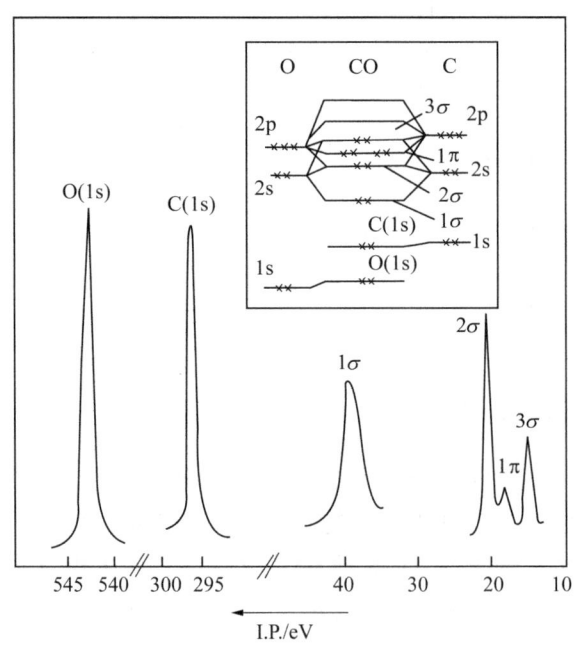

图 3.20　CO 的 X 射线光电子能谱

3.3.1 化学位移及其经验规律

采用 XPS 研究电子结构时,不仅可以直接研究价能级,而且主要是研究原子中价电子内的实电子能级。分子中内层电子具有各个原子所固有的特性,例如,C、N 和 O 的 1s 电离能分别约为 284eV、399eV 和 530eV,但是这些电离能的值又随化学环境的不同而有些变化,这种变化称为化学位移。例如,$Fe_2(SO_4)_3$ 固体中 O 的 1s 电子结合能为 532.5eV,而在 $Fe_2(SO_4)_3$ 中为 531.8eV,从而可用于区分这两种化合物。因此 XPS 谱也称为化学分析电子能谱(ESCA),我们可以通过"化学位移"来了解分子中的成键情况。

化学位移的大小可由实电子和价电子间的相互作用加以说明,目前主要采用下列几种半经验的方法来进行估计[37]。

1. 原子电荷和势模型

化学位移的差别简单地通过经典的实电子受价电子的屏蔽效应来说明。从静电观点考虑,由一个原子移去一个电子所需的能量 E_b 反比于原子上的价电子密度 Q。由此,对于一系列结构和成键类似的化合物,有下列势模型方程:

$$E_b = kQ + V + l + E_R \tag{3.3.3}$$

其中, $V = \sum_{i \neq j} \dfrac{q_i}{r_{ij}}$ 为分子中其他原子 i 上的电荷 q_i 在 j 原子处(失去实电子的原子处)所引起的静电势能,k 和 l 为经验常数,E_R 为弛豫能。当能够正确估计电荷密度时,这个方法应用效果很好。最简单的是由 Pauling 的离子键特性 I 的公式

$$I_i = 1 - e^{-0.25(\Delta\chi)^2} \tag{3.3.4}$$

来估计原子电荷:

$$q = Q + \sum_i I_i \tag{3.3.5}$$

其中,$\Delta\chi$ 为键原子的电负性差;Q 为被研究原子的形式电荷。

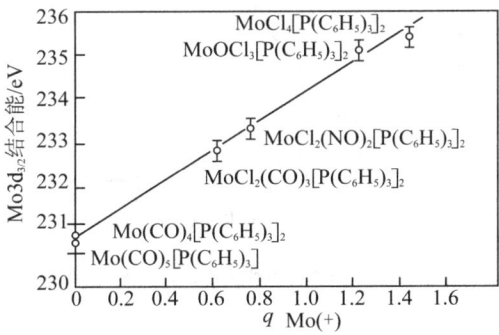

图 3.21 Mo $3d_{3/2}$ 结合能和 Mo 原子电荷的关系

例如,对于钼配位化合物的 $3d_{3/2}$,其结合能就具有图 3.21 所示的线性关系。采用半经验的 CNDO 量子化学方法估计电荷密度也曾获得类似的线性关系。对于这种配位数类似、近乎中性(即电荷为 0)的配位化合物或配位体(如比较简单的一些过渡金属盐),这种线性关系还是较好的。但一般来说,对于离子性化合物并不适用,因为不同盐中的同一离子具有的化学位移差别不大,这时应进一步考虑极

2. 和热化学能量的相关性

为了说明这种方法的原理,以气态氮分子的 1s 电离过程为例:

$$N_2(g) \xrightarrow[E_b]{eV} NN^*(g)^+ + e^- \tag{3.3.6}$$

其中,*表示 1s 电子是从该氮原子电离的,由于不知道 $NN^*(g)^+$ 的生成热,所以无法计算上述过程中的能量变化。但是,就 $NN^*(g)^+$ 中的价电子来说,$(N^*)^+$ 实正好可以看做一个氧实,只是氧实中氧的核电荷(比氮的大 1)代替了 1s 壳层中的空穴。按照"等价实"的概念,下列过程

$$NN^{*+} + O^{6+} \longrightarrow NO^+ + N^{*6+} \qquad \Delta E = 0 \tag{3.3.7}$$

的能量变化应为零。式(3.3.6)和式(3.3.7)相加,得到

$$N_2 + O^{6+} \longrightarrow NO^+ + N^{*6+} + e^- \tag{3.3.8}$$

该过程的能量变化或者等于 N_2 中 1s 电子的 E_b,或者只差个常数能量项。因此,和式(3.3.8)类似,对于下列一系列 1s 电离的同类取代过程:

$$\begin{aligned}
NH_3 + O^{6+} &\longrightarrow OH_3^+ + N^{*6+} + e^- \\
(CH_3)_2NH + O^{6+} &\longrightarrow (CH_3)_2OH^+ + N^{*6+} + e^- \\
NNO + O^{6+} &\longrightarrow NO_2 + N^{*6+} + e^-
\end{aligned} \tag{3.3.9}$$

由各物质的生成热可以导出各个过程的相对热力学能量 E_T。将这个 E_T 对氮的 1s 结合能 E_b 作图(图 3.22),得到很好的线性关系。这种相关性可用于测定未知的热力学量、质子的亲和势等数据。目前对 B、Xe、I 等化合物也作过类似的分析。

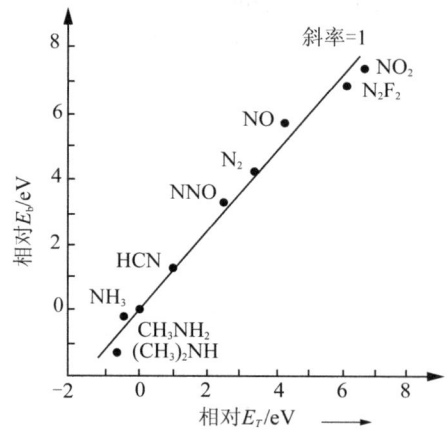

图 3.22　N(1s) 的 E_b 和相对热力学能量 E_T 的关系

3. 过渡态方法

为了求得式(3.3.3)中的弛豫能 E_R,可以用假想的"过渡态分子"(即其价电子分布为初始分子和实电离分子电子分布的一半,例如,在表 2.22 中的 Xα 计算中用到的方法)来修正式(3.3.3)中 Q 和 V 的值,即

$$E_b = kQ + k\Delta Q^* + V + \Delta V^* + l \tag{3.3.10}$$

$$E_R = k\Delta Q^* + \Delta V^* = \frac{k(Q_f - Q - 1)}{2} + \frac{(V_f - V)}{2} \tag{3.3.11}$$

其中，ΔQ^* 和 ΔV^* 为由初态到过渡态时 Q 和 V 的变化，Q_f 和 V_f 为实电离分子的 Q 和 V 值，这些值是可以由"等价实"来近似估计的。有人还提出，只要按 CNDO 方法用内插参数计算一个假想的过渡态分子，就可以校正弛豫能 E_R。

3.3.2 光电子能谱的理论分析

可以进一步从理论上对光电子能谱的化学位移及其强度进行计算。

1. 结合能的计算

前面提到的实验结合能 E_b 严格地说并不等于理论计算的初态第 j 个分子轨道的能量 ε_j，因为即使不考虑未成对电子引起的自旋-轨道或自旋-自旋等作用，也要假定从第 j 个轨道移去电子时其他能级保持不变(Koopmans 近似)，才有 $E_b = \varepsilon_j$[33]。实际上这种假定是不可能的，因为价电子必然会跳回到电离过程中所形成的正空穴，从而使得终态的能量减少 $E_R(j)$（称为弛豫能），即

$$E_R(j) = -\varepsilon_j - E_b(j) \tag{3.3.12}$$

在对同类分子进行系统比较时，只有当 $E_R(j)$ 近似相等时，才可以将 $E_b(j)$ 和 ε_j 进行关联，否则必须从理论上或实验上对 $E_R(j)$ 进行校正。在实验中，我们测得的结合能 E_b 是电离前 N 个电子体系初态的能量 $E_i^0(N)$ 和电离后 $N-1$ 个电子体系终态的总能量 $E_f^0(N-1)$ 之差（称为 ΔSCF 法）。在单电子近似下，对从单电子能级 j 光致电离的结合能应严格按式(3.3.13)进行计算：

$$\begin{aligned} E_b(j) &= E_f^0(N-1) - E_i^0(N) \\ &= -\varepsilon_j(N) - E_R(j) + \Delta E_{相关} + \Delta E_{多重} + \Delta E_{相对} \end{aligned} \tag{3.3.13}$$

其中，$\Delta E_{多重}$ 为多重结构贡献，它在开壳层结构中较为重要，大都按 Slater 波函数积分列表；相关能校正 $\Delta E_{相关}$ 是考虑了通过组态相互作用而求出的终态和初态的稳定性能量差；最后一项是对通常所使用的非相对论理论所作的相对论校正，它对于电子运动速度较大的内部壳层较为重要，一般由于难以计算（误差约为 1eV）而不加考虑。幸运的是，当电离势计算的精度不大，约为几 eV 时，E_R 和 $\Delta E_{相关}$ 倾向于彼此相消。但在比较能级次序时，计算值必须精确到 0.1eV 以内。

表 3.11 二茂铁电离能(eV)的理论计算

分子轨道	离子状态	Koopmans[1] 理论和 ΔSCF 法		过渡态法		实验值
		ΔIEHT[2]	ΔSCF	$X\alpha$-SW	$X\alpha$-HFS	
e_{2g}	$^2E_{2g}$	x(11.92)	8.3(14.4)	8.5	6.7	6.8
a_{1g}	$^2A_{1g}$	$x+0.4$(11.6)	10.1(16.6)	7.9	6.7	7.2
e_{1u}	$^2E_{1u}$	$x+1.9$(12.16)	11.1(11.7)	9.3	8.1	8.8
e_{1g}	$^2E_{1g}$	$x+2.5$(12.48)	11.2(11.9)	9.7	8.6	9.3

1) 括号内为 Koopmans 理论值。
2) 扩展的 Hückel 法，只考虑到差值，故 x 为某个定值。

目前已应用各种分子轨道法对电子能谱进行计算。表 3.11 中列出了采用不同方法对二茂铁的电离能进行计算所得结果的比较，其中较为准确的是 $X\alpha$ 方法（参见 2.6 节）。我们在 Watson 球上引用电荷的概念，用 SW-$X\alpha$ 方法对配位化合物 $Cr(CO)_5CS$ 的电子能谱进行计算，得到和实验结果一致的线性关

系[38]，图中用群论中的不可约表示记号标记其分子轨道(图3.23)。

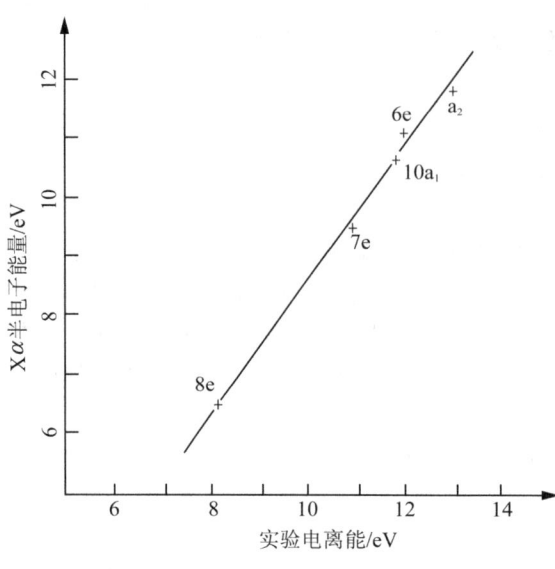

图 3.23　$Cr(CO)_5CS$ 的电离能比较

任何一个严格计算分子结合能的方法必须包括计算弛豫能，而且必须考虑分子中所有电荷分布所引起的势能。较严格的计算是采用自洽场的组态相互作用(SCF-CI)法对初态和终态进行能量计算，但这种方法很费时间，且对离子态要重选基函数才有较好结果，因而对大分子的结合能计算几乎是不可能实现的。较为可行的方法是对分子基态采用从头计算法，再对弛豫能进行校正。对于相对分子质量较大的分子，必须用半经验的 CNDO 和 INDO 法来估计弛豫能。困难在于对原子实能级的结合能不能由没有考虑实轨道的 CNDO 法计算。但是理论已经证明，可以近似地由式(3.3.14)计算 1s 电子的结合能(对于其他轨道也有此类似关系)：

$$E_b(1s) = \frac{1}{2}[\varepsilon(1s) + \varepsilon(1s)^*] \quad (3.3.14)$$

其中，$\varepsilon(1s)$ 和 $\varepsilon(1s)^*$ 分别为基态和 1s 空穴态的实轨道结合能。考虑两个分子间的结合能位移，则有

$$\Delta E_b = \frac{1}{2}[\Delta\varepsilon(1s) + \Delta\varepsilon(1s)^*] \quad (3.3.15)$$

再以核处电势的变化 ΔV_n 来代替 $\Delta\varepsilon$，就得到

$$\Delta E_b \approx \frac{1}{2}[\Delta V_n + \Delta V_n^*] \quad (3.3.16)$$

为了克服计算 V_n^* 的困难，假定一个具有实空位离子的价电势 V_n^* 与核电荷增加 1 的等价核电势近似，则

$$\Delta E_b \approx \frac{1}{2}[\Delta V_n + \Delta V_n(z+1)] \quad (3.3.17)$$

ΔV_n 很容易由基态的 CNDO 计算。这种用静电势代替总能量计算的方法，被称为基态势能法(GPM)。这个模型也可以推广到弛豫效应的影响情况，即结合能位移为

$$\Delta E_b = -\Delta V_n - \Delta V_R \quad (3.3.18)$$

其中，弛豫项为

$$\Delta V_R = \frac{1}{2}[V_n(Z+1) - V_n] \quad (3.3.19)$$

即核处势能的变化是由外层电子弛豫而引起对实电子电离的影响,近似地和假定核电荷增加 1 个单位而引起的变化一样[称为弛豫势能法(RPM)]。此方法所得的结果和实验非常一致,得到的 ΔV_R 值和从头计算法得到的也很接近。

值得指出的是,实验值和总能量差[式(3.3.13)]之间的一致性并不总是比利用 Koopmans 本征值得到的结果更好。按 Koopmans 规则计算结果的误差也不见得是理论和实验不一致的主要原因,但 Koopmans 理论运用于过渡金属化合物要比用在主族化合物更不可靠。当电离主要发生在金属特性的轨道时,弛豫能非常大。在 $Fe(CO)_2(NO)_2$、$Co(CO)_3NO$ 和 $(C_5H_5)NiNO$ 配位化合物中确实出现这种情况,这可能与金属的分子轨道比配位体的分子轨道更稳定有关。

2. 谱峰的强度计算

涉及跃迁概率的强度计算问题一般比较复杂[33],这里仅就选择规则和光致电离截面作些说明。特别要强调的是谱带强度随光源能量而变化的规律,对于谱线的指认和基态波函数本性的了解具有重要意义。在光电效应中,虽然所有的单电子电离都是允许的,但并不意味着各个谱带都有相同的强度。量子产率为 Q 时的光电流 i 近似为

$$i \approx QI_0 n\sigma l\Omega \qquad (3.3.20)$$

其中,I_0 为入射光强度,它与光源设计、管压和管流都有关;n 为样品中单位体积分子数;l 为电子在样品中的平均自由程;Ω 为仪器的几何因子;σ 为给定元素中某壳层的光致电离截面,该量也很重要,它和光致电离电子流的概率密度有关。在 Koopmans 近似下可以导出 $\sigma \sim w_a |\langle \phi_a | \hat{\mu} | X_p \rangle|^2$。其中 w_a 为轨道简并度,ϕ_a 和 X_p 分别为发生电离的轨道和被发射电子的波函数,$\hat{\mu}$ 为电偶极矩算符。研究证实,当轨道中 ϕ_a 的半宽度相当于被发射电子波长的 1/4 时,跃迁矩积分 $\langle \phi_a | \hat{\mu} | X_p \rangle$ 最大,由此可以解释光源对谱峰强度的影响。例如,对于一个给定的电离,He(II)源激发出的光电子波长比 He(I)的要短,因此它对较小轨道谱峰就强些,这就说明较小的 s 轨道的峰比较大的 p 轨道的峰要强。对于 XeF_4 配合物,图 3.24(b) 中开始的两个谱带比图(a)中的要强,它们主要是由 Xe 的孤对 s 轨道引起的。

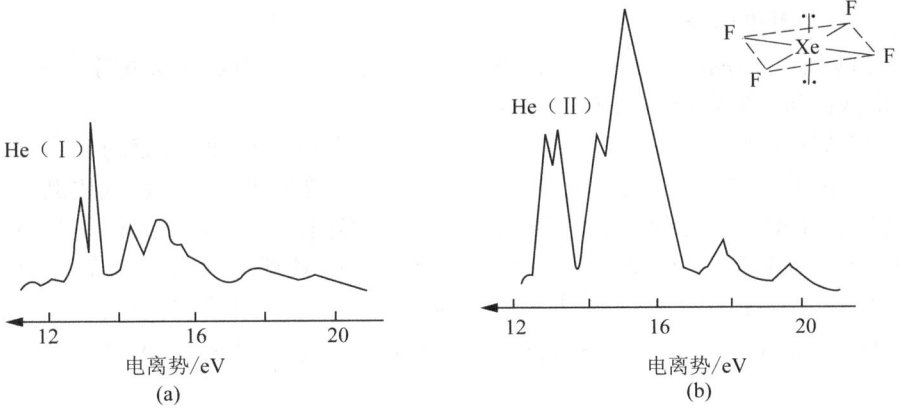

图 3.24　XeF_4 在不同光源下的电子能谱

可以证明，在通常的 ESCA 光源条件下，对于非偏振入射光的单电子模型，出射电子的强度为

$$\frac{\mathrm{d}\sigma(e)}{\mathrm{d}\Omega} = \frac{\sigma_\mathrm{T}(e)}{4\pi}\left[1 - \frac{\beta}{4}(3\cos^2\theta - 1)\right] \quad (3.3.21)$$

其中，$\sigma_\mathrm{T}(e)$ 为光电子能量为 e 的电子电离总截面，θ 为入射光子束和出射光电子方向的夹角，角分布参数 β 与光电子能量和给定的分子轨道性质有关。对于原子中呈球状分布的 s 轨道，$\beta = +2$，光电子优先在与光子束成直角的方向出射。而分子体系的 β 较为复杂，但它可以提供有关分子轨道性质的线索。对于第 j 个分子轨道的单电子电离截面 σ_j 可表示为原子截面 σ_i^A 的组合

$$\sigma_j = \sum_{A,i} p_{j,iA}\sigma_i^A \quad (3.3.22)$$

其中，对分子轨道 ϕ_j 有贡献的各个原子中心 A 的原子轨道 ϕ_{iA} 求和，$p_{j,iA}$ 为描述对第 j 个分子轨道的有效占据因子 $c_{j,iA}^2$，$c_{j,iA}^2$ 是由式(3.3.23)所定义分子轨道的组合系数：

$$|\phi_j\rangle = \sum_{i,A} c_{j,iA}|\phi_i^A\rangle \quad (3.3.23)$$

这意味重叠布居数对电离截面没有贡献。

实验上，关于谱带的强度，观察到下列规律：

(1) 重原子效应。对于金属 nd 轨道的电离，当主量子数 n 增加时，谱带的相对强度大为增加。

(2) 对于具有金属 d 特性分子轨道的电离，当光源的能量从 He(Ⅰ)变到较高的 He(Ⅱ)时，相应谱带强度的增加比仅具有配位体特性分子轨道的强度增加大得多。当金属和具有主量子数大于 2 的硫、磷或卤素等配位体相连时，这个规律更为明显。

(3) 在用 He(Ⅰ)光源时与稀土化合物中 f 电子有关的电离谱带很弱，但用 He(Ⅱ)时相对强度大为增强。

对于开壳层的分子，由于相互作用比较复杂，一个分子轨道不一定只对应一个峰，下列规则可供参考：

(1) 如果电离的是闭壳层，则正空穴和开壳层态的偶合会引起更多的状态，其相对横截面与总的自旋-轨道偶合简并度成比例。

(2) 假定不同亚壳层(nl)的轨道具有相同的单电子截面，给定的亚壳层(nl)中产生电离的光电子峰的总强度与该轨道在分子亚壳层中的占据数成比例。

(3) 如果电离的是开壳层，则电离时所产生不同离子态的相对概率与量子化学中亲态比系数(coefficients of fractional parentage，其理论含义较复杂，参见第 2 章文献[14])的平方有关，而后者有时又与自旋-轨道偶合简并度成比例。例如，对于开壳层配位化合物 $V(CO)_6$，其电子构型为 $\cdots t_{1u}^6 t_{2g}^5$，电离后我们可以得到离子态

$$t_{1u}^6 t_{2g}^4 : {}^1A_{1g}, {}^1E_g, {}^1T_{2g}, {}^3T_{1g} \quad (3.3.24)$$

和

$$t_{1u}^5 t_{2g}^5 : {}^1T_{1u}, {}^1T_{1u}, {}^1T_{2u}, {}^3T_{2u}, {}^1E_u, {}^3E_u, {}^1A_{2u}, {}^3A_{2u} \quad (3.3.25)$$
$$\qquad\quad\; 3 \quad\;\; 9 \quad\;\; 3 \quad\;\; 9 \quad\;\; 2 \quad\;\; 6 \quad\;\; 1 \quad\;\; 3$$

各谱项下还相应地注明了正好等于自旋-轨道偶合简并度[参考式(2.4.89)]的相对强度。由于 $V(CO)_6$ 只有一个基项 ${}^2T_{2g}$，所以亲态比系数就等于自旋-轨道简并度。

又如，对于下列主要是定域在金属上的开始两个离子态，其预期的峰强度比(括号内)为 $Ni(CO)_4^+$，${}^2T_2 < {}^2E$（3∶2）、$Fe(CO)_5^+$，${}^2E_2' < {}^2E''$（1∶1）和 $Fe(C_5H_5)_2^+$，${}^2E_{2g} < {}^2A_{1g}$（2∶1，参考表3.12中 A' 的两个峰）。误差为10%~20%时，实验与预期一致。

3.3.3 光电子能谱的精细分裂

在电子能谱结合能所对应的主峰中常有些附加卫星峰，由它们的位置和强度可以得到更多的配位化合物结构参数[39]。下面我们讨论常见的三种情况。

1. 自旋-轨道偶合

当从任何一个轨道中(除s轨道外)电离出一个电子而产生一个具有空穴的正离子时，由于自旋-轨道的偶合作用而形成不同的离子态。例如，由卤素X的碘原子中电离出一个5p电子，可产生两个离子态 $\widetilde{X}{}^2\pi_{\frac{1}{2}}$ 和 $\widetilde{X}{}^2\pi_{\frac{3}{2}}$（$\widetilde{X}$ 为自由基阳离子，参见图3.19右边记号），从而在图谱中出现高、低成对的两个峰，由此可以获得有关电子离域作用的数据信息。对于HI这两个峰的分裂能为0.66eV，而对于 C_2H_5I，只有0.60eV，说明后者有较大的离域作用。自旋-轨道偶合常和振动结构一起发生（图3.25）；CNX的自旋-轨道偶合作用比HX的自旋-轨道偶合作用小，说明主要定域在卤素X上的π轨道电子有较大的离域作用。图3.25中上方横坐标标记的 n_β^α 表示在 β 电子态中第 n 个振动模型具有 α 振动量子数（参见图3.19）。

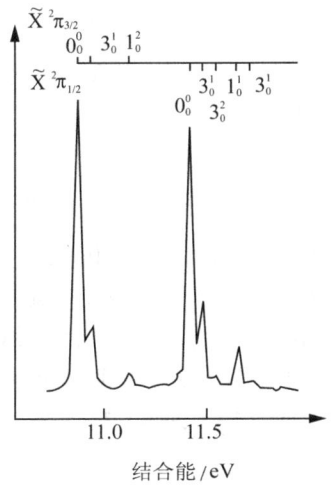

图3.25 ICH^+ 最初两个振动带的光电子能谱

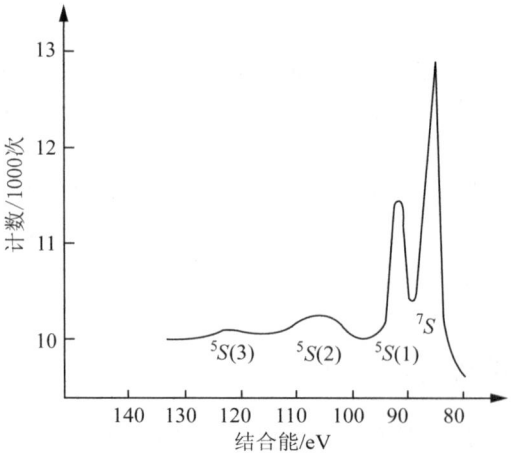

图 3.26 MnF_2 中 Mn(3s) 的能谱

2. 多重度分裂

它是由光致电离过程后所留下的未成对电子和体系中其他在光电离后留下未成对电子间的相互作用引起的。图 3.26 为 Mn(Ⅱ)F_2 的电子能谱,它是由未电离的 3s 电子和外层五个未成对 d 电子相互平行($L=0, S=6/2$;^7S 态)和反平行($L=0, S=4/2$;^5S 态)所产生的 3s 能级的多重度分裂(图 3.27)。可以从理论上对此进行定量处理,谱线的强度正比于光电离后终态 ^{2S+1}L 的多重度:

$$I \propto |c_{bc}|^2 (2S'+1)(2L'+1) \quad (3.3.26)$$

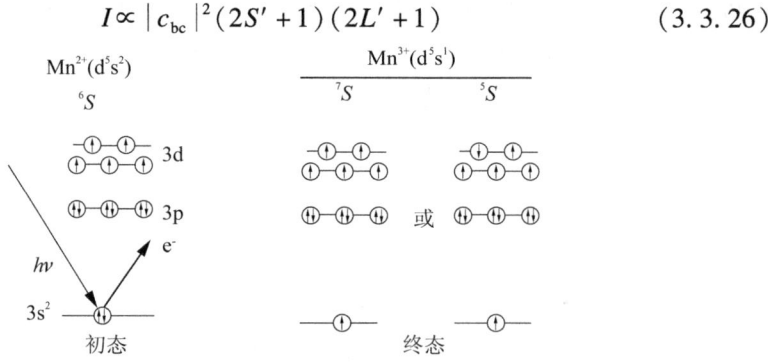

图 3.27 光电离后 Mn^{2+} 中的多重分裂

而与发生光电离实能级的主量子数无关。其中,c_{ba} 是由于计算中考虑了组态相互作用后所引入的混合系数,它取决于径向波函数,因而对化学环境较为灵敏。若只有一个组态,则强度与波函数的特性无关,如我们所示的例子,由于 $L=0$,所以谱线强度只正比于自旋多重度 $(2S+1)$(即 5∶7)。关于谱线的能量差,例如,对于 Mn(Ⅱ)或 Fe(Ⅳ),根据自旋非限制性 Hatree-Fock 对自由离子进行计算,得出两种离子态(^7S 和 ^5S 态)间的总能量差取决于交换积分[参见式(2.2.52)]:

$$G^2(3s,3d) = C^2(0,0,2,0)\int_0^\infty\int_0^\infty R_{3s}(r_1)R_{3d}(r_2)R_{3s}(r_2)R_{3d}(r_1)\cdot\left(\frac{r_<^2}{r_>^2}\right)dr_1dr_2$$
(3.3.27)

其中,R_{3s}、R_{3d} 分别为 3s、3d 轨道的径向波函数,$C^2(0,0,2,0)$ 为量子力学中考虑偶合作用后所引入的 Clebsch-Gordon 系数的常数[13c],其值有表可查。当考虑到多重分裂的存在而推求元素的化学位移时,对于 s 壳层中的电离问题较为简单。根据式(3.3.27)中的交换积分,将"微扰"的结合能看做是由 Clebsch-Gordon 系数权重的两个多重态的平均能量,即

$$E_b = \frac{E_b(1)c^2(1)+E_b(2)c^2(2)}{c^2(1)+c^2(2)}$$
(3.3.28)

其中,$c^2(1)$ 和 $c^2(2)$ 是与结合能 $E_b(1)$ 和 $E_b(2)$ 相应的两个最终多重态有关的 Clebsch-Gordon 系数。对于 s 空穴,c^2 正比于多重度。对于角动量 L 大于 0 壳层中的光电离,由于能谱的复杂性不易正确平均,常用最强峰代表结合能。

多重分裂的大小与环境有关,与化学位移比较,它的优点在于不需要作绝对校正。定性地看,交换积分越大,则谱线分裂越大。金属上的任何 d 电子密度的减少(即电荷离域到配位体)都会减少分裂,因而同系列元素中多重分裂将与未成对价态 d 电子的数目和化合物的共价性程度有关。在强配位场中由于 d 电子全部配对而使多重分裂消失。

3. 震上(shake up)结构

在过渡金属化合物的 XPS(有时在 UPS)能谱中,高 E_b 端常会出现这种峰,它是由一个价电子在实电子发射的同时被向上激发到未占据能级而引起的(如 3d→4s),所以这种"震上峰"和主要实能级峰的间距对应于价能级的激发能。相应地,若价电子被激发脱离原子,则引起所谓"震出峰"(shake out)。这种峰结构的出现本身就证实了弛豫作用确实存在,因为弛豫能使价电子有可能被激发。

当配位化合物的几何构型或配位体有变化时,常常会引起较大的震上峰强度和位置的变化。例如,在八面体 $CoCl_2$ 和四面体 $[Et_4N]_2[CoCl_4]$ 的震上峰强度就有很大差别。对于 Mn(Ⅱ)的一系列卤化物的研究,还观察到这种差别和金属配位体上的电荷分布有关。当前震上峰的研究是此领域中最令人感兴趣的问题之一。

在进行实际的图谱分析时还要注意 Jahn-Teller 效应、俄歇峰、混合氧化态和表面杂质等因素的影响。

3.3.4 在结构分析中的一些应用

光电子能谱在配位化合物中的应用是多方面的,选择其中典型应用介绍如下[40,41]。

1. 分子轨道理论的研究

分子轨道理论在研究分子的电子结构方面具有很多优点。通过理论计算可以

得到诸如分子轨道能级、键长、偶极矩、生成热等很多数据信息。一方面,精确的分子轨道理论计算有助于对实验测定的电离势进行指认;另一方面,光电子能谱又是直接验证分子轨道理论计算的方法。例如,对于简单的分子,如果移去的是非键电子(孤对电子),则形成的 $\tilde{X}$ 分子(图 3.19,其中 $\tilde{X}$、$\tilde{A}$、$\tilde{B}$ 为自由基阳离子 M^+ 的电子态)中的平衡键长 r_e 及其势能曲线不会有太大变化,这时将出现以 $v=0$ 的零点振动能级之间的垂直跃迁所形成的敏锐谱峰,由最强的峰位置可得到绝热电离势。若移去的是强成键电子,则随着键的减弱,r_e 增大,离子 $\tilde{A}$ 的势能曲线往右移;若移去的是反键电子,r_e 减小,则离子 $\tilde{A}$ 的势能曲线往左移。在这两种情况下,按 Franck-Condon 原理都会出现长的振动序列,而由最强的峰得到垂直电离势。当不能分辨振动结构时,可指定平滑带的开始处代表绝热电离势。

以 $Fe(\eta-C_5H_5)_2$ 为例对分子轨道理论和光电子能谱实验结果进行比较。表 3.11 和表 3.12 中分别列出了理论值(图 3.28)和实验值(图 3.29)的结果。在配位体中 e_{1u} 的能级比 e_{1g} 的低,但在形成配位化合物后,其中的 e_{1g} 与铁的 $3d_{xz}$ 和 $3d_{yz}$ 相互作用,使得电离能 I.P.(e_{1g}) > I.P.(e_{1u}),这一点已通过该金属-配位体成分的 e_{1g} 轨道具有较大的宽度,以及在较高能量的 He(Ⅱ) 光源下 e_{1g} 的强度增加得比 e_{1u} 大的事实得到证实。另外,A' 峰位置中的 a_{1g} 能级比 e_{2g} 的低,这和它们的相对强度比为 1:2.5 与从 ESR 实验得到 $[Fe(\eta-C_5H_5)_2]^+$ 的基态为 $^2E_{2g}$ 的事实是一致的。当然,对于复杂的分子,分析不是这样简单。

表 3.12　二茂铁的光电子能谱

峰　位　置	$Fe(\eta-C_5H_5)_2$	标　　识
A'	6.88	$e_{2g}(d)$
	7.23　[1.0]	$a_{1g}(d)$
	8.72	
	(8.87)	$e_{1u}(\pi)$
A''	9.14　[2.1]	
	9.39	$e_{1g}(\pi)$
	12.3	
B	13.0　[11.1]	配位体 $\sigma \cdot \pi$
	13.46	
C	16.5　[2.4]	配位体 σ

注:( )内为肩峰,[ ]内为四个峰的相对强度。

2. 氧化态原子电荷和成键性质

首先必须清楚氧化态原子电荷和形式电荷的概念。

(1) 氧化态是人为规定的。例如,对于 CO,我们规定氧原子为 -2 价,所以 C 原子为 $+2$ 价。

(2) 分子中的原子电荷是由各种理论方法或实验技术测定的值,它不一定是整数。例如,由 CNDO/2 法求出 C 为 $+0.042$ 价,而由化学电负性平衡法得出

+0.172价。

(3) 形式电荷则是假定成键电子在成键原子间平均分配所得到的电荷。例如，价键结构 $^-$:C≡O:$^+$ 所示的 C 原子形式电荷为 -1，它们并不代表分子中原子的真实电荷分布。

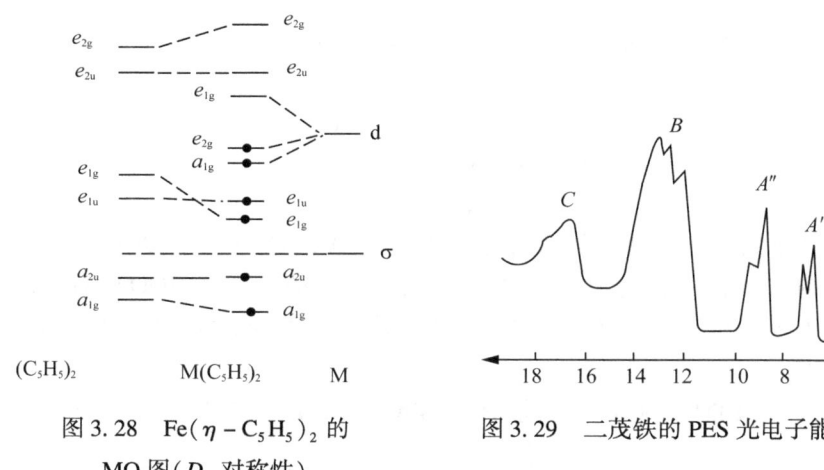

图 3.28 Fe(η-C_5H_5)$_2$ 的 MO 图（D_{5d}对称性）

图 3.29 二茂铁的 PES 光电子能谱图

如式(3.3.3)所示，E_b 主要和原子电荷 Q 有关，而不一定和形式电荷成比例。例如，对于配位数是 6 的 MnF_2 和 MnO_2，它们的氧化态分别为 2 和 4，但 $Mn(2p_{3/2})$ 的实能级 E_b 却分别为 642.8eV 和 642.4eV，这可以由 M—L 间部分共价特性（F 的电负性大，O^{2-} 的离子极化度大）得到说明。

由此我们可以研究金属→配位体的 π 反馈成键。当金属的氧化态或电负性较低时，则其 d 电子有可能反馈到配位体的 π^* 轨道。由此解释了下列化合物中 N(1s)结合能依次降低的事实：

自由的：$^-$:C≡N:

配位但无反馈：M$^-$—C≡N

配位有反馈：M=C=N̈$^-$ (3.3.29)

又如，发现气相六羰基配位化合物 $Cr(CO)_6$[C(1s)293.11,O(1s)539.96eV] 中的 C(1s)和 O(1s)的结合能都比自由 CO(295.9eV 和 542.1eV)的低，即使考虑了 CO 的弛豫能约低 1eV 后，也说明发生了反馈效应。

关于配位体的 pπ 轨道是否和中心原子价电子主量子数相同的 dπ 轨道间有成键作用，是个很有趣的问题。例如，在 SiF_4 中 Si 的 3d 轨道在多大程度上接受了 F 的 pπ 轨道的电子密度？用共振结构来表示这种 pπ→dπ 成键应为

$$\begin{array}{c} F \\ | \\ F—Si^-=F^+ \\ | \\ F \end{array}$$

。如果真的 Si 上电荷降低（更负），则应在光电子能谱上有所反映。

对于 Si 和 Ge 等化合物的细致分析表明，d 轨道没有参与成键。

3. 配位化合物结构的确定

从光电子能谱有时可直接判断分子结构。例如，NaN_2O_3 可能具有下列不同的结构：

$$\left[O{=}N{-}N{\diagdown}^O_O \right]^{2-} \quad [O{=}N{-}O{-}N{=}O]^{2-}$$

$$(1) \quad\quad\quad (2)$$

$$[O{-}N{=}N{-}O{-}O]^{2-}$$

$$(3) \tag{3.3.30}$$

光电子能谱观察到两个强度近乎相同的 N(1s) 峰 403.9eV 和 400.9eV。这排除了具有共振结构(2)的可能性。再比较 $N_2O_3^{2-}$ 分子轨道的计算(CNDO)，对结构(1)所得的氮原子电荷和势模型化学相关所得的一致。后来晶体结构分析结果进一步证实了这一点。

又如，一系列 EDTA 配位化合物，H_4EDTA 和 Na_2H_2EDTA 只有一个 402.4eV 的 N(1s) 峰，这可解释为具有质子化的 $H{-}N^+{-}C$ 结构。而 Na_4EDTA、Mg_2EDTA 等有一个 $E_b \approx 400.2eV$ 的单峰，对应于没有质子化的 $C{-}N{-}C$ 的结构。MgH_2EDTA 有两个处在 399.8eV 和 402.2eV 位置的峰，对应于一个质子化和一个未质子化的结构：

$$Mg{\diagdown}^{OOCCH_2}_{OOCCH_2}{\diagdown}NCH_2CH_2NH{\diagdown}^{CH_2COO^-}_{CH_2COOH}$$

开展光电子能谱研究时曾经对一些金属碳烯(carbene)配位化合物的结构提出质疑。例如，$(OC)_5CrC(OCH_3)CH_3$ 曾表示成下列共振结构：

$$(OC)_5Cr{=}C{\diagdown}^{OCH_3}_{CH_3} \longleftrightarrow (OC)_5Cr{=}C{\diagdown}^{+OCH_3}_{CH_3}$$

$$(4) \quad\quad\quad (5)$$

$$\longleftrightarrow (OC)_5Cr{-}C^+{\diagdown}^{OCH_3}_{CH_3} \tag{3.3.31}$$

$$(6)$$

从 ^{13}C NMR 数据和亚碳原子的强烈亲电子反应性来看，似乎结构(6)应该是主要的。但气态分子 C(1s) 的光电子能谱证实 C(OCH$_3$)CH$_3$ 中三种碳原子的结合能都比羰基碳原子的小,所以碳烯原子并不具有正电荷。实际上和过渡金属相连的碳原子的 NMR 数据是很难解释的,而化学反应数据也不总是和基态分子的性质相关联。

一般来说,在过渡金属配位化合物中通过 ESCA 确定其中非等价原子有一定的困难,因为 d 电子能级常处在可变的氧化态。高低自旋之间的变化会引起多重分裂和震上结构的变化,要很有经验才能作出正确分析;还应注意:某些微妙的结构在光电子能谱中很难得到反映,如 [Co(NH$_3$)$_5$Cl]Cl$_2$,虽然含有两种 NH$_3$,但只出现一个 N(1s) 峰而不是两个强度为 4:1 的谱峰。

4. 物理化学性质的研究

由于结合能和原子电荷的线性关系不难预料,实结合能的位移将和其他一系列与电荷密度相关的物理化学性质有密切关系。

考虑下列 Lewis 酸 A 和碱 B 加合物中孤对电子的成键稳定性:

$$A + :B \longrightarrow A:B \tag{3.3.32}$$

它取决于三个因素:①对于给定的酸(A),碱(B) 的孤对电子电离势愈小,则生成的键愈稳定;②给定给予原子 B,其孤对电子愈定域,则愈稳定;③A 的电子亲和势愈大,则愈稳定。由此对于四面体 T_d 构型的过渡金属配位化合物 Ni(PF$_3$)$_4$、Pd(PF$_3$)$_4$ 和 Pt(PF$_3$)$_4$,其中四个 M—Pσ 键类似于 $t_2 + a_1$ 变换[参考式 (2.4.103)]。相对于 PF$_3$ 孤对电子的电离势 (12.3eV),由电子能谱实验求出这三种化合物的 t_2 轨道分别稳定了 0.9eV、1.4eV 和 2.2eV。由于 PF$_3$ 的孤对电子的电离势和离域作用为常数,所以这种位移的增大必定是金属原子电负性增加的结果,从而解释了 σ 成键的大小。

在反应性能研究中,对一些杂环硫羰基(thiocarbonyl) 化合物和 CH$_3$I 的反应

$$\left(\begin{matrix}X\\Y\end{matrix}\right)C=S + CH_3I \xrightarrow{\text{丙酮}} \left(\begin{matrix}X\\Y\end{matrix}\right)C^+—S—CH_3 + I^- \tag{3.3.33}$$

人们发现其反应速率可以通过下列由 Klopmans 提出的微扰方程(参考 5.1 节)和 b_2 轨道的电离能 I.P. 联系起来

$$\Delta E = \Delta E_{溶剂化} + \sum_m^{占据} \sum_n^{未占据} \frac{2(c_s^m)^2 (c_t^n)^2 \beta_{st}}{E_m^* - E_n^*} \tag{3.3.34}$$

其中,c_s^m 和 c_t^n 分别为分子轨道 m 和 n 中原子轨道 s 和 t 的系数;参数 β_{st} 代表给予体(S 的孤对)和亲电子试剂(CH$_3^+$)间的相互作用量;S 孤对轨道的能量 E_m^* 可以由 UPS 测量,这时可以忽略溶剂化能 $\Delta E_{溶剂化}$ 和 β_{st} 的差别。

目前,虽然光电子能谱的研究取得了不少进展,但是也存在一些困难。例如,对于过渡金属化合物,由于它们的挥发性较低,因此,关于其光电子能谱的研究不多。

对于大分子的光电子能谱,目前的分辨率还不够高,理论分析也难以进行。特

别是由于:①分子的对称性变得很低,在给定的能量范围内有很多 M^+ 离子的电子组态混合在一起;②每个谱带的振动结构不可能被分辨,因为 M^+ 的很多 $3n-6$ 个正则振动将被激发;③各种价电子所引起的能谱峰可能叠加在一起;④不同构型异构体的峰叠加在一起;⑤在光致电离时会发生异构化或碎片化(特别在高温时)。为了克服这些困难,常常是对分子作某种微扰(取代或其他稍微改变结构的方法)而使它们的价壳层的结构不致有太大的改变。这种所谓的"相关图"或"微扰处理"可以指导实验谱峰的标记及图谱的关联。

对于同系列化合物,其结合能及其取代效应、Hammett 常数、电负性、偶极矩等物理化学性质有密切关系。此外,光电子能谱中的结合能和 Mössbauer 谱、核四极矩共振谱、核磁共振谱和红外光谱等其他结构方法所得到的各种参数之间的关联性也值得进一步探讨。从基础研究的观点来看,电子激发过程的能量和概率的物理学研究也具有重要的意义。光致电离过程中的离子态研究本身就很有价值,例如,对外层空间中的电离分子和火箭发射所形成离子的探讨,无论是在物理学上或是在军事上都有极为重要的意义。

3.4 振动光谱

分子运动的能量可以按其大小递减次序分为三种形式:分子中的电子运动、组成分子的原子振动和分子的整体转动。前面介绍了电子的状态以及由于分子轨道间的电子跃迁所引起的电子光谱。转动的能量状态可用微波光谱加以研究,由此可以精确地测定分子的键长、键角及偶极矩等参数。但在平常的化学过程中,转动能量状态的影响一般不是太大,本书不加讨论(参考文献[42,43])。本节将讨论配位化合物的分子振动问题。根据光的电磁波和分子振动状态的相互作用机理不同,可将其大致分成红外光谱和 Raman 光谱两大类[44]。

自 1950 年出现商品双光束光谱仪后,配位化合物的振动光谱得到迅速发展。在实验上常用两种方法来研究分子的振动光谱。[18,19]

(1)红外光谱:当以不同频率(ν)的红外光源去照射分子时,若某些特征的 ν 值被分子吸收,则这种相互作用的结果是振动分子的偶极矩 $\mu(=er)$ 必然发生变化。分子由振动能级 E_v 跃迁到振动激发态 $E_{v'}$(参见图 3.31),它们之间符合共振关系:

$$\Delta E = E_{v'} - E_v = h\nu \qquad (3.4.1)$$

其中,v 为标记振动状态的振动量子数。

(2)Raman 光谱:以不同频率的激光器作为光源,当频率为 v_0 的可见或紫外光照射分子时,若光子和分子发生碰撞而以不变的频率散射,如在 Reyleigh 散射中,分子中的电子被迫进行和辐射相同频率的振动,这种散射过程称为弹性碰撞。若光子在该过程中被吸收并重新发射,就称为荧光光谱。荧光和散射的区别在于碰撞产物的寿命。若处于振动基态的分子从将要被散射的光子那里接受或吸收了能量 E_v 则使分子激发到较高振动态。其机理涉及分子中的诱导偶极矩 $D=\alpha E$，即分子由于光照电磁场中的正负交变电场 E 使核吸向负，而电子吸向正极从而形成诱导偶极矩 D，它取决于分子相对于电场 E 的方向，所以是一个二级张量。因而在和入射光垂直方向上观察到散射光的频率为

$$\nu = \nu_0 \pm \nu_v \tag{3.4.2}$$

这是由于入射光和分子之间的非弹性碰撞有能量交换 $\Delta E = h\nu_v$ 所引起。在 Raman 光谱中，按式(3.4.2)，出现取 + 号高频 $(\nu_0 + \nu_v)$ 的峰称为 Stokes 峰，出现在 $(\nu_0 - \nu_v)$ 的峰称为反 Stokes 峰。这种研究振动跃迁能 $h\nu_v$ 的方法称为综合散射光谱或 Raman 光谱。图 3.30 为振动光谱实验的示意图。一般的汞光源不适于有色化合物，因为它含吸收汞的激发谱线，但用激光作为光源可以避免这个缺点。

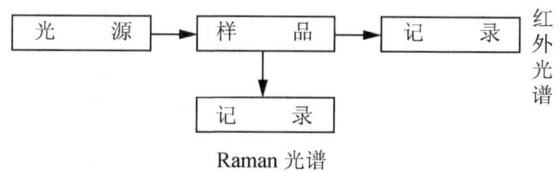

图 3.30　振动光谱的实验示意图

由于红外光谱和 Raman 光谱在机理上的差别，在方法上各有特点，互为补充。但是，对于对称性较低的配位化合物，很多谱线几乎在两种光谱中都会同时出现，这时常常应用易于获得的红外光谱。由于红外光谱和 Raman 光谱都是涉及振动能级 E_v，因而在处理上也有很多相似之处。本节将主要介绍红外光谱的原理及其在配位化合物研究中的应用。

3.4.1　简正坐标和简正振动[45]

1. 双原子分子的振动

对于双原子分子，在经典力学中可以按 Hooke 定律将它看做一个弹性常数 k 的弹簧。从量子力学角度考虑，对于质量为 m_1 和 m_2 的双原子分子的振动，可以将该分子整体看做由式(3.4.3)定义的约化(或称为折合)质量 μ

$$\frac{1}{\mu} = \frac{1}{m_1} + \frac{1}{m_2} \tag{3.4.3}$$

的质点绕其平衡位置做位移为 q 的运动。体系的动能为

$$T = \frac{1}{2}\mu \dot{q}^2 \tag{3.4.4}$$

由实验模拟真实 Morse 势能曲线(图 3.31 实线)较为复杂。若采取下列振动势能(如图 3.31 中的点线，对双原子分子，常用原子间距 r 代替 q)，则为非简谐振动模型：

$$V = \frac{1}{2}kq^2 - cq^3 \quad k \gg c, \tag{3.4.5}$$

其中，k 为振动力常数，c 为非谐振系数。但由于 $k \gg c$，通常近似地只取式(3.4.5)中的平方项，即令 $c = 0$，称为简谐振动(图 3.3.1 折线)。则由 Schrödinger 方程

$$\frac{d^2\psi}{dq^2} + \frac{8\pi^2\mu}{h^2}\left(E - \frac{1}{2}kq^2\right)\psi = 0 \tag{3.4.6}$$

可以求解出本征值(振动能)为[44]

$$E_v = h\nu\left(v + \frac{1}{2}\right) = hc\tilde{\nu}\left(v + \frac{1}{2}\right) \tag{3.4.7}$$

其中，简谐振动频率 ν 或波数 $\tilde{\nu}$ 为

$$\nu = \frac{1}{2\pi}\sqrt{\frac{k}{\mu}} \quad 或 \quad \tilde{\nu} = \frac{1}{2\pi c}\sqrt{\frac{k}{\mu}} \tag{3.4.8}$$

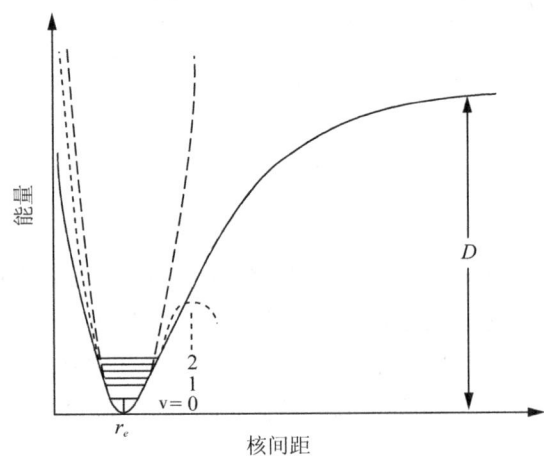

图 3.31 双原子分子的势能曲线

真实的势能(———)，双曲线简谐势能(– – –)和立方项双曲线(……)

量子力学证实，振动量子数 v 只能取 0, 1, 2 等整数值，对应的本征函数(波函数)为

$$\psi_v = \frac{(\alpha/\pi)^{\frac{1}{4}}}{\sqrt{2^v v!}} \exp(-\alpha q^2) H_v(\sqrt{\alpha}q) \tag{3.4.9}$$

其中，$\alpha = 2\pi\sqrt{\mu k}/h = 4\pi^2\mu\nu/h$，$H_v(\sqrt{\alpha}q)$ 为 v 阶 Hermite 多项式，其表示式较为复杂，若令 $\xi = \sqrt{\alpha}q$，则

$$H_v(\xi) = (2\xi)^v - \frac{v(v-1)}{1!}(2\xi)^{v-2} + \cdots$$

$$+ (1)^q \frac{v(v-1)\ldots(v-2r+1)}{r!}(2\xi)^{v-2r} + \cdots \tag{3.4.10}$$

例如，对于前面这三个 v = 0, 1 和 2 振动量子数，具体为

振动基态：

$$v = 0 \quad E_0 = \frac{1}{2}h\nu$$

$$\psi_0 = \left(\frac{\alpha}{\pi}\right)^{\frac{1}{4}} \exp\left(-\frac{\alpha q^2}{2}\right) \tag{3.4.11a}$$

振动第一激发态：

$$v = 1 \quad E_1 = \frac{3}{2}h\nu$$

$$\psi_1 = \left(\frac{\alpha}{\pi}\right)^{\frac{1}{4}} 2^{\frac{1}{2}} \exp\left(-\frac{\alpha q^2}{2}\right) \tag{3.4.11b}$$

振动第二激发态：

$$v = 2 \quad E_2 = \frac{5}{2}h\nu$$

$$\psi_2 = \left(\frac{\alpha}{\pi}\right)^{\frac{1}{4}} 2^{\frac{1}{2}} (4\alpha q^2 - 2) \exp\left(-\frac{\alpha q^2}{2}\right) \tag{3.4.11c}$$

2. 多原子分子的振动

在双原子分子中，原子沿着核的连线振动。在 N 个原子组成的分子中，则情况较为复杂。如果以各个原子的平衡位置作为原点的局部直角坐标系来描述核的位移(例如 H_2O，图 3.32)，则分子的动能可以表示为

$$T = \frac{1}{2} \sum_N m_N \left[\left(\frac{\mathrm{d}\Delta x_N}{\mathrm{d}t}\right)^2 + \left(\frac{\mathrm{d}\Delta y_N}{\mathrm{d}t}\right)^2 + \left(\frac{\mathrm{d}\Delta z_N}{\mathrm{d}t}\right)^2 \right] \tag{3.4.12}$$

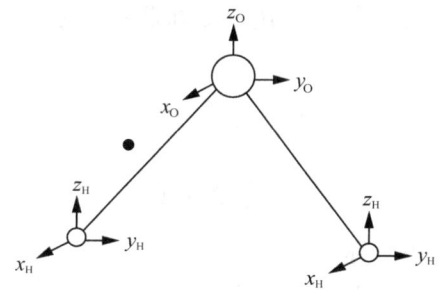

图 3.32　XY_2 分子的位移坐标

若采用式(3.4.13)定义的质量权重坐标：

$$q_1 = \sqrt{m_1}\Delta x_1, q_2 = \sqrt{m_1}\Delta y_1, q_3 = \sqrt{m_1}\Delta z_1,$$
$$q_4 = \sqrt{m_2}\Delta x_2, \cdots \tag{3.4.13}$$

则动能可表示为

$$T = \frac{1}{2} \sum_{i=1}^{3N} \dot{q}_i^2 \tag{3.4.14}$$

体系的势能 V 则是一个涉及所有坐标 q_i 的复杂函数：

$$V(q_1, q_2, \cdots, q_{3N}) = V_0 + \sum_i^{3N} \left(\frac{\partial V}{\partial q_i}\right)_0 q_i + \frac{1}{2} \sum_{i,j}^{3N} \left(\frac{\partial^2 V}{\partial q_i \partial q_j}\right)_0 q_i q_j + \cdots \quad (3.4.15)$$

若以平衡 V 位置 $q_i = 0$ 为势能零点的标准，则 $V_0 = 0$。由于在 $q_i = 0$ 时 V 必须为极小，故 $(\partial V/\partial q)_0 = 0$，略去高次项后可以表示为

$$V = \frac{1}{2} \sum_{i,j}^{3N} \left(\frac{\partial^2 V}{\partial q_i \partial q_j}\right)_0 q_i q_j = \frac{1}{2} \sum_{i,j}^{3N} b_{ij} q_i q_j \quad (3.4.16)$$

其中，b_{ij} 对应于双原子分子式 (3.4.5) 中的 k/μ。

按照经典力学的 Lagrange 方程①

$$\frac{d}{dt}\left(\frac{\partial T}{\partial \dot{q}_i}\right) + \frac{\partial V}{\partial q_i} = 0 \quad (i = 1, 2, \cdots, 3N) \quad (3.4.17)$$

将式 (3.4.14) 和式 (3.4.16) 代入式 (3.4.17)，得到

$$\ddot{q}_i + \sum_j b_{ij} q_j = 0 \quad (j = 1, 2, \cdots, 3N) \quad (3.4.18)$$

为了便于求解式 (3.4.18)，则需要消除势能项 [式 (3.4.16)] 中的 $q_i q_j$ 之类的交叉项，因此需要进行下列坐标变换：

$$q_1 = \sum_i B_{1i} Q_i \quad (3.4.19)$$

$$q_2 = \sum_i B_{2i} Q_i \quad (3.4.20)$$

$$\cdots\cdots$$

$$q_k = \sum_i B_{ki} Q_i \quad (3.4.21)$$

随后将要说明，可以选择合适的 B_{ki}，其动能和势能可写为没有交叉项形式的二次项：

$$T = \frac{1}{2} \sum_i \dot{Q}_i^2 \quad (3.4.22)$$

$$V = \frac{1}{2} \sum_i \lambda_i Q_i^2 \quad (3.4.23)$$

则这样的一套 Q_i 称为简正坐标。

将式 (3.4.22) 和式 (3.4.23) 代入式 (3.4.17)，得到便于求解的微分方程：

$$\ddot{Q}_i + \lambda_i Q_i = 0 \quad (3.4.24)$$

该方程的数学解为

$$Q_i = Q_i^0 \sin(\sqrt{\lambda_i} t + \delta_i) \quad (3.4.25)$$

其频率为

---

① 这是更普遍的 Newton 方程表达式。例如，对于以速度 $v = \dot{q}$，沿 x 方向运动的粒子，其动能为 $T = \frac{1}{2}mv^2$，由该式得到 $\dfrac{d}{dt}\dfrac{d\left(\frac{1}{2}mv^2\right)}{dv} = -\dfrac{dV}{dx}$，即通常的 $f = ma$。

$$v_i = \frac{1}{2\pi}\sqrt{\lambda_i} \qquad (3.4.26)$$

这种振动称为简正振动。对于 N 个原子组成的分子,一般要求有 $3N$ 个坐标来描述其空间运动的状态。但由于有3个反映分子整体转动和3个反映分子整体平动的这六个坐标,因此一般它只能有 $3N-6$ 个简正坐标。对于线形分子,由于少了一个绕着分子轴的转动自由度,所以它有 $3N-5$ 个简正振动。

下面更具体地讨论一下简正振动的物理含义。由式(3.4.21)可见,原来的位移 q_k 可写为简正振动 Q_i 的线性组合。

$$q_k = \sum_i B_{ki} Q_i \qquad (3.4.27)$$

由于所有的简正振动都是相互无关的,不失一般性,考虑到 q_k 中只包含一个下标为1的简正振动,即令 $Q_1^0 \neq 0, Q_2^0 = Q_3^0 = \cdots = 0$,则由式(3.4.27)得到

$$\begin{aligned} q_k &= B_{k1} Q_1 = B_{k1} Q_1^0 \sin(\sqrt{\lambda_1} t + \delta_1) \\ &= A_{k1} \sin(\sqrt{\lambda_1} t + \delta_1) \end{aligned} \qquad (3.4.28)$$

这种关系对所有 k 都成立。由此可知,当激发体系中一个简正振动 Q_1 时,会引起式(3.4.28)的所有体系中的核做 q_k 振动。而且按照式(3.4.28)这些核都是以相同的频率 ν_1 及位相 δ_1 振动[图3.33,以 H_2O 为例,式(3.4.71)]。

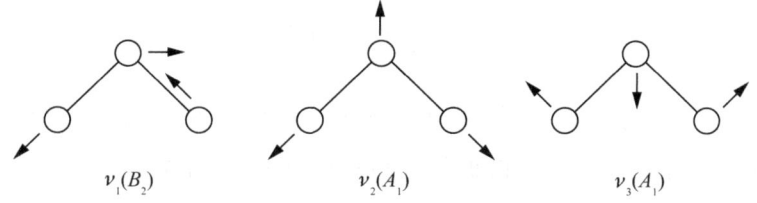

图3.33 H_2O 的简正振动

由于上述讨论对所有简正振动都成立,因此式(3.4.28)可以写为更一般的形式:

$$q_k = A_k \sin(\sqrt{\lambda} t + \delta) \qquad (3.4.29)$$

将式(3.4.29)代入式(3.4.18),得到

$$-\lambda A_k + \sum_j b_{kj} A_j = 0 \qquad (3.4.30)$$

这是一组对于 A 为一级的联立方程。按线性代数理论,为使所有 A 值非零,要求

$$\begin{bmatrix} b_{11}-\lambda & b_{12} & b_{13} \\ b_{21} & b_{22}-\lambda & b_{23} \\ \cdots & \cdots & \cdots \end{bmatrix} = 0 \qquad (3.4.31)$$

这个久期方程的求解方法和分子轨道理论中用的方法类似。假定由式(3.4.31)求出一个根 λ_1，将它代入式(3.4.30)，就可以得到所有核的 $A_{11},A_{21},\cdots,A_{k1}$。对于其他的 λ_i 也依此进行。这样，我们就可以定量地求出各个简正振动的频率 λ_i 和振幅 A_{ki}，而振动体系的最一般的解则为所有简正振动的叠加：

$$q_k = \sum_i B_{ki} Q_i = \sum_1 B_{k1} Q_1^0 \sin(\sqrt{\lambda_1} t + \delta_1) \tag{3.4.32}$$

通过上述经典力学的简正坐标处理方法，得到了不含交叉项的动能和势能表示式后，我们再回到量子力学，得到体系的 Schrödinger 方程：

$$\sum_i \frac{\partial^2 \psi_n}{\partial Q_i^2} + \frac{8\pi^2}{h^2}\left(E - \frac{1}{2}\sum_i \lambda_i Q_i^2\right)\psi_n = 0 \tag{3.4.33}$$

仿照式(2.2.34)的方法，采用下列波函数以分离变量：

$$\psi_n = \psi_1(Q_1)\psi_2(Q_2)\cdots \tag{3.4.34}$$

其中，ψ_i 具有式(3.4.9)的形式，将式(3.4.34)代入式(3.4.33)，得到

$$\frac{\mathrm{d}^2 \psi_i}{\mathrm{d} Q_i^2} + \frac{8\pi^2}{h^2}\left(E_i - \frac{1}{2}\lambda_i Q_i^2\right)\psi_i = 0 \tag{3.4.35}$$

其中

$$E = E_1 + E_2 + E_i + \cdots \tag{3.4.36}$$

$$E_i = h\upsilon_i\left(\upsilon_i + \frac{1}{2}\right) \tag{3.4.37}$$

从上述 ψ_n 和 E 的表示式可见，使用简正分析的方法大大简化了复杂分子的振动问题。每一个简正振动类似一个谐振子，简正分析的一个主要目的是利用一组假定的力常数 k，通过尝试法利用式(3.4.31)求解出振动频率 υ。如果这组计算值和实验的频率值相符，则这组力常数 k 就是能反映体系势能 V 的合理值。

3.4.2 简正振动的数目

如前所述，复杂的多原子分子的振动可以分解为 $3N-6$ 或 $3N-5$（线形分子）个简正振动[11,12]。例如，对于 C_{2v} 对称性的 H_2O 分子，我们可以定量地求解出图 3.33 所示的 $3N-6=3\times3-6=3$ 个简正振动[式(3.4.71)]。其中每个简正振动中的各个核的振动方向都为箭头方向，以相同的频率及相位做简谐振动。箭头的相对长短表示每个核的相对速度和振幅。如果我们对图 3.33 所示的三个简正振动 Q_1、Q_2 和 Q_3 进行 C_{2v} 群的对称操作：

$$I \begin{bmatrix} Q_1 \\ Q_2 \\ Q_3 \end{bmatrix} = \begin{bmatrix} 1 & 0 & 0 \\ 0 & 1 & 0 \\ 0 & 0 & 1 \end{bmatrix} \begin{bmatrix} Q_1 \\ Q_2 \\ Q_3 \end{bmatrix}$$

$$C_2(z) \begin{bmatrix} Q_1 \\ Q_2 \\ Q_3 \end{bmatrix} = \begin{bmatrix} 1 & 0 & 0 \\ 0 & 1 & 0 \\ 0 & 0 & -1 \end{bmatrix} \begin{bmatrix} Q_1 \\ Q_2 \\ Q_3 \end{bmatrix}$$

$$\sigma_v(xz) \begin{bmatrix} Q_1 \\ Q_2 \\ Q_3 \end{bmatrix} = \begin{bmatrix} 1 & 0 & 0 \\ 0 & 1 & 0 \\ 0 & 0 & -1 \end{bmatrix} \begin{bmatrix} Q_1 \\ Q_2 \\ Q_3 \end{bmatrix}$$

$$\sigma_v(yz) \begin{bmatrix} Q_1 \\ Q_2 \\ Q_3 \end{bmatrix} = \begin{bmatrix} 1 & 0 & 0 \\ 0 & 1 & 0 \\ 0 & 0 & 1 \end{bmatrix} \begin{bmatrix} Q_1 \\ Q_1 \\ Q_1 \end{bmatrix}$$

(3.4.38)

则不难证实,它们分别属于 $2A_1(v_2, v_3)$ 和 $B_2(v_1)$ 不可约表示。用群论语言,即若用简正坐标 Q_i 作为基,可以得到上述 3 个不可约表示。下面我们介绍一种更简便的方法,即在没有求解出简正振动以前,利用群论方法我们也可以求出不同简正振动的数目、振动的对称性,以及分子是红外活性还是 Raman 活性(并不提供关于简正振动的频率及其他具体形式的数据信息)。

确定某个分子所具有的简正振动的对称类型及数目的问题,实质上是群论中的一个寻找不可约表示的问题。例如,对于 C_{2v} 群的 H_2O 分子,通过该群的各个对称操作(实际上只要从该群的每一类中选出一个操作)作用到图 3.32 所示的直角位移向量上去。显然,对于不可约表示中某些对称的元素特征标有贡献的坐标只能是这样一些坐标,它属于在对称操作作用下位置不变的那个原子。其过程类似于分子轨道法(参考 2.3.4 小节),结果综合于表 3.13 中。根据其中最后一行所得到的不可约表示的 $\chi(R)$ 值,利用约化公式[式(2.3.9)]及 C_{2v} 群的特征标表,可以得到:

$$\Gamma = 3A_1 + A_2 + 2B_1 + 3B_2 \quad (3.4.39)$$

如前所述,直角坐标的表示中包括了三个沿 x, y, z 方向的平移(记为 T_x、T_y 和 T_z),以及三个绕着 x, y, z 轴的转动(记为 R_x、R_y 和 R_z)。它们的特征标也可以分别用类似于式(2.3.12)的式(3.4.40)和式(3.4.41)计算:

$$\chi_t(R) = \pm (1 + 2\cos\theta) \begin{pmatrix} 真转动取 + 号 \\ 非真转动取 - 号 \end{pmatrix} \quad (3.4.40)$$

$$\chi_r(R) = + (1 + 2\cos\theta) \quad (3.4.41)$$

或直接由已有的 C_{2v} 特征标表可以发现 $A_1 + B_1 + B_2$ 对应于平移,而 $A_2 + B_1 + B_2$ 对应于转动。因而从式(3.4.39)中除去上述六个平移和转动的不可约表示后,得到的简正振动应为

$$\Gamma_v(R) = \Gamma(R) - \Gamma_t(R) - \Gamma_r(R) = 2A_1 + 1B_2 \quad (3.4.42)$$

这和上述简正坐标图形分析的结果一致。如果不应用直角坐标,而从后述的图 3.34 所示的内部坐标也可得到相同的结果。

表 3.13 C_{2v} 点群 ML_2 分子的振动特征标

操作 R	不动的原子	$\chi(R)_x$	$\chi(R)_y$	$\chi(R)_z$	$\chi(R)$
E	H,H,O	3 +	3 +	3 =	9
C_2	O	(-1) +	(-1)	$+1$ =	-1
σ_v	O	1 +	(-1)	$+1$ =	1
σ_v	H,H,O	(-3)	$+3$	$+3$ =	3

3.4.3 基频振动跃迁的选择规则

像分子轨道一样,式(3.4.9)所示的振动波函数 $\psi_v(q)$ 必定也形成分子点群所属不可约表示的基。例如,对于基态 $\psi_0 \sim \exp(-\alpha q^2/2)$ 简正振动波函数,所有的该点群对称操作都将使 q 变换到 $\pm q$,因而所有对称操作都不会改变 q^2,即 ψ_0 在所有对称操作作用下不变,形成该分子的全对称不可约表示 A_1 的基。同样,对于振动激发态 $\psi_1 \sim q\exp(-\alpha q^2/2)$,它具有和 q 相同的对称性,对于第二激发态 $\psi_2 \sim (4q^2-2)\exp(-\alpha q^2/2)$,它具有 q^2 的对称性,即 ψ_2 总是属于全对称不可约表示的基等。

考虑一个具有 k 个简正振动的分子,在任何时间每个简正振动 i 都处于一个确定的振动量子态 $v_i = n_i$,因而总的分子振动波函数 ψ_v [式(3.4.34)]为

$$\psi_v = \psi_1(n_1)\psi_2(n_2)\psi_3(n_3)\cdots\psi_k(n_k) \tag{3.4.43}$$

在常温下,因为振动能的间距大于热能 kT,大多数分子处于 $n_i = 0$ 的基态,即分子处于它的振动基态。根据跃迁概率[式(3.1.19)]也可以导出谐振电偶极矩子的选择规则:

$$\Delta v = \pm 1 \tag{3.4.44}$$

在发生振动跃迁时振动量子数每次只能改变一个单位,因而,如果分子吸收辐射后,致使第 j 个简正振动激发到 $n_j = 1$ 的状态,即

$$\prod_i \psi_i(0) \rightarrow \psi_j(1) \prod_{i \neq j} \psi_i(0)$$

其余的 $k-1$ 个简正振动仍处于它们的最低($n_i = 0$)能量状态,则该分子经历一次第 j 个简正振动的基频跃迁后,这种光谱强度较高类型的 k 个不同跃迁得到分子的基频,常简记为 $\psi_v^0 \rightarrow \psi_v^j$。若从能量最低的只要受热就可以从 $v = 0$ 的简正振动开始跃迁,就得到通常所说的"热谱带"。有时也可以观察到较弱的"倍频"($\Delta v = 2, 3, \cdots$)和两个简正振动的量子数同时改变的"和频"。

进一步考虑与振动相关的红外和 Ramann 这两种常用光谱的选择规则。在红外光谱中,振动分子的偶极矩 μ 是核间距 q 的函数。当位移不大时,将偶极矩 μ 按

Taylor 级数展开为

$$\mu = \mu_0 + \left(\frac{d\mu}{dq}\right)_{q=0} q + \cdots \quad (3.4.45)$$

因而发生基频跃迁的跃迁偶极矩为

$$\int \psi_v^0 \mu \psi_v^j dq = \int \psi_v^0 \left[\mu_0 + \left(\frac{d\mu}{dq}\right)_{q=0} q\right] \psi_v^j dq$$

$$= \int \psi_v^0 \mu_0 \psi_v^j dq + \int \psi_v^0 \left(\frac{d\mu}{dq}\right)_{q=0} q \psi_v^j dq \quad (3.4.46)$$

由于永久偶极矩 μ_0 是个常数,故式(3.4.46)右边第一个积分为零(因为 ψ_v^0 和 ψ_v^j 为正交),因而发生红外吸收的条件是右边第二个包含 $\left(\frac{d\mu}{dq}\right)_{q=0}$ 的积分不为零,即在振动跃迁中偶极矩必须改变,这就说明了同核双原子分子不出现红外光谱的事实。由式(3.4.46)可以知道,发生基频跃迁必须下列跃迁偶极矩积分之一不为零:

$$\int \psi_v^0 x \psi_v^j d\tau \quad \int \psi_v^0 y \psi_v^j d\tau \quad \int \psi_v^0 z \psi_v^j d\tau \quad (3.4.47)$$

由于 ψ_v^0 总是属于 A_1 全对称不可约表示,而 ψ_v^j 又具有与第 j 个简正坐标 q_j 相同的对称性,因此得到下列在红外吸收方面基频活性的规则:受激的简正振动必须和坐标 x,y,z 之一具有相同的不可约表示,并具有相应的偏振特性。

在 Raman 散射光谱中,它的产生机理是由强可见-紫外光中电场 E 的照射而引起分子中产生诱导偶极矩 $D(=\alpha E)$,其中比例常数 α 称为诱导极化率,和式(3.4.46)类似,发生基频振动分子极化率跃迁的必要条件是下列这类积分不为零:

$$\int \psi_v^0 \boldsymbol{\alpha} \psi_v^j d\tau \quad (3.4.48)$$

其中,$\boldsymbol{\alpha}$ 为极化率张量。和红外光谱中的偶极矩向量 $\boldsymbol{\mu}_i$ 相对应,对于这种对称二级张量 $\boldsymbol{P}_{ij}$,它的张量元素可以表示为直角坐标的二元函数,即 x^2, y^2, z^2, xy, yz 及 zx,它们常列在指定的点群特征标表中的最右边一列。式(3.4.48)的物理意义是,当发生跃迁时,分子的极化率必定改变。与上面对红外光谱的讨论思路一样,由式(3.4.48)得到下列关于基频 Raman 活性的定则:受激的简正振动必须和分子的极化率张量 $x^2, y^2, z^2, xy, yz, zx$ 或其组合之一的组分具有相同的不可约表示。

现在举一个综合分析振动光谱的实例。对于图 3.34(c)所示的四面体配位化合物 XY_4,作为非线形的五原子分子,它应具有 $3(5)-6=9$ 个自由度。它的 15 个直角坐标位移向量形成 T_d 群的可约表示 Γ 的基

T_d	E	$8C_3$	$3C_2$	$6S_4$	$6\sigma_d$
Γ	15	0	-1	-1	3

运用式(2.3.9)约化公式,得到

$$\Gamma = A_1 + E + T_1 + 3T_2 \quad (3.4.49)$$

由特征标表可以查出它的转动(R_x, R_y, R_z)属于T_1不可约表示,平动(x,y,z)属于T_2不可约表示,因而剩下真正的振动对称类型为

$$A_1, E, 2T_2 \tag{3.4.50}$$

再根据特征标表中x, y, z和$x^2, y^2, z^2, xy, yz, zx$或其组合所属的不可约表示可知,上述四个振动基频的活性分别为

$$\text{红外活性的} A_1 \text{和} E \quad \text{红外和Raman活性的} T_2 \tag{3.4.51}$$

3.4.4 简正坐标分析实例

如前所述,简正振动的频率取决于体系的动能和势能。为了实际计算,常将动能项和势能项表示为更能反映分子化学结构特性的所谓内部坐标R的函数,R可以是键长的变化Δr或键角的变化$\Delta \theta$。图3.34中表示了一些内部坐标的例子,与直角坐标相比较,它的优点在于:①其力常数具有明确的物理意义;②不包括分子整体的平动和转动。值得注意的是,内部坐标的数目可能多于简正坐标的数目。例如,对于四面体分子[图3.34(c)],其内部坐标数目(10)比简正坐标数目(9)多了一个,这是由于内部坐标并非相互独立,这时它们有

$$\Delta\alpha_{12} + \Delta\alpha_{23} + \Delta\alpha_{31} + \Delta\alpha_{41} + \Delta\alpha_{42} + \Delta\alpha_{43} = 0 \tag{3.4.52}$$

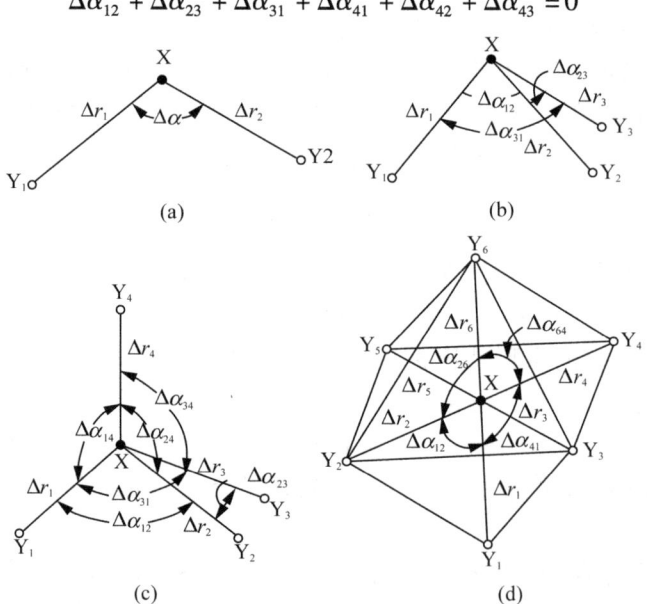

图3.34 一些分子的内部坐标
(a)弯曲形XY_2;(b)锥形XY_3;(c)四面体XY_4;(d)八面体XY_6

这种关系称为多余坐标条件。下面以图3.34(a)的H_2O分子为例进行说明。

1. FG矩阵

一般说来,内部坐标R与直角坐标X间的变换关系为

$$R = BX \tag{3.4.53}$$

其中，R 和 X 分别为内部坐标及直角坐标的列矩阵。例如，对于 XY_2 分子，则有

$$R = \begin{bmatrix} \Delta r_1 \\ \Delta r_2 \\ \Delta \alpha \end{bmatrix} \tag{3.4.54}$$

对应的式(3.4.53)可用矩阵记号表示为

$$\begin{bmatrix} \Delta r_1 \\ \Delta r_2 \\ \Delta \alpha \end{bmatrix} = \begin{bmatrix} -s & -c & 0 & 0 & 0 & 0 & s & c & 0 \\ 0 & 0 & 0 & s & -c & 0 & -s & c & 0 \\ -\dfrac{c}{r} & \dfrac{s}{r} & 0 & \dfrac{c}{r} & \dfrac{s}{r} & 0 & 0 & -\dfrac{2s}{r} & 0 \end{bmatrix} \begin{bmatrix} \Delta x_1 \\ \Delta y_1 \\ \Delta z_1 \\ \Delta x_2 \\ \Delta y_2 \\ \Delta z_2 \\ \Delta x_3 \\ \Delta y_3 \\ \Delta z_3 \end{bmatrix} \tag{3.4.55}$$

其中 $s = \sin\alpha/2$，$c = \cos\alpha/2$，r 为 x 和 y 原子间的平衡距[图3.34(a)]。应用内部坐标 R 时，体系的势能可用内部坐标 i 和 j 之间的力常数 f_{ij} 来表示，即

$$2V = \tilde{R} F R \tag{3.4.56}$$

这种势场常称为通用价力势场(GVF)。其中 $\tilde{R}$ 为式(3.4.54)列矩阵 R 的转置，对于 XY_2 分子，则为

$$\tilde{R} = [\Delta r_1, \Delta r_2, \Delta \alpha] \tag{3.4.57}$$

而 F 矩阵的矩阵元为力常数：

$$F = \begin{bmatrix} f_{11} & f_{12} & r_1 f_{13} \\ f_{21} & f_{22} & r_2 f_{23} \\ r_1 f_{31} & r_2 f_{32} & r_1 r_2 f_{33} \end{bmatrix} \equiv \begin{bmatrix} F_{11} & F_{12} & F_{13} \\ F_{21} & F_{22} & F_{23} \\ F_{31} & F_{32} & F_{33} \end{bmatrix} \tag{3.4.58}$$

其中，f_{11} 和 f_{22} 分别为 $X—Y_1$ 和 $X—Y_2$ 键的伸展力常数，f_{33} 为 Y_1XY_2 键角的弯曲力常数，其他符号代表伸缩-伸缩或伸缩-弯曲振动相互作用力常数。f_{13} 乘以 r_1，f_{23} 乘以 r_2 等是为了使所有力常数有相同的因次。

体系的动能表示较为复杂，Wilson 证明可以表示为[45]

$$2T = \tilde{R} G^{-1} R \tag{3.4.59}$$

其中，G^{-1} 为 G 矩阵的逆矩阵，它定义为

$$G = B M^{-1} B \tag{3.4.60}$$

其中，B 矩阵为由式(3.4.53)所定义的变换矩阵，M^{-1} 为以第 i 个原子质量 μ_i 的倒数为元素的对角矩阵。对于 XY_2 分子，则为

$$M^{-1} = \begin{bmatrix} \mu_1^{-1} & 0 & 0 \\ 0 & \mu_1^{-1} & 0 \\ 0 & 0 & \mu_3^{-1} \end{bmatrix} \tag{3.4.61}$$

将上述势能 V 和动能 T 代入以内部坐标 R 表示的 Lagrange 方程：

$$\frac{\mathrm{d}}{\mathrm{d}t}\left(\frac{\partial T}{\partial \dot{R}_k}\right) + \frac{\partial V}{\partial R_k} = 0 \tag{3.4.17}$$

则得到与式(3.4.31)类似的久期方程：

$$\begin{vmatrix} F_{11} - (G^{-1})_{11}\lambda & F_{12} - (G^{-1})_{12}\lambda & \cdots \\ F_{21} - (G^{-1})_{21}\lambda & F_{22} - (G^{-1})_{22}\lambda & \cdots \\ \cdots & \cdots & \cdots \end{vmatrix} \equiv |F - G^{-1}\lambda| = 0 \tag{3.4.62}$$

参见式(3.4.17)，将式(3.4.62)右乘以下列形式的 G 矩阵

$$\begin{vmatrix} G_{11} & G_{12} & \cdots \\ G_{21} & G_{22} & \cdots \\ \cdots & \cdots \\ \cdots & \cdots \end{vmatrix} \equiv G \tag{3.4.63}$$

得到 FG 方程：

$$\begin{vmatrix} \sum G_{1t}F_{t1} - \lambda & \sum G_{1t}F_{t2} & \cdots \\ \sum G_{2t}F_{t1} & \sum G_{2t}F_{t2} - \lambda & \cdots \\ \cdots & \cdots & \cdots \end{vmatrix} \equiv |GF - E\lambda| = 0 \tag{3.4.64}$$

其中，E 为单位矩阵。λ（不要与波长 λ_ν 混淆）与式(3.4.8)中的波数 $\tilde{\nu}$ 具有下列关系：

$$\lambda = 4\pi^2 c^2 \tilde{\nu}^2 = 5.890 \times 10^{-2} \tilde{\nu}^2 \tag{3.4.65}$$

后一等式 $\tilde{\nu}$ 中的质量和力常数分别用原子量和 $10^5 \mathrm{dyn/cm}$ 为单位[①]，$\tilde{\nu}$ 以 cm^{-1} 为单位。方程的阶次等于内部坐标的数目。

2. 实例

接下来用一个简单的化学实例来说明上述复杂的数学过程。对于双原子分子，有 $G = G_{11} = \dfrac{1}{\mu}, F = F_{11} = f = K$，因而有与式(3.4.64)类似的表示式 $f\mu^{-1} - \lambda = 0$。

对于 XY_2 分子由于两个 X—Y 键的等价性，式(3.4.58)和式(3.4.60)的 F 和 G 矩阵可以分别表示为

$$F = \begin{bmatrix} f_{11} & f_{12} & rf_{13} \\ f_{12} & f_{11} & rf_{13} \\ rf_{13} & rf_{13} & r^2 f_{23} \end{bmatrix} \tag{3.4.66}$$

---

① $1\mathrm{dyn} = 10^5 \mathrm{N}$。

$$G = \begin{bmatrix} \mu_3 + \mu_1 & \mu_3\cos\alpha & -\dfrac{\mu_3}{r}\sin\alpha \\ \mu_3\cos\alpha & \mu_3 + \mu_1 & -\dfrac{\mu_3}{r}\sin\alpha \\ -\dfrac{\mu_3}{r}\sin\alpha & -\dfrac{\mu_3}{r}\sin\alpha & \dfrac{2\mu_1}{r^2} + \dfrac{2\mu_3}{r^2}(1-\cos\alpha) \end{bmatrix} \quad (3.4.67)$$

对于更复杂的分子，Decius 发展了一套计算 G 矩阵元素的方法[45]。将式(3.4.67)应用于 H_2O 分子，令

$$\begin{aligned} \mu_1 &= \mu_H = 1/1.008 = 0.992\,06 \\ \mu_3 &= \mu_O = 1/16.00 = 0.062\,50 \\ r &= 0.96\text{Å}, \quad \alpha = 105° \\ \sin\alpha &= \sin 105° = 0.965\,93 \\ \cos\alpha &= \cos 105° = -0.258\,32 \end{aligned} \quad (3.4.68)$$

计算 G 矩阵。可用自洽场方法得到力常数：

$$\begin{aligned} f_{11} &= 8.428, \quad f_{12} = -0.105 \\ f_{13} &= 0.252, \quad f_{33} = 0.768 \end{aligned} \quad (3.4.69)$$

有了这些 FG 矩阵元，则可以由式(3.4.64)解出本征值：

$$\lambda_1 = 8.6146, \quad \lambda_2 = 1.6091, \quad \lambda_3 = 9.1366 \quad (3.4.70)$$

并由式(3.4.65)求出相应的波数：

$$\begin{aligned} \tilde\nu_1 &= 2\,824\text{cm}^{-1} \\ \tilde\nu_2 &= 1\,653\text{cm}^{-1} \\ \tilde\nu_3 &= 3\,939\text{cm}^{-1} \end{aligned} \quad (3.4.71)$$

由解出来的本征函数可以证明，前两者为 A_1 不可约表示，后者为 B_2 不可约表示。将这些计算值和实验值 $\omega_1 = 2325\text{cm}^{-1}$、$\omega_2 = 1654\text{cm}^{-1}$、$\omega_3 = 3936\text{cm}^{-1}$（已对非谐振进行了校正）比较，它们相当一致。

对于高于三阶的久期方程，不可能用这种代数展开的方法求解。目前已广泛使用群的对称坐标结合电子计算机进行计算。

3. 特征频率

对一系列具有共同官能团化合物的红外光谱实验证实，这些官能团的振动频率处在一个很狭窄的范围内，和分子中的其他原子的存在关系不大。目前已总结出一些常见无机配位化合物中 $\upsilon(P—O)$ 和 $\delta(O—P—O)$ 之类的特征频率，详情参考文献[46,47]，下面我们从简正振动模型来加以说明。

假定我们求解式(3.4.64)所示的 FG 方程，得到了它的 N 个根（称为本征值）$\lambda_1, \lambda_2, \cdots, \lambda_N$。对于每个 λ_N，代入相应的式(3.4.30)可得到向量 I_N 所满足的方程：

$$GFI_N = \lambda_N I_N \quad (3.4.72)$$

其中，I_N 为列矩阵，它的矩阵元为 $L_{1N}, L_{2N}, \cdots, L_{iN}$。用所示 λ 求出它的列矩阵后就

可以组成矩阵 L,它反映了内部坐标 R 和简正坐标 Q 的关系,用矩阵形式表示为
$$R = LQ \tag{3.4.73}$$
即类似于式(3.4.21),可以写为更明显的形式:
$$R_1 = L_{11}Q_1 + L_{12}Q_2 + \cdots + L_{1N}Q_N$$
$$R_2 = L_{21}Q_1 + L_{22}Q_2 + \cdots + L_{2N}Q_N$$
$$\cdots\cdots$$
$$R_i = L_{i1}Q_1 + L_{i2}Q_2 + \cdots + L_{iN}Q_N \tag{3.4.74}$$

在发生简正振动时,以 ν_N 振动的简正坐标中所有的内部坐标 $R_1, R_2, \cdots, R_i$ 都以相同的频率变化,但对每个内部坐标振动的幅度 L 各不相同。它们在同一简正振动中的相对比例为
$$L_{1N} : L_{2N} : L_{3N} : \cdots : L_{iN} \tag{3.4.75}$$
如果其中一个内部坐标的振幅特别大,则称该简正振动主要是由其内部坐标变化所引起的振动,与此对应的简正振动频率就可以近似地看做是这个内部坐标所涉及基团的特征频率。

在实际应用上通常将这种近似的特征频率形象地分为几种类型(图3.37)。沿着键方向的原子间相对振动称为伸缩振动,记为 ν,其中又可细分为对称伸缩振动 ν_s 和反对称伸缩振动 ν_{as};原子振动引起键角变形,则称为弯曲振动,其中也可细分为剪式振动 δ_s、摇摆振动 ω、摇动振动 ρ 和扭曲振动 τ。文献中有时也将振动分为面内振动 δ 及面外振动 γ。伸缩振动使电子云密度较大地偏离稳定状态,故其频率比弯曲振动的高。

3.4.5 成键性质的研究

根据式(3.1.20)可知,红外光谱的强度与浓度成正比,故在化学中可用作定量分析。但实验工作者一般对强度的理论分析兴趣不大,而将重点放在通过谱带的位置及移动来研究配位化合物的结构和成键。

根据振动光谱实验数据,通过对分子的简正分析可以获得力常数和特征频率等数据。例如,对于双乙酰丙酮合铜配位化合物,当两个配位体间的相互作用较小时,可以当做图3.35所示化合物局部结构的1:1配位化合物(经验表明这种简化可能会导致对 M—O 伸缩频率高估 10%~15%)进一步将 CH_3 简化为具有 CH_3 质量的单个原子,则它可看做含9个原子的 C_{2v} 分子,具有 $3 \times 9 - 6 = 21$ 个简正坐标。它可以分解为四类($8A_1 + 2A_2 + 4B_1 + 7B_2$)不可约表示。详细的简正分析[48]所得的力常数及根据图3.35所观察到的频率列于表3.14。其他金属的振动频率是用微扰法计算的[49]。计算表明,ν_8 是 C⋯C 的伸缩频率(早期误认为是 C⋯O),其次序为

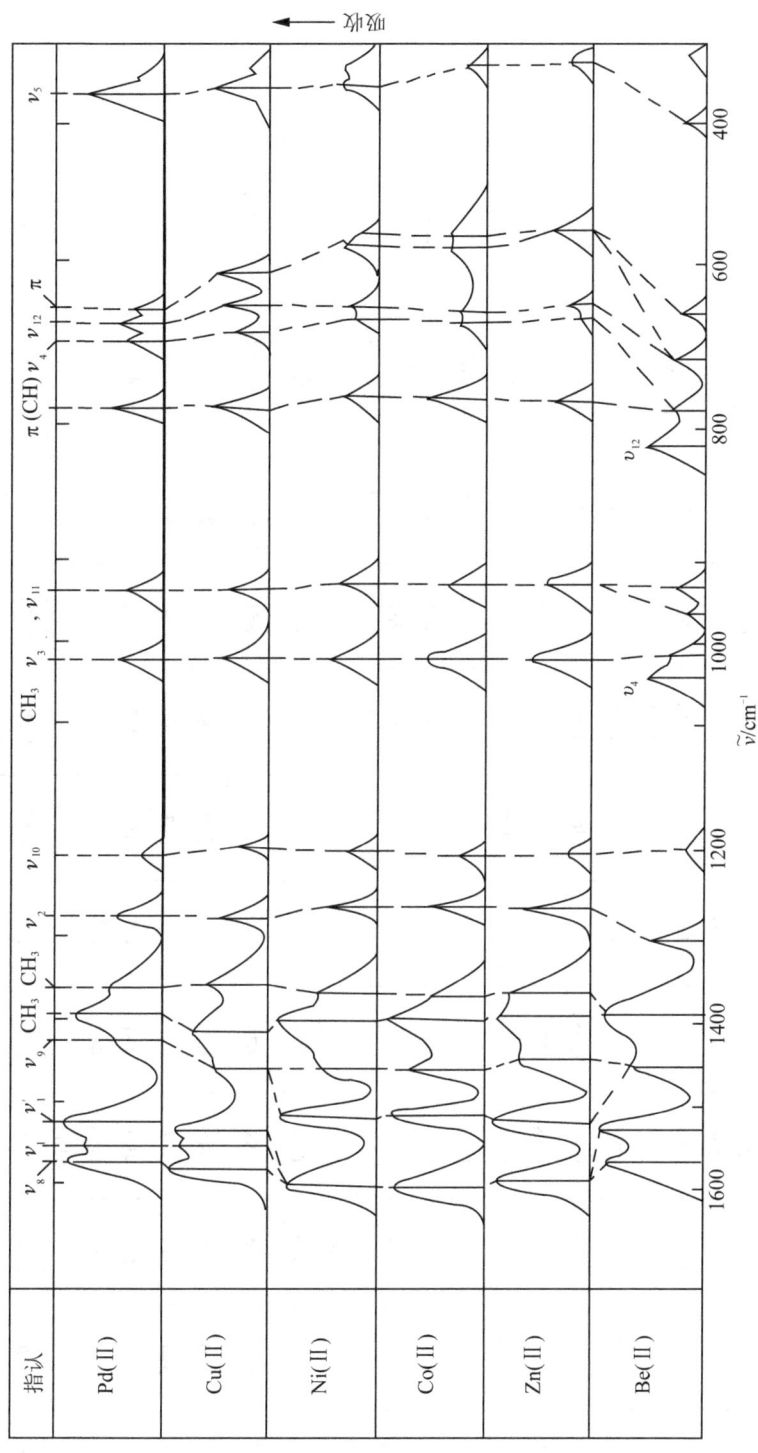

图3.35 某些二价乙酰丙酮配位化合物的红外光谱

表 3.14 某些乙酰丙酮配位化合物红外基频的观察值及计算值（单位：cm^{-1}）

Co(Ⅲ)	Cr(Ⅲ)	Fe(Ⅲ)	Al(Ⅲ)	Pd(Ⅲ)	Cu(Ⅱ)	Ni(Ⅱ)	Co(Ⅱ)	Zn(Ⅱ)	Be(Ⅱ)	主要的力常数模式
1578	1575	1572	1590	1570	1580	1598	1601	1592	1571	$\nu(C\!=\!\!\!=\!C), \nu_8$
1572	1524	1526	1545	1547	1554	1598	1601	1592	1530	$\nu(C\!=\!\!\!=\!O), \nu_1$
—	—	—	1530	1523	1534	—	—	—	—	
1430	1427	1425	1466	1430	1464	1514	1513	1523	1455	$\nu(C\!=\!\!\!=\!O)+\delta(C\!-\!H), \nu_2$
—	—	—	—	—	—	1453	1461	1464	—	
1390	1385	1390	1387	1395	1415	1398	1398	1394	1387	$\delta_d(CH_2)$
1372	1370	1365	1387	1358	1356	1368	1366	1361	1387	$\delta_s(CH_3)$
1324	1281	1276	1288	1273	1274	1261	1261	1264	1298	$\nu(C\!=\!\!\!=\!C)+\nu(C\!-\!CH_3), \nu_2$
1195	1195	1190	1191	1199	1190	1198	1199	1197	1185	$\delta(C\!-\!H), \nu_{10}$
1022	1025	1022	1028	1022	1020	1020	1020	1019	1015	$\rho_T(CH_3)$
934	934	930	935	936	937	929	931	927	930	$\nu(C\!-\!CH_3)+\nu(C\!=\!\!\!=\!O), \nu_3, \nu_{11}$
780	788	880	773	781	781	764	767	769	780	$\pi(C\!-\!H)$
771										
764	772	770	—	—	—	—	—	—	—	
691	677	663	685	697	684	666	672	666	1040	环变形+$\nu(M\!-\!O), \nu_4$
671	658	654	658	676	654	666	659	651	824	$\delta(C\!-\!CH_3)+\nu(M\!-\!O), \nu_{12}$
662										
663	609	559	594	659	614	579	580	559	720	π
—	594	549	577	—	—	563	566	—	659	
466	459	434	490	464	455	452	422	422	500	$\nu(M\!-\!O), \nu_5$
432	416	411	425	442	427	427	—	—	423	π
			416						415	
0.70	6.70	6.70	6.30	6.75	6.90	7.65	7070	7.55		$k(C\!=\!\!\!=\!O)(10^5\,dyn/cm)$
2.40	2.30	2.60	2.60	2.65	2.20	2.05	1.50	1.50		$k(M\!-\!O)(10^5\,dyn/cm)$

$$\begin{array}{c}\text{H}\\\text{HC}\diagdown\text{C}\diagup\text{CH}_3\\\|\quad\|\\\text{C}\quad\text{C}\\\diagdown\text{O}\quad\text{O}\diagup\\\text{Cu}\end{array}$$

(7)

$$\text{Pd} < \text{Cu} < \text{Zn} < \text{Ni} < \text{Co} \quad (3.4.76)$$

ν_8/cm^{-1}　　1570　1580　1592　1598　1601

该次序和由电位滴定求得的稳定常数次序一致(Zn 例外):

$$\text{Pd} > \text{Cu} > \text{Ni} > \text{Co} > \text{Zn} \quad (3.4.77)$$

$\lg(K_1K_2)$　　27.1　14.93　10.38　9.51　8.81

即 ν_8 随稳定度的增加而降低。更有趣的是,发现了 M—O 的伸缩频率 ν_5,或力常数 $k(\text{M—O})$ 和下列反应热 ΔH_{ML}

$$[\text{M}^{2+}]_g + 2[\text{L}]_{aq} = [\text{M}^{2+} + \text{L}_2]_{aq} \quad \Delta H_{\text{ML}} \quad (3.4.78)$$

之间的比例关系:

ν	Ni	≈	Cu	≫	Zn	≈	Co
$k(\text{M—O})/(10^5\text{dyn/cm})$	2.20		2.05		1.50		1.50
$\nu(\text{M—O})/\text{cm}^{-1}$	455		452		422		422
$\Delta H_{\text{ML}}/(\text{kcal/mol})$[①]	68.7		66.7		48.3		45.5

研究发现,这种次序和中心金属原子的配位场稳定能减少的次序一致。

在大多数情况下,配位后的配位体的伸缩谱带向低频移动,例如,在 $[\text{Co}(\text{NH}_3)_6](\text{ClO}_4)_3$ 中的 NH 伸缩谱带由自由 NH_3 中的 3375cm^{-1} 向低频移动到 3280cm^{-1}。但是,在 $[(\text{C}_6\text{H}_5)_3\text{P}]_3\text{RbSnCl}_3$ 配位化合物中的 Sn—Cl 伸缩频率却发生高频位移,即从自由 SnCl_3 中的 297cm^{-1} 和 258cm^{-1} 分别移动到 327cm^{-1} 和 302cm^{-1}。已经了解位移的方向取决于 LX_n 配位体中的 L 和 X 的相对电负性。在胺配位化合物中 L(N) 的电负性大于 X(H),但在 SnCl_3 配位化合物中情况却恰恰相反。

又如,图 3.36 为 T_d 群 K_2SO_4 和 KMnO_4 的红外光谱,其中,标出了对应于 T_d 群四面体 XY_4 的简正振动频率 ν_1、ν_2、ν_3 和 ν_4(图 3.37),所有的四个基频都是 Raman 活性的,只有 ν_3 和 ν_4 是红外活性的。

[①] 1kcal = 4186.8J。

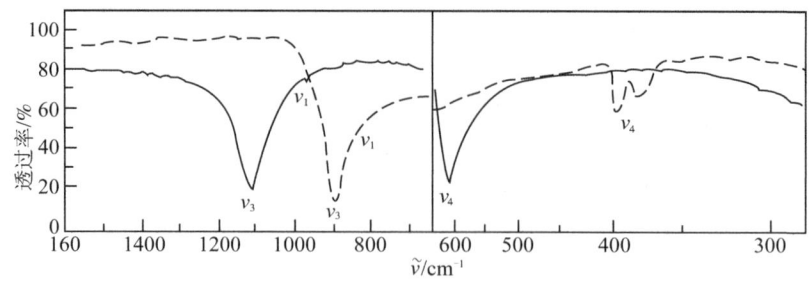

图 3.36　K_2SO_4(——)和 $KMnO_4$(- - -)的红外光谱

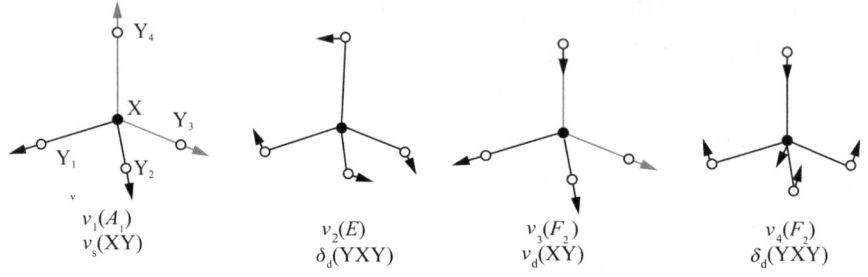

图 3.37　XY_4 分子(T_d)的简正坐标

Woodward 和 Roberts 证实,对于一系列等电子的 XH_4 分子,力常数 k 和键距间的关系为[50]

$$kr^3 = 常数 \qquad (3.4.79)$$

Longuet-Higgins 和 Brown 则证实 ν_2 与键距 r 的关系为[51]

$$4\pi^2 \nu_2^2 = 9\sqrt{6}e^2/(32mr^2) \qquad (3.4.80)$$

其中,m 和 e 分别为质子的质量和电荷。

如果 XY_4 分子中的一个 Y 原子被 Z 原子取代,就得出 C_{3v} 点群的 ZXY_3 分子;如果两个 Y 原子被取代就得到 C_{2v} 点群的 Z_2XY_2 分子。这种对称性的降低必然使简并振动引起分裂(表 3.16),并使一些原来红外非活性的谱带变成活性的谱带。表 3.15 中列出了一些实例,以说明这种情况。

3.4.6　配位化合物结构的阐明[52]

例如,在 Pt(Ⅱ)的二酮配位化合物中可能出现下列三种连接异构体(linkage isomer):

　　　　(**8**)连接氧原子　　(**9**)连接 γ-碳原子　　(**10**)连接 C═C 键

表 3.15　一些四面体分子的振动频率（单位：cm^{-1}）[1]

$T_d(XY_4)$	A_1	E		T_2			T_2		
	$\nu_s(XY)$	$\delta_d(YXY)$		$\nu_d(XY)$			$\delta_d(YXY)$		
$C_{3v}(ZXY_3)$	A_1	E		A_1	E		A_1	E	
	$\nu(XZ)$	$\delta(YXY)$		$\nu(XY)$	$\nu_d(XY)$		$\delta(YXY)$	$\rho_r(XY_3)$	
$C_{2v}(Z_2XY_2)$	A_1	A_1	A_2	A_1	B_1	B_2	A_1	B_1	
	$\nu(XZ)$	$\delta(YXY)$	$\rho_t(XY)_2$	$\nu(XY)$	$\nu(XY)$	$\nu(XZ)$	$\delta(ZXZ)$	$\rho_r(XY_2)$	$\rho_w(XY_2)$
CH_4	2914	1526		3020			1306		
DCH_3	2205	1477		2982	3030		1306	1156	
D_2CH_2	2139	1450	1286	2974	3030	2255	1034	1090	1235
HCD_3	2992	1046		2141	2269		1299	982	
CD_4	2085	1054		2258			996		
SiH_4	2180	970		2183			910		
D_2SiH_2	1587	944	844	2189	2183	1601	683	743	862
$HSiD_3$	2182	683		1573	1598		851	683	
SiD_4	1545	689		1597			681		
GeH_4	2106	931		2114			819		
$DGeH_3$	1520	901		2106	2112		820	706	
D_2GeH_2	1512	881	807	2112	2112	1522	620	657	770
$HGeD_3$	2112	625		1504	1522		595	792	
GeD_4	1054	665		1522			596		
$FSiH_3$	872	943		2206	2196		990	782	
$ClSiH_3$	551	954		2201	2195		949	664	
$BrSiH_3$	430	950		2200	2196		930	633	
$ISiH_3$	355	941		2192	2206		903	592	
$SiCl_4$	424	150		610			221		
$BrSiCl_3$	368	135		545	610		191	205	
Br_2SiCl_2	326	111	122	563	605	508	182	191	174
$ClSiBr_3$	579	101		288	498		159	173	
$SiBr_4$	249	90		487			137		
$TiCl_4$	389	120		≈500			140		
$BrTiCl_3$	326	105		439	508 483		128	136	
Br_2TiCl_2	294	87		462	492	401 383	—	125	
$ClTiBr_3$	471	82		263	398 388		110	123	
$TiBr_4$	235	74		393			94		
$GeCl_4$	396	132		453			172		
$BrGeCl_3$	309	116		417	450		160	—	
Br_2GeCl_2	281	94	—	420	444	338	146	155	—
$ClGeBr_3$	428	90		257	330		122	137	
$GeBr_4$	235	80		327			112		

1）有些谱带的指认是基于经验。

红外光谱证实(图3.38)[53],K[Pt(acac)Cl$_2$]具有结构(a),其中含有特征的 ν(C⋯O),1563cm^{-1}、1380cm^{-1}和ν(Pt—O),650cm^{-1}、478cm^{-1};Na$_2$[Pt(acac)$_2$Cl$_2$]·2H$_2$O具有结构(b),其中含有特征的ν(C=O),1652cm^{-1},1626cm^{-1},ν(C—C),1352cm^{-1}、1193cm^{-1}和ν(Pt—C),567cm^{-1};而K[Pt(acac)$_2$Cl]是上述两种配位共存的。同样还可以证实[Pt(acac)(acacH)Cl]是(a)与(c)共存。

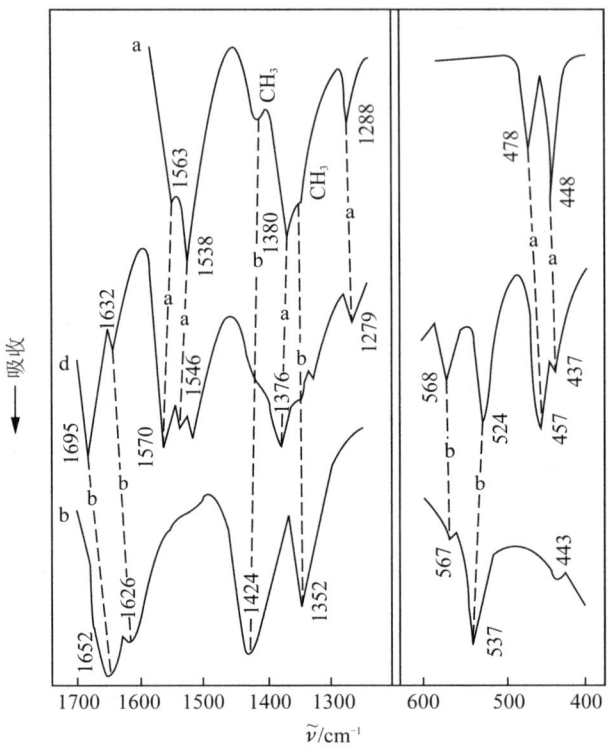

图3.38 K[Pt(acac)Cl$_2$](上)、Na$_2$[Pt(acac)$_2$Cl$_2$](下)和 K[Pt(acac)$_2$Cl](中)的红外光谱

在一些较简单的场合,可以直接引用对称性规则来区分同一分子是单齿还是双齿配位。例如,对于SO$_4^{2-}$,作为配位体时可能发生下列配位情况[54]:

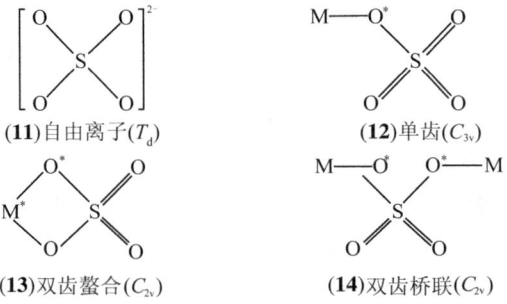

由对称性相关表(表3.16)可以看出,在自由的 SO_4^{2-} 中只有伸缩振动 ν_3 和弯曲振动 ν_4 是红外活性的。在单齿配位时这些谱带都分裂成两个谱带,而且本来在自由 SO_4^{2-} 中为 Raman 活性谱带 ν_1 和 ν_2 变为红外活性了。在双齿配位时硫酸盐的对称性降低到 C_{2v},这时所有简并度都解除了,因而在红外光谱区中可以观察到四个伸缩和四个弯曲振动。这里只考虑了硫酸盐的局部对称性,严格地还应考虑晶体环境效应。图 3.39 中列出了这类配位化合物的环境效应后,在 SO 伸缩频率区域(1200~900cm^{-1})的红外光谱。由于其中 $[Co(NH_3)_5SO_4]Br_2$ 中螯合 Co 原子的 SO_4^{2-} 也出现四个 SO 伸缩振动,分别为 1211cm^{-1}、1176cm^{-1}、1075cm^{-1} 和 993cm^{-1},因而不能仅仅只从分裂数目上和 $[(NH_3)_4Co\langle^{NH_2}_{SO_4}\rangle Co(NH_3)_4](NO_3)_3$ 中的 SO_4 振动加以区别,但一般后者具有较低的频率,分别为 1170cm^{-1}、1105cm^{-1}、1055cm^{-1} 和 995cm^{-1}。同样的讨论也适于 ClO_4^- 和 PO_4^{3-}。

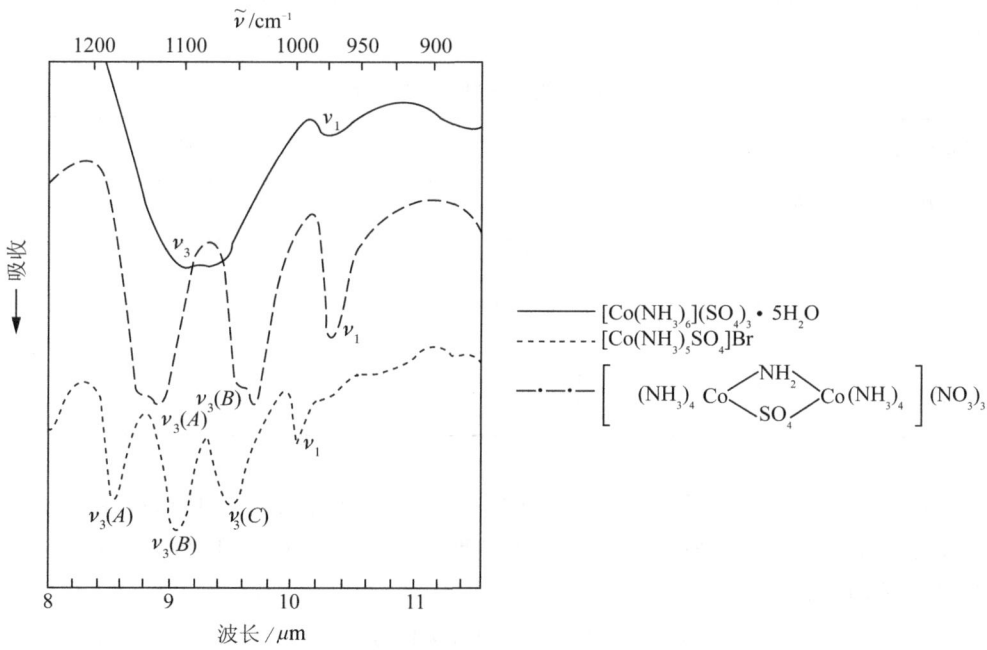

图 3.39 红外光谱(KBr 压片法)

在实际的配位化合物结构分析应用中,由于对称性较低,所以大多是根据大量的经验数据总结出一定的规律,然后再辅以必要的理论分析加以阐明。

表 3.16　T_d、C_{3v} 和 C_{2v} 的群相关表

点群	ν_1	ν_2	ν_3	ν_4
T_d	$A_1(R)$	$E(R)$	$T_2(I,R)$	$T_2(I,R)$
C_{3v}	$A_1(I,R)$	$E(I,R)$	$A_1(I,R)+E(I,R)$	$A_1(I,R)+E(I,R)$
C_{2v}	$A_1(I,R)$	$A_1(I,R)+A_2(R)$	$A_1(I,R)+B_1(I,R)$ $+B_2(I,R)$	$A_1(I,R)+B_1(I,R)$ $+B_2(I,R)$

3.5　核磁共振谱

自 1946 年 Bloch 和 Percell 分别发现核磁共振(NMR),特别是 1949 年发现"化学位移"现象以来,这种方法在化学、物理和生物体系中得到广泛的应用,出版的文献数量与日递增[55]。和电子具有自旋量子数一样,不同的同位素原子核也有表征其自旋特性的量子数 I。凡是核自旋量子数 $I\neq0$ 的核都有可能进行核磁共振谱研究。表 3.17 中列出了一些 I 数值的规律性。

表 3.17　核自旋量子数 I 的规律性

质量数 M	原子序数 Z	I	实　例
偶数	偶数	0	$^{12}C,^{16}O,^{32}S$
偶数	奇数	$1,2,3,\cdots$(整数)	$^2H,^{14}N,^{10}B$
奇数	偶数	$\frac{1}{2},\frac{3}{2},\frac{5}{2},\cdots$(半整数)	$^{29}Si,^{17}C,^{99}Rn$
奇数	奇数	$\frac{1}{2},\frac{3}{2},\frac{5}{2},\cdots$(半整数)	$^1H,^{31}P,^{19}F$

在周期表的前 106 种元素的 270 种核同位素中,大约有 119 种核可以用 NMR 方法进行研究。对于用得最多的质子核磁共振,特简记为 PMR。以核自旋量子数 I 为表征的核的磁矩为

$$\mu_N = \gamma_N P_I = g_I\sqrt{I(I+1)}\beta_N \qquad (3.5.1)$$

$$\mu_{NZ} = \gamma_N P_{IZ} = g_I m_I \beta_N \qquad (3.5.2)$$

其中,P_I 为核角动量[对比式(2.2.6)];m_I 为核的磁量子数,其取值为 $I,I-1,\cdots$,$-(I-1),-I$;g_I 称为 Landé 因子,对于质子,$g_P=5.586$;核磁子

$$\beta_N = \frac{e\hbar}{2m_P c} = 5.054\times10^{-24}(\text{erg/G})$$

(m_P 为质子的质量)①;γ_N 为核磁矩 μ_N 和角动量 P_I 之比,简称为核磁比。

---

①　$1G=10^{-4}T,1erg=10^{-7}J$。

当一个核磁矩为 μ_N 的自由磁性核 N 处在外磁场 H 中,它们的相互作用能为

$$E = -\mu_N \cdot H = -\gamma_N \hbar m_I H \tag{3.5.3}$$

在频率为 ν 的射频作用下,核自旋由基态到激发态的选择规则为 $\Delta m_I = \pm 1$,其跃迁能为

$$\Delta E = g_I \beta n H = \gamma_N \hbar H = h\nu \tag{3.5.4}$$

从而产生核磁共振谱[图 3.40(b)]。

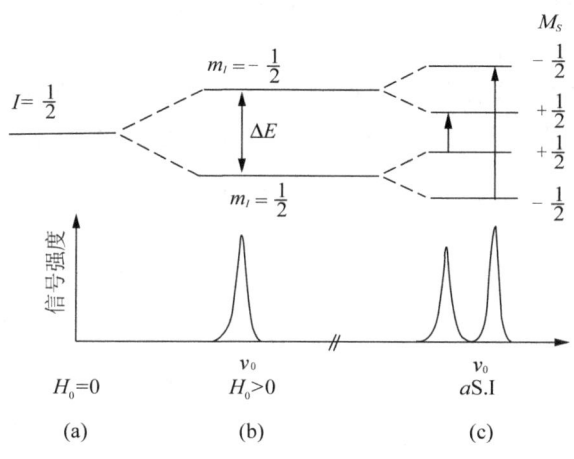

图 3.40 ^{1}H 的核磁共振

在核磁共振谱中主要有三类现象常用于配位化合物的结构和成键研究[18]。

(1) 化学位移:当分子处在磁场 H 下会诱导出电流,该分子中特定的核 N 也就会感受到此诱导电流产生的局部磁场

$$H_N^{\text{ind}} = -\sigma_N \cdot H \tag{3.5.5}$$

其中,σ_N 称为核屏蔽常数。在核处感受到的磁场为

$$H_N = H - H_N^{\text{ind}} = (1 - \sigma_N) H \tag{3.5.6}$$

从而核自旋激发的跃迁能和共振频率就变为

$$\Delta E' = h\nu' = \gamma_N \hbar (1 - \sigma_N) H \tag{3.5.7}$$

不同化合物的电子环境具有不同的 σ_N 值,核磁共振峰就发生所谓的化学位移。若实验时固定射频频率为 ν,则当屏蔽常数 σ 增大时,发生高场位移;反之,当 σ 减小时,发生低场位移。文献上出现各种表示化学位移的方法;在理论计算中常采取 CH_4(^{13}C) 或 HF(^{19}F) 等简单化合物作为参考物质(记为 ref),将化学位移表示为

$$\delta_N = \sigma_N - \sigma_N^{\text{ref}} \tag{3.5.8}$$

此时,σ 大的高场位移方向的 δ 为正值,反之为负值。但目前的习惯符号和上述相反。在实验中一般采用四甲基硅(TMS)作为参考物质,而将化学位移表示为

$$\delta_N(\text{ppm}) = \frac{H_{\text{ref}} - H_N}{H_{\text{ref}}} \times 10^6 \text{ 或 } \frac{\nu_N - \nu_{\text{ref}}}{\nu_{\text{ref}}} \times 10^6 \tag{3.5.9}$$

δ_N 的单位是无因次的 ppm(百万分之一)。当用 Hz(赫[兹])表示化学位移时,则

为 $\nu_0\delta_N$。图 3.41 为简单分子乙醇(CH_3CH_2OH)的 NMR 图,图中出现三组对应于三类不同化学位移氢的共振峰(相对于 TMS)。其中与电负性大的氧相邻近的质子 H 受到的屏蔽最小,故处于 δ 为正值的低场。

(2) 自旋-自旋偶合:乙醇中基团 CH_3 中的三个 H 都是以可以自由旋转的单键形式和它相连,这种自由旋转平均化的结果使这三个氢具有相同的化学位移(化学等价),这三个核对其他邻近核的偶合也是相同的(磁性等价)。在高分辨的 NMR 仪中仔细观察图 3.41 中 CH_2 基团的谱,它不是一个峰,而是分裂为强度比为 1∶3∶3∶1 的四个峰。出现这种精细结构的原因是由于不同核之间的自旋偶合作用,A 和 B 两种核的自旋偶合大小常用偶合常数 J_{AB} 表示。在这两个核之间的相互作用不太强的简单情况下,由多个非等价原子 B 所引起 A 原子的分裂峰数目为

$$N = 2\sum_B I_B + 1 \tag{3.5.10}$$

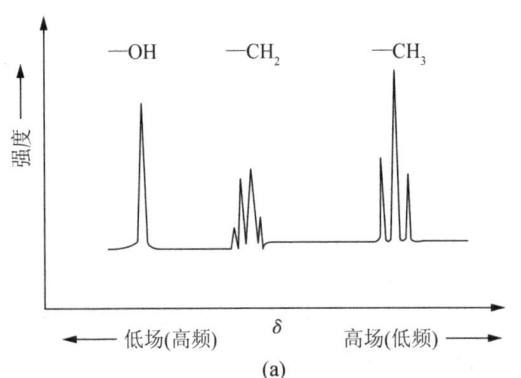

图 3.41 (a) 乙醇的 NMR 谱(加了痕量酸)与(b) CH_2 和 CH_3 质子的自旋取向

其中,$\sum I_B$ 为等价 B 核的自旋之和。特别是当 A 邻近的 B 为 n 个等价的氢时 $\left(I_B = \frac{1}{2}\right)$,$N = n + 1$,特称之为 $(n+1)$ 规则。当有不同种类的等价邻近核时,如一种有 n 个,另一种有 n' 个,则显示出 $(n+1)\cdot(n'+1)$ 个峰。例如,乙醇分子中 CH_2 受邻近 CH_3 中三个等价氢的偶合出现四重峰,其峰间的距离就是相邻氢核之间的偶合常数 J_{HH}。这些峰的相对强度可由下列二项式系数求出

$$(1+x)^m = 1 + mx + \frac{m(m-1)}{2!}x^2$$

$$+ \frac{m(m-1)(m-2)}{3!}x^2 + \cdots \tag{3.5.11}$$

例如,对于图 3.41(a) 中的 CH_2 峰,这时由

$$m = 3, \quad (1+x)^3 = x^3 + 3x^2 + 3x + 1$$

可知,其强度比为 1∶3∶3∶1。对这种自旋分裂的机理简述如下:氢核在磁场中有 $\alpha(m_I = \frac{1}{2})$ 和 $\beta(m_I = -\frac{1}{2})$ 两种取向(分别用箭头 ↑ 和 ↓ 表示)。图 3.41(b) 标明

了—CH_2 中质子对 CH_3 中质子有自旋偶合作用取向。可见对于甲基氢,当不考虑自旋偶合作用时为一尖锐单峰,但当其邻近有三种可能的排列方式时,则有三种不同的自旋偶合磁场,从而使原有甲基的单峰分裂成强度比为 1∶2∶1 的三重峰。同理可以说明次甲基的氢应分裂成强度比为 1∶3∶3∶1 的四重峰。

值得注意的是,当不同质子间的化学位移 δ 值比它们间的偶合常数 J 约小至七倍以上时,谱线不会出现如图 3.41 所示的那种规则的零级光谱(即几种氢谱分得很开),而会出现各组谱线混杂在一起的高级光谱,这时需要作更细致的计算才能求出所需的参数 J。

(3) 交换现象:当研究配位化合物的溶液时,核的化学环境不会保持刚性而有时会处于交替变动的情况。例如,对于图 3.41 中的 OH 基团中的 ^1H 谱,按式 (3.5.10)本应出现三个不同的吸收峰,但实际上由于它和溶剂中酸质子 H^+ 的交换效应而只出现一个变宽的平均峰。详情将在 4.2 节中讨论。

虽然在很多 NMR 的应用中具有纯粹经验的性质,但适当的理论基础是十分必要的。这里我们将着重阐述高分辨率 NMR 化学位移的基础理论及其在过渡金属配位化合物中的应用[56,57]。

3.5.1 核磁共振参数的分子轨道理论

核磁共振方法是研究分子结构及成键的有力工具,而量子化学理论又为核磁共振图谱的分析提供了基础。这里我们先用量子力学,特别是分子轨道理论来阐明磁共振现象。

首先讨论磁共振参数(包括核磁共振及顺磁共振)的量子力学的一般表示式(参考 5.3 节及第 2 章文献[25])。对于一个含核磁矩为 μ_N 和电子磁矩为 μ_e 的体系,在外磁场 H 中,当 H、μ_N 和 μ_e 的值较小时,它们之间相互作用的所有相关项的分子能量可以表示为

$$E(H, \mu_N, \mu_e) = E_0 - \gamma \cdot H - \frac{1}{2} H \cdot \chi \cdot H \qquad (3.5.12a)$$

$$- \sum_N \mu_N \cdot H + \sum_N \mu_N \cdot \sigma_N \cdot H$$

$$+ \frac{1}{2} \sum_M \sum_N \mu_M \cdot K_{MN} \cdot \mu_N \qquad (3.5.12b)$$

$$- \mu_e \cdot H + \mu_e \cdot \Delta g \cdot H$$

$$+ \sum_N \mu_e \cdot T_N \cdot \mu_N \qquad (3.5.12c)$$

其中,E_0 为没有磁场作用时的能量;γ 为核的磁旋比,与体系固有的核磁矩相关;χ 为磁化率张量;σ_N 为核 N 的核磁屏蔽张量;第 4、5 两项对应于式(3.5.7),第 6 项中 K_{MN} 为核 N 和 M 的核自旋 - 自旋偶合张量;第 7、8 两项分别对应于顺磁共振中各向同性和各向异性 g 张量的贡献,Δg 为微分 g 张量,代表对自由电子 g_e 值的位移,其关系为 $g = g_e(1 + \Delta g)$(参考 3.6 节);而 T_N 为电子 - 核超精细张量,其中包

括各向同性的贡献 a_N 和各向异性的贡献 t_N。式(3.5.12a)与磁化率有关,式(3.5.12b)与核磁共振有关。

为了将表观的式(3.5.12)直接和实验数据进行比较,还必须将这些磁共振参数进行变换,从而得到易于讨论的形式。为此,下面将完全的 Hamilton 能量期望值和式(3.5.12)进行比较,并按照磁场 H、核自旋 μ_N 及电子自旋项 μ_e 的双线性对应项相匹配的原则,来确定式(3.2.12)中宏观磁共振参数的微观量子力学本性。

对于顺磁性配位化合物磁性的讨论,对应式(3.5.12),完全的 Hamilton 算符为

$$\hat{H}(H, \mu_N, \mu_e) = \hat{H}^0 + \hat{H}^{(100)} \cdot H + \frac{1}{2} H \cdot \hat{H}^{(200)} \cdot H \quad (3.5.13a)$$

$$+ \sum_N \mu_N \cdot \hat{H}_N^{(010)} + \frac{1}{2} \sum_N \mu_N \cdot \hat{H}^{(110)} \cdot H \quad (3.5.13b)$$

$$+ \frac{1}{2} \sum_M \sum_N \mu_M \cdot \hat{H}^{(020)} \cdot \mu_N + \sum_i \mu_{ei} \cdot \hat{H}_i^{(001)} \quad (3.5.13c)$$

$$+ \sum_i \mu_{ei} \cdot \hat{H}_i^{(101)} \cdot H \quad (3.5.13d)$$

$$+ \sum_i \sum_N \mu_{ei} \cdot \hat{H}_{iN}^{(011)} \cdot \mu_N \quad (3.5.13e)$$

其中,$\hat{H}^{(nlm)}$ 代表它是磁场 H 的 n 次线性、μ_N 的 l 次线性和 μ_e 的 m 次线性的作用算符。若用 t 和 u 代表直角坐标(x,y 或 z)的向量和张量的分量,则从磁学教科书中[5]可以证明,它们的表示式分别为

$$\hat{H}^0 = -\sum_i \left(\frac{\hbar^2}{2M} \nabla_i^2 + \sum_N Z_N e^2 r_{iN}^{-1} \right) + \sum_{i<j} e^2 r_{ij}^{-1} \quad (3.5.14a)$$

$$\hat{H}_t^{(100)} = \frac{e\hbar}{2mc} \sum_i L_{it} \quad (3.5.14b)$$

$$\hat{H}_{tu}^{(200)} = \frac{e^2}{8mc^2} \sum_i (r_i^2 \delta_{tu} - r_{it} r_{iu}) \quad (3.5.14c)$$

$$\hat{H}_{Nt}^{(010)} = \frac{e}{mc} \sum_i L_{iNt} r_{Nt}^{-3} \quad (3.5.14d)$$

$$\hat{H}_{Ntu}^{(110)} = \frac{e^2}{2mc^2} \sum_i (r_i r_{iN} \delta_{tu} - r_{it} r_{iNu}) r_{iN}^{-3} \quad (3.5.14e)$$

$$\hat{H}_{MNtu}^{(020)} = (r_{MN}^2 \delta_{MN} - r_{MNt} r_{MNu}) r_{MN}^{-5}$$

$$+ \frac{e^2}{2mc^2} \sum_i r_{iMt} r_{iNu} r_{iM}^{-3} r_{iN}^{-3} \quad (3.5.14f)$$

$$\hat{H}_{it}^{(001)} = \frac{e\hbar}{2mc} \sum_N Z_N L_{Nit} r_{Ni}^{-3} \quad (3.5.14g)$$

$$\hat{H}_{itu}^{(101)} = \frac{e^2}{4\hbar mc} \sum_N Z_N (\mathbf{r}_{iN} \cdot \mathbf{r}_i \delta_{tu} - r_{it} r_{iNu}) r_{iN}^{-3} \quad (3.5.14h)$$

$$\hat{H}_{Nitu}^{(011)} = (r_{iN}^2 \delta_{tu} - 3 r_{iNt} r_{iNu}) r_{iN}^{-5} + \frac{8\pi}{3} \delta(r_{iN}) \quad (3.5.14i)$$

其中,c 为光速,m 和 e 分别为电子的质量和电荷;∇_i 为电子 i 上的梯度张量,Z_N 为

核电荷;r_{iN}、r_{ij}、r_{MN} 分别为电子-核、电子-电子、核-核的距离,$\delta(r_{iN})$ 为 Dirac δ 函数,它表示只有在 $r_{iN}=0$ 时才不为零,$\hat{L}$ 为电子的轨道角动量算符

$$\boldsymbol{L}_{it} = i\hbar(\boldsymbol{r}_i \times \boldsymbol{\nabla}_i)_t \tag{3.5.15a}$$

和

$$\hat{\boldsymbol{L}}_{iNt} = -i\hbar(\boldsymbol{r}_{iN} \times \boldsymbol{\nabla}_i)_t \tag{3.5.15b}$$

g 为自由电子的 Landé 因子,其值为 2.0023 和

$$\boldsymbol{\mu}_e = \sum_i \boldsymbol{\mu}_{ei}$$

其中,$\boldsymbol{\mu}_{ei}$ 为电子 i 的自旋向量算符。加和号中小写字母 i 为对电子求和。大写字母 N 为对核求和。

为了易于理解上述各个算符的物理意义及其推导,我们在此补充讨论带电荷 $-e$ 的粒子在外界电磁场中运动的 Hamiltlton 算符 $\hat{H}$。由物理中的电动力学可以导出(相关向量符号及其运算参考附录V):

$$\hat{H} = \frac{1}{2m}(\hat{\boldsymbol{P}} + \frac{e}{c}\hat{\boldsymbol{A}})^2 - e\hat{\phi} \tag{3.5.16}$$

其中,A 和 ϕ 为电磁场的向量势和标量势,电场强度 E 和磁场强度 H 分别由下式决定:$E = -\nabla\phi - \frac{1}{e}\frac{\partial A}{\partial t}$;$H = \nabla \times A$。$\hat{P}$ 称为广义动量算符。$\hat{A}$ 和 $\hat{\phi}$ 是坐标的函数。若带电粒子除了受电磁场作用外还受到其他力函数 $U(x,y,z,t)$ 的作用,则在式(3.5.16)右边还要加一项算符 $\hat{U}$。

我们将更具体地介绍电子在外磁场 H 和核磁矩 μ_N 所引起的电磁场中运动的 Hamilton 算符 $\hat{H}$。为简化,按原子单位它可以写为

$$\hat{H} = \hat{H}_1 + \hat{H}_2 + \hat{H}_3 \tag{3.5.17}$$

其中第一项为

$$\hat{H}_1 = \frac{1}{2}\sum_i\left[\boldsymbol{P}_i + \left(\frac{1}{c}\right)\boldsymbol{A}'(r_i)\right]^2 - \sum_i\sum_N Z_N r_{iN}^{-1}$$
$$+ \sum_{i\neq j}\sum r_{ij}^{-1} + \hat{H}_{LL} + \hat{H}_{SS} + \hat{H}_{LS} + \hat{H}_{SH} \tag{3.5.18}$$

值得注意的是,像 $\hat{A}$、$\hat{\phi}$、$\hat{U}$ 等算符,仅是坐标的函数,和动量无关,为了简化,所以有时不必用算符符号^表示。式中 $\hat{H}_{LS}$ 为熟知的自旋-轨道偶合作用。从原子物理可以知道,电子在静电场中的轨道运动会引起一个可以和其本征磁矩相互作用的感应磁场。同样,$\hat{H}_{SS}$ 代表电子的本征磁矩间的相互作用;$\hat{H}_{LL}$ 为轨道 Hamilton 算符,它代表作为运动电荷与质点的电子间的磁相互作用能;$\hat{H}_{SH}$ 为电子自旋和外场 H 作用的 Hamilton 算符。

$\hat{H}_2$ 和 $\hat{H}_3$ 代表电子和核之间偶极-偶极作用 Hamilton 算符。采取经典力学中两个偶极子 μ 之间的表示式:

$$E_{\text{偶极}} = \frac{\boldsymbol{\mu}_e \cdot \boldsymbol{\mu}_N}{r^3} - \frac{3(\boldsymbol{\mu}_e \cdot \boldsymbol{r})(\boldsymbol{\mu}_N \cdot \boldsymbol{r})}{r^5}$$

并将 $\boldsymbol{\mu}_e = -g\beta\hat{\boldsymbol{s}}$,$\boldsymbol{\mu}_N = g_N\beta_n\hat{\boldsymbol{I}}$ 代入该式就得到 $\hat{H}_2$ 的量子力学表达式:

$$\hat{H}_2 = \sum_i \sum_N \left[\frac{\boldsymbol{\mu}_{ei} \cdot \boldsymbol{\mu}_N}{r_{iN}^3} - \frac{3(\boldsymbol{\mu}_{ei} \cdot \boldsymbol{r}_{iN})(\boldsymbol{\mu}_N \cdot \boldsymbol{r}_{iN})}{r_{iN}^5} \right]$$

$$= g\beta\hbar \sum_i \sum_N \gamma_N [3(S_i \cdot r_{iN})(I_N \cdot r_{iN}) r_{iN}^{-5} - S_i \cdot I_N r_{iN}^{-3}] \quad (3.5.19)$$

而

$$\hat{H}_3 = \frac{8\pi g\beta\hbar}{3} \sum_i \sum_N \gamma_N \delta(r_{iN}) S_i \cdot I_N \quad (3.5.20)$$

它们分别相当于式(3.5.14i)中 $\hat{H}_{Nitu}^{(011)}$ 中的第一项(称作直接偶极 – 偶极作用)和第二项(Fermi 接触作用,或称为假偶极 – 偶极作用)。

式(3.5.18a)中第一项代表电子的动量 P_i 以及电子作为运动着的带电质点和由向量势 A 所引起的磁场 $H = \nabla \times A$ 的相互作用。后者又有两种贡献,即由恒定外磁场 H 所引起的向量势 $\frac{1}{2}H \times r$ 和磁偶极矩引起的向量势 $\sum_N (\boldsymbol{\mu}_N \times r_{iN})/r_{iN}^3$,则可以得到描述在电子 i 位置处总磁场的向量势 $A'(r_i)$ 为

$$A'(r_i) = \frac{1}{2} H \times r_i + \sum_N (\boldsymbol{\mu}_N \times r_{iN}) r_{iN}^{-3}$$

$$= A(r_i) + \sum_N (\boldsymbol{\mu}_N \times r_{iN}) r_{iN}^{-3} \quad (3.5.21)$$

其中, r_i 为电子 i 到任意原点的距离向量。

若我们只考虑没有未成对电子的闭壳层的分子,则 $\mu_e = 0$,从而可以不考虑 $\hat{H}_2$ 和 $\hat{H}_3$,并且,在目前所关心的核磁共振讨论中,只考虑式(3.5.18a)。将式(3.5.21)代入式(3.5.18a),注意 $\mu = \gamma_N P_I = \gamma_N \hbar I$ 及从经典力学过渡到量子力学时用 $(\hbar/i)\nabla$ 代替动量 P,并通过物理上 Coulomb 规范($\text{div } A = 0$)就可以得到对应于式(3.5.13a)和式(3.5.13b)的 Hamilton 算符:

$$\hat{H}(H, \mu_N) = \hat{H}^{(0)} + \sum_t H_t \hat{H}_t^{(1,0)} + \sum_t \mu_{Nt} \hat{H}_{Nt}^{(0,1)}$$

$$+ \frac{1}{2} \sum_t \sum_u H_t \hat{H}_{tu}^{(2,0)} H_u + \sum_t \sum_u H_t \hat{H}_{NtuNu}^{(1,1)} \quad (3.5.22)$$

为了方便,在式(3.5.22)中只考虑了一个核磁矩 μ_N;t 和 u 为直角坐标 x, y, z 的组分;其中 $\hat{H}^{(0)}$、$\hat{H}_t^{(0,1)}$、$\hat{H}_{tu}^{(2,0)}$、$\hat{H}_{Nt}^{(0,1)}$ 和 $\hat{H}_{Ntu}^{(1,1)}$ 分别具有相应于式(3.5.14a) ~ 式(3.5.14e)的表示式。显然, $\hat{H}^{(0)}$ 是没有磁场时的 Hamilton 算符[参看式(2.5.2)],求解其相应的 Schrödinger 方程,可以得到一组无微扰的波函数 $\phi_0, \phi_1, \phi_2, \cdots, \phi_n$ 及能量 $E_0 < E_1 < \cdots < E_n$,其中能量最低的波函数 ϕ_0 为基态波函数。

我们继续讨论核磁共振参数的表示形式。引入 H 和 μ_N 引起的总磁场后,基态波函数由 ϕ_0 变为 $\phi(H, \mu_N)$,而能量由 E_0 变为 $E(H, \mu_N)$,这种变化与分子的反磁性极化有关。当 H 和 μ_N 值很小时,在零场值附近按 Taylar 级数展开,得到

$$\phi(H, \mu_N) = \phi_0 + \sum_t \left[\frac{\partial \phi(H, \mu_N)}{\partial H_t} \right]_0 H_t$$

$$+ \sum_t \left[\frac{\partial \phi(H, \mu_N)}{\partial \mu_{Nt}} \right]_0 \mu_{Nt} + \cdots$$

$$= \phi_0 + \sum_t \phi_t^{(100)} H_t + \sum_t \phi_{Nt}^{(010)} \mu_{Nt} + \cdots$$

$$= \phi_0 + \phi^{(100)} \cdot H + \sum_N \phi_N^{(010)} \cdot \boldsymbol{\mu}_N + \cdots \quad (3.5.23)$$

其中,$\phi^{(nlm)}$可以看做展开系数。利用式(3.5.22)和式(3.5.23),根据 Rayleigh 微扰理论(参见附录Ⅳ),可以计算量子力学期望能量值:

$$E(H,\mu_N) = \langle \phi(H,\mu_N) | \hat{H}(H,\mu_N) | \phi(H,\mu_N) \rangle \quad (3.5.24)$$

并和式(3.5.12)进行对比,可以得到核磁共振参数的量子力学表示式,即收集对 H 和 μ_N 各为一次型的项,得到化学位移参数:

$$\sigma_{Ntu} = \langle \phi_0 | \hat{H}_{Ntu}^{(110)} | \phi_0 \rangle$$
$$+ \langle \phi_0 | \hat{H}_{Nt}^{(010)} | \phi_\mu^{(100)} \rangle + \langle \phi_0 | \hat{H}_t^{(100)} | \phi_{Nu}^{(010)} \rangle + \cdots \quad (3.5.25)$$

收集对 μ_N 为二次型的项,得到超精细偶合常数参数:

$$K_{MNtu} = \langle \phi_0 | \hat{H}_{MNtu}^{(020)} | \phi_0 \rangle$$
$$+ \langle \phi_0 | \hat{H}_{Mt}^{(010)} | \phi_{Nu}^{(010)} \rangle$$
$$+ S_t^{-1} \langle \phi_0 | \sum_i S_{it} \hat{H}_{Nitu}^{(011)} | \phi_M^{(011)} \rangle + \cdots \quad (3.5.26)$$

其中,略去了贡献较小的高次方。值得注意的是,也可以由式(3.5.12)对能量进行二次微分而得到表示这些参数的另一种形式:

$$\sigma_{Ntu} = [\partial^2 E(H,\mu_N)/\partial H_t \partial_{\mu Nu}]_{H=\mu_N=0} \quad (3.5.27)$$

和

$$K_{MNtu} = [\partial^2 E(\mu_M,\mu_N)/\partial \mu_{Mt} \partial \mu_{Nu}]_{\mu_M=\mu_N=0} \quad (3.5.28)$$

方程(3.5.25)和方程(3.5.26)是用状态和微扰理论(SOS-PT)计算核磁共振参数的基础,方程(3.5.27)和方程(3.5.28)则是利用有限微扰理论(FPT)计算参数的基础。下面我们将以 SOS-PT 理论计算化学位移参数 σ_N 为例加以说明。

3.5.2 核磁共振参数的理论计算

1. 屏蔽常数 σ_N 的计算

为了根据式(3.5.25)进行数值计算,将微扰体系,特别是该式中的系数 $\phi^{(nlm)}$,按未微扰的状态和展开,例如,对于 $\phi^{(100)}$,有

$$\phi^{(100)} = \sum_{k \neq 0}^{\infty} C_k^{(100)} \phi_k \quad (3.5.29)$$

按微扰理论,展开系数

$$C_k^{(100)} = -\langle \phi_k | \hat{H}^{(100)} | \phi_0 \rangle / (E_k - E_0) \quad (3.5.30)$$

同样有

$$\phi_N^{(010)} = -\sum_{k \neq 0}^{\infty} (E_k - E_0)^{-1} \langle \phi_k | \hat{H}_N^{(010)} | \phi_0 \rangle \phi_k$$

将这类式子代入 σ_N 的一般表示式,得到

$$\sigma_{Ntu} = \sigma_{Ntu}^d + \sigma_{Ntu}^p = \langle \phi_0 | \hat{H}_{Ntu}^{(110)} | \phi_0 \rangle$$

$$-\sum_{k\neq 0}^{\infty}(E_k-E_0)^{-1}\{\langle\phi_0|\hat{H}_t^{(100)}|\phi_k\rangle\langle\phi_k|\hat{H}_{Nu}^{(010)}|\phi_0\rangle$$
$$+\langle\phi_0|\hat{H}_{Nt}^{(010)}|\phi_k\rangle\langle\phi_k|\hat{H}_u^{(100)}|\phi_0\rangle\} \tag{3.5.31}$$

$$=\frac{e^2}{2mc^2}\langle\phi_0|\sum_i(r_i\cdot r_{iN}\delta_{tu}-r_{it}r_{iNu})r_{iN}^{-4}|\phi_0\rangle$$
$$-\left(\frac{e\hbar}{2mc}\right)^2\sum_{k\neq 0}(E_k-E_0)^{-1}\cdot\{\langle\phi_0|\sum_iL_{it}|\phi_k\rangle$$
$$\cdot\langle\phi_k|\sum_i2L_{iNu}r_i^{-3}|\phi_0\rangle$$
$$+\langle\phi_0|\sum_i2L_{iNt}r_i^{-3}|\phi_k\rangle\langle\phi_k|\sum_iL_{itu}|\phi_0\rangle\} \tag{3.5.32}$$

其中,第一项 σ^d 为由于反磁性电流引起的诱导磁场的贡献,正比于围绕核的电荷密度;第二项 σ^p 为外场微扰基态和激发态偶合的顺磁性贡献,要求原子具有角动量 L 的非 s 态电子;σ^d 和 σ^p 二者具有相反的符号。

将式(3.5.32)中的反对称行列式 ϕ [即在没有磁场 $H(=0)$ 时的 $\hat{H}^{(0)}$ 下计算所得的占据轨道和空轨道组成]展开成分子轨道 ψ,注意 $\sum_iL_i$ 是单电子角动量算符之和,以及多电子矩阵元约化为单电子矩阵元的通常规则,就可以将式(3.5.32)中的积分化为分子轨道 ψ 的积分形式:

$$\sigma_{Ntu}=\frac{e^2}{mc^2}\sum_l^{occ}\sum_l^{vac}\langle\psi_l|(r\cdot r_N\delta_{tu}-r_tr_{Nu})r_N^{-3}|\psi_l\rangle$$
$$-\left(\frac{e\hbar}{mc}\right)^2\sum_l^{occ}\Delta E_{l-r}^{-1}\{\langle\psi_l|\hat{L}_t|\psi_r\rangle\langle\psi_r|2\hat{L}_{Nu}r_N^{-3}|\psi_l\rangle$$
$$+\langle\psi_l|2L_{Nt}r_N^{-3}|\psi_r\rangle\langle\psi_r|L_u|\psi_l\rangle\} \tag{3.5.33}$$

这里我们介绍 Ramsey 的态叠加微扰理论(简写为 SOS – PT)处理分子中核 N 的化学位移的方法。通常,人们对于多原子分子屏蔽常数的了解大都来自近似的分子轨道理论。基于式(3.5.33),可以得到以原子轨道形式 ϕ 表示的屏蔽常数[①]:

$$\sigma_N=\sigma_N^d+\sigma_N^p \tag{3.5.34}$$

$$\sigma_{Ntu}^d=\frac{e^2}{2mc^2}\sum_\mu P_{\mu\mu}\langle\phi_\mu|(r\cdot r_N\delta_{tu}-r_tr_{Nu})r_N^{-3}|\phi_\mu\rangle \tag{3.5.35a}$$

$$\sigma_{Ntu}^p=\frac{2e^2\hbar^2}{m^2c^2}\sum_j^{occ}\sum_l^{vac}(\varepsilon_l-\varepsilon_j)^{-1}\sum_{v<\lambda}\sum_{\rho<\sigma}[(c_{vj}c_{\lambda l}-c_{\lambda j}c_{vl})$$
$$\times(c_{\rho j}c_{\sigma l}-c_{\sigma j}c_{\rho l})\langle\phi_v|L_{Nt}r_N^{-3}|\phi_\lambda\rangle\langle\phi_\rho|L_u|\phi_\sigma\rangle] \tag{3.5.35b}$$

σ_{Ntu}^d 和 σ_{Ntu}^p 分别为反磁性和顺磁性 tu 组分贡献,其中,$c_{\mu j}$ 为分子轨道的 LCAO 系数。密度矩阵元 $P_{\mu v}$ 为

---

① 这里用希腊文下标 μ 表示原子轨道 ϕ_μ 以区分于式(3.5.29)中英文下标 k 表示的反对称波函数 ϕ_k。

$$P_{\mu v} = 2 \sum_{i=1}^{n} c_{\mu i} c_{vi} \quad (2.5.14)$$

系数 $c_{\mu i}$ 满足众所周知的 Roothan 方程

$$\sum_{v}(F_{\mu v} - \varepsilon_i S_{\mu v})c_{vi} = 0 \quad (2.5.17)$$

由于核磁共振化学位移在化学研究中的重要性,目前已经应用各种量子化学方法对它进行理论探讨,已经使用的方法主要有 INDO[58]、MINDO[59] 和 $X\alpha$[60] 方法。一般来说,计算结果可以说明实验结果。我们推广了有限微扰 INDO 方法,使其应用于包括 d 和 f 轨道配位化合物的计算,得到和定性实验一致的结果(表 3.18),而且计算的 $\sigma^d(N)$ 和它的净电荷 $\rho(N)$ 之间存在良好的线性关系(图 3.42)。

表 3.18 $(C_5H_4)_2Fe(CHO)_2$ 的化学位移(单位:ppm)

分子式	碳原子编号	$\rho(N)$	$\sigma^d(N)$	$\sigma^p(N)$	$\sigma(N)$	σ_{exp}
	C^1	0.1053	56.93	−120.22	−63.30	−80.10
	C^2	0.0707	57.18	−120.31	−63.13	−74.05
	C^3	0.0539	57.30	−119.06	−61.76	−70.75
	C^6	0.3598	54.98	−231.66	−176.68	−192.71

在研究所有化合物的 σ^d 和 σ^p 时,可以发现,配位体配位后 σ^p 有明显的变化。因此金属配位化合物 σ 值的降低主要是由 σ^p 引起的。和一般简单分子不同,过渡金属配位化合物的 σ^p 贡献很大。值得注意的是,由于在配位化合物中轨道相互作用比较复杂,σ^p 并不是取决于某一个特定的跃迁,而是与很多数值相当的跃迁有关。因此一些作者声称,对于过渡金属配位化合物的 ^{13}C 屏蔽常数,目前还没有适当的解释。我们通过对过渡金属配位化合物化学位移的计算,对其本质和规律有了进一步的理解和认识。

2. 核自旋偶合常数 J 的计算

根据量子力学表示式 [式 (3.5.28)] 可以从理论上计算核自旋偶合张量 K_{MN} 中有关作用的相对贡献[57]。对

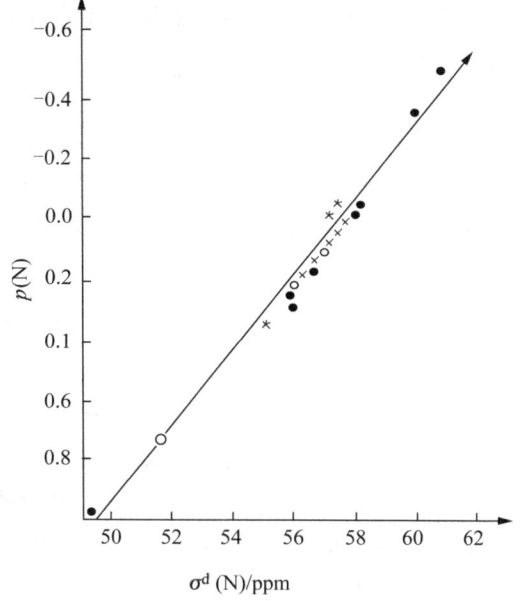

图 3.42 一些茂铁配位化合物中 ^{13}C 的 $\rho(N)$ 对 $\sigma^d(N)$ 图

于溶液中的核磁共振研究,由于分子的翻动,其中直接的核磁偶极－偶极作用 $\hat{H}^{(020)}$ 项的平均值为零,故不加讨论(但对固体宽谱线核磁共振谱研究很重要),剩下来的主要贡献可以分为三部分,即

$$\mathbf{K}_{MN} = K_{MN}^{\text{cont}} + K_{MN}^{\text{orb}} + K_{MN}^{\text{dip}} \tag{3.5.36}$$

类似式(3.5.35)的方法可以证明,在分子轨道的 LCAO 处理中,Fermi 接触可以表示为

$$K_{MN}^{\text{cont}} = -\frac{25\sigma\pi^2\beta^2}{9} \sum_{l}^{\text{occ}} \sum_{r}^{\text{vac}} \Delta E_{l\to r} \sum_{\mu\nu\lambda\sigma} c_{\mu l} c_{\nu r} c_{\lambda l} c_{\sigma r} \phi_\mu(r_M)$$
$$\cdot \phi_\nu(r_M) \phi_\lambda(r_N) \phi_\sigma(r_N) \tag{3.5.37}$$

轨道贡献:

$$K_{MN}^{\text{orb}} = -\frac{16\beta^2}{3} \sum_{l} \sum_{r} \Delta E_{l-r}^{-1} \sum_{\mu\nu\lambda\sigma} c_{\mu l} c_{\nu r} c_{\lambda r} c_{\sigma l}$$
$$\cdot \langle \phi_\mu | \mathbf{L}_M r_M^{-3} | \phi_\nu \rangle \langle \phi_\lambda | \mathbf{L}_N r_N^{-3} | \phi_\sigma \rangle \tag{3.5.38}$$

偶极项贡献:

$$K_{MN}^{\text{dip}} = \frac{4\beta^2}{3} \sum_{l}^{\text{occ}} \sum_{r}^{\text{vac}} \Delta E^{-1} \sum_{\mu\nu\lambda\sigma} c_{\mu l} c_{\nu r} c_{\lambda r} c_{\sigma r}$$
$$\cdot \langle \phi_\mu | (r_M^2 \delta_{tu} - 3r_{Mt} r_{Mu}) r_M^{-5} | \phi_\nu \rangle$$
$$\cdot \langle \phi_\nu | (r_N^2 \delta_{tu} - 3r_{Nt} r_{Nu}) r_N^{-5} | \phi_\sigma \rangle \tag{3.5.39}$$

尽管 K_{MN} 具有和 M、N 核的核旋磁比 γ(其符号有正有负)无关的优点,适用于进行理论分析,但是常方便地采用实验直接得到的核自旋－自旋偶合常数 J_{MN},它们的关系是

$$J_{MN} = \frac{\hbar \gamma_M \gamma_N}{2\pi} K_{MN} \tag{3.5.40}$$

实验表明,随着 π 键级的降低,Fermi 接触项为主要贡献。注意到其中只有集中在核处的 s 原子轨道 $\phi_\mu(r_m)$ 才有明显贡献,而且只考虑单中心积分,则可以得到

$$J_{MN} = -\frac{64\pi^2}{9h} (g\beta\hbar)^2 \gamma_M \gamma_N |\phi_s(0)_m|^2 \cdot |\phi_s(0)_N|^2$$
$$\cdot \sum_{l}^{\text{occ}} \sum_{r}^{\text{vac}} (\Delta E_{l-r})^{-1} c_{lM} c_{rM} c_{lN} c_{rM} \tag{3.5.41}$$

根据这些理论公式可以解释偶合常数 J 的符号和大小。例如,对于一系列 $W(CO)_5PX_3$ 配位化合物,随着 X 基团电荷的增加,$|\phi_{3s}(0)_p|^2$ 的数值也随着磷原子上正电荷的增加而增加,从而具有较大的 $^1J(W-P)$ 值,其中左上角符号 1 表示 M 和 N 核之间相隔一个键(图 3.43)[61]。

3.5.3 反磁性配位化合物的核磁共振

根据式(3.5.35)讨论,对于反磁性配位化合物,经过对量子化学公式进行简化后化学位移可近似地划分为三项:[18]

(1) 所讨论核原子的反磁性贡献,它可以表示为

$$\sigma^d = k \sum_i \frac{1}{r_i} \tag{3.5.42}$$

其中,r_i 是电子 i 的轨道半径。例如,对于有机化合物的 ^{13}C 价电子,取 2p 电子的轨道半径。

(2) 所讨论核原子的顺磁性贡献,其可以表示为

$$\sigma^p = -\frac{k'}{\Delta E} \langle r^{-3} \rangle_{2p} (Q_{AA} + Q_{AB}) \tag{3.5.43}$$

其中,ΔE 为平均激发能,Q 与核电荷及 A—B 键级有关[参见式(3.5.52)]。

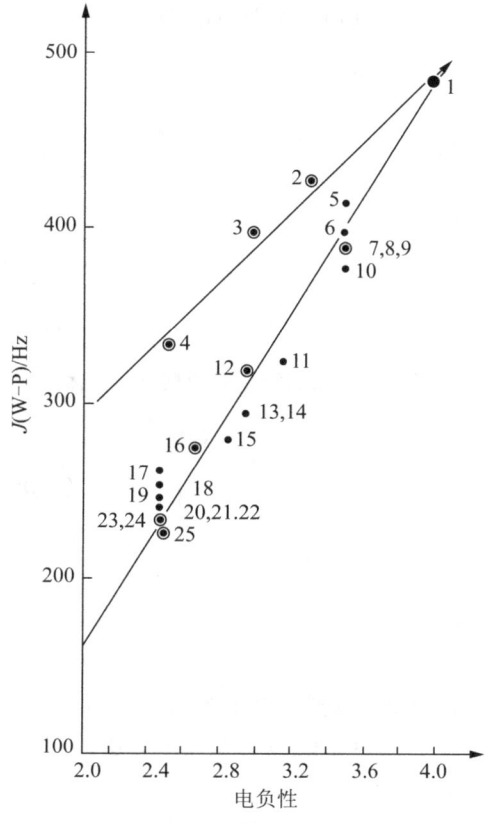

图 3.43　$W(CO)_5PX_3$ 中 $^1J(W-P)$ 对电负性的图
点 1~4 代表不同的卤素

(3) 邻近原子的各向异性贡献,即其他原子结合成环状时的环流效应。一般其值较小,可忽略不计。

对于质子的核磁共振(PMR),由于 ΔE 较大,故主要是 σ^d 贡献,其化学位移大都处于 10ppm 范围。对重原子核,则 σ^p 有较大贡献,它们的化学位移范围也较大,例如,对于 ^{207}Pb,可达 20 000ppm 范围。反磁性贡献 σ^d 使化学位移向高场移动,而顺磁性贡献 σ^p 使得向低场移动。下面举几个例子来说明它的应用。

1. 顺、反异构体的区别

例如,对于三个二齿配位体的配位化合物 A-B,它可生成顺、反两种异构体(图 3.44)。它们互为对映体。顺式异构体具有三重对称轴,因而环上的同一取代基团只会产生单个信号。反式异构体则不具有对称性,因而每个环上的同一取代基会产生不同的信号。图 3.45 中表示了三 – 水杨醛亚胺合钴 [salicylaldimino Co(Ⅲ)]的核磁共振谱[62]。可以看出,顺式中氮取代物的空间配置不利于它的稳定性,因而在溶液中 PMR 鉴别不到顺式异构体的存在,但明显地存在反式异构体,因为其中有三个相等强度的 N—CH$_3$ 信号。CH$_3$ 信号的第二次分裂是由于和甲亚胺基中的质子发生自旋偶合。对于其他一些反磁性 Cr(Ⅲ)、Rh(Ⅲ)、Mn(Ⅲ)、Fe(Ⅲ)等配位化合物的异构体都可由此法加以区分。

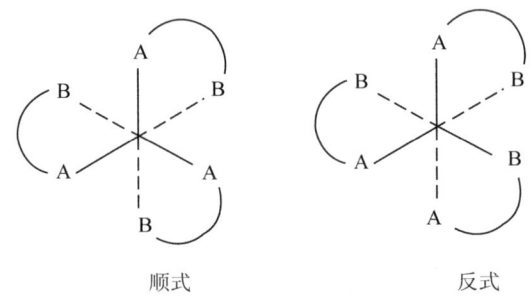

图 3.44 双卤配位体的顺反异构体

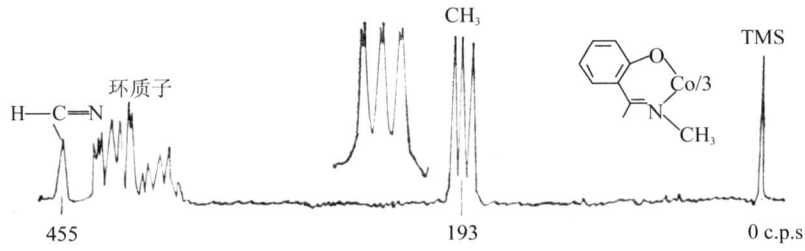

图 3.45 三 – N – 甲基水杨醛亚胺合钴(Ⅲ)在 CDCl$_3$ 中的质子共振谱

其中附有放大的 N—CH$_3$ 信号

2. 配位金属离子的电子转移效应

在配位化学中经常出现反位效应,即配位基团 X 对与其相反位置配位体的取代反应速率产生明显的效应,研究人员曾经用 ^{19}F 的 NMR 研究过 FC$_6$H$_4$X 这种单取代氟代苯中 X 的诱导和取代性质[63]。

(15)　　(16)

表 3.19 中列出了以 (15)(Δm) 和 (16)(Δp)(即配位化合物间位 m - 和对位 p - 氟代苯的化学位移差,以 ppm 为单位)作为诱导和共振的度量。除了 $SnCl_3$ 的 Δm 值外,这些参数都是正值,这说明,相对于氟代苯基而言,$Pt(PEt_3)_2X$ 基团是电子接受体。Δm 值的降低正比于 X 在非极性溶剂中的碱性降低。Δp 和 Δm 值的变化趋势一致,而对于给定的 X 基团,Δp 值大于 Δm,由此说明,存在下列共振作用引起的对位核屏蔽效应。共振作用是由于 C_6H_4F 环的 π 轨道垂直于 $Pt(Et_3)_2X$ 平面,并且和 $d\pi(Pt)$ 及 $p\pi(X)$ 轨道共面。假定 CH_3 没有 π 接受性质,则 π 接受体参数可以定义为 $(\Delta p - \Delta m)_{CH_3} - (\Delta p - \Delta m)_x$。由此确定的最强的 π 接受体 CN^-、$C_6H_5C\equiv C$、$SnCl_3$ 等和通常配位体 X 的反馈键概念完全一致。卤素离子为负值,说明它们确实是 π 给予体而不是接受体。

研究人员也曾经用 NMR 法对 $Co(DH)_2LX$ 之类的八面体配位化合物进行过研究,其中 DH 为丁二酮肟,L 为三苯基膦或吡啶,X 为阴离子[64],L 和 X 彼此共轴,当 L = PPh_3 时,DH 中 CH_3 的高场位移次序为 X = NO_2(nitro) < CN < Cl < Br < I ≤ NO_2(nitrito) ≪ CH_2CF_3 < CH_3 < Et, n - Pr。根据式(3.5.42),高化学位移说明 DH 处 H 的电子密度高,因而更好地受到屏蔽。和由 Hammett 常数 σ 所表征的 X 亲近质子的碱性也是一致的。

表 3.19 反式 - $[FC_6H_4Pt(PEt_3)_2X]$ 在丙酮中 ^{19}F 的屏蔽参数

X	Δm	Δp	π 接受体参数
CH_3	1.56	11.70	0
C_6H_5	3.93	10.9	0.3
$p - C_6H_4F$	3.46	10.8	0.3
$C_6H_5C\equiv C$	3.30	10.4	0.6
$m - C_6H_4F$	3.21	10.6	0.3
OCN(或 NCO)	3.07	10.1	0
CN	2.30	9.32	0.7
CL	2.27	10.1	-0.2
Br	2.11	9.86	-0.1
SCN(或 NCS)	1.97	9.29	0.2
I	1.75	9.54	-0.2
$SnCl_3$	-0.23	6.96	0.6

3. 碳烯配位化合物中的成键性质

人们已经对一系列

型碳烯配位化合物的^{13}C 谱进行了研究[3],其中 M = Cr、W,R = 烷基、苯基,R′ = OR、NR$_2$、SR 等。发现碳烯中碳的去屏蔽作用比三烷基碳镓离子的还大,但该碳原子似乎不会比 sp^2 杂化的碳镓离子更缺电子,因此化学位移的低场移动可以依据式(3.5.43)认为是由 σ^p 贡献中较低的 ΔE 值及较大的 Q_{AB} 值所引起的,而后者是由于金属 d 轨道与碳烯 p$_z$ 轨道间的多重键所引起的。当用 Cr 代替 W 时,碳烯中的碳向高场移动,这是由于 W 的 d 轨道更为分散,减弱了 π 成键,Q_{AB} 减小,ΔE 增大。对一系列 (CO)$_5$WC(CH$_3$)(SC$_6$H$_4$Y) 的 ^{13}C-NMR 研究表明,当对位基团 Y 的性质变化时,顺式或反式的羰基和碳烯中碳的化学位移变化不大,这说明没有什么共轭效应,可能是由于苯酚垂直于碳烯平面。

4. 化学位移的顺磁性贡献

对于反磁性过渡金属离子(特别是在低对称环境时),其化学位移主要来源于顺磁性贡献。例如,对于八面体的 ^{59}Co(Ⅲ) 配位化合物,结合配位场理论,由式 (3.5.43) 可以导致 σ^p 值与 3d 电子的平均径向距离 $\langle \frac{1}{r^3} \rangle_{av}$ 和在强场下由 $^1A_{1g}(t_{2g}^6)$ 基态到 $^1T_{1g}(t_{2g}^5 e_g)$ 态的激发能 ΔE 有关。对于一些类似配位化合物,$\frac{1}{r^3}$ 项和 σ^d 项实际上为定值,因而预期化学位移应反比于 $^1A_{1g}$ 到 $^1T_{1g}$ 光谱跃迁的能量(图 3.46)[65]。

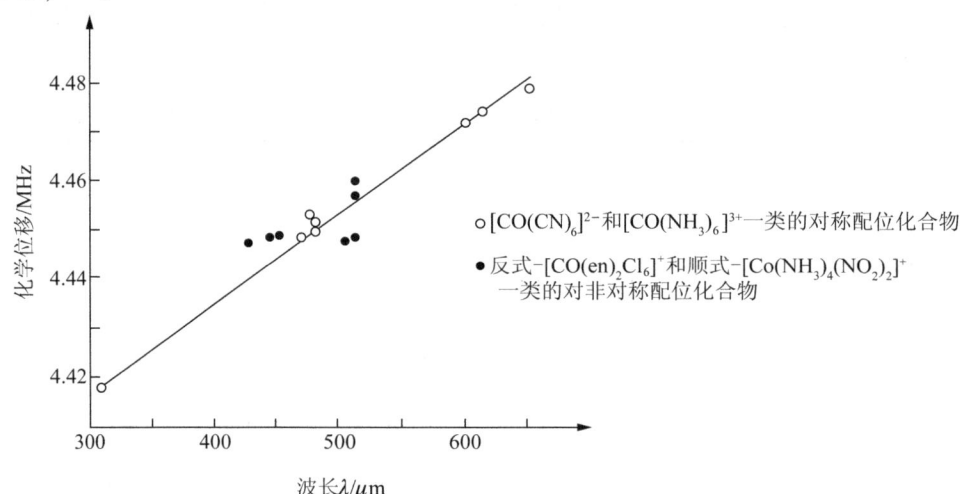

图 3.46 对一系列八面体 Co(Ⅲ) 配位化合物 ^{59}Co 的化学位移对 $^2A_{1g} \rightarrow {}^1T_{1g}$ 吸收波长的图

对于一系列四面体金属氧化物中的 ^{17}O 的化学位移,研究发现它和配位化合物的最低电子跃迁能量 ΔE 成反比(图 3.47),即

$$\sigma = A - \frac{B}{\Delta E} \qquad (3.5.44)$$

其中,A 对应于反磁性贡献,$B/\Delta E$ 对应于顺磁性贡献。

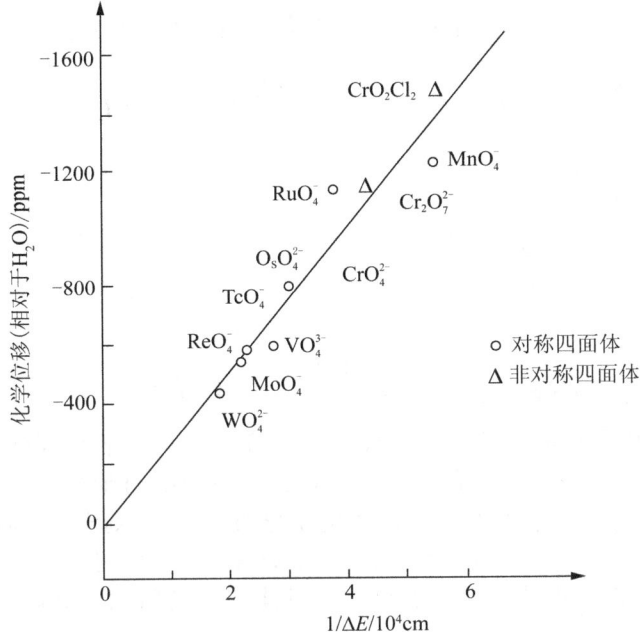

图 3.47 ^{17}O 的化学位移 σ 与最低电子跃迁 ΔE 倒数的关系图

3.5.4 顺磁性配位化合物的化学位移本性

1957 年后,顺磁性化合物的 NMR 在化学上获得很大的应用,特别是在无机物理化学中对于成键本质的研究、在有机化学中作为化学位移试剂的研究,以及在生物无机化学中作为结构探针的研究都有很大的发展。顺磁性分子的 NMR 理论很复杂,这里只对其主要结果进行介绍[3]。这时我们着重讨论顺磁性分子中的未成对电子和磁性核之间的相互作用。根据式(3.5.19)和式(3.5.20)所述,其中包括:

(1) Fermi 接触贡献:

$$H_F = 8\pi g\beta\hbar\gamma/3 \sum_{iN} \delta(r_{iN}) S_i \cdot I_N = a_N S \cdot I_N = A_F \cdot I_N \quad (3.5.45a)$$

这种电子自旋 S_i 和核自旋 I_N 之间的相互作用称为 Fermi 接触,其中 S 为给定状态的总自旋角动量,加和号是对所有未成对电子进行的。由于 $\delta(r) = |\psi(0)|^2$ 为核处电子波函数的概率,所以只有 s 轨道特性的波函数才对 H_F 有贡献(参见表 2.1)。这是一种键传递效应(through bonds effect)。

(2) 偶极子项贡献:

$$\hat{H}_D = g\hbar\gamma_N\beta \sum_{iN} \left[\frac{3(r_{iN} \cdot S_i)(r_{iN} \cdot I)}{r_{iN}^5} - \frac{S_i \cdot I}{r_{iN}^3} \right]$$

当选择实验坐标系(x,y,z)时,对上式进行展开,可以得到

$$\hat{H}_D = -g\beta g_n\beta_n \left\{ \left\langle \frac{r^2 - 3x^2}{r^5} \right\rangle S_x I_x + \left\langle \frac{r^2 - 3y^2}{r^5} \right\rangle S_y I_y + \left\langle \frac{r^2 - 3z^2}{r^5} \right\rangle S_z I_z \right.$$

$$-\left\langle \frac{3xy}{r^5} \right\rangle (S_x I_y + S_y I_x) - \left\langle \frac{3xz}{r^5} \right\rangle (S_x I_z + S_z I_x)$$

$$-\left\langle \frac{3xz}{r^5} \right\rangle (S_y I_z + S_z I_y) - \left\langle \frac{3xz}{r^5} \right\rangle (S_y I_z + S_z I_y) \Big\}$$

$$= (S_x S_y S_z) \begin{bmatrix} T_{xx} T_{xy} T_{xz} \\ T_{yx} T_{yy} T_{yz} \\ T_{zx} T_{zy} T_{zz} \end{bmatrix} \begin{bmatrix} I_x \\ I_y \\ I_z \end{bmatrix}$$

$$= \bm{S} \cdot \bm{T} \cdot \bm{I} = \bm{A}_D \cdot \bm{I} \tag{3.5.45b}$$

其中,

$$T_{ij} = -g\beta g_n \beta_n \left\langle \frac{r^2 \cdot \delta_{ij} - 3ij}{r^5} \right\rangle \quad (i,j = x,y,z) \tag{3.5.46}$$

⟨ ⟩的含义为对电子波函数求和。这种电子自旋和核自旋的相互作用可以看做两个经典磁偶极子间的空间传递效应(through space effect)形式。表示式中应对电子概率分布$|\psi(r)|^2$进行平均,因此,若电子分布为球状,则没有该项贡献。

关于这种电子自旋和核自旋间的偶合常数A_F和A_D所引起超精细分裂的讨论详见3.6节。在进一步从统计角度推求更具体的平均值表示式时,则要涉及下述的弛豫现象。

1. 弛豫现象

对于顺磁性过渡金属配位化合物,在实验上总要涉及其中金属离子所含未成对电子所引起的谱线变宽问题。

每个有磁矩的顺磁性原子都以与温度相关的速度进行着热运动,从而会产生附加的交变电磁场,如果这种交变电磁场的频率满足共振条件[式(3.5.7)],则共振跃迁就会诱发邻近原子的一个核自旋吸收能量从而跃迁到更高能级的激发态。这种高能态可以通过非辐射途径把能量释放给"晶格"(称为纵向弛豫,自旋-晶格弛豫),或引起另一个粒子的自旋态被激发(称为横向弛豫,自旋-自旋弛豫),结果原有激发态的寿命(Δt)缩短了。按照下列Heisenberg测不准关系,能量变得不确定(ΔE)

$$\Delta E \cdot \Delta t \geq \frac{h}{2\pi} \tag{3.5.47}$$

这种核的自旋-晶格弛豫时间T_1和自旋-自旋弛豫时间T_2变短的结果使核磁共振信号的宽度增加,甚至导致观察不到跃迁。一般核磁矩远小于电子磁矩,因而顺磁体系普遍存在着很强的电子磁场涨落场,引起核寿命变短和NMR谱图的严重加宽。

然而,如果涨落场变化很快,即未成对电子在$|S_z, I_z\rangle$为$\left|+\frac{1}{2}, -\frac{1}{2}\right\rangle$和$\left|-\frac{1}{2}, -\frac{1}{2}\right\rangle$的能级间迅速跃迁(图3.40),将使其相应的电子自旋-晶格的弛豫时间T_{1e}很短。假如在顺磁离子的热运动期间(可以用顺磁离子在溶液翻转运动的相关时间τ来表示)出现多次这样的跃迁,也就是说,在这期间电子的自旋方向改变了多次;因为在电子自旋跃迁和旋转期间只有所有可能自旋方向的时间平均

起作用,所以核自旋与晶格间的偶合就大大减小了;当核自旋与晶格弛豫时间再度变得更大,NMR 信号的峰宽则相应减小。因此,在顺磁配合物的溶液中,NMR 和 ESR 谱的宽度完全由电子的自旋 - 晶格弛豫时间 T_{1e} 决定:T_{1e} 大时(可大到 10^{-9} s),可以记录到有用的 ESR 图谱,但 NMR 谱峰很宽;T_{1e} 小于 10^{-11} s 时,只能记录到 NMR 图谱(有小的峰宽),而观察不到 ESR 谱。因而这两种方法能很好地相互补充。表 3.20 中列出了一些观察结果。已经有人讨论关于过渡金属配位化合物电子自旋弛豫时间的解释。

表 3.20　顺磁性乙酰丙酮配位化合物的谱线宽度

配位化合物	PMR 谱线宽度(23°)/Hz	ESR 观察[1]
Ti(acac)$_3$	2000	室温
V(acac)$_3$	25	80~300K 无信号
Cr(acac)$_3$	1000	室温
Mn(acac)$_3$	100	80~300K 无信号
Fe(acac)$_3$	800	室温
Mo(acac)$_3$	200	30K
Ru(acac)$_3$	100	80K
VO(acac)$_2$	无信号	室温
Cu(acac)$_2$	无信号	室温

1) 室温表示在室温或低于室温观察到信号;80K 表示在该温度观察到,而室温观察不到。

影响 T_{1e} 的因素很多。对于只具有一个未成对电子的配位化合物中,在很大程度上 T_{1e} 取决于配位场的强度和对称性。根据经验关系式:

$$T_{1e} = \frac{\Delta^6 \cdot 10^{14}}{\lambda^2 H^2 T^7} \tag{3.5.48}$$

电子自旋 - 晶格弛豫时间 T_{1e} 主要由最高占据分子轨道(HOMO)与最低空分子轨道(LUMO)的能量差(Δ)和温度(T)决定。早期认为,在具有不同自旋 - 轨道偶合常数 λ 的配位化合物中峰宽取决于 λ。

在同样的温度及磁场强度 H 下,各种配位化合物的 T_{1e} 主要取决于 Δ。在具有轨道简并基态的顺磁配合物中,HOMO 和 LUMO 具有相同的能量,因而 Δ 应是零,尽管热运动和相邻分子场的不对称性会引起谱的宽度分裂,但根据式(3.5.48),所有具有轨道简并基态的金属配位化合物,有极短的弛豫时间,从而很容易得到 NMR 图谱,而只有在很低的温度(几个 K)下才能观察得到 ESR 图谱。

因此,如果低能量状态 t_{2g} 含有 1、2、4 或 5 个电子而高能量状态 e_g 含有 1 或 3 个电子,结果则是一个 $\Delta=0$ 的轨道简并基态。在 Ti(Ⅲ)、V(Ⅳ) 或 Cr(Ⅱ) 的正常八面体配位化合物以及 Cu(Ⅱ)、Ti(Ⅲ) 和 V(Ⅱ) 的正常四面体场配位化合物中都可以发现这种情况。

值得注意的是,Δ 大的"强"场配位化合物有大的 T_{1e},在这些配位化合物中,轨道矩和因此引起的大多数顺磁性配位化合物有较长的电子自旋弛豫时间 T_{1e},并在共振实验中表现出有机自由基的特点,可以记录到有用的 ESR 谱。

2. **顺磁性配位化合物的化学位移**

如前所述,只有电子自旋弛豫时间 T_{1e} 很小,才能记录到窄的 NMR 吸收峰。邻近于这样一个迅速弛豫的电子自旋的核经受的仅是由未成对电子引起的平均磁场,如果电子自旋弛豫时间 T_{1e} 远小于核 – 电子偶合作用中 a_i 的倒数 [式 (3.5.45b)]

$$T_{1e} \ll \frac{1}{a_i} \tag{3.5.49}$$

则 NMR 中 [图 3.40(c)] 原来两个强度不等的超精细分裂就不会出现,而只在位于原来的两个峰强度的中心观察到一个吸收峰。这个结果来源于一个事实:根据 Boltzmann 分布定律

$$\frac{N_-}{N_+} = \exp[-g\beta H_0 M/(kT_s)] \tag{3.5.50}$$

在温度 T 时,低能量的电子数 N_+ 要比高能级的 N_- 大,因此高能量的跃迁产生的吸收要比低能量跃迁的弱 [图 3.40(c)]。条件 [式(3.5.49)] 相当于核磁共振速率过程中接近快速交换的一种典型情况。因此得到的是一种没有超精细结构的各共振频率的平均化学位移值。

根据 Fermi 接触 $\hat{H}_F$ [式(3.5.45a)],并将其和在反磁环境中质子 NMR 的公式 $\hat{H}_0 = -g_N\beta_N H \cdot I$ 作比较,若定义 $\Delta H = H_{顺磁} - H_{反磁}$,这时当体系符合 Curie 定律(5.3 节)时可以得到接触位移表示式:

$$\left(\frac{\Delta H}{H_0}\right)^{con} = \frac{-a_i}{2S}\left(\frac{\gamma_e}{\gamma_N}\right)\frac{g\beta S(S+1)}{3kT} \tag{3.5.51}$$

其中,$\frac{1}{2S}$ 的出现是由对一个以上电子的体系,Pauling 不相容原理所产生的归一化引入的。对于一个未成对电子,文献中常用小写的 a 代替 A,它们的含义都是表示超精细偶合常数。g 因子的值可由磁矩实验利用公式 $g = \mu_{eff}[S(S+1)]^{-\frac{1}{2}}$ 计算(5.3 节)。因此根据给定温度下接触位移的数据,由式(3.5.51)可以求出超精细偶合常数 a_i。如果接触位移是由于 $\pi - \sigma$ 作用(即金属离子的未成对 σ 电子自旋离域到配位体的 π 体系而不是离域到其 σ 体系),则第 i 个碳原子的 π 自旋密度 ρ_{ci} 与超精细偶合常数 a_i 的关系为

$$a_i = Q_{CH}\rho_{ci} \tag{3.5.52}$$

其中,Q_{CH} 为相应芳香性分子 C_i—H_i 中片的比例常数。例如,对于稠环芳香烃自由基,其 Q_{CH} 约为 $-23G$。由于从基于磁化学的式(3.5.51)可以通过接触位移得到 a_i 值的正负号 [由顺磁共振谱的式(3.5.52)则只能得到 a_i 的绝对值],因而可以求出 ρ_{ci} 的正负号,由式(3.5.52)求出自旋密度的总和应等于未成对电子数,即

$$\sum \rho_{ci} = 2S \tag{3.5.53}$$

一般由此可以说明不同核的顺磁配位化合物的 NMR 峰宽。有机自由基的 NMR 实验结果指出,峰宽随 a_i^2 增加。这个结果也同样适用于顺磁过渡金属配位化合

物,由于"直接"相互作用,距离金属离子最近的质子常有最大的自旋密度,因此也有最大的 a_i 值,例如,在水杨醛二吡啶镍(Ⅱ)的 ^{1}H NMR 图谱中接近金属离子自旋密度的质子的信号出现明显的加宽,尤其是吡啶的 α 质子。如果大致知道配位化合物的结构,可以用峰宽来区别不同的质子。

对于溶液 NMR 的研究,情况较为复杂。特别是对于 g 值各向异性体系,当分子自由翻滚时,则核自旋体系的定态 Hamilton 顺磁化学位移依赖于电子能级的相对值 $(E_{\max} - E_{\min})$,翻转相关时间的倒数 $\frac{1}{\tau}$ 和 $\frac{1}{T_{1e}}$ 三者的相对大小。其中,$E_{\max}$ 和 $E_{\min}$ 是作为取向函数的 Zeeman 能级的最大值和最小值,即 $\Delta E = -\mu_{\max}H - \mu_{\min}H$。若定义偶极贡献为 $\left(\frac{\Delta H}{H}\right)^{\mathrm{dip}}$,则可以证明,在不同具体情况及对称性条件下的 ΔH 表达式。例如,对于含有局部轴对称体系[66],当 $T_{1e} \ll \tau$, $\frac{1}{\tau} \ll (E_{\max} - E_{\min})/\hbar$,则偶极位移为

$$\left(\frac{\Delta H}{H}\right)^{\mathrm{dip}} = \frac{1}{2r^3}\left[(1 - 3\cos^2\theta)\left(\frac{2}{3}\chi_{zz} - \frac{1}{3}\chi_{xx} - \frac{1}{3}\chi_{yy}\right) + \sin^2\theta\cos 2\Omega(\chi_{yy} - \chi_{xx})\right] \quad (3.5.54)$$

其中,χ 为金属离子磁化率,r 为金属到配位体核的距离,若定义 N 为沿核联线的单位向量,则 Ω 为 x 轴和 N 在 xy 平面上投影的夹角 θ。对于只具有一个有效自旋 S' 的热占据布居多重度的配位化合物,由于磁化率[式(5.3.30)]为

$$\chi_{ii} = \frac{\beta^2 S'(S'+1)}{3kT}g_{ii}^2 \quad (3.5.55)$$

因而得到

$$\left(\frac{\Delta H}{H}\right)^{\mathrm{dip}} = \frac{\beta^2 S'(S'+1)}{18kTr^3}\{[2g_{zz}^2 - (g_{xx}^2 + g_{yy}^2)](1 - 3\cos^2\theta) + 3(g_{yy}^2 - g_{xx}^2)\sin^2\theta\cos 2\Omega\} \quad (3.5.56)$$

类似可以证明接触位移:

$$\left(\frac{\Delta H}{H}\right)^{\mathrm{con}} = -\frac{a_M}{6\hbar\gamma_N\beta}\left(\frac{\chi_{xx}gS_{xx}}{g_{xx}} + \frac{\chi_{yy}gS_{yy}}{g_{yy}} + \frac{\chi_{zz}gS_{zz}}{g_{zz}}\right) \quad (3.5.57)$$

由于其他情况的表示式较为复杂,这里从略。

3.5.5 顺磁性配位化合物的核磁共振

我们按其化学位移机理分两部分讨论。

1. 接触位移

图 3.48 表示了双(N,N'-二乙基胺䓬)合镍(Ⅱ)[bis(N,N'-di-ethylaminotroponeimino)Ni(Ⅱ)]配位化合物的核磁共振谱[67]。根据其超精细偶合常数 a_i 的实验数据,利用式(3.5.52)可以求出 XVII 和 XVIII 中所示碳原子上的自旋密度。可以利用自旋极化离域机理解释图中五种质子核上的位移,该机理表明:在质子处

未成对自旋是与共轭环上未成对电子的自旋相反。这时配合物具有四面体结构,按照简单的价键理论,假定 M－L 之间发生 dπ－pπ 自旋离域机理,则氮的一个 pπ 电子和镍中 t_{2g} 轨道的 dπ 电子成对,另一个自由电子则通过(**17**)和(**18**)中两种共振结构离域到整个环上,未成对电子不可能处在 β 碳原子位置(除非有长的共轭键、更远的或更多的未成对电子)。考虑到电子的自旋相关性,β 位置的自旋和 α 及 γ 位置的应相反,由于带 * 号的未成对电子所处的 α 和 γ 位置具有与 N 原子上的离域 π 电子相同的正自旋密度(即 α 自旋↑,平行于磁场),所以 β 位置是负自旋密度(即 β 自旋↓,反平行于磁场)。由式(3.5.52)并注意到芳香烃 C—H 的 Q 值是负的,故 α 和 γ 位置质子的 α_i 为负值,ΔH 为正值,是向高场位移,β 位置的质子是向低场位移。实际上不要全部,而假定只要有 1/10 的净电子自旋处在配位体上,则由价键理论计算出来的自旋密度就接近于实验值,若取 $Q = -22.5G$ 则得到 α、β、和 γ 碳位置的自旋密度分别为 +0.041、-0.021 和 +0.057,这和图 3.48 中的场强 H 次序一致。

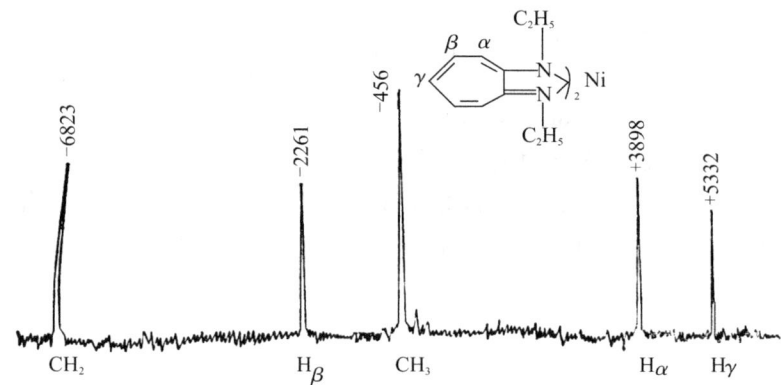

图 3.48 双(N,N'－二乙基胺䓬)合镍的 NMR 谱
（$CDCl_3$ 溶剂,40MC/s,23℃）

更好地是从分子轨道理论出发解释自旋离域机理。例如,对于二酮类有螯合环的配位化合物 $M(acac)_3$(D_3 对称性),根据其相对能级及对称性,可能有下列几种自旋离域途径：

(1) 金属→配位体的自旋传递：金属的 α 自旋离域到各个配位体环的 LUMO 轨道。

(2)配位体→金属的 α 自旋传递：当金属的 d 壳层小于半满时发生这种情况，从而有利于保持最大自旋多重度，在配位体上留下净的 β 自旋。

(3)配位体→金属的 β 自旋传递：当 d 壳层半满或大于半满时出现这种情况，因为这时只有配位体的 β 自旋可以传递，而在配位体上剩下净的 α 自旋。

早期已经研究了包含自旋相关的分子轨道计算，结合实验的接触位移方向[常以反磁性的 Co(Ⅲ)配位化合物为参考]可以更具体地确定这类配位化合物的极化机理。例如，对于下列乙酰丙酮配位体，采取自旋相关 Hückel 法，用对于类似自由基的 Hückel 计算得到自旋密度 ρ_{ci}：

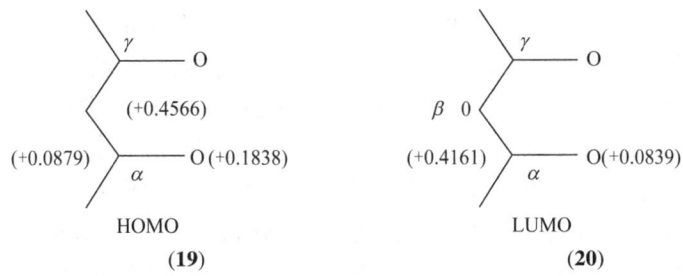

由 LUMO 的结果可以看出，其 α 自旋离域作用对环上 β 位置的质子产生小的低场(负)位移作用，而对于 α 碳原子所连 CH_3 质子，则产生大的负位移(请注意 Q_{C-H} 为负值，而 Q_{C-CH_3} 为正值)。在 $V(acac)_3$ 中出现化学位移 $\Delta\nu_\alpha = -2611$，$\Delta\nu_\beta = -2073$ 的情况，所以认为它是通过上述途径(1)的离域机理。由 HOMO 的结果可以看出，其 α 自旋的离域作用会导致环上 β 位置质子产生高场(正)位移，CH_3 质子则产生较小的低场位移(负)。在 $Fe(acac)_3$ 中出现 $\Delta\nu_\alpha = -1110$，$\Delta\nu_\beta = +1975 MHz$ 的情况，所以认为它是通过途径(3)的离域途径。在上面的讨论中，这两个轨道中的 β 自旋离域作用时会导致接触位移的符号反转。这里的讨论也只着重于前线轨道，而没有考虑其他占据配位体轨道的诱导自旋极化作用。

在由两个乙酰丙酮的 Ni(Ⅱ)和 Co(Ⅱ)配位化合物的轴向上对称地配位有吡啶之类的配位体而形成八面体配位化合物时，还应该考虑 σ 离域机理。这时金属上的未成对电子在 σ 型的 e_g 轨道上(图 4.98)，所以它是和配位体形成 σ 键。下面的事实说明它是通过 σ 轨道离域的。

(1)接触位移单调地随着远离金属而降低，这说明自旋密度是通过定域轨道传递。在上述图 3.48 的共轭 π 离域体系中则接触位移符号是交替变号的。

(2) α 自旋从金属直接离域到配位体时，如预期那样观察到低场位移。

(3)当轴向配位体换成没有 π 轨道的哌啶时($C_4N_2H_4$，它只能和金属形成 σ 键)，其接触位移的符号和大小类似于单调地随着远离金属而降低的吡啶[比起 Ni(Ⅱ)来，Co(Ⅱ)的配位化合物有些假接触位移贡献，比较时应预先扣除]。Drago 曾指出，实际情况是 σ 和 π 极化机理难以区分，处理时必须小心[68]。

在实际应用中主要利用接触位移使 NMR 谱峰展宽的特性(不必考虑配位体中自旋离域的机理)。这特别适用于具有狭谱宽的 Ni(Ⅱ)、Co(Ⅱ)和 V(Ⅲ)等顺

磁配位化合物的异构体及混合配位化合物研究[18]。以下举例来研究溶液中 Ni(Ⅱ)配位化合物的平衡

$$\text{平面型} \underset{}{\overset{K_{eq}}{\rightleftharpoons}} \text{四面体型} \tag{3.5.58}$$

由于这两种立体构型的基态多重度不同,使式(3.5.51)所示的 Curie 公式不再成立。当存在这种快速平衡结构时,观察到的化学位移具有平均值

$$\left(\frac{\Delta H_i}{H_0}\right) = -a_i \left(\frac{\gamma_e}{\gamma_H}\right) \frac{g\beta S(S+1)}{6SkT} \{\exp[\Delta F/(RT)] + 1\}^{-1} \tag{3.5.59}$$

其中,$\Delta F = -RT\ln K_{eq}$,$K_{eq} = N_t/N_p$(四面体和平面型的摩尔分数),式中括号项等于 N_t。若由光谱或磁化率实验得知 ΔF,则由给定温度下的接触位移数据可以求出 a_i 值。反之,若适当调节温度到 Curie 定律适用的区域也可以求出 a_i。再调节温度到这两个异构体可以共存,从而可以由式(3.5.59)求出不同温度的 ΔF 值,进而由 $\Delta F = \Delta H - T\Delta S$ 可以求出焓变 ΔH 和熵变 ΔS。表 3.21 中列出了下列化合物 XXI 和 XXII 结构变化的热力学参数[69];它表明主要是焓变化而不是熵变化;另外也可以求出配位后配位体的自旋电子分布。热力学数据表明,四面体稳定性减小的次序按脂肪烃基大小次序为:特-丁基 > 正烷烃 > 芳香烃 > $CH_3 \gg H$。若用硫取代氧后其 π 成键有利于平面型的稳定性。

表 3.21 一些 Ni(Ⅱ)螯合物立体化学变化的热力学数据(CDCl$_3$ 溶液)

配位化合物	β–H 位移 (30°)/ppm	ΔH/ (kcal/mol)	ΔS /e.u.	ΔG^{323} /(kcal/mol)	N_t
Ni[(CH$_3$)$_3$C—C$_6$H$_5$HH]$_2$	+97.13				1.0
Ni[(C$_2$H$_5$)$_2$CH—C$_6$H$_5$HH]$_2$	+85.77	0.06	3.74	−1.15	0.86
Ni[(CH$_3$)$_3$CHCH$_2$—C$_6$H$_5$HH]$_2$	+1.53	4.98	8.19	+2.33	0.03
Ni[(CH$_3$)$_3$C—SC$_6$H$_5$HH]$_2$	+76.55				1.0
Ni[(C$_2$H$_5$)$_2$CH—SC$_6$H$_5$HH]$_2$	+16.44	4.28	11.7	+0.51	0.31
Ni(n-C$_3$H$_7$—C$_6$H$_5$HCH$_3$)$_2$	+20.42	2.99	7.57	+0.54	0.30
Ni(CH$_3$—CH$_3$HCH$_3$)$_2$	+4.70	3.62	6.28	+1.60	0.08
Ni(CH$_3$—SCH$_3$HCH$_3$)$_2$	+1.08	5.37	10.1	+2.10	0.04

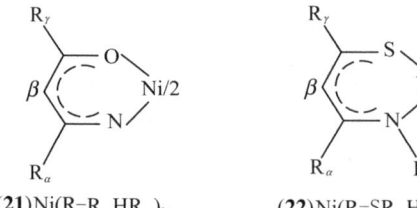

(21) Ni(R–R$_\gamma$HR$_\alpha$)$_2$ (22) Ni(R–SR$_\gamma$HR$_\alpha$)$_2$

2. 偶极-偶极位移(假接触位移)

PMR 的实验表明,假接触位移的贡献随金属离子增重而增加。对于第一过渡金属系配位化合物,接触位移贡献较大;第二过渡金属系配位化合物,则接触位移和假接触位移的贡献不相上下;但对于第三过渡金属系和稀土配位化合物,主要是

假接触位移的贡献。

对于假接触位移的研究,既可用于从实验的顺磁位移中扣除它以得到接触位移的贡献,又可用于配位化合物的结构分析。这里举一个利用它来研究离子-离子相互作用的例子。

图 3.49 为 $(n\text{-}Bu_4N)[M(PPh_3)I_3]$ $(M=Co,Ni)$ 的 NMR 谱[70]。除了观察到苯基的接触位移外,也观察到阳离子中的质子位移,其位移数值按 $C_1 \to C_4$,在钴配位化合物中从 $+560(C_1)$ 降到 $+30Hz(C_4)$,而在镍配位化合物中从 $-161Hz(C_1)$ 到 $-30Hz(C_4)$。由于阴离子和阳离子 $N(C_1H_2—C_2H_2—C_3H_2—C_4H_3)_4^+$ 之间不可能有直接的自旋传递,所以这种位移必定完全是假接触位移。由于当 $T_{1e} \ll \tau$, $\dfrac{1}{\tau} \ll (E_{max}-E_{min})/\hbar$ 时,假接触位移正比于[参见式(3.5.56)]

$$\left(\dfrac{3cos^2\theta_i-1}{r^3}\right)_{平均} \tag{3.5.60}$$

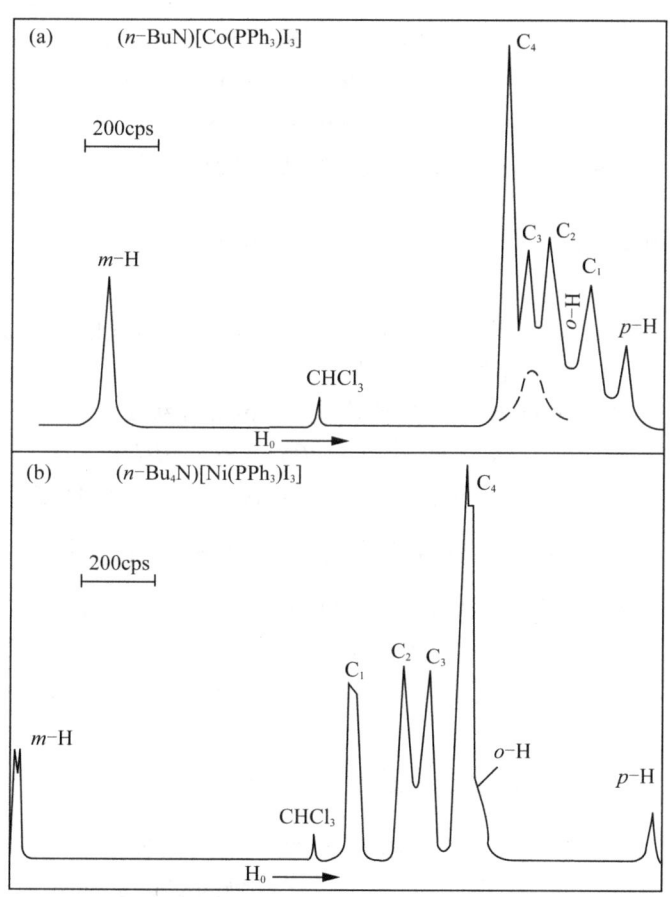

图 3.49　$(n\text{-}Bu_4N)[Co(PPh_3)I_3]$ 和 $(n\text{-}Bu_4N)[Ni(PPh_3)I_3]$ 在 $CDCl_3$ 中的 PMR
$o\text{-}、m\text{-}、p\text{-}H$ 分别为苯基中的邻位、间位、对位质子记号

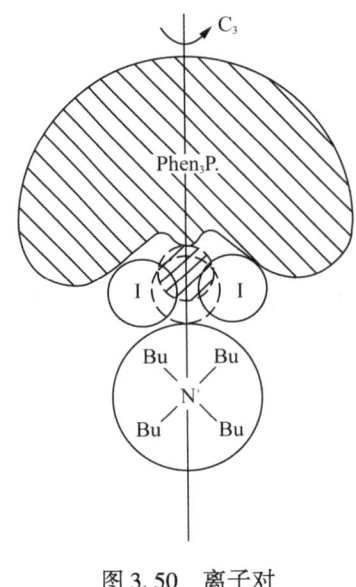

图 3.50 离子对
$(n-Bu_4N)^+[M(PPh_3)I_3]^-$
的结构模型

因此阴-阳离子之间必定形成了紧密缔合的离子对。实验结果说明了图 3.50 的模型,阳离子处在阴离子的三重轴上。$\frac{1}{r^3}$ 因素使得丁基中 C_4 位移大于 C_1,其中角度因素在使 C_1 位移大于 C_4 的事实中起决定作用。得出的其他结论是:① 观察到阴离子接触效应,说明所形成的离子对在溶液中翻滚时彼此仍保持一定的几何相关性,否则,在对所有丁基质子假接触 $(3\cos^2\chi_i - 1/r^3)_{av}$ 取平均值时会等于零。② 对这两个配位化合物取平衡核间距为 3.8Å ± 0.2Å 时,可使观察到两者的假接触位移比 H_1/H_2 和计算值完全一致。由此不仅证实了紧密离子对的形成,而且可以估计出离子对中 $(n-Bu_4)^+$ 的离子半径为 3.1Å ± 0.2Å。③ 这两种盐的假接触位移符号相反的事实,说明在轴对称的阴离子中各向异性的 g 值符号相反,即对于 Co,$g_\perp > g_\parallel$;对于 Ni,$g_\parallel > g_\perp$。

关于假接触位移在测定配位化合物结构方面的进一步应用参考 4.4 节。

3.6 顺磁共振谱

1945 年 Zavoisky 首先观察到分子中未成对电子所引起的顺磁共振(ESR)现象。此后已发展为化学研究的一种常规工具[3,4,71,72]。其基本原理是研究电子磁矩为 μ_e 的基态电子和磁场 H 作用后所产生 Zeeman 能级 E

$$E = -\mu_e \cdot H = -(-g\beta S) \cdot H = g\beta H M_s \quad (3.6.1)$$

之间的跃迁吸收波谱。例如,对于最简单的只含一个电子的体系,其总自旋 $S = \frac{1}{2}$,因而 $M_s = \pm 1/2$ 的分子;在实验频率 ν 的电磁波作用下,根据选择规则,$\Delta M_s = \pm 1$,Zeeman 能级间的跃迁(图 3.51)所引起的 ESR 应满足关系:

$$\Delta E = h\nu = g\beta H \quad (3.6.2)$$

其中,ν 为微波频率。自由电子,$g = 2.0023$。对于自由原子,Landé 因子的理论值为

$$g = 1 + \frac{S(S+1) + J(J+1) - L(L+1)}{2J(J+1)} \quad (3.6.3)$$

实验中通常是固定频率 ν 而改变磁场 H,以使产生共振吸收。一旦得到了共振吸收所处的磁场 H,就可以按下式计算出配位化合物的实验 g 因子:

$$g = \frac{h\nu}{\beta H} = \frac{(6.6256 \times 10^{-27} \mathrm{erg \cdot s})(\nu)}{(0.92731 \times 10^{-20} \mathrm{erg \cdot G^{-1}})(H)}$$

$$= 7.147 \times 10^{-7} \left(\frac{v}{H}\right) \tag{3.6.4}$$

一般使用微波中频率为9.5GHz($=9.5 \times 10^9 \text{s}^{-1}$)的X带作为电磁波源,有时也使用较高频率35GHz的Q带,以达到在更高磁场H下研究更高的能级E的目的。

有机分子自由基研究中已广泛运用ESR谱,其检测浓度低至$10^{-9}\text{mol} \cdot \text{L}^{-1}$。对于包含未成对电子的3d、4d、5d、4f和5f配位化合物,ESR谱也是一个强有力的武器。对图谱的详细分析可以得到下列资料:①确定元素的价态和组态,②离子周围晶体场的对称性,③通过自旋Hamilton参数来了解成键情况。

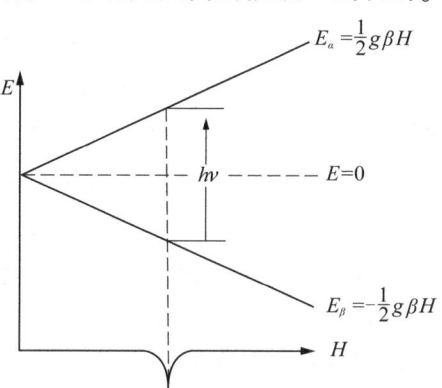

图3.51 顺磁能级的分裂及其ESR谱($S=1/2$)

3.6.1 顺磁分子中的相互作用

比起上述单个电子体系,含有多个未成对电子和多核过渡金属配位化合物的ESR研究中遇到的主要困难是:①其图谱外形随样品条件而有很大不同;②较为复杂的过渡金属的电子结构使得图谱难以解释。下述必要的理论知识是充分运用ESR信息的基础[18,72]。

1. 顺磁分子中的相互作用Hamilton算符

由于电子磁矩μ_e远大于原子核磁矩μ_N,因此ESR实验使用了远比NMR更高的频率。顺磁分子中存在更多类型的电、磁相互作用。对于ESR谱感兴趣的总Hamilton算符可依次表示为[对比NMR中的式(3.5.13)][73]

$$\hat{H} = \hat{H}_E + \hat{H}_C + \hat{H}_{LS} + \hat{H}_Z + \hat{H}_{SS} + \hat{H}_{SI} + \hat{H}_Q \tag{3.6.5}$$

其中,$\hat{H}_E = \left(-\frac{\hbar^2}{2m}\right)\sum_k \nabla_k + V$,是原子中质量为m的电子的动能和势能V(约$10^5 \text{cm}^{-1}$),其他各项意义如下:

(1) $\hat{H}_C$:由顺磁离子周围离子引起的晶体场$\hat{V}_C$的作用。通常将它围绕原点展开成球谐函数$Y_{lm}(\theta,\phi)$,表示为

$$\hat{V}_C = \sum_{lm} A_{lm}(r) Y_{lm}(\theta,\phi) \tag{3.6.6}$$

参考式(2.4.10),这里只是将r^k和A_{kq}合并成与径向函数$R_{nl}(r)$有关的参数$A_{lm}(r)$,它可以由实验决定。

(2) $\hat{H}_{LS}$:电子自旋-轨道偶合作用。按照理论物理中Dirac的相对论处理后,对于多中心分子中的原子,根据式(2.4.77)可表示为

$$\hat{H}_{LS} = \sum_k \left[\sum_i \zeta_i(r_{ik}) l_{ik}\right] \cdot S_k = \lambda \boldsymbol{L} \cdot \boldsymbol{S} \tag{2.4.77}$$

(3) $\hat{H}_Z$:电子自旋磁矩、电子轨道磁矩以及核自旋磁矩和外磁场H的Zeeman作用,它们分别用下列三项表示:

$$\hat{H}_Z = 2.0023\beta_e H \cdot \sum_k s_k + \beta_e H \cdot \sum_k l_k - g_N \beta_N H \cdot \sum_i I_i$$
$$= \beta_e(L + 2.0023\hat{S}) \cdot H - g_N \beta_N H \cdot \sum_i I_i \tag{3.6.7}$$

其中最后一项在 NMR 中起重要作用[式(3.5.12b)],有时也单独分开记为 $\hat{H}_{IH}$,其值较小($10^{-4} \sim 10^{-2}\text{cm}^{-1}$),故本节对 $\hat{H}_{IH}$ 的作用不加考虑。

(4) $\hat{H}_{SS}$:两个相距 r_{ik} 的电子自旋间偶极-偶极相互作用($10^{-1} \sim 1\text{cm}^{-1}$)可表示为

$$\hat{H}_{SS} = (2.0023\beta_e)^2 \sum_{j>k}[r_{jk}^3(S_j \cdot S_k) - 3(S_j \cdot r_{jk})(S_k \cdot r_{jk})]r_{jk}^{-5} \tag{3.6.8}$$

在只含一个未成对电子的顺磁性配位化合物中也不加考虑。

(5) $\hat{H}_{SI}$:电子自旋和磁性核自旋之间的超精细相互作用(约 10^{-1}cm^{-1}),对应于式(3.5.14i),表示为

$$\hat{H}_{SI} = -2.0023 g_N \beta_e \beta_N \sum_{ik}[r_{ik}^3(S_k \cdot I_i) - 3(S_k \cdot r_{ik})(I_i \cdot r_{ik})]r_{ik}^{-5} + (8\pi/3)(2.0023)g_N \beta_e \beta_N \sum_{ik} \delta(r_{ik}) I_i \cdot S_k \tag{3.6.9}$$

其中第一项为 p、d 和 f 电子贡献的偶极-偶极相互作用,第二项则为在核处有较大概率的 s 电子贡献的接触效应(Dirac δ 函数表示这种效应)。

(6) $\hat{H}_Q$:核四极矩 Q 和不均匀电场的相互作用($10^{-4} \sim 10^{-2}\text{cm}^{-1}$),可表示为

$$\hat{H}_Q = \sum_{ik}[e^2 Q_i/2I_i(2I_i - 1)] \cdot [r_{ik}^2 I_i(I_i + 1) - 3(r_{ik} \cdot I_i)^2]r_{ik}^{-5} \tag{3.6.10}$$

当然,还可以有核自旋-轨道相互作用、核自旋-核自旋偶极作用、核化学位移等。但 ESR 实验表明它们的贡献太小,也可以忽略不计。

2. 自旋 Hamilton 算符

在进一步论述前首先证明一条定理:对于轨道非简并态,其轨道角动量和轨道磁矩等于零(或称之为猝灭)。例如,对于 L_z 分量,参考式(3.5.15)有

$$L_z = i\hbar\left(x\frac{\partial}{\partial y} - y\frac{\partial}{\partial x}\right) \tag{3.6.11}$$

量子力学可以证明轨道非简并态波函数 $|n\rangle$ 必定为实函数(例如,在原子轨道的式(2.2.14)中,对于 $m=0$ 的轨道非简并必定为实函数),因而要求式(3.6.12)成立

$$\hat{L}_z|n\rangle = M_l|n\rangle \tag{3.6.12}$$

则本征值 M_l 只能是纯虚数或零。在数学上,由于 L_z 是一个纯虚数的 Hermite 算符,其本征值必定为实数或零,所以只能取 $M_L=0$,即 $\langle n|\hat{L}_z|n\rangle = 0$。对于自由基或基态为非简并的配位化合物,如上所述,轨道角动量的贡献完全被猝灭,其 g 值应为 $g_e = 2.0023$。但实验表明并非如此。其原因是"纯自旋"的基态可以通过自

旋-轨道偶合作用与由对称性相同的激发态间发生组态相互作用,从而"沾污"了轨道角动量成分。当基态和激发态间的能级差愈小时,这种"沾污"就越大,g 值就越偏离 g_e 值。

对于在外磁场下的顺磁性离子,考虑到自旋-轨道偶合后,根据式(3.6.7)和式(2.4.77),可以将 Hamilton 算符写为

$$\hat{H} = \beta H \cdot (\hat{L} + g_e \hat{S}) + \lambda \hat{L} \cdot \hat{S} \tag{3.6.13}$$

假定基态为非简并轨道,并采用 2.2 节中 $|LM_L SM_S\rangle$ 之类的波函数(简记为 $|G, M_S\rangle$),因而更具体的有对角矩阵元 $\langle LM_L, SM_S | \hat{L}_i | LM_L, SM_S \rangle$ 和 $\langle LM_L SM_S | \hat{S}_i | LM_L SM_S \rangle$ $(i = x, y)$ 等都应为零。则根据微扰理论(附录Ⅳ)在一级近似下的能量为对角元:

$$E_n^{(1)} = \langle G, M_S | g_e \beta H \hat{S}_z | G, M_S \rangle$$
$$+ \langle G, M_S | (\beta H_z + \lambda \hat{S}_z) \hat{L}_z | G, M_S \rangle \tag{3.6.14}$$

其中,第一项为纯自旋的电子 Zeeman 能。由于轨道非简并态的轨道角动量为零,即 $\langle G | \hat{L}_z | G \rangle = 0$,因此第二项按自旋和轨道展开后为

$$\langle M_S | \beta H_z + \lambda \hat{S}_z | M_S \rangle \langle G | \hat{L}_z | G \rangle = 0$$

从而得到

$$E_n^{(1)} = \langle G\ M_S | g_e \beta H \hat{S}_z | G\ M_S \rangle = g_e \beta H M_S \tag{3.6.15}$$

按微扰理论,Hamilton 矩阵元的二级校正为

$$(\hat{H})_{M_S, M'_S} = -\sum_n{}' \frac{|\langle G\ M_S | (\beta H + \lambda \hat{S}) \cdot L + g_e \beta H \cdot \hat{S} | n\ M'_S \rangle|^2}{E_n^{(0)} - E_G^{(0)}}$$
$$\tag{3.6.16}$$

其中,$\sum'$ 为对除基态外的所有激发态 n' 求和。由于正交性条件 $\langle G | n \rangle = 0$,因而

$$\langle G\ M_S | g_e \beta H \cdot \hat{S} | n\ M'_S \rangle = g_e \beta H M'_S \delta_{M_S, M'_S} \langle G | n \rangle = 0 \tag{3.6.17}$$

展开式(3.6.16)后得到

$$(\hat{H})_{M_S, M'_S} = -\sum_n{}' \{ [\langle M_S | (\beta H + \lambda \hat{S}) | M'_S \rangle \langle G | \hat{L} | n \rangle]$$
$$\cdot [\langle n | \hat{L} | G \rangle \langle M'_S | (\beta H + \lambda \hat{S}) | M_S \rangle] / (E_n^{(0)} - E_G^{(0)}) \} \tag{3.6.18}$$

提出其中一个因子

$$-\sum_n{}' \frac{\langle G | \mathbf{L} | n \rangle \langle n | \hat{L} | G \rangle}{E_n^{(0)} - E_G^{(0)}} = \begin{bmatrix} \Lambda_{xx} & \Lambda_{xy} & \Lambda_{xz} \\ \Lambda_{xy} & \Lambda_{yy} & \Lambda_{yz} \\ \Lambda_{xz} & \Lambda_{yz} & \Lambda_{zz} \end{bmatrix} = \boldsymbol{\Lambda} \tag{3.6.19}$$

其中用到两个向量矩阵元是以外积的形式相乘得到二级张量 $\boldsymbol{\Lambda}$,该张量的第 ij 个元素定义为

$$\Lambda_{ij} = -\sum_n{}' \frac{\langle G | \mathbf{L}_i | n \rangle \langle n | \hat{L}_j | G \rangle}{E_n^{(0)} - E_G^{(0)}} \tag{3.6.20}$$

将式(3.6.19)代入式(3.6.18),得到

$$(\hat{H})_{M_S, M'_S} = \langle M_S | \beta^2 H \cdot \boldsymbol{\Lambda} \cdot H + 2\lambda\beta H \cdot \boldsymbol{\Lambda} \cdot \hat{S} + \lambda^2 \hat{S} \cdot \boldsymbol{\Lambda} \cdot \hat{S} | M'_S \rangle \tag{3.6.21}$$

其中,第一项(不含 λ)代表与温度无关的顺磁性贡献,对这个固定的常数我们不加考虑,后面两项只与自旋变量 S 有关,将它与式(3.6.15)的 $E_n^{(1)}$ 结合后就得到自旋 Hamilton 算符:

$$\begin{aligned}\hat{H}_S &= \beta H \cdot (g_e \boldsymbol{I} + 2\lambda \boldsymbol{\Lambda}) \cdot \hat{S} + \lambda^2 \hat{S} \cdot \boldsymbol{\Lambda} \cdot \hat{S} \\ &= \beta H \cdot \boldsymbol{g} \cdot \hat{S} + \hat{S} \cdot \boldsymbol{D} \cdot S\end{aligned} \tag{3.6.22}$$

其中

$$\boldsymbol{g} = g_e \boldsymbol{I} + 2\lambda \boldsymbol{\Lambda} \tag{3.6.23}$$

$$\boldsymbol{D} = \lambda^2 \boldsymbol{\Lambda} \tag{3.6.24}$$

第一项对应于式(3.5.12c)中前两项($\boldsymbol{I}$ 为单位张量)。式(3.6.22)中 $\hat{S}$ 称为基态的表观自旋算符或有效自旋算符,它并不是体系的真正自旋 S。当体系的轨道角动量淬灭为零时,它的 g 值就还原成 $g = g_e$,任何对 g_e 的各向异性偏差都是来自与激发态轨道角动量 $\boldsymbol{\Lambda}$ 有关的贡献。由于式(3.6.24)中不包含磁场 H,故其中的参数 D 也称为零场分裂参数。若将 $\hat{S} \cdot \boldsymbol{D} \cdot \hat{S}$ 改写为

$$\begin{aligned}\hat{S} \cdot \boldsymbol{D} \cdot \hat{S} &= D_{xx}\hat{S}_x^2 + D_{yy}\hat{S}_y^2 + D_{zz}\hat{S}_z^2 \\ &= D\left[\hat{S}_z^2 - \frac{1}{3}S(S+1)\right] + E(\hat{S}_x^2 - \hat{S}_y^2) \\ &\quad + \frac{1}{3}(D_{xx} + D_{yy} + D_{zz})S(S+1)\end{aligned} \tag{3.6.25}$$

考虑到各向异性偶合二级张量矩阵元之和的平均值 $(D_{XX} + D_{YY} + D_{ZZ})/3 = 0$,则其中

$$D = D_{zz} - \frac{D_{xx} + D_{yy}}{2} \tag{3.6.26}$$

$$E = \frac{D_{xx} - D_{yy}}{2} \tag{3.6.27}$$

式(3.6.25)中最后一项为常数,它只是将基态 S 中各个组分都移动了这个常数,因而不包括在自旋 Halmilton 算符中。可见只有在 $S \geqslant 1$ 的体系中才有 $D \neq 0$ 引起的零场分裂。例如,$S = 1/2$ 则有 $(S_z)^2 - S(S+1)/3 = 0$。值得指出的是,式(3.6.8)中电子 – 电子自旋间的偶极 – 偶极作用 $\hat{H}_{SS}$ 也可以导致 $\hat{S} \cdot \boldsymbol{D} \cdot \hat{S}$ 的形式。单纯从实验上不能将这两种机理的贡献区分。

必须强调,式(3.6.22)所代表的自旋 Hamilton 算符 $\hat{H}_S$ 是和式(3.6.5)所代表的有真实物理作用的真实 Hamilton 算符 $\hat{H}$ 是等价的。自旋 Hamilton 算符具有三个特点:①它是一个只与自旋有关的算符,因而在建立能量矩阵时只用到简单的自旋函数。②它精确地反映了问题的对称性,只需用最少的参数来反映体系中相互作用,而在用真实 Hamilton 算符时要用很多参数。③它可以处理各种类型的参数。例如,在考虑到式(3.6.9)的超精细相互作用和式(3.6.7)最后一项的核 Zeeman 效应后,更完整的自旋 Hamilton 算符就可以写为

$$\hat{H}_S = \beta H \cdot g \cdot S + S \cdot D \cdot \hat{S} + \hat{S} \cdot A \cdot I - g_N \beta_N H \cdot \hat{I} \quad (3.6.28)$$

对于 $S > 1$ 体系的自旋 Hamilton 算符还将包含 $\hat{S}^3$ 等项次,情况将更为复杂。

在化学研究中通常应用较多的是式(3.6.28)中的第一项的 Zeeman 效应和第三项的电子自旋 S 和核自旋 I 的自旋-自旋偶合作用。第三项的作用会使在外磁场 H 所引起的能级分裂基础上引起进一步的所谓"超精细分裂",式中 A 就称为超精细常数。当一个未成对电子和核自旋量子数为 I 的相互作用后可以得到 $(2I+1)$ 条间距和强度都相等的谱线。更一般的情况类似于核磁共振谱讨论中式(3.5.10)的推导,当电子自旋和 n 个自旋 I_i 相同的等价核相互作用时分裂出的谱线为 $(2nI_i+1)$ 条;当同时和 n_1 个核自旋为 I_1 的等价核、n_2 个自旋为 I_2 的等价核、……、n_r 个核自旋为 I_r 的等价核相互作用时,分裂出的谱线数目为

$$N = (2n_1 I_1 + 1)(2n_2 I_2 + 1) \cdots (2n_r I_r + 1) \quad (3.5.10)$$

作为一个特例,当一个未成对电子和 n 个等价的质子 $\left(I = \dfrac{1}{2}\right)$ 相互作用时,应观察到 $n+1$ 条谱线,而且谱线的相对强度符合二项式系数规律[参见式(3.5.11)]。

按照量子力学的选择规律 $\Delta M_S = \pm 1$ 和 $\Delta M_I = 0$,就可以观察到 n 条谱线。

如前所述,实际上当分子或离子中含有一个以上未成对电子的 $S \geq 0$ 体系时,电子之间的强偶极-偶极相互作用、自旋-轨道偶合作用和静电交换作用等都会使自旋能级在没有外加磁场 $(H=0)$ 时产生式(3.6.28)第二项,所谓的零场分裂 (D)。例如,对于含有两个未成对电子的 $d^2(S=1)$ 离子 Cu^{3+} [参考图3.52(c)],当存在零场分裂时,三种 M_S 状态分裂成 0 和 ± 1 两种能级,在外加磁场下就根据 $\Delta M_S = \pm 1$ 的选择规律,可以观察到 $0 \to 1$ 和 $-1 \to 0$ 跃迁而引起的这两种 ESR 峰。

这两种由电子之间的偶极相互作用引起的两个峰间距很大,特称这种峰为"精细结构"。但对于不存在零场分裂的 $S=1$ 离子,而只能观察到一个 ESR 峰。零场分裂的情况还可以由量子力学的 Kramer 简并原理加以说明:当体系含有奇数个未成对电子时,各个能级的自旋简并度保持二重简并,因为它只有在外加磁场 H 下才会分裂,这就保证了 ESR 谱的出现。对于含有偶数个未成对的体系,则可能使简并度完全消除。

3.6.2 自旋 Hamilton 参数的计算

我们将结合两个实例讨论如何将理论和实验相结合以推求自旋 Hamilton 参数,从而了解配位化合物的电子结构。

1. 配位场理论处理

图 3.52(a)、(b)为渗入在 Al_2O_3 晶体中 $Cu^{3+}(d^8)$ 离子的 ESR 谱[74]。下面讨论如何将实验结果和电子能级[图 3.52(c)、(d)]相关联。d^8 离子的基态谱项为 ^3F。按配位场的弱场处理,它在八面体场 V_{O_h} 中会分裂为 $^3A_{2g}$、$^3T_{2g}$ 和 $^3T_{1g}$ 能级(图 3.53)。参考表 2.13,前两个较低能级所对应的波函数分别为下列 $|L\,M_S\rangle$ 的组合

$$E(A_{2g}) = -\frac{6}{5}\Delta, \qquad \psi_1 = \frac{1}{\sqrt{2}}(|3\ 2\rangle - |3\ -2\rangle) = |a\rangle \qquad (3.6.29)$$

$$E(T_{2g}) = -\frac{1}{5}\Delta, \qquad \psi_2 = \frac{1}{\sqrt{2}}(|3\ 2\rangle + |3\ -2\rangle) = |t''_0\rangle \qquad (3.6.30a)$$

$$\psi_3 = \sqrt{\frac{5}{8}}|3\ 1\rangle - \sqrt{\frac{3}{8}}|3\ -3\rangle = |t''_1\rangle \qquad (3.6.30b)$$

$$\psi_4 = \sqrt{\frac{5}{8}}|3\ -1\rangle - \sqrt{\frac{3}{8}}|3\ 3\rangle = |t''_{-1}\rangle \qquad (3.6.30c)$$

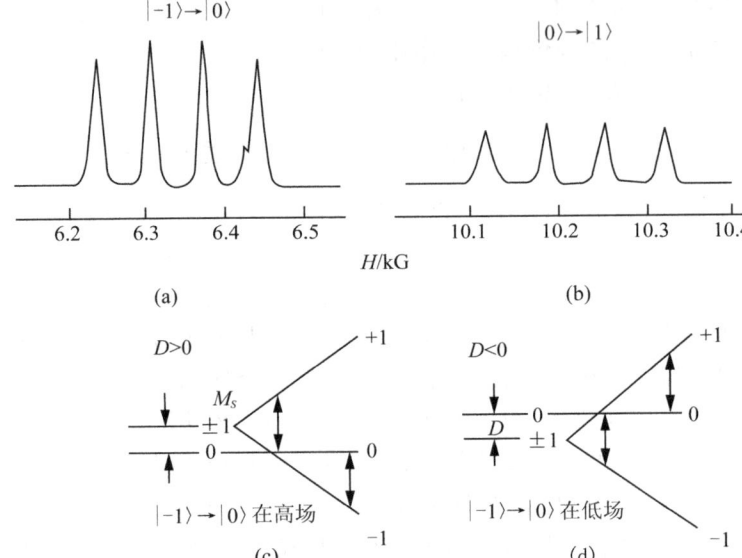

图 3.52 Cu^{3+} 在 Al_2O_3 晶体中的 ESR 谱 (1.8K, υ = 24GHz, 磁场 H 平行于三方轴)
(a) $|-1\rangle \rightarrow |0\rangle$ 的跃迁; (b) $|0\rangle \rightarrow |1\rangle$ 的跃迁;
(c) $D > 0$ 的能级分裂; (d) $D < 0$ 的能级分裂

若在 z 轴方向再加上四方畸变,单重态的 A_{2g} 能级不会分裂,但三重态的 T_{2g} 和 T_{1g} 能级会进一步分裂。分裂后的间距为 $\delta \ll \Delta_{/\!/}$ 或 $\Delta_\perp$ (图 3.53),这时基态为轨道非简并,可以利用式 (3.6.20) 计算 Λ 张量。对于 Λ_{zz},只有 T_{2g} 中的激发态 $|t''_0\rangle$ 有贡献,即

$$\Lambda_{zz} = -\frac{\left[\frac{1}{\sqrt{2}}(\langle 32| - \langle 3-2|)L_z \frac{1}{\sqrt{2}}(|3\ 2\rangle + |3\ -2\rangle)\right]^2}{\Delta_{/\!/}} = -\frac{4}{\Delta_{/\!/}}$$

(3.6.31)

因而由式 (3.6.23) 可求得

$$g_{zz} = g_e + 2\lambda\Lambda_{zz} = g_e - \frac{8\lambda}{\Delta_{/\!/}} \qquad (3.6.32)$$

由于该配位化合物为轴对称，$\Lambda_{xx} = \Lambda_{yy}$，$L_x$ 只可以偶合 T_{2g} 中的 $|t''_1\rangle$ 和 $|t''_{-1}\rangle$。按式(3.6.32)处理，得到

$$\Lambda_{xx} = \frac{[\langle a|L_x|t''_{-1}\rangle]^2}{\Delta_\perp} = \frac{[\langle a|L_x|t''_1\rangle]^2}{\Delta_\perp} = -\frac{4}{\Delta_\perp} \quad (3.6.33)$$

从而求得

$$g_{xx} = g_\perp = g_e - \frac{8\lambda}{\Delta_\perp} \quad (3.6.34)$$

由此可见，当 $\delta \ll \Delta_\perp$ 或 $\Delta_\parallel$ 时，g 仍近似为各向同性。因此，对于 d 壳层大于半充满的 $Cu^{3+}(d^8)$ 时，λ 为负值，故 $g > g_e$；反之，对于 d 壳层小于半充满时，λ 为正值，故 $g < g_e$。由于 $S = 1$，三重自旋简并会受到自旋-轨道偶合作用所引起的零场分裂。按式(3.6.26)，在轴对称条件下可求出零场分裂参数：

$$D = D_{zz} - D_{xx} = \lambda^2(\Lambda_{zz} - \Lambda_{xx}) = 4\lambda^2\left(\frac{1}{\Delta_\parallel} - \frac{1}{\Delta_\perp}\right)$$

$$= -4\lambda^2\left(\frac{\Delta_\perp - \Delta_\parallel}{\Delta_\perp \Delta_\parallel}\right) \approx \frac{4\lambda^2 \delta}{\Delta^2} \quad (3.6.35)$$

$$E = \frac{D_{xx} - D_{yy}}{2} = 0 \quad (3.6.36)$$

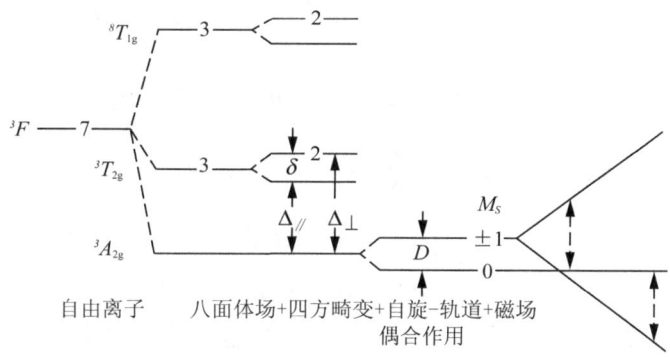

图 3.53 d^8 离子在四方畸变八面体场中的能级分裂

由式(3.6.35)可见，在纯八面体场中由于 $\delta = 0$，所以 $3d^8$ 离子不存在零场分裂。共振谱中的四个主要峰是由于 Cu^{3+} 核的 $I = \frac{3}{2}$ 所引起的 $(2I+1)$ 精细分裂。

由此说明了图 3.52 中的结果，零场分裂引起 ^{63}Cu 和 ^{65}Cu 两组四重线的超精细结构。由于这两种铜同位素的 I 都等于 $\frac{3}{2}$，核磁矩(2.226 核磁子和 2.386 核磁子)又很相近，因此它们的超精细结构重叠得难以分辨。在图示的超低温实验条件下，电子大部分集居在 $|-1\rangle$ 态上，因此 $|-1\rangle \to |0\rangle$ 跃迁强度应比 $|0\rangle \to |1\rangle$ 的强。由强的 $|-1\rangle \to |0\rangle$ 跃迁出现在低场的实验事实，也说明了零场时 $\to |1\rangle$ 态高于 $|\pm 1\rangle$ 态(即 D 为负值)。对于该体系，实验测得式(3.6.28)的二组同位素参数分别为

$$g_{//} = 2.0788 \qquad g_{\perp} = 2.0772$$
$$D = -0.1884 \text{cm}^{-1} \qquad \Delta(^3T_2) = 21,000 \text{cm}^{-1}$$
$$^{63}A_{//} = -0.00644 \text{cm}^{-1} \qquad ^{63}A_{\perp} = -0.00601 \text{cm}^{-1} \qquad (3.6.37)$$
$$^{65}A_{//} = -0.00689 \text{cm}^{-1} \qquad ^{65}A_{\perp} = -0.00644 \text{cm}^{-1}$$

2. 分子轨道理论处理

再以一个四方平面的(D_{4h})铜(Ⅱ)配位化合物为例,其单电子轨道如图 3.54 所示[75]。参考表 2.18,并注意到表 2.15 中 O_h 到 D_{4h} 群不可约表示的降阶关系,可得到按对称性组合后的分子轨道:

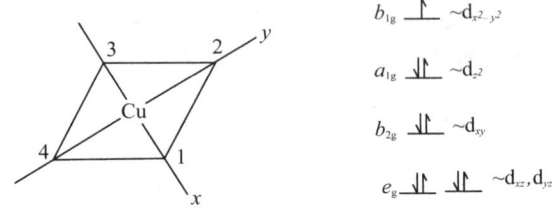

图 3.54　D_{4h}Cu(Ⅱ)配位化合物的分子轨道能级示意图

$$\psi(b_{1g}) = \alpha d_{x^2-y^2} - \frac{\alpha'}{2}(-\sigma_x^{(1)} + \sigma_y^{(2)} + \sigma_x^{(3)} - \sigma_y^{(4)}) \qquad (3.6.38a)$$

$$\psi(b_{2g}) = \beta_1 d_{xy} - \frac{\beta'_r}{2}(p_y^{(1)} + p_y^{(2)} - p_y^{(3)} - p_x^{(4)}) \qquad (3.6.38b)$$

$$\psi(a_{1g}) = \alpha_1 d_{z^2} - \frac{\alpha'_1}{2}(\sigma_x^{(1)} + \sigma_y^{(2)} - \sigma_x^{(3)} - \sigma_y^{(4)}) \qquad (3.6.38c)$$

$$\psi(e_g) = \begin{cases} \beta d_{xz} - \beta'/\sqrt{2}\,(p_z^{(1)} - p_z^{(3)}) \\ \beta d_{yz} - \beta'/\sqrt{2}\,(p_z^{(2)} - p_z^{(4)}) \end{cases} \qquad (3.6.38d)$$

其中,$\sigma^{(i)}$ 为第 i 个配位体原子上 p 和 s 轨道线性组合的杂化轨道

$$\sigma^{(i)} = np^{(i)} \mp (1 - n^2)^{\frac{1}{2}} s^{(i)} \qquad (3.6.39)$$

式中,正号用于 x 和 y 轴上的配位体原子。由式(3.6.5),此配位化合物的真实 Hamilton 算符为

$$\hat{H} = \lambda \boldsymbol{L} \cdot \hat{\boldsymbol{S}} + \beta e \hat{\boldsymbol{H}} \cdot (\boldsymbol{L} + 2.0023\hat{\boldsymbol{S}})$$
$$+ 2\gamma \beta e \beta_N \left[\frac{(\boldsymbol{L} - \hat{\boldsymbol{S}}) \cdot \hat{\boldsymbol{I}}}{r^3} + \frac{3(\boldsymbol{r} \cdot \hat{\boldsymbol{S}})(\boldsymbol{r} \cdot \hat{\boldsymbol{I}})}{r^5} \right]$$
$$- \left(\frac{3\pi}{8}\right) \delta(r) \hat{\boldsymbol{S}} \cdot \hat{\boldsymbol{I}} \right] \qquad (3.6.40)$$

它们分别对应于自旋-轨道偶合、Zeeman 效应和超精细分裂。根据上述 Hamilton 算符,并按式(3.6.38)所示的分子轨道用等价算符法也可以导出下列形式的自旋 Hamilton 算符:

$$\hat{H} = \beta e [g_{//} \hat{H}_z \hat{S}_z + g_{\perp} (\hat{H}_x \hat{S}_x + \hat{H}_y \hat{S}_y)]$$

$$+ A\hat{I}_z\hat{S}_z + B(\hat{I}_x\hat{S}_x + \hat{I}_y\hat{S}_y) \tag{3.6.41}$$

并且可以得到下面四个方程,来联系自旋 Hamilton 参数和真实 Hamilton 矩阵

$$g_{/\!/} = 2.0023 - 8\rho\left[\alpha\beta_1 - \alpha'\beta_1 S - \alpha'(1-\beta_1^2)^{\frac{1}{2}}\frac{T(n)}{2}\right] \tag{3.6.42}$$

$$g_\perp = 2.0023 - 2\mu\left[\alpha\beta - \alpha'\beta S - \alpha'(1-\beta^2)^{\frac{1}{2}}\frac{T(n)}{2}\right] \tag{3.6.43}$$

$$A = P\left[-\alpha^2\left(\frac{4}{7} + K + g_{/\!/}^{-2}\right) + \frac{3}{7}(g_\perp - 2)\right.$$
$$- 8\rho\left\{\alpha'\beta S + \alpha'(1-\beta_1^2)^{\frac{1}{2}}\frac{T(n)}{2}\right\}$$
$$\left. - \frac{6}{7}\mu\left\{\alpha'\beta S + \alpha'(1-\beta^2)^{\frac{1}{2}}\frac{T(n)}{\sqrt{2}}\right\}\right] \tag{3.6.44}$$

$$B = P\left[\alpha^2\left(\frac{2}{7} - K\right) + \frac{11}{14}(g_\perp - 2)\right.$$
$$\left. - \frac{22}{44}\mu\left[\alpha'\beta S + \alpha'(1-\beta^2)^{\frac{1}{2}}\frac{T(n)}{\sqrt{2}}\right]\right] \tag{3.6.45}$$

式(3.6.45)中 S 为重叠积分

$$S = \frac{1}{2}\langle d_{x^2-y^2} | -\sigma_x^{(1)} + \sigma_y^{(2)} + \sigma_z^{(3)} - \sigma_y^{(4)}\rangle \tag{3.6.46}$$

自旋-轨道相互作用参数 ρ 和 μ 为

$$\rho = \frac{\lambda_0\alpha_1\beta_1}{\Delta E_{xy}} \tag{3.6.47}$$

$$\mu = \frac{\lambda_0\alpha\beta}{\Delta E_{xz}} \tag{3.6.48}$$

其中,λ_0 为自由离子的自旋-轨道偶合常数,分母为相对于 $E_{(x^2-y^2)}$ 的能级差

$$\Delta E_{xy} = E_{(xy)} - E_{(x^2-y^2)} \tag{3.6.49}$$

$$\Delta E_{xz} = E_{(xz)} - E_{(x^2-y^2)} \tag{3.6.50}$$

超精细相互作用参数中的 $T(n)$ 为径向积分,P 为电子在 $d_{x^2-y^2}$ 轨道中 $\frac{1}{r^3}$ 的权重期望值,K 为 Fermi 接触项;而

$$T(n) = n - \sqrt{3}(1-n^2)^{\frac{1}{2}}R\int_0^\infty r^2 R_{21}(r)\frac{d}{dr}[R_{20}(r)]dr \tag{3.6.51}$$

$$P = 2\beta_e\beta_N\langle d_{x^2-y^2}\left|\frac{1}{r^3}\right|d_{x^2-y^2}\rangle \tag{3.6.52}$$

其中,R 为 Cu-配位体原子的距离,$R_{21}(r)$ 为配位体原子的 2p 径向函数,$R_{20}(r)$ 为配位体的 2s 径向函数,$\frac{n^2}{1-n^2}$ 为杂化轨道中 2p 对 2s 成分的比例。

$$K = -\left(\frac{32\pi\mu\mu_N}{3p}\right)\langle d_{x^2-y^2}\left|\sum_k \delta(r_{ik})S_{zk}\right|d_{x^2-y^2}\rangle \tag{3.6.53}$$

由此可见,利用自旋 Hamilton 算符只要求 $g_\parallel$、$g_\perp$、A 和 B 四个参数,而真实 Hamilton 算符则需 S、α、α'、β、β'、β_1、β'_1、α_1、α'_1、ρ、μ、p、$T(n)$ 和 K 等多个参数,因此自旋 Hamilton 算符是一个很有用的工具,但只有通过真实 Hamilton 算符才可以了解各种相互作用的物理意义。

3.6.3 配位化合物的 ESR 谱特征

本节主要讨论影响实验 ESR 谱的谱线型状和其他谱线表观分裂特征的内因和外因。

首先讨论弛豫时间和线型的关系。前面我们讨论的前提是由不同自旋的稳定能级间的跃迁产生的明锐 ESR 谱,但真实的谱线常具有从 0.1G 到几百高斯的宽度,甚至有些顺磁性配位化合物还观察不到 ESR 谱,如同 3.5 节所述,这是由于每个分子都和它的环境存在各种相互作用,从而导致能级变宽所引起的。严格地说,这个问题涉及求解与时间有关并包含复杂电磁场相互作用的方程。因此谱线的变宽涉及两方面的原因。

1. 纵向弛豫

由于未成对电子并非固定于某一个特定的自旋态,而会和晶格(即环境,严格地说,和固体中的声子或振动模式)相互作用而交换能量 δE,使得体系在某种自旋态上只有一定的寿命 δt,根据量子力学的测不准关系

$$\delta E \cdot \delta t \sim \frac{h}{2\pi} \text{ 或 } \delta H \cdot \delta t \sim \frac{h}{2\pi g\beta} \quad (3.6.54)$$

实验扫描磁场 H 也就具有一定的宽度 H。不难设想,如果所有的电子都被从 $-\frac{1}{2}$ 自旋基态激发到 $\frac{1}{2}$ 自旋态后(图 3.51)而不发生跃迁,从而不释放出 Zeeman 能到"晶格"环境中,则最终将达到饱和而使 ESR 谱消失,这当然是不可能的。通常用一个特征时间 T_1 来表征这种"自旋-晶格弛豫"的快慢,T_1 称为纵向弛豫时间。实验温度越低,则自旋-晶格作用越弱,T_1 越大,而谱线越狭窄。离子中电子的激发态只比基态高几百 cm^{-1} 时,T_1 往往很短,必须在液氦温度下才能观察到 ESR 谱。

2. 横向弛豫

未成对电子本身可以看做小磁体,它既会和样品中其他分子的无规则热运动所产生的涨落"局部磁场"相互作用,例如,和邻近电子的核自旋磁矩的涨落"局部磁场"相互作用,也可以和其他顺磁离子或磁性核之间产生随空间因素 $\frac{1}{r^3}(1-3\cos^2\theta)$ [对应于式(3.5.45b) 中的 T_{xx}] 而变化的偶极-偶极相互作用(3.5 节)。这种局部磁场所引起的弛豫效应常用横向弛豫时间 T_2 来表示。为了增大 T_2 而降低谱线的宽度,对于晶体,可以用同晶稀释法;对于溶液,可以用反磁性溶剂稀释法,以达到增加离子间距离 r 的目的;对于粉末样品,相对于单晶,各向异性的 g

因子,超精细作用和零场分裂都会导致谱线变宽。

根据式(3.6.54),我们可以由 ESR 实验得到的谱线宽度 ΔH 通过式(3.6.55)来定义弛豫时间 T:

$$\Delta H = \frac{h}{2\pi g\beta}\left(\frac{1}{T}\right) \quad (3.6.55)$$

可以证明,与谱线宽度有关的值 $\frac{1}{T}$ 既与 α 和 β 自旋态的寿命有关,也依赖于这两个态间能级差的涨落。理论证明,可以将 $\frac{1}{T}$ 写为上述两种变宽之和:

$$\frac{1}{T} = \frac{1}{2T_1} + \frac{1}{T_2} \quad (3.6.56)$$

对于过渡金属配位化合物,一般自旋-轨道偶合较强[λ 大,式(3.5.48)],T_1 较短,谱线也就较宽,甚至弥散到观察不到的 ESR 谱。

在研究弛豫作用时分子的运动具有适当的时间标度,比起磁共振频率(一般电子共振为 10^{10}Hz,核共振为 10^7Hz),快的电子运动和分子振动对弛豫影响不大。相对于磁共振时间标度,慢的分子转动和扩散运动是液体中弛豫作用的重要原因。当邻近未成对电子间的交换作用远远大于 kT 时,体系表现出铁磁性或反铁磁性效应(5.3 节);当未成对电子间交换作用小于 kT 时,则交换作用主要影响 ESR 谱的线型;但当电子交换很快,以至离域到可以看做晶体中所有位置的平均值时,从而得到一条交换变窄的窄谱线。

顺磁性配位化合物出现 ESR 谱的难易,是难以预言的。d^1 和 d^9 只有一个电子,没有零场分裂,只要把溶液稀释到分子间不存在相互作用(T_2 大)时,则易于观察到 ESR 谱。一般来说,当未成对电子的角动量并不大,或基态是轨道非简并时,自旋-晶格作用较小,T_1 较长,线宽较窄,稀溶液中的自由基(无轨道贡献)线宽可以小到 0.1G。高自旋的 d^5(半满 $L=0$) Fe(Ⅲ)和 Mn(Ⅱ)配位化合物$\left(S=\frac{5}{2}\right)$甚至

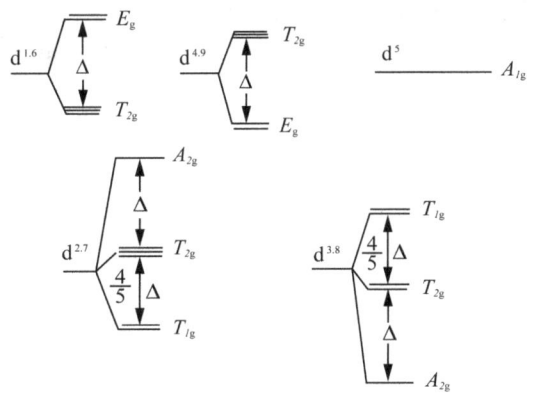

图 3.55 八面体场中 d^n 组态的能级

在室温下也可以观察到它的 ESR 谱,因为它们的基态 $^6A_{1g}$ 为轨道非简并的,而且它和激发态间的自旋-轨道偶合也很小,其 $g_{平均} = 2.0$。在八面体场中 d^3、d^5 和 d^8 的电子基态为非简并的,激发态又较高,故 T_1 长,在室温下也可以观察到谱线(图 3.55)。其他的电子组态 d^n 的基态都是简并态(附录Ⅲ),在低对称场中或由于 Jahn-Teller 效应,或由于自旋-轨道偶合而引起分裂,出现一些离基态只有几百

cm^{-1}的激发态,对这些非简并基态必须在低温下才会出现 ESR 谱。

3.6.4 不同状态的 ESR 谱

实验表明,化合物在不同物理状态时具有显然不同的 ESR 谱。下面我们将分别加以讨论。

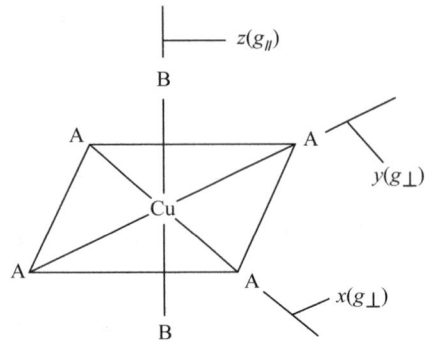

图 3.56 Cu(Ⅱ)A_4B_2 型配位化合物

1. 单晶样品

以一个具有 D_{4h} 对称性的 Cu(Ⅱ)配位化合物为例(图 3.56),假定晶体中各配位化合物都具有相同取向,用测角头将单晶作出图 3.57 所示取向并绕对角的 AA 配位体转动,以磁场 H 和 B—Cu—B 的方向一致时为 $\theta = 0$,由此求得 $g_\parallel$ 值。同理,转动到 $\theta = 90°$时,可以得到 $g_\perp$ 值。当样品未稀释时,我们不考虑超精细分裂。在其他任意的角度 θ_1 和 θ_2 时,我们将得到图 3.58 所示的 ESR 谱(以更明锐的微分曲线形式表示)。其有效 g 值为

$$g_{\text{eff}}^2 = g_\parallel^2 \cos^2\theta + g_\perp^2 \sin^2\theta \tag{3.6.57}$$

一般来说,当配位化合物具有比轴对称性更低的构型时,磁矩 μ 和 S 并不一定是反平行。这时能反映这种各向异性的 Hamilton 算符不是像通常那样用标量 g 表示的,而是用下列 $\boldsymbol{g}$ 张量表示的

$$\hat{\mathbf{H}} = -\boldsymbol{\mu} \cdot \boldsymbol{H} = -(-\beta \boldsymbol{g} \cdot \hat{\boldsymbol{S}}) \cdot \boldsymbol{H} = \beta \boldsymbol{H} \cdot \boldsymbol{g} \cdot \hat{\boldsymbol{S}} \tag{3.6.58}$$

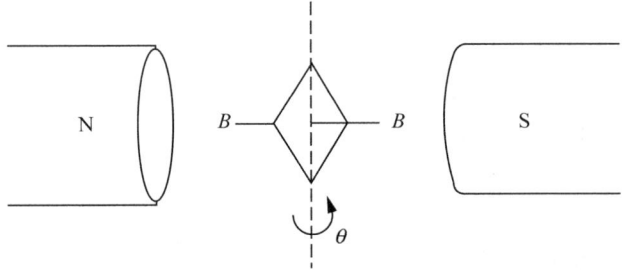

图 3.57 用一个分子取向来表示单晶的放置

如果选定任意一套固定于晶体的正交轴 (x, y, z),则式(3.6.58)可写为矩阵形式

$$\hat{\mathbf{H}} = \beta \begin{bmatrix} S_x & S_y & S_z \end{bmatrix} \begin{bmatrix} g_{xx} & g_{xy} & g_{xz} \\ g_{yx} & g_{yy} & g_{yz} \\ g_{zx} & g_{zy} & g_{zz} \end{bmatrix} \begin{bmatrix} H_x \\ H_y \\ H_z \end{bmatrix} \tag{3.6.59}$$

其中,用双重下标描述的 $\boldsymbol{g}$ 矩阵的元素 g_{yx} 表示当沿 x 轴加磁场时 y 轴方向的贡献。换一个观点来看,把式(3.6.58)中的乘积 $\boldsymbol{g} \cdot \boldsymbol{H}$ 看做一个有效磁场 $\boldsymbol{H}_{\text{eff}} =$

$g \cdot H$,或 $g \cdot H = g_{eff} \cdot H$,即伴随这个有效磁场 H_{eff} 有一个有效的 g 值 g_{eff}。我们进一步讨论有效 g 值 g_{eff} 的含义。设配位化合物中自旋角动量沿 $\hat{H}_{eff}$ 量子化的结果使得这个 $S = \frac{1}{2}$ 配位化合物的自旋能级间的差为

$$\Delta E = h\nu = \beta g_{eff} H \tag{3.6.60}$$

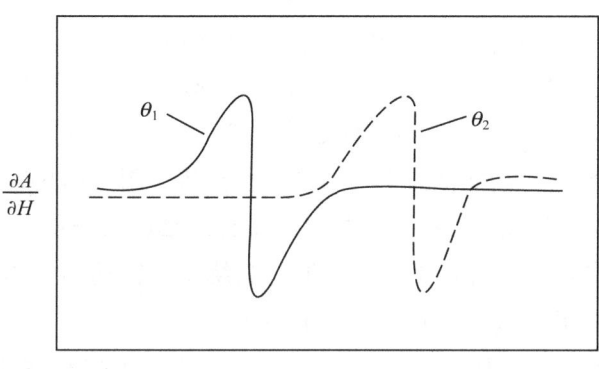

图 3.58　两种单晶取向(θ_1 和 θ_2)的微分信号

由于能级差 ΔE 是个标量,为了得到 g_{eff} 的表示式,我们取向量 $g \cdot H$ 和它本身的标量积,以得到表示 $(\Delta E)^2$ 的式子:

$$(\Delta E)^2 = \beta^2 g_{eff}^2 H^2 = \beta^2 (H \cdot g) \cdot (g \cdot H)$$
$$= \beta^2 H \cdot g^2 \cdot H \tag{3.6.61}$$

这表明 g^2 矩阵的矩阵元素为

$$g^2 = g_{ij} \cdot g_{ji} \tag{3.6.62}$$

此外,磁场强度可以写成它的分量:

$$H \to [H_x, H_y, H_z] = H[\cos\theta_{H_x} + \cos\theta_{H_y} + \cos\theta_{H_z}] \tag{3.6.63}$$

其中,$\cos\theta_{H_x}$ 为 x 轴与磁场的方向余弦,并用 l_x 来表示。因此对比式(3.6.61)左右两边可以写为

$$g_{eff}^2 = \begin{bmatrix} l_x & l_y & l_z \end{bmatrix} \begin{bmatrix} (g^2)_{xx} & (g^2)_{xy} & (g^2)_{xz} \\ (g^2)_{yx} & (g^2)_{yy} & (g^2)_{yz} \\ (g^2)_{zx} & (g^2)_{zy} & (g^2)_{zz} \end{bmatrix} \begin{bmatrix} l_x \\ l_y \\ l_z \end{bmatrix} \tag{3.6.64}$$

式(3.6.64)即为在任意安置单晶时,用分子的 g^2 矩阵表示 g_{eff} 的一般方程。如果按图 3.56 那样围绕 y 轴转动 xz 平面,其中 θ 是 H 和 z 轴的夹角,则三个方向余弦为

$$l_z = \cos\theta \qquad l_y = \cos 90° = 0$$
$$l_x = \cos(90 - \theta) = \sin\theta \tag{3.6.65}$$

因而对于 xz 平面,有

$$g_{\text{eff}}^2 = [\sin\theta\ 0\ \cos\theta] \begin{bmatrix} g_{xx}^2 & g_{xy}^2 & g_{xz}^2 \\ g_{yx}^2 & g_{yy}^2 & g_{yz}^2 \\ g_{zx}^2 & g_{zy}^2 & g_{zz}^2 \end{bmatrix} \begin{bmatrix} \sin\theta \\ 0 \\ \cos\theta \end{bmatrix} \qquad (3.6.66)$$

按矩阵乘法展开式(3.6.66),就得到和式(3.6.57)相似的

$$g_{\text{eff}}^2 = g_{xx}^2 \sin^2\theta + 2g_{xz}^2 \sin\theta\cos\theta + g_{zz}^2 \cos^2\theta \qquad (3.6.67)$$

值得注意的是,这里的 (x,y,z) 轴是按晶面任意选定的实验室坐标,它和顺磁性的分子磁轴 (X,Y,Z) 并不一致,但可以使 g^2 矩阵对角化而找出它们之间的关系。

我们将上述数学论述概括为下列具体实验步骤。制得单晶后:

(1)在发育较好的晶面选择任意的一组正交晶轴 (x,y,z)。

(2)将晶体放置得使晶轴沿 x,y,z 轴定向,绕 y 轴转动晶体作出 g_{eff}^2 和 θ 的图,按式(3.6.67)拟合出 g^2 在 (x,y,z) 轴中的三个分量。

(3)重新放置晶体于其他两个相互正交的轴,重复上述步骤就可以得到在 (x,y,z) 骨架中的所有 g^2 矩阵的元素。

(4)转动 (x,y,z) 坐标使 g^2 矩阵对角化,这实际上是一个求解本征值和本征向量的问题。由对角矩阵可以得到分子的三个 g_{xx}、g_{yy} 和 g_{zz} 的值,以及任意坐标轴 (x,y,z) 和分子顺磁性的骨架 (X,Y,Z) 之间的关系。

下面举例说明。对于 A_4B_2 四方平面型配位化合物 $Cu(but_2dsc)_2$

$$\begin{array}{c} R \\ R \end{array}\!\!>\!\!N\!\!-\!\!C\!\!\begin{array}{c} Se \\ Se \end{array}\!\!>\!\!Cu\!\!\begin{array}{c} Se \\ Se \end{array}\!\!<\!\!C\!\!-\!\!N\!\!<\!\!\begin{array}{c} R \\ R \end{array} \qquad R = 正丁基$$

将它渗入到同构的反磁性 Ni(Ⅱ)配位化合物中。这样稀释的结果使得在 ESR 中会出现电子和铜核作用的 $4(=2I+1)$ 个超精细结构峰。单晶 $Ni(but_2dsc)_2$ 具有空间群 $P2_1/c$,单胞中含有两个对称性关联的分子位置 1 和 2,它们相对于 (x,y,z) 轴有不同的取向,所以在大多数 ESR 谱中可以观察到两组不同的 ESR 信号。当使磁场平行于单斜晶轴 b 时,得到这种取向的波谱如图 3.59 所示。这时对于处于位置 1 和 2 的铜配位化合物具有近似相同的 g 值,而且 ^{63}Cu 的超精细分裂在位置 1 时为最小,在位置 2 时为最大。用这种方法在三种不同取向下转动晶体,测定了铜的 g^{Cu} 值、铜和硒的超精细结构张量 $\mathbf{A}^{Cu}$ 和 $\mathbf{A}^{Se}$(两个)、以及铜的四极矩张量 $\mathbf{P}$ 如何随角度发生变化。图 3.60 中表示了这个结果,实际模拟计算是通过计算机进行的[76],P 是由式(3.6.10)所引起的参数,一般较小,不加细述。

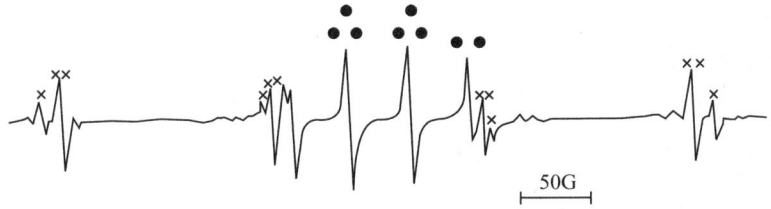

图 3.59　在 Ni(but$_2$dsc)$_2$ 单晶中 Cu(but$_2$dsc)$_2$ 的 ESR 图(Q 带,室温)

●●^{63}Cu 位置 1；　●^{65}Cu 位置 1；
××^{63}Cu 位置 2；　×^{65}Cu 位置 2

这类研究的意义在于：①这种精确的 g、A 等参数有助于了解电子的基态,并可以和分子轨道理论计算进行比较；②各种相互作用(g 和 A)的主轴并不一定相互平行,而且它们也不沿 Cu—Se 键轴方向,因此这些参数和金属 - 配位体键并无简单关系(高对称性时配位化合物例外)。

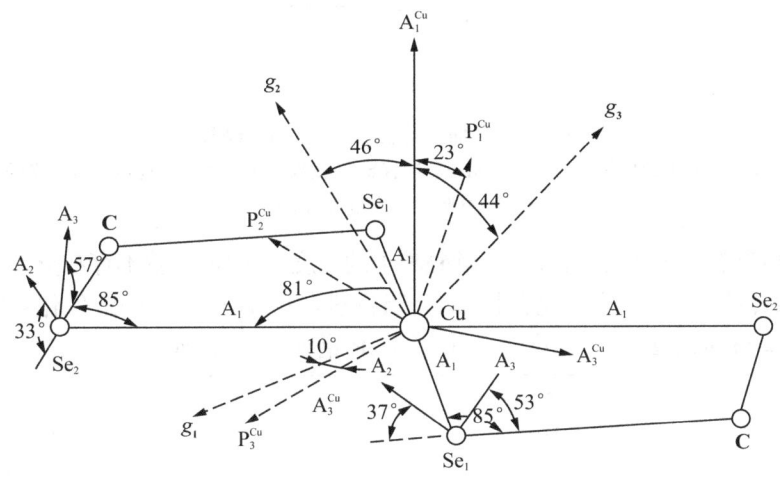

图 3.60　Cu(but$_2$dsc)$_2$ 中不同张量的取向

每个张量具有三个相互正交的组分

2. 非单晶样品

可分几种情况进行讨论。

粉末或微晶样品：仍以 Cu^{II}A$_4$B$_2$ 配位化合物所得的图 3.61 为例。对于这个此 $S = \frac{1}{2}$ 的轴对称体系,其粉末样品中分子沿外场取向统计地分布。显然,图 3.61(a)表明样品中磁轴(z 轴)沿场方向取向的分子数目(有 $g_\parallel$ 值)少于沿垂直于场方向取向的分子数目(有 $g_\perp$ 值),这就说明 $g_\perp$ 的峰强比 $g_\parallel$ 的大。忽略电子和核间的相互作用引起的超精细结构,因 ESR 谱的峰形具有 Lorentz 分布,则 ESR 谱具有图 3.61(b)所示的强度分布。微分后得到图 3.61(c)所示的实验 ESR 曲线。对更一般的情况,通过计算机模拟峰形可以求出 g、A 和零场分裂 D 等参数[77]。

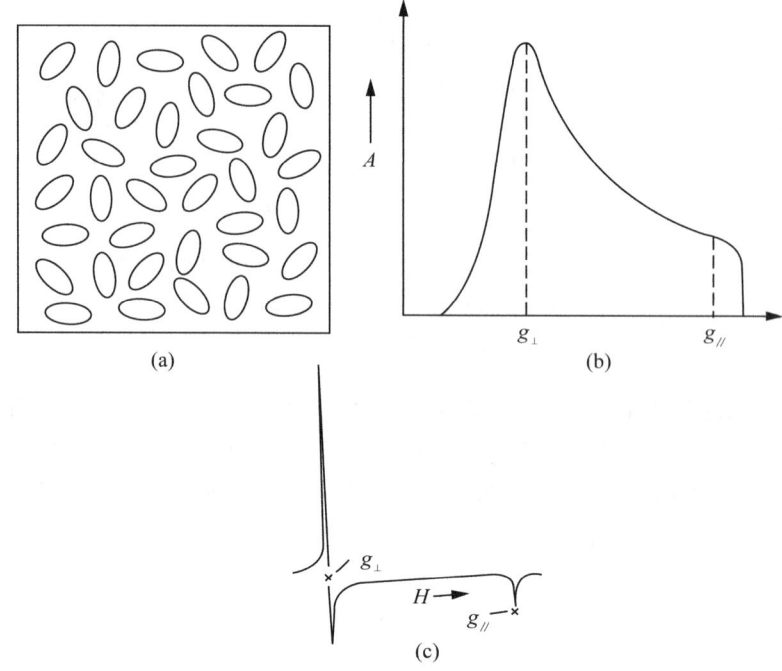

图 3.61　具有轴对称性粉末样品的 ESR 谱
(a)粉末样品中配位化合物分子的无规取向；(b)微波吸收强度 A 和磁场强度 H 的关系；
(c)微分吸收曲线形式的 ESR

冻结玻璃态或稀释固体样品：当顺磁离子的浓度不太高时,就不存在分子间的相互作用。例如,对于平面型配位化合物(**23**),当将粉末状 M = VO^{2+} 的配位化合物渗入反磁性的 M = Ni(Ⅱ) 的配位化合物中,测得的 ESR 谱如图 3.62 所示。

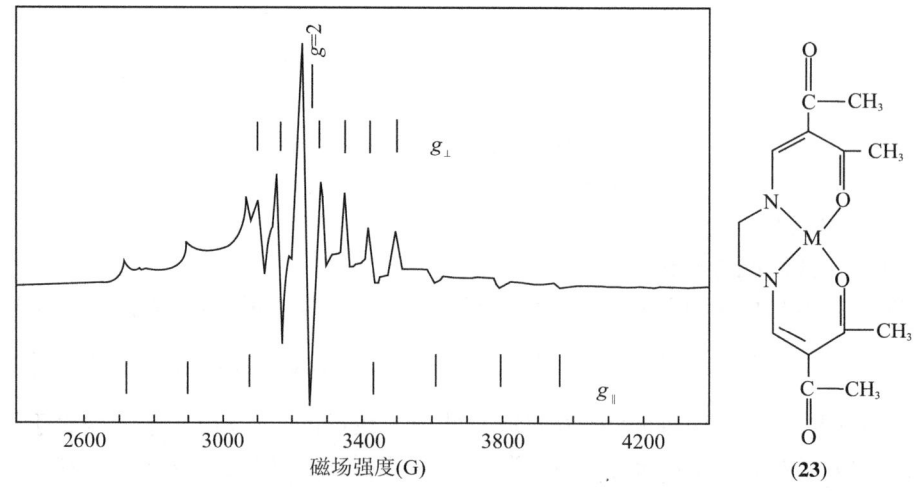

图 3.62　以 1% 的 M = VO^{2+} 的(**23**)注入 M = Ni(Ⅱ) 的
主体配位化合物粉末样品的 ESR(液氮温度,X 带)

这时也出现八重的钒 $I=7/2$。$g_\parallel=1.947$ 和 $g_\perp=1.973$ 信号,其超精细分别为 $A_\parallel^V=154\times10^{-4}\mathrm{cm}^{-1}$ 和 $A_\perp^V=51\times10^{-4}\mathrm{cm}^{-1}$。由于 VO^{2+} 配位化合物中金属-配位体键共价性不强,所以没有出现配位体中 N 的超精细分裂。

3. 溶液样品

在溶液中顺磁性分子以比 ESR 时间标度更快的速度翻转($>10^8$Hz),使得它相对于磁场的取向不断变化,这时只呈现出一个平均 g_{ave} 和 A_{ave} 的信号

$$g_{\mathrm{ave}} = \left(\frac{g_{xx}^2 + g_{yy}^2 + g_{zz}^2}{3}\right)^{\frac{1}{2}} \tag{3.6.68}$$

$$A_{\mathrm{ave}} = \left(\frac{A_{xx}^2 + A_{yy}^2 + A_{zz}^2}{3}\right)^{\frac{1}{2}} \tag{3.6.69}$$

例如,对于在溶液中的 $M=VO^{2+}$ 的配位化合物(XXIII),就只会出现一组由 $I=7/2$ 的核所引起的八重峰。实际上随着溶剂黏度的升高,配位化合物翻转不够快,则会使谱线变宽。对于轴向对称性,则取

$$g_{\mathrm{ave}} = \frac{2}{3}g_\parallel + \frac{1}{3}g_\perp \tag{3.6.70}$$

$$A_{\mathrm{ave}} = \frac{2}{3}A_\parallel + \frac{1}{3}A_\perp \tag{3.6.71}$$

式(3.6.69)和式(3.6.71)只有当 A 用频率作单位时才成立,因为当 A 用 G(高斯)作单位时,它还与 g 值有关

$$A(\mathrm{cm}^{-1}) = 4.668\,567\times10^{-5}gA(\mathrm{G}) \tag{3.6.72}$$

一般说来,当 $S\geq 1$ 时,自旋 Hamilton 算符中 D 和 E 组分对谱线变宽起主要作用,这时在溶液中一般观察不到超精细分裂。当体系不存在 D 和 E 时,谱线密度只取决于各向异性和自旋转动弛豫机理、电场涨落、电子交换、偶极作用、配体交换作用。

3.6.5　ESR 分析示例

分析过渡金属配位化合物的 ESR 谱可以了解配位化合物的结构[18]。

1. 配位化合物电子状态的研究

例如,对于 d^7 组态的低自旋 Co(II) 配位化合物 $CoX(L-L)_2$,其中 L-L 为双齿配位体,它可能具有图 3.63 所示的两种构型。低自旋的 Co(II) 只有一个未成对电子,所以 $\lambda=\zeta$。按式(3.6.23),其 g 值为

$$g = 2.0023(\delta_{ij} + \zeta\Lambda_{ij}) \tag{3.6.73}$$

其中

$$\Lambda_{ij} = -\sum_{n\neq 0}{}' \frac{\langle G|L_i|n_n\rangle\langle n_n|L_j|G\rangle}{E_n^{(0)} - E_G^{(0)}} \tag{3.6.20}$$

其中,E_G 和 E_n 分别为基态和第 n 个激发态的能量。

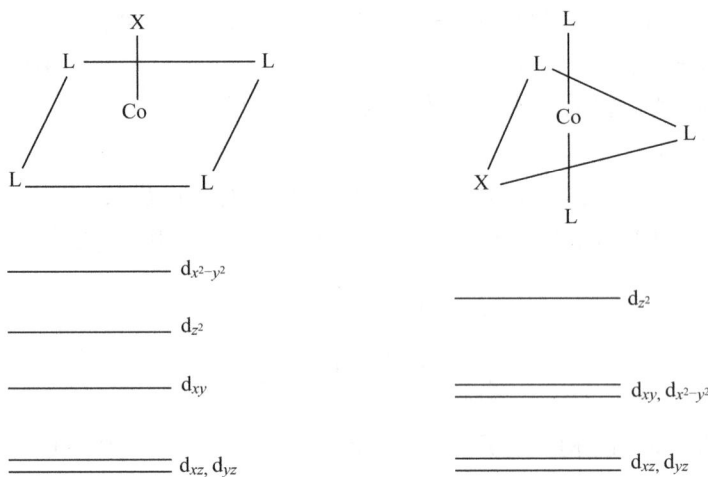

图 3.63 $CoX(L-L)_2$ 配位化合物的四方锥和三角双锥构型及其能级

利用轨道角动量算符[式(3.6.11)]L 得到下列结果：

$$L_z d_{z^2} = 0 \qquad L_x d_{z^2} = -\sqrt{3} i d_{yz} \qquad L_y d_{z^2} = \sqrt{3} i d_{xz}$$
$$L_z d_{x^2-y^2} = 2i d_{xy} \qquad L_x d_{x^2-y^2} = -i d_{yz} \qquad L_y d_{x^2-y^2} = -i d_{xz}$$
$$L_z d_{xy} = -2i d_{x^2-y^2} \qquad L_x d_{xy} = i d_{xz} \qquad L_y d_{xy} = -i d_{yz}$$
$$L_z d_{xz} = i d_{yz} \qquad L_x d_{xz} = -i d_{xy} \qquad L_y d_{xz} = -\sqrt{3} i d_{z^2} + i d_{x^2-y^2}$$
$$L_z d_{yz} = -i d_{xz} \qquad L_x d_{yz} = \sqrt{3} i d_{z^2} + i d_{x^2-y^2} \qquad L_y d_{yz} = i d_{xy}$$

$$(3.6.74)$$

在考虑到各种可能的跃迁中轨道的正交性后，对于 d_{z^2} 基态，得到

$$g_z = 2.0023 \qquad (3.6.75a)$$

$$g_x = 2.0023 - \frac{6N_{z^2}^2 N_{yz}^2 \zeta}{E(z^2 \to yz)} \qquad (3.6.75b)$$

$$g_y = 2.0023 - \frac{6N_{z^2}^2 N_{xz}^2 \zeta}{E(z^2 \to xz)} \qquad (3.6.75c)$$

对于 d_{xy} 基态，得到

$$g_x = 2.0023 - \frac{8N_{xy}^2 N_{x^2-y^2}^2 \zeta}{E(xy \to x^2-y^2)} \qquad (3.6.76a)$$

$$g_x = 2.0023 - \frac{2N_{xy}^2 N_{xz}^2 \zeta}{E(xy \to xz)} \qquad (3.6.76b)$$

$$g_y = 2.0023 - \frac{2N_{xy^2} N_{yz}^2 \zeta}{E(xy \to yz)} \qquad (3.6.76c)$$

而对于 $d_{x^2-y^2}$ 基态，得到

$$g_z = 2.0023 - \frac{8N_{xy}^2 N_{x^2-y^2}^2 \zeta}{E(x^2-y^2 \to xy)} \qquad (3.6.77a)$$

$$g_x = 2.0023 - \frac{2N_{x^2-y^2}^2 N_{yz}^2 \zeta}{E(x^2-y^2 \to yz)} \tag{3.6.77b}$$

$$g_y = 2.0023 - \frac{2N_{x^2-y^2}^2 N_{xz}^2 \zeta}{E(x^2-y^2 \to xz)} \tag{3.6.77c}$$

这些公式只有在 $E > \zeta$ 时才成立,而这正是这类化合物在室温时给出明锐 ESR 信号的情况(基态为非简并的,并且远离激发态)。N_{xy}^2 等为金属轨道 d_{xy} 在分子轨道中的系数,即

$$|G\rangle = N_{xy}(\psi_{xy} - \lambda\psi_L) \tag{3.6.78}$$

Co(Ⅱ)的 ζ 实验值为 515cm^{-1}。但在配位化合物中由于配位体把成键电子给予金属,所以 Co(Ⅱ)的形式电荷接近 Co(Ⅰ),因而选定 $\zeta = \pm 455$cm^{-1}。未成对电子跃迁到未占据轨道时取正号,而从占满轨道跃迁到早已半满的轨道时取负号(即空穴跃迁)。

金属的超精细分裂也与基态有关。表 3.22 中列出了各种可能基态的公式,其中符号含义参考 3.6.2 小节。

表 3.22 d^{7}Co(Ⅱ)低自旋配位化合物的 A 值方程

3d 基态	A_x	A_y	A_z
d$_{x^2-y^2}$	$P(-K+2/7)$	$P(-K+2/7)$	$P(-K-4/7)$
d$_{xz}$	$P(-K+2/7)$	$P(-K-4/7)$	$P(-K+2/7)$
d$_{yz}$	$P(-K-4/7)$	$P(-K+2/7)$	$P(-K+2/7)$
d$_{z^2}$	$P(-K-2/7)$	$P(-K-2/7)$	$P(-K+4/7)$
d$_{xy}$	$P(-K+2/7)$	$P(-K+2/7)$	$P(-K-4/7)$

利用上述 g 值和 A 值判据可以决定配位化合物的基态。例如,对于 P(OC$_6$H$_5$)$_3$Co[(C$_6$H$_5$)$_2$C$_3$S$_2$]$_2$,实验上得到它的 ESR 参数如下:

$$\begin{aligned} &g_x = 2.019 \quad & A_x^{Co} = 56.4\text{G} \\ &g_y = 1.980 \quad & A_y^{Co} = 7.7\text{G} \\ &g_z = 2.006 \quad & A_z^{Co} \approx 0\text{G} \\ &A_{\parallel}^P = 10.4\text{G} \quad & A_{\perp}^P = 6.6\text{G} \end{aligned} \tag{3.6.79}$$

决定基态的过程就在于将这些实验值代入式(3.6.75)~式(3.6.77)及表 3.22,分

析哪一组基态的方程得出的共价性参数 N、能级分裂 ΔE、自旋-轨道偶合参数 ζ、Fermi 接触项 K，以及直接偶极项结果符合化学直观并与其他实验和理论预期值一致。由超精细分裂可见，钴具有共价性，而磷配位体具有较小的共价性。可以认为未成对电子处在 σ 轨道 d_{xy} 平面内的，如图 3.63 所示，估计它具有四方锥结构。

2. 同多酸盐光照还原产物的 ESR 研究

很多前过渡金属以其最高氧化态（d^0, d^1）形成多核的同聚阴离子（isopolyanions）$[M_mO_y]^{p-}$ 或杂聚阴离子（heteropoly anions）$[X_xM_mO_y]^{q-}$（$x \leqslant m$），其中 M = V(Ⅴ)、Nb(Ⅴ)、Ta(Ⅴ)、Mo(Ⅵ) 或 W(Ⅵ) 等。悬挂于氧原子密堆积八面体间隙中的金属元素 M 一般具有准八面体配位（图 3.64）。在形成多酸化合物时对 M 元素有一定的大小及电荷要求，并且有可能形成 dπ-pπ 的 M—O 键，但对于其他杂原子 X，则没有这种限制。

对于结合有醛基的同聚阴离子 $[Mo_8O_{28}(CHO)_2]^{6-}$，具有图 3.64 中所示的结构。其中最高氧化态的 Mo(Ⅵ) d^0，不具有价电子，而是由金属-氧键使之结合。每个 Mo(Ⅵ) 中心可以和键距最短的端基（双键）氧、较短的桥基（单键）氧和键距最长的中心氧[几乎没有成键，故以虚线表示，参看式(3.6.80)]配位。对于这种稳定的反磁性分子，通过光照或电解而产生顺磁性分子，从而可以用 ESR 方法进行研究。例如，我们制备了含有醛基—CHO 的同钼酸盐 $[NH_3Pr^i]_6[Mo_8O_{28}(CHO)_2] \cdot 2H_2O^{[78]}$。这是一个含有 d^0 Mo(Ⅵ) 的反磁性分子。将其单晶用 500W 高压汞灯照射后出现顺磁性信号。这时通过光反应生成了含有 d^1 Mo(Ⅴ) 的离子。式(3.6.80)表示了这种多核化合物反应的一个局部结构变化：

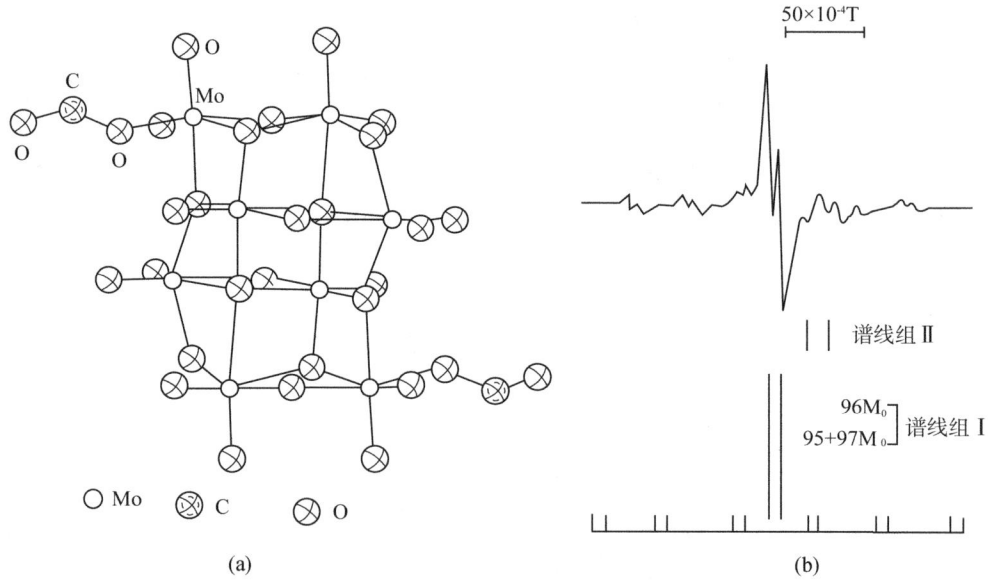

图 3.64　(a) $[Mo_8O_{28}(CHO)_2]^{6-}$ 阴离子的结构和
(b) 单晶辐照半个月后磁场沿 x 方向的 EPR 谱

$$\begin{array}{c}\text{RNH}_3^+ + \text{[MoO}_4\text{OCH]} \xrightarrow{h\nu} \text{[RNH}_2\cdots\text{HO-MoO}_3\text{OCH]} \end{array} \quad (3.6.80)$$

即一个质子由异丙胺离子 PrNH_3^+ 转移到钼酸根阴离子,从而使 Mo(Ⅵ)被还原到 Mo(Ⅴ)。ESR 实验表明[图 3.64(b)],—CHO 基团也参与了光反应。ESR 谱中包含有 6 条强度近似相等的双重线。这 6 条谱线是由于钼的核自旋 $I = \frac{5}{2}$ 所引起的 $(2I+1=6)$,双重线是由于存在 ^{95}Mo 和 ^{97}Mo 两种同位素,其自旋 Hamilton 算符可以表示为

$$\hat{H} = \beta S \cdot g \cdot H + S \cdot A_{\text{Mo}} \cdot I_{\text{Mo}} + S \cdot A_{\text{H}} \cdot I_{\text{H}} \quad (3.6.81)$$

我们还进一步求出了其参数 g_{Mo} 张量主值分别为 $g_{xx} = 1.9498$、$g_{yy} = 1.9306$、$g_{zz} = 1.8795$;A_{Mo} 张量主值 10^{-4}cm^{-1} 分别为 $A_{xx} = 31.47$,$A_{yy} = 33.00$,$A_{zz} = 74.31$;A_{H} 张量主值分别为 $A_{xx} = 8.29$、$A_{yy} = 7.98$、$A_{zz} = 3.39$;并估计了其自旋密度 $\rho(\text{H}_{1s}) = 0.01$,$\rho(\text{Mo}_{5s}) = 0.07$;$\rho(\text{Mo}_{4d}) = 0.97$,说明其中 d 电子主要是定域在钼的 4d 轨道上。

多钼酸盐可以作为光敏剂,在光能转化为化学能的氧化还原循环中的是电子转移的中间体。它的研究对于光催化及太阳能的开发具有一定的意义。

关于更多新近顺磁共振谱的进展请参阅文献[79,80]。

3.7 Mössbauer 谱

年轻的德国物理学家 Mössbauer 于 1958 年发现了无反冲核 γ 射线共振现象。以他的名字命名的 Mössbauer 谱已成为固态研究的有效工具,在化学、物理、生物、地质等学科中得到了广泛应用。目前已在多种元素近百个核中观察到 Mössbauer 效应,但真正有研究价值的只有十几种元素。本文将着重以研究得最多的铁核为例,介绍这种方法在过渡金属配位化合物中的应用[81~83]。

3.7.1 Mössbauer 效应

1. 无反冲辐射

考虑一个质量为 M 的自由原子核,当它作为光源而从能级为 E_e 的激发态由于衰减而跃迁到能级为 E_g 的基态时,发射出能量为 E_γ 的 γ 射线。动量守恒定律要求沿某方向反冲的核动量 P_n 应和反方向发射光子的动量大小相等而方向相反。反冲核的动能为 E_R,因而对于以反冲速度为 V 的核,有下列关系式

$$E_R = \frac{1}{2}MV^2 = \frac{P_n^2}{2M} \quad (3.7.1)$$

对于静止质量为零的光子,有

$$E_\gamma = P_\gamma c \tag{3.7.2}$$

其中，c 为光速。又由 Einstein 公式 $E = mc^2$，则 P_γ^2 可表示为

$$P_\gamma^2 = \frac{E_\gamma^2}{c^2} \tag{3.7.3}$$

由于动量守恒，则 P_n 和 P_γ 必定相等。由式(3.7.1)和式(3.7.3)得到核的反冲动能为

$$E_R = \frac{E_\gamma^2}{2Mc^2} = 5.37 \times 10^{-4} E_\gamma^2 / Z \text{ (eV)} \tag{3.7.4}$$

其中，Z 为核的原子序数，E_γ 以 keV 为单位。将能量守恒定律用于该体系，得到辐射的 γ 光子能量为

$$E_\text{辐射} = E_t - E_R \tag{3.7.5}$$

其中，$E_t = (E_e - E_g)$，为核的激发态和基态的能量差。

对于样品中能够吸收 γ 射线的核可以进行类似的推导。当自由核受到能量为 E_γ、动量为 P_γ 的光子照射后整个光子的动量传递给核，因此核以式(3.7.4)的能量反冲。因而用以激发核并克服反冲能 E_R 所需吸收 γ 光子的能量为

$$E_\text{吸收} = E_t + E_R \tag{3.7.6}$$

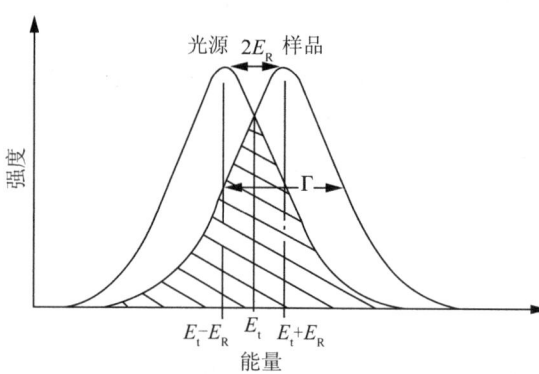

图 3.65 γ 跃迁中发射和吸收的能量重叠

对于熟知的红外和紫外光等能量较小的低能光波，其反冲动能 E_R 较小，这时 $E_\text{辐射} \doteq E_\text{吸收} \doteq E_t$，因而反冲作用 E_R 不会破坏共振吸收。但对于 E_γ 较大的 γ 射线，则有较大的反冲能 E_R。这时 $E_\text{辐射} \neq E_\text{吸收}$，从而使得自由核辐射的 γ 量子(作为辐射源)不可能被同样的自由核(作为样品)所吸收。图 3.65 表示样品和辐射源的能量关系。从图 3.65 可以看出两条曲线的重叠阴影区很小，即辐射源的能量和样品的能量相重叠的区域很小，这正是长期以来没有观察到 γ 共振吸收光谱的原因。图 3.65 中 Γ 为谱峰宽度。

由式(3.7.5)和式(3.7.6)可见，若能消除反冲能量而使得 $E_R \doteq 0$，则样品吸收辐射源的概率将大为增加(图 3.65 中两个峰将重叠更多)。为此，不要让辐射源及样品处于气态，而是将它们固定于大块晶体中。在固体中，由于所考虑的原子固定在晶格内，γ 射线辐射所伴随的反冲能 E_R 可分为两部分：$E_R = E_\text{tr} + E_\text{vib}$，其中 E_tr 部分是通过线性动量而传递给整个晶体的平移能。由式(3.7.4)，可以用整个晶格的质量 M 代替小得多的原子质量，从而使得 E_R 变得很小。正如将大炮固定在地面上而减小大炮的反冲一样，大部分反冲能 E_R 将转换成晶格的振动能 E_vib。由于反冲能大于特征晶格振动能(声子，$\sim 10^{-2}$ eV)而小于晶格位移能(~ 25 eV)，因而衰减的 Mössbauer 原子将仍留在它原有的位置，通过加热邻近格子而分散为 E_vib。然

而，当 E_R 大于特征声子能量 $\hbar\omega_E$ 时（ω_E 为固体的 Einstein 频率），E_{vib} 可以引起以 $\hbar\omega_E$ 的整倍数振动的能级的变化。按照这个模型可以证明，当发射或吸收 γ 射线时，没有晶格激发的概率 f 为

$$f = \exp\left\{ -\frac{3}{2}\frac{E_\gamma^2}{ZMc^2k\theta_D}\left[1 + \frac{2}{3}\left(\frac{\pi T}{\theta_D}\right)^2\right]\right\} \tag{3.7.7}$$

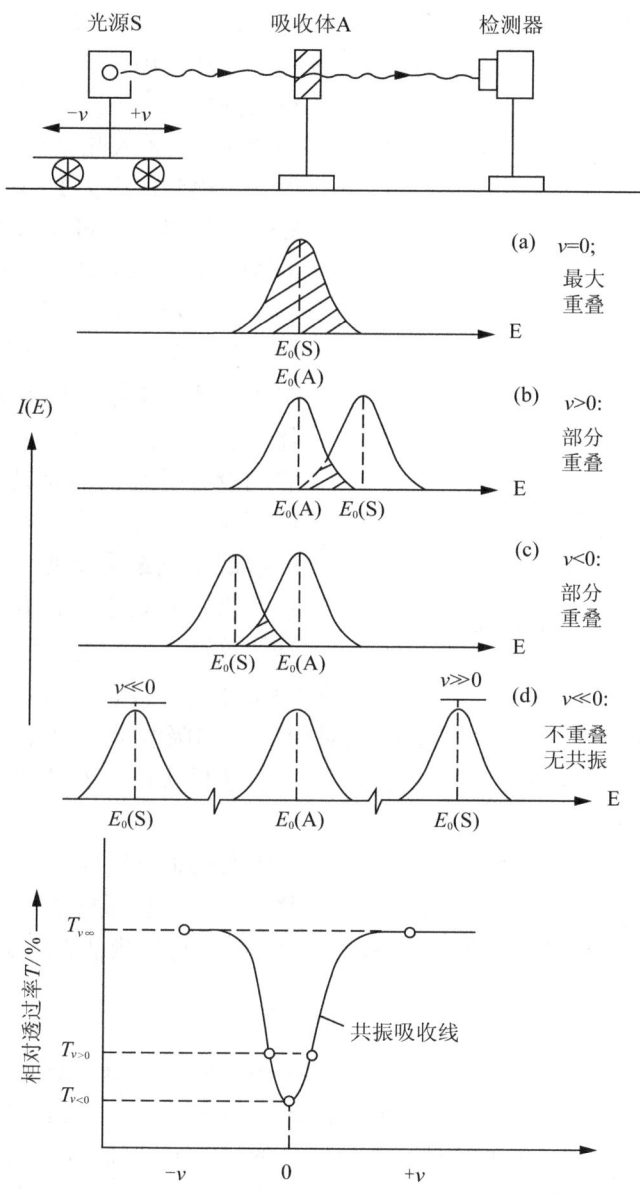

图 3.66　Mössbauer 吸收谱装置示意图

其中，$\theta_D = \hbar\omega_D/k$ 称为晶格的 Debye 温度，k 为 Boltzmann 因子。由此可知，为了获得较高的无反冲百分数 f，而有利于观察 Mössbauer 谱，实验时必须降低跃迁能量 E_γ（或反冲能）、降低实验温度 T、加大"原子核"质量 M 和增大 θ_D（它是 Mössbauer 原子和晶格结合强度的度量）。

2. 实验方法简述

典型的实验装置包括辐射源、吸收体、探测器和使辐射源及吸收体产生相对运动的传动设备（图 3.66）。辐射源的选择取决于所要研究的核及其性质。例如，对于研究最多的铁核，由于 ^{57}Fe 激发态的寿命只有 $\sim 10^{-7}$ s，因此通常是将反应所获得的同位素 ^{57}Co（称为父代元素，其半衰期为 280 天）嵌入晶格中，^{57}Co 经 K 层电子俘获后得到能级为 137keV 的高激发态（图 3.67），高激发态再衰减到较低的 14.4keV 的 Mössbauer 能级，可以产生自然宽度足够窄的能级。作为吸收体的样品，可能本身是晶体的，或者作为有一定浓度的杂质引入晶体。当相同核组成的放射体和吸收体分别置于已消除反冲核能 E_R 的晶体中，它们没有受到任何扰动并处于相对静止，因而应和一般光谱一样，在图 3.65 中的 E_t 时应观察到最大共振吸收。但是，当辐射体和吸收体处于不同化学环境时，即使消除了反冲能，也会由于下一节我们将要讲到的各种因素而引起两者的能级有所差别（移动），从而破坏共振吸收条件。因此，为了能观察到共振吸收，就必须对辐射体和吸收体之间的能量差 ΔE 进行补偿。和通常测定时改变波长的光谱法不同，这里实验上利用 Doppler 效应来达到这个补偿目的。

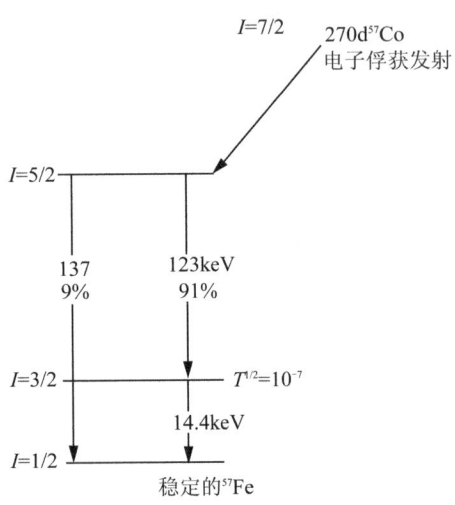

图 3.67　^{57}Co 衰减到 ^{57}Fe 的示意图

如前所述，为了能观察到共振吸收，通常是使辐射体相对于静止的吸收体做速度为 $v(mm \cdot s^{-1})$ 的相对前后反复的机械运动（图 3.66）。这时原来能量为 $E_t = h\nu$ 的辐射体的 γ 射线就会由于物理上的 Doppler 效应而产生相应的能量变化 ΔE：

$$\Delta E/E_t = \pm \frac{v}{c} \tag{3.7.8}$$

其中，c 为光速。正的速度 v 表示光源朝样品运动，Doppler 效应使发射的能量具有较高的能量 E_t；反之，v 为负时表示光源离开样品的运动，E_t 就会减小。可以用计数器作为探测器来记录在各种速度 v 下所产生的吸收强度，信号经电子仪器放大后就可以记录出如图 3.66 下方所示的 Mössbauer 谱，其中纵坐标用计数率表示强度，横坐标用实验的相对速度 v[式(3.7.8)]表示能量的变化。详情参考文献[83]。

值得注意的是，不同研究者选择不同的化学位移标准（或称为参考样品），化学工作者通常选用硝基普鲁士钠 $Na_2[Fe(CN)_5HO] \cdot 2H_2O$ 作为标准,但是美国的 ASTM 协会选取金属铁作为标准,它们的转换关系如下:

$$Na_2[Fe(CN)_5NO] \cdot 2H_2O \text{ 数值} - 0.257 \text{mm} \cdot s$$
$$= \text{金属铁的数值}$$
$$Na_2[Fe(CN)_5NO] \cdot 2H_2O \text{ 数值} - 0.167 \text{mm} \cdot s$$
$$= \text{不锈钢的数值} \quad (3.7.9)$$

3.7.2 超精细作用

在前节中,为了简化讨论,我们假定原子核是"自由的核"。实际上,原子核和其周围的原子或分子由于复杂的电磁场微扰作用而引起核的能级发生变化或分裂,这种微扰称为核超精细作用。其中最重要的三种作用是电子单极子作用(引起化学位移 δ)、电子四极子作用(引起四极矩分裂 ΔE_Q)和磁偶极子作用(引起磁分裂 ΔE_M)。由于核力相对于坐标符号变化的对称不变性,所以不存在前述分子光谱中电偶极矩的作用。更高级的相互作用能量效应很小,故不再讨论。

现在讨论周围电子引起的核超精细作用。当以核电荷对称中心为坐标原点,电荷为 Z_e 的核 n 和周围电荷的静电作用为

$$E_{el} = \int \rho_n(r) V(r) d\tau \quad (3.7.10)$$

其中, $\rho_n(r)$ 为坐标 $r = (x_1, x_2, x_3)$ 处的核电荷密度, $V(r)$ 为其他电荷在点 $r(x_1, x_2, x_3)$ 处所建立的 Coulomb 势, $d\tau = dx_1 dx_2 dx_3$ 为体积元。将 $V(r)$ 在 $r = 0$ 处展开为 Taylor 级数

$$V(r) = V_0 + \sum_{i=1}^{3} \left(\frac{\partial V}{\partial x_i}\right)_0 x_i$$
$$+ \frac{1}{2} \sum_{i,j=1}^{3} \left(\frac{\partial^2 V}{\partial x_i \partial x_j}\right)_0 x_i x_j + \cdots (\text{高次项}) \quad (3.7.11)$$

将式(3.7.11)代入式(3.7.10),得到

$$E_{el} = V_0 \int \rho_n(r) d\tau + \sum_{i=1}^{3} \left(\frac{\partial V}{\partial x_i}\right)_0 \int \rho_n(r) x_i d\tau$$
$$+ \frac{1}{2} \sum_{i,j=1}^{3} \left(\frac{\partial^2 V}{\partial x_i \partial x_j}\right)_0 \int \rho_n(r) x_i x_j d\tau + \cdots \quad (3.7.12)$$

由于对核电荷有 $Ze = \int \rho_n(r) d\tau$,故第一项为 ZeV_0 ,它表示把核看做点电荷时与物质中其他电荷的作用。它是对整个晶体势能的贡献,我们对它不作讨论。如前所述,由于对称性原因,式(3.7.12)中表示电偶极作用的第二项不存在。同样的理由,其中高奇次项也都不存在。式(3.7.12)中高于第三项的偶次项由于太小而不能被 Mössbauer 谱所分辨,也不作讨论。

式(3.7.12)中剩下第三项中的 $[\partial^2 V/(\partial x_i \partial x_j)]_0 = V_{ij}$ 形成 (3×3) 的二级张量。我们可以选择坐标系(主轴体系),使除对角的张量元素 V_{ii} 外,其他非对角的张量

元素 V_{ij} 为零。因而第三项可写为

$$E = \frac{1}{2}\sum_{i=1}^{3} V_{ii}\int\rho_n(r)x_i^2 d\tau$$

$$= \frac{1}{6}\sum_{i=1}^{3} V_{ii}\int\rho_n(r)r^2 d\tau^2$$

$$+ \frac{1}{2}\sum_{i=1}^{3} V_{ii}\int\rho_n(r)\left(x_i^2 - \frac{r^2}{3}\right)d\tau$$

$$\left(\text{其中 } r^2 = \sum_{i=1}^{3} x_i^2\right) \quad (3.7.13)$$

式(3.7.13)中第二项与下列核四极矩 Q 有关

$$Q_{ii} = \int\rho_n(r)(3x_i^2 - r^2)d\tau \quad (3.7.14)$$

式(3.7.13)中第一项,根据物理中电势 V 和电荷密度关系 ρ 的 Laplace 方程

$$\Delta V + 4\pi\rho_e = 0 \quad (3.7.15)$$

可知在点 $r = (x_1, x_2, x_3) = 0$(核的对称中心)处有

$$(\Delta V)_0 = \left(\sum_{i=1}^{3} V_{ii}\right)_0 = 4\pi e|\psi(0)|^2 \quad (3.7.16)$$

其中,$\rho_e = -e|\psi(0)|^2$ 为周围电子在核($r=0$)处的电荷密度。将式(3.7.16)代入式(3.7.13),得到

$$E = \frac{2}{3}\pi e|\psi(0)|^2\int\rho_n(r)r^2 d\tau$$

$$+ \frac{1}{2}\sum_{i=1}^{3} V_{ii}\int\rho_n(r)\left(x_i^2 - \frac{r^2}{3}\right)d\tau$$

$$= E_I + E_Q \quad (3.7.17)$$

其中,第一项为电子单极子作用,它会引起核能级位移,从而引起同位素位移 δ。第二项代表电四极矩作用,它使核能级分裂并产生四极矩分裂 ΔE_Q。

下面我们更具体地讨论在 Mössbauer 谱中最重要的三种作用。

1. 化学位移(δ)

对于式(3.7.17)中第一项,令

$$\int\rho_n(r)r^2 d\tau \equiv \langle r^2\rangle Ze \quad (3.7.18)$$

假定原子核是半径为 R 的球对称体,并具有恒定的电荷密度

$$\rho_n(r) = \frac{3}{4}\frac{Ze}{\pi R^3}$$

则我们可以求出量子力学的期望值

$$\langle r^2\rangle = \frac{1}{Ze}\int\rho_n(r)r^2 d\tau$$

$$= \frac{3}{4\pi R^3}\int r^2 d\tau$$

$$= \frac{3}{4\pi R^3} \int_0^R r^4 dr \int_0^\pi \sin\theta d\theta \int_0^{2\pi} d\phi$$

$$= \frac{3}{5} R^2 \qquad (3.7.19)$$

因而由式(3.7.17)中第一项得到假定的点状核和半径为 R 的核之间的能量差为

$$\delta E = \frac{2\pi}{5} Ze^2 |\psi(0)|^2 R^2 \qquad (3.7.20)$$

式(3.7.20)表明了静电能和核半径之间的关系。由于核半径 R 与核能级有关,因而当核在激发态 ex 和基态 g 之间发生跃迁时,引起的核静电能量变化应为

$$\Delta E = \delta E_{ex} - \delta E_g = \frac{2\pi}{5} Ze^2 |\psi(0)|^2 (R_{ex}^2 - R_g^2) \qquad (3.7.21)$$

而实验上测定的是吸收样品 a 相对于辐射源 s 的能量变化之差。由式(3.7.21),其值应为

$$\delta = \Delta E_a - \Delta E_s$$
$$= \frac{2\pi}{5} Ze^2 [|\psi(0)|_a^2 - |\psi(0)|_s^2](R_{ex}^2 - R_g^2) \qquad (3.7.22)$$

由于核半径变化 $\delta R = R_{ex} - R_g$ 较小,故式(3.7.22)也可改写为

$$\delta = \frac{4\pi}{5} Ze^2 R^2 \left(\frac{\delta R}{R}\right) [|\psi(0)|_a^2 - |\psi(0)|_s^2] \qquad (3.7.23)$$

因此化学位移取决于两个因素:第一个因素只含核参数;第二个基本上是个化学参数,它度量了吸收体与辐射体在核处电荷密度的差别。即使对于相同的核,由于各个核周围化学状态的不同,第二个因素也会导致不同的 δ 值,因此 δ 被称为化学位移。

在非相对论近似下,只有零角动量的 s 轨道的电子在核处的概率 $|\psi_s(0)|^2$ 不为零(在相对论近似下,非零角动量的 $p_{\frac{1}{2}}$ 也有些贡献)。再者,总的 s 电子密度还可以近似地表示为

$$|\psi_s(0)|^2 = |\psi_s(0)|_{内层}^2 + |\psi_s(0)|_{外层}^2 \qquad (3.7.24)$$

内层的贡献较为固定,外层的贡献对于化学环境很灵敏,它对核处电荷密度的影响有两种方式:①通过氧化还原、自旋状态和电子离域等直接改变价层中 s 电子密度,从而以相同的方式改变 $|\psi_s(0)|^2$;②外层中 p,d 等非零角动量电子密度的增加将通过对 s 电子的屏蔽而减少核对 s 电子的吸引作用,从而减少 $|\psi(0)|^2$。

Watson 曾经用 Hartree-Fock 方法计算了自由原子的电子组态对核处电子密度 $|\psi(0)|^2$ 的影响[84]。由于单电子 s 的函数可以表示为(表 2.2)

$$\psi_{ns} = R_{ns}(r)/2\sqrt{\pi} \qquad (3.7.25)$$

其中,n 为主量子数。因此要求的总贡献

$$|\psi(0)|^2 = \frac{1}{4\pi} \sum_n |R_{ns}(r)|_{r=0}^2 \qquad (3.7.26)$$

2. 电子四极子作用

我们分析式(3.7.17)中第二项,距离核(作为原点)$r = (x^2 + y^2 + z^2)^{\frac{1}{2}}$处的点电荷 q 在核处所产生的电势为 $V(r) = q/r$,在核处所感受的电场强度 E 为 $E = -\nabla V$,而电场梯度(EFG)为

$$\text{EFG} = \nabla E = -\nabla \nabla V = \begin{bmatrix} V_{xx} & V_{xy} & V_{xz} \\ V_{yx} & V_{yy} & V_{yz} \\ V_{zx} & V_{zy} & V_{zz} \end{bmatrix} \quad (3.7.27)$$

其中[形式上对比式(3.5.46)]

$$V_{ij} = \frac{\partial^2 V}{\partial i \partial j} = q(3r_{ij} - r^2 \delta_{ij}) r^{-5} \quad (i,j = x,y,z) \quad (3.7.28)$$

为 $3 \times 3 = 9$ 个二级张量。但由于张量的对称性 $V_{ij} = V_{ji}$,以及 Laplace 方程要求 EFG 是个无迹张量(即 $\sum_i V_{ii} = 0$),因而9个张量中只有5个张量是独立的。在主轴体系下,非对角元为零,并取主轴次序为

$$|V_{zz}| \geq |V_{xx}| \geq |V_{yy}| \quad (3.7.29)$$

其中的两个独立参数可选为:V_{zz}(最大的 EFG 常记作 eq)和 $\eta = \dfrac{V_{xx} - V_{yy}}{V_{zz}}$(称为非对称参数)。对于有四重轴或三重轴对称体系,通过对称中心核有 $V_{xx} = V_{yy}$,因而 $\eta = 0$,称为轴对称体系。当体系具有两个相互垂直的三重轴或高重轴时,EFG 为零。

同样,在取 x,y,z 为主轴的体系中,当核电荷为圆柱形分布时,由于其 x 和 y 方向的轴对称性,我们可以定义核四极矩 Q 为

$$Q = \frac{1}{e} \int \rho_n(r)(3z^2 - r^2) d\tau$$
$$= \frac{1}{e} \int \rho_n(r) r^2 (3\cos^2\theta - 1) d\tau \quad (3.7.30)$$

其中,θ 为对称轴与向量 r 的夹角,在球坐标中 $z = r\cos\theta$。对于拉长的雪茄形的核,其 Q 值为正值;压平的圆饼形的核 Q 为负值;球状电荷分布的核 Q 为零。量子数 $I = 0$ 或 $\frac{1}{2}$ 的核观察不到核四极矩,只有 $I > \frac{1}{2}$ 的核才具有核四极矩。

核四极矩 Q 和电场梯度 eq 相互作用的能量为[66]

$$E_Q = \frac{e^2 qQ}{4I(2I-1)} [3m^2 - I(I+1)] \left(1 + \frac{\eta^2}{3}\right)^{\frac{1}{2}} \quad (3.7.31)$$

其中 $m = I, I-1, \cdots, -I$ 为核磁量子数。

在经常碰到的 ^{57}Fe 和 ^{119}Sn 核的情况下,基态的 $I = \frac{1}{2}$,激发态的 $I = \frac{3}{2}$。按式(3.7.31)可以求出 $\dfrac{[3m^2 - I(I+1)]}{4I(2I-1)}$ 的值,$m = \dfrac{3}{2}$ 时为 $\dfrac{1}{4}$,$m = \dfrac{1}{2}$ 时为 $-\dfrac{1}{4}$。按选择规则 $\Delta I = 1$,$\Delta m = 0$,这两个允许跃迁态之间的能量差为(图3.68)

$$\Delta E_Q = \pm \frac{1}{2} e^2 qQ \left(1 + \frac{\eta^2}{3}\right)^{\frac{1}{2}} \tag{3.7.32}$$

当激发态中的 $\pm\frac{3}{2}$ 高于 $\pm\frac{1}{2}$ 态时，则取正号；反之，取负号。图 3.68 为 ^{57}Fe 的四极矩能级分裂及相应的 Mössbauer 图，其中的能级态用 $|I, m_I\rangle$ 来表示，两个峰之间的距离为 ΔE_Q，而两个峰中心的数值为化学位移值 δ。通常将标准参考样品的 δ 值取为零点。

由式(3.7.32)可知，四极矩分裂能差 ΔE_Q 也是由核内因子 Q 及核外的因子 q 的乘积决定。当核固定时，由 ΔE_Q 的大小可以得知晶体内位置对称性和电场梯度的信息。对 q 的贡献有两个来源。

(1) 源自围绕 Mössbauer 原子的 n 个分立离子的电荷(不低于立方对称性)，称为晶格贡献[85]。根据式(3.7.28)，按离子的球坐标可表示为

$$(V_{zz})_{lat} = \sum_{i=1}^{n} q_i r_i^{-3}(3\cos^2\theta_i - 1) \tag{3.7.33}$$

$$\eta_{lat} = \frac{1}{(V_{zz})_{lat}} \sum_{i=1}^{n} q_i r^{-3} 3\sin^2\theta_i \cos 2\phi_i \tag{3.7.34}$$

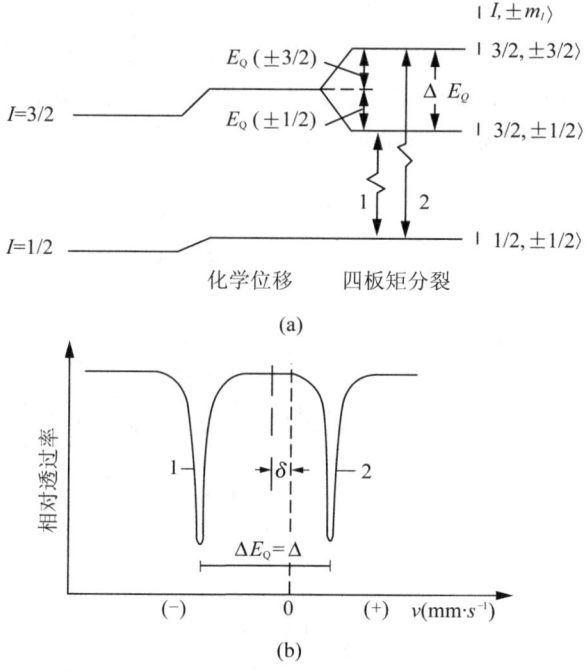

图 3.68　^{57}Fe 的四极矩分裂及其 Mössbauer 谱

(2) 源自 Mössbauer 原子 d、f 等价层中电子未全满的电子分布，称为价电子贡献。可近似地表示为量子力学的期望值

$$(V_{zz})_{val} = -e \sum_i \langle \psi_i | (3\cos^2\theta_i - 1) r_i^{-3} | \psi_i \rangle \tag{3.7.35}$$

由于 $\langle r^{-3}\rangle = \int R(r)r^{-3}R(r)r^2\mathrm{d}r$ 值可以由实验求出[86]，将它提出后可得

$$(V_{zz})_{\text{val}} = -e\sum_i \langle \psi_i \mid 3\cos^2\theta_i - 1 \mid \psi_i\rangle\langle r_i^{-3}\rangle \tag{3.7.36}$$

实际上，对于共价性强的体系，式(3.7.36)中的 ψ_i 不是原子轨道而是包含了配位体轨道在内的分子轨道。此外，外层未满的 p、d、f 等电子还会引起已充满的内层轨道变形，从而引起电场梯度 V 的降低。因而更准确的表示式应为

$$V_{zz} = (1-v_\infty)(V_{zz})_{\text{lat}} + (1-R)(V_{zz})_{\text{val}} \tag{3.7.37}$$

$$\eta = \frac{1}{V_{zz}}[(1-v_\infty)(V_{zz})_{\text{lat}}\eta_{\text{lat}} + (1-R)(V_{zz})_{\text{val}}\eta_{\text{val}}] \tag{3.7.38}$$

其中，Sternheimer 屏蔽常数 R 和 v_∞ 反映了这种变形作用。对于铁核，其 R 值约为 $0.25\sim 0.35$。

3. 核的 Zeeman 效应

这是一种磁超精细作用。$I>0$ 的核具有非零磁矩 μ_N，它和在核处的磁场 H 作用后会引起核能级 E 的 Zeeman 分裂。根据式(3.5.3)，由此引起的磁偶极矩能级为

$$E_M(m_I) = -\mu_N \cdot \boldsymbol{H} = -g_n\beta_N H m_I \tag{3.5.3}$$

使量子数为 I 的能级分裂为 $m = I, I-1, \cdots, -I$，共 $2I+1$ 个等距的非简并能态 $|I\,m_I\rangle$。^{57}Fe 中 Zeeman 分裂的示意图如图 3.69 所示。激发态和基态能级间的跃迁符合磁偶极选择规则：$\Delta I = 1, \Delta m = 0, \pm 1$。由图得到六种允许跃迁及相应的六个峰，其中的相对强度可由 Clebsch-Gordon 系数的平方确定[87]。

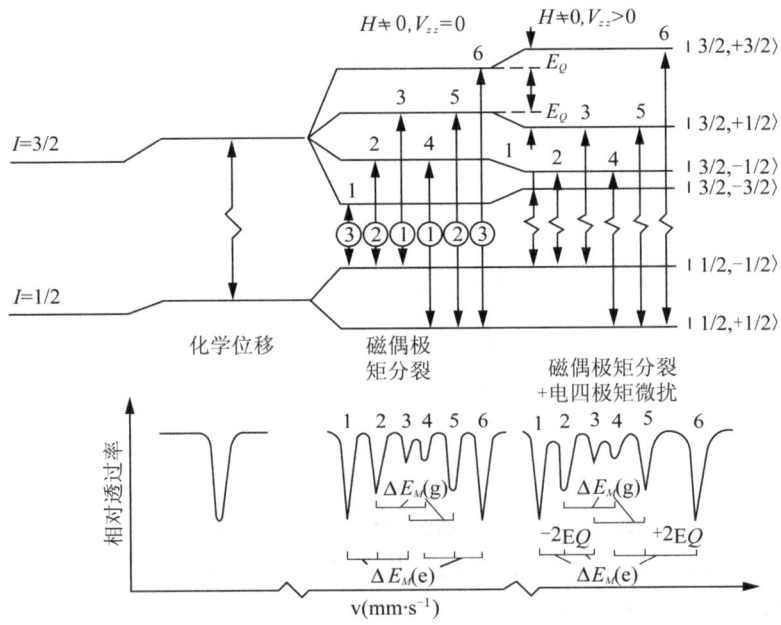

图 3.69　^{57}Fe 中的 Zeeman 分裂示意图

Zeeman 能级也依赖于核内因素 μ_N 和核外因素 H。从磁场的超精细分裂可以测定作用在核上的有效磁场,即使没有外磁场,对有效磁场的贡献还有下列因素:①Fermi 接触磁场 H^s 主要是由于不饱和外层对内层 s 轨道自旋极化而引起核处净的自旋向上或向下的 s 电子密度;②总轨道角动量分子数为 L 的价电子轨道运动所引起的贡献 H^L;③电子自旋 – 偶极场贡献 H^d 是由原子的电子自旋所引起的。

Mössbauer 参数原则上可以用分子轨道理论来计算,例如,对于 ^{57}Fe,为了计算电荷密度 $\rho(r)$ 或电场梯度 $V_{pq}(p, q = x, y, z)$,按照量子力学只要计算其相应算符 $\hat{O}$ 的期望值

$$\langle \psi | \hat{O} | \psi \rangle \tag{3.7.39}$$

其中,ψ 为多电子波函数,算符 $\hat{O}$ 为只作用在第 i 个电子上的单电子算符 $\hat{O}_i$ 的总和,即

$$\hat{O} = \sum_i \hat{O}_i \tag{3.7.40}$$

经过分子轨道理论处理后,可以化为单电子原子轨道期望值 $\langle \phi_\mu | \hat{O} | \phi_\nu \rangle$ 的组合

$$\langle \psi | \hat{O} | \psi \rangle = \sum_{\mu\nu} C_{\mu\nu} \langle \phi_\mu | \hat{O}_i | \phi_\nu \rangle \tag{3.7.41}$$

例如,当计算电荷密度时,令 $\hat{O} = \rho(r)$,采用足够基集的从头计算法,则可直接由下式表示铁的内层 s 原子轨道对核处电子密度的贡献(非相对论近似下)

$$\rho(0) = \sum_{\mu\nu} C_{\mu\nu} \phi_\mu(0) \phi_\nu(0)$$

对于类似的体系,可以得到关系式[84]

$$\Delta\delta = \alpha \Delta \rho(0) \tag{3.7.42}$$

同样,当计算电荷梯度时,令 $\hat{O} = V_{pq}$,可以计算四极矩分裂[88];当令

$$\hat{O} = -g_N \mu_N \sum_{p=x,y,z} \hat{H}_p^{eff} \hat{I}_p$$

时,可以计算磁超精细相互作用[89]。配位场理论处理一般不如分子轨道理论结果令人满意。

3.7.3 化学位移和成键

目前文献已报道了很多核的 Mössbauer 谱及其应用,但是研究最多的还是 ^{57}Fe 和 ^{119}Sn 核,其主要信息就是上面讨论的化学位移、四极矩分裂和核磁分裂。

如式(3.7.23)所示,化学位移度量了在某一核处相对于某种参考原子的总 s 电子密度变化。当基态和激发态间的平均半径变化 $\dfrac{\delta R}{R}$

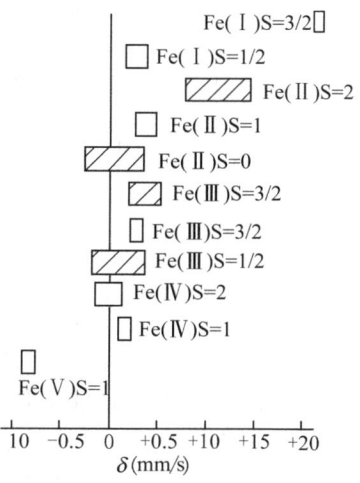

图 3.70 不同状态铁的化学位移

为正时,正的化学位移表示在核处 s 电子密度的增加(如锡核);反之,当 $\frac{\delta R}{R}$ 为负时,则表示正的化学位移对应于核处 s 电子密度的减少(如铁核)。

铁的化学位移随其价态及高低自旋而有很大的不同(图 3.70),铁原子核处的总 s 电子密度可看做为 1s、2s、3s 和 4s 层电子贡献的总和:

$$|\psi_s(0)|^2 = 2\sum_{n=1}^{n=3} |\psi_{ns}(0)|^2 + x|\psi_{4s}(0)|^2 \tag{3.7.43}$$

其中,x 表示 4s 价电子的集居数。可以用 Watson 的 Hartree-Fock 波函数计算 1s、2s 和 3s 的内层电子密度 $|\psi_{ns}(0)|^2$,而由 Fermi Segra-Goudsmit 公式计算价层 4s 电子的密度

$$|\psi_{4s}(0)|^2 = \frac{Z_i Z_e}{\pi a_0^3 n_e^3}\left(1 - \frac{d\sigma}{dn}\right) \tag{3.7.44}$$

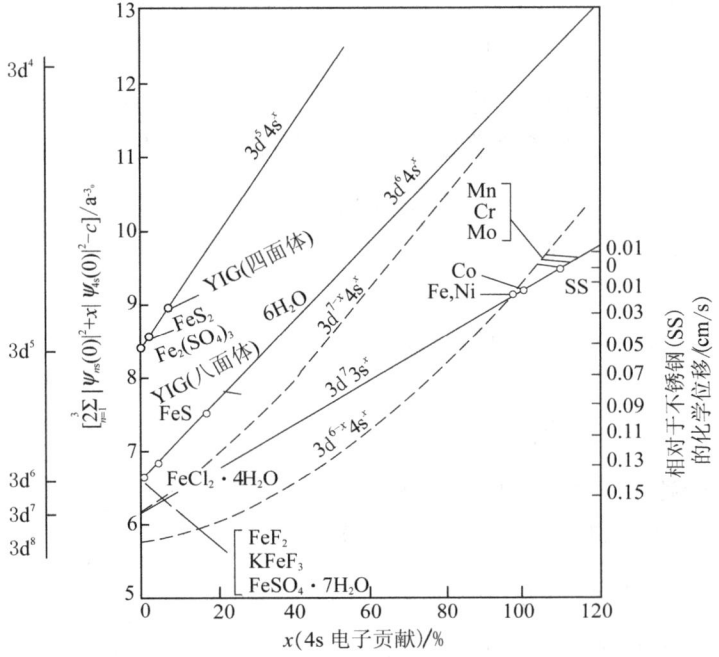

图 3.71 ^{57}Fe 中 s 电子密度和化学位移的关系

其中,Z_i 为接近核处的有效核电荷(可作为原子序数);Z_e 为外有效核电荷;a_0 为氢原子半径;n_e 为电子的有效主量子数;σ 为量子亏损;n 为主量子数。对于高自旋铁的配位化合物,Walk、Wertheim 和 Jaccarino 得到图 3.71 所示的 s 电子密度和实验所测的化学位移的关系图(称为 WWJ 图)[90],其中,同位素位移值相对于不锈钢,左边纵坐标为对应于 $3d^4$、$3d^5$、$3d^6$、$3d^7$ 自由离子组态的电荷密度。假定在各种价态下最正的化学位移值对应于完全的离子态,从而可以确定右边坐标。由图可见,化学位移 δ 随着 s 电子密度的增加而减小,说明基态的核半径比激发态的核半

径大,即铁的 $\frac{\delta R}{R}$ 为负值。对于不同的 d^n 组态,总的 s 电子密度不仅取决于 s 轨道中 s 电子的占据度,而且也随 d 电子数目的增加而减小。这可以看做是更为扩散的 3s 轨道被较为收缩的 3d 轨道所屏蔽,从而核对 3s 电子的吸引减小,$\psi_{3s}(0)$ 降低。以硝基普鲁士钠为标准(25℃):δ 的范围是 Fe^{2+} 盐为 +1.6 ~ 为 +1.1mm/s,Fe^{3+} 盐为 +0.75 ~ +0.45mm/s;Fe(Ⅱ) 和 Fe(Ⅲ) 配位化合物为 +0.1 ~ +0.33mm/s。WWJ 图成功地应用于讨论高自旋、弱共价化合物的化学位移及 4s 电子密度百分数。但对于共价化合物,"最正的化学位移对应于完全电离"这一假定要作修正。

对于高自旋 Fe(Ⅱ) 和 Fe(Ⅲ) 配位化合物,δ 随着配位体的电负性的增加或电子云扩散序列(3d 电子的离域作用)的减小而增大,例如,F > Cl > Br > I(图 3.72);或是由于金属电子云和负电荷配位体重叠,从而减少有效核电荷,使得 d 电子更为扩展。

上面的讨论对于含有空 π 轨道配位体的低自旋铁配位化合物并不适用。例如

$$\overset{\longleftarrow s \text{电子密度}}{Fe(Ⅱ)(CN)_5NO < Fe(Ⅱ)(CN)_5CO < Fe(Ⅱ)(CN)_6}$$
$$\underset{\longleftarrow \text{电负性}}{} \tag{3.7.45}$$

表明 s 电子密度与金属 3d 电子反馈给配位体空 π 轨道有关。因为,反馈使配位体从金属中拉走电子,金属的 3s 电子受到较小的屏蔽,从而使核处的总 s 电子密度增加。对于一系列低自旋的 Fe(Ⅱ) 配位化合物,发现它们的化学位移对配位体的数目和键型具有加和性。表 3.23 列出了一些配位体对化学位移的贡献(称为偏化学位移,记为 PIS)。例如,对于顺式 - FeCl(SnCl$_3$)(ArNC)$_4$ 配位化合物,计算化学位移值为 0.14mm·s^{-1},和实验值 0.09mm·s^{-1} 较接近。

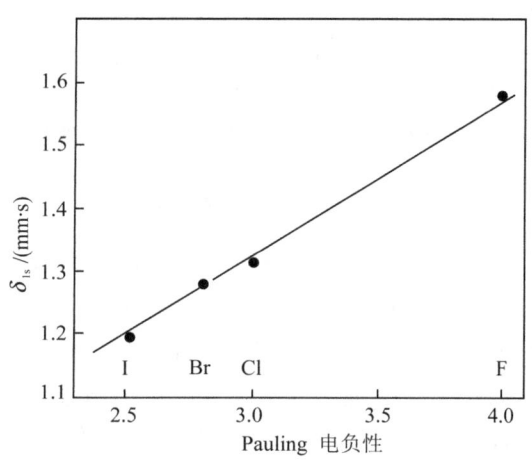

图 3.72 卤化物化学位移和电负性的关系

利用 Fe^{2+} 和 Fe^{3+} 化合物的不同化学位移,可以检测和鉴定混合物中这两种物种的含量。例如,用这种方法研究草酸铁的热分解机理[90],通过在不同时间内的恒定加热并分析产物中各价态铁的含量,从而证实其分解机理为

$$Fe_2^{Ⅲ}(C_2O_4)_3 \cdot 6H_2O \xrightarrow{100℃} Fe_2^{Ⅲ}(C_2O_4)_3 + 6H_2O$$
$$Fe_2^{Ⅱ}(C_2O_4)_3 \xrightarrow{200℃} 2Fe^{Ⅱ}(C_2O_4) + 2CO_2 \tag{3.7.46}$$

接着发生氧化分解

$$Fe^{II}(C_2O_4) \xrightarrow{300℃} Fe_2^{III}O_3 + 2CO + 2CO_2 \qquad (3.7.47)$$

表 3.23 低自旋 Fe(Ⅱ) 配位化合物中一些配位体的偏化学位移(PIS)

配位体	PIS(mm·s^{-1})[1]	配位体	PIS(mm·s^{-1})[1]
NO	−0.20	NO$_2$	0.05
H	−0.08	NH$_3$	0.05
SiH$_3$	−0.05	Pc/4[2]	0.05
ArNC[2]	0.00	depb/2[2]	0.05
MeNC	0.00	depe/2[2]	0.06
EtNC	0.00	dipy[2]	0.06
CO	0.00	phen/2[2]	0.07
CN	0.01	py	0.07
SO$_3$	0.01	Cl	0.10
SnCl$_3$	0.04	Br	0.13
niox/2[2]	0.04	I	0.13

1) 相对于不锈钢值。

2) ArNC = p-methoxyphenyl isocyanide; niox = cyclohexane − 1,2-dione dioxime; depb = 0-phenylene bis (diethylphosphine); Pc = phthalocyanine; depe = bis(diethylphosphino)ethane.

3.7.4 分子对称性和结构研究

如前所述,电场梯度 q 和四极矩分裂 ΔE_Q 与一系列因素有关。现在用简单的晶体场理论对八面体的情况进行介绍。图 3.73(a) 中列出了铁及亚铁配位化合物分别在高自旋(弱场)和低自旋(强场)环境下的 d 电子配布。由图可以看出,在弱场情况下,Fe(Ⅲ) 具有 $t_{2g}^3 e_g^2$ 电子组态,半满的 d^5 为球对称,所以 $\Delta E_Q = 0$。FePO$_4$·4H$_2$O 的 $\Delta E_Q = 0.657$mm/s 值较小是由晶格中 Fe(Ⅲ) 离子邻近离子的电场梯度所引起的。在弱场情况下,Fe(Ⅱ) 具有 $t_{2g}^4 e_g^2$ 电子组态,一个电子的自旋反平行于其他五个电子,不对称的电场梯度引起大的四极矩分裂,例如 FeSO$_4$·7H$_2$O 中的 $\Delta E_Q = 3.47$mm/s。同理可以说明,强场 Fe(Ⅱ) 具有 $t_{2g}^6 e_g^0$ 电子组态,因此 K$_4$Fe(CN)$_6$·3H$_2$O 的 $\Delta E_Q = 0$,只呈现单峰的 Mössbauer 谱。低自旋的 Fe(Ⅲ) 具有 $t_{2g}^5 e_g^0$ 电子组态,相当于一个 t_{2g} 空穴,所产生的 ΔE_Q 相当于高自旋 Fe(Ⅱ) 化合物中单个未成对电子所产生的值。对称性、自旋 − 轨道偶合和温度对估计的 ΔE_Q 值会有一些影响。图 3.73(b) 中绘出了一些偏离理想情况的实例,特别是和图 3.73 (a) 相比,图 3.73(b) 中亚铁低自旋和铁的高自旋化合物比亚铁高自旋和铁的低自旋化合物有高得多的四极矩分裂。用分子轨道理论可以对此作出详尽的解释。

配位体或环境不对称性对四极矩也有很大影响。Berrett[92]曾经研究了很多低自旋Fe(Ⅱ)配位化合物(表3.24)。由于FeA_4B_2型低自旋八面体Fe(Ⅱ)配位化合物中不等价配位体对于电场梯度的贡献,假定对A、B采取点电荷模型,发现反式和顺式的四极矩分裂比值为

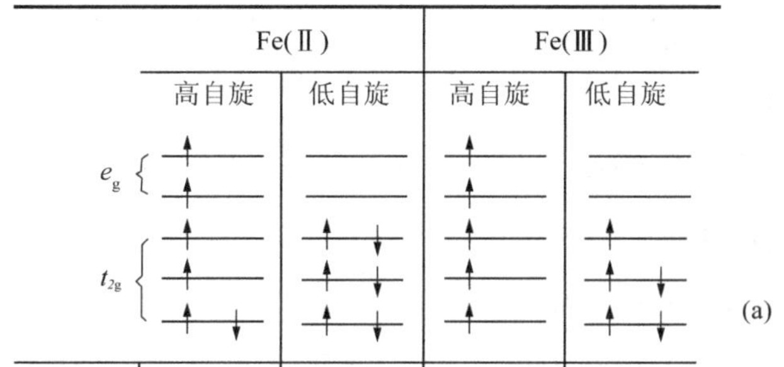

	Fe(Ⅱ)		Fe(Ⅲ)	
	高自旋	低自旋	高自旋	低自旋
e_g				
t_{2g}					(a)
八面体对称性	0	0	0	0
低对称性没有LS	=4	=0	=0	=2
低对称性有LS	=2 与T有关	=0	=0	=2 与T有关
化合物	$BaFeSiO_4$	$Na_2[Fe(CN)_5NO]H_2O$	$BaFe_{12}O_{19}$	$K_3[Fe(CN)_5NH_3]$
$\Delta E_Q/(mm·s^{-1})$	0.56	1.82	2.2	0.65
T/K	80	77	80	77	(b)

图3.73 准八面体铁配位化合物中的d电子配布(a)和四极矩分裂(b)

$$\frac{\Delta E_Q(反式)}{\Delta E_Q(顺式)} = 2 \qquad (3.7.48)$$

例如,反式和顺式的$[Fe(CNET)_4(CN)_2]$之比为$\frac{0.59}{0.29} = 2$。同样可以证明$[FeBA_5]$和顺式的$[FeB_2A_2]$的ΔE_Q值大致相当,例如,$[FeCl(ArNC)_5]$和顺式的$FeCl_2(ArNC)_4$就具有相近的ΔE_Q(~ 0.83 mm·s^{-1})。对四极矩分裂进一步的研究表明,当具有相同的中性配位体时、不同的阴离子(如Cl^-和$SnCl_3^-$)化合物时,其ΔE_Q具有加和性。例如,在表3.24中,对于ΔE_Q,顺式$-FeCl_2(ArNC)_4$中每个Cl原子的贡献为0.42 mm·s^{-1},顺式$-Fe(SnCl_3)_2(ArNC)_4$中每个$SnCl_3^-$离子的贡献为0.27 mm·s^{-1},因此在顺式$-FeCl(SnCl_3)(ArNC)_4$中总的ΔE_Q预期为0.69 mm·s^{-1},和观察值0.67 mm·s^{-1}一致。

另一种使电子对称性降低的机理是配位体和外围离子的作用。对于$[(Bu)NH_3][FeCl_4]$,其中,$[FeCl_4]^-$为高自旋四面体d^5配位化合物,它应表现为球对称电场对称性,因而ΔE_Q应为零。实际上,在晶体及冻结溶液中都观察到其ΔE_Q值约为0.4 mm·s^{-1},因此这种四面体变形不是由于晶格效应所引起的,而可能是由于阳

离子上酸性 H 和 FeX_4^- 的相互作用所引起的。从红外光谱也可以证实这种变形的存在,M—X 的对称伸展频率 v_1 在正四面体中应为红外非活性的,非对称的伸展频率 v_3 应为活性的。而 v_1/v_3 可以作为 T_d 变形的一个度量。实验表明(图 3.74),v_1/v_3 和四极矩分裂确有线性关系。

表 3.24 低自旋铁(Ⅱ)配位化合物的四极矩分裂

化 合 物	$\Delta E_Q/(mm \cdot s^{-1})$
$cis-[FeCl_2(ArNC)_4]$	0.83
$trans-[FeCl_2(ArNC)_4]$	1.59
$cis-[Fe(SnCl_3)_2(ArNC)_4]$	0.54
$trans-[Fe(SnCl_3)_2(ArNC)_4]$	1.06
$cis-[FeCl(SnCl_3)(ArNC)_4]$	0.67
$[FeCl(ArNC)_5]ClO_4$	0.70
$[Fe(CN)_2(dipy)_2]$	0.61
$trans-[FeBr_2(depe)_2]$	1.45
$trans-[FeCl_2(depe)_2]$	1.42
$trans-[FeCl(SnCl_3)(depe)_2]$	1.34

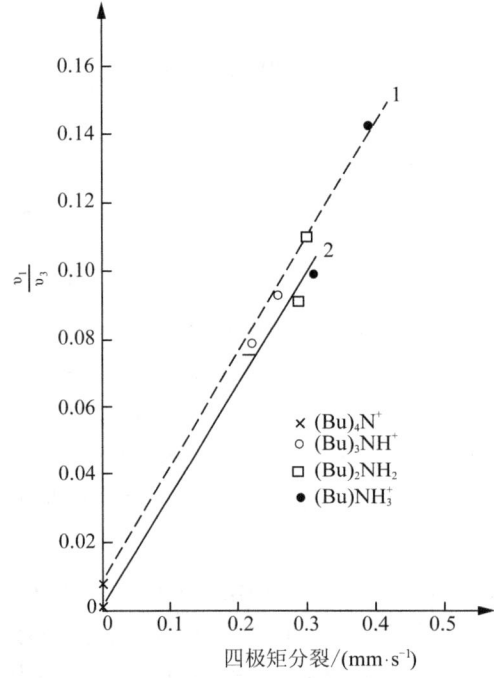

图 3.74 四氯铁酸盐的 v_1/v_3 对 ΔE_Q 的关系图

$[Fe_2(CO)_3H]^-$ 分子结构的测定就是利用四极矩分裂的另一个例子。表 3.25 中列出了有关的实验数据。若氢原子直接连接于铁原子,则图 3.75 表示它的可能结构。由于红外光谱中观察到桥式羰基以及实验的 ΔE_Q 较小的现象,排除了五配位结构(Ⅲ)的可能性。结构(Ⅱ)含有两个不等价的铁位置,而铁原子 1 具有和 $Fe_2(CO)_9$ 相同的电子环境,因而 Mössbauer 谱应包括两组吸收峰,其中一组应和 $Fe_2(CO)_9$ 相同,这和表 3.25 中的数据不符。因此铁原子应等价于结构(Ⅰ),其中以氢为桥,这和其 Mössbauer 谱接近于 $Fe_2(CO)_9$ 图谱的事实也是一致的。

表 3.25　$[Et_4N][Fe_2(CO)_8H]$ 和 $Fe_2(CO)_9$ 的 Mössbauer 数据{80K,相对于 $Na_2[Fe(CN)_5NO]$}

化　合　物	化学位移 $\delta/(mm \cdot s^{-1})$	谱线宽度 $r/(mm \cdot s^{-1})$	四极矩分裂 $\Delta E_Q(mm \cdot s^{-1})$
$[Fe_2(CO)_8H]^-$	0.325	0.33	0.504
$Fe_2(CO)_9$	0.42	0.32	0.425

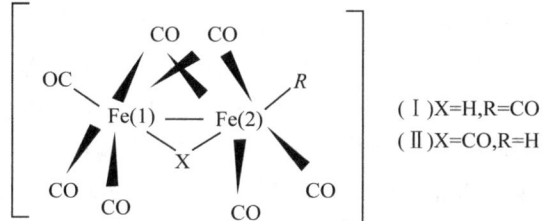

(Ⅰ) X=H, R=CO
(Ⅱ) X=CO, R=H

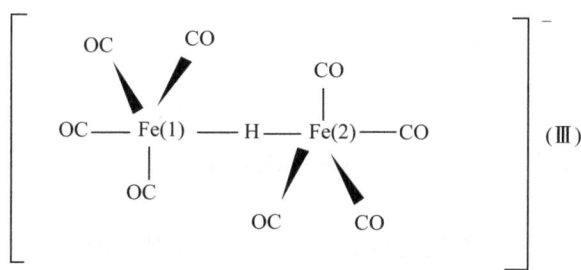

图 3.75　$[Fe_2(CO)_8H]^-$ 阴离子的可能结构

进一步还可以应用电场梯度的符号来研究分子的电子结构,也可以用外加磁场 $H(20\sim60kG)$ 来测定其 Mössbauer 谱而确定其电场梯度的符号[93]。磁超精细分裂在物理学上应用较多,这里不加细述。[94]

3.8　小结和进展 ——和时间分辨相关的谱学研究

前面我们主要讨论了不同的谱学方法的应用,通过所得谱图来研究稳定配合物的结构和性质。实际上,在很多被测体系中,由于各种原因从而使其结构和性质处在一种随时间而发生变化的非稳定或激发状态,此时就要用到本节所介绍的与时间相关的谱学方法,并根据图谱随时间的变化分析其内部的动态结构和性质的变化[95]。

可以用一个形象的例子进行说明。当人们用照相机给一个安静的孩子照相时可以用一般的慢速快门拍照,而给一个不安静的孩子照相时就要用快速快门拍照才可以得到清晰的照片。类似地,人们在记录一种刚制备好的化合物溶液时,若样品即使在-40℃时只能存在10s,为了得到可靠红外光谱则必须要求放在红外池进行记录的10s内保持样品稳定而不发生明显分解。又如,若所研究的化合物在溶液中存在顺式和反式两种异构体,其间的平衡交换速率 k 约为 10^9 次 s^{-1},则我们将分别得到顺式和反式这两种物质的物理性质(红外峰)还是只能够得到一个平均值? 这就和红外光谱这种物理方法的本征寿命(intrinsic life time) τ 的大小有关,即要求 $\tau > 10^9$ s。

当红外光谱实验方法的本征寿命 τ 约为 10^{-14} s 时,所用红外光谱的时标足够快(即 $\tau < 1/k$),快到足以"冻结"顺式和反式两种异构体时,可以分别得到顺式和反式异构的物理性质的快速图谱。显然,当用本征寿命更短的快速电子光谱时也可以冻结分子中的两个振动,但是在很慢的核磁共振实验中(3.5节),我们将只观察到一个平均交换物种的核磁共振谱。在NMR实验中使样品温度降低会使平衡降低到彼此交换慢于NMR的时间标后则会出现多种异构体分离的共振峰[式(3.5.66)]。由此可见时间分辨所涉及的寿命和弛豫时间的概念在谱学方法研究中具有十分重要的意义。

3.8.1 物理测量方法的时间标度

在对不同体系时间过程的动态进行实验时,选择与之匹配的不同时间标度(Time Scale)的光谱、波谱和能谱等物理方法是十分重要的,下面选择主要的光谱进行介绍。

振动光波:这种红外技术的时间标度对于单个的振动作用约为 1×10^{-14} s,即其时间标度依赖于振动频率 ν,为 $t = \dfrac{1}{\nu}$。对于低频的 $\nu(C=C)$ 约为20fs(飞秒),对于高频的 $\nu(C-H)$ 约为10fs。

电子光谱和磁圆二色谱:电子激发到 Franck-Condon 态的时间约为 10^{-15} s(1fs),因而用这种物理方法可以明确识别(称为冻结)涉及如前所述的顺-反异构体间交换核运动的平衡。但是对于比振动还快的电子交换过程则要求用短于 10^{-14} s 的莱塞辐射脉冲,或 10^{-15} s 的飞秒(fs)和 10^{-18} s 的阿秒(as)光谱加以探测。

Mössbauer 谱:其时间标依赖于所研究核的激发态寿命。对于常用的 ^{57}Fe 约为 19ns,^{119}Sn 为 18.3ns 和 ^{121}Sb 为 63.5s。

电化学:在测量电化学的动力学过程中(5.2节),电化学的时间标度非常重要。由于溶液中对流引起质量传输速率的变化,电极的形状和大小及扫描速率会影响其时间标度。例如,电极的半径和时间标度的平方幂有关。因而对快速动力学测量使用的微电极有利。当应用微喷(Microjet)电极时,其时间标可达 10μs。

衍射过程:光子(电子或中子)通过原子发生散射是一种基本的物理过程。其涉及的时间非常短。对于X射线衍射约为 10^{-10} s,对电子衍射约为 10^{-18} s,而对中子衍射约为 10^{-15} s。但实际上一般其平均时间长达几小时或几天;若应用高强度脉冲同步辐射技术的时间分辨X射线晶体学方法,则时间标可以变得很短,甚至只有 ps 时间标。

光电子能谱：如果定义光谱方法的时间标为状态的自然寿命,而自然寿命又定义为自发发射衰减(即忽略无辐射衰减跃迁、碰撞能量跃迁和光化学反应的衰减),则为爱因斯坦系数的倒数[式(3.1.23)]。因为自发辐射衰减时间和跃迁能的立方成比例,因此时间标是和能量有关的,从而在导致直接光电离作用的光电子过程中,分子离子的激发电子态的寿命约为 10fs(相当于 1000eV 的 X 射线区)。然而对于从电子基态产生分子离子的阀值光电离作用,其寿命可能长达 $10^{-6} \sim 10^{-5}$s。

质谱：质谱是研究分子结构的一种重要方法(参见文献[3,4])。发生真实的电离过程的时间约为 10^{-15}s。这个过程发生在分子碎片化过程中 10^{-13}s 后,然后约 10^{-8}s 后再去活化为基态。分子离子约在 10^{-6}s 达到检测器。但是具体时间与仪器的设计有关。用"碰撞诱导离解法"(CID 过程)得到阀值的时标为 $100 \sim 500\mu s$。

NMR 波谱：在核磁共振实验测定中,其时间标(本征时间)取决于所用频率 ν 的倒数。如式(3.5.4)所示,ν 取决于磁场强度 H 和所分析的核元素。因而对于频率为 600MHz,其快照时间约为 1.7ns(即自旋翻转的时间)。然而,在 NMR 的时间依赖性上较重要的是依赖于信号平均间的频率差。例如,当两个平衡物种在 400MHz 波谱上得到 0.1ppm 的化学位移,这种差别相当于 40Hz,它的时间分辨率就是其倒数为 2.5s。因而要得到这两种物种分离的信号,它们间的平衡必须比 $25s^{-1}$ 慢几倍。类似地,在 400MHz 仪器上进行实验时,两种物种差别为 800Hz,时间分辨为 1.25ms。在其他波谱仪中由于频率差别较大而观察不到信号平均,因而涉及较短倍数的时间分辨,对于化学过程来说太短了。

电子顺磁共振：其时标也和所用的仪器有关,如式(3.6.2)所示,它和分子的 g 值和 A 值以及实验的磁场强度 H 和频率 ν 有关。其时标为 $10^{-12} \sim 10^{-6}$s。操作频率 ν 和时间标的关系为 $(2\pi\nu)^{-1}$。

在配位化学中的下面两个领域中,所用特定物理技术的寿命长短对于解释所得结果的作用特别重要：

(1) 混合价体系：例如,对于我们在 4.5 节中所述的 Creutz–Taube(CT) 离子 $(NH_3)_5Ru(pz)Ru(NH_3)_5^{5+}$ 的对称的混合价体系,它的价态到底是定域的 $Ru^{2+} \cdots Ru^{3+}$,还是离域的 $Ru^{2.5} \cdots Ru^{2.5}$ 形式？如果这两种钌原子中心的电子交换是快速的,那当所用仪器的快照速度大于电子交互速率 k,则会呈现出定域的两种价态的谱峰；而当快照速度慢于交换速率,则会呈现出一个离域物种的平均价态谱峰。

(2) 激发态体系：例如,三–联吡啶钌(Ⅱ)阳离子 $Ru^{2+}(bpy)_3$ 体系激发态中的电子是处在定域还是离域的钌上呢？此疑问早已从激发态共振 Raman 光谱中找到答案。这种激发经过弛豫后的金属到配位体的电荷转移(MLCT)态只是定域在其中一个联吡啶环上,即可以写为 $[Ru^{3+}(bpy)_2(bpy^-)]^{2+*}$。但问题是这种激发作用是否会直接导致定域或离域态？这时选用探测实验方法的本征寿命长短是十分重要的。选用飞秒(fs)光谱实验得到的结论是：开始形成离域态,但是随后很快地形成定域作用。

进一步研究证实,分子和环境(晶体、溶剂等)的相互作用对研究任何过程的动力学都是重要的[6]。

3.8.2 时间分辨红外光谱

目前,红外光谱法是广泛应用于配位化合物的快速检测和结构分析的方法,特别是应用于：检测 CO、CN、NO_2、N_2、H_2 配体及其配位形式,掌握电荷和配体分布情况,氧化-还原状态等电子信息。特别重要的是目前在技术上得到很快发展的 Fourier 变换红外(FTIR)光谱技术在与时间有关的跟踪平衡反应过程及光电化学反应等研究中得到广泛应用。FTIR 仪可以分为连续扫描和分步扫描两种形式。一般前者用快速扫描形式,时标可以达到 20ms,但后者可以记录到更快速(约为 10ns)的时间光谱。这里我们对仪器结构及快速光谱获得的原理不作介绍,只是例举一些新近特殊技术及应用方面的进展。

在研究高活性、短寿命自由基、不饱和化合物、激发态、催化机理中反应的中间化合物等不稳定的配位化合物时,通常在低温下将它们与溶剂一起冻结成固状的形式,应用 FTIR 技术进行实验(常称为基块分离法)。也可以预先在低温下将反应物制成基块,光照条件下在 FTIR 谱仪中研究其反应中间产物。另外一种研究过渡态的结构和活性的方法是利用快速(10^{-2}s)或超快速(10^{-8}s)的时间分辨红外光谱(TRIR)的方法实时(real time)地对它们进行观察。这种方法特别适用于研究配位化合物在光化学中激发态物质的结构和性质。例如,对于 $Re(CO)_3Cl(4,4'-bpy)_2$ 的金属到配体的电荷转移态 ^{3}MLCT 态,实验表明,其激发态的 $\nu(CO)$ 带相对于基态向高频移动了 $+55 \sim 65 cm^{-1}$。这是因为对 MLCT 激发态有一个在 Re(Ⅰ)金属中心形式上氧化到 Re(Ⅱ),从而引起一个从 $Re-d\pi$ 轨道到 CO 配体时的 π^* 反键反馈的还原作用。对 TRIR 的光谱进行力常数 k 分析[式(3.4.5)]表明,和基态比较、对于激发态每个 C—O 键的 k_{CO} 力常数都有相同的增加,而三个 C—O 键长则都有相同的缩短。目前已用更普及的分步扫描 FTIR 方法证实,过渡金属羰基化合物中 ^{3}MLCT 态的 $\nu(CO)$ 都具有向高频移动的特征。图 3.76 所示的 $Re(CO)_3Cl(bpy)$ 在 ps 时间标内的实验也显示了这个结果,其激发态的 $\nu(CO)$ 带发生正的位移。

对于 CT 盐 $[(NH_3)_5Ru(\mu-pyrazine)Ru(NH_3)_5]^{n+}$ ($n=4,5,6$),用其他光谱往往很难确定它是定域类(Ⅱ)还是离域类(Ⅲ)的混合价体系。但是应用短时标的 TRIR 光谱法已明确它只出现一个平均谱峰,所以确定它在红外时间标内电子在两个 Ru 中心间是完全离域的。

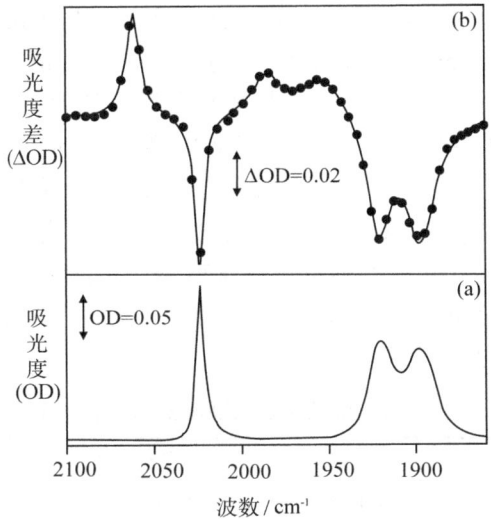

图 3.76　在 CH_2Cl_2 溶液中 $Re(CO)_3Cl(bpy)$ 基态 $\nu(CO)$ 的 FTIR 谱(a)
和该溶液用 400nm 激发后 100ps 得到的 ps – TRIR 光谱(b)

圆圈代表实验数据,实线代表用多重 Lorenz 数据模拟曲线；

负谱带表示基态的耗散；正谱带表示 ^{3}MLCT 中 $\nu(CO)$ 的特征正位移

3.8.3　电溅射质谱

我们已经熟知早期的质谱法。它通常将气体、固体或液体的蒸气分子在高能电子的轰击下将其中价电子电离,或使分子中的键断裂而产生不同电荷 e 和质量 m 的碎片离子,再通过所谓的质谱仪测定这些不同质荷比 m/e 离子碎片的种类及其相对含量(称为丰度)就可以推断出原来未知物的化学组成及其结构(参考文献[4])。

自 1984 年诺贝尔奖得主 Fenn 等发明了电子溅射质谱法(ESMS)后,它在配位化学研究中也得到迅速的应用[96]。和上述传统的高能电离质谱法不同,这是一种非常温和的电离过程。大致过程是:将溶有样品的溶液和极性溶剂组成的包层气及 N_2 组成的附加气体一起在常压下使溶液雾化或形成气溶胶,在高电场(约 3000V)作用下离子从液相转化到气相,在喷雾针及金属毛细管出口处加热生成细小的带电雾滴,在 N_2 热气流带动下溶剂被蒸发而得到带电的气相离子。它们在加正电压时带正电,加负电压时带负电。目前去溶剂的机理尚不清楚,大致有两种解释:①离子从带电液滴表面蒸发；②液滴由于溶剂蒸发而引起表面电荷密度增加到一定极限就引起库仑静电排斥作用而"爆炸"成更小的准分子离子。

随后的气相离子可以利用四极矩离子阱,Fourier 变换离子回旋加速共振(FTI-CR),磁 Sector,或者飞行时间(TOF)质谱分析器等多种技术进行分离。和过去用高能电子轰击的质谱方法比较,ESMS 近代质谱仪的优点是:

①所产生的分子离子中具有很少的、甚至没有碎片,所以易于解析。有时也称

为无碎片质谱;②这种方法很容易和"碰撞诱导离解"法(CID)技术结合而得到更多的离子峰及分子结构的信息;③要求样品量不多,理想情况下,pmol(10^{-9} mol·L^{-1})浓度就足以鉴定溶液中配位化合物的物种数。谱峰的积分强度与样品在溶液中的浓度成正比;④在和 n 级串联质谱(MS^n)及 FTICR 方法相结合后可以检测大相对分子质量($M>10^6$)的含金属生物大分子,精确度可约达 0.01%。

在大多数配位化合物中重要的是用已有的同位素丰度进行离子峰标记的分析(如果质谱仪中没有包含此软件则可以在文献或 http://www.shef.ac.uk/chemistry/chemputer/isotoped.html 中找到)。表 3.25 中列出了实验中观察到各种类型的配位化合物的一些主要的正离子形式。

表 3.25　不同类型配位化合物观察到的主要正离子类型*

配位化合物	主要的正离子**
$[L_n^a M]$	$[L_n^a M + H]^+$, $[L_n^a M + H + 溶剂]^+$, $[2L_n^2 M + H]^+$(和来自于已有的 Na^+、K^+、NH_4^+ 类似离子)
$[L_n^b M]$	$[L_n^b M]^+$
$[L_n^c M]$	$[L_n^c M + Ag]^+$, $[L_n^c M + 溶剂 + Ag]^+$(具有外加的 Ag^+)
$[L_n M X_m]$	$[M - X]^+$, $[M + 溶剂 - X]^+$
$[L_n M]^+$	$[L_n M]^+$, $[(L_n M)_2 + 阴离子]^+$
$[L_n M]^{2+}$	$[L_n M]^{2+}$, $[L_n M + 阴离子]^+$, $[L_n M - H]^+$, $[L_n M + 溶剂 - H]^+$
$[L_n M]^{3+}$	$[L_n M]^{3+}$, $[L_n M + 阴离子]^{2+}$, $[L_n M + (阴离子)_2]^+$, $[L_n M - H]^{2+}$, $[L_n M + 溶剂 - H]^{2+}$, $[L_n M + (溶剂)_2 - 2H]^+$

a. 表示具有碱基位置;b. 表示电子给体;c. 表示具有不饱和官能团;X 表示卤化物。

* 在撕去中性单齿配位体以前首先失去弱缔合溶剂分子。与螯合配位体和高联接配位体类似,带有形式电荷的配位体难于用 CID 方法移去。

** 一般只有在带有酸性质子的中性配位化合物或者阴离子配位化合物中才能见到具有足够强度的带负电荷的离子峰。典型的谱峰并不复杂,它们分别是由 $[L_n M - H]^-$ 或 $[L_n M]^{x-}$ 组成的。

对于配位化合物所出现的这些离子峰的特点简述如下:①对于带电荷的配位化合物,当离子电荷密度较低时可能得到母峰离子,或者当电荷密度高时则可能得到来自母体的不太高的荷电碎片离子。变换所用实验仪器的正、负电压时,可以分别对阳离子和阴离子进行分析;②对于含有碱基位置(如,醚、胺、酮和醇)的中性配位化合物,M 可以通过与溶液中阳离子(X^+)聚集而形成 $[M + X]^+$ 正离子。在存在质子化溶剂或者其混合物(醇、醇-水、酮-水混合物,其大多数配位化合物有足够或少许溶解度)时,典型的阳离子是一个质子或存在于溶剂中的外来附加的碱金属离子或铵阳离子。对于四氢呋喃之类的非质子溶剂可以和 KI 之类的阳离子适当混合后,应用于对质子化作用敏感的化合物;③对于含有活泼阴离子配位体的配位化合物,很容易得到失去该阴离子的可溶解的阳离子,很多过渡金属卤化配位化合物都是通过这种方式进行离子化;④为了用 ESMS 表征配位体,可以加入适当的金属离子而产生配位化合物。例如,将 Ag^+ 离子添加于一系列 PH_3 和 AsH_3 中产生配位体使其产生具有特征性的质谱。

图 3.77 为 $Cr(acac)_3$ 的质谱,由图可知,其中主要出现 $[M+H]^+$ 和 $[2M+NH_4]^+$ 的离子谱峰,同时出现了几个低强度的附加离子峰。

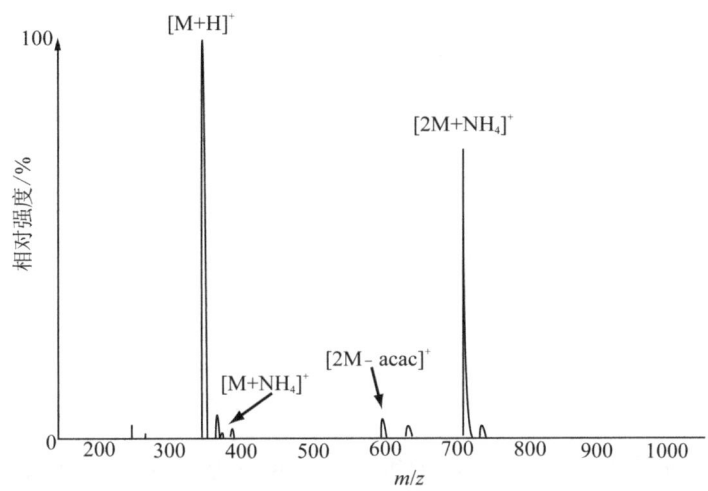

图 3.77 在 $MeCN-H_2O$ 溶液中 $Cr(acac)_3$ 的正离子 ESMS 图谱(25V 的锥形电压)

目前已经对很多类型的配位化合物用 ESMS 进行了表征。如含二酮、咪唑、膦、硫烯联吡啶等配体的配位化合物、杂多酸阴离子以及有机金属化合物、超分子化合物、C_{60} 及其衍生物以及更复杂的蛋白质、核苷酸、酶等生物大分子的金属衍生物。特别是对于一些用其他方法很难进行研究的问题。例如,溶液中有快速交换及顺磁性的配位化合物;催化过程中生成的配位化合物;和电化学反应相结合的中间产物等问题的研究。

ESMS 方法还存在一定的限制。例如,低相对分子质量、高电荷的离子在气相中不太稳定;阴离子易于失去电子或带负电荷的碎片,而小的正离子则常会和溶剂反应而形成 OXO 或 OH 物质;而 Cu(Ⅱ)配位化合物则常会通过还原作用生成 Cu(Ⅰ),还会和 H^+、Na^+、K^+ 和 NH_4^+ 等形成加合作用从而发生竞争性电离过程成为单个的纯底物峰;更为不足的是不易得到定量的结果。

3.8.4 激发态分子内质子转移(ESIPT)三重态研究

在有些分子发生反应过程中会产生寿命很短的三重激发态。例如,图 3.78 的芳香 Schiff 碱衍生物在激光照射下,在 ps 时间标内,烯-醇型单线激发态发生光诱导分子内质子转移而异构化为反式酮-型互变异构体。在弛豫过程中会产生酮型三重态,但是由于其磷光很弱而很难研究该三重态的电子结构和性质。

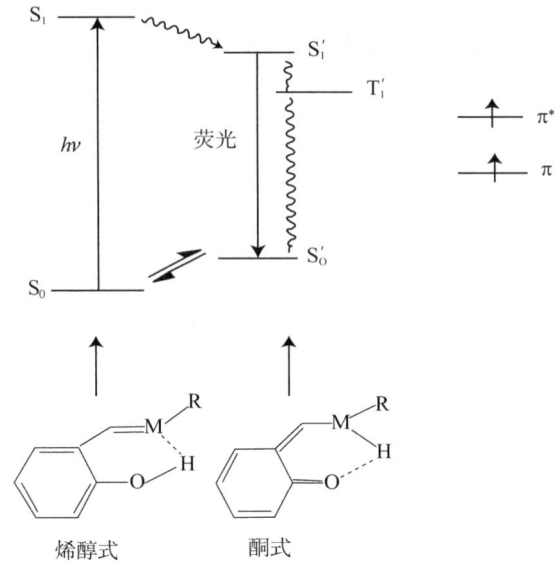

图 3.78 Schiff 碱激发态的分子内质子转移

我们采用时间分辨 ESR 的方法研究了不同取代基时这种三重态酮式异构体(甲苯溶液,77K)的电子结构[97],求出其三重态的零场分裂参数 $|D|$ 和 $|E|$ 值以及其在三个零场子能级的相对集居度分布 P_x、P_y 和 P_z。实验表明,吸电子的—NO_2 基影响系间交叉的选择性,但对零场参数影响不大。用具有能量梯度技术的半经验 SCF-MO 方法研究了 Schiff 碱 SA 等的质子转移反应[98],得到的势垒表明在室温下容易进行热致变色反应。分子间的相互作用使得热致变色反应易于进行。SA 的光致变色反应机理是其烯醇式首先激发到单重态 S_1,然后 S_1 态的集居度通过绝热途径转移到酮式的 S_2',或者通过系间穿越到酮式的最低激发三重态 T_1',最后弛豫到反式-酮的 S_0'' 或顺式-酮的 S_0' 基态。

参 考 文 献

[1] (a) Michael Hollas J. Modern Spectroscopy. 4th ed. New York:Wiley,2004;
(b) Jonassen H B,Weissberger A (ed.). Technigues of Inorganic Chemistry. Vol. 1~8. New York:Interscience Publishers,1963~1968.

[2] Hill H A O,Day P(ed.). Physical Methods in Advenced Inorganic Chemistry. London:Interscience 1968.

[3] Drago R S. Physical Methods for Chemistry. 2nd ed. Philadephia:Sanderson College Publishing,1992;狄拉果 R S. 化学中的物理方法. 游效曾,袁传荣,李重德等译. 北京:高等教育出版社,1991.

[4] 游效曾. 结构分析导论. 北京:科学出版社,1980.

[5] (a) 周公度. 晶体结构测定. 北京:科学出版社,1981;

(b) 陈小明,蔡继才. 单晶结构分析原理与实践. 第二版. 北京:科学出版社,2004.
[6] (a) Wyckoff R W G. Crystal Structure. Vol. 1 ~ V. New York:Interscience,1948 ~ 1960;
(b) 麦松威,周公度,李伟基. 高等无机结构化学. 北京:北京大学出版社,2006.
[7] Wells A F. Structural Inorganic Chemistry. London:Oxford University Press,1975.
[8] Jørgensen C K. Absorption Spectra and Chemical Bonding in Complexes. Oxford:Pergamon Press,1962.
[9] Lever A B P. Inorganic Electronic Spectroscopy. 2nd ed. Amsterdam:Elsevier,1984.
[10] Nakamoto K,McCarthy P J. (ed.) Spectroscopy and Structure of Metal Chelate Compounds. New York:Wiley,1968.
[11] Philips L F. Basic Quantum Chemistry. New York:John,Wiley,1965.
[12] Cotton F A. Chemical Applications of Group Theory. 3rd ed. Wiley,1990.
[13] (a) Schffer H L,Gliemann G. Basics Principles of Ligand Field Theory. London:Wiley,1969;
(b) 锡尔弗. 不可约张量法导论. 曾成,杨频,王国雄等译. 太原:山西人民出版社,1986.
[14] Schatz P N,et al. Inorg Chem,1968,7:1246.
[15] Mason W R,Gray H B. J Am Chem Soc,1968,90:5721.
[16] McCaffery A J,et al. J Am Chem Soc,1968,90:5730.
[17] Yatsimirskii K B,Davidenka N K. Coord Chem Rev,1979,27:223.
[18] Martell A E. Coordination Chemistry. Vol. 1. New York:Van Nostrand Reinhold Company,1971.
[19] Wybourne B G. Spectroscopic Properties of the Rare Earth. New York:Interscience Publishers,1965.
[20] (a) You X Z,Tong R,Dai A B. Chinese Sci Bull,1989,23:1452.
(b) H. Schilder, H. Lueken, J. Magn. Magn. Mater, 2004,281,17.
[21] Simmons E L. Coord Chem Rev,1975,14:181.
[22] (a) Somoano R B. Angew Chem Int ,Ed(Engl),1978,17:34;
(b) Kickelbick G. Hybrid Materials:Synthesis,Characterization,and Application. London:Wiley,2007.
[23] (a) Masson S F. Molecular Optical Activity and Chiral Discriminations. Chpter 1,2. Cambridge:Cambridge University Press,1982;
(b) Jerassi C. Optical Rotatory Dispersion. New York:McGraw-Hill Book Co. ,1960.
[24] (a) Saito Y. Inorganic Molecular Dissymmetry in Inorganic Chemistry Concepts. Vol. 4. New York:Springer-Verlag,1979;
(b) Berova N,Nakanishi K,Woody R E. Circular Dichroism. 2nd ed. New York:John Wiley& Sons Inc. ,2000.
[25] Niketic S R,Ramussen K J. The Consistent Force Field(Lecture notes in Chemistry,Vol. 3). Heidelberg:Springer,1977;Acta Chem Scand A,1978,32:391.
[26] Saito Y. Coord Chem Rev,1974,13:305.
[27] (a) Brittain H G. Coord Chem Rev,1983,48:243;
(b) Nananishk B N ,Woody R E. Circular Dichroism. 2nd ed. New York John Wiley,2000.
[28] Telfer S G,Nobuo T N ,Kuroda R. J Am Chem. Soc,2004,126(5):1408.
[29] (a) Ziegler M,von Zelewsky A. Coor Chem Rev,1998,177(1):257;
(b) Murell J N. The Theory of the Electronic Spectra of Organic Molecules. New York:Wiley,1963.
[30] (a) Piepho S B,Schats P N. Group Theory in Spectroscopy,with Applications to Magnetic Circular Dichroism. New York:John Wiley & Sons,1983;
(b) 章慧,等. 配位化学——原理和应用. 北京:化学工业出版社,2008.
[31] Kirshner S,Magnell K R. Advances in Chem,1966,62:366.
[32] (a) Mack H,Stillman M J,Kobayashi N. Coordi Chem Review,2007,251:429;
(b) Xue Z L ,Shen Z,Mack J,Kuzuhara D,Yamada H,Okujima T,Ono N,You X Z,Kobayasi N. Am J

Chem Soc,2008,130:16478;

(c)Wu T,Li C H,Li Y Z,et al. Delton Trans,2009,39:3227.

[33] (a) Brundle C R, Baker A D (ed.). Electron Spectroscopy, Theory, Techniques and Applications. Vol. 1. London:Academic Press,1977;

(b)Ellis A M,Feher M,Wright T G. Electronic and Photoelectron Spectroscopy:Fundamentals and Case Studies. Cambridge:Cambridge University Press,2005.

[34] 卡尔森 T A. 光电子和俄歇能谱学. 王殿勋,郁向荣译. 北京:科学出版社,1983.

[35] Green J C. In:Dunitz J D,et al. Structure and Bonding. Vol. 43. Berlin:Springer-Verlag,1981.

[36] Furlani C,Cauletti C. In:Dunitz J D,et al. Structure and Bonding. Vol. 35. Berlin:Springer-Verlag,1978.

[37] Jolly W L. Coord Chem Rev,1974,13:47.

[38] 游效曾,Fenske R F,Freier D G. 结构化学,1985,4:359.

[39] de Kock R L,Lloyd D R. Advances in Inorganic Chemistry and Radiochemistry,1974,16:65.

[40] Fenske R F. Progress in Inorganic Chemistry,1976:21:179.

[41] (a)Cowley A H. Prog Inorg Chem,1979:26:46;

(b) Hüfner S. Photoelectron Spectroscopy Principles and Applications. 3rd ed. Beijin:世界图文出版社,2009.

[42] King G W. Spectroscopy and Molecular Structure. New York:Holt,Reinehart and Winston,1964.

[43] Ingraham D J E. Spectroscopy at Radiofrequency and Microwave Frequencies. London:Butterworth's Scientific Publication,1955.

[44] (a)Nakamoto K. Infrared Spectra of Inorganic and Coordination Compounds. 2nd ed. New York:John & Wiley,1971,Dover,1980;

(b) Wilson E B,Decius J C,Cross P C. Molecular Vibrations. New York:Dover,1980.

[45] Wilson E B,Decius J C,Cross P C. Molecular Vibrations. New York:McGraw-Hill Book Co. ,1955.

[46] Miller F A,Garlson G L,Bentley F F,et al. Spectronchim Acta,1960,16:135.

[47] 贝拉尔 L J. 复杂分子的红外光谱. 黄维垣,聂崇实译. 北京:科学出版社,1975.

[48] Nakamoto K,Mc Carthy P J,Martell A E. J Am Chem Soc,1961,83:1066,1272.

[49] Socrates G. Infrared and Raman Characteristic Group Frequencies Tables and Charts. 3rd ed. New York:Wiley,2004.

[50] Woodward L A,Roberts H L. Trans Faraday Soc,1956,52:1458.

[51] Longuet-Higgins H C,Brown D A . J Inorg & Nuclear Chem,1955,1:60;

Brown D A. J Chem Phys,1958,29:451.

[52] Nakamoto K,McCarthy P J (ed.). Spectroscopy and Structure of Metal Chelate Compounds. New York:John & Wiley,1968.

[53] Behnke G T,Nakamoto K. Inorg Chem,1967,6:433,440.

[54] Nakamoto K,Fujta J,Tanaka S,Kobayasbi M. Am J. Chem Soc,1957,79:404.

[55] (a)Keeler J. Understanding NMR Spectroscopy. New York:John Wiley & Sons,2005;

(b)Lambert J B,Mazzola E P. Nuclear Magnetic Resonance Spectroscopy:An Introduction to Principles, Application, and Experiment Methods. New Jersey:Prentice Hall,2004.

[56] Nelson J H. Nuclear Magnetic Resonance Spectroscopy. New Jersey:Prentice Hall,2002.

[57] (a) Schaefer Ⅲ H (ed.). Methods of Electronic Structure Theory. Ⅲ. New York:Plenum Press,1977;

(b) Friebolin H. Basic One-and Two-Dimensional NMR Spectroscopy. 4th ed. New York:Wiley-VCH,2004.

[58] Ernst R R, Bodenhausen G, Alexander A. Principles of Nuclear Magnet Resonance one and two Dimensions. dxford:Oxford University Press,1987.

[59] (a) Wu W X, You X Z, Dai A B. Calculation of NMR chemical shifts starting from the abinitio method. Chinese Sci Bull,1986,31(16):618;
(b) You X Z,Wu W X. Magn Reson Chem,1987,25:860.

[60] Freier G,Fenske R F,You X Z. J Chem Phys,1985,83:3525.

[61] Pregosin P S, Kunz R W. ^{31}P and ^{31}C NMR of Transition Metal Phosphine Complexes. Berlin:Springer-Verlag,1979.

[62] Chakravorty A,Holm R H. Inorg Chem,1964,3:1521.

[63] Parshall G W. J Amer Chem Soc 1966,88:704.

[64] Hill H A O,Morallee K G. J Chem Soc A,1969,554.

[65] Freeman R,Murray G R,Richards R E. Proc Roy Soc,1957,A242:455.

[66] Abragam A. The Principles of Nuclear Magnetism. London:Oxford University Press,1961.

[67] Eaton D R,Josey A D,et al. Chem. Phys,1962,37:347.

[68] Cramer R E,Drago R S. J Amer Chem Soc,1970,92:66.

[69] Gerlach P H,Holm R H. J Amer Chem Soc,1969,91:3457.

[70] (a) LaMar G N. Chem Phys,1965,43:235;
(b) Wenzel T J. Discrimination of Chiral Compounds Using NMR Spectroscopy. New York:Wiley,2007.

[71] (a) Lund A, Shiotani M. Principles and Applications of Electron Spin Resonance. New York:Springer Verlag,2008;
(b) Weil J A, Bolton J R. Electron Paramagnetic Resonance:Elementary Theory and Practical Applicationd. 2nd ed. New York:Wiley,2007.

[72] (a) 裘祖文. 电子自旋共振波谱. 北京:科学出版社,1980;
(b) Werts J E,Bolton J R. Electron Spin Resonance, Elementary Theory and Practical Applications. New York:McGraw-Hill,1972.

[73] Carlin R L (ed.). Transition Metal Chemistry. Vol. 3. New York:Marcel Dekker Inc.,1966.

[74] (a) Blumberg W E,Eisinger J,Geschwind S. Phys Rev,1963,130:900;
(b) Rieger P. Electron Spin Resonance:Analysis and Interpretation. London:Royal Society of Chemistry,2007.

[75] Gersman H R,Swalen J D. Chem Phys,1962,36:3221.

[76] (a) Glandney H M. IBM Reasearch Laboratory,San Jose,Calif. Program EPR and PARA. QCPE 68 and 69,Chemistry Department,Indiana University;
(b) Bender C J,Berliner L J. EPR:Instrumental Methods. In:Bioloical Magnetic Resonance. New York:Springer Verlag,2004:21.

[77] Tynan E C,Yen T F. J Mag Res,1970,3:327.

[78] 陈颉,游效曾,韩世莹,眭云霞. 化学学报,1988,4:308.

[79] Gilbert B C. Electron Paramagnetic Resonance. London:Royal Scciety of Chemistry,2004.

[80] Eawamori A,Yamauchi J,Ohta H. EPR in the 21st Century. New York:Elsevier Science,2002.

[81] Wertheim G K. Mössbauer Effect:Principle and Application. New York:Academic Press,1964.

[82] Maddock A G. Mössbauer Spectroscopy. Chichester:Horwood Publishing Limited,1997.

[83] Gutlich P, Link R, Trautwein A. Mössbauer Spectroscopy and Transition Metal Chemistry. Berlin:Springer-Verlag,1978.

[84] Watson R E. Phys Rev,1960,119:1934.

[85] Sternheim R M Phys Rev,1963,130,1423.

[86] Barnes R G,Smith W V. Phys Rev,1954,93:95.

[87] Wegener H. Der Mössbauer-effect und seine angewen dung in Physik und chemie. Mannheim:Bibliogra-

phisches Institute,1966.

[88] Zimmerman R,Trautwein A,Harris F E. Phys Rev,1975,B12:3902.

[89] Bleaney B. Hyperfine structure and electron paramagnetic resonance. *In*:FreemanA J,Frankel R B. Hg perfine Interactions New York:Academic Press,1967.

[90] Goldanski V I. The Mössbauer Effect and its Applications in Chemistry. New York: Consultant's Bureau,1964.

[91] Galiagher P K,Kurkjian C R. Inorg Chem,1966,5:214.

[92] Berrett R R,Fitzsimmons B W. J Chem Soc,1967,A(4):525.

[93] Edwards P R,Johnson C E. J Chem Phys,1968,49:211.

[94] Dominic P,Dickson E,Berry F J. Mössbauer Spectroscopy . Cambridge:Cambridge University Press,2005.

[95] (a)de Hoffmen E,Stroobant E V. Mass Spetrometry,Principles and Applications. Chiches:Wiley,2002; (b) Mccleverty J A,Meyer T J,Levery A B P. (ed.)by. Comprehensive Coordination Chemistry II. New York:Elsevier,2003.

[96] Fen T B,Mann M,Meng C K,et al. Science,1989,246:64.

[97] You X Z,Tero-Kubota S,Fang W H. J Chem Soc Chem Commun,1994,2391.

[98] Fang W H,Zhang Y,You X Z. J Mol Struct(THEOCHEM),1995,334:81.

第4章 配位化合物的结构和成键

目前已经由 X 射线结构分析法和前章所述各种波谱方法确定了大量新型配位化合物的结构及其成键特性。主要有两种理论途径对它们进行归纳和解释,一种是使用高质量的量子化学方法对分子结构进行计算,例如,从头计算法和密度函数理论,讨论的主要依据是计算机的数值结果;另一种是使用第 2 章中近似的电子结构理论,突出重点,基于对称性和各类外因内因相互作用和微扰等概念结合化学实践进行综合分析,例如,Hoffmann 所提出的等瓣相似原理等。

这两种途径都很重要,精确的计算可以说明电子性质的细节,但计算越复杂,则化学直观性可能越不明显,因而不易被一般化学家所熟悉。并且对于复杂的大分子,这种计算常常差之毫厘,而结果失之千里。由量子化学所导出的一些近似规则虽然不够严格,而且会失去一些细致结果,但可大范围内用于定性研究,也便于总结出规律,其明晰易懂的概念被一般从事实验研究的化学家所接受。本章将主要通过后一种途径介绍配位化合物的结构和成键特点[1]。

4.1 简单配位化合物的几何构型

分子的几何形状与其电子结构密切相关,原则上可以从微观的量子力学理论导出分子的几何构型。但是 Schrödinger 方程难于精确解决多电子体系问题,因而早期的研究是采用不必知道体系的单个轨道波函数的精确形式但是基于量子化学概念去推求立体结构的方法。

4.1.1 价电子对互斥理论

量子力学中的 Pauli 互斥原理一般表述为体系的波函数对于任意两个电子互换是反对称的。例如,对电子 1 和电子 2 的坐标(包括空间和自旋)互换,Pauli 互斥原理表示为(2.2 节)

$$\Psi(x_1,x_2,x_3,\cdots) = -\Psi(x_2,x_1,x_3,\cdots) \tag{4.1.1}$$

若其中有两个电子具有相同的坐标,即 $x_1 = x_2 = x$,

$$\Psi(x_1,x_2,x_3,\cdots) = -\Psi(x_1,x_2,x_3,\cdots) \tag{4.1.2}$$

因此必有

$$\Psi(x,x,x_3,\cdots) = 0$$

即两个自旋量子数相同的电子,不可能出现于空间中同一点。一般情况下自旋态相同的两个电子,尽可能互相避开。这种 Pauli 斥力与 $\frac{1}{r_{ij}^n}$($n = 6 \sim 12$)成比例。另外,电子间还存在与 $\frac{1}{r_{ij}^2}$ 成比例的远距离的静电斥力。因此在不违背 Pauli 原理的情况下,分子中的电子尽量配对,而且已配对的电子对之间尽量远离以降低斥力。应用这种建立在定域模型基础上的价电子对互斥理论,可以说明大量多原子分子的几何构型。这时中心原子的电子构型取决于其总配位电子对数目 p。因此当 $p = 2$ 时,中心原子的两个配价键间夹角为 180°(直线形),$p = 3$ 时键角为 120°(三角形),$p = 4$ 时键角为 109°28′(四面体)。如果我们用一个点来表示电子对,其结果如图 4.1 所示。

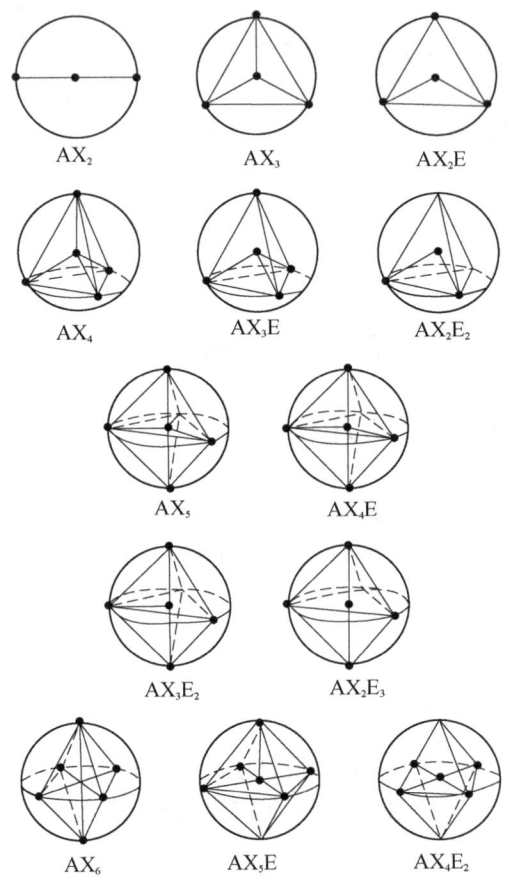

图 4.1　粒子之间距离最大时球面上粒子的排布

基于这种观点,20 世纪 40 年代后 Sidgwick、Nybolm 和 Gillespie 等提出了价电子对互斥理论(valence-shell electron-pair repulsion theory,VSEPR)[2,3]。可以将它概括为四条规律。

(1)给定价电子对数(包括成键 σ 电子和孤对电子)时,中心核周围最可能的排布方式是每个电子对优先位于以核为球心的一个球面上,并趋向于相距最远(图 4.1)。

由此可以预测配位数达到 12 的分子立体化学构型。给定电子对数时,最佳排布可能得到几种分子形状,与成键电子对数和孤对电子对数有关。若 A 是中心原子、X 是配位体、E 为非键电子对,则单键分子 AX_mE_n 的形状由 $p = (m+n)$ 个电子对的最佳排布决定(表 4.1 及图 4.2)。例如,五个点是三角双锥排布的四方锥结构。

表 4.1 非过渡元素和 d^0、d^5(自旋平行)、d^{10} 过渡元素的分子形状

电子对数	排布	分子类型	形状	示例
2	线形	AX_2	线形	Hg_2Cl_2,HgX_2,ZnX_2,CdX_2,$Ag(N)_2^-$
3	三角形	AX_3	三角形	BX_3,CaI_3,$I_n(CH_3)_3$,$[Cu(CN)_2^-]_n$
		AX_2E	V 形	SnX_2,PbX_2
4	四面形	AX_4	四面体	$(BeCl_2)_n$,BeX_4^{2-},BX_4^-,CX_4,NX_4^-,BeO,ZnO,Al_2Cl_6,GeX_4,CuX,TiX_4,HgX_4^{2-},ZrX_4,ThX_4
		AX_3E	三角双锥	NX_3,OH_3^+,PX_3,AsX_3,SbX_3,P_4O_6,Sb_2O_3
			V 形	OX_2,SX_2,SeX_2,FeX_2
5	三角双锥	AX_5	三角双锥	PCl_5,PF_5,PF_3Cl_2,$Sb(CH_3)Cl_2$,$NbCl_5$,V_2O_5
		AX_4E	C_2V	SF_4,SeF_4,R_2SeCl_2,R_2TeCl_2
		AX_3E_2	T 形	ClF_3,BrF_3,$C_6H_5ICl_2$
		AX_2E_3	线形	ICl_2^-,I_3^-,XeF_2
6	八面体	AX_6	八面体	SF_6,MoF_6,WCl_6,S_2F_{10},$Te(OH)_6$,$(NbCl_5)_2$,PCl_6^-,$(SbF_6)_n$,$TiCl_6^{2-}$,FeF_6^{3-}
		AX_5E	四方锥	BrF_5,IF_5
		AX_4,E_2	正方形	ICl_4^-,I_2Cl_6,BrF_4^-,$ICl_2 \cdot SbCl_6$

(2)在中心原子附近,孤对电子比成键电子对占据的空间多(图 4.3),即对于其他电子对,孤对电子比成键电子对有更强的排斥作用,因而其次序为

孤对电子与孤对电子 > 孤对电子与成键电子对 > 成键电子对与成键电子对

显然,当孤对电子取代成键电子对时,成键电子对间夹角(即键角)变小,如下所示。

	CH_4	NH_3	H_2O
成键电子对	4	3	2
孤对电子	0	1	2
键角	109.5°	107.3°	104.5°

由于孤对电子间斥力作用较强,多个孤对电子排布时应尽可能离得最远,以降低相互作用,因此 AX_4E_2 中两对孤对电子应占据反位,分子为平面正方形(图 4.1)。

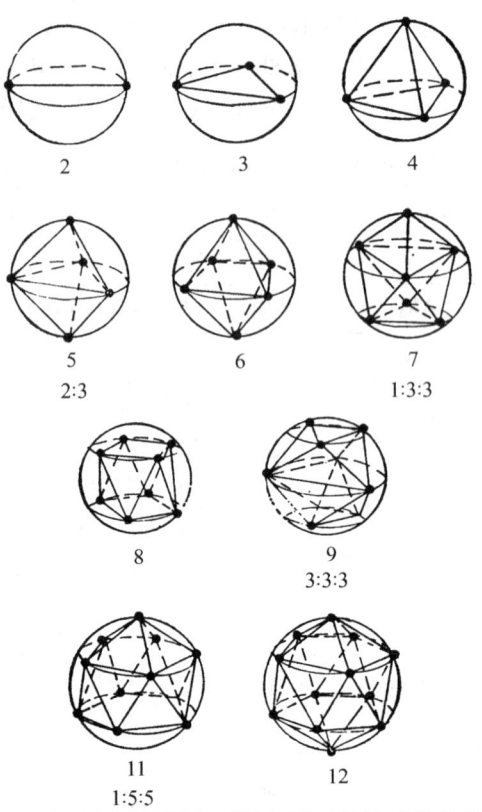

图 4.2 中心原子周围有不同电子对单键时的分子形状

(3) 配位体电负性增加时,成键电子对(占据)轨道变小,占据中心原子球面较小的空间,因此键角随配位体电负性增加而减小(图 4.3)。例如

$F_2O(103.2°) < H_2O(104.5°)$

$NF_3(102°) < NH_3(107.3°)$

$PCl_3(100°) < PBr_3(101.5°) < PI_3(102°)$

$AsCl_3(98.4°) < AsBr_3(100.5°) < AsI_3(101°)$

对于双聚 $NbCl_5$ 分子,结构为

$$\begin{array}{c}Cl\;Cl\;\;\;Cl\;Cl\\ \diagdown\;|\;\diagup\;\diagdown\;|\;\diagup\\ Nb\;\;\;\;\;\;Nb\\ \diagup\;|\;\diagdown\;\diagup\;|\;\diagdown\\ Cl\;Cl\;\;\;Cl\;Cl\end{array}$$

,桥基氯原子带有单位正电荷,相应地比其他氯原子有较高的有效电负性,因此使铌原子周围的氯原子的八面体排布发生变形而使桥基氯原子与铌的键角变得小于 90°,其他键角则增加到大于 90°。

(4) 双键的两对电子或叁键的三对电子比单键的单电子对占据更大的空间,即斥力次序为

叁键 > 双键 > 单键

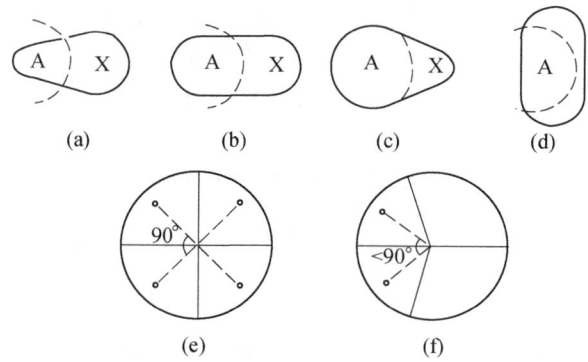

图 4.3 键角随中心原子孤对电子数和配位体电负性的变化

(a)、(b)、(c)说明配位体 X 电负性减小时,电子对占据中心原子 A 的球面部分增加;
(d)说明孤对电子占据中心原子球面的较大部分;(e)键角为 90°(三维则为 109.5°)的四个
等价轨道的二维排列(三维则为 109.5°);(f)孤对电子取代两个成键电子对时,键角变得
小于 90°(三维时 <109.5°)

例如,在乙烯中,有四个电子分布于每个碳原子周围。分布于两个碳原子间的两个电子对形成双键。一般将双键和叁键作为一个电子对计算,因此,乙烯形状是三个成键轨道夹角为 120°的分子(无孤对电子)。$SOCl_2$ 和 XeO_3 分子的三个成键轨道和一个孤电子对组成四面体排布,其他含多重键分子如下所示:

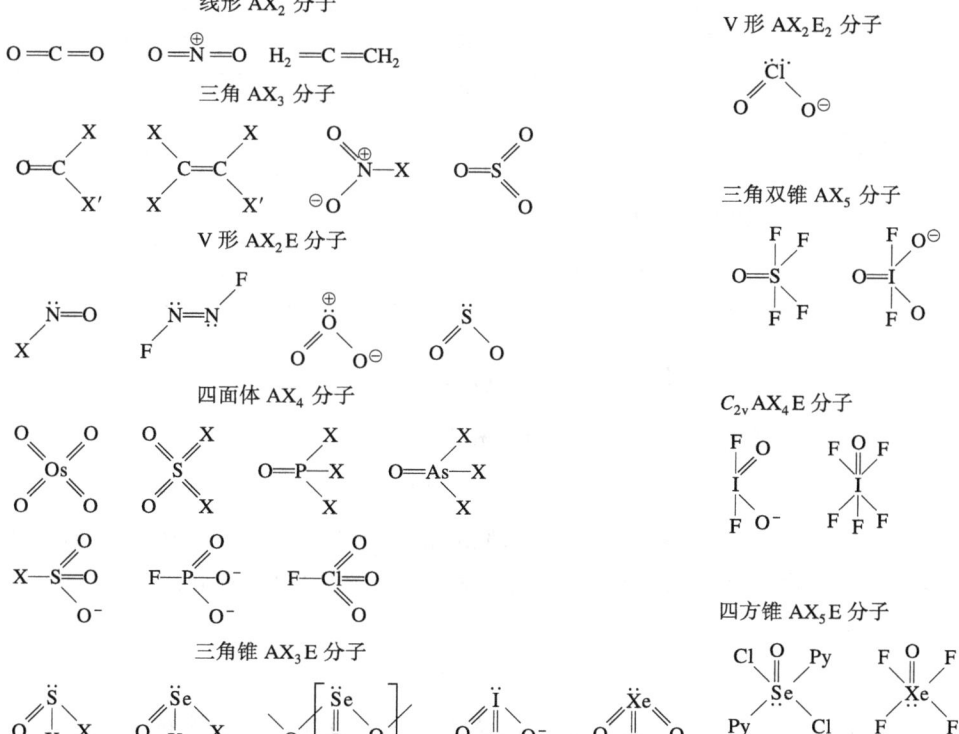

双键和叁键轨道大于单键轨道,因此有多重键的键角比单键键角大、乙烯分子中键角不应是前面预测的 120°,而是双键和单键间夹角大于 120°,单键间键角小于 120°(表 4.2)。由此可预测八面体排布的 $O=I(OH)_5$、$O=IF_5$ 中双键与单键夹角应略大于 90°。

表 4.2 某些含双键分子的键角

AX₃ 分子

	$\widehat{XCX}$	$\widehat{XCO}$		$\widehat{XCX}$	$\widehat{XCC}$
F_2CO	112.5°	123.2	$(CH_3)_2C=C(CH_3)_2$	109	125
Cl_2CO	111.3	124.3			
H_2CO	118	121	$(CH_3)_2C=CH_2$	109	125
$(NH_2)_2CO$	118	121			

AX₄ 分子

	$\widehat{XPX}$		$\widehat{XSX}$	$\widehat{OSO}$
POF_3	102.5	F_2SO_2	96.1	124
$POCl_3$	103.6			
$POBr_3$	108	$Cl_2SO_{—}$	112.2	119.8
PSF_3	100.3	$(NH_2)_2SO_2$	112.1	119.4
$PSCl_3$	100.5			
$PSBr_3$	106	$(CH_3)_2SO_2$	115	125

AX₃E 分子

	$\widehat{XSX}$	$\widehat{XSO}$		$\widehat{XSX}$	$\widehat{OSO}$		$\widehat{XSX}$	$\widehat{OSO}$
F_2SO	92.8	106.8	$(CH_3)_2SO$	100	107			
Br_2SO	96	108	$(C_6H_5)_2SO$	97.3	106.2	$SeOCl_2$	106	114

4.1.2 价电子对互斥理论的进一步讨论

球面上点间距最大的概念等价于点间相互斥力

$$F = \sum_{ij} 1/r_{ij}^n \qquad (n \to \infty) \qquad (4.1.3)$$

为极小时的点间距。这种不发生重叠的轨道称为"硬"轨道。但电子云并不是像我们假设那样是硬的物质,也可以多少有些重叠。可发生重叠的轨道称为"软"轨道。这时斥力

$$F = \sum_{ij} 1/r_{ij}^n \qquad (n < \infty) \qquad (4.1.4)$$

式中的幂数 n 可能在 6 和 12 之间为极小。若质点间相互作用为纯粹的静电力,则斥力符合 Coulomb 定律(即 $n=2$)。图 4.1 中 7 电子对以下的排布方式不依赖于 n 值,

"软"轨道和"硬"轨道得到的排布方式都一样,例如,5 电子对排布是三角双锥而不是四方锥。当电子配对数为 7、8、9、11、12 时,"硬"轨道模型推测的相应构型分别为 1∶3∶3、四方反棱柱体、3∶3∶3、1∶5∶5、二十面体。对于 8、9、12 个电子对用"软"轨道($n<\infty$)方法得到和"硬"轨道法($n=\infty$)判断相似的分子形状。当 7 个电子对时,发现当 n 减小时,最稳定排布从 1∶3∶3 排布转化为 1∶4∶2 排布,最后变为 1∶5∶1 排布或五角双锥构型(图 4.4)。

具有非等价配位体的 $[NbOF_6]^{3-}$ 结构为 1∶3∶3 排布,$[UO_2F_5]^{2-}$ 为五角双锥构型。有 7 个等价配位体的 $[ZrF_7]^{3-}$ 为 1∶3∶3 构型,$[NbF_7]^{2-}$ 和 $[TaF_7]^{2-}$ 为 1∶4∶2 构型,UF_7^{3-} 为 1∶5∶1 构型。根据报道 IF_7 为五角双锥的 1∶5∶1 构型,但仍有争议。液态 IF_7 的 ^{19}F NMR 谱仅能说明 7 个氟存在快速分子内交换,而变成磁等价;这种易于进行的分子内交换现象,可能是由于 7 个配位体具有能量上略有不同的存在方式的缘故。

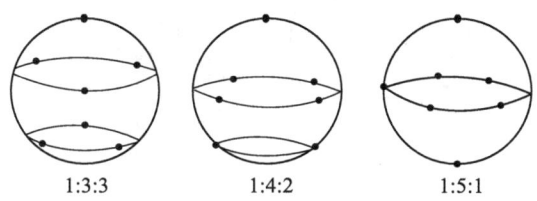

1∶3∶3   1∶4∶2   1∶5∶1

图 4.4 球面上 7 个等价配位体的排布

如果 7 个电子对之一是孤对电子,则它们比其他成键电子对占据更多的空间,并应具有较少的近邻(电子对),一般具有 1∶3∶3 构型,孤对电子位于唯一的轴向位置。XeF_6 应具有这类结构,预测 IF_6 的结构也是 1∶3∶3 构型。

有 8 个或 9 个等价配位体,而且中心原子无孤对电子的分子构型应具有四方反棱柱和 3∶3∶3 构型,但只有很少的实例。TaF_8^{3-} 为四方反棱柱,ReH_9^{2-} 和 $Nd(H_2O)_9$ 为 3∶3∶3 构型。一般情况下,高配位数的分子皆有几种能量相近的构型。8 配位和 9 配位(对任何 n 值)分子都有一种最稳定、和其他构型能量相近的构型。非等价配位体、螯合效应、配位体孤对电子等一系列因素都可引起这些构型之一变得比四方反棱柱和 3∶3∶3 构型更为稳定。根据下列一些经验规则可以判断已知电子对数的最佳排布方式:①粒子可位于一个极点或两个极点上。②粒子可位于极点和垂直于连接两极的竖直轴间的纬线上。③从极点到赤道间的各个纬线上粒子数总是成对地增加。④相邻线上的粒子须交错排布。分别处在各层的几对粒子的连线在赤道平面上投影的夹角分别为 90°($n=2$)、60°($n=3$)和 45°($m=4$)等。

根据这些规则,6 个电子对排布为 1∶4∶1,2∶2∶2 和 3∶3 构型;7 个电子对排布为 1∶3∶3,1∶4∶2,1∶5∶1 构型。显然,1∶2∶2∶2 排布与五角双锥相同。8 个电子对排布有 4∶4(四方锥反棱柱体),2∶2∶2∶2(十二面体),2∶4∶2,2∶2∶4,1∶3∶3∶1 和 1∶6∶1(六角双锥)构型,立方体是 1∶3∶3∶1 排布的特例。作为

4:4构型考虑,预期它不如四方反棱柱体稳定。显然,2:4:2构型与立方体具有相同的稳定性,但比四方反棱柱体的稳定性差。1:6:1构型也不如1:3:3:1构型稳定。因此8个电子对排布最可能的结构为4:4(四方反棱柱体),2:2:2:2(十二面体),2:2:4和1:3:3:1构型(见图4.5)。

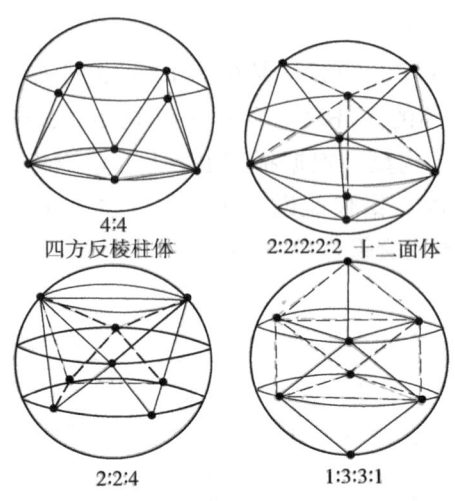

图 4.5　八配位最可能的结构

对于具有 8 个非等价的配位体(非螯合配位体),最可能的结构是四方反棱柱体($[TaF_8]^{2-}$)。$[Mo(CN)_8]^{4-}$(有非成键 d 电子)为十二面体,螯合配位化合物 $[Zr(C_2O_4)_4]^{4-}$ 也是十二面体。许多铀的配位化合物是 1:3:3:1 构型[如 $UO_2(OAc)_2$]和 1:6:1 构型[如 $UO_2(NO_3)_2$]。这时双键上氧原子占据轴向位置,以保持相互之间尽可能远离。

根据上述规则,9 个电子对最可能的排布有 3:3:3、1:2:2:2:2、1:4:4、1:2:4:2、1:2:2:4、1:6:2 和 1:7:1 形式,其中,3:3:3 是 9 个等价电子对最稳定的排布,实际上这是已观察到的唯一的 9 配位结构。

和主族元素配位化合物不同,过渡金属配位化合物的结构易于变动,例如,结晶溶剂、温度等实验条件的不同,会使 Lifshitz 盐(**1**)成黄色的反磁性或蓝色的顺磁性结构(其中,S 为给予性溶剂分子);由于螯合或大的配位体会形成反常的几何构型和配位数,因此还可以具有高、中、低不同自旋的电子组态。

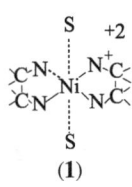

(**1**)

在某些情况下,例如,金属羰基化合物,认为 d 电子处在 π 键,因而在价电子对互斥理论中对它不加考虑。这就说明了 $Ni(CO)_4(d^{10})$、$Fe(CO)_5(d^8)$ 和 $Cr(CO)_6(d^6)$ 分别具有 4,5 和 6 的 σ 电子对,从而具有四面体、三角双锥和八面体几何构型。一般说来,对于过渡元素,须按配位场等理论考虑非键 d 轨道和价层成键电子对的相互作用。若中心原子的d轨道是球对称的,即为d^0、d^5(自旋平行)或d^{10},不会影响价层电子对排布,其分子的结构与相应的非过渡元素的分子完全一致(表4.1)。

价电子对互斥理论的概念在下列四个领域中遇到了困难:①对于极化键,Li_2O是线形的而不是根据AB_2E_2所预测的弯曲型结构。若把它看成$Li^+O^{-2}Li^+$,则也是线形的。②具有π键体系的分子,$[C(CN)_3]^-$和$C(NO_3)_3^-$分子根据AB_3E应为锥形,但实际上为平面骨架,这是由于π键稳定平面形结构。③"惰性对"分子,在周期表右边重元素中的ns^2电子对常常发现是立体化学惰性的。$[SbCl_6]^{3-}$是八面体却具有7个价电子对(AB_6E),这时n电子对的分子表现出$n-1$电子对所预计的结构。(d)分子构象的讨论,例如,H_2N-NH_2的最低能量构象是"孤对电子"处于图4.6的傍式(gauche form),而不是表现为价电子对互斥使孤对–孤对排斥最小的反式结构。

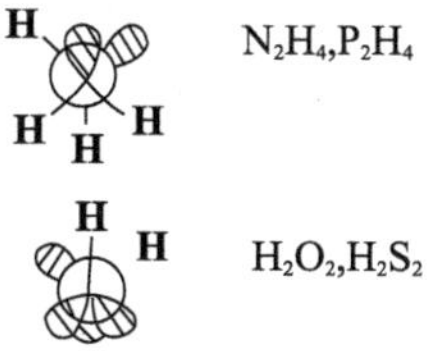

图4.6 H_2N-NH_2型分子的构象

4.1.3 配位化合物的异构体

具有相同化学组成而结构不同的分子都称为异构体。在配位化学中较主要的是几何异构体和光学异构体[4]。

在几何异构体中,最简单的四方平面形配位化合物具有图4.7所示的两种形式。

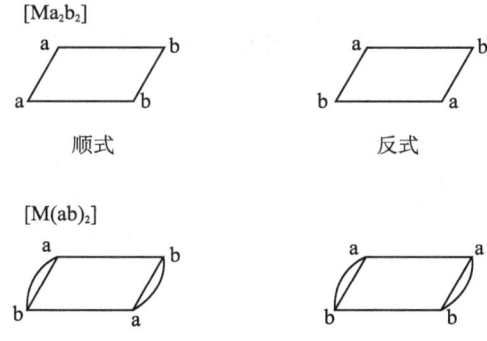

图4.7 四方平面形配位化合物的异构体

6个相同的配位体在空间中形成单核配位化合物时有三种方式(图4.8),其中以八面体最为常见。具有通式Ma_4b_2的化合物,则有图4.9所示的几种异构体,其中八面体有反式和顺式两种。当其中有两个双齿配位体a–a时,则有图4.10所示的顺和反两种形式。但是,当双齿配位体为$H_2N-CH(CH_3)-CH_2-NH_2$之类的非对称的a–b时,则有图4.11所示的五种异构体。对于配位化合物Ma_3b_3,也只有图4.12所示的两种异构体。

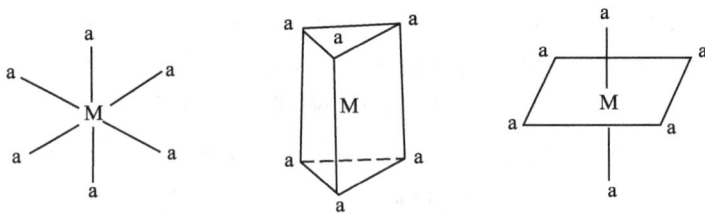

图 4.8　Ma_6 配位化合物的三种异构体

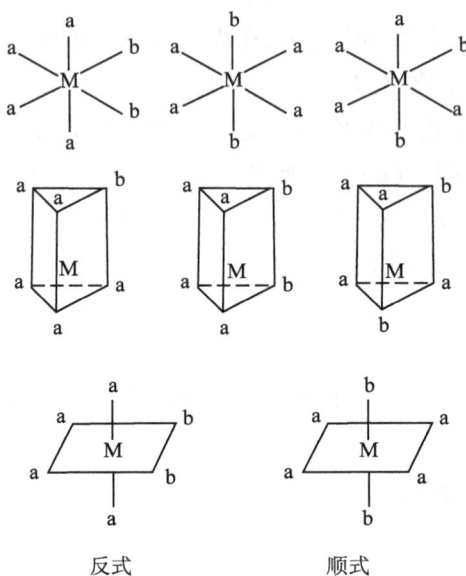

图 4.9　Ma_4b_2 配位化合物的可能异构体

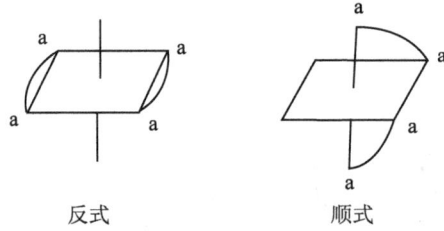

图 4.10　有两个 a-a 双齿配位体 Ma_4b_2 的异构体

其他更复杂的 8 配位化合物异构体如图 4.13 所示。值得指出的是,早在 1911 年 Werner 就分离出了 $[CoAB(en)_2]X_2$ 的异构体,其中 en 为乙二胺的缩写。

光学异构体的情况较为复杂。当一个配位化合物不能和它的镜像重叠时,就称为手性(chiral)分子,从而存在光学异构体,出现光学异构体的最一般判据是,分子结构中不存在非真旋转轴(即不存在对称面和对称中心)。最简单的是具有 C_1 对称性的四面体分子 Mabcd(图 4.14),其中只含有一个不对称碳原子。根据国际

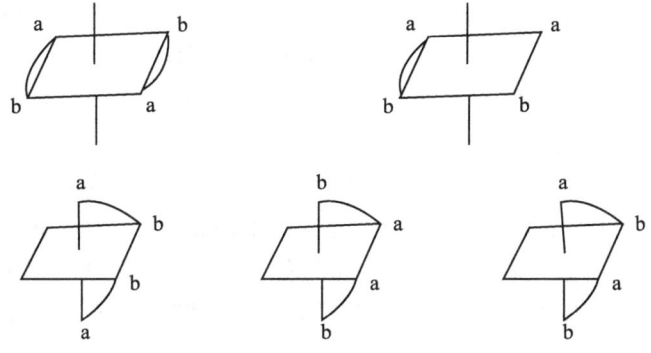

图 4.11 Ma₄b₂ 中有两个双齿配位体时的异构体

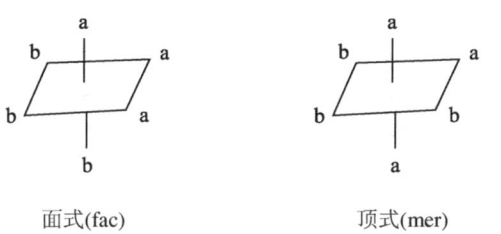

面式(fac)　　　　顶式(mer)

图 4.12 Ma₃b₃ 的两种异构体

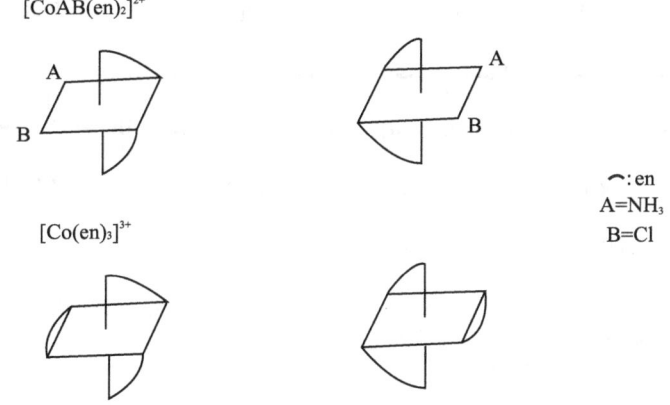

图 4.13 Werner 最早分离出的配位化合物

纯粹化学和应用化学联合会(IUPAC)建议的命名法,这种对映体的构型用 R 或 S 来表示。先将手性中心周围四个原子或原子团根据相对原子质量由小到大的规则按 a>b>c>d 次序排列。从位于 d 对面的观察者看来,若 a→b→c 为顺时针方向,则为 R(右)构型;若 a→b→c 为逆时针方向,则为 S(左)构型。对于含有两个相同手性原子的化合物,例如,图 4.15 的酒石酸分子中两个手性碳原子上联结有相同的基团—H、—OH、—COOH 和—CH(OH)COOH,即为 Cabc - Cabc 型的化合物。它具有三种异构体,其中(c)是(d)的镜像,在纸面上旋转 180°就能重叠,所以这两个式子是一样的,没有手性,不旋光,通常称为不旋体(*meso*)或内消旋。(a)和(b)则互为镜像对映体,前者为左旋酒石酸,后者为右旋酒石酸。将它们等量混合,则是外消旋物。图中 R 和 S 构型前的数字为碳原子的编号,名称前的(+)和(-)分别表示用旋光仪实验测出来的右旋和左旋方向[①]。至于左旋酒石酸的结果是 $(2S,3S)$,是由 X 射线衍射法测定得到的。分子中也可能含有 n 个不同的手性原子,不难理解,其对映异构体的数目为 2^n,它们可分别组成 2^{n-1} 个外消旋物。当分子中含有相同手性原子时,对映体的数目小于 2^n。此外,也可能存在手性轴(图 4.16)和手性面(图 4.17,顺式)的化合物,因为它们也不含有对称面和对称中心。但是联三苯型化合物的反式异构体中有一个对称中心,因此不是手性的。关于手性异构体数目更详细的数学讨论可参考文献[5a]。

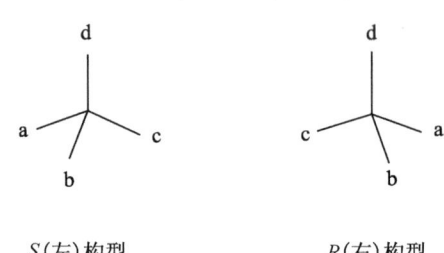

图 4.14 Mabcd 分子异构体

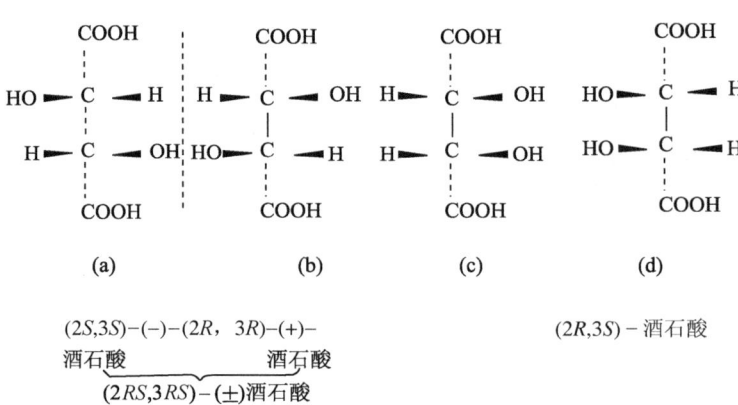

图 4.15 酒石酸分子的异构体

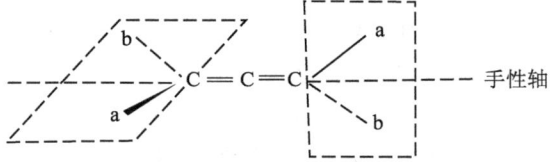

图 4.16 具有手性轴的化合物(丙二烯型)

---

① 除有另加说明外,所有旋光符号都是在钠 D 线下的值。

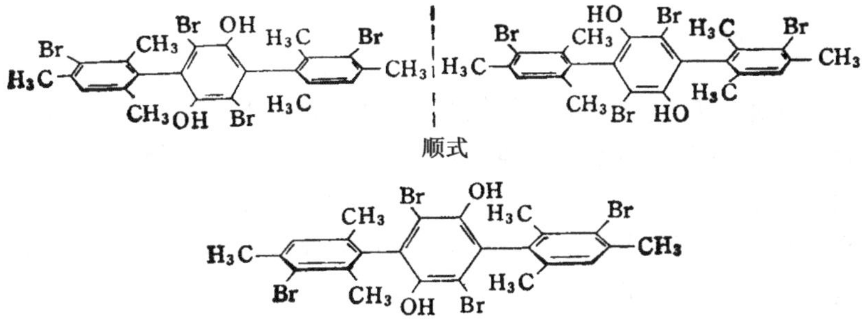

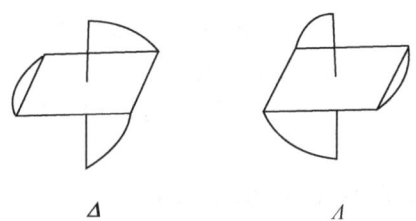

图4.17 具有手性面的化合物(联三苯型)

按照 IUPAC 的规定(参考附录Ⅰ文献),基于八面体形式的六配位化合物的绝对构型,常用希腊字母 delta(定义了右手螺旋轴)和 lambda(定义了左手螺旋轴)来表示。大写的 Δ 和 Λ 表示构型(configuration,图4.18),小写的 δ 和 λ 表示构象(conformation,图4.19)。

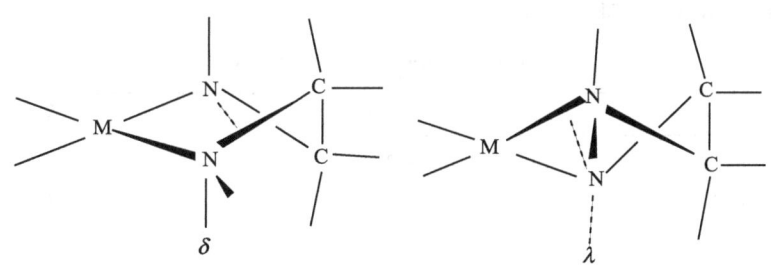

图4.18 三个具有双齿对称配位化合物的光学异构体

图4.19 金属-乙二胺环的两种可能构象

值得指出的是,手性分子只有在适当的手性条件下才显示手性,在非手性条件下就没有手性。偏光是手性条件,因此对映异构体的旋光性不同。加热和溶解于水是非手性条件,因此对映异构体的熔点和在水中的溶解度都相同。对映体与无手性的试剂反应速率相同,但和有手性的试剂反应则速率不同。这一点对于在实际上拆分对映体和解释对映体的生理效应时有十分重要的作用。

4.1.4 构象分析

为了更深刻地了解金属和配位体结合时不同构象的物理化学性质和立体结构,要求从能量的角度对不同构象异构体进行分析,在配位化合物研究中这方面的工作开展得比有机化学要迟些。1944 年 Mathien 从色散力观点分析了为什么会优先形成 $cis-[CoX_2(Pn)_2]$ 的非对映异构体(diastereoisomer)的问题。1960 年后更多研究者开展了这方面的理论工作[4]。

1. 最小应力能方法

如 2.5 节所述,一般可以采用各种量子化学的演绎方法来处理分子结构问题。本节介绍一种最小应力能的归纳法。这时把分子看成一些在空间排列的点原子体系,当原子间的相互作用力平衡后可以达到平衡构型。将体系的势函数用定义分子几何构型参数的方式来描述,调节这些参数来解释观察到的性质。

可以将配位化合物的总构象能表示为五项之和:

$$U = U_r + U_\theta + U_\phi + U_{nb} + U_{el} \tag{4.1.5}$$

其中,U_r 为键变形势能,U_θ 为键角变形势能,U_ϕ 为扭转势能,U_{nb} 为非键势能,U_{el} 为 Coulomb 静电作用能。在文献上常把这种方法称为总分子势能、立体能或应力能法。这种总构象能不包括振动能,而且也依赖于参数的选择,所以其绝对值并没有实在的物理意义。但构象能的差别反映了可以由实验测定的分子性质,可用于预测未知构型的稳定性。

键伸缩势能采用谐振势函数[参考式(3.4.6)]

$$U_r(r_{ij}) = \frac{1}{2} V_{ij} (r_{ij} - r_{ij}^0)^2 \tag{4.1.6}$$

其中,r_{ij} 为第 i 和第 j 个原子间的距离,r_{ij}^0 为它们之间的平衡距离,V_{ij} 为力常数。由振动光谱得到的 V_{ij} 值列于表 4.3。

表 4.3 键伸缩势能函数的参数

键	$V_{ij}/[\text{kJ}/(\text{mol}\cdot\text{Å}^2)]$	$r_{ij}^0/\text{Å}$
Co—N	1205	2.00
N—C	3616	1.47
C—C	3014	1.54
C—H	3014	1.093
N—H	3399	1.011

键角变形的势能函数也可以表示谐振形式:

$$U_\theta(\theta_{ijk}) = \frac{1}{2} V_{ijk} (\theta_{ijk} - \theta_{ijk}^0)^2 \tag{4.1.7}$$

其中,θ_{ijk} 为相连三个原子 i、j 和 k 形成的键角。θ_{ijk}^0 为未变形键角,它和由红外变形振动得到的力常数值列于表 4.4。

表 4.4 角变形势能的参数

角 度	$V_{ijk}/[\mathrm{kJ/(mol \cdot deg^2)}]$	$\theta^0_{ijk}/\mathrm{deg}$
N—Co—N	198.0	90.0
Co—N—H	58.2	109.5
Co—N—C	116.4	109.5
N—C—C	324.4	109.5
N—C—H	190.9	109.5
H—N—H	160.3	109.5
C—N—H	190.9	109.5
H—C—H	160.3	109.5
H—C—C	190.9	109.5
C—C—C	324.4	109.5

由光谱、衍射和热力学测量表明了多原子分子中单键的旋转受到势垒的阻碍。对于乙烷中的三重势垒,这种扭转势函数可表示为

$$U_\phi = \frac{1}{2}V_\phi(1+\cos 3\phi) \tag{4.1.8}$$

其中,ϕ 为二面角 H—C—C—H。基于熵和热容数据求出其 V_ϕ 值约为 13.2kJ/mol。又如,绕着八面体六配位的金属和 NH_3 之类的三重对称性配位体之间的扭曲能可由四项求和得到

$$U_\phi = \sum_{i=1}^{4} \frac{1}{2}V_i'[1+\cos 3\{\phi+(i-1)\times 90°\}] \tag{4.1.9}$$

当 $V_1' = V_2' = V_3' = V_4'$ 时,则该项为零。而且已经证实在 $[Co(NH_3)_6]^{3+}$ 中 NH_3 基团是自由旋转的,所以在八面体配位化合物中可以忽略扭曲能。

分子中的非键原子间也有相互作用,非键原子间距离较远时有与 r^{-6} 成比例的 van der Waals 力相互吸引作用。但相互接近到一定距离后,则由于电子云开始重叠而产生 Pauli 排斥作用。由于波函数通常为指数形式,因此排斥作用也呈指数形式。一对非键原子 i,j 之间的相互作用一般表示为(图 4.20)

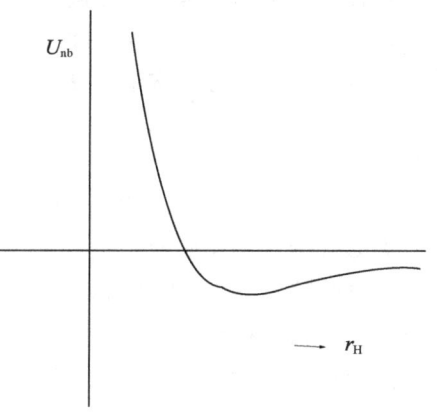

图 4.20 非键作用的典型势能曲线

$$U(r_{ij})_{nb} = \frac{a_{ij}\exp(-b_{ij}r_{ij})}{r_{ij}^{d_{ij}}} - \frac{c_{ij}}{r_{ij}^\delta} \tag{4.1.10}$$

当取参数 $b_{ij}=0$ 和 $d_{ij}=12$ 时,则式(4.1.10)化为 Lennard-Jones 势能函数。

$$U(r_{ij})_{nb} = a_{ij}\exp(-b_{ij}r_{ij})/r_{ij}^n - c_{ij}/r_{ij}^6 \tag{4.1.11}$$

表 4.5 中列出了两组可供参考的 a_{ij}、b_{ij} 和 c_{ij} 参数。第一组较广泛地应用于配位化合物。

表 4.5　非键势函数的参数(kJ/原子对)

键	I			II		
	$a_{ij} \times 10^{-4}$	$b_{ij}/\text{Å}^{-1}$	$c_{ij}/\text{Å}^6$	$a_{ij} \times 10^{-4}$	$b_{ij}/\text{Å}^{-1}$	$c_{ij}/\text{Å}^6$
H⋯H	2.76	4.08	205.9	3.47	4.6	195.9
H⋯C	13.14	4.20	506.9	32.61	4.6	694.0
H⋯N	11.76	4.32	415.2	22.35	4.6	652.9
C⋯C	99.20	4.32	1,246.4	386.7	4.6	2,510.9
C⋯N	88.77	4.44	1,021.3	253.2	4.6	2,390.8
N⋯N	78.02	4.55	837.1	169.1	4.6	2,289.0

当分子中存在电荷、永久偶极矩或多极矩时,则必须考虑它们之间的 Coulomb 作用。最直接的办法是只考虑相距为 r_{ij} 的两个部分电荷 q_i 和 q_j 之间的静作用势函数

$$U_{el}(r_{ij}) = -\sum q_i q_j/(Dr_{ij}) \quad (4.1.12)$$

其中,D 为有效介电常数。电荷 q 可从真正的晶体中观察到的电荷密度得到,但更常见的是选择合适的电荷使计算得到的偶极距或键距符合观察值。

将上面五项势能相加就可以得到分子的总构象能(写作 n 个参数的函数)

$$U = U(x_1, x_2, \cdots, x_n) \quad (4.1.13)$$

这个方程形成了一个 n 维构象能表面,用逐次逼近法通过计算机求出其最小能量,以得到各种稳定的构象,而马鞍点(极大)代表稳定构象间变化的活化配位化合物。在优化过程中可以从 X 射线晶体结构数据选择键长、键角等分子参数得出开始的尝试结构。通过逐次逼近法直到使计算的参数变化小于所观察的键长和键角标准误差的 2 倍,如 0.01Å 和 5°。计算结果表明,角度变形在确定构象相对稳定性时较为重要。

2. 光学活性配位化合物异构体的稳定性计算

大多数理论和实验研究过的光学活性配位化合物都包括了螯合环,因而也表现了特别的稳定性,已报道过四元、五元、六元、七元、八元,甚至更大的螯合环,其中以五元环最为稳定。我们将以钴的乙二胺配位化合物 $[Co(en)_3]^{3+}$ 为例来说明其不同异构体的稳定性。

和平面的 Cr - ox 环不同,Co - en 环是折叠而非对称的。对于三(乙二胺)钴(Ⅲ)离子有八种可能的构象,即

1. $\begin{cases} \Lambda(\delta\delta\delta) \\ \Delta(\lambda\lambda\lambda) \end{cases}$　2. $\begin{cases} \Lambda(\delta\delta\lambda) \\ \Delta(\lambda\lambda\delta) \end{cases}$　3. $\begin{cases} \Lambda(\delta\lambda\lambda) \\ \Delta(\lambda\delta\delta) \end{cases}$　4. $\begin{cases} \Lambda(\lambda\lambda\lambda) \\ \Delta(\delta\delta\delta) \end{cases}$

它们形成了两组对映的系列。图 4.21 中表示了 Λ 系列的四个非对映异构体。C—C 轴在 $\Lambda(\delta)$ 组合中为覆盖式,而在 $\Lambda(\lambda)$ 组合中为拐折式,前者 C—C 轴几乎平行于配位化合物的假三重轴,而后者则有大的倾斜,因此它们分别称为 lel(parallel)和 ob(oblique)构象,这四个 Λ 系列的非对映体也分别称为 lel$_3$ -、lel$_2$ob -、 lelob$_2$ - 和 ob$_3$ - 异构体,早在 1912 年 Werner 就制备了这种光学异构体,但直到 1955 年 Saito 才用 X 射线反常散射的方法确定了这个配位化合物 $(+)_{589}[Co(en)_3]^{3+}$ 具有图 4.21 左中的 $\Lambda(\delta\delta\delta)$lel 绝对构型。

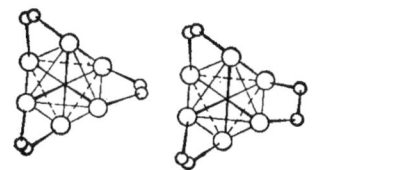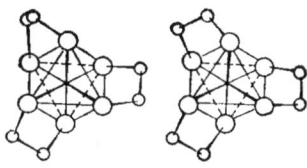

图 4.21　四个 Λ - $[Co(en)_3]^{3+}$ 的非对映异构体

Niketic 和 Rasmussen 应用快速收敛的能量极小程序计算了 $[Me(en)_3]$ 体系的平衡构象[5]。表 4.6 中列出了各种能量的贡献。由表可知 ob$_3$ 能量高出约 4.75kJ/mol。平均 ob - lel 的能量差为 1.6kJ/mol ± 0.9kJ/mol。没有甲基的五元环是高度折叠的,平均二面角 N—C—C—N 为 55.3° ± 1.5°。$[CoN_6]$ 八面体是沿三重轴扭转的。这些结果和晶体结构数相当一致。

表 4.6　$[Me(en)_3]$ 体系的能量贡献(单位:kJ/mol)

指标	lel$_3$	lel$_2$ob	lelob$_2$	ob$_3$
键伸缩变形	1.11	1.26	1.39	1.34
键角变形	8.84	8.38	8.24	8.08
扭曲应变	16.89	18.21	19.11	19.44
非键作用	-19.68	-18.01	-16.81	16.96
总构象能	7.16	9.84	11.93	11.91
能量差	0.00	2.68	4.77	4.75

在溶液中 $[Co(en)_3]^{3+}$ 的圆二色散谱的研究表明,不同的构象在溶液中共存。$[Co(en)_3]^{3+}$ 的 NMR 研究表明,配位体在 δ 和 λ 构象之间发生快速倒反。考虑到统计效应后认为在溶液中最多的构象是 $\Lambda(\delta\delta\lambda)$ 而不是 $\Lambda(\delta\delta\delta)$。

这类分子力学的计算方法已可以由计算机执行,对于大分子的结构研究具有重大意义。

4.2　有机金属化合物

至少含有一个金属 - 碳键的化合物称为有机金属化合物。尽管早在 1827 年就制备了第一个稳定的有机金属化合物 Zeiss 盐 $K[PtCl_3(C_2H_4)]$[图 1.2(a)],但引起人们的重视是在 1951 年测定了二茂铁的结构以后。表 4.7 中列出了该领域中的一些主要进程。现在已经制备了一系列新型的有机金属化合物,而且发现了很多新的化学反应[6~9]。

表 4.7　早期有机金属化合物发展中的一些主要事件

年份	主要事件
1827	发现 Zeise 盐，$K[(C_2H_4)PtCl_3] \cdot H_2O$
1868	Schutzenberger 制备第一个羰基化合物 $[PtCl_2(CO)]_2$
1890	Mond 发现 Ni 阀门的腐蚀剂 $Ni(CO)_4$
1891	Werner 提出配位键理论，后获得诺贝尔奖
1901	Grignard 发现有机－镁配位化合物，后来因此获得诺贝尔奖
1916	Lewis 电子对价键理论
1925	发展了 Fischer-Tropsch 催化过程
1930	Reihlen 制备了三羰基-1,3-丁二烯合铁
1938	Roelen 发现了钴催化的"氧代"过程
1939	Iguchi 研究了锗基均相催化加氢催化剂
1951	Orgel, Pauling 等提出了金属羰基配位化合物中的反馈键
1951	Pauson 和 Miller 各自发现二茂铁
1955	Cotton 等发现瞬变现象
	Ziegler 和 Natta 发现金属催化烯烃聚合作用，后获得诺贝尔奖
1958	发现 $[PMo(CO)_9]_2$ 没有桥基而呈现共价 M—M 键
1959	Shaw 和 Chatt 研究了氧化-加成反应
1961	Crowfoot-Hodgkin 研究了辅酶维它命 B_{12} 的结构
1962	发现"Vaska 配位化合物"
1962	Dahl 测定了 $Rh_5(CO)_{16}$ 和 $Fe_9(CO)_{15}C$ 的结构
1963	Cotton 提出了 M-M 四重键
1964	Fisher 分离出了第一个过渡金属 Carbene 配位化合物
1965	Wilkinson 发现了加氢配位化合物，后获得诺贝尔奖
1971	Wade 的成键理论，Lipscomb 在硼烷方面的理论处理获诺贝尔奖
1973	Fisher 报道了第一个过渡金属碳烯配位化合物
1974	工业 Rh 催化 CH_3OH 成乙酸的羰基化作用
1976	CO 配位体被 H_2 化学计量的还原作用
1979	用于 (d,l)-雌酮合成的钴催化作用
1980	由煤导致 CO 和 H_2 气的工业应用
1981	Hoffmann 提出了连接无机与有机化学桥梁的等辩理论
1983	报道了甲烷和单核配位化合物间的反应
1983	Taube 在化学反应中的电子转移机理研究获得 1983 年诺贝尔奖
2001	W. S. Knowles, R. Noyori, 加氢反应和氧化反应的手性催化

通常可以应用下列反应来生成有机金属化合物[10]：

(1) 还原结合反应：一般有机金属化合物处于较低的氧化态，故可通过高价无机物的还原反应制备，例如

$$WCl_6 + 3Zn + 6CO \longrightarrow W(CO)_6 + 3ZnCl_2 \qquad (4.2.1)$$

而形成 M—C 键。

(2) 配位体取代反应：例如

$$W(CO)_6 + PPh_3 \xrightarrow[\text{或} h\nu]{\Delta} W(CO)_5(PPh_3) + CO \qquad (4.2.2)$$

反应的第一步常常是在加热（Δ）或者光化学活化（$h\nu$）下配位体的离解。

(3) 插入反应：将多原子分子插入 M—R 键，例如

$$CH_3Mn(CO)_5 + CO \longrightarrow CH_3\overset{\overset{O}{\|}}{C}Mn(CO)_5 \quad (4.2.3)$$

它的逆反应称为消除反应。

(4) 氧化加成反应：加成后引起金属的氧化,如

$$\begin{matrix} OC & PPh_3 \\ & Ir & \\ Ph_3P & Cl \end{matrix} + Cl_2 \longrightarrow \begin{matrix} OC & Cl & PPh_3 \\ & Ir & \\ Ph_3P & Cl & Cl \end{matrix} \quad (4.2.4)$$

价电子计算：
	$Ir^I(5d^8)$	8	$Ir^{III}(5d^6)$	6
	$2Ph_3P$	4	$2Ph_3P$	4
	CO	2	CO	2
	Cl^-	2	$3Cl^-$	6
反应前：		16 电子	反应后：	18 电子

从而化合物由 16 电子组态变为 18 电子组态。其逆反应称为还原消除反应。

下面讨论这类有机金属配位化合物的结构特性和成键规律。

4.2.1 有效原子序数规则

在有机金属化合物中最重要的是过渡金属有机金属配位化合物。单核的有机金属配位化合物可以一般地表示为 L_aMR_b，其中,M 为过渡金属原子,有机配位体 R 代表甲基之类的中性自由基,而配位体 L 代表 CO, Ph_3P 之类的含未成对电子中性分子。从这个含义上说,对金属有机化合物和金属配位化合物的区分不必过分认真,可以"难得糊涂"的方式对待。

在大多数情况下金属的配位数为 4、5 和 6。一般配位数为 4 的配位化合物采取四面体和平面形构型,配位数为 5 的采取三角双锥和四方锥构型,配位数为 6 的采取八面体构型。当配位体不相同时,会出现图 4.22 所示的几何异构体结构。有机金属配位化合物的一般类型见图 4.23。

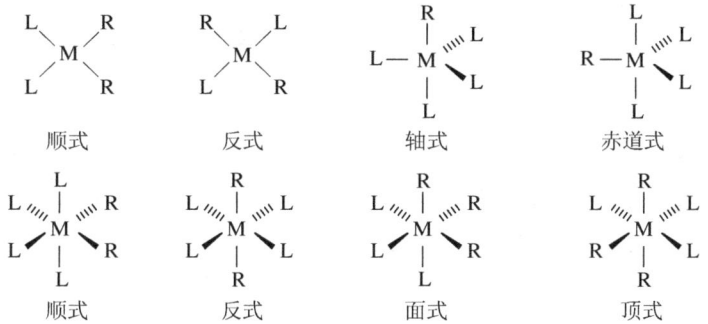

图 4.22 配位化合物的几何异构体

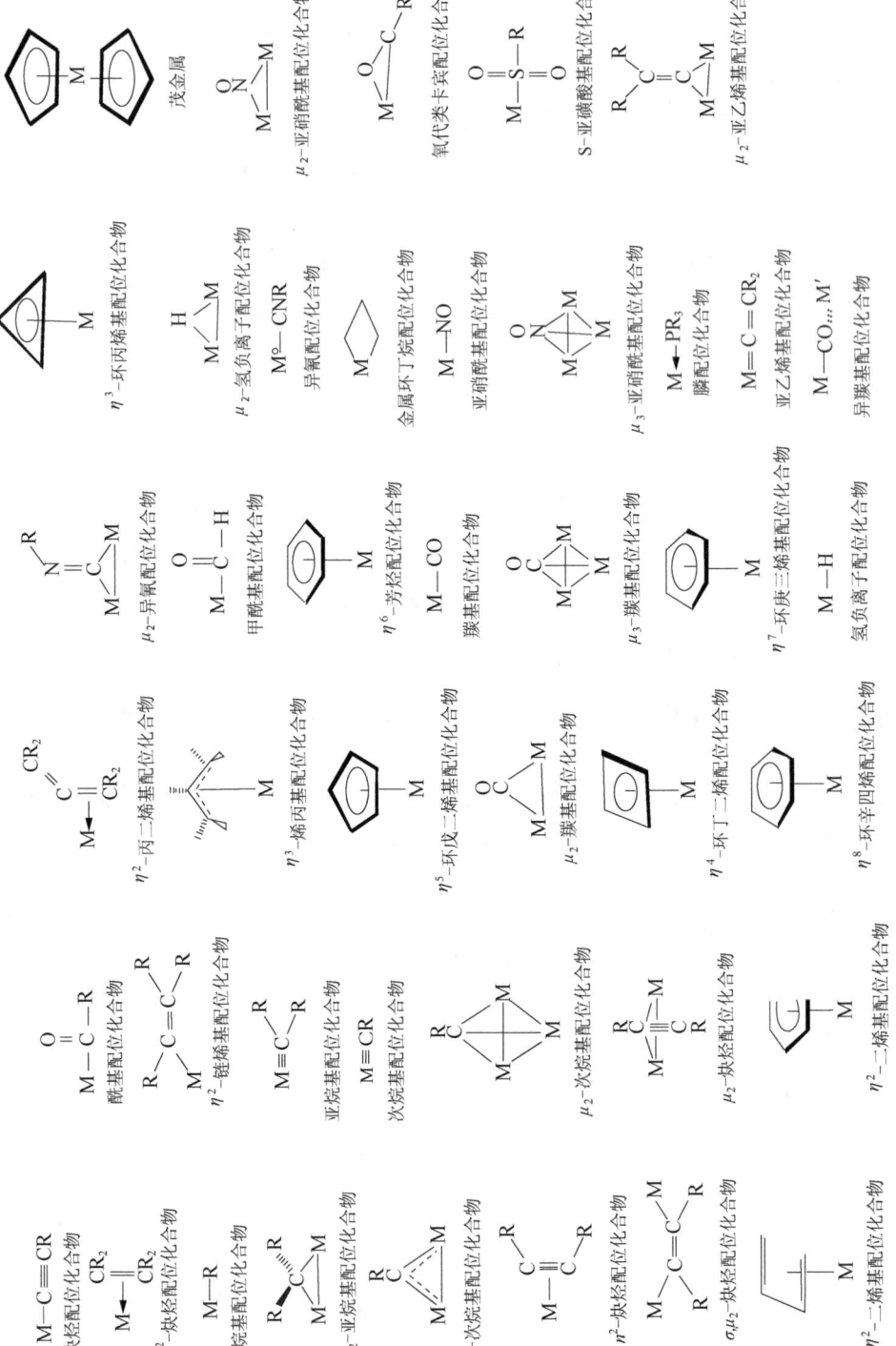

图4.23 有机金属配位化合物的一般类型

金属和碳之间成键的方式很多。图4.23中列出了一些常见类型的有机金属配位化合物及其名称。其中既有共价的双电子双中心σ键，也有多中心的η^2-C_2H_4和η^5-C_5H_5等[①]π键。人们早已提出了一些简单的经验成键规则来归纳和预测真实的热稳定化合物的结构。我们已经熟知八隅律在有机化学中的重要性。具有4个sp^3杂化轨道的碳原子在形成化学键时倾向于遵循类似于惰性气体氖的8电子价层规则。这就解释了为什么最简单的碳氢化合物是CH_4而不是CH_5或CH_6形式；为什么碳烯离子R_3C^+或碳烯(carbenes)的稳定性很低，且易于和其他试剂反应而完成碳原子的8电子组态。这个规则推广到具有9个价轨道的$(n-1)d, ns, np$或$ns, np, (n+1)d$电子组态的过渡金属配位化合物就成为"18电子规则"，或者一般按Sidgwick提出的称为"有效原子序数规则"(EAN规则)，即在稳定的配位化合物中每个金属的价壳层被18个电子填满而形成具有惰性气体的电子组态。这相当于配位场理论中，电子正好将非键的t_{2g}轨道在内的所有能级完全充满(参考图2.17)。

例如，自由气态的零价铬原子Cr(0)的价电子组态为$3d^54s^14p^0$，其中含有离核较远的$4s^1$电子。当Cr(0)原子处于凝聚相气态或液态时，或在形成配位化合物的过程中由于和邻近原子间的电子-电子排斥作用而使s电子降回到3d轨道而形成$3d^64s^04p^0$的价电子结构，这种电子排斥能的大小总是足以克服d电子的成对能。在研究中我们进行电子计数时总是把s电子形式地当作为d电子。这样，具有d^6电子的Cr(0)和6个各自提供2个孤对电子的羰基配位体CO在形成有机金属化合物$Cr(CO)_6$时就满足$(6+2\times6)=18$电子规则。

应用18电子规则必须要了解在形成配位化合物时每个配位体所贡献的电子数。表4.8中按配位体的类型L^k列出了在一般计数中每个配位体L所提供的电子数k[11]，可见同一个原子在不同配位场合可能有不同的数值。例如，在和一个金属配位时卤素自由基X提供一个电子，阴离子X^-提供两个电子，而在作为桥基和两个金属配位时则分别提供了3个或4个电子。除了式(2.4.24)中所示的例子外，下面再举出一些计算18电子规则的例子。

我们注意到，在化合物(2)和(3)中对Mn—CH_3成键电子对的划分是不同的。前者均裂为Mn^0和·CH_3，后者异裂为Mn^+和:CH_3^-，因此甲基被形式上看作为单电子或双电子给予体，但从它的反磁性特性来看，(3)的形式更为合理些。又如，在(4)和(5)中环戊二烯基是作为中性π键配位体，实际上在合成中可能是作为离子性试剂，重要的是，要理解电子计数只是用来检验金属原子是否符合EAN规则，它并不代表配位化合物中真实的电荷分布。

(2) $CH_3Mn(CO)_5$		(3) $CH_3Mn(CO)_5$	
$Mn^0(3d^7)$	7	$Mn^+(3d^6)$	6
·CH_3	1	:CH_3^-	2
5CO 配位体	$\frac{10}{18}$	5CO	$\frac{10}{18}$

---

① η是希腊字haptein(结合之意)中字母h的希腊字母，η^5就表示有5个C原子和金属M相结合。

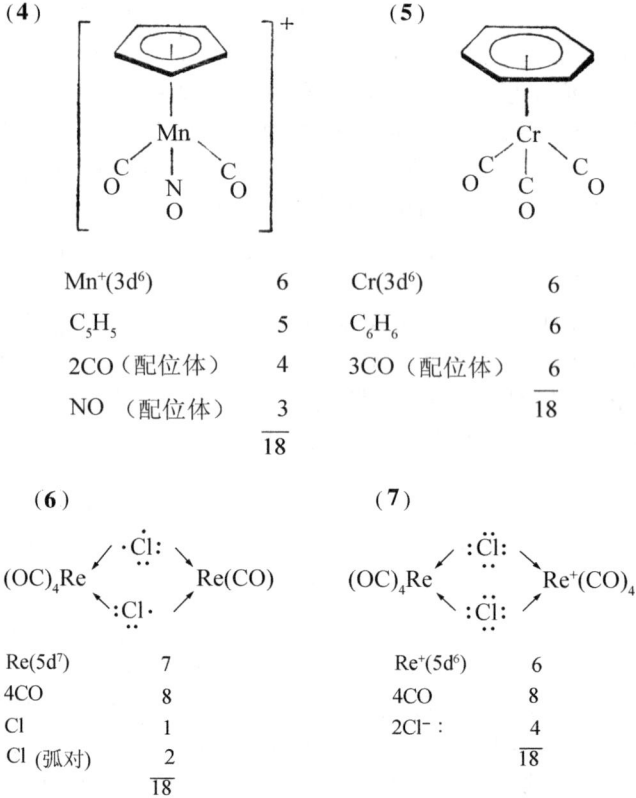

(4)

Mn$^+$(3d^6)	6
C$_5$H$_5$	5
2CO（配位体）	4
NO （配位体）	3
	18

(5)

Cr(3d^6)	6
C$_6$H$_6$	6
3CO（配位体）	6
	18

(6)

Re(5d^7)	7
4CO	8
Cl	1
Cl (弧对)	2
	18

(7)

Re$^+$(5d^6)	6
4CO	8
2Cl$^-$:	4
	18

表 4.8 配位体类型 L^k 及提供给金属的电子数 k

L^k 配位体类型	举 例
L^0 Lewis 酸配位体	Cp(CH$_2$=CH$_2$)RH →SO$_2$ 中的 SO$_3$
L^1 共价配位体或桥联两个或两个以上原子形成缺电子多中心键的配位体	—H, —R, —X(卤素), —OR, —SiR$_3$, —HR$_3$, —GeR$_3$, —SnCl$_3$, σ-C$_5$H$_5$, σ-C$_6$H$_5$
L^2 Lewis 碱配位体	←NH$_3$, ←NR$_3$, R$_2$O←, H$_2$O→, R$_2$S→
L^2 Lewis 碱配位体及 π 受体	←CO, ←PR$_3$, ←Pϕ_3PCN, RNC→
L^3 η^2-π 配位体	R$_2$C=CR$_2$, (CH$_3$⋯CH—CH$_2$)$^+$
L^3 桥联两个 1s 原子的共价配位体	—Ö—, —S̈—
L^3 共价及 Lewis 碱配位体	—NR$_2$, —PR$_2$, Ẍ—, R—C(O—)(O—)
L^3 η^3-π 配位体	(CH$_2$⋯CH=CH$_2$)^0
L^3 含单电子的 Lewis 碱配位体	←N=Ö: 联吡啶,二氮杂菲(phen),乙二胺

L^k 配位体类型	举　例
L^4 有两个配价键的 Lewis 碱配位体	$\leftarrow C\equiv O\rightarrow$
L^4 有两个共价键一个配价键的配位体	$-\ddot{O}\rightarrow$　$-\ddot{S}\rightarrow$
L^4 $\eta^4-\pi$ 配位体	$CH_2=CH-CH=CH_2$, 环己二烯
L^5 $\eta^5-\pi$ 配位体	$\pi-C_5H_5$
L^5 μ_3-卤素配位体	$-\ddot{X}\rightarrow$ $\downarrow$
	$\pi-C_6H_6,\pi-(C_5H_5^-),\pi-C_7H_7^+$
L^6 $\eta^6-\pi$ 配位体	(carbollylions), 如 $B_6C_2H_8^{2-},B_7C_2H_9^{2-},B_{10}SH_{10}^{2-}$
L^7 $\eta^7-\pi$ 配位体	$\pi-C_7H_7$
L^8 $\eta^8-\pi$ 配位体	$\pi-C_8H_8$
L^{10} $\eta^{10}-\pi$ 配位体	$\pi-(C_8H_8^{2-})$

有一些不符合 18 电子规则的例子。特别对于只形成 σ 键的配位化合物，由于 t_{2g} 轨道的非键性(图 2.17)，其中 1~6 个电子的差别对成键能量并无贡献。很多金属离子氧化态较高的经典配位化合物 $[Cr(NH_3)_6]^{3+}$ 和 $[Ti(H_2O)_6]^{3+}$ 等分别具有 15 个和 13 个电子。另外，由于配位化合物中金属所含的 d 电子较少，在达到 18 电子层结构前已达到了通常的 4 或 6 配位。由于配位体间的强烈排斥作用，使得不可能为了满足 18 电子层而接受更多的配位体。像 $[FeCl_4]^{2-}$ 之类的经典配位化合物不符合 18 电子规则的原因是由于氯配位体只形成弱场，它不能使 $3d^6$ 电子完全成对。在有机金属配位化合物中，很多前过渡金属由于 d 电子较少也形成不

$[FeCl_4]^{2-}$　↑↓　↑　↑　↑　↑　↑↓　↑↓　↑↓　↑↓
　　　　　　　　3d　　　　　　　　4s　　　4p

符合 EAN 规则的配位化合物，如 16 电子的 $\eta^5-(C_5H_5)_2ZrCl_2$，10 电子的 Me_3TaCl_2，又如，在 16 电子的三配位体的 $(Ph_3P)_3Pt$ 中，由于其配位体较大，配位体间的空间斥力有利于形成低配位数的有机金属配位化合物。如果 t_{2g} 和 e_g^* 之间的能量差 Δ 很小，则即使超过 18 个电子的配位化合物也是稳定的。

例如，$[Ni(H_2O)_6]^{2+}$ 为 20 电子结构。具有 $t_{2g}^6 e_g^{*2}$ 组态。具有 d^8 电子组态的 Pt 和 Ir 等四方型配位化合物是另一类不符合 EAN 规则的重要实例，它们的结构可以从 2.6 节中介绍的金属-配位体成键的角重叠模型进行说明。四方形 d^8 金属配位化合物在双电子氧化加成作用下可以形成稳定的 18 电子八面体配位化合物[见式(4.2.4)下方电子计数]。

4.2.2　羰基配位化合物的结构和成键

如图 4.23 所示，现在已经合成了各种形式的有机金属配位化合物。我们将分别以

σ型和π型键与金属配位的羰基和环戊二烯这两类配位化合物为例,说明其结构和成键特性[12]。

羰基化合物不仅是进一步合成更复杂的有机金属化合物的原料,而且它的成键特性及光谱性质具有普遍的代表性。除了 $V(CO)_6$ 以外,大多数过渡金属的单核 $M(CO)_x$ 化合物都符合 EAN 规则。$V(CO)_6$ 是一个含 17 电子的自由基,它可以形成更为稳定的 $V(CO)_6^-$。下面以 $Cr(CO)_6$ 为例进行讨论。

可以按照下列反应制备 $Cr(CO)_6$ 配位化合物

$$CrCl_3 + Al^0(s) + CO(g) \xrightarrow[C_6H_6]{AlCl_3} Cr(CO)_6 + AlCl_3 \tag{4.2.5}$$

反应中 C_6H_6 作为溶剂,$AlCl_3$ 或 R_3Al 作为还原剂,其中 R^- 阴离子配位体被氧化了。通过一般羰基配位化合物 $M_x(CO)_y$ 的气相生成热测定可以求出下列总的 M—C 和 M—M 键裂解焓 ΔH_D。

$$M_x(CO)_y(g) \longrightarrow xM^0(g) + yCO(g) \quad \Delta H^{298} = \Delta H_D \tag{4.2.6}$$

由此求得 Cr—CO 键的平均裂解焓为 $\Delta H_D/6 = 25.8\text{kcal/mol}$,它比主族元素配位化合物 $H_3B \cdot CO$ 中 B—C 键的离解能 23kcal/mol 要大。可以从简单的 Lewis 酸(金属)碱(配位体)理论来说明这种 M—C 键的特殊稳定性。由于配价键的生成,其中氧的电负性较大,CO 分子不是采取电子配对结构(**8**),而是采取配价键结构(**9**)

在生成配价键时碳上孤对电子移向金属 M^0(**10**)。考虑到金属中具有多个价电子,而氧的电负性又

$$M^0 \leftarrow \bar{C}\equiv\overset{+}{O}: \leftrightarrow M^- —C\equiv\overset{+}{O}: \leftrightarrow M=C=\ddot{O}: \tag{4.2.7}$$

大于 M,因此式(4.2.7)右边的非极性共振结构可能相当重要,它相当于电子从金属到 CO 配位体的反馈键。由于这种从价键理论导出的上述共振杂化的结果,M—C 和 C—O 的键级相应为 $1.0 \sim 2.0$ 和 $2.0 \sim 3.0$。

现在我们从更严格的分子轨道理论来说明 M—CO 基的成键,我们熟知双原子分子 CO 的电子组态为

$$CO[(1\sigma)^2(2\sigma)^2(3\sigma)^2(4\sigma)^2(1\pi)^4(5\sigma)^2(2\pi)^0(6\sigma)^0] \tag{4.2.8}$$

六个等价的配位体 CO 组成 O_h 点群的八面体。现在我们只关心参与配位作用的 5σ 占据轨道(HOMO)和 2π 空轨道(LUMO)。按照群论处理,以 6 个 CO 基的 5σ 作为基,在 O_h 点群下应具有下列可约表示特征标(2.3 节)

E	C_3	C_2	C_4	C_i	i	S_6	σ_h	S_4	σ_d
6	0	2	2	0	0	0	4	0	2

按约化公式[式(2.3.9)]可以分解为不可约表示

$$\Gamma(5\sigma) = a_{1g} + t_{1u} + e_g \tag{4.2.9}$$

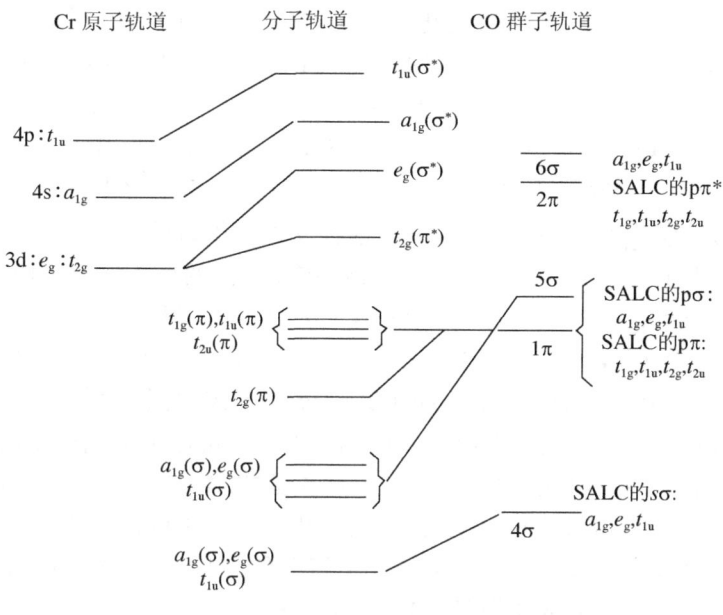

图 4.24 Cr(CO)$_6$ 的近似分子轨道

12 个成键的 1π 轨道作为基向量,则形成具有下列特征标的可约表示

E	C_3	C_2	C_4	C_i	i	S_6	σ_h	S_4	σ_d
12	0	-4	0	0	0	0	0	0	0

它可以分解为不可约表示

$$\Gamma(1\pi) = t_{1g} + t_{2g} + t_{1u} + t_{2u} \tag{4.2.10}$$

如果进一步考虑 12 个反键的 2π 空轨道,和 1π 类似也可以导致不可约表示

$$\Gamma(2\pi) = t_{1g} + t_{2g} + t_{1u} + t_{2u} \tag{4.2.11}$$

将配位体轨道组合所得到的对称性允许的线性组合轨道(SALC)列于图 4.24 右方。显然,中心金属原子的 9 个 dsp 轨道在 O_h 群下分别属于 $a_{1g}(s)$、$e_g(d_{x^2-y^2}, d_{z^2})$、$t_{1u}(p_x, p_y, p_z)$ 和 $t_{2g}(d_{xy}, d_{xz}, d_{yx})$ 不可约表示(图 4.24 左方)。将金属和配位体的相同对称性轨道进行组合后就可以得到图 4.24 中间所示的分子轨道。虽然具体能级高低等细节根据具体情况会有些差别。但由此导出的一些主要结论是正确的。

由图可见,在 Cr(CO)$_6$ 分子中主要的化学成键作用来自 Cr 的 3d 价原子轨道和 CO 的 5σ 和 2π 的"价"轨道。结果使得 Cr 的 d 轨道不稳定而分裂为相当于配位场理论中的 t_{2g} 和 e_g 能级。更具体地说,CO 分子 5σSALC 中的占据轨道根据对称性和 Cr 中的空 e_g 轨道作用而生成能级更低的成键 $e_g(\sigma)$ 和能级较高的空反键轨道 $e_g(\sigma^*)$。净效应是使得配位化合物稳定而生成电子由 CO→Cr 的 σ 配位键。Cr 原子的 6 个 d 电子正好填满非键的 t_{2g} 轨道。但是,值得注意的是,金属中占据的 t_{2g} 对称性 d 轨道和 CO 配位体的空反键 2π 轨道中的 t_{2g}SALC 轨道具有相同的对称性。它们之间的相互作用使得电子从 Cr 原子转向 CO 配位体,这就是所谓的 Cr→CO 的 $d\pi - p\pi^*$ 反馈键。因此 CO 分子可以看做 π - Lewis 酸的配位体。其他类似的配位体也有这种性质。从红外光谱确定不同配体具有下列酸性次序:

$$CO \sim PF_3 > PCl_3 \sim A_sCl_3 \sim SbCl_3 > PCl_2R > PClR_2$$
$$> PR_3 \sim AsR_3 \sim SbR_3 \sim SR_2 > RCN > NR_3 \sim OR_2 \quad (4.2.12)$$

反馈的结果是,使 $t_{2g}(\pi^*)$ 能级要比没有这种反馈作用时低。

图 4.25 表示一个 M—CO 键。这种 M—CO 成键的形式导致了协同成键效应(synergistic bonding effect)。意味着 M←COσ 给予作用和 M→COdp - $p\pi^*$ 反馈成键作用相结合,使 M—CO 之间的化学键比只有其中一种作用时要强。CO 授予电子给 M,使 M 上电子密度增加而减少其电负性。CO 的电负性增加,这就有利于 $d\pi - p\pi^*$ 反馈成键。反之,反馈成键又增加了 CO 配位体上的电子密度,这又增加了 σ 授予作用。X 射线衍射法也证实了双重成键的 M—C 键距比单重成键的 M—C(sp) 的键距要短。红外光谱证实,由于反馈电子到 C—O 的反键轨道而使 C—O 基的吸收峰波数较低。根据 X 射线和中子衍射的结果,得到 CO 配位体上 5σ 和 2π 分子轨道上的电子布居数分别为 1.65 和 0.38 个电子。

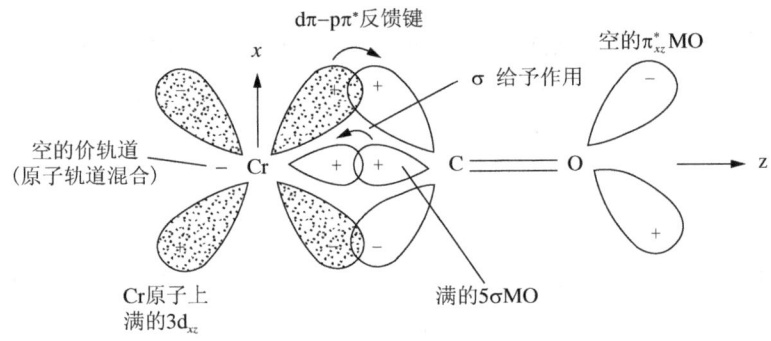

图 4.25 M—CO 键中的协同成键作用

这里讨论的结果也定性地适用于一系列取代金属羰基配位化合物 $LaM(CO)_6$,其中,L 为含 C、N、P、As、Sb、O、S、Te 或卤素 X 等双电子配位体。如 RNC、RNH_2、RCN、PZ_3(Z = H、X、R、OR、NR_2)、R_3As、R_3Sb,甚至醚、硫醚、醇等,它们都可以通过取代反应[式(4.2.2)]制备得到。

4.2.3 环茂二烯配位化合物的结构和成键

很多芳香族碳氢化合物都可以和过渡金属形成夹心化合物[13],图 4.26 中列出了一些 C_nH_n 配位体的非定域轨道能级图[式(2.5.69)],其中按不可约表示符号标记的能量 E 以 β 为单位,由图可知它们的共同特点是这些环配位体都具有较低的 a_1、e_1 和 e_2 前线 π 轨道。下面以二茂铁($\eta^5 - C_5H_5)_2Fe$ 为例来说明夹心化合物中的结构和成键。

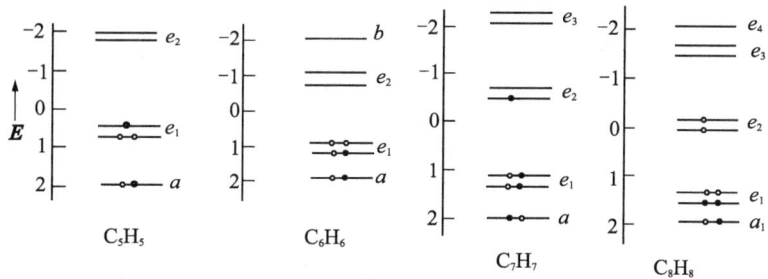

图 4.26 共轭 C_nH_n 体系的分子轨道能级（Hückel 法）

为了明确起见，我们取二茂铁为具有对称中心的交错型 D_{5d} 点群。以配位体 10 个 pπ 轨道为基得到在 D_{5d} 下的可约表示特征标，以及将它分解后所得的不可约表示如下：

$$\begin{array}{c|cccccccc} D_{5d} & E & 2C_5 & 2C_5^2 & 5C_2 & i & 2S_{10} & 2S_{10}^3 & 5\sigma_d \\ \Gamma_\pi & 10 & 0 & 0 & 0 & 0 & 0 & 0 & 2 \end{array} \quad (4.2.13)$$

$$\Gamma_\pi = a_{1g} + a_{2u} + e_{1g} + e_{1u} + e_{2g} + e_{2u}$$

可见由两个单环组成的双环体系有两个 a，两个 e_1 和两个 e_2 轨道，下标 g 和 u 分别表示对于中心的反演是对称的和反对称的。同样，在 D_{5d} 点群下，金属的 9 个 dsp 轨道分别属于不可约表示 $2a_{1g}$（4s，$3d_{z^2}$），e_{1g}（$3d_{xz}$，$3d_{yz}$），e_{2g}（$3d_{xy}$，$3d_{x^2-y^2}$），a_{2u}（$4p_z$）和 e_{1u}（$4p_x$，$4p_y$）。将金属和配位体的这 19 个轨道按对称性相同的相互组合，就可以得到图 4.27 所示的二茂铁分子轨道能级图。由图可见，有 9 个成键程度不同的分子轨道恰好被来自金属和环的 18 个电子所填满，这正是 EAN 规则所期望的。图中方框表示二茂铁中 3d 的价电子组态。

Fe—C_5H_5 之间的成键主要发生在 Fe 的 e_{1g}（$3d_{xz}$，$3d_{yz}$）和 C_5H_5 的 e_{1g} 之间。金属的 4p 原子轨道 e_{1u} 和配位体的 e_{1u} 轨道成键作用不强。注意到 HOMOe_{2g}，次高占据轨道 NHOMO 和 a'_{1g} 主要为金属特性，而且对 Fe—C_5H_5 的成键贡献不大。因此，当从二茂铁转移到二茂钒的成键问题的讨论时，可能 V—C 键的键长会有些增加，但对 η^5-C_5H_5 的成键不会有太大的影响。同样，由于 LUMOa''_{1g} 轨道是一个弱的反键轨道，所以对占有该轨道的二茂钴等配位化合物，Co—C_5H_5 成键将会被略微减弱，而且也会产生较长的 Co—C 键。只有二茂铁或 $(\eta^5-C_5H_5)_2Co^+$ 配位化合物才具有填满成键分子轨道的稳定结构。

由于二茂铁的分子轨道是由占据的金属和空的 C_5H_5 轨道所组成，所以也可以看做是协同的 M—C_5H_5 成键作用。由于 C_5H_5 是较弱的 π 酸配位体，所以净效应是电子从 C_5H_5 配位体移向 Fe 原子。C_5H_5 配位体中 π 成键电子密度的减小使 C—C 的键级比自由配位体中的小。正如所预料的那样，晶体结构数据表明，C_5H_5 中的平均 C—C 键长 1.43Å 比自由 $C_5H_5^-$ 阴离子的 1.38Å 要长些。从燃烧热数据可以求出下列过程的反应热

$$(\eta^5-C_5H_5)_2Fe \longrightarrow Fe(g) + 2C_5H_5(g) \quad \Delta H^0 \quad (4.2.14)$$

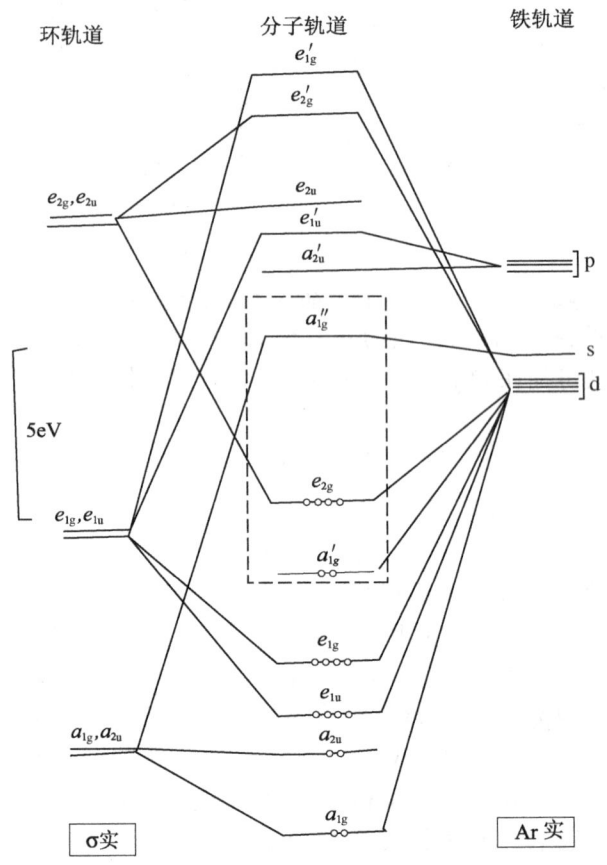

图 4.27 二茂铁的分子轨道能级图

然后得到 Fe—C_5H_5 的平均键裂解焓为 73kcal/mol。若将 C_5H_5 看做 5 电子给予体,则每个给予电子对键能贡献为 14.6kcal/mol。可见它是相当稳定的,以致在空气中温度高至 470°C 时也是稳定的,在酸碱中不会分解,而且难以发生配位体取代反应。具有 20 电子结构的 $(\eta^5-C_5H_5)_2Ni$ 配位化合物的键能则较低,但其中 2 个电子占据了反键的 a''_{1g} 轨道,它容易通过反应生成稳定的 18 电子结构产物,如

$$(\eta^5-C_5H_5)_2Ni + 4Ph_3P \xrightarrow{C_6H_{12}, 120°C} Ni(Ph_3P)_4 + 有机产物 \quad (4.2.15)$$

有很多和 $C_5H_5^-$ 等价的 η^5 型六电子配位体,如茚基(**11**)、芴基(**12**)、吡咯基(**13**),茂并芳庚(**14**)和 $7,8-B_9C_2H_{11}^{2-}$(**15**)。它们都可以生成和 $C_5H_5^-$ 等价或同构的配位化合物。再者,前面对二茂铁的分子轨道能级图示(图 4.27)对于 C_6H_6,C_7H_7 等配位体也是定性适用的,因为它们也是用前线轨道 a_1、e_1 和 e_2 和金属成键的。关于它们以及其他形式的有机金属配位化合物的结构和成键情况的讨论大致也都和此类似。例如,对于二茂稀土配位化合物 $[(C_5H_5)_2Gd(\mu-\eta^2-ONCMe_2)]$ 中的 oximato 配位体就形成了一种新型的成键形式[13b]。

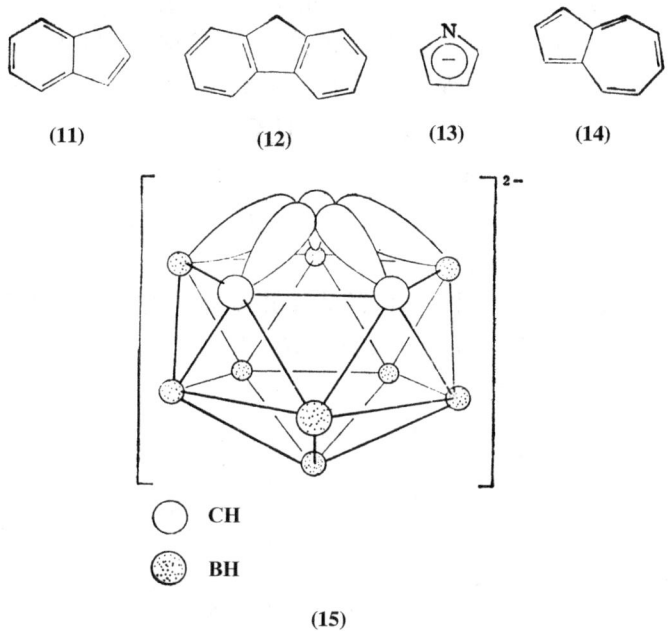

(11)　　　(12)　　　(13)　　　(14)

(15)

4.2.4 立体化学非刚性

很多分子进行着快速可逆的分子内重排,并且可以通过 NMR 等实验方法检测,它们被称为立体化学非刚性分子[14]。这种与时间有关的分子内过程主要包括绕着化学键的旋转、等价原子或近乎等价成键位置间的置换等。

1. 简并重排和非简并重排

分子内的重排可以分为两种。

(1)简并重排:这时重排发生在具有相同自由能的两个基态分子结构之间。例如,发生在下列 N,N-二甲基酰胺之间的绕着 C—N 键的重排(Z 为取代基)

$$\text{(16)} \quad \underset{k_{-1}}{\overset{k_1}{\rightleftharpoons}} \quad \text{(17)} \tag{4.2.16}$$

这种由热激发所引起的结构重排而产生的两种结构是等价的,但是由于(16)和(17)中 a 和 b 两个 CH_3 的 NMR 标记不同,所以并不是等同。它们之间的变换是通过能量轮廓图 4.28 所示的过渡态物种 P 中的单键旋转来实现的。活化能 E_a 的大小和 C—Nπ 键的强度有关。

这种交换过程会影响该分子的核磁共振谱。在低温时它们的交换速率 k 较小,CH_3^a 和 CH_3^b 有不同的化学位移,随着温度升高,交换速率加快,最后表现为一个平均化学位移。利用这种交换速率 k 随温度 T 的变化关系,通过 Arrhenius 方程可以求出上述的势垒高度 E_a,进而可以从绝对反应速率理论导出的 Eyring 方程求出活化自由能 $\Delta G^{\neq}$ 和自由熵 $\Delta S^{\neq}$(详见6.1节)

$$\lg(k/T) = 10.32 - (\Delta H^{\neq}/4.57T) + (\Delta S^{\neq}/4.57) \tag{4.2.17}$$

这种表现出简并的分子内立体化学非刚性的分子常称为瞬变性(fluctuality)分子。

(2) 非简并重排：在下列方程中将得到围绕着 C═C 双键的几何异构体

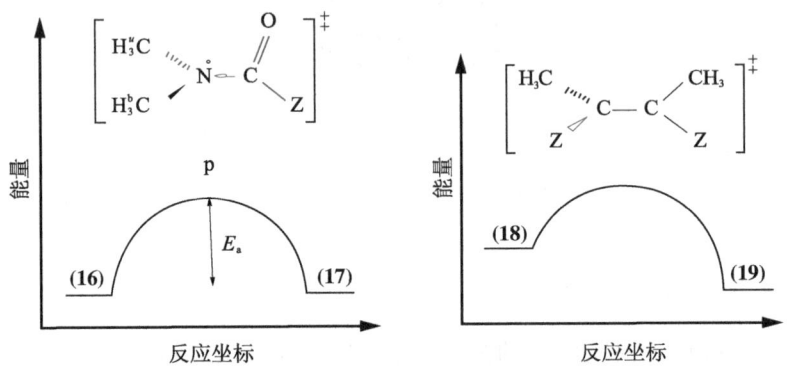

图 4.29 中表示了这种具有不同自由能的非简并重排。当它们的变换速率适宜时，也可用 NMR 的方法求出其交换速率 k、E_a、$\Delta H^{\neq}$ 和 $\Delta S^{\neq}$。

图 4.28　(16)→(17) 的自由能变化　　图 4.29　(18)→(19) 的自由能变化

2. $(\eta^5 - C_5H_5)(\eta^1 - C_5H_5)Fe(CO)_2$ 分子的瞬变性

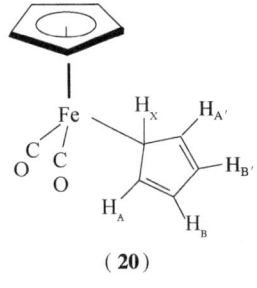

该分子中的两个二茂基和 Fe 之间存在 σ 键和 π 键两种结合方式(20)，其在 CS_2 溶剂中不同温度下的质子 NMR 谱如图 4.30 所示。在 -80℃时，在 6.3δ 和 6.0δ 处出现分别对应于 AA′和 BB′型的多重结构，在 3.5δ 处出现对应于 H_x 的峰，它们的相对强度正好是质子数比 2∶2∶1。在 4.4δ 处出现对应于 π 键和 Fe 结合的 $\eta^5 - C_5H_5$，强度为 5 的单峰，它的共振不随温度变化。但在升温时，以 σ 单键和 Fe 结合较弱的 $\eta^1 - C_5H_5$ 的共振峰则随温度升高而变宽、合并，最后于 30℃时在 5.7δ 处呈现出单峰。这说明在 A、B 和 X 质子之间出现了交换效应。下面进一步讨论它的交换机理。

从不同温度下 NMR 谱线变宽的实验结果可以求出式(6.1.6)中 Arrhenius 参数 $E_a = 10.7\text{kcal/mol} \pm 0.5\text{kcal/mol}$ 和 $\lg A = 12.6 \pm 0.5$，其中 A 为指数前系数。由于裂解 $Fe-(\eta^1 - C_5H_5)$ 键要求大于 11kcal/mol 的能量，所以较低的 E_a 值排除了这种动力过程的离解机理。同样，由于对应于 A 和 B 多重峰的表现为非对称变宽，因此也排除了 $\eta^1 - C_5H_5$ 配位体瞬时变换到 $\eta^5 - C_5H_5$ 配位体，再快速形成 $\eta^1 - C_5H_5$(其中 Fe 和环上不同的 C 原子结合) 的机理的可能性，因为这种机理要求 A,B 谱峰对称变宽。

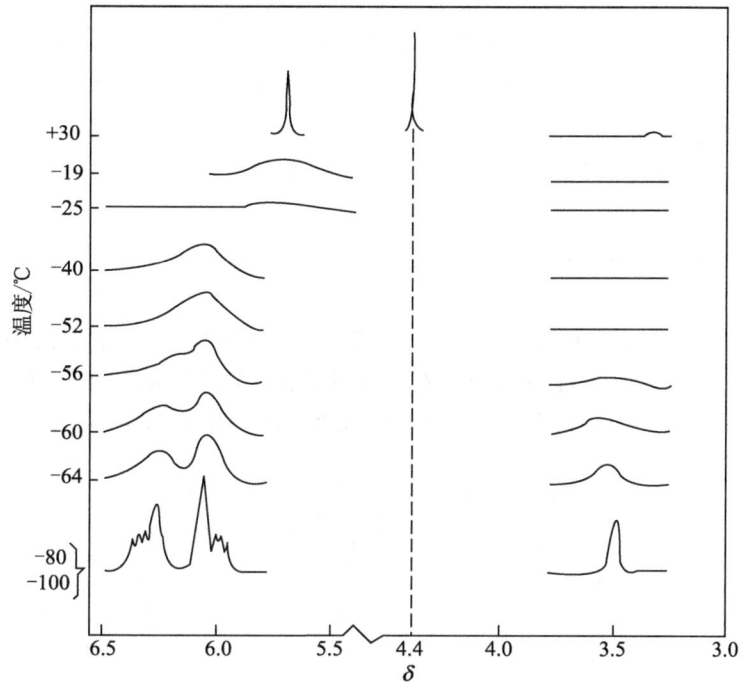

图 4.30 $(\eta^5-C_5H_5)(\eta^1-C_5H_5)Fe(CO)_2$ 在 CS_2 中的质子 NMR 谱(60MHz)

(4.2.19)

因此唯一合理的是从参考基态(**22**)到(**21**)的 1,2-迁移到(**23**)的 1,3-迁移机理[式(4.2.19)]，式[4.2.19]中所示的三种结构都是简并的，而且和(**20**)等价。不管采取这两种重排机理中的哪一种都是通过置换改变氢原子环境，而且最后只观察到这些结构位移的一个平均值。但是不同机理导致 A 型和 B 型质子具有不同的非对称融合峰。通过观察对应于式(4.2.19)中各种结构的列矩阵可以看出这两种不同交换机理间的差别。从(**22**)到(**21**)的 1,2-迁移中两个 A 质子环境都被置换到非 A 环境,而只有一个 B 质子置换到非 B 环境,所以在 1,2-迁移中 A 型质子和非 A 型质子的置换比 B 型质子的要快两倍。反之,从(**22**)到(**23**)的 1,3-迁移中 B 质子的置换要比 A 质子的快两倍。显然,只有 1,2-迁移机理才符合图 4.30 中的非对称融合实验结果。

关于有机金属配位化合物分子内重排的动力学过程可参考文献[14]。

4.3 大环配位化合物

在只具有一个电子给予体的单齿配位体所形成的配位化合物中,它们一般具有表 2.26 及表 4.1 所示的典型结构。对于多齿配位体所形成的螯合物和大环配位化合物,则可能具有一些特殊配位数和性质的结构。例如,图 4.31 中列出了:sp 杂

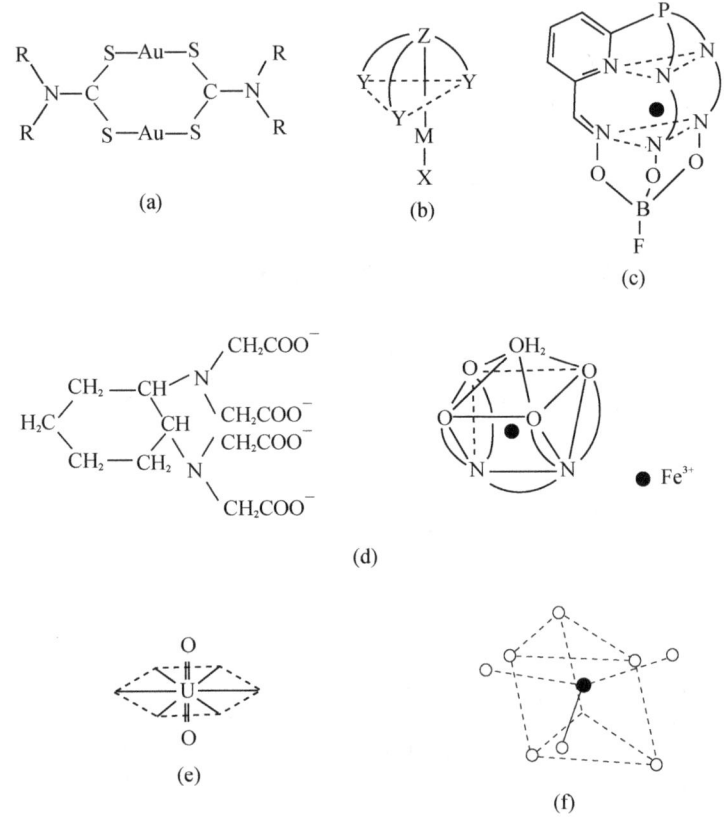

图 4.31 多齿配位的螯合物

(a)二配位 $Au(R_2-dtc)$;(b)五配位$[NiX(diars)_2]^+$;(c)六配位$[M(II)P(CBF)]^+$;
(d)七配位$[Fe(dchta)H_2O]^-$;(e)八配位六角双锥$[UO_2(CH_3COO)_3]^-$;
(f)九配位$[Y(Ox)_4(H_2O)]^-$

化的二配位 Au 配位化合物[图4.31(a)],五配位的三脚架形配位化合物[图4.31(b)],六配位的三角柱形配位化合物[图4.31(c)],七配位的带帽三角柱配位化合物[图4.31(d)],八配位的六角双锥配位化合物[图4.31(e)],和在一些稀土和碱金属的配位化合物中还会出现配位数为 9~12 的配位化合物[图4.31(f)]。关于金属螯合物的详尽论述可参考文献[15]。本节着重讨论大环配位化合物[16]。

4.3.1 大环配位体

在多齿配位体中十分重要的一类是形成环状的大环配位化合物。在自然界和生物体系中早就发现过各种大环配位化合物,例如环状的离子载体缬氨霉素(图4.32,其中,D 和 L 分别表示碳原子手性右旋和左旋相对构型)。即使从统计力学简单的混乱度或熵的观点来看,一般多齿大环配位体也比相应的单齿配位体稳定[参见式(5.1.52)],它的易变空间构型及电子结构表现出一系列特殊性能。大环配位化合物的内容十分广泛,涉及无机化学、有机合成、高分子合成、分析分离、生物化学、生物物理、医药学和环境化学等学科。本节将从配位化学的观点,选择几个典型实例来介绍这类配位化合物的结构和成键特性。

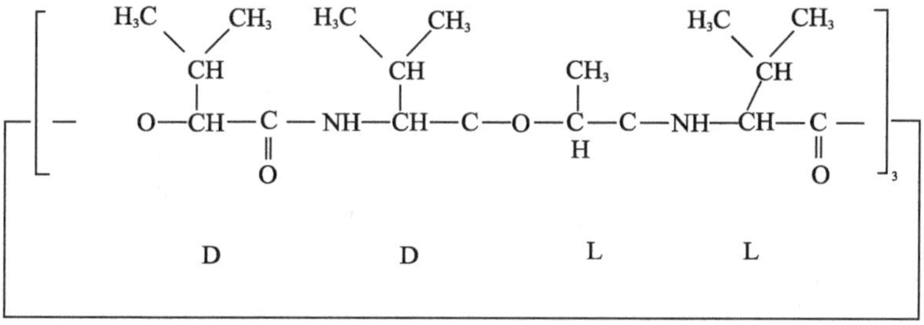

图4.32 离子载体缬氨酶素大环

目前,已在分子水平上积累了很多生物体系分子的结构和性能的实验数据。但是,由于问题的复杂性,对它们的细微结构和作用机理的了解还很不完整。另外,为满足实际应用中对元素的分离、分析和特殊光、电、热、磁以及催化活性等功能材料的需要,目前已设计和合成了各种类型的大环配位体。

从结构的角度看,目前对大环配位体还没有适当的系统分类方法。较为常见的如图 4.33 所示,按配位原子称为含氮的卟啉类[图 4.33(a)]和含氧的冠醚类[图 4.33(e)]以及其他含 N、O、S、P 等原子的杂环[图 4.33(b)]配位体。对于这一系列结构极为复杂的多齿配位体,根据合成实验条件及其结构形式,它们可以分别形成单核或多核配位化合物。为了简化起见,通常也可以将这些复杂的配位体粗略分为几种类型。

1. 坐舱式(compartment)配位体

它们可以应用相邻的配位原子去和金属生成配位化合物。这种配位体可以是对称式[图4.33(c)]或非对称式[图4.33(d)]。图4.33(c)和图4.33(d)的空间结

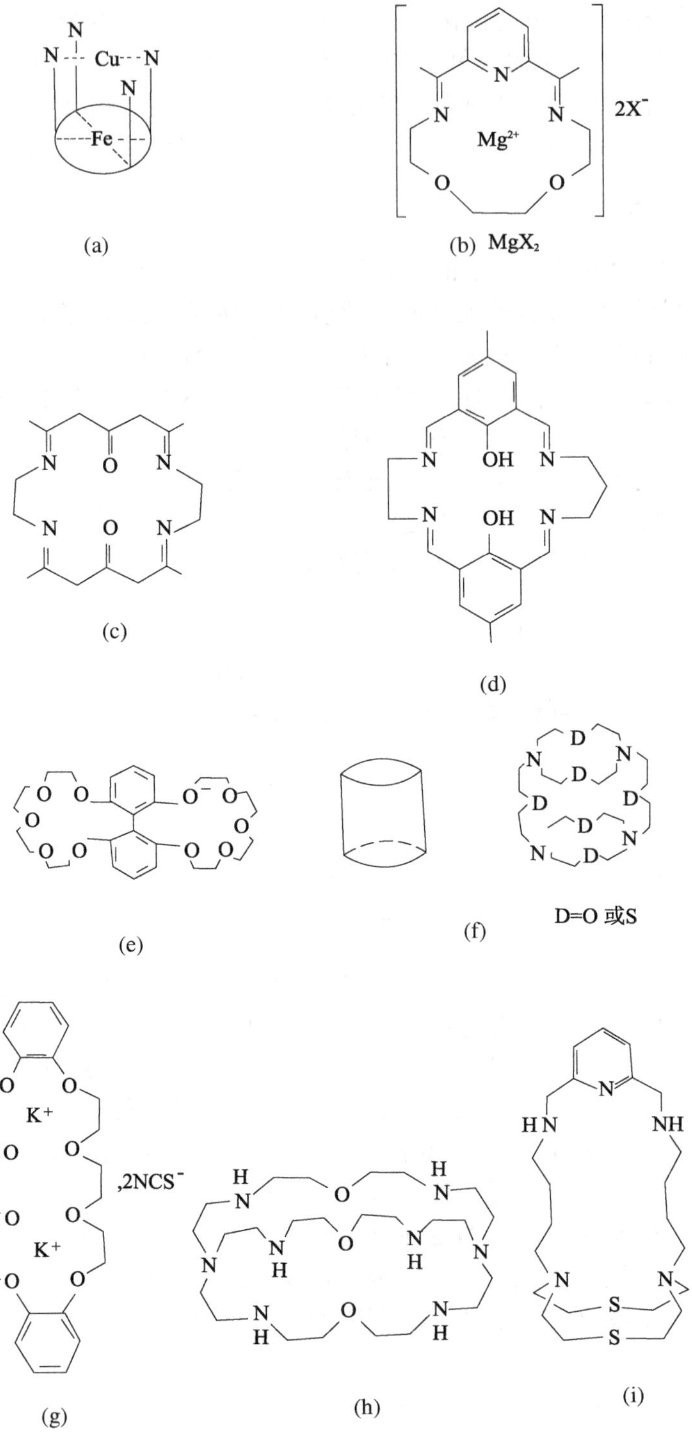

图 4.33 大环配位体

构虽然不同,但却有相同的配位原子。这类大环配位化合物的制备有三种方式:①先合成自由配位体再加入金属离子;②在金属离子的模板效应下进行配位体缩合;③依次先合成端式开放(end off)或侧式开放(side off)配位体,再和另一胺或酮配位体进行缩合而成大环,最后加入金属离子。已经合成出了对称配位体[图 4.33(c)]的 Cu(Ⅱ)、Ni(Ⅱ)和 Co(Ⅱ)的单核配位化合物。方式③特别适宜于制备非对称配位体或杂原子多核配位化合物。图 4.34 中配位原子 Y 可作为分子内的桥基,由分子外的阴离子作为配位基。

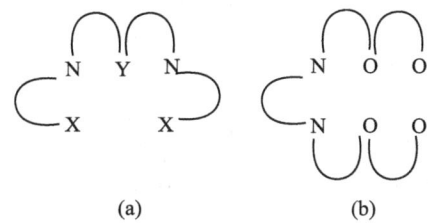

图 4.34 端式开放式(N_2YX_2,X = N、O、S,Y = O、S)(a)
和侧式开放式(N_2O_4)配位体(b)

2. 配位原子不被共用而是各自分别配位的配位体

它可以细分为几种类型。①给予体原子被芳香基团或其他桥基隔开。例如,环状冠醚化合物[图 4.33(e)],这是一个被观察到有"协同作用"的化合物。例如,当环状冠醚化合物和 Hg(CN)$_2$ 配位时第二个金属要比第一个金属快 10 倍(通过构象变化)。②具有彼此重叠而成的平面大环[图 4.33(f)]以及共面卟啉(co-facial porphyrins)一类的配位体。当图 4.33(f)中的 O = S 时,可以得到双 Cu(Ⅰ)的配位化合物。其中 Cu—Cu 距离约为 5.62Å,而且其电子光谱,EPR 和氧化还原电位与铜蛋白中的类似。③配位体原子都处在一个可伸展的大环上,大环的链长可以改变从而形成适应不同金属离子大小的空腔,其中包括第一次用 X 射线结构分析证实的大环和 K$_2$(SCN)$_2$ 的双核化合物(g),其中 $K^+—^+K$ 的距离为 3.4Å。

显然,从上述的"二维"大环还可以扩展到大的双环而进入"三维"结构。Lehn 所提出的对称的图 4.33(h)和非对称的图 4.33(i)配位体,它们可以形成同核及异核的多核配位化合物,图 4.33(i)还可以和铜(Ⅱ)在电解时形成混合价 Cu(Ⅱ)Cu(Ⅰ)的衍生物。化合物图 4.33(h)还可以在两个金属离子间结合一个底物分子,从而为开展双金属中心对其活性中心影响的研究开辟了一个途径。本节将重点讨论单个金属所形成的大环配位化合物,有关多核大环配位化合物的讨论参考 4.5 节。

4.3.2 卟啉类配位化合物

1. 卟啉类配位体

卟啉类配位化合物是大环配位化合物中的一种重要类型[17]。卟啉配位体的结构如图 4.35(a)所示,它是卟吩的一种衍生物。在天然的卟啉体系中,8 个吡咯碳原子全被其他取代基所置换。表 4.9 中列出了一些按取代基编码命名的重要卟啉碱配位体,通过对应卟啉碱侧链附近的氢原子的置换作用从而产生过渡金属卟啉类配位化合物。Fe(Ⅱ)的原卟啉结构如图 4.35(b)所示,其中金属是四方形配位。表4.9中也列出了这些铁卟啉配位化合物的氧化还原电位 E^0。和水合铁离子的电偶对[图5.8]相比较,可见给予电子的卟啉配位体的存在使高氧化态变得稳定[式(4.3.3)]。例如,当 pH = 7 时,水合 Fe^{3+}/Fe^{2+} 电偶对的氧化-还原电位为 +771mV,而羟基铁血红素的氧化-还原电位约为 -150mV。这类数值对于细胞色素类的电子转移研究十分重要。

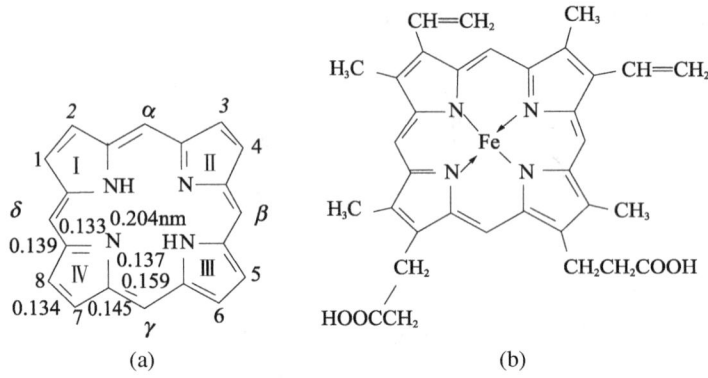

图4.35 卟啉和铁(Ⅱ)原卟啉结构式

表4.9 某些天然形式的卟啉衍生物

卟啉	取代基					
	1	2	3	4	5	6
原卟啉	CH$_3$	CH=CH$_2$	CH$_3$	CH=CH$_2$	CH$_3$	CH$_2$CH$_2$COOH
血卟啉	CH$_3$	CHOHCH$_4$	CH$_3$	CHOHCH$_3$	CH$_3$	CH$_2$CH$_2$COOH
本卟啉	CH$_3$	CH$_2$CH$_3$	CH$_3$	CH$_2$CH$_3$	CH$_3$	CH$_2$CH$_3$
次卟啉	CH$_3$	H	CH$_3$	H	CH$_3$	CH$_2$CH$_2$COOH
中卟啉	CH$_3$	CH$_2$CH$_3$	CH$_3$	CH$_2$CH$_3$	CH$_3$	CH$_2$CH$_2$COOH
血绿卟啉	CH$_3$	CHO	CH$_3$	CH=CH$_2$	CH$_3$	CH$_2$CH$_2$COOH
粪卟啉	CH$_3$	CH$_2$CH$_2$COOH	CH$_3$	CH$_2$CH$_2$OH	CH$_3$	CH$_2$CH$_2$COOH
紫卟啉	CH$_3$	CH$_2$CH$_3$	CH$_3$	CH$_2$CH$_3$	CH$_3$	COOH

卟啉	取代基		E^0/V			
	7	8	A	A'	B	C
原卟啉	CH$_2$CH$_2$COOH	CH$_3$	0.015	0.137	-0.033	-0.183
血卟啉	CH$_2$CH$_2$COOH	CH$_3$	0.004	—	-0.099	-0.200
本卟啉	CH$_3$	CH$_2$CH$_3$	-0.029	—	—	—
次卟啉	CH$_2$CH$_2$COOH	CH$_3$	—	—	—	—
中卟啉	CH$_2$CH$_2$COOH	CH$_3$	-0.063	—	—	0.229
血绿卟啉	CH$_2$CH$_2$COOH	CH$_3$	—	0.246	-0.010	-0.113
粪卟啉	CH$_2$CH$_2$COOH	CH$_3$	-0.036	—	—	-0.247
紫卟啉	CH$_2$CH$_2$COOH	CH$_3$	—	—	—	—

A, A':在 pH = 9.6 和 pH = 7 时第五和第六配位基为吡啶。
B:在 pH = 9.6 时,第五和第六配位基为 α 甲基吡啶。
C:在 pH = 9.6 时,第五和第六配位基为氰化物。

在生物体系中广泛存在着卟啉化合物,例如,以镁为中心离子的叶绿素(图4.36)在光合作用中起着重要的催化作用。它通过下列反应将太阳能转化成化

学能

$$nH_2O + nCO_2 \xrightarrow{h\nu} (CH_2O)_n + nO_2 \quad (4.3.1)$$

维生素(vitamin)是人体的健康生长所必需的物质,维生素 B_{12}(图4.37)的分子式为 $C_{63}H_{90}O_{14}N_{14}PCo$,分子中含有氰和钴,还有咕啉(corrin)环,也是生物体系中罕见的含有金属有机键分子的特例。很多新陈代谢和基因传递反应都与它或它的衍生物有关。

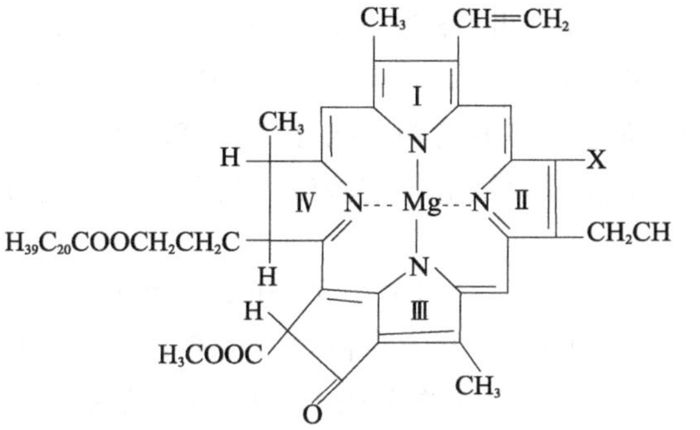

图 4.36 叶绿素的结构

叶绿素 a：X = —CH$_3$

叶绿素 b：X = —CHO

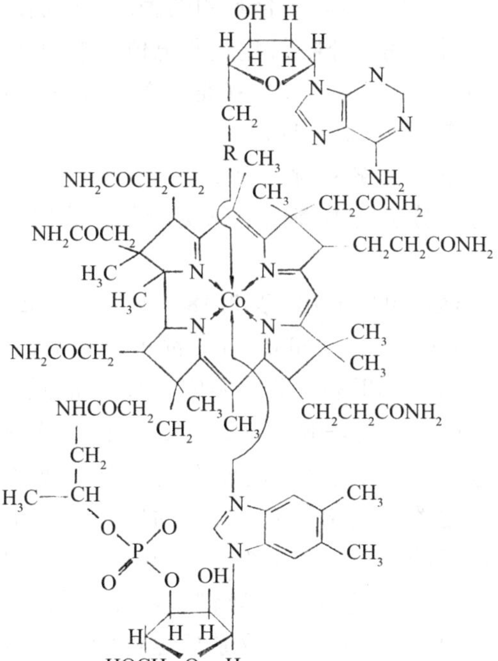

图 4.37 维生素 B_{12} 的结构

另一种和卟啉结构相似的大环配位体是图 4.38 所示的酞菁(染料),它也是一种 18π 电子芳香族体系。主要区别是其中含有氮杂键而不是甲川(—CH=)键。

卟啉环上吸电子侧链基团的存在会降低 σ 给予体 N 的碱性,从而使它结合金属的能力降低,使配位化合物变得不稳定。对于给定的卟啉,根据取代反应、离解反应和各种光谱数据,可以得到它和不同金属键合的共价性和热力学稳定性的降低次序为

$$Pt(Ⅱ) > Pd(Ⅱ) > Ni(Ⅱ) > Co(Ⅱ) > Ag(Ⅱ) >$$
$$Cu(Ⅱ) > Fe(Ⅱ) > Zn(Ⅱ) > Mg(Ⅱ) > Cd(Ⅱ) >$$
$$Sn(Ⅱ) > Li_2 > Na_2 > Ba(Ⅱ) > K_2 > [Ag(Ⅰ)]_2 \quad (4.3.2)$$

和一般非大环金属配位化合物中的相应次序比较,Pb(Ⅱ)、Cd(Ⅱ) 和 Ba(Ⅱ) 的卟啉配位化合物的低稳定性可能是由于这些较大的离子几何上不适于放在平面的卟啉环中。

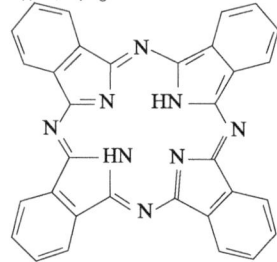

图 4.38 酞花菁结构

通过对 Fe(Ⅱ) 和 Zn(Ⅱ) 等卟啉配位化合物的研究证实,当卟啉环的碱性降低时,会增加金属对其他 σ 给予性配位体的亲和力。因而会在垂直于平面的轴向增加额外的 1~2 个配位体而形成更为稳定的正方锥或八面体结构。但也必需注意卟啉环碱性的降低不利于金属 d 轨道电子与轴向配位体的 π 反馈键的生成。

和取代基的影响一样,轴向配位体的存在也会降低卟啉环和金属结合基团的碱度,从而使金属离子与卟啉结合的能力下降。轴向配位对金属-卟啉氧化还原电位影响很大。对铁原卟啉等配位化合物的研究证实,强 σ 给予配位体使 Fe(Ⅲ) 稳定,但是可能引起高自旋态和低自旋态间的自旋交叉平衡(参考 4.5 节)。

2. 金属卟啉配位化合物中的成键

现在我们根据配位场分子轨道理论对这类配位化合物的性质,特别是其轴向配位效应进行介绍。

由配位场分子轨道理论可以看出(表 2.18),在八面体四方平面形卟啉配位化合物中,金属中未充满电子的 $d_{x^2-y^2}$ 和 d_{z^2} 轨道都可以和平面中配位体原子形成 σ 键;d_{xy},d_{xz} 和 d_{yz} 轨道则不适于和这些原子形成 σ 键。但是,若 d_{xy} 和 d_{xz} 已被金属电子占据,则它们可以和轴向的=N—、CO、O_2、CN^- 一类配位体的空 π 轨道形成 π 键;这样也就反过来加强了 σ 成键,而有利于形成低自旋配位化合物。

Zn(Ⅱ) 和 Cd(Ⅱ) 之类具有 d^{10} 电子组态的体系一般优先形成四面体构型。当这些离子和四方平面形的卟啉核作用时会削弱成键作用,因此金属略微处于卟啉平面的外面。这种应力较大的氮-金属键也易于在氮原子处受到氢原子的攻击。Zn(Ⅱ) 和 Cd(Ⅱ) 的卟啉配位化合物是反磁性的,大致是采取 sp^2d 杂化。其电负性允许接受第 5 个配位体,但不允许接受第 6 个配位体。在接受第 5 个配位体时有可能引起某一个金属-氮键断裂,而使金属离子采取优先的 sp^3 杂化形式。

对于含有一个未成对电子的 Ag(Ⅱ)d^9 电子组态配位化合物,一般不会在轴向再加合配位体。Cu(Ⅱ)离子也难以在轴向加合配位体。这是由于在 z 轴方向的反键 d_{z^2} 轨道已充满电子,这对于轴向配位体产生推斥效应(图 2.14);半满的 $d_{x^2-y^2}$ 轨道在卟啉环平面方向和氮原子相互作用强烈。顺磁共振实验也证实未成对电子确实处在 $d_{x^2-y^2}$ 轨道,而没有激发到 4s 能级。

对于 d^8 电子组态的 Ni(Ⅱ)配位化合物,由图 2.14 可见,当 O_h 对称性八面体构型时不存在反磁性的 d^8 配位化合物。在 D_{4h} 的平面型配位化合物中,电子云指向配位体原子的 $d_{x^2-y^2}$ 轨道最不稳定;两个 e_g 电子占据 d_{z^2} 轨道,$d_{x^2-y^2}$ 轨道是空的,因此平面型 Ni(Ⅱ)配位化合物总是反磁性的。这也说明了一般 Ni(Ⅱ)的卟啉配位化合物不会再加合轴向配位体。但是,当发生了强烈的亲电子取代(例如,—CHO 或带正电荷的吡啶基)而引起卟啉的配位场降低时(Δ 变小),另外一个吡啶基可能沿 z 方向配位,从而形成高自旋配位化合物;且两个 e_g 电子分别单独占据 d_{z^2} 和 $d_{x^2-y^2}$ 轨道。同时,当卟啉配位化合物中从低自旋变到高自旋时,由于晶体场分裂变小经常伴随着吸收光谱向长波移动。

对于 d^7 电子组态的低自旋平面 Co(Ⅱ)配位化合物,它只有一个未成对电子,其磁化率应约为 1.8BM。但实际上它具有数值 2.7BM。Nyholm 等提出,这主要是由于这种 Co(Ⅱ)配位化合物中的轨道角动量对其磁性有较大的贡献。对于 CO(Ⅱ)酞花菁配位化合物,ESR 实验已证实其 g 值和溶剂有关,说明其中未成对电子占据指向轴向的 d_{z^2} 轨道,而 $d_{x^2-y^2}$ 轨道未被占据。但对于 Cu(Ⅱ)酞花菁配位化合物,未成对电子则占据 $d_{x^2-y^2}$ 轨道;这个轨道并不指向轴向,所以其 g 值不受外加轴向配位体(溶剂)的影响。对一些 Co(Ⅱ)卟啉配位化合物在水-吡啶溶剂中的磁化率的测定表明,其 g 值随着从四方形到八面体构型的变化而降低。

高度共轭卟啉环中的 π 电子强烈离域。其 HOMO 和 LUMO 之间的能级差较小,从而在约 400mμ 处的近紫外区出现很强的 Soret 谱带。它主要对应于图 4.39 中的吡咯碳原子贡献的 A_{1u} 到 E_g 的跃迁。图中,用正负号及圆圈大小表明了所示分子轨道中各组成原子轨道系数的符号及贡献大小。此外,在可见区还出现图 4.40 所示的四个可见谱带,它对应于图 4.39 中 A_{2u} 到 E_g 的跃迁,其特点是电子从配位氮原子向周围原子转移。如果两个对面吡咯氮上的氢原子作轴线,则这种转移可以发生在沿着这个轴(谱带Ⅲ和Ⅳ)或垂直于这个轴(谱带Ⅰ和Ⅱ)的方向进行。由于谱带Ⅰ和Ⅲ是禁阻的(0—0)振动跃迁,它比(0—1)振动跃迁的谱带Ⅱ和Ⅳ更易于受到卟啉分子对称性降低的影响。

对于金属卟啉配位化合物,除了具有 Soret 带外,在可见区只出现 α 和 β 两个谱带。它们分别对应于卟啉配位体的Ⅰ,Ⅲ和Ⅱ,Ⅳ谱带,因此 α 谱带很容易受—CHO、—COCH$_3$、—COOCH$_3$ 或者—COC$_6$H$_5$ 等取代基的影响。给予性强的轴向配位体的存在会加强 $\pi \to \pi^*$ 跃迁的 α 谱带。从分子轨道理论可以阐明卟啉体系的光谱[18]。取代基对 d-d 及 L→M 电荷转移谱带有很大影响,像细胞色素 a、细胞色素 b、细胞色素 c(图 4.71)等生物分子的分类就是基于取代基的光谱变化。

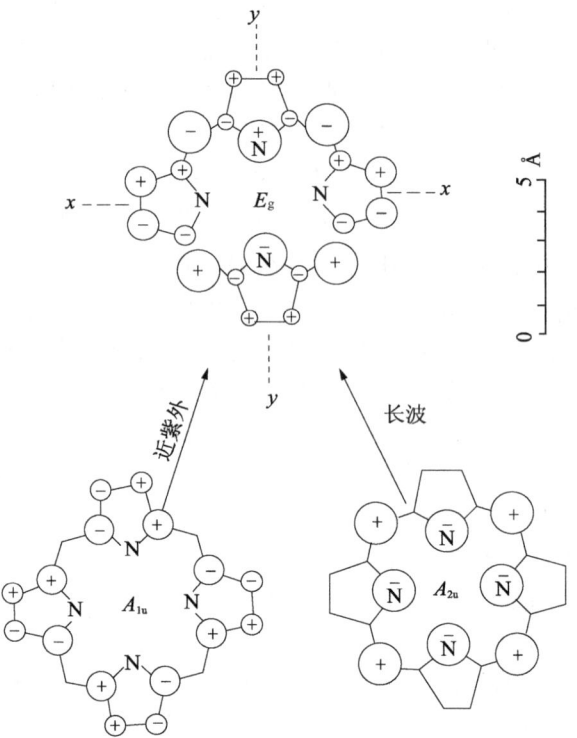

图 4.39 卟啉吸收光谱的电子跃迁

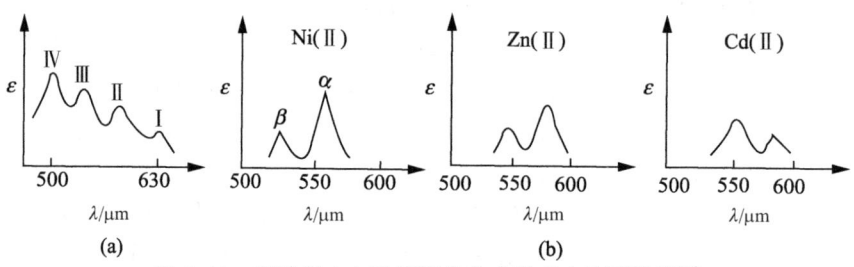

图 4.40 原卟啉(a)及其配位化合物(b)的可见光谱

4.3.3 大环配位化合物的分子加合物

生物配位及其金属配位化合物通过与 H_2O、CO、CO_2、NH_2、O_2 等小分子的配位作用来实现对生命活动的调节。在很多有分子氧参加的催化反应中,Co、Fe、Cu、Mo 等金属和氧的配位作用起着重要作用。为此,人们模拟天然氧载体进行了研究,并发现以卟啉、酞花菁或 Schiff 碱为配位体的金属配位化合物具有良好的可逆固定 O_2 能力[19]。

1. 分子氧及其活化

为了阐明这类分子加合物的成键和性能,首先回顾氧分子的结构。从分子轨道理论得知,除了两个 $1s^2$ 内层电子外,外层电子组态为 $2s^2 2p^4$ 的氧原子形成 O_2

的分子轨道次序为

$$KK < \sigma_{2s}^2 < \sigma_{2s}^{*2} < (\pi_{2p_x} = \pi_{2p_y})^4 < \sigma_{2p_x} < (\pi_{2p_x}^* = \pi_{2p_z}^*)^2$$

即有两个未成对电子分别占据简并的 π_g^* 反键轨道①①,自旋多重度$(2S+1)=3$。这种基态可用光谱项$^3\Sigma_g^-$ 来表示,下标 g 表示对于中心为偶对称,右上角⁻号表示对于对称面为反对称。将两个 π_g^* 上的电子重新激发后可以得到①○的$^1\Delta_g$ 和①①的$^1\Sigma_g^+$ 两种激发态,$^1\Delta_g$ 比$^1\Sigma_g^+$ 能级低,寿命长,易于和一些有机物发生氧化反应。另外,根据 π_g^* 分子轨道上的电子数不同,又可得到双氧阳离子 O_2^+ ①○、超氧离子 O_2^- ⑪①和过氧离子 O_2^{2-} ⑪⑪,后两者由于反键电子的增多,而处于O—O 键被削弱的活化状态。

在溶液中,O_2 分子反应

$$O_2 + 4H^+ + 4e^- \Longrightarrow 2H_2O \qquad E^0 = 1.23V \qquad (4.3.3)$$

的标准电位为 1.23V,应为强氧化剂。但意外的是它和大多数底物的反应进行得很慢,因为通常一步的四电子还原不易实现。并且自旋三重态的基态 O_2 和通常处于单重态的底物分子之间的反应是自旋禁阻的。所以 O_2 的还原通常是遵循双电子或单电子步骤反应,从而生成活性的超氧或过氧分子。

研究者们曾经提出过两种金属的双氧配位化合物的几何模型。即 π 型侧基配位型 $\overset{O=\!=\!=O}{M}$ 和 σ 型的端基角向配位型 $\overset{O=\!=\!=O}{M}$。从粗糙的软硬酸碱观点来看,低氧化态的软酸金属配位化合物将优先以软 π 键形式和氧键合,而高氧化态的硬酸将优先以硬的 σ 键形式和氧键合,不论哪种结合方式,由于反馈作用最后都生成 σ - π 键。对于 Fe(Ⅱ)卟啉氧加合物的电子结构也存在 Fe(Ⅱ)—O_2 和 Fe(Ⅲ)—O_2^- 两种电荷分布的观点,前者净效果是电子从 O_2 的成键轨道或孤对轨道部分激发而转移到反键 π^* 轨道;后者则由于电子由金属转移到 O_2 形成超氧或过氧从而达到具有化学活化的目的。

图 4.41 表示在 Co(Ⅱ)双氧配位化合物中可能存在 O_2 和金属 M 的 1:1 和 2:1 两种配位化合物的轨道重叠情况。如前所述,若将单核看做超氧配位化合物 Co(Ⅲ)—O_2^-,则双核的共振形式

$$\begin{array}{ccc} M^{2+}O\!\!-\!\!OM^{2+} & \longleftrightarrow & M^{3+}O^-\!\!-\!\!OM^{2+} \\ \text{A}\updownarrow & & \text{B}\updownarrow \\ M^{3+}O^-\!\!-\!\!O^-M^{3+} & & M^{2+}O\!\!-\!\!O^-M^{3+} \\ \text{D} & & \text{C} \end{array} \qquad (4.3.4)$$

中主要为 D 形式,即可以看作过氧配位化合物,它既可在 Cl_2、Ce(Ⅳ)等氧化剂下氧化成为超氧配位化合物(M^{3+}—O—O^-—M^{3+}),又可避免一步的四电子还原而经过多步还原使氧转换成 H_2O。

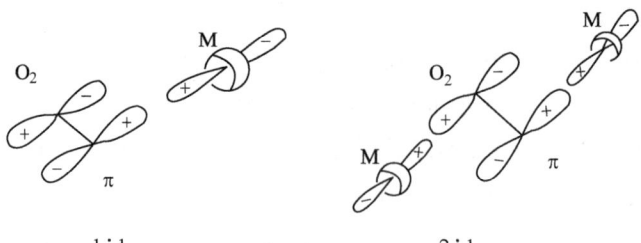

图 4.41　金属-O_2 加合物的轨道重叠图

对双氧配位化合物的研究表明,一般双核配位化合物比单核配位化合物稳定。只有在有空间阻碍(如维生素 B_{12} 和栅栏式[图 4.33(b)]),或者在低温、低浓度和非水溶剂等条件下单核配位化合物才能够稳定。栅栏式单核配位化合物的稳定性为可逆充氧创造了有利的结构条件。

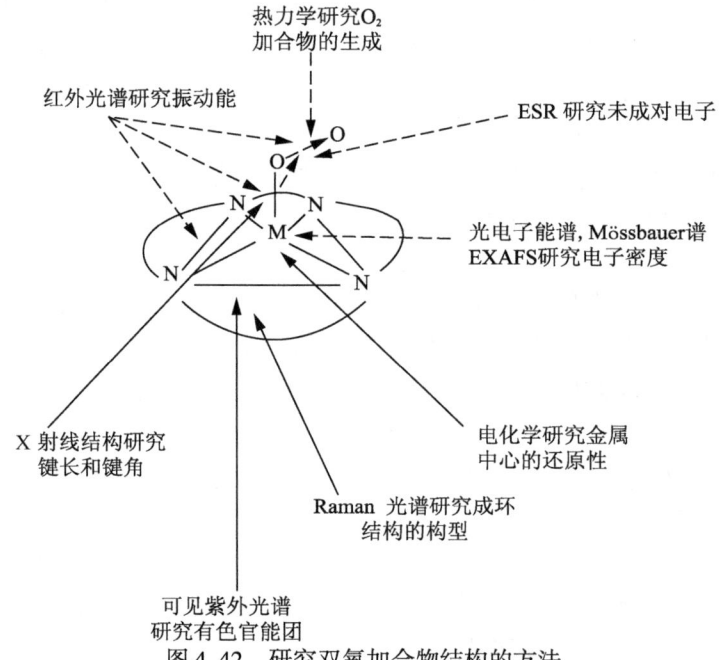

图 4.42　研究双氧加合物结构的方法

研究者已经提出了各种物理方法来研究双氧加合物的结构[20](图 4.42)。结果表明,生物体系中的双氧加合物结构大都为端基角向配位。

2. 自旋成对理论

顺磁共振法是研究分子氧加合物的有力工具。例如,对于 Co(Ⅱ)TTPS 配位化合物的 O_2 加合物,Co(Ⅱ) 为低自旋 d^7 组态、$S = \dfrac{1}{2}$ 和 $I = 7/2$ 的体系。顺磁中心的行为可以用下列各向异性自旋 Hamilton 算符表示(3.6 节)

$$\hat{H} = \beta \sum_i g_i H_i S_i + \sum_i A_i S_i I_i \quad (i = x, y, z) \quad (4.3.5)$$

其中，S 为有效电子自旋。一般说来，g 张量主轴 x_g, y_g, z_g 和超精细分裂 A 的主轴 x, y, z 并不一致。当分子的对称性低至 C_s 对称性时，它们的夹角为 α（图 4.43）。根据谱线分裂的 $(2I+1)$ 规则该配位化合物应具有 8 根线的超精细结构。实验是在含有 75% DMF 的冻结水溶液中进行的（77K，图 4.44），其中点线（……）代表用电子计算机模拟的结果，棒状谱根据图 4.43 的坐标进行标记。使用的参数 α, g_x, g_y, g_z 及 A_x, A_y, A_z（单位：10^{-4}cm^{-1}）也列于图 4.43 中。

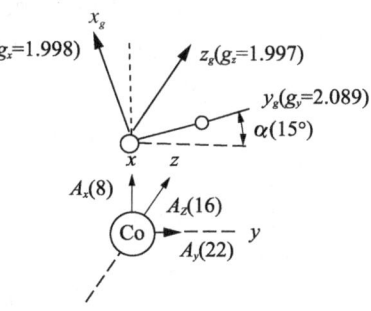

图 4.43　Co(Ⅱ)TTPS·O_2 配位化合物的主轴

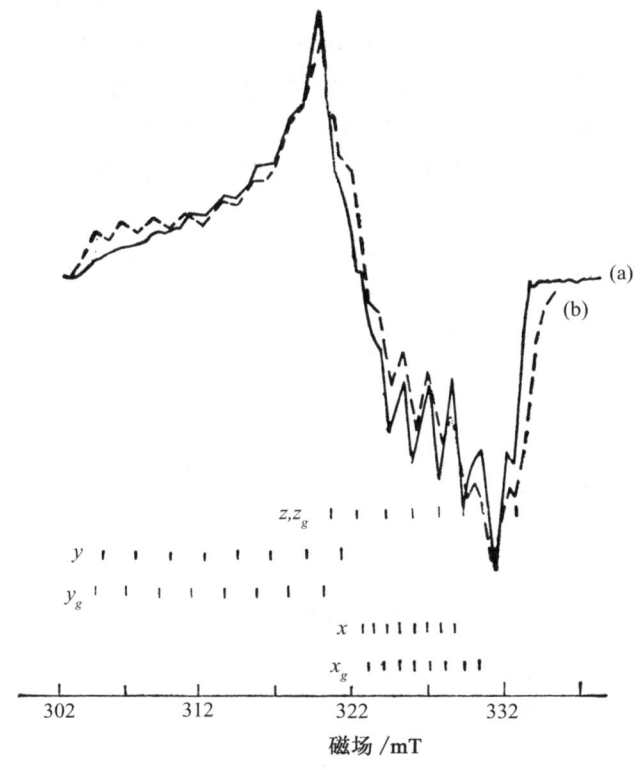

图 4.44　77K 时 Co(Ⅱ)TPPS 氧合形式的 ESR
微波频率为 9.143GHz

实验表明，只有当溶液中含有另一个配位场很强的轴向配位体时才能产生 O_2 配位。这时配位化合物从具有一个未成对电子在 d_{xy} 轨道上的平面正方结构（图 2.14）变为在 d_{z^2} 轨道有一个电子的四方锥结构（图 4.44 中左方）。这就为 O_2 从轴向强碱配位体相反的 z 方向接近金属创造了有利条件。ESR 结果表明，加合 O_2 后配位化合物的 a_{Co} 值远小于加合前的 a_{Co} 值。所以未成对电子在 Co 核上的自旋密度很小,大部分离域到双氧配位体上去了,使双氧配位体几乎成为超氧离子 O_2^-。这时配位化合物可以近似地写为 Co(Ⅲ)O_2。

Drago 等还进一步从 ^{17}O 的超精细结构注意到,加合的两个氧上的总自旋密度等于1,从而提出了图 4.45 所示的自旋极化模型[21]。为了简化,着重注意高能级的三个电子。双氧配合物中的一个氧的 π^* 轨道和钴的 d_{z^2} 轨道形成占据的 σ 成键轨道 ψ_1 和空的反键轨道 ψ_3,另一个 $\pi^*(x_g)$ 轨道成为非键 ψ_2 而含有未成对电子。写成 LCAO 的形式为

$$\psi_3 = bd_{z^2} - a\pi^*(x_g) \tag{4.3.6}$$

$$\psi_2 = \pi^*(z_g) \tag{4.3.7}$$

$$\psi_1 = ad_{z^2} + b\pi^*(x_g) \tag{4.3.8}$$

其中,$b = (1-a^2)^{\frac{1}{2}}$。按照这个模型,对于 Co-$O_2$ 加合物,当 $a = 0$ 时,为超氧配位化合物 Co(Ⅲ)O_2^-;当 $a = b$ 时,为 Co(Ⅱ)O_2;当 $a = 1$ 时,为双氧阳离子 Co(Ⅰ)O_2^+。因此电子的转移不直接依赖于 σ 成键轨道 ψ_1,而只能间接地依赖 ψ_2 中的未成对电子。钴的超精细结构常数 A 是由于 ψ_2 中未成对电子对 ψ_1 的自旋极化引起的。利用式(4.3.9)将实验所测的电子(氧) - 核(钴)的偶极 - 偶极作用的数据进行[式(3.5.45)]

$$A_{\text{dip}}(x,y) = -\frac{g\beta g_n\beta_n}{r^3} \qquad A_{\text{dip}}(z) = \frac{2g\beta g_n\beta_n}{r^3} \tag{4.3.9}$$

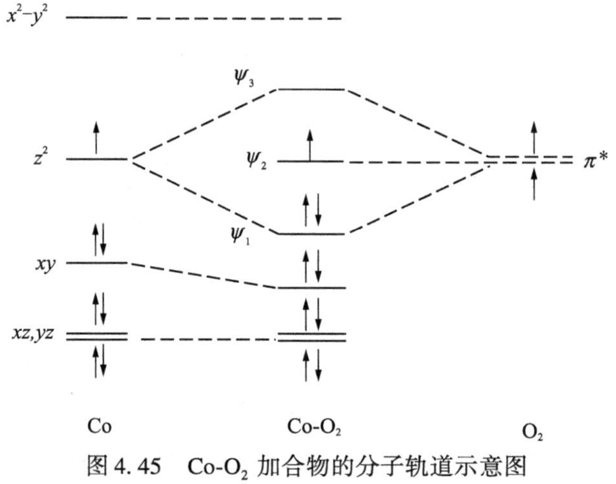

图 4.45 Co-O_2 加合物的分子轨道示意图

校正后还可以求出 $A(d_{z^2})$ 等数值。对于自旋模型,更好的修正方法是按对称性在 ψ_1 中组合进入更多的轨道

$$\psi_1 = a''d_{z^2} + cd_{yz} + \gamma 4s + b\pi^*(x_g) \tag{4.3.10}$$

详情从略。

3. 平面形配位化合物的分子加合物

很多 Schiff 碱、多酮和硫代磷酸酯等多齿配位体可以环绕金属离子形成平面

形配位化合物。气液色谱方法是研究作为 Lewis 碱 B 的醇和胺类分子与作为 Lewis 酸的平面形配位化合物 A 的弱加合作用的好方法。在色谱实验中是将处于气相中的碱 B 通过浸渍有固定液(如角鲨烷)的色谱柱,再与已溶于角鲨烷中的酸(A)发生配位作用:

$$A(1) + B(g) \underset{}{\overset{K_R}{\rightleftharpoons}} AB(1) \tag{4.3.11}$$

因此其表观平衡常数 K_R 实际上包含了溶解平衡常数 K_R^0 和加合物的真实稳定常数 K_1 两方面的贡献

$$B(g) \underset{}{\overset{K_R^0}{\rightleftharpoons}} B(1) \tag{4.3.12a}$$

$$B(1) + A(1) \underset{}{\overset{K_1}{\rightleftharpoons}} AB(1) \tag{4.3.12b}$$

根据色谱实验的保留时间 t(或保留体积 V)等数据就可以分别计算出式(4.3.11)、式(4.3.12a)和式(4.3.12b)中的常数 K_R、K_R^0 和 K_1 值[22]。

表 4.10 列出了以脂肪醇作为 Lewis 碱 B 和溶于角鲨烷中的平面形双-(O,O'-二正辛基二硫代磷酸酯)合镍(Ⅱ)Ni[($C_8H_{17}O)_2PS_2]_2$ 作为 Lewis 酸 A 相互作用的 K_R、K_R^0 和 K_1 值[23]。按照热力学关系式:

$$-R\ln K = \Delta H \left(\frac{1}{T}\right) - \Delta S \tag{4.3.13}$$

以 $-R\ln K$ 对 $\frac{1}{T}$ 作图,并且利用最小二乘法可以求得醇与 $Ni[(C_8H_{17}O)_2PS_2]_2$ 加合反应的焓变和熵变。

从表 4.10 所列的数据可以看到,在同一温度下,K_R^0 值按甲醇、乙醇、丙醇、丁醇的次序增加。这种现象可以用相似的结构易相互溶解的相似相溶原理来解释,烷醇在角鲨烷中的溶解度随着碳原子数的增加而增大。$-\Delta H$ 和 $-\Delta S$ 值随着烷醇中碳原子数的增加而增大。它们与碳原子数(n)的关系可以用下列经验数值来描述。

表 4.10 醇与 $Ni[(C_8H_{17}O)_2PS]_2$ 反应的平衡常数、焓变和熵变值

醇类	柱温/℃	K_R	K_R^0	K_1 /(L/mol)	焓变和熵变
甲醇	44.5	15.90	11.80	1.722	$\Delta H =$ −16.4 kJ/mol $\Delta S =$ −47.0 kJ/(k·mol)
	54	15.00	11.60	1.465	
	68	13.80	11.20	1.173	
	80	9.30	7.90	0.904	
乙醇	44.5	22.90	17.70	1.456	$\Delta H =$ (−20.7±0.1) kJ/mol $\Delta S =$ −62.2 J/(k·mol)
	54	21.60	17.50	1.171	
	68	16.10	13.80	0.842	
	80	11.40	10.10	0.657	

续表

醇类	柱温/℃	K_R	K_R^0	K_1 /(L/mol)	焓变和熵变
丙醇	44.5	63.20	53.60	0.888	$\Delta H =$ -25.4 kJ/mol $\Delta S =$ -80.6 J/(K·mol)
	54	49.60	43.00	0.767	
	68	32.10	29.20	0.502	
	80	19.30	18.10	0.338	
丁醇	44.5	183.50	158.00	0.799	$\Delta H =$ -301 kJ/mol $\Delta S =$ -96.3 J/(K·mol)
	54	142.50	126.40	0.637	
	68	90.60	84.60	0.358	
	80	61.30	58.30	0.263	

随着链上碳数的增加酸碱加合常数 K_1 也逐渐下降。配位化合物中 Ni(Ⅱ)的赤道平面上的四个配位位置都已被平面四齿螯合剂的四个配位原子所占据,只留下轴向(z方向)的配位空穴可与 Lewis 碱 B 配位。但在 d^8 电子组态 Ni(Ⅱ)中,d_{z^2} 轨道为占据轨道,因而在 z 方向与给电子倾向强的配位体配位并不一定有利。由于同系列中不同烷基 R 的推电子效应差别不大,我们认为 K_1 随碳数增加而下降的原因主要来自下述几个方面:首先,K_1 值隐含有 Lewis 碱 B 和溶剂的作用,实际上,在 B 与过渡金属配位化合物 A 配位过程中,要先从 B 的周围排去溶剂,才能有利于 A—B 键的形成。随着 B 上碳链的增长,B 在角鲨烷中的亲溶剂性增加,去溶剂作用所需的能量也随着上升,导致 K_1 值随碳数增加而下降。此外,随着 R 链的增长,由于分子的柔曲性,将会产生不利于配位作用的空间阻碍;$-\Delta S$ 随原子数的变化则可能与较大的醇分子具有序度的变小而具有较多的冻结构型有关。这类研究对于解释小分子的活化及电子转移机理具有一定的意义。

4.3.4 大环醚配位化合物

上面我们讨论了形成典型配价键的过渡金属配位化合物。本节将主要讨论以离子键形式结合的大环配位化合物[24]。自从 1967 年 Pederson 合成并发现大环配位体对碱金属离子的特殊选择性后,这类配位化合物就引起人们广泛的关注[图 4.46]。为此,他分享了 1986 年诺贝尔化学奖。现在这方面的研究已发展到包括过渡金属和稀土离子配位化合物的领域。

冠醚一般是指具有 ─(CH$_2$CH$_2$X)$_n$─ 重复单元所组成的大环化合物,其中 X = O、N、S 或 P 等杂原子[图 4.33(g)]。对于杂原子为氧原子的大环聚醚化合物,由于其貌似皇冠而常称为冠醚,并且在 ─(CH$_2$CH$_2$O)$_n$─ 链的桥端位置上有两个叔氮原子相连时,则称之为双环或三环穴醚。这些大环醚都具有疏水的 —CH$_2$ 外部骨架,使它们既在油相中有较大的溶解度,又具有亲水的 $\diagdown$C=O 内腔,可以和无机金属离子成键。还有一类多分支的开链醚特称之为章鱼式醚,它们也可以和金属配位成封闭式环[图4.33(h)],这类冠醚和生物膜中开链或闭链的抗菌素有很多相似之处(图4.32)。

根据简单的软硬酸碱理论可以看出(参考5.1节),当杂原子X为硬碱的氧原子时,根据"硬亲硬"的原则,该冠醚易于和作为硬酸的碱金属、碱土金属和稀土金属离子配位;当杂原子X为软碱的氮原子时,根据"软亲软"的原则,应易于和作为软酸的过渡金属离子配位。具体情况则较为灵活,例如,将含硬碱的苯并-15-冠-5和含有"软酸"的过渡金属水合盐 $Cu(ClO_4)_2$ 在丙酮溶液中反应居然也可以制得 $\{[Cu(II)(C_{14}O_5H_{20})(H_2O)_2](ClO_4)_2\} \cdot 3H_2O$ 配位化合物(图4.46忽略了氢原子)[25]。结构中含有分立的 $Cu(II)(C_{14}O_5H_{20})(H_2O)_2$ 离子,两个 ClO_4^{2-} 离子和三个 H_2O 分子,苯环与冠醚环的夹角约为25°,苯环的共面性很好,而醚环的共面性较差一些。配位水和结晶水之间以氢键相连。$Cu(II)$ 离子几乎处在冠醚环平面内而略微远离苯环。它除与醚环上5个醚氧配位外还和环面上下两个配位水中的氧配位,从而形成一种配位数为7的过渡金属配位化合物。$Cu(II)$ 与水的氧距离稍短于其与醚环上的氧的距离。一般15-冠-5环的大小为1.7~2.2Å,完全足以容纳直径为1.44Å 的 $Cu(II)$ 离子。实验的 $Cu(II)$ 和氧的距离(平均为2.23Å)比 $Cu(II)$ 离子半径(0.72Å)和氧的van der Waals半径(1.40Å)之和要大,因此它们主要依靠离子-偶极的静电作用键合。

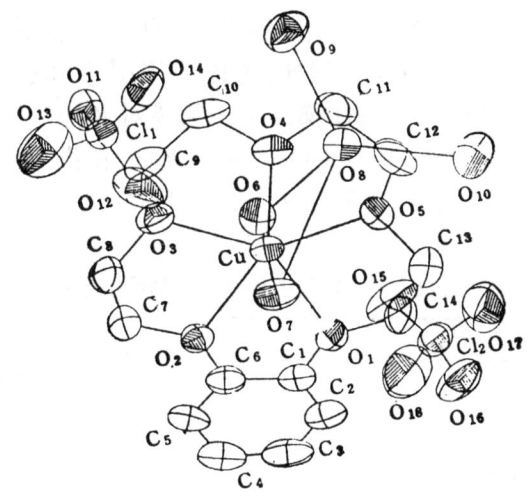

图4.46 冠醚配位化合物 $\{[Cu(C_{14}O_5H_{20})(H_2O)_2](ClO_4)_2\} \cdot 3H_2O$ 的结构图

1. 碱金属冠醚配位化合物的离子选择性

在形成配位化合物时,金属和冠醚的比例和构型受到各种因素的影响,通常采用如图4.47所示的不同形式。其中影响最大的因素是金属离子半径和大环空腔直径的相对大小。假定配位氧原子的半径为1.40Å,由 n 个氧原子组成多面体时其所形成的最小空穴大小(由于氧原子的相互排斥)如表4.11所示。可见,8个

(立方体)、6个(八面体)和4个(四面体)的氧原子所形成的最小空穴半径分别为1.0Å、0.6Å和0.3Å。只有当阳离子大小和配位体的空穴半径相适应时,配位化合物才比较稳定。和表4.11的结果一致,Li^+的配位数≤6,Be^{2+}的配位数≤4,Mg^{2+}的配位数≤6,而Ca^{2+}的配位数约为8;但是也有例外,例如,K^+和苯并-15-冠-5生成1:2的夹心式配位化合物,但和它的离子半径相似的Ag^+和Tl^+则生成共价性较强的1:1配位化合物。其他影响因素包括阴离子的类型、阳离子的电荷密度、配位体的构型、配位原子的种类、大环效应和取代基效应等。

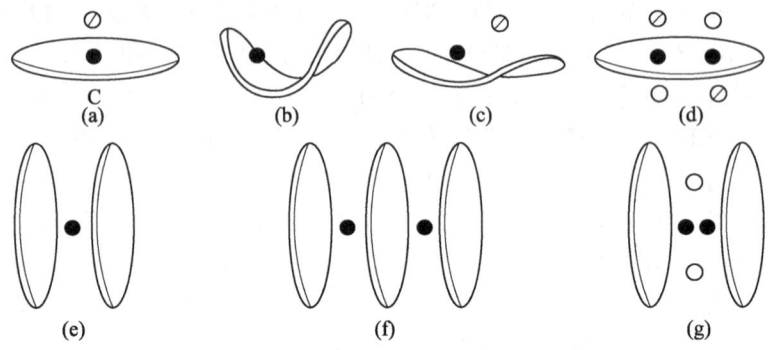

图4.47 不同冠醚配位化合物的示意图
大环代表冠醚,黑圆点●代表金属,圆圈○代表阴离子,
带斜线圆圈⌀代表溶剂分子

冠醚对于金属离子的选择性配位、生物膜中离子的迁移、离子选择性电极的应用,以及金属萃取都有重要意义。例如,考虑应用图4.48(a)中的四取代冠醚(crown,简记为Crn)模拟在不同pH梯度下生物膜对K^+和Ca^{2+}的迁移选择性S[图4.48(b)]。这种离子载体具有一系列特性,例如,在膜的内相为酸性条件下它选择性地转移单价的K^+,其机理如图4.48(c)上方所示。在膜的外部界面发生反应

表4.11 n个氧原子组成空穴的最小半径

配位数n(几何构型)	半径r_m/Å
2(线形)	0.00
3(三角形)	0.22
4(四面体)	0.31
4(四方形)	0.58
5(三角双锥)	0.58
5(四角锥)	0.64
6(八面体)	0.58
7(C_{3v}对称性)	0.83
7(五角双锥)	0.98
8(立方体)	1.02
9(D_{3h}对称性)	1.02
12(立方八面体)	1.40

$$M^+(aq) + HCrn(org) \rightleftharpoons MCrn(org) + H^+(aq) \quad (4.3.14)$$

在膜的内界面发生反应

$$MCrn(org) + H^+(aq) \rightleftharpoons HCrn(org) + M^+(aq) \quad (4.3.15)$$

当膜内相的 pH 增加时，K^+ 的迁移减小而二价 Ca^{2+} 的浓度增加，其机理如图 4.48(c)下方所示。很多其他合成离子载体的作用也可以类似地进行解释。适当的稳定常数和脂溶性是影响离子转移速率的重要因素。

对冠醚 12-冠-4 进行的量子化学计算表明，氧原子电荷约为 -0.28，碳原子上电荷约为 0.2，氢原子上电荷负的不大，可略而不计[26]。因此碱金属配位化合物可以看做是醚链中几个 $^{\delta+}$C—O$^{\delta-}$ 偶极子与金属离子之间离子键的静电作用。对不同几何构型的 H^+、Li^+ 和 Na^+ 配位化合物进行的量子化学能量曲线计算表明（图 4.49，其中横坐标 z 为金属离子离环平面的垂直距离），碱金属配位化合物不具有平面型结构，并且说明了 Li^+ 配位化合物的特殊稳定性及其作为 Li^+ 选择性电极的实验事实。还可以利用配位体的紫外光谱变化、金属离子核磁共振位移，以及配位化合物的溶解度和电化学等方法对碱金属盐和冠醚之间的配位作用进行研究。

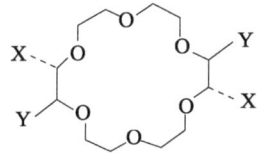

X=COOH
Y=CON(nPr)CH$_2$CH$_2$OCH$_2$N(nPr)COOCH$_2$C$_6$H$_5$
(a)

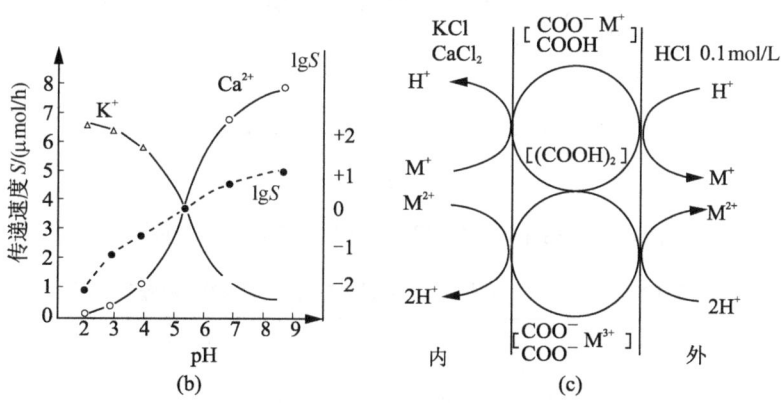

图 4.48 pH 调节二价/单价阳离子迁移的选择性

2. 过渡金属冠醚配位化合物

顺磁共振是一种了解其成键性质的有效方法，有人曾提出用 Cu(Ⅱ)大环配位化合物的顺磁共振参数来模拟蓝铜蛋白中的顺磁活性位置。前人已经测定过图 4.46 所示的 Cu(Ⅱ)离子配位化合物在丙酮溶剂中的 ESR 谱（图 4.50）[27]，谱中出现两组吸收峰，$g_\parallel < g_\perp$ 的一组归属于 $[Cu(Ⅱ)\text{-}B_{15}C_5(H_2O)_2]^{2+}$（本节用 $B_{15}C_5$ 简记

苯并-15-冠-5)七配位配位化合物;$g'_\parallel > g'_\perp$的一组归属于$[Cu(H_2O)_6]^{2+}$配位化合物。这和凡具有偶数配位的冠醚Cu(Ⅱ)配位化合物$g_\parallel > g'_\perp$未成对电子处于$d_{x^2-y^2}$轨道上,而具有奇数配位的Cu(Ⅱ)配位化合物,则$g_\perp > g_\parallel$,未成对电子处在d_{z^2}轨道上一般结论是一致的。$g_\parallel$中的四重分裂是由Cu(Ⅱ)$\left(I=\dfrac{3}{2}\right)$引起的超精细分裂。表4.12中列出实验求出的$g$因子及超精细分裂参数$A$。利用自旋非限制的CNDO法对它进行了量子化学计算,结果和实验一致,表明其自旋密度主要集中在d_{z^2}轨道上,自旋密度矩阵元$d_{z^2}-d_{z^2}=0.9576$。从总的密度矩阵结果看,Cu(Ⅱ)和氧原子间的成键主要是在它们的s和p原子轨道间的成键作用[Cu(s)—O(s) = 0.193, Cu(s)—O(p_x) = 0.191, Cu(p_y)—O(p_y) = 0.08, Cu(p_z)—O(p_z) = 0.104],而铜的d轨道几乎不参与成键。

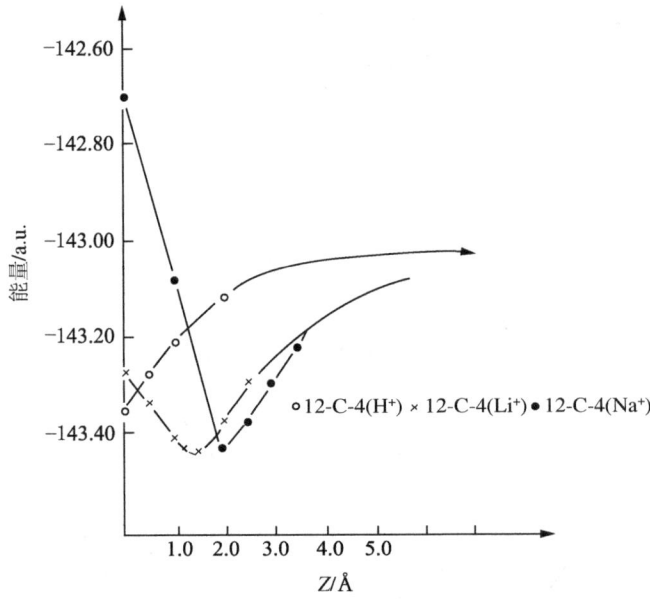

图4.49 碱金属12-冠-4配位化合物的能量曲线

表4.12 Cu(Ⅱ)-苯并-15-冠-5的ESR参数和键参数[1]

参数	$g_\parallel$	$g_\perp$	$A_\parallel$	$A_\perp$	P	K	α_1^2	ΔE
$[Cu(Ⅱ)(H_2O)_6]^{2+}$	2.4143	2.0768	137	16				
$[Cu(Ⅱ)-B_{15}C_5(H_2O)_2]^{2+}$	1.9887	2.3179	133	−32	340	0.112	0.945	$1.49×10^4$
$Cu(Ⅱ)-B_{15}C_5(ClO_4)_2$	1.995	2.321	130	—	329	0.1235	0.914	—

1) $A_\parallel$、$A_\perp$、P的单位都是$×10^4 cm^{-1}$;ΔE的单位为cm^{-1}。

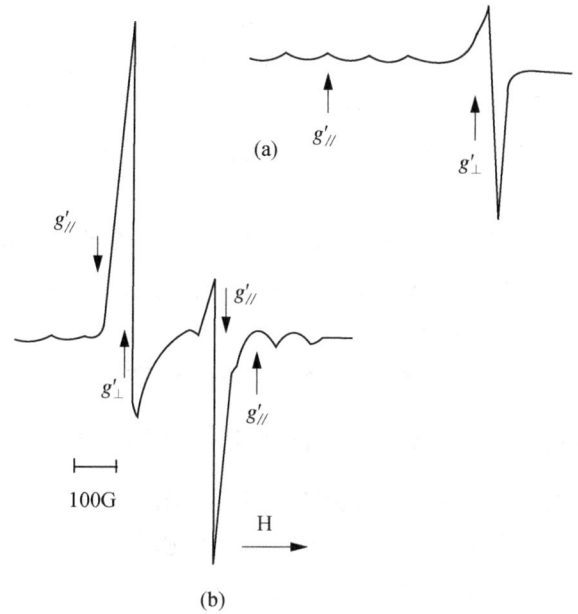

图 4.50　77K 下 Cu(ClO$_4$)$_2$·6H$_2$O(a) 和 Cu(Ⅱ)-苯并-15-冠-5(b)
在丙酮溶剂刚性基底下的 ESR 谱

也可以应用核磁共振方法研究过渡金属冠醚配位化合物在溶液中的平衡和结构。正如 3.5 节所述,当组分之间发生快速交换反应时,处于不同组分中的磁性核的核磁共振谱线是一个按各组分摩尔数平均的交换峰。谱线的位置与各组分浓度之间存在函数关系

$$\delta = \delta_0 + \Big(\sum_{i=1}^{N} a_i x_i \delta_i / L^0 \Big) \qquad (4.3.16)$$

其中,δ_0 为纯配位体的实验化学位移;δ 为溶液中配位化合物的实验化学位移;x_i 为第 i 个组分的浓度;δ_i 是纯的第 i 个组分(配位化合物)中配位体的化学位移;a_i 为第 i 个组分分子中配位体的个数;L_0 为配位体总浓度;N 为组分数(不包括纯配位体),等于平衡常数的个数。每个组分的浓度必须同时满足 N 个平衡常数关系式[式(5.1.2)]

$$f_i(x_1, x_2, \cdots, x_N, K_i) = 0 \quad (i = 1, 2, \cdots, N) \qquad (4.3.17)$$

应用这种模拟的方法,我们研究了 18-冠-6 和 CoCl$_2$ 在丙酮溶液中的平衡常数和结构[28]。

3. 穴醚配位化合物

将碱金属 M(而不是金属盐)加入冠醚溶液中,先后发生反应

$$2M(s) \Longrightarrow M^+ + M^- \qquad (4.3.18)$$

$$M^- \Longrightarrow M^+ + 2e^- \qquad (4.3.19)$$

$$M^+ + e^- \rightleftharpoons M \qquad (4.3.20)$$

在氨之类的"好"溶剂中,阳离子的溶剂化能是主要的,在溶液中主要存在 M^+ 和 e^-,但在其他某些胺和冠醚中则主要以 M^+ 和 M^- 形式存在,M 和溶剂化的电子 e_{solv}^- 数目则很少。这时加入冠醚或穴醚一类配位剂 C 后和阳离子就发生反应

$$M^+ + C \rightleftharpoons M^+C \qquad (4.3.21)$$

从而使金属的溶解度大大增加,式(4.3.18)反应向右移动,式(4.3.19)反应向左移动。当金属过量时,主要为 M^+C 和 M^-;金属不足时,主要存在元素为 M^+ 和 e_{solv}^-,因而形成所谓的电子盐 $M^+e_{solv}^-$。

在金属-胺溶液中所产生的 M 比溶剂化的 M^+ 和 M^- 少得多,但它仍可以由金属离子 ESR 的超精细显示出来[29]。图 4.51 表示 $K\left(I=\frac{3}{2}\right)$ 和 $Rb\left(I=\frac{5}{2}\right)$ 的金属超精细结构。在金属-氨溶液中,会产生溶剂化阳离子 M^+ 和溶剂化电子 e_{solv}^- 的离子对。这时电子在金属核的浓度很低,电子交换速率很快,因此只观察到一条窄的 ESR 信号。Li^+ 在 $EtNH_2$ 溶剂中,由于阳离子的强烈溶剂化作用生成溶剂隔离的离子对[图 4.52(a)]。这时观察不到 Li 的超精细结构,而是由 $Li(H_2NEt)_2^+$ 的 8 个 $R-NH_2$ 的质子所引起的 $(2nI+1) = 9$ 条谱线,是因为溶剂化的电子和转动的阳离子密切接触,在 ESR 的时标内它和阳离子的溶剂交换很慢。在"不良"溶剂中一般的盐形成接触离子对[图 4.50(b)],这时在阳离子和阴离子间不存在溶剂。当溶剂化的电子作为阴离子时,由于它是一个没有固定"大小"的特殊阴离子(即没有原子"实"电子),其正、负电荷中心间的距离会随着溶剂和温度而变化。当溶剂的极性和温度升高时会导致金属核处的未成对电子密度加大(相当于共价性增大),从而增加 ESR 中的超精细分裂和光学光谱中的化学位移。

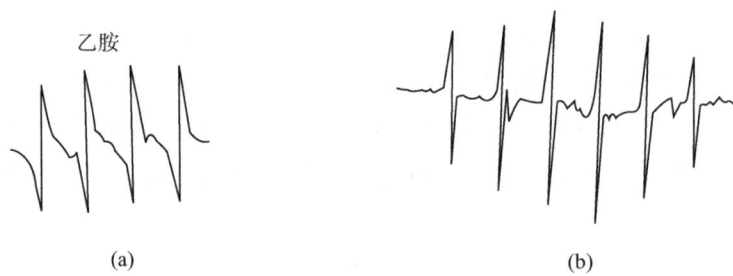

图 4.51 单核金属 K(a) 和 Rb(b) 的 ESR 信号
(a) 50℃, $g = 2.00149$, $a = 13.00G$;
(b) 23℃, $g = 1.99982$, $a = 64.06G$

当金属 Na 和穴醚 C222 作用时可以生成 Na^- 和 Na^+C222,已测出其晶体结构如图 4.53 所示。它和 $Na^+C222 \cdot I^-$ 一样,正、负离子呈六方密堆积。已由 ^{23}Na 的核磁共振证实了 Na^- 离子的存在(图 4.54)。由于 Na^+ 配位于穴醚内部,所以阳离

子的化学位移和溶剂无关。曾经根据 Na(g) 的实验化学位移并结合 Hartree–Fock 波函数的方法计算了气态 $Na^-(g)$ 的化学位移值(3.5节)。在 THF、$EtNH_2$ 和 $MeNH_2$ 中实验测得的 Na^- 位移值和 $Na^-(g)$ 的差别分别为 -0.3、-1.0 和 -1.2ppm(低场)。这样小的差别说明不存在 Na^- 的顺磁性化学位移,即它是一个在外层 s 轨道具有两个电子的"真正阴离子"Na^-。磁化率测定也证实该化合物是反磁性分子,谱线很窄说明它是弱溶剂化的对称球状物。

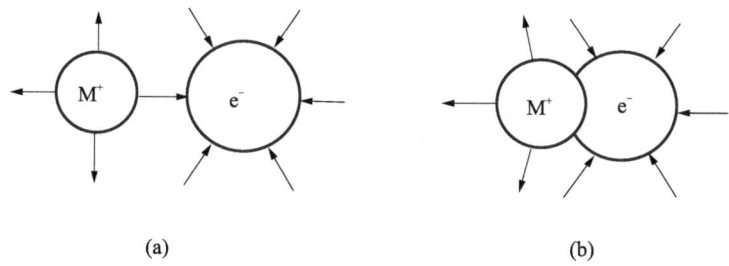

图 4.52 溶剂隔离的离子对(a)和接触离子对(b)

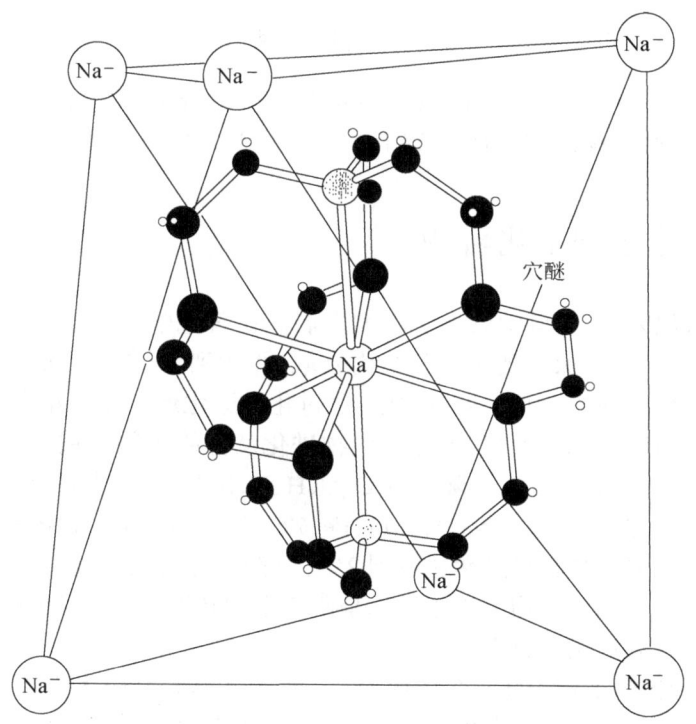

图 4.53 $Na^+C222 \cdot Na^-$ 的晶体结构

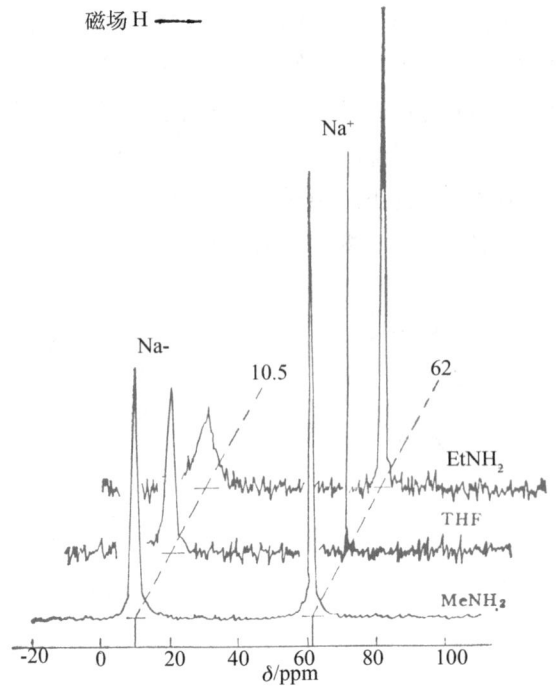

图 4.54　在三种不同溶剂中 $Na^+C222 \cdot Na^-$ 溶液($\sim 0.1 mol \cdot L^{-1}$) 的 ^{23}Na NMR
化学位移相对于无限稀释的水合 Na^+,负的化学位移是顺磁性引起的

4.4　生物分子配位化合物

　　近半个世纪来,生物科学取得了巨大进展。在其他学科的渗透及新技术的促进下,生物科学研究已深入到亚细胞结构领域,并达到分子水平,揭露了生命过程的奥秘。在生命活动的十几亿年进程中,通过化学进化形成无机化合物、有机化合物、高分子、蛋白质、核酸、细胞,再经过生物进化从低级生物发展到高等生物。生物体中共约有 30 种必需元素。除含有 O、C、H、N、S、F、Cl 等大量组成有机体的主要非金属元素外,还含有 Ca、Na、K、Mg、Fe、Zn、Cu、Mn、Mo、Co 10 种生物金属元素。这些金属元素的总含量虽然还不到 2%,但都具有潜在的配位能力,在生命活动中起着重要的作用。生物无机化学就是研究生物必需元素及其他微量元素在生物体内的反应及其应用的科学[30~34]。

　　细胞是一切生物体系的基本结构单位,生物机体的反应大都在细胞内进行。从最简单的单细胞细菌到复杂的人体中的细胞(直径为 $1\sim 30\mu m$)结构都大同小异。由磷脂双层膜分隔开、并具有细胞核的真核细胞(如动物细胞)的典型结构如图 4.55 所示。它一般由四个部分组成:细胞膜、细胞质、特殊的细胞器和细胞核。细胞膜的结构还不十分清楚,其主要成分是具有高度组织的磷酯类和蛋白质,内侧是疏水的类脂烃链;其功能是选择性运输离子和中性化合物,对外环境进行屏蔽以及作为激素的受体。特殊的细胞膜还有与之相联系的特殊酶。细胞膜内是浸在细胞液或细胞质中的一些有特殊功能的细胞器。细胞质含有包括无机 Na^+、K^+、Mg^{2+} 等离子和糖酵解酶之类的化合物,是糖酵解和脂肪酸合成的场所。细胞器中的线粒体进行电子转移、三羧酸循环和氧化磷酸化等代谢反应,是产生能量的中心;绿色植物细胞中除了含有线粒体外还含有叶绿体,由此可以进行光敏磷酸化反应并再生 ATP(**24**)物质。一些生物体内还存在着不同功能的去氧核糖体,根据其功能分别称为核糖 RNA(rRNA),转移 RNA(tRNA)及信使 RNA(mRNA)。核糖体是合成蛋白质的重要部位,并进行 mRNA 的翻译;溶酶体的膜结构中含有水解酶类,它和高尔基体分别与细胞的消化和排泄有关。内质网膜是细胞内部的孔道,用于输送核糖体合成的蛋白质到孔道表面。细

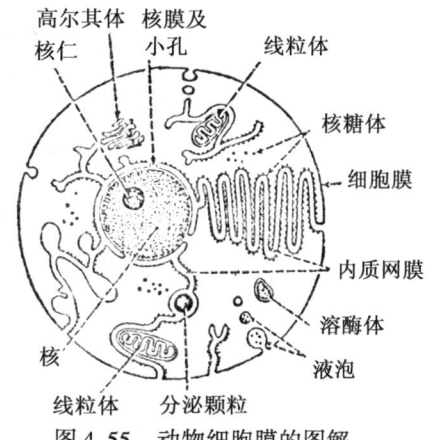

图 4.55 动物细胞膜的图解

胞核是储藏核酸 DNA(图 4.56)和 RNA、传递遗传信息的场所。这些 RNA 分子是通过核膜上的核孔进入细胞质中的。

虽然我们不能把所有的生物功能简化为细胞的功能,但是在这个层次上讨论生命现象是十分重要的。

4.4.1 生物分子配位体

在细胞中能和金属配位的四类生物分子主要是蛋白质、核酸、多糖,磷脂及其各级降解产物[35]。

1. 蛋白质

作为生命现象物质基础是蛋白质。它经过适当处理后可以降解为较小的肽,最终可以降解为氨基酸。这些天然氨基酸(脯氨酸除外)都是 α-氨基酸,即羧酸分子中 α-碳原子上的一个氢被氨基取代的化合物,由 α-不对称碳原子可以形成 L 型和 D 型两种构型:

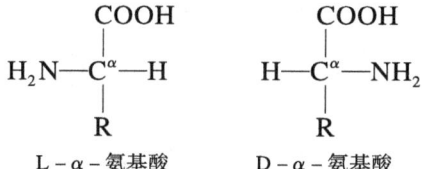

L-α-氨基酸   D-α-氨基酸

蛋白质水解得到的都属于 L 型 α-氨基酸。天然蛋白质的种类很多,总数为 10^{10} ~ 10^{12} 的数量级。但生物体合成这些蛋白质时只要二十多种氨基酸。既可以根据氨基酸中氨基及羧基的数目分为中性氨基酸、酸性氨基酸和碱性氨基酸,也可以根据氨基酸中侧链 R 的不同而分为极性氨基酸和非极性氨基酸。极性氨基酸又可以根据它们在 pH=6~7 是否带电荷而分为不带电、带正电和带负电这三类(表 4.13)。氨基酸分子中既含有碱性的氨基,又含有酸性的羧基,所以是典型的两性物质;从它形成的

内盐 $H_3N^+\!-\!\underset{R}{CH}\!-\!COO^-$ 来看，它既含有能放出质子的—NH_3^+，也含有能接受质子的 COO^- 基团。

表 4.13 蛋白质分子中主要氨基酸的类型

极性状况	带电荷状况	氨基酸名称	缩写与符号	化学结构式
极性氨基酸	不带电荷	丝氨酸	SER	$HO\!-\!CH_2\!-\!CH(\overset{+}{NH_3})\!-\!COO^-$
		苏氨酸	THR	$CH_3\!-\!CH(OH)\!-\!CH(\overset{+}{NH_3})\!-\!COO^-$
		天冬酰胺	ASN	$H_2N\!-\!CO\!-\!CH_2\!-\!CH(\overset{+}{NH_3})\!-\!COO^-$
		谷氨酰胺	GLN	$H_2N\!-\!CO\!-\!CH_2CH_2\!-\!CH(\overset{+}{NH_3})COO^-$
		酪氨酸	TYR	$HO\!-\!C_6H_4\!-\!CH_2CH(\overset{+}{NH_3})COO^-$
		半胱氨酸	CYS	$HS\!-\!CH_2\!-\!CH(\overset{+}{NH_3})\!-\!COO^-$
	带负电荷	天冬氨酸	ASP	$^-OOC\!-\!CH_2\!-\!CH(\overset{+}{NH_3})\!-\!COO^-$
		谷氨酸	GLU	$^-OOC\!-\!CH_2\!-\!CH_2\!-\!CH(\overset{+}{NH_3})COO^-$
	带正电荷	组氨酸	HIS	咪唑基$-CH_2\!-\!CH(\overset{+}{NH_3})\!-\!COO^-$
		赖氨酸	LYS	$H_3\overset{+}{N}\!-\!CH_2\!-\!CH_2\!-\!CH_2\!-\!CH_2\!-\!CH(\overset{+}{NH_3})COO^-$
		精氨酸	ARG	$H_2N\!-\!C(\overset{+}{NH_2})\!-\!NH\!-\!CH_2\!-\!CH_2\!-\!CH_2\!-\!CH(\overset{+}{NH_3})COO^-$

续表

极性状况	氨基酸名称	缩写与符号	化学结构式
非极性氨基酸	甘氨酸	CLY	H—CH—COO^- $\quad\quad\mid$ $\quad\text{NH}_3^+$
	丙氨酸	ALA	$\text{CH}_3\text{—CH—COO}^-$ $\quad\quad\quad\mid$ $\quad\quad\text{NH}_3^+$
	缬氨酸	VAL	$\text{CH}_3\text{—CH—CH—COO}^-$ $\quad\quad\mid\quad\quad\mid$ $\quad\text{CH}_3\quad\text{NH}_3^+$
	亮氨酸	LEU	$\text{CH}_3\text{—CH—CH}_2\text{—CH—COO}^-$ $\quad\quad\mid\quad\quad\quad\quad\mid$ $\quad\text{CH}_3\quad\quad\quad\text{NH}_3^+$
	异亮氨酸	ILE	$\text{CH}_3\text{—CH}_2\text{—CH—CH—COO}^-$ $\quad\quad\quad\quad\mid\quad\mid$ $\quad\quad\quad\text{CH}_3\ \text{NH}_3^+$
	苯丙氨酸	PHE	$\text{C}_6\text{H}_5\text{—CH}_2\text{—CH—COO}^-$ $\quad\quad\quad\quad\quad\mid$ $\quad\quad\quad\text{NH}_3^+$
	甲硫氨酸 (蛋氨酸)	MET	$\text{CH}_3\text{—S—CH}_2\text{—CH—COO}^-$ $\quad\quad\quad\quad\quad\mid$ $\quad\quad\quad\text{NH}_3^+$
	脯氨酸	PRO	$\begin{array}{c}\text{H}_2\text{C—CH}_2\\ \mid\quad\quad\mid\\ \text{H}_2\text{C}\quad\text{CH—COO}^-\\ \diagdown\ \diagup\\ \text{N}^+\\ \mid\\ \text{H}\end{array}$
	色氨酸	TRP	吲哚基—$\text{CH}_2\text{—CH—COO}^-$ $\quad\quad\quad\quad\mid$ $\quad\quad\text{NH}_3^+$

注:(1)除这些组成蛋白质的氨基酸外,在蛋白质代谢中,还存在下列氨基酸:

鸟氨酸(ORn) $\text{H}_2\text{N—CH}_2\text{CH}_2\text{CHCOOH}$
$\quad\quad\quad\quad\quad\quad\quad\quad\quad\quad\ \mid$
$\quad\quad\quad\quad\quad\quad\quad\quad\quad\ \text{NH}_2$

瓜氨酸(Cit) $\text{H}_2\text{N—}\overset{\text{O}}{\overset{\|}{\text{C}}}\text{—NH—CH}_2\text{CH}_2\text{CH}_2\text{CHCOOH}$
$\quad\quad\quad\quad\quad\quad\quad\quad\quad\quad\quad\quad\quad\quad\ \mid$
$\quad\quad\quad\quad\quad\quad\quad\quad\quad\quad\quad\quad\quad\ \text{CH}_2$

(2)有的书把胱氨酸也列为蛋白质的组成单位,它是蛋白质合成后两个半胱氨酸氧化而成的

$\text{HOOCCH—CH}_2\text{—S—S—CH}_2\text{CHCOOH}$
$\quad\quad\ \mid\quad\quad\quad\quad\quad\quad\quad\quad\quad\mid$
$\quad\text{NH}_2\quad\quad\quad\quad\quad\quad\quad\ \text{NH}_2$

天然蛋白质系以二十多种 L 型 α-氨基酸之间缩水后形成的肽键(peptide bond) —C(=O)—N(H)—CH(R)— 为基本单位,并按照不同比例和次序连接而成的链状分子。它的真实结构很复杂(相对分子质量为 $10^4 \sim 10^6$),可用四级结构的方式来表达。

(1) 一级结构:肽键中的氨基酸由于参加了肽键的形成而不是原来完整的分子,因此被称为氨基酸残基,通常可用生物化学方法予以测定,残基的序列决定蛋白质的物理化学性质。分子中氨基酸残基的侧基 R 的排列次序称为一级结构。研究表明,很多酶的极性基团大都位于蛋白质分子的外部。对于某一特定的酶,有些残基的重要性较小,随不同的生物体来源不同而不同。一般分辨率小于 3Å 的 X 射线结构分析有助于确定残基的侧链。肽的命名是根据参与其组成的氨基酸残基来确定的。通常从肽链的 NH_2 末端氨基酸残基开始命名。例如,下列一级结构的五肽可以命名为:丝氨酰甘氨酰酪氨酰丙氨酰亮氨酸。

(2) 二级结构:多肽键并不是直线伸展,而是以一定的方式盘绕和折叠成特定的空间结构。蛋白质的二级结构就是指肽键的空间构象。有两种最重要的二级结构——α 螺旋结构和 β 折叠结构。由 Pauling 于 1952 年提出的 α 螺旋体结构中,肽键以 100°角度绕螺旋轴盘旋上升,邻近螺旋间通过 C=O 和 NH 基团而形成分子内氢键;β 折叠结构中肽键以平行或反平行方向以氢键结合而排列成片层结构(图 4.56)。实验表明,稳定的二级结构肽键总是处在一个平面上。

(3) 三级结构:指多肽键及螺旋体的二级结构自身在三维空间中的折叠方式。由此形成了分子的形状。这时充分发挥了侧基间的相互作用而使蛋白质呈现出特殊的活性和功能。一般形成稳定的球状结构,但有时也可以是类杆状的。图 4.57 所示的肌红蛋白系由 8 个规则的螺旋构象所组成,每个螺旋构象又被无规则的松散螺旋圈区域隔开。

(4) 四级结构:指各自具有一、二、三级结构的肽链(称为亚单位,subunit)之间非共价的结合方式。例如,血红蛋白由两个 α 键和两个 β 键四种亚单位组成。当失去氧后亚单位之间的作用会发生实质性变化。亚单位之间是通过离子键、侧链氢键、疏水键、van der Waals 引力等作用相互联系。

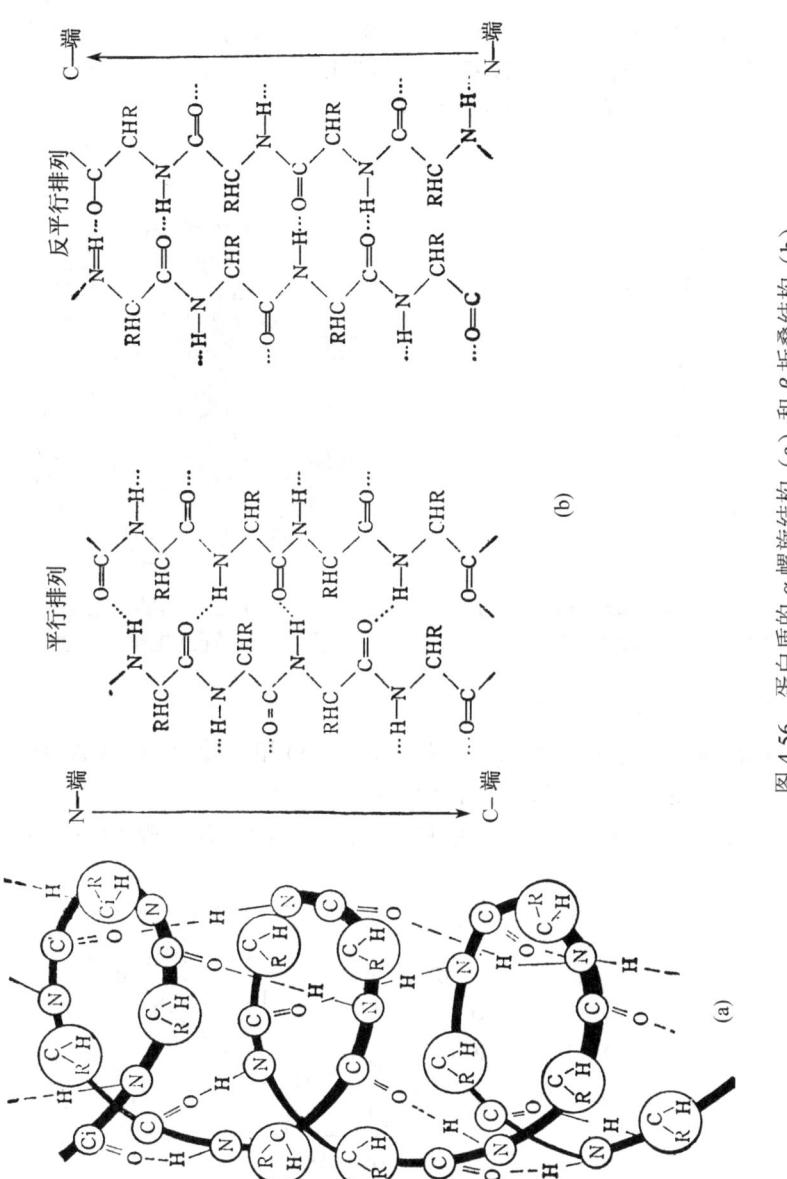

图 4.56 蛋白质的 α 螺旋结构（a）和 β 折叠结构（b）

X 射线单晶衍射法可以测定蛋白质的二、三、四级结构。我国在 20 世纪 70 年代初所完成的 1.8Å 分辨率胰岛素晶体结构的测定反映了这方面的水平[36]。胰岛素是含有 51 个肽的蛋白质分子,B 链由 30 个肽组成,A 链和 B 链通过两个半胱氨酸残基脱氢而形成的硫–硫键结合形成一个分子。在三方晶胞中它的化学组成估计为 $C_{510}H_{760}D_{156}N_{130}S_{12}Zn_{2/3}\cdot 283H_2O$,其中锌的配位数为 6,3 个为 B10 中组氨酸的咪唑环上的氮原子,另外 3 个是 H_2O 分子(图 4.58)。应该指出的是有些蛋白质只有一级和二级结构而没有三级和四级结构。

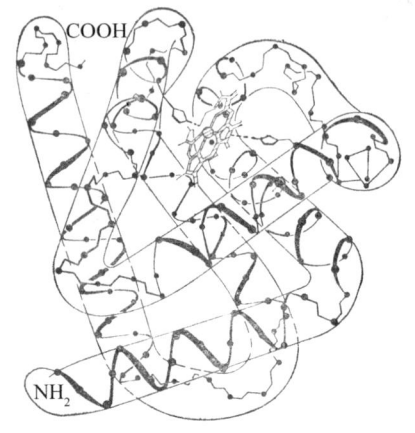 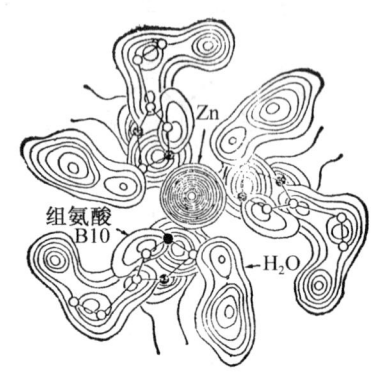

图 4.57 肌红蛋白的三级结构(图上方表示了辅基血红素的结构)

图 4.58 三方二锌猪胰岛素晶体中锌离子的配位情况(电子云密度图)

2. 核苷酸

它是由戊糖,磷酸根(正磷酸、焦磷酸、三磷酸根)和嘌呤(腺嘌呤 A、鸟嘌呤 G、胞嘧啶 C 和胸腺嘧啶 T)等碱基以共价键形式结合而成的。

在天然的单核酸中最重要的是作为能量载体的腺嘌呤核苷三磷酸酯(简称 ATP)。其结构式如下:

(24)

当 ATP 失去一个磷酸基团(给予一个接受体分子)而转换成腺嘌呤核苷二磷酸酯(ADP)或单磷酸酯(AMP)时,就放出相应的能量。金属离子 M 和其中 O、N

等配位原子的作用有下列各种形式：

```
腺嘌呤—戊糖—磷酸根  ══  腺嘌呤—戊糖  ══  腺嘌呤—戊糖—磷酸根
            |                    |                      |
            M                    M—磷酸根                M
       金属-链                金属-桥               金属-环
      Ga²⁺,Mg²⁺             Cu²⁺,Zn²⁺              Ag⁺
```

稳定常数测定的结果表明，其稳定性次序为过渡金属 > 碱土金属 > 碱金属；ATP > ADP > AMP。

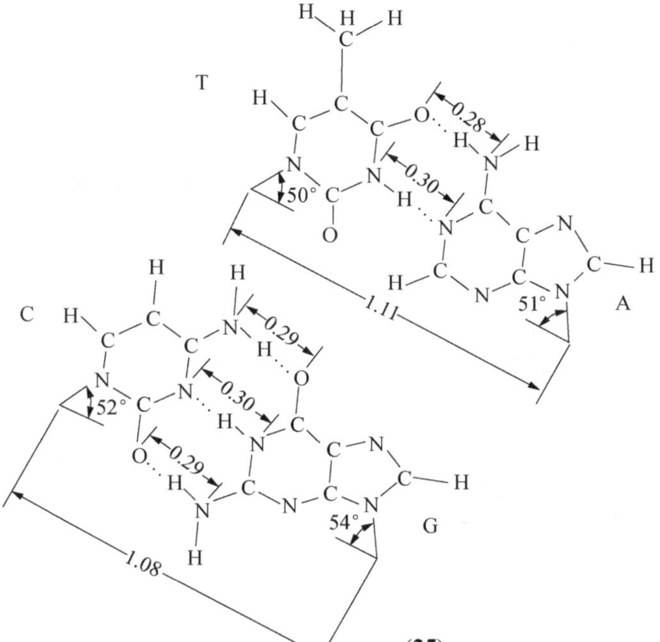

(25)

在天然多核苷酸中最重要的是核糖核酸(RNA)和脱氧核糖核酸(DNA)。在 DNA 结构中，四种嘌呤分子碱基如图(25)所示，以 A══T 和 G══C 的氢键结合的方式配对，图中长度单位为 nm。它们是通过图 4.59(a)中磷酸基分别与核糖或脱氧核糖形成二脂键，然后再通过两类核酸分子上的碱基形成双螺旋结构。图 4.59(b)为 DNA 中双螺旋结构示意图。

核酸中的氢键在复制及遗传过程中起着重要作用。Cu、Ni 和 Mn 金属离子可以和核酸中磷酸根以及碱基上的 N、O 等原子形成更为稳定和不可逆的配价键，并引起 DNA 双链上碱基对间氢键的断裂。通过这种生成配位化合物的干扰，解开或改变了一些生命过程取代核酸组分碱的位置。Ca、Mg 等离子和磷酸根配位后可以增加核酸双螺旋的稳定性。

生命物质在它们彼此之间以及它们和有机环境之间存在着复杂的关系。人的新陈代谢需要微量的金属元素。缺乏或过剩都将导致生理反常或产生所谓的"分子病"。镉、铅和汞对人体的有害影响主要是由于它们易于极化，与蛋白质的给予基团强烈配位(其次序为 S > N > O)而成为酶抑制剂，产生"重金属中毒"。

很多其他形式的生物配位体也能和金属形成配位化合物,例如,实验式为$(CH_2O)_n$的重要生物高分子——多糖,它是重要的生物能源;构成生物膜的脂类以及维生素分子等,可以和 Fe(Ⅲ) 生成多核配位化合物。

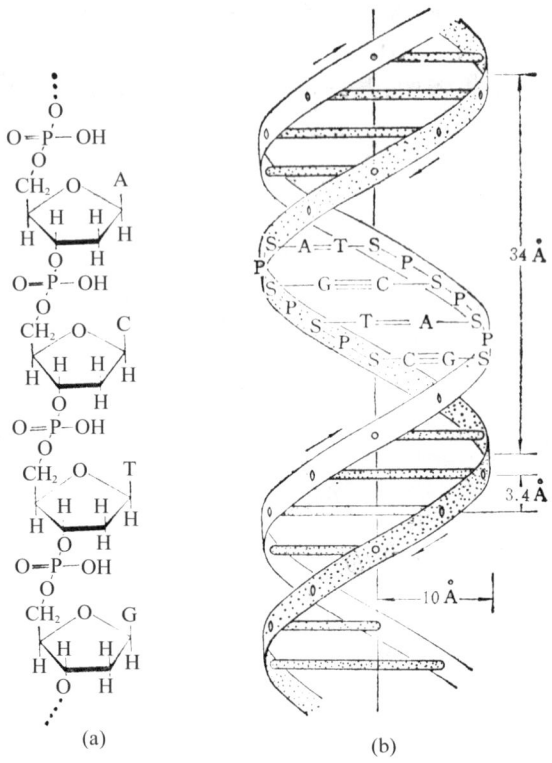

图 4.59 DNA 的分子结构
(a) 多核苷酸链的一个小片段;
(b) 双螺旋结构图解(其中 S 为糖基,P 为磷酸根)

4.4.2 金属离子和蛋白质间的作用

鉴于活的机体内大多数金属阳离子实际上是与蛋白质相结合的,因此金属-蛋白质的相互作用问题是本节的主要讨论对象[37]。

微量元素在生物体内的作用非常微妙,它常是作为有重要生命功能的蛋白质的关键成分。对于一些生化反应有着特殊催化选择性的蛋白质称为酶。酶的催化作用比简单金属离子的反应要快 10^8 倍以上。

金属蛋白质系统可以分为两类:①金属蛋白质(包括金属酶),其中金属离子与酶牢固地成键而成为酶蛋白的一个组成部分。当该金属离子被别的金属离子所取代时,蛋白质就失去活性。②金属活化蛋白质(包括金属活化酶),其中金属离子和酶结合较弱(可逆),并且可以有几种不同的金属活化同一种酶。酶的反应经常需要有某种低相对分子质量物质(称为辅助因子)存在才能发挥其功能。这种低相对分子质量物质称为酶活化剂,可以是金属离子或复杂的有机分子,如核苷酸、维生素等。当这些结合在酶蛋白上的物质可由渗析法除去时,称为辅酶,否则,就称为辅基。酶反应的专一性及高效性取决于酶蛋白本身,辅助因子则直接对电子、原子或某些化学基团起转移作用。

金属蛋白和金属酶中的成键作用比较复杂。在生物配位体间,除了半胱氨酸残基间形成桥式—S—S—共价键以外,还形成了图 4.60 所示的几种非共价键,其中包括碱性和酸性氨基酸残基间的静电作用ⓐ、氢键作用ⓑ、疏水性基团间的相互作用ⓒ和 van der Waals 引力ⓓ等。

图 4.60　几种稳定蛋白质结构的非共价键作用

金属与蛋白质间的作用是相互的,金属离子会影响蛋白质的电子和空间结构,从而直接影响其反应能力。蛋白质的存在又使金属的正常对称性、键距和氧化还原能力发生变化。金属离子可以通过下列几种方式发挥作用。

(1) 参与活化与控制机理: Na^+、K^+、Mg^{2+} 和 Ca^{2+} 参与一系列控制和触发机理,例如,钙可以控制半透膜的渗透能力,在缺钙时半透膜会变成多孔状。钙离子的存在影响某些酶的活化,从而导致肌肉收缩,在细胞外水化形式的 Na^+ 浓度比细胞内的高(K^+ 则相反),从而导致细胞壁内外的电位差。神经冲动可以看做是沿着薄膜传导的电子脉冲,与神经薄膜对 Na^+ 和 K^+ 的选择性的暂时性逆转而引起 Na^+ 快速进入神经细胞相关。

(2) 稳定或破坏蛋白质结构:金属离子最简单的功能是模板效应,即运载反应基团进入反应的适当方位。例如,在胺和羰基缩合生成 Schiff 碱就是应用Ni(Ⅱ)模板进行环化(没有金属离子时则产率很低)。

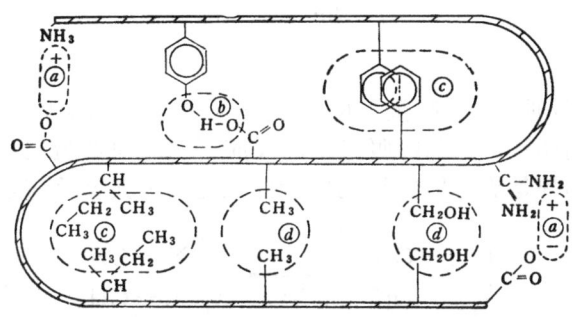

$$(4.4.1)$$

(3) 作为 Lewis 酸:金属离子作为能够接受电子的 Lewis 酸,其酸强度次序一般为

$$Mn^{2+} < Fe^{2+} < Co^{2+} < Ni^{2+} < Cu^{2+} > Zn^{2+}$$

它和一般质子酸催化作用不同点在于:①金属离子能同时和几个配位体配位;②它

可以在不能发生质子催化的 pH 范围内进行。例如,二甲基草酰乙酸的脱羧作用就是 Fe^{3+} 离子的催化结果,使 CO_2 易于逸出,蓝色电荷转移光谱的出现证明了具有烯醇化铁配合物的螯合作用。

$$\begin{matrix} O & & & & & & O & CH(CH_3)_2 \\ \parallel & C(CH_3)_2CO_2 & & & & C(CH_3)_2 & \parallel & \parallel \\ C-C & & & & C-C & & C-C \\ \diagup \quad \diagdown & \xrightarrow{-CO_2} & \diagup \quad \diagdown & \xrightarrow{H^+} & \diagup \quad \diagdown \\ O^- \quad O & & O^- \quad O^- & & O \quad O \\ \uparrow & & \diagdown \diagup & & \diagdown \diagup \\ Fe^{3+} & & Fe & & Fe^{3+} \end{matrix} \qquad (4.4.2)$$

(4) 作为氧化还原催化剂:金属酶的氧化还原电位和金属环境的不规则立体化学特性有关。铜和铁都参与呼吸过程的反应,例如,血红蛋白和肌红蛋白中的铁和血蓝蛋白中的铜都是氧载体。氧化酶所催化的一种典型反应是芳香环的裂解:

$$\begin{matrix} \text{苯二酚} & \xrightarrow[\text{氧化酶}]{O_2} & \text{开环产物} \end{matrix} \qquad (4.4.3)$$

金属和蛋白质相互作用的配位本性,使我们有可能从配位化学的观点研究影响金属配位化合物稳定性的因素,例如,可以应用熟知的软硬酸碱理论(5.1 节)。实际上配位原子的软硬性也与它的周围环境有关。

根据 X 射线结构分析测试的结果,发现很多活性蛋白或酶分子都具有一个由非极性基团所围成的低介电常数的空穴。空穴的空间构象正好和反应底物相嵌合,这个空穴就是酶的活性中心。这就是早期 Fisher 提出的"模板"或"锁与钥匙学说"(lock and key theory)(图 4.61)。实际上,当酶分子与底物分子接近时,酶蛋白受底物分子的诱导,其构象发生变形而有利于和底物的结合,从而使酶与底物相互嵌合,类似锁和钥匙的关系进行专一的反应。更具体地说,正是这种蛋白质或酶 E 的立体化学条件使金属 M 和底物 S 形成的三元混合物 E-M-S 表现为和一般稳定配位化合物不同的反常构型,从而产生张力效应(entatic effect)。这种畸形的位置接近于适合反应要求的过渡态所具有的构型,从而适于催化反应或引起异常的氧化还原电位。

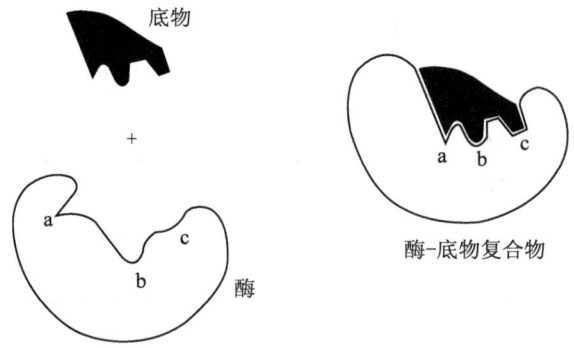

图 4.61 酶与底物的"锁与钥匙"学说的示意图

在生物化学领域中,金属离子以不同的途径加速或控制生命细胞的生物化学过程。在生物体中金属离子的功能十分复杂,有的还不十分清楚。表4.14中列出重要金属离子的一些已知功能。它们大都以配位化合物的形式存在。

表4.14 生物体系中重要金属离子的功能

离子	功能
Na,K	调节细胞膜内外渗透压,与神经脉冲信息的传递及保持血液酸碱平衡有关,Na/K为ATP酶的激活剂
Mg	含镁叶绿素的光合作用,与ATP结合成活性酶,具有镇静作用,缺镁引起心血管硬化和心脏病
Ca	存在于骨骼中,引发肌肉收缩,是激素作用的信使,影响蛋白质结构作用,健全神经,消除紧张,缺钙骨骼变形
Fe	血红蛋白和肌红蛋白的输氧和存氧作用[Fe(Ⅱ)-叶啉],含铁蛋白作为氧化还原反应的电子载体(细胞色素),缺铁贫血
Cu	与多种氧化酶有关,与铁的功能类似,起着输氧和电子载体的作用,铜中毒时导致精神病和肝硬化
Mn	水解酶和呼吸酶的辅因子,光解水的反应中心
Mo	与氧化还原酶有关,参与配位体交换作用,固氮
V	植物生长因子,海洋动物血液中的载氧作用
Co	维生素B_{12}中,参与代谢及一些基团的传递反应
Cr	胰岛素辅助因子,调节血糖代谢,增强机体功能,缺铬可能患糖尿病
Ni	与脲酶组成有关,促进体内铁的吸收及氨基酸合成
Zn	存在于多种酶中,作为Lewis酸催化剂,稳定蛋白质三、四级结构,加速创伤愈合和增强视觉反应、缺锌导致皮肤病及侏儒症

4.4.3 铜蛋白的结构特性

可以应用各种谱学方法研究生物无机分子的结构[38]。在众多的元素生物无机化学中,我们将以铜蛋白为例,从配位化学观点阐明其活性位置的几何及电子结构特征[39]。对于已经确定的铜蛋白,其活性位置是由蛋白质三级结构中特定排列的残基和金属离子的密切结合而形成的。下面将对四类主要的铜蛋白进行介绍,即一般铜蛋白、蓝铜蛋白、偶合双核铜蛋白和多铜氧化酶。

我们熟知在一般的铜(Ⅱ)配位化合物中,由于Jahn-Teller效应(6.2节),它们具有四方形构型,在轴向可以具有两个较弱的配位体,其中$d_{x^2-y^2}$轨道受到赤道配位体的强烈排斥而处于最高能级(图2.14)。其溶液的顺磁共振谱出现$g_\parallel > g_\perp > 2$及$A_\parallel > 130 \times 10^{-4} cm^{-1}$($A_\perp$不易分辨)的特征。在可见紫外光谱中,摩尔消光系数$\varepsilon = 10 L/(mol \cdot cm)$的弱d-d跃迁在650nm,而$\varepsilon \approx 10^{0.6} \sim 10^4 L/(mol \cdot cm)$的L—M强电荷转移光谱出现在<400nm处。其具体强度与所涉及的给予体和接受体轨道的重叠程度有关。像Cu-Zn超氧歧化酶(SOD)之类的一般铜蛋白(常

称为第二类铜蛋白,记为 T_2)就具有上述无机铜配位化合物的光谱特性。它主要催化下列反应:

$$2O_2^- + 2H^+ \longrightarrow O_2 + H_2O \qquad (4.4.4)$$

已经用 X 射线结构分析方法测出了每两个次单位相对分子质量为 31 200 的分子结构,其中金属邻近的配位情况及光谱如图 4.62(a)所示。三个咪唑和一个桥联于一个四面体 Zn(Ⅱ)的咪唑基围绕 Cu(Ⅱ)形成四方配位。第二类铜蛋白和一般无机 Cu(Ⅱ)配位化合物的光谱比较具有下列特点:ESR 谱具有 $g_x \neq g_y$ 的斜方分裂,这种分裂在 Q 带 ESP 谱中更为清晰[图 4.62(b)]。对称性降低到不具有对称中心的结果是 d-d 跃迁的强度增加到 $\varepsilon \approx 10^2 L/(mol \cdot cm)$。该蛋白质活性位置附近的咪唑基具有很高的氧化还原电势,使 L→M 的电荷转移光谱具有较低的能量[图 4.62(c)中的 420nm 肩峰]。

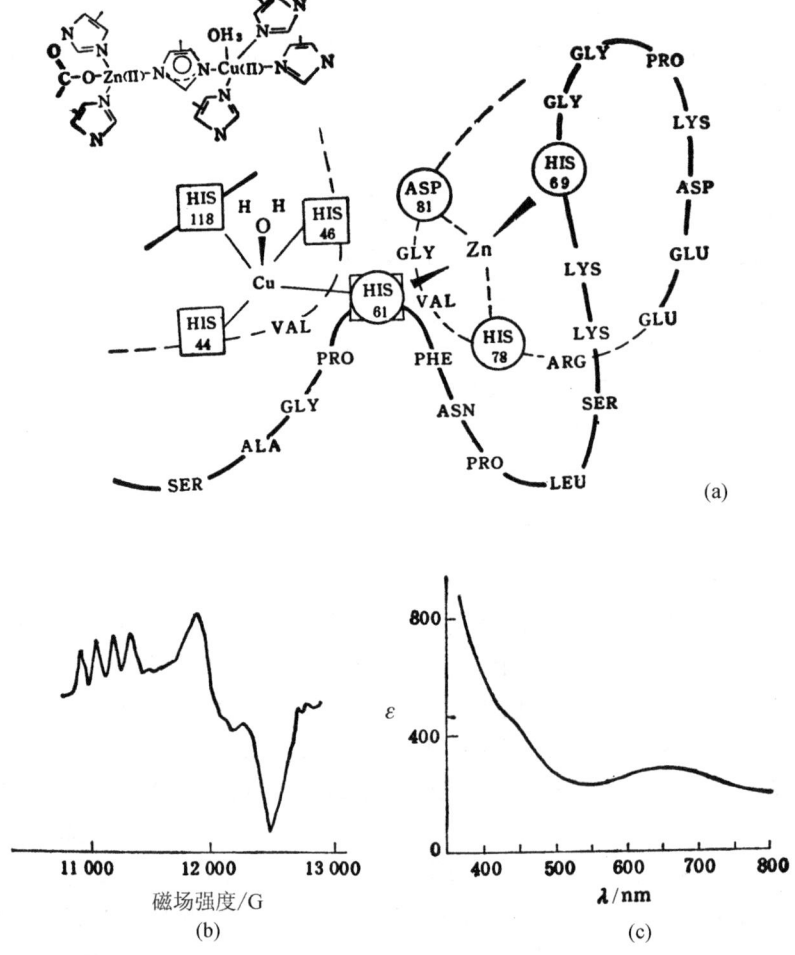

图 4.62 Cu-Zn 超氧歧化酶一个次单位中的活性位置结构(a)、
Q 带 ESR 谱,(ν=35GHz)(b)和吸收光谱(c)

在氧化还原化学中有重要作用的蓝铜蛋白(称为第一类铜蛋白,记为 T_1)具有和一般铜蛋白完全不同的结构(图 4.63)和光谱(图 4.64)。它在 600nm 处的强吸收光谱 $[\varepsilon=5000\mathrm{L}/(\mathrm{mol}\cdot\mathrm{cm})]$ 是由半胱氨酸配位体引起的 L→M 电荷转移光谱。它的 ESR 谱虽然也具有 $g_\parallel > g_\perp > 2$ 的特征,但是,却具有很小的 $A_\parallel$ ($< 80\times 10^{-4}\mathrm{cm}^{-1}$)。单晶 ESR 实验表明,蓝铜蛋白的 g_z 几乎平行于 Cu—S(MET) 键,其间只有 5° 的夹角。因此包含未成对电子而参与氧化还原活性的 $d_{x^2-y^2}$ 轨道是垂直于 Cu—S(MET) 键的,而铜和 N(HIS37)、N(HIS87) 和 S(CYS) 的键处于 xy 平面下 15° 之内,这也说明了蓝铜活性中心具有一种拉长的 C_{3v} 构型。

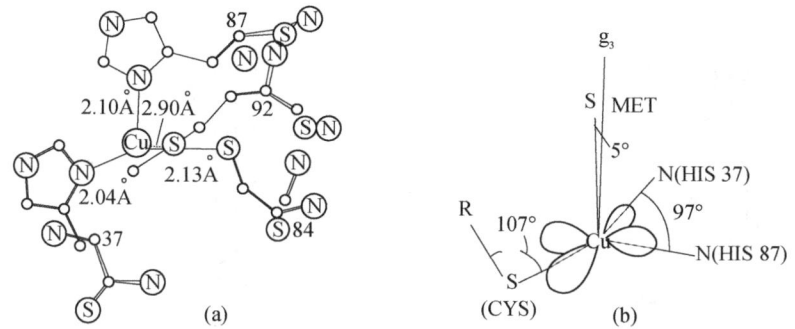

图 4.63 质体蓝素中蓝铜活性位置的结构(a)及其电子结构表示(b)

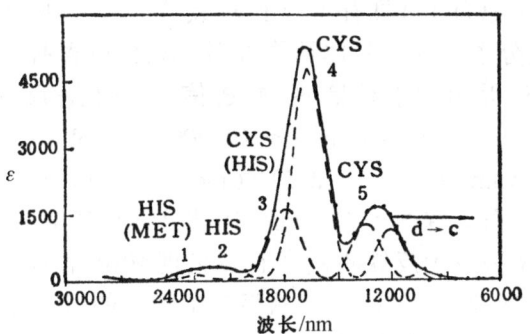

图 4.64 质体蓝素膜的可见光谱(35K)按 Gauss 曲线的分解
(----为实验曲线)

经过对低温吸收光谱——CD 和 MCD 光谱的解谱,说明至少有五个电荷转移跃迁(图 4.65)。过去认为谱带 3 是 S(MET) 到 Cu 的电荷转移带,单晶偏振研究表明,这种跃迁贡献很小。实际上 Cu—S 键长达 2.9Å,而且它和 $d_{x^2-y^2}$ 接受轨道正交,因而强度也应该很低。另外,半胱氨酸中硫原子上的 3 个价轨道对于 $d_{x^2-y^2}$ 轨道并不是等价的[图 4.65(a)]。σ 成键的硫 p_y 轨道和铜的 $d_{x^2-y^2}$ 轨道重叠最好,它对应于强谱带 4 的电荷转移峰。对应于 5 的 π 成键的硫 p_x 轨道最弱,杂化轨道 $(\alpha s+\beta p_z)$ 对应的跃迁谱带 3 强度居中。同样,两个组氨酸中的咪唑基对于 $d_{x^2-y^2}$ 也不是等价的[图 4.65(b)]。每个咪唑基都有两个能量较低的 π_1 和 π_2 跃迁,但其中只有 π_2 的强度较大。

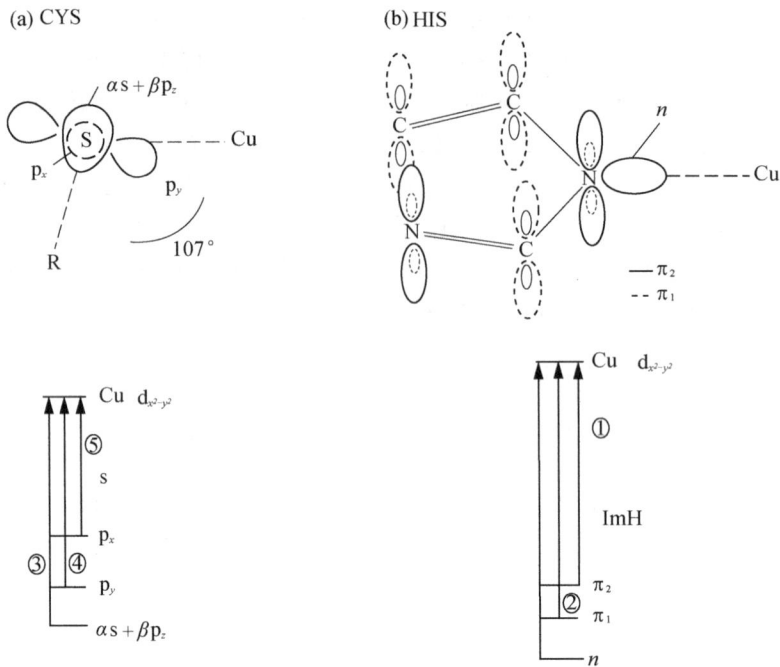

图 4.65　蓝蛋白中两类配体的价轨道杂化方案和相应的能级图

第三类铜蛋白(记为 T_3)具有可以和双氧分子作用的双核活性位置。目前还没有这类蛋白质分子的详细晶体结构数据。氧合血青肬的吸收光谱及其溶液 ESR 谱如图 4.66 所示,它不呈现顺磁信号,而是反磁性的。在 570nm [$\varepsilon \approx 1000$L/(mol·cm)]和 345nm[$\varepsilon \approx 20\ 000$L/(mol·cm)]处有强吸收峰。在 CD 谱上出现 485nm 峰($\Delta\varepsilon = +2.5$L/(mol·cm))。从光谱及其配位化学特性来看,第三类铜蛋白具有图 4.67 所示的活性结构,其中两个四方形的 Cu(Ⅱ)通过联结的 RO_2^- 桥因发生反铁磁偶合而不呈现 ESR 信号。酶外部的双氧配位体以 μ-1,2-过氧桥联的形式结合,从而产生特有的过氧化物→Cu(Ⅱ)的跃迁光谱。当失去 O_2 后铜就还原为 Cu(Ⅰ),新近的 EXAFS 方法测出了 Cu-Cu 的距离为 3.6Å。

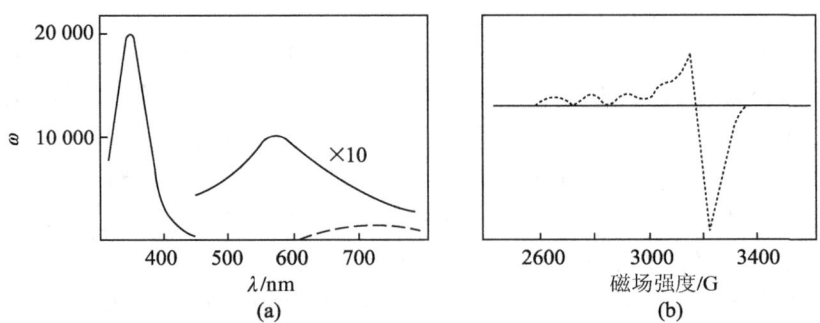

图 4.66　氧合血青肬的吸收光谱[(a)室温]及 ESR 谱[(b)冻结]
虚线……为一般四方铜配位化合物

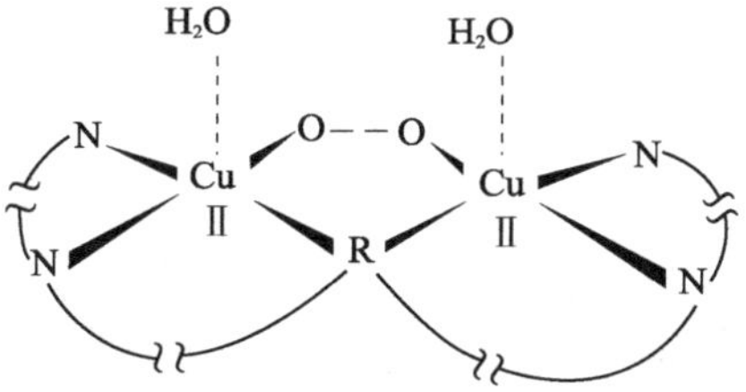

图 4.67 氧合双核铜蛋白的光谱有效活性位置

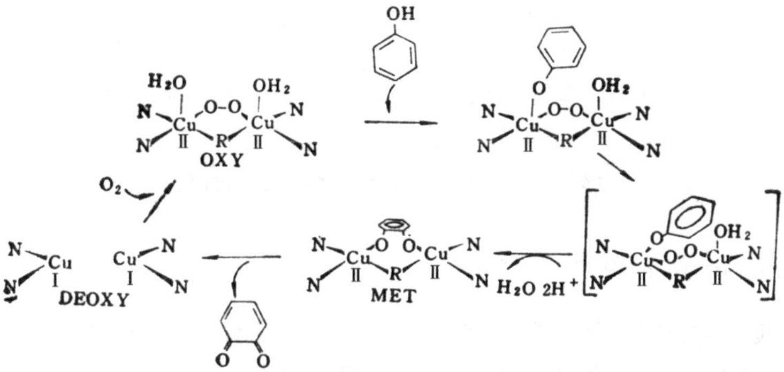

图 4.68 酪氨酸酶使单酚羟化和氧化成 o(邻位) - 醌的机理

实验表明,酪氨酸酶(tyrosinase)的偶合双核铜活性位置和血清肟中的活性位置类似,是一种多功能的双电子氧化酶。它催化单酚羟基化和氧化成 o-醌的反应机理如图 4.68 所示。这种机理对理解一系列均相,甚至复相 Cu(Ⅱ)/Cu(Ⅰ) 体系的催化机理都有很大的启发作用。

催化四电子还原作用 $O_2 \rightarrow H_2O$ 的多铜氧化酶的结构非常复杂。多铜氧化酶是包括所有上述三类铜的一种蛋白(图 4.69)。这种体系中最简单的是相对分子质量为 110 000 的野虫漆酶(laccase),其中只包含了一个 T_1、一个 T_2 和一个 T_3 铜。T_1 铜对 ESR 及光学光谱都有贡献,而 T_2 铜主要对 ESR 有贡献,T_3 对 ESR 无贡献,但引起 330nm 处的吸收。这三类铜之间的相互作用也是一个值得研究的问题(图 4.70)。变温的 MCD 及 Raman 光谱方法在这方面有重要应用。

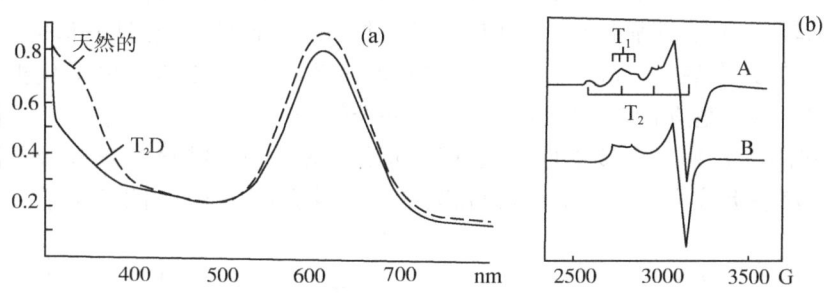

图 4.69 室温吸收光谱(a)(---天然的,——T_2D 野虫漆酶)
和 77K 的 ESR 谱(b)(A.天然的;B.T_2D 野虫漆酶)

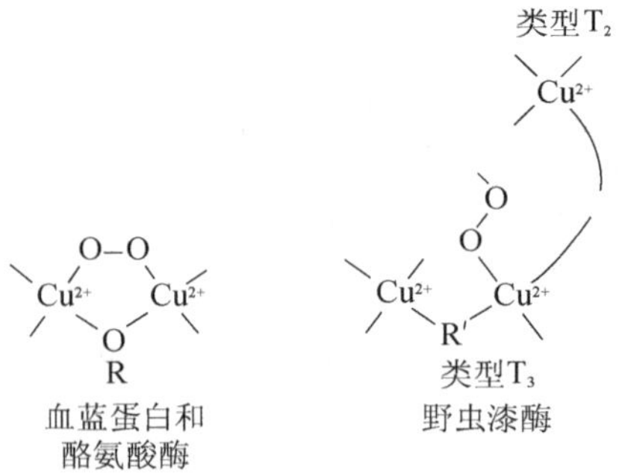

图 4.70 野虫漆酶中光谱有效 T_3-T_2 活性位置模型以及它们和外生过氧配位体-O-O-的作用(为了比较,也列出了血蓝蛋白和酪氨酸酶的活性位置)

4.4.4 生物分子中的电子转移

在生物反应过程中,分子和电子转移反应是代谢过程的核心问题。和一般无机反应不同,生物反应中电子以极高的速率进行转移,原因是细胞中线粒体之类的电子载体高度有规律的排列,并且存在一个高度共轭的金属配位体系,这些有利于电子转移链中各组分间的最大轨道重叠。和溶液中的电子转移机理不同,对于有序的蛋白体系,采用半导体和光传导的电子转移模型及能带理论(参见 2.8 节)更为合适。这时电子通过光激发作用跃迁到较高的导带而引起电子转移。下面介绍电子转移反应。

1. 细胞色素 c 的电子转移模式

细胞色素 c 是一种在辅基原卟啉中含有一个铁原子的蛋白质(含有 104 个氨基酸残基,相对分子质量为 12 000)。其辅基是通过两个乙烯基与蛋白质中两个半胱氨酸残基以硫醇键的形式与蛋白质相连接(图 4.71)。卟啉平面上下第五、六轴向位置分别被侧链的一个组氨酸的咪唑基(N)配位和蛋氨酸残基(S)配位所配位。由于其中铁被卟啉环及蛋白质保护得很好,因此很难理解铁是怎样介入电子转移的[40]。实际上初始的电子转移是发生在轴向配位体上的,然后,电子再通过快速内部转移到铁,即氧化还原反应大都通过咪唑的 π 键或通过卟啉环平面体系向硫原子转移,在后一情况下存在扩展的共轭体系。图 4.72 表示电子从头到尾通过铁卟啉中咪唑基进行转移的模型。设想一个给予性配位体从左边以共价键的形式和铁卟啉结合,而一个接受性配位体则和该链的另一端结合。来自给予体的一对电子在该链上接力赛跑似地进行转移,然后转移到接受体,其间经历了一个咪唑对称地与两个铁原子结合的过渡态  Fe—N◯N—Fe,最后得到了氧化的给予体及还原的接受体。咪唑从给予体泵出了一对电子给接受体后电子转移链又恢复了原状。

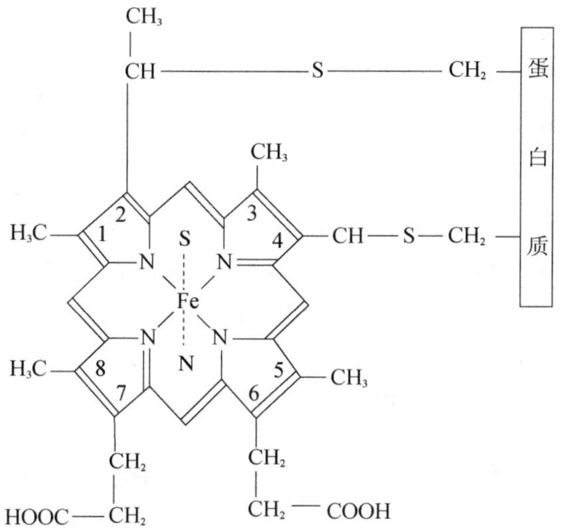

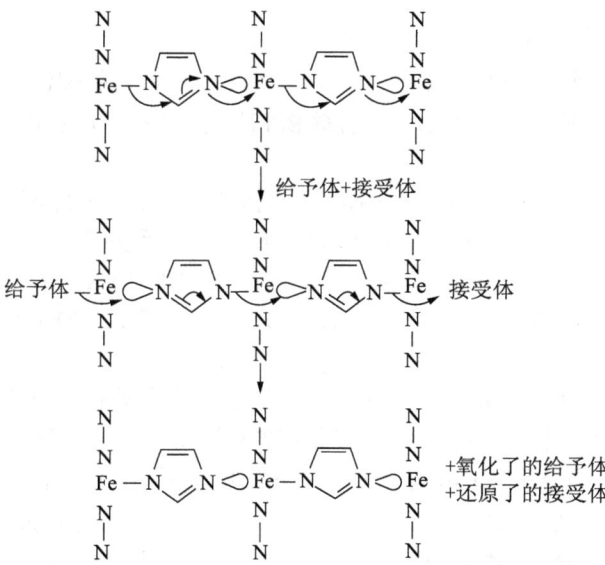

图 4.71　细胞色素 c 的铁原卟啉和
蛋白质胱氨酸残基的连接方式

图 4.72　咪唑电子泵模型

生物体系中真实的电子转移机理是很复杂的。例如，研究含有 Mn 离子呼吸链的电子转移顺序。还原态的底物 SH_2 和分子 O_2 的总氧化还原反应为

$$2SH_2 + O_2 \longrightarrow 2S + 2H_2O \tag{4.4.5}$$

是下式一系列中间反应链的结果。

$$SH_2 \xrightarrow{2H} NAD^+ \xrightarrow{} FMNH_2 \xrightarrow{2H} CoQ \xrightarrow{} Cyt\text{-}Fe^{2+} \xrightarrow{2e^-} Cyt\text{-}Fe^{3+} \xrightarrow{} Cyt\text{-}Fe^{2+} \xrightarrow{2e^-} \frac{1}{2}O_2$$

（图示：呼吸链电子传递过程，包含 (1), (2), (3), (4)(b→c_1), c, (a-a_3) 各步骤）

$E/V(\text{VS·NHE})$ -0.32 -0.30 $+0.04$ $+0.07$ $+0.25$ $+0.29$ $+0.82$

其中，NAD^+ 代表脱氢酶的辅基，FMN 为 NADH 脱氢酶的辅酶，CoQ 为辅酶 Q，Cyt 为细胞色素，其中呼吸链中每一电子转移体的氧化还原电势（对应于下方数值）是逐步增加的。其中 $NAD^+/NADH$ 的 E^0 值最小，易于失去电子；而 O_2/H_2O 的 E^0 最大，易于得到电子。这和电子转移的方向是一致的。

2. 电子转移机理

当反应位置间距为 20~30Å 时，电子的快速转移通常可由量子力学势垒间电子的隧穿效应进行解释[32]。

生物体系中电子给予体（D）和电子接受体（A）之间的电子转移反应大致可以分为两类：

（1）在不同蛋白质分子中，不同位置的分子间电子转移反应可以用式（4.4.6）表示（参考 6.5 节）

$$A + D \xrightleftharpoons{K_P} A \parallel D \xrightarrow{k_{et}} A^- \parallel D^+ \xrightleftharpoons{K_S} A^- + D^+ \qquad (4.4.6)$$

对于分子间的电子转移反应，K_P 和 K_S 分别为前继配位化合物（$A \parallel D$）和后继配位化合物（$A^- \parallel D^+$）的生成常数，k_{et} 是前继物和后继物之间真正的电子转移反应速率常数。

（2）理论研究中通常分析分子内的电子转移反应，因为此时只需要研究影响 k_{et} 的因素，从而避免了涉及扩散速率和静电效应等一系列影响分子间电子转移的复杂因素。影响分子内电子间转移的因素主要有：①D 和 A 之间的距离；②反应的驱动力，即 D 和 A 间的还原电位差；③D 和 A 之间的介质（链）本性；④D 和 A 之间的相对取向。

可以采用势能面的方法对这种电子转移反应理论进行分析（图 4.73，参考图 4.90）。将前继物 $A \parallel D$ 看作反应物，后继物 $A^- \parallel D^+$ 看做产物，它们各自处在其平衡位置 R_{eq} 处。当 A 和 D 相隔很远时不发生电子转移，势能曲线为实线的形式。这时体系保持在 $A \parallel D$ 曲线上而不会移动到 $A^- \parallel D^+$ 曲线上去，两者不会交叉。然而，当实际的 $A \parallel D$ 前继物中两个分子 A 和 D 的位置足够近时会引起两个势能面的混合和分裂，从而在交叉区域内产生电子传递（图 4.73 中虚线）。电子作用越强，则高、低曲线间的分裂 ΔE 越大，从而在达到交叉点核坐标 R_{cp} 时，$A \parallel D \longrightarrow A^- \parallel D^+$ 转换的概率越大。当 ΔE 大到可以忽略高能面，而一旦达到 R_{cp} 时，由 $A \parallel D$ 曲线运动到 $A^- \parallel D^+$ 的概率为 1，这种情况称为绝热电子转移。反之，当 A 和 D 之间电子作用较弱而 ΔE 较小时，则通过交叉点的体系仍然有停留在 $A \parallel D$ 曲线的概率，体系的反应概率小于 1，这时称为非绝热电子转移。一般的化学反应及小分子的电子转移都是绝热的，但研究表明生物电子转移主要是非绝热的，非绝热电子

转移的速率 k_{et} 与 ΔE 的平方成正比：

$$k_{et} \propto |\Delta E|^2 \tag{4.4.7}$$

如图 4.73 所示，在发生电子转移以前，核坐标必须变形到反应物和生成物都相同的一种构型（即交叉点 R_{cp}）。一般通过简正振动来达到这种变形，而且，当体系具有足够的振动（热）能来克服势垒 ΔE^* 时，电子通过活化而发生转移。在低温时虽然没有足够的热能，但电子仍然可以通过隧穿效应而通过势垒。这是由于 A‖D 和 A$^-$‖D$^+$ 构型的振动波函数在交叉点区域有可能重叠。因为低温时只有 A‖D 势能面的最低振动能级被占据，因而电子转移（隧穿）速率是温度的函数。

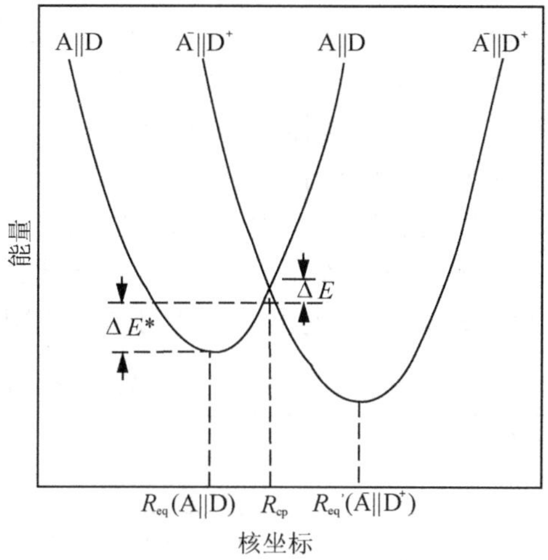

图 4.73　电子转移反应的势能曲线

由于 ΔE 取决于 A 和 D 电子波函数的重叠度，而重叠度又和 A、D 之间的距离 r 有关。根据 Hopfield 的理论推导，有

$$k_{et} \propto \exp(-2\alpha r) \qquad \alpha = 0.72 \text{Å}^{-1} \tag{4.4.8}$$

当 A 和 D 不是球状对称时，它们的取向将会影响重叠度。如果 A 和 D 之间存在连接分子（氨基酸的侧链），其电子能级具有适当的能量，则可以把它看做 A/D 电子波函数的外部延伸，从而可以和所有配位金属的 d 轨道混合而促进 A 和 D 之间电子波函数的重叠。

反应的驱动力对电子转移速率也有很大的影响。由图 4.74(a) 的势能曲线可见，随着驱动力（ΔE^0）的增加而使电子转移的活化能（ΔE^*）降低，反应速率增加。但是，当 ΔE^* 到达某一极小值后[图 4.74(b)]，则随着 ΔE^0 的增加反而使 ΔE^* 也增加，电子转移反应反而难以进行[图 4.74(c)]，即出现倒转现象。对于易于进行的放能电子转移反应，这时 A/D 的核位置只要作微小的重排即可进行。

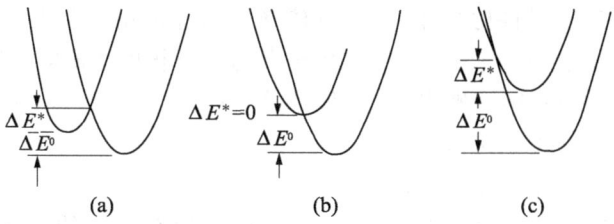

图 4.74　表示驱动力对活化能影响的势能曲线
(a) ΔE^* 随 ΔE^0 增加而减小；(b) 转变成"倒转区域"的转变点；
(c) ΔE^* 随 ΔE^0 的增加而增加，反应速率反而降低

4.4.5 稀土离子探针

如前所述,与生物体系中有固定化学环境的过渡金属微量元素不同,Na^+、K^+、Mg^{2+}、Ca^{2+}、Cl^-、SO_4^{2-}、PO_4^{3-} 等主族元素通常是以离子的形式移动,它们在人体内有一些基本功能(如,维持体液中和细胞中的电荷平衡),在新陈代谢过程中起着重要的结构作用和催化作用等。

主族元素配位化合物是无色和反磁性的,而且不参与氧化还原反应,因而对它们的研究比较困难。为此,人们应用易于进行光谱研究的过渡金属或稀土金属作为探针来置换主族元素。当然,按照同晶置换的原则,置换后必须保持分子的生物活性。表 4.15 中列出了一些目前已应用于生物体系的金属离子探针。

表 4.15 金属离子探针

生物中的阳离子	离子半径 /nm	探针离子的半径和电子特性
K^+	0.133	Tl^+(0.140,NMR,荧光),NH_4^+(0.145)Cs^+(0.169,NMR)
Mg^{2+}	0.065	Mn^{2+}(0.088,EPR,顺磁性),Ni^{2+}(0.069,d-d 光谱),其他新发现的 3d 元素,但在此情况下,酶是不活泼的
Ca^{2+}	0.099	Mn^{2+}(0.080),Eu^{2+}(0.112,顺磁的 Mössbauer),La^{3+}(0.115~0.093,探针性质系列)
Fe^{2+}	0.053	Gd^{3+}(顺磁的),Tb^{3+},Eu^{3+},Er^{2+},HO^{3+}(荧光)
Zn^{2+}	0.069	Co^{2+}(0.072,d-d 光谱),其他 3d 元素

利用稀土 Ln(Ⅲ)系离子作为生物分子结构探针的理由有两点:①它们在物理性质和化学性质上(离子大小和软硬性)最接近生物体系中具有重大意义的 Ca(Ⅱ)和 Mg(Ⅱ)等阳离子(在生物体系中的浓度低于 0.01nmol);②由于 f 轨道受到外层电子的屏蔽,其阳离子和配体之间的作用本性也是静电性的[41~43]。

有机稀土离子配位化合物,例如,Ln(Ⅲ)(FOD)$_3$(图 4.75),本身足够牢固,但又可以较弱地与其他生物分子配位而快速交换形成 1:1 加合物,其中未充满的 4f 电子层引起的各向异性磁化率、高局部磁场以及短的电子自旋弛豫时间等因素,使被配位的生物分子中原来的 H、C 和 P 元素的原子核的 NMR 产生很大的化学位移。Hinckly 早在 1969 年就提出了应用这种镧系化学位移试剂(简称 LSR)研究生物体系在溶液中的结构的可能性。

1. 镧系配位化合物的化学位移

如 3.5 节所述,顺磁性配位化合物中配位体的核有较大的核磁共振化学位移。相对于反磁性体系而言,其净的化学位移 Δ_b 可以表示为接触化学位移 Δ_c 和偶极化学位移 Δ_d 之和

$$\Delta_b = \Delta_c + \Delta_d \tag{4.4.9}$$

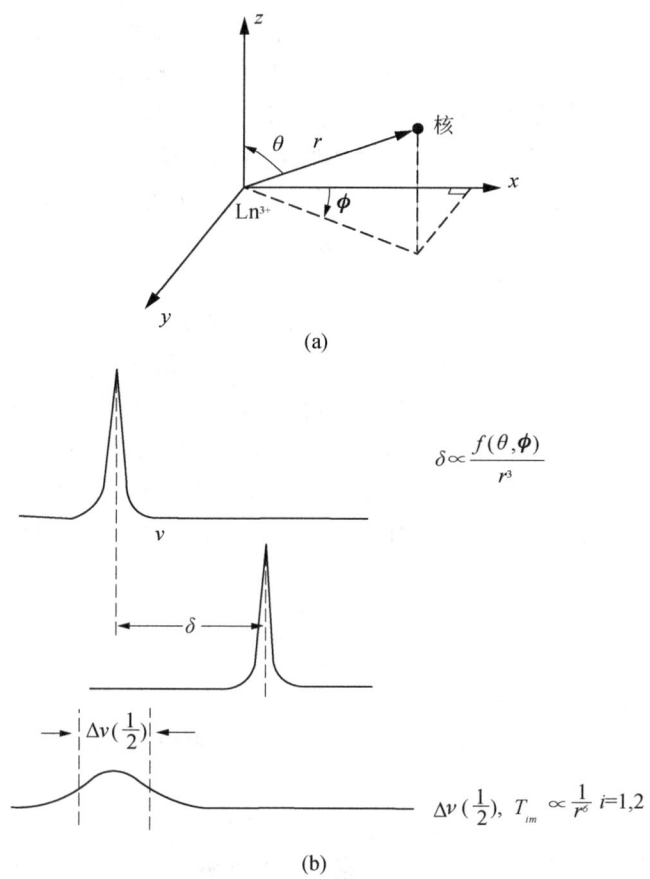

图 4.75　配位体中一个核相对于 Ln(Ⅲ) 的坐标(a)和
NMR 谱线的化学位移及变宽效应(b)
$\Delta\nu(1/2)$ 为半宽度

首先讨论接触位移 Δ_c。它是由原子的 s 轨道上的未成对电子引起的。对于一系列稀土水合物，^{17}O 核磁共振化学位移方向的研究结果说明了稀土 4f 和氧 2s 波函数之间并没有重叠，而是一个成键电子转移到空的反键轨道，通过自旋极化使在氧核处存在净的自旋。和离域或直接重叠的机理不同，我们称这种接触位移机理为自旋极化机理，并按频率单位表示为

$$\Delta_c = A\langle S_z\rangle \tag{4.4.10}$$

其中，A 为超精细偶合常数(频率单位)，$\langle S_z\rangle$ 为镧系配位化合物总电子自旋角动量在外磁场 H_0 方向投影的热力学平均值，一级近似为

$$\langle S_z\rangle = g(g-1)J(J+1)[\beta H_0/(3kT)] \tag{4.4.11}$$

其中，g 为 Landé 因子，J 为基态的总电子自旋角量子数(以 $\hbar$ 为单位)。式(4.4.11)不适用于研究高能级贡献的 Eu^{3+} 和 Sm^{3+} 离子配位化合物。

在研究偶极位移时分两种情况。配位化合物中基态离子由于磁场而分裂成

$(2J+1)$ 个能级,对于各个 J 能级的离子,其磁性是各向异性的。但在室温条件下,离子在不同 J 态的电子弛豫时间 T_e 都很短(约 10^{-13} s)。在通常 NMR 实验条件下,$kT > \Delta E_J$,配位离子的取向时间较长,因而各能级等布居数地分布。整个基态磁矩等权重的平均贡献导致磁化率各向同性,因而在一级近似下,没有偶极位移贡献。但当一定温度下各个更高能级不是等集居度地贡献时,在更精确的二级近似下,对于轴对称的配位化合物,按 Bleaney 理论可以导出其偶极位移为(按频率单位)

$$\Delta_d = \frac{\nu_0 \beta^2}{60(kT)^2} \cdot \frac{3\cos^2\theta - 1}{r^3} \cdot 2A_2^0 \langle r^2 \rangle g^2 J(J+1)(2J-1)(2J+3) <J\|\alpha\|> \quad (4.4.12)$$

其中,ν_0 为共振频率,第一个因子反比于 T^2 符号。一般用 r、θ、ϕ 作为共振核在配位化合物主磁轴坐标系中的球坐标,可见第二个因子与分子的结构有关[图 4.75(a)]。Bleaney 已对式(4.4.12)中最后一个矩阵元 $<J\|\alpha\|>$(含义参考 3.1.5 小节)进行过计算。对于不同稀土元素的同一个配位化合物,第三个因子中的配位场系数 A_2^0 [参考式(2.4.10)] 基本上是个常数。通常将式(4.4.12)简化为

$$\Delta_d^i = D \cdot \frac{(3\cos^2\theta_i - 1)}{r^3} = DG_i \quad (4.4.13)$$

其中,i 为配位体的第 i 个核。

将式(4.4.10)和式(4.4.13)代入式(4.4.9),可以得到镧系配位化合物化学位移的一般公式:

$$\Delta_b^i = A_i <S_z> + DG_i \quad (4.4.14)$$

当只有自旋极化机理时,则对于镧系元素,A_i 为常数;而当各配位化合物都是同构时,则 G_i 也是常数。从而式(4.4.14)可以改写为

$$\Delta_b^i / <S_z> = A_i + G_i(D/<S_z>) \quad (4.4.15)$$

利用理论的 $<S_z>$ 值(表 4.16)和 $D/<S_z>$ 值(表 4.17),将 $\Delta_b^i/<S_z>$ 对 $D/<S_z>$ 作图,由斜率求出 G_i,由截距求出 A_i。这样就可以从实验上将接触贡献和偶极贡献分开。

表 4.16　三价镧系离子的 $<S_z>$ 值 $\left(\dfrac{\beta H_0}{3kT}\right)$

	$\langle S_z \rangle^{1)}$	$\langle S_z \rangle^{2)}$
Pr	−3.200	−2.972
Nd	−4.909	−4.487
Eu	—	10.682
Gd	31.500	31.500
Tb	31.500	31.818
Dy	28.333	28.545

续表

	$\langle S_z \rangle^{1)}$	$\langle S_z \rangle^{2)}$
Ho	22.500	22.629
Er	15.300	15.374
Tm	8.167	8.208
Yb	2.571	2.587

1) 根据式(4.4.10)所得计算值,参见:Bleaney B. J Mag Res,1972,8:91。
2) 取自 Golding R M,Halton M P.,Aust. J. Chem. 1972,25:2577。

表 4.17 镧系配位化合物的相对偶极位移及其相对于接触位移的比值(300K)

R_e^{3+}	D	$D/\langle S_z \rangle$
Pr	-11.0	3.70
Nd	-4.2	0.94
Eu	4.0	0.37
Gd	0	0
Tb	-86	-2.70
Dy	-100	-3.50
Ho	-39	-1.72
Er	33	2.15
Tm	53	6.46
Yb	22	8.50

Reilley 等用 Re(DPA)$_3$ 配位化合物

DPA= (2,6-吡啶二甲酸，α、β、γ 标注的吡啶环，HOOC—N—COOH)

水溶液中的羧基和 C_γ 的 ^{13}C NMR 化学位移数据,根据式(4.4.15)进行计算,对所得结果作图,如图 4.76 所示。可见 C_γ 的化学位移值符合上述规律,羧基的 ^{13}C 化学位移不符合上述规律,这是由于它的配位位置在 α 位置,在此位置时有其他位移机理的贡献。

实验表明,稀土加合物化学位移的主要贡献来自偶极矩贡献 Δ_d。当该配位化合物不具有轴对称性时,应用式(4.4.16)

$$\Delta_d = r^{-3}[D_1(3\cos^2\theta - 1) - D_2\sin^2\theta\cos 2\phi] \tag{4.4.16}$$

来代替式(4.4.13)。对于给定的离子,其中 D_1 和 D_2 为与温度有关的常数。

如前所述,大多数镧系化学位移试剂 R 在室温下和被测分子 L 形成1:1和1:2的配位化合物或加合物。由于存在快速化学交换,使实验观察到图 4.75(b)的镧系诱导位移 δ,并不是前述理论所要求的 RL 或 RL$_2$ 配位化合物所对应的真正本征位移 Δ_1 或 Δ_2。为了由 δ 值求出 Δ 值,由下列化学平衡常数 K_1 和 K_2

$$R + L \underset{}{\overset{K_1}{\rightleftharpoons}} RL \qquad RL + L \underset{}{\overset{K_2}{\rightleftharpoons}} RL_2 \tag{4.4.17}$$

可得到关系式

$$\delta = [RL]\Delta_1/L_t + 2[RL_2]\Delta_2/L_t \tag{4.4.18}$$

其中，L_t 表示配位体总浓度，[ ] 为平衡浓度。重排式(4.4.18)，得到

$$\frac{[RL]}{L_t\delta} = \frac{1}{\Delta_1} - \frac{2[RL_2]}{L_t\delta}\frac{\Delta_2}{\Delta_1} \tag{4.4.19}$$

将 $[RL]/L_t\delta$ 对 $2[RL_2]/Lt_\delta$ 作图，由所得的直线在纵坐标上的截距可求出 $1/\Delta_1$，横坐标上的截距求出 $1/\Delta_2$。操作步骤是测定不同浓度下的化学位移，假定一组离解常数 K_1 和 K_2，计算出平衡浓度[ ]，再利用式(4.4.19)从线性最小均方根拟合求出 Δ_1 和 Δ_2。根据 Δ_1 和 Δ_2 由式(4.4.19)计算出化学位移 δ 值，并将它和实验值 δ 比较。若偏差大，则重新调整到新的 K_1、K_2，一直到标准偏差最小为止，最后可以得出一组所要的 (K_1、K_2、Δ_1、Δ_2) 值。

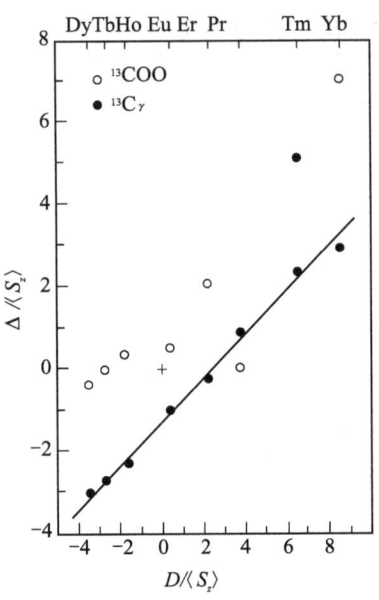

图 4.76 Re(DPA)$_3$ 配位化合物中羧基和 C_γ 化学位移的 $\Delta/\langle S_z\rangle$ 对 $D/\langle S_z\rangle$ 图

2. 稀土配位化合物中的核弛豫过程

顺磁性配位化合物中配体的核弛豫理论涉及与时间有关的核自旋 Hamilton 算符。弛豫作用的大小取决于电子-核作用的强度和使这种作用停留的时间。因此配位体核的弛豫速率取决于分子的结构和分子在溶液中的动力学行为。

可以证明，对于快速翻动的镧系配位化合物，当电子自旋弛豫时间 T_{1e} 比分子转动取向时间 τ_r 短时，由电子-核的偶极作用导致配合物中的核弛豫速率为[41]。

$$\frac{1}{T_{1b}} = \frac{1}{T_{2b}} = \left(\frac{20}{15}\right)\gamma_N^2 g_N^2 \beta_N^2 J(J+1) r^{-6} T_{1e} \tag{4.4.20}$$

其中，T_{1b} 和 T_{2b} 分别为纵向和横向弛豫时间。对镧系配位化合物，一般可以忽略接触弛豫对核弛豫的贡献。对于 T_{1e} 较大的 Gd^{3+}，则式(4.4.20)中的 T_{1e} 必须用相关时间(correlation time)τ_c 来代替，τ_c 是共振频率 τ_r 的函数

$$\frac{1}{\tau_c} = \frac{1}{T_{1e}} + \frac{1}{\tau_r} \tag{4.4.21}$$

在溶液中很多镧系配位化合物的配位体分子和自由配位体分子之间会发生快速交换(在 NMR 时标内)，因而只能观察到一个平均信号，这时弛豫速率为权重平均。但是，对于与谱线宽度有关的横向弛豫速率 $\frac{1}{T_2}$ 还必须考虑配位的配位体和自由的配位体化学位移差 Δ_b 的不确定性所引起的贡献。因而得到

$$\frac{1}{T_1} = P_f/T_{1f} + P_b/T_{1b} \tag{4.4.22}$$

$$\frac{1}{T_2} = P_f/T_{2f} + P_b/T_{2b} + P_f^2 P_b^2 (\tau_f - \tau_b)(2\pi\Delta_b)^2 \tag{4.4.23}$$

其中,P_f 和 P_b 分别为自由和配位状态的分数布居数($P_f + P_b = 1$),它们的平均停留时间分别为 τ_f 和 τ_b。若配位体交换是一级过程,则 τ_b 可以看做体系的固定特征,而 τ_f 则与浓度有关。统计平衡时有

$$\tau_f = \tau_b P_f/P_b \tag{4.4.24}$$

将式(4.4.24)代入式(4.4.23),并令 $P_f = 1 - P_b$,得到

$$\frac{1}{T_2} = (1 - P_b)/T_{2f} + P_b/T_{2b} + P_b(1 - P_b)^2 \tau_b (2\pi\Delta_b)^2 \tag{4.4.25}$$

在实验上,假定稀土水溶液的水化数为9,由 ^{1}H NMR 实验的 T_1 值根据式(4.4.23)求出 T_{1b}。再假定质子-镧的距离为 3.1Å 就可由式(4.4.21)求出 T_{1e} 约为 10^{-13} s。对于 Gd^{3+} 的 S 态,其 T_{1e} 可以大至 $10^{-10} \sim 10^{-9}$ s,因而有较强的弛豫效应。缩短纵向弛豫时间可以消除配位体 NMR 中自旋-自旋偶合所引起的多重结构,从而有助于结构解释。可以利用诸如 Eu(dpm)$_3$ 之类的弛豫试剂所产生的镧系诱导纵向弛豫作用来决定相对距离。但是利用式(4.4.25)中 $\left(\frac{1}{T_2}\right)$ 所引起的镧系诱导变宽效应去求距离等结构参数不太方便,因为式中最后一项的估计会带来误差。

3. 生物分子结构探针

生物大分子的单晶难于制备,而溶液中的活性结构的测定又具有重要的实际意义(它可能和晶体的结构不同)。目前,可以应用顺磁化学位移和顺磁弛豫技术相结合的方法来分析生物分子的结构。前者正比于 $(3\cos^2\theta - 1)/r^3$ 的化学位移 δ,后者正比于 $1/r^6$ 的谱线变宽效应[图 4.75(b)]。

钆离子 Gd(Ⅲ) 具有稳定的半充满的次壳层,和 Mn(Ⅱ)、Fe(Ⅱ)、Cu(Ⅱ)、Cr(Ⅲ) 等离子一样具有长的电子弛豫时间,从而引起稀土邻近核的核磁弛豫时间 T_1 和 T_2 发生较大变化,但不会引起化学位移。因此将这类顺磁中心和具有较固定骨架的蛋白质等生物大分子配位,就可以通过弛豫效应测定它的骨架结构;若和具有易于变形运动的生物分子配位,则可以得到生物分子的平均构象或运动情况。

实际中应用上述公式推求分子结构时是通过计算机来实现的。图 4.77 为对于 5′-磷酸腺苷(adenosine monophosphate)分子,利用对 ^{1}H、^{13}C、^{31}P 的 15 个化学位移比和 7 个氢核的弛豫时间进行多次模拟的一个构象图[图 4.77(a)]。其结果和 X 射线衍射法所得到的模拟电子云密度走向十分接近图 4.77(b)。

一些电子弛豫时间短的稀土离子(作为 Lewis 酸),通过偶极机理引起化学位移,因而不是有效的弛豫试剂。木糖醇 $C_5H_{12}O_5$(作为 Lewis 碱)在不同 $EuCl_3$ 浓度时的 ^{1}H NMR 图,如图 4.78 所示,当存在位移试剂时(右图)拥挤在一起的谱峰随着位移试剂浓度的增加而清楚地分开,且 2、3 质子间的偶合常数随 Eu^{3+} 浓度的增加而降低,这说明木糖醇在配位时的构型和其在不含位移试剂时在溶液中的平衡构象有差别,但在低 Eu^{3+} 浓度时的偶合常数主要反映了溶液构象。利用这种方法可以决定多糖等生物分子的构象,由此可以得到多糖上连续三个碳原子上三个羟基具有 ax-eq-ax 排列的构象[(**26**),其中氢的下标为标号]。金属离子和 D-阿

洛糖(D-allose)结合能力的次序为
$$Na^+ < Y^{3+} < Ca^{2+} < La^{3+}$$

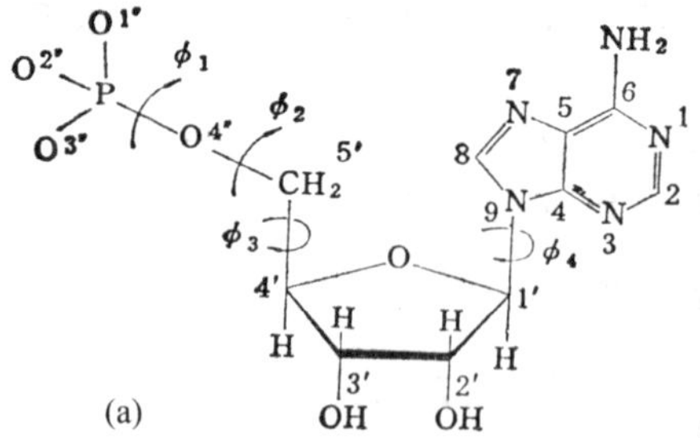

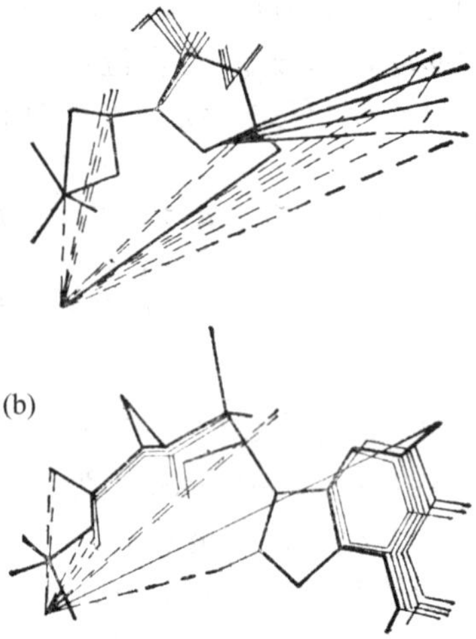

图 4.77 5′-AMP 的主要柔动键(a)和根据化学位移和变宽效应
由计算机模拟出来的结构轮廓(b)

综合上述讨论可知,稀土探针应用于大分子结构的一般条件是:①轴对称并形成 1∶1 或 1∶2 的加合物;②扣除接触效应;③对于不同 Ln(Ⅲ) 离子,在实验误差范围内位移比必须相同;④位移比值对温度不敏感;⑤化学位移试剂和弛豫试剂所得到的 r 值必须一致;⑥不同 Ln(Ⅲ) 的位移大小必须符合 Bleaney 公式;⑦必须等偶合常数测量法和 NMR 方法中的另一种特殊的核 Overhauser 测量法结合在一起考察。

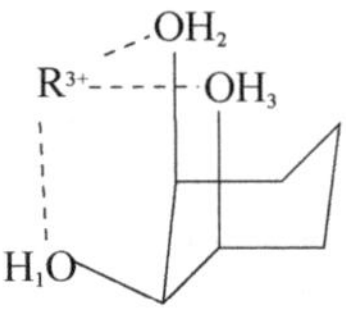

(26)

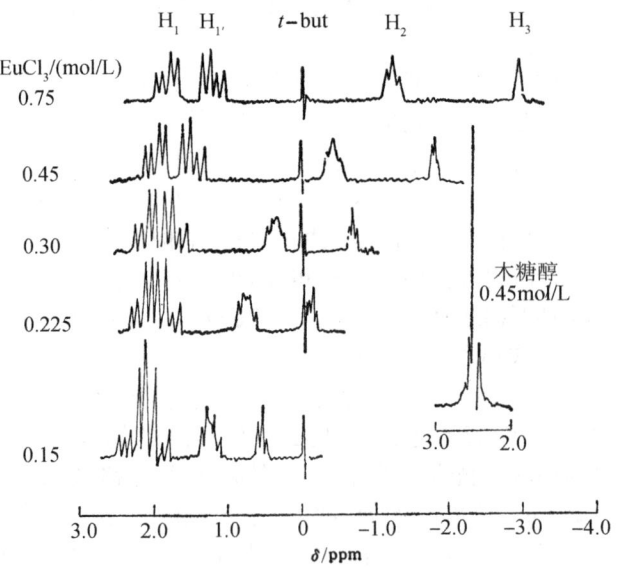

图 4.78 不同 $EuCl_3$ 浓度时木糖醇在 D_2O 溶液中的 60MHz ^1H NMR

三价镧系离子也作为荧光探针被广泛应用。将 Tb^{3+}、Eu^{3+}、Er^{3+} 和 Ho^{3+} 这些离子结合到铁转移蛋白上时会引起 Tb^{3+} 的荧光强度增加 10^5 倍[44],其中金属离子具有两个专有的束缚位置。由于离子半径效应,Nd^{3+} 和 Pr^{3+} 等则只有一个结合位置。当 Fe^{3+} 和 Tb^{3+} 都和同一蛋白质分子结合时,可以应用 Fe^{3+} 对 Tb^{3+} 具有的荧光抑制效应及 Tb^{3+} 的光寿命测出两个金属结合位置之间的距离。

4.4.6 二维 NMR 及其在生物分子结构研究中的应用

我们在对图 3.40 所示的 ^1H 核磁共振谱进行阐述时指出:一个核磁矩为 μ_N 的核在磁场 H_0 中用不同频率的射频进行慢速扫描,当满足式(3.5.4)时就可以得到以共振频率 ν_0 为中心的 ^1H 核磁共振峰的图谱[图 3.40(b)]。由这种以一维频谱所获得的化学位移 δ 和偶合常数 J 等参数以研究溶液的分子结构。可以证明,这种频区的吸收带信号具有 Lorentz 函数 $A(\dfrac{1}{a+bT_2^2})$ 的吸收谱型。但是应用这种频谱慢扫描(或称为连续扫描)的最大缺点是对不同的核要做不同的频率分段扫描图谱,分子中含有多磁性的核时,特别是含有丰度很低的 ^{13}C 核,即便用计算机累加技术(CAT)所需测试时间也太长。

为了克服上述缺点,一种新的脉冲 Fourier 变换 NMR 方法应运而生。自 1975 年首次发表第一张 ^{13}C 二维谱以来,由于 400MHz 以上的高分辨超导核磁共振仪的发展,二维谱技术在化学的各个领域中得到了广泛的应用[45]。特别是对于复杂的生物分子,二维 NMR 技术可以大大简化复杂重叠图谱的诠释工作。

1. 二维 NMR 简介

这时实验中采用固定频率为 ω_0、时间间隔为 t_p(约 10^{-6}s)的射频脉冲照射样品,然后再等待 t_2(约2s)的采样时间后,再重复上述脉冲过程[图 4.79(a)上]。对于典型的化合物,选择合适的脉冲就可以引起样品中化学环境不同的磁性核(如 ^1H)同时满足共振条件而在实验中被吸收。值得注意的是,之所以一个单一频率 ω_0 的脉冲函数会使所有具有不同频率 ν_0 的核都能在吸收后发生跃迁是根据数学上的 Fourier 变换进行说明

$$F(\omega) = 2\pi \int_{-\infty}^{\infty} \exp(i\omega t) f(t) dt \qquad (4.4.26)$$

即将是 $\omega_0 t_p$ 和时间标 t 的函数 $f(t)$ [图 4.79(a)]下相当于一系列不同频率 ω 的 $\sin\omega t$ 和 $\cos\omega t$ 函数叠加,也即可以通过式(4.4.26)将时间畴区转换成图 4.79(b)的频率畴区。图中 $\Delta = \dfrac{4\pi}{t_p}$ 为主频率 ω_0 脉冲源所获得整个频率的分布谱。当脉冲通过样品时,在图 3.79(a)中的适当频率被样品吸收而引起跃迁,由此可以记录到自由感应(FID)信号,它就是磁化强度 M 随时间的衰减。将多次脉冲所得的 FID 信号图[图 4.79(b)左]经过 Fourier 变换就可以得到通常的一维频域图谱[图 4.79(b)右]。

在实验中一般使用宏观体系的磁化强度 M[参见式(5.3.1)]作为 FID 信号的纵坐标。基于上述关于 Fourier 变换的基本概念,我们再回到通常的一维 NMR 谱

的阐述,它是通过核磁共振仪,将原始的时间域自由感应衰减信号(FID)$M_0S(t)$经过 Fourier 变换后得到具有 Lorentz 形式频率域信号 $M_0S(\omega)$:

$$I(\omega_1) = M_0 S(\omega) = M_0 \frac{A}{1 + (\omega - \Omega)^2 T_2^2} \tag{4.4.27}$$

其中,M_0 为平衡状态时体系的磁化强度,$S(\omega)$ 为振幅,T_2 为自旋-自旋横向弛豫时间。Ω 为 $S(t)$ 的共振频率,也就是我们通常在平面上的一维 NMR 谱[图 3.40(b)]。

在二维 NMR 谱中,则是将 $S(t)$ 中变量 t 人为地在实验中分解成 t_1 和 t_2 两个变量的初始函数 $S(t_1, t_2)$。

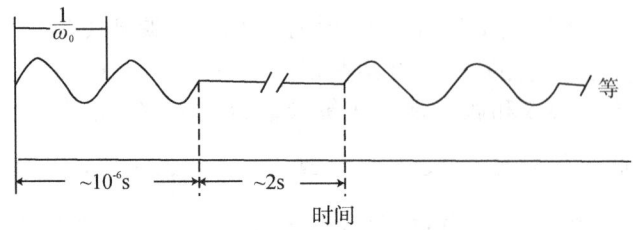

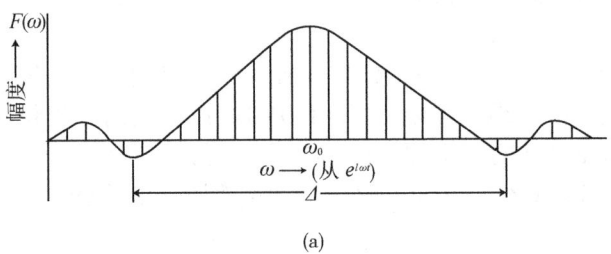

(a)

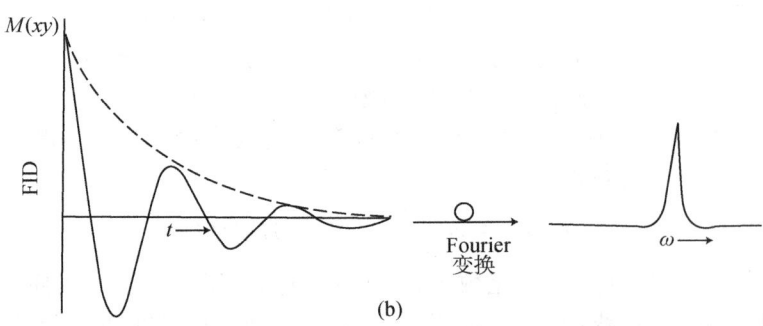

(b)

图 4.79 二维核磁共振脉冲示意图
(a)射频脉冲序列(上)及其时域谱和频域谱(下);
(b)单一频率的自由感应衰减曲线(左)和相应的频域谱(右)
当 $\omega_0 = \omega$,即等于化学位移时得到虚线,当 $\omega_0 \neq \omega$,即偏离共振时得到实线

$$\int_{-\infty}^{\infty} dt_1 \exp(-i\omega_1 t_1) \int dt_2 (\exp(-i\omega_2 t_2) S(t_1 t_2)$$
$$= \int_{-\infty}^{\infty} dt_1 \exp(-i\omega_1 t_1) S(t_1, \omega_2) = S(\omega_1, \omega_2) \tag{4.4.28}$$

一般用第一个时间变量 t_1 表示脉冲序列中独立可变而控制时间间隔的参数，而用第二个时间变量 t_2 表示采样时间。在技巧上经过两次式[式(4.4.27)]的 Fourier 变换，最后可以得到频域信号

$$I(\omega_1,\omega_2) = M_0 \frac{B}{(1+(\omega_1-\Omega_1)^2 T_2^2)} \frac{C}{(1+(\omega_2-\Omega_2)^2 T_2^2)} \quad (4.4.29)$$

其中，Ω_1 和 Ω_2 分别为 $S(t_1)$ 和 $S(t_2)$ 的共振频率，即体系的磁化强度分别在 t_1 和 t_2 期间的进动频率。式(4.4.29)所示的曲线即为三维空间的一个曲面，即我们所要讨论(类似图 4.79)的二维谱。

二维 NMR 技术对于研究复杂化合物 NMR 谱的归属及在分析复杂化合物结构方面有独特的作用，以至被人们称为溶液结构中的"X 射线结构分析方法"。二维 NMR 技术的理论及实验技术较为复杂，常根据要求设计不同的脉冲序列进行实验和分析。例如，对于异核相关的二维 NMR，可在 ω_1 和 ω_2 轴上分别得到 ^{13}C 和 ^{1}H 的化学位移信息。为了得到 ^{13}C—^{1}H 的异核相关图，在实验上采取下列脉冲序列：

$$^{13}\mathrm{C} \quad -t_1/2-180°_x-t_1/2-\frac{\tau}{2}-90°_x-\frac{\tau}{2}-S(t_2)$$

$$^1\mathrm{H} \quad 90°_x-t_1/2-t_1/2-\frac{\tau}{2}-90°_y-\frac{\tau}{2}-\text{去偶} \quad (4.4.30)$$

其调制机理为：在 x 轴上加 90°脉冲，在前半个 t_1 期间，^{13}C 的磁化强度完全处于平衡状态，只有 ^{1}H 的磁化强度 M_0 围绕磁场在进动。t_1 中途的 ^{13}C 180°脉冲使 ^{13}C 的 α 和 β 态发生反转，其结果是使 ^{1}H 磁化强度的进动频率中的偶合信息在后半个 t_1 结束时被回波滤掉了(利用 NMR 技术中的自旋回波光谱技术常称为 SECSY)；这时 ^{1}H 的第二个 90°脉冲使 ^{1}H 的所有磁化强度在延迟时间 t 内发生混合，接着发出一个 ^{13}C 90°检测脉冲，^{1}H 的进动频率(只有化学位移信息)便被调制到 ^{13}C 的 $S(t_2)$ 上；同时 ^{1}H 的磁化强度转移到 ^{13}C 上，这样就可以得到图 4.80 所示的 ^{13}C—^{1}H 相关谱。

例如，将二维 NMR 应用于两个耦合五元环体系异构体的结构分析。对于四环[5.5.1.0^{2,6}.0^{10,13}]正十三烷 4,8,12 - 三酮的环内桥接和环外桥接异构体，

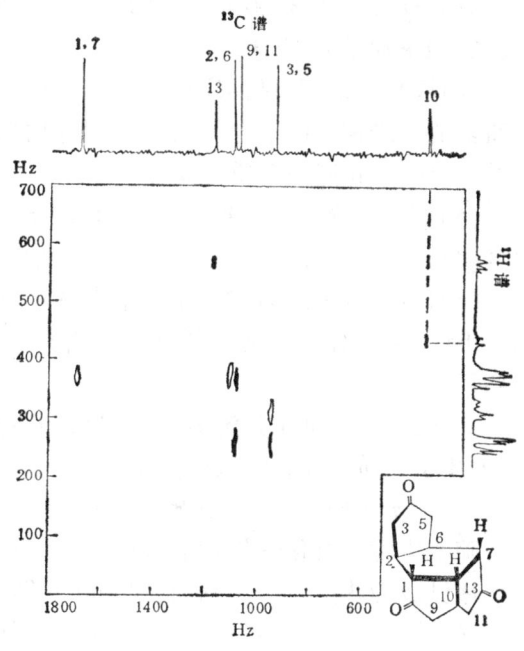

图 4.80　外桥接四环三酮化合物的 ^{13}C—^{1}H 异核相关图

虽然碳的核磁共振谱比较简单,但是它的质子谱十分复杂,以致不能解释。原来只有借助于 X 射线晶体结构分析进行区分,而近代的二维 NMR 很容易对其结构进行分析解释。例如,对于图 4.79 所示的外桥接异构体,在二维 C-H 相关谱上很容易由 ^{13}C 谱上对应地找到联结在 C–10 上的氢的质子信号峰,其他质子的信号也可以同样地由二维 C-H 相关谱进行诠释,这样就可以由质子谱区分异构体,并确定其立体化学结构。

有多种二维核磁共振谱的形式。在化学上广泛应用的二维谱有:

(1)异核位移相关谱:其脉冲序列如式(4.4.29)所示。所得二维谱中一个轴为质子化学位移竖坐标(ω_1),另一个轴为碳的化学位移横坐标(ω_2),常用于已知 ^{13}C 的指认时推求 ^{1}H 峰的指认。

(2)同核位移相关谱:主要用在 ^{1}H – ^{1}H 体系。其脉冲序列为 $90°x$—t_1—$90°y$—$S(t_2)$,所得二维谱中对角线上为通常的一维谱,非对角峰反映相互偶合的信息。

(3)异核 J 谱:其脉冲序列为

$$^{13}\text{C} \quad 90°x - \frac{t_1}{2} - 180°y - \frac{t_1}{2} - S(t_2)$$

$$^1\text{H} \quad\quad - \frac{t_1}{2} - 180°y - \frac{t_1}{2} - 去偶$$

(4.4.31)

二维谱中 ω_2 轴上的投影为通常的一维全去偶 ^{13}C 谱,ω_1 轴反映各个 ^{13}C 核与直接相连的 ^{1}H 核偶合的信息。

(4)同核 J 谱:其脉冲序列为 $90°x$—$t_{1/2}$—$180°y$—$t_{1/2}$—$S(t_2)$。二维谱中 ω_2 轴为通常的一维谱,ω_1 轴则反映峰的裂分情况,偶合常数及峰组的峰数。常用于确定哪一个质子和哪一个质子偶合。

(5)同核交换谱:脉冲序列为 $90°x$—t_1—$90°y$—T_m—$90°x$—$S(t_2)$,其中 T_m 为混合期时间。二维谱中对角峰为简单一维谱,非对角峰则给出交换信息。

(6)同核 NOE(NOESY)谱:脉冲序列和(5)相同。二维谱中对角线上为简单的一维谱,由非对角峰则可得到空间直接偶合的信息,从而可以求出邻近核间的距离。

此外,还有二维 J 分辨谱(简记为 SECSY)。其对角线为质子去偶的一维质子谱,而质子–质子偶合常数则分布在另一轴上。

2. 生物分子配位化合物的结构测定

随着生物无机化学的发展,利用二维 NMR 研究生物大分子与金属离子的配位作用已成为热门课题。例如,Wüthrich 等对从兔子肝脏中提取的含镉硫溶液进行了异核 ^{1}H – ^{113}Cd COSY 和同核 ^{113}Cd – ^{113}Cd COSY 的研究,推测出体系内存在两种不同的 Cd 簇合物(**27**):

其中,CYS 为半胱胺酸残基。由此可以建立金属–硫簇合物相对于多肽结构的空间构型和位置。

```
        CYS29   CYS19                         CYS41
           \   /                                |
            Cd2                                Cd6
           / \                                /   \
  CYS13 CYS15  CYS24 CYS21          CYS46 CYS44   CYS60 CYS57
      \  /        \  /                   \  /         \  /
      Cd3         Cd4                    Cd5  CYS37   Cd1
      / \         / \                    / \    |    /  \
  CYS26  CY67   CYS5                CYS33 CYS34 |  CYS50 CYS59
                                              Cd7
                                               |
                                             CYS36
```

(**27**)

Santos 等应用二维 NMR 技术对生物液体中分离出来的细胞色素 c_3（相对分子质量 13 000，简记为 $Cytc_3$）进行了 ^1H 二维同核交换谱的研究。$Cytc_3$ 在生物中的功能是为生命中的氧化还原过程输送电子，由于每个分子中含有四个氧化还原中心，所以适用于分子内和分子外的电子转移机理。质子 NMR 可以获得下列五个氧化步骤（每次失去一个电子）的氧化还原中心的特殊信息

$$步骤 0 \xrightleftharpoons{-e^-} 步骤 \text{I} \xrightleftharpoons{-e^-} 步骤 \text{II} \xrightleftharpoons{-e^-} 步骤 \text{III} \xrightleftharpoons{-e^-} 步骤 \text{IV}$$

其中按照一个分子中氧化血红素数目将步骤编号为 0，I，II，III 和 IV。

大的脱磺酸弧菌 $Cyt\ c_3$ 分子内的电子交换速率相对地快于 NMR 的时标（$>10^{-5}s^{-1}$），但分子间的电子转移速率在 273K 时较慢，这时快速分子内电子转移意味着对于每一氧化步骤的每个血红素甲基在 NMR 谱中只有一个共振峰。由于交换效应，它的化学位移和氧化及还原的血红素状态的摩尔分数比例有关。

不同氧化步骤中血红素甲基共振峰特征的标记对于了解分子内和分子间电子转移的机理十分重要。利用二维交换谱得到了中间氧化步骤 II 和 III 的血红素甲基 ^1H 峰。用这种方法可以得到在氧化步骤 K 时第 i 个血红素甲基的共振峰 M_i^K，从而可以确定哪些物种参加交换，从而得到 $Cyt\ c_3$ 不同氧化态之间电子转移机理的重要信息。这对于研究电子交换蛋白是十分重要的。

关于高分辨 NMR 在生物分子体系中的应用，请参考 Gronenborn 和 Clore 的研究[①]。

生物配位化合物的结构和功能非常复杂，因此人们对其中一些主要元素和非金属超微量元素，如，V、Cr、Cd、Pb、Sn、Li、F、Si、As 和 B 等元素的生物活性作用仍然不太清楚，还有待进一步研究。从仿生学角度了解生物体系中电子转移机理的信息，日益受到人们的重视。

4.5 多核配位化合物

长期以来，配位化学的主要研究对象是只含一个金属中心的单核配位化合物。目前包含多个金属中心的多核配位化合物已日益引起人们的重视。首先，是催化过程包含多个金属中心，这反映在金属簇合物的发展上。其次，发现很多蛋白质及酶的活性具有两个或更多的中心金属离子参与。国际上曾召开过关于多核无机化

---

① Gronenborn A M, Clore G M. Prog in NMK Spectroscopy, 1985, 17:1.

合物方面的会议以及相关金属聚合物纳米方面的论文[46]。本节将主要介绍当前研究较多的双核配位化合物。

4.5.1 多核配位体及其配位化合物

在催化过程中,金属间(或通过桥基)的相互作用可使一个金属上的底物 A 和另一个金属上的底物 B 移动到一起,进而发生特殊作用,以达到活化的目的。

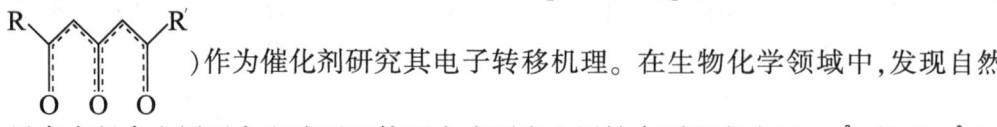

例如,已经证实双核铜中间物在儿茶酚酶(catecholase)和甲酚酶催化机理(**28**)中起着重要作用。后来采用 $Cu_2(BAA)_2$ (BAA 为三酮衍生物)作为催化剂研究其电子转移机理。在生物化学领域中,发现自然界存在很多金属蛋白和酶可以使两个或更多金属结合到距离小于10Å,甚至5Å这么近的多配位中心。例如,由外延 X 射线超精细结构法(EXAFS)研究证实,在氧合血青肮(oxyhemocyanin)中可能有同核双金属活性中心(图 4.67)。

(**29**) $\{(L)[Cu^{(II)}—OH—Cu^{(II)}]\}^{3+}$
(**30**) $\{(L)[Cu^{(II)}—OH—Cu^{(II)}]ClO_4\}^{2+}$

实际的催化过程及生物体系都是很复杂的。为了便于研究,人们经常合成或选用"模型化合物"以模拟实际体系的结构和功能。例如,曾应用图(**29**)和(**30**)所示的大环配位体模拟氧合血青肮,通过构象扭曲可以得到表 4.18 所列的、和生物分子较为一致的物理化学性质和参数[47](其中 J 为两个 Cu^{2+} 间的磁偶合常数)。多核配位化合物中所特有的金属-金属间相互作用导致了一系列新的物理化学性质,因而提供了新的金属配位几何构型和环境,开辟了研究金属间磁性作用及电化学性质的新领域,发展了新颖配位体,并对配位性质有了更深入的了解。除了在化学领域外,在固体物理、生物化学和地质学等方面的研究中多核配位体的研究也具有意义。对于金属和金属间的相互作用,不同金属中心之间的电子交换作用的探讨具有重要的意义。

表 4.18　氧合血清肟及其模拟物的性质

	Cu—Cu/Å	$-J/\text{cm}^{-1}$	λ/nm
氧合血清肟	3.55	~500	~330
模拟化合物(**29**)	3.38	~400	315~375
模拟化合物(**30**)	3.64	~500	~330

很多化合物都含有一个以上的金属,从多酸的盐 $Na_2CaEDTA$ 一直到有机金属化合物和簇合物 $Co_2(CO)_8$ 等。这类同核或异核的多核化合物中,金属并非结合在单个配位体骨架中。由 Schiff 碱(**31**)所形成的多核配位化合物也不是包含在单个配位体中的,而是由几个单核组分缔合起来的。1970 年 Robson 正式引入了双核配位体(binucleating ligand)这个名词[48],它是一种可以同时将两种金属结合在一起的多齿配位体。本节的重点是介绍这类配位化合物。

(31)　　(32)

在 4.3 节中我们讨论了一些可以形成多核的大环配位体。也可以类似地将非大环多核化配位体分为两大类[49]:

(1)在所形成的配位化合物中相邻的金属离子以中心给予原子为桥而至少共用一个给予原子。其中包含 Robson 化合物(**32**)及坐舱式配位体(compartment ligand)。后者也可含有不同配位金属能力的相邻配位原子,它常用于制备各种同核和异核配位聚合物(图 4.81)。这类聚合物中主要包括 Schiff 碱、1,3,5-三酮和 β-酮酚以及它们的衍生物。

(2)多核化配位体中含有孤立的给予原子组。第二类又可以细分为几种:①给予原子被

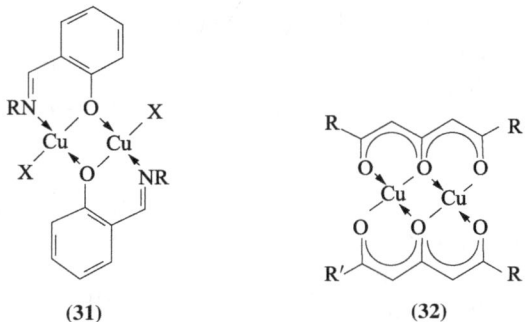

图 4.81　双核坐舱配位化合物的形成

芳香基或其他桥基隔开,例如,图(33)和(34)分别具有侧基开放和端基开放的形式;②螯合环彼此重叠的配位体(35);③分立的配位体原子处在一个可以伸展的多齿配位体环上。例如,图(36)和(37)分别具有侧基开放和端基开放的形式。

在多核配位化合物中,我们特别注意连接不同金属原子的桥基。这些作为桥基的原子可以是较简单的 Cl^-、OH^-、N_3^-、NCO^-、NCS^-、$NCSe^-$ 等无机离子,也可以是较复杂的像联苯胺之类的配位体。它们可以形成(38)~(42)所示的简单双核配位聚合物,也可以形成大分子的多核配位化合物(43)~(47)。典型的无机一维材料 $K_2Pt(CN)_4X_{0.3}(H_2O)_3$ ($X = Cl$ 和 Br)就是由 $Pt(II)$ 和 $Pt(IV)$ 两种氧化态交替构成的抗磁性多核配位聚合物,它们以类似(43)的形式在轴向以空间伸展较远的 d_{z^2} 金属轨道相互作用而引起高导电性。

(38) (39) (40) (41) (42) (43) (44) (45) (46) (47)

多核配位化合物的形成会改变配位体和中心离子本身的化学性质。我们将着重讨论其中结构的变化对沿着 M—L—M 键间作用和性质的影响。

4.5.2 双核配位化合物中的磁交换作用

此前式(3.6.28)只讨论了单个配合物中离子的自旋-自旋作用的等效 Hamiltan 计算,现在转而讨论多核配合物中的磁性金属离子间的自旋作用。可以把一些高分子、链状物或含顺磁性金属离子聚集体的独立分子称为磁性凝聚化合物(magnetically condensed compound),其中包含的顺磁性金属离子被反磁性配位体原子所分开。这些离子中的未成对电子可以相互作用。当它们彼此靠近而相互强烈作用时,就形成了通常的化学键。例如,当两个含有 d^7 组态 Mn 离子的 $Mn(CO)_5$ 配位化合物彼此接近时,其中两个未成对电子就形成了包含 Mn—Mn 键的 $Mn_2(CO)_{10}$ 配位化合物。而当两个含有未成对电子的离子间的相互作用较弱时,就称为磁交换作用[50]。在后面 5.3 节将对其基本理论作更详细的介绍。

1. 自旋-自旋偶合的直接交换机理

可以以图 4.82 所示的双聚醋酸铜为例作为一个简单模型来了解磁交换性质。假设两个自旋为 $\frac{1}{2}$ 的电子分别定域在相邻磁性中心的 ϕ_a 和 ϕ_b 轨道上(假设不具有轨道角动量),按类似于在 H_2 分子价键理论中的处理方法[参考式(2.7.10),但用了不同的符号],可以导出新的轨道 $^{2S+1}\psi_{m_s}$

$$^3\psi_1 = \frac{1}{\sqrt{2}}[\phi_a(1)\phi_b(2) - \phi_a(2)\phi_b(1)]\alpha(1)\alpha(2) \quad (4.5.1)$$

$$^3\psi_0 = \frac{1}{\sqrt{2}}[\phi_a(1)\phi_b(2) - \phi_a(2)\phi_b(1)]$$
$$\cdot \left[\frac{\alpha(1)\beta(2) + \beta(1)\alpha(2)}{\sqrt{2}}\right] \quad (4.5.2)$$

$$^3\psi_{-1} = \frac{1}{\sqrt{2}}[\phi_a(1)\phi_b(2) - \phi_a(2)\phi_b(1)]\beta(1)\beta(2) \quad (4.5.3)$$

$$^1\psi_0 = \frac{1}{\sqrt{2}} = [\phi_a(1)\phi_b(2) + \phi_a(2)\phi_b(1)]$$
$$\cdot \left[\frac{\alpha(1)\beta(2) - \beta(1)\alpha(2)}{\sqrt{2}}\right] \quad (4.5.4)$$

它们都是 $\hat{S}^2$ 和 $\hat{S}_z$ 的共同本征函数。

根据通常的量子化学方法,可以求解出相应单重态和三重态的能量

$$E_+ = 2E^0 + \frac{J+K}{1+S^2} \quad (\text{单重态,自旋反平行}) \quad (4.5.5)$$

$$E_- = 2E^0 + \frac{K-J}{1-S^2} \quad (\text{三重态,自旋平行}) \quad (4.5.6)$$

其中,E^0 为基态能量,K 为 Coulomb 能,J 为交换能。在零重叠近似(积分 $S = \int \phi_a \phi_b d\tau$)下,两种状态间的能级差 $(E_+ - E_-)$ 为 $|2J|$。K 和 J 的形式为

$$K = <\phi_a(1)\phi_b(2)|\hat{H}_{12}|\phi_a(2)\phi_b(1)>$$
$$= -\int \frac{\phi_a^2(1)}{r_{b_1}} d\tau_1 - \int \frac{\phi_b^2(2)}{r_{a_1}} d\tau_2 + \int \frac{\phi_a^2(1)\phi_b^2(2)}{r_{12}} d\tau_1 d\tau_2 \quad (4.5.7)$$

$$J = \langle\phi_a(1)\phi_b(2)|\hat{H}_{12}|\phi_a(2)\phi_b(1)\rangle \doteq -2S\int \phi_a(1)\frac{e^2}{r_{b1}}\phi_b(1)d\tau_1$$
$$+ \iint \phi_a(1)\phi_b(2)\frac{e^2}{\frac{1}{r_{12}}}\phi_b(1)\phi_a(2)d\tau_1 d\tau_2 \quad (4.5.8)$$

其中符号具有一般熟知的含义。两个未成对电子之间的排斥力 $\frac{1}{r_{12}}$ 使 K 一般为正值。可见若 J 为负值,则单重态为基态,具有反铁磁性;反之,只有当重叠积分 $S=0$(即相邻金属轨道 Φ_a 和 Φ_b 正交),或第 2 项比第 1 项大时 J 才为正值,则三重态为基态,具有铁磁性。

在唯象地处理磁交换这类问题时,一般说来,对于 z 个具有相同自旋 S_i 的近邻,采用更广义的自旋等效算符[参考式(3.6.28)],将 Hamilton 算符写为

$$\hat{H} = -2J \sum_{z} \boldsymbol{S}_i \cdot \boldsymbol{S}_j \tag{4.5.9}$$

S 取值为 $0, 1, \cdots, \sum S_i$。

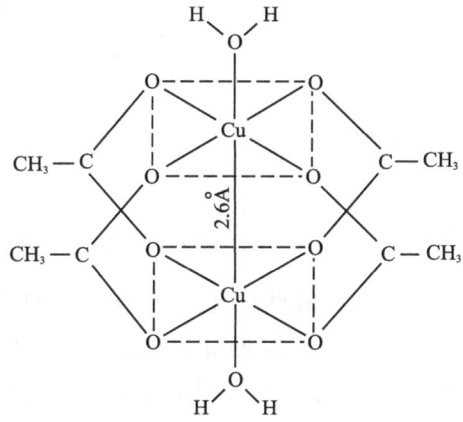

图 4.82 $Cu_2(CH_3CO_2)_4 \cdot 2H_2O$ 的结构

对于含有两个自旋分别为 $\boldsymbol{S}_1$ 和 $\boldsymbol{S}_2$ 的自旋体系,例如,双聚乙酸铜 $Cu_2(CH_3CO_2)_2 2H_2O$(图 4.82, $S_1 = S_2 = 1/2$, $S = 0$ 或 1),由

$$\boldsymbol{S}^2 = \boldsymbol{S}_1^2 + \boldsymbol{S}_2^2 + 2\boldsymbol{S}_1 \cdot \boldsymbol{S}_2 \tag{4.5.10}$$

求出

$$\boldsymbol{S}_1 \cdot \boldsymbol{S}_2 = \frac{1}{2}[\boldsymbol{S}^2 - \boldsymbol{S}_1^2 - \boldsymbol{S}_2^2] \tag{4.5.11}$$

按照式(4.5.9)所示的等效自旋 Hamilton 算符

$$\hat{H} = -2J\boldsymbol{S}_1 \cdot \boldsymbol{S}_2 \tag{4.5.12}$$

及

$$\hat{\boldsymbol{S}}^2 \psi = S(S+1)\psi \tag{4.5.13}$$

可以得到

$$-2J\hat{\boldsymbol{S}}_1 \cdot \boldsymbol{S}_2 \psi = -J[S(S+1) - S_1(S_1+1) - S_2(S_2+1)]\psi \tag{4.5.14}$$

略去常数 $-S_1(S_1+1) - S_2(S_2+1)$ 后(其后果只是重新定义零点),得到

$$\langle {}^1\psi_0 | \hat{\mathbf{H}} | {}^1\psi_0 \rangle = \frac{2}{3}J \qquad S = 0 \qquad (4.5.15)$$

$$\langle {}^3\psi_{M_S} | \hat{\mathbf{H}} | {}^3\psi_{M_S} \rangle = -\frac{1}{2}J(M_S = 1, 0, -1) \qquad S = 1 \qquad (4.5.16)$$

在磁场 H 下进行磁学实验时应再加上 Zeeman 效应,则采用

$$\hat{\mathbf{H}} = g\beta \hat{S}_z H_z - 2J \hat{\mathbf{S}}_1 \cdot \hat{\mathbf{S}}_2 \qquad (4.5.17)$$

因此,当自旋交换作用 J 为负值时,得到图 4.83 所示的能量间隔,这时 $S = 0$ 的单重态为基态;反之,当 J 为正值时,$S = 1$ 的三重态为基态。

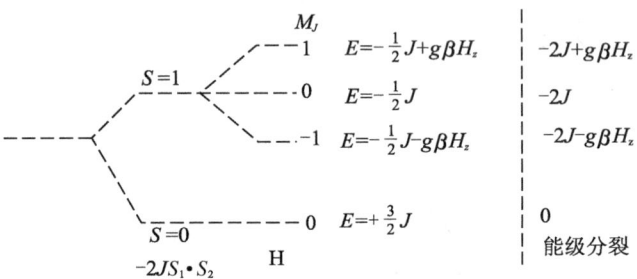

图 4.83　自旋 - 自旋作用及其能级 E_i 分裂

具有自旋偶合常数 J 的微观磁性分子在宏观无序状态下是处于不同的能量状态。按照统计力学,他们是按 Boltzmann 定律分布的。因而将图 4.83 的能级和简并度结果代入 van vleck 方程[式(5.3.50)],可以得到该分子体系的宏观摩尔磁化率 χ_M:

$$\begin{aligned}
\frac{\chi_M}{N} &= \frac{\dfrac{2(g\beta)^2}{kT}\exp\left(\dfrac{J}{2kT}\right)}{3\exp\left(\dfrac{J}{2kT}\right) + \exp\left(-\dfrac{3J}{2kT}\right)} \\
&= \frac{\dfrac{2g^2\beta^2}{kT}}{3 + \exp\left(-\dfrac{2J}{kT}\right)}
\end{aligned} \qquad (4.5.18)$$

重排后得到

$$\chi_M = \frac{2Ng^2\beta^2}{3kT} \frac{1}{1 + \dfrac{\exp[-2J/(kT)]}{3}} \qquad (4.5.19)$$

对于双聚二乙酸铜,从实验的 χ_M 值得到 $2J = -284 \text{cm}^{-1}$,故为反铁磁性。当轴向的 H_2O 被其他 Lewis 碱取代时,J 值发生很大变化。

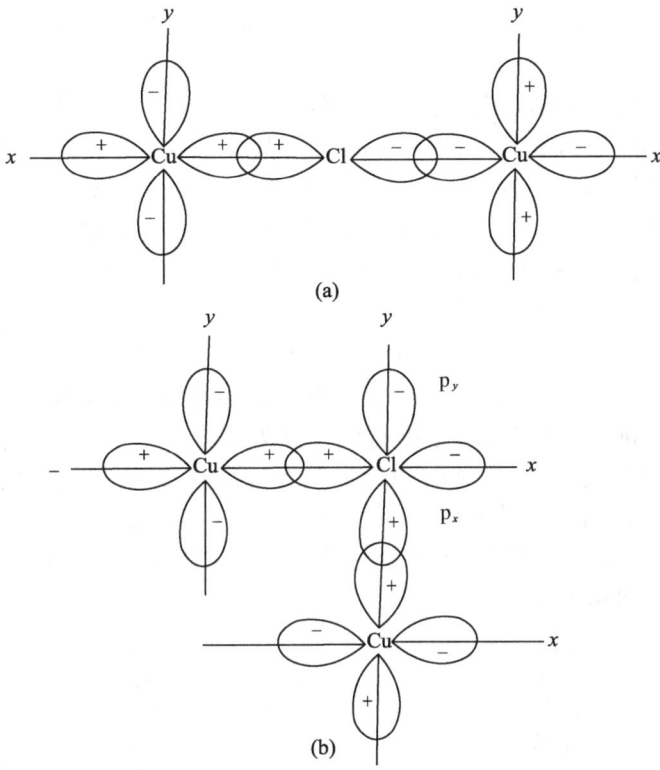

图 4.84 Cu—Cl—Cu 中轨道间的夹角 ϕ 和 J 值
(a)$\phi = 180°$(反铁磁性);(b)$\phi = 90°$(铁磁性)

2. 自旋-自旋偶合的间接交换机理

这时考虑简单的单原子桥联的 M—Cl—M 或 M—O(H)—M 型双核配位化合物,其磁交换作用的大小与桥联阴离子轨道的对称性和能量有关。例如,对于 Cu—Cl—Cu,Cu(Ⅱ)离子的基态为 $d_{x^2-y^2}$(表 2.28),有两种极端情况:①Cu—Cl—Cu 桥角为 180°[图 4.84(a)]。这时两个 Cu(Ⅱ)的 $d_{x^2-y^2}$ 轨道和氯的 $3p_x$ 轨道形成成键分子轨道。原来铜的两个未成对电子在该分子轨道中成对了,从而存在强烈的反铁磁性交换作用,基态为 $S = 0$ 的反铁磁性单重态;而具有两个未成对电子的三重激发态($S = 1$)处在高能级(能量 $2J$)。②Cu—Cl—Cu 的桥角为 90°[图 4.84(b)]。这时一个 Cu(Ⅱ)离子的 $d_{x^2-y^2}$ 轨道和氯离子的 $3p_x$ 轨道作用,另一个 Cu(Ⅱ)离子的 $d_{x^2-y^2}$ 轨道和氯离子 $3p_y$ 轨道作用,实际上,这就形成了两个分子轨道,它们各被一个电子所占据,从而产生铁磁性相互作用。这两个分子轨道分别和两个 Cu(Ⅱ)作用的氯离子的 $3p_x$ 和 $3p_y$ 两个轨道是相互正交的,这种顺磁离子间的正交方式对于具有自旋平行铁磁性交换作用是必需的。Hatfield 等已用不同桥基配位化合物从实验上证实了交换参数 J 和 Cu—O—Cu 桥角 ϕ 之间的线性关系[50]。

目前对于金属-金属自旋-自旋间的偶合机理已有了更深刻的理解,一般可以归纳为四种交换积分的贡献:①相邻金属未充满轨道的直接重叠(不通过桥基),按 Pauli 原理,成对电子间自旋应为反平行,J 为负值[参见式(4.5.8)]。②有未成对电子的金属轨道之间通过桥基中已充满电子的 s 和 p 原子轨道进行超交换作用,按照 Ginsberg 记号,当金属 M 上的轨道 ϕ_M 和桥基轨道 ϕ_B 有重叠($S \neq 0$)时,记为 $\phi_M \parallel \phi_B$,自旋反平行,J 为负值;当这两个轨道相互正交时($S=0$),记为 $\phi_M \perp \phi_B$,自旋平行,J 为正值。③在相互正交轨道中未成对自旋原子间直接发生交换作用,自旋平行偶合,J 为正值。④一个金属离子的未成对电子转移到另一个金属离子的空轨道,而引起原子内正交轨道间电子的自旋平行偶合,J 为正值。

图 4.85 形象地表示了常见的两个金属经配位体 B 桥联结合的超交换机理。两个金属的自旋排列可以是单重态[图 4.85(a)]或三重态[图 4.85(b)]。当一个电子从桥 B 跃迁到一个金属离子时,就达到激发态,这时也可得到三重态[图 4.85(c)]或单重态[图 4.85(d)]。

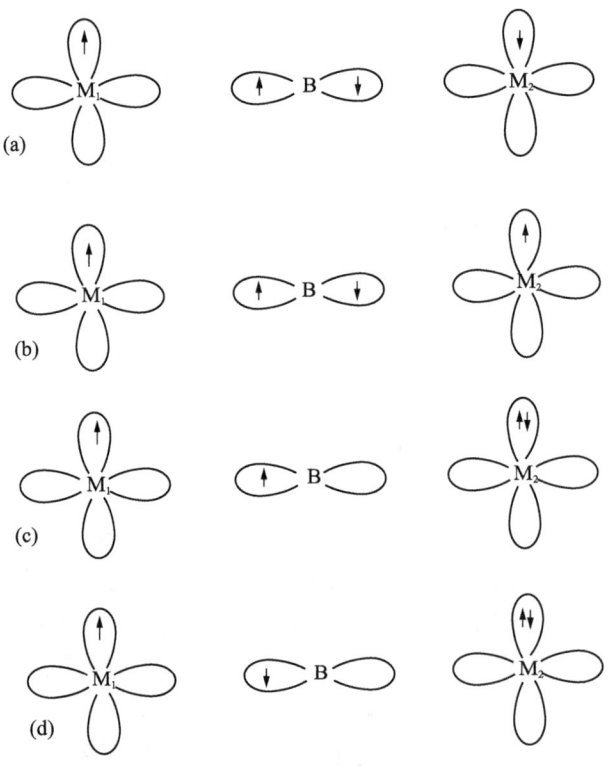

图 4.85 桥联超交换机理

例如,研究由氯桥 Cl 所连接的两个 Cu(Ⅱ)八面体的配位情况(图 4.84)。它们分别可以方便地记为(a) $d_{x^2-y^2} \parallel Cl(p_x) \parallel d_{x^2-y^2}$、(b) $d_{x^2-y^2} \parallel Cl(p_x) \perp d_{x^2-y^2}$ 和

$d_{x^2-y^2} \perp Cl(p_y) \parallel d_{x^2-y^2}$。由于(b)中出现了 $\perp$ 符号,因此得到了两个金属上电子平行自旋的铁磁性作用。应该指出的是,对于任何特定的电子构型和 M_1—B—M_2 的几何排列,J 的符号应为各种交换过程的总和。

更定量地可以用组态相互作用和势能及动能交换方法对这些超交换作用进行定量计算[51]。例如,对于掺杂在 MgO 晶体中的一对 V(II) 离子所形成 90° 的 $V_A(t_{2g})^3$—$O(p^6)$—$V_B(t_{2g})^3$ 体系,用后一种方法对其中 $V_A(d_{xz}) \parallel O(p_x) \perp V_B(d_{xz})$ 作用,得到:

直接交换	-164K
配位体贡献	$+256$
阴-阳离子迁移	$+10$
阳-阴离子迁移	-48
对金属键唯象的交换总贡献	$J(d_{xz}^A, d_{xz}^B) = 54 \text{cm}^{-1}$

对所有 d_{xz}、d_{yz} 和 d_{xy} 间的 3×3 九种组合进行计算,可得 $J_{AB} = 9 \text{cm}^{-1}$,和实验值 $5.3 \text{cm}^{-1} \pm 2.1 \text{cm}^{-1}$ 很接近。从大量实验事实及所提出的理论,目前已导致所谓偶合多核体系的分子轨道工程,即从金属中心作用的轨道机理出发,合成出所期望的磁性质多核配位化合物。可以看出,磁交换的本质并不是磁性的,而仍是静电作用的结果。金属和桥轨道间的对称性及能量匹配关系十分重要。

4.5.3 磁交换偶合的顺磁共振研究

对于顺磁性双核过渡金属配位化合物的研究,除了应用磁化率性质外也可以通过 ESR 方法对其中分子内未成对电子间的交换作用进行研究[52]。

当两个自旋 S_1 和 S_2 的磁性离子相互接近时,在基于式(3.6.8)的自旋 Hamilton 算符处理中必须引入自旋-自旋交换作用常数 J,即

$$\hat{H} = g\beta S \cdot H - 2JS_1 \cdot S_2 + AS_1 \cdot I_1 + AS_2 \cdot I_2 \quad (4.5.20)$$

其中,$S = S_1 + S_2$,一般 J 值约为 1cm^{-1} 或更小,它比数量级为 $10\,000 \text{cm}^{-1}$ 的晶体场小,而 J 值又远小于能级约为 cm^{-1} 的核磁共振。式(4.5.20)中的后两项的跃迁能量都不落在 ESR 实验频谱范围内,所以在式(4.5.21)中不必列出晶体场和核磁共振参数。在各向同性而且离子主轴相互平行等条件下,可以近似地导出

$$g = \frac{1}{2}(g_1 + g_2) \frac{1}{2}(g_1 - g_2) \cdot \frac{S_1(S_1 + 1) - S_2(S_2 + 1)}{S(S + 1)} \quad (4.5.21)$$

对于还原性菠菜铁氧化还原蛋白(reduced spinach ferredoxin)

$$Fe^{3+}\left(d^5, S = \frac{5}{2}\right) - 硫配位体 - Fe^{2+}(d^6, S = 2)$$

有 $S_1 = \frac{5}{2}$、$S_2 = 2$、$S = 1$,从而得到 $g = (7g_1 - 4g_2)/3$。选择 $g_I = 2.019$(各向同性)及实验值 $g_x = 1.88$、$g_y = 1.94$ 和 $g_z = 2.04$,可以计算出三个主轴方向的 g 值。

进一步研究电子自旋间的另一种作用,即电子自旋偶极-偶极相互作用和零

场分裂。当配位化合物中含有奇数个电子时，根据 3.6.2 小节的 Kramer 定理，基态至少为双重简并。但对于含有偶数个磁电子的双铜配位化合物，则按 JahnTeller 效应，其基态简并度被解除而出现零场分裂的单重态。我们熟知两个自旋为 S_1 及 S_2 的偶极-偶极作用的经典表示为[参考式(3.6.8)]

$$\hat{H}_{SS} = g^2\beta^2 \left[\frac{S_1 \cdot S_2}{r^3} - \frac{3(S_1 \cdot r)(S_2 \cdot r)}{r^5} \right] \quad (4.5.22)$$

当采用等效的自旋 Hamilton 算符并引入参数 D 时，式(4.5.22)可唯象地表示为

$$\hat{H}_{SS} = S_1 \cdot D \cdot S_2 \quad (4.5.23)$$

在一般情况下，其中 D 为张量[参见式(3.5.45)]。

为了叙述方便，假定先忽略式(4.5.20)中后两项并考虑上述电子自旋间的偶极-偶极作用，有

$$\hat{H} = g\beta H \cdot S + S_1 \cdot D \cdot S_2 \quad (4.5.24)$$

假设磁场沿着 z 轴，并认为 $S=1$ 为各向同性体系，则对应于 $M_S = 1, 0, -1$ 这三个自旋态的能量为

$$|1,1\rangle \qquad g\beta H + D \qquad (4.5.25)$$

$$|1,0\rangle \qquad 0 \qquad (4.5.26)$$

$$|1,-1\rangle \qquad -g\beta H + D \qquad (4.5.27)$$

按选择规则，$\Delta m = 1$，跃迁应发生在

$$h\nu_1 = g\beta H_1 - D \qquad h\nu_2 = g\beta H_2 + D \quad (4.5.28)$$

通常在固定 $\nu_1 = \nu_2$ 的实验条件下，可以由实验的磁场强度 H_1 和 H_2 值求出（图4.86）

$$D = \frac{g\beta(H_1 - H_2)}{2} \quad (4.5.29)$$

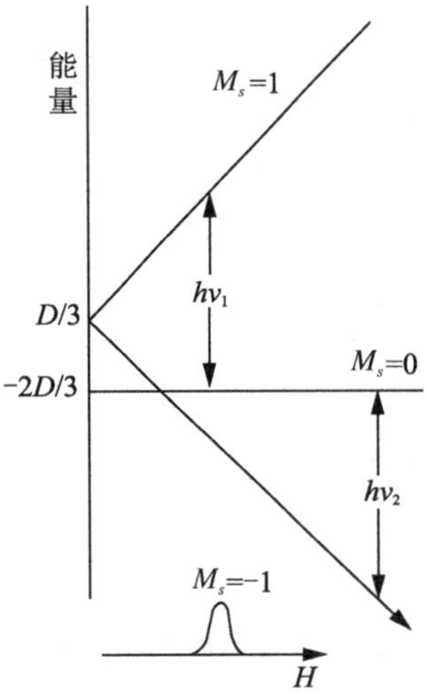

对于过渡金属配位化合物，引起这种零场分裂 D 参数变化的原因除了上述电子间的偶极-偶极相互作用外，更主要的是自旋-轨道相互作用。实际上零场分裂的实际机理远比所述的两种效应复杂。它还应包括超交换超精细场、反对称交换作用和高阶交换作用等。

现在进一步具体地分析加入了式(4.5.20)中含 A 值的后两项时的顺磁共振谱。在简单的三重态情况下，其 ESR 谱由 $2I+1$ 条具有 $A/2$ 超精细分裂的线组成，A 为单个离子的超精细分裂常数。由于各向异性自旋-自旋偶合引起的零场分裂，可能出现多于 $2I+1$ 条线。对于 $S=1$ 的无序多晶轴晶体，则可能得到图4.87所示的 ESR 谱。其中，记号 T 表示三重态的多晶样品出现两组 $T_{//}$ 和 $T_\perp$；D 为渗入了

图 4.86 $s=1$ 的三重态能级图

反磁性锌的同一样品出现 $D_\parallel$ 和 $D_\perp$；带撇的是 $\Delta M = 2$ 所引起的跃迁。

一般来说，当两个电子间自旋-自旋相互作用的基态为三重态时，会呈现顺磁信号，单重态似乎不会出现信号。实际上，当 J 值较小时，即使基态为单重态，由于热激发（按照 Boltzmann 定律）三重态的分子数约为 $3\mathrm{e}^{-2|J|/(kT)}$，如果再考虑到 Curie 定律（5.3 节），则顺磁性三重态的顺磁共振谱线强度应正比于 $\dfrac{3}{T}\mathrm{e}^{-2|J|/(kT)}$。因此，根据谱线强度和温度的关系，可以求出 J 值。例如，对于基态为 $S=0$ 的双核乙酸铜 $\mathrm{Cu_2(CH_3CO_2)_4 2H_2O}$，可求出其 $2|J| = 260\mathrm{cm}^{-1}$，由磁性率式（4.5.19）求出的值 $284\mathrm{cm}^{-1}$ 很接近。由 7 条超精细结构可以求出 $a = 0.008\mathrm{cm}^{-1}$，由与式（4.5.29）类似的公式可求出 $D = 0.34\mathrm{cm}^{-1}$。

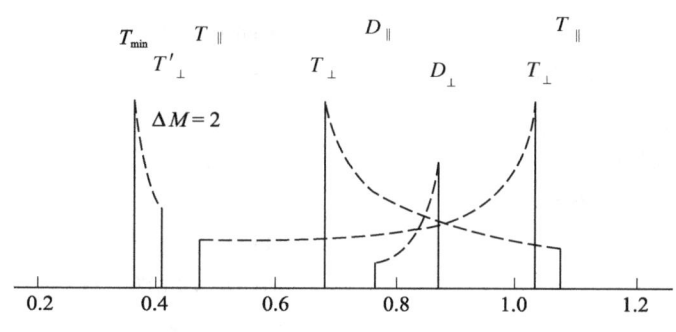

图 4.87　双铜配位化合物的多晶 ESR 谱示意图

4.5.4　混合价配位化合物和 Robin-Day 模型

1. 混合价配位化合物

混合价配位化合物是一种其中元素含有两种以上氧化态的无机或有机金属化合物。与其含义相同的有"混合氧化态"，"非整数氧化态"等。通常定义氧化态时，意味着可以明确地赋于每个原子含有多少个价电子。例如，对于 $\mathrm{Fe_3O_4}$，可以说平均每个铁含有 5.33 个 d 电子，或化学式量中的 1 个铁有 6 个电子而另外 2 个铁有 5 个价电子。同样的定义可用于普鲁士蓝 $\mathrm{Fe_4[Fe(CN)_6]_3 \cdot 14H_2O}$ 或 Creutz-Taube 离子 $\mathrm{(NH_3)_5Ru(Pz)Ru(NH_3)_5^{5+}}$（根据研究者人名，或简称 C-T 配位化合物），但 $\mathrm{Cu_3Si}$ 不属于混合价化合物。在周期表中以含 d 轨道和 f 轨道的元素为主的混合价化合物约有 40 种元素，其代表性化合物与涉及领域列于表 4.19。

在很多矿物中，甚至在月球上的矿石样品中都含有不同氧化态的原子（如铁），因此混合价化合物的历史像山一样古老。17 世纪作为染料的普鲁士蓝、作为可控价半导体的 $\mathrm{Li}_x\mathrm{Ni}_{1-x}\mathrm{O}$ 和 $\mathrm{La}_{1-x}\mathrm{SrMnO_3}$、具有温度 $T_c = 14°$ 的超导簇合物 $\mathrm{M}_x\mathrm{Mo_6S_8}$ 以及新近作为电光源的变价稀土配位化合物等都是混合价化合物进入技术领域的典型事例。在化学领域中，颜色理论、溶液中内界-外界电子转移机理、催化作用、光化学、氧化还原反应，以及金属-金属成键等一系列基础研究问题都与混合价现象相关[53]。

表 4.19　与混合物有关的领域

领　域	示　例
化学	
氧化还原作用	$[(NH_3)_5Ru(Pz)Ru(NH_3)_5]^{5+}$
电化学	AgO
金属-金属成键	$[Nb_6Cl_{12}]^{2+}$
光化学	$[PW_{12}O_{40}]^{6-}$
染料和涂料	Ru 红
分析化学	普鲁士蓝
一维化合物	Wolfram 红盐
有机金属化合物	多核二茂铁衍生物
物理	
跳跃传导	$Li_xNi_{1-x}O$
金属绝缘体传导	V_nO_{2n-1}
缺陷有序	Mo_nO_{3n-1}
超导	$liTi_2O_4$,$BaBi_xPb_{1-x}O_3$
铁磁性	$La_xSr_{1-x}MnO_3$
分子金属	$K_2Pt(CN)_4Br_{0-30}BH_2O$
电致变色性	WO_{3-x}
矿物学	
云母和石棉	黑云母,$H_4K_2(Mg,Fe)_6\cdot Al_2Si_6O_{24}$
磷酸盐	蓝铁矿 $Fe_3(PO_4)_2\cdot H_2O$
生物	
电子转移酶	Fe_4S_4 铁蛋白酶
氧合蛋白	铜蛋白
癌化学治疗	Pt 蓝

例如,对于零电阻温度为 90K 的多晶钇钡铜氧材料,已经用 X 射线衍射法、中子衍射法及分辨率高达 1Å 左右的高分辨电子显微镜,确定了其中主要起超导作用的晶胞结构为图 1.2(a) 所示的 $YBa_2Cu_3O_{7-x}$。当将这种结构与三个如图 1.2(b) 所示的钙钛矿单胞相叠加的结构比较时,发现在 $YBa_2Cu_3O_{7-x}$ 结构中相应位置上缺乏氧原子,其中上下两个二价的铜原子由四个近邻的氧原子及一个处于四方锥顶的次邻近氧原子形成五配位,中间一个三价的铜原子则为四配位。这种混合价现象和 Cu—O 的关系对其超导性能影响很大。氧原子的缺位影响超导体临界温度 T_c 值的变化。实验表明,这种材料的平均微观结构为 $YBa_2Cu_3O_{7-x}$($x<1$)。只有当 $x<0.5$ 时才能成为超导体。

自从 1969 年 Creutz 和 Taube 合成了双核 Ru(Ⅱ,Ⅲ)混合价配位化合物 [(NH$_3$)$_5$Ru—N◯N—Ru(NH$_3$)$_5$]$^{5+}$以后，又合成了许多 L$_n$M$_A$L$_b$M$_B$L$'_n$型的双核混合价配位化合物。这些双核混合价配位化合物的合成通常是将适量的含有不稳定溶剂分子的单核配位化合物结合起来，必要时还会利用低自旋 d^6 离子的易取代性。例如

$$[\text{Ru}(\text{bipy})_2\text{Cl}(\text{CH}_3\text{OH})]^+ \xrightarrow{\text{过量 Pz}} [\text{Ru}(\text{bipy})_2\text{Cl}(\text{Pz})]^+$$

$$[\text{Ru}(\text{bipy})_2\text{Cl}(\text{Pz})_2]^+ + \text{Ru}(\text{bipy})_2\text{Cl}(\text{CH}_3\text{OH})]^+ \longrightarrow$$

$$[(\text{bipy})_2\text{ClRu}(\text{Pz})\text{RuCl}(\text{bipy})_2]^{2+} \xrightarrow{\text{氧化}}$$

$$[(\text{bipy})_2\text{ClRu}(\text{Pz})\text{RuCl}(\text{bipy})_2]^{3+} \quad (4.5.30)$$

用这种方法也可形成更长的链，例如

$$2[\text{Ru}(\text{NH}_3)_5(\text{溶剂})]^{2+} + [\text{Ru}(\text{bipy})_2(\text{Pz})_2]^{2+} \longrightarrow$$

$$[(\text{NH}_3)_5\text{Ru}(\text{Pz})\text{Ru}(\text{bipy})_2(\text{Pz})\text{Ru}(\text{NH}_3)_5]^{6+} \quad (4.5.31)$$

另一种合成方法是将两个单一价态的双核配位化合物[如，Ru(Ⅲ,Ⅲ)和 Ru(Ⅱ,Ⅱ)]混合起来，利用其有利的平衡常数 K_c，即

$$(\text{Ⅲ,Ⅲ}) + (\text{Ⅱ,Ⅱ}) \xrightleftharpoons{K_c} 2(\text{Ⅱ,Ⅲ}) \quad (4.5.32)$$

可由下列两个反应的还原电位之差求出 K_c 值

$$(\text{Ⅲ,Ⅲ}) + \text{e}^- \longrightarrow (\text{Ⅱ,Ⅲ}) \quad (4.5.33)$$

$$(\text{Ⅱ,Ⅲ}) + \text{e}^- \longrightarrow (\text{Ⅱ,Ⅱ}) \quad (4.5.34)$$

后者的还原电位可以由循环伏安法测得。K_c 值的范围可以从 [(CN)$_5$Fe(BPE)Fe(CN)$_5$]$^{5-}$[BPE 为 N◯—C=C—◯N]的 4 到 CT 配位化合物的 4×10^6 直至[(NH$_3$)$_5$Os(N$_2$)Os(NH$_3$)$_5$]$^{5+}$的 10^{20}。较大的 K_c 值将有利于混合价配位化合物的合成。

下面将以桥基 L 相联的双核配位化合物为例，来介绍混合价化合物中的电子交换作用及其物理化学性质和分子结构间的关系。

2. Robin-Day 模型

表 4.19 中的化合物包括导体、半导体和绝缘体，颜色从白到黑都有。我们将讨论它们的共同特性和分类。在混合价体系中，在分子振动的时标内，当两个具有不同氧化态中心间电子的交换速率较慢时，可以将电子独立处理。这种在固定的静态核骨架中研究电子波函数的方法称为静态模型。反之，当两个金属中心间电子交换时标和分子骨架振动时标相差不大时，必须使用将电子和核振动一起考虑的动态模型。

从静态模型出发，假设图 4.88 中 A 和 B 两种金属离子的氧化态分别为 n 和 $n+1$。按价键理论，一级近似的基态波函数为价键组态 $\psi_0 = \text{A}^n\text{B}^{n+1}$。若围绕 A 和

B 两个中心的配位场差别不大,则价键组态 $\psi_1 = A^{n+1}B^n$ 的能量不比 ψ_0 的高很多。在适当的微扰下相互混合可以得到正确的混合的基态价波函数。

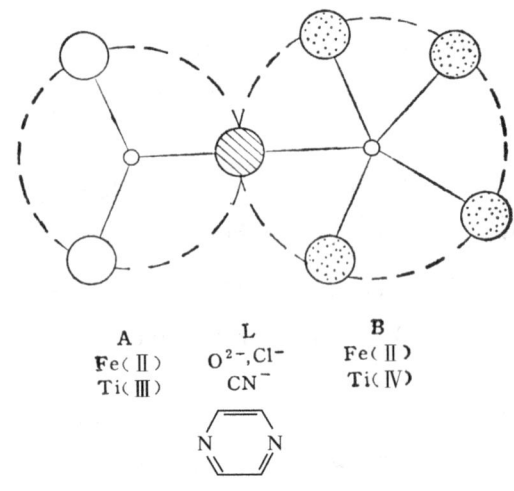

图 4.88 具有桥基 L 的混合价配位化合物的示意图

$$\psi_G = (1-\alpha^2)^{\frac{1}{2}}\psi_0 + \alpha\psi_1 \tag{4.5.35}$$

经过近似处理后得到

$$\alpha^2 = N^2 \left[1 - \left\{ 1 + \frac{2E_K^2 - 2E_K(E_K^2 + 4V^2)^{\frac{1}{2}} + 4V^2}{4V^2} \right\}^{-1} \right] \tag{4.5.36}$$

相应于该混合价的激发态为

$$\psi_K = \beta\psi_0 + (1-\beta^2)^{\frac{1}{2}}\psi_1 \tag{4.5.37}$$

其中,α 为价态离域系数,它的大小取决于 $E_K = \langle \psi_K | \hat{H} | \psi_K \rangle$ 和 $V = \langle \psi_G | \hat{H} | \psi_K \rangle$。$E_K$ 越大,V 越小,α 值就越小。两个中心配位体环境差别越大,组态间的跃迁能 E_K 越大。一般情况下,正是这种处于可见、近紫外或近红处的跃迁能 E_K 产生光亮的颜色。

Robin – Day 模型就是根据两个中心配位体环境的差异程度将混合价化合物分为三类。第一类为两种配位环境间差别很大,以至可以忽略 α。例如,Cu(en)$_2$ 和 GaCl$_2$。GaCl$_2$[可表示为 Ga(Ⅰ)Ga(Ⅱ)(l$_4$)] 中有一种四面体的 Ga(Ⅲ) 和一种变形十二面体的 Ga(Ⅰ),是无色、反磁性的绝缘体(图 4.89)。此类混价化合物 ψ_1 组态的能量较高,化合物的性质可用组态 ψ_0 中 A^n 和 B^{n+1} 的叠加来表示。常可由 A 原子上的化学位移及电离能的不变性加以判断。第二类为两种配位化合物的配位环境十分相似,从晶体学上来看配位环境差不多,但是键长和键角有些差别。α 值较小,因此 ψ_1 比 ψ_0 构型的能级差别不大。V$_7$O$_{13}$、(NH$_4$)$_2$SbBr$_6$ 等属于这一类。光跃迁能量在较低的紫外 – 红外范围内,一般属于半导体。第三类变价化合物的结构在晶体位置上没有区分,"多余"的电子以相同的概率分布在所有位置上,不再具有以整数氧化态 n 和 $n+1$ 为特征的"定域"性质。这时式(4.5.36)

中 $E_K=0$,α 值很大,Na_xWO_3、$Fe_4S_4(SCH_2Ph)_4^{2-}$ 等属于这一类。日益受到重视的一维链状"分子金属"$K_2Pt(CN)_4Br_{0.30}\cdot 3H_2O$ 也是此类化合物。当金属离子间的相互作用很强时,就必须用分子轨道理论来代替上述价键理论的处理。

3. 桥配位体的作用

在混合价化合物中广泛应用静态 R-D 模型。在引入 α 参数进行分类时它取决于 E_K 和 V。能量差 E_K 与结构有关。进一步的研究表明,还必须通过 V 来反映桥基 L 对 A 和 B 两个中心间相互作用的影响。一般 A 和 B 之间的距离大于 5Å,它们的 d 轨道直接重叠很小。金

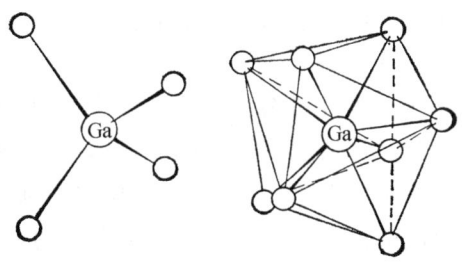

图 4.89 $GaCl_2$ 中 Ga 的配位情况

属间的相互作用主要通过桥基 L 来传递。如果用 χ_A 和 χ_B 表示 A 和 B 两个金属中心的 d 轨道,ϕ_L 和 ϕ_L^* 分别为桥基 L 的最高占据轨道(HOMO)和最低空轨道(LUMO)。为了简化,假定所有轨道都是非简并的。设基态的电子组态为 $\chi_A^2\phi_L^2\chi_B^1$(右上标为电子数),其行列式波函数[参考式(2.5.1)]为

$$\psi_0 = |\chi_A\bar{\chi}_A\phi_L\bar{\phi}_L\chi_B| \quad (4.5.38)$$

价间电荷转移组态为 $\chi_A^1\phi_L^2\chi_B^2$

$$\psi_2 = |\chi_A\phi_L\bar{\phi}_L\chi_B\bar{\chi}_B| \quad (4.5.39)$$

经过价间组态相互作用后,得到类似于式(4.5.35)的结果:

$$\psi_G = (1-\alpha^2)^{\frac{1}{2}}\psi_0 + \alpha\psi_1 \quad (4.5.40)$$

$$\psi_E = (1-\beta^2)^{\frac{1}{2}}\psi_1 + \beta\psi_0 \quad (4.5.41)$$

在零重叠近似下,假定配位体使 χ_A 和 χ_B 分得很开,则应有 $V_{01}\sim\langle\psi_0|\hat{H}|\psi_1\rangle\sim\langle\chi_A|\hat{H}|\chi_B\rangle\sim 0$。但我们有时可从实验观察到具有相当强度的价间谱带(intervalence band)的存在。这时就必然包含从桥基转移进或转移出的"定域"电荷转移态。这种状态对应于 $\chi_A\to\phi_L^*$ 和 $\phi_L\to\chi_B$ 有

$$\psi_2 = |\chi_A\phi_L\bar{\phi}_L\bar{\phi}_L^*\chi_B| \quad (4.5.42)$$

$$\psi_3 = |\chi_A\bar{\chi}_A\phi_L\chi_B\bar{\chi}_B| \quad (4.5.43)$$

其能量虽然比价间激发态 ψ_1 的高,但矩阵元 V_{02}、V_{03}、V_{12}、V_{13} 却比 V_{01} 大得多。根据二级微扰理论(参见附录Ⅳ)可以得到离域系数:

$$\alpha = \sum_{i=2,3}\frac{(V_{0i}V_{1i})}{(E_1-E_0)(E_i-E_0)} \quad (4.5.44)$$

$$\beta = \sum_{i=2,3}\frac{(V_{0i}V_{1i})}{(E_1-E_0)(E_i-E_1)} \quad (4.5.45)$$

其中,$E_i=\langle\psi_i|\hat{H}|\psi_i\rangle$。在实际应用中可以交互使用经验和理论的方法计算式(4.5.44)的 α 值。局部电荷转移态的能量 E 可以由实验观察到的 $\chi_A\to\phi_L^*$ 和 $\phi_L\to\phi_B$ 光谱的振子强度求出。非对角的多电子矩阵元 V 可以用单电子矩阵元表示为金属-配位体的共振积分。用这种方法可以求得一些典型的

$[(NC)_5Fe(CN)Fe(CN)_5]^{6-}$ 类似的配位化合物的 α 值约为 10^{-1},而对桥基为 O^{2-} 离子的 $Fe(Ⅱ,Ⅲ)$ 化合物的 α 值仅约为 3×10^{-2},因为后者的 $\chi_A\to\phi_L^*$ 电荷转移能量较高。也可以用实验方法测定 α 值,例如,用 Mössbauer 谱的超精细相互作用和偏振中子衍射法测定磁化密度分布从而确定了普鲁士蓝的 α 上限为 0.1。

4. 电子转移的动力学

在上述 α 计算中采用固定分子几何构型的静态模型,一般能很好地解释价态间电荷转移情况,更严格地解释必须考虑分子振动的动态模型。

对于以上所述的 A—L—B 型的例子,我们可以作出 $\chi_A^2\chi_B^1$ 和 $\chi_A^1\chi_B^2$ 这两个组态的势能面(图 4.90 中横坐标 x 为振动坐标,参看图 3.31,在一维空间 x 称为势能曲线,一般在三维 x,y,z 空间则称为势能面)。如果像在 Creutz–Taube 离子 $(NH_3)_5Ru(p_z)Ru(NH_3)_5^{5+}$ 中那样,围绕 A 和 B 的配位体都相同,则沿着 A—L—B 的振动坐标位移将存在两个相同的势能面。另外,如果 E_K 值很大,则一个势能面的极小值将比另一个的高得多,则在光谱中观察到的 Franck–Condon 垂直电荷转移能量 E_{FC} 是 E_K 的很好近似。根据量子力学原理,只有在两个对称性相同的势能面之间才能发生跃迁,因而这两个势能面不能交叉正交。前面我们分析研究了通过 $\chi_A^1\phi_L^{1*}\chi_B^1$ 形式的局部电荷转移组态使 $\chi_A^2\chi_B^1$ 和 $\chi_A^1\chi_B^2$ 混合的机理。现在的观点是,如图 4.90 所示,混合的结果使两个势能面的相交点处产生"避免交叉"效应。由这种方法产生的两个新面之间的最小垂直距离为 $2V$,而且这时 V 和 E_K 都是振动和电子坐标的函数。

定义使 A—L 和 B—L 键长相等时的振动能为绝热能 E_{ad},则可按 E_{ad} 和 V 的相对大小将基态势能面分为两类,若 $E_{ad}>V$(图中点线),则避免交叉效应不大,最小势能和原来两个抛物线的极小很接近。按照前述的命名法,这个化合物应属于第二类混合价化合物(具有不同的 A—L 和 L—B 键长)。若 $E_{ad}\ll V$,则基态势能面所具有的这个极小处于原来两个极小之间(图中短线)。这时平衡的基态几何构型是对称的,应属于 A 和 B 不可区分的第三类化合物。目前,对于具体的配位化合物究竟应属于其中哪种情况,还只能由实验来决定。

图 4.90 所示的势能曲线和具有振动模式的双重简并电子态势能面(Jahn–Teller 效应,参考 6.2 节)非常类似。区别在于前者是双中心的,后者是单中心的。1978 年 Piepho 等提出了混合价的电子–振动处理方法(PKS 法)[54]。由此可以解释价间谱带等实验结果。

5. 研究混合价类型的物理方法

自从 1969 年分离出 C–T 混合价 $Ru(Ⅱ,Ⅲ)$ 化合物以来合成了很多 $L_nM_AL_BM_BL'_n$ 型配位化合物,并且用各种实验方法对它们进行了分类和研究。通常的晶体结构分析方法碰到一些困难,因为有时其中不同金属位置之间的差别并不超过其在室温时晶体结构的热椭球差别,晶体中具有一定对称性的分子还可能以无序的形式存在。例如,在 CT 盐中的 $Ru(Ⅱ)$—N 和 $Ru(Ⅲ)$—N 的键长差别就不超过 0.04Å。这时其他物理方法起着重要作用[53]。下面就以 C-T 盐为例进行介绍。

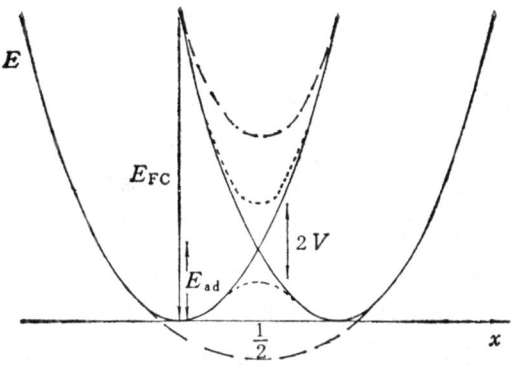

图 4.90 $\chi_A^1\chi_B^2$ 和 $\chi_A^2\chi_B^1$ 的势能面

(1) 可见-紫外光谱：与所有含杂环芳烃配位体的 Ru(Ⅱ) 配位化合物一样，Ru(Ⅱ,Ⅱ)C-T 配位化合物在可见区有一个强的 d→π* 电荷转移吸收带（图 4.91）。Ru(Ⅱ,Ⅲ)C-T 配位化合物在几乎相同的位置上也有一个这样的吸收带，但强度约为 Ru(Ⅱ,Ⅱ) 中的一半[55]，而 Ru(Ⅲ,Ⅲ) 中无此吸收带。这说明在光跃迁时标内（10^{-14}s），依然可以从 Ru(Ⅱ,Ⅲ)C-T 配位化合物中辨别出 Ru(Ⅱ) 的存在，它应该是第二类化合物。Ru(Ⅱ,Ⅲ)C-T 配位化合物的价间电荷转移带出现在 6400cm^{-1} 处，而 Ru(Ⅱ,Ⅱ) 和 Ru(Ⅲ,Ⅲ) 无此吸收带。价间吸收带几乎不随溶剂的介电常数而变化。

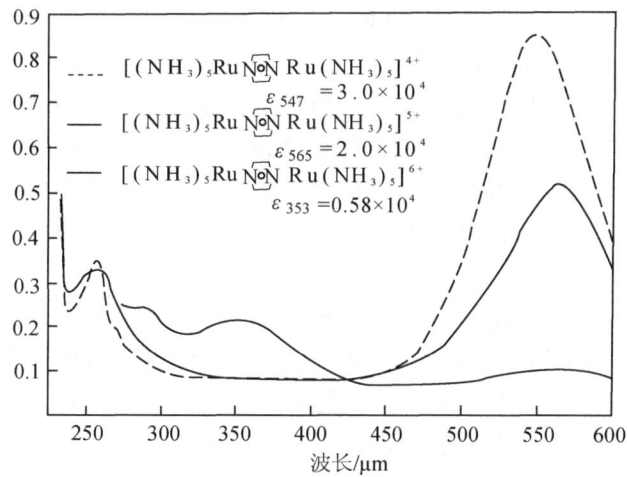

图 4.91 C-T 盐在可见区的吸收光谱

(2) 光电子能谱：Citrin 对于三种不同氧化态 Ru(Ⅱ,Ⅱ)、Ru(Ⅱ,Ⅲ) 和

Ru(Ⅲ,Ⅲ)的 C-T 配位化合物的 Ru 3d 轨道进行了 XPS 谱测定。可惜部分谱线被对二氮杂苯和平衡有机离子中的 C 1s 电离所重叠。从谱图可知,Ru(Ⅱ,Ⅱ)有两个相距为 2eV 的二重峰。Citrin 和 Ginsberg 重新测定了 C-T 配位化合物的 XPS 谱,并把测量范围扩大到 Ru 3d 轨道,它不被其他任何元素的电离峰所重叠,测定时也特别注意防止辐射破坏。结果表明,在 Ru(Ⅱ,Ⅲ)C-T 配位化合物中,确实存在两组原子实壳层的电离峰。它们的强度和结合能分别与 Ru(Ⅱ,Ⅱ)和 Ru(Ⅲ,Ⅲ)中的电离峰相接近。初看时,在光电子能谱时标内(10^{-16}s),仍然可以从 Ru(Ⅱ,Ⅲ)中辨认出 Ru(Ⅱ)和 Ru(Ⅲ)来,它似乎应是第二类化合物,但情况并不如此简单。Hush 认为,即使电荷完全离域,也可能测得两组峰。他认为,光致电离使实壳层出现空缺,价壳层轨道强烈弛豫,即使原来离域的体系也会变为定域。光致电离后出现两个不同的终态,其中能量较低的一个是价电子定域在实壳层空缺的金属离子上,能量较高的一个则是价电子定域在另一个实壳层无空缺的金属离子上。所以不管体系原来定域与否,均有可能出现两组电离峰。Hush 经过理论处理认为,这两组峰的强度比与体系的电荷离域程度有关,它可以为判别体系的离域程度提供依据。然而,Citrin 和 Ginsberg 却认为,由于光致电离态的电子偶合积分 V_{01} 比基态的 V_{01} 小得多,所以两组峰的强度比与体系的离域程度无关。也就是说,通过实壳层的光电子能谱无法知道价壳层的离域或定域程度,因而无法判别化合物所属的 Robin-Day 类型。

(3)振动光谱:Creutz 和 Taube 首先对 C-T 配位化合物的甲苯磺酸盐进行红外光谱测定。发现 Ru(Ⅱ,Ⅲ)中 NH_3 的对称摇摆振动频率介于 Ru(Ⅱ,Ⅱ)和 Ru(Ⅲ,Ⅲ)之间,而不是两者的叠加,后来,Beattie 等人又对 C-T 配位化合物的溴盐进行了测定,得知 Ru(Ⅱ,Ⅲ)中 NH_3 的对称摇摆频率为 $800cm^{-1}$,而 Ru(Ⅱ,Ⅱ)和 Ru(Ⅲ,Ⅲ)分别为 $750cm^{-1}$ 和 $840cm^{-1}$。Ru(Ⅱ,Ⅲ)中的 Ru—NH_3 振动吸收峰处于 $449cm^{-1}$,而 Ru(Ⅱ,Ⅱ)和 Ru(Ⅲ,Ⅲ)。分别为 $438cm^{-1}$ 和 $461cm^{-1}$;Ru(Ⅱ,Ⅲ)中的 Ru—Pz 伸缩振动峰出现在 $316cm^{-1}$,而 Ru(Ⅱ,Ⅱ)和 Ru(Ⅲ,Ⅲ)分别在 $310cm^{-1}$ 和 $320cm^{-1}$。由这些数据,似乎可以得出 C-T 配位化合物在振动光谱时标($10^{-13} \sim 10^{-12}$s)内离域的结论。但是,据 Strekas 等的观察,当辐射进入可见电子吸收带[即 Ru(Ⅱ)d→$p_z\pi^*$ 电荷转移]时,会引起 Raman 跃迁[Ru(Ⅱ)—Pz 伸缩振动]的共振增强,这又使上面的结论变得不确定。

(4)Mössbauer 谱:原则上,Mössbauer 谱可以用来判别电子转移速度是大于还是小于所讨论元素的核激发态衰减时间(10^{-6}s)。但这个方法应用于 C-T 配位化合物,结果不很满意。^{99}Ru 在 4.2K 以上无反冲分数很低,实验只能在 4.2K 下进行,测定结果为三个峰。可以将其中之一归属为低自旋 Ru(Ⅱ)($^1A_1$ 基态),另外两个是由 Ru(Ⅲ)通过 $I=3/2$ 的核激发态四极矩作用分裂引起的。由于已发表的这类 C-T 配位化合物的 Mössbauer 谱不多,而且所用样品很少,所以其结果的统计性较差,仍需要重复进行实验以改善信噪比。但是基本上可以肯定,C-T 配位化合物在 4.2K 以下属于第二类混合价化合物。

(5) 磁化率法:尚未获得 Ru(Ⅱ,Ⅲ)C-T 配位化合物的磁化率数据,但 Ru(Ⅲ,Ⅲ)的磁矩随温度(温度从 300K 下降到 15K)的变化情况与 Ru(NH$_3$)$_6$Cl$_3$ 的相类似。这说明 Ru(Ⅲ,Ⅲ)中含有两个 Ru4d 未成对电子,而且它们之间的相互作用很弱,由此也许可以得到如下推论,即 Ru(Ⅱ,Ⅲ)C-T 配位化合物是定域的;因为若认为它是离域的,则 Ru(Ⅲ,Ⅲ)中两个未成对电子之间应该存在相互作用。

(6) 顺磁共振:对于 C-T 盐取 Ru-Ru 轴为 x 轴,z 轴垂直于桥基 Pz 的平面,并使 y 轴处于平面内。则有关电子轨道可表示为

$$|a\rangle = \frac{1}{\sqrt{2}}(\mathrm{d}_{x^2-y^2} + i\mathrm{d}_{xy}) \qquad (4.5.46)$$

$$|b\rangle = \frac{1}{\sqrt{2}}(\mathrm{d}_{x^2-y^2} - i\mathrm{d}_{xy}) \qquad (4.5.47)$$

Bunker 等首先对 C-T 配位化合物进行了 EPR 测定,他们采用冻结溶液。根据理论推测,其 g 值与 $^2T_{2g}$ 基谱项在四方畸变下的分裂及自旋-轨道偶合等情况有关,具体表示式为

$$g_{//} = 2[(1+k)\cos^2\alpha - \sin\alpha] \qquad (4.5.48)$$

$$g_{\perp} = 2\sqrt{2k\cos\alpha\sin\alpha + \sin^2\alpha} \qquad (4.5.49)$$

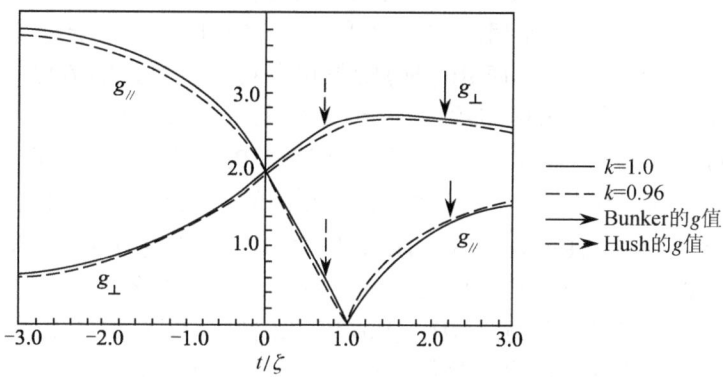

图 4.92 C-T 盐在不同 t/ζ 下的 $g_{//}$ 和 $g_{\perp}$ 计算值

式中,k 是轨道约化系数,α 的定义为 $\tan 2\alpha = \sqrt{2\left(\frac{1}{2} - t/\zeta\right)^{-1}}$,$t$ 为正方场下 $^2T_{2g}$ 的两个分裂组分 $^2B_{2g}$ 和 ^2E_g 之间的能量差,ζ 是自旋-轨道偶合常数,其值为 $-1050\mathrm{cm}^{-1}$。由式(4.5.48)和(4.5.49)可以看出,当 k 一定时,可以从 g 值推得 t/ζ 值(通常用图 4.92 的作图法)。根据 Bunker 等测定的 g 值,$g_{\perp} = 2.8$,$g_{//}$ 很小,导出 $\frac{t}{\zeta} \approx 1$。这个结果与 $g_{//}$ 的取向平行于 Ru—Ru 轴一致,所以 C-T 配位化合物的基态是定域的。但是,Hush 等又重新测量了 C-T 配位化合物的 EPR。他们用

的是单晶,测得 $g_\perp = 2.632 \pm 0.05$、$g_\parallel = 1.334 \pm 0.01$,这两个 g 值对应的 $\frac{t}{\zeta}$ 约为 2.3,并得知实际上 $g_\parallel$ 取向是垂直于 Ru–Ru 轴及配位体 p_x 平面,而不是平行于 Ru—Ru 轴。这说明 C–T 配位化合物中存在着强的 $d\pi$–$p\pi$ 键,因此在顺磁共振的时标 10^{-9} s 内可能是离域的。

(7) 核磁共振:分别对三种不同的双核氧化态 C–T 配位化合物进行测定,均得到一个宽的共振信号,其中 Ru(Ⅱ,Ⅲ) 中的化学位移和线宽均介于 Ru(Ⅱ,Ⅱ) 和 Ru(Ⅲ,Ⅱ) 之间,说明 Ru(Ⅱ,Ⅲ) C–T 配位化合物在 NMR 时标内(10^{-6} s)是离域的。

表 4.20 Ru(Ⅲ)、Ru(Ⅲ,Ⅲ)、Ru(Ⅱ,Ⅲ)配位化合物的还原电位

编号	电氧化还原对	还原电位 E_f/V
①	$(NH_3)_5Ru(Pz)^{3+/2+}$	0.49
②	$(NH_3)_5Ru(Pz-CH_3)^{3+/2+}$	0.90
③	$(NH_3)_5Ru(Pz)Ru(NH_3)_5^{6+/5+}$	0.79
④	$(NH_3)_5Ru(Pz)Ru(NH_3)_5^{6+/5+}$	0.74
⑤	$(NH_3)_5Ru(Pz)Ru(NH_3)_5^{5+/4+}$	0.37

(8) 电化学方法:较为简单的电化学方法也经常可以得到很有意义的结果。表 4.20 中列出不同 C–T 配位化合物的还原电位。将阳离子加到编号①中对二氮杂苯的末端 N 上,将会增加相应的 Ru(Ⅱ)状态中 $d \to \pi^*$ 电子给予性(即提高 Ru(Ⅱ)状态的稳定性),从而使 Ru(Ⅲ)配位化合物具有更强的氧化能力(即较高的还原电位)。因此当将 CH_3 加到①中末端 N 上而成为②时,还原电位从 0.49V 提高到 0.90V。同样,将 $Ru(NH_3)_5^{3+}$ 看作连接到 Pz 末端 N 上的正离子,这说明 $[(NH_3)_5Ru(Pz)Rh(NH_3)_5]^{6+/5+}$ ③ 也可以有较高的还原电位($E_f = 0.79$V)。然而,值得注意的是,$[(NH_3)_5Ru(Pz)Ru(NH_3)_5]^{6+/5+}$ ④ 的还原电位为 0.74V,仅比含 Rh(Ⅲ)③的低 0.05V,这说明金属中的 πd 空穴对 C–T 配位化合物稳定性的贡献仅为 1.2kcal 左右。配位化合物 $[(NH_3)_5Ru(Pz)Ru(NH_3)_5]^{5+/4+}$ ⑤具有很低的还原电位 0.37V,表明从该 Ru(Ⅱ,Ⅱ) 二聚体中抽取一个电子比从 Ru(Ⅱ) 单体配位化合物①中更容易,主要因为两个 πd 电子从 Ru(Ⅱ,Ⅱ) 二聚体的两端同时离域进入对二氮杂苯的 π^* 轨道,产生的电子排斥作用使 Ru(Ⅱ,Ⅱ) 二聚体不稳定,容易失去一个电子而成为 Ru(Ⅱ,Ⅱ) C–T 配位化合物。正是这种电子排斥效应,使该化合物具有较大的 K_c 值,而不是因为 C–T 配位化合物的任何内在稳定性。

一般来说,具有较小 K_c 值的混合价化合物中两中心间的相互作用较弱。在极限情况下,分子中两个中心的行为互相独立,其中一个的氧化与另一个的氧化毫无关系,则两个中心的氧化电位均仅受统计规律的支配。从一系列带有不同桥基的双二茂铁中观察到这种情况,如表 4.21 所示。若两个环戊二烯环被直接键联或桥基是共轭的(如—C≡C—),且两个 Fe 之间存在着不同程度的相互作用,则两个单电子氧化电位不同,$\Delta E_{1/2}$ 不为零。当桥基较长(如—CH_2CH_2—及

—C(CH$_3$)$_2$—C(CH$_3$)$_2$—等)时,两个铁离子间相互作用很弱,$\Delta E_{1/2}$ 趋于零。Mössbauer 谱、红外及可见-紫外光谱表明,即使是直接键连的双二茂铁仍属于第二类化合物。这可能是由于二茂铁亚单位是以反式连接的缘故[图(**48**)]。如果存在两个直接键将四个环戊二烯两两相联,那么,尽管两个 Fe 离子相距 4Å,但实验证明它们至少在 Mössbauer 谱跃迁的时标内是等价的,即属于第Ⅲ类化合物。由此可见,通过配位体的 π 和 π* 轨道进行相互作用十分重要。

表 4.21 (C$_5$H$_5$)Fe(C$_5$H$_4$)—X—(C$_5$H$_4$)Fe(C$_5$H$_5$) 的(Ⅱ,Ⅲ)→(Ⅲ,Ⅱ)与(Ⅲ,Ⅱ)→(Ⅱ,Ⅱ)还原电位之差

X	$\Delta E_{1/2}$/V	X	$\Delta E_{1/2}$/V
—C(CH$_3$)$_2$—C(CH$_3$)$_2$—	0	—CH$_2$—CH$_2$—	0.04
—CH=CH—O—CH=CH—	0	—C≡C—C≡C—	0.10
—Hg—	0	—C≡C—	0.13

X	$\Delta E_{1/2}$/V
—CH$_2$—	0.17
直接键连(无 X)	0.33
两个直接键	0.59

由上述可知,各种实验方法对 C-T 配位化合物测定的结果不一致。这一方面是因为这些实验方法包含了一个很大的时标范围($10^{-16} \sim 10^{-6}$ s)。另一方面也因为对一些实验(如 EPR、XPS)的解释本身还存在一些问题。现在只能得出这样一个结论,即 C-T 配位化合物中电子转移速度一定比 10^5 s^{-1} 大,也可能比 10^{12} s^{-1} 大。C-T 配位化合物的各种相互矛盾的实验结果也说明它一定是处于二、三两类分界线附近的化合物。几乎所有其他二聚或低聚混合价化合物都不出现类似情况,它们或者在实验获得的所有时标内定域,或者在所有时标内离域,所有实验结果较为一致。在已经研究过的混合价化合物中,各种光谱法所包含的时标范围内进行的关于 C-T 配位化合物的电子转移速度研究的例子还不多。

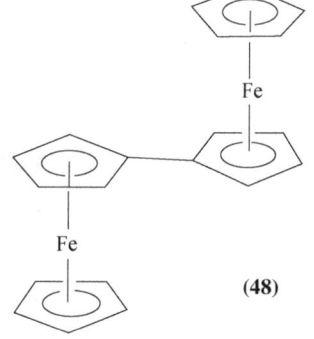

(**48**)

4.6 簇状化合物

簇状化合物(简称簇合物,Cluster)一般是指含有一个以上金属-金属键(记为 M—M 键)的多核化合物。近年来,随着簇合物化学的蓬勃发展,其研究范围在逐

步扩大[56]。一些学者从结构的类似性出发,将金属原子间仅有配位体桥联而无明显金属键联的化合物也归入簇合物,例如,一些 M_4X_4 类立方烷化合物,还有硼烷、碳硼烷及金属杂硼烷。

早在 1906 年就报道了组成为 $Ta_6Cl_{14} \cdot 4H_2O$ 的簇合物。1946 年用 X 射线衍射法首次测定了 $K_3W_2Cl_9$ 的结构。1963 年,L. F. Dahl 测定了第一个多核过渡金属羰基簇合物 $Rh_6(CO)_{16}$ 的单晶结构。目前,大概已合成了几千种簇合物,从最轻的金属(如$[LiCH_3]_4$)以及为数不多的镧系(如 Tb_2Cl_3),一直到最重的天然金属铀(如$[U_6O_4(OH)_4(SO_4)_6]$),几乎涉及所有的金属元素。关于簇状化合物的内容已被引入无机化学教材[57]。只要想到以 C—C 键为核心的化合物,由于其结构的多样性而约占现有化合物总数的 90% 的事实,就不难想象以各种 M—M 键为核心的簇合物有着多么广阔的前景。

由于簇合物在性质、结构和成键方式等方面的特殊性,特别是已发现某些簇合物具有特殊的催化活性、生物活性和光电性能,因而引起了合成化学、材料科学以及理论化学界的极大兴趣。

4.6.1 典型的簇合物结构

传统的单晶结构分析方法仍然是测定簇合物结构的主要方法。图 4.93 为一个反式二钼簇合物结构[58],由此可以确定键长、键角等重要数据。目前,已经确定了大量簇合物的结构[56,59],由简单的到含几十个原子的簇合物,如 $Au_{55}[PPh_3]_{12}Cl_6$ 等。但是,测试中遇到的困难是很难得到大小适当而又稳定的单晶样品,并且也会遇到无序的问题。精确的氢原子位置需用中子衍射法才能确定。图 4.94 是几种典型的例子。

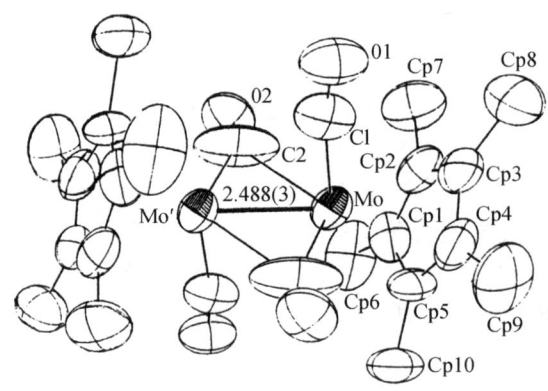

图 4.93 反式 $Mo_2(\eta^5 - C_5Me_5)_2(O_2)(\mu_2 - S)_2$ 的晶体结构

该分子具有近似 $C_{2h} - \dfrac{2}{m}$ 对称性

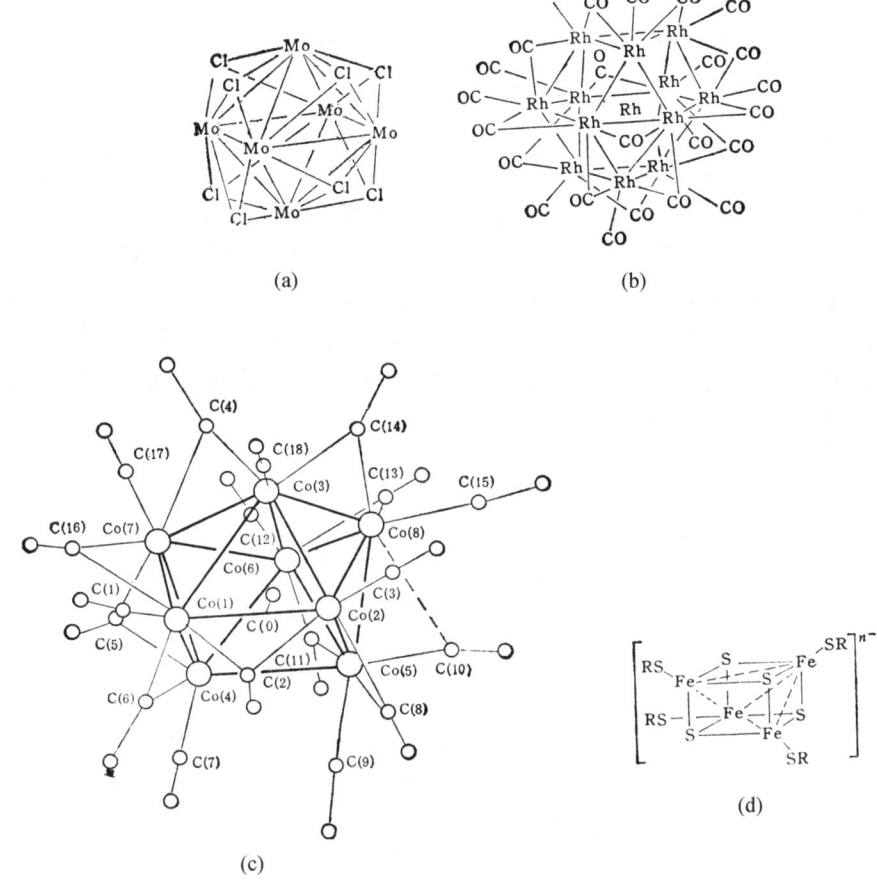

图 4.94 几种典型的簇合物

(a) $[Mo_6Cl_8]^{4+}$;(b) $[H_2Rh_{13}(CO)_{24}]^{3-}$;(c) $[Co_8(CO)_{18}]^{2-}$;(d) Fe_4S_4 立方烷单元

簇合物按组成可有多种分类法。按配位体类型大致可分为羰基、卤素、氰化物、异氰化物以及亚硝基、氧化物和不饱和有机配位体等簇合物,其中前四类可生成单一(homoleptic)配位体簇合物,其余仅以混杂(hetroleptic)配位体簇合物存在。按成簇骨架原子类型可分为三类。第一类为同原子金属簇[图 4.94(a)和图 4.94(b)],包括不含任何配位体的"裸金属簇"离子(如 Pb_9^{4-}、Bi_9^{5+} 等)。第二类为混杂金属簇合物,包括首次制得的由不同原子组成的四面体簇合物 $CoFeCrS(CO)_8(\eta-C_5H_5)$。第三类为金属-非金属杂原子簇。有三种有趣的结构:①原子间隙物,含有 H、C、N、P、As、S 或某些主簇金属原子,它们可嵌入金属骨架之中[图 4.94(c)];②骨架套骨架,如图 4.95 所示的 (d)-青霉素胺[(d)-penicillamine]中的核心结构;③类立方烷,金属原子间往往并不直接成键,如图 4.94(d)所示的固氮酶中的 Fe_4S_4 单元。目前研究得最多的是第一类。它们的几何形状较简单且骨架结构多为三角面多面体(图 4.96),其原因有两点:①每个金属原子在闭合多角形中具有比线型分子更多的成键电子数;②三角形与其他多角形相比,M—M 间的距离最短,因而具有较大的电子离域作用。大多数簇合物的金属骨架具有密堆积碎片的特征,从而导致 M—M 间的作用最大。例如,$[Rh_{13}(CO)_{24}H_2]^{3-}$ 就具有立方密堆积特征[图 4.94(b)]。当然也有些例外,如三角棱柱体 $[Pt_6(CO)_{12}]^{2-}$、五重对称轴的 $[Pt_{19}(CO)_{12}]^{2-}$ 等。

  从电子结构角度看,按照金属的 d 电子数和配位体的极化能力,又可把簇合物粗分为两大类:①金属为周期表右边 d 电子数较多的过渡元素,配位体为"软的"不饱和烃、H、OH^-、CO、PPh_2、PPh_3 等,形成所谓"富电子簇",其电子结构类似于零价的金属羰基簇合物[图 4.94(b)];②金属为周期表左边 d 电子数较少的过渡元素,配位体为氧、卤素或硫,则形成"贫电子簇",电子结构类似于较高价态(+2 或 +3)的金属卤化物[图 4.94(a)]。通常,当金属氧化数增加时,由于金属的价轨道收缩而不能有效重叠,使得 M—M 成键能力降低。

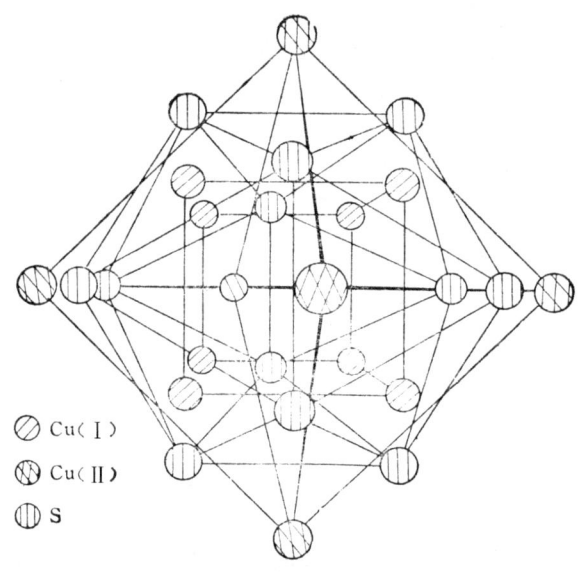

图 4.95 骨架套骨架多面体[(d)-青霉素胺]
中心为 Cl^-;Cu(Ⅰ),O_h;Cu(Ⅱ),I_h;S,I_h

  从晶体学数据得知实际晶体的结构常和描写成理想化的高对称性结构有明显的偏差。根据曾经有效地解释简单配位化合物中分子重排机理的启发[60],认为这种来自于晶体堆积力的几何变形现象与最低能量原理相关。可以利用熟知的程序去分析原子热运动情况,从而了解这种变形模型,它直接对应于簇合物中最初的配位体迁移途径。但是目前一些像 $M_4(CO)_{12}$ 之类的晶体学数据质量不能够用来进行这种分析,因而尚无这方面的报道。

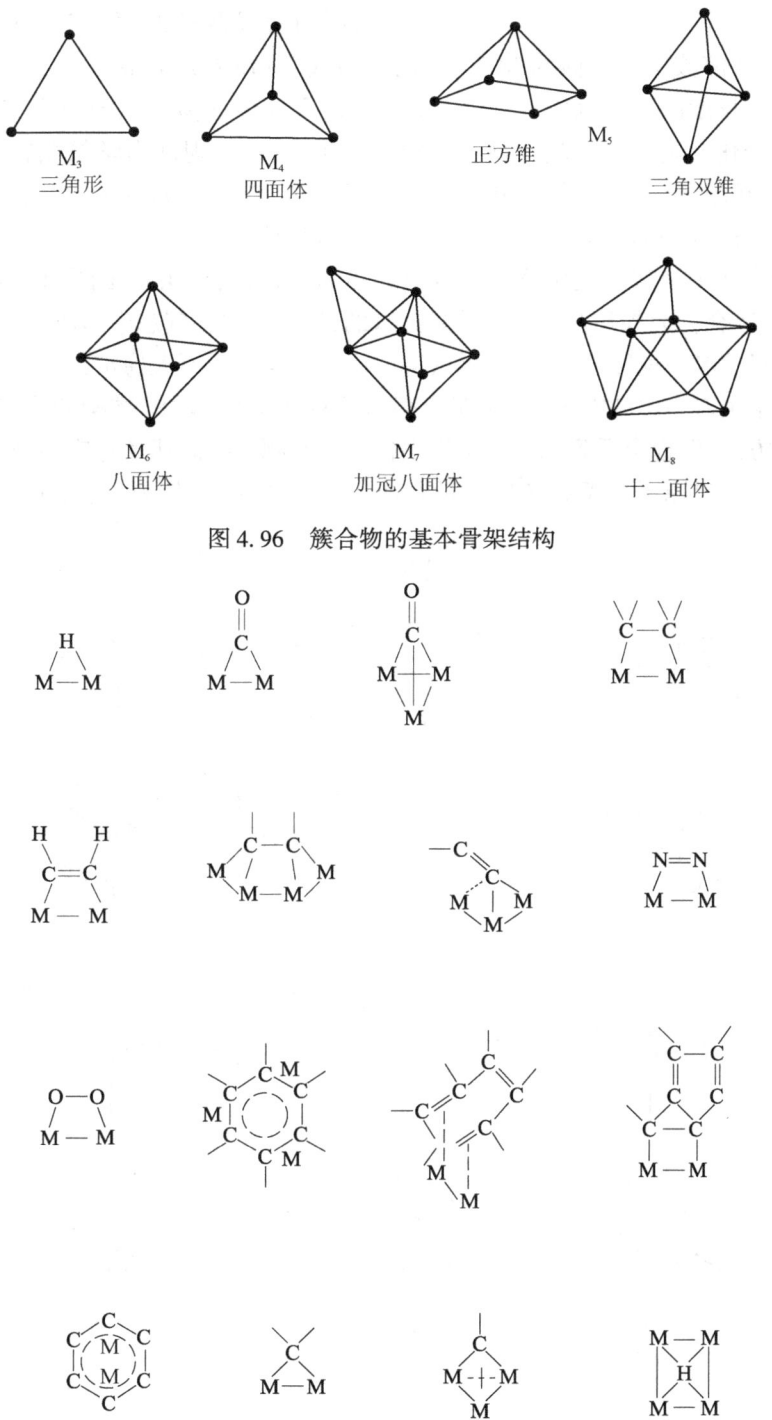

图 4.96　簇合物的基本骨架结构

图 4.97　金属簇合物中金属-配位体的结合方式

$Co_4(NO)_4(\mu_3-NCMe_3)_4$ 对应于 16 电子金属体系(4.2 节),结构分析证实其中含有两种不同的晶相。从电子构型来看,通过一级 Jahn-Teller 效应预测

M_4X_4 核会从 T_d 群转向 D_{2d} 群,从而生成四短两长或两长四短的 M—M 核间距。这意味着,在溶液中立方体的 M_4X_4 核将会有瞬变(fluxional)特性。

对于低核度的 $[M_m(CO)_n]$,当 $n > 2m$ 时,金属多面体的取向决定于核。配位体环境的变化会诱导金属簇合物中结构的变化,从而呈现动力学结构行为。当 n/m 降低时,环境的动力学影响更为重要。目前尚未发现,$m > n$ 的高核度簇合物(HNCC),$[Pt_{19}(CO)_{12}(\mu-CO)_{10}]^{4-}$ 接近于这种情况。

在簇合物中金属和配位体的结合方式更为多样化,图 4.97 给出了一些例子。

通常,簇合物大都是在溶液中结晶出来的,但也可以在气态中形成,例如 Na_{13} 等。簇合物通过喷嘴快速冷却,并由质谱法进行研究。但由于不太稳定,在低温下采用其他研究方法也有一定的困难。氧化物等载体上极小颗粒(VSP)结构的研究是未来研究的一个方向,但也会遇到化合物结构不稳定的问题。我国郑兰荪应用激光溅射,液相电弧等技术对原子团簇 $C_{50}Cl_{10}$ 等的合成方法、特性及结构规律进行了研究[60b]。

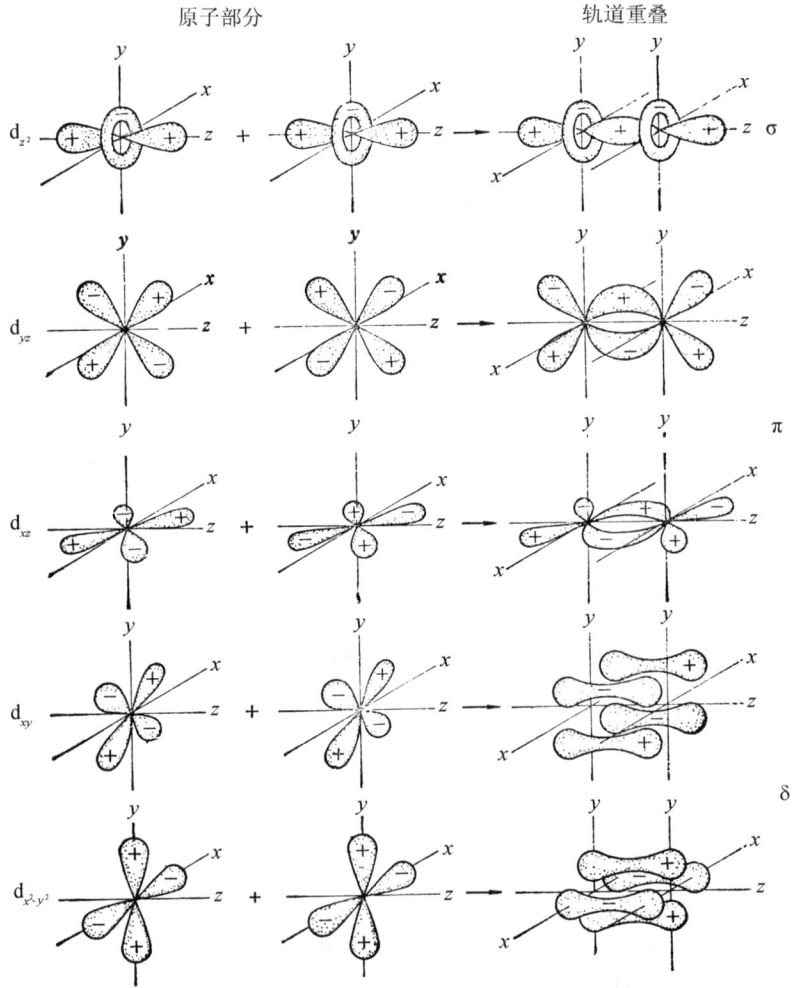

图 4.98 两个金属原子 d 轨道形成五组重叠轨道

4.6.2 金属-金属成键的判据

20世纪50年代有学者测出Hg_2Cl_2晶体结构而发现其中存在M—M键时还被看做是一种怪现象,现在则较为普遍了。M—M的键级范围可以从Cr_2Cl_9中的弱相互作用到Cotton 1964年提出的$Cr_2(\eta-C_3H_5)_4$中的四重键,聚集度可从双核到三维空间网络;键能为0~130 kcal/mol。尽管应用了很多物理方法,并且已有大量的相关评论[59,61],但仍不能认为对M—M键已有充分的了解。由于问题的复杂性,目前主要对双核簇合物进行一系列理论及实验的分析研究。

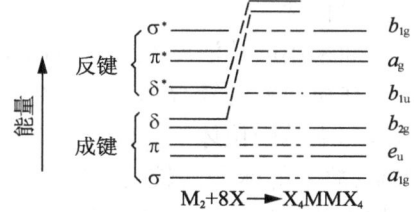

图4.99 M—M成键示意图$(Re_2Cl_8)^{2-}$

首先考虑双过渡金属M_2中的成键。在略去能级较高的s,p轨道后,这两个金属中的5个d轨道之间的相互作用产生了强重叠的σ轨道,次强的π重叠轨道,以及较小的δ重叠轨道(图4.98),由此导致图4.99左边所示的能级次序和右边的群不可约表示。再具体研究图4.100中的$[Re_2Cl_8]^{2-}$簇合物,分别取x和y轴平行于M—X键,则配位体X的引入是利用了金属的$d_{x^2-y^2}$轨道形成M—X键,从而使由它形成的δ和δ*的轨道能量上升且具有反键的特性(图4.99)。在形成的X_4MMX_4簇合物中只剩下一对由d_{xy}相互作用而形成的δ和δ*轨道。我们所讨论的$[Re_2Cl_8]^{2-}$,其中8个金属的d电子正好占据4个成键轨道而形成强的四重M—M键$\sigma^2\pi^4\delta^2$,即一个σ键,两个π键和一个δ键,所有四个反键轨道都是空的。类似地,具有d^{10}电子的$Os_2(C_5H_4NO)_4Cl_2$将具有电子组态$\sigma^2\pi^4\delta^2\delta^{*2}$,其中成键的$\delta^2$和反键的$\delta^{*2}$贡献大致抵消,从而表现为三重键性质。因此,对于具有14个电子的$Rh_2(CH_3CO_2)_4[SO(CH_3)_2]_2$只能形成单重键$\sigma^2\pi^4\delta^2\delta^{*2}\pi^{*4}$。

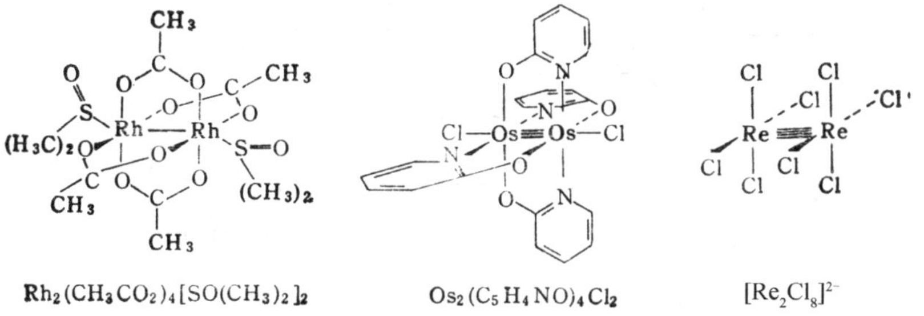

$Rh_2(CH_3CO_2)_4[SO(CH_3)_2]_2 \qquad Os_2(C_5H_4NO)_4Cl_2 \qquad [Re_2Cl_8]^{2-}$

图4.100 多重键簇合物

对于多核簇合物的理论分析,情况较为复杂,当M—M作用加强时,就更接近于金属结构。其物理特征是颜色变深,电、磁性反常。这时电子结构及键级的研究也变得更不直观,定域及共价的概念已不可取了。由于桥基和立体化学因素而使问题变得更复杂。

从理论上,根据 M—M 的成键和反键轨道数之差,来明确判断键级及其相互作用的本质还有难度。例如,我们曾对一系列三核过渡金属簇合物进行过计算,结果表明由于桥基的作用,M—M 轨道次序和 d 轨道特征的百分数取决于配位体特征及其对称性[62]。

下面采用碎片法从左至右对图 4.101 的三角形三核簇合物计算结果进行定性分析。在所研究的簇合物中(图 4.101),MCp 碎片中金属原子 M 的 3d、4s 和 4p 价轨道和端基配位体 Cp 的低能级给予性轨道强烈作用后变得更不稳定(能级升得太高,故未曾标出);较为扩散的 s、p 轨道和配位体的作用较强(图中只标出了受影响较小的这种 s、p 轨道);但 d 轨道的能量变化则较小。由于沿 M_3CP_3 中平行于三重轴切下的 MCp 碎片具有半个八面体构型,因此不和配位体作用的 d_{xy}、$d_{x^2-y^2}$ 和 d_{z^2} 三个轨道组成"t_{2g}"群轨道,而 d_{xz} 和 d_{yz} 轨道的能级由于和配位体有较强的作用而处于较高能级。当三个 M—Cp 相互作用而形成三角形的 M_3Cp_3 单元时,就形成了(图中部)M—M 成键轨道和反键轨道(按三角形的 D_{3h} 点群的不可约表示),其中三组较扩散的 sp 轨道彼此强烈作用而得到处于低能级的 M—M 成键轨道 a'_1 和一对高能级的双重简并反键轨道(图中未标出)。相互作用较小的"t_{2g}" d 轨道则仍处于低能级,三组 d_{xz},d_{yz} 轨道则生成能级略高一些的 e'、a''_2(成键)和 e''、a'_2(反键)这六个轨道(按三角形的 D_{3h} 点群表示)其中,t 是三维、e 是二维、a 是一维表示。这时 d_{xz} 组合成 a'_2 和 e',d_{yz} 组合成 a''_2 和 e''(图 4.102 左),正是这组较高能级的 d 轨道在确定最后的分子轨道结果时具有重要的意义。

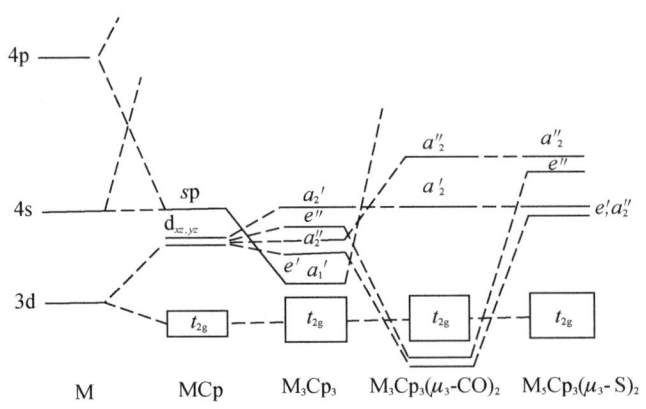

图 4.101 三核簇合物的电子结构特征

最后考虑接入桥基 CO 和 S,它们分别具有三个与成键有关的 5σ、2π(图 4.24 右)和 $3p_z$、$3p_x$、$3p_y$ 轨道。这两个配位体中具有较低能级的 σ 给予轨道(CO 的 5σ 和 S 的 $3p_z$)在 D_{3h} 点群中按 a'_1 和 a''_2 对称性的方式变换,成键后它们都会使 M_3Cp_3 中的 a'_1 和 a''_2 轨道的能级升高。CO 和 S 这两个配位体的主要差别在于具有 e' 和 e'' 对称性的 π 轨道(图 4.102 右)。在硫(S)中,π 轨道和 σ 轨道一样处在低能级,因而 S

是一个 π 给予配位体,它使得金属的 e' 和 e'' 轨道能级升高。而在 CO 中,π 轨道处在空的高能级,因而 CO 是一个 π 接受配位体,它使 e' 和 e'' 轨道能级降低。这种差别对这些化合物的电子结构及性质有很大的影响。

形成 M—M 键的主要条件是:①低的金属氧化态(≤Ⅱ价),可以使价轨道有足够的大小,在不增加"实(core)"排斥力的前提下,使价轨道间有足够的重叠并具有适当的配位球;②价电子也不能过多,多了会占据反键轨道,这正是前文中已涉及的羰基或其他能从金属反键轨道吸取电子的配位体可以和 Fe、Co 等多 d 电子金属作用的原因;③适当的价组态和金属—配位体成键体系。

除了必要的理论分析外,要判断是否形成了 M—M 键,主要依据下列实验方法的综合分析。

(1)键长:一般认为,当金属原子间键距和金属晶格中的差不多时,就要考虑形成了 M—M 键。例如,Mo—Mo 四重键的键长为 2.14Å,而典型的 Mo—Mo 单键为 2.73Å。目前最短的是存在于 $[Cr_2(C_4H_8)_4]^{4-}$ 中的 Cr—Cr 四重键,其键长为 1.847Å("超键")。值得注意的是,由于簇合物中

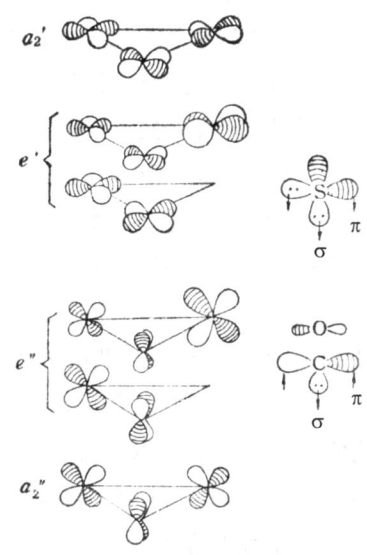

图 4.102 重要的金属轨道和桥基配位体轨道的图解

键距的易变性,使一些具有 M—M 键的配位化合物(**49**)的键距比根据 18 电子规则确定没有 M—M 键化合物(**50**)的金属间距更长,例如

$[(CN)_5Co—Co(CN)_5]^{6-}$

(**49**) Co—Co = 2.80Å   (**50**) Co—Co = 2.77Å

键长和键级之间没有严格的关联是簇合物的一个特点。

(2)磁性:若一个簇合物含有两个以上未成对自旋电子的金属,则根据它们的相互作用 Hamilton 从 van Vleck 方程可以导出它们的物质的量磁化率(5.3 节)。若配位后磁矩小于孤立金属的磁矩,则表示通过直接偶合形成了 M—M 键。例如,$W_2Cl_9^{3-}$ 经磁化率测定为反磁性物质,结合其较短的 W—W 键距(2.41Å),说明存在 d 电子偶合而形成了 W—W 键;$Cr_2Cl_9^{3-}$ 的磁矩值表明它具有高自旋 d^3 构型的 Cr^{3+},同时其 Cr—Cr 键距较长(3.12Å),因此说明其中并不存在 Cr—Cr 键。但是,在很多金属氧化物和羧合物中,通过桥原子引起的超交换效应也会导致磁矩降低。配位体也可以通过分裂能、电荷密度、极化能力而影响自旋配对。目前已经有这方面的理论研究。

(3)键能:M—M 成键的经典实验数据是键长和磁性,但这并非无可争辩,因

为它没有考虑到能量因素。关于 M—M 和 M—L 键能的数据大多由测量 M 和 L 的生成热和生成焓得到,但这些键能都是平均值。因此,问题是将热焓对于 M—M 和 M—L 进行分配时难免要做一些假定,所以结果都不太准确。M—M 的键能较低,一般约为每摩尔几千卡,比主体金属约小 30%。

多核羰基物的标准生成焓可用微型量热计测量。例如,对于由双中心电子对键形成的簇合物 $[M_m(CO)_n]$,若定义分裂能 ΔH_d 为

$$M_m(CO)_n(g, 298K) \longrightarrow mM(g, 298K) + nCO(g, 298K) \quad (4.6.1)$$

则它可近似地看作是 M—CO(T,端基)、M—CO(B,桥基) 和 M—M 键焓的贡献。由此曾推导出近似规则

$$2\overline{T} \doteq 3\overline{M} = 4\overline{B} \quad (4.6.2)$$

此式表示两个端基的键焓等于三个 M—M 的键焓,或等于四个桥基的键焓。

(4) 振动光谱:研究 M—M 键最通常的方法是借助于振动的频率和力常数,因为它间接地和键强度有关。但是低频 M—M 振动的红外光谱很弱。在 Raman 光谱中虽然可以得到 M—M 键的力常数,但有色物质在激光下常会因吸热而分解。幸运的是在共振 Raman 效应中,当激发线靠近 $\delta \to \delta^*$ 电子跃迁时引起 M—M 键距的变化约 0.1Å,从而使得全对称 M—M 伸缩振动谱线增强而可以观察到多至 10 个以上的泛频。

实验表明,M—M 单键处在 $150 \sim 250 \text{cm}^{-1}$,多重键频率范围较大,$Re \equiv Re$ 约 285cm^{-1},$Mo \equiv Mo$ 约 556cm^{-1}。由于配位体的作用,簇合物的红外光谱难于标记。

(5) 光电子能谱:高质量的分子轨道计算(如 X_α)和光电子能谱结合,已阐明了 $[Re_2Cl_8]^{2-}$ 的电子结构。光电子能谱直接给出了 M—M 键数据信息的另一个例子是 $W_2Cl_4(PMe_3)_4$。由于重原子的分子轨道的电离峰强度随光源(氦)能量的增加比轻原子的大得多(3.3 节),因此作出了图 4.103 中峰的指认,图下也标明了理论计算值。π 电离峰的分裂是由自旋-轨道偶合引起的。

(6) 电子光谱:从单核配位化合物变成簇合物的一个特点是,由于前线轨道分裂的减少而使簇合物的颜色由浅变深。Chini 等将 M—M 键看作是发色团而试图用电子光谱来鉴定多核羰基簇,但是随着多核的形成谱线就会变宽,因而实际上不太可能通过此法实现。对于 $(n-Bu_4N)_2[Re_2Cl_8]$ (15K) 的单晶已进行过偏振紫外光谱的测定,并对其跃迁进行了指认。

质谱对于挥发性的簇合物特别有效,例如,$Co_4(CO)_{12}$ 的质谱出现所有可能的 $n = 12 \to 0$ 的离子。利用质谱的出现电位法(参考文献[3~5]),还可以得到 $Mn_2(CO)_{10}$ 的离解能 $D(Mn—Mn) = 25 \text{kcal/mol}$。

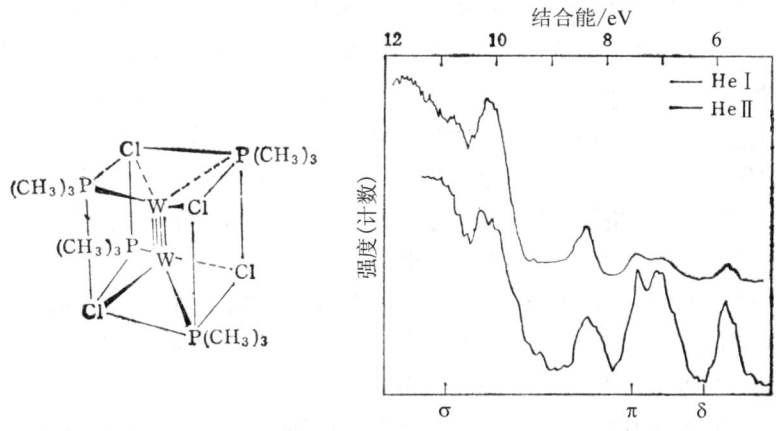

图 4.103　$W_2Cl_4(PMe_3)_4$ 的光电子能谱及其结构

实际上影响这些物理参数的因素很多,在作出成键判断时需要谨慎。M—M 的距离与配位体的本质和对称性有关,例如,桥联羰基降低 Fe—Fe 距离,而桥联氢化物则效果相反。现在关于桥原子的半径及数目对金属键距的影响人们已有一些了解。对于具有较强 M—M 作用的重金属原子所形成的簇合物,其键能比第一过渡金属原子所形成的簇合物强,作用大小随相对原子质量的增加而增强。例如,对于 $Cp(CO)_3M—M(CO)_3Cp$ 有 Cr—Cr = 3.28Å, Mo—Mo = 3.24Å, W—W = 3.22Å。

大多数重过渡金属的氯化物及乙酸根都是二、三、四重键。在这种金属有机化合物中应用具有五甲基环戊二烯之类的大配位体,常可起到保护作用,因而加强了多重键的稳定性。桥氧原子的存在可以使配位体空间更紧凑从而使多重键稳定。具有三个原子以内的多齿配位体处在适当空间条件下(特别是以桥的形式)常可以迫使金属靠近,例如

$$
\begin{array}{ccc}
\text{(51)} & \text{(52)} & \text{(53)}
\end{array}
$$

它们的 Cu(Ⅰ)、Ag(Ⅰ)和 Au(Ⅰ)化合物的电子结构并不要求有 M—M 键,虽然它们的键距有时也很短。

4.6.3　溶液中簇合物的结构

溶液中配位化合物的稳定性对萃取、沉淀和反应等方面的实际应用具有重要意义。电位法、光谱法、量热法和核磁共振等经典方法仍广泛用于研究溶液中各种混合配位体及金属物种(包括簇合分子)的存在平衡[61]。目前应用较广的有两种

数据处理方法:①非线性最小平方方法,例如,用于 pH 法的 SCOGS 程序,它适用于含两种金属 A、B 及两种配位体 S、T 的一般体系 $A_{aj}B_{bj}S_{sj}T_{tj}(OH)_{wj}$。②北欧 Sillen 学派的"坑底拟合法"(pit-mapping),它的适用性更广。对于簇合物,这方面的研究还不多,有关组成、结构和溶剂对稳定性的影响方面的研究工作还有待开展。

目前的研究动向是由热力学平衡方面的研究转向动力学和结构的研究。在溶液中,簇合物由于受晶格能和溶剂化能的影响、配位体和金属的作用以及桥式和非桥式结构的能量差很小等因素的影响,很容易产生交换或转化效应而引起立体化学上的非刚性。例如,$Co_2(CO)_8$ 在固态中为桥式结构而在烃类溶剂中则为非桥式结构。这种通过分子振动或分子内重排而使分子从一种核构型转化到另一种核构型的瞬变性常可借助物理或化学的方法检查出来。

瞬变过程的机理比较复杂,一般具有下列两种基本过程:①离解过程,这个过程中金属和配位体间的键发生断裂。②非离解过程,配位体围绕着金属迁移。瞬变现象对于吸附、催化、金属腐蚀、脆化甚至土壤化学都有重要意义[63]。

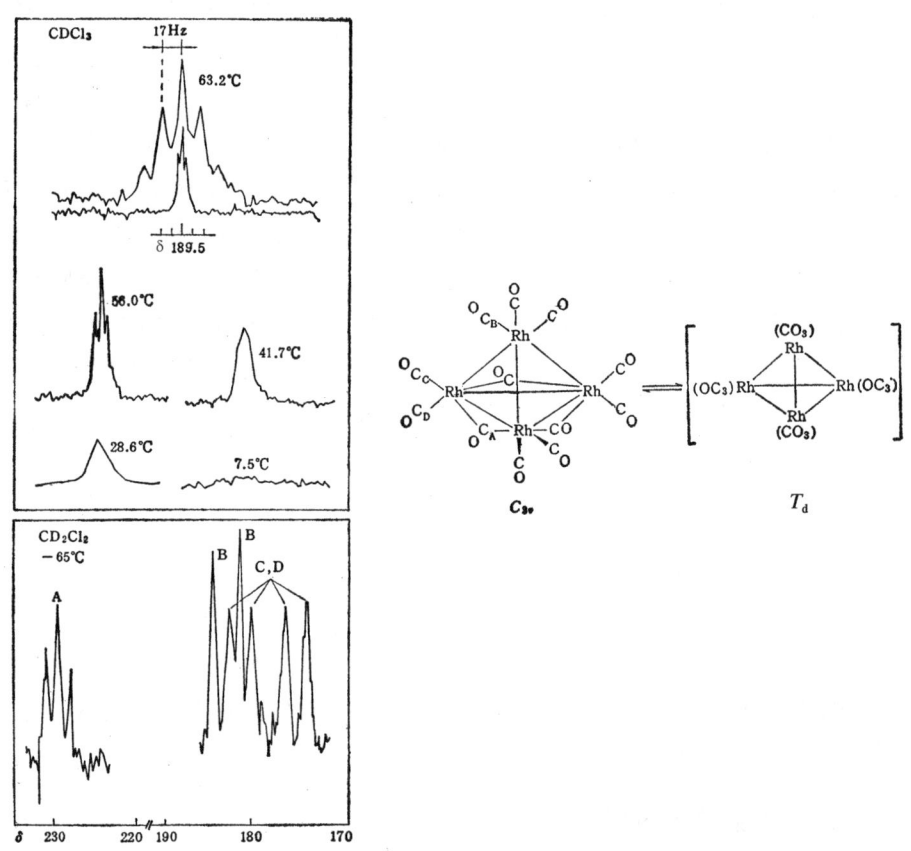

图 4.104 $Rh_4(CO)_{14}$ 在 $CDCl_3$—CD_2Cl_2 溶液中的 ^{13}C NMR 谱(相对于 TMS)

最重要的手段是能从分子微观水平上研究簇合物中配位体转变的 NMR 法。

它的时间标度窗口较宽,在温度为 $-150\sim200\,^\circ\mathrm{C}$ 时可以研究速率为 $10\sim10^6\mathrm{s}^{-1}$(或活化能为 $5\sim20\mathrm{kcal/mol}$)的动力学过程。例如,C_{3v} 的 $\mathrm{Rh_4(CO)_{12}}$ 的 $^{13}\mathrm{C}$ 图谱就证实了存在图 4.104 所示的 C_{3v} 和 T_d 形式的内交换。在 $-80\,^\circ\mathrm{C}$ 时有四组分别代表四种 CO 基环境的多重峰,其中三组双重峰($I=\frac{1}{2}$ 的 $^{13}\mathrm{C}$—$^{103}\mathrm{Rh}$ 自旋-自旋偶合)代表三类端基 CO,一组三重峰(一个 $^{13}\mathrm{C}$ 和两个 Rh 偶合)为三个桥基 CO。温度升高后多重峰变宽,最后融合得到一个遵循二项式的五重峰,而且 $J_{\mathrm{Rh-C}}$(平均)$=\frac{1}{4}\sum J_{\mathrm{Rh-C}}$(慢速交换极限)。高温多重性是由于所有四个 Rh 核和每个 CO 的 $^{13}\mathrm{C}$ 等价偶合引起 $2nI+1=2\left(4\times\frac{1}{2}\right)+1=5$。这说明 CO 基团绕簇状物周围快速移动,但不发生离解过程。又如,图 4.105 所示的走马灯式(merry-go-round)的快速羰基交换只能表现出单个的 $^{13}\mathrm{C}$ 峰。

簇合物的配位体/金属比愈大(在金属表面其比例≤1),电荷愈负(阴离子),则配位体有从端基变为桥基的趋势。由 NMR 与温度的依赖关系也表明 M—CO 和 $\mathrm{M_2}$—CO 位置间的交换活化能小于 20kcal/mol,低温羰基的瞬变性可以归因于离域骨架电子密度的亲核性。瞬变性随负电荷的增加及金属原子与负电荷数的比率(MA/NC)的减小而升高。瞬变性和反应活性直接相关,因为瞬变性相当于反应时产生了空位。

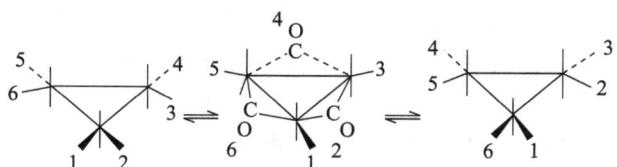

图 4.105 在 $\mathrm{Os_3(CO)_{12}}$ 中的 CO 基交换

羰基和金属间有多种结合(图 4.94 及图 4.97)。由于氧原子上孤对电子和 Lewis 酸的配位作用随着配位体上的负电荷的增加而增加,所以面桥基的碱性比边桥基的大。各种桥基可由红外光谱的伸缩频率加以剖析(表 4.22),但该规律不适于羰基间相互作用较强的高核度羰基簇合物,利用端基和桥基间红外位移差(Δ)和金属原子与阴离子的负电荷比(MA/NC)的正比关系有助于确定未知簇合物的结构。

表 4.22 C—O 键长和伸缩频率的范围

CO 基类型	C—O 键长/Å	C—O 频率/cm^{-1}
端基	1.12~1.19	2150~1950
边桥基	1.165~1.20	1900~1750
面桥基	1.19~1.22	1800~1700

为了研究未成对电子对 $Co_3(CO)_9(\mu_3-X)$ ($X=S$、Se 等)结构的影响,曾经采用在 ESR 共振腔中的阴极还原法来研究 $Co_3(CO)_9(\mu_3-CCH_3)$ 溶液的超精细结构[63]。结果表现电子是处在主要由反键三钴对称轨道组成的 $a_2(C_{3v})$ 轨道上。也用 PMR 方法对"双晶立方八面体"$[Rh_{13}(CO)_{20}H_n]^{(5-n)-}$ ($n=1,2,3$)阴离子氢的间隙本性进行研究,加深了对金属间隙氢的性质及其对 M—M 键距影响的了解。

配位体和配位体间可通过非相邻原子间的键传递(through-Bond)而相互作用,NMR 和 ESR 法的研究表明,金属上某种配位体可能对簇合物中与其他金属原子相连的配位体的成键产生明显的影响。例如,通过这种传递效应解释了 $Ir_4(CO)_{12}$ 和膦反应中远距离膦配位体引起羰基配位体的不稳定。

应用溶液电化学方法被采用对一系列 M—M 相连簇合物的电化学氧化还原过程进行研究。由于有些双核可以可逆地得失电子,因此奇数电子键化合物不易出现,用循环伏安法不仅可以证明骨架电子的离域性、成键性及反键性(通过键长),而且有助于了解合成的方向。例如,发现 $Fe_4(NO)_4(\mu_3-S)_4$ 存在单电子氧化及还原,因而想从化学上制备它,但是双晶及无序使 $[Fe_4(NO)_4(\mu_3-S)_4]^-$ 难以用 X 射线测定,由电化学方法可以产生新的金属簇合物 $[Fe_4(\eta^5-C_5H_5)_4C(\mu_3-S)_4]^{2+}$,在溴化苯和氯仿中结晶成不同单晶,但在分子参数上差别不大。循环伏安法证实它存在 +1、+2、+3 阳离子和 -1 阴离子,同时也表现出 4 个逆单电子波(图 4.106)[64]。

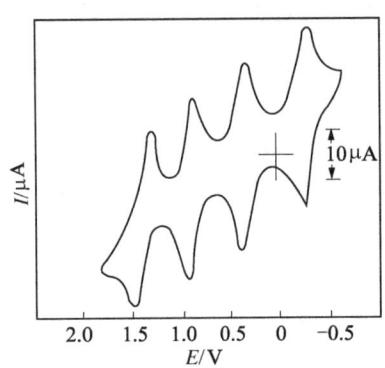

图 4.106 $[Fe_4(\eta^5-C_5H_5)_4(\mu_3-S)_4](PF_4)_2$ 的循环伏安图

4.6.4 多面体骨架电子对理论

成键理论在于解释价电子在簇合物(特别是金属骨架)中的分布、电子结构和几何构型的关系以及它们的物理化学性质。

由于金属中主量子数为 n 的 ns、np 和 $(n-1)d$ 轨道和高主量子数轨道之间能级分离较大,因此讨论 Cr、Mn、Fe 族等簇合物稳定的电子结构的最简单的起点是要求其中每个金属骨架的价电子数为其价轨道数的两倍,$2\times(1+3+5)=18$ 的所谓 18 电子规则(或称为"有效原子序数规则",参考 4.2 节)。对于具有 ns、np 和 $(n-2)f$ 组态的稀土和镧系原子,则倾向于 22 电子规则。若还考虑到 $(n-1)d$ 轨道,则为 32 电子规则。

根据 18 电子规则,若含 N_1 个金属原子的簇合物中过渡金属原子的骨架价电子总数 N_3 不足 18,则由生成 N_2 个 M—M 金属键来补足。即具有关系

$$N_3 = 18N_1 - 2N_2 \tag{4.6.3}$$

其中，N_3 为 x 个价电子数为 v 的金属、y 个配位体提供的电子和簇合物形式电荷三者的总和。这个规则实际上类似于价键理论。例如，对于 $M_x(CO)_y$ 型簇合物导出其双中心 M—M 键的数目 N_2 为 $\frac{1}{2}[18x-(vx+2y)]$，其中，v 为 M 的价电子数，2 为配位体羰基提供的两个孤对配位电子数。将这个原则应用于 $CoNi_2(\eta-C_5H_5)_3(CO)_2$，$18x$ 为 54，根据分子式依次相加得到总价电子数为 $9+2\times10+3\times5+2\times2=48$，两式相减即剩下 6 个价电子，所以得到三个 M—M 键，从而推导出三角形构型的结论（当然，原则上也可能是开链的一个单键和一个双键的结构）。表 4.23 中列出了一些其他例子。其中 $Fe_3(CO)_{12}$ [图 1.5(d)] 和此处 $CoNi_2$ 杂金属簇合物类似，表中最后一列表示平均一个金属联结的 M—M 键数目。

大多数四核以下的簇合物都可以按 18 电子规则去解释金属成键的数目，当然，其真实的成键机理还是很复杂的。这个规则对于大的簇合物显然不适用，例如，对于八面体的 $Rh_6(CO)_{16}$（图 4.94）必须用 11 个双中心电子对键 $\left[\frac{1}{2}(6\times18-9\times6+16\times2)\right]=11$ 在八面体的 12 个棱之间进行共振来解释，这显然不对。因此我们必须寻求多核簇合物本身的规律。

表 4.23 EAN 规则用于 $M_x(CO)_y$ 簇合物的价电子计数 (M—M) 键数 $=\frac{1}{2}[18x-(vx+2y+$ 电荷数$)]$

化合物 $M_x(CO)_y$	结构	总价电子数 N_3 (CO+M)	总价电子数 (N_3)/M 原子 (x)	按 EAN = 18 − M—M 键数/M 原子
$Cr(CO)_6$	八面体	$12+6=18$	18	0
$Mn_2(CO)_{10}$	由 M—M 连接的两个八面体	$20+14=34$	17	1
$Co_2(CO)_8$		$16+18=34$	17	1
$Fe_3(CO)_{12}$	三角形骨架	$24+24=48$	16	2
$Co_4(CO)_{12}$	四面体骨架	$24+36=60$	15	3
$[Co_6(CO)_{14}]^{4-}$	八面体骨架	$28+54+4=86$	$14\frac{1}{3}$	?

Wade 根据三角面多面体的对称性要求，于 1971 年经验地对硼烷簇合物提出了"多面体骨架电子对理论"（简称 PSEPT）。它摆脱了复杂的量子化学计算而抽象出几条易于为实验化学工作者所利用的规则，在配位化合物理论发展中起了重要的作用[65]。下面分几个方面进行介绍。

1. 硼氢簇合物的结构类型

就目前已合成出来的多面体硼烷簇合物的组成来说，它们的结构可以分成三大类：①顶点全为 B 占据的闭式（closo）$B_nH_n^{2-}$（B_nH_{n+2}）；②空一个顶点的巢式（nido）$B_nH_n^{4-}$（B_nH_{n+4}）；③空两个顶点的网式（arachno）$B_nH_n^{6-}$（B_nH_{n+6}）。碳硼烷则可以看作硼烷中的一个 BH 单元是 4 个价电子的等电子 C 的取代物，例如，CB_5H_7 和 $B_6H_6^{2-}$ 的电子结构相同，分别为 $(4+15+7)$ 和 $(18+6+2)$，都是 26 个电子。图 4.107 上方为这三类硼烷结构的示例。早在半个世纪前就总结出了闭式硼烷的几何构型是以图 4.108 所示的八种三角多面体形式存在的。多面体的顶点为 B(或 C)所占据,H 则以端式或桥式和顶点相连。如同在单核配位化合物中几何构型和配位数之间有一定的对应关系一样,Wade 指出簇合物中几何构型和骨架成键分子轨道数目之间存在一定的关系。下面对此进行介绍。

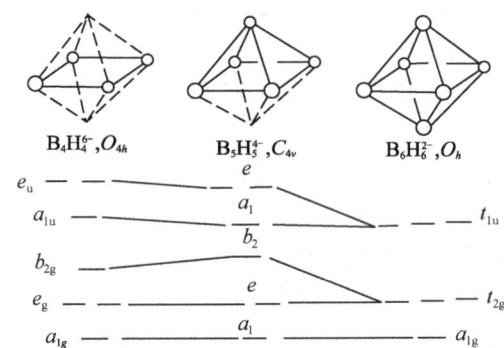

图 4.107 硼烷簇合物骨架的对称性和成键分子轨道相关图

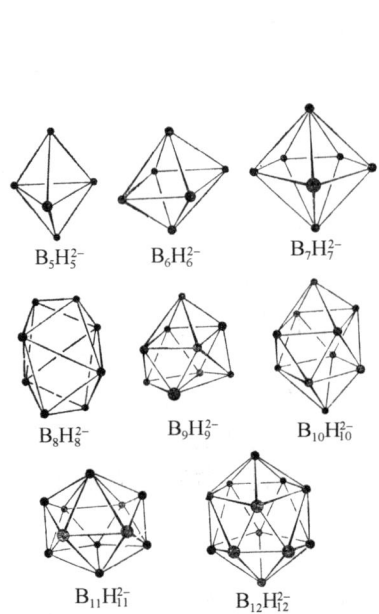

图 4.108 闭式硼烷阴离子 $B_nH_n^{2-}$ 和硼碳烷 $C_2B_{n-2}H_n$ 结构基础的多面体

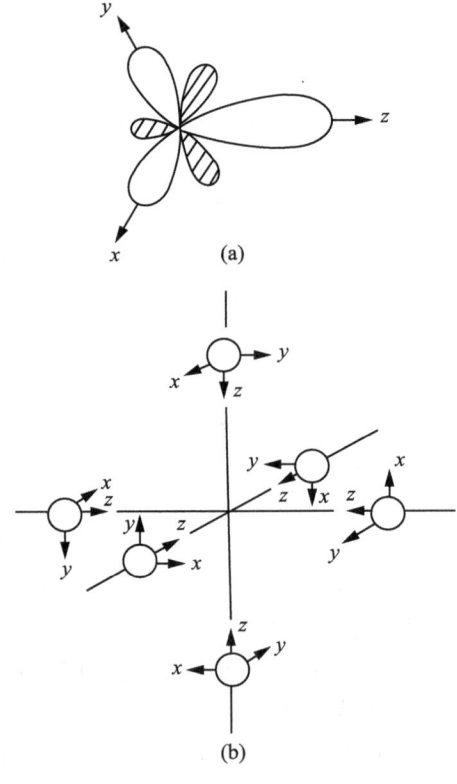

图 4.109 (a) 参加 BH 单位骨架成键的 sp 杂化 AO 和 pAO 和 (b) $B_6H_6^{2-}$ 参加骨架成键的 AO 对称性

2. 理论基础

这里以闭式 $B_6H_6^{2-}$ 为例进行介绍。B 的价电子组态为 $2s^22p^1$。每个 B 原子预先按 sp_z 杂化,一个 sp_z 杂化轨道沿 z 方向和 H 成键为双电子的 BH 单位[图 4.109(a)]。另一个 sp_z 杂化轨道如图 4.109(b)那样指向簇的中心。分子中 6 个 B 共有 6 个 sp_z 杂化轨道,它们按八面体 O_h 点群对称性形成图 4.110 所示的 a_{1g}(成键)、e_g 和 t_{1u}(反键)这 6 个骨架分子轨道。每个 B 上剩下的两个 p_x,p_y 的切线方向原子轨道则如图 4.109 坐标方向,根据 O_h 点群组合成图 4.110 所示的 t_{2g}、t_{1u}(成键)和 t_{1g},t_{2u}(反键)这 12 个切线方向的分子轨道。根据对 $B_6H_6^{2-}$ 这种分子轨道的对称性分析得出结论:每个 B 原子提供三个原子轨道 p_x,p_y,p_z 和两个电子与骨架成键,得到 7 个骨架成键分子轨道(a_{1g},t_{2g},t_{1u}),它正好被 14 个(6 个 BH 单元提供的 12 个电子和负电荷提供的 2 个电子)骨架电子所填满而形成($n+1$)= 7 个骨架成键电子对。

将上述特例推广到一般的硼烷分子 B_nH_{n+m} 或 $B_nH_n^{m-}$(m 为负电荷值),共有价电子数为($3n+n+m$),形成 n 个 BH 定域键时用去了 $2n$ 个电子,因此骨架成键电子对的数目 b 应为(即成键分子轨道数)

$$b = (3n + n + m - 2n)/2 = (2n + m)/2 \qquad (4.6.4)$$

Wade 规则指出:多面体的对称性是由这些骨架成键分子轨道数 b 决定的(表 4.24)。表中 M 为多面体顶点数。当骨架原子数为 n 时,则 $b = n+1$ 为闭式; $b = n+2$ 为巢式;$b = n+3$ 为网式。例如,对于 $B_6H_6^{2-}$,根据式(4.6.4)求出 $b = (12+2)/2 = 7$,故一定是 O_h 群的正八面体;又因为 $b = n+1$,故一定是闭式八面体结构(图 4.107 就是由这种方法得到的)。再如,对于 B_5H_{11},$b = (10+6)/2 = 8$,因此一定是 D_{5h} 的五角双锥;又因 $b = n+3$,所以一定是网式五角双锥。这些结论和实验结果完全一致。

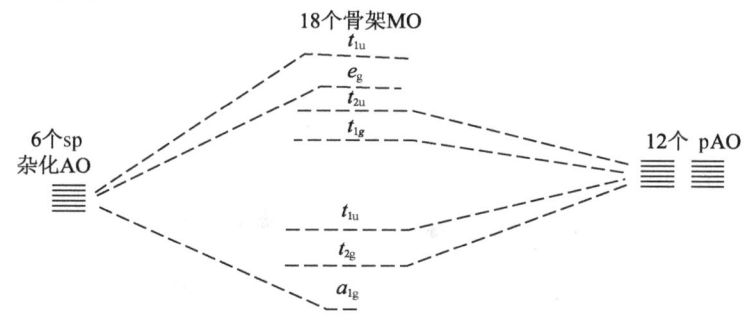

图 4.110　正八面体 $B_6H_6^{2-}$ 分子轨道能级图

表 4.24　骨架成键分子轨道数和对称性

分子轨道数	6	7	8	9	10	11	12	13
M	5	6	7	8	9	10	11	12
对称性	D_{3h}	O_h	D_{5h}	D_{2d}	D_{3h}	D_{4d}	C_{2v}	I_h

由上述内容可知,一旦知道原子簇的骨架成键电子对数 b 就可以确定它的几何构型。为此,我们进一步研究碳硼烷及其他主族元素原子簇中各种可能簇单元

所提供的电子数(表4.25)。设主族元素 E 的价电子数为 v,配位体 L 提供电子数为 x,则原子 E 或基团 EL 提供的骨架成键电子数为 $(v-2+x)$,其中的 2 是 EL 中已用于结合配位体或 E 中的孤对电子。例如,对于 $C_2B_4H_8$,可以看做 $[C_2H_2 \cdot B_4H_4 \cdot H_2]$,求出

$$b = [2(4-2+1) + 4(3-2+1) + 2]/2$$
$$= 8 = n+2$$

表 4.25 簇单元可能提供的电子数 $(v-2+x)$

v	E	簇单元		
		$E(x=0)$	EH_1 $EL(x=1)$	EH_2 $EL(x=2)$
1	Li,Na		0	1
2	Be,Mg,Zn,Cd,Hg	0	1	2
3	B,Al,Ga,In,Tl	1	2	3
4	C,Si,Ge,Sn,Pb	2	3	4
5	N,P,As,Sb,Bi	3	4	5
6	O,S,Se,Te	4	5	
7	F,Cl,Br,I	5		

由表 4.24 可知,$C_2B_4H_8$ 是巢式五角双锥[图 4.111(a)]。

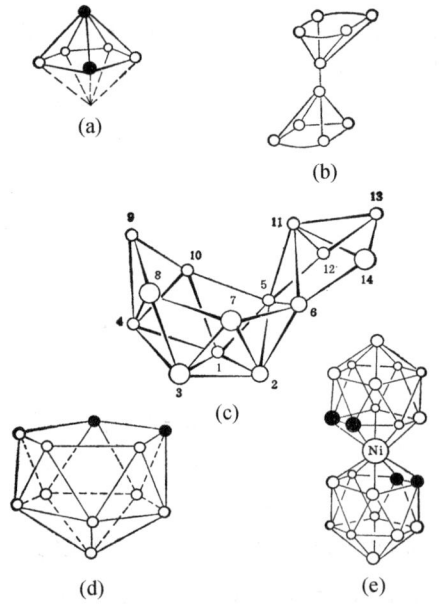

图 4.111 一些硼烷和杂硼烷的骨架结构
(a)$C_2B_4H_8$;(b)$B_{10}H_{10}$;(c)$C_{14}H_{18}$;(d)$C_2B_9H_{13}$;(e)$Ni(C_2B_9H_{11})_2$

3. 向过渡金属簇合物的推广

Mingo、Lauher 和 Hoffmann 等曾先后根据分子轨道理论推广了 Wade 规则。仍以前文中 EAN 规则不适用的 $Ru_6[(CO)_3]_6^{2-}$ 的 M_6 正八面体为例。在根据 LCAO-MO 处理过渡金属的 9 个价轨道时,其中 s、p_x、p_y、p_z 和 d_{xy}、$d_{x^2-y^2}$ 这 6 个类似 d^2sp^3 杂

化轨道在形成分子轨道时,其中3个接受CO配位体的6个电子而与之成键,另外3个则仍保持金属Ru(d^8)中的6个电子而成为非键轨道。总共用去12个电子(和前文中只提供2个电子与配位体成键的主族元素不同),另外的d_{xz}、d_{yz}和d_{z^2} 3个轨道则参与形成骨架分子轨道。在O_h点群对称性下,这6个dσ型d_{z^2}原子轨道组合成反键的t_{1u}和e_g键,以及成键的a_{1g}分子轨道;12个dπ型的d_{xy},d_{yz}原子轨道则组合成反键的t_{2u}和t_{1u}轨道,以及成键的t_{1u}和t_{2g}分子轨道。可见共形成了$T=n+1$个成键分子轨道。这样,我们就发现[$Ru_6(CO)_{18}$]$^{2-}$或$H_2Ru_6(CO)_{18}$和闭式八面体$B_6H_6^{2-}$所示的图4.110在形式上十分相似。每个八面体顶点由$Ru(CO)_3$单元组成,对应于硼烷的BH单元,它也有d_{xz}、d_{yz}和d_z^2这3个原子轨道参与成键。除了12个非键性质的电子外,可以求出每个$Ru(CO)_3$单元中$Ru(d^8)$原有的8个电子中只有2个电子参与骨架成键。符合封闭式骨架中成键电子对数应为($n+1$)的规则。它的总价电子数为36(配位体提供的电子)+ 36(定域在Ru上的非键电子)+ 14(骨架电子,包括2个负电荷)= 86。

在这种推广的"多面体骨架电子对理论"中,和主族元素簇合物一样,分子的几何对称性也是取决于成键电子对的数目。可以用$Ru(CO)_3$、$Fe(CO)_3$、$Co(\eta-C_5H_5)$等单元代替硼烷的BH单元,它提供1对电子和3个具有相当于a和e不可约表示的成键对称性的原子轨道。但这时每个过渡金属单元能贡献的骨架成键电子数(BE)应为($v+x-12$),其中,v为M的价电子数,x为配位体贡献的电子数,系数12为不参与骨架成键的电子个数(表4.26)。当然,由于金属轨道用的是d轨道特性,所以它们和BH单元并不严格地等电子,而称为和BH"等瓣相似"(4.7节)。例如,可以把$Rh_6(CO)_{16}$看作包含6个$Rh(CO)_2$单元,由表4.26可以看出,每单元形式上提供($9+4-12$)= 1个电子,另外4个μ_3-CO配位体各贡献2个电子,得到的$b=(6+8)/2=7$个电子对将6个骨架原子结合在一起从而构成类似于$B_6H_6^{2-}$或$C_2B_4H_6$6原子7个电子对($n+1$)个键的闭式八面体。同理,可将$Co_4(CO)_{12}$四面体看做是符合($n+2$)规则的巢式三角双锥;$Os_3(Co)_{12}$三角形可看做是网式三角双锥。

表4.26 过渡金属簇单元ML_m对骨架成键电子个数的贡献(BE值)[按($v+x-12$)计算]

v	过渡金属 M	典型的配位情况			
		$M(CO)_2$ ($x=4$)	$M(\eta-C_5H_5)$ ($x=5$)	$M(CO)_3$ ($x=6$)	$M(CO)_4$ ($x=8$)
4	Ti, Zr, Hf	-4	-3	-2	0
5	V, Nb, Ta	-3	-2	-1	1
6	Cr, Mo, W	-2	-1	0	2
7	Mn, Tc, Re	-1	0	1	3
8	Fe, Ru, Os	0	1	2	4
9	Co, Rh, Ir	1	2	3	5
10	Ni, Pd, Pt	2	3	4	6
11	Cu, Ag, Au	3	4	5	7

对于小的($n\sim14$)三维分子簇合物,由此可以预测其结构类型,并用于设计、合成及模拟簇合物。这个规则还可以应用于混杂原子簇化合物及碳氢π-配位化

合物,但是这个规则也有不少例外,它只适用于三角面多面体。由于该规则取决于金属原子总数,所以不能区分几何构型。例如,虽然$[Os_6(CO)_{18}]^{2-}$具有八面体闭式结构,但$H_2Os_6(CO)_{18}$却具有加冠巢式结构。此规则对高核度的簇合物也适用。

4.6.5 簇合物的结构规则

1978 年 Lauher 曾用推广的 Hückel 方法对具有一定对称性的金属簇合物进行计算[66],发现计算结果和所选择的参数关系不大,而主要取决于簇合物的对称性。研究表明,金属原子间的最大相互作用存在于 s 和 p 轨道之间,d-d 轨道之间的重叠很小。金属原子簇的分子轨道可以分为两部分:接近及低于自由原子 p 轨道的成键轨道,或称为簇价轨道(CVMO);高于自由原子 p 轨道的反键轨道,或称为高位反键轨道(HLAO)。在稳定的化合物中,由金属原子簇的价电子数 v 和配位体提供的电子数 x 之和所得到的成键电子数应正好填满 CVMO。例如,图 4.112 为 $Os_3(CO)_{12}$ 三核配位化合物中 M_3 原子簇的能级图。

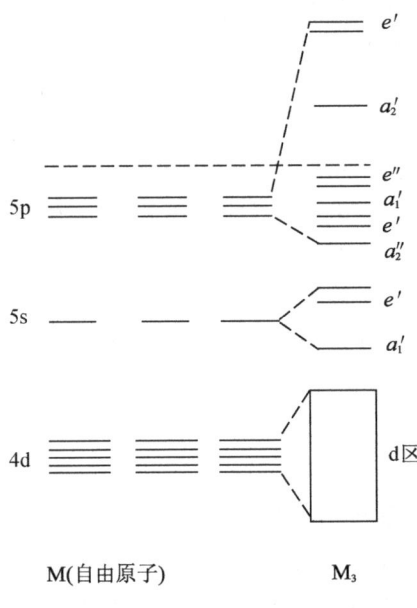

图 4.112 M_3 簇合物的能级图

由图可见该原子簇中有低于 5p 的 24 个 CVMO,可以容纳 48 个电子。这种 D_{3h} 构型的三核原子簇所应有的 48 个成键电子也称为簇价电子(CVE),其意义相当于单核过渡金属配位化合物的 18 价电子一样。这 24 个 CVMO 中能量较高的 12 个 CVMO 是配位体 CO 的接受体轨道,9 个来自金属原子的 s、p 轨道,另外 3 个来自 d 轨道。能量较低的其他 12 个处于 d 区的 CVMO 属于原子簇内部,正好容纳金属原子的 24 个价电子。尽管对于具体的分子这些 CVMO 的能级次序可能会有变动,但其数目不受影响,实际上大多数三核原子簇合物确有 48 个簇价电子。例如,$Fe_3(CO)_{12}$ 中 $v+x=3×8+2×12=48$。对于其他骨架构型所得的结果,如,表 4.27 第五列所示。它对四面体所得的 CVMO = 30,所以对于 T_d 对称性的 $Rh_4(CO)_{12}$ 簇合物可以容纳 60 个 CVE,其中 4 个 Rh 提供 36 个价电子,还有 12 个 CVMO 是空的,正好接受 12 个 CO 配位体而形成计量的配位化合物。

我国唐敖庆等[67]基于分子轨道数完全由骨架确定的假定,对于簇合物的成键规则做了解释。首先讨论单多面体硼烷。设 n 为多面体骨架中的原子数,每个原子提供 4 个价轨道(sp^3),则硼烷的骨架价成键轨道数为

$$VBO = 4n - F \tag{4.6.5}$$

其中
$$F = f + 3(s+1) \quad (4.6.6)$$
f 是其相应的闭式硼烷骨架的三角面数，s 为构成实际骨架时需要从它移走（取负值）或加上（取正值）的硼原子数。在图 4.107 中显示出 $f=8$ 时的三类闭式、巢式和网式的例子，它们的 s 值分别为 0、-1 和 -2。由结构规则[式(4.6.5)]求出它们的价成键轨道数分别为 13、12 和 11，即它们的骨价成键电子数分别为 26、24 和 22，这和它们的价电子数正好相等。利用体现多面体中点(n_0)、边(l_0)和面(f_0)间关系的 Euler 公式
$$f_0 + n_0 = l_0 + 2 \quad (4.6.7)$$
和对三角面多面体中边(l_0)和面(f_0)间的关系
$$3f_0 = 2l_0 \quad (4.6.8)$$
可以证明，在不涉及戴帽构型时，该规则是和 Wade 规则式(4.6.4)是等价的。

进而将式(4.6.8)推广到可用于稠合型硼烷的结构规则
$$\text{VBO} = 4n - \sum_{i=1}^{m} F_i + \sum_{i<j} \mu_{ij} - \sum_{i<j} \nu_{ij} \quad (4.6.9)$$
其中，n 为稠合型骨架中硼原子的数目，F_i 为第 i 个多面体单元的 F 值，μ_{ij} 和 ν_{ij} 分别是第 i 和第 j 个多面体单元之间的共用硼原子键和 B—B 键联结的数目。其中第四项的出现是由于每生成一个稠合的 B—B 键时，再生成一个成键轨道的同时，必定生成一个反键轨道。式(4.6.9)中第 3 项的出现可能是在多面体稠合时，移走每一个硼原子的 4 个价轨道中仅有 3 个是属于原来的价成键轨道。图 4.111(b)中给出了一个用 B—B 键稠合 $B_{10}H_{16}$ 的骨架实例。它是由两个巢式的 B_5 单元组成的，所以 $F_1 = F_2 = 8$，$\nu_{12} = 1$。由式(4.6.9)求出 VBO = 23，因而价电子数为 46。图 4.111(c)为共边稠合硼烷 $B_{14}H_{18}$，是由巢式 B_{10} 和巢式 B_6 组成的，所以 $F_1 = 18$、$F_2 = 10$。由式(4.6.9)求出 VBO = 30，因此价电子数为 60，和根据分子式计算所得的价电子数相同。

可以将结构规则推广到含有 9 个价轨道(d^5sp^3)的过渡金属原子杂硼烷。但由于过渡金属原子含有 d 价轨道，所以在原子簇中会出现非键价轨道。若将成键价轨道和非键价轨道通称为价成键轨道，则其结构规则应为
$$\text{VBO} = 4n_1 + 9n_2 - \sum_{i=1}^{m} F_i + \sum_{i<j} \mu_{ij} - \sum_{i<j} \nu_{ij} \quad (4.6.10)$$
其中，n_1 和 n_2 分别为杂硼烷骨架中过渡金属原子和主族原子的数目，F_i 是第 i 个多面体骨架单元的 F 值，μ_{ij} 仍为第 i 和第 j 个骨架单元共用硼原子的数目，ν_{ij} 为第 i 和第 j 个多面体单元骨架原子之间的联结数。例如，对于巢式碳硼烷[图 4.111(d)]，可以求出其 VBO = 24。另一个更复杂的稠合型 $Ni(C_2B_9H_{11})_2$ 的过渡金属杂硼烷[图 4.111(e)]，由式(4.6.10)也可以计算出其 VBO = 51，与按照它们的分子式计算所得的阶电子数相同。

对于过渡金属羰基物的骨架，可以分为两类进行讨论。一类为三角面多面体

及其衍生骨架。它只是令式(4.6.10)中 $n_1 = 0$ 的极限情况

$$VBO = 9n - F \qquad (4.6.11)$$

其中,n 为过渡金属原子数。另一类为非三角面多面体的其他骨架,其结构规则可以表示为推广的 18 电子数规则

$$VBO = 9n - L \qquad (4.6.12)$$

其中,L 表示金属原子之间的化学键数。当邻近金属原子之间仅存在单键,则 L 为多面体金属原子骨架的边数。它可以理解为每条边反映两个相邻原子的相互作用,从而产生一个成键骨架轨道和一个反键骨架轨道,因此反键骨架轨道等于多面体的边数。表 4.27 中列出了一些结果。对于 $n = 2 \sim 12$ 的已知结构,根据结构规则计算出来的价电子数约有 90% 和根据分子式计算出来的结果相符。

徐光宪还将原子簇化合物的定义进行推广,使之能概括更多的无机和有机分子[68],提出了 $(nxc\pi)$ 规则以讨论它们的结构规律。卢嘉锡对新型簇合物的结构也进行了系统的研究[69]。

表 4.27 金属原子簇化合物的成键规律

骨架构型	顶点数 (n)	边数 (L)	成键和非键轨道数		实 例	电子数
			($9n-L$)	Lauher 结果		
单核	1	0	9	9	$Ni(CO)_4$	18
双核	2	1	17	17	$[(C_5H_5Ni)_2C_5H_5]^{1+}$	34
三角形	3	3	24	24	$M_3(CO)_{12}$ M = Fe, Ru, Os	48
四面体	4	6	30	30	$M_4(CO)_{12}$ M = Co, Rh, Ir	60
蝴蝶形	4	5	31	31	$[Re_4(CO)_{16}]^{2-}$	62
四边形	4	4	32	32	$Pt_4(O_2CCH_3)_8$	64
三角双锥	5	9	36	36	$Os_5(CO)_{16}$	72
四角锥	5	8	37	37	$Fe_5(CO)_{15}C$	74
双帽四面体	6	12	42	42	$Os_6(CO)_{18}$	84
					$Ru_6(CO)_{17}C$	86
八面体	6	12	42	43	$Cu_6H_6[P(C_6H_5)_3]_6$	84
单帽四角锥	6	11	43	43	$Os_6(CO)_{18}H_2$	86
共边双四面体	6	11	43	43		
五角锥	6	10	44	44		
三角柱体	6	9	45	45	$[Rh_6(CO)_{15}C]^{2-}$	90
单帽八面体	7	15	48	49	$[Rh_7(CO)_{16}]^{3-}$	98
五角双锥	7	15	48	49		
单帽三角柱体	7	13	50	51		
双帽八面体	8	18	54	55		
三角十二面体	8	18	54	56		
四边形反柱体	8	16	56	57	$[Co_8(CO)_{18}C]^{2-}$	114
双帽三角柱体	8	17	55	57		
六面体	8	12	60	60	$Ni_8(PC_6H_5)_6(CO)_{18}$	120

对于[Mo_6Cl_8]$^{4-}$等左边过渡金属元素的卤合簇合物[图4.94(a)],它们和八面体的金属羰基物不同,每个金属原子不是以3个面而是以4个原子轨道参与骨架成键,即近似地看作每个金属原子用4个dsp^2杂化轨道与4个邻近的卤素原子成键,另外一个pd杂化轨道以中心反方向的指向去和额外的配位体(通常也是氯)成键;剩下4个原子轨道杂化后指向其他4个邻近的金属原子,则Mo_6^{12+}核中12个闭式的骨架成键电子对和8个M—Cl的成键电子对共20个电子对,分别占据$a_{1g}(2)$、a_{2u}、e_g、$t_{1u}(2)$、$t_{2g}(2)$和t_{2u}分子轨道[70]。

由较重的铜簇所形成的低氧化态簇合物也有自身的特点。由于较高的p轨道对成键作用不大,所以在单核配位化合物中也常常形成16甚至14电子结构,而在簇合物中,根据电子"收支核算"所预测的闭式结构则可能以巢式结构出现。

由Hoffmann、Mingos等发展的过渡金属骨架成键理论以及其他半经验式理论对于系统化及结构预测有一定的作用,但并不提供簇合物结构的细致及定量的数据信息,得不到关于能级分裂等关键性数据[71]。当原子数目大于15时,能级趋于形成连续的能带,在划分成键轨道时也会出现问题。

量子化学理论在阐明簇合物中的成键、结构和性质的规律方面有着重要的作用。从定量的计算角度来看,由于体系的复杂性,只有为数不多的从头计算方法[72],因而近似方法是不可避免的。众所周知,EHMO方法曾作为多面体骨架电子计算的定量基础,虽然是近似方法,但它也曾用于讨论磁相互作用、紫外光电子能谱和光电子能谱的标记以及簇合物中配位体几何构型。从实用观点来看,较近发展的密度函数方法及非参数化的方法也起着相当大的作用。

对一系列不同的电子体系进行比较可以提供定性的结果。近来也使用过拓扑学和图论的方法[73]。但使用这些简化处理时需要谨慎。

总之,要真正解决簇合物的结构和成键问题还需要做具体而细致的研究,积累更多的实验数据,正如Hoffmann所指出的那样,他的理论工作依赖于Shaply、Dahl、Mueterties和Holm等在结构化学方面的实验工作[74,75]成果。

目前,虽然已经合成了许多类型的簇合物,但有关稀土簇合物的报道仍不多,对簇合物的合成及其反应性的规律了解尚不成熟,新的制备途径及反应性还有待于开展;反应机理的研究也很不系统。例如,对于金属羰基簇合物,即使最简单的配位体取代反应,也还不知道是先生成新的M—L键还是先破裂老的M—L键。这些问题均有待于进一步研究[76]。

簇合物的研究目前仅限于基础性的工作。仅有的几个潜在应用也被看作是"直观、半成熟的理论以及侥幸的一种结合",更重要的是那些尚未开展的领域。总之,自20世纪50年代无机化学复兴以来,簇合物的很多理论及实际问题都处于化学学科的最前沿。估计在近20年内和聚合及纳米分子体系结合后簇合物方面的研究将会有所突破,并在工业中得到更多的实际应用。

4.7 无机化学和有机化学的桥梁——等瓣相似理论

20世纪50年代以来无机化学复兴的一个重要标志是过渡金属有机化合物得到了迅猛的发展。现在已经合成了大量结构新颖的、由无机和有机分子作为配位体的金属有机配位化合物。化合物(**54**)至(**56**)中举出了一些单核和多核簇合物的例子。这就使得要从形式上区分无机物和有机物更为困难,同时从理论上探讨它们的共同性和统一性就更为重要了。70年代以来 Hoffmonn 所发展的等瓣相似理论(isolobel analogy theory)在这方面取得了突破。我们将以 Hoffmann 本人在1981年所作的诺贝尔获奖讲演题目"无机化学和有机化学之间的桥梁"为基础进行介绍[77],这个讲演本身也是一份很好的教材。

4.7.1 分子片的分子轨道理论

在有机化学中任何一个碳氢化合物都可以看做是由甲基 CH_3、亚甲基 CH_2、次甲基 CH 和碳原子 C 所组成,再经过取代和引入杂原子就可以得到各种骨架和官能团的有机物。类似地,可以设想,将复杂的配位化合物 ML_n 在概念上分解为包含金属的分子片 ML_{n-1}、ML_{n-2} 和配位体 L 等,将这些分子片再组合起来就可以重新构成各种配位化合物。例如,配位化合物(**54**)就可以看成是分子片 $Fe(CO)_3$ 和环丁二烯的组合。下面研究这类分子片的电子结构。

在分析 ML_n 分子片的电子结构时较方便的是把它看成八面体或缺位八面体,与在有机化学中把 CH_n($n=4,3,2$)看成四面体或缺位四面体一样。在八面体配位化合物中,例如,$Cr(Co)_6$ 金属的价轨道为 nd、$(n+1)s$ 和 $(n+1)p$ 这9个轨道。首先按 Pauling 的价键理论,以 d^2sp^3 方式杂化形成6个等性的杂化轨道,剩下3个没有参加杂化的轨道 d_{xy}、d_{xz}、d_{yz} 相当于配位场理论中的非键 t_{2g} 轨道(图4.113左)。再引入6个像 CO、PH_3 和 CH_3^- 等双电子的 Lewis 碱作为配位体。这6个配位体轨道(图4.113右)和6个金属的杂化轨道作用后就形成 ML_6 6个 σ 成键轨道和6个 σ* 反键轨道。配位体的6对电子正好进入6个 σ 轨道,金属电子则进入 t_{2g}

轨道。对于具有 d^6 组态的中心金属 $Cr(CO)_6$ 配位化合物来说,正好完成了具有 18 电子层的闭壳组态。在这类的研究中重要的是所得到的是前线轨道而不是分子的电子结构细节。在这个意义上图 4.113 和图 4.24 是一致的。

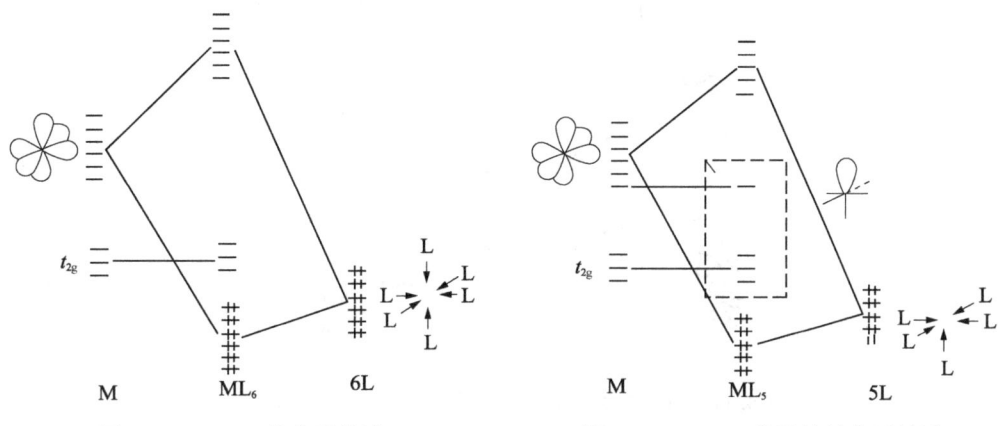

图 4.113　ML_6 的分子轨道　　　　图 4.114　ML_5 分子片的分子轨道

如果我们讨论五个双电子配位体的分子片 ML_5,则会导致图 4.114。5 个金属杂化轨道和 5 个配位体轨道相互作用,所形成的 σ 和 σ* 轨道能级远离前线轨道,剩下的 1 个杂化轨道仍指向空缺配位体位置。由于它没有参与成键而能级基本不变,它和 t_{2g} 一起组成图 4.114 中方框所示的前线轨道。

可以类似地分析四个配位体的 ML_4 分子片和 3 个配位体的 ML_3 分子片。在 ML_4 分子片和 ML_3 分子片中分别保留了 2 个杂化轨道和 3 个杂化轨道于前线轨道中(图 4.115)。总之,在 ML_n 分子片的前线轨道中包括 3 个 t_{2g} 轨道和其上的 6 − n 个杂化轨道。

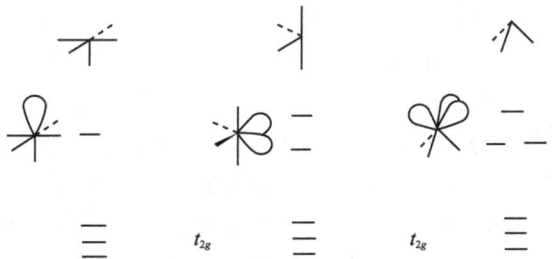

图 4.115　ML_5、ML_4 和 ML_3 分子片的分子轨道

应用这些分子片及已知配位体的前线轨道,根据对称性相互作用就可以建立配位化合物的分子轨道和能级图。对于乙烯 – 四羰基铁 $Fe(CO)_4(C_2H_4)$ 体系所得到的能级图(图 4.116),其轨道是按照 C_{2v} 点群的不可约表示进行分类的,其中,图左为 $Fe(CO)_4$ 分子片,图右为 C_2H_4 分子片。但更方便的是,直接用对于图中上方所示两个对成镜面 1 和 2 的反映对称操作进行分类。其中,S 为对称性,A 为反对称性。由图可见,乙烯作为电子给予体占据 π 轨道和金属的空 a_1 轨道相互作用,而乙烯又作为电子接受体以空的 π* 轨道和能量较低的金属占据轨道 b_2 作用。这就是 Dewar-

Chatt-Duncanson 金属－乙烯间的电子给予－接受模型。

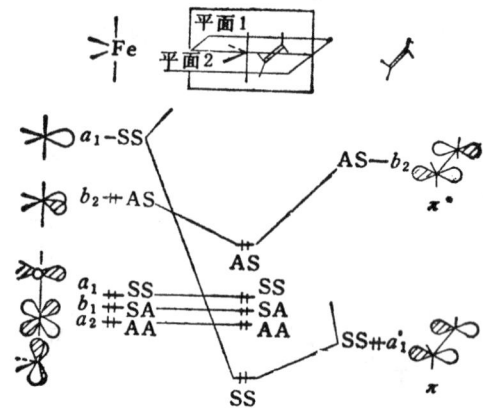

图 4.116　$Fe(CO)_4(C_2H_4)$ 的分子轨道示意图(C_{2v})

4.7.2　等瓣相似理论

我们将从有机金属配位化合物电子结构的研究转向有机化学和无机化学之间相联系的主题。

对于 d^7ML_5 型分子片,例如,$Mn(CO)_5$ 或 $[Co(CN)_5]^{3-}$,金属的 7 个电子加上每个配位体提供的 2 个电子,则 M 周围的电子数为 17,比 EAN 规则要求的 18 少一个。它们的前线轨道 a_1 只有一个电子,类似一个自由基,因而可以在八面体空缺位置方向吸收一个电子而趋于稳定。这和有机化合物中的自由基分子片 CH_3 相似,它也具有一个 a_1 对称性的前线轨道(图 4.117)。

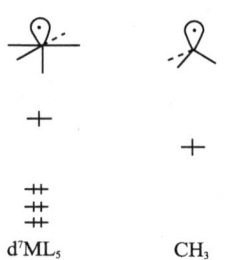

图 4.117　d^7ML_5 和 CH_3 分子片的前线轨道

d^7ML_5 和 CH_3 的相似性也得到实验结果的支持。例如,两个甲基可以二聚成乙烷,两个 $Mn(CO)_5$ 也可以二聚为 $Mn_2(CO)_{10}$,甚至也可以使有机和无机分子片进行二聚而生成 $(CO)_5MnCH_3$ (57)。当然,对于从实验上制备标准有机金属烷基配位化合物来说,这不是一个好方法。CH_3 和 d^7ML_5,肯定不是等结构的,也不是等电子的。但这两个分子片具有相似的前线轨道数目、对称性、能级和形状,以及电子数目。它们不是相等而是相似,因此我们就称 $Mn(CO)_5$ 和 CH_3 为等瓣相似,并用下列带半瓣的双头箭号来表示这种等瓣相似关系

$$d^7Mn(CO)_5 \longleftrightarrow CH_3 \tag{4.7.1}$$

将这个定义略为扩大为：①若 $Mn(CO)_5$ 和 CH_3 等瓣相似，则任何 d^7ML_5 分子片都和 CH_3 等瓣相似，因为它们都有相似的 a_1 前线轨道，且主量子数对 a_1 的形状影响不大。所以 $Re(CO)_5$、$Fe(CO)_5^+$、$MnCl_5^{5-}$ 和 $Fe(CO)_2(Cp)$ 分子片都和 CH_3 等瓣相似，其中 Cp^- 为 $C_5H_5^-$ 的缩写，它和 $(CO)_3$ 等电子。②若 d^7ML_5 和 CH_3 等瓣，则 d^6ML_5[如 $Mo(CO)_5$] 和 CH_3^+ 等瓣，d^8ML_5[如 $Fe(CO)_5$] 和 CH_3^- 等瓣。

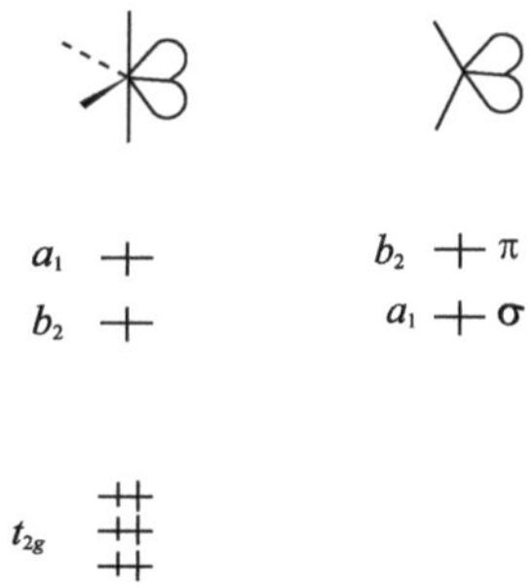

对于 d^8ML_4 分子片。例如，$Fe(CO)_4$，和亚甲基或卡宾 CH_2 是等瓣的（图 4.118）

图 4.118 d^8ML_4 和 CH_2 碎片的前线轨道

$$Fe(CO)_4 \longleftrightarrow CH_2 \qquad (4.7.2)$$

它们都有两个被单独占据的前线轨道 a_1 和 b_2，两者的非定域轨道的能级次序虽然相反，但它们都用于成键，因而从结合能力上看，与次序关系不大，实验上确实通过等瓣关系[式(4.7.3)]得到了 $(OC)_4Fe=Fe(CO)_4$(**58**)。它是一个不稳定分子，只能通过基质隔离法才能观察到，可见等瓣相似原理所预见的配位化合物不一定是一个动力学上稳定的分子。它们还可以三聚成为环丙烷类的配位化合物 $Fe_3(CO)_{12}$(**59**)等。但是它为什么是桥式羰基结构，而不是类似端基这一点不能由等瓣理论预测，而是需要由实验和更定量的理论研究去确定。

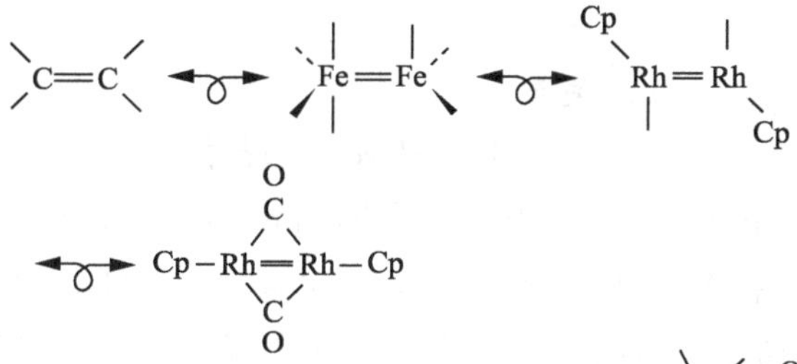

(4.7.3)

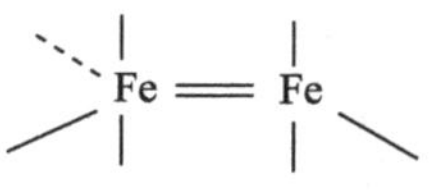

(**58**) 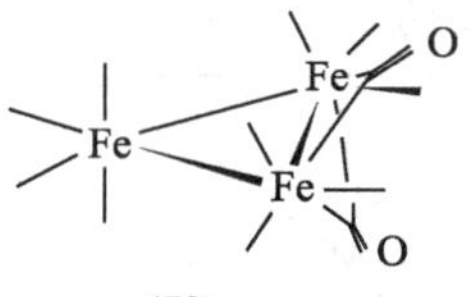   (**59**)

对于 d^9ML_3 分子片，例如，$Co(CO)_3$ 是和卡拜（carbyne）CH 成等瓣的（图 4.119）。实际上已合成了如图(**60**)所示的整个系列的有机和无机的混合正四面体配位化合物。它们可以看做等瓣性的取代结果。

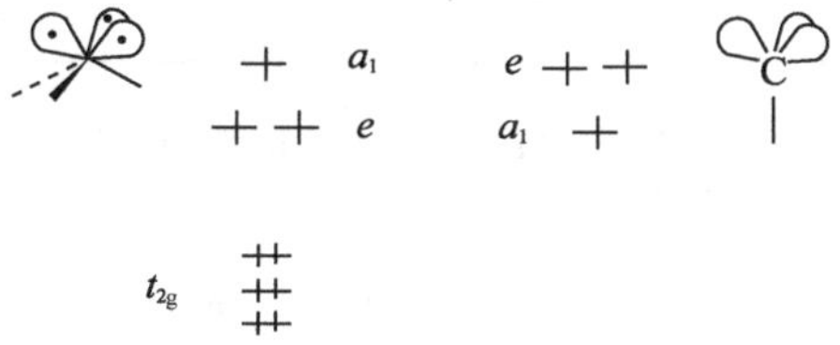

图 4.119 d^9ML_3 和 CH 分子片的前线轨道

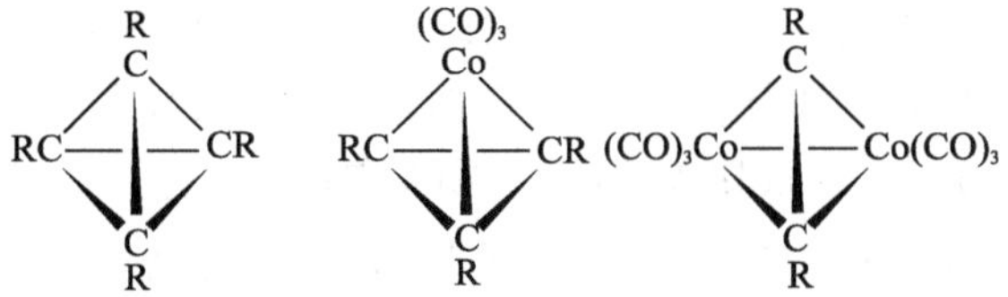

(60)

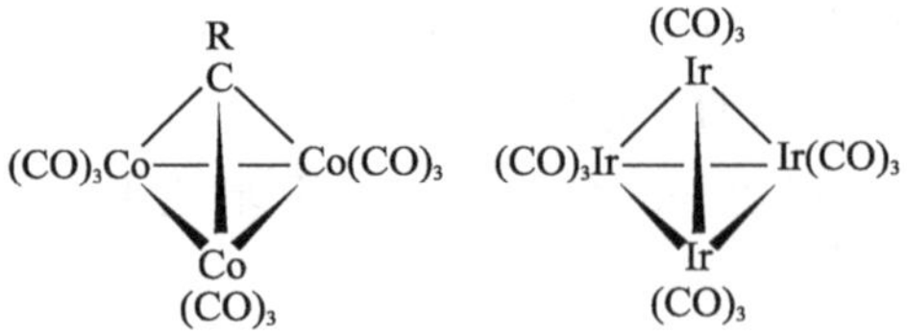

(61)

至此,我们已经从前线轨道的概念讨论了等瓣相似的基本概念,并推出关系

$$d^7ML_5 \longleftrightarrow CH_3, d^8ML_4 \longleftrightarrow CH_2, d^9ML_3 \longleftrightarrow CH \quad (4.7.4)$$

正如 Hoffmann 所指出的,等瓣相似并不是他独自发展的。例如,早就认识到 BH 和 CH^+ 的差别不大(参看 4.6 节),而且在不同程度上从与等瓣相似的实质出发对金属配位化合物的电子结构、几何选择和反应性能进行了讨论。

4.7.3 等瓣相似概念的推广

现在进一步扩大上述讨论内容。

1. ML_n 和 ML_{n-2} 分子片的关系

如前所述,两种正八面体碎片 ML_5 和 ML_4 都各保留了一对轴向配位体。如果去掉 z 轴方向的一对配位体,则必然导致金属的 d_{z^2} 轨道从与杂化 - 配位体轨道形成的线性组合的 σ^* 中释放出来,而变成金属非键轨道(图 4.120), ML_5 中一个或 ML_4 中两个能级较高的轨道则基本不变。这就出现了下列新的等瓣关系:

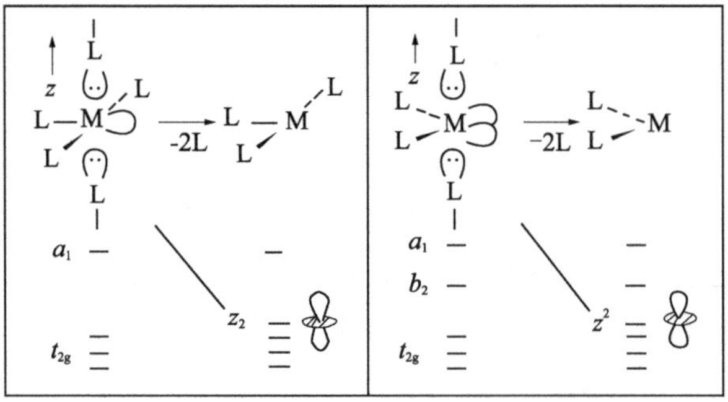

图 4.120　ML_n 和 ML_{n-2} 分子片前线轨道间的关系

$$d^n ML_5 \longleftrightarrow d^{n+2} ML_3 (T 型) \quad (4.7.5)$$

$$d^n ML_4 \longleftrightarrow d^{n+2} ML_2 (角型) \quad (4.7.6)$$

例如,下列非同构的(non-isomorphic)对应关系

$$CH_3^+ \longleftrightarrow Cr(CO)_3 \longleftrightarrow PtCl_3^- \quad (4.7.7)$$

$$CH_2 \longleftrightarrow Fe(CO)_4 \longleftrightarrow Ni(PR_3)_2 \longleftrightarrow Rh(CO)_2^- \quad (4.7.8)$$

这一结果特别适用于烯烃配位化合物,例如

$$Fe(CO)_4(C_2H_4) \longleftrightarrow Ni(PR_3)_2(C_2H_4) \quad (4.7.9)$$

$$Cr(CO)_5(C_2H_4) \longleftrightarrow Pt(C_2H_4)Cl_3^- \quad (4.7.10)$$

并有助于理解 $[CpRh(CO)]_2$ 和烯烃的类似性。

2. 包括 t_{2g} 壳层

不仅 d^9ML_3 是和 CH 等瓣,下面将证明,d^5ML_5 也和 CH 等瓣。为此,我们再考虑 ML_5 的电子结构(图 4.121)。前面讨论 d^7ML_5 和 CH_3 的等瓣性是着眼于 $\sigma(a_1)$ 对称性的杂化轨道而不考虑方向性较差的 t_{2g} 轨道(图 4.121 左),但 t_{2g} 轨道具有广阔的空间和准 π 对称性(d_{xz}, d_{yz})及准 δ 对称性(d_{xy})。当成键电子不足时就可能将 t_{2g} 的 π 轨道也包括到前线轨道范围中去。由图 4.121 中的两个方框内的电子数可以清楚地看出 d^5ML_5 和 CH 之间的等瓣关系(只是 σ 和 π 轨道次序倒了一下)。类似地,如果只有 $t_{2g}\pi$ 成分中之一参与前线轨道且占有孤对电子,则 d^nML_5 和 CH_2 之间是等瓣的。由引所导出的

$$d^5ML_5 \longleftrightarrow CH_3^{2+} \longleftrightarrow CH_2^+ \longleftrightarrow CH \quad (4.7.11)$$

$$d^6ML_5 \longleftrightarrow CH_3^+ \longleftrightarrow CH_2 \longleftrightarrow CH^- \quad (4.7.12)$$

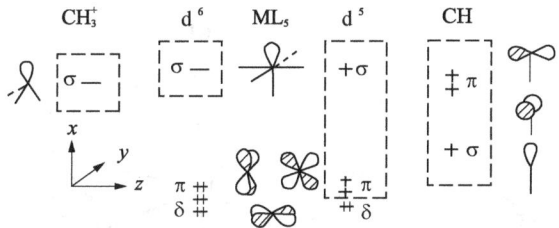

图 4.121 d^5ML_5 和 CH 分子片的前线轨道

也可以称为脱质子相似关系。

综上所述,等瓣相似原理并不是一一对应的同构关系。表 4.28 中总结了常见分子片的等瓣关系。可以看出,复杂的 $d^5CpW(CO)_2$ 居然和简单的 CH 有等瓣关系。

表 4.28 八面体分子片的等瓣相似关系

有机分子片 \ 无机分子片	ML_5	ML_4	ML_3	ML_3	ML_2
CH_3^-	d^8	d^{10}		d^{10}	
CH_2^-, CH_3	d^7	d^9		d^9	
CH^-, CH_2, CH_3^+	d^6	d^8	d^{10}	d^7	d^9
CH, CH_2^+, CH_3^{2+}	d^5	d^7	d^9	d^7	d^{10}
$CH^+, CH_2^{2+}, CH_3^{3+}$	d^4	d^6	d^8	d^6	d^8

4.7.4 无机化学和有机化学的连接

Hoffmann 的等瓣相似原理是用他所发展的 EHMO 方法对很多有机金属化合物和簇合物分子片经过计算,并分析大量实验事实而归纳出来的规律。它增强了实验化学家在合成中的预见性,对已有化合物的分析及新化合物的设计都有很大的价值,在沟通无机化学和有机化学两大领域方面有重大突破。下面我们再举一些实例,用以说明其结构意义。

前面已经将复杂的无机分子和简单的有机分子相联系。反之,也可把已知的无机分子和尚未合成的有机分子相联系。例如 $Fe(CO)_3$ 是和 CH^+ 等瓣,所以有下列(**62**)~(**65**)的相关性,其中,立体交叉架桥的(**64**)是双核的开环富瓦烯(fulvene)配位化合物,它是由乙炔和羰基铁相互作用的产物。(**67**)是(**66**)经过等瓣取代的产物,它是具有 C_2 对称性的 $C_8H_8^{2+}$ 分子,是假想的双重高烯丙阳离子(doubly homoallylic cation)。这类离子,通过等瓣相似分析,其几何构型变得易于理解,但还有待于实验的证实。

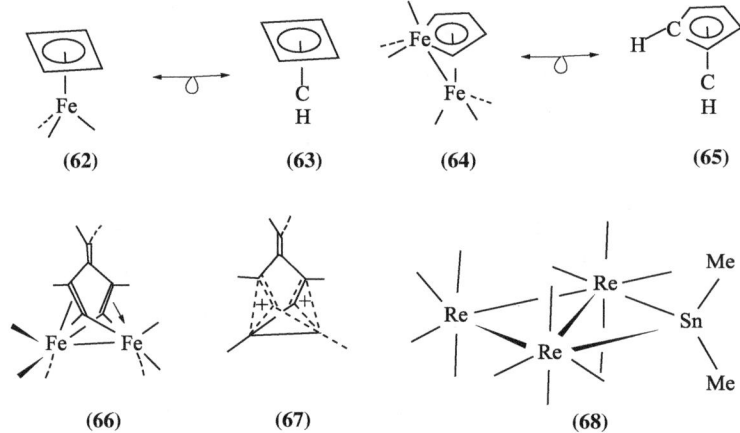

Huie 等在 1981 年制备了一个簇合物 $HRe_3(CO)_{12}SnMe_2$,其中氢的位置还不明确[78]。但若以质子形式将它移开就得到(**68**)。通过等瓣相似

$$Re(CO)_4^- \longleftrightarrow Fe(CO)_4 \longleftrightarrow CR_2 \longleftrightarrow SnR_2 \qquad (4.7.13)$$

可以看出,(**68**)这种古怪的分子和已知的化合物(**56**)是类似的。也许以后将合成出该系列中靠近有机一侧的新化合物 $Re(CO)_4(CH_2)_3^+$ 和 $(CH_2)_4^{2+}$。

$Fe_2(CO)_8$ 和它的等瓣相似体乙烯一样,有 π 和 $π^*$ 轨道[参看式(4.7.3)]。但此 $π^*$ 能级较低,它容易再加上一个 CO 分子而形成稳定的 $Fe_2(CO)_9$,其中含有三个桥式羰基。利用 $MCp^- \longleftrightarrow M(CO)_3$ 的等瓣关系,可知(**70**)中 M = Co 时,和三层夹心化合物(**69**)是相似的,它们都含有 34 个电子。根据表 4.27,(**69**)是可以形成闭壳层结构的[79],由此推测会出现系列化合物(**69**)~(**71**),它们确是已知的。分子轨道计算表明,30 个价电子也能形成闭壳层结构,实际上,按照唐敖庆的成键规则[式(4.6.10)],对于化合物(**72**)和(**73**),也可以求出 $F_1 = F_3 = 6$、$F_2 = 13$ 和

VBO = 15，即有 30 个价电子。因此证实其等瓣相似体的存在。例如，Siebert 已经合成了四电子夹心配位体的反夹心化合物[(**72**)和(**73**)][80]，它是(**70**)中 M = Mn 时的相似体。

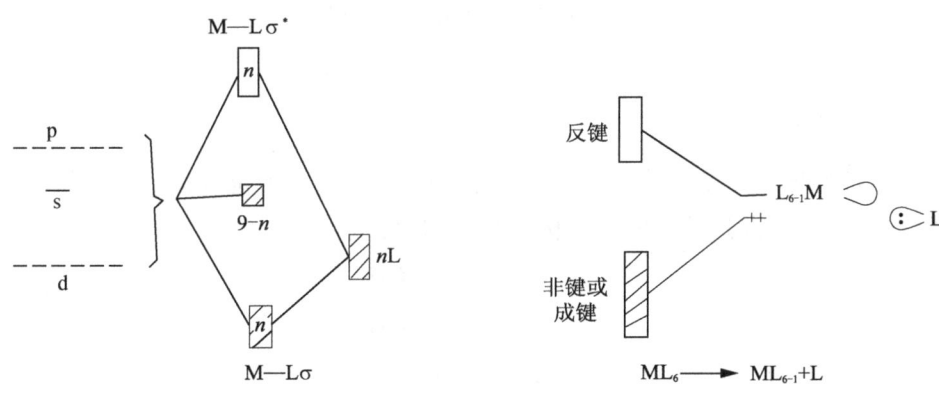

八面体外的其他几何构型：为了易于理解，前面的讨论都是基于六配位的正八面体构型；更一般的是以 18 电子规则为基础，以便讨论更高配位数的等瓣相似原理。

假如有 $n(n<9)$ 个双电子配位体 L 接近一个具有 9 个原子轨道的过渡金属 M。一般总可以找到 n 个配位体轨道，使其和相应数目且对称性合适的金属杂化轨道相匹配。结果形成 n 个能量较低的 M—Lσ 成键轨道和 n 个能量较高的 M—Lσ* 反键轨道，不参加成键的 $(9-n)$ 个金属轨道则近乎为非键的（图 4.122）。而填满这 9 个成键和非键轨道共需 18 个电子，因此从上述证明来看，可将 18 电子规则说成"电子不占据反键轨道"。

图 4.122　18 电子规则的分子轨道说明　　图 4.123　M—Lσ 键的生成

从 18 电子配位化合物中除去一个配位体（碱），则在金属（酸）上产生一个定向的空杂化轨道，而电子对随着配位体离去。也可以从其逆过程成键的角度看，即配位体的一对电子和金属的杂化轨道相互作用后而生成 M—Lσ 键（图 4.123）。

对于主族元素 E，由于只具有 s 和 p 轨道，同样的分析可导出 8 电子规则。除去配位体后也可以释放出杂化轨道，所以 CH_3^+ 有一个定向的空轨道，而 CH_2^{2+} 则有两个定向的空轨道。

ML_n 和 EL_n 的分子片类似性是由于从 18 电子层或 8 电子层中除去一个配位体后产生等瓣的杂化轨道。例如，八面体的层中除去一个配位体后产生等瓣的杂化轨道。例如，八面体的 d^6ML_6 满足 18 电子规则，d^6ML_5 则在其成键 – 非键轨道和反键轨道之间有一个空轨道（正如四面体的 CH_4 满足 8 电子规则，而 CH_3^+，则具有一个空轨道一样）。类似地，d^6ML_4 和 CH_2^{2+} 一样，都有两个空的杂化轨道（图 4.124）。

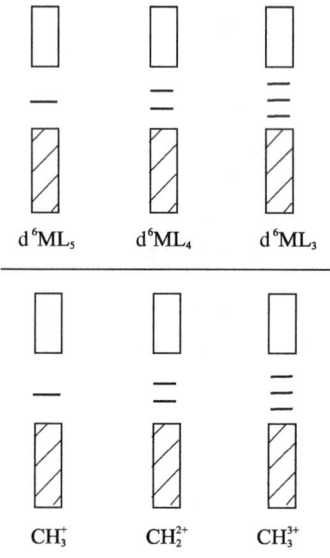

图 4.124 ML_n 和 EL_n 分子片的类似性

这种推导的优点是易于推广到高配位数。例如，七配位数配位化合物的 18 电子组态为 d^4，因此这些七配位结构的等瓣相似关系为

$$d^4ML_7 \longleftrightarrow CH_4$$
$$d^5ML_6 \longleftrightarrow CH_3$$
$$d^6ML_5 \longleftrightarrow CH_2$$
$$d^7ML_4 \longleftrightarrow CH \qquad (4.7.14)$$

又八配位数配位化合物的 18 电子组态为 d^2，因而有

$$d^3ML_7 \longleftrightarrow CH_3$$
$$d^4ML_6 \longleftrightarrow CH_2$$
$$d^5ML_5 \longleftrightarrow CH \qquad (4.7.15)$$

表 4.29 中总结了这些结论，请特别注意"几个对一个"的非同构性。

表 4.29 各种配位数体系的等瓣相似关系

有机碎片	过渡金属的配位数[a]				
	9	8	7	6	5
CH_4	d^0ML_9	d^2ML_8	d^4ML_7	d^6M_6	d^8M_5
CH_3	d^1ML_8	d^3ML_7	d^5ML_6	d^7ML_5	d^9ML_4
CH_2	d^2ML_7	d^4ML_6	d^6ML_5	d^8ML_4	$d^{10}ML_3$
CH	d^3ML_6	d^5ML_5	d^7ML_4	d^9ML_3	

a. L = 中性双电子配位体。

作为一个应用的例子,分析 Vahrenkamp 所提出的链状化合物(**74**)(为了简化,图中未表示出链的立体化学),其中 $CpCr(CO)_3$ 和 $CpCr(CO)_2$ 都是七配位的,而 $Co(CO)_3$ 和 $Fe(CO)_4$ 都是五配位的。由表 4.29 的关系

$$CpCr(CO)_3 \longleftrightarrow d^5ML_6 \longleftrightarrow CH_3 \tag{4.7.16}$$

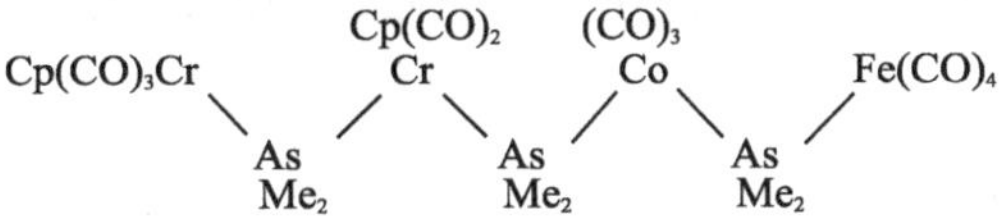

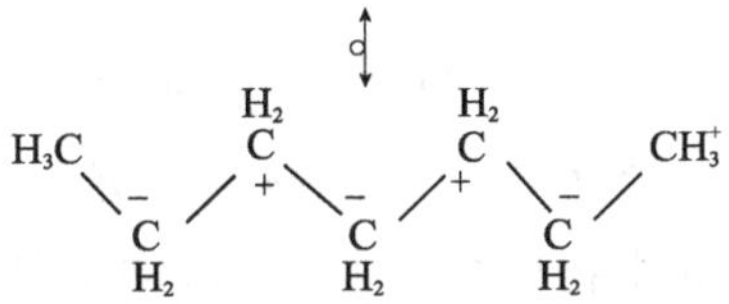

$$AsMe_2 \longleftrightarrow CH_2^- \tag{4.7.17}$$

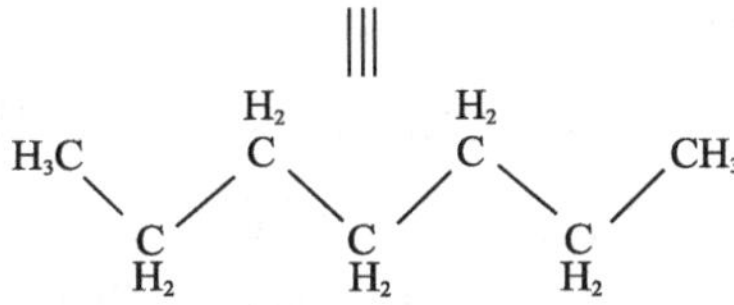

$$CpCr(CO)_2 \longleftrightarrow d^5ML_5 \longleftrightarrow CH_2^+ \tag{4.7.18}$$

$$Co(CO)_3 \longleftrightarrow d^9ML_3 \longleftrightarrow CH_2^+ \tag{4.7.19}$$

$$Fe(CO)_4 \longleftrightarrow d^8ML_4 \longleftrightarrow CH_3^+ \tag{4.7.20}$$

可知复杂的无机链分子(**74**)就可以看做和正庚烷(**76**)等瓣。

等瓣相似原理是一种模型,是从量子化学计算结果抽象出来的定性规律,所以并不是在任何情况下都能适用。但它联系和解释了大量无机化学和有机化学的实验事实,并把它们从理论上统一起来。Hoffmann 的这一成果被认为是结构化学发展过程中的一个里程碑,引起了化学界学者的普遍重视。

4.8 小结和进展——配位化合物中的组装和晶体设计

本章前面依次从简单到复杂的分子层次,分别对化学研究中的几种主要类型的配位化合物的结构和成键特性进行了介绍。大致论述了它们的个性和共性,特别是 Hoffman 提出的等瓣理论沟通了无机化合物和有机化合物的鸿沟。正如 1.3 节所述,继 Warner 于 1902 年创建配位化学这门学科以来,Lehn 将超分子化学看做广义的配位化学,从金属和配位体间的配位延伸到给予体和接受体间的分子识别,并通过分子间的组装(assembly)而创造了一系列更高层次的新物质,开辟了一条新的晶体设计途径(参考 3.7 节)。在分子组装中最受重视的是分子自组装(self-assembly)。它是指一定的构筑块(或称合成子)在适当的条件下可以自发地通过非共价键相互作用而形成特定结构聚集体的过程,它曾被 Science 杂志列入为 21 世纪有待探讨的重大科学问题之一。分子组装研究为配位化学的发展开辟了一条新的途径[81,82]。

4.8.1 模板的自组装方法

传统的化学合成方法通常是一个冗长的重复过程,而且步骤越多,产物损失越多。当人们进行到微小或纳米级大小的功能材料或光电器件的制备时,有可能像微光电器件的平板印刷技术和生物体系中 DNA 自动复制的形式那样,可以根据不同的层次采用模板和自组装的形式进行工作。

自组装已发展到可以遵循两种形式进行。一种是在特殊合成过程中以较强的共价键的方式形成分子的自组装,它受反应中间体的立体化学和结构特性控制,如图 1.13 中穴醚之类的弱配位作用(文献中有时将它称为 supra-molecule);另一种就是通常讨论的以分子间弱相互作用方式所进行的超分子(为了和前者区分,也称为 super-molecule)自组装。它是由一些构筑块定向识别,自发可逆地结合成热力学最为有利的结构。正是这种可逆性体现了类似 DNA 生物体系中所具有的自修复能力。相对于这种严格自组装体系,含有共价键修复的自组装就是非严格的自组装体系。

从热力学角度分析形成 DNA 双螺旋结构的过程(图 4.59)[82]。自组装过程是一个从无序到有序的熵减(ΔS 为负)过程,这对于自发反应所要求的自由能 ΔG 为负值(参考 5.1.1 小节)是不利的。但在当单链形成双螺旋时,由于在两条单螺旋链相互靠近而形成晶核的熵减小过程后(即克服成核热量 $T\Delta S$),碱基对之间的氢键就会结合从而引起热焓 ΔH 的大量增加(图 4.125),最终能组装形成完整的双螺旋(图 4.59)。

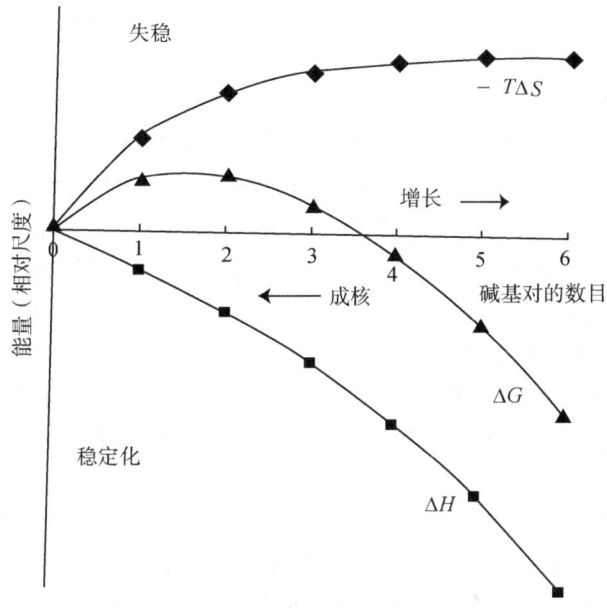

图 4.125　核酸双螺旋自组装过程的热力学函数变化

在讨论配位化合物的自组装过程时和生物化学中的自组装情况类似,但由于配位键强度(10~30kcal)比生物体系中的氢键弱相互作用(6~7kcal)大,因而它是更接近于具有共价修饰的自组装,由于其初始构筑块之一经过预组装或后组装(参考图1.10)则所形成的中间产物可能为不可逆性,因而它的最终产物不是热力学最小的结构。这种修饰作用可以看作是通常所说的模板效应之一。它在自组装的初期是必要的,但在反应结束后也可能不再需要,类似于催化作用,最后在反应中消失。

晶体工程的主要目标之一是优化分子间的相互作用,包括分子形状、拓扑和电子结构,以制备和组装有一定组分、结构及功能的晶体。

对于分子体系,在晶体工程中通常重视非共价的弱相互作用。主要是与距离及方向性相关的静电作用。若主要是 van der Waals 引力则常为以此作为驱动力而形成紧密堆积结构;若没有一种作用力占优势时则很难预测其晶体结构。

对于我们关心的通过溶液中分子间相互作用而形成晶体的机理,一般认为是:首先是溶质(或构筑块)在饱和溶液中形成聚集体,或聚结成簇合物,再进一步生成稳定并暂时具有临界大小的核粒,随后就像类似于以化学中自由基链反应的方式增长。最后所得到的实际晶体结构和形态,则和体系的热力学、动力学、质量和热量的传输效应、结晶条件、反应器表面作用以及微量杂质的类型和数量等条件有关。

实际上有时也可以通过已有晶体结构的解析结果来推测晶体初始成核过程和分子相互识别与组装之间的关系。例如,从图 4.128 右边所示的单胞中取出任意一个分子作为参考,分步取出它周围的邻近分子,分别考察其三维、二维和一维空间的方式,逐步从它们的对称性和几何构型来大致了解其相互作用所引起组装产物由小到大的成长过程。

一般来说,目前要达到完全的晶体工程设计几乎是不太可能的。实际上倒是只能根据目前我们对上述各种影响因素的结合和联系、以及有效的理论计算和模拟,通过实践和尝试的方法才能较为容易地达到(甚至是偶然的)预期的目标。

和一般单个分子的设计不同,借助于超分子化学分子组装概念的发展,配位化合物的晶体工程设计具有很大的优势。例如,充分考虑:①结构匹配。在组装和设计晶体时,对于特别不对称的两种不同组分(或构筑块),或凸凹不平形状的构筑块,当它们不能有效地紧密堆积时就可以充分选择或考虑它们之间形成主-客体或包合物的几何相匹配的可能。②成键匹配。若这些基块之间不具有上述彼此形状互补关系时,则可以充分考虑基块之间的电子给体-受体、酸-碱作用的设计策略。

通过组装,根据其链型及排列的形式,已经合成了不同复杂程度的高级结构配合物,诸如格子形(栅状、梯状);三角形、四方形、六角形、多角形、箱形;大环形(金属大环、圆柱多面形等);内锁形(轮烷形、绳索形、结形、螺旋形、穿插形)等各种组合形式[83]。

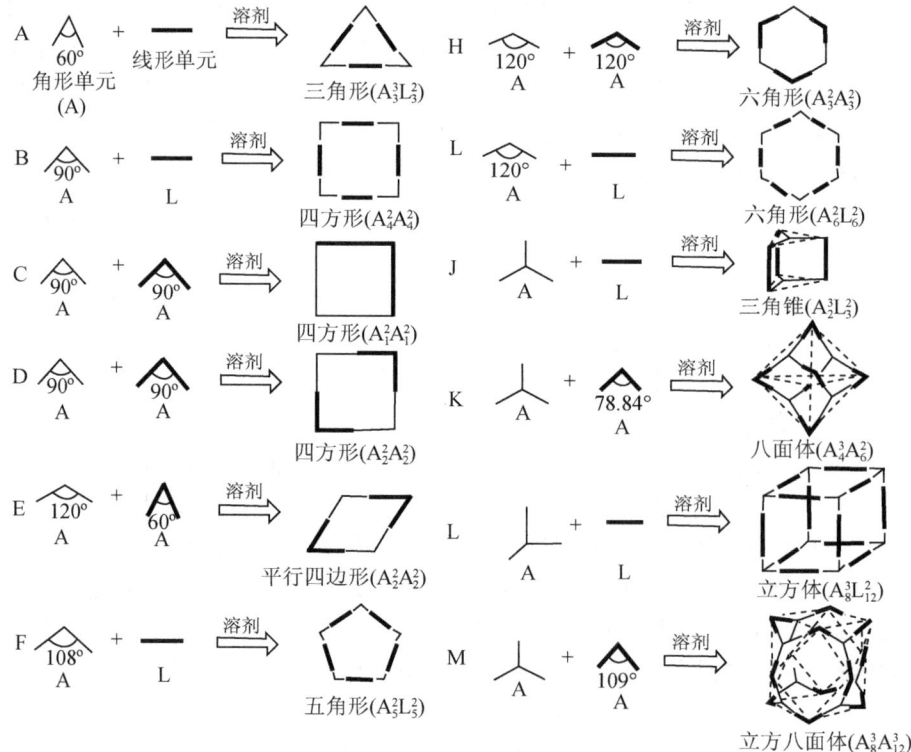

图 4.126 配位聚合物的自组装设计

对于这些高级的新型结构的形成,我们用 Stang 和 Olenuk 所提出的金属环状配合物的组装设计方法进行解释[84]。令线形的 L 和角形的 A 单元作为初始的构筑块。它们分别在尾端具有对应的给体 D 或受体 A,则可以类似搭积木的形式将它们以 D - A 相结合的形式组装成不同结构的多角形或多面体(图 4.126)。如图中 Ⓐ 所示,其中 8 个三配位点的角形的 A 和 12 个线形的二配位点 L 可以组装成 $A_8^3 L_{12}^2$ 型的立方多面体。具体情况和实验条件有关,例如,组分的浓度、pH 或温度的不同可以分别按 C 或 D 生成不同的结构。从热焓角度考虑,有利于生成键数较多的环状结构而不利于生成线形结构;从熵角度考虑,当浓度低到一定临界值时,有利于生成小环而不利于生成大环结构。最近的研究表明,只有当单体临界浓度 $c_{临界}$ 达到一定值时才能发生成环体系的自组装。

4.8.2 配位化合物的晶体设计

1. 配位聚合物

或称为金属有机骨架(MOF),这是配位化合物发展的一个新领域[85]。这种结构所具有的一系列性质及功能在实际上得到系列应用。它是一种通过由多少具有共价成键的金属-配位体相互联结而向空间无限扩展成一维、二维或三维的配位化合物。图 4.127 中表示了它和其他相关化合物的示意图。

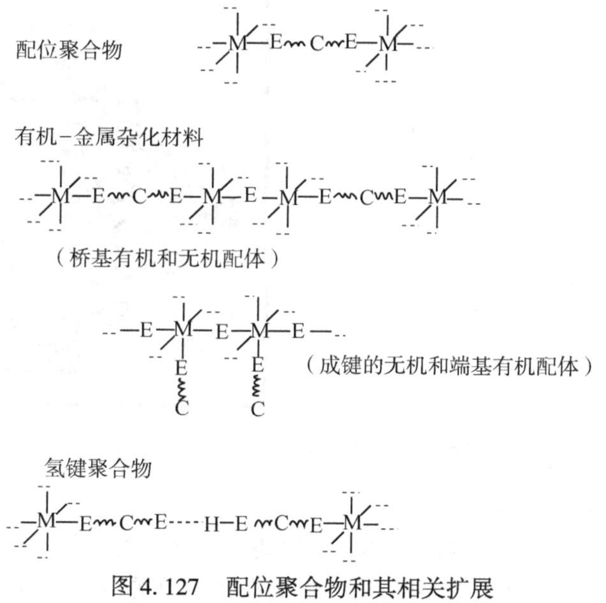

图 4.127 配位聚合物和其相关扩展
金属-配位体结构的示意图

其中配位体必须是一个桥基的官能团。且金属原子 M 至少在一维方向上和该有机配位体桥接。在桥基的给予原子 E 之间至少有一个碳原子,而且还要求有机官能团中不包括 RO^-、RPO_3^{2-} 或 RSO_3^-,因为它们会用其无机端去桥联。当在无限金属-配位体组装中,若插入了和端基有机配位体相联的"无机"的桥基,如—(R,H)、O—、—Cl—、—CN—、—N_3—、—$(R,O)PO_3^-$,则称为有机-无机杂化材料。还分列出了一类用虚线相结合的氢键聚合物。

配位聚合物的结构多样化有很多实际的应用前景[83]。例如,金属乙二酸盐网络$[M^{II}M^{III}(OX)_3]^-$作为磁性材料,三氮唑铁链作为自旋交叉材料,多羧基酸作为储氢材料,联吡啶作为发光材料等。

在根据所需求的性质进行晶体设计时需要有分子自组装和几何结构及超分子相互作用成键方面的基础知识。目前已从配位化学观点合理设计了花样繁多的拓扑、多聚和纠缠(entanlement)的多维扩展网状结构。采用网络或拓扑结构的观点和方法对合理组装、命名和设计功能材料是一种很好的途径[81,85],我国学者洪茂椿和陈小明等在这方面也做了很好的工作,这方面已有很多专著论文报道[86]。

已知以 SiO_2(夹角为145°)为基块的硅酸盐分子筛在催化、分离等领域中有重要的应用。我们曾经以类似 SiO_2 结构的咪唑(Im)配位化合物 $Co(NN/N)_2$(其中 Im-Co-Co 的夹角为144°)作为分子基合成了一种分子型的"分子筛"(图4.128)[87]。这类新型的三维 MOF 结构具有很好的低温合成和结构可控的特性。

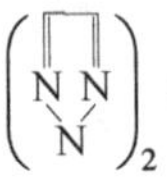

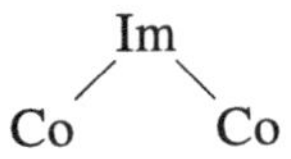

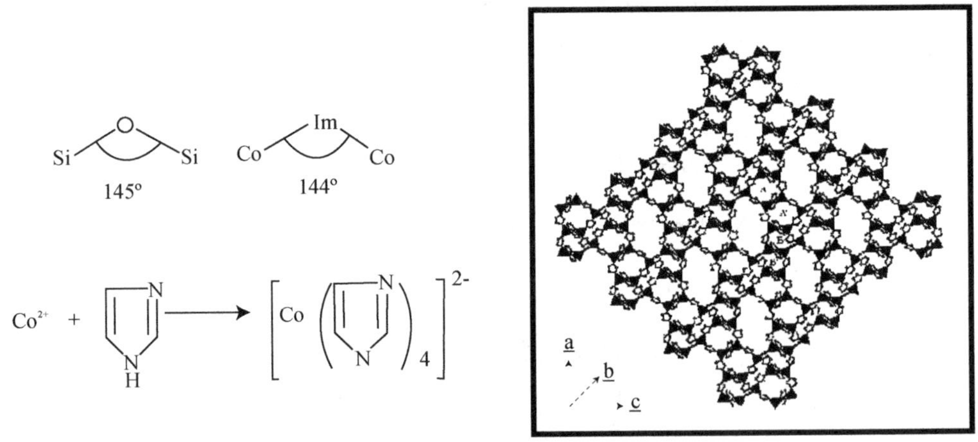

图4.128 分子型分子筛$[Co_5(Im)_{10} \cdot 2MB]_\infty$的组装

2. 虚拟组合数据库设计

配位化合物本身就是出自配位体和金属离子可交换的平衡过程。因而配位化学本身就提供了产生构筑基块的多样性。例如,在较简单的情况下,将三个联吡啶绳索和能形成六配位的金属离子在不同阴离子 Cl^-(较小)或 SO_4^{2-}(较大)参与反应,就可能组合出图4.129 中的 1 或 2 的低聚环状螺旋物[88]。可见对于一些以快速动力学方式进行的严格自组装反应热力学平衡体系,通过其中连续的缔合和解离过程有可能产生各种可能的物种。这些独立物种的稳定性会受外界影响产生变化而形成一个动态可逆互变的体系,从而类似于一个化学物种数据库(library)。

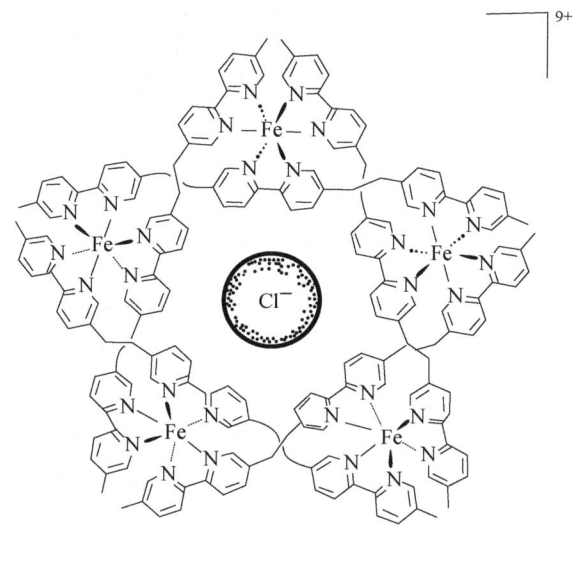

图 4.129 有三位点单联吡啶配体和八面体配位金属离子产生不同的低聚环螺旋物

Lehn 进而设想将配位化学中的热力学自组装过程看成一个动力学组合化学的形式,在其中建立一个虚拟的组合化学数据库(virtual chemistry library, VCL)以设计出一些此前未有的特种结构[89]。虽然这种由相互作用算法程序设计的自组装方法应用起来较为复杂,影响的因素太多,但可以像在生物体系中合成和筛选药物那样,根据实际情况及约束条件简化算法。应用 VCL 的基本概念,即从静态到动态,从预制到匹配,从现实到虚拟的这种方法是未来发展固体和分子工程的方向之一。在 VCL 过程中可以在分子水平上考虑试剂之间各种反应产生的共价结合方式。图 4.130 所示的多样性可逆结合为我们提供了一些参考。例如,(酰胺+羰基)缩合的亚胺型化合物(例如亚胺、腙)。这种反应可以在温和条件下,其产物可以不可逆地还原成为胺。

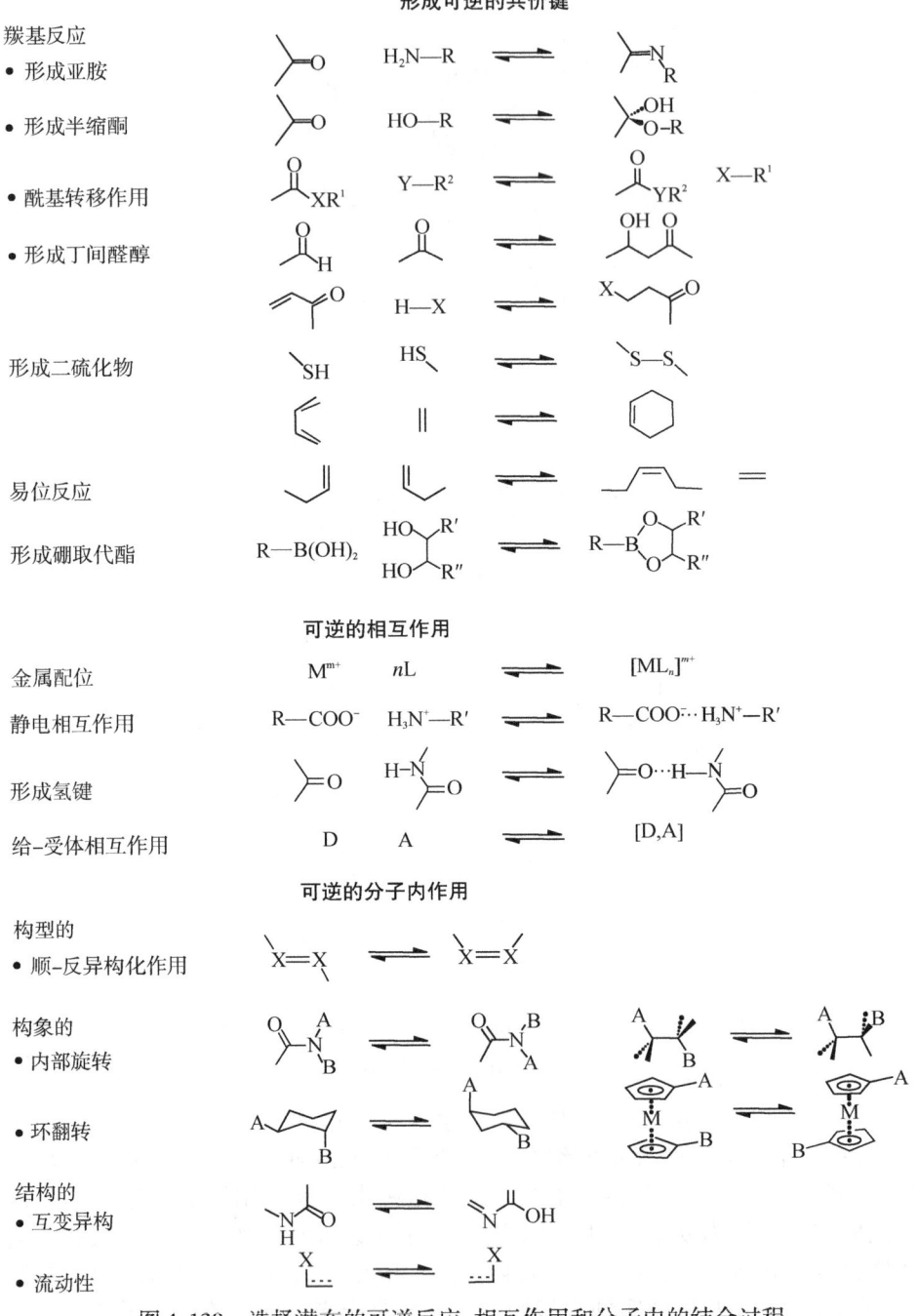

图 4.130 选择潜在的可逆反应、相互作用和分子内的结合过程

例如,在寻找组装碳酸酐酶抑制剂的构筑过程时,人们发现将含有乙醛和胺基的构筑片断可逆地重组到图 4.131 所示的胺数据库中,在一定条件下使平衡的布居(分配)数有利于生成物,朝着库中右下角移动,而使其产物在结构上最接近于已知的强碳酸酐酶抑止剂。

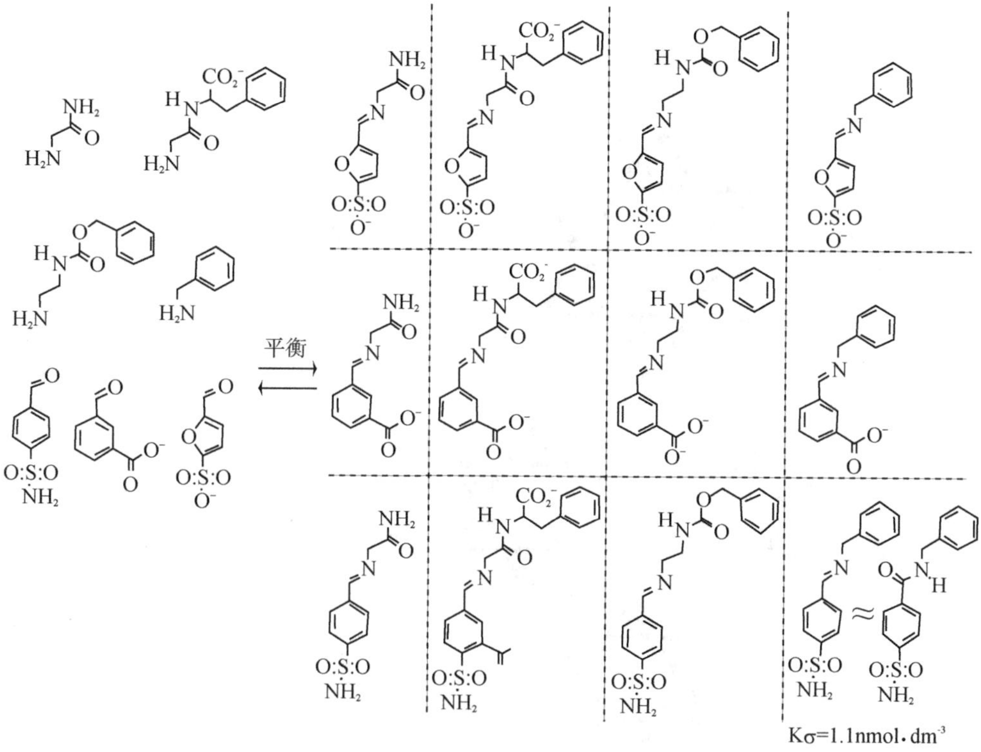

图 4.131　通过可逆组合一组醛和胺产生亚胺的动态组合库

原则上只要控制不同的实验条件就可能通过 VCL 库建立通道以获得其中所需的组成。

4.8.3　DNA 和基因中的分子组装

我们熟知在生物体系中可以由 20 多种氨基酸(表 4.13)之类的构筑基元通过四种碱基对的氢键进行分子识别及组装所形成的天然蛋白质,这种高级结构十分复杂,但可以用四级结构的方式来表达(参见 4.4 节)。在近代配位化学研究中出现了一系列类似于生物体系的复杂结构。由于有些配位键在本质上不同于共价键,而是更接近生物体系的弱相互作用,因此 Lehn 和 Stoddart 曾分别建议将其螺旋结构链所形成的高级配位结构和生物中蛋白质的四级结构进行对比(图 4.132)[83]。这种对比有利于从分子组装的观点更容易地实现新型配合物的设计目标和思路。例如,复杂的无机螺旋结构(图 1.15)就是其成果之一。

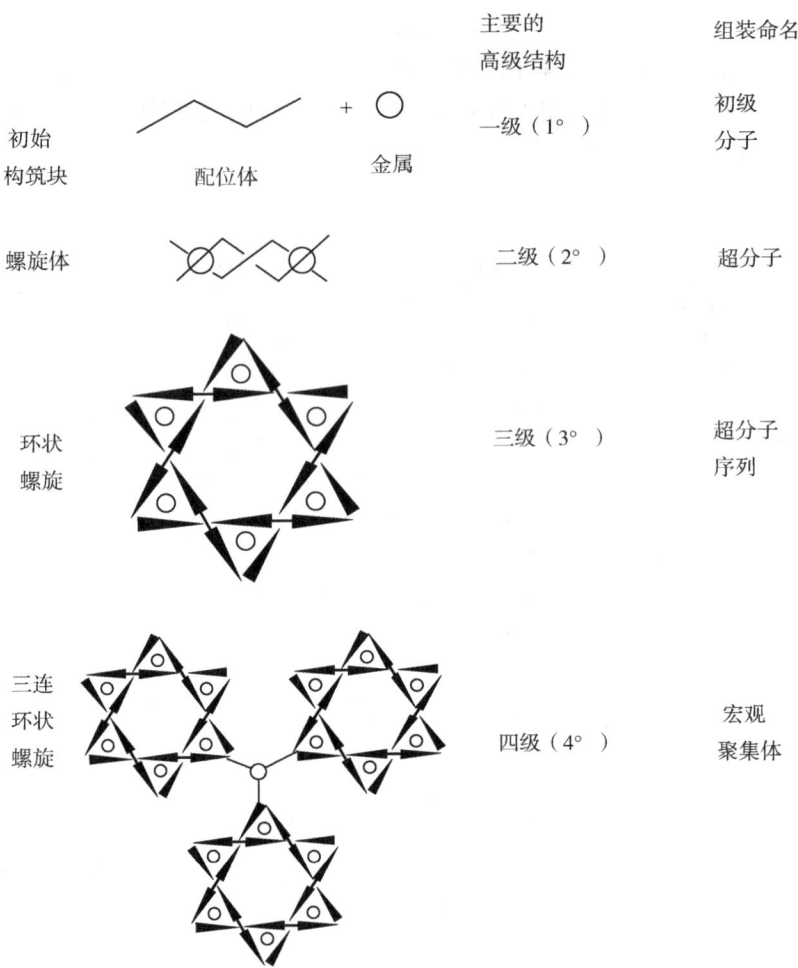

图 4.132　复杂配位化合物中分层结构的示意图

超分子组装在生物有机体系中得到了充分的表现[89]。有机体系中含有成千上万个细胞(图 4.55),人类的健康信息都储存在每一个细胞之中。细胞中储存同样的遗传物质,细胞中最大的生物分子就是前文提到的 DNA 分子,其相对分子质量很大,相当于 30 亿个碱基对。而 DNA 分子通常包装折叠成"染色体"形式,很多细菌和病毒含有单个甚至多个染色体。一个正常人体细胞约有 46 条染色体。而一个染色体则可以包含几千个基因(gene)。一个细胞中所含的基因和基因间 DNA 的总和称为基因组。

一个成人体内约有 10^{14} 个细胞,全长约为 2M。因而一个人体所含 DNA 的全长约为 10^{11} km,相当于地球到太阳距离的 1336 倍。可见 DNA 在细胞内的包装和纠缠是高度有序的。如前所示,DNA 分子是由 A、G、C 和 T 四种碱基按一定序列相互配对而成的双螺旋结构(图 4.59)。

经过生物遗传技术研究证实,每个氨基酸由信使 RNA(mRNA)链上相邻的三个碱基所确定,称为三联体密码或密码子,根据数学上的排列组合原则,由四种碱基编码中选择三个相连碱基确定一个氨基酸编码方式应有 $4^3=64$ 个(表4.30),这完全满足表4.13所示的实际存在的20种氨基酸编码的需要[32]。

表4.30 三联体遗传密码子

第一位置(即5'-末端的碱基)	第二位置(即中间的碱基)				第三位置(即3'-末端的碱基)
	U	C	A	G	
U	Phe	Ser	Tyr	Cys	U
	Phe	Ser	Tyr	Cys	C
	Leu	Ser	stop	stop	A
	Leu	Ser	stop	Trp	G
C	Leu	Pro	His	Arg	U
	Leu	Pro	His	Arg	C
	Leu	Pro	Gln	Arg	A
	Leu	Pro	Gln	Arg	G
A	Ile	Thr	Asn	Ser	U
	Ile	Thr	Asn	Ser	C
	Ile	Thr	Lys	Arg	A
	Met	Thr	Lys	Arg	G
G	Val	Ala	Asp	Gly	U
	Val	Ala	Asp	Gly	C
	Val	Ala	Glu	Gly	A
	Val	Ala	Glu	Gly	G

在染色体 DNA 结构中,具有特定遗传密码的 DNA 片段就是基因,一般基因中含有上千个碱基对。从传统生物学表观上认为基团是染色体上的一种特定部分,它影响着生物体的性状和表现形式。但在 1940 年由 G. Beadle 等首次从分子水平"一个基因一条肽链"的观点上来定义基因,认为基因是各种多肽链或蛋白质顺序编码的 DNA 片段。由于蛋白质由多条肽链组成,而这些肽链又是由同一个基因编码,所以根据基因和蛋白质的关系(图 4.133),DNA 片段上的核苷酸三联体的顺序遗传信息通过 mRNA 作为信息中间体决定了蛋白质或多肽链中的氨基酸顺序。因而基因决定了人类合成蛋白质的种类[89]。

由此可以根据近代分子生物学的研究来估计基因结构的大小。DNA 链上三个连续的核苷酸残基编码组成多肽链中

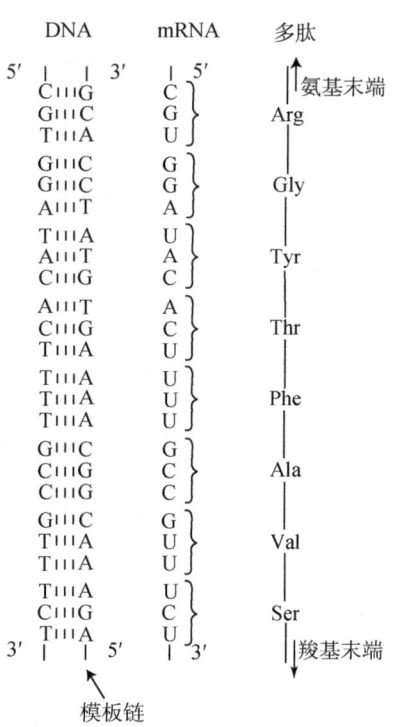

图 4.133 DNA, mRNA 的核苷酸序列与多肽链中氨基酸序列的共线性

的一个氨基酸,即三个核苷酸的残基为一组连续的排列,与多肽链中的氨基酸顺序对应。例如,关于人类所具有的真核生物细胞的研究表明,其有 23 对不同的染色体,只含有 4 万多个基因,比人们预期的少得多,表明我们对分子基因中的很多问题还有待探讨。

生物细胞中含有三种和 DNA 结构类似的 RNA 分子。第一种是核糖体 RNA,它起着合成蛋白质的模板作用;第二种是负责转移氨基酸的转运 RNA(tRNA);第三种就是前述的 mRNA。每种多肽链都由特定的 mRNA 负责编码。一般去氧核糖体的结构为单链分子,在某些特殊条件下,一些核酸分子(DNA 或 RNA)在金属离子的参与下,也是通过复杂的分子组装过程及微妙的生物化学反应,积极参与生命的进程。

参 考 文 献

[1] (a) Cimpoesu F, Hirao K. Advances in Quantum Chemistry, 2003; 44: 369;
(b) Labarre J F. Structure and Bonding. Vol. 35. In: Dunitz J D, Hemmerich P, Jφorgensenk et al., Berlin: Springer-Verlag, 1978.

[2] (a) Gillespie R J. Coord Chem Rev, 1975, 15: 321; Kauffman G B, Bernal I. J Chem Educ, 1970, 47: 18;
(b) Kauffman G B, Bernal I. J Chem Edu, 1989, 66(4): 293.

[3] (a) Burdett J K. Molecular Shapes-Theoretical Model of Inorganic Stereochemistry. New York: John Wiley & Sons, 1980;
(b) Von Zelewsky A. Stereochemistry of Coordination Compounds. Chichester: John Wiley & Sons Ltd, 1996: 110.

[4] Saito Y. Inorganic Molecular Dissymmetry. Berlin, Heidelberg, New York: Springer-Verlag, 1979

[5] (a) Kennedy B K, Mc Quarie, Brubaker C H. Inrog Chem, 1964, 3: 365;
(b) Niketic S R, Rasmussen K J. Acta Chem Scand, 1978, A 32: 391.

[6] (a) Lukehart C M. Fundamental Transition Metal Organometallic Chemistry. Monterey, California: Brooks/Cole Publishing Company, 1985;
(b) Hill A F. Advances in Organometallic Chemistry. London: Academic Press, 2008.

[7] (a) Collman J P, Hegedus L S. Principles and Applications of Organotransition Melal Chemistry. Millvalley: University Science Books, 1980;
(b) 黄耀曾,钱延龙主编. 金属有机化学进展. 北京:化学工业出版社,1987.

[8] (a) Crabtree R, Mingos M. Comprehensive Organometallic Chemistry. 3rd ed. Amsterdam, London: Elsevier, 2006: 1-13;
(b) Crabtree R H. The Organometallic Chemistry of the Transition Metals. New Jersey: John Wiley Sons, 2005.

[9] Wilkinson G, Stone F G A, Abel E W (ed.). Comprehensive Organmetallic Chemistry. Oxford: Pergamon Press, 1982.

[10] (a) King R B. Organometallic Syntheses. Vol. 1. Transition Metal Compounds. New York: Academic Press, 1965;
(b) Beller M. Carsten Bolm Transition Metals for Organic Synthesis: Building Blocks and Fine Chemicals. New York: Wiley-VCH, 2004.

[11] 徐光宪. 化学通报, 1982, (8): 490; (9): 570; (11): 656.

[12] Johnson B F G, Benfield R E. Topic Stereochem, 1981, 12:253.
[13] (a) Baker E C, Halstead G W, Raymond K N. Structure and Bonding. Vol. 25. In: Dunitz J D, et al. Berlin: Springer - Verlan, 1976;
(b) Wu Z Z, Zhou X G, Zhang W, Xu Z, You X Z, Huang X Y. J Chem Soc Chem Commun, 1994:813.
[14] Jackman L M, Cotton F A(ed.). Dynamic Nuclear Magnetic Resonance Spectroscopy. New York: Academic Press, 1975.
[15] (a) Martell A E, Calvin M. Chemistry of the Metal Chelate Compounds. New York: Prentice - Hall, Inc., 1953;
(b) Gloe K. Macrocyclic Chemistry: Current Trends and Future Perspectives. Dordrecht: Springer, 2005.
[16] (a) Constable E C. Progress in Macrocyclic Chemistry. Oxford: Oxford University Press, 1999;
(b) Lindoy L F. The Chemistry of Macrocyclic Ligand Complexes. Cambridge: Cambridge University Press, 1989.
[17] (a) Falk J E. Porphyrins and Metalloporphyrins. Amsterdam: Elsevier, 1964;
(b) Fleischer E B. Acc, Chem Res, 1970, 3:105.
[18] Caughey W S, Deal R M, Weiss C, Gouterman M. J Mol Spect, 1965, 16:451.
[19] Valentine J S. Chem Revs, 1973, 73:235.
[20] Smith T D, Pilbro J R. Coord Chem Revs, 1981, 39:295.
[21] Tovrog B S, Kitko D J, Drago R S. J Amer Chem Soc, 1976, 98:5144.
[22] Chamberlain C S, Drago R S. J Amer Chem Soc, 1979, 101:5240.
[23] 徐正, 俞运鹏, 游效曾. 化学学报, 1988, 46:14.
[24] (a) Izatt R M, Christensen J J(ed.). Progress in Macrocyclic Chemistry. Vol. 1. New York: John Wiley & Sons, 1979;
(b) 罗勤慧. 大环化学——主-客体化合物和超分子. 北京:科学出版社, 2009.
[25] 游效曾, 李重德, 杨星水, 李邨, 王定能, 黄锦顺, 王曼芳. 科学通报, 1985, 30:65.
[26] 游效曾, 李重德, 余跃华, 包家伟. 科学通报. 1980, 5:21.
[27] 李邨, 李重德, 杨星水, 游效曾, 戴安邦, 徐元值. 化学学报, 1986, 44:995.
[28] 袁传荣, 李重德, 陆德路, 游效曾. 波谱学报, 1983, 1:75.
[29] Sedden W A, Fletcher J W, Sopchyshyn F C, Catterall R. Can J Chem, 1977, 55:3356.
[30] (a) Crichton R. Biological Inorganic Chemistry. Amsterdam: Elsevier Science, 2007;
(b) McFadden L. Bioinorganic Chemistry: A Survey. New York: Academic Press, 2006.
[31] (a) Hill H A O. Inorganic Biochemistry. Vol. 1~3. A Specialist Periodical Report. London: Burlington House, 1979~1982;
(b) Lippard S J, Berg J M. 生物无机化学原理. 席振峰, 姚光庆, 相斯芬, 任宏伟译. 北京:北京大学出版社, 2000.
[32] (a) Mcminin D R. Chem Edication, 1985, 62(11):916; (b) 杨频, 高飞. 生物无机化学原理. 北京:科学出版社, 2002.
[33] (a) Bergethon P R. The Physical Basis of Bioochemistry: The Foundations of Molecular Biophysics. New York: Springer - Verlag, 2000;
(b) Eduardo R H, Katsuhiko A, Lvov Y M. Bio-inorganic Hybrid Nanomaterials: Strategies, Syntheses, Characterization and Applications. New York: Wiley, 2007.
[34] Smith T D, Pilbrow J R. Coord Chem Rev, 1981, 39:295.
[35] 沈同, 王镜岩, 赵邦悌主编. 生物化学. 北京:高等教育出版社, 1984.
[36] 胰岛素结构研究组. 中国科学, 1973, 16(1):93; 1974, 17(6):591.
[37] (a) 科罗尔科瓦斯 A. 生物药理学. 上海药物研究所翻译小组译. 北京:科学出版社, 1976;

(b) Brill A S. Transition Metals in Biochemistry. Berlin, Heidilberg, New York: Springer-Verlag, 1977.

[38] 琼斯 D W 主编. 生物聚合物波谱学导论. 江丕栋等译. 北京: 科学出版社, 1983.

[39] (a) Karlin K D, Znbieta J. Copper Coordination Chemistry: Biochemical. & Inorganic Perspectives. New York: Adenine Press, 1983;
(b) Abd-El-Aziz A S, Carraher Jr C E, Pittman Jr C U, Sheats J E, Zeldin M. Macromolecules Containing Metal and Metal – Like Elements: Biomedical Applications. Vol. New York: Wiley, 2004.

[40] (a) Dolphin D, Felton R H. Accounts Chem Res, 1974, 7: 26;
(b) Zhang Y, Guo Z J, You X Z. J Am Chem Soc, 2001, 123(38): 9378.

[41] Jr Gschneidner K A (ed.). Handbook on the Physics and Chemistry of Rare Earths. Vol. 4. Amsterdam: North – Holland Publishing Company, 1979.

[42] Willams R J P. In: Dunitz J D, et al. Structure and Bonding. Vol. 50. Berlin: Springer-Verlag, 1982.

[43] Sievers R F (ed.). Nuclear Magnetic Resonance Shift Reagents. New York: Academic Press, 1973.

[44] Luk C K. Biochemistry, 1971, 10: 2838.

[45] (a) 裘祖文, 裴奉奎. 核磁共振波谱. 北京: 科学出版社, 1992;
(b) Mao X A, You X Z, Dai A B. Magn Reson Chem, 1989, 27: 836.

[46] (a) A Special Collectionin Inorg Chim Acta, 1982, 62(1);
(b) Nicolais L, Carotenuto G. Metal – Polymer Nanocomposites. New York: Wiley, 2004.

[47] Burk P L, Osborn J A, Youinou M T, et al. J Amer Chem Soc, 1981, 103: 1273.

[48] Robson R. Inorg Nucl Chem Lett, 1970, 6: 125.

[49] Casellato U, Vigato P A, Fenton D E. Chem Soc Rev, 1979, 8: 199.

[50] Hatfield W E. In: Boudreaux E A, Mulay L N. Theory and Applications of Molecular Paramagnetism. New York: Wiley, 1976.

[51] Huang N L, et al. Conference on Exchange Interactions. New Jersey: Princeton University, 1971.

[52] KoKoszka G F, Duerst R W. Coord Chem Rev, 1970, 5: 209.

[53] Brown D B (ed.). Mixed – Valence Compounds. Oxford: D Reidel Publishing Company, 1979.

[54] Piepho S B, Krausz E R, Schatz P N. J Amer Chem Soc, 1978, 100: 2996.

[55] (a) Day P. Inter Rev in Phys Chem, 1981, 1: 149;
(b) Ruiz – Molina D, Sedo J, Rovira C, Veciana J. Handbook of advanced electronic and photonic materials and devices. Intramolecular Electronic – Transfer Phenomena in Organic Mixed – Valence Compounds, Cerdanyola, Spain, 2001.

[56] (a) Braunstein P, Oro L A, Raithby P R (ed.). Metal Cluster in Chmistry. New York: Wiley-VCH, 1999: 1-3;
(b) Johnson B F C. Transition Metal Clusters. New York: John Wiley & Son Inc., 1980.

[57] (a) Purcell K F, Kotz J C. Inorganic Chemistry. Chapt. 18. W B Saunders Philadelphia, 1979;
(b) Cotton F A, Wilkinson G, Murillo C A, Bochmann M. Advanced Inorgnic Chemistry. 6th ed., New York: Wiley, 1999.

[58] You X Z, Zhu Z H, Huang J S, Fenske R F, Dahl L F. New Frontiers in organometallic and Inorgamic Chemistry. In: Huang YZ, Yamamoto A, Teo BK. Beijing: Science Press, 1984.

[59] (a) Gaizey F. Coord Chem Rev, 1979, 29: 195;
(b) Huang Y G, Jiang F L, Hong M C. Coordination Chmistry Reviews, 2009, 253: 23, 24, 2814.

[60] (a) Muetterties E L, et al. Chem Rev, 1981, 79: 91;
(b) Xie S Y, Cao F, Lu X, Huang K B, 2004, 304: 699.

[61] Tsukerblat B. Inorganica Chimica Acta, 2008, 14: 37 ~ 46.

[62] Rives A B, You X Z, Fenske R F. Inorg Chem, 1982, 21: 2286.

[63] Mutterties E L. Bull Soc Chem Belg,1976,85:451.
[64] Toan T,Fehlammer W P,Dahl L F. J Am Chem Soc,1977,99:408.
[65] (a) 刘举正. 化学通报,1981,(7):387;
(b) 陈慧兰,余宝源. 理论无机化学. 北京:高等教育出版社,1989.
[66] Lauher J P. J Am Chem Soc,1978,100:5350.
[67] 唐敖庆,李前树. 科学通报,1983,1:25.
[68] 徐光宪. 高等学校化学学报,1982,专刊:114
[69] Lu J X(ed.). Some New Aspects of Transition-Metal Cluster Chemistry. Beijing,New York:Science Press,2000.
[70] Kettle S F A.,Theoret Chim Acta,1965,3:211.
[71] Mingos D M P,Wals D J. Introduction to Cluster Chemistry. Englewood Clifts:Prentice-Hall,1990.
[72] Christion B,Dmuynek D,Veillad A,et al. Faraday Symp R Soc Chem,1980,14:170.
[73] King R B,Rouvray D H. J Am Chem Soc,1980,14:170.
[74] Cotton F A,Waiton R A. Multiple Bonds between Metal atoms. 2nd ed. New York:Oxford Unniversity Press,1990.
[75] Peng S M,Wang C C,Tang Y L,Chen Y H,Li F Y,Mou C Y,Leung M K.,J Magn and Magn,Materials,2000,209:80.
[76] (a) 游效曾,孟庆金,韩万书主编. 配位化学进展. 北京:高等教育出版社,2000;
(b) Fenske D. Cluster and Colloid,From theory to applications. Weiuheim:VCH,1994.
[77] Hoffmann R. Science,1981,21:995.
[78] Huie B T,Kirtley S W,Knobler C B,Kaesy H D. J Organomet Chem,1981,213:45.
[79] Lauher J,Elian M,Summerville R H,Hoffmann R. J Amer Chem Soc,1976,98:3219.
[80] Siebert W,Renk T,Kinberger K. Angew Chem Int Ed Engl,1976,15:434.
[81] Braga D,Greponi F(ed.). Making Crystals by Design Methods. Techniques and Applications. New York:Wiley-VCH,2007.
[82] Steed J W,Atwood J L. Superamolecular Chemistry. 2nd ed. New York:John Wiley,2009.
[83] Siweiger G F,Malefetse T J. Chem Review,199.
[84] Stang P J,Olenuk B. Acc Chem Res,1997,30:502.
[85] (a) Janiak C. Dalton Trans,2003,2781;
(b) Okeeffe M,Eddaoudi M,Li H,Remeke T. Yaghi DM. J Solid State Chem,2000,152.
[86] 洪茂椿,陈荣,梁文平等. 现代无机化学. 北京:高等教育出版社,2005.
[87] Tian Y Q,Cai C X,You X Z,et al. Angew Chem Int Ed Engl,2002,41(8):3800.
[88] Lehn J M. 超分子化学. 沈兴海 等译. 北京:北京大学出版社,2002.
[89] 于自然,黄熙泰. 现代生物化学. 北京:化学化工出版社,2001.

第5章 配位化合物的物理化学性质

配位化合物呈现一系列特征性的表观性质,目前已经有可能从微观的静态或动态结构角度来阐明、总结和预测其各种宏观物理化学性质的关系。从本质上掌握物质变化的规律,对于能动地解决各种实际问题也有着重要意义。[1]

5.1 溶液热力学和平衡

我们经常要讨论配位化合物在固态时的热稳定性和它们在溶液中的稳定性,这是两个不同的概念。前者常用相同压力等条件下的分解温度来表征。例如,在 550mmHg[①] 压力下,反应

$$[Co(NH_3)_6]I_2(s) \longrightarrow CoI_2(s) + 6NH_3(g) \quad (5.1.1)$$

的分解温度为 188℃,而 $[Ni(NH_3)_6]I_2(s)$ 所对应的分解温度为 225.5℃。我们根据分解温度的高低,我们得出结论:这种镍配位化合物比对应的钴配位化合物更稳定。金属配位化合物在溶液中的稳定性通常用经典热力学进行研究。本节主要对在实际工业体系和生物体系中最为重要的配位化合物水溶液的稳定性进行讨论,重点讨论影响其稳定性的结构因素[2]。

5.1.1 配位化合物在溶液中的稳定性

在溶液中,金属离子 M 和配位体 L 逐级配位而形成配位化合物 ML_n(为了简化,略去了为保持电中性原有离子右上角的电荷)

$$M + nL \xrightleftharpoons{\beta_n^0} ML_n \quad (5.1.2)$$

按照质量作用定律,有

$$\{ML_n\} = \beta_n^0 \{M\}\{L\}^n = K_n^0 \{ML_{n-1}\}\{L\} \quad (5.1.3)$$

其中 $\{\ \}$ 表示活度,Π 为连乘符号,总稳定常数 β_n^0 是反应的热力学平衡常数。而逐级稳定常数 K_n^0 则对应于下列反应的平衡常数 K_n^0

$$ML_{n-1} + L \xrightleftharpoons{K_n^0} ML_n \quad (5.1.4)$$

显然,$\beta_0^0 = K_0^0 = 1$,$\beta_1^0 = K_1^0$ 和 $\beta_n^0 = \Pi K_n^0$,Π 为连乘符号,上面公式中忽略了实际发生的水合金属离子被配位体 L 取代的取代作用,即用式(5.1.4)的加成反应代替了实际上可能发生的取代反应

$$M(H_2O)_m L_{n-1} + L \longrightarrow M(H_2O)_{m-1} L_n + H_2O \quad (5.1.5)$$

---

① 1mmHg = 133.322Pa。

当配位作用在低浓度下进行时,这是允许的,因为水的活度可以看做是接近于 1 的常数。

如果以浓度[ ]来代替活度{ },则基于$\{\ \} = \gamma[\ ]$,总稳定常数为
$$\beta_n = [ML_n]/[M][L]^n = \beta_n^0/\Pi\gamma_i^{\nu_i} \tag{5.1.6a}$$
逐级稳定常数为
$$K_n = [ML_n]/[ML_{n-1}][L] = K_n^0/\Pi\gamma_i^{\nu_i} \tag{5.1.6b}$$
其中 ν_i 为参与反应物种的化学计量系数,γ_i 为所用浓度标的活度系数。

由于不可能直接在假定的纯水中单位浓度标准状态下测定稳定常数,因而必须在真实的介质中测定化学计量的稳定常数 β_n 或 K_n,再按式(5.1.6),由活度系数比转换成 β_n^0 或 K_n^0。可见活度系数的数值在推求溶液热力学函数时十分重要,但是适用的数据不多。为此,可以将在离子强度 I 不同时,测定的 β 或 K 值外推到离子强度为零时的值,或者从理论上采用类似 Debye-Hückel 型公式进行最小均方处理。我们曾经推广了从单电解质 $X_iY_i(i=1,\cdots,n)$ 的活度系数 $\gamma_{X_iY_i}$ 计算其在实际混合电解质溶液中 X_1Y_1 的活度系数 γ 的近似公式[3]

$$\lg\gamma_{X_1Y_1}^{X_2Y_2,\cdots,X_iY_i,\cdots,X_nY_n} = \lg\gamma_{X_1Y_1} - \frac{1}{4I}\sum_i{}'[X_i]\left(K_{1X_i}\lg\gamma_{X_1Y_1} - K_{2X_i}\lg\gamma_{X_iY_i}\frac{K_{3X_i}A}{1+I^{-\frac{1}{2}}}\right)$$
$$- \frac{1}{4I}\sum_i{}'[Y_i]\left(K_{1Y_i}\lg\gamma_{X_1Y_1} - K_{2Y_i}\lg\gamma_{X_1Y_i}\frac{K_{3Y_i}A}{1+I^{-\frac{1}{2}}}\right) \tag{5.1.7}$$

其中 X_i、Y_i 和$[X_i]$、$[Y_i]$各对应于混合电解质溶液中电解质 X_iY_i 的正负离子的电价和质量摩尔浓度,$\sum_i{}'$ 表示求和时 $i\neq 1$。请注意此式中 K 不是上述平衡常数,而是下式离子电价所定义的常数:

$$K_{1X_i} = X_i(2X_i - X_1 + Y_1)$$
$$K_{2X_i} = X_1(2X_i + Y_1)^2(X_1 + Y_1)^{-1}$$
$$K_{3X_i} = X_1X_iY_1(X_1 + Y_1)^{-1}(X_1 - X_i)^2$$
$$K_{1Y_i} = Y_i(2Y_i - Y_1 + X_1)$$
$$K_{2Y_i} = Y_1(X_1 + Y_i)^2(X_1 + Y_1)^{-1}$$
$$K_{3Y_i} = Y_1Y_iX_1(X_1 + Y_1)^{-1}(Y_1 - Y_i)^2 \tag{5.1.8}$$

由式(5.1.8)即可从体系中的单电解质活度系数计算出混合电解质中的活度系数,并结合该式考虑了对盐湖和海水性质研究极为重要的 $NaCl - kCl - MgCl_2 - MgSO_4$ 等高浓度复杂水溶液的适用性,在用 $NaClO_4$ 或 KCl 作为支持电解质以维持一定的离子强度 I 条件下测定稳定常数。完全不考虑活度系数校正而直接用浓度代替活度,这样得到的近似平衡常数也称为条件平衡常数。已有专著[4]综述了从实验上利用不同化学或物理手段测定各种类型稳定常数的方法,而且已积累了大量数据,这里不再赘述。

值得指出的是,在溶液中的平衡测量结果并不能区分含有不同溶剂量的物种。例如,在水溶液中不能区分$[VO]^{2+}$与$[V(OH)_2]^{2+}$,也不能区分$[V_{10}O_{28}]^{6-}$与$[V_{10}(HO)_{56}]^{6-}$。同样,在 $NaClO_4$ 电解质溶液中,$[Cu(NH_3)_2]^{2+}$的成分可能是下

列各种物种的集合：

$$\sum_x \sum_y \sum_z [Cu(NH_3)_2(H_2O)_x(Na)_y(ClO_4)_z]^{(2+y-z)+}$$

通过结构熵,和固态结构对比,或者从配位场理论等方法有助于作出这方面判断。

配位化合物在溶液中的热力学函数如下：

利用电位、pH 和光谱等方法测定不同温度 T 下的 K 值后,可以求出自由能 ΔG：

$$\Delta G = -2.303RT\lg K \tag{5.1.9}$$

再由式(5.1.10)用图解法求出反应的焓变 ΔH 和熵变 ΔS：

$$\lg K = (\Delta S - \Delta H/T)/(2.303R) \tag{5.1.10}$$

但更精确的办法是,直接用微型量热计方法测量 ΔH,将 ΔG 分离为 ΔH 和 ΔS 两部分,这有利于今后讨论配位化合物的稳定性和成键本性间的关系。

原则上可以将这样求出的热焓和熵的变化转换成为纯溶剂中的假想标准态热力学量 ΔG^0、ΔH^0 和 ΔS^0。例如由式(5.1.6)有

$$\Delta G = \Delta G^0 - RT\sum \nu_i \ln\gamma_i \tag{5.1.11}$$

$$\Delta H = \Delta H^0 - RT^2 \sum \nu_i \partial(\ln\gamma_i)/\partial T \tag{5.1.12}$$

$$\Delta S = \Delta S^0 - R[T\sum \nu_i \partial(\ln\gamma_i)/\partial T + \sum \nu_i \ln\gamma_i] \tag{5.1.13}$$

在有适当的支持电解质的情况下,活度系数 γ_i 主要是支持电解质的贡献,因而式(5.1.11)~式(5.1.13)的最后一项只和化学计量的系数 ν_i 或配位化合物的电荷类型有关。例如,对于反应

$$[Co(NH_3)_6]^{3+} + X^- \rightleftharpoons [Co(NH_3)_6 X]^{2+} \quad (X = Cl、Br、I) \tag{5.1.14}$$

在 0.3 mol/L $NaClO_4$ 溶液中,其热焓变化 ΔH 和熵的变化 ΔS 比 ΔH_1^0 和 ΔS_1^0 分别约小 0.6 kcal/mol 和 5 e.u.(e.u 为熵单位)。而对于反应

$$[HgBr_3]^- + Br^- \rightleftharpoons [HgBr_4]^{2-} \tag{5.1.15}$$

在 0.5 mol/kg $NaClO_4$ 溶液中,其熵变 ΔS_4 比 ΔS_4^0 约大 2 e.u.。

从实验上测出的,每摩金属离子所引起的配位化合物 ML_n 生成热能变化 $\Delta \bar{H}$ [式(5.1.2)]和单核反应中的总热焓变化 $\Delta \mathcal{H}_n$ 的关系为

$$\Delta \bar{H} = \sum_1^n \Delta \mathcal{H}_n \alpha_n \tag{5.1.16}$$

用量热滴定法进行 n 次以上的 $\Delta \bar{H}$ 测定,再根据已知的解离度 α_n 值就可以求解联立方程(5.1.16)而得到 $\Delta \mathcal{H}_n$ 值。总热力学函数的自由能变化、焓变和熵变与其对应的逐级热力学函数间的关系为

$$\Delta \mathcal{G} = \sum \Delta G_n, \quad \Delta \mathcal{H}_n = \sum \Delta H_n, \quad \Delta \mathcal{S}_n = \Delta S_n \tag{5.1.17}$$

考虑到在发生反应[式(5.1.2)]时溶质物种的数目发生了变化,可以对通常的平衡常数进行校正而引入真实(unitary)平衡常数的概念。当溶质分子取代了水合溶剂水分子时,会引起自由能的变化。对于符合 Raoult 定律的理想溶液,这种变化与溶

质的摩尔分数成正比。考虑到溶质粒子 ν 的变化,这种热力学项称为增附(cratic)部分。当反应[式(5.1.2)]中溶质增加了 ν 以取代相对分子质量为 18.02 的水时,则增附自由能变化 $\Delta \mathscr{G}_{cr\nu}$ 为(其中 $55 \approx 1000/18.02$)

$$\Delta \mathscr{G}_{cr\nu} = -\nu RT\ln 55 \quad (5.1.18)$$

例如,对于反应[式(5.1.2)],溶质数目从 $n+1$ 减小了 n,因而自由能表示为

$$\Delta \mathscr{G}_n = \Delta \mathscr{G}'_n + \Delta \mathscr{G}'_{cr,n} = \Delta \mathscr{G}' + nRT\ln 55 \quad (5.1.19)$$

其中真实的自由能 $\Delta \mathscr{G}'_n$ 是一个比 $\Delta \mathscr{G}_n$ 更能反映所发生化学反应特性的热力学量。由此可以通过相应的式(5.1.9)得到下列真实的稳定常数 β'_n 的表示式:

$$\lg \beta'_n = \lg \beta_n + n\lg 55 = \lg \beta_n + 1.74n \quad (5.1.20)$$

描述配位化合物生成的更真实方程,应将水也看做反应物,但困难在于不知道涉及多少水分子。按照定义,熵变是一个真实量,所以我们自然得到:

$$\Delta \mathscr{S}' = \Delta \mathscr{S} + 7.9n \quad (5.1.21)$$

在后面讨论到不同类型的配位化合物(如螯合的和不螯合的)和负的熵值变化时要用到真实热力学函数[参见(5.1.6)节]。

曾经指出,式(5.1.18)表示了对常用标准态(即对溶质用质量摩尔浓度 mol/kg 或体积摩尔浓度 mol/L,而对溶剂用纯液体)的不对称性的一种校正,因而应用真实平衡常数时溶剂和溶质就处在较为等同的对称地位了。

5.1.2 配位化合物生成的基本过程

对配位化合物热力学稳定常数的研究已进行了半个多世纪,提出了很多方法,积累了大量数据[5]。但是,对于微观结构和溶剂性质对它的影响等问题仍是一个值得探讨的课题。

1. 离子的水合作用

对于研究得最多的水溶液,离子的水合问题极为重要。水分子是某些金属离子的最内部的配位体。例如实际上,对于从 $[Cr(H_2O)_6]^{3+}$ 到 $Cr-SCN$ 混合体系时,应用离子交换技术可以分离出从 $[Cr(H_2O)_6]^{3+}$ 到 $Cr(SCN)_6^{3-}$ 的各种 H_2O 和 SCN^- 混合配体的配位化合物。Bjerram 正是由此提出了分步形成配位化合物的概念。

当主体水和配位水之间迅速交换时,很难确定解离离子的性质。这就使得文献上报导的"水合数"值有很大的差别。这一方面是由于对实验数值的解释方法不一致,另一方面是由于对"水合数"的定义不明确。(水合数一般被定义为内配位层水分子的数目。)第一内层以外的水分子则称为外层配位水,可以用各种方法研究离子和水的相互作用[6]。例如,可以由核磁共振方法测定配位水的数目及其和主体水之间的交换(参见 3.5 节)。曾经用超声波吸收的方法说明配位化合物 $[MSO_4(aq)]$ 的结合过程按三步进行:第 I 步为两个完全水合的离子相接近,其速率常数接近于扩散控制过程数量级($k_{12} \approx 10^9 \sim 10^{10}$)。第 II,III 步对应于从分子区间逐步移去溶剂分子而最后得到接触配位离子(状态 4)。从阳离子水合层交换水的速率证实了步骤 III,其速率常数 k_{34} 和用 NMR 法测定水交换速率 k_{ex} 的一致性也说明了这种看法是正确的(表 5.1)。

$$\text{状态1} \qquad\qquad\qquad \text{I} \qquad \text{状态2}$$
$$M^{2+}(溶剂化) + SO_4^{2-}(溶剂化) \underset{k_{21}}{\overset{k_{12}}{\rightleftharpoons}} [M^{2+}O\begin{smallmatrix}HH\\HH\end{smallmatrix}OSO_4^{2-}]_{aq}$$
$$\qquad\qquad\qquad\qquad\qquad\qquad\qquad k_{23}\updownarrow k_{32} \quad \text{II} \qquad (5.1.22)$$
$$[MSO_4]_{aq} \underset{k_{34}}{\overset{k_{43}}{\rightleftharpoons}} [M^{2+}O\begin{smallmatrix}H\\H\end{smallmatrix}SO_4^{2-}]_{aq}$$
$$\text{状态4} \qquad\qquad\qquad \text{状态3}$$

水合的结果必然影响离子的结构。对于大多数离子都没有细致地研究其离子-溶剂的作用。实验表明,离子溶解在溶剂中可以几种形式存在[7]:①生成水合离子。②若离子的电场强度足够强,则水分子还可在第一配位层外定向。③当水合离子在一定范围内不适应于水的结构时,则可能导致水结构的"破裂"。按 Frank 的观点,这就导致存在三类水结构:被离子固定的水、可移动的"破裂"水和正常的主体水。④离子也可能不形成水化层,从而在离子邻近形成破裂的水结构。Samilov 把这一类水称为具有"负水合作用"的水。从动力学观点看,这相当于在第一层配位球内水的淌度(或扩散)比主体水中的还大(这恰恰和一般正水合作用不同)。

表 5.1 NMR 和超声波吸收法测定速率常数的比较

离子	k_{ex}(NMR, s^{-1}, 25℃)	配位数(NMR)	k_{34}(超声波, s^{-1}, 20℃)
Mn(Ⅱ)	3.1×10^7	6	1.5×10^7
			4.8×10^7 (25°)
Fe(Ⅱ)	3.2×10^6	6	$\sim 10^6$
Co(Ⅱ)	2.4×10^6	6	3×10^5
	1.4×10^6		
Ni(Ⅱ)	3×10^4	4	1×10^4

如前所述,将水作为反应物包含在式(5.1.23)中一般是不必要的。但是,对于气态离子,相关的水合热力学量却并不比其他反应的小。表 5.2 中列出了一些与下列水合反应有关的热力学量:

$$Mg^{n+} + nH_2O \longrightarrow M^{n+}_{(aq)} \qquad \Delta H_h \qquad (5.1.23)$$

水合焓数值说明金属溶剂的相互作用很强,因此加入的金属离子必然会改变溶剂的结构。水和金属离子配位后形成溶剂有序度增加的"冰山"结构,这种有序化的效应反映在金属离子的水合熵 ΔS_h^0 的增加,也观察到 ΔH_h^0 随离子电场强度增加的事实。电荷愈高,离子半径愈小,则和水结合愈强,水合焓和水合熵值愈负。详细讨论参考文献[8a]。我国李方训早期在离子熵,离子极化率和离子抗磁磁化率方面作出了原创性贡献[8b]。

在简单情况下,当两个离子结合不引起水合时,由于平动熵转换成振动和转动熵而导致适当的负熵值变化。一般生成配位化合物时,配位体将取代水分子,如果配位体和离子的电荷都较高,则结合时发生电荷中和过程。电场降低会导致失去水分子,从而增加体系的无序度和熵值,多齿配位体还会进一步失去转动熵,但螯合物的形成会使更多的水分子从水化层中脱出,所以螯合物的熵变还是比非螯合物的大。由表 5.2 可见,对于高电荷离子之间的配位结合,水分子被除去而使得主要是熵效应贡献(甚至变为正值)。这一类配位反应主要是由"硬"反应物间的静电作用引起的。例如,由表 5.2 可见,F^- 和 Li^+(或 Be^{2+})可以由于较大的熵效应而形成配位化合物,但 Cs^+ 和 ClO_4^- 则由于较小的水合熵而不倾向于形成这类配位化合物。

表 5.2 离子的热力学数据,25℃(气体为 1mol/L 标准态,水合离子为假想的摩尔溶液[a])

离子	ΔH^{0a}	$-\Delta H_h^{0b}$	S^{0c}	ΔS_h^{0d}	S_g^{0e}
H^+	0	260.7	0	-25.2	19.67
Li^+	-66.5	124.4	3.4	-27.5	25.4
Na^+	-57.6	97	14.4	-20.1	29.0
K^+	-60.4	77	24.5	-11.5	30.5
Rb^+	-60.9	71.9	29.7	-8.7	32.9
Cs^+	-62.6	66.1	31.8	-7.9	34.2
Tl^+	1.38	87.9	30.4	-10.7	35.6
Ag^+	25.3	113.6	17.7	-21.4	33.6
$(CH_3)_4N^+$					
NH_4^+	-31.7	72.5	27		
Be^{2+}	-93	594.6	-55	-92.2	26.2
Mg^{2+}	-110.4	459.1	-28.2	-68.4	29.2
Ca^{2+}	-128.7	365.7	-13.2	-54.8	30.6
Sr^{2+}	-136.4	351.7	-9.4	-53.4	33.0
Ba^{2+}	-135.6	323.3	-3	-48.3	34.3
Mn^{2+}	-52	442.6	-21	-67.1	35.14
Fe^{2+}	-21	467.2	-26.6	-74.3	36.7
Co^{2+}	-16	484.4	-26.0	-73.5	36.5
Ni^{2+}	-15	503.2	-29.5	-76.7	36.2
Cu^{2+}	-15.4	504.1	-20.4	-67	35.6
Zn^{2+}	-36.4	488.5	-25.9	-69	32.1
Cd^{2+}	-17.3	-431.6	-18	-63.7	34.7
Pb^{2+}	0.4	-353.7	5.1	-41.4	35.5
Hg^{2+}	41.6	-444.1	-5.4	-51.8	35.4
Ga^{3+}	-50.4	1119.7	-83	-131.8	32.3
In^{3+}	-32.0	1000.4	-62	-110.6	32.1
Al^{3+}	-125.4	1116	-74.9	-120.9	29.5
Sc^{3+}	-148.8	932.9	(-56)	(-103.6)	31.1
Y^{3+}	-168.0	857.2	(-48)	(-97.6)	33.1
La^{3+}	-176.2	796.1	-44	-95	34.5
Ce^{3+}	-173.8	848.7	-44	-95	34.5
OH^-	-55.0	110	-2.5		
F^-	-78.7	120.8	-2.3	-25.2	28.4
Cl^-	-40.0	86.8	13.2	-11.6	30.3
Br^-	-28.9	80.3	19.3	-7.9	32.7
I^-	-13.4	70.5	26.1	-2.5	34.1
NO_3^-	-49.4		35.0	-119	52.8
MnO_4^-	-123.9		45.4		
ClO_4^-	-31.4	57	43.5	-8	56.7
SO_4^{2-}	-216.9		4.4	-41.4	56.5
PO_4^{3-}	-306.9		-52	-92.5	57.4

注:( )表示该值不太确切,但可供参考。

a 通常的水合离子生成热(kcal/mol)[$\Delta H^0(H^+)=0$];b 气体离子的水合焓(kcal/mol)[$-\Delta H_h^0(H^+)=260.7$];c 水合离子通常的标准熵(e.u.)[$S^0(H^+)=0$];d 气体离子水合的绝对熵(e.u.),按 $S^0(H^+)=-5.5$ 计算,$\Delta S_h^0=S^0-S_g^0=5.5Z$,Z 为离子的电荷;e 从光谱数据计算的气体离子的绝对熵(e.u.)。

表 5.3 中给出了另一类在生成配位化合物时具有较大热焓变化的反应,其中第一个是离子的中性配位体反应,电场强度变化不大。但由于有较大的负反应焓而使反应得以进行。对于其他几个电荷中和反应,熵效应也有助于配位体反应。表 5.3 中的这一类反应的特点是其共价配位化合物主要由"软"反应物所形成,这类共价键合反应一般不受介质溶剂影响,通常形成内界配位化合物。

表 5.3 共价配位化合物的生成

金属离子	配位体	离子强度 (μ)	温度 /℃	ΔG /(kcal/mol)	ΔH /(kcal/mol)	ΔS /e.u.
Ag^+	$(C_2H_5)_2-P-C_2H_4OH$	1	22	-15.97	-19.3	-11.3
CH_3Hg^+	CN^-	0.1	20	-18.8	-22.1	-11.4
Hg^{2+}	$2^-SCH_2COO^-$	1	25	-59.3	-50.6	30
Tl^{3+}	$4Br^-$	4	25	-34.05	-21.77	48.1

生成配位化合物时会释放出比生成离子对时更多的结合水。从一系列 La^{3+} 和三价阴离子结合熵的数值来看,离子对的 ΔS 约为 22 e.u.,(如 $La^{3+} + [Fe(CN)_6]^{3-}$, $\Delta S = 23.9$ e.u.),而配位化合物的 ΔS 约为 48 e.u.(如 $La^{3+} + N(CH_3COO^-)_3^{3-}$, $\Delta S = 48.8$ e.u.)。但是,这种分类方法对于电荷不高的离子不易区别。

2. 配位化合物中的 Born-Haber 循环

曾有研究者设计过包含各种过程的 Born-Haber 循环,以求得所生成配价键的能量等数值。例如,对于氨的配位化合物,Cotton 曾设计过下列循环[9]:

$$2X^-(g) + M^{2+}(g) + 6NH_3(g) \xrightarrow{\Delta H_1} [M(NH_3)_6]^{2+}(g) + 2X^-(g)$$

$$\uparrow 2A_x \quad \uparrow I_1+I_2 \quad \uparrow 6\Delta H_{f,NH_3}^0 \quad \quad \uparrow E_L$$

$$2X(g) \quad M(g) \quad \overbrace{+3N_2(s)+9H_2(g)} \xrightarrow{\Delta H_f^0} [M(NH_3)_6]X_2(s)$$

$$\uparrow D_{x_2} \quad \uparrow \Delta H_v^m$$

$$X_2(g) \quad +M(s)$$

$$\uparrow \Delta H_v^\infty$$

$$X_2(s或l) \tag{5.1.24}$$

$$-\Delta H_1 = -\Delta H_f^0 + 6\Delta H_{f,NH_3}^0 + D_{X_2} + 2A_X + \Delta H_v^{x_2} + (I_1+I_2) + \Delta H_v^m - E_L$$

上式中除了"假晶格能" E_L 项外,所有右边的量都可以足够精确地估计。为了估计 E_L,他假定 $[M(NH_3)_6]^{2+}$ 可以看做一个大的球形阳离子,并以静电 Coulomb 力和晶格中其他离子作用(参考 5.1.5 小节)。用这种方法可以相当精确地求出配位化合物的生成热 ΔH_1,并从而求出中性氨分子、M^{2+} 气态离子及金属卤化物中的配位键能(表 5.4,这时键能为 $\Delta H_1/6$)。

表 5.4　配位化合物 $M(NH_3)_6X_2$ 中的键能

离子	卤素原子	$\Delta H_1/(\text{kcal/mol})$	$D(M^{2+}-N)/(\text{kcal/mol})$
Ca^{2+}	Br, I	-282	47
Mn^{2+}	Cl, Br, I	-357	59
Fe^{2+}	Cl, Br, I	-376	63
Co^{2+}	Cl, Br, I	-406	68
Ni^{2+}	Cl, Br, I	-415	69
Zn^{2+}	Br, I	-401	67

此类数据具有一定的理论价值,因为这种配位热效应避免了溶剂化效应等因素的干扰。

5.1.3　配位热力学函数的意义

由于正的熵变化和负的热焓变化有利于配位化合物的生成,将二者分开讨论,更能说明问题。

我们再回到标准热力学函数的表达式。对于单核配位反应,溶液中配位熵变化为

$$\Delta \mathscr{S}_n^0 = S^0(ML_n) - S^0(M) - nS^0(L) \tag{5.1.25}$$

对于水溶液中的单原子阳离子和阴离子,其 $S^0(M)$ 和 $S^0(L)$ 值常用一些经验式来表示。例如,当取通常的质量摩尔浓度标度时 $[S^0(H^+)=0]$,有 Cobble 或 Powell 方程

$$S^0 = A - B\frac{Z}{r^2} \tag{5.1.26}$$

其中,参数 A 和 B 的值与离子半径 r 的选择有关,Z 为离子电荷。当取绝对标度时 $[S_{\text{abs}}^0(H^+) = -5.5\text{e.u.}]$,有 Laidler 方程

$$S_{\text{abs}}^0 = 10.2 + 1.5R\ln M - 11.6Z^2/r_u \tag{5.1.27}$$

其中,M 为相对原子质量,r_u 为 Pauling 单价半径。对于多原子配位体,有另外一些经验方程。

由于溶液中的标准熵变化是气相中熵变化 ΔS_g 和水化熵变化 ΔS_h 的总和,所以式(5.1.25)也可以写为

$$\Delta \mathscr{S}_n = \Delta S_g + \Delta S_h(ML_n) - \Delta S_h(M) - n\Delta S_h(L) \tag{5.1.28}$$

ΔS_h 值可以由溶液中的标准熵减去气相中的标准熵 S_g^0 得到。对于单原子离子,S_g^0 值可由统计热力学中的 Sackur-Tetrode 公式得到:

$$S_g^0 = 26.03 + 1.5\ln M \quad (25℃时) \tag{5.1.29}$$

配位焓的变化是一个真实的热力学量。大的放热反应说明形成了共价键,常常具有明显的双键特性。类似于式(5.1.28),有方程

$$\Delta \mathscr{G}_n = \Delta H_g + \Delta H_h(ML_n) - \Delta H_h(M) - n\Delta H_h(L) \tag{5.1.30}$$

已知金属离子的总水合热为 $-100 \sim 1500$ kcal/mol。对于二价金属离子的水合热, Williams 提出了经验关系式:

$$-\Delta H_h(M) = 150Z/r_M + 0.3\phi_2 - 40/r_M^3 \pm 17 \tag{5.1.31}$$

其中,ϕ_2 为金属离子的第二总电离势。

可以用标准自由能 G^0 的形式来表示形成配位化合物时的自由能变化,即

$$\Delta \mathscr{G}_n = G^0(ML_n) - G(M) - nG^0(L) \tag{5.1.32}$$

很难一般地讨论不同配位化合物间的自由能关系,只有在特定的条件下才存在一些规律。例如,当相同的配位体和两种类似的金属生成配位化合物时,$\Delta \mathscr{G}_n$ 和 $\Delta \mathscr{G}'_n$ 间才有可能形成一条单位斜率的直线(图5.1),这说明 $G^0(M) - G^0(M')$ 近似为常数。当比较不同配位化合物时,若焓变或熵变可以忽略,或者是一个常数,则自由能变化的规律可能和熵变或焓变的相同。Foreman 等发现,EDTA 配位化合物的稳定常数的对数和镧系离子的标准熵有线性关系。Mn(Ⅱ)和Cu(Ⅱ)配位化合物的配位熵变实际上是个常数(或者和焓变相关),所以其自由能序列和焓变序列相同。

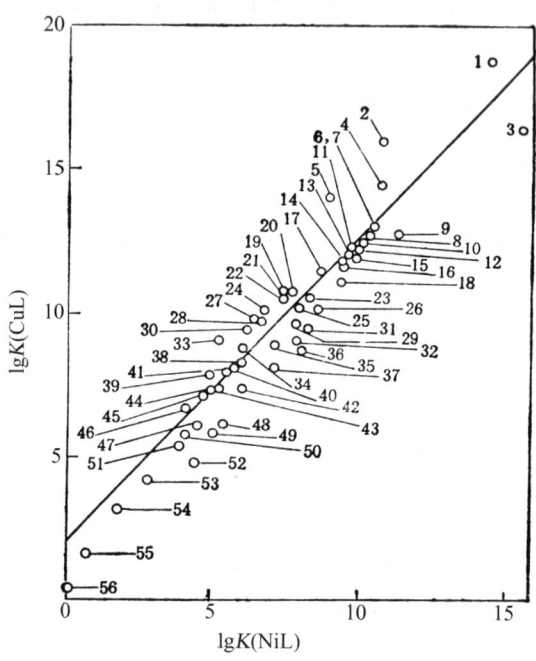

图 5.1　不同配位体 L 时,$\lg K(CuL)$ 对 $\lg K(NiL)$ 的图(20～30℃,不同水溶液介质)

逐级稳定常数间有一定的比值关系。对于 N 个配位体和一个金属离子形成的单核配位化合物,从统计效应、空间效应以及 Coulomb 作用力考虑,其逐级稳定常数应逐步减小。van Panthaleon 和 van Eck 报道过关系式:

$$\lg K_n = \lg K_1 - 2\lambda(n-1) \tag{5.1.33}$$

其中 λ 是随体系而异的经验参数。Bjerrum 提出,若 $d\lg K_n/dT$ 近似为常数,则由式(5.1.10)可以导出:

$$2.303RT\lg(K_n/K_{n+1}) = T(\Delta S_n - \Delta S_{n+1}) - (\Delta H_n - \Delta H_{n+1}) \tag{5.1.34}$$

一般对于中性配位体,其中焓项和熵项近似相等,由式(5.1.34)可见,$\lg(K_n/K_{n+1})$ 近似为零。对于离子性配位体,则有较大的 $\lg(K_n/K_{n+1})$ 值。对于熵项的差别,至少有一部分是由于统计效应引起的。

统计效应起源于下列简单事实:

L 和 ML'_N 的配位要比和 $ML'_{N-1}L$ 的配位容易,因为前者有 N 个反应位置,而后者只有 $N-1$ 个反应位置。例如,对于具有 N 个配位体的配位化合物($ML'_{N-1}L$),当

考虑其平衡

$$ML'_{N-n}L_n + L \underset{k_b}{\overset{k_f}{\rightleftharpoons}} ML'_{L-n-1}L_{n+1} + L' \qquad (5.1.35)$$

时,生成 $ML'_{N-n-1}L_{n+1}$ 的正向反应速率常数 k_f 与 $ML'_{N-n}L_n$ 中的空位数,即 L' 配位体的数目 $(N-n)$ 成比例。同样,$ML'_{N-n-1}L_{n+1}$ 的反向反应速率常数 k_b 比例于 $ML'_{N-n-1}L_{n+1}$ 中配位体 L 的数目 $(n+1)$ 成比例。因此,各级平衡发生的相对概率为

$$\frac{N}{1}, \frac{N-1}{2}, \cdots, \frac{N-n+1}{n}, \frac{N-n}{n+1}, \cdots \frac{2}{N-1}, \frac{1}{N} \qquad (5.1.36)$$

亦即仅从统计力学观点(熵比例于概率的对数)来看,应有

$$\Delta S_n - \Delta S_{n-1} = R\lg\left(\frac{N-n+1}{n} \Big/ \frac{N-n}{n+1}\right) \qquad (5.1.37)$$

若忽略熵的差别则得到两个邻近平衡常数之间的比为

$$\frac{K_n}{K_{n+1}} \approx \frac{(N-n+1)(n+1)}{n(N-n)} \qquad (5.1.38)$$

对于中性配位体,得到

$$\lg K_n \approx \lg K_1 - \lg[N(n+1)/(N-n)] \qquad (5.1.39)$$

该线性关系的斜率比经验式[式(5.1.33)]的要小,因此在解释一系列单核配位化合物的静电效应或特殊配位体效应以前,应该对统计效应进行校正。

如果在同一系列中有异常大的 $\lg(K_n/K_{n+1})$ 值,则表示金属离子有较大的立体化学变化,或者金属离子和配位体间有 π 键生成。汞(Ⅱ)的卤素和氨配位化合物有高达 $6\sim 7\lg$ 单位的反常 $\lg(K_2/K_3)$ 值。含 Cl^- 溶液的 X 射线研究表明,Hg_2Cl_2 是线型的,而 $[HgCl_4]^{2-}$ 是四面体型的。$Cl^- - Fe(Ⅲ)$ 体系非常高的 $\lg(K_3/K_4)$ 值说明伴随有从 sp^3d^2 杂化变化到 sp^3 杂化。

在一些 Fe(Ⅱ) 体系中出现负的 $\lg(K_1/K_2)$ 值,这是由于金属离子的基态发生变化。对于反应

$$[Fe(dipy)_{n-1}]^{2+} + dipy = [Fe(dipy)_n]^{2+} \qquad (5.1.40)$$

近似的逐级配位焓和熵为

$-\Delta H_1 = 7.5 \text{kcal/mol}$; $-\Delta H_2 = 7 \text{kcal/mol}$; $-\Delta H_3 = 10 \text{kcal/mol}$

$\Delta S_n \approx 0 \text{e. u.}$

结果由于式(5.1.37)中出现反常的熵值,而有 $\lg K_1/K_2$ 接近于零。由于反常的焓和熵值,甚至出现负的 $\lg(K_2/K_3)$,在可见光谱中出现的强吸收和磁矩的变化说明它们发生了电子重排。溶液中 $[Fe(H_2O)_6]^{2+}$ 离子和固体 $[Fe(dipy)_2Cl_2]$ 的顺磁性说明它们是 $4s4p^3 4d^2$ 外轨道杂化的高自旋配位化合物,而 $[Fe(dipy)_3]^{2+}$ 是具有 $3d^2 4s4p^3$ 内轨道杂化的反磁性配位化合物,在其他配位化合物中也出现这种"轨道稳定性作用"现象。

5.1.4 形成内界和外界配位化合物的热力学判据

如前所述,当溶液中硬接受体和硬给予体(也称为 a 类接受体和给予体)形成内界配位化合物时,自由能的减少全部或至少绝大部分是由于离子水合有序度降低所伴随

熵的增加引起的。当给予体仍在接受体的外配位界时,水合作用的变化很小。这时既不存在大的熵增,去水合能量也不大。熵变 ΔS^0 和焓变 ΔH^0 都只有较小的正值,因此有可能由 ΔS^0 和 ΔH^0 判别内界配位化合物和外界配位化合物[10]（表 5.5）。

表 5.5　对应于硬接受体的内界和外界配位化合物的生成热力学

配位体	测定 ΔH^0 的方法a	t /℃	I/(mol/L)	内界			外界		
				ΔG^0	ΔH^0	ΔS^0	ΔG^0	ΔH^0	ΔS^0
$[Cr(H_2O)_6]^{3+}$ Cl^-	量热法	25	5.1	0.9	6.6	19			
	T 30~95	25	4.4	0.9	6.1	17			
	T 30~60	44	0.42	1.08	7.4	20			
	T 40~80	60	4	0.15	5.6	16			
		60	1	0.75	6.0	16			
	T 10~50	25	1				0.08	-0.4	-2
		40	1	0.9			0.10		
Br^-	T 45~75	60	0.5	3.3	7.5	13			
		60	4	2.7	6.5	11			
	T 0~45	25	2	3.6	5.1	5			
	T 25~45	25	4.1				0.9	~0	~-3
SO_4^{2-}	T 48~84	60	1	2.58	7.2	29	-1.6	~0	~5
$[Co(NH_3)_5H_2O]^{3+}$ SO_4^{2-}	T 4~49	25	0	-4.3	4	28	-4.47	~0	~15
	T 25~45	25	1	-1.49	3.7	17	-1.43	-0.3	4
$[Co(NH_3)_6]^{3+}$ SO_4^{2-}	T 4~49	25	0				-4.53	0.4	17

a　T 为在所示温度(℃)范围内的变化平衡常数法。

对于软的接受体和软的给予体(也称为 b 类接受体和给予体)形成配位化合物的情况,则反应一般是焓控制的,熵项或者是不重要或者是很负,以致于阻碍了反应的进行。较大的负 ΔH^0 值是由于给予体和接受体之间的键是共价键,这种反应可以很有根据地被认为是给予体进入了接受体的内配位界。如果给予体仍留在接受体的外界中,则不能形成共价键。由此可知,形成外界配位化合物的 ΔH^0 比形成相应的内层配位化合物的 ΔH^0 有较大的正值。因为对于大多数软的给予体来说,电荷/半径比较小,所以虽然外界配位的静电引力也会引起弱的水合作用,但其去水合所引起的 ΔH^0 和 ΔS^0 值比在硬-硬相互作用中的要小得多。根据上面的讨论,内界配位化合物的 ΔH^0 和 ΔS^0 都比外界配位化合物具有较大的正值,其 ΔH^0 的数量级为 5kcal, ΔS^0 为 20e.u.,而外界配位化合物的 $\Delta H^0 \approx 0$,且与离子强度 I 无关, ΔS^0 在高离子强度时趋于零,但在 $I = 0$ 时, ΔS^0 高达 15e.u.。这表明,当离子强度 I 降低时,外界配位化合物较为稳定。

用其他非热力学数据所得到的结果与用热力学判据所得到的结果是否一致,无疑会引起人们极大的兴趣,其中红外光谱和紫外光谱是最常用的非热力学判据法。

1. 红外吸收光谱

当一个配位体结合到一个接受体的内配位界时,多少会引起电子分布的变化。其结果是形成了新的化学键,从而引起内部配位键的红外位移。对于 SO_4^{2-} 之类高对称性配位体,其在配位后的特征峰必然产生分裂,同时原来是非红外活性的振动有可能变成活性的新吸收峰。

但是,如果配位体仍留在外配位界,则其电子分布仅受到微小的扰动而不会引起红外光谱的变化。对于自由的 SO_4^{2-}(图 3.36),其 S—O 伸缩振动 ν_3 是红外活性的,当 SO_4^{2-} 与二价过渡金属离子配位时并不发生分裂,S—O 仅发生变宽,同时观察到很弱的伸缩振动 ν_1,这说明此时 SO_4^{2-} 仅在较小程度上形成了内界配位化合物,这与热力学判据所得到的结果一致。如果将 ν_3 峰的增宽作为内界配位化合物相对浓度的量度,则它们的贡献按下列序列递增:$Ni^{2+} < Mn^{2+} < Co^{2+} < Zn^{2+} < Cu^{2+} < Cd^{2+}$;同时新的 ν_1 峰的吸收强度为:$Mn^{2+} < Zn^{2+} \approx Co^{2+} < Ni^{2+} < Cd^{2+}$。如果以 Ni^{2+} 为分界线,则热力学和红外光谱数据都说明 Cu^{2+} 和 Cd^{2+} 体系形成了内界配位化合物。

2. 超声波吸收测定

如上指出,由异号离子形成内界配位化合物会导致水合结构的破坏,释放出的水分子引起很大体积扩张。但形成一个外界配位化合物仅伴随较小的去水合作用,体积增加很小。因此内界和外界配位化合物之间的平衡将取决于压力。

将溶液放置于超声波中可以感受压力变化,其有效吸收与频率显示一定的函数关系。在所能达到的频率范围内,函数曲线中有两个最大值。这既表明了内界配位化合物的存在,也表明了外界配位化合物的存在。从最大吸收值可以计算出内界和外界配位化合物之间的平衡常数 K。从最大值的位置可以计算出弛豫时间,并由此可以求出内界配位化合物离解和形成的速度常数 k[参见式(5.1.22)]。

用这种方法研究了从 Mn^{2+} 到 Zn^{2+} 的二价过渡金属离子的硫酸根配位化合物和镧系硫酸盐(除 Pm 外,表 5.6)。对于二价过渡金属离子 Mn^{2+}、Fe^{2+}、Co^{2+} 和 Ni^{2+},其内界配位化合物约为 10%,与热力学数据和红外光谱数据相符。但是对于 Cu^{2+} 和 Zn^{2+},从内界配位化合物变成外界配位化合物的转变速度太快,而无法测定。对于三价的镧系离子,内界配位化合物占 80%~90%,这个结果与用红外光谱得到的相比较更接近于由热力学判据所得到的结果。

表 5.6 超声波法测定在不同硫酸盐体系中内界和外界配位化合物的相对量

接受体	$k_{34} \times 10^{-7}$	$k_{43} \times 10^{-7}$	K_{43}	内界物/%
Mn^{2+}	0.4	2	0.2	17
Fe^{2+}	0.1	0.6	0.17	15
Co^{2+}	0.02	0.25	0.08	7
Ni^{2+}	0.0015	0.01	0.15	13
Cu^{2+}	>1	20	—	—
La^{3+}	21	5.6	3.8	79
Ce^{3+}	33	7.0	4.7	83
Pr^{3+}	44	6.4	6.9	87
Nd^{3+}	52	8.8	5.9	85
Sm^{3+}	74	14.0	5.3	84
Eu^{3+}	66	14.6	4.5	82
Gd^{3+}	67	12.8	5.2	84
Tb^{3+}	52	9.6	5.4	85
Dy^{3+}	42	5.2	8.1	89
Ho^{3+}	28	3.5	8.0	89

5.1.5 热力学配位场稳定性

在简单的 NaCl 和 ZnS 晶体化合物中,其晶格可以看做是具有一定离子半径的

质点所组成的,晶格能 U 可由通常的 Kapustinski 方程[11]决定:

$$U = 287.2 \sum_n \left\{ \frac{Z_1 Z_2}{r_1 + r_2} [1 - 0.345/(r_1 + r_2)] \right\} \quad (5.1.41)$$

其中,$\sum_n$ 为分子中离子的数目[例如 $Al_2(SO_4)_3$ 为 5],Z_1、Z_2 和 r_1、r_2 分别为正、负离子的电价和离子半径。因此离子半径在决定这类离子型配位化合物的稳定性时非常重要。晶体场理论原则上也认为过渡金属离子和配位体之间的作用是静电性的。因此也有可能讨论离子半径和稳定性的关系。实验上得到了一些第一系列过渡金属固体配位化合物 MX_2 的晶格能(图5.2),由 Ca^{2+} 到 Zn^{2+} 时在 d^5 组态的 Mn^{2+} 处出现一个极小值,下面的讨论将对此加以说明。

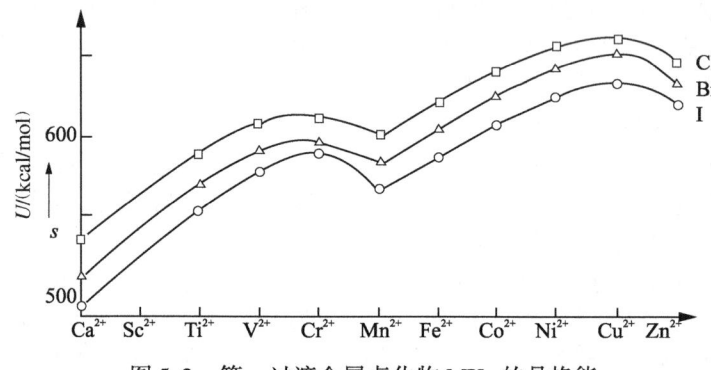

图 5.2　第一过渡金属卤化物 MX_2 的晶格能

1. 离子半径

首先考虑在没有晶体场效应时离子半径变化的规律。例如,当从 $Ti^{2+} \to V^{2+} \to Cr^{2+}$ 时,每在核中增加一个额外的正电荷时就增补了一个 d 电子。初看起来,似乎离子半径不应有什么变化,但是,由于加入的电子并不能完全屏蔽附加的正电荷,使得离子半径有些递减。对于三价镧系离子,这种随离子半径递减的现象就是所谓的"镧系收缩效应",这种效应和第一过渡金属卤化物中的 M—X 键距数据如图 5.3 所示,之所以用 M—X 键距作图是为了避免确定卤素离子半径。由于 Cu(Ⅱ)离子有较大的 Jahn–Teller 变形,故未列入它的数据。

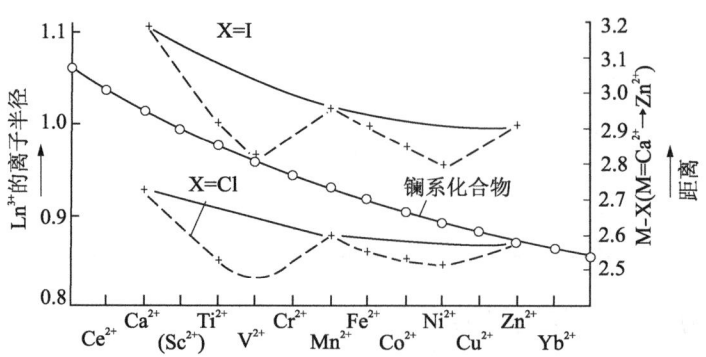

图 5.3　镧系(实线)收缩和第一过渡金属(虚线)卤化物键距图

和具有内层 4f 电子的镧系元素不同,过渡金属离子系列中并未出现平滑的"收缩效应",这可以由晶体场理论加以说明。

当不存在晶体场效应时,d 轨道是简并的,因而机会均等地被电子占据,而在形成配位化合物后,例如,在 O_h 群对称性时,由于简并度取消而使 t_{2g} 轨道优先于 e_g 轨道被填满,即从一个金属离子到另一个金属离子时,d 电子优先处于不屏蔽配位体的 t_{2g} 轨道(图 2.9)。反之,当 d 电子处于 e_g 轨道时,则会加强屏蔽效应,因为 e_g 轨道浓集在 M－L 轴上。对于 d^0,d^5 和 d^{10},则由于 d 轨道都等概率地被占据,因而就不存在晶体场效应,如果我们假定每加一个处于 e_g 轨道的 d 电子所引起的屏蔽作用抵消一个半缺乏屏蔽作用的 t_{2g} 轨道中的电子,则对于高自旋配位化合物,离子半径对平滑曲线的偏差应具有下列规律:

$$t_{2g}^6 > t_{2g}^5 > t_{2g}^6 e_g > t_{2g}^4 > t_{2g}^3 \approx t_{2g}^6 e_g^2 > t_{2g}^2$$
$$\approx t_{2g}^5 e_g^2 > t_{2g}^6 e_g^3 \approx t_{2g}^3 e_g > t_{2g}^1 \approx t_{2g}^4 e_g^2 > t_{2g}^3 e_g^2 = t_{2g}^6 e_g^4 = 0 \qquad (5.1.42)$$

比较图 5.3 的实验结果,可见只有电子组态较复杂的 d^7Co(Ⅱ)－I$^-$ 配位化合物有些差别。

2. 热力学的配位场稳定能(LFS)

可以利用 3d 过渡金属离子溶液的热力学实验数据,通过一些适当的能量循环来计算配位场稳定能 δH [12],它表示由于配位化合物中金属离子 d 轨道分裂所引起的生成能的增加。由于热数据不多,而且近似地可以忽略 $Mn^{2+}\cdots Zn^{2+}$ 系列配位化合物生成熵 ΔS 的变化,因而通常不讨论配位焓的变化而只讨论有关自由能的变化 $-\Delta G$。为了计算对应于气相的 LFS,还必须将金属离子的水化热 $-\Delta H_h$ 加到 $-\Delta G$ 中去。当不考虑配位场稳定能时,$(-\Delta H_h - \Delta G)$ 值应随 Mn^{2+} 到 Zn^{2+} 的次序线性变化,实际大小将与配位数及配位原子的本性有关。对于高自旋八面体配位化合物,考虑的配位场稳定能 δH 应为

$$\delta H = (4n_t - 6n_e)Dq \qquad (5.1.43)$$

其中 n_t 和 n_e 为在 t_{2g} 和 e_g 轨道中的电子数目(参考 2.4 节)。

在一些工作中[13],LFS 的计算不是采用不包括水合项的 δH,而是计算相对于水合离子的 $\Delta(\delta H)$。显然,当不考虑配位场效应时,$\Delta(\delta H)$ 增量也应该随 Mn^{2+} 到 Zn^{2+} 的次序而增加,考虑到以 L 为配位体的配位场效应后,它可以用光谱参数 Dq 表示为

$$\Delta(\delta H) = (4n_t - 6n_e)(Dq_L - Dq_{H_2O}) = \delta H_L - \delta H_{H_2O} \qquad (5.1.44)$$

表 5.7 中给出了一些水合、乙二胺、EDTA 和 EGTA 配位化合物的 δH 和 $\Delta(\delta H)$ 数值。一般说来,$\Delta(\delta H)$ 的光谱值和热力学测量值之间的符合程度比 δH 要好。EGTA 配位化合物的结果不太规则,主要是由于结构发生了变化。

表 5.7　光学和热力学的晶体场稳定能 δH 和 $\Delta(\delta H)$

配位化合物	稳定能	Fe^{2+}	Co^{2+}	Ni^{2+}	Cu^{2+}
$M^{2+} \cdot 6H_2O$	$10Dq(1000K)$	10.4	9.3	8.5	12.6
	$\delta H_0/(kcal/mol)$	11.9	21.3	29.2	21.6
	$\delta H_{th}/(kcal/mol)$	17	24	34	25
$M^{2+} \cdot 3en$	$10Dq$	11.4	10.6	11.5	
	δH_0	13.1	24.2	39.4	
	δH_{th}	19.9	31.2	45.5	31.6
	$\Delta(\delta H)_0/(kcal/mol)$	1.15	3.0	10.3	
	$\Delta(\delta H)_{th}/(kcal/mol)$	2.85	7.25	11.45	
$M^{2+} \cdot EDTA$	$10Dq$	9.7		10.1	13.6
	δH_0	11.1		34.7	23.4
	δH_{th}	16	23.6	37	26.5
	$\Delta(\delta H)_0$	−0.8		5.5	1.7
	$\Delta(\delta H)_{th}$	−0.6	−0.5	2.8	3.4
$M^{2+} \cdot EGTA^a$	$10Dq$	9.9		10	14.6
	δH_0	11.3		34.2	25
	δH_{th}	13.2	17.1	27.3	24.7
	$\Delta(\delta H)_0$	−0.6		5.1	3.4
	$\Delta(\delta H)_{th}$	−3.8	−6.9	−6.7	0.3

a　EGTA = $(—OOC—CH_2)_2N—CH_2—CH_2—O—CH_2—CH_2—O—CH_2—CH_2—N(CH_2—COO^-)_3$。

三邻菲绕啉 Fe(Ⅱ) 和取代乙二胺 Ni(Ⅱ) 等低自旋配位化合物的情况比较复杂,它们并不符合一般的稳定常数次序 $K_1 > K_2 > K_3$,这可能与电子的成对能有关,不同的场合可能还有不同的原因。对于具有取代乙二胺的配位化合物,可能由于大的 CH_3 基的空间阻碍而使得只生成 ML_2 平面形配位化合物,并排斥了所有配位的溶剂分子,因而不具有八面体结构。这时两个最高的 d 轨道分离得很开,从而形成稳定的黄色反磁性配位化合物。可以用下式表示其机理:

$$[Ni(H_2O)_6]^{2+} + L \longrightarrow [NiL(H_2O)_4]^{2+} + 2H_2O \qquad (5.1.45)$$

$$[NiL(H_2O)_4]^{2+} + L \longrightarrow NiL_2^{2+} + 4H_2O \qquad (5.1.46)$$

由于在第二步中是放出 4 个水分子而不是放出 2 个水分子,从而使得稳定常数次序反常。这种释出水的反应是吸热的,使得低自旋配位化合物的配位焓比高自旋的要负些。

3. 位置优先能

实际上,晶体场稳定能相对于所涉及的总能量是一个比较小的量,因此,当考虑到由绿色的 $[Ni(H_2O)_6]^{2+}$ 转变到紫红色的 $Ni(en)_3$ 的原因时,通常将它归之于配位场的不同。但是,实际上可能是其他原因引起的,诸如 Ni^{2+} 和水及乙二胺之间的静电作用或熵项的不同,以及平行于配位场稳定能的其他更大能量变化的不同。因此在确定配位场稳定能不同所引起的效应时必须小心,要求在其他能量因素平滑而缓慢变化的同系列条件下才能进行比较。

现在举例说明:

按照式(5.1.43)的方法,可以得到在弱场情况下八面体和四面体场的配位场稳定能(表5.8)。将四面体 Δ_{tet} 参数按近似关系 $|\Delta_{tet}| \approx \frac{4}{9}|\Delta_{oct}|$ 转换成八面体 Δ_{oct} 项。由此可见,八面体稳定能总是比对应的四面体配位化合物的大(除非二者都为零)。表5.8 中最后一列为它们的差值,特称为八面体的"位置优先能",可见 d^3 和 d^8 电子组态的位置优先能特别大,这就是四面体 $Cr(Ⅲ)(d^3)$ 和 $Ni(Ⅱ)(d^8)$ 配位化合物不易生成的原因。

表5.8 四面体配位化合物和高自旋八面体配位化合物的位置优先能

d电子组态	四面体场组态	晶体场稳定能		八面体位置优先能
		四面体场	八面体场	
d^0		0	0	0
d^1	e^1	$-\frac{3}{5}\Delta_{tet} = -\frac{4}{15}\Delta_{oct}$	$-\frac{6}{15}\Delta_{oct}$	$\frac{2}{15}\Delta_{oct}$
d^2	e^2	$-\frac{6}{5}\Delta_{tet} = -\frac{8}{15}\Delta_{oct}$	$-\frac{12}{15}\Delta_{oct}$	$\frac{4}{15}\Delta_{oct}$
d^3	$e^2 t_2^1$	$-\frac{4}{5}\Delta_{tet} = -\frac{16}{45}\Delta_{oct}$	$-\frac{54}{45}\Delta_{oct}$	$\frac{38}{45}\Delta_{oct}$
d^4	$e^2 t_2^2$	$-\frac{2}{5}\Delta_{tet} = -\frac{8}{45}\Delta_{oct}$	$-\frac{27}{45}\Delta_{oct}$	$\frac{19}{45}\Delta_{oct}$
d^5	$e^2 t_2^3$	0	0	0
d^6	$e^3 t_2^3$	$-\frac{3}{5}\Delta_{tet} = -\frac{4}{15}\Delta_{oct}$	$-\frac{6}{15}\Delta_{oct}$	$\frac{2}{15}\Delta_{oct}$
d^7	$e^4 t_2^3$	$-\frac{6}{5}\Delta_{tet} = -\frac{8}{15}\Delta_{oct}$	$-\frac{12}{15}\Delta_{oct}$	$\frac{4}{15}\Delta_{oct}$
d^8	$e^4 t_2^4$	$-\frac{4}{5}\Delta_{tet} = -\frac{16}{45}\Delta_{oct}$	$-\frac{54}{45}\Delta_{oct}$	$\frac{38}{45}\Delta_{oct}$
d^9	$e^4 t_2^5$	$-\frac{2}{5}\Delta_{tet} = -\frac{8}{45}\Delta_{oct}$	$-\frac{27}{45}\Delta_{oct}$	$\frac{19}{45}\Delta_{oct}$
d^{10}	$e^4 t_2^6$	0	0	0

实际上还是制备了 $[NiCl_4]^{2-}$ 和 $[Cr(H_2O)_4]^{3+}$ 等配位化合物,这是由于配位场稳定能的贡献不是决定因素。例如,我们比较 d^3 电子构型的 $[Cr(H_2O)_6]^{3+}$ 和 $[Cr(H_2O)_4]^{3+}$ 配位化合物,前者的水合热约为1410kcal/mol,从光谱 Δ 值计算的晶体场稳定能 Δ 为84kcal/mol。假定 $Cr—H_2O$ 的键能为1410/6kcal/mol,则这两种配位化合物的水合热差值为470kcal/mol,在该值上再加上晶体场稳定能的贡献 $\frac{38}{45} \times 84 = 71$ kcal/mol,就得到从 $[Cr(H_2O)_4]^{3+}$ 转变到 $[Cr(H_2O)_6]^{3+}$ 时总的水合热差为541kcal/mol,其中只有约71/541,13%是来自晶体场稳定能的贡献,这就说明了八面体 $[Cr(H_2O)_6]^{3+}$ 较四面体 $[Cr(H_2O)_4]^{3+}$ 稳定的主要因素不是配位场稳定能效应。但是,利用配位场效应去解释为什么 Co(Ⅱ) 比 Ni(Ⅱ) 更容易形成四面体配位化合物却是合理的。

5.1.6 影响配位化合物稳定性的因素

这方面已有很详细的论述及不同形式的经验表示式,下面分别就金属和配位体的影响作简要说明[2]。

1. 离子的电荷和半径

对于周期表中的IA、IIA、IIIA,镧系和锕系金属离子配位化合物呈现了一些共同规律。它们和小的离子性配位体,高电荷单齿配位体或多齿配位体所形成的配位化合物稳定性随金属离子的增大而降低,例如 $Li^+ > Na^+ \geqslant K^+ > Rb^+ > Cs^+$, $Mg^{2+} > Ca^{2+} > Sr^{2+} > Ba^{2+} > Ra^{2+}$, $La < \cdots < Gd < \cdots < Lu(III)$ 等规律。对于碱土金属离子和稀土离子有更定量的 $\lg K_1 - Z/r_m$ (离子势)线性关系。对于外界配位化合物可能会出现相反的次序,因为这时应该用水化金属离子半径代替晶体半径。

上面的考虑主要是通过静电成键。正的偏差通常归之于共价成键。

2. 电离势和电负性

逐级电离势 I_n 为将气态金属离子的第 n 个电子移至无穷远处所需的能量,总的电离势 ζ_n 则是电离成气态金属离子所需要的能量

$$M \longrightarrow M^{n+} + ne^- \tag{5.1.47}$$

$$\zeta_n = \sum I_n \tag{5.1.48}$$

例如,将一些二价金属离子的 $\lg K_1$、$\lg \beta_2$、$(\lg \beta_2)/2$ 与 I_1、I_2、ζ_2 电离势相关联。又如 Li、Na、Tl(I) 和 Ag(I) 等的羟基配位化合物具有关系式:

$$\lg K_1 = 1.25(I_1 - 4.2) \tag{5.1.49}$$

上述关系意味着配位金属离子的电子组态和金属离子的相同。

电负性 χ_M 反映了分子中金属原子吸引电子的能力。对于一系列具有共同配位体的阳离子,其 $\lg K_1$ 和 χ_M 之间大致有线性关系。由于过渡金属离子的 χ_M 随其价态而不同,应当注意选择合理的电负性标度。

3. 原子序数

对于第一序列过渡金属和镧系离子配位化合物,当具有相同的配位体时,其 $\lg K_n$ 或 $\lg \beta_n (n < 4)$ 和原子序数相关。当以 O 或 N 甚至 S 原子为配位原子时,它们通常符合 Irving-Williams 规则:

$$Mn^{2+} < Fe^{2+} < Co^{2+} < Ni^{2+} < Cu^{2+} > Zn^{2+} \tag{5.1.50}$$

对原子的电离势校正到相同的基态并考虑到配位场理论后可以更好地解释这个次序。对于 Cu(II) 配位化合物还要考虑到 Jahn-Teller 效应等立体化学差别的影响。

4. 和给予原子本性的关系

常见的直接和金属配位的原子有 H、C、N、O、F、P、S、Cl、As、Se、Br、Sb、Te、和 I 等原子。虽然有些 M—L 键可以当做 Coulomb 作用处理,但大多数看做是 L 中给予原子的孤对电子转让给过渡金属离子的 s 或 p 轨道而形成 σ 键。对于 t_{2g} 价电子不多的 Fe(III)之类的过渡金属,配位体也可以与之发生 π 给予作用。有时给予原子也可以起着接受作用。例如,NH_3 和 H_2O 等含有 N 和 O 配位体原子,它们不具有空轨道,不能接受从金属离子来的 π 电子。但对于 CN^-,$acac^-$ 等离子,则具有空的 p 轨道,从而可以作为接受体和金属形成 $d\pi - p\pi$ 键。对于较重的给予原子,具有空的 d 轨道,它们就可以

和金属的非键 d 电子形成 dπ–dπ 键。因此，大多数金属离子和 N、O 等轻给予原子形成稳定的配位化合物，但 Pt(Ⅱ)、Ag(Ⅰ)、Hg(Ⅱ) 等具有充满或近似充满 t_{2g} 轨道的离子，则和重原子甚至不饱和体系中的轻给予原子形成稳定的配位化合物。没有孤对电子的烯丙醇之类的配位体则只能通过 π 成键电子配位，它们也较易于和 t_{2g} 充满了的金属离子配位。

大多数金属卤素配位化合物的相对稳定性次序为 $F > Cl > Br > I$，这时有较大的熵变。但对于 Pt(Ⅱ)、Cu(Ⅰ)、Ag(Ⅰ)、Hg(Ⅱ) 等配位化合物，则次序相反，且发生放热变化。对于多齿配位体

$$\begin{array}{c} Y\!-\!C_2H_4N(CH_2COO^-)_2 \\ | \\ C_2H_4 \\ | \\ Y\!-\!C_2H_4N(CH_2COO^-)_2 \end{array} \qquad (Y = NMe、O 或 S)$$

与碱土金属离子作用的稳定常数次序为 $O > N > S$，但对 d 轨道近乎充满的过渡金属离子次序为 $N > S > O$。对于 Mn(Ⅱ) 配位化合物的稳定性，发现水相醛 $(O+O) >$ 甘氨酸 $(O+N) >$ 乙二胺 $(N+N)$。曾经从配位体及金属离子的有效杂化键的电负性观点讨论过这种现象。Cu(Ⅱ) 配位化合物焓变随给予原子的变化次序为 $(N+N) > (N+O) \approx (S+O) > (O+O)$，可以从配位场理论来说明这个次序，一般引起较大配位场分裂的配位体原子对配位场的稳定性特别敏感。

5. 取代效应

从酸碱理论来看，把金属离子作为酸。强酸的共轭碱和金属离子形成弱配位化合物。钶系配位化合物的稳定性就具有这个规律：$F^- > NO_3^- > Cl^- > ClO_4^-$ 和 $CO_3^{2-} > (COO^-)_2 > SO_4^{2-}$。1∶1 金属离子和对应质子配位化合物稳定常数间的热力学关系为

$$\lg K^0(\mathrm{ML}) = \lg K^0(\mathrm{HL}) \\ + 2.303\{[G^0(\mathrm{M}) - G^0(\mathrm{H})] \\ + [G^0(\mathrm{HL}) - G^0(\mathrm{ML})]\}/RT \qquad (5.1.51)$$

若比较的是化学计量平衡常数，则要考虑活度系数，若涉及混合溶剂的稳定常数，则还要考虑从水转换到混合溶剂的偏摩尔 Gibbs 自由能变化。对于给定的金属离子，上式中括号内第一项为常数。假定第二项比第一项小很多，或者是个常数，或者本身是 $\lg K^0(\mathrm{HL})$ 的线性函数，则 $\lg K^0(\mathrm{ML})$ 和 $\lg K^0(\mathrm{HL})$ 应有线性关系。前两个条件对应于单位斜率，第三个条件则不是单位斜率。线性关系的偏差可以归因于：对于焓变，酸中质子是 σ 成键，而配位化合物中则可能还会形成 π 键并受空间因素的影响（熵变近乎相同）。Irving 和 Rossotti 曾经将式(5.1.51)应用于一系列金属的 $\lg K^0(\mathrm{ML})$ 对 $\lg K(\mathrm{ML}')$ 的关系（图 5.4）。Ag(Ⅰ) 配位化合物常有较大偏差，因为其中 π 成键起着重要作用。

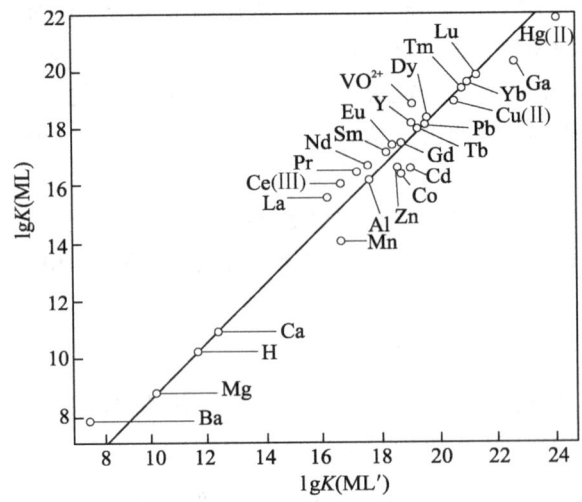

图 5.4 相同价态的同一金属离子的乙二胺四乙酸根配位化合物的 $\lg K(\text{ML})$
对 1,2-二氨基环己烷四乙酸配位化合物的 $\lg K(\text{ML}')$ 的关系图
$(20℃, I = 0.1\text{mol/L})$

6. 成环效应

众所周知,螯合物比对应的非螯合物稳定。当 n 个单齿的配位体被 m 个具有相同配位位置的多齿配位体取代而发生反应

$$\text{ML}_n + m\text{X} \Longrightarrow \text{MX}_m + n\text{L} \tag{5.1.52}$$

时,其取代平衡常数 K_d 一般大于 1。例如,乙二胺配位化合物比甲胺配位化合物稳定,乙二酸配位化合物比甲酸的稳定等。当 $\lg K_d$ 为负值时,则说明螯合环受到张力,甚至根本没有形成螯合环。例如,当发生螯合反应

$$[\text{M}(\text{NH}_3)_2] + \text{en} \Longrightarrow [\text{Men}] + 2\text{NH}_3 (25℃) \tag{5.1.53}$$

时,Co 的 $K_d = 2.4$ 而 Ag 的 $K_d = -2.2$。Ag(Ⅰ) 的负值可以解释为它的 sp 杂化轨道在和乙二胺配位时变形而受到张力(表 5.9)。一般将正的螯合熵归之于平动熵,但观察到的熵比按平动熵预料的小得多。曾经把螯合效应主要归之于出现在构型熵中的增附效应。由式(5.1.18)和式(5.1.21)可以导出 25℃ 时反应[式(5.1.52)]的真实热力学量为

$$\lg K'_d = \lg K_d - (n-m)1.74 \tag{5.1.54}$$

和

$$\Delta \mathscr{G}' = \Delta \mathscr{G} + (n-m)2.36 \tag{5.1.55}$$

$$\Delta \mathscr{S}' = \Delta \mathscr{S} - (n+m)7.9 \tag{5.1.56}$$

表 5.9 取代反应的热力学函数(25℃, 1mol/L 和 2mol/L 硝酸盐介质)

$$[ML_{2n}] + nX \Longrightarrow [MX_n] + 2nL$$

M	L	X	$-\Delta G_1$ /(kcal/mol)	$-\Delta H_1$ /(kcal/mol)	ΔS_1 /e.u.	$-\Delta G_2$ /(kcal/mol)	$-\Delta H_2$ /(kcal/mol)	ΔS_2 /e.u.
Ni	NH_3	en	3.41	2.01	4.8	8.17	4.19	13.3
Cu	NH_3	en	4.21	3.0	4.1	10.08	5.4	15.7
Zn	NH_3	en	1.55	-0.1	5.3	2.32	-1.6	13.3
Cd	NH_3	en	1.20	-0.1	4.3	4.34	0.8	11.8
Cd	$MeNH_2$	en	1.4	~0	4.7	5.56	-0.2	19.3
Ag	NH_3	tn	-2.2	1.3	-12			

对应于表 5.9 中的热力学量,真实熵变化具有较小的负值,这是由于本来活动的二胺在配位时失去了链构型熵所引起的。

此外,实验表明,环的大小对稳定性也有影响。一般在溶液中五元环比六元环稳定,环太大了则会类似于单齿而失去螯合效应。同样,对于多齿配位体的配位化合物,其稳定性随着螯合环的数目增加而增加。例如,对于 Co、Ni、Cu 等含 NH_3 的配位化合物,配位体 en、den、trien 和 penten 的 $\lg K$ 之比分别为 2:3:4:6,而当发生式 (5.1.52)($L = NH_3, m = 1$) 的螯合反应时,其 K_d 值之比大致为 1:2:3:5。

从结构化学观点对金属离子溶液的热力学数据进行解释时,要求精密的实验数据,但目前对混合和多核配位化合物的热力学分析还不够。关于内界和外界、螯合和非螯合、高自旋和低自旋异构体等平衡还有待研究,谱学方法在这方面将更有作为。

5.1.7 配价键的给予-接受作用及其强度

很多典型的配位化合物都是以一种分子 B 作为电子给予体(广义碱)和另一种分子 A 作为电子接受体(广义酸)形成 σ 配键的方式成键。对于这种广义的酸-碱化学,早在 20 世纪 50 年代是以碱(酸)的电离常数 pK_B(pK_A)作为度量其中 σ 给予(接受)作用的成键强度。这种标度的缺点是 pK 包括溶剂化能量以及熵贡献。量子化学中计算的 ΔE 值是比较接近于热力学中的 ΔH 值,但 pK 和 ΔH 值并没有平行关系。下面介绍两种目前流行的给予-接受作用理论。

1. 软硬酸碱(HSAB)规则

20 世纪 60 年代以来 Pearson 等根据大量实验总结出了所谓的"软硬酸碱规则"(简称为 HSAB 规则)[14],即可以将电子给予体(碱)和接受体(酸)分成软、硬两大类(表 5.10 和表 5.11),其中硬酸好像质子,正电荷高;体积小而不易极化,软酸则正电荷低,体积大而易于极化;硬碱是具有高电负性给予性原子的配位体,难以氧化和极化,软碱则是电负性低,易于氧化和极化的配位体。稳定的配位化合物是以"硬亲硬,软亲软"的方式结合。由此可以说明,SCN^- 中的氮易与第一系过渡金属离子结合,而硫易与第二、三系过渡金属离子结合的事实。

表 5.10 酸的软硬性分类

硬	软	交界酸
H^+, Li^+, Na^+, K^+	Cu^+, Ag^+, Au^+, Tl^+, Hg^+	Fe^{2+}, Co^{2+}, Ni^{2+}
Be^{2+}, Mg^{2+}, Ca^{2+}, Sr^{2+}, Mn^{2+}	Pd^{2+}, Cd^{2+}, Pt^{2+}, Hg^{2+}	Cu^{2+}, Zn^{2+}, Pb^{2+}
Al^{3+}, Sc^{3+}, Ga^{3+}, In^{3+}, La^{3+}	CH_3Hg^+, $Co(CN)_5^{2-}$,	Sn^{2+}, Sb^{3+}
N^{3+}, Cl^{3+}, Gd^{3+}, Lu^{3+}, Cr^{3+}	Pt^{4+}, Te^{4+}	Bi^{3+}, Rh^{3+}
Co^{3+}, Fe^{3+}, As^{3+}, CH_3Sn^{3+},	Ti^{3+}, $Tl(CH_3)_3$, BH_3	Ir^{3+}, $B(CH_3)_3$
Si^{4+}, Ti^{4+}, Zr^{4+}, Th^{4+}, U^{4+},	$Ga(CH_3)_3$, $GaCl_3$, GaI_3, $InCl_3$	SO_2, NO^+, Ru^{2+}
Tu^{4+}, Ce^{3+}, Hf^{4+}, WO^{4+},	RS^+, RSe^+, RTe^+	Os^{2+}, R_3C^+
UO_2^{2-}, $(CH_3)_2Sn^{2+}$, VO^{2+}, MoO^{3+}	I^+, Br^+, HO^+, RO^+	$C_6H_5^+$, GaH_3
$BeMe_2$, BF_3, $B(OR)_3$	I_2, Br_2, ICN 等	
$Al(CH_3)_3$, $AlCl_3$, AlH_3	三硝基苯等	
RPO_2^+, $ROPO_2^+$	氯醌、醌等	
RSO_2^+, $ROSO_2^+$, SO_3	四氰基乙烯	
I^{7-}, I^{5+}, Cl^{7+}, Cr^{6+}	O, Cl, Br, I, N, RO, RO_2	
RCO, CO_2NC^+	M^0(金属原子), 大块金属	
HX(有氢键生成的分子)	CH_2, 碳烯	

表 5.11 碱的软硬性分类

硬	软	交界碱
H_2O, OH^-, F^-	R_2S, RSH, RS^-	$C_6H_5NH_2$
$CH_3CO_2^-$, PO_4^{3-}, SO_4^{2-}	I^-, SCN^-, $S_2O_3^{2-}$	C_6H_5N, N_3^-
Cl^-, CO_8^{2-}, ClO_4^-, NO_3^-	R_3P, R_3As, $(RO)_3P$	Br^-, NO_2^-, SO_3^{2-}
ROH, RO^-, R_2O	CN^-, RNO, CO	N_2, (Cl^-)
NH_3, RNH_2, N_2H_4	C_2H_4, C_6H_6, H^-, R^-	

1968 年 Klopman 应用微扰理论处理了电子给予 – 接受作用，从而对 HSAB 理论的本质作了阐明[15]。考虑在介电常数 ε 的溶剂中给予体 S 分子的原子 s 和接受体 T 分子的原子 t 之间形成键，则其引起的总能量变化为

$$\Delta E_\text{总} = \Delta E_\text{溶剂化} + \frac{q_s q_t}{R_{st}\varepsilon} + 2\sum_{\text{分子S}}^{m}\sum_{\text{分子T}}^{n}\frac{(c_s^m c_t^n \Delta\beta_{st})^2}{E_m^* - E_n^*}$$

溶剂化项　　静电项　　共价项　　　　　　　　　(5.1.57)

其中，左边第二项为形式电荷 q_s 和 q_t 的两个原子之间的静电作用，第三项为反映电荷部分转移的共价成键作用。式中 q_s 和 q_t 是在孤立分子中 s 和 t 原子的总电荷，R_{st} 是原子 s 和 t 之间的距离，c_s^m 是分子 S 的占据分子轨道 m 中 s 原子的轨道系数；c_t^n 是分子 T 的未占据分子轨道 n 中 t 原子的轨道系数，$\Delta\beta_{st}$ 是在原子间距 R_{st} 时原子 s 和 t 作用轨道之间的共振积分变化，E_m^* 和 E_n^* 是孤立分子 S 和 T 的不同分子轨道 m 和 n 的能量。式(5.1.57)中第一项为溶剂化能量的变化，它可以近似地由 Born 方程估计

$$E_\text{溶剂化} = \frac{(q\pm 1)^2 K}{2R}\left(1 - \frac{1}{\varepsilon}\right) \quad (5.1.58)$$

通常取 $K = 0.75$，可见溶剂化能随电荷的减小和半径 R 的增加而降低。

当不考虑溶剂效应时，如图 5.5 所示，假定碱的 HOMO 能量 E_n^* 和酸的 LUMO 能量 E_m^* 差别很大，则共价项的贡献很小，主要是静电 Coulomb 作用。当作用使得给予体中心具有最高电子密度和接受体中心具有最高正空穴密度时，对酸碱作用

最为有利,这种反应称为电荷控制反应。这时酸碱作用的结果主要是由于具有高的轨道电负性的给予体和具有低的轨道电负性的接受体之间的静电相互作用所引起的,因此这种硬酸和硬碱作用是典型的电荷控制反应。反之,当差值$(E_m^* - E_n^*)$很小时,方程(5.1.57)中共价项为主要贡献,从而发生电子的转移效应,而静电项贡献很小。由于给予体的 HOMO 和接受体的 LUMO 都具有最高电荷密度,反应将在两个中心之间进行,因此这类反应称为前线轨道控制或轨道控制反应。这时具有低的轨道电负性的给予体和具有高的轨道电负性的接受体之间发生共价配位作用,因此这种软酸和软碱之间的相互作用是典型的轨道控制反应。

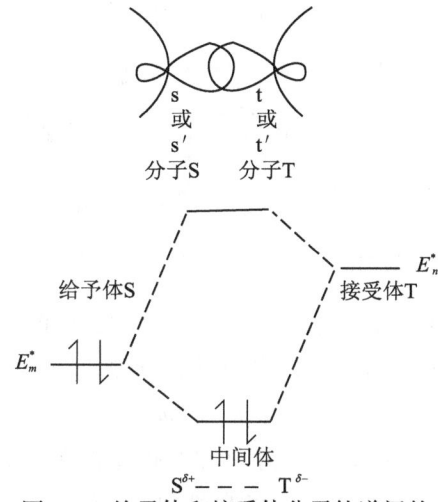

图 5.5 给予体和接受体分子轨道间的相互作用所引起的能级分裂

再以 SCN^- 配位体(碱)和不同金属离子(酸)的相互作用为例,用 3.3 节中的简单 HOMO 理论可以计算出它的三个前线轨道

$$\psi_1 = 0.33\phi_S + 0.59\phi_C + 0.74\phi_N (占据轨道)$$
$$\psi_2 = 0.74\phi_S + 0.33\phi_C - 0.59\phi_N (占据轨道) \quad (5.1.59)$$
$$\psi_3 = 0.59\phi_S - 0.74\phi_C + 0.33\phi_N (空轨道)$$

由上式可求出各原子的总电荷为

$$q_S = 1 - 2(0.33^2 + 0.74^2) = -0.31$$
$$q_N = 1 - 2(0.74^2 + 0.59^2) = -0.79 \quad (5.1.60)$$
$$q_C = 0.09$$

由式(5.1.57)可知,当给予体分子 SCN^- 的占据轨道和接受体金属离子 M^{n+} 的最低未占据轨道间的能量差 $E_m^* - E_n^*$ 很大时,属于电荷控制反应,有利于在带有最高相反电荷密度的原子之间进行结合,即 SCN^- 将以 $q_N = -0.79$ 的氮端参与金属配位。反之,当 $E_m^* - E_n^*$ 较小时,则为轨道控制。SCN^- 将以其最高占据轨道的最大电荷密度处的原子和金属离子 M^{n+} 配位。由式(5.1.59)求出

$$(c_S^m)^2 = 0.74^2 = 0.55 \quad (c_N^m)^2 = (-0.59)^2 = 0.35 \tag{5.1.61}$$

因此它将以硫原子和 M^{n+} 配位。

我们曾经应用 CNDO 方法研究邻位、间位和对位二甲苯异构体的亲电子反应位置(图 5.6)[16]。结果表明,对于这种交替芳香烃,在解释形成质子(H^+)配位化合物之类的亲电子反应时应为轨道控制。

2. $E-C$ 方程

在众多的 HSAB 规则的经验式中较为定量的还为数不多。Drago 根据在惰性溶剂中大量 Lewis 酸 A 和 Lewis 碱 B 加合物的生成热 ΔH 数据,认为

$$A + B \rightleftharpoons AB \tag{5.1.62}$$

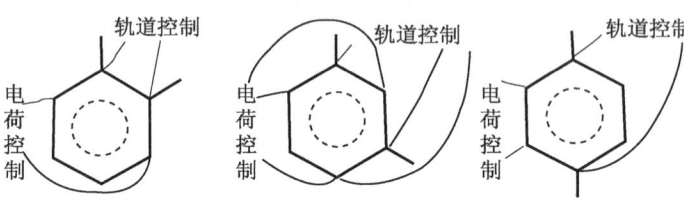

图 5.6 二甲苯的亲电子反应位置

这类电荷迁移配位化合物 AB 的成键能包含静电贡献和共价贡献,因此加合物的成键轨道 ψ^0 可以写成静电波函数 ψ_{el} 和共价波函数 ψ_{cov} 的组合

$$\psi^0 = a\psi_{el} + b\psi_{cov} \tag{5.1.63}$$

其中,a 和 b 为组合系数,它们表征了静电和共价这两种贡献的相对大小。由于键的共价性或离子性又取决于酸和碱的各自性质,从而提出了酸碱加合物生成热的双参数 $E-C$ 方程[17]

$$-\Delta H = E_A E_B + C_A C_B \tag{5.1.64}$$

其中,E 和 C 分别为离子性和共价性参数,下标 A 和 B 代表酸和碱。表 5.12 中列出了一些根据大量 ΔH 实验值所得到的经验 E 和 C 参数。只要将各种酸碱的 E 和 C 值代入式(5.1.64),就可以得到几千种所生成加合物的热焓值 ΔH(包括一些未知的反应),其误差可在 ±0.1kcal/mol 范围内。例如可以说明下列事实,当以酚作为酸时,和下列给予体的强度($-\Delta H$)次序为

$$(CH_3)C_2NH > (C_2H_5)_2O > (CH_3)_2S \tag{5.1.65}$$

而当以 I_2 作为酸时,这些给予体的强度次序却为

$$(CH_3)_2NH > (CH_3)_2S > (C_2H_5)_2O \tag{5.1.66}$$

$E-C$ 方程主要适用于以 σ 键作用的配价键,可用于酸碱反应的设计和讨论。

当计算值和实验值不符合时,说明存在有空间立体效应、动力学效应、熵效应、π 键效应和溶剂化效应等复杂因素。例如,当作为碱的 $(C_2H_5)_2O$、四氢呋喃都和作为酸的 $(CH_3)_3SnCl$ 相互作用时,前一个碱由于有较大的空间效应而和 $E-C$ 方程呈现较大的偏差。

表 5.12　各种酸和碱的 E 和 C 值

化学式	E	C	$W^{1)}$	C/E
酸				
1　I_2	1.00	1.00		1
2　ICl	5.10	0.830		0.16
3　C_6H_5SH	0.99	0.198		0.20
4　C_6H_5OH	4.33	0.422		0.10
5　$p-CH_3C_6H_4OH$	4.18	0.404		0.10
6　$p-FC_6H_4OH$	4.17	0.446		0.11
7　$m-FC_6H_4OH$	4.42	0.506		0.11
8　$p-ClC_6H_4OH$	4.34	0.478		0.11
9　$m-CF_3C_6H_4OH$	4.48	0.530		0.12
10　$(CH_3)_3COH$	2.04	0.300		0.15
11　CH_3CH_2OH	3.88	0.451		0.12
12　$(CF_3)_2CHOH$	5.93	0.623	1.10	0.11
13　C_4H_4NH	2.54	0.295		0.12
14　$CHCl_3$	3.02	0.159		0.05
15　$(CH_3)_3SnCl$	5.76	0.03		0.01
16　$BF_3(g)$	9.88	1.62		0.16
17　$B(CH_3)_3(g)$	6.14	1.70		0.28
18　$Al(CH_3)_3$	16.9	1.43		0.08
19　SO_2	0.920	0.808		0.88
20　$Cu(hfac)_2$	3.46	1.32		0.38
21　H_2O	1.64	0.571		0.35
22　$CH_3Co(DMG)_2$	9.14	1.53		0.17
23　$Zn\{N[Si(CH_3)_3]_2\}_2$	5.16	1.07		0.21
24　$Ni(TFACCAM)_2$	3.38	0.640		0.19
25　NiSMDPT	3.94	0.500		0.13
26　$\pi-allyl\ PdCl$	3.41	0.980	3.1	0.29
27　RhCODCl	4.93	1.25	6.3	0.25
28　$Rh(CO)_2Cl$	8.72	2.02	11.3	0.23
29　ZnTPP	5.15	0.620		0.12
30　CoTPP	4.44	0.58		0.13
碱				
31　NH_3	1.15	4.75		4.1
32　CH_3NH_2	1.30	5.88		4.5
33　$(CH_3)_2NH$	1.09	8.73		8.0
34　$(CH_3)_3N$	0.808	11.54		14.2
35　CH_3CN	0.886	1.34		1.5
36　$(CH_3)_2NCN$	1.10	1.81		1.7
37　$CH_3CON(CH_3)_2$	1.32	2.58		2.0
38　$CH_3COOC_2H_5$	0.975	1.74		1.8
39　$(CH_3)_2CO$	0.937	2.33		2.5
40　$(C_2H_5)_2O$	0.936	3.25		3.5
41　$O(CH_2)_4O$	1.09	2.38		2.2
42　$(CH_2)_4O$	0.978	4.27		4.4
43　$HC(S)N(CH_3)_2$	0.76	8.19		10.8
44　$(CH_3)_2SO$	1.34	2.85		2.1

续表

化学式	E	C	$W^{1)}$	C/E
45 $(CH_2)_4O$	1.38	3.16		2.3
46 $(CH_3)_2S$	0.343	7.46		21.8
47 $(C_2H_5)_2S$	0.339	7.40		21.8
48 C_5H_5NO	1.34	4.52		3.4
49 $4-CH_3C_5H_4NO$	1.36	4.99		3.7
50 $(CH_3)_3P$	0.838	6.55		7.8
51 C_6H_6	0.280	0.590		2.1
52 $C_9H_{18}NO$(TMPNO)	0.915	6.21		6.8
53 $HC(C_2H_4)_3N$	0.700	13.2		18.9
54 $C_6H_{10}O$ 桥式醚	1.08	3.76		3.5
55 $(CH_3)_2Se$	0.217	8.33		38.4
56 $C_2H_5C(CH_2O)_3P$	0.548	6.41		11.7
57 $[(CH_3)_2N]_3PO$	1.52	3.55		2.3
58 C_5H_5N	1.17	6.40		5.5
59 $CH_3C_4H_4N$	1.26	6.47		5.1
60 N-甲基咪唑	0.934	8.96		9.6

1) 当在形成加合物过程中还出现了二聚体 $[(CO)_2RhCl]_2$ 和 $[(\pi-allyl)PdCl]_2$ 之类的离解焓时,应该应用方程 $-\Delta H + W = E_AE_B + C_AC_B$ 以考虑这种恒定的能量贡献 W。

和 HSAB 规则比较,$E-C$ 方程更为定量,而且也没有交界酸碱这类模糊不清的概念。在类似的研究中还经常应用到熟知的 Hammett 方程(参考 6.1 节),其中的取代常数 σ 和 E, C 参数有密切关系[18]。我们利用光谱方法测定了碘和一系列吡啶类配位化合物的平衡常数 K(表 5.13),并证实可以将线性自由能关系式

$$\lg(K/K_0) = \sigma\rho \tag{5.1.67}$$

推广到这类加合物(图 5.7),其中 ρ 是一个依赖于反应类型的常数,σ 与取代有关,K 和 K_0 分别为取代化合物和未取代化合物的平衡常数。求出了热力学参数 ΔG、ΔH 和 ΔS,并且初步将它们引用于 $E-C$ 方程。

表 5.13 碘-吡啶类配位化合物的热力学参数

序号	取代基	σ	K/(mol/L) (25℃)	$-\Delta G$ /kcal	ΔH^0 /kcal	$-\Delta S^0$ /e.u.	λ_{max} /Å	E	C
1	吡啶	0	160	3.03	7.47	14.90	4220	1.18	6.18
2	2-氯吡啶	—	5.0	0.96	3.08	7.10	4480	1.61	1.51
3	3-氯吡啶	0.373	26.74±0.18	1.95	6.51	15.61	4350	1.27	4.92
4	4-氯吡啶	0.227	55.03	2.38	—	—	—	1.64	3.88
5	2-甲吡啶	—	225.1	3.23	7.95	15.80	4210	0.54	7.42
6	3-甲吡啶	-0.069	297.0	3.40	8.33	16.51	4180	0.43	7.90
7	4-甲吡啶	-0.170	362.8	3.52	8.93	18.20	4170	—	—
8	3-氰基吡啶	0.56	9.74±0.08	1.29	—	—	4400		
9	4-氰基吡啶	0.66	8.77±0.16	1.23	4.52	10.62	4450	0.74	3.77
10	4-二甲胺基吡啶	-0.83	$(6±1)×10^3$	4.93	—	—	4000		

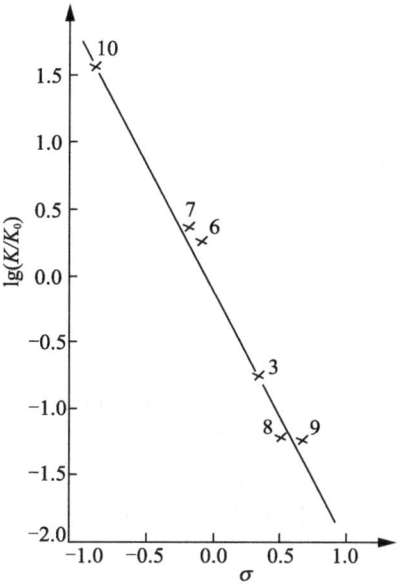

图 5.7　碘与吡啶类配位化合物的 Hammett 线性自由能关系

我国陈荣悌对一系列配位化合物的线性自由能关系进行了研究[19]，例如，配位化合物生成反应的焓变 ΔH_M 和配位体质子化反应的焓变 ΔH_L 之间存在线性关系

$$\Delta H_M = Q - \beta \Delta H_L \tag{5.1.68}$$

其中，Q 和 β 为与温度、压力、溶剂有关的常数。

5.2　溶液电化学性质

配位化合物的溶液电化学研究有很多应用，诸如用以研究溶液平衡、氧化还原反应、电化学催化、电化学合成、电荷转移配位化合物、生物电化学等。此外，配位化合物在电极上的作用可以看做特殊的多相化学体系，它的热力学、动力学和成键性质可以由实验的电极电位和电流曲线上反映出来。

5.2.1　电位 – pH 图及其应用

作为讨论溶液电化学的热力学基础，我们将通过电位 – pH 图这种直观的方法来说明水溶液中发生的一系列平衡及反应问题[20]。

1. 基本热力学公式

从热力学可以决定化学反应的方向及其进行的条件。为了更普遍化，对于诸如下式的电化学反应：

$$\mathbf{Fe_3O_4} + 8H^+ + 2e^- \Longrightarrow 3Fe^{2+} + 4H_2O \tag{5.2.1}$$

一般约定式中黑体字表示固体或沉淀物，在水溶液中，式中金属离子实际上是指以

水为配位体的配位化合物。对于更普遍的电化学反应可以写成

$$\sum_i v_i M_i + ne^- = 0 \quad (5.2.2)$$

其中 M_i 为参加反应的组成物质,v_i 为其反应系数,n 为反应电子数。通常从热力学应用 Gibbs 自由能变化 $\Delta G = -nEF$ 来表示上述电化学平衡条件。这里等价地应用化学势 μ 的下列公式进行描述:

$$-\sum_i v_i \mu_i + nEF = 0 \quad (5.2.3)$$

当电位 E 用 V(伏)且化学势 μ_i 用 cal/mol 表示时;则 Faraday 常量 F 取值 23 060。又因为

$$\mu_i = \mu_i^0 + 2.303RT\lg M_i \quad (5.2.4)$$

其中,μ_i^0 为在 25℃时的标准化学位;M_i 对溶液而言为活度,对气体而言为逸度,在实际应用中可分别近似地用浓度或压力代替,纯固体或纯液体的活度为 1。当溶液的浓度较大或气体的压力较高时,还需要分别加上活度系数或逸度系数校正值(参见第553页)。将式(5.2.4)代入式(5.2.3)并令 $T = 298.1K, R = 1.987 \text{cal}/℃$,则得到一般关系式:

$$1363\sum_i v_i \lg M_i = -\sum_i v_i \mu_i^0 + 23\,060 nE \quad (5.2.5)$$

下面分几种具体情况进行讨论。

1) 有氧化还原的反应

设有类似式(5.2.1)的一般氧化还原反应

$$p[\text{Ox}] + m\text{H}^+ + ne^- \rightleftharpoons q[\text{Red}] + z\text{H}_2\text{O} \quad (5.2.6)$$

其中 Ox 为氧化态,Red 为还原态。假定在稀溶液条件下溶剂水的活度 $a_{\text{H}_2\text{O}} = 1$,则由式(5.2.5)可以求出该体系相对于标准氢电极的平衡电位(根据热力学规定:$\mu_{\text{H}_2}^0 = 0, \mu_{\text{H}^+}^0 = 0$)

$$E = E^0 - 0.0591\frac{m}{n}\text{pH} + \frac{0.0591}{n}\lg\frac{a_{\text{Ox}}^p}{a_{\text{Red}}^q} \quad (5.2.7)$$

其中

$$E^0 = \sum_i v_i \mu_i^0 / 23\,060n \quad (5.2.8)$$

是标准电极电位。E^0 可直接查阅有关《化学手册》或由专业书籍中列出的 μ_i^0 值[21,22]通过式(5.2.8)求出。应该注意,从热力学上看,我们实际所涉及的往往是在相同温度时两种状态的 μ^0 值之差,而标准化学势之差就是标准生成自由能 ΔG^0 之差,又按标准生成自由能的定义,各个元素和氢离子的化学势规定为零。因此,在通常的电位 – pH 图计算中可直接用 ΔG_i^0 代替 μ_i^0,甚至将 ΔG_i^0 值就作为 μ_i^0 值。

考虑和 pH 及电位有关的平衡式[式(5.2.1)],由表查得

$$\Delta G_{\text{Fe}_3\text{O}_4}^0 = -242\,400\text{cal}, \qquad \Delta G_{\text{Fe}^{2+}}^0 = -20\,300\text{cal}$$

$$\Delta G_{\text{H}_2\text{O}}^0 = -56\,690\text{cal}, \qquad a_{\text{H}_2\text{O}} = 1$$

从而求出

$$E = 0.980 - 0.2364\text{pH} - 0.0855\lg a_{\text{Fe}^{2+}}$$

2) 没有氧化－还原的反应

对于和

$$Fe_2O_3 + 6H^+ \rightleftharpoons 2Fe^{3+} + 3H_2O \quad (5.2.9)$$

类似的反应

$$pA + mH^+ \rightleftharpoons qB + zH_2O \quad (5.2.10)$$

由于没有电子参加,式(5.2.5)中的 $n=0$,整理后得

$$p\lg a_A - q\lg a_B = \lg K + m\text{pH} \quad (5.2.11)$$

其中

$$\lg K = \frac{-\sum_i \nu_i \mu_i^0}{1363} = -\frac{p\mu_A^0 - q\mu_B^0 - z\mu_{H_2O}^0}{1363} \quad (5.2.12)$$

K 是平衡常数,可直接查表或由式(5.2.12)通过 μ_i^0 值进行计算。

例如,考虑和氧化还原无关的平衡式[式(5.2.9)],由表查得

$$\Delta G^0_{Fe_2O_3} = -177\ 100\text{cal}, \quad \Delta G^0_{Fe^{3+}} = -2530\text{cal}, \quad \Delta G^0_{H_2O} = -56\ 690\text{cal}$$

求出

$$\lg a_{Fe^{3+}} = -0.723 - 3\text{pH}$$

若以电位为纵坐标、pH 为横坐标,则上面两个例子所代表的两类平衡分别对应于和 pH 轴斜交和垂直的两类直线(图 5.8 中线⑩和⑤)。所谓的电位－pH 图就是由这类直线组成的。显然,图的左边为酸性溶液,右边为碱性溶液;上面为氧化性介质,下面为还原性介质。

2. 电位－pH 图的构成

下面以 Fe－H_2O 体系为例来说明构成电位－pH 图的一般步骤。

1) 反应和平衡方程

有了体系中各组分的标准生成自由能数据及前述公式,就可以根据该体系的各个重要反应(电子总是放在左边)计算出对应的平衡方程,结果如下:

均相反应:

ⓐ $2H^+ + 2e^- \rightleftharpoons H_2$

$E_a = 0.00 - 0.0591\text{pH} - 0.0295\lg p_{H_2}$

ⓑ $O_2 + 4H^+ + 4e^- \rightleftharpoons 2H_2O$

$E_b = 1.23 - 0.0591\text{pH} + 0.0147\lg p_{O_2}$

① $Fe^{3+} + e^- \rightleftharpoons Fe^{2+}$

$E = 0.771 + 0.0591 \lg \dfrac{a_{Fe^{3+}}}{a_{Fe^{2+}}}$

② $FeO_4^{2-} + 8H^+ + 3e^- \rightleftharpoons Fe^{3+} + 4H_2O$

$E = 1.700 - 0.151\text{pH} + 0.020\lg \dfrac{a_{FeO_4^{2-}}}{a_{Fe^{3+}}}$

有两种固体参加的复相反应:

③ $Fe_3O_4 + 8H^+ + 8e^- \rightleftharpoons 3Fe + 4H_2O$

$E = -0.085 - 0.0591\text{pH}$

④ $3\text{Fe}_2\text{O}_3 + 2\text{H}^+ + 2e^- \Longrightarrow 2\text{Fe}_3\text{O}_4 + \text{H}_2\text{O}$

$E = 0.221 - 0.0591\text{pH}$

有一种固相参加的复相反应:

⑤ $\text{Fe}_2\text{O}_3 + 6\text{H}^+ \Longrightarrow 2\text{Fe}^{3+} + 3\text{H}_2\text{O}$

$\lg a_{\text{Fe}^{3+}} = -0.723 - 3\text{pH}$

⑥ $\text{Fe}^{2+} + 2e^- \Longrightarrow \text{Fe}$

$E = -0.440 + 0.029\ 5\lg a_{\text{Fe}^{2+}}$

⑦ $\text{FeO}_2\text{H}^- + 3\text{H}^+ + 2e^- \Longrightarrow \text{Fe} + 2\text{H}_2\text{O}$

$E = 0.493 - 0.0885\text{pH} + 0.029\ 5\lg a_{\text{FeO}_2\text{H}^-}$

⑧ $\text{Fe}_2\text{O}_3 + 6\text{H}^+ + 2e^- \Longrightarrow 2\text{Fe}^{2+} + 3\text{H}_2\text{O}$

$E = 0.728 - 0.1773\text{pH} - 0.059\ 1\lg a_{\text{Fe}^{2+}}$

⑨ $2\text{FeO}_4^{2-} + 10\text{H}^+ + 6e^- \Longrightarrow \text{Fe}_2\text{O}_3 + 5\text{H}_2\text{O}$

$E = 1.714 - 0.0985\text{pH} + 0.019\ 7\lg a_{\text{FeO}_4^{2-}}$

⑩ $\text{Fe}_3\text{O}_4 + 8\text{H}^+ + 2e^- \Longrightarrow 3\text{Fe}^{2+} + 4\text{H}_2\text{O}$

$E = 0.980 - 0.2364\text{pH} - 0.088\ 5\lg a_{\text{Fe}^{2+}}$

⑪ $\text{Fe}_3\text{O}_4 + 2\text{H}_2\text{O} + 2e^- \Longrightarrow 3\text{FeO}_2\text{H}^- + \text{H}^+$

$E = -1.819 + 0.0295\text{pH} - 0.088\ 51\lg a_{\text{FeO}_2\text{H}^-}$

2) $\text{Fe} - \text{H}_2\text{O}$ 体系的电位 – pH 图

基于上述公式可以作出 $\text{Fe} - \text{H}_2\text{O}$ 体系的电位 – pH 图(图 5.8),图中直线上圆圈中的数字为反应编号,直线旁的数字代表可溶性离子活度(如 1mol/L、10^{-2}mol/L、10^{-4}mol/L 和 10^{-6}mol/L)的对数 $\lg a_i$。活度由 $1 \sim 10^{-6}\text{mol/L}$ 实际上包括了在化学上常用的浓度范围。

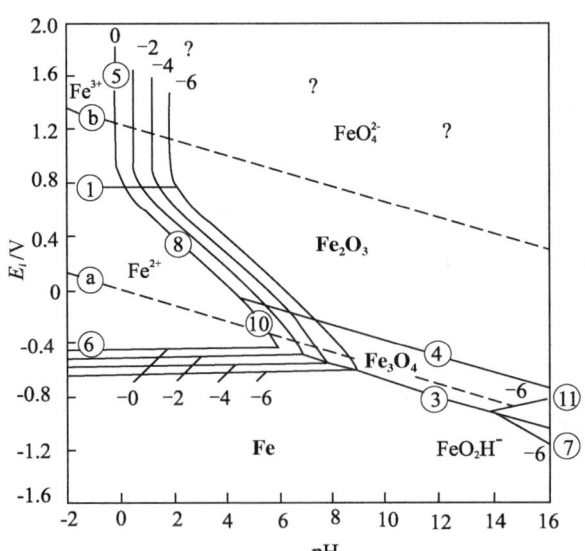

图 5.8　$\text{Fe} - \text{H}_2\text{O}$ 体系的电位 – pH 图(仅考虑固体为 Fe、Fe_3O_4 和 Fe_2O_3)

今后除另加标明外，各圆圈数字所示的直线都是对应于单位活度或单位逸度比作出的(如直线⑦和⑪的活度则对应于 10^{-6} mol/L)。由于 FeO_4^{2-} 的热力学数据尚不可靠，所以对应于②和⑨式的直线没有绘出来。该图表明，直线⑥的下面和⑩的右边，Fe^{2+} 的活度小于 1，直线①的上面 $\frac{a_{Fe^{3+}}}{a_{Fe^{2+}}} > 1$ 等。线③和④为固相之间的平衡。线⑥、⑩、⑧和⑤为固相和离子活度为 1 的溶液之间的平衡。线①为离子活度比为 1 的两种离子间的平衡。线⑦和⑪为固相和离子活度为 10^{-6} mol·L 的溶液之间的平衡。直线①、⑧和⑤之间有共同交点，由此可以求出活度为 1 的 Fe^{3+}、Fe^{2+} 溶液和 Fe_2O_3 共存的 E-pH。

由图可见，当电位高于线 1 时，则 $[Fe^{3+}]$ 加大而 $[Fe^{2+}]$ 减小，即只有在线①以上 Fe^{3+} 才稳定。同样，由⑤式可见，当 $[Fe^{3+}] = 1$，则如直线⑤所示，在 pH = -0.241 时，开始沉淀而生成 Fe_2O_3，即直线⑤的右边为 Fe_2O_3 稳定而左边为 Fe^{3+} 稳定。综上所述，可见 Fe^{3+} 的稳定区是在线 1 的上面和线⑤的左边所包含的区域内(图中左上角)。同样，不难理解图 5.8 所标出的其他稳定区。当然，要得到更完整的图解还必须考虑 FeO_2^-、FeO_4^{2-}、$Fe_3O_4 \cdot H_2O$ 等可溶性离子和固体氧化物。

3) 水的热力学稳定性

图中虚线ⓐ为 H^+ 和 $H_2(p_{H_2} = 1)$ 间的平衡，虚线ⓑ为 $O_2(p_{O_2} = 1)$ 和水之间的平衡。由图可知，当电位低于线ⓐ时，水被还原而分解出 H_2；高于线ⓑ时，水就可能被氧化而分解出 O_2。这种电位的建立可以用外加电压的方法(如在电解时维持一定的阳极电位或阴极电位)，或者用化学的方法(如加入氧化剂或还原剂)。在线ⓐ和ⓑ之间水不可能分解出 H_2 或 O_2，所以它代表了在一定条件下(图中是指一个大气压)水的热力学稳定区。由于我们重点是讨论发生在水溶液中的各种反应和平衡，而且 H_2 和 O_2 也是实际上常用的还原剂和氧化剂，所以这两根线经常绘制在电位 - pH 图中，有着特别的重要性。

3. 在无机化学中的应用示例

很多事实可以从图 5.9 所表明的简单原理导出：由于平衡线 Ⅰ 在平衡线 Ⅱ 的上面，所以是 $[Ox]_I$ 作为氧化剂、$[Red]_{II}$ 作为还原剂而发生反应

$$[Ox]_I + [Red]_{II} \longrightarrow [Ox]_{II} + [Red]_I \tag{5.2.13}$$

对应的原电池电动势为

$$E_{原电池} = E_I - E_{II} \tag{5.2.14}$$

当体系中存在几种还原剂时，一种氧化剂总是优先氧化最强的那种还原剂(二者的电位差最大)。

利用电位 - pH 图可以很简单地从电化学角度阐明一系列无机反应。例如，在图 5.8 中，由于线ⓐ和ⓑ在线⑥上面，所以在潮湿的空气中 Fe 优先被 O_2 所氧化；但在稀酸中，当与氧隔绝或氧的分压很小时，则只能是 Fe 被 H^+ 所氧化而放出 H_2。由于线 1 在ⓑ之下，所以在酸性溶液中 Fe^{2+} 被 O_2 氧化成 Fe^{3+}。配位化合物 $Fe(OH)_2$ 能够把 NO_3^- 还原成 NH_4^+，也能够很快地吸收 O_2 等事实都可以类似地

说明。

再举一个说明歧化反应的例子。实验表明,Cu^+ 在溶液中不能稳定存在而会自行分解为 Cu^{2+} 和 Cu。考虑到下列氧化还原体系的电位

$$Cu^{2+} + e^- \rightleftharpoons Cu^+$$

$$E = 0.153 + 0.0591 \lg \frac{[Cu^{2+}]}{[Cu^+]} \tag{5.2.15}$$

$$Cu^+ + e^- \rightleftharpoons Cu$$

$$E = 0.520 + 0.0591 \lg[Cu^+] \tag{5.2.16}$$

可知第二个体系氧化第一个体系,亦即发生歧化反应

$$Cu^+ + Cu^+ \rightleftharpoons Cu + Cu^{2+} \tag{5.2.17}$$

这也就是在一般的 $Cu - H_2O$ 体系的电位 - pH 图中(图 5.10)并不存在 Cu^+ 稳定区的原因。

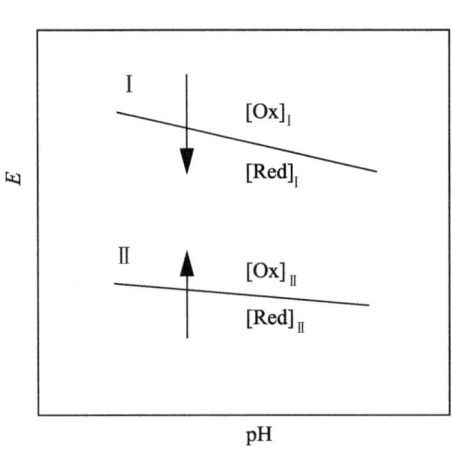

图 5.9 反应方向示意图

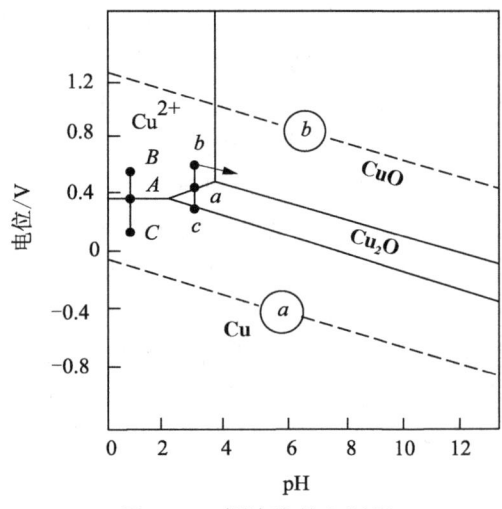

图 5.10 铜溶液的电沉积

在进一步讨论金属配位化合物的氧化还原稳定性以前,我们讨论一个简单水合金属离子的电沉积实例。这对于讨论在电镀和电解等工业中使用能形成配位化合物的添加剂的作用具有重要意义。将两个铜电极浸在酸性的 0.5mol/L $CuSO_4$ 溶液中,则由图 5.10 所示的电位 - pH 图可见铜电极的平衡电位约为 +0.35V(点 A)。当在两个电极上外加直流电压而进行电解时,则阳极电位变正而移至 B 点,发生铜的溶解反应

$$Cu \longrightarrow Cu^{2+} + 2e^-$$

阴极电位变负而移至 C 点,发生电沉积反应

$$Cu^{2+} + 2e^- \longrightarrow Cu$$

铜的电解精制、酸浴中镀铜、电解法分析铜以及实验室中使用的铜 Coulomb 计都是这种情况。

现在从电位 - pH 图来讨论一些实际问题。为了提高电解效率,亦即在阴极上

只得到铜而不会放出 H_2 气,C 点的电位 E_C 必须处在 +0.35V 和ⓐ线之间(为了简化,没有考虑实际上很重要的过电位问题,因为这已是动力学问题)。因此实际的电流密度不能用得太大,否则由于极化作用会导致阴极电位的降低。由于随着 pH 的减小,E_C 可选择的间隔就会变窄,所以电解时酸性也不能太大。如果溶液处在弱酸性时(pH 略大于 3),则点 C 可能处在 Cu_2O 稳定区而在阴极生成 Cu_2O。若阴极电位没有控制好而使低于ⓐ线时,则还会放出 H_2 气并使溶液向碱性方向移动,整个溶液的代表点也向图的右方移动。特别是阳极点 b 也可移至 Cu_2O 或 CuO 的稳定区。由上述讨论可以说明电流效率不高,以及不但在阴极,甚至可能在阳极都会生成 Cu_2O 的事实。

5.2.2 配位化合物的氧化还原稳定性

金属离子在形成配位化合物后它的氧化还原性质会发生变化。表 5.14 中列出了一些典型过渡金属离子及其配位化合物的标准还原电位。根据式(5.2.7)可见,对于同一金属离子(如铁离子),当配位化合物的生成使高价态(氧化态)稳定时,E^0 值会降低,因此相对于水合 $[Fe(H_2O)_6]^{3+}$ 配位化合物(即通常所认为的自由 Fe^{3+})而言,CN^- 和 $C_2O_4^{2-}$ 的配位使 Fe^{3+} 更为稳定;反之,当配位化合物的生成使低价态(即还原态)稳定时,则 E^0 增加,因此联吡啶等配位时就会使 Fe^{2+} 更为稳定。同理可以说明,Co^{3+} 的高氯酸盐或硫酸盐在水溶液中不稳定,其强氧化性会氧化水而自发放出氧,Co^{3+} 则还原为 Co^{2+};反之,使之生成 $[Co(NH_3)_6]^{3+}$ 或 $[Co(CN)_6]^{3-}$ 配位离子后就非常稳定,以致 $[Co(CN)_6]^{4-}$ 能够还原水而放出氢,自身则氧化为 $[Co(CN)_6]^{3-}$。

表 5.14 某些金属离子及其标准还原电位值(pH = 7, 25℃)

电极反应	标准电极电位 E^0/V	电极反应	标准电极电位 E^0/V
$Ti^{2+} + 2e^- \longrightarrow Ti$	-1.63	$Fe^{3+} + e^- \longrightarrow Fe^{2+}$	+0.77
$V^{3+} + e^- \longrightarrow V^{2+}$	-0.26	$Fe^{3+} + 3e^- \longrightarrow Fe$	-0.04
$VO^{2+} + 2H^+ + e^- \longrightarrow V^{3+} + H_2O$	+0.34	$Fe^{2+} + 2e^- \longrightarrow Fe$	-0.44
$V^{2+} + 2e^- \longrightarrow V$	-1.2	$[Fe(CN)_6]^{3-} + e^- \longrightarrow [Fe(CN)_6]^{4-}$	+0.36
$Cr^{2+} + 2e^- \longrightarrow Cr$	-0.91	$[Fe\ phen_3]^{3+} + e^- \longrightarrow [Fe\ phen_3]^{2+}$	+1.12
$Cr^{3+} + 3e^- \longrightarrow Cr$	-0.74	$[Fe\ bpy_3]^{3+} + e^- \longrightarrow [Fe\ bpy_3]^{2+}$	+0.42
$Cr^{3+} + e^- \longrightarrow Cr^{2+}$	-0.41	$[Fe(C_2O_4)_3]^{3-} + e^- \longrightarrow [Fe(C_2O_4)_3]^{4-}$	+0.02
$1/2Cr_2O_7^{2-} + 7H^+ + 3e^- \longrightarrow Cr^{3+} + 1/2H_2O$	+1.33	$[Fe(dipy)_3]^{3+} + e^- \longrightarrow [Fe(dipy)_3]^{2+}$	+1.10
$Mn^{2+} + 2e^- \longrightarrow Mn$	-1.18	$[Fe(nitro-o-phen)_3]^{3+} + e^- \longrightarrow [Fe(nitro-o-phen)_3]^{2+}$	+1.25
$MnO_4^- + e^- \longrightarrow MnO_4^{2-}$	+0.56	$Co^{2+} + 2e^- \longrightarrow Co$	-0.28

续表

电极反应	标准电极电位 E^0/V	电极反应	标准电极电位 E^0/V
$MnO_4^- + 8H^+ + 5e^- \longrightarrow Mn^{2+} + 4H_2O$	+1.52	$Ni^{2+} + 2e^- \longrightarrow Ni$	−0.25
$MnO_4^- + 4H^+ + 3e^- \longrightarrow MnO_2 + 2H_2O$	+1.67	$Cu^+ + e^- \longrightarrow Cu$	+0.52
$Co^{3+} + e^- \longrightarrow Co^{2+}$	+1.95	$Cu^{2+} + 2e^- \longrightarrow Cu$	+0.34
$[Co(NH_3)_6]^{3+} + e^- \longrightarrow [Co(NH_3)_6]^{2+}$	+0.1	$Cu^{2+} + e^- \longrightarrow Cu^+$	+0.15
$[Co\ bpy_3]^{3+} + e^- \longrightarrow [Co\ bpy_3]^{2+}$	+0.42	$Cu^{2+} + 2CN^- + e^- \longrightarrow [Cu(CN)_2]^-$	+1.12

可以从配位化合物热力学稳定常数和水合离子电偶的标准电极电位 E_{aq}^0 来估计配位金属离子电偶的电极电位 E_{cx}^0。为此,将电极反应

$$ML_x^{m+} + ne^- \Longleftrightarrow ML_x^{(m-n)+} \quad \Delta G^0 = -nFE_{cx}^0 \quad (5.2.18)$$

分两步进行

$$ML_x^{m+} \Longleftrightarrow M_{aq}^{m+} + xL \quad \Delta G_1^0 = PT\ln\beta_m^0 \quad (5.2.19)$$

$$M_{aq}^{m+} + ne^- \Longleftrightarrow M_{aq}^{(m-n)+} \quad \Delta G_2^0 = -nFE_{aq}^0 \quad (5.2.20)$$

$$M_{aq}^{(m-n)+} + xL \Longleftrightarrow ML_x^{(m-n)+} \quad \Delta G_3^0 = -RT\ln\beta_{m-n}^0 \quad (5.2.21)$$

式(5.2.21)中 E_{cx}^0 和 E_{aq}^0 分别表示配位金属离子电偶 $ML_x^{(m-n)+}/ML_x^{m+}$ 和 $M_{aq}^{(m-n)+}/M_{aq}^{m+}$ 的标准电极电位,β_m^0 和 β_{m-n}^0 分别为配位离子 ML_x^{m+} 和 $ML_x^{(m-n)+}$ 的总热力学稳定常数。由

$$\Delta G^0 = \Delta G_1^0 + \Delta G_2^0 + \Delta G_3^0 \quad (5.2.22)$$

$$nFE^0 = -RT\ln\beta_m^0 + nFE_{aq}^0 + RT\ln\beta_{m-n}^0 \quad (5.2.23)$$

可得

$$E_{cx}^0 = E_{aq}^0 - \frac{RT}{nF}\ln\frac{\beta_m^0}{\beta_{m-n}^0} \quad (5.2.24)$$

由此可见,若 $\beta_{m-n}^0 < \beta_m^0$,则 $E_{cx}^0 < E_{aq}^0$,即配位后使高价态稳定。反之亦然。

配位场理论分析表明,同一金属的高价态比低价态有较大的 Dq 值,特别是对于能形成反馈 π 键的金属(参考 3.1 节),因此配位场效应有利于稳定高价态。实际上影响因素比较复杂,从理论上还很难预测配位体能够稳定哪一种金属价态。经验指出,稳定高价态的配位体有 F^-、O^{2-}、IO_6^{6-}、TeO_6^{6-}、8 - 羟基喹啉等;而稳定低价态的配位体有 CN^-、CO、NO、RNC、I^-、PH_3、PF_3、PCl_3、PBr_3、$AsCl_3$、SbR_3、PR_3 等;联吡啶、邻菲绕啉、磷苯二甲基胂等配位体则随金属的不同而分别稳定高价态或低价态金属离子。

下面我们再应用电位 – pH 图,通过两个实例来讨论配位化合物的氧化还原稳定性。

1. 配位萃取条件的选择

现在从电位 – pH 图来讨论与原子能应用相关中用酸浸取 UO_2 矿石的条件选择。首先根据实际情况绘出部分电位 – pH 图(图 5.11),由图可见,当 pH < 1.45 时,矿石(UO_2)可以溶解成 U^{4+}:

$$UO_2 + 4H^+ \Longrightarrow U^{4+} + 2H_2O$$

$$\lg[U^{4+}] = 3.80 - 4pH \tag{5.2.25}$$

由于 UO_2 是难溶性氧化物,需要加相当浓的硫酸才会溶解。这时不仅增加了酸的耗量,而且还会溶解矿石中的其他组分,因此最好是寻找一个在稀酸中的溶解条件。由图可知,若能选择平衡电位高于

$$UO_2^{2+} + 2e^- \Longrightarrow UO_2$$

$$E = 0.22 + 0.031\lg[UO_2^{2+}] \tag{5.2.26}$$

的氧化剂,就可以在 pH < 3.5 条件下使 UO_2 氧化成 UO_2^{2+} 而被浸取出来。浸取出的 UO_2^{2+} 可用有机溶剂萃取出来。

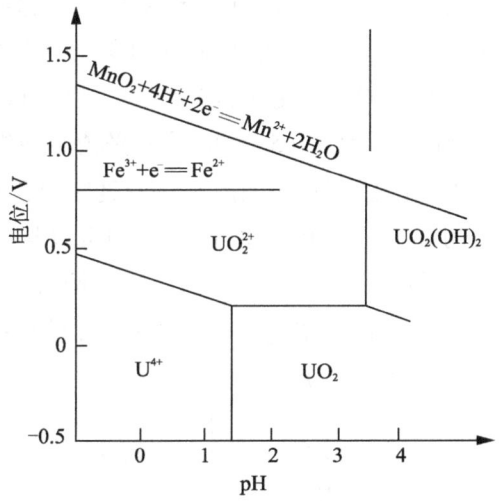

图 5.11 铀矿浸取说明图($[U^{4+}] = [UO_2^{2+}] = 10^{-2}$ mol/L)

实际上常用 MnO_2 作氧化剂,铁离子(往往就是从矿石中和铀一道浸取出来的)作催化剂。关于催化剂对速度的影响问题当然不属于热力学讨论范围,但是,从电位 – pH 图不难作出这样的判断:作为这类催化剂的条件是,其平衡电位必须处在两个反应体系的平衡电位之间,以使对它们分别进行氧化和还原。

2. 沉淀与配位离子的生成对电位的影响

实际的体系远比我们已讨论的要复杂得多,例如,在上例中可以用 HCl 来调整

溶液的酸度,而引进的 Cl^- 并不影响所得的结论。但在另外一些场合,把 HCl 加入 $Cu-H_2O$ 体系中,则 Cl^- 会引起一些新的配位反应,例如

沉淀反应：

$$Cu^{2+} + Cl^- + e^- \rightleftharpoons CuCl$$
$$E = 0.566 - 0.0591\lg a_{Cu^{2+}} \tag{5.2.27}$$

配位反应：

$$Cu^{2+} + 2Cl^- + e^- \rightleftharpoons CuCl_2^-$$
$$E = 0.495 - 0.1182 pCl + 0.0591\lg \frac{a_{Cu^{2+}}}{a_{CuCl_2^-}} \tag{5.2.28}$$

其中定义 $pCl = -\lg a_{Cl^-}$。这时我们所讨论的应该是 $Cu-Cl^--H_2O$ 三元体系。有人建议把二维的电位-pH 图扩大成三维空间的电位-pH-pCl 图来表示。图 5.12 中左半图是由有 Cl^- 参加反应的式(5.2.27)和式(5.2.28)作出的 E-pCl 图,右半图是在 pCl = 0(实线)和 pCl = -2(虚线)时所截出的电位-pH 图。

将右半图和不含 Cl^- 的 $Cu-H_2O$ 体系(图 5.10)进行对照,可以看出多出了新的 $CuCl$ 和 $CuCl_2^-$ 稳定区。现在考虑 Cl_2 对 Cu^{2+} 氧化性能的影响。由左半图可见,当 Cl^- 浓度沿着横坐标从右向左增加时,首先形成 $CuCl$ 沉淀,这时平衡电位也沿着反应[式(5.2.27)]的平衡直线朝着左上角方向移动而随之变正,从而增强了 Cu^{2+} 的氧化性能。当继续增加 Cl^- 浓度到 $pCl < -1.2$ 后,$CuCl$ 溶解而生成配位离子$[CuCl_2]^-$。平衡电位沿着反应[式(5.2.28)]的平衡直线继续朝着左上角方向移动而变得更正,Cu^{2+} 的氧化性能更强,因此在讨论具体问题时必须注意生成沉淀或配位离子对平衡电位的影响。如上所述,这种影响可以从所作出的图上直接看出来,当然也可以从所列出的平衡方程去考虑。例如,从式(2.2.27)和式(2.2.28)可以看出,Cl^- 增加时(即 pCl 负),平衡电位 E 就变得更正。

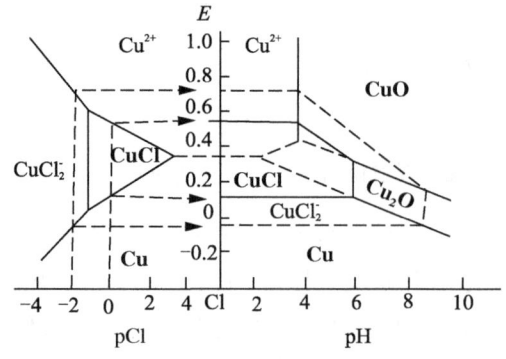

图 5.12 $Cu-Cl^--H_2O$ 体系的部分电位-pH 图

由上面对简单体系的讨论已经看到,配位化合物的生成将如何通过改变 ΔG^0 的数值而影响溶液电化学的过程。对包含配位化合物、生物体系及多组分体系的研究值得人们重视,把热力学方法和动力学方法配合起来也很有成效。

5.2.3 伏安法的基本原理

有许多电化学手段可以研究配合物的溶液结构和性质[23~26],目前已经积累了很多实验数据[27,28]。

1. 半波电位和分子轨道能量

早期较多地使用极谱方法进行研究,已经对一些同系列有机体系将半波电位 $E_{\frac{1}{2}}$ 和分子的 Hückel 最低空轨道能级进行了关联[29]。例如,对于共轭有机分子 R,在发生下列还原反应时

$$R + e^- \longrightarrow R^- \quad \Delta H^0 = -A \quad (5.2.29)$$

其中 A 相当于电子亲和势,半波还原电位为

$$E_{\frac{1}{2}} = \frac{\Delta G^0}{F} - \frac{RT}{F}\ln(D_R/D_{R^-}) \quad (5.2.30)$$

可以认为 R 和 R^- 分子的扩散系数 D_R 和 D_{R^-} 近似相等,因此 $E_{\frac{1}{2}}$ 近似地和可逆单电子还原反应的自由能变化 ΔG^0 成比例。对于在滴汞电极上的反应(5.2.29),有

$$\Delta G^0 = (G_R^0)_{水溶液} - (G_{R^-}^0)_{水溶液} + (G_{电子}^0)_{Hg}$$

或

$$\Delta G^0 = (G_R^0)_{气相}^0 - (G_{R^-}^0)_{气相} + (G_{电子}^0)_{Hg} + \Delta\Delta G^0_{溶剂化} \quad (5.2.31)$$

其中 $\Delta\Delta G^0_{溶剂化}$ 为碳氢化合物及其阴离子溶剂化自由能的差别。当不考虑熵效应时,上式可简化为

$$\Delta G^0 = A + (G_{电子}^0)_{Hg} + \Delta\Delta G^0_{溶剂化} \quad (5.2.32)$$

在滴汞中对于同系列化合物,电子的自由能 $(G_{电子}^0)_{Hg}$ 和 $\Delta\Delta G^0_{溶剂化}$ 近乎常数,并假定电子亲和势 A 等于 A 最低未占据分子轨道能级 $E_{r+1} = a_0 + m_{m+1}\beta_0$ [对比式(2.6.69)]的负值,则可得到

$$\varepsilon_{\frac{1}{2}} = -(a_0 + m_{m+1}\beta_0) + C'$$

或

$$\varepsilon_{\frac{1}{2}} = -bm_{m+1} + C \quad (5.2.33)$$

其中,C 为相关的常数。

图 5.13 中绘出了一系列多环芳香烃、聚烯,甚至在二噁烷水溶液中的极谱半波还原电位和最低空分子轨道(LUMO)能量的 m_{m+1} 系数间的线性关系。例如,对于丁二烯为 $-\varepsilon_{\frac{1}{2}} = 2.63V$, $-m_{m+1} = 0.618$;对于蒽为 $-\varepsilon_{\frac{1}{2}} = 1.96V$, $-m_{m+1} = 0.414$ 等。它们符合式(5.2.33)。

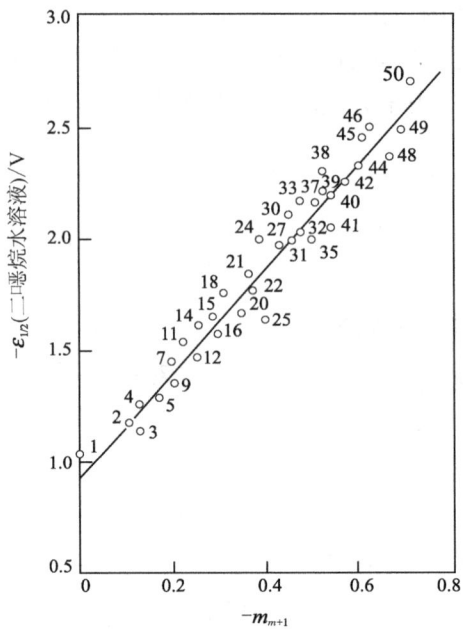

图 5.13 半波电位和最低未占据空轨道间的关系

$$\varepsilon_{\frac{1}{2}} = (2.368 \pm 0.099) m_{m+1} - 0.924 \pm 0.109$$

其中斜率为 -2.37eV 或者 -54.6kcal/mol 相当于有效的 β 值。

对于结构较复杂的配位化合物,其规律性还有待探讨。对于 LUMO 主要是有机配位体贡献的同系物,预期会有类似规则。

2. 循环伏安图

现在着重介绍发展较快、应用较广的循环伏安法(cyclic voltammetry,简记为 CV)。由于用量少,速度快。仪器设备简单,它已成为研究配位化合物氧化-还原性质、反应机理和提供结构信息的有力工具[30,31]。

伏安法不同于一般的电化学方法,它不是在接近平衡的条件下进行的,而是在发生电化学反应时测量电位和电流,它是极谱方法的一种形式。和经典极谱法的快速扫描不同,它是慢速扫描[32]。

为了了解循环伏安法原理,首先简单介绍一下单扫描伏安法。以速率为 v 变化的电位 E 随时间 t 的关系为 $E = E_i - vt$(图 5.14),所以又叫做线性扫描法。若电解池中有一种电活性物质,则电流 i 随扫描电位 E 的变化应如图 5.15 所示。起始部分类似于一般的极谱图,电流没有明显变化。扫描到发生化学反应电位 E_p 时,电流上升至最大。电流随着电位的进一步增加而下降,这时电活性物在电极表面变得枯竭。这时峰电流 i_p 和峰电位 E_p 是两个重要参数。在电极反应速度快的可逆条件下,由 Nernst 方程可以导出 Randleš – Sevčik 方程,在 25℃时为[30,32]

$$i_p = 269n^{3/2}AD^{1/2}v^{1/2}c(A) \tag{5.2.34}$$

$$E_p = E^0_{\text{Ox/Red}} - \frac{0.029}{n}(1 + \lg\frac{D_{\text{Ox}}}{D_{\text{Red}}}) \tag{5.2.35}$$

其中,A 为电极面积(cm²);v 为扫描速率(V/s);D 为扩散系数(cm²/s),c 为电活性主体浓度(mol/L)。由此可知,在分析化学中常由 E_p 位置进行定性分析,由 i_p 大小进行定量分析。

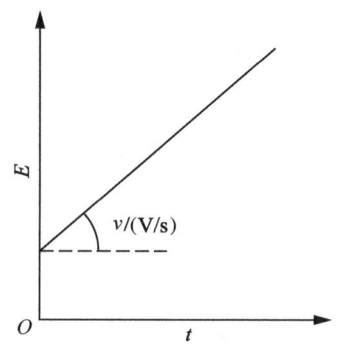

图 5.14 单扫描伏安法中电势 – 时间关系

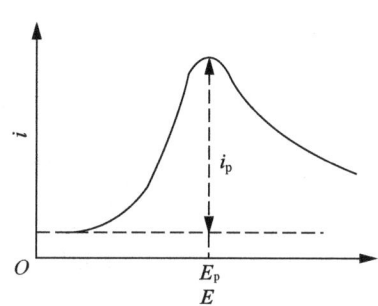

图 5.15 单扫描伏安图

在循环伏安法中也是使用一般的三电极系统(图 5.16)[33]。通常的工作电极 W 有铂电极、悬汞电极和玻碳电极等。常用的参考电极 R 有饱和甘汞电极(SCE)和 Ag/AgCl 电极。对电极 A 则多用铂丝。将频率为 v 的三角波电位加在工作电极和对电极上(图 5.17)。在 t_0 和 t_1 之间为线性扫描,发生还原反应;然后再反向扫描,发生氧化反应;在 t_2 时又回到初始电位。用示波器或 X – Y 仪记录这种多次重复进行的快速扫描的电流 – 电位的循环图谱(图 5.18)。

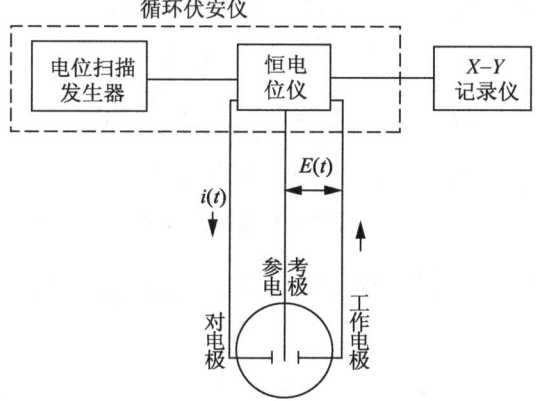

图 5.16 三电极系统示意图

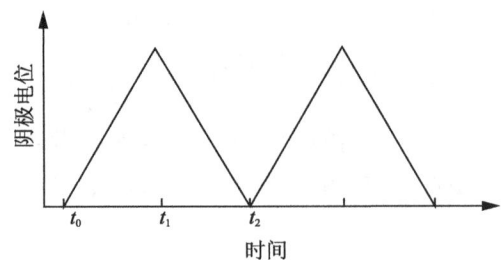

图 5.17 用于循环伏安法的三角波电位

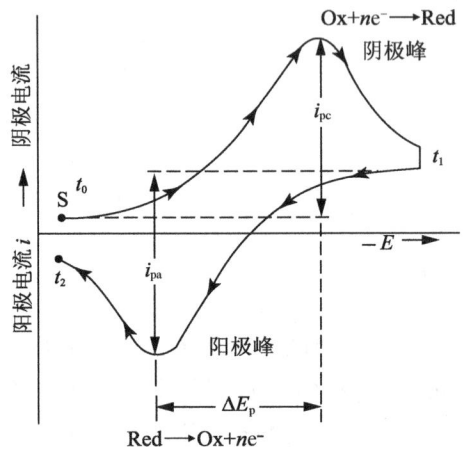

图 5.18 循环伏安图

图 5.18 中表明了下列可逆电极反应其特点是阴极电流峰 i_{pc} 和阳极电流峰 i_{pa} 相等,并且与扫描频率 v 无关。阳极峰与阴极峰的电位差为

$$\text{Ox} + ne^- \rightleftharpoons \text{Red} \tag{5.2.36}$$

$$\Delta E_p = E_a - E_c = \frac{2.22RT}{nF} = \frac{59}{n}(\text{mV}) \tag{5.2.37}$$

其中 n 为半反应的电子数目。对于单电子转移反应,$\Delta E_p = 59$ mV。由于溶液中存在内阻 R 引起 iR 降,使得实际值比 59 mV 要大。伏安法中两个峰之间的电位值有时也称为中点电位 $E_f = \dfrac{E_a - E_c}{2}$,它近似地等于极谱中的半波电位 $E_{\frac{1}{2}}$,甚至标准电位 E^0。

对于不可逆反应,ΔE_p 较大。在完全不可逆的条件下,其中氧化作用很慢,以致观察不到阳极峰。若电极反应速率常数不很大而具有定值 k_s 时,结果和 Nernst 方程有偏离。当扫描速率 v 较慢时,E_p 与频率 v 无关,但当 v 较大时,考虑到电活性物质的扩散跟不上反应,则 E_p 与 v 之间有下列关系:

$$E_{\mathrm{p}} = E^0 + \frac{RT}{\alpha nF}\left[\ln\left(\frac{k_{\mathrm{s}}}{D^{1/2}}\right) - 0.5\ln\left(\frac{\alpha nF\nu}{RT}\right) - 0.78\right] \quad (5.2.38)$$

其中,α 为电极反应的传递系数(一般假定为 0.5)。研究 E_{p} 和 ν 的关系可以得到电化学反应的速率常数 k_{s}。

在配位化学研究中还常常出现在电化学反应前后伴随着化学反应、催化反应或活性物质吸附等情况,这时波形都会发生明显的变形。通过这种变形可以得到更多的信息。对于一系列复杂的氧化还原反应,还可以设计特殊的电解池,以测定某些中间体的光学和顺磁共振谱[34]。

5.2.4 配位化合物的溶液电化学

由简单的循环伏安法可以得到很多有关配位化合物在溶液中稳定性及反应性的信息。下面用几个典型例子加以说明[25]。

1. 多核配位化合物的稳定性

例如,对于连续的可逆还原过程:

$$A + n_1 \mathrm{e}^- \underset{}{\overset{E_1^0}{\rightleftharpoons}} B + n_2 \mathrm{e}^- \underset{}{\overset{E_2^0}{\rightleftharpoons}} C \quad (5.2.39)$$

其中双箭头表示符合 Nernst 方程的可逆电极反应。这时循环伏安法的峰值与 $\Delta E^0 = E_2^0 - E_1^0$ 相关。当 E_2^0 比 E_1^0 负得多,则可得到两个明显分离的峰,表明对应的电活性物质是稳定的。图 5.19 为 $[\mathrm{Fe}(\mathrm{CO})(\eta^5-\mathrm{C}_5\mathrm{H}_5)]_4$[简记为$(\mathrm{Fe})_4$]有机金属化合物的结构和循环伏安图,其中有四个稳定氧化态 +2,+1,0,-1。它们对应的氧化还原 $E_{\frac{1}{2}}$ 值如下

$$(\mathrm{Fe})_4^{2+} \overset{1.07\mathrm{V}}{\rightleftharpoons} (\mathrm{Fe})_4^+ \overset{0.32\mathrm{V}}{\rightleftharpoons} (\mathrm{Fe})_4 \overset{-1.30\mathrm{V}}{\rightleftharpoons} (\mathrm{Fe})_4^- \quad (5.2.40)$$

应用控制电位电解可制备一些高产率的配位离子。$(\mathrm{Fe})_4^{+/0}$ 对溶剂变化不敏感,因而可用作电化测量中的参考电位。

若式(5.2.39)中 ΔE^0 小于 100mV,则两个波峰部分重叠,曲线变得类似于一个不可逆波,但其电势不随扫描速度 ν 而移动。若 $\Delta E^0 = 0$,即 A 和 B 在同一电势还原,则只呈现一个峰,但它的峰高比单电子可逆还原峰高,比两个电子的可逆峰低。当 $n_1 = n_2 = 1$ 时,其 $(E_{\mathrm{pa}} - E_{\mathrm{pc}})$ 值既不是 58mV($n=1$),也不是 29mV($n=2$),而是 42mV。

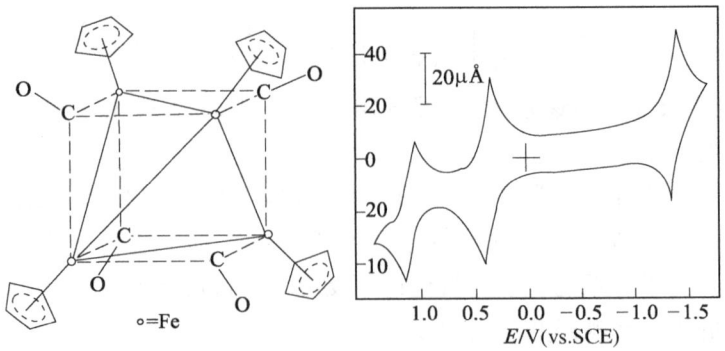

图 5.19　在 0.1mol/L 乙腈溶液中，10^{-3} mol/L $[\eta^5 - C_5H_5—Fe(CO)]_4(PF)_4$ 在铂球电极上的循环伏安图（$v = 100$ mV/s）

例如，对于图 5.20 所示的 $Cu_2(PAA)_2$ 配位化合物，其电化学行为就有些异乎寻常。它可以在同一电位下进行两电子转移，其 $\Delta E_p = 42$ mV。从磁化学讲，这个结果是出乎意料的。因为两个铜核强烈相互作用，室温下为抗磁性。人们对于设计能够作为在同一电位或近似同一电位下进行多电子转移的化合物具有广泛的兴趣。这种试剂可以用于防止单电子转移而形成中间产物[26]。

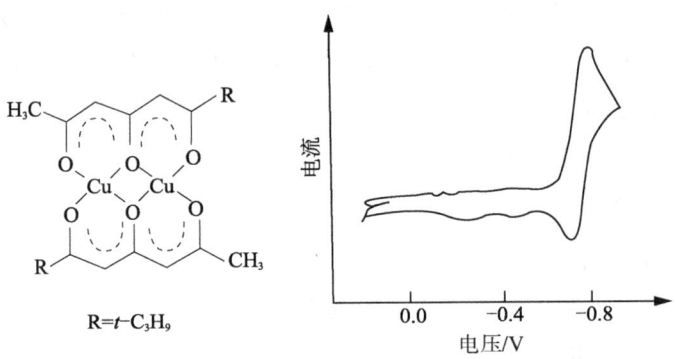

图 5.20　在 DMF 溶液中 $Cu_2(PAA)_2$ 的循环伏安图

2. 电化学 - 化学偶联反应

这时除电化学反应外还伴随有其他化学反应。可以由扫描速率（即循环扫描时间的长短）来研究电化学 - 化学偶联反应。例如，由 $[Ru(NH_3)_5Cl]^{2+}$ 的伏安图（图 5.21）中可以得出以下结论：

(1) 只出现一个阳极波和一个阴极波。阴极波表示 $[Ru(NH_3)_5Cl]^{2+}$ 的还原，阳极波表示 $[Ru(NH_3)_5Cl]^+$ 的氧化。因为扫描时间快，所以随后的水合反应

$$[Ru(NH_3)_5Cl]^+ + H_2O \xrightarrow{k} [Ru(NH_3)_5H_2O]^{2+} \qquad (5.2.41)$$

的影响不明显。

(2) 当扫描速度较慢时，由于时间长可使上述反应得以进行，在电极表面溶液中形成了较多量的水合配位离子，引起在较高的电势出现相应于水合配位离子的

氧化还原峰

$$[\mathrm{Ru(NH_3)_5H_2O}]^{3+} + \mathrm{e}^- \rightleftharpoons [\mathrm{Ru(NH_3)_5H_2O}]^{2+} \tag{5.2.42}$$

(3) $[\mathrm{Ru(NH_3)_5H_2O}]^{3+}$ 的 CV 图,证实图 5.21(b) 中较高电势处的峰是水合钌离子波。

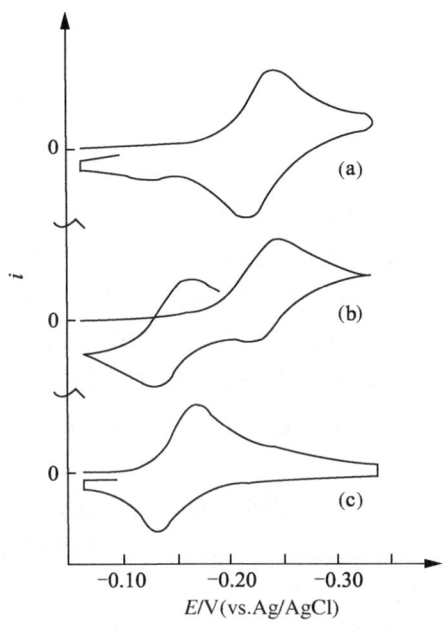

图 5.21 $[\mathrm{Ru(NH_3)_5Cl}]^{2+}$ 的循环伏安图

(a) 10^{-3} mol/L,循环扫描时间 100ms;
(b) 同上溶液,但循环扫描时间为 500ms;
(c) 10^{-3} mol/L $[\mathrm{Ru(NH_3)_5H_2O}]^{3+}$,循环扫描时间为 100ms

用这种方法可以测定这个体系的标准电势 $E^0 = (E_\mathrm{pa} + E_\mathrm{pc})/2$,用其他方法则测不出氯离子配位化合物体系的氧化还原电势,因为在水溶液中氯化钌的配位化合物极易转化成水合钌。

3. 在结构和成键上的应用

配位化合物中不同取代基对配位化合物的氧化还原影响的机理至今尚不十分清楚。例如,对于配位化合物 I,发现在三酮上至少要有一个苯基或取代苯基才能够进行可逆的双电子转移[35]。当 R = CH$_3$,R′ = C$_6$H$_5$,R″ = H 时,有很好的可逆氧化还原峰(图 5.20)。但当 R = CF$_3$,R′ = C$_6$H$_5$ 时,在扫描区间没有明显的氧化可逆峰。

比较不同取代基配位化合物的氧化还原半波电位,可以得到一些规律。例如,对于取代二茂铁衍生物系列 II[36],当取代基 R = CH$_2$OH、COCH$_3$、CHO、COOCH 时,由所得的中点电位 E_f 对 Hammett 常量 σ 作图,得到一条可以用下列方程表示的直线。

$$E_f = 1.43\sigma_m + 0.413 \quad (\text{相关系数}\ 0.997) \tag{5.2.43}$$

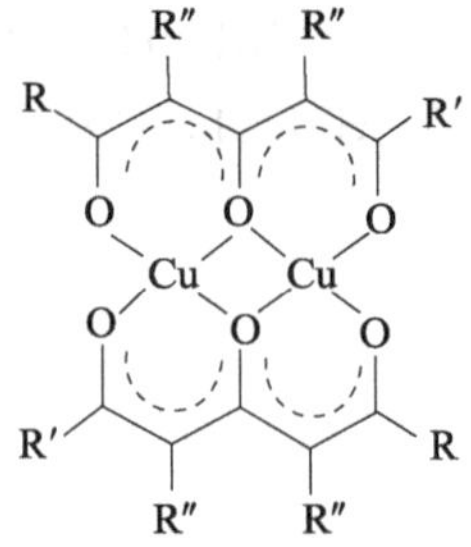

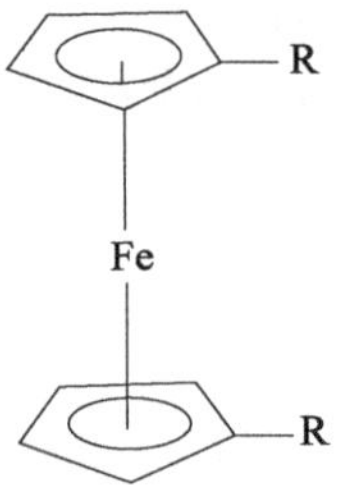

（图(1)：双核Cu配合物结构；图(2)：二茂铁衍生物结构）

(1)　　　　**(2)**

说明这些基团对配位化合物的氧化还原机理是相同的。有两种 σ 值，σ_m（间位）和 σ_p（对位）。由 E_f 与 σ 间的关系还可以确定这些基团主要是起诱导效应还是共轭效应，E_f 对 σ_m 作图得到的直线关系比 E_f 对 σ_p 的好，说明取代基团主要起诱导效应，共轭效应是个常数。在配位化学中常用所谓的给予数（donor number，DN）来表示溶剂的亲核性。实验表明，从 CH_2Cl_2（DN = 0）到 DMF（DN = 26.6），其中点电位数值不受溶剂的影响，这与二茂铁衍生物具有 18 电子层稳定结构有关。

从伏安法可以了解到有关电子结构方面的信息，因为氧化还原是从 HOMO 拿掉电子或对 LUMO 引进电子的过程。量子化学计算表明，图(2)类配位化合物的 HOMO 能级越高，则其氧化电位越低。

用伏安法可以确定 HOMO 的贡献是主要来自于金属原子还是配位体。如果同种配位体和不同金属核的电位相差不大，则 HOMO 以配位体占主要成分。例如，一般认为 （结构图：M(S-C)₄ 配合物）的 HOMO 是配位体的 $3b_{2g}$ 轨道，推测配位化合物 （结构图：M(N-C)₂(S-C)₂ 配合物）的 HOMO 也是胺的 π^* 轨道。循环伏安法证实了这一推测，所有不同金属原子的同一配位体配位化合物都是以二胺为电子接受体，电位数值相差不大，其相差的数值也反映了金属原子的 d 轨道对 HOMO 的贡献。很多配位化合物的氧化还原电位的取代及溶剂效应还可以用线性自由能关系进行说明[37]。

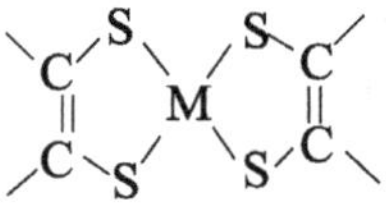

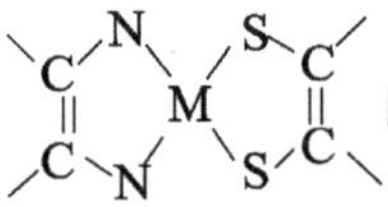

4. 电解顺磁性配位化合物的研究

配位化合物经常通过单电子转移过程发生氧化还原反应，所以有可能把 ESR 谱和电解结合起来进行研究。与用化学方法（例如用不同的还原剂 NaHg 齐、$NaBH_4$、NO^+、Ag^+ 等）得到氧化还原产物一样，由恒电位 Coulomb 法有时也可得到一系列低温稳定可分离的配位化合物阴离子自由基。

据报道[38]，$[Fe_3(CO)_{12}]^-$（g = 2.031, 2.003）、$Fe_3(CO)_{11}P(oph)_3^-$（g = 2.052, 2.003）、$RuFe_2(CO)_{12}^-$（g = 2.033, 2.004）、$Ru_3(CO)_{12}^-$（g = 1.982）、$Os_3(CO)_{12}^-$（g = 2.001）、$Ir_4(CO)_{12}^-$（g = 2.002）的 ESR 谱随温度而变化，说明了这

些簇合物的瞬变行为。重金属阴离子的寿命至少有几小时,但还很难分离出固体。

在 CH_2Cl_2 溶液中研究了 12 种 $XCCo_3(CO)_9$ 簇合物[图(3)中 X = H、卤素、烷基、芳基等][39],通常在 $-0.9 \sim -0.7V$(vs. SCE)的范围内发生单电子还原(取决于 X)。较大电负性的取代基趋近于 $-0.7V$,ESR 谱随不同取代基的改变不大,这是因为 LUMO 主要是三个等价钴离子的 d_{xy} 轨道贡献。电子从钴核到取代基的自旋密度离域不大。

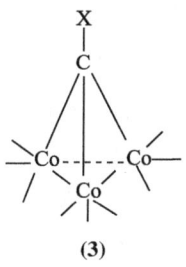

(3)

$XCCo_3(CO)_9$ 在发生单电子还原后产生结构不变的稳定阴离子自由基。$PhCCo_3(CO)_9^-$ 和 $MeCCo_3(CO)_9^-$ 具有较长的寿命(几小时),其 g 值与自由电子的接近(2.0)。推测其未成对电子占据在非简并轨道,这与类似结构的 $FeCo_2(CO)_9S$ 和 $Co_3(CO)_9S$ 的 ESR 研究一致。可以观察到三个钴核的超精细分裂,但顶端 C 核和顶端取代基核间超精细作用还不清楚。

一些簇合物显示不可逆氧化还原过程,原因是金属骨架被破坏。对于弱金属键或不稳定配位体的配位化合物常发生这种情况,这时氧化还原过程主要由动力学控制。检测电解后簇合物的分子片很重要,尽管它们可能会与溶剂或其他物种反应,但由 ESR 谱和 Coulomb 分析法有时可以检测到短寿命顺磁中间体。

用分子轨道能量可以讨论自由基及配位化合物间的电位差[40]。失去或得到电子的净结果改变了簇合物中价电子的数目,从而改变金属-金属键的键长。除去反键电子(电化学氧化)会加强金属-金属键。一般说来,簇合物电子越多,则在簇合物裂解前可逆氧化步骤出现得越多,这和连接金属核配位体的性质有关。非定域电子配位体有利于稳定顺磁离子,这些簇合物起着"电子储存器"的作用。

5.2.5 化学修饰电极

1975 年以后,化学修饰电极(chemically modified electrode, CME)有了飞速的发展[25]。研究表面配位化学及膜结构对于表面催化反应、光电转移、光致生色和痕量元素的浓集及分析等方面都有独到之处。对于能源,生命科学和环境科学研究也有重要意义。

通常应用石墨体系、金属氧化物或具有导电性的 $(SN)_x$ 之类的非金属材料作为基底电极,采用共价键结合法、强吸附法或高聚物涂层法对基底电极进行化学修饰,以使在表面上形成一层具有所期望性质的吸着化学物质。这些物质可以是快速外界电子转移剂;用于不对称合成的手性中心,作为电催化的电子转移介质;具有能从溶液中富集离子的官能团、半导体电极的光敏剂、腐蚀阻化剂等。

1. 化学修饰电极的特点及其伏安图

最有兴趣的是具有电化学反应性的吸着物质,它可以和电极表面交换电子,电极对物质的氧化还原作用呈现出电化学响应。界面上的电化学变化可形象化地用式(5.2.44)表示:

$$电极 \underset{\text{Red}}{\overset{\text{Ox}}{\rightleftharpoons}} e^- \quad 溶液,支持电解质 \tag{5.2.44}$$

其中用波线连接的 Ox 和 Red 分别代表吸着物质的氧化形式和还原形式。和前述的一般溶液电化学反应不同,这时溶液中只存在支持电解质而不需含有 Ox 或 Red。作为表面反应式[(5.2.44)]的一个例子,图 5.22 为将一个用化学方法吸着有二茂铁衍生物 Fer 的 Pt 电极和另一个 Pt 电极组合时 $Fe(CP)_2 \underset{}{\overset{-e^-}{\rightleftharpoons}} [Fe(CP)]_2^+$ 电子转移反应的伏安图。阴极波中的面积为 A,电荷 $Q_a = nFA\Gamma$,从而得到所示分子的覆盖度为 $\Gamma = 0.74 \times 10^{-10} \text{mol/cm}^2$。

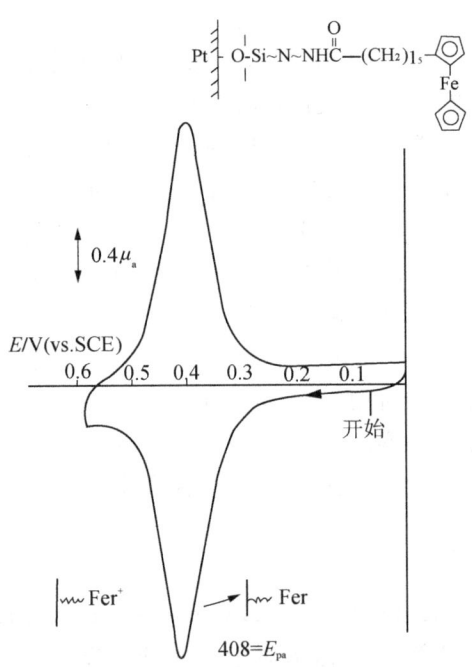

图 5.22 共价吸着电活性分子 Fer 的伏安图

表面修饰电极的一个特点是对溶液中底物的电催化反应性。这时修饰电极是通过 Ox/Red 电偶对作为电极和底物间电子转移反应的介质,而使得原来的慢速反应大为加快。电催化的过程如下所示:

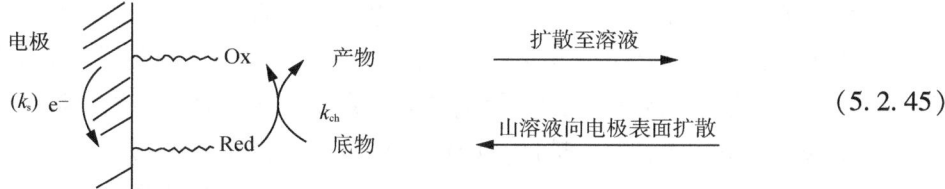

(5.2.45)

如果介质的反应速率 k_{ch} 很快,而且吸着的 Ox 还原速率 k_s 也很快,则底物在 Ox/Red 的中点电位 E_f 附近被还原。

考虑用伏安法研究单分子层表面修饰电极的反应[式(5.2.44)],若反应是可逆的,而且 Ox 和 Red 的表面活度分别与它们的表面覆盖度 Γ_{ox} 和 Γ_{Red} 成比例,则可以导出可逆的伏安图方程:

$$i = \frac{-4i_p\exp(\theta)}{[1+\exp(\theta)^2]} \quad (5.2.46)$$

其中

$$i_p = \frac{n^2F^2A\Gamma_T V}{4RT} \quad (5.2.47)$$

$$\theta = \frac{nF}{RT}(E-E_f) \quad (5.2.48)$$

$\Gamma_T = \Gamma_{ox} + \Gamma_{Red}$(总电性覆盖度)。由该式可以求出反应中电子转移数 n。

对于聚合的多分子膜,设想电化学的电荷转移是通过邻近分子间氧化和还原位置间的电子自交换反应进行的。令 τ 为实验的时间标(与电位扫描波通过的时间有关),d 为聚合膜厚度。按照这种电子跳跃(hopping)过程可以证明,当 $D\tau/d^2 \gg 1$ 时,则所有膜中的电活性位置(对可逆反应)都与电极电位平衡,其伏安行为类似于单分子膜公式[式(5.2.47)]。若 $D\tau/d^2 \ll 1$,则得到的公式与可用于溶解在溶液并扩散到电极的式(5.2.34)类似。

另一种重要的方式是将式(5.2.44)和光诱导的电子转移相结合,例如,对于具有吸着氧化还原电偶的 n 型半导体电极,其氧化还原机理如下式所示:

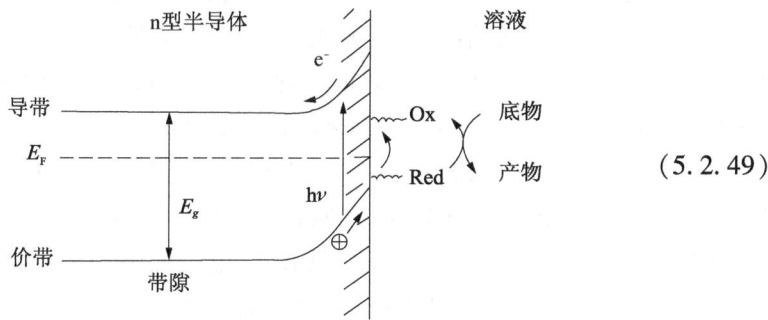

(5.2.49)

当半导体和电解质中主要载流子的迁移达到平衡的 Fermi 能级 E_F,从而在半导体中产生一个图中阴影所示的空间电荷区域。结果导带和价带都呈现弯曲而产生一个势垒。这个势垒阻止电子进一步转移。当吸收能量等于或大于半导体电极带隙

E_g 的光子，就在空间电荷区域产生一些分离的电子-空穴对。Fermi 能级 E_F 处在价带和导带能级之间（参看 2.8 节）。光产生的少数载流子注入电解质而产生氧化还原反应。对于这里示例的 n 型半导体，空穴扩散到电极表面，并注入溶液，而氧化吸着的 Red 又重新被溶液中扩散来的还原物质按式（5.2.45）再生。这种太阳能转换的方式可以用于光合成氧化以及保护半导体晶格免受阴极腐蚀。

2. 表面配位化合物结构的研究

考察 EDTA 钌配位化合物的例子，EDTA 分子（**4**）

$$\text{HOOC—CH}_2 \text{\textbackslash} \qquad \qquad \text{\slash CH}_2\text{—COOH}$$
$$\text{HOOC—CH}_2 \text{\slash} \text{N—CH}_2\text{—CH}_2\text{—N} \text{\textbackslash CH}_2\text{—COOH}$$

（4）

和钌配位时，两个 N 与三个羧基和钌配位，剩下一个羧基未参加配位，另一个水分子配位体和钌结合从而完成六配位的八面体配位化合物（**5**）。

（5）

当用循环伏安法扫描 Ru(Ⅲ)(EDTA)OH$_2$ 溶液时，在 -220mV 处出现极大波[图 5.23(a)Ⅰ]。当它和石墨电极表面的聚乙烯吡啶(polyvinyl pyridine)相连接后（通过易于被其他配位体 L 取代的水）形成了吡啶配位化合物，这时极大波移到 -100mV[图 5.23(b)]。它和在均相溶液中加入吡啶[图 5.23(a)Ⅱ]具有相似的伏安图，这说明聚乙烯吡啶是附着在电极表面了。修饰电极表面电偶对的中点电位 E_f 和溶液中的差别不大的事实说明它们的热力学电子自由能非常相似，修饰电极上化合物的电子结构受电极的干扰不大，氧化形式和还原形式的电子结构差别也变化不大。电化学电位的敏感性是研究表面结构的重要工具。

如果将聚乙烯吡啶电极改放在 Ru(Ⅱ)(EDTA) 溶液中进行上述伏安实验，则得到图 5.24(b) 所示结果。开始也在 -100mV 处出现和 Ru(Ⅲ)(EDTA) 溶液相似的一个极大峰。但随着时间的增长，该波峰下降，而另一个在 +180mV 处的新波峰却逐渐增长。它们和 Ru(Ⅱ)(EDTA) 在吡啶的均相溶液中扫描所产生的两个波峰相同[图 5.24(a)]。上述结果表明，Ru(Ⅱ)(EDTA) 能和两个吡啶基配位，而 Ru(Ⅲ)(EDTA) 只能和一个吡啶基配位。这种现象是与钌离子和吡啶的 π 电子反馈键配位有关。具有 d^6 电子的 Ru(Ⅱ) 和吡啶间的反馈键比 d^5 电子的 Ru(Ⅲ) 和吡啶间的强，因而 Ru(Ⅱ)(EDTA) 的伏安图有两个波，而 Ru(Ⅲ)(EDTA) 只有一个波。图 5.25 中示意地表明了聚乙烯吡啶涂层中钌的配位情况。当 Ru(Ⅲ)(EDTA) 和一个吡啶配位时，电位由 -220mV 变为 -100mV。当 Ru(Ⅲ) 还原为 Ru(Ⅱ) 或开始在溶液中加入 Ru(Ⅱ)(EDTA) 时，

电位就变为 +180mV。这时第二个吡啶基取代了与 Ru(Ⅱ) 中心共价键合的一个羧基而使 Ru(Ⅱ)(EDTA) 变成了一个交联桥。

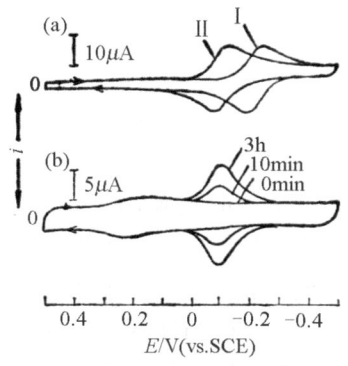
图 5.23　不同状态下 Ru(Ⅲ)(EDTA) 的 CV 图

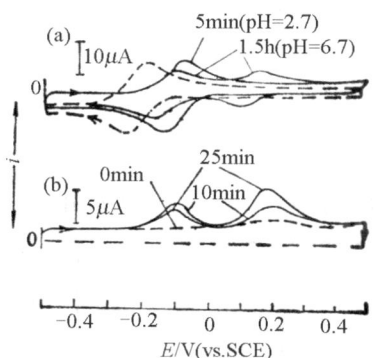
图 5.24　不同状态下 Ru(Ⅱ)(EDTA) 的 CV 图

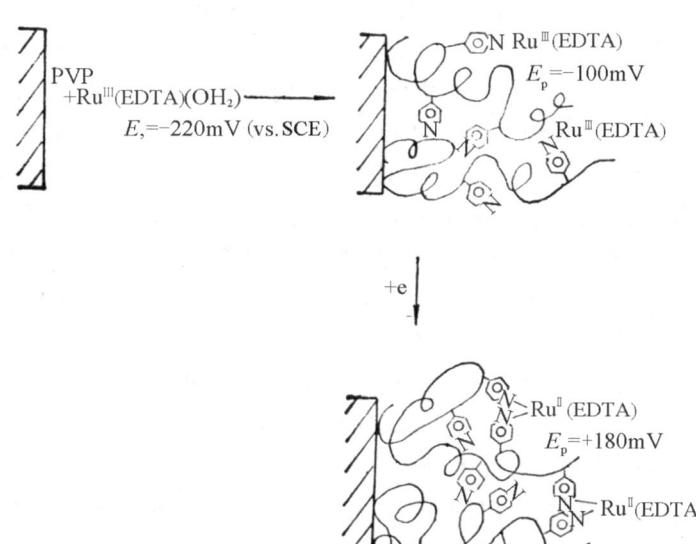
图 5.25　Ru(EDTA) 和聚乙烯吡啶涂层的配位示意图

再举一个涉及氧的还原电极反应的例子[41]。对于实用上极为重要的氢氧燃料电池,阳极为氢电极,氢气被氧化成质子,阴极为氧电极。我们期望空气中的氧发生四电子反应而被还原为羧基

$$O_2 + 4H^+ + 4e^- \longrightarrow 2H_2O \quad (E_0 = 1.23\text{V}) \quad (5.2.50)$$

但实际上还可能发生损失一半电流和电势的双电子反应

$$O_2 + 2H^+ + 2e^- \longrightarrow H_2O_2 \quad (E_0 = 0.68\text{V}) \quad (5.2.51)$$

Taube 对如何避免生成 H_2O_2 而直接将氧还原成水提出了用含两个—C—N—原子

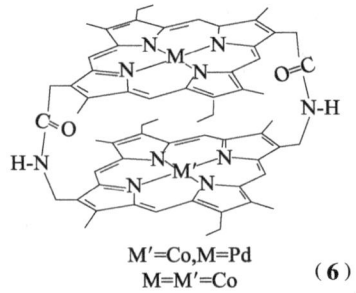

(6) M'=Co, M=Pd
M=M'=Co

键合的卟啉化合物(6)作为催化剂。为了研究它的催化机理,作出了这种 Co 面对面(face to face)的四键合链二聚物覆盖石墨圆盘电极的催化吸附循环伏安图(图 5.26)。图中实线为有催化剂而无 O_2 存在时的曲线,其中有两个不同环境的 Co^{3+},第一个 Co^{3+} 在图中标度范围外的电势下被还原,第二个 Co^{3+} 在还原成 Co^{2+} 时,图中显示出一个宽到难以看出的峰。当有氧存在时,则显示出虚线的峰。

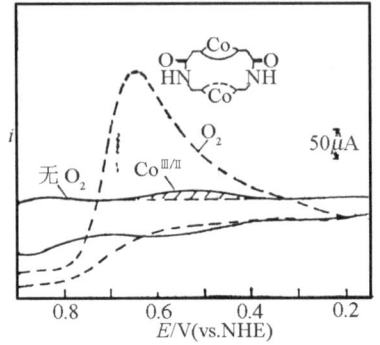

图 5.26 二钴卟啉二聚物的环盘电流-电势曲线

进一步研究表明,只有这 4 原子键合链的面对面催化剂才能使氧的还原反应越过式(5.2.50)的 H_2O_2 阶段而通过 4 电子反应得到稳定产物 H_2O,其他 5~9 个原子的键合链都表现有 H_2O_2 产物阶段。若反应的活性态要求两个 Co^{3+} 都被还原,但第一个电子转移过程是速率控制步骤,则目前倾向的机理如图 5.27 所示。在第二个 Co^{3+} 还原成 Co^{2+} 后 O_2 被还原并进入到空腔中形成桥基 μ-过氧钴化合物,这种被固定的氧不会跑到外面去生成其他化合物。进一步设想的机理是质子参与反应而使质子化的过氧化物的桥比未质子化的更易还原。最后是从电极上得到另外 2 个电子而使质子化合物还原成水。按这种机理,在 4 电子还原氧时最初 2 个电子是从催化剂 Co^{2+} 上得到的。由此可以说明,最好是这种 4 个原子的键合链(从分子结构估计其距离为 4~6Å),正好能使 μ-过氧化物连接到里面去。若二聚物的键合链太长或太短都会使得 O_2 不是受两个 Co^{2+} 而是只受一个 Co^{2+} 的催化,当然,环间距离不会是唯一的影响因素。

化学修饰电极法研究配位化合物具有电信号灵敏和直接显示反应特性的优点,在理论上和应用上都有着广阔的前景[42]。直接采用电子能谱,反射红外光谱和 Mössbauer 谱方法研究表面膜的结构和性质具有重要意义[36b]。20 世纪 60 年代以来,将高选择性的生物活性物质(酶、微生物等)的敏感膜和离子敏感器场效应晶体管(简称为 ISFET)相结合而制成的多功能生物传感器是近年来国内外修饰电极研究的一个活跃领域。

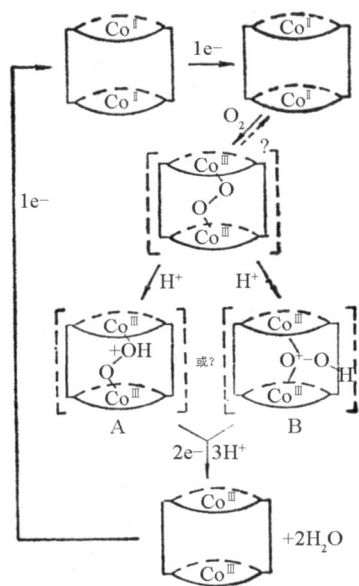

图 5.27 O_2 在面对面卟啉环配位
化合物中的氧化还原机理

5.3 磁化学性质

配位化合物的磁性研究有着重大的理论及实际意义[43~45]。实验中,人们常采用磁化率等测定方法。无机化学家常将它应用于测定过渡金属配位化合物分子中的未成对电子数,从而确定配位化合物是高自旋还是低自旋。精确的磁化率测量还可以确定配位化合物的电子基态及其轨道角动量的大小。

磁化率的测量在许多方面同电子自旋共振(ESR)是互为补充的。对于金属配位化合物来说,在许多情况下观察不到它们的 ESR 信号,或者其信号太宽而无法应用[参考式(3.5.47)]。对于那些存在磁交换作用的配位化合物,常常无法得到有用的 ESR 谱。有时,若没有磁化率的数据,则配位化合物的 ESR 谱就难以解释。

变温磁化率的测量对于表征那些具有低的热激发能级金属配位化合物的电子结构起着重要的作用,具有铁磁性、反铁磁性及亚铁磁性的配位化合物常属此列。变温磁化率的测量对于研究自旋交叉的过渡金属配位化合物也很有意义。

很多无机磁性材料具有重大的技术应用,例如,将 Cr^{3+} 掺入 Al_2O_3 中制成的红宝石可用于激光器、Fe_3O_4 可用于制备信息记录磁带等。磁性也是研究配位化合物结构和成键的重要方法,近来发现生命体系中细胞的磁性也起着重要作用[46]。

5.3.1 基本概念

当物质置于外加磁场强度为 **H** 的磁场中,该物质内部的磁场强度,常称为磁感应强度 **B**,表示为

$$B = H + \Delta H = H + 4\pi M \tag{5.3.1}$$

其中，ΔH 为由于物质的磁化所引起的附加磁场强度，M 称为磁化强度，表示单位体积物质被磁场 H 诱导产生的磁矩。在各向同性介质中，B、H 及 M 在同一方向。由式(5.3.1)得到

$$\mu = \frac{B}{H} = 1 + 4\pi\chi_v \tag{5.3.2}$$

μ 是单位体积物质的磁导率(注意不要与后面的磁矩 μ 混淆)，而 $\chi_v = \frac{M}{H}$ 称为单位体积物质的磁化率，所以 μ 和 χ_v 均为无因次的物理量。化学中常用到另外两种磁化率，即单位质量物质的磁化率 χ_g 和摩尔磁化率 χ_M，它们分别定义为

$$\chi_g = \frac{\chi_v}{d} \tag{5.3.3}$$

$$\chi_M = \chi_v V = \chi_g M \tag{5.3.4}$$

其中，d 为物质的密度，V 为物质的摩尔体积，M 为相对分子质量，按 c.g.s 制，其 χ_g 的单位为 cm^3/g，χ_M 的单位是 cm^3/mol。在各向异性的介质中，式(5.3.2)中 B 和 H 就分别为不同方向的向量，它们的关系按 $B = \mu \cdot H$，其分量形式应为

$$\begin{aligned} B_x &= \mu_{11}H_x + \mu_{12}H_y + \mu_{13}H_z \\ B_y &= \mu_{21}H_x + \mu_{22}H_y + \mu_{23}H_z \\ B_z &= \mu_{31}H_x + \mu_{32}H_y + \mu_{33}H_z \end{aligned} \tag{5.3.5}$$

其中，μ_{ij} 为二级张量磁导率 μ 的分量，相应地可以定义各向异性介质的磁化率张量 χ 的分量 χ_{ij}。

通常称实验的磁化率 χ 为负的物质为反磁性的，磁化率为正的物质为顺磁性的。根据顺磁性物质磁化率的大小及其对外磁场的依赖性，常常又将它们分为铁磁性物质和反铁磁性物质(表5.15)。

表 5.15 物质磁性的分类

类型	χ_g 的符号	χ_g 值(c.g.s. 室温)	与外磁场的关系
反磁性	−	$\approx 10^{-6}$	无关
顺磁性	+	$0 \sim 10^{-4}$	无关
铁磁性	+	$0 \sim 10^{-4}$	有关
反铁磁性	+	$10^{-2} \sim 10^{-4}$	经常有关

1. 反磁性

根据 Lenz 定律，当物质被置于外磁场中，其中原子就会出现感生电流，此电流产生的磁场同外磁场的方向相反。与感生电流相应的磁矩是反磁性的，这就是物质的反磁性起因。这种反磁性现象是所有物质都具有的，但是，对于顺磁性的过渡金属配位化合物，这种弱的反磁效应往往被更强的顺磁效应掩盖了。从表5.15中可以看出反磁性比其他几种磁现象小得多，它的大小几乎和温度无关。

已经测量了许多化合物的反磁磁化率。Pascal 从大量的有机化合物摩尔磁化率的数据中总结出一个规律。他发现，某一分子的摩尔反磁磁化率可以表示为与组成该分子的各个原子和结构单元(如双键、叁键等)相对应的所谓 Pascal 常量的加和：

$$\chi_{\mathrm{M}}(\text{反磁性}) = \sum_{i}\chi_{\mathrm{A}i} + \sum_{j}\chi_{\mathrm{B}j} \tag{5.3.6}$$

式中 $\chi_{\mathrm{A}i}$ 为原子 i 的 Pascal 常量,而 $\chi_{\mathrm{B}j}$ 为键 j 的 Pascal 常量。表 5.16~表 5.18 中列出了一些常见的 χ_{A} 和 χ_{B} 的数值,运用这些数值很容易算出各种分子的反磁磁化率。

表 5.16 各种原子的 Pascal 常量 $\chi_{\mathrm{A}}(\mathrm{mol}, 10^6 \mathrm{c.g.s.})$

原子	χ	原子	χ
Ag	-31.0	N(链)	-5.57
Al	-13.0	N(环)	-4.61
As(Ⅲ)	-20.9	N(酰胺)	-1.54
As(Ⅴ)	-43.0	N(酰亚胺)	-2.11
B	-7.0	O(醇,醚)	-4.61
Bi	-192.0	O(醛,酮)	+1.73
Br	-30.6	O(酸和酯中的羰基)	-3.36
C	-6.0	O(含三个氧原子的酸酐)	-11.23
Ca	-15.9	P	-26.30
Cl	-20.1	Pb(Ⅱ)	-46.0
F	-6.3	S	-15.0
H	-2.93	Sb(Ⅲ)	-74.0
Hg(Ⅱ)	-33.0	Se	-23.0
I	-44.6	Si	-20.0
K	-18.5	Sn(Ⅳ)	-30.0
Li	-4.2	Te	-37.3
Mg	-10.0	Ti(Ⅰ)	-40.0
Na	-9.2	Zn	-13.5

表 5.17 各种离子的 Pascal 常量 $\chi_{\mathrm{A}}(\mathrm{mol}, 10^6 \mathrm{c.g.s.})$

离子	$-\chi_{\mathrm{A}}$	离子	$-\chi_{\mathrm{A}}$	离子	$-\chi_{\mathrm{A}}$	离子	$-\chi_{\mathrm{A}}$
Ag^+	24	*Eu^{2+}	22	Nb^{5+}	9	Se^{4+}	8
*Ag^{2+}	24?	*Eu^{3+}	20	*Nd^{3+}	20	Se^{6+}	5
Al^{3+}	2	F^-	11	*Ni^{2+}	12	SeO_3^{2-}	44
As^{3+}	9?	*Fe^{2+}	13	O^{2-}	12	SeO_4^{2-}	51
As^{5+}	6	*Fe^{3+}	10	OH^-	12	Si^{4+}	1
AsO_3^{3+}	51	Ga^{3+}	8	*Os^{2+}	44	SiO_3^{2-}	36
AsO_4^{3+}	60	Ge^{4+}	7	*Os^{3+}	36	*Sm^{2+}	23
Au^+	40?	Gd^{3+}	20	*Os^{4+}	29	*Sm^{3+}	20
Au^{3+}	32	H^+	0	*Os^{6+}	18	Sn^{2+}	20
B^{3+}	0.2	Hf^{4+}	16	Os^{8+}	11	Sn^{4+}	16
BF_4^-	39	Hg^{2+}	37	P^{3+}	4	Sr^{2+}	15
BO_3^{3-}	35	*Ho^{3+}	19	P^{5+}	1	Ta^{5+}	14
Ba^{2+}	32	I^-	52	PO_3^-	30	*Tb^{3+}	19
Be^{2+}	0.4	I^{5+}	12	PO_4^{3-}	42	*Tb^{4+}	17
Bi^{3+}	25?	I^{7+}	10	Pb^{2+}	28	Te^{2-}	70
Bi^{5+}	23	IO_3^-	50	Pb^{4+}	26	Te^{4+}	14
Br^-	36	IO_4^-	54	*Pb^{2+}	25	Te^{6+}	12
Br^{5+}	6	In^{3+}	19	*Pd^{4+}	18	TeO_3^{2-}	63
BrO_3^-	40	*Ir^+	50	Pm^{3+}	27	TeO_4^{3-}	55

离子	$-\chi_A$	离子	$-\chi_A$	离子	$-\chi_A$	离子	$-\chi_A$
C^{4+}	0.1	* Ir^{2+}	42	* Pr^{3+}	20	Th^{4+}	23
CN^-	18	* Ir^{3+}	35	Pr^{4+}	17	* Ti^{3+}	9
CNO^-	21	* Ir^{4+}	29	* Pt^{2+}	40	Ti^{4+}	5
CNS^-	35	Ir^{5+}	20	* Pt^{3+}	33	Tl^+	34
CO_3^{2-}	34	K^+	13	* Pt^{4+}	28	Tl^{3+}	31
Ca^{2+}	8	La^{3+}	20	Rb^+	20	* Tm^{3+}	18
Cd^{2+}	22	Li^+	0.6	* Re^{3+}	36	* U^{3+}	46
* Ce^{3+}	20	Lu^{3+}	17	* Re^{4+}	28	* U^{4+}	35
Ce^{4+}	17	Mg^{2+}	3	* Re^{6+}	16	* U^{5+}	26
Cl^-	26	Mn^{2+}	14	Re^{7+}	12	U^{6+}	19
Cl^{5+}	2	Mn^{3+}	10	* Rh^{3+}	22	* V^{2+}	15
ClO_3^-	32	* Mn^{4+}	8	* Rh^{4+}	18	* V^{3+}	10
ClO_4^-	34	* Mn^{6+}	4	* Ru^{3+}	23	* V^{4+}	7
* Co^{2+}	12	* Mn^{7+}	3	* Ru^{4+}	18	V^{5+}	4
* Co^{3+}	10	* Mo^{2+}	31	S^{2-}	38?	* W^{2+}	41
* Cr^{2+}	15	* Mo^{3+}	23	S^{4+}	3	* W^{3+}	36
* Cr^{3+}	11	* Mo^{4+}	17	S^{6+}	1	* W^{4+}	23
* CrI^{4+}	8	* Mo^{5+}	12	SO_3^{2-}	38	* W^{5+}	19
* Cr^{5+}	5	Mo^{6+}	7	SO_4^{2-}	40	W^{6+}	13
Cr^{6+}	3	N^{5+}	0.1	$S_2O_8^{3-}$	78	Y^{3+}	12
Cs^+	31	NH_4^+	11.5	Sb^{3+}	17?	Yb^{2+}	20
Cu^+	12	NO_2^-	10	Sb^{5+}	14	* Yb^{3+}	18
* Cu^{2+}	11	NO_3^-	20	Sc^{3+}	6	Zn^{3+}	10
* Dy^{3+}	19	Na^+	5	Se^{2-}	48?	Zn^{4+}	10
* Er^{3+}	18						

* 表示数值不太确切。

表 5.18 键和结构单元的校正常数 χ_B

键或结构单元	$10^6 \chi_B$ (c.g.s.)
$>C=C<$	+5.5
$—C≡C—$	+0.6
$>C=C—C=C<$	+10.6
$Ar—C≡C—Ar$	+3.85
$CH_2=CH—CH_2—$	+4.5
$Ar—C≡C—$	+2.30
C 在一个芳环上	-0.24
C 在两个芳环上	-3.1
C 在三个芳环上	-4.0
$>C—Br$	-4.1
$Br—C—C—Br$	+6.24
$>C—Cl$	+3.1

续表

键或结构单元	$10^6 \chi_B$ (c.g.s.)
Cl—C—C—Cl	+4.3
>CCl$_2$	+1.44
—CHCl$_2$	+6.43
>C—I	+4.1
>C=NR	+8.2
RC≡N	+0.8
RN≡C	0.00
>C=N—N=C<	+10.2
RC≡C—C(=O)R′ 或 RC≡C—C(=O)OR′	+0.8
—C(H)—($\alpha,\gamma,\delta,\varepsilon$)	−1.3
—C—($\alpha,\gamma,\delta,\varepsilon$)	−1.54
—CH—(β) 或 —C—(β)	
—N=N—	+1.8
—N=O	+1.7
苯	−1.4
环丁烷	+7.2
环己二烯	+10.56
环己烷	+3.0
环己烯	+6.9
环戊烷	0.0
环丙烷	+7.2
二氧杂环己烷	+5.5
咪唑	+8.0
吗啉	+5.5
哌嗪	+7.0
哌啶	+3.0
氨基比林	0.0
吡嗪	+9.0
吡唑	+8.0
吡啶	+0.5

续表

键或结构单元	$10^6\chi_B$ (c.g.s.)
嘧啶	+6.5
α-吡喃酮	-1.4
吡咯	-3.5
四氢化吡咯	0.0
四氢呋喃	0.0
噻唑	-3.0
噻吩	-7.0
三嗪	-1.4
尿唑	0.0

表 5.19 配位体的摩尔反磁磁化率

化学式	$10^6\chi_M$ (c.g.s.)
H_2O 水	-13
NH_3 氨	-18
N_2H_4 肼	-20
CO	-10
CHO_2^- 甲酸根	-17
CH_4N_2O 尿素	-34
CH_4N_2S 硫脲	-42
C_2H_4 乙烯	-15
$C_2H_3O_2^-$ 醋酸根	-30
$C_2H_4NO_2^-$ 甘氨酸根	-37
$C_2H_8N_2$ 乙二胺	-46
$C_2O_4^{2-}$ 乙二酸根	-25
$C_3H_7O_4^-$ 丙二酸根	-45
$C_4H_7O_2^-$ 乙酰丙酮烯醇式负离子基	-52
$C_5H_5^-$ 茂基	-65
C_5H_5N 吡啶	-49
$C_{10}H_8N_2$ 联吡啶	-105
$C_{10}H_{16}As_2$ 联胂	-194
$C_{32}H_{16}N_4^{2-}$ 酞花菁	-422

2. 顺磁性

物质的顺磁性是由分子和原子具有的未成对电子的永久磁矩产生的,可以形象地把具有永久磁矩的分子或原子看做一个微观的小磁子。没有磁场存在时,热运动的扰动作用致使这些小磁子不能自发形成有序的取向,物体的总平均磁化强度为零。引入外磁场时,这些小磁子沿磁场方向作有规则的取向而使磁化强度增大。不难想象,磁性分子或原子的热能所产生的无序运动会妨碍它们沿外磁场方

向取向。实验上,物质的顺磁磁化率随着温度的升高而下降:

$$\chi_M^{顺磁} = \frac{C}{T} \tag{5.3.7}$$

此式称为 Curie 定律,其中 C 是常数,它随物质的不同而异。后来发现,Curie 定律只是下列所谓 Curie-Weiss 定律的一个特例

$$\chi_M^{顺磁} = \frac{C}{T-\theta} \tag{5.3.8}$$

其中,θ 称为 Curie-Weiss 常量。图 5.28 表明了顺磁性和反磁性化合物的摩尔顺磁磁化率 χ_M 和温度的关系。

在对配位化合物进行磁性质研究时,由实验测量的磁化率是配位化合物的顺磁磁化率和反磁化率的加和。所以为了得到配位化合物的顺磁磁化率,就要利用式(5.3.6)可对实验值进行校正,即加上反磁性部分。

3. 铁磁性和反铁磁性

当晶体中相邻的原子或离子都具有未成对电子时,若它们的永久磁矩之间存在平行或反平行相互作用,从而可以分别导致铁磁性和反铁磁性现象。

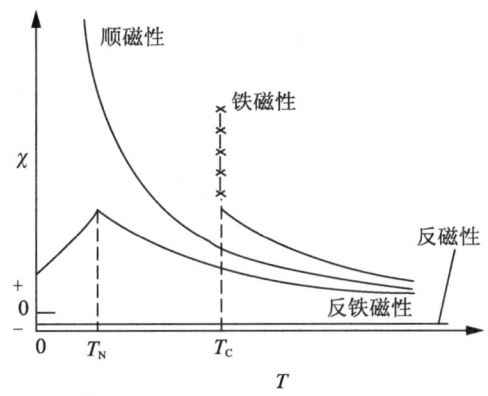

图 5.28 摩尔磁化率随温度的关系

在铁磁性物质内部存在的"分子场"的作用下,各磁子自发地平行排列起来形成"自发磁化"。实际上,宏观的铁磁性物质内包含许多自发磁化的区域,这种自发磁化的区域称为"磁畴"。它们的磁化方向不同,因此总的磁化强度为零。外磁场的引入促使不同磁畴的磁化取得一致的方向,从而使铁磁性物质表现出宏观的磁化强度。铁、钴、镍及其合金都是铁磁性的,对铁磁性物质存在一个温度 T_C(称为 Curie 温度)。当温度小于 T_C 时,磁畴中有自发磁化强度。温度升高到 T_C 后自发磁化强度等于零,铁磁性消失,铁磁性物质发生相变而转变成一般的顺磁性物质(图 5.28)。在铂、钯、锰、铬等反铁磁性金属内部相邻的磁矩呈规则的自发反平行排列,因此并不产生自发磁化,在外磁场作用下表现为顺磁性。反铁磁性物质的磁化率随温度而变化。在低温时,其磁矩基本上保持反平行排列,随着温度的升高,反平行排列的作用逐步减弱,磁化率不断增加,直至出现一个峰值,它反映了自发的反平行排列消失的温度,称为 Neel 温度。在 Neel 温度 T_N 以上顺磁磁化的机理和一般顺磁性相似,磁化率随着温度的升高而下降(图 5.28)。

物质的铁磁性和反铁磁性主要在物理学中研究。近年来,许多过渡金属多核配位化合物所具有的反铁磁性及铁磁性性质越来越引起人们的广泛兴趣,详情参考 4.5 节。文献[47]中列有大量有机金属化合物的磁性数据。

5.3.2 磁性的半经典理论

在量子力学的理论发展以前,人们已运用经典物理的方法对物质的磁性系统地进行了理论分析。这里应用半经典的物理模型导出 Langevin 反磁性方程和 Curie 方程。

1. Langevin 反磁性方程

在反磁性物质的原子或分子中,由于不存在未成对电子,电子自旋磁矩相互抵消,故只须考虑在磁场中电子轨道角动量的变化及由此而产生的磁矩。按照动量矩定理,电子轨道角动量 l(简化为轨道量子数 l 代表)的变化率等于磁场 H 作用在磁矩 $\boldsymbol{\mu}_1$ 的力矩,即

$$\frac{d\boldsymbol{l}}{dt} = \boldsymbol{\mu}_1 \times \boldsymbol{H} \tag{5.3.9}$$

式中 $\boldsymbol{\mu}_1 = -\dfrac{e\boldsymbol{l}}{2mc}$,其中 e 和 m 分别是电子的电荷和质量,c 是光速。

式(5.3.9)可改写成

$$\frac{d\boldsymbol{l}}{dt} = \frac{e}{2mc}\boldsymbol{H} \times \boldsymbol{l} \tag{5.3.10}$$

或

$$\frac{d\boldsymbol{\mu}_1}{dt} = \frac{e}{2mc}\boldsymbol{H} \times \boldsymbol{\mu}_1 \tag{5.3.11}$$

所以在磁场 H 中电子的轨道角动量和轨道磁矩均绕磁场旋转,物理上称之为 Lamor 进动。Lamor 进动的频率为

$$\omega = \frac{eH}{2mc} \tag{5.3.12}$$

按定义,一个电子以角频率 ω 绕核运动所产生的电流应是

$$i = -\frac{e}{2\pi}\omega = -\frac{e}{2\pi} \cdot \frac{eH}{2mc} \tag{5.3.13}$$

设外磁场方向为 z 轴方向,按经典电动力学,一个电子沿面积为 S 的轨道运动时,电流 i 所产生的磁矩 $\mu = \dfrac{is}{c}$,即

$$\boldsymbol{\mu} = \frac{i}{c}\pi(\bar{x}^2 + \bar{y}^2) = -\frac{e^2 H}{4mc^2}\bar{\rho}^2 \quad (\text{c.g.s.}) \tag{5.3.14}$$

其中,$\bar{\rho}^2$ 为电子进动轨道半径的均方值。设每个原子中有 n 个电子,则由式(5.3.4),该原子的摩尔反磁磁化率为

$$\chi_M = -\frac{N_A e^2}{4mc^2}\sum_{i=1}^{n}(\bar{x}_j^2 + \bar{y}_j^2) \tag{5.3.15}$$

其中,N_A 为 Avogadro 常数。对于反磁性物质的电子壳层都是满的,电荷分布是球面对称的,所以有

$$\overline{x_j^2} = \overline{y_j^2} = \frac{1}{3}\overline{r_j^2}$$

令 $\overline{r^2} = \frac{1}{2}\sum_{j=1}^{n}\overline{r_j^2}$，则式(5.3.15)可表示为

$$\chi_M = -\frac{N_A e^2}{4mc^2} \cdot \frac{2}{3}n\overline{r^2} = -\frac{N_A n e^2}{6mc^2}\overline{r^2} \tag{5.3.16}$$

此式即为 Langevin 磁性方程。式(5.3.16)表明反磁磁化率与温度无关。

2. Curie 定律

利用 Boltzmann 分布定律可以从理论上导出 Curie 定律。为了简单起见，设每个原子仅有一个未成对电子，并且该电子只有自旋角动量($S=1/2$)而没有轨道角动量($L=0$)，还假定分子之间无相互作用，由式(3.6.1)则每个 $S=1/2$ 的分子对应有一个磁矩 $\boldsymbol{\mu}$：

$$\boldsymbol{\mu} = -g\beta_0 \boldsymbol{S} \tag{5.3.17}$$

其中 $\boldsymbol{S}$ 是自旋角动量，β_0 是 Bohr 磁子(简记为 BM)：

$$\beta_0 = e\hbar/(2mc) = 0.93 \times 10^{-20} \text{erg}/(\text{G} \cdot \text{s}) \tag{5.3.18}$$

g 为 Landé 因子。对于 $S=1/2, L=0$(即自由电子)时，g 值为 $2.002\,320 \pm 0.000\,004$。磁矩 $\boldsymbol{\mu}$ 与外磁场 $\boldsymbol{H}$ 的相互作用能为

$$E = -\boldsymbol{\mu} \cdot \boldsymbol{H} = g\beta H M_S \tag{5.3.19}$$

由于磁场的引入，分子基态 $S=1/2$ 的二重简并度(这种简并只能在磁场下才会分裂的基态称为 Kramer 简并)被解除，Zeeman 效应的结果使基态分裂为磁量子数为 $1/2$ 的 $|\alpha\rangle$ 态和 $-1/2$ 的 $|\beta\rangle$ 态，如图 5.29 所示的两个能级，其间的裂距为 $\Delta E = g\beta_0 H$，$|\beta\rangle$ 态较 $|\alpha\rangle$ 态稳定，因此处于 $|\beta\rangle$ 态的分子，其磁矩取向平行于外磁场方向，而 $|\alpha\rangle$ 态的分子，其磁矩取向反平行于外磁场方向。

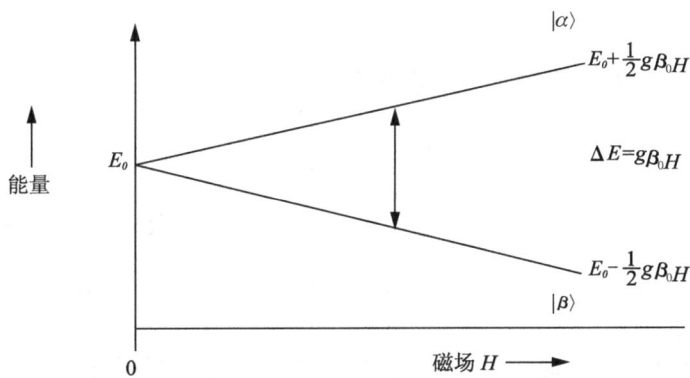

图 5.29　$S=1/2$ 的分子二重简并基态在外磁场中的 Zeeman 分裂

根据 Boltzmann 分布定律，温度 T 时 $|\alpha\rangle$ 态的布居数 N_α 和 $|\beta\rangle$ 态的布居数 N_β 的比例由式(5.3.20)决定：

$$\frac{N_\alpha}{N_\beta} = e^{-g\beta_0 H/(kT)} \tag{5.3.20}$$

考虑 N_A 个(N_A 为 Avogadro 常量)$S=1/2$ 的分子,则
$$N_A = N_\alpha + N_\beta \tag{5.3.21}$$
将式(5.3.21)代入式(5.3.20)
$$\frac{N_A - N_\beta}{N_\beta} = e^{-g\beta_0 H/(kT)} \tag{5.3.22}$$
重排式(5.3.22),得
$$N_\beta = \frac{N_A}{1 + e^{-g\beta_0 H/(kT)}} \tag{5.3.23}$$
这样,总的磁化强度 M(这里是 1mol 物质)就等于 $|\beta\rangle$ 态和 $|\alpha\rangle$ 态的布居数之差乘以 $S=1/2$ 的分子的磁矩,即乘以 $\mu = \frac{1}{2}g\beta_0$
$$M = \frac{1}{2}g\beta_0(N_\beta - N_\alpha) \tag{5.3.24}$$
由式(5.3.23)和式(5.3.24)得
$$N_\beta - N_\alpha = N_0 \frac{1 - e^{-g\beta_0 H/(kT)}}{1 + e^{-g\beta_0 H/(kT)}} \tag{5.3.25}$$
在室温时,$kT \approx 200\text{cm}^{-1}$,$S=1/2$ 的分子($g=2$)处于 $H=10\text{kG}$ 的磁场中,其 Zeeman 作用能 $g\beta_0 H$ 约为 0.3cm^{-1}。可见,
$$e^{-g\beta_0 H/(kT)} \approx 1 - g\beta_0 H/(kT) \tag{5.3.26}$$
应用这一近似式,则式(5.3.25)变为
$$N_\beta - N_\alpha = \frac{1}{2} \cdot \frac{N_A g\beta_0 H}{kT} \tag{5.3.27}$$
将式(5.3.27)代入式(5.3.24),得
$$M = \left(\frac{N_A g^2 \beta_0^2}{4kT}\right) H \tag{5.3.28}$$
这样可用 M 除以 H,求得摩尔顺磁磁化率:
$$\chi_M^{\text{顺磁}} = \frac{N_A g^2 \beta_0^2}{4kT} \tag{5.3.29}$$
此式即为 Curie 定律。与式(5.3.7)比较,可得到 Curie 公式中的常数 $C = \frac{N_A g^2 \beta_0^2}{4k}$。值得注意的是,$\chi_M^{\text{顺磁}}$ 的值很小,这是因为 $|\beta\rangle$ 态和 $|\alpha\rangle$ 态的布居数之差 $N_\beta - N_\alpha$ 是个很小的数。

不难导出总自旋角动量量子数为 S,而总轨道角动量量子数 L 为零的"纯自旋"分子的 Curie 定律:
$$\chi_M^{\text{顺磁}} = \frac{N_A g^2 \beta_0^2 S(S+1)}{3kT} \tag{5.3.30}$$
化学家通常感兴趣的是分子间无相互作用的简单顺磁性分子。将式(5.3.30)中的 $g^2 S(S+1)$ 用 μ_{eff}^2 代替,即定义

$$\mu_{\text{eff}}(\text{纯自旋}) = g[S(S+1)]^{1/2} \quad (\text{B. M.}) \tag{5.3.31}$$

则有效磁矩 μ_{eff} 为

$$\mu_{\text{eff}} = \left(\frac{3k}{N_A \beta_0^2}\right)^{1/2} (\chi_M)^{1/2} = 2.828 (\chi_M T)^{1/2} \tag{5.3.32}$$

不难看出,这样定义的 μ_{eff} 与温度无关。通常可用它来估量一个"纯自旋"分子中有几个未成对电子。文献中给出的 μ_{eff} 值一般以 Bohr 磁子为单位,而影响 S 作为一个好的量子数的各种作用都可并入 g 因子对 2.0 值的偏离。

表 5.20 第一过渡金属系离子磁矩的"纯自旋"计算值和实验值

离子	电子组态[1]	是否预期轨道贡献	自旋贡献理论值	实验值
八面体配位化合物				
Ti^{3+}	d^1	是	1.73	1.6~1.7
V^{4+}	d^1	是	1.73	1.7~1.8
V^{3+}	d^2	是	2.83	2.7~2.9
Cr^{4+}	d^2	是	2.83	~2.8
V^{2+}	d^3	不是	3.88	3.8~3.9
Cr^{3+}	d^3	不是	3.88	3.7~3.9
Mn^{4+}	d^3	不是	3.88	3.8~4.0
Cr^{2+}	d^4 h. s.	不是	4.90	4.7~4.9
Cr^{2+}	d^4 l. s.	是	2.83	3.2~3.3
Mn^{3+}	d^4 h. s.	不是	4.90	4.9~5.0
Mn^{3+}	d^4 l. s.	是	2.83	~3.2
Mn^{2+}	d^5 h. s.	不是	5.92	5.6~6.1
Mn^{2+}	d^5 l. s.	是	1.73	1.8~2.1
Fe^{3+}	d^5 h. s.	不是	5.92	5.7~6.0
Fe^{3+}	d^5 l. s.	是	1.73	2.0~2.5
Fe^{2+}	d^6 h. s.	是	4.90	5.1~5.7
Co^{2+}	d^7 h. s.	是	3.88	4.3~5.2
Co^{2+}	d^7 l. s.	不是	1.73	1.8
Ni^{3+}	d^7 l. s.	不是	1.73	1.8~2.0
Ni^{2+}	d^8	不是	2.83	2.9~3.3
Cu^{2+}	d^9	不是	1.73	1.7~2.2
四面体配位化合物(不包括少见的低自旋四面体配位化合物)				
Cr^{5+}	d^1	不是	1.73	1.7~1.8
Mn^{6+}	d^1	不是	1.73	1.7~1.8
Cr^{4+}	d^2	不是	2.83	2.8
Mn^{5+}	d^2	不是	2.83	2.6~2.8

续表

离子	电子组态[1]	是否预期轨道贡献	自旋贡献理论值	实验值
Fe^{5+}	d^3 h.s.	是	3.88	3.6~3.7
Fe^{4+}	d^4 h.s.	是	4.90	—
Mn^{2+}	d^5 h.s.	不是	5.92	5.9~6.2
Fe^{2+}	d^6 h.s.	不是	4.90	5.3~5.5
Co^{2+}	d^7	不是	3.88	4.2~4.8
Ni^{2+}	d^8	是	2.83	3.7~4.0

1) h.s. = 高自旋(弱场); l.s. = 低自旋(强场)。

表 5.20 列出了按式 (5.3.31) 求出的, 具有不同自旋角动量量子数 S 的"纯自旋"分子的有效磁矩。如果能够断定分子没有显著的轨道角动量, 则可将由实验得到的摩尔顺磁磁化率 $\chi_M^{顺磁}$ 值代入式 (5.3.32), 以求得 μ_{eff} 的实验值, 并与表 5.20 的 μ_{eff} 值比较, 进而判断该分子中有几个未成对电子。这种方法常用在对过渡金属配位化合物的结构研究中[44]。

5.3.3 磁性的量子理论

前面我们用半经典的模型讨论了物质的顺磁性和反磁性的来源, 下面用量子力学的方法统一处理原子的顺磁性和反磁性, 并且可以了解如何处理有轨道角动量贡献的体系。

考虑处于均匀磁场 H 中的一个原子, 它的 Hamilton 算符是 [参考式 (3.5.18a)]

$$\hat{H} = \frac{1}{2m}\sum_j \left[\hat{P}_j + \frac{e}{c}A(r_j)\right]^2 + V + \frac{e\hbar}{mc}H \cdot \hat{S} \quad (5.3.33)$$

式中求和号是对所有电子进行的, m 是电子质量, e 是电子电荷, A 是磁场的向量势, r_j 是第 j 个电子的向量, c 是光速, V 是电子之间以及电子与核的相互作用能量 (对应 $\hat{H}_0$), $\hat{S} = \sum \hat{S}_j$ 是总电子自旋算符, $\hat{P}_j$ 是第 j 个电子的动量算符。磁场向量势 A 的表示式为

$$A = H \times \frac{1}{2}r \quad (5.3.34)$$

对于均匀磁场, $\text{div}A \equiv 0$ (参见附录 V)。由动量算符和任意的坐标函数 (如 A) 的对易规则

$$\hat{P} \cdot A - A \cdot \hat{P} = -i\hbar \text{div}A \quad (5.3.35)$$

则 $\hat{P}$ 和 A 是对易的。展开式 (5.3.33) 中的方括号, 并用 $\hat{H}_0$ 代表没有磁场时的 Hamilton 算符, 再把式 (5.3.34) 代入式 (5.3.33), 得

$$\hat{H} = \hat{H}_0 + \frac{eH}{mc}\sum_j r_j \times \hat{P}_j + \frac{e^2}{8mc^2}\sum_j (H \times r_j)^2 + \frac{e\hbar}{mc}H \cdot \hat{S} \quad (5.3.36)$$

因为 $r_j \times \hat{P}_j$ 是电子轨道角动量算符, 所以 $\sum_j r_j \times \hat{P}_j$ 就是原子的总轨道角动量算符 $\hbar L$, 故

$$\hat{H} = \hat{H}_0 + \beta_0(L + 2\hat{S}) \cdot H + \frac{e}{8mc^2}\sum_j (H \times r_j)^2 \qquad (5.3.37)$$

令总磁矩算符

$$\hat{\mu} = -\beta_0(L + 2\hat{S}) \qquad (5.3.38)$$

它在物理上称为原子的"固有"(intrinsic)磁矩算符,在没有磁场时是原子所固有的。若磁场很弱,式(5.3.37)中的第二和第三项可看做微扰项。为了方便起见,取磁场 H 的方向为 z 轴,则具有形式[参见式(3.5.17)]：

$$\hat{H} = \hat{H}_0 + H\hat{H}^{(1)} + H^2\hat{H}^{(2)} \qquad (5.3.39)$$

其中,系数 $\hat{H}^{(1)} = \beta_0(L_z + 2\hat{S}_z)$, $\hat{H}^{(2)} = \frac{e^2}{8mc^2}\sum_j (x_j^2 + y_j^2)$。根据量子力学微扰理论,原子中第 i 个电子态的能量可以写成

$$E_i = E_i^{(0)} + HE_i^{(1)} + H^2 E_i^{(2)} + \cdots \qquad (5.3.40)$$

其中

$$E_i^{(1)} = \langle \psi_i^0 | \hat{H}^{(1)} | \psi_i^0 \rangle \qquad (5.3.41)$$

$$E_i^{(2)} = \sum_{i'}{}' \frac{|\langle \psi_{i'}^0 | \hat{H}^{(1)} | \psi_i^0 \rangle|^2}{E_i^{(0)} - E_{i'}^{(0)}} + \langle \psi_i^0 | \hat{H}^{(2)} | \psi_i^0 \rangle \qquad (5.3.42)$$

ψ_i^0 和 $E_i^{(0)}$ 为 $\hat{H}_0$ 的第 i 个本征函数和本征值。按式(5.3.19),代入上述量子力学结果,就得到在能量为 E_i 状态时磁矩的期望值为

$$\begin{aligned}\mu_i &= -\frac{\partial E_i}{\partial H} = -E_i^{(1)} - 2HE_i^{(2)} + \cdots \\ &= \langle \psi_i | \hat{\mu}_z | \psi_i \rangle + 2H\sum_{i'}{}' \frac{|\langle \psi_{i'}^0 | \hat{\mu}_z | \psi_i^0 \rangle|^2}{E_i^{(0)} - E_{i'}^{(0)}} \\ &\quad - H\langle \psi_i | \sum_i \frac{e^2}{4mc^2}(x_i^2 + y_i^2) | \psi_i \rangle \end{aligned} \qquad (5.3.43)$$

其中,$\hat{\mu}_z = -\beta_0(L_z + 2\hat{S}_z)$ 是"固有"磁矩算符 $\hat{\mu}$ 的 z 分量；右边第一项是轨道磁矩。第三项是感应磁矩,它是反磁性的,对所有电子占据态求平均,得到

$$\sum_i (x_i^2 + y_i^2) = \frac{2}{3}\bar{r}^2 Z \qquad (5.3.44)$$

因此原子的反磁性磁矩为 $-\frac{Ze^2 H}{6mc^2}\bar{r}^2$,这就是半经典模型描述的 Lamor 进动产生的反磁性磁矩。式(5.3.43)中第二项是顺磁性对磁矩的贡献,下面就专门讨论原子的顺磁性。

在式(5.3.43)中略去反磁性的第三项,在式(5.3.42)中也略去右边第二项(即反磁性部分),这样,我们把 $E_i^{(1)}$、$E_i^{(2)}$ 的 μ_i 分别表示为

$$E_i^{(1)} = \langle \psi_i^0 | \hat{\mu}_z | \psi_i^0 \rangle \qquad (5.3.45)$$

$$E_i^{(2)} = \sum_i{}' \frac{|\langle \psi_{i'}^0 | \hat{\mu}_z | \psi_i^0 \rangle|^2}{E_i^{(0)} - E_{i'}^{(0)}} \qquad (5.3.46)$$

$$\mu_i = \langle \psi_i^0 | \hat{\mu}_z | \psi_i^0 \rangle + 2H \sum_{i'}{}' \frac{|\langle \psi_{i'}^0 | \hat{\mu}_z | \psi_i^0 \rangle|}{E_i^{(0)} - E_{i'}^{(0)}} \quad (5.3.47)$$

假定分子的磁矩按统计力学的 Boltzmann 分布定律,则摩尔顺磁磁化率 χ_M 为

$$\chi_M = \left(\frac{N_0}{H}\right) \frac{\sum_i \mu_i \exp[-E_i/(kT)]}{\sum_i \exp[-E_i/(kT)]} \quad (5.3.48)$$

式中分母是归一化常数,分子为对所有电子态求和。利用下式(即无磁场时净磁矩为零)

$$\sum_i E_i^{(1)} \exp[-E_i/(kT)] = 0 \quad (5.3.49)$$

以及近似式(5.3.40)、式(5.3.43)和 $e^{-x} = 1 - x + \cdots$,则式(5.3.48)经过一些代数运算并略去求和项中 H 的二次和更高次项,得到

$$\chi_M = N_0 \frac{\sum_i [(E_i^{(1)})^2/kT - 2E^{(2)}] \exp[-E_i^0/(kT)]}{\sum_i \exp[-E_i^0/(kT)]} \quad (5.3.50)$$

此式即用于计算摩尔顺磁磁化率的 van Vleck 方程。在求和中,若遇到简并能级,则需对简并能级逐一加以计算。该式看起来较为复杂,下面将举两个例子加以说明。

5.3.4 过渡金属离子的磁化率

作为 van Vleck 方程应用的一个实例,考察自由过渡金属离子的磁化率。对于第一过渡金属离子,通常采用 Russell-Saunders 偶合(L-S 偶合),其基态可用光谱项符号 $^{2S+1}L_J$ 表示,其中 J 是总角动量量子数。在磁场 H 和磁矩 μ 作用下,基态的 $2J+1$ 重简并被解除:

$$E(M_J) = -\boldsymbol{\mu} \cdot \boldsymbol{H} = -\mu_z H = -gM_J \beta H \quad (5.3.51)$$

图 5.30 表明了 $J=2$ 的情况。

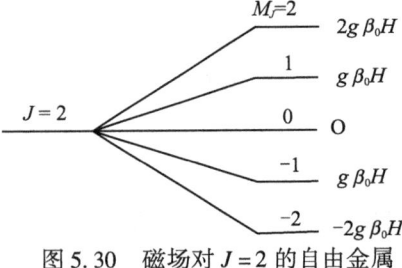

图 5.30 磁场对 $J=2$ 的自由金属离子电子能态的 Zeeman 分裂

应用式(5.3.50)时,需对五个 M_J 能级求和。对于全部的 i 值,有 $E_i^0 = 0$。由于式(5.3.47)中不包括 H^2 项,所以 $E_i^{(2)} = 0$。对于 $M_J = 2$ 的能级,$E_i^{(1)} = 2g\beta_0$,$E_i^{(2)} = 0$;对于 $M_J = 1$ 的能级,$E_i^{(1)} = g\beta_0$,$E_i^{(2)} = 0$;对于 $M_J = 0$ 的能级,$E_i^{(1)} = 0$,$E_i^{(2)} = 0$;对于 $M_J = -1$ 的能级,$E_i^{(1)} = -g\beta$,$E_i^{(2)} = 0$;对于 $M_J = -2$ 的能级,$E_i^{(1)} = -2g\beta_0$,$E_i^{(2)} = 0$。因此得到

$$\chi_M = \left(\frac{N_0}{kT}\right) \frac{(4g^2\beta_0^2 + g^2\beta_0^2 + 0 + g^2\beta_0^2 + 4g^2\beta_0^2)}{5e^{-0}}$$

$$= \frac{2N_0 g^2 \beta_0^2}{kT} \quad (5.3.52)$$

一般来说,对于自由金属离子的 $^{2S+1}L_J$ 电子能态,有

$$\chi_{M} = \frac{N_0 g^2 \beta_0^2}{3kT} J(J+1) \tag{5.3.53}$$

而气态的自由金属离子有效磁矩为

$$\mu_{\text{eff}} = g[J(J+1)]^{1/2} (\text{BM}) \tag{5.3.54}$$

可以证明,对自由金属离子 Landé 因子

$$g = 1 + \frac{S(S+1) - L(L+1) + J(J+1)}{2J(J+1)} \tag{5.3.55}$$

从上面的分析可以看出,气态自由过渡金属离子的磁化率不仅有自旋 S 角动量的贡献,也有 L 轨道角动量的贡献。

当气态的自由金属离子与配位体形成配位化合物时,其对称性显然比自由离子的球对称性降低了很多。这种对称性的降低导致金属配位化合物电子态的轨道角动量比自由金属离子显著地减小,也就是自由金属离子的轨道角动量被配位体猝灭[参考式(3.6.12)]。这一点是值得化学家庆幸的,因为它意味着过渡金属配位化合物的有效磁矩 μ_{eff} 值一般相当接近于"纯自旋"有效磁矩 μ_{eff} 值。表 5.21 中列出了一些结果,不难看出,通常基态为非简并 A 态的配位化合物,其实验的有效磁矩 μ_{eff} 非常接近于"纯自旋"有效磁矩 μ_{eff} 值。基态为 E 态的配位化合物,则出现了一些偏离。而基态为 T 态的配位化合物;其实验的 μ_{eff} 与"纯自旋"的 μ_{eff} 偏离最大,这是在 T 态有自旋 - 轨道的相互作用所致(参看 2.4 节)。

表 5.21 若干典型配位化合物的磁性质

配位化合物	基态	d 电子数	"纯自旋"的 μ_{eff}/B.M.	实验 μ_{eff}(300K)/B.M.
VCl_4	^2E	1	1.73	1.39
$[(C_2H_5)_4N]_2MnCl_4$	$^6A_1$	5	5.92	5.94
$[(C_2H_5)_4N]_2FeCl_4$	^5E	6	4.90	5.40
$K_3Mn(CN)_6$	$^3T_{1g}$	4	2.83	3.50
$K_3Fe(CN)_6$	$^2T_{2g}$	3	1.73	2.25

这里将以 $[Ti(H_2O)_6]^{3+}$ 配位离子的磁化率计算作为 van Vleck 方程应用的另一个例子,$[Ti(H_2O)_6]^{3+}$ 属于八面体对称性的 d^1 离子,^2D 态的自由 Ti^{3+} 离子被晶体场分裂,结果使四重简并(2×2)的激发态 ^2E_g 比六重简并(2×3)的基态 $^2T_{2g}$ 能量高 $10Dq = 20\ 300\text{cm}^{-1}$,所以在磁化率的计算中将不考虑由于自旋-轨道偶合产生混合的可能性。

$^2T_{2g}$ 是六重简并态,六个波函数可以有各种组合形式,较方便的是采用一组 $|M_L, M_S\rangle$ 的组合形式(参见表 2.4)。对于这里所讨论的 d^1 离子,可直接采用单电子的下面一组 $|m_l, m_s\rangle$ 组合形式进行计算(参见 2.4 节):

$$\phi_1 = \frac{1}{\sqrt{2}} \left(\left|2, \frac{1}{2}\right\rangle - \left|-2, \frac{1}{2}\right\rangle \right)$$

$$\phi_2 = \frac{1}{\sqrt{2}}\left(\left|2, -\frac{1}{2}\right\rangle - \left|-2, -\frac{1}{2}\right\rangle\right)$$

$$\phi_3 = \left|1, \frac{1}{2}\right\rangle$$

$$\phi_4 = \left|1, -\frac{1}{2}\right\rangle$$

$$\phi_5 = \left|-1, \frac{1}{2}\right\rangle$$

$$\phi_6 = \left|-1, -\frac{1}{2}\right\rangle \tag{5.3.56}$$

为了推导 $^2T_{2g}$ 态的 g 因子和磁化率,首先考虑自旋-轨道偶合对基态的影响。在能量变化上,它的影响比 Zeeman 效应要大得多。如果把自旋-轨道偶合作为对基态的一级微扰,必须建立和求解相应的久期方程,包括计算矩阵元 $\langle\phi_i|\zeta\boldsymbol{L}\cdot\hat{\boldsymbol{S}}|\phi_i\rangle$,其中 ζ 是自旋-轨道偶合系数(对于这里讨论的单电子,$\lambda = \zeta$)为了简化计算,用到作用能 Hamilton 算符

$$\zeta\hat{\boldsymbol{L}}\cdot\hat{\boldsymbol{S}} = \zeta\left(\frac{1}{2}\hat{L}_+\cdot\hat{S}_- + \frac{1}{2}\hat{L}_-\cdot\hat{S}_+ + \hat{L}_z\cdot\hat{S}_z\right) \tag{5.3.57}$$

和升降算符

$$\hat{L}_{\pm}|M_L \quad M_S\rangle = [L(L+1) - M_L(M_L \pm 1)]^{1/2}|M_L \pm 1 \quad M_S\rangle \tag{5.3.58}$$

$$\hat{S}_{\pm}|M_L \quad M_S\rangle = [S(S+1) - M_S(M_S \pm 1)]^{1/2}|M_L \quad M_S \pm 1\rangle \tag{5.3.59}$$

作为计算矩阵元的例子,现在求 $\langle\phi_4|\zeta\hat{\boldsymbol{L}}\cdot\hat{\boldsymbol{S}}|\phi_4\rangle$。

$$\hat{\boldsymbol{L}}\cdot\hat{\boldsymbol{S}}|\phi_4\rangle \equiv \hat{\boldsymbol{L}}\cdot\hat{\boldsymbol{S}}\left|1, -\frac{1}{2}\right\rangle \tag{5.3.60}$$

$$\hat{L}_z\cdot\hat{S}_z\left|1, -\frac{1}{2}\right\rangle = -\frac{1}{2}\left|1, -\frac{1}{2}\right\rangle \tag{5.3.61}$$

$$\frac{1}{2}(\hat{L}_+\hat{S}_- + \hat{L}_-\hat{S}_+)\left|1, -\frac{1}{2}\right\rangle = \frac{1}{2}(0 + \sqrt{6}\cdot 1)\left|0, \frac{1}{2}\right\rangle \tag{5.3.62}$$

这样

$$\hat{\boldsymbol{L}}\cdot\hat{\boldsymbol{S}}|\phi_4\rangle = -\frac{1}{2}|\phi_4\rangle + \frac{\sqrt{6}}{2}\left|0, \frac{1}{2}\right\rangle \tag{5.3.63}$$

$$\langle\phi_4|\zeta\hat{\boldsymbol{L}}\cdot\hat{\boldsymbol{S}}|\phi_4\rangle = -\frac{\zeta}{2} \tag{5.3.64}$$

用类似的方法计算出全部矩阵元并得到久期方程

	$|\phi_1\rangle$	$|\phi_2\rangle$	$|\phi_3\rangle$	$|\phi_4\rangle$	$|\phi_5\rangle$	$|\phi_6\rangle$
$\langle\phi_1|$	$0-E$	0	0	0	0	$-\zeta/\sqrt{2}$

$$\begin{vmatrix}
\langle\phi_2| & 0 & 0-E & \dfrac{\zeta}{\sqrt{2}} & 0 & 0 & 0 \\
\langle\phi_3| & 0 & \dfrac{\zeta}{\sqrt{2}} & \dfrac{\zeta}{2}-E & 0 & 0 & 0 \\
\langle\phi_4| & 0 & 0 & 0 & \dfrac{-\zeta}{2}-E & 0 & 0 \\
\langle\phi_5| & 0 & 0 & 0 & 0 & \dfrac{-\zeta}{2}-E & 0 \\
\langle\phi_6| & -3/\sqrt{2} & 0 & 0 & 0 & 0 & \dfrac{\zeta}{2}-E
\end{vmatrix} = 0$$

(5.3.65)

重排久期行列式的行和列,可以大大简化求解的过程:

$$\begin{array}{c|cccccc}
 & |\phi_1\rangle & |\phi_6\rangle & |\phi_2\rangle & |\phi_3\rangle & |\phi_4\rangle & |\phi_5\rangle \\
\langle\phi_1| & 0-E & -\dfrac{\zeta}{\sqrt{2}} & 0 & 0 & 0 & 0 \\
\langle\phi_6| & -\dfrac{\zeta}{2} & \dfrac{\zeta}{2}-E & 0 & 0 & 0 & 0 \\
\langle\phi_2| & 0 & 0 & 0-E & \dfrac{\zeta}{\sqrt{2}} & 0 & 0 \\
\langle\phi_3| & 0 & 0 & \dfrac{\zeta}{\sqrt{2}} & \dfrac{\zeta}{2}-E & 0 & 0 \\
\langle\phi_4| & 0 & 0 & 0 & 0 & -\dfrac{\zeta}{2}-E & 0 \\
\langle\phi_5| & 0 & 0 & 0 & 0 & 0 & -\dfrac{\zeta}{2}-E
\end{array} = 0$$

(5.3.66)

解得本征值为 $E_1 = -\zeta/2$(四重根),$E_2 = \zeta$(二重根);本征函数为

$E = -\dfrac{\zeta}{2}$:

(1) $\psi_1 = \phi_4$

(2) $\psi_2 = \dfrac{1}{\sqrt{3}}(\sqrt{2}\phi_2 - \phi_3)$

(3) $\psi_3 = \dfrac{1}{\sqrt{3}}(\sqrt{2}\phi_1 + \phi_6)$

(4) $\psi_4 = \phi_5$ \qquad (5.3.67)

$E = \zeta$:

(5) $\psi_5 = \dfrac{1}{\sqrt{3}}(\sqrt{2}\phi_3 - \phi_2)$

(6) $\psi_6 = \dfrac{1}{\sqrt{3}}(\sqrt{2}\phi_6 - \phi_1)$ \qquad (5.3.68)

这样,$^2T_{2g}$ 能级分裂成一个二重简并(Γ_7)和一个四重简并(Γ_8)的能级,如图 5.31

所示。

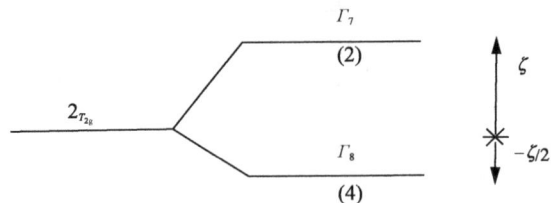

图 5.31 自旋-轨道偶合对八面体场 $^2T_{2g}$ 谱项的分裂

现在考虑和磁场的作用 $(\hat{L}_z + 2\hat{S}_z)H_z$

$$\langle \phi_1 | (\hat{L}_z + 2\hat{S}_z) H_z | \phi_1 \rangle$$

$$= \frac{1}{2} H_z \left\{ \langle 2, \frac{1}{2} - \langle -2, \frac{1}{2} | \hat{L}_z + 2\hat{S}_z | 2, \frac{1}{2} \rangle - | -2, \frac{1}{2} \rangle \right\}$$

$$= \frac{1}{2} H_z (2 + 1 - 2 + 1)$$

$$= H_z \tag{5.3.69}$$

类似地有

$$\langle \phi_2 | (\hat{L}_z + 2\hat{S}_z) H_z | \phi_2 \rangle = -H_z \tag{5.3.70}$$

$$\langle \phi_3 | (\hat{L}_z + 2\hat{S}_z) H_z | \phi_3 \rangle = 2H_z \tag{5.3.71}$$

$$\langle \phi_4 | (\hat{L}_z + 2\hat{S}_z) H_z | \phi_4 \rangle = 0 \tag{5.3.72}$$

$$\langle \phi_5 | (\hat{L}_z + 2\hat{S}_z) H_z | \phi_5 \rangle = 0 \tag{5.3.73}$$

$$\langle \phi_6 | (\hat{L}_z + 2\hat{S}_z) H_z | \phi_6 \rangle = -2H_z \tag{5.3.74}$$

这样,我们把微扰作用和自旋-轨道偶合结合可得包括磁场和自旋-轨道偶合两种作用的久期方程:

	$|\psi_1\rangle$	$|\psi_2\rangle$	$|\psi_3\rangle$	$|\psi_4\rangle$	$|\psi_5\rangle$	$|\psi_6\rangle$
$\langle\psi_1|$	$\dfrac{-\zeta}{2} - E$	0	0	0	0	0
$\langle\psi_2|$	0	$\dfrac{-\zeta}{2} - E$	0	0	$-\sqrt{2}\beta_0 H_z$	0
$\langle\psi_3|$	0	0	$\dfrac{-\zeta}{2} - E$	0	0	$-\sqrt{2}\beta_0 H_z$
$\langle\psi_4|$	0	0	0	$\dfrac{-\zeta}{2} - E$	0	0
$\langle\psi_5|$	0	$-\sqrt{2}\beta_0 H_z$	0	0	$\zeta + \beta_0 H_z - E$	0
$\langle\psi_6|$	0	0	$-\sqrt{2}\beta_0 H_z$	0	0	$\zeta - \beta_0 H_z - E$

$$= 0 \tag{5.3.75}$$

重排这个久期行列式,可得分块为 2×2 及 4×4 的矩阵:

$$\begin{vmatrix} & |\psi_1\rangle & |\psi_2\rangle & |\psi_3\rangle & |\psi_4\rangle & |\psi_5\rangle & |\psi_6\rangle \\ \langle\psi_1| & \dfrac{-\zeta}{2}-E & 0 & 0 & 0 & 0 & 0 \\ \langle\psi_4| & 0 & \dfrac{-\zeta}{2}-E & 0 & 0 & 0 & 0 \\ \langle\psi_2| & 0 & 0 & \dfrac{-\zeta}{2}-E & 0 & -\sqrt{2}\beta_0 H_z & 0 \\ \langle\psi_3| & 0 & 0 & 0 & \dfrac{-\zeta}{2}-E & 0 & -\sqrt{2}\beta_0 H_z \\ \langle\psi_5| & 0 & 0 & -\sqrt{2}\beta_0 H_z & 0 & \zeta+\beta_0 H_z-E & 0 \\ \langle\psi_6| & 0 & 0 & 0 & -\sqrt{2}\beta_0 H_z & 0 & \zeta+\beta_0 H_z-E \end{vmatrix} = 0$$

(5.3.76)

这一久期行列式的前两行和前两列表明,存在一个能量为 $-\dfrac{\zeta}{2}$ 的二重简并,即在磁场的作用下有两个波函数未受到影响。记住,磁场的作用远小于自旋-轨道偶合,就可用标准的微扰理论得到本征值和本征函数。对于式(5.3.76)中 2×2 矩阵,直接得到

$$E_1 = -\zeta/2 \quad \phi_4 \tag{5.3.77}$$

$$E_2 = -\zeta/2 \quad \phi_5 \tag{5.3.78}$$

对于四阶矩阵,当非对角元小于对角元时,由微扰理论,其本征值为

$$E_i = H_{ii} - \sum_{j=1}^{\prime} \frac{H_{ij}H_{ji}}{H_{jj}-H_{ii}} \tag{5.3.79}$$

经过冗长的代数运算后可以求出:

$$E_3 = -\frac{\zeta}{2} - \frac{4\beta_0^2 H_z^2}{3\zeta}\sqrt{\frac{2}{3}}\left(1+\frac{2}{3}\frac{\beta_0 H_z}{\zeta}\right)\phi_2 - \frac{1}{\sqrt{3}}\left(1-\frac{4}{3}\frac{\beta_0 H_z}{\zeta}\right)\phi_3 \tag{5.3.80}$$

$$E_4 = -\frac{\zeta}{2} - \frac{4\beta_0^2 H_z^2}{3\zeta}\sqrt{\frac{2}{3}}\left(1-\frac{2}{3}\frac{\beta_0 H_z}{\zeta}\right)\phi_1 - \frac{1}{\sqrt{3}}\left(1+\frac{4}{3}\frac{\beta_0 H_z}{\zeta}\right)\phi_6 \tag{5.3.81}$$

$$E_5 = +\zeta + \beta_0 H_z + \frac{4\beta_0^2 H_z^2}{3\zeta}\sqrt{\frac{2}{3}}\left(1+\frac{2}{3}\frac{\beta_0 H_z}{\zeta}\right)\phi_3 + \frac{1}{\sqrt{3}}\left(1+\frac{4}{3}\frac{\beta_0 H_z}{\zeta}\right)\phi_2$$

(5.3.82)

$$E_6 = +\zeta + \beta_0 H_z + \frac{4\beta_0^2 H_z^2}{3\zeta}\sqrt{\frac{2}{3}}\left(1-\frac{2}{3}\frac{\beta_0 H_z}{\zeta}\right)\phi_6 - \frac{1}{\sqrt{3}}\left(1+\frac{4}{3}\frac{\beta_0 H_z}{\zeta}\right)\phi_1$$

(5.3.83)

至此,可用式(5.3.50)计算 $[\text{Ti}(\text{H}_2\text{O})_6]^{3+}$ 的摩尔磁化率了。注意到,对四个低能级 E_i^0 为 $-\dfrac{\zeta}{2}$,$E_i^{(1)}$ 为零,其中最低的两个能级 $E_i^{(2)}$ 等于 $-\dfrac{4\beta_0^2}{3\zeta}$,稍高两个能级的

$E_i^{(2)}$ 等于零。剩下的两个高能级 E_i^0 为 ζ,$E_i^{(1)}$ 分别等于 β_0 和 $-\beta_0$,$E_i^{(2)}$ 为 $\dfrac{4\beta_0^2}{3\zeta}$(图 5.32),因而有

$$\chi_M = N_0 \frac{\left\{2\dfrac{8}{3}\dfrac{\beta_0^2}{\zeta}\exp\left(\dfrac{\zeta}{2kT}\right) + 2\left(\dfrac{\beta_0^2}{kT} - \dfrac{8\beta_0^2}{3\zeta}\right)\exp\left(\dfrac{-\zeta}{kT}\right)\right\}}{4\exp[\zeta/(2kT)] + 2\exp[-\zeta/(kT)]} \quad (5.3.84)$$

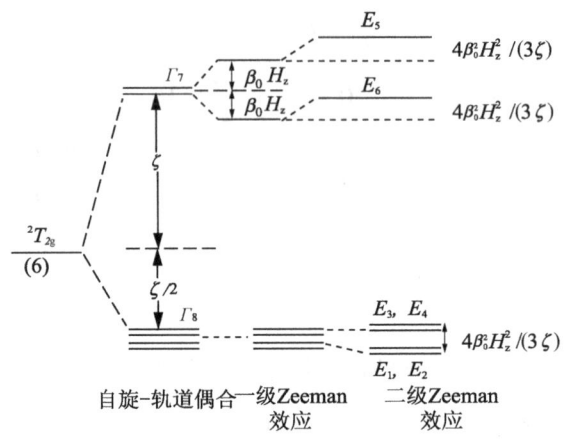

图 5.32 自旋-轨道偶合和磁场对 $^2T_{2g}$ 谱项的共同作用

若令 $x = \zeta/(kT)$,式(5.3.84)变为

$$\chi_M = \left(\frac{N_0\beta^2}{3kT}\right)\frac{3x - 8 + 8\exp(3x/2)}{x\{1 + 2\exp(3x/2)\}} \quad (5.3.85)$$

有效磁矩为

$$\mu_{\text{eff}}^2 = \frac{3x - 8 + 8\exp(3x/2)}{x\{1 + 2\exp(3x/2)\}} \quad (5.3.86)$$

利用公式 $\Delta E = g\beta_0 H$,还可以由上面的结果得到两组自旋-轨道能级(即 Γ_7 和 Γ_8)的 g 因子

$$\Gamma_8: g = \frac{E_1 - E_3}{\beta H} = \frac{4\beta_0 H_z}{3\zeta} \approx 0 \quad (5.3.87)$$

$$\Gamma_7: g = \frac{E_5 - E_6}{\beta H} = 2 \quad (5.3.88)$$

在上面的讨论中从开始就未考虑激发态 ^2E_g 的可能贡献,因此所得的结果是近似的。通过自旋-轨道偶合,基态能级(Γ_8)和来自 ^2E_g 的激发态能级(Γ_8)可以混合,使 Γ_8 的 g 因子从 $4\beta_0 H_z/(3\zeta)$ 改变成 $\dfrac{4\zeta}{10Dq} + \dfrac{4\beta_0 H_z}{3\zeta}$,这样,通过基态 $\Gamma_8(^2T_{2g})$ 和激发态 $\Gamma_8(^2E_g)$ 的混合,二级 Zeeman 效应向 $^2T_{2g}$ 态引入了轨道角动量。

对我们讨论的 $[\text{Ti}(\text{H}_2\text{O})_6]^{3+}$,Zeeman 效应是各向同性的,因此有

$$\beta_0 \cdot H_x(\hat{L}_x + 2\hat{S}_x) = \beta_0 H_y(\hat{L}_y + 2\hat{S}_y) = \beta_0 H_z(\hat{L}_z + 2\hat{S}_z) \quad (5.3.89)$$

在这种情况下,只要讨论在 z 方向的 Zeeman 效应就足够了。但对于许多其他情

况,Zeeman 效应是各向异性的,这时需要对外磁场三个不同的方向分别建立和求解久期方程。三个 Zeeman 效应的 Hamilton 能量算符的形式如下:

$$\beta_0(\hat{L}_z + 2\hat{S}_z)H_z \tag{5.3.90}$$

$$\beta_0(\hat{L}_x + 2\hat{S}_x)H_x = \left[\frac{1}{2}(\hat{L}_+ + \hat{L}_-) + (\hat{S}_+ + \hat{S}_-)\right]\beta_0 H_x \tag{5.3.91}$$

$$\beta_0(\hat{L}_y + 2\hat{S}_y)H_y = \left[-\frac{i}{2}(\hat{L}_+ - \hat{L}_-) - i(\hat{S}_+ - \hat{S}_-)\right]\beta_0 H_y \tag{5.3.92}$$

可以求得磁化率张量三个主轴方向的分量 χ_x、χ_y 和 χ_z。已经对许多单晶进行了磁化率的研究。对粉末样品测得的平均磁化率 $\chi_{平均}$,与单晶三个主轴方向的磁化率 χ_x、χ_y、χ_z 有下列关系:

$$\chi_{平均} = \left(\frac{\chi_x^2 + \chi_y^2 + \chi_z^2}{3}\right)^{1/2} \tag{5.3.93}$$

以上主要是通过单核配位化合物讨论了有关其磁性的基本原理。对于实际的多核磁体其中各个磁中心间的相互作用的情况更为复杂[43]。这里举一个多核配位聚合物的例子。一般认为,不容易得到多孔磁性的有序金属有机骨架(MOF)结构,因为其结构将会减弱磁性离子间的磁相互作用。目前发现少数的这种纳米磁体,而且只有在 20K 以下才发生磁有序。我们曾经以 $[Mo^V(CN)_8]^{3-}$ 作为构筑块制备了以 Cu_4 簇合物为节点的铁磁偶合和顺磁性配位聚合物 $[Cu(Eta)]_4[M(CN)_8]\cdot 2H_2O$(其中 M = W,Mo)[47a] 和 $\{Nd^{III}(CH_3OH)_4Mo^{IV}(CN)_8]_3\}^{3-}\cdot[Nd^{III}(H_2O)_8]^{3+}\cdot 8CH_3OH$ 的八氰基稀土配位聚合物[47b]。后者还具有类似于天然矿石方钠石三维分子筛结构。(7)为切角八面体的类方钠石结构单元;(8)为沿 001 方向的孔道,孔道尺寸为 10Å×10Å。

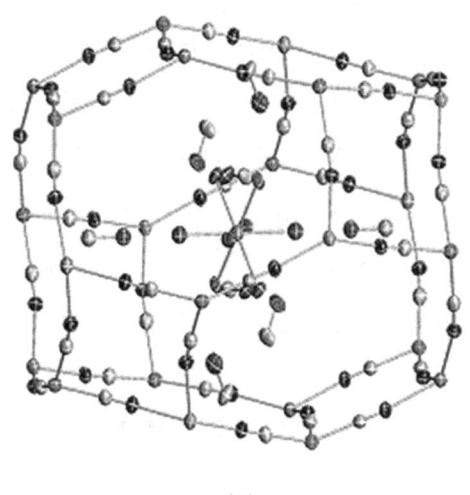

(7)

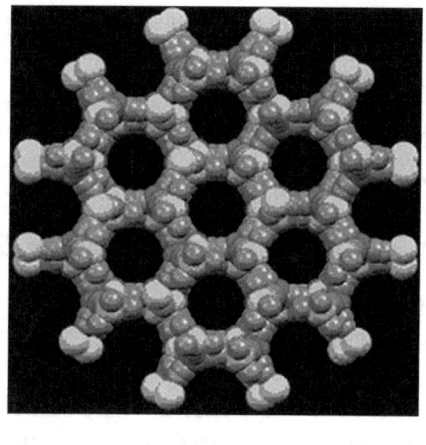

(8)

5.3.5 自旋交叉配位化合物

如前所述,所谓自旋交叉(crossing spin)配位化合物,是受热或光的激发作用下能在低自旋的基态和高自旋态的间相互转换的这类配位化合物。例如,对于八

面体配位化合物,由附录Ⅲ的配位场能级图不难看出

$d^4: {}^5E_g$ 和 ${}^3T_{1g}$　　　　例:Cr^{2+}, Mn^{3+}

$d^5: {}^6A_{1g}$ 和 ${}^2T_{2g}$　　　　　Mn^{2+}, Fe^{3+}

$d^6: {}^5T_{2g}$ 和 ${}^1A_{1g}$　　　　　Fe^{2+}, Co^{3+}

$d^7: {}^4T_{1g}$ 和 ${}^2E_g$　　　　　　Co^{2+}

都具有高-低自旋之间交叉的性质。

现在已合成了一系列存在高自旋-低自旋交叉的配位化合物,它们可以看做是同一分子内的电子转移反应或氧化-还原反应。已有数据表明,在一系列含Fe(Ⅲ)蛋白中存在从低自旋($^2T_{2g}$来的 Kramer 简并,参见 3.6.1 小节)到 $^6A_{1g}$ 的高自旋配位化合物之间的交换平衡[48,49],其中有两个电子能级近似简并,电子-振动偶合使势能曲线出现双峰。下面我们对这种自旋交叉平衡的现象加以说明。

1. 价键理论描述

化学键本质的了解对于化学学科的发展始终起着推动作用。人们探讨了当体系的有效核电荷、电子亲和势、配位体极化度或配位场强度等参数变化时,离子键和共价键之间的过渡是连续的还是不连续的等问题。Pauling 从价键理论角度导出结论:这两种键型结构互相过渡(共振)的量子力学条件是具有相同的净自旋,也就是说,若所考虑的两个结构含有不同的未成对电子数,则二者之间的过渡是不连续的。

我们关心的是过渡金属配位化合物的高自旋和低自旋之间过渡的本性。将 Pauling 原理应用于八面体铁(Ⅲ)配位化合物 $[Fe(CN)_6]^{3-}$ 和 $[FeF_6]^{3-}$,磁判据提供了是"离子型"还是"共价型"的关键数据。具有五个未成对电子的 $[FeX_6]^{3-}$ 配位化合物说明单重态的 X^- 围绕 $^6\Sigma$ 态 ↑↑↑↑↑ 的中心 $Fe^{3+}(d^5)$ 离子。反之,若形成包含有 $3d^2 4s 4p^3$ 杂化键函数的电子对 Fe—X 键,则会通过内轨道杂化得到具有单个未成对电子的低自旋 $^2\Sigma$ 态 ↑↓↑↓↑ 。若 Fe^{3+} 中有四个电子成对,则会形成低自旋的激发离子态 $^2\Sigma$ ↑↓↑↓↑ 。类似地,应用 $4s 4p^3 4d^2$ 键函数,则会通过外轨道杂化得到高自旋的共价激发态 $^6\Sigma$ ↑↑↑↑↑ 。

在图 5.33 中,通过这四种状态的能量和适当的参数(如配位体 X 的电子亲和势)间的关系表示极端的离子键和共价键之间的过渡。可见,虽然从 $^6\Sigma$(离子)态到 $^6\Sigma$(共价, $4s4p^34d^2$)态或从 $^2\Sigma$(共价, $3d^24s4p^3$)态到 $^2\Sigma$(离子)态之间的跃迁是连续的(即满足对应的共振条件),但这两根曲线的交叉表示 $^6\Sigma$(离子)和 $^2\Sigma$(共价, $3d^24s4p^3$)基态间的跃迁是不连续的。值得注意的是,不要将该不连续点的出现误会为从离子键过渡到共价键时体系的物理性质会发生明显的不连续。实际上,这

个图只是表示在真实体系中存在这两种状态的配位化合物,其浓度决定于这种状态的能量差。只有在这两个交叉点的区域附近,才能有相当浓度的那种较不稳定的状态存在。

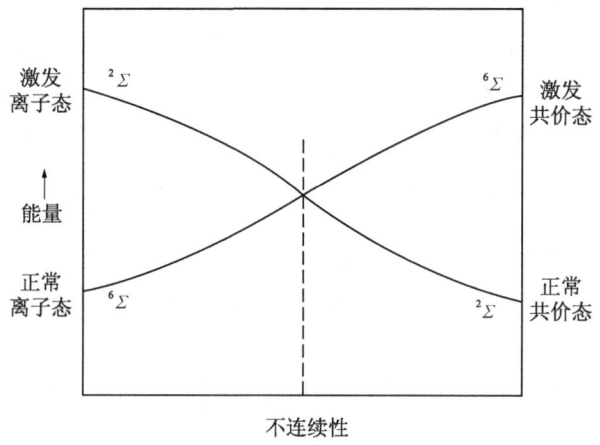

图 5.33 FeX$_6$ 配位化合物的能量曲线

2. 配位场理论和磁判据

当忽略角动量贡献时,配位化合物的磁化率取决于自旋 S 的贡献。它的摩尔磁化率服从 Curie 定律:

$$\chi_M = \frac{N_0 \beta_0^2}{3kT} g^2 S(S+1) \tag{5.3.30}$$

有效磁矩

$$\mu_{\mathrm{eff}} = g[S(S+1)]^{1/2} (\mathrm{BM}) \tag{5.3.31}$$

对于 d^4、d^5、d^6 和 d^7 电子组态的八面体配位化合物,由于配位场强度不同而可能具有不同的 S 值。高自旋和弱场相关,低自旋和强场相关。从图 5.34 的配位场理论结果可以看出,八面体配位化合物不可能具有中间自旋的基态。对于 d^5 组态的铁(Ⅲ),$[\mathrm{FeF}_6]^{3-}$ 的 $\mu_{\mathrm{eff}} = 5.9\mathrm{B.M.}$(5 个未成对电子,$S = \frac{5}{2}$),$[\mathrm{Fe(CN)}_6]^{3-}$ 的 $\mu_{\mathrm{eff}} = 2.3\mathrm{B.M.}$(1 个未成对电子,$S = \frac{1}{2}$)。少数几个 $S = \frac{3}{2}$ 的铁配位化合物,例如,氯代双(二乙基二硫代氨基甲酸酯)铁(Ⅲ)[halobis(diethyldithio carbamate)iron(Ⅲ)] 已证实不是八面体而是倾向于四方锥形。

我们具体研究 d^n 电子组态的八面体过渡金属配位化合物中电子在 t_{2g} 和 e_g 轨道间的配布,如表 5.22 所示,一直到三个电子,高自旋和低自旋态间的能量并没有差别。但对于 $d^4 \sim d^7$ 组态,从强配位场观点来看,当 $n \leq 6$ 时,配位场稳定能为 $-\frac{2n}{5}\Delta$;当 $n > 6$ 时,配位场稳定能为 $-\frac{12}{5}\Delta + \frac{3(n-6)}{5}\Delta$。可见,电子处在较低的 t_{2g} 能级时导致电子成对,有利于低自旋态的稳定,从而获得配位场稳定能。对于 d^5

的 Fe(Ⅲ)配位化合物,$(t_{2g})^3(e_g)^3$ 组态比 $(t_{2g})^5$ 组态的能量要高 $20Dq$。但是,下列两个因素又促使电子尽可能分占不同的轨道:①简单的静电排斥力。因为两个电子在同一轨道比在两个不同轨道中斥力要大 π_c。静电作用依赖于同一轨道中的电子对数目,故上述 Fe(Ⅲ)的高自旋的电子排斥能 $\pi_c=0$,而低自旋的为 $2\pi_c$。由于 π_c 的本性是 Coulomb 作用力,它随配位化合物的变化不大;②交换作用:自旋平行对为 π_{ex}(负值,即使体系稳定),原子光谱中的 Hund 规则为其表现之一,自旋反平行间的交换能 $\pi_{ex}=0$。对于具有 $n\leq 5$ 的高自旋配位化合物,所有的电子都自旋平行,所以有 $\dfrac{n(n-1)}{2}$ 自旋平行对。对于具有 $n>5$ 的高自旋配位化合物,有五个电子具有 α 自旋,$n-5$ 个电子具有 β 自旋,故平行对数为

$$\frac{5(5-1)}{2}+\frac{(n-5)(n-6)}{2}=10+\frac{(n-5)(n-6)}{2} \tag{5.3.94}$$

对于 Fe(Ⅲ),高自旋分布 $(t_{2g}\alpha)^3(e_g\alpha)^2$ 有 $\dfrac{(5\times 4)}{1\times 2}=10$ 个自旋对,低自旋分布 $(t_{2g}\alpha)^3(t_{2g}\beta)^2$ 只有 $\dfrac{3\times 2}{1\times 2}+\dfrac{2\times 1}{2\times 1}=4$ 个自旋对,故高自旋比低自旋稳定 $6\pi_{ex}$。表 5.22 中列出了其他一些例子。

由此可见,一个电子从 e_g 轨道到 t_{2g} 轨道的平均成对能为 $\pi=\pi_c+\pi_{ex}$。表 5.23 中列出了 Griffith 从光谱数得到的估计值。显然,当 $\Delta>\pi$ 时,应为低自旋基态;$\Delta<\pi$ 时,则为高自旋态。随着 Δ 值的增加而体系从高自旋变为低自旋的过程,如图 5.35 所示。

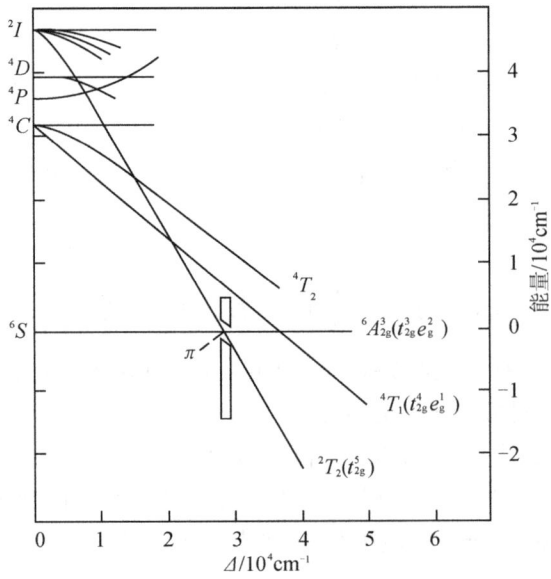

图 5.34 d^5 组态的谱项能级图

表5.22 d^{n}离子中的各种作用能

电子数	0	1	2	3	4		5		6		7		8	9	10
例子	Ca^{2+} Sc^{3+}	Ti^{3+} U^{4+}	Ti^{2+} V^{3+}	V^{2+} Cr^{3+}	Cr^{2+} Mn^{3+}		Mn^{2+},Fe^{3+} Os^{3+}		Fe^{2+},Co^{3+} Ir^{3+}		Co^{2+},Ni^{3+} Rh^{2+}		Ni^{2+} Pt^{2+} Au^{3+}	Cu^{2+} Ag^{2+}	Cu^+ Zn^{2+} Cd^{2+} Ag^+ Hg^{2+} Ga^{3+}
自旋态					高	低	高	低	高	低	高	低			
电子分布 e_g	0	0	0	0	1	0	2	0	2	0	2	1	2	3	4
电子分布 t_{2g}	0	1	2	3	3	4	3	5	4	6	5	6	6	6	6
不成对电子	0	1	2	3	4	2	5	1	4	0	3	1	2	1	0
自旋交换作用 (π_{ex})	0	0	-1	-3	-6	-3	-10	-4	-10	-6	-11	-9	-13	-16	-20
电子静电排斥 (π_c)	0	0	0	0	0	1	0	2	1	3	2	3	3	4	5
稳定化能量	0	-4	-8	12	-6	-16	0	-20	-4	-24	-8	-18	-12	-6	0

实际上,要决定哪种自旋态是基态,必须研究高自旋态⇌低自旋态这种平衡的自由能变化。如果熵变化不是太大,则上述平衡决定于生成自由焓的差。由于通常忽略了自旋-轨道偶合及对八面体对称性的偏差,高低自旋判据 $\Delta < \pi$ 或 $\Delta > \pi$ 仅在 $|\Delta - \pi|$ 约大于 2000cm^{-1}(对第一过渡系)时才可能有效,亦即只有当 $|\Delta - \pi| < 2000$cm^{-1}时,在室温下这两种自旋配位化合物才具有相当的浓度。

表 5.23　第一过渡系金属八面体离子的 π_c、π_{ex} 和 π 值(按 Racah 参数表示)

组态	π_c	π_{ex}	π	M^{2+}/cm^{-1}	M^{3+}/cm^{-1}
d^4	$2C$	$6B + 3C$	$6B + 5C$	23,500	28,000
d^5	$B + 2C$	$6\frac{1}{2}B + 3C$	$7\frac{1}{2}B + 5C$	25,500	30,000
d^6	$-B + 2C$	$3\frac{1}{2}B + 2C$	$2\frac{1}{2}B + 4C$	17,600	21,000
d^7	$2C$	$4B + 2C$	$4B + 4C$	19,500	23,500

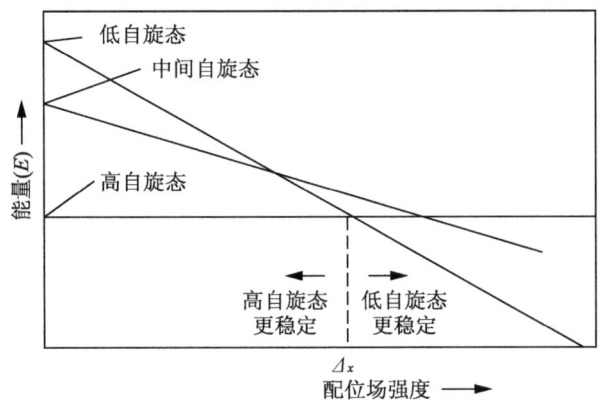

图 5.35　基态自旋变化区域(即在交叉点 Δ_x 处)的示意图

3. 影响电子自旋交叉的因素[49(b)]

我们将主要以 d^5 组态为例来说明影响高低自旋平衡的因素,因为在理论上和实验上对 Fe(Ⅲ)的研究都较为透澈。

(1)电子和分子的能量曲线:图 5.34 为 d^5 型 Mn^{2+} 的电子能级随配位场强度 Δ 变化的 Tanabe-Sugano 图,其中标出当 Δ 通过 π 值后基态从高自旋态 $^6A_1(t_{2g}^3 e_g^2)$ 转向低自旋态 $^2T_2(t_{2g}^5)$。值得指出的是,只有当 Δ 远小于或大于平均成对能 π 时,用通常的磁矩去判断高低自旋配位化合物才是有效的。

这种图对光谱分析很有效,但对于以热平衡共存而能量近乎相同的基态的物理性质的讨论并不全然。因为光谱极大所对应的跃迁对应于固定的 Δ,而处于平衡态的两种分子几何构型并不具有相同的 Δ 值。当电子由 t_{2g} 迁移到 e_g 轨道时,金属与配位体间的键长 r 会增加,从而 Δ 会减少 10% ~ 20%。对于这种几何构型可变的体系,只有通过计算分子的总能量才能更严格地求出平均交叉能 Δ_π 及其他性质。例如,近似地可以将配位体看做点电荷,在 d 电子的配位场能量上再叠加 $K'/r^9 - K'/r$ 形式的势能(其中 K 为比例常数)以求得整个分子的势函数。这方面的具体计算较为复杂,但在简化的情况下,也可认为"平均交叉能 Δ_π"近似地和"平均成对能 π"相同,并处于

$$\Delta(\text{高自旋}) < \Delta_\pi < \Delta(\text{低自旋}) \tag{5.3.95}$$

之间,其中 Δ 为配位化合物处于其平衡几何位置的配位场能。

(2)静电排斥效应:在表 5.23 中,我们看出 π 值与 Racah 参数 B [参见式(2.2.53)]有关。但是,由于静电排斥力的减小而使金属离子配位后的 B 值比自由金属离子的 B 值小一半左右。实验表明,二乙基二硫代氨基甲酸铁(Ⅲ)[Fe(Ⅲ)(dtc)$_3$]和[Fe(H$_2$O)$_6$]$^{3+}$ 的 Δ 值都比自由 Fe^{3+} 的 π 值 30 000cm^{-1} 小得多,因此预期它们都应该是高自旋的。但是,事实并非如此。实际上,根据表 5.23 成对能 $\pi = 7\frac{1}{2}B + 5C = 27\frac{1}{2}B(C \approx 4B)$,应用真实配位化合物的 B 值则可求出(dtc)配位体的 π 为 14 000cm^{-1},水的 π 为 22 500cm^{-1}。显然,对于[Fe(H$_2$O)$_6$]$^{3+}$ 离子,有 $\Delta(^6A_1) < \pi$,因而为高自旋。而对于[Fe(dtc)$_3$],由光谱得到 $\Delta(^6A_1) = 12\ 800\text{cm}^{-1}$ 和 $\Delta(^2T_2) = 15\ 400 \sim 17\ 900\text{cm}^{-1}$,满足不等式 $\Delta(^6A_1) < \pi < \Delta(^2T_2)$,因而处于自旋交叉平衡。

(3)配位体的影响:配位体的微小化学变性对交叉区域内体系的物理性质有影响。配位体电荷 q 只要增加 2% 就足以使低自旋态比高自旋态的配位场能量稳定 1000cm^{-1} 左右。配位体的取代作用可以通过电子机理和空间效应而影响 Δ 和 B 这两个参数。例如,对于[Fe(S$_2$CNR$_2$)$_3$]配位化合物,当连接于 $-\text{CS}_2^-$ 官能团的仲胺发生 N-取代时,它们的磁性质发生很大的变化。大致可分为四类:

第Ⅰ类: $\mu_{\text{eff}} = 5.8\text{B.M.} \pm 0.1\text{B.M.}$,基态 $^6A_1$,如[Fe(S$_2$CNH$_2$)$_3$]。

第Ⅱ类: $\mu_{\text{eff}} = 4.3\text{B.M.} \pm 0.1\text{B.M.}$,基态约 45% $^6A_1$ 和 55% $^2T_2$,如 NMe$_2$ 取代。

第Ⅲ类: $\mu_{\text{eff}} = 3.5\text{B.M.} \pm 0.15\text{B.M.}$,基态约 25% $^6A_1$ 和 75% $^2T_2$,如 N(benzyl)$_2$ 取代。

第Ⅳ类: $\mu_{\text{eff}} = 2.6\text{B.M.} \pm 0.3\text{B.M.}$,基态 $^2T_2$,如 N(Phenyl)$_2$ 取代。

八面体的含 N 多卤配位体的 Co(Ⅱ)配位化合物中也观察到类似的高低自旋配位体的依赖性。

(4)温度效应:和其他化学平衡一样,不同自旋态分子间的平衡只依赖于 ΔG^0,它对应于在标准状态下 1mol 低自旋物质转换成 1mol 高自旋物质时 Gibbs 自由能的变化。按标准的热力学关系,低自旋 $\rightleftharpoons$ 高自旋的平衡常数 K 与温度 T 的关系

$$\left[\frac{\partial(\ln K)}{\partial T}\right]_p = \frac{\Delta G^0}{RT^2} \tag{5.3.96}$$

因此自旋交叉体系中的任何物理量 Γ_{exp} 和温度的关系,可以由在不同温度 T 时各个状态的性质加以适当布居度权重平均而得到,即

$$\varGamma_{\text{实验}} = \frac{\varGamma_{\text{hs}} + \varGamma_{\text{ls}}\exp\left(\dfrac{\Delta G^0}{RT}\right)}{1 + \exp\left(\dfrac{\Delta G^0}{RT}\right)} \tag{5.3.97}$$

其中，$\varGamma_{\text{hs}}$ 和 $\varGamma_{\text{ls}}$ 分别对应于高、低自旋的特定值，性质 $\varGamma$ 和各个物质的摩尔分数有关。

影响溶液中自旋交叉的性质还有压力、自旋－转道偶合和组态相互作用等。已经证实，固体中狭小温度内的自旋交叉现象与一级相变有关，并涉及电子－声子偶合。这里不再细述。

5.3.6 自旋交叉体系的物理化学性质

自旋交叉的结果在物理性质上会引起一系列变化，正是由于这些变化，我们可以通过实验对它进行研究。

1. 磁性

我们以 d^5 体系的磁性和温度的关系作为例子进行说明，包括自旋－轨道偶合在内的体系能级，如图 5.36 所示，其中 ζ 为单电子自旋－轨道偶合常数。若忽略 $^2T_2$ 态和高谱项的相互作用，则 $^2T_2$ 态的 g 值也像只有自旋贡献的 $^6A_1$ 态一样，$g = 2.0$，E 和 ζ 具有和 kT 相同的数量级。

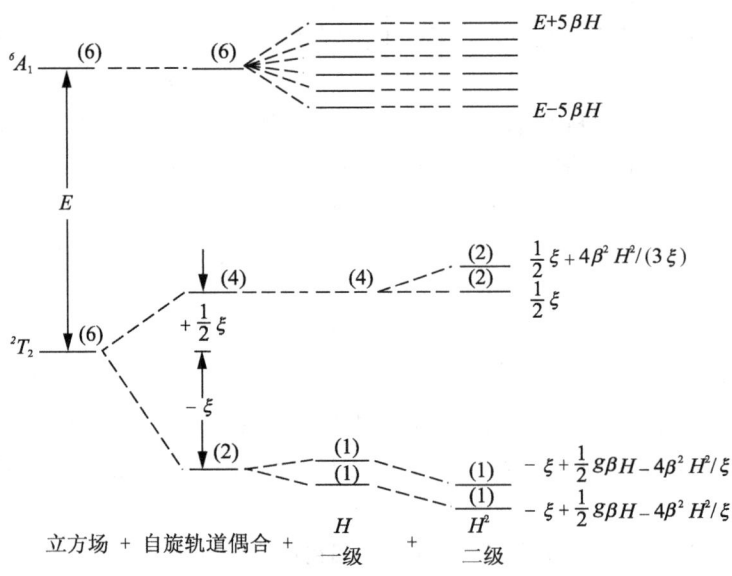

图 5.36　在自旋交叉区的 d^5 组态能级图

根据这个能级分布图，可以按 van Vleck 方程[式(5.3.50)]计算出体系的磁矩为

$$\mu_{\text{eff}}^2 = \frac{\frac{3}{4}g^2 + 8x^{-1}(1-e^{-3x/2}) + 105e^{-(1+E/\zeta)x}}{1 + 2e^{-3x/2} + 3e^{-(1+E/\zeta)x}} \tag{5.3.98}$$

其中 $x = \zeta/(kT)$，E 为两个状态的零点能之差。实验上经常用摩尔磁化率 $\chi_M^{-1} = 3kT/(N\beta^2\mu_{\text{eff}}^2)$ 对 kT/ζ 作图来表示磁性质的温度效应(图 5.37)，图中实线表示 $g = 2$ 和不同 E/ζ 值时按式(5.3.98)的计算曲线。当 $|E|/\zeta < 1$ 时，曲线中出现极大和极小值，这是检验 $^2T_2$ 和 $^6A_1$ 态是否出现交叉的一个很灵验的方法。它们和通常的高自旋态和低自旋($E/\zeta = \pm\infty$)态有明显的区别。

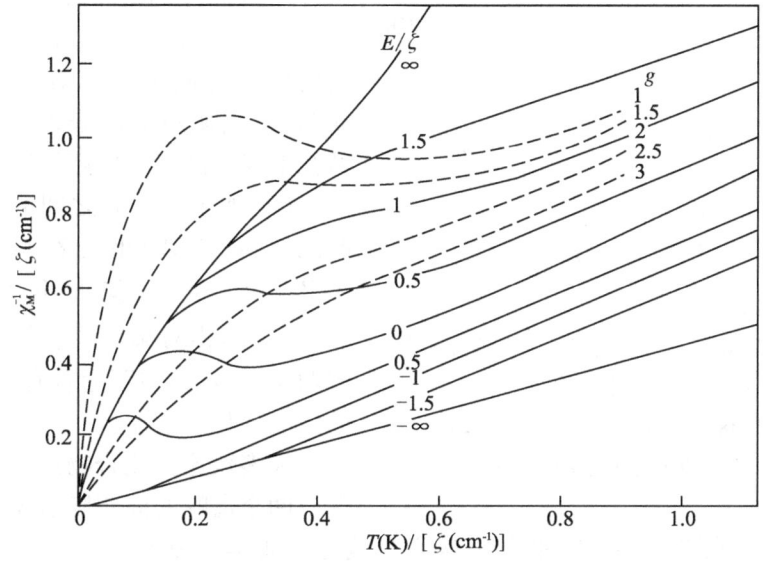

图 5.37 计算的 χ_M 值

实线：不同 E/ζ 值($g = 2$)；虚线：不同 g 值($E/\zeta = 1$)

应该指出的是式(5.3.98)中含有三个可调参数(g、E 和 ζ)，所以可以很好地模拟磁化率曲线的形状。但要用它来准确地确定 g 和 E/ζ，却用处不大。实际上，若固定 E/ζ 值(如 1)而将 g 值在 1~3 进行变化，则可得图 5.37 中的虚线。g 值的增加和 E/ζ 减小对曲线的形状有同样的效果，所以只要适当地进行标度变化(例如改变第三个参数 ζ)就可以使虚线和实线重合。当实验值和计算值不一致时，就要考虑：① $^2T_2$ 和更高的二重谱项间相互作用，使 g 值 $\neq 2.0$。② 忽略了低能状态 $^4T_1$ 和交叉状态之间的自旋-轨道偶合。③ 围绕中心离子的配位对称性低于 O_h 群。④ 金属-配位体的振动频率与 $^2T_2$ 和 $^6A_1$ 态的有所不同，所以在 van Vleck 的磁化率公式中应该包括振动配分函数。

2. Mössbauer 效应

我们仍以 $[\text{Fe}(\text{S}_2\text{CNR}_2)_3]$ 系列配位化合物为例。对于前述电子组态为 $t_{2g}^3 e_g^2$ 中 $^6A_1$ 基态的第一类配位化合物，由于在铁核处电场梯度张量的 V_{zz} 组分为零，因此预期其四极矩分裂应为零，并且只有单个吸收峰。而对于第四类的配位化合物，由

于它具有非对称的 t_{2g}^5 组态，在铁核处的电场梯度不为零，得到两条由 $^2T_2$ 基态所引起的四极矩分裂谱线（图 5.38）。

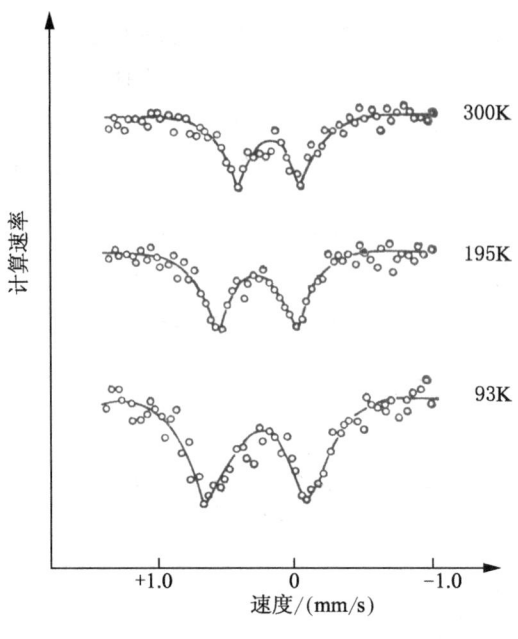

图 5.38　[Fe(S₂CNMePhenyl)₃] 的 Mössbauer 谱

在两种自旋态都以相当量存在的第二、三类配位化合物的情况下，问题较为复杂。当低自旋态的有效四极矩周期 $\omega_Q^{-1}(^2T_2)$ 小于 ^{57}Fe 介稳态($I=3/2$)的寿命 $t_N=1.45\times10^{-7}$ s 时，则可能出现两种 $^6A_1$ 和 $^2T_2$ 的叠加谱：

(1) 如果从一种自旋到另一种自旋的弛豫时间大于有效四极矩周期 $\omega_Q^{-1}(^2T_2)$，则可以区分各个自旋态的特征谱峰，因而可以得到三个谱峰。

(2) 如果自旋态之间的电子弛豫时间比 $\omega_Q^{-1}(^2T_2)$ 小很多，则铁核受到平均电场梯度，其大小决定于 $^6A_1$ 和 $^2T_2$ 态的相对集居度。从而只能出现两条谱线，其间距随着有利于 $^2T_2$ 态的温度变化而增加。

大多数这类化合物属于第二种情况。两个谱峰的间距随着温度的降低而增加，这和在 $^2T_2 \rightleftharpoons {}^6A_1$ 平衡中从高自旋态向低自旋态的移动是一致的。假定 $^2T_2$ 态的简并度由于自旋-轨道偶合和微小的假轴向变形而分裂，Golding 曾导出四极矩分裂 ΔE_Q 和温度的关系为

$$\Delta E_Q = 0.925\left[A_1\exp\left(-\frac{E_1}{kT}\right)+A_2\exp\left(-\frac{E_2}{kT}\right)-2\exp\left(-\frac{E_3}{kT}\right)\right]\bigg/\bigg[\exp\left(-\frac{E_1}{kT}\right)$$
$$+\exp\left(-\frac{E_2}{kT}\right)+\exp\left(-\frac{E_3}{kT}\right)+\exp\left(-\frac{E}{kT}\right)\bigg] \tag{5.3.99}$$

其中

$$E_1=-\left(\frac{1}{4}+\frac{x}{2}+\frac{x}{2}\right)\zeta \qquad E_2=-\left(\frac{1}{4}+\frac{x}{2}-\frac{x}{2}\right)\zeta \qquad E_3=\left(\frac{1}{2}+x\right)\zeta$$

$$A_1=1-3\left(\frac{1}{2}-3x\right)X^{-1} \qquad A_2=1+3\left(\frac{1}{2}-3x\right)X^{-1}$$

$$x=\Delta/\zeta \qquad\qquad X=\left(\frac{9}{4}-3x+9x^2\right)^{\frac{1}{2}} \tag{5.3.100}$$

3Δ 是 $^2T_2$ 态由于假轴场引起的分裂。拟合实验过程中的 ΔE_Q 可求出待定的参数 Δ 和 ζ。例如，对于 N(Me, Phenyl) 取代的二硫代氨基甲酸铁，可得到 $3\Delta=111\text{cm}^{-1}$，$\zeta=250\text{cm}^{-1}$。与自由 Fe^{3+} 比较，$\zeta=440\text{cm}^{-1}$，$E\approx400\text{cm}^{-1}$，配位后 ζ 值

的降低说明铁 d 电子有相当的离域作用。

3. 核磁共振谱

在一定条件下,顺磁性物种在溶液中由于 Fermi 接触作用和偶极 – 偶极作用,其质子核磁共振谱表现出很大的化学位移。已经证实,$[Fe(S_2CN(Pr^n,phen)_3]$ 主要是由于接触作用而引起顺磁化学位移(图 5.39),出现这种位移的必要条件是,电子自旋 – 晶格弛豫时间或特征的电子交换时间必须比各向同性超精细结构相互作用常数 a_i 所对应的 $1/a_i$ 短。a_i 确定了核和电子自旋相互偶合的程度,一般约为 $10^5 \sim 10^7 Hz$,这就要求弛豫时间或交换时间为 $10^{-8} \sim 10^{-6}s$。看来该化合物的高低自旋之间的分子内转换的势垒很小,导致快速转换($>10^7$ 次/s)和电子弛豫。这和图 5.39 中观察到 $^2T_2$ 和 $^6A_1$ 的"平均"共振位移不是分立位移的事实一致。

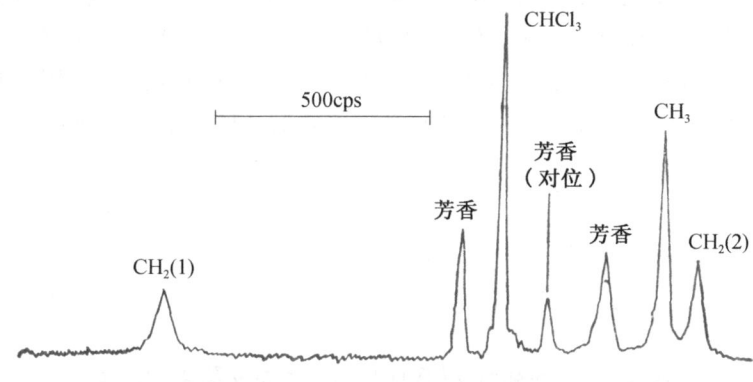

图 5.39 $[Fe(S_2CN(Pr^n,phen)_3]$ 在氯仿溶液中的 NMR(60MC,20℃)

核 – 电子的(I-S)相互作用使得第 i 个核感受的场 H_z 增加,即相对于自由配位体或反磁性配位化合物来说,向高场移动

$$\Delta H_i = a_i(\gamma_e/\gamma_H)\langle S_z \rangle \tag{5.3.101}$$

其中,a_i 为用 G 为单位表示的核超精细偶合常数,$\langle S_z \rangle$ 为电子自旋 z 分量的时间平均值,它可以由式(5.3.102)计算

$$\langle S_z \rangle = \sum_{-s}^{s} S_z \exp[-E_s/(kT)] \Big/ \sum_{-s}^{s} \exp[-E_s/(kT)] \tag{5.3.102}$$

在特殊情况下,例如 $^6A_1$ 态,$\langle S_z \rangle$ 符合 Curie 定律

$$\langle S_z \rangle = -\left\{\frac{S(S+1)g\beta H_z}{3kT}\right\} \tag{5.3.103}$$

而对于更一般的具有简并基态的情况,则要对自旋 – 轨道偶合的多重能级进行权重平均。例如,对于 $^2T_2$ 态,有

$$\langle S_z \rangle = -\frac{\beta H_z}{3\zeta}\left\{\left[x + \left(\frac{16}{3}\right)\right]\exp(x)\right.$$

$$-\left(\frac{16}{3}\right)\exp\left[-\left(\frac{x}{2}\right)\right]\right\}\Big/\left\{2\exp(x)+4\exp\left[-\left(\frac{x}{2}\right)\right]\right\}$$

(5.3.104)

根据图 5.36 所示的三个能级分布情况, 对各个 $\langle S_z \rangle$ 和 ΔH_i 权重平均后可以得到平均核磁共振化学位移

$$\frac{\Delta H_i}{H_z} = -a_2\frac{\gamma_e}{\gamma_H}\frac{\beta}{S\zeta}Z\left\{\frac{x+\left(\frac{16}{3}\right)-\left(\frac{16}{3}\right)e^{\frac{-3x}{2}}+105xZe^{-(1+E/\zeta)x}}{2+4e^{-3x/2}+6e^{-(1+E/\zeta)x}}\right\}$$

(5.3.105)

其中, Z 为在 $^6A_1$ 和 $^2T_2$ 态中的超精细作用常数的比值 a_6/a_2。当基态为 $^2T_2$ 时, E 为正值。

可惜的是, 即使忽略来自激发态的组态相互作用和自旋 – 轨道混合作用而令 $^2T_2$ 和 $^6A_1$ 态的 g 值为 2.0, 式(5.3.105)中仍包含 a_2、a_6、E 和 ζ 四个参数。对于我们所示的例子(**9**), 在固定 $\zeta = 400\text{cm}^{-1}$、$E = 400\text{cm}^{-1}$ 的情况下, 可以选择表 5.24 的参数以使得按式(5.3.105)计算的每个质子峰的 ΔH_i 和温度 T 的关系与实验一致(图 5.40)。

(**9**)

表 5.24 配位化合物(Ⅸ)的超精细常数 a 及其 ΔH_i 值

峰	$CH_2(1)$	$CH_2(2)$	CH_3	芳香环(对位)	芳香	芳香
a_2	1.01	-1.81	-0.46	-0.11	0.03	-2.02
a_6	4.35	0.93	0.39	-0.79	0.01	0.19

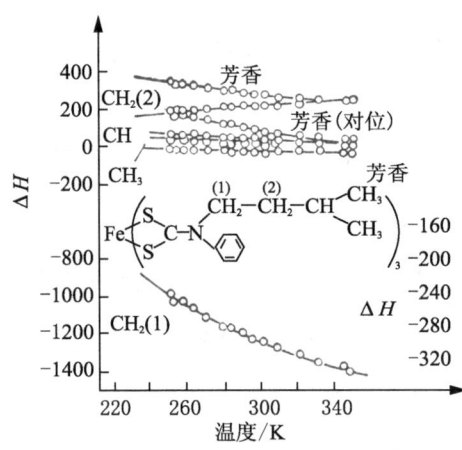

图 5.40 各种质子的 $\Delta H - T$ 关系(曲线为理论值, 圆圈为实验值)

现在我们对所得到的 a_i 值进行讨论。在严格的八面体场下, 由于 $^6A_1$ 和 $^2T_2$ 态的 g 值都是各向同性的, 所以它们的超精细接触作用完全是由 Fermi 接触项引起的。当产生八面体变形时, $^2T_2$ 态的 g 主张量对于变形非常敏感, 这时假接触位移会对 $^2T_2$ 态的 a 值有相当大的贡献。这里我们只对有 Fermi 接触贡献的 $^6A_1$ 态的 a_6 值进行分析, Fermi 接触项的贡献机理主要是自旋极化或铁的 3d 电子的部分离域。如果是完全由于自旋极化的贡献, 则沿着脂肪链上各个质子的 a_i 值应有符号交替的现象。但实验上 N – 脂肪链上的 a_6 值都是正号,

这一事实说明超精细作用常数主要是由铁核中 d 电子的部分离域引起的。

4. 电子光谱

由于低自旋⇌高自旋间转换的时间比电子跃迁所需的时间长[图 5.41 (a)],所以电子光谱常出现对应于这两种自旋的分立谱峰而不是只出现一个"平均"谱峰。我们可以将这种动力学转换周期的下限定为 $\tau \geqslant 10^{-13}$ s,因为金属 – 配位体的核振动属于这种数量级。表 5.25 中列出了 $Fe[CS_2NR_2]_3$ 系列中高低自旋配位化合物的吸收带,其中特征的强吸收带为配位体内的跃迁 ($\varepsilon = 30\,000 \sim 50\,000$) 和金属 – 配位体间的跃迁 ($\varepsilon = 1000 \sim 10\,000$)。

表 5.25　$Fe[CS_2NR_2]_3$ 的吸收光谱

高自旋(Pyrrolidy1)		低自旋[N(Cyclohexy1)$_2$]	
λ_{max}/cm^{-1}	$\lg\varepsilon$	λ_{max}/cm^{-1}	$\lg\varepsilon$
6 500	0.93	7 500	0.88
17 000	3.56	—	—
19 800	3.57	19 200(肩峰)	3.33
—	—	26 000	4.05
28 100	4.07	28 000	4.16
—	—	31 000	4.31
38 400	4.71	36 000	4.66

当高低自旋交叉状态的零点能相等时,可能观察不到分立的吸收峰[图 5.41 (b)]。这两个势能极小,使得基态的两个振动能级重叠,按 Franck – Condon 原理就将导致平均电子吸收光谱变宽。

其他如振动光谱、热容、相变、顺磁共振等物理方法也可用于研究自旋交叉现象。

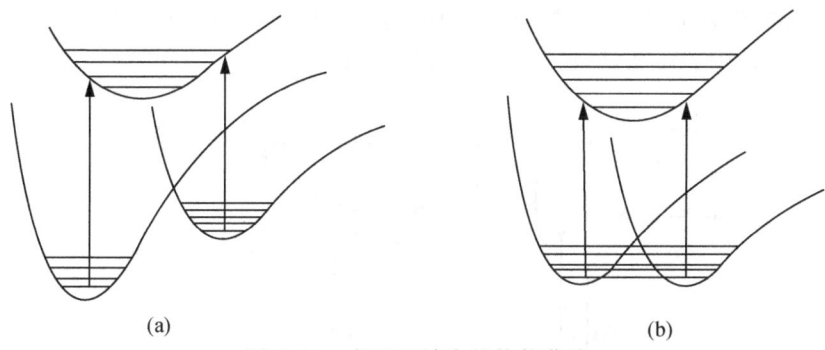

图 5.41　交叉区域中的势能曲线

目前在自旋交叉配位化合物中研究得最多的是应用 Mössbauer 谱对 $FeL_2(NCS)_2$ 类型(其中 L = phen, bipy 等)配位化合物的研究。选择适当的配位体 L,其高低自旋转变温度 T_c 已可达到室温以上[43]。配位体结构的微小变化对其 $LS(^1A_1)\to HS(^5T_2)$ 热致跃迁性质影响很大,例如我们制备并测定了结构明确的反式构型的 L = MBPT = 4-(p – methylphenyl)-3,5-bis(pyridin-2-yl)-1,2,4-triazole 和顺式构型的 L = mMBPT = 4-(m-dimethylphenyl)-3,5-bis(pyridin-2-yl)-1,2,4-triazole 配位化合物,利用 Mössbauer 谱和 X 射线等谱学方法证实,只有反式构型的具有热自旋交叉特性[50a],其 T_c =293K。对于这类配位化合物的光谱诱导激发态的陷阱效应 (LIESST),由低温的 Mössbauer 谱等实验研究了其中 L = TPA = tris(pyridylmethyl) amine 的晶格动力学。HS($^5T_2$)→LS($^1A_1$) 的弛豫实验证实其 Debye-Waller 因子和样品中高自旋分数有关,而且其中分子间的协同效应起着重要的作用[50b]。

5.4 光化学性质

和物理中研究光的衍射、折射、偏振、非线性等光物理过程不同,光化学研究光所引起的化学反应。对于过渡金属配位化合物,光化学的研究有助于了解分子在电子激发下化学反应的本性,以及它们在能量转换、合成、催化、光学设计、感光材料方面的应用。

在光激发中,除了熟知的 d-d 跃迁激发态外,还可以有电荷转移(CT)激发态和配位体内(IL)激发态等类型。由此可以引起取代、氧化-还原、配位体内和金属-金属键的裂解反应。本节将在介绍光化学基本知识后再对它们逐项进行论述[51~54]

5.4.1 光化学原理

处于电子激发态的分子具有和基态分子不同的反应性能。我们不仅关心光反应的最后结果,也关心激发态分子的电子态及其变化过程。激发态分子的化学行为之所以比基态的复杂,在于热力学势垒的消除使得可以发生多种反应,而且其中间物的瞬时本性也很复杂。

1. Jablonski 图

为了理解包括光化学激发作用在内的初级物理过程,可以引用图 5.42 所示的 Jablonski 图,其中表示了所述及的一些能级变化。

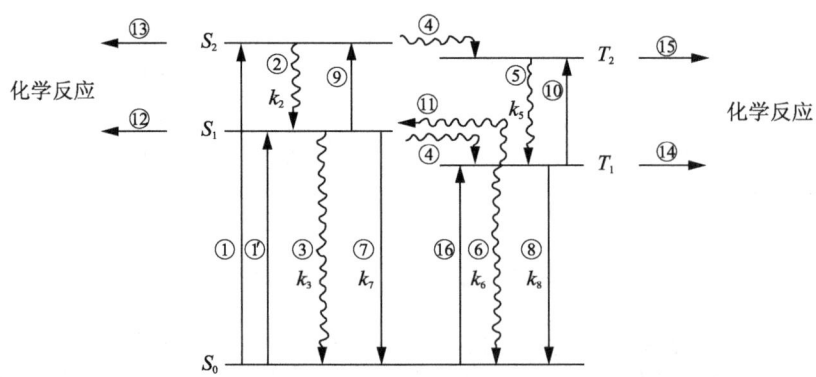

图 5.42 激发态的能级及其间的跃迁
垂直线代表辐射跃迁,折线代表非辐射跃迁

分子中的电子在 $10^{-10} \sim 10^{-3}$ s 内按 Franck-Condon 原理吸收光子 $h\nu$ 后,从自

旋单重基态 S_0 垂直地进行光激发过程①,按自旋选择规则 $\Delta S=0$ 激发后的状态 S_2 依赖于所吸收的光量子能量,激发态以不同的形式释放出它的能量。通常高能级的单重态 S_2 的寿命为 $10^{-10} \sim 10^{-6}$ s,它可以很快地转换到低能级的 S_1 态(图 5.42 过程②)。处于自旋 $S=1$ 的三重态 T 时,其寿命较长,对于分子中典型的轻原子,为 $10^{-3} \sim 1$ s,这就为化学反应⑮和⑭创造了更大的概率,重原子寿命则降低到 10^{-7} s。相同多重性状态间的非辐射跃迁(过程②、③、⑤)称为内部转换。由于势能面间的交叉(参考 6.1 节)而引起不同多重性状态间的跃迁(过程④)称为外部交叉或系统间交叉(ISC);相同多重性状态的激发态衰减放出荧光(过程⑦);不同多重性间的衰减则放出磷光(过程⑧)。通过热途径从 T_1 发射回至 S_1,(经过程⑪后的过程⑦)而发光称为滞后荧光。

光物理中电子跃迁的强度取决于对称性、重叠度和自旋要求。相对于完全允许的跃迁,下列因素将使得跃迁的振子强度降低:①自旋禁阻(如 $S_0 \to T_1$)的振子强度约为 10^{-5};②重叠禁阻(如第二族杂原子的 $n \to \pi^*$ 跃迁)约为 10^{-2};③对称性或轨道禁阻(如 Laporte 规则)为 $10^{-4} \sim 10^{-1}$。由于自旋-轨道偶合可能使自旋守恒的规则受到破坏(过程⑯)。例如,第三周期过渡金属配位化合物,$Mo(CO)_5(NHEt_2)$ 没有 S-T 吸收,而较重的 $W(CO)_5(NHEt_2)$ 则有在 438nm,$\varepsilon=730$ 的 $^1A_1 \to {^3}E$ 吸收。光化学反应则可以从任何能量高的激发态开始(过程⑫~⑮),但是大多数光转换来自于最低的激发态(S_1,T_1),因为它们比高激发态具有较长的寿命。这种差别又原于基态和第一激发态间具有较小的能量间隙。

在研究光化学反应中电子激发态的产生和衰减的过程时,除了熟知的电子吸收光谱、激发分子的发光、分子间的敏化和猝灭等方法外,还有闪光光解瞬态吸收光谱,及基质隔离技术。闪光光解技术是研究高浓度短寿命电子激发态分子以及活性物种的重要方法。利用约 10^{-3} s(通常的闪光灯)或 10^{-9} s(激光器)的闪光产生较高浓度的中间体,并测定反应的速率常数 k,稳定常数 K 和量子产率

$$\phi = \frac{\text{整个过程形成的产物分子数}}{\text{反应物吸收的光量子数}} \tag{5.4.1}$$

在基质隔离技术中,通常是采用在 4~20K 的低温下通过主体物质和反应物质共同凝聚的方式将分立的中间产物分子包含在大量的主体物质中,再用紫外光谱和红外光谱等方法进行研究,新近发展很快的激光技术及分子束技术也有很大进展,它们可以研究 $10^{-9} \sim 10^{12}$ s 时间标度上化学反应的初级过程。详细的实验技术这里不加以介绍(参见 3.8 节)。

2. 激发态的性质

当激发态的势能面极小时,在该几何构型下,基态的势能面有可能也处于极大。这个概念说明不能将激发态分子看成是一个具有较多能量的基态分子,而看成是一个具有独自物理和化学性质的不同分子,即它的平衡形状、偶极矩(反映了不同的电荷分布)、酸碱性和反应性都和基态的不同[55]。

可以用简单的分子轨道理论对激发态的性质进行说明。例如,对于醛或酮,其最低激发态为 $n_1 \to \pi^*$ 跃迁。电子从氧上的孤对电子跃迁到羰基的反键轨道 π^* (电子集中在碳上)。用 Lewis 结构可以将形成的分子表示为

$$\begin{array}{c} R \\ \diagdown \\ R \diagup \end{array} \dot{C} - \ddot{O}: \\ \text{(10)}$$

用单瓣表示的氧原子上的单个电子为 σ 轨道,处在纸平面上。在碳原子上的单电子为 π 轨道,垂直于纸平面。可见,(**10**)分子实际上是个双自由基,其中氧原子是缺电子的亲电子自由基中心,它易于攻击富电子的 C—H 键,即

$$\begin{array}{c} R \\ \diagdown \\ R \diagup \end{array} \dot{C} - O + H - C \diagdown \longrightarrow \begin{array}{c} R \\ \diagdown \\ R \diagup \end{array} \dot{C} - O + \dot{\cdot} C \diagdown \qquad (5.4.2)$$

(**10**)分子中碳原子则为亲核自由基,它会攻击具有吸电子基团的烯烃之类的缺电子中心

$$\begin{array}{c} R \\ \diagdown \\ R \diagup \end{array} \dot{C} - O + \begin{array}{c} NC \\ \diagdown \\ H \diagup \end{array} C = C \begin{array}{c} CN \\ \diagup \\ \diagdown H \end{array} \longrightarrow \begin{array}{c} R \quad C - O \\ R \\ \quad C - C \\ NC \quad H \quad H \quad CN \end{array} \qquad (5.4.3)$$

实验表明,产物为顺式双氰基,所以发动攻击和成环是同时发生的协同反应。

同样可以由激发态电子密度的变化说明金属羰基化合物的光化学取代反应[56]

$$Cr(CO)_5(THF) + L \xrightarrow{h\nu} Cr(CO)_4L(THF) + CO \qquad (5.4.4)$$

THF 的氧给予体结合得比较弱,很容易在热过程中发生取代反应

$$Cr(CO)_5(THF) + L \xrightarrow{\triangle} Cr(CO)_5L + THF \qquad (5.4.5)$$

可见,基态和激发态反应在失去哪个配位体上性质全然不同。

现在考虑电子激发态分子的结构。当电子从一个分子轨道跃迁到另一个分子轨道而形成激发态时,电子密度发生很大的变化,从而必定会引起核构型调整到新的位置,以适应这种变化。严格地处理激发态的分子结构要用到激发态微扰理论。对于简单的配位化合物,可以作下列定性考虑。

基于激发态微扰理论,Walsh 曾提出假定[57]:具有 n 个电子的分子,其第一激发态的分子结构应该和具有 $n+1$ 或 $n+2$ 个电子的类似分子的基态属于相同的点群。外加的电子必定处在激发态占据的那个轨道,由此可以方便地预言配位化合物激发态的结构[58]。例如,对于具有 d^8 电子组态的 $[Cr(NH_3)_6]^{3+}$ 八面体配位化合物,d-d 和电荷转移光谱都会使电子进入 e_g^* 轨道,激发态的结构将和这些轨道中有一个电子的类似配位化合物的相似,所以由附录Ⅲ可知其 $^4T_{1g}$ 和 $^4T_{2g}$ 态的 $[Cr(NH_3)_6]^{3+}$ 将和 $[Cr(NH_3)_6]^{2+}$ 的相似,具有两个反式弱配位的四方畸变结构(图 4.8)。又如,d^3 体系的 $[MnF_6]^{2-}$,光谱证实其激发态也具有所预料的四方畸变。

一般规律是,在 e_g^* 轨道中有 0 或 2 个电子时,其配位化合物{如

$[Fe(H_2O)_6]^{2+}$、$[CoF_6]^{3-}$ 和 $[Fe(H_2O)_6]^{3+}$}在激发态都将发生四方畸变(参见图 2.14)。但是，原来在 e_g^* 轨道中就有 1 或 3 个电子时{如$[Cu(H_2O)_6]^{2+}$}，它们在基态就有 John–Teller 畸变，在激发态就不会畸变了。类似地，$[PtCl_4]^{2-}$ 或 $[Ni(CN)_4]^{2-}$ 之类的四方平面 d^8 形配位化合物在激发后将采取 d^9 甚至 d^{10} 的结构，从而产生 D_{2d}(压缩四面体)或 T_d 结构。如果激发是 d–d 谱带，则线型分子 MX_2 仍将保持线型，因为电子填充 d 轨道不会改变线型。

5.4.2 光化学反应机理

光化学反应总是和激发态相联系。配位化合物光化学反应的机理比较复杂。

大多数过渡金属配位化合物的光反应源自于直接或间接的 d–d 跃迁电子激发。在可见紫外光源下，它常导致配位体取代反应。例如

$$Cr(NH_3)_5Br^{2+} + H_2O \xrightarrow[\phi=0.35]{4400\text{Å}} trans\text{-}Cr(NH_3)_4(H_2O)Br^{2+} + NH_3 \quad (5.4.6)$$

正如 3.1 节所指出的，d–d 激发的结果主要是电荷在金属原子上的重新分布。电子由成键的 π 轨道重新集居到反键的 σ 轨道，从而引起金属配位体键 M—L 的削弱而导致其离解[式(5.4.7)]，例如，消去 CO、双烯、膦基等配位体而产生活性不饱和配位化合物。随后会发生取代[式(5.4.8)]、氧化加成[式(5.4.9)]和还原消除[式(5.4.5)]等反应：

$$M(0)L_n \xrightarrow{k\upsilon} M(0)L_{n-1} + L \quad (5.4.7)$$

$$M(0)L_{n-1} + L' \longrightarrow M(0)L_{n-1}L' \quad (5.4.8)$$

$$M(0)L_{n-1} + XY \longrightarrow L_{n-1}M(\text{II})\begin{matrix}X\\ \diagdown\\ Y\end{matrix} \quad (5.4.9)$$

$$L_{n-1}M(\text{II})\begin{matrix}X\\ \diagdown\\ Y\end{matrix} \longrightarrow L_{n-1}M(0) + XY \quad (5.4.10)$$

此外，还可以发生异构化反应、M—M 键的光解反应、C—C 键的生成、M—C 键的裂解、光催化、光诱发的自由基聚合等反应。

另一类重要的光反应是源于电荷转移激发态过程，它常导致氧化还原反应，在高能光子下，可以使阴离子发射一个电子到溶液中去

$$[Fe(CN)_6]^{4-} \xrightarrow{2200\text{Å}} [Fe(CN)_6]^{3-} + e^-(aq) \quad (5.4.11)$$

当中心金属原子容易氧化时，也可以由阳离子产生水化离子。此外，紫外范围的光子也可以引起配位化合物内的氧化还原反应

$$[Co(NH_3)_5Br]^{2+} \xrightarrow{3700\text{Å}} [Co(NH_3)_5]^{2+} + Br \quad (5.4.12)$$

出现金属离子氧化而配位体被还原的情况并不多。

过渡金属配位化合物的猝灭和光敏过程十分重要。可以把猝灭过程看做双分子过程，其中作为光敏剂的电子激发化合物 D* 和作为接受体的基态分子 A 相互作用。在

该过程中配位化合物既可以是 D^*，也可以是 A。主要的猝灭形式有[52,54]

(1) 电子能量转移：
$$D^* + A \longrightarrow D + A^* \tag{5.4.13}$$

例如，在有机光化学用的光敏剂三重态二苯甲酮苯腙 $C_6H_5NHNC(C_6H_5)_2$ 或蒽可以被结构(11)所示的接受体 Ni(Ⅱ)和 Pd(Ⅱ)螯合物 NiL_2 所猝灭。其能量转移过程解释为在前者高能的三重态给予体二苯甲酮苯腙和 NiL_2 作用时，猝灭的结果是配位体 L 内的 $(\pi-\pi)^*$ 态被激发；而在后者低能的三重态给予体蒽和 NiL_2 作用时，则是接受体内金属 Ni 的晶体场态被激发，前者给予体轨道和金属间轨道重叠不太好，而后者则要求金属的 d 轨道和给予体的分子有良好的重叠。能量传递的效率受配位化合物几何构型的影响，例如，(11)中的配位体不同时就有不同的能量传递效率。

	R	R'
	CH_3	OH
	$C_{11}H_{23}$	OH
	CH_3	OB_u
	CH_3	B_u

(2) 形成激基态配位化合物(exciplex，简称激合物)：
$$D^* + A \longrightarrow (DA)^* \tag{5.4.14}$$

在这种猝灭过程中生成了一系列中间体。例如，
$$cis-Ir(Phen)_2Cl_2 \xrightarrow{h\nu} (^1d\pi^*)cis-Ir(Phen)_2Cl_2^+ \tag{5.4.15}$$
$$(^1d\pi^*)cis-Ir(Phen)_2Cl_2^+ \longrightarrow (^3d\pi^*)cis-Ir(Phen)_2Cl_2^+ \tag{5.4.16}$$
$$(^3d\pi^*)cis-Ir(Phen)_2Cl_2^+ + 萘 \longrightarrow [cis-Ir(Phen)_2Cl_2^+ \cdot 萘] \tag{5.4.17}$$

在 560nm 附近出现的新发射谱线证实生成了激合物。

(3) 重原子效应：外加的重原子可以和激发分子 D^* 作用(通过外部诱导的自旋-轨道偶合而引起单-双重间的自旋禁阻过程)从而加强无辐射去活化作用：
$$^1D^* \xrightarrow{M_重} {}^3D^* \tag{5.4.18}$$
或
$$^3D^* \xrightarrow{M_重} {}^1D \tag{5.4.19}$$

例如，单重激发态的蒽以扩散控制的速率被 $Hg(CH_3)_2$ 猝灭而转换到三重态的蒽，这种三重态可以通过非辐射而去活化。

(4) 电子转移过程：这时发生电子转移作用：
$$\ddot{D}^* + A \longrightarrow D^{\cdot+} + A^{\cdot-} \tag{5.4.20}$$

这种重要的光氧化还原过程包括了电子能量以接近扩散控制的速率从激发给予体

D 转移到能态较低的接受体 A。一般说来,当电子能量转移变为吸热时,猝灭速率常数会明显降低。图 5.43(a) 用分子轨道理论解释了 D 和 A 之间电子转移反应的原理,图 5.43(b) 也说明了电子激发的叶绿素 X 如何介入电子转移过程(电子由 X 到 A)。过渡金属卤化物在紫外光照下,发生金属离子的光还原(感光照相)也是 LMCT 所引起的光氧化还原反应。

电子由一个电子激发态的金属配位化合物转移到另一个金属配位化合物的典型例子

$$[Ru(bipy)_3]^{2+*} + [Fe(H_2O)_6]^{3+} \xrightarrow{k} [Ru(bipy)_3]^{3+} + [Fe(H_2O)_6]^{2+} \tag{5.4.21}$$

$$[Ru(bipy)_3]^{3+} + [Fe(H_2O)_6]^{2+} \xrightarrow{k'} [Ru(bipy)_3]^{2+} + [Fe(H_2O)_6]^{3+} \tag{5.4.22}$$

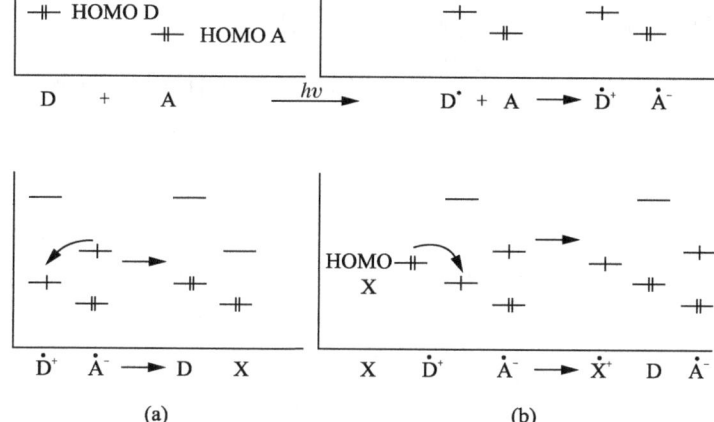

图 5.43　上半图为电子由 D 转移到 A 的分子轨道示意图
(a) 可逆的电子转移;(b) 电子由 X 转移到 A 的二次电子转移

用闪光光谱法直接研究了上述过程,其猝灭速率常数 $k_q \approx 3 \times 10^9 \text{L/(mol·s)}$。

(5) 化学猝灭:这时发生过程:

$$(ML_n)^* + L' \longrightarrow [L'ML_n] \longrightarrow ML'L_{(n-1)} + L \tag{5.4.23}$$

这种光化学的配位体取代反应是化学反应引起猝灭的一种重要类型。例如 PPh_3 和 $Mn(CO)_4NO$,激发的 1,2-二苯乙烯和卟啉配位化合物等的 S_N2 型反应。

下面我们将分别对一些重要的光反应机理进行介绍。

5.4.3　光取代反应

这类反应研究较多,由此可以得到由于立体化学等原因而不能用热取代方法制备的新配位化合物[59],它在光诱导的配位催化方面也有很大的应用。例如,在

下列通常的催化循环中,最初和最后这二步就形成了光取代反应

$$\text{底物} + \text{配位化合物} \xrightarrow{\triangle \text{或} h\nu} [\text{底物}-\text{金属}] \quad (5.4.24)$$

$$[\text{底物}-\text{金属}] \xrightarrow{\triangle \text{或} h\nu} [\text{交换的底物}-\text{金属}] \quad (5.4.25)$$

$$[\text{变换的底物}-\text{金属}] \xrightarrow{\triangle \text{或} h\nu} \text{交换的底物} + \text{配位化合物} \quad (5.4.26)$$

和热取代反应一样(参考6.4节),也可以区分离解机理和缔合机理。激发态的酸碱平衡,分子的激发态构型及配位体的异构化,以及光化学与化学反应的竞争性等复杂问题也引起人们极大的兴趣。下面讨论研究较多的Cr(Ⅲ)配位化合物的光取代反应。该d^3配位化合物在25℃时为热取代惰性。对于O_h群的六配位Cr(Ⅲ)配位化合物,其基态电子组态为t_{2g}^3,这三个自旋平行的t_{2g}(↑↑↑)电子导致$^4A_{2g}$基态。这种半满的基态说明了它的惰性。Cr(Ⅲ)具有两种较低的激发态;①三个电子在t_{2g}轨道中的排布为(t_{2g}^3)↑↑↓电子组态,由此引起^2E_g、$^2T_{1g}$和$^2T_{2g}$激发态;②一个电子由t_{2g}激发到e_g轨道的t_{2g}^2(↑↑)e_g(↑)组态,由此引起$^4T_{1g}$、$^4T_{2g}$和其他的双重态。图5.44为$[Cr(CN)_6]^{3-}$中这些低配位场能级的近似位置(参见附录Ⅲ)。实验表明,双重态对下列取代光反应没有活性

$$[Cr(CN)_6]^{3-} \xrightarrow[pH=6.8,25℃]{h\nu, H_2O} [Cr(CN)_5(OH_2)]^{2-} + CN^- \quad (5.4.27)$$

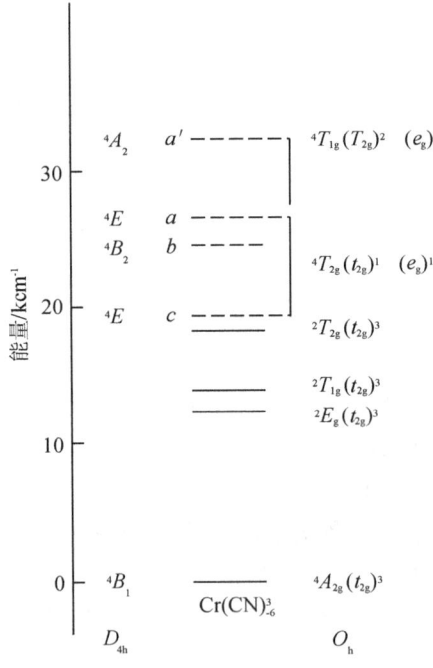

图5.44 $[Cr(CN)_6]^{3-}$的配位场能级示意图

对于CN^-这类强配位场,$t_{2g}^2 e_g^1$所引起的四重态比t_{2g}^3所引起的双重激发态高,但它仍处在一般光谱技术或另一给予体光敏剂的三重态所能应用的范围内。

除了能量因素外，电子和能量转移时的自旋守恒规则也很重要。设给予体分子(光敏剂)的总自旋角动量为 S_D，接受体分子 $[Cr(CN)_6]^{3-}$ 的为 S_A，则总的自旋角动量 S_{tot} 具有分量 $S_D+S_A, S_D+S_{A-1}, S_D+S_{A-2}, \cdots, S_D-S_A$ 等。对于自旋允许的相互作用，要求作用前的 S_{tot} 和作用后的 S_{tot} 至少具有一个相同的组分。将它用于这里的例子，假定给予体的 $S_{D(前)}=1$，经电子能量传递后去活性而成单重态 $S_{D(后)}=0$。如上所述接受体 $[Cr(CN)_6]^{3-}$ 的 $S_{A(前)}=\frac{3}{2}$，但可分别激发到 $S_{A(后)}=\frac{1}{2}$ 或 $\frac{3}{2}$。这些相互作用可写为

$$^3(给予体) + {}^4[Cr(CN)_6^{3-}] \longrightarrow {}^1(给予体) + {}^2[Cr(CN)_6^{3-}] \qquad (5.4.28)$$

$\qquad S_D=1 \qquad S_A=\frac{3}{2} \qquad\qquad S_D=0 \qquad S_A=\frac{1}{2}$

$\qquad S_{tot}=\frac{5}{2}(前) \qquad\qquad\qquad S_{tot}=\frac{1}{2}(后)$

$\qquad$分量$:\frac{5}{2},\frac{3}{2},\frac{1}{2} \qquad\qquad\qquad$分量$:\frac{1}{2}$

$$^3(给予体) + {}^4[Cr(CN)_6^{3-}] \longrightarrow {}^1(给予体) + {}^4[Cr(CN)_6^{3-}] \qquad (5.4.29)$$

$\qquad S_D=1 \qquad S_A=\frac{3}{2} \qquad\qquad S_D=0 \qquad S_A=\frac{3}{2}$

$\qquad S_{tot}=\frac{5}{2}(前) \qquad\qquad\qquad S_{tot}=\frac{3}{2}(后)$

$\qquad$自旋分量$:\frac{5}{2},\frac{3}{2},\frac{1}{2} \qquad\qquad$分量$:\frac{3}{2}$

由于都具有共同的自旋分量，所以在应用三重给予体激发时这两种 $S_A=\frac{1}{2}$ 和 $\frac{3}{2}$ 的激发态产物都是自旋允许的。值得指出的是，用配位化合物 $[Ru(2,2'\text{-bipy})_3]^{2+}$ 作为敏化剂时，其三重态能级太低，不足以使 $[Cr(CN)_6]^{3-}$ 跃迁至 $^4T_{2g}(t_{2g}^2 e_g^1)$，而只会敏化 $[Cr(CN)_6]^{3-}$ 的 $^2E_g(t_{2g}^3) \rightarrow {}^4A_{2g}(t_{2g}^3)$，导致非自旋允许的化学发光(luminescence)。

Zink 以及 Wringhton, Gray 和 Hammond 等先后从分子轨道理论说明单电子跃迁后的成键变化(图 5.44)。(t_{2g}^3) 四重态→(t_{2g}^3) 双重态的跃迁对于成键影响不大，所以 (t_{2g}^3) 双重态的活化并不比基态大多少。t_{2g} 是 π 对称性，电子跃迁而自旋成对时对四方配位化合物的 π 成键性有一些影响，但对 O_h 配位化合物的影响不大。对于 $t_{2g}^3 \rightarrow t_{2g}^2 e_g^1$ 型激发，他们预期会加强 σ 给予性和 π 接受性配位体的取代反应性。e_g 轨道是强的 σ 反键轨道，它的占据将会减弱金属-配位体的 σ 成键，同时除去 t_{2g} 轨道上的电子将不会影响 σ 给予性配位体的成键或减弱 π 接受性配位体的 π 成键。对于 π 给予性配位体，t_{2g} 是弱的 π 反键。因此，对于 π 给予性配位体，其成键作用的变化由于减弱 σ 成键和加强 π 成键而相互抵消。

对于较低对称性的 C_{4v} 和 D_{4h} 对称性的 Cr(Ⅲ)(参看表 2-12 中从 O_h 点群到

D_{4h} 点群时引起图 5.4 中右边所示的能级分裂),1967 年 Adamson 曾根据表 5.26 的数据提出下列经验规则:①在八面体轴向上,具有最小平均配位场(即轴两端配位场强度之和较小者)方向最不安定;②若不安定轴上有两个不同的配位体时,较大配位场强度的那个将优先被取代。例如,按照光化学序列

$$Cl^- < F^- < H_2O < NCS^- < NH_3 \tag{5.4.30}$$

当 NCS^- 和 Cl^- 处在弱轴时,则较强配位场的 NCS^- 将被取代。但这个经验规则也有例外,例如,反式—$Cr(en)_2FCl^+$ 发生光取代时,去掉的是 Cl^- 而不是较强配位场的 F^-。因此还要对其成键情况进行具体分析(常可借助于角重叠模型理论作指导)。

关于含配体 X 的 Cr(Ⅲ) 配位化合物的光取代机理,目前大都认为它是通过 X 配位中间体的缔合型机理,而不是五配位的离解型机理。证据之一是一些 $[Cr(NH_3)_5X]^{2+}$ 配位化合物在反应后得到顺式的 $[Cr(NH_3)_4XY_2]^{2+}$,其中 Y 是进入的基团,亦即 Y 并不占据离去基团 NH_3 原来所结合的位置,而是占据和原来配位化合物中离去基团成反式的位置的基团。这个结果不可能用五配位的中间物来解释,因为如果中间物是刚性的 C_{4v} 四方锥,则应得到反式的 $[Cr(NH_3)_5XY]^{2+}$。如果中间物是 D_{3h} 三角双锥,则应为顺式和反式的混合物。

表 5.26 非 O_h 对称性 Cr(Ⅲ) 配位化合物的光水合数据

配位化合物	被水取代的配位体	ϕ^a
$[Cr(NH_3)_5OH_2]^{3+}$	NH_3	0.15~0.20
$[Cr(NH_3)_5(NCS)]^{2+}$	NCS^-	0.13~0.18
$[Cr(NH_3)_5Cl]^{2+}$	NH_3	0.35~0.39
$[t-Cr(NH_3)_2(NCS)_4]^-$	NCS^-	0.29~0.32
$[Cr(OH_2)_5NCS]^{2+}$	NCS^-	$(2.1~6.0)\times 10^{-5}$

a. 产率是对幅射引起最低的配位场四重态→四重态吸收而言。

可以更严格地应用配位场理论进行计算,按配位化合物的电子组态可以求出配位场稳定能(LFSE)。则可以根据过渡态的几何构型求出按照式(5.4.31)定义的配位场活化能(LFAE)

$$LFAE = LFSE(O_h) - LFSE(过渡态) \tag{5.4.31}$$

计算结果表明,d^3 基态分子的热取代反应的活化能是正的(吸热),要求提供较高的活化能,所以显示惰性。而其双重激发态 ^2E_g 及四重激发态的活化能是负的,因而是活性的。四重态有更大的负活化能。进一步的计算表明,反式-顺式异构化是通过一个边取代过程进行。此外,还有 Vanquickenborne 和 Ceulemans 从角重叠模型出发计算 M—L 键强度的理论(V-C 理论[59]),Zink 提出了离去的配位体应该是与 σ 键电子具有最大重叠积分的组态相互作用分子轨道理论。

除了对热取代反应稳定而且集居在配位场激发态时有较大不安定度的 d^3 电子组态的配位化合物外,目前对低自旋 d^6 的八面体配位化合物和低自旋 d^8 四配位配位化合物也进行了较多的研究。

5.4.4 电荷转移和光氧化还原反应

1971 年 Demas 和 Adamson 报道了[Ru(bpy)$_3$]$^{2+}$作为光敏剂后,Ru 配位化合物在光氧化还原过程及光解水中被誉为"试管中光合成的叶绿素—a 的无机对应物",从而促进了无机光化学近30年来的发展。现在,2,2′-bipy 和 1,10-Phen 作为室温储能,太阳能可见光的利用,半导体电极和光电化学电池,多相体系及表面的光化学都受到广泛的研究。我们将着重讨论[Ru(bpy)$_3$]$^{2+}$体系的光氧化-还原特性[60],它的研究对于其他 Cr、Ir、Rh 和 Co 等过渡金属配位化合物的光化学过程也有着重要的意义。

1. 激发态的特征

在光化学的激发态研究中对[Ru(bpy)$_3$]$^{2+}$研究得最为深入。其特征是:①早期的研究确定了低激发态可指认为金属到配位体的电荷迁移跃迁(MLCT);这种三重激发态(寿命长)可作为电子给予体而在溶液中还原其他金属配位化合物;②低温(2~100K)发光量子效率 ϕ 和寿命 τ 的研究导致"紧密偶合的三能级模型";③ϕ 和 τ 对温度的依赖性导致较高的光活性态的位置;④发光偏振,Raman 光谱和闪光光解研究导致怀疑激发态是否具有 D_3 对称性。

从定域的分子轨道模型可以得到在八面体微环境(D_3 点群)下 Ru(Ⅱ) d^6 配位化合物激发态的能级示意图 5.45。基态和低激发态可以用图右中金属离子 d 轨道分裂的 t_{2g}(稳定)和 e_g(去稳定)以及配位体中芳香体系的 π 成键和 π* 反键轨道来表示。在强场中基态为(t_{2g})^6 导致$^1A_1$ 基态,单电子激发到四种可能的激发轨道形式:①d→d 即金属中的 t_2→e 的 Laporte 禁阻弱吸收带(ε 约 100)(参见附录Ⅲ中 d^6);②d→π*,即金属 t_2 电子到配位体 π* 反键轨道的 d^6→d^{5}π* 跃迁(MLCT);③π→d*,这种配位体到金属的电荷跃迁光谱(LMCT)一般也在可见区有较强的吸收(ε =

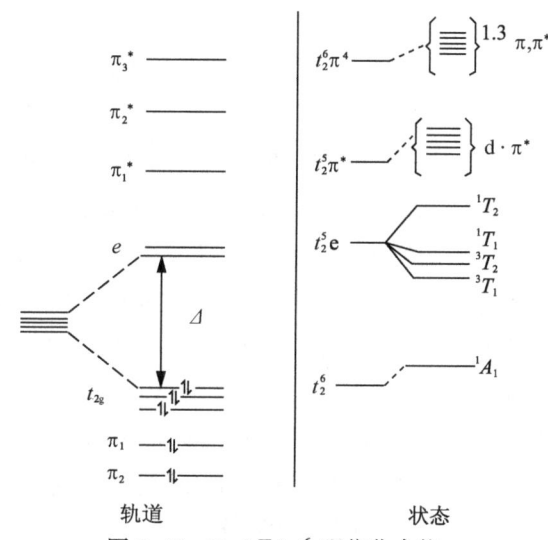

图 5.45 Ru(Ⅱ)d^6 配位化合物的激发态能级图

20 000~25 000);④π-π*,这是发生在配位体内的跃迁,它发生在高能量谱区。当然也可能发生和溶剂的作用而引起电荷转移到溶剂的跃迁(CTTS)。图 5.46 中表示了室温时[Ru(bpy)$_3$]$^{2+}$配位化合物在水溶液中的吸收(图左)和发射(图右)光谱。

关于发射状态的轨道本性一直是一个争论焦点。[Ru(bpy)$_3$]$^{2+}$溶液在 293K 时于 600nm 处出现一个宽的紫黄色发射光谱峰。曾经认为是 π*-d 电荷转移荧光,或 d*-d 配位场磷光,或 d*-d 配位场荧光,或电荷转移,或 π*-d 电荷转移磷光,或 $\pi^* - d$ 电荷转移发光。Crosby 等基于发光的量子产率和衰减特性提出了电子-离子母体偶合(EIP)模型[61]。其要点是:①把发光配位化合物看做是 $4d^5$Ru 核和三个 bpy 配位体中有一个处于 π^* 轨道转移电子的 bpy 配位体;②自旋-轨道偶合分析结果导致三个状态能量的增加次序为 A_1、E 和 A_2 对称性。这种具有缺电子 d^5(Ru^{3+})中心和定域在 bpy 配位体上过量 π^* 电子的模型(Ru^{3+} bpy$_2$,bpy$^-$)不仅可以说明低温 4~77K 的发光现象,也可以说明为什么这种激发态易于氧化和还原。

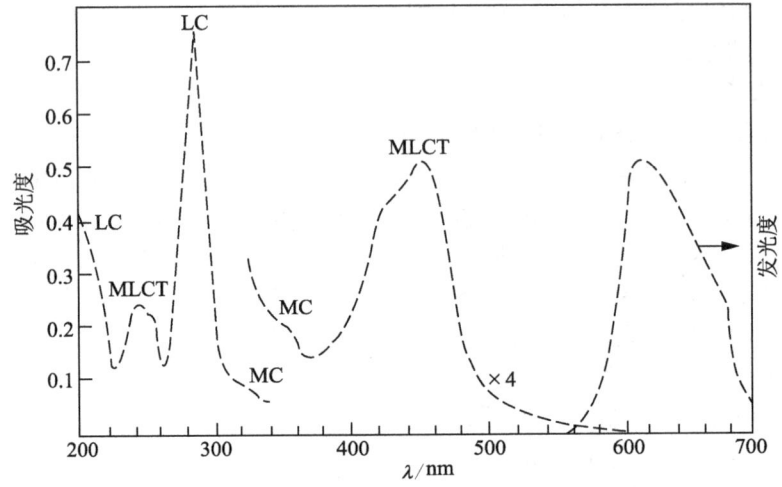

图 5.46 $[Ru(bpy)_3]^{2+}$ 配位化合物在水溶液中的吸收和发射光谱(室温)

2. $[Ru(bpy)_3]^{2+}$ 各种氧化还原态的能量

这类配位化合物的一个明显特征是可以通过不同的取代反应实现"微调"而改变它的氧化还原性质。利用循环伏安法已测出了 $[Ru(bpy)_3]^{2+}$ 单电子氧化还原的中点电位 E_f(表 5.27)。可见 Ru^{3+} 配位化合物是很好的氧化剂,可以氧化 H_2O 到 $O_2[E_0(O_2/H_2O) = 1.23V]$;$Ru^{1+}$ 配位化合物是很好的还原剂,可以还原 H_2O 到 $H_2[E_0(H^+/H_2) = 0.0V]$。因此 $[Ru(bpy)_3]^{3+}$ 只能在强酸性条件下用控制电位电解或用 PbO_2 或 Cl_2 试剂进行化学还原的方法制备,而 $[Ru(bpy)_3]^+$ 只能在无氧的非水溶液中制备。

表 5.27 $[Ru(bpy)_3]^{2+}$ 氧化还原配位化合物的氧化还原电位

Ru 配位化合物和介质	中点电位 E_f/V				
	(3+/2+)	(2+/1+)	(1+/0)	(0/-1)	(-1/-2)
$[Ru(bpy)_3]^{2+}$, H_2O(vs. NHE)	1.26	-1.28			
$[Ru(bpy)_3]^{2+}$, CH_3CN(vs. SCE)	+1.29	-1.33	-1.52	-1.76	-2.4
$[Ru(phen)_3]^{2+}$, CH_3CN(vs. SCE)	+1.36	-1.44	-1.54	-1.84	-2.24

当基态和激发态势能曲线的形状、大小和溶剂化都相似时,假定激发态能量全都用于激发态的氧化还原过程,则可以从对应基态的氧化还原电位及激发态光谱能量求出激发态的氧化还原电位。例如对于$[Ru(bpy)_3]^{2+}$配位化合物,从光谱上计算出的激发态能量为 2.12eV(0-0 带约处在 575nm),由循环伏安法求出其基态的氧化还原电位 1.26V,从而可以由另一个作为猝灭剂的分子 Q 所引起的氧化还原猝灭反应以计算激发态的氧化还原电位

$$[Ru(bpy)_3]^{2+*} + Q \longrightarrow [Ru(bpy)_3]^{3+} + Q^- \text{(氧化)} \quad (5.4.32)$$

$$[Ru(bpy)_3]^{2+*} + Q \longrightarrow [Ru(bpy)_3]^{+} + Q^- \text{(还原)} \quad (5.4.33)$$

即

$$E_0[Ru(bpy)_3^{3+/2+*}] = E_0[Ru(bpy)_3^{2+/2+*}] - E_0[Ru(bpy)_3^{2+/3+}]$$
$$= -2.12 + 1.26 = -0.86(V) \quad (5.4.34)$$

同样可得

$$E_0[Ru(bpy)_3^{2+*/+}] = E_0[Ru(bpy)_3^{2+/+}] - E_0[Ru(bpy)_3^{2+/2+*}]$$
$$= -1.28 - (-2.12) = +0.84(V) \quad (5.4.35)$$

比较基态和激发态的氧化还原电位,可见$[Ru(bpy)_3]^{2+*}$是比$[Ru(bpy)_3]^{2+}$更好的还原剂及氧化剂。

3. 光氧化还原反应

研究表明,$[Ru(bpy)_3]^{2+}$作为光敏剂常处于三重激发态。当它和外加的猝灭剂 Q 发生双分子反应而去活时,可以发生三类过程:

(1) 激发态作为能量给予体

$$[Ru(bpy)_3]^{2+*} + Q \longrightarrow [Ru(bpy)_3]^{2+} + Q^* \quad (5.4.36)$$

(2) 激发态作为还原剂(氧化猝灭)

$$[Ru(bpy)_3]^{2+*} + Q \longrightarrow [Ru(bpy)_3]^{3+} + Q^- \quad (5.4.37)$$

(3) 激发态作为氧化剂(还原猝灭)

$$[Ru(bpy)_3]^{2+*} + Q \longrightarrow [Ru(bpy)_3]^{+} + Q^+ \quad (5.4.38)$$

真正的猝灭机理取决于复杂的热力学(给予体和接受体的 0-0 光谱能级及其光谱复叠,氧化还原电位)和动力学(电子或能级转移前内界和外界重新组合的活化能)等一系列因素。

Rehm 和 Weller[62]曾提出下列氧化性猝灭速率理论:

$$[Ru(bpy)_3]^{2+*} + Q \underset{k_{21}}{\overset{k_{12}}{\rightleftharpoons}} [Ru(bpy)_3]^{2+*} \cdots Q \underset{k_{32}}{\overset{k_{23}}{\rightleftharpoons}} [Ru(bpy)_3]^{3+} \cdots Q^-$$

$$\begin{array}{c} h\nu \uparrow \tau_0 \quad \text{碰撞配位化合物} \quad \text{离子对} \\ \downarrow k_{30} \end{array}$$

$$[Ru(bpy)_3]^{2+} + Q \longleftarrow [Ru(bpy)_3]^{2+} \cdots Q \quad [Ru(bpy)_3]^{2+} + Q^-$$
$$\text{分离产物}$$

(5.4.39)

其中,k_{12}和k_{21}为形成碰撞配位化合物的正向和反向速率常数,k_{30}为导致净猝灭的

猝灭步骤后过程中的组合速率常数(包括电子 e^- 转移回基态和得到产物)。利用 Stern-Volmer 关系(注:即 $I_0/I = 1 + k_Q\tau_s[Q]$,其中 τ_s 为光敏剂激发态的寿命,k_Q 为分子间电子转移速率常数。)和稳态近似,得到下列观察到的双分子猝灭速率常数 k_Q^{obs}

$$k_Q^{obs} = \frac{k_{12}}{1 + \frac{k_{12}}{\Delta v \cdot k_{30}}\left[\exp\left(\frac{\Delta G_{23}^*}{RT}\right) + \exp\left(\frac{\Delta G_{23}}{RT}\right)\right]} \quad (5.4.40)$$

其中,ΔG_{23} 和 ΔG_{23}^* 分别为对应碰撞配位化合物和离子对间的 Gibbs 自由能差和活化自由能,$\Delta v = k_{12}/k_{21}$。当 ΔG_{23} 为大的负值时,则式(5.4.40)就变为式(5.4.41),而当 ΔG_{23} 为大的正值时,则变为式(5.4.42)

$$k_Q^{obs} = \frac{k_{12} \cdot \Delta v \cdot k_{30}}{\Delta v \cdot k_{30} + k_{12}\exp\left(\frac{\Delta G_{23}^*}{RT}\right)} \quad (5.4.41)$$

$$k_Q^{obs} = \frac{\Delta v \cdot k_{30}}{2}\exp\left(-\frac{\Delta G_{23}}{RT}\right) \quad (5.4.42)$$

ΔG_{23} 可以按 Ru 配位化合物和猝灭剂的氧化还原电位而写成

$$\Delta G_{23} = E_{\frac{1}{2}}[\text{Ru(bpy)}_3^{2+}/\text{Ru(bpy)}_3^{2+*}] - E_{\frac{1}{2}}[Q/Q^-] + W_p - W_r \quad (5.4.43)$$

其中 W_p 和 W_r 分别为将产物离子 [Ru(bpy)$_3^{3+}$ 和 Q$^-$] 以及反应物 [Ru(bpy)$_3^{2+*}$ 和 Q] 结合在一起而形成离子对及碰撞配位化合物所需的功。对于含有未带电物种参加的反应,总是可以忽略 W_r。W_p 可以从电解质溶液理论中的 Debye-Hückel 理论估计,其值在最不利条件下也是 ≤ 0.05eV。由式(5.4.41)~式(5.4.43)可见,将 $\lg k_Q^{obs}$ 对 $E_{\frac{1}{2}}[Q/Q^-]$ 作图,则在低 $E_{\frac{1}{2}}[Q/Q^-]$ 时为具有斜率 $= -1/(2.3RT)$ 的直线;在高 $E_{\frac{1}{2}}(Q/Q^-)$ 时趋近一平稳台阶。对于还原性猝灭,也存在类似的关系。对于一些已用闪光光解技术确定其氧化还原产物本性的一系列结构类似的猝灭剂,由 $\lg k_q$ 对 $E_{\frac{1}{2}}(Q/Q^-)$ 或 $E_{\frac{1}{2}}(Q/Q^+)$ 的图还可以估计出金属配位化合物激发态的氧化还原电位。

目前已经对很多猝灭剂进行了研究,大致有下列几种:

(1) 由有机分子引起的氧化猝灭。例如,甲基紫精的盐 CH$_3$—$^+$N⟨⟩—⟨⟩N$^+$—CH$_3$(简记为 MV^{2+})和激发的 [Ru(bpy)$_3$]$^{2+*}$ 通过单电子转移而发生反应:

$$[\text{Ru(bpy)}_3]^{2+*} + \text{MV}^{2+} \xrightarrow{k_q} [\text{Ru(bpy)}_3]^{3+} + \text{MV}^+ \quad (5.4.44)$$

$$[\text{Ru(bpy)}_3]^{3+} + \text{MV}^+ \xrightarrow{k_2} [\text{Ru(bpy)}_3]^{2+} + \text{MV}^{2+} \quad (5.4.45)$$

在 CH$_3$CN 溶剂中测出其 $k_q = 2.4 \times 10^9$ L/(mol·s),$k_2 = 8.3 \times 10^9$ L/(mol·s)。

(2) 由无机离子和分子引起的猝灭。例如,氧分子可以发生下列反应而生成单重态活性 O$_2$:

$$[Ru(bpy)_3]^{2+*} + O_2 \longrightarrow [Ru(bpy)_3^{3+} \cdots O_2^-] \longrightarrow [Ru(bpy)_3]^{3+} + O_2^- \quad (5.4.46)$$
$$[Ru(bpy)_3]^{3+} + O_2^- \longrightarrow [Ru(bpy)_3]^{2+} + O_2(^1A_2) \quad (5.4.47)$$
在酸性介质中则情况较为复杂。

(3) 由无机金属配位化合物引起的猝灭。自从 Cafney 等发现 $[Ru(bpy)_3]^{2+}$ 敏化 $[Co(NH_3)_5Cl]^{2+}$ 金属配位化合物的分解以来这方面的工作引起广泛重视。关于其机理有两种看法：一种是直接电子转移机理

$$[Ru(bpy)_3]^{2+*} + [Co^{III}(NH_3)_5X]^{2+} \longrightarrow [Ru(bpy)_3]^{3+} + [Co^{II}(NH_3)_5X]^+ \quad (5.4.48)$$

$$[Co^{II}(NH_3)_5X]^+ \xrightarrow{H_2O} Co^{2+}(aq) + 5NH_3 + X^- \quad (5.4.49)$$

另一种分解机理认为是先发生了三重态-三重态能量转移，再在 Co(III) 配位化合物的一个配位体中发生分子内氧化

$$[Ru(bpy)_3]^{2+*} + [Co(NH_3)_5Br]^{2+} \longrightarrow [Ru(bpy)_3]^{2+} + [Co(NH_3)_5Br]^{2+*} \quad (5.4.50)$$

$$[Co(NH_3)_5Br]^{2+*} \longrightarrow Co^{2+}(aq) + 5NH_3 + Br^· \quad (5.4.51)$$

$$Br^· + Br^- \longrightarrow Br_2^- \quad (5.4.52)$$

$$Br_2^- + [Ru(bpy)_3]^{2+} \longrightarrow [Ru(bpy)_3]^{3+} + 2Br^- \quad (5.4.53)$$

但是还没有证实 Co(III) 配位化合物具有较低的反应激发态可以作为能量接受体。$[Ru(bpy)_3]^{3+}$ 的产率接近 100% 的事实也很难用有自由基介入的机理加以说明，所以后一说法令人怀疑。

5.4.5 光解反应

我们主要讨论两个重要实例。

1. 金属-金属键的光离解

如 4.6 所述，对于重的低价前过渡金属配位化合物，易于以多重金属-金属键的形式存在。不论它的详细结构如何，目前的工作证实，簇合物中处于低电子激发态的 M—M 键间的作用和基态的有所不同。事实证明，在光的作用下，会导致 M—M 键的均裂而生成自由基。

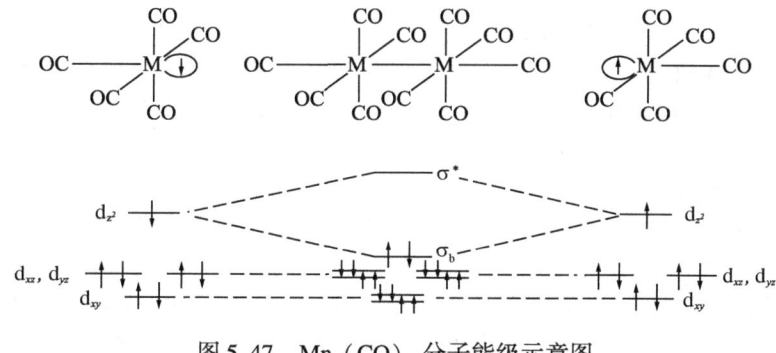

图 5.47 $Mn_2(CO)_{10}$ 分子能级示意图

很多双核或多核的金属羰基物都会发生光离解作用。我们考虑 $Mn_2(CO)_{10}$ 分子。它的电子结构(图 2.14 和图 5.47)可以看做是由两个具有 C_{4v} 结构及 d^7 电子组态的 $M(CO)_5$ 单元所组成。其 M—M 键可以看做是 $M(CO)_5$ 单元的 $d_{z^2}^2$ 轨道所组成。偏振电子吸收光谱等实验证实了这种能级次序,如图 5.48 所示。其中明锐的强峰为 $\sigma_b \to \sigma^*$ 跃迁,低能量的尖峰为 $\pi d \to \sigma^*$。这种单电子能级图表明,电子激发到反键 σ^* 轨道会减弱这种 $d^7—d^7$ 体系中 M—M 作用。

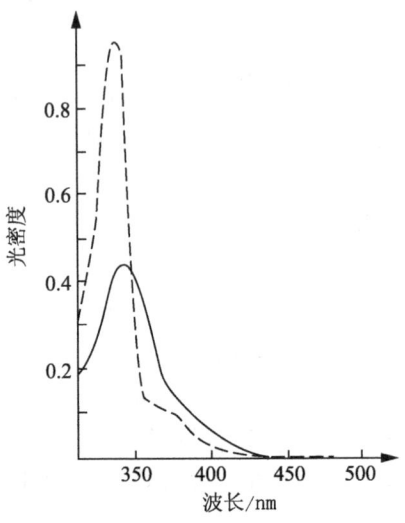

图 5.48　$Mn_2(CO)_{10}$ 的电子光谱

一系列事实证实这种配位化合物的低电子激发态会通过一个均裂的自由基反应而弛豫到低能级。例如,下列两个混合物的光解会导致一个异核双核配位化合物

$$Mn_2(CO)_{10} + Re_2(CO)_{10} \xrightarrow{h\nu} 2MnRe(CO)_{10} \quad (5.4.54)$$

这种产物的产生是由于光解产生 $Mn(CO)_5$ 和 $Re(CO)_5$ 自由基能级的交叉偶合所引起的。另外一个化学证据是,存在卤素 X 给予体时,下列反应

$$(L)_{5-m}(OC)_m M—M'(CO)_n(L)_{5-n} \xrightarrow[X]{h\nu}$$
$$XM(CO)_m(L)_{5-m} + XM'(CO)_n(L)_{5-n} \quad (5.4.55)$$

以化学计量方式进行,并且具有高的量子产率。这和产生 $d^7 M(CO)_n L_{5-n}$(M = Mn、Re)的光均裂观点是一致的。更直接的还可以从在室温下,四氢呋喃溶剂中的 ESR 实验得到自由基信号所证实。

2. 水的光解反应

利用光化学方法对太阳能进行储存和转换是近代化学中的一个具有吸引力的课题[63,64]。根据所发生的氧化还原反应性质可以区分二种光电化学电池。若在阳极和阴极的反应不同则光解的结果是产生净的化学变化,这称之为光解电池。若在阴极和阳极所发生的反应互为可逆,则称之为光伏电池,即有

$$\text{Red} + \text{h}^+ \longrightarrow \text{Ox}^+ \text{(阳极)}$$

和

$$\text{Ox}^- + \text{e}^- \longrightarrow \text{Red（阴极）}$$

其中 h 表示正的空穴。利用可见光进行光解水具有特别重要的意义。$[\text{Ru(bpy)}_3]^{2+}$ 吸收可见光 (452nm) 而被激发至 $[\text{Ru(bpy)}_3]^{2+*}$, 从而具有储存太阳能的潜力。根据前面（表 5.27）讨论，其有关的电偶对具有下列标准还原电位（V）：

−1.28	−0.86	−0.41	0.82	0.84	1.26
$[\text{Ru(bpy)}_3]^{2+/+}$	$[\text{Ru(bpy)}_3]^{3+/2+*}$	$\text{H}^+(\text{pH}=7)/\frac{1}{2}\text{H}_2$	$\frac{1}{4}\text{O}_2,\text{H}^+(\text{pH}=7)/\text{H}_2\text{O}$	$[\text{Ru(bpy)}_3]^{2+*/+}$	$[\text{Ru(bpy)}_3]^{3+/2+}$

因此,原则上 $[\text{Ru(bpy)}_3]^{2+*}$ 和 $[\text{Ru(bpy)}_3]^{3+}$ 分别具有还原 H_2O 成 H_2 和氧化 H_2O 成 O_2 的可能性，但要使之变为现实，还必须满足能量和对称性匹配规则，并使分子相互接近到有足够的轨道重叠。由于水分子很难使光敏剂 $[\text{Ru(bpy)}_3]^{2+*}$（一般记为 S^*）发生电子转移，因而要求使用中继物质 A。其作用是：①作为接受体能猝灭 S^*, 捕获其激发电子（或激发能）。②能与 H_2O 迅速进行电子交换。通常选择甲基紫精盐 MV^{2+} 之类的电子接受体作为媒介物 A, 这时会发生如式 (5.4.44) 所示的反应。产物自由基 MV^+。可以将水中的 H^+ 还原成 H_2：

$$2\text{MV}^+ + 2\text{H}^+ \xrightarrow[\text{催化}]{\text{Pt}} 2\text{MV}^{2+} + \text{H}_2 \tag{5.4.56}$$

也可以加入 EDTA 或三乙醇胺 (TEOA) 之类的电子给予体 D, 使之可以按照式 (5.4.57) 快速除去 $[\text{Ru(bpy)}_3]^{3+}$, 从而阻止式 (5.4.45) 所发生的反向电子转移：

$$\text{S}^+ + \text{D} \longrightarrow \text{S} + \text{D}^+ \tag{5.4.57}$$

例如

$$[\text{Ru(bpy)}_3]^{3+} + \text{R}_2\text{NCH}_2\text{CH}_2\text{OH} \longrightarrow [\text{Ru(bpy)}_3]^{2+} + \text{R}_2^+\text{NCH}_2\text{CH}_2\text{OH} \tag{5.4.58}$$

这样，在产生 H_2 后就可以使 A、S、$[\text{Ru(bpy)}_3]^{2+}$ 等复原，从而完成光催化循环。光敏剂复原了，真正消耗的是电子给予体 D。

最后从动力学上讲，为了加快反应，要求加入适当的催化剂 C, 通常放 H_2 时应用各种形式的 Pt 催化剂（放 O_2 时常用 RuO_2 作为催化剂）。有人提出 $[\text{Cr(III)(bpy)}_3]^{3+}$ 也可以代替 $[\text{Ru(bpy)}_3]^{2+}$ 作为光敏剂，虽然它的吸收波长 428nm 比较短些。但 $[\text{Cr(bpy)}_3]^{3+}$ 的最低激发态的寿命 (63μs) 比后者长两个数量级，且具有较高的还原电位 (1.46V)。非常稳定的卟啉体系也具有较强的 550nm 的可见吸收波长，常用作研究光合作用的光敏剂，综上所述的放氢原理，实际的放氢体系通常（但并非一定）包括有 S/A/D/C 这四种物质。1982 年报道 Grätzel 解决了 H_2 和 O_2 的分离问题，从而实现了既放氢、又放氧的双功能体系。

半导体电极光氧化还原反应近来引起人们广泛的注意 [参考式 (5.2.49)]。采用图 5.49 所示的光电池，利用近紫外光（只有大于对应于 SrTiO_3 能隙的 E_g = 3.2eV 光源才有效）照射 n 型半导体 SrTiO_3 电极，则在该阳电极上由水中放出 O_2, 释出的电子则由外线路流到阴极而在没有被照射的 Pt 电极上放出 H_2。高效半导

体的带隙应处在 $1.3\text{eV} \pm 0.3\text{eV}$ 内。

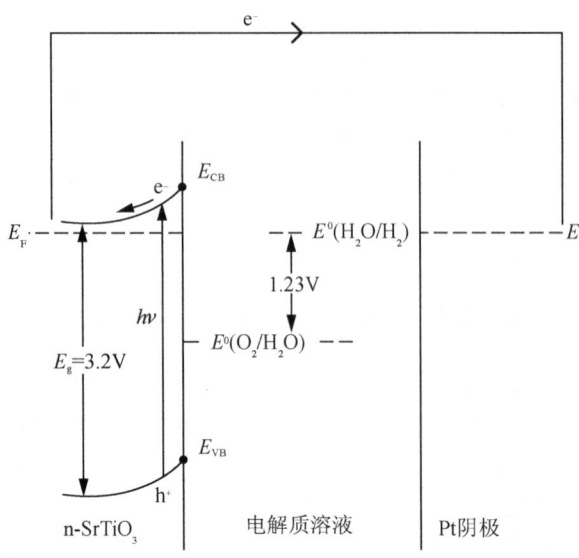

图 5.49 应用 $SrTiO_3$ 作为阳极电解水的光电池

光化学已成为合成化学及激发态本性研究的重要技术之一。低温光化学研究为热不稳定配位化合物的研究、特别是为催化活性物的制备及中间产物的光谱鉴定方面开辟了一条新途径。过渡金属配位化合物的光化学反应也有着广泛的实际应用。例如，利用光取代反应作为光敏体系

$$\underset{\text{无色}}{\text{W(CO)}_6} \underset{\text{TCNE}}{\overset{h\nu}{\rightleftharpoons}} \underset{\text{蓝色}}{\text{W(CO)}_5\text{TCNE}} + \text{CO} \tag{5.4.59}$$

或

$$\underset{\text{无色}}{\text{Mo(CO)}_6} \underset{\triangle}{\overset{h\nu}{\rightleftharpoons}} \underset{\text{黄色}}{\text{Mo(CO)}_5} + \text{CO} \tag{5.4.60}$$

一般将颜色的变化归之于对称性的降低及平均配位场强度的降低，从而导致配位场谱带的位移。金属卟啉配位化合物活化有机化合物的 C—H 键也引起人们广泛的兴趣。顺-反光异构化作用对于顺铂-$Pt(NH_3)_2Cl_2$ 抗癌药物也有应用前景。

5.5 配位化合物的光电功能

我们已熟知配位化合物在提取、分离、分析、催化、药物和环化等方面的传统应用。20 世纪 80 年代以来配位化学的前沿方向涉及有机金属化学、生物无机化学和固体无机化学。在它们的应用性基础研究中，值得重视的一个重点是我们早期从事的，从分子设计的角度，以合成功能性配位化合物为方向，对各种具有特殊光、电、热、磁等物理化学性质进行研究的光电功能配位化合物。固体化合物在光电子技术中的材料、信息、能源和生命科学等高科技发展的重大挑战面前大有作为。因此我

们将重点从配位化合物在溶液中的分子特性转向固体配位化合物的物理化学性质研究,它们在理论和实践中都有重大意义。本章将以一些典型实例来反映功能这方面的进展[65]。

5.5.1 固体配位化合物的导电特性

1. 固体中的电子传输

在 2.8 节中我们从能带理论讨论了晶体的电子导电性,固体的很多性质与其中电子的传输有关。

按宏观的欧姆定律,固体的电阻为 R 时,在电位差 $\Delta\phi$ 下有电流 $i = \Delta\phi/R$,如果样品的横截面积为 A,长度为 l,则电导率 $\sigma = l/AR$,电流密度

$$J = i/A = \Delta\phi/(RA) = \sigma\Delta\phi/l = \sigma E \tag{5.5.1}$$

其中,E 为电场强度。对各向同性物质电导率 σ 为一标量,对各向异性物质 σ 为一张量 σ_{ij}。微观上设想电流为荷电质量为 m 粒子的流动,它在电场下的加速度为 eE/m 的运动由于受到晶格振动(声子)或杂质的散射而受阻,其平均漂移速度 $\langle v \rangle$ 比例于电场强度 E。由式(5.5.2)可以定义比例常数淌度 u

$$\langle v \rangle = uE = -eE\tau/m \tag{5.5.2}$$

其中,m 为电子质量,τ 为弛豫时间(散射间的平均时间)。因此有 $\sigma = nqu$,q 为每个粒子的电荷,n 为粒子的密度,即单位体积荷电粒子数。按物理学自由电子理论可以证明,金属的导电率为

$$\sigma = \left(\frac{8\pi}{3}\right)\left(\frac{2m}{h^2}\right)^{3/2} E_F^{3/2} \frac{u}{T^r} \tag{5.5.3}$$

其中,$-3 < r < 3$ 为散射指数,m 为载流子(电子或空穴)的质量。在载流子较少的半导体中,对于本征半导体,由于同时存在电子(n)和空穴(p),其电导率为

$$\sigma = n_i q(u_n + u_p)$$
$$= 2eu_p(b+1)[2\pi(m_n m_p)^{1/2} kT/h^2]^{3/2} \exp[-E_g/(2kT)] \tag{5.5.4}$$

其中,$b = u_n/u_p$,故由 $\ln\sigma$ 对 $1/T$ 作图的斜率可以求出 E_g。对于掺杂了给予体(n型)和接受体(p型)的半导体,在低温下($kT \ll E_g$),当单位体积中给予体数目 $N_d >$ 接受体数目 N_a 时有

$$\sigma = \frac{4\sqrt{2} g(N_d - N_a)}{3h^{3/2}} \{le^2(2\pi m_n kT)^{1/4} \exp[-E_d/(2kT)]\} \tag{5.5.5}$$

其中,统计权重 g 对电子为 1/2,空穴为 2,l 为具有能量 E_F 电子的平均自由程。在高温区可以应用式(5.5.4)。

在固体的导电机理中,还有一种所谓的跳跃机理(hopping mechanism),它接近于溶液中的离子导电机理。在这种机理中,定域在原子或分子上的跳跃子借助热活化通过扩散过程而转移到它的邻近位置。由于这种定域载流子(hopper)的运动需要活化,即其淌度为 $u = u_0(T)\exp[-E_u/(kT)]$,可以导出其电导率为

$$\sigma = N_t \frac{g_i}{g} \left[\frac{N_d - N_a}{N_a} \right] eu_0(T) \exp[(-E_t + E_u)/(kT)] \quad (5.5.6)$$

其中,g_i 和 g 为简并度因子;N_t 为提供载流子的定域位置密度;E_t 为电离载流子所需的能量;E_u 为和淌度 u 相关的活化能。

2. 有机金属导体[66]

早期一般认为有机金属化合物是绝缘体。近 20 年来在作为功能性材料方面有了突出的进展,出现了一系列具有导体、半导体,甚至是超导体性质的材料。图 5.50 所示的 HMTTF-TCNQ(其中六次甲基四硫富瓦烯 HMTTF 的分子结构式为

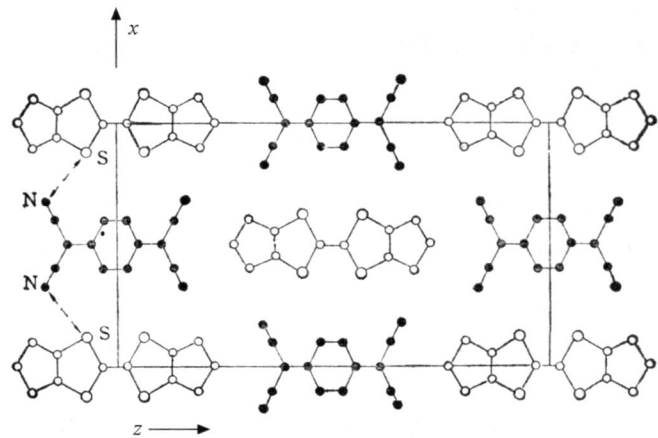

, TCNQ 为

电荷转移型 D-A 配位化合物就是其中之一。其特点是平面共轭的电子给予体(D, HMTTF)和电子接受体(A,TCNQ)在晶体中分别作一维、二维或三维的有序排列。沿着堆积方向,其中 HMTTF 间距离为 3.57Å,但 TCNQ 分子间距为 3.23Å。DA 之间发生图中虚线所示的部分电荷转移

图 5.50 HMTTF-TCNQ 的晶体结构(垂直于堆积轴方向投影)

$$D + A \longrightarrow D^+ + A^-$$

即

$$HMTTF + TCNQ \longrightarrow HMTTF^+ + TCNQ^- \quad (5.5.7)$$

因此这类化合物也被 Mulliken 等称为电荷转移配位化合物。从理论上不难导出这种中性 D 和 A 之间的电荷转移的作用能为

$$\Delta E_{CT} = (I_D - A_A) - (E_M + E_{ex} + E_{pol} + \cdots) \quad (5.5.8)$$

其中,I_D 为 D 的电离能,A_A 为 A 的电子亲和势,E_M 为离子间相互作用的 Madelung 能,E_{ex} 为交换能,E_{pol} 为极化能等。

实际上短距离的 TCNQ 之间还会发生电荷转移而形成混合价态化合物

$$TCNQ^- + TCNQ^0 \longrightarrow TCNQ^0 + TCNQ^- \tag{5.5.9}$$

在条件适当时这类弱 π 配位化合物还可以是双重电荷的三重态离子。例如, ESR 和光电子能谱(ESCA)等实验证实了 TCNQ 和 DBTTF 之间形成了图 5.51 所示的离子自由基晶体。金属配位化合物本身,例如,二茂铁和 S=[...M...]=S 等之间也可直接作为给予体和接受体。

这种平面堆积 DA 型配位化合物的同一维内分子间以 π 轨道相互重叠而形成导电能带。当增加不同维分子间的相互作用时,有助于抑制一维导体的金属-绝缘体的 Peierls 相变,从而有利于形成低温导体或超导体。非化学计量及杂质对制备完全有序的晶体当然是不利的。平面型配位化合物的分列成柱的有序排列可以是混合型的 DADA – DADA 型;或分立型的 DDDD – AAAA 型。对于由 TCNQ 形成的这类 DA 型配位化合物,经验表明,只有当 D 和 A 之间的还原电位 $E_{1/2}$(vs. SCE)在 0.1~0.4V 范围内才能恰好生成非整数 ρ 的电荷转移。电位太高则不发生电荷转移($\rho \ll 1$),太低则电荷完全转移($\rho = 1$),这都不利。因为当 $\rho = 1$ 时,每个 TCNQ 分子的低能带完全被

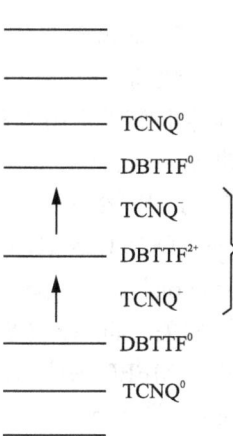

图 5.51 DBTTF – TCNQ 晶体中的层状排列

占据,电子只能越过能隙 U 通过跃迁 B 而达到较高的能带,从而不利于导电;当 $\rho < 1$ 时,则电子间相互作用明显降低,导带部分充满,电子可通过跃迁 A 到附近的空能级而不必越过能隙 U 而引起导电,在固体能谱中会出现能量较低的 A 带(图 5.52,参考 2.8 节,但涉及电子相关效应)。

除了这类电荷转移盐外,很多一维的卟啉或酞菁的金属化合物和金属有机夹层化合物也都具有导电特性。特别是含富瓦烯类 [...] 的 $(TMTSeF)_2X$($X = ClO_4$、ReO_4、PF_6 等)一类的 DA 型化合物,在 1.2K 还具有超导性质。

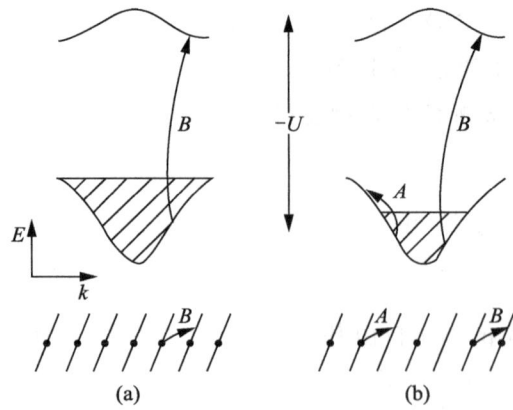

图 5.52　TCNQ 盐中分子柱的电子结构示意图

(a)$\rho=1$；(b)$\rho<1$

3. 快离子导体

快离子导体(fast-ion conductor,FIC)或超离子导体(super-ionic conductor)固体电解质是用来制备重要电学材料的无机化合物。和金属、半导体的电子导电机理不同，它是由材料中较小的阳离子(个别情况为阴离子)迁移而引起的，其淌度与水溶液中的离子淌度接近。它们可以是以聚氧化乙烯[—($OC_2H_4OC_4H_2O$)$_n$—](图 5.53)为基质的离子型盐或新型的 Na^+ 超离子导体 nasicon(Na^+-super-ionic conductor)。目前认为其高离子淌度和离子的无序排列密切相关。将 $Ag^+(SO_3CF_3)^-$ 引入低玻璃化温度的聚(二甲氯基乙氧基乙氧基膦嗪)(MEEP)中形成离子型盐配位化合物，其室温聚合电解质就是一种很好的 FIC 材料(图 5.53)。作为 FIC 材料必须符合一些结构条件：高的电荷载流子浓度，高的空位或晶体位置，离子跳跃的活化能低，迁移离子部分地占据了一系列能量上等价的位置，对于 In^+、Tl^+ 卤化物导体的变温，Raman 光谱实验表明，在产生无序相的温度下谱线总是变得更宽。这种具有 $d^{10}s$ 电子结构的 In^+ 和 Tl^+ 的淌度比具有 d^{10} 电子结构的 Cu^+ 和 Ag^+ 小，这与它们的电子云形状不同有关。

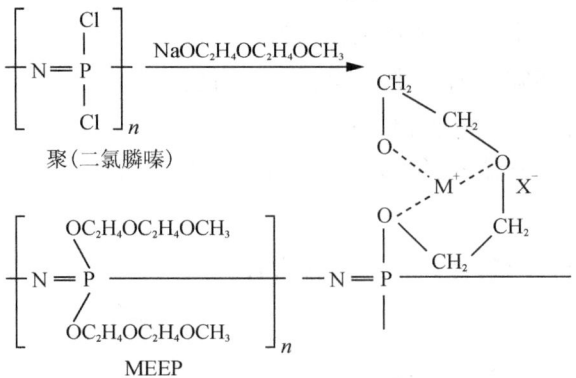

图 5.53　阳离子与 MEEP 的可能结合方式

快离子导体可用于化学传感器、高温化学电池和固体显示器件。例如,采用 $ZrO_2 - CaO$ 作为快离子导体的电池,可以作为汽车或炼钢工业中氧浓度测定器

$$Pt(s), O_2(g) | ZrO_2 - CaO | O_2(g), Pt(s)(\text{参考电极}) \quad (5.5.10)$$

这时它既是固体电解质,又是 O^{2-} 传感器。

利用快离子导体可以发展电致变色材料。例如,WO_3 是暗黄色固体,当注入少量电子给予体 Na 后生成 Na_xWO_3 而呈现深蓝色。由于这个变化快速而可逆,所以适于作为显示材料。V_2O_5 等也具有类似的电致变色性质。

5.5.2 固体配位化合物的光物理效应

我们着重讨论光学存储器和光电转换材料。光学存储器是一种利用可见、红外、紫外等电磁辐射波的读写和信息存储装置(如照相技术),它具有容量大、速度快的特点。

1. 永久性光谱烧孔法

永久性光谱烧孔法(persistent spectral hole-burning method, PHB)[67]是一种很有前途的分子电子技术,可用作波频区光存储器。普通的录像技术,斑点 $1\mu m$ 极限也远不能符合要求。我们熟知,当刚性分子作为客体嵌在主体晶格中时,若和晶格没有相互作用,则其吸收光谱是由于最低的、纯粹的电子或振动能量跃迁的贡献。这时若所有孤立的分子具有相同的环境,则呈现出窄谱线宽度 Γ_H 的吸收谱。实际的晶体、玻璃体或高分子中由于空位、位错或其他缺陷而使得分子处在不同的环境,使谱线不均匀变宽而成为 Γ_1 的谱线[图 5.54(a)]。当用谱线宽度窄于 Γ_1、频率为 ω_1 的 Laser 束去照射晶体的 A_1 微区时,如果实验温度低至使 $\Gamma_H < \Gamma_1$,则会有 Γ_1/Γ_H 数量级的 $(10 \sim 10^4)$ 分子受到激发。如果分子在这种光化学(或光物理)作用的诱导下,由于化学变化(或环境变化)而产生一种新的产物(或重新取向),则导致在谱图 A_1 处的光吸收将会降低(故称为光孔),而该产物又将在 A_2 处引起一个新的均匀峰包[图 5.54(b)]。只要对 Laser 进行不同频率调谐,就可对不同环境分子进行选择性"烧孔"。

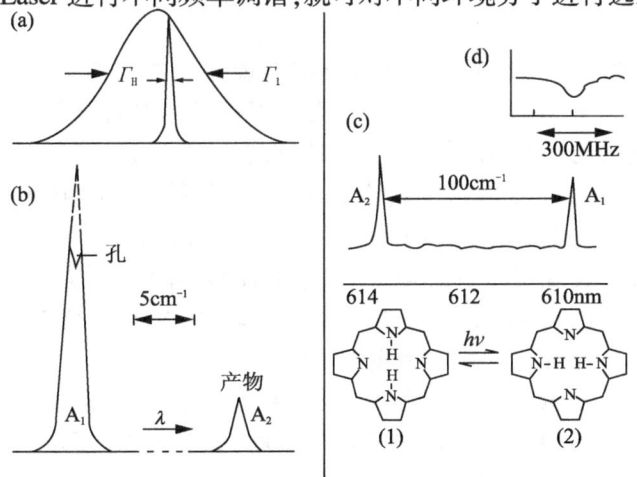

图 5.54 光烧孔作为光存储器的原理

可见对 PHB 材料的要求是高量子产率、不会光分解、光化学可逆、有谱线变宽,而且在频率 ω_1 下会有吸收降低。这样,有孔时作为二进制计数的 1,无孔时为 0。用这种器件原则上存储密度可达 $10^{11} \sim 10^{12}\,\text{bits/cm}^2$,酞菁染料的光异构作用[图 5.54(c)和图 5.54(d)],二阶稀土的光致电离和三价稀土离子核四极矩及超精细结构的光泵作用等都可用作此类材料。

2. 磁性反转法

由于原子磁矩间的相互作用,使固体配位化合物的磁性比孤立原子的更为复杂。从微观上,一方面,Pauli 原理要求电子自旋平行的电子尽量互相回避。另一方面,同一原子中的电子由于原子内的交换作用又要求自旋平行,这两种效应统计相关的结果也可能使相同自旋电子被空位所环绕。我们熟知有两种交换积分:邻近磁性原子间的直接交换积分,它随波函数的重叠度而增加;以及相距较远磁矩间的间接交换,它们可以是通过绝缘的中间的非磁性桥基而相互偶合(称为超交换作用),或者是通过金属中流动电子而相互偶合(以人名命名为 RKKY 作用)。

在固体中具有自旋 S_i 和 S_j 的两个相距 r_{ij} 的原子 i 和 j 之间的交换能可以抽象地表示为

$$H_{\text{ex}} = - \sum_{ij} J(r_{ij}) S_i \cdot S_j \tag{5.5.11}$$

对于原子内两个电子的直接交换,J 为正值,这就是熟知的 Hund 规则。对于原子间或非直接的交换,J 则可能是正值(自旋平行为基态)或负值(自旋反平行为基态)。根据固体中的磁子相互作用强弱可以将固体磁性粗分为五类;属于无协同作用的独立磁子可有反磁性及理想顺磁性这二类有长程有序的协同效应的强相互作用的磁体系可分为铁磁性($J>0$)、反铁磁性($J<0$)和亚铁磁性(二类铁磁性次晶格之间反铁磁性偶合)这三类。

很多金属氧化物可以通过金属和配位体桥的超交换作用而形成有技术意义的磁性材料(4.5 节)。所谓的超交换的实质是源自于:由形式价态所描述的定域电子状态,通过和激发态相互组合(混合)后导致阳离子和阴离子间电子转移而变得更稳定。

ABO_3 型钙铁矿($CaTiO_3$)(图 5.55)中出现强烈的阳离子 – 阴离子 – 阳离子相互作用就是一个典型的例子。A,B 之类的阳离子和阴离子之间只有在远距离的立方面对角线上才会出现,故直接交换作用很弱。但通过八面体位置中氧阴离子的 p 轨道和两边阳离子 d 轨道的共价混合,从而有利于邻近阳离子间的自旋反平行取向。根据固体的具体结构和阳离子的电子组态的不同,可能有各种超交换作用,钙钛矿型物质表现出不同的电子性质,$BaTiO_3$ 是铁电体,$SrRuO_3$ 是铁磁体,$LaFeO_3$ 是弱铁磁体,而 $BaPb_{1-x}Bi_xO_3$ 是超导体。$SrWO_3$ 等则由于这种强的阳离子 – 阴离子 – 阳离子相互作用而呈现导电性。

已有很多基于热效应的光记忆元件,其中最有商品意义的是薄膜穿孔方法。利用铁磁到顺磁性的热相变可以作成光存储器,如图 5.56 所示,在将物质加热到接近或高于 Curie 温度 T_c 时,在小的固定磁场 H_0 下其磁化性质发生逆转,则在光盘中[图 5.56(下)]存在一种磁化性的区域处在其相反磁化性的背景中。然后再用 Kerr 磁光效应(左右偏振光具有不同的折射性)或 Faraday 效应(左右偏振光有不同的吸收性)进行光读出(参考图 3.8)。这种磁膜材料有 GdCo、TbFe(即用电子束蒸发的 $Tb_{22}Fe_{78}$ 膜等)。

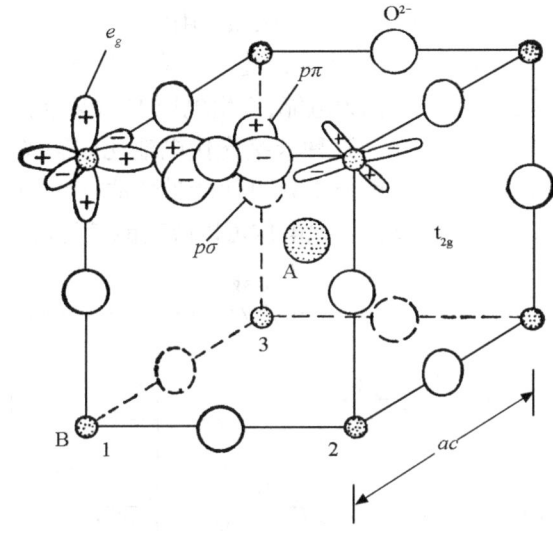

图 5.55 钙钛型矿 ABO_3 结构中阳离子-阴离子-阳离子间的相互作用

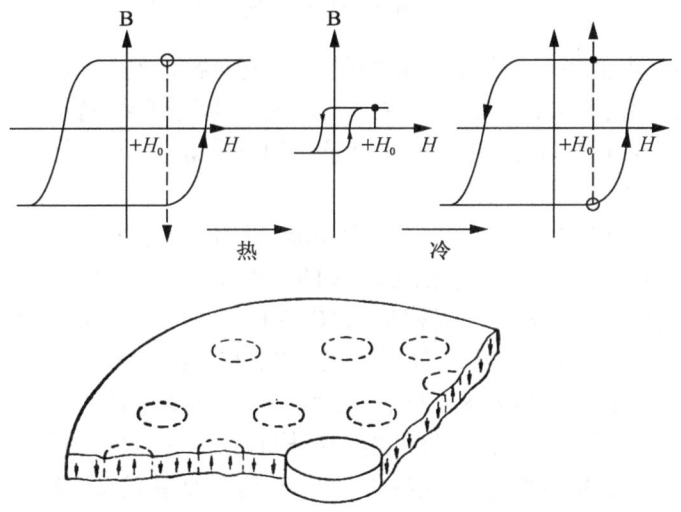

图 5.56 磁光记录器基本原理

3. 光电转换材料

太阳光能的开发具有重要意义,可以采用光电解池方法将太阳能转化为化学能,也可以采用光伏电池方法将太阳能转化为电能,图 5.57 为用浸于乙腈中的液接 n 型半导体 $GaAs_{1-x}P_x$ 作阳极,以 Fe/Fe^+ 作为氧化还原对 Red/Ox 的光伏电池示意图。在能量为 $h\nu$ 的光子激发下,电子 e^- 由价带激发到导带而在价带留下空穴 h^+,其中阳极和阴极分别发生反应

$$Red + h^+ \longrightarrow Ox^+ (阳极)$$
$$Ox^+ + e^- \longrightarrow Red(阴极) \qquad (5.5.12)$$

由上两式相加可见在电解质中没有发生净的化学反应。光子增加了半导体电极中自由电子的能量,并使其在回路中转化为电能,产生电压 V 后又重新回到基态。在自然光下,其转换效率已高达到 13.0%。这种液接光伏电池比固态光伏电池的优点是易于建立势垒(即只需将电极浸入电解质中就可使能带弯曲),可用多晶半导体膜而效率不会过份降低,调节电解质的氧化还原电位可以改变能带的弯曲情况。

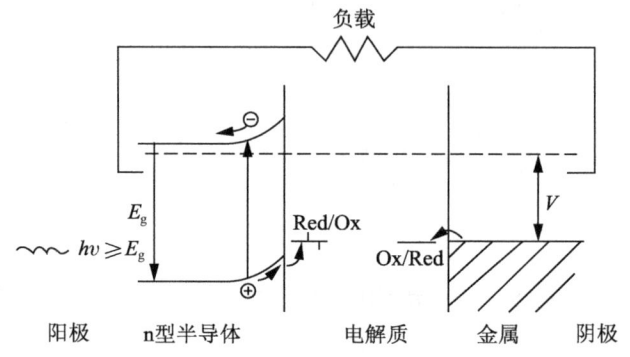

图 5.57　用 n 型半导体的液接光电池

在半导体光电池中半导体的光腐蚀是个严重问题。例如,对于 n-Si 用作电解池中的光阳极,则由于 $n\text{-}Si + h^+ \longrightarrow Si^{4+}$ 反应而产生光腐蚀,若在非水电解质中加入 $Fe(Cp)_2/Fe(Cp)_2^+$ 氧化还原对,则由于它和空穴 h^+ 的反应优先于电极而保护了 n-Si 阳极。

从上面几个简单的例子中,我们看到功能性配位化合物材料在近代高技术领域中的一些应用。这里还没有包括更广义的一些配位化合物材料的应用。例如,金属有机化合物用于化学蒸气沉积法(MOCVD)以制备 GeAs 等电子工业材料。立方 BN, Si_3N_4 一类的陶瓷,负温度系数的 $NiFe_2O_4$ 和正温度系数的 $MgFe_2O_4$ 一类的热敏电阻,$MnFe_2O_4$ 和 $BaFe_{12}O_{19}$ 一类用于磁带和变压器的软和硬铁淦氧体。

稀土化合物的功能与其特征性的电子结构有关。一般化学性质主要取决于外层电子结构,其光学和磁性等物理特性取决于其未充满的 $4f^n$ 轨道中的电子态。例如,三价稀土离子基态与激发态之间的丰富跃迁成为激光和发光材料的基础。$SmCo_5$ 一类的永久磁铁,$Ln_3Fe_5O_{12}$ 一类的磁泡存储器件,所谓 1-2-3 化合物 $YB_2Cu_3O_{7-x}(x \leqslant 0.1)$ 一类的超导材料,三元氟玻璃 $ZrF_4\text{-}LaF_3\text{-}BaF_2$ 作为光导纤维,以及其他一些在工业技术上有重大应用价值的金属聚合物、合金等。对它们的研究已大都独立成为特殊的分支学科了。

5.5.3 分子电子器件[68]

在电子工程技术领域中,经历了电子管、晶体管、集成电路、大规模集成电路和超大规模集成电路等五个阶段后,已达到在指甲大小的芯片上制成几十万个元件的水平。然而,理论和实验表明,要使电子布线小到 $0.1\mu m$ 以下,在 $1mm^2$ 的硅片上制作 250 000 个门电路是不可能的。集成电路的发展只能达到技术上所能允许的极限。为了进一步提高集成度,缩小体积及增加功能,人们渴望实现在分子水平上模拟生物过程以制造电子器件。所谓的分子电子器件(molecular electronic device)这门交叉学科就应运而生了。人们期望用分子电子器件制作的第六代计算机将会引起计算机领域乃至整个人类生活的巨大变革。

分子电子器件研究主要有三方面内容:分子线路、分子器件材料和分子传感器。在基础工作中要求在分子水平上进行单个分子的合成和分子之间的组装,进而对其分子间的能量传递,电子输送以及光、电、热、磁等特性进行一系列的研究。化学研究对于分子电子器件具有关键性意义。虽然目前大多集中于有机化合物的研究,但无机和配位化合物也已日益引起人们的重视。

首先我们介绍分子导线的概念。一般聚合物大多为绝缘体或半导体,它们的导带和价带间的能隙相当大。例如对于聚乙炔 $\{C\equiv C\}_n$,其电导率只有 $10^{-9}S/cm$。但经化学或电化学方法,掺杂成为 p 型或 n 型材料后,电导率却大为增加。例如,经加入作为受体 A 的 I_2,$LiAgClO_4$ 后,其电导分别升到 p 掺杂 $\{C\equiv H-I_y\}_x$ 的 $10^{-4} \sim 50S/cm$ 和 $\{C\equiv C-(AsF_5)_y\}_x$ 的 $10^{-4} \sim 5\times 10^3 S/cm$。这种金属-配体间的电荷转移的不完全性导致沿分子链的高电导,因而就可以作为"分子导线"。目前已制备了一种高达 $1.47\times 10^5 S/cm$ 的掺杂聚乙炔,它已经非常接近于 Cu 和 Ag 那种电导率为 $10^6 S/cm$ 的优良导体。

实际上这种从非导体转换成导体的机理还是比较复杂的。由于掺入受体 A 而使之和骨架间产生电荷转移,进而带电,从而会引起原子位置的微小、然而却是十分重要的结构变化。当掺杂程度较高时,在靠近掺杂离子附近,约在每个掺杂分子有 15 个碳原子组成这种小岛。如图 5.58(a) 中虚线所示,在此掺杂离子附近单双键变得不可区分了。这些小岛就开始重叠而产生新的能带。这种变化促使在一维聚合物中生成所谓的孤子、极子和双极子这三种带电"小岛"之一。例如对于具有简并基态的聚乙炔氧化[图 5.58(b)]。

首先电子由中性的 π 键转移到添加的受体 A 而形成无自旋的阴离子 A^-,在聚合物骨架上产生(p 型半导体)自旋为 1/2 的自由基和无自旋的正电荷(阳离子)。这个离域的阳离子相当于价带中的导电空穴。该空穴可能通过一维聚合键的构型重排而定域在链中某一区域,并和自由基相互作用(电子-声子偶合)而使体系更为稳定(在三维结构中不会发生)。这种电荷和自由基之间通过局部晶格变形的偶合就是所谓的极子。极子可以是阳离子(化学氧化),也可以是自由基阴离子(化学还原)。极子的形成使原来的能隙中形成新的定域电子态,其较低的能态

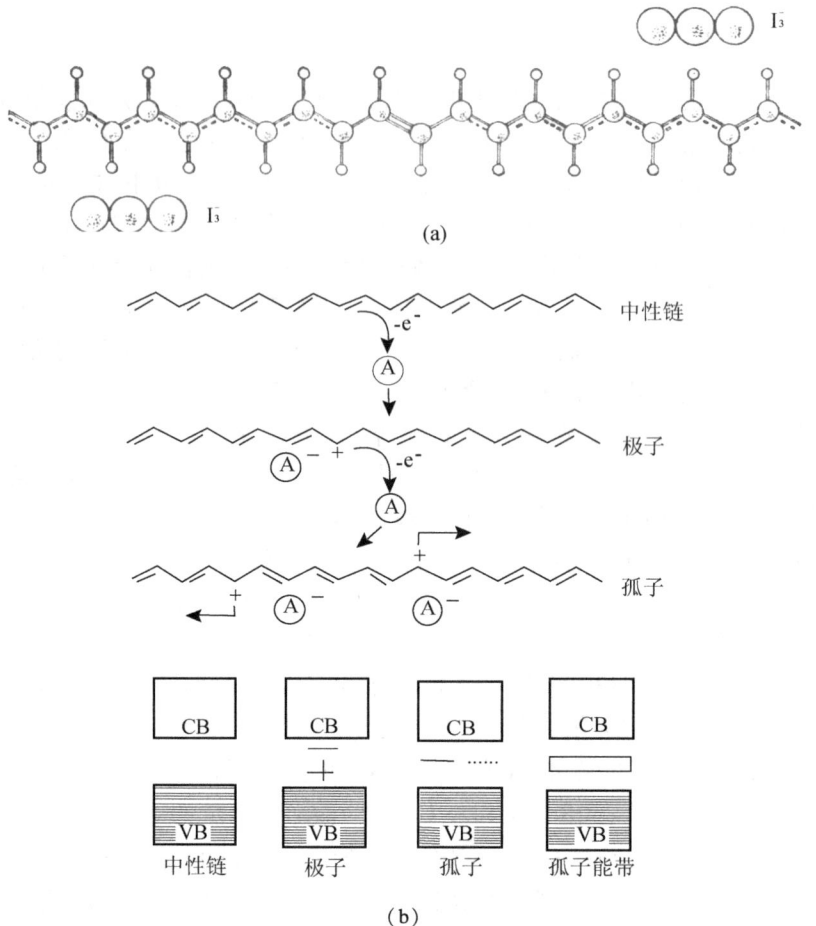

图 5.58 (a)具有离域正电荷的 p 型聚乙炔链及
(b)聚乙烯氧化形成的孤子、极子能级示意图

被单个未成对电子占据,所以极子有自旋[图 5.58(b)]。进一步氧化形成双阳离子。由于聚乙炔的基态为双重简并,所以两个带电的双阳离子不再相互束缚在一起,而是沿链自由地分开而形成相反取向,能量等价的成键形式,这种相就称为孤子(soliton),其隔离而离域的程度约为 12 个 C—H 键,它们聚集在掺杂离子 A^- 周围,电子态处在禁带中间。随着掺杂量的进一步增加,带电孤子相互作用而重叠成孤子能带,最后导致掺杂聚合物的金属导电性。

这种导电理论在解释聚乙炔链与链之间的导电时遇到困难,也许存在某种链间"跳跃"机理。对于高聚物导体具有宽广电导范围这一点还没有合适的解释。尽管如此,近几年来孤子理论已受到极大的重视。像位错、Josephson 结,低维固体中的自旋和电荷密度波等现象都可以从孤子概念进行阐明。

下面从化学观点通过一些模型对分子元件的功能进行介绍。

1. 基于氢键的分子信息存储元件

主要有两种方式。

1) 电场作用

氢键广泛存在于生物体系中。根据 DNA 存储信息的启发,人们发现一系列氢键体系可资利用。例如,对于图 5.59 所示的半醌,假定质量较轻的两个氢同时移动,则所引起的价键异构体具有对称双势阱的势能曲线(图 5.60),即氢原子并不完全定域在一个势阱中,而是在结构(a)和(b)之间振荡。

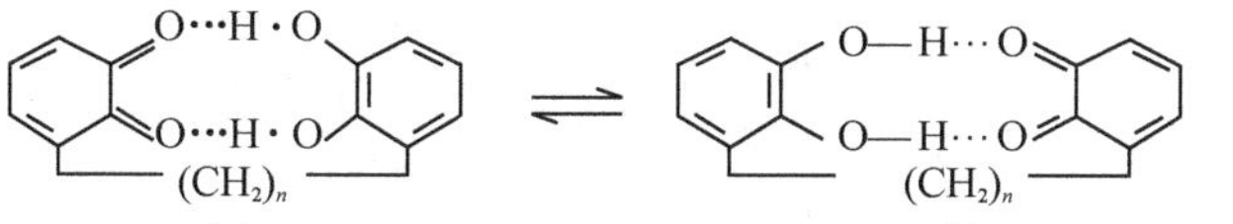

图 5.59 两个半醌的互变异构体

这类分子就可能起着按二进制记录信息 $a =$ "0" 和 $b =$ "1" 的作用。为此,必须使两个结构之间进行转换及识别。将分子彼此平行地取向并使其不会绕着垂直平面内的轴转动以使两个互变异构体可以区别。在一平行于分子长轴方向施加电场时,对称的双势阱受到微扰而变成非对称的,这时对下坡的隧穿作用(downhill tunneling),氢原子将采取势能较低的那种异构体方式,而反方向的隧穿作用在能量上将是不利的。因此,改变所施电场的极性(方向)就会接通"相反"的结构。

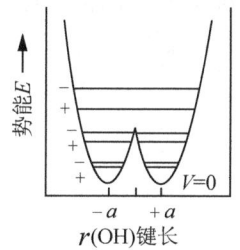

图 5.60 一维双势阱示意图

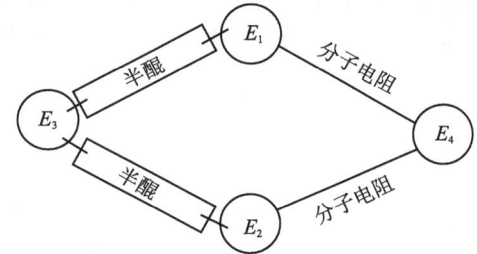

图 5.61 一个半醌的"或"逻辑线路图

我们注意到,氢原子的运动所引起图 5.59(a)和图 5.59(b)之间的转换也导致分子偶极矩的取向倒转 180°。由于真实的分子体系类似一个电容器,最后导致外电路中出现电流。图 5.61 表示了一个基于半醌的"或"逻辑线路。线路的操作如下:当在电极 E_3 和 E_4 之间施以电位差时,若在 E_1 和 E_2 间读出电流,则表示两个半醌线路中有一个(也只有一个)已经启动了。

可以用类似于在电场下(如 10^6 V/cm)α 粒子的衰减方法处理这种隧穿效应。曾经计算了模型化合物甲酸二聚体的势垒为 59kcal/mol(实验值 63kcal/mol),并由此得出其质子的运动途径、交换频率(bit,稳定性)及诱导隧穿速率(读/写时间)。还可以由 NMR 法估算其交换氢的交换活化能[7]。

2) 光化学作用

有很多分子内氢原子会在不同成键位置(势能极小)间发生位移的例子。例如 9-羟基-苯并萘酮(图 5.62)及谷氨酸[式(5.5.13)]就具有不对称氢键。在光化学开关中,要求这种不等价位置的势垒分得足够开,以避免因隧穿效应及热涨落使分子从一个状态到另一个状态而引起的干扰。图 5.63 表示一个上述分子光开关模型在外界光脉冲下的工作过程。图上三条势能曲线分别代表 a,b,c 三个态。电子基态(c)有两个分别对应于"态 0"和"态 1"的不等价极小,电子激发态(b)和(a)提供了作为开关的机会。由于键强及分子形状的变化,两个激发态势阱也都是不对称的,势阱高低也有所不同。

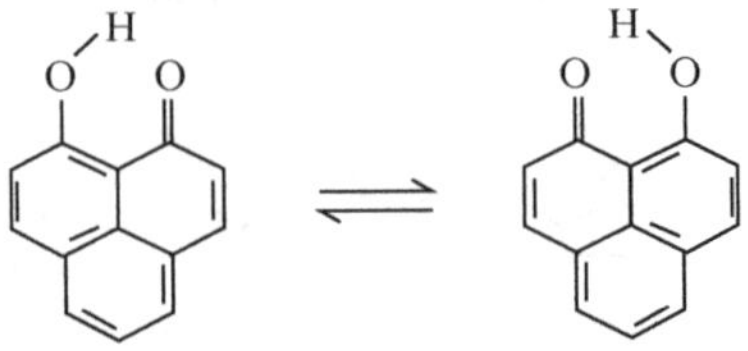

图 5.62 9-羟基-苯并萘酮中的不对称氢键

$$H_2N—CH_2—COOH \rightleftharpoons H_3\overset{+}{N}—CH_2—COO^- \quad (5.5.13)$$

在外界辐射 $\nu(0\to1)$ 的光照下,按照实线箭头,光开关由状态 0 而跃迁到低激发态 b 的状态 1,按 Franck-Condon 原理产生的振动激发态分子,通过振动弛豫而变到状态 1 的平均质子坐标,再经荧光衰减回到基态,从而起到质子开关的作用。

按照虚箭头路线通过光辐照 $\nu(1\to0)$,再由基态的状态 1 经过更高的激发态(a)返回到基态的状态 0。当然,所有这些跃迁都应符合对称性要求。和已有的基于全息照相的室温光色存储系统不同[8],这种方法要在低温下实现以消除吸收谱的重叠。不同异构体有不同光谱吸光度,这就提供了读出储存信息的方法。

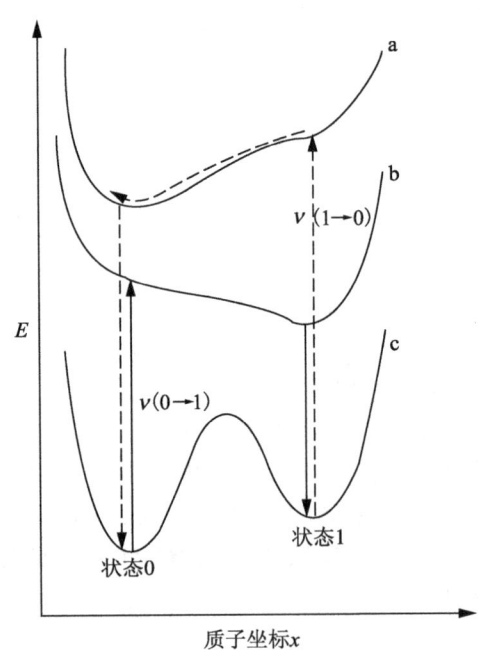

图 5.63 理想的光开关(表现不等价的质子互变异构体)

2. 分子水平的构型开关

很多分子晶体在外界光、电、热、磁等条件下发生变化时,分子的形状、化学键和生成或断裂、振动或旋转等性质会随之变化。通过这些几何的和化学的变化(例如共价键的重新排列)能实现开关和信息传输功能。可以用光谱特性或化学电位变化特性加以测定。

如前所述,在以分子大小的实体作为电子开关时,有机和无机结构化学家总是将不同的构型状态对应于不同的开关状态,以和电子计算机中的基本二元 0 和 1 逻辑关系类比。通常看重开发两种不同的现象。一种是速度接近光速的电子隧穿器件,另一种是比声速还慢的孤子型(soliton mode)信号传递器件(但却有高达 $10^{18}/cc$ 储存 bits)。这里着重介绍第一种器件。

图 5.64 上端表示电子对于串联的四个相同势垒的穿透情况。电子隧穿开关受其势阱的电势特性所控制,势阱的深度由邻近实体(称为控制基团 CG)的电荷重排所控制,如果入射粒子的能量 ω 严格地和虚拟态(点线)能量

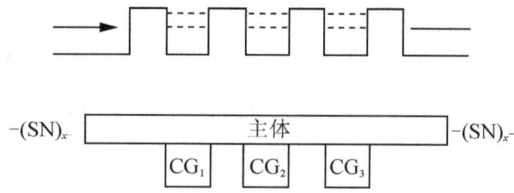

图 5.64 周期性电子隧穿效应及其控制开关

E_n(即空能级)相匹配($\omega = E_n$),则穿透系数 T 为 1.0,当能量不匹配时则,T 随势垒数目成指数形式衰减。图 5.64 下方为将分子器件当做一个主体(body),它连接有三个控制基团以调节势阱的深度,从而控制虚拟态的能量。这时该盒子就是一个内部装了四个势垒的半导体分子,其两端采用导电聚合物 $-(SN)_n-$ 作为分子导线。它也是含有大 π 键的共轭体系。各分子元件之间的连接以及与外界进行非光学的存取过程的系统都要采用"分子导线"。

从分子结构的角度来看,有四种可能的控制基团(图 5.65)。

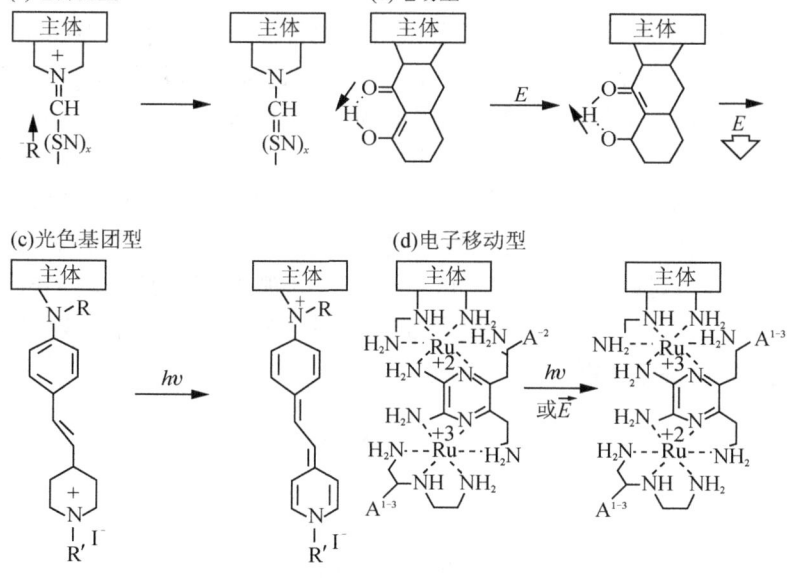

图 5.65 周期性隧穿效应控制基团的四种基本类型

(1) 电荷流型：CG 上荷电的季氮在和门电路（主体）的连接点处提供一个势阱。若这个氮上的正电荷被来自$(SN)_x$链的电荷流中和，则会强烈地改变该势阱的虚拟态能级而使开关关闭，即终止电子通过盒子。当然，这时季氮的构型也随之发生了变化。

(2) 电场型：由这种烯-醇互变异构体引起的效应较小。加上电场可以改变其偶极矩的方向，也可以由改变碳环的大小而改变偶极矩的方向。

(3) 光色基团型：从电荷移动距离的观点来看，它介于上述两种情况之间。这时，吸收光后，其正电荷移动十个原子之远，使靠近盒子的氮成为季氮。许多双亲性或染料分子都可以用作这种光活化基团。

(4) 电子转移型：主要借助于光活化或由电场驱动使过渡金属多核配位化合物中心离子之间的电子转移，且可由桥基大小对电子转移速率进行调节。以上的讨论虽然都是强调通过电荷的重新分配而进行控制，但这总是伴随有构型或构象的变化。

3. 共轭体系的孤子开关

从微观角度看，孤子是一种没有能量损耗的非线性结构微扰，它是由非线性波动方程精确求解得到的一个类似于沿一维或二维方向运动的"准质点"，和该准质点相关联的是它具有确定的能量、动量和速度。曾经认为孤子沿 a 螺旋轴转移几千个 Å 是 ATP（图 4.59）中键破裂所伴随信号的转移机理。该"孤子"波的运动必定和肽链中 —C—N— 键通过偶极矩的伸缩有关。（其中 C 上双键连 O，N 上连 H）

在共轭体系中不存在相应的偶极矩，但是单一双键的重排提供了孤子传递的一种机理。图 5.66 表示了一个孤子由左向右的传递。在孤子中心存在一个运动的"相"（带正、负电荷的孤子会在孤子中心产生比这种自由基更大的微扰）。在共轭链中电子的转移常常伴随着单键-双键的变换，这种现象在孤子开关中起着重要的作用。图 5.67 所示的"推-拉"双取代烯烃分子在光照活化下使之发生电子转移，同时在烯烃双键处发生单键-双键的构型变化。若该双键作为大的聚乙炔链的一部分，在光活化下，仍然可以发生电子转移。但是，当孤子沿聚乙炔链转移而使该双键变为单键时就不再发生光活化过程，即孤子"关闭"了内部电荷转移反应（图 5.68）。可以将这种开关的概念推广到多个链和不同的推-拉结构或发色团，从而组成密度高达 $10^{13} cm^{-3}$ 的开关。

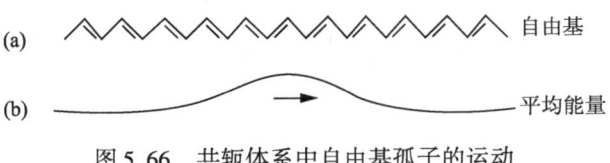

图 5.66　共轭体系中自由基孤子的运动

图 5.67 推-拉式烯烃

图 5.68 推-拉双取代烯烃嵌入反式聚乙炔的孤子开关作用

双稳定化学存储器:孤子发生器和反转器也可用作另一个储存单元的输入。图 5.69(a)存储单元可以独立地进行写/读。它是一种和含有两种价态 $M_{低}^{\delta+}$ 和 $M_{高}^{\delta-}$ 的过渡金属有关的构型存储器件。图 5.69(a)底部是一个用金属原子 M 作为电子隧穿开关("读"器件)的控制基团。驱动器(driver)通过产生"+和-"电荷而控制金属环中的价态 δ。当驱动器的电荷反转成"-和+"时,使得桥配位体 B 向新的价态 M^{δ} 原子运动,而变换金属原子的价态。

虽然我们没有对驱动器的本性进行说明,但从图 5.69(b)不难看出,一旦驱动器从孤子发生器接受两对孤子,就使金属电荷 δ 反转而作为信息存储。

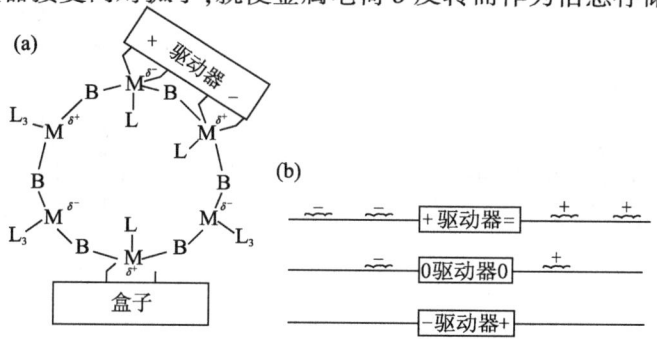

图 5.69 双稳态存储器(a)和用两对孤子反转驱动器的电荷存储器(b)

4. 大环配位化合物电子器件

一维大环配位化合物可以用作分子器件以模拟半导体的门(gate)电路。图 5.70 表示用一个以氟为桥基的酞菁 – Ga 的轴向堆积物[图 5.70(a)]来模拟非或(NOR)门[图 5.70(b)]的分子结构。这种堆积主要由图 5.70(c)中的型环组成，其中氟桥在环之间形成一个绝缘势垒；大部分环上用 $-CH_2-SO_2^-$ 基团代替了 $\left(SN\right)_n$ 导电链。

显然，所有的环 C 都带有含 $\overset{+}{C}=N$ 的控制基团或空控制基团(dummy control group)，这两类控制基团确定了隧穿效应所必需的周期性势阱，从而改变开关状态。

图 5.70 中酞菁 – Ni 环 D 通过 Ni—S 键[图 5.70(d)]连接地线和负电位，并以 $(SN)_n$ 作为输出导线。这种端基环也可以作为层迭桥连酞菁环的一个适当环境。通过 $\left(SN\right)_n$ 导线 A 或 B 引入电子而中和 $\overset{+}{C}=N$，结果足以陡然改变环的电位而截断通过环的电子隧穿效应。

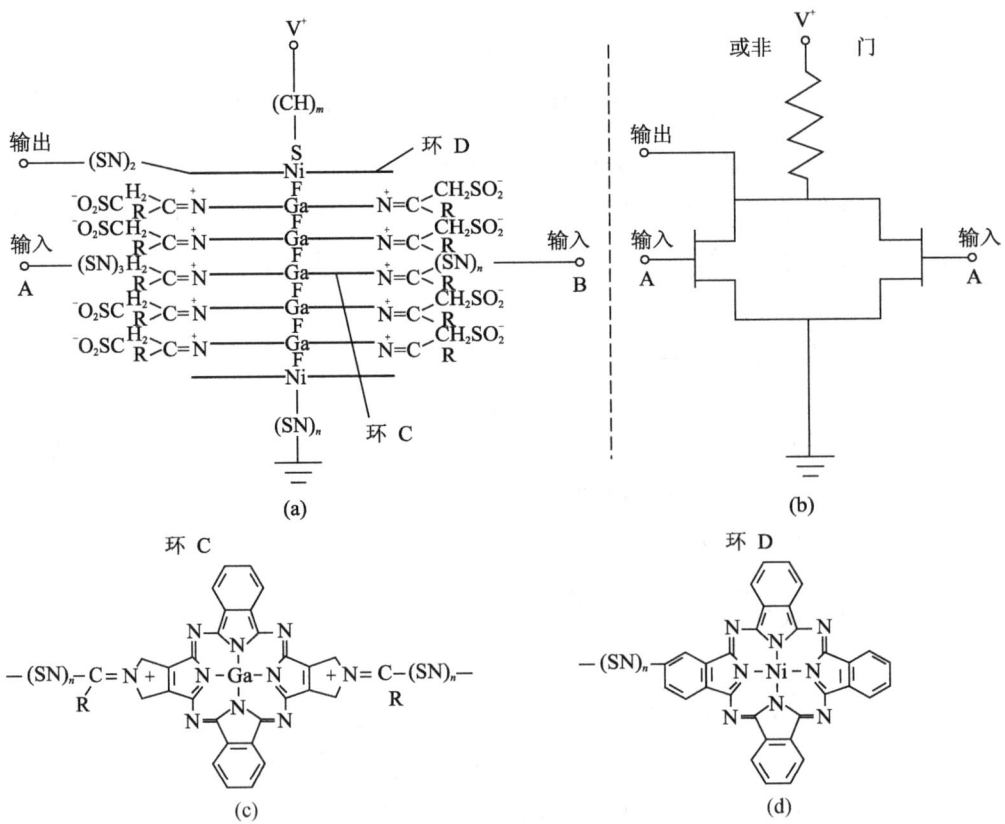

图 5.70　氟桥层状酞菁镓分子模拟 NOR 门

讨论以共面连接、部分氧化的大环分子所组成分子序列的导电特性,对分子器件有一定的意义。由 M(Pc)(OH)$_2$ 之类的大环化合物在 300~400℃/1.33×10^{5}Pa 下经缩合后再和卤化物 A 共结晶,合成了面对面的混合价低温性类金属材料(图 5.71),并测定其电导及活化能等数据。类似地,现在已经合成了一系列线型有机金属高分子化合物(图 5.72)[69],其中按金属结合的部位可以分为三类:Ⅰ为金属结合于主链之中,Ⅱ为结合于侧链部分,Ⅲ为金属被"夹"于有机或无机层状大分子之间。Ⅰ类按其结合方式又可分为金属与碳以 σ 键结合(A);金属与碳以 π 键结合(B);金属与 O、S、N、P 相结合(C);含金属 – 金属键(D)。它们的导电性能已引起人们广泛的注意。

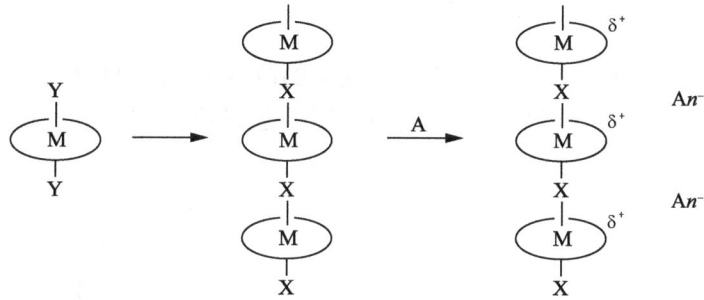

图 5.71　产生共平面金属酞菁系列的聚合反应

M = Si、Ge、Sn 和 Ni 等;圆圈代表酞菁环(Pc);当 Y = OH 时,X = O;An$^-$ 为阴离子

分子隧穿器件或层状半导体都可以近似地看做一维问题,可用 Schrödinger 波动方程对更一般的情况进行了求解。

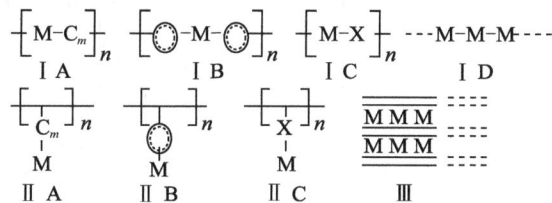

图 5.72　线形有机金属高分子示意图

可见光的诱导顺磁共振也可形成开关。血红蛋白在生物体系中的功能之一是负载体内生化反应所需的氧气。载氧前后的自旋特性明显不同。我们熟知,很多 d^4、d^5、d^6 和 d^7 的八面体过渡金属从弱配位场到强配位场时,对应于电子从 e_g 轨道跃迁到 t_{2g} 轨道,同时引起自旋 S 和磁性的变化。例如,对于处于强场的载氧血红蛋白,$S = 0 (t_{2g}^6)$,而在弱场的脱氧血红蛋白中,$S = 2 (t_{2g}^4 e_g^2)$。

由可见光引起的这种顺磁共振形式,不仅可以研究结合氧的分子动力学过程,而且为我们提供了一种新的开关特性,即由反磁性转变为顺磁性过程中的顺磁性开关性质。可以根据配位场理论进行分析和特定的设计。

分子电子器件是以分子(包括生物分子)作为信息载体。它的一个特点是有序的分子系统,其中分子之间主要靠分子间引力而有序地结合(组装)在一起。为了保证分子有序组装,目前广为采用胶体化学中的 Langmuir-Blodgett 膜(LB 膜)方法。

图 5.73 表示了利用 LB 膜方法,分别以脂肪酸盐 $M\left(RC\begin{matrix}O\\ \parallel\\ O^-\end{matrix}\right)_2$ 中 $M = Cd^{2+}$ 和 Mn^{2+}

的溶质分子转移到固体表面上所得的有序磁性单分子膜。这种成膜物质一般都具有

疏水的—R 官能团和亲水的 $-C\begin{matrix}O\\ \parallel\\ O^-\end{matrix}$ 官能团,因而它们可能在液-气界面上取向

而自组装成二维的单分子或多分子层膜。图中的单分子膜还可以作为二维磁交换研究的模型。L-B 膜在模拟细胞膜方面的重要性更是不言而喻的。由这种概念所发展的有序表面科学有可能导致新的性质及规律。

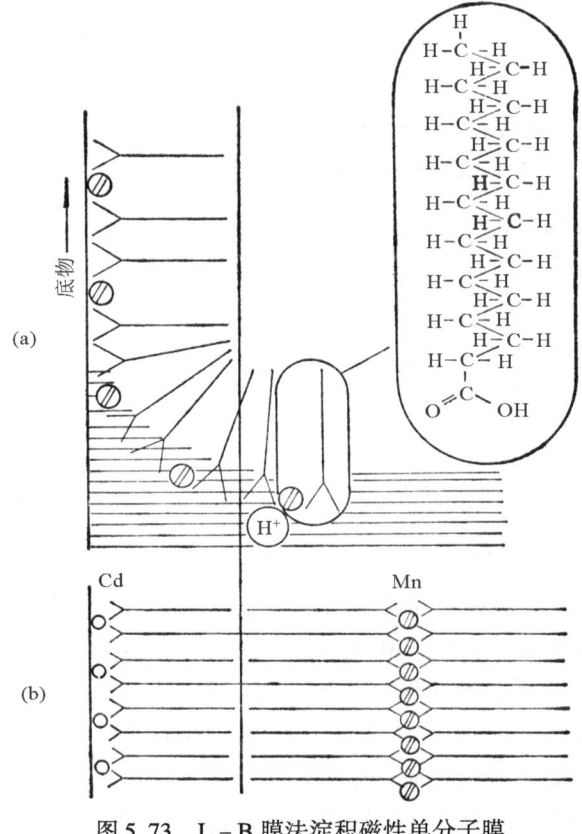

图 5.73　L-B 膜法淀积磁性单分子膜

当前的分子电子学水平仍大都处于基础工作和模型研究阶段,它的发展也涉及并促进了一系列基础理论研究及高技术的开发。

5.6 小结和进展——功能配位化合物的分子工程和分子器件

随着高新技术的发展,作为光、电、热、磁等功能材料大都是以原子(或离子)为基础的原子基础材料(atomic based materials)。例如,$YBaCu_2O_7$ 的超导体等。近几十年来,以分子为构筑块基础的分子基材料(molecular-based materials)也得到蓬勃的发展,例如,$[ET]_2[Cu(SCN)_2]$ 的超导体。所谓材料,字典上的一般含义就是"有用的物质",而分子材料则可以定义为由能保持原有单体分子骨架的分子所构成的材料[1,70]。

本章我们分别介绍了配位化合物的一些典型物理化学性质。不言而喻,人们可以进一步基于这些配位化合物和超分子间各个构筑块相互作用及识别过程所导致的特殊性质、以设计和构筑各种预期光、电、热、磁功能的分子材料。和一般的原子基材料不同,分子基材料的特点是低温的"软"反应条件和便于分子设计及剪裁的繁多结构。本节我们将以涉及光、电、磁等功能的一些代表性示例,讨论两个主题:①在主体上表现出宏观物理性质的材料;②在微观水平上发挥功能的分子电子器件,详情参考专著[1]。值得强调的是物质的宏观物理性质并不具体的说明它的价键和结构,但和它所具有的对称性密切相关和匹配。表5.28列出了哪些性质可以出现在哪些标有数号或+号的点群,其中标有相同数号的点群表示他们的各向同性物理属于同一类型。例如,由表2.58可知 C_{4h} 点群的物质不可能具有旋光性而可能具有铁磁性。下面举几个新近发展的领域加以说明。

5.6.1 分子铁电体

在5.3节中我们论述了由于分子中有未成对电子产生一个类似于小磁铁的分子磁偶极矩 μ_M。当一群分子聚集在一起而成为固体时,在高温时由于分子磁偶极矩(简示为↑)的无序取向成为顺磁性相。但当温度降低到临界温度 T_c 时就可能发生相变而成为 μ_M 取向有序的铁磁(↑↑)或反铁磁性(↑↓)。与此类似,下面讨论具有电偶极分子在电场下铁电体的形成。[71]

对于具有电偶极矩的分子,由于分子中正电荷的非中心对称性或晶胞中原子正负离子电荷重心位置发生相对位移(参考图5.74中的尿素和 $BaTiO_3$ 而形成非中心对称)就会产生电偶极矩 μ_e。因而在晶体中每个晶胞中原子不同的取向所产生的偶极矩会在晶体中呈现一个特殊的正—负电荷不重叠极化方向,这个方向是在晶体所属点群的任何操作都是不变的。这就对晶体所属的点群对称性附加了此极性的限制。结果是它只能属于 $1(C_1)$、$2(C_2)$、$m(C_s)$、$mm2(C_{2v})$、$4(C_4)$、$4mm(C_{4v})$、$3(C_3)$、$3m(C_{3v})$、$6(C_6)$ 和 $6mm(C_{6v})$ 这十个点群,特将它们称为极性群。并且只有这类晶体才可能具有铁电性(表5.28)。

表 5.28 晶体的点群及其物理性质

晶系	点群 熊夫里符号	国际符号 完全符号	国际符号 简化符号	对称元素	X射线图像的劳埃对称性	光性热延展热导性压缩性	旋光性对映体	热电性	压电性	铁电生	倍频性
三斜晶系	C_1	1	1	$\underline{1}$	1	1	1	1	1	+	+
	$C_i(S_2)$	$\bar{1}$	$\bar{1}$	i	1	1	–	–	–	–	–
单斜晶系	C_2	2	2	$\underline{2}$	2	2	2	2	2	+	+
	$C_s(C_{1h})$	m	m	m	2	2	3	3	3	+	+
	C_{2h}	$\frac{2}{m}$	$\frac{2}{m}$	$\underline{2},m,i,$	2	2	–	–	–	–	–
正交晶系	C_{2v}	$mm2$	$mm2$	$\underline{2},2,m$	3	3	4	2	4	+	+
	$D_{2(v)}$	222	222	$3\underline{2}$	3	3	5	–	5	–	+
	$D_{2h(vh)}$	$\frac{2}{m}\frac{2}{m}\frac{2}{m}$	mmm	$3\underline{2},3m,i$	3	3	–	–	–	–	–
四方晶系	C_4	4	4	$\underline{4}$	4	4	6	2	6	+	+
	S_4	$\bar{4}$	$\bar{4}$	$\bar{\underline{4}}$	4	4	7	–	7	–	+
	C_{4h}	$4/m$	$4/m$	$\underline{4},m,i$	4	4	–	–	–	–	–
	C_{4v}	$4mm$	$4mm$	$\underline{4},4,m$	5	4	–	2	8	+	+
	$D_{2d(vd)}$	$\bar{4}2m$	$\bar{4}2m$	$\bar{\underline{4}},22,2m$	5	4	8	–	9	–	+
	D_4	422	422	$\underline{4},42$	5	4	6	–	10	–	+
	D_{4h}	$\frac{4}{m}\frac{2}{m}\frac{2}{m}$	$\frac{4}{m}mm$	$\underline{4},42,5m,i$	5	4	–	–	–	–	–
三方晶系或菱面体晶系	C_3	3	3	$\underline{3}$	6	4	6	2	11	+	+
	$C_{3i}(S_6)$	$\bar{3}$	$\bar{3}$	$\bar{\underline{3}}$	6	4	–	–	–	–	–
	C_{3v}	$3m$	$3m$	$\underline{3},3m$	7	4	–	–	12	+	+
	D_3	32	32	$\underline{3},32$	7	4	6	–	13	–	+
	D_{3d}	$\bar{3}\frac{2}{m}$	$\bar{3}m$	$\bar{\underline{3}},32,3m,i$	7	4	–	–	–	–	–
六方晶系	C_6	6	6	$\underline{6}$	8	4	–	6	+	+	
	C_{3h}	$\bar{6}$	$\bar{6}$	$\bar{\underline{6}}$	8	4	6	–	14	–	+
	C_{6h}	$\frac{6}{m}$	$\frac{6}{m}$	$\underline{6},m,i$	8	–	–	–	–	–	+
	C_{6v}	$6mm$	$6mm$	$\underline{6},6,m$	9	4	–	2	8	+	+
	D_{3h}	$\bar{6}2mm$	$\bar{6}2m$	$\bar{\underline{6}},32,\underline{4}m$	9	4	–	–	15	–	+
	D_6	622	622	$\underline{6},62$	9	4	6–	–	10	–	+
	D_{6h}	$\frac{6}{m}\frac{2}{m}\frac{2}{m}$	$\frac{6}{m}mm$	$\underline{6},62,7m$	9	4	–	–	–	–	–
立方晶系	T	23	23	$4\underline{3},32$	10	5	9	–	16	–	+
	T_h	$\frac{2}{m}\bar{3}$	$m3$	$4\underline{3},32,3m,i$	10	5	–	–	–	–	–
	T_d	$\bar{4}3m$	$\bar{4}3m$	$4\underline{3},34\,6m$	11	5	–	–	16	–	+
	O	432	432	$4\underline{3},34,62$	11	5	9	–	–	–	–
	O_h	$\frac{4}{m}\bar{3}\frac{2}{m}$	$m3m$	$4\underline{3},34,62,$ $9m,i$	11	5	–	–	–	–	–
点群数目 类型数目		32	32	32	32 11	32 5	15 9	10 3	20 16	10	20

由于晶体中的分子(或离子)的构型及性质一般会随温度而变化。这种属于极性群的铁电固体在高温时为无序的顺电体,而在降低到某个特定的临界温度 T_c 以下就会发生相变而成为电偶矩 μ_e(用↑表示)有序排列为铁电体(↑↑)或反铁电体(↑↓)[71]。和分子铁磁体类似[参见式(5.3.2),图5.56 只是用 P 和 E 代替铁磁体中的 M 和 H],这种铁电体的摩尔极化度 P 随外加电场 E 而变化的实验也可以得到电弛回曲线。铁电性在高新技术中作为电开关、记忆和光电器件方面有很大的应用,也是研究固体相变中最有代表性方向之一。

在凝聚态物理中发现 $BaTiO_3$ 之类大量的无机铁电体外,早在1922年就发现了 Rochelle 盐酒石酸钾钠的第一个分子型铁电体。分子型铁电体研究不多,但它具有质量轻、可剪裁、临界温度 T_c 低、柔塑性和无毒等优点而日益受到重视。在分子铁电体进行分子设计时,常可借鉴无机铁电体中使用的原理,从微观角度进行阐明。图5.74 列出了一些典型的无机铁电体(a)和有机的铁电或反铁电体(b)[72],其中 PVDF 为二氟聚乙烯。

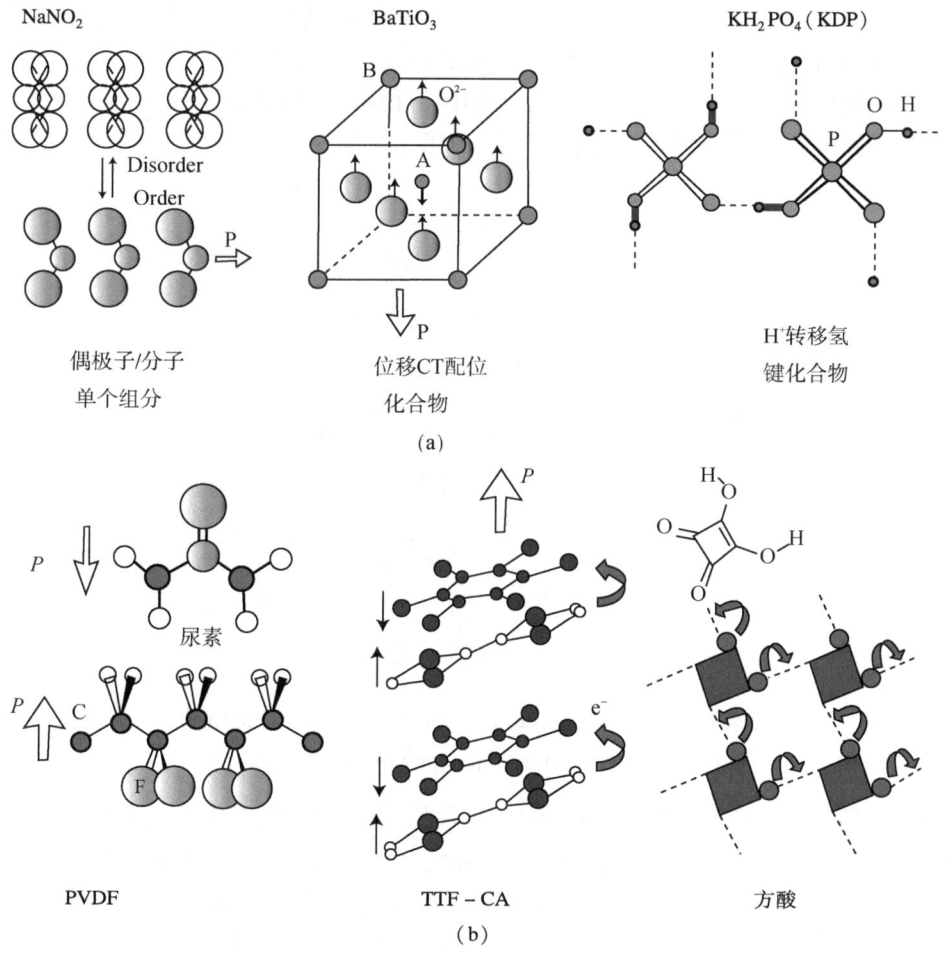

图 5.74　铁电材料的设计及其电偶极矩 p(箭头)或电极化度 P(虚箭头)

由图可见这些分子铁电体中大部分是基于非共价的二种以上的组分,通过分子位移或电子或质子的集体转移机理而形成的。图 5.74(a) 中的 $NaNO_3$ 是利用极性分子或离子的永久偶极矩及其重新取向而产生自发极化作用。这时偶极矩经取向后从它原来的无序的顺电性转向有序的铁电性,所以这就属于偶极矩有序—无序相变。很多低分子、聚合物和液晶都属于这种类型。

在无机铁电体中最广泛的一类是钙钛矿的 $BaTiO_3$ 结构,图 5.74(a) 中为它的一个简单立方晶胞(空间群为 P4mm)。其中正氧八面体有 3 个四重轴,4 个三重轴和 6 个二重轴。这类铁电体的自发极化主要来自离子半径较小的 Ti^{4+} 离子偏离中心的的运动,它的移位方向一般是沿着其中 3 个高对称的三次轴之一,因此自发极化方向就是这 3 个四次轴之一。这种类型称为离子位移型相变。

另外一种是图 5.74(a) 中所示的氢键型铁电体,它是由于氢键体系中的质子运动过程所触发晶格中的铁电有序。典型的例子是在 KH_2PO_4 (简记为 KDP)中的 O—H⋯O 键中的质子从一个位置迁移到另一个位置而启动的自发极化作用。在分子铁电体中出现的还有 TTF-CA 之类的电荷转移型(CT)配位化合物,真实的分子铁电体可能是介于上两种以有序—无序和位移型的混合型或多组分型分子铁电体。对于电荷转移型的电荷或自旋 Peierls 不稳定性,以及后面要介绍的快速/光开光分子器件工程的设计方面也是目前一个新动向。

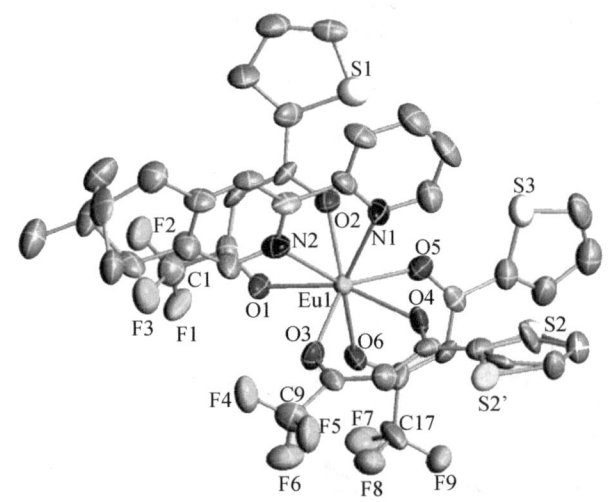

图 5.75　配位化合物 $Eu(tta)_3(-)(pinene\ bipy)$ 的结构

(剩余极化 Pr = $0.022\mu c.\ cm^{-1}$;骄顽电场 E_c = 25KV)

如前所述,极性对称点群都是非中心对称的,因而有可能对于本来不具有铁电性的配位化合物附加上一个具有手性的基团而使其具有铁电性。为此我们利用具有强吸电子基团 CF_3 的三氟噻吩乙酰二酮(tta)和稀土离子配位,从而使分子内部的正负电荷中心产生较大程度的分离而形成偶极矩,同时引入一个手性基团 L(松香联吡啶衍生物)制得了铁电体 $[Eu(tta)_3L]$,对配位化合物 1 为 $L_{R,R}$ = $(-)$-(pinene bipy),对 2 为 $L_{S,S}$ =（+）-（pinene bipy）组成的对映体（图 5.75）[73]。其极性点群为 $P2_1$，从而获得一类新的分子基铁电体。令人感兴趣的是，设计的基块结构简单而便于合成，这种中性分子间没有任何溶剂，只靠分子间范德华力连接，所以化合物的挥发性高，适合低温气相沉积法制膜，膜稳定性好。铁电性质结果（图 5.76）表明剩余极化率（P_r）提高了两个数量级。这是一种新型兼具无机和有机特性的配合物铁电薄膜，它为分子基铁电体研究提供了一个新的思路。显然这一对手性对映体具有相同的电磁回曲线。对它们在不同温度下的介电常数 ε 和介电损耗 δ 进一步实验表明，其极化方向可能是沿晶体 b 轴由正的 Eu^{3+} 指向电负性较大的偶极矩 CF_3 基团。

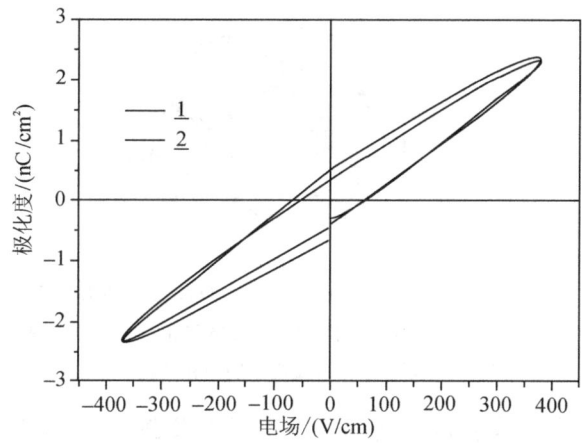

图 5.76　配位化合物 1 和 2 薄膜的 E-P 电磁回线

5.6.2　纳米单分子磁体

大量磁性分子形成的如图 5.56 所示的宏观铁磁性物质的特征是其晶格中全部磁矩或磁畴通过协同效应自发地平行有序排列而呈现磁滞回曲线。随着纳米光电技术的发展，人们在探讨一个纳米大小的分子磁体是否有可能也呈现磁滞回效应而作为纳米信息材料。为此考虑具有 n 个自旋组分的化合物，对于 n 为 ∞ 的体块材料，在临界温度 T_c 以下可能具有铁磁性、亚铁磁性或反铁磁性。当使这种铁磁性材料被粉碎而使 n 变小，颗粒大小减小到一定程度时，会呈现和粒子体积 V 成正比的磁各向异性。此时其磁化作用处于铁磁性和简单顺磁性之间而成为超顺磁体，这是磁性纳米材料必然出现的宏观性质的表现之一。磁性纳米粒子磁化强度 M 的弛豫时间 τ 可以表示为指数规律：

$$\tau = \tau_0 \exp[KV/(kT)] \qquad (5.6.1)$$

其中，K 为体积各向异性系数；k 为玻耳兹曼常量；τ_0 为没有各向异性时的弛豫时间。

在一个纳米大小的金属簇合物分子中，当每个磁性金属离子的自旋都定向排列,就有可能使一个分子具有与块材磁体类似的磁结构。例如图 5.77 所示的 $[Mn_{12}O_{12}(O_2CMe)_{16}(H_2O)_4]$(简写为 $Mn_{12}Ac$)簇合物分子中,外围 8 个 Mn^{3+}(d^4,$S_i = 2$)为自旋向上,中心 4 个 Mn^{4+}(d^3,$S_i = 3/2$)为自旋向下,分子总自旋值 $S = 8 \times 2 - 4 \times \frac{3}{2} = 10$。分子中各个 Mn 离子之间有短程相互作用,就像是块材亚铁磁体中的一个磁畴,尽管尺寸上要小得多,但仍然能够具有类似磁回性质,从而有望作为高密度信息材料。这就是第一个呈现单分子磁体(Single Molecular Magnets,SMM)性质的配位化合物[74]。

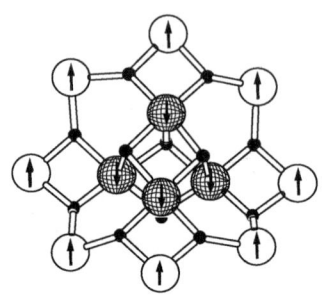

图 5.77 $[Mn_{12}O_{12}(O_2CMe)_{16}(H_2O)_4]$簇合物结构示意图

略去一部分有机原子,仅保留金属和 μ_3-O 桥原子,箭
头↑和↓表示分子中金属离子磁矩和外磁场的相对取向

单分子磁体的唯象自旋哈密顿可以用下式来表示[参考式(3.6.22)]

$$\hat{H}_S = \beta H \cdot g \cdot \hat{S} + \hat{S} \cdot D \cdot \hat{S} \tag{5.6.2}$$

其中第一项为 Zeeman 效应,第二项为由自旋–轨道耦合或低对称场引起的零场分裂,由此引起的能量变化为 $\Delta E = |D|M_s^2$,在磁场中零场分裂能级有两个简并的能量最低态 $M_s = +S$ 和 $M_s = -S$(图 5.78),如要使分子自旋从 $M_s = +S$ 跃迁到 $M_s = -S$,需要越过一个势垒 $|D|M_s^2$。实验表明,这个势垒比按热激发求出的势垒 ΔE_T 要低,这就表明在这两个简并的状态间具有量子隧穿效应。它的两个自旋态可以视作计算机中的 0 和 1,从而使它可能成为信息器件。这类簇合物分子大小(1~5 nm)已达到纳米尺寸范围,以其特殊的磁滞回效应、慢弛豫性质和量子隧穿效应而备受关注。它的量子效应也使之可能成

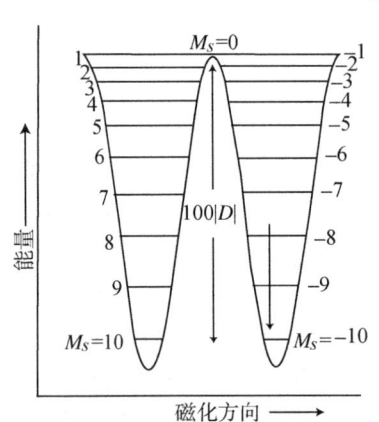

图 5.78 $Mn_{12}Ac$ 中自旋双稳态
能级示意图

为将来建造量子计算机的材料,并在基础研究中成为磁学经典理论和量子理论之间的桥梁。

对于具有上述特性的单分子磁体目前仍无严格的定义,它在分子磁体中是一

个较新的课题,寻找和合成单分子磁体目前还有一定的偶然性。根据式(5-62),通常要求有以下几个条件:①分子必须具有高自旋基态 S。一般来说,自旋值越大磁性越强;②金属具有较大的负零场分裂常数 D 值,负值使多重态比单重态能量低,D 的绝对值越大磁性也越强。

用单分子磁体的冻结溶液或单分子磁体分散在聚合物中的样品测得的磁滞回线和交流磁化率 χ'' 与固体铁磁样品的结果类似,表明这些都是孤立分子短程有序的性质,而不像一般的合金和金属氧化物那样源于长程有序。进一步的关于单分子磁体的磁化度 M 或磁化率 χ_M 和温度 T 及磁场强度 H 的关系可以求出其双势阱位垒 $\Delta E(=DS_z^2)$、弛豫时间 τ、阻塞度 T_b(在 T_b 时自旋在双稳态下翻转)等参数。

目前研究的单分子磁体有以下几类:①羧基桥联金属 V、Cr、Mn、Fe、Co、Ni 的簇合物,包括最经典的 $Mn_{12}Ac$;②氰根桥联金属簇合物。我国学者高松等在这方面做了很好的工作[75]。我们合成的几个典型氰基桥联配位化合物 $[(Tp)_8(H_2O)_6Cu_6^{II}Fe_8^{III}(CN)_{24}]^{4+}$、$[Tp_2(Me_3tacn)_3Cu_3Fe_2(CN)_6]^{4+}$ 和 $[Co_9^{II}\{M^V(CN)_8\}_6\cdot(CH_3OH)_{24}]$ 也属于此种类型[76]。化学家们仍在寻找新的具有单分子磁体性质的簇合物体系。

Glauber 早在 1963 年就从理论上预言了一维 Ising 磁体系在低温下也具有磁弛豫现象,于是单分子磁体的研究很快又扩展到单链磁体(single chain magnet, SCM)领域。单链磁体要求磁性交换作用只在一维链上传递,而在链间没有磁性作用,其磁性质与单分子磁体类似[77]。因为这种相似性,它和被视为零维的单分子磁体一起被称为低维纳米分子磁体,以区别于传统的三维磁结构的宏观分子磁体。

除了具有大自旋量子数 S 的簇合物外,最近发现 Tb^{3+}、Dy^{3+} 和 Ho^{3+} 等单个手性稀土配位化合物也可能具有所谓"单离子"磁体[78]。它们的基态谱项具有较大的 $|J_z|$ 值,并且和其次能级有较大的能隙(例如,Dy^{3+} 中的基态为 $^6H_{15/2}$,次激发能级为 $^6H_{15/2}$,约几百 cm^{-1}),因而磁弛豫时间较长,也呈现出磁滞回线特征。我们制得了一个 C_3 极性群的

(12) R=furyl; Ln=Sm,Eu,Gd,Tb,Dy

手性非对称二酮衍生物稀土单离子磁体 $[Ln(FTA)_3L]\{L=(S,S)-2,2'-bis(4,benzyl-2-oxazoline)\}$ 化合物(12),它兼具铁电、非线性光学和光学活性的多功能特性[79]。

5.6.3 分子和超分子器件

通常的器件或机器是由很多的单个零件相互结合而成的,诸如照相机之类的宏观功能实体就是由不同光,电元件组装而成的。随着微电子工业的发展,人们已经可能在分子水平上应用组装的方法获得分子或纳米大小的器件。因为器件重视的是功能而不强调它的化学连接方式,因而目前统称的超分子器件可以定义为一个具有明确个体特性的分子组装而成的结构有序、功能完整的复杂体系,这意味着

它也可以是一个完全共价的分子。

目前常用于超分子器件组装的组分很多。主要包括涉及光子的吸收和发射、光化学活性分子、电子得失的氧化—还原活性分子、离子迁移的电荷转移活性分子。一般分子器件包括三种组分（图 5.79）：可以接受给出或转移光子、电子、离子以完成某一特定操作的活性组分；通过识别过程使活性组分定位的结构组分；还可能有引入用于改变或扰动其他两种组分性质的辅助组分（图 5.80）。在具体构筑超分子器件时还有很多方式，这里只择其要者做些简介，详见文献[80]。

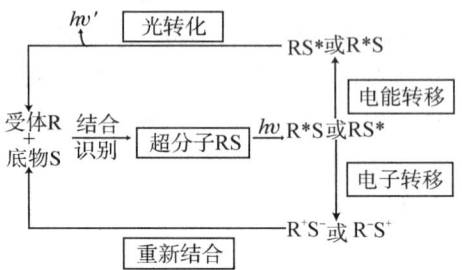

图 5.79　超分子光诱导的能量转移和电子转移过程

1. 超分子光子器件

适当的设计和控制超分子体系中各个组分的排列使该器件在光诱导下发生电荷转移或能量转移的过程。对于只有受体 A 和底物 S 的两种活性组分的简单情况下，其过程可以表示为图 5.79，其中光化学过程类似于光催化反应（参考 5.4 节），可分为三步进行：①底物 S 和受体 R 组装为超分子 RS；②通过光诱导发生能量 E（或电子 e^- 及质子 H^+）转移过程；③通过光转化恢复到一个新的初始态或循环。在产生 R^*S、RS^*、R^+S 或 R^-S^+ 后也可能发生化学反应（图中未标记，参考 5.4 节及文献[81]）。能量转移分子器件的代表性实例之一如（13）所示。它是由强吸收光的三联 bpy 大环作为分子天线 A 和能发射光谱的稀元素 Eu^{3+} 所组成的穴状配位化合物。离子在水溶液中由于其激发态被溶剂分子 H_2O 猝灭，通常不发光，但在形成穴状配位体保获下却能组装而形成稳定的配位化合物，进而捕获紫外光子 $h\nu$ 而有效地通过配体到金属的能量转移（LMET），随后再发射（E）特征的可见光谱。这种过程通常简记为 A–ET–E 型。

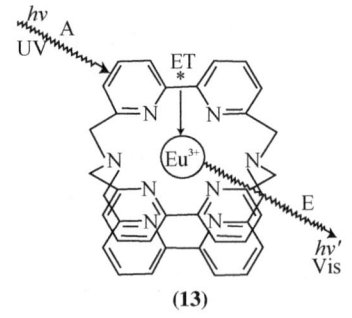

(13)

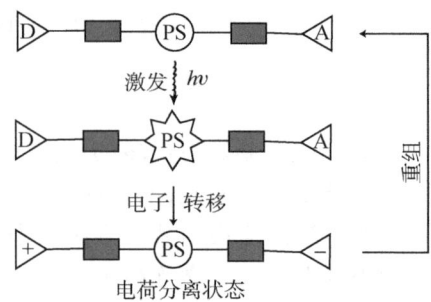

图 5.80　光诱导电荷分离中心的图示

作为光诱导电子转移的一个模型可以用三组分体系的图 5.80 来说明。它是一个包含电子给体 D、电子受体 A 和光敏剂 PS 的 D-PS-A 三元体系。这些组分本身可以是金属配位中心,它们在其基态及激发态下常具有一定的氧化还原特性。它们可应用金属 M 到配位体 L 的电荷转移(MLCT)而使发生光诱导的电子转移过程。所以只要对这种三元体系进行适当得有序几何组装和能级匹配就可以产生在光照下使 PS 激发的电子转移到 A,D 组分的电子再转移到 PS,最后就形成图 5.80 中最后的电荷分离状态。(14)中表示了 Lehn 研究过的一个实例。

其中以锌卟啉发色团为光敏剂 PS,以 Ag^+(Ⅰ)为中心的大多环共受体(被称为猝灭剂)的光诱导电荷分离。侧面大环银离子的复合,通过分子内部分子迁移过程导致从卟啉到 Ag^+(Ⅰ),而对 Zn - 卟啉中心的单重激发态的猝灭、从而导致电荷分离并产生一个长寿命的卟啉阳离子。

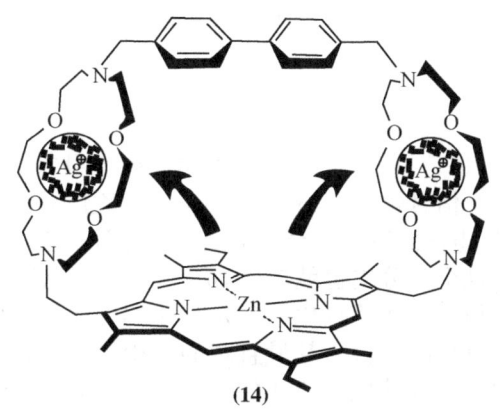

(14)

这种光诱导引起电荷分离的研究对于引发人工多电子催化太阳能合成反应,跨膜光信号传递,长程电子迁移和分子计算机中电子移位存储器的基础研究都有重要应用。

2. 分子机器

我们熟知偶氮苯在光驱动下它的分子构象会发生可逆的顺式—反式的转变。这实际上就是一种最简的光驱动分子机器。现在我们举一个不是用物理的光,而是用化学的 PH 或电化学的方法来驱动分子机器的例子。Soddart 等曾应用索烷和轮烷组装成一个超分子化合物(图 5.81),它和宏观的一个穿梭机器(或称为离子跳跃引起的分子算盘)类似,故称为分子梭。长的索烷,其末端为哑铃型(含 Si 官能团)作为防止分子线滑出去的塞子。分子线为含有一个由两个富电子芳香基团和两个芳香基团组成的索烷绳子。[2]轮烷作为滑轮。这种含有两个缺电子配位点的[2]轮烷在分子线上运动时在能量上倾向于和索烷分子上富电子的对二氨基联苯单元结合(配位)。但是当在溶液中加入用三氟乙酸而使氨基质子化后就会使联苯氨基的电子密度降低,而使[2]轮烷移向分子线上的 4,4′-联苯酚基单元移动[81]。这样就形成了一种用 pH 来控制轮子来回穿梭的分子机器。当用电化学方法氧化联苯氨基为相应的自由基阳离子时也会出现相应的穿梭结果。

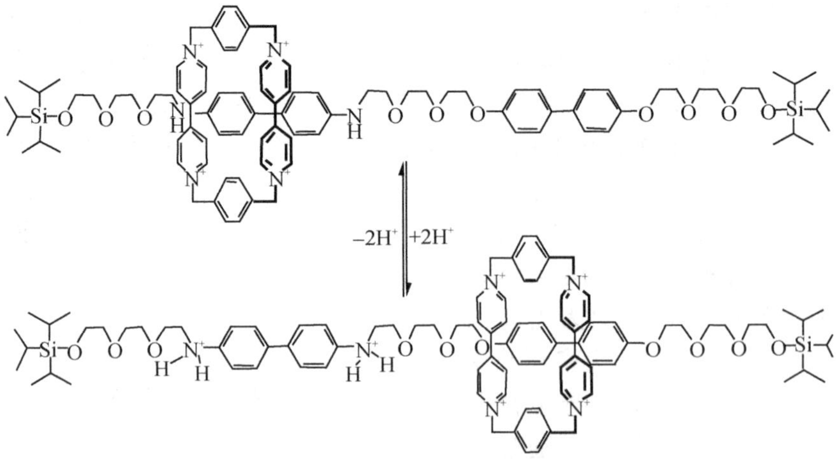

图 5.81 基于 pH 氧化-还原响应的分子梭

信息化学(semiochemistry):综上所述,可见分子识别的过程可能会引起体系光、电、热、磁及化学特征的转变,而且会引起某种相应新的分子信息。因而信息化学这个新分支也就应运而生了。"信息"本身的含义是指对符号或记号的使用和解释。因而信息化学就是从化学方法研究信息的产生、处理、传递、放大、转移和检测过程的学科。其最直观的应用形式就是分子传感器。由于它的很多概念和现代的电子计算机和前述的分子器件和传感器件相关,因而这个分支在化学学科中也得到迅速的发展,详请参考新近有关文献[82]。

参 考 文 献

[1] (a) Wilkinson S G, Gillard R D, Meclleyerty J A(ed.). Comprehensive Coordination Chemistry. Oxford: Pergamon Press,1987;
(b) O'Brien P, Bruce D W, O'Hare D. Inorganic Materials. Chapter 9. Chichester: Wiley,1992:500.

[2] (a) Lewis J, Wilkins R G(ed.). Modern Coordination Chemistry. New York: Interscience Pubishers Inc,1960;
(b) Martell A E(ed.). Coordination Chemistry. Vol. 1. New York: Von Nostrand Reinhold Company,1971.

[3] 李方训,游效曾. 南京大学学报(化学版),1962,1:13.

[4] Rossotti F J C, Rossotti H. The Determination of Stability Contants. New York: McGraw-Hill,1961.

[5] Bjerrum J, Schwarzenbach G, Sillen L G(ed.). Stability Contants of Metal-ion Complexes. Part Ⅰ,Ⅱ,Ⅲ. London: Chemical Society of London,1957,1958.

[6] Eigen M. In: Kirschner S. Advences in Chemistry of the Coordination Compounds. New York: MacMillan,1961.

[7] Gurney R W. Ionic Processes on Solution. New York: McGraw-Hill Book Co.,1953.

[8] (a) Robinson R A, Stokes R H. Electrolyte Solution. 2nd ed. New York: Butterworths Scientific Publication, 1959;
(b) 李方训,戴运轨. 中国化学会会志,1941,8(1):60;1941,8(2):184; Lee F H. Nature,1945,155:168; Science,1946,104:191.

[9] Cotton F A. Acta Chem Scand,1956,10:1520.

[10] Ahrland S. Coord Chem Rev,1972,8:21.

[11] Kapustinski A F. Quartely Reviews,1956,10:283.

[12] George P, Mcclure D S. Progr lnorg Chem,1959,1:382.

[13] Ciampolini M, Paoletti P, Sacconi L. J Chem Soc, 1960:4553.
[14] 戴安邦. 化学通报, 1978, (1):26.
[15] Klopman G. Chemical Reactivity and Reaction. New York: Wiley, Interscience, 1974.
[16] 游效曾, 李重德, 包家伟. 化学学报, 1979, 37:161.
[17] Drago R S. Coord Chem Rev, 1980, 33:251.
[18] 游效曾, Drago R S, Miller J G. 化学学报, 1984, 42:660.
[19] 陈荣悌, 林华宽, 古宗信. 无机化学, 1985, 1:13.
[20] 游效曾. 化学通报, 1975, (2):25.
[21] Latimer W M. The Oxidation States of the Elements and Their Potentials in Aqueous Solutions. 2nd ed. New York: Prentice-Hall, 1952.
[22] Pourbaix M, et al. Atlas of Electochemical Equilibria in Aqueous Solution. Paris: Gruthier-Villars, 1966.
[23] (a) 田昭武. 电化学研究方法. 北京: 科学出版社, 1984;
  (b) Hamann C H, Hamnett A, Vielstich W. Electrochemistry. Weinheim: Wiley-VCH, 1998.
[24] 查全性. 电极过程动力学导论. 北京: 科学出版社, 1976.
[25] 安森 F. 电化学分析化学. 黄慰曾等译. 北京: 北京大学出版社, 1983.
[26] Lintvedt R L, Kramer L S. lnorg Chem, 1983, 22:787.
[27] Meites L, Iumen P. Electrochemical Data. Organic Organomettallic and Biochemical Substances. New York: Wiley, 1974.
[28] Bard A J(ed.). Encyclopedia of Electrochemistry of the Elements. Vol. 1~14. New York: Marcel Dekker Inc., 1973~1980.
[29] Daudel R. Quantum Chemistry. Chichester: Wiley, 1983.
[30] Bard A J, Larry F. Electrochemical Method. New York: Wiley, 1980.
[31] Heinze J. Angew Chem Int Ed Eng, 1984, 23:831.
[32] Crow D R. Priciples and Applications of Electrochemistry. Londonn: Chapman and Hall, 1979.
[33] Sawyer D T, Roberts J L. Experimental Electrochemistry for Chemists. New York: Wiley Interscience, 1974.
[34] Headridge J B. Electrochemical Techniques for Inorganic Chemists. Chap. 5. New York: Wiley, 1974.
[35] Earl F D, Lintvedt R L. J Amer Chem Soc, 1978, 100:6367.
[36] (a) 游效曾, 李邨, 陈颉等. 科学通报, 1987, 32(18):36;
  (b) You X Z, Ding Z F, Pen X, Xue C. Elect Chem Acta, 1988, 34:249.
[37] Daws K, Kadish K M, Bear J L. lnorg, Chem, 1978, 17:930.
[38] Peake B M, Robinson B H, Simpson J, Waston D J. J Chem Soc, Chem Commun, 1974:945.
[39] Krusic P J. J Amer Chem Soc, 1981, 103:2129.
[40] Teo B K, Snyder-Robinson P A. Inorg Chem, 1979, 18:1490.
[41] Collman J P, Filipo J S, Hutohison B, et al. J Amer Chem Soc, 1980, 102:6027.
[42] Bard A J, Faulkner L R. Electrochemical Methods: Fundamentals and Applications. 2nd ed. New York: Wiley, 2000.
[43] (a) Kahn O. Molecular Magnetism. Cambridge, Weinheim, New York: VCH Publishers Inc, 1993;
  (b) Murray K S. Goord Chem Rev, 1974, 12:1.
[44] (a) Vulfson S G. Molecular Magnetochemistry. Amsterdam: Gordon and Breach Science Publishers, 1998;
  (b) Mabb F E, Machin D J. Magnetism and Transition Metal Complexes. London: Chapman and Hall, 1973.
[45] (a) Carlin R L, van Duyneveldt A J. Magnetic Properties of Transition Metal Compounds. New York: Spring-Verlag, 1977;
  (b) 理查德·L. 卡林. 磁化学. 万纯娣, 臧焰, 胡永珠, 万春华译. 南京: 南京大学出版社, 1990.
[46] Bakemore R P, Frankel R B. Science, 1982, (1).
[47] (a) Wang Z X, Song Y, You X Z, et al. Dalton Trans, 2008, 1b:2103;
  (b) Wang Z X, Song Y, You X Z, et al. Angew Chem Int Ed, 2006, 45:3287.
[48] Gütlich P. In: Dunitz J D, et al. Structure and Bonding. Vol. 44. Berlin: Springer-Verlag, 1981.
[49] (a) Martin R H, White A H. Trans Met Chem, 1968, 4:113;

(b) Martin R L, White A H. *In*: Carlin R L. Transition Chemistry. Vol. 4. New York: Marcel Dekker, Inc, 1968.

[50] (a) Zhu D, Xu Y, Yu Z, Guo Z J, Sang H, Liu T, You X Z. Chem Mater, 2002, 14:838;
(b) Yu Z, Hsia Y F, You X Z, Spiering H, Gütlich P. J of Materials Sciences, 1997, 32:6579.

[51] (a) Roudwill D M. Photochemistry and Photophysics of Metal Complexes. New York: Plenum, 1994;
(b) Adamson A W, Fleischaucr P D, et al. Concepts of Inorganic Photochemistry. New York: John Wiley Inc., 1975.

[52] Emeleus H J, Sharpe A G (ed.). Advances in Inorganic Chemistry and Radiochemistry. New York: Academic Press, 1976.

[53] (a) Bernauer K, et al. Theoretical inorganec chemistry II. *In*: Davison A, et al. Topics in Current Chemistry. Vol. 65. Berlin: Spring-Verlag, 1976;
(b) Stevenson O, Charge K L. Transfer Photochemistry of Coordination Compounds. New York: VCH, 1993

[54] (a) 特罗 N J. 现代分子光化学. 姚绍明等译. 北京:科学出版社, 1987;
(b) 吴世康. 超分子光化学导论. 北京:科学出版社, 2005.

[55] Pearson R G. Symmetry Rules for Chemical Reaction. New York: John Wiley and Sons, 1976;中译本:石宝林, 封继康, 李志儒译, 化学反应对称规则. 北京:科学出版社, 1986.

[56] Wrighton M. Chem Rev, 1974, 74:401.

[57] Walsh A D. Chem J. Soc, 1953:2325.

[58] Pearson R G. Chem Phys Lett, 1971, 10:31.

[59] Vanquickenborne L G, Ceulemans A. Coord Chem Rev, 1983, 48:157.

[60] Kalyanasundaram K. Coord Chem Rev, 1982, 46:159.

[61] Harrigan R W, Crosby G A. J Chem Phy, 1973, 59:3468.

[62] Rehm D, Weller A. Ber Bunsenges Phys Chem, 1969, 73:834.

[63] Kutal C. J Chem Educ, 1983, 60:882.

[64] Gray H B. Science, 1981, 214:1205.

[65] (a) Rao C N R, Gopalakrishnan J. New Directions in Solid State Chemistry. Cambridge: Cambridge University Press, 1986;
(b) Grovenor C R M. Microelectronic Materials. Adam Hilger: Bristol, UK, 1989.

[66] (a) Munn R W. Chem Britain, 1984, 20:518;
(b) Sze S M. Semiconductor Devices: Physics and Technology: Chichester: Wiley, 1985.

[67] Morerner W E. J Molecular Elect, 1985, 1:55.

[68] (a) Carter F L. Molecular Electronic Devices. New York: Marcel Dekker Inc., 1982;
(b) Sienicki K (ed.). Molecular Electronics and Molecular Electronic Devices: Volume III. New York: CRC Press, 1994.

[69] Bloch A N, Garruthers T, Poehler T D. Chemistry and physics of one dimensional metals. *In*: Keller H. Neto Advanced Study Institute Series: series B. Physics. Vol. 25. New York: Plenu Press, 1976.

[70] 游效曾. 分子材料——光电功能化合物. 上海:上海科技出版社, 2001.

[71] 钟维烈. 铁电物理学. 北京:科学出版社, 1996.

[72] Horiu C S, Tokura Y. Nature Materials, 2008, 7:357.

[73] Li X L, Chen K, Liu Y, Wang Z X, Wang T W, Zuo J L, Li Y Z, Wang Yue, Zhu J S, Liu J M, Song Y, You X Z. Angew Chem Int Ed, 2007, 46:6820.

[74] Gatteschi D, Sessoli R. Angew Chem Int Ed, 2003, 42:268.

[75] Liu T F, Fu D, Gao S, Zhang Y Z, Sun H L, SuG, Liu Y I. J Am Chem, 2003, 125:13976.

[76] (a) Wang S, Zuo J L, Zhou H C, Choi HL, Ke Y X, Long I R, You X Z. J. Amer Chem Soc Ed, 2004, 43:5940;
(b) Song Y, Zhang P, Ren X M Shen XF, Li X Z, You X Z. J Am Chem Soc, 2005, 127:3708.

[77] Wang S, Zuo J L, Gao S, Song Y, Zhou H C, Zang Y Z You X Z. J Am Chem Soc, 2004, 126:8900.

[78] Ishikawa N, Sugita M, Okubo T, Tanaka N, Iino T, Kaizu K. Inorg Chem, 2003, 42:2440.

[79] Li D P, Wang T W, Li C H. Liu D S, You X Z. Chem Com (in press, 2010).

[80] Lehn J M. 超分子化学——概念和展望. 沈兴海等译. 北京:北京大学出版社, 2002.

[81] Vögtle F. 超分子化学. 张希, 林志宏, 高倩译. 长春:吉林大学出版社, 1995.

[82] 斯蒂德 J W, 阿特伍德 L J. 超分子化学. 赵跃鹏, 孙密译. 北京:化学化工出版社, 2006.

第6章 配位化合物的反应动力学和机理

6.1 概述

由于大多数配位反应进行得较快,产物又具有较高的热力学稳定性,因此对它的反应机理的研究远不如有机化学发展得快。

通常情况下,由作为酸(A)的中心金属离子和作为碱(B)的有机配位体所形成的配位化合物 A:B 在反应时有两种离解方式:

(1) 异裂离解(或离子离解)

$$A:B \Longrightarrow A^+ + B^- \tag{6.1.1}$$

其中,酸 A 常为溶剂化的金属离子,因此其逆反应为包含酸碱反应的取代反应;

(2) 均裂离解(或自由基离解)

$$A:B \Longrightarrow A\cdot + B\cdot \tag{6.1.2}$$

其特点是包含氧化还原反应。逆反应称为聚集作用(colligation)。通常将经典的无机反应机理分为两类,即取代反应和电子转移(或氧化还原)反应。异构化及消旋化反应只是取代反应的特殊情况。新近发展的有机金属反应机理则还包括氧化加成、还原消除、瞬变行为和均相催化等。

动力学和结构化学方法是研究各种化学反应机理的好方法。在动力学研究中关键是要测定不同时刻反应物或生成物的浓度。根据反应速率的不同,通常采用三种不同的实验方法:①静态法(半寿命 $t_{\frac{1}{2}} \geq 1\min$)。在这种经典的方法中将反应物机械地混合后,采用简单的化学法、各种吸收光谱法或气体吸收法进行浓度测定。②停留法(stoped-flow,$10^{-3}\text{s} \leq t_{\frac{1}{2}} \leq 1\min$)。这是在 10^{-3} s 内使反应物均匀混合,再使用波谱等技术追踪快速反应的进程。③弛豫法($t_{\frac{1}{2}} \leq 10^{-2}$ s)。这是使原来的平衡体系受到温度、压力、超声波和电磁场等因素的影响并在极短的时间内发生突然变化,再使用快速波谱法追踪反应达到新的平衡态的弛豫过程(参考3.5节)。根据反应物浓度分析可以导出反应的速率常数及相关参数,从而推测反应的机理。对反应物的结构化学研究,特别是各种谱学方法及理论方法的结合应用,可以更加细致地研究反应中间产物的状态、结构及反应机理。

本章将在概述一些简单反应过程的微观结构理论基础上,介绍各种配位化合物的反应类型及影响其反应过程的结构因素[1~5]。

6.1.1 化学动力学

在化学动力学实验研究中通常用反应物或产物的浓度随时间的变化来表示反

应速率

$$\text{速率} = \frac{-\mathrm{d}[\text{反应物}]}{\mathrm{d}t} = \frac{\mathrm{d}[\text{产物}]}{\mathrm{d}t} (\mathrm{mol/s}) \quad (6.1.3)$$

反应物分子在相互碰撞时一步得到产物分子的反应称基元反应。经验证实,基元反应的速率公式较为简单。例如,对于基元反应 $a\mathrm{A} + b\mathrm{B} \longrightarrow c\mathrm{C} + d\mathrm{D}$ 其反应速率和反应物浓度的乘积成正比。这种比例关系称为质量作用定律,通常表示为

$$\text{速率} = -k[\mathrm{A}]^a[\mathrm{B}]^b \quad (6.1.4)$$

其中,A 和 B 为反应物(也可以是催化剂),k 为速率常数。反应级次定义为反应物浓度项的常数之和

$$\text{反应级次} = a + b \quad (6.1.5)$$

复杂的反应一般不具有简单的整数级数。由于反应速率单位为 mol/s,因而速率常数 k 的单位和反应级次有关;对于一级反应,k 的单位为 s^{-1};对于二级反应,k 的单位为 $\mathrm{L/(mol \cdot s)}$。

1. 几个常用的概念

这里简单地介绍几个熟悉的名词。

1) 活化焓和活化熵

反应速率在确定反应机理中非常重要,而其他数据,特别是活化参数也十分重要。活化参数可由实验的 k 与温度 T 的关系求得。应用经验的 Arrhenius 方程

$$k = A \mathrm{e}^{-E_a/(RT)} \quad (6.1.6)$$

对 $\ln k$ 和 $\frac{1}{T}$ 作图,可以求出指数前因子 A 和活化能 E_a(它和势垒有关,但并不相等),再根据 Eyring 的绝对反应速率理论、速率常数和活化自由能 $\Delta G^{\neq}$ 的关系为

$$k = \frac{k'T}{h} \mathrm{e}^{-\Delta G^{\neq}/(RT)} \quad (6.1.7)$$

其中,k' 为 Boltzmann 常量,h 为 Planck 常量。将 $\Delta G^{\neq} = \Delta H^{\neq} - T\Delta S^{\neq}$ 代入式(6.1.7),就得到

$$k = \frac{k'T}{h} \mathrm{e}^{-\Delta H^{\neq}/(RT) - \Delta S^{\neq}/R} \quad (6.1.8)$$

重排并取对数,得到

$$\lg\left(\frac{k}{T}\right) = -\Delta H^{\neq}/(RT) + \lg\left(\frac{k'}{h}\right) + \frac{\Delta S^{\neq}}{R} \quad (6.1.9)$$

由 $\lg\left(\frac{k}{T}\right)$ 和 $\frac{1}{T}$ 作出 Eyring 图,根据斜率求出活化焓 $\Delta H^{\neq}$,根据截距求出活化熵 $\Delta S^{\neq}$。显然,实验和理论参数间有关系:

$$E_a = \Delta H^{\neq} + RT \quad (6.1.10)$$

$$\Delta S^{\neq} = R \lg \frac{Ah}{kT} \quad (6.1.11)$$

由于室温时,$RT \approx 0.66$ cal/mol,所以 $E_a \doteq \Delta H^{\neq}$。例如,对于 $\mathrm{Cr(CO)_4PPh_3}$ [$\mathrm{P(OPh)_3}$]

和 CO 的反应,由 Eyring 图得到 $\Delta H^{\neq} = 36.6$ kcal/mol 和 $\Delta S^{\neq} = 24.4$ e.u.。

由于焓主要包含键能,而熵反映了体系的无序性,因此在研究反应机理时 $\Delta H^{\neq}$ 和 $\Delta S^{\neq}$ 比 E_a 更为有用。$\Delta H^{\neq}$ 的变化范围(+10 ~ +35kcal/mol)不大,所以在讨论机理时由它提供的信息不多。一般缔合反应的 $\Delta H^{\neq}$ 值可以作为离解键强度的度量。活化熵在确定反应机理时作用更大。$\Delta S^{\neq}$ 低于 -10e.u. 表示缔合反应,大于 +10e.u. 表示离解机理,$\Delta S^{\neq}$ 值在这两者中间时,因为溶剂的重新组合并改变金属配位化合物而使情况较为复杂。

2) 活化体积

研究反应速率与压力 p 的关系可以得到活化体积 $\Delta V^{\neq}$:

$$\frac{d(\lg k)}{dp} = \frac{-\Delta V^{\neq}}{RT} \tag{6.1.12}$$

活化体积 $\Delta V^{\neq}$ 度量了基态和过渡态间的可压缩性差别,和 $\Delta S^{\neq}$ 一样,$\Delta V^{\neq}$ 随机理变化,若为正值表示离解机理,为负值表示缔合机理。但是由于活化体积包含反应物及周围溶剂收缩这两种体积变化,因而对 $\Delta V^{\neq}$ 的讨论及判断有时会出现失误。

3) 线性自由能关系

将反应的动力学参数和热力学参数进行关联有助于确定反应机理。反应动力学和热力学参数关系也称为线性自由能关系。例如,对于 $Cr(CO)_5L$ 配位化合物的 L 离解反应,其 $\Delta G^{\neq}$ 和 ΔG 就具有线性关系(图 6.1)[6]。直线斜率为 1,说明配位化合物的差别以相同的方式影响动力学参数(k 或 $\Delta G^{\neq}$)和热力学参数(K 或 ΔG)。这种差别对过渡态的能量影响很小。

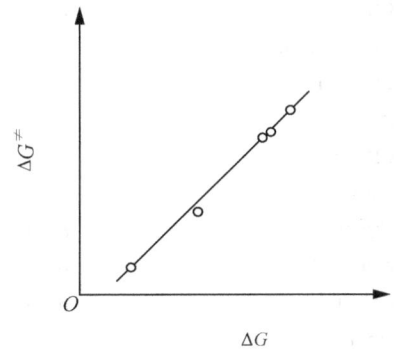

图 6.1 $Cr(CO)_5L$ 离解出 L 时 $\Delta G^{\neq}$ 和 ΔG 的线性自由能关系

人们曾经提出了一系列特殊的线性自由能关系。对于一系列具有不同的间位和对位取代芳香配位体的配位化合物,其反应速率符合下列 Hammett 关系:

$$\lg \frac{k}{k_0} = \rho \sigma \tag{6.1.13}$$

其中,k 和 k_0 分别为取代和未取代芳香基的速率常数。Hammett 常量 σ 取决于取代基,而 ρ 取决于反应类型。表 6.1 中列出了常用取代基的 σ 值[也可参考文献[7]]。它是极化、诱导和场效应等电子效应的一种度量。取代基的电负性越大,σ 值越正。这个关系也同样适用于取代二茂铁等配位化合物的氧化还原电位的讨论。适用于脂肪族和邻位芳香取代物的 Taft 方程也曾应用于钴配位化合物的碱式水解。

2. 配位催化动力学

催化作用在化学动力学研究中具有特殊地位。中间体常以配位化合物的形式存在,和一般的化学动力学一样,可以出现各种速率方程。均相催化中也会出现一系列基元反应,会出现分数(如 1.2)反应级次及诱导期。以下举例说明,在催化剂 K 作用下 A 和 B 反应生成产物 C。

表 6.1 Hammett 常量 σ 值

取代基团	σ-间位	误差	σ-对位	误差
H	0			
CH_3	-0.069	0.02	-0.170	0.02
CH_2CH_3	-0.07	0.1	-0.151	0.02
$CH_2CH_2CH_3$	-0.05		-0.151	0.02
$CH(CH_3)_2$	-0.10	0.03	-0.197	0.02
$CH_2CH_2(CH_3)_2$			-0.12	
$C(CH_3)_3$	-0.10	0.03	-0.197	0.02
$CH_2CH_2CH(CH_3)_2$			-0.23	
$C(CH_3)CH_2CH_3$			-0.12	
C_6H_5	0.06	0.05	-0.01	0.05
C_6F_5	-0.12		-0.03	
$CH=CHC_6H_5$	0.14			
$CH=CHNO_2$	0.34	0.03	0.26	0.03
$CH_2C_6H_5$	0.34		0.46	
CN	0.56	0.05	0.660	0.02
CH_2CN			0.01	
CHO	0.36		0.22	
$COCH_3$	0.376	0.02	0.502	0.02
$COCF_3$	0.65			
$CONH_2$	0.28		0.36	
CO_2H	0.37	0.1	0.45	0.1
CO_2^-	-0.1	0.1	0.0	0.1
CO_2CH_3	0.32		0.39	
$CO_2CH_2CH_3$	0.37	0.1	0.45	0.1
CF_3	0.43	0.1	0.54	0.1
CH_2Cl			0.18	
$CH_2Si(CH_3)_3$	-0.19		-0.22	
N_2^+	1.76	0.2	1.91	0.2
NH_2	-0.16	0.1	-0.66	0.1
$NHCH_3$	-0.30		-0.84	0.1
$NHCH_2CH_3$	-0.24		-0.61	
$N(CH_3)_2$	-0.05		-0.83	0.1
N^+H_3	1.13		1.70	
$N^+H_2CH_3$	0.96			

续表

取代基团	σ-间位	误差	σ-对位	误差
$N^+(CH_3)_3$	0.88	>0.2	0.82	>0.2
$NHCOCH_3$	0.21	0.1	0.00	0.1
$NHNH_2$	-0.02		-0.55	
$NHOH$	-0.04		-0.34	
$N=N-C_6H_5$			0.64	
NO			0.12	
NO_2	0.710	0.02	0.778	0.02
O^-	-0.71		-0.52	
OH	0.121	0.02	-0.37	0.04
OCH_3	0.115	0.02	-0.268	0.02
OCH_2CH_3	0.1	0.1	-0.24	0.1
$OCH_2C_6H_5$			-0.42	
OC_6H_5	0.252	0.02	-0.320	0.02
$OCOCH_3$	0.39	0.1	0.31	0.1
OCF_3	0.40		0.35	
F	0.337	0.02	0.062	0.02
Cl	0.373	0.02	0.227	0.02
Br	0.391	0.02	0.232	0.02
I	0.352	0.02	0.18	0.1
IO_2	0.70	0.1	0.76	0.1
AsO_3H^-			-0.02	>0.1
$B(OH)_2$	0.01		0.45	
$Ge(CH_3)_3$			0.0	0.1
$Ge(CH_2CH_3)_3$			0.0	0.1
PO_3H^-	0.2	>0.1	0.26	>0.1
SH	0.25	0.1	0.15	0.1
SCH_3	0.15	0.1	0.00	0.1
$S^+(CH_3)_2$	1.0	>0.1	0.9	>0.1
SCN			0.52	0.1
$SCOCH_3$	0.39	0.1	0.44	0.1
$SOCH_3$	0.52	0.1	0.49	0.1
SCF_3	0.40		0.50	
SO_2CH_3	0.56		0.68	
SO_2CF_3	0.79		0.93	

取代基团	σ-间位	误差	σ-对位	误差
SO_2NH_2	0.55	0.1	0.62	0.1
SO_3^-	0.05	>0.1	0.09	>0.1
$SeCH_3$	0.1	0.1	0.0	0.1
$Si(CH_3)_3$	-0.04	0.1	-0.07	0.1
$Si(CH_2CH_3)_3$			0.0	0.1
$Sn(CH_3)_3$			0.0	0.1
$Sn(CH_2CH_3)_3$			0.0	0.1

$$A + K \underset{k_2}{\overset{k_1}{\rightleftharpoons}} AK \tag{6.1.14}$$

$$AK + B \underset{k_4}{\overset{k_3}{\rightleftharpoons}} ABK \overset{k_5}{\longrightarrow} K + C \tag{6.1.15}$$

根据动力学中的"稳态理论"可知,以配位化合物形式存在的中间体 AK 和 ABK 不随时间变化,因此有

$$\frac{d[AK]}{dt} = \frac{d[ABK]}{dt} = 0 \tag{6.1.16}$$

速率方程为

$$\frac{d[AK]}{dt} = k_3[AK][B] - (k_4 + k_5)[ABK] = 0 \tag{6.1.17}$$

$$\frac{d[AK]}{dt} = k_1[A][K] - k_2[AK] - k_3[AK][B] + k_4[ABK] = 0 \tag{6.1.18}$$

结合式(6.1.18)得到

$$[ABK] = \frac{k_1[A][K]}{k_2 + \left(k_3 - \frac{k_4 k_5}{k_4 + k_5}\right)[B]} \tag{6.1.19}$$

因而得到速率方程

$$\frac{d[C]}{dt} = k_5[ABK] = \frac{k'[A][K]}{k'' + (1-k)[B]} \tag{6.1.20}$$

其中

$$k = \frac{k_4}{k_4 + k_5}, \quad k' = \frac{k_1 k_5}{k_4 + k_5}, \quad k'' = \frac{k_2}{k_3} \tag{6.1.21}$$

对于酶催化剂 E 和底物 S 生成产物 P 的反应

$$E + S \underset{k_{-1}}{\overset{k_1}{\rightleftharpoons}} ES \overset{k_2}{\longrightarrow} E + P \tag{6.1.22}$$

可以导出下列 Michaelis-Menten 速率方程:

$$速率 = \frac{k_2[E][S]}{\left(\dfrac{k_2+k_{-1}}{k_1}\right)+[S]} \tag{6.1.23}$$

如果在不同温度下测量速率常数 k, 则根据 Arrhenius 方程可以得到反应的活化能 E_a。根据过渡态理论,还可以进一步得到活化焓 $\Delta H^{\neq}$ 和活化熵 $\Delta S^{\neq}$。例如,对于烯烃氢化反应所用的 Wilkinson 催化剂 $RhCl(Ph_3P)_3$, 有下列反应:

$$活性催化剂 + H_2 \underset{}{\overset{k_1}{\rightleftharpoons}} (活性催化剂 \cdot H_2)$$
$$烯烃 \downarrow k_2 \qquad 烯烃 \downarrow k_1 \tag{6.1.24}$$
$$(活性催化剂 \cdot 烯烃) \xrightarrow{H_2} (活性催化剂) + 烷烃(产物)$$

对于环己烯在苯-己烷溶液中的催化加氢 $(25℃)$, 可得到下列反应速率方程及动力学参数[9]:

$$速率 = \frac{k_1 k_2 [H_2][活性催化剂][烯烃]}{1 + k_1[H_2] + k_2[烯烃]} \tag{6.1.25}$$

$$k_1 = 0.15 \text{L/(mol·s)} \qquad k_2/k_1 \approx 0.16 \times 10^{-3}$$
$$\Delta H^{\neq} = 22.3 \text{kcal/mol} \qquad \Delta S^{\neq} = 12.9 \text{e.u.}$$

6.1.2 反应势能面

从微观结构的角度看,化学反应的最终产物应处于能量最低的那种状态。分子的总能量 E 是由电子和核的势能和动能组成。电子能量和核 Coulomb 能组成了势能,在它的影响下产生核振动。这种势能是在 $3n-5$ 维(对线形分子则为 $3n-4$)空间中用 $3n-6$(或 $3n-5$)维的超越面来表示。分子的各个电子状态有其特征的超越面。通常我们只讨论能量最低的基态势能面。如果我们改变反应分子(或几个分子)的核位置,则可以得到一系列具有能量极小的构型,它们对应于异构体、或形成原来分子的反应产物[8]。

多维空间中的势能面难于想象。图 6.2 为下列简单反应的三维势能面示意图
$$H + ClH \longrightarrow HCl + H \tag{6.1.26}$$
它是由能量等值线组成。假定活化分子是线性的,则只要用 R_{HCl} 和 R_{ClH} 为核间坐标。图中 b 点为能量极大点,能量极小的两个狭谷 a 和 d 之间的 c 处被一个马鞍形的小峰分开。由马鞍点 c 所确定的核坐标集合称为"活化配位化合物",它处于由反应物转向产物的过渡态(TS)。马鞍点和山谷之间的能量差称为势垒。

由图 6.2 可以看出,从反应物经过马鞍点到产物有一条能量最低的路线,即虚线所示的"反应坐标"。活化配位化合物是一个 $D_{\infty h}$ 群线性对称的分子 Cl—H—Cl。这种 $n=3$ 的分子如果是稳定的则应有四个正则振动(参看 3.4 节),即两个简并的弯曲振动 π_u、一个对称的伸展振动 Σ_g 和一个不对称的伸展振动 Σ_u, 由图可见反应坐标对应于稳定分子的非对称伸展(图 6.2),但由于它是处在势能面的极大值

处而不是极小处,所以它不是简谐振动。对称伸展振动看起来是在 c 点处和反应坐标正交,而且由于它处在能量的最低点,所以它是一个真正的正则振动。另外,两个弯曲振动也处在能量最低点,但在这种三维图中表示不出来。对于图 6.2 所示的势能面,其一般特点是,在峰谷处 $\left(\dfrac{\partial E}{\partial Q_i}\right)=0$,曲率($\partial^2 E/\partial Q_i^2$) > 0,其中 Q_i 称为正则坐标。对于反应坐标 Q,$(\partial E/\partial Q) > 0$(除了马鞍点处的反应区域之外),曲率则可正可负。对势能与虚线所示的反应坐标作图,就可以将势能面简化为势能曲线(图 6.3)。应该注意,反应坐标是变化着的核坐标的复杂组合,它代表了能量最小的途径。当反应过程中分子只通过一个马鞍点时,称为"基元反应"。一个反应机理可以只包含一个基元反应过程。当反应中几个键的生成或断裂是同时进行的一步反应机理时,称为协同反应或多中心反应。反应机理也可以包括一系列基元过程。这时键的生成和断裂过程是按顺序发生的,因而可能存在几种中间体。图 6.4 表示了这种分步反应的能量曲线。这种中间体可能瞬时存在(B),也可能稳定到足以从实验中分离出来(C),它们的寿命和势阱深度有关。一般的动力学方法得不到这种参数大小。C 称为 A 的动力学控制产物,D 称为 A 的热力学控制产物。如果一个反应是可逆的,而且有一条在能量上是最有利的从反应物到产物的途径,则逆反应的最低能量途径也将沿着相同的途径,只是键的生成和断裂过程和原来的相反而已。这就导致所谓的微观可逆性原理。

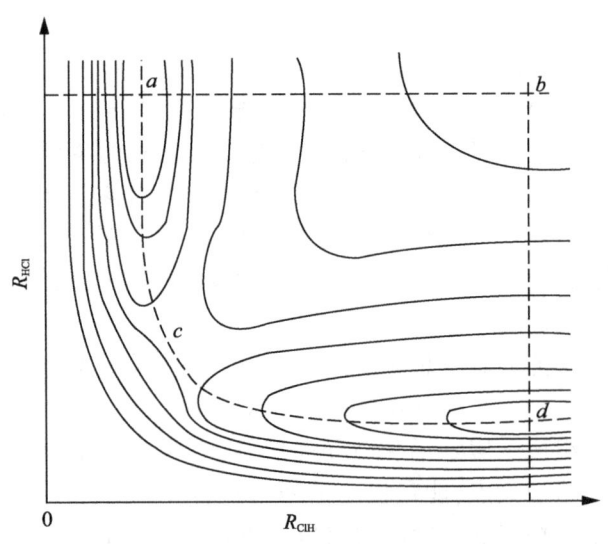

图 6.2　线性 HClH 分子的势能轮廓图

微观可逆性原理是指任何分子反应和它的逆向反应在平衡时以相同的速率发生。在机理上,意味着正方向的最低能量途径也必须是逆方向的最低能量途径,因而若已知一个方向的机理,则也可知另一个方向的机理。这个规则可以直接应用于配位体的同位素交换,这时正、逆过程必定是相同的。根据这个原理,有时可以排除某些可疑的机理。对于同位素交换反应,如果某一个特定位置优先离解,则进入的配位体也同样优先选择这个位置的元素配位(一个方向是低能途径,则逆方向也是低能途径)。这种方法曾经被用来解释了标记 CO 与 $Mn(CO)_5X$ 的交换作用[9],也可被用于讨论分子氧化-加成和还原-消除之类的可以看作机理相似的可逆反应。

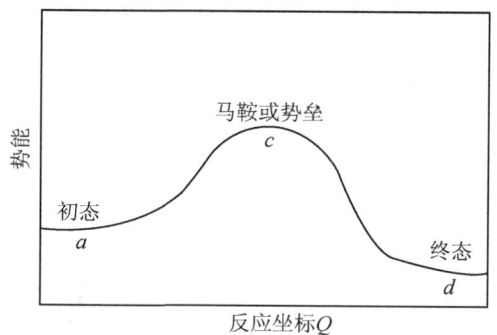

图 6.3 沿着反应坐标 Q 所作出的势能曲线

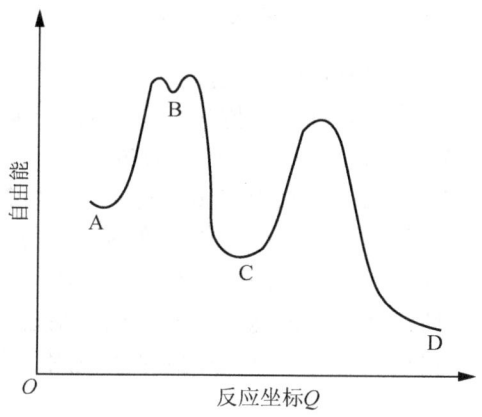

图 6.4 分步反应的势能曲线

6.2 Jahn–Teller 效应

我们首先从微观结构角度分析一些简单配位化合物的反应规律性。如前节所述,当从理论角度分析化学反应时,重要的是求出导致最小势垒 E_0 的反应坐标。当然,原则上可以运用从头计算法对一些基元反应进行计算,以求最低势垒的反应坐标。但除了对 (H_2+H)、$(2CH_2 \longrightarrow C_2H_4)$ 之类的简单体系做过较为彻底的计算外,由于基函数和构型选择的困难,在对较复杂体系计算中要求寻找一些较为有效而简便的方法。在探讨反应物到产物的可能途径时,可以运用"最小运动原理"(PLM)进行直观的指导,即最低反应活化能要求核运动最小和电子分布改变最小。更具体地说,是在基元反应中为使在最后产物中创造或保留最大数目的对称元素。具体应用时要注意下列会导致高活化能的判据:①理论计算中会导致产物的激发态;②形成的键和破裂的键对称性不匹配;③反应物中缺乏低激发态;④相互作用后 HOMO 和 LUMO 间重叠不好;⑤形成了反芳香的过渡态;⑥在生成产物过程中键距和键角上有较大的应力;⑦在生成产物过程中由于占据轨道重叠或核过分接近所引起的较大推斥作用。这一节我们将从 Jahn-Teller 效应的角度来探讨化学反应性[8,10]。

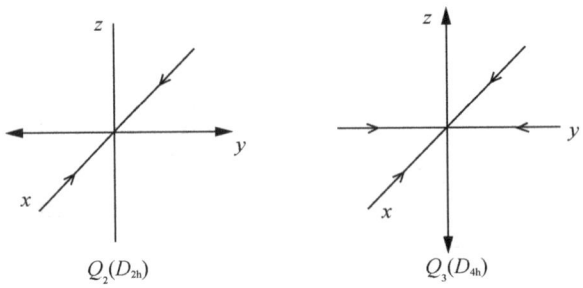

图 6.5　八面体分子 XL_6 中 E_g 简正振动的两个成分 Q_2 和 Q_3，Q_3 中 z 方向位移比 x,y 方向的大两倍

实验表明,很多在八面体配位场中具有简并基态的配位化合物,都会通过畸变成为能量更低的四方或斜方低对称性配位化合物。例如,很多 $Cu^{2+}(d^9)$ 的配位化合物在 O_h 群下的基态为 ^2E_g,它们基本上都会通过其两个简并的 E_g 正则振动,从 O_h 群畸变成低对称性的 D_{2h} 或 D_{4h} 结构(图 6.5)。一般来说,引起这种畸变的原因很多,如晶体内晶格的堆积畸变、邻近配位体的推斥作用等。但经过 Jahn 和 Teller 的仔细研究后发现下列规律:具有简并基态(Kramer 简并除外)的分子都倾向于通过畸变达到更低的对称性而使简并消除。下面我们介绍这种效应的基本原理及其在研究配位化合物的结构畸变和化学反应中的某些应用。在相关光谱上的应用参看 3.1 节。

6.2.1　基本原理

首先考虑研究势能面中的反应坐标对于反应机理能得出什么结论。为此,假定从图 6.4 中的 A 点的对称坐标 Q 开始。求解 Schrödinger 方程 $\hat{H}_0\psi = E\psi$,可以求出一系列本征值 E_0、E_1、$\cdots$、E_k 和对应的电子本征函数 ψ_0、ψ_1、$\cdots$、ψ_k。再使核沿反应坐标移动微小距离 Q。现在我们按二级微扰理论(附录Ⅳ)来推导新的基态能量曲线,即 E 和 Q 的关系。

经过微小畸变后可将 Hamilton 算符按 Taylor 级数展开

$$\hat{H} = \hat{H}_0 + \left(\frac{\partial V}{\partial Q}\right)Q + \frac{1}{2}\left(\frac{\partial^2 V}{\partial Q^2}\right)Q^2 + \cdots \quad (6.2.1)$$

其中,$\hat{H}_0$ 为微扰前的 Hamilton 算符,V 为核-核和核-电子间的势能。体系的 Hamilton $\hat{H}$ 及 $\hat{H}_0$ 必须是在体系的所有对称操作下不变,按群论语言,即 $\hat{H}$ 和 $\hat{H}_0$ 必须是属于全对称不可约表示 A_1。因此 $\left(\frac{\partial V}{\partial Q}\right)Q$ 也必属于 A_1 不可约表示。由于相

同对称性的两个不可约表示的直积总是包含有全对称不可约表示 A_1，因此要求 $\left(\dfrac{\partial V}{\partial Q}\right)$ 和 Q 具有相同的对称性。同理，式(6.2.1)中第三项 Q^2 总包含不可约表示 A_1，因此 $(\partial^2 V/\partial Q^2)$ 也必定包含全对称不可约表示。在上述 $\hat{H}$ 形式下，由微扰理论得到能量：

$$E = E_0 + \langle \psi_0 | \frac{\partial V}{\partial Q} | \psi_0 \rangle Q + \langle \psi_0 | \frac{\partial^2 V}{\partial Q^2} | \psi_0 \rangle \frac{Q^2}{2}$$

$$+ \sum_k \frac{\left[\langle \psi_0 | \frac{\partial V}{\partial Q} | \psi_k \rangle Q\right]^2}{(E_0 - E_k)} \quad (6.2.2)$$

其中，E_0 为在 Q_0 点处的能量，中间两项为一级微扰，最后一项为二级微扰。同时波函数也由于混入了各种激发态而变为(没有归一化)

$$\psi = \psi_0 + \sum_k \frac{\langle \psi_0 | \frac{\partial V}{\partial Q} | \psi_k \rangle Q}{(E_0 - E_k)} \psi_k \quad (6.2.3)$$

式(6.2.2)和式(6.2.3)中的电子态 ψ 和坐标 Q(使用 3.4 节中的简正坐标)总是可以按不可约表示来标记其对称性。因此，公式中对电子坐标进行积分的括号 $\langle\ \rangle$ 量只有在它们的不可约表示直积包含全对称的不可约表示 A_1 时才不等于零。

首先分析式(6.2.2)中 Q 线性项 $\langle \psi_0 | \frac{\partial V}{\partial Q} | \psi_0 \rangle$ 的被积函数是否包含 A_1 表示，这时 ψ_0 有两种可能，即简并态或非简并态。由群论可以证明，当此基态 ψ_0 为简并态时，Γ 为 ψ_0 所属的不可约表示，它自身的直积可用方括号表示的对称直积 $[\Gamma^2]$ 求出，其特征标 $\chi^{[\Gamma^2]}$ 由式(6.2.4)求出：

$$\chi^{[\Gamma^2]}(R) = \frac{1}{2}\{\chi^{[\Gamma^2]}(R)^2 + \chi^{[\Gamma^2]}(R)^2\} \quad (6.2.4)$$

其中，R 为对称操作。后面的例子将会说明，上述对称直积中总是包含至少一个全对称以外的不可约表示 Γ' [参见式(6.2.7)]。Jahn 和 Teller 还证明，在分子的简正振动中至少有一个和 Γ' 相同的非对称简正振动。因此线性项 $\langle \psi_0 | \frac{\partial V}{\partial Q} | \psi_0 \rangle$ 中包含不可约表示 A_1，沿着这种简正振动方式进行畸变总会导致能量降低，且畸变的结果破坏了原来的对称性及简并性①，这种结果被称为一级 Jahn-Teller 效应(FOJT)。它说明前述简并电子态不可能存在，并且说明了它会引起结构不稳定的实验事实。

另一方面，如果 ψ_0 是非简并的，为使 $\langle \psi_0 | \partial V/\partial Q | \psi_0 \rangle$ 积分是非零，则 $\left(\dfrac{\partial V}{\partial Q}\right)$(或 Q) 必须为全对称。因此，在图 6.3 中，除了极大和极小点外，所有的反应坐标应属于非

---

① Jahn-Teller 效应有两种情况例外：①线形分子，其中的简并性只能在二级核位移下才能解除；②处于 Kramer 双重简并下的分子，它是由于时间反演对称性对奇数电子所引起的对称性，其简并性只能由磁场消除。

全对称表示。当然,我们也可以将 Q 看做是核的任意运动,这种运动又可以看做是简正振动坐标或对称坐标的组合,但是只有这种组合中的全对称组分对 $\partial V/\partial Q$ 的非零值有贡献。

我们再分析式(6.2.2)中的 Q^2 项,其中 $\partial^2 V/\partial Q^2$ 和 Q^2 一样包含全对称不可约表示,所以该项为非零的正值,它使体系的能量增加,对应于一种使核回至 Q_0 的恢复力。

由于 $E_0 - E_k$ 总是负值,因此式(2.2.2)中最后一项总是降低能量,并引起二级 Jahn–Teller 效应(SOJT)。当不可约表示 Γ 的直积满足

$$\Gamma_{\psi_0} \otimes \Gamma_{\psi_k} \subset \Gamma_Q \tag{6.2.5}$$

条件时,$\psi_0 \left| \dfrac{\partial V}{\partial Q} \right| \psi_k$ 是非零的(参看 3.1 节)。特别是当反应坐标是全对称不可约表示 A_1 时,只有体系的激发态 ψ_k 和 ψ_0 具有相同对称性才能混合。但当活化配位化合物在最高点时 Q 可以具有任何对称性(非简并的),则 ψ_k 只受式(6.2.5)的限制。

6.2.2 一级 Jahn–Teller 效应的应用

由上节的群论分析可知,一级 Jahn-Teller 效应可用于从电子的能级来选择反应坐标。其基本选择规则是利用 $\left\langle \psi_0 \left| \dfrac{\partial V}{\partial Q} \right| \psi_0 \right\rangle$ 的直积关系:

$$\Gamma_{\psi_0} \otimes \Gamma_{\psi_0} \subset \Gamma_Q, \text{ 或 } \Gamma_{\psi_0} \otimes \Gamma_{\psi_0} \otimes \Gamma_Q \subset A_1 \tag{6.2.6}$$

例如,对于六配位的 Cu(II) d^9 配位化合物,当表现为正八面体结构时,电子态 ψ_0 属于简并的 E_g 不可约表示。利用 O_h 群的特征标表,根据公式[式(6.2.4)]可以求出它的对称直积并进行分解,可得

$$[E_g^2] = A_{1g} + E_g \tag{6.2.7}$$

其中,A_{1g} 对称表示不会改变点群。我们只要考虑 $[E_g^2]$ 中的 E_g 不可约表示。由于 $\dfrac{\partial V}{\partial Q}$ 和简正振动 Q 具有相同的不可约表示,因此对于 XL_6 型的八面体配位化合物,根据 3.4 节的方法可以求出它具有下列 $3N-6=15$ 个简正振动 Q:A_{1g}、E_g、$2T_{1u}$、T_{2g} 和 T_{2u}。由式(6.2.6)应取 $\Gamma_Q = E_g$,即 FOJT 效应要求八面体遵循 E_g 的振动方式位移或畸变。图 6.5 为双重简并 E_g 简正振动的两种非等价对称坐标 Q_2 和 Q_3,它们像 $(3z^2-r^2)$ 和 (x^2-y^2) 一样变换(参考附录 II 中 O_h 特征标表最后一行)。

在上面群论分析的基础上,可以采用下面简化方式求出具体的能级表达式。对于八面体的电子基态 E_g,将 Hamilton 算符根据 E_g 简正振动坐标 Q_2 和 Q_3 展开,得到[11]

$$\hat{H} = \hat{H}_0 + Q_2 \dfrac{\partial \hat{H}_0}{\partial Q_2} + Q_3 \dfrac{\partial \hat{H}_0}{\partial Q_3} + \cdots \tag{6.2.8}$$

为了使 H 在 O_h 群操作下为全对称 A_1 不可约表示,$\dfrac{\partial \hat{H}_0}{\partial Q_2}$ 及 $\dfrac{\partial \hat{H}_0}{\partial Q_3}$ 必须分别和 Q_2 及 Q_3

一样变换。若以式(6.2.8)中最后两项为微扰项

$$\hat{H}_1 = \hat{H} - \hat{H}_0 = Q_2 \frac{\partial \hat{H}_0}{\partial Q_2} + Q_3 \frac{\partial \hat{H}_0}{\partial Q_3}$$

$$= Q_2 k_1 \frac{1}{\sqrt{3}} (3z^2 - r^2) + Q_3 k_1 (x^2 - y^2) \qquad (6.2.9)$$

并以 E_g 态的两个简并电子波函数(如 $d_{x^2-y^2}$ 和 d_{z^2})作为基函数,按一级微扰理论,可得下列久期方程

$$\begin{vmatrix} H_{11} - \Delta E & H_{12} \\ H_{21} & H_{22} - \Delta E \end{vmatrix} = 0 \qquad (6.2.10)$$

其中

$$H_{11} = \int d_{x^2-y^2}^* \hat{H}_1 d_{x^2-y^2} d\tau \qquad (6.2.11)$$

$$H_{22} = \int d_{z^2}^* \hat{H}_1 d_{z^2} d\tau \qquad (6.2.12)$$

$$H_{12} = H_{21} = \int d_{x^2-y^2}^* \hat{H}_1 d_{z^2} d\tau \qquad (6.2.13)$$

采用量子力学等价算符等方法(参看第 2 章文献[19])以求出式(6.2.13)中的积分,并求解此久期方程。最后可以得到微扰能

$$\Delta E = \pm \frac{c}{2} \sqrt{Q_2^2 + Q_3^2} \qquad (6.2.14)$$

将它和未受微扰时的谐振动能相加,就得到能量

$$E = \frac{1}{2} k(Q_2^2 + Q_3^2) \pm \frac{c}{2} \sqrt{Q_2^2 + Q_3^2} \qquad (6.2.15)$$

其中, k 和 c 为常数(参见第 246 页或第 3 章文献[45])。由极坐标 (r, ϕ) 定义简正坐标 Q_1 和 Q_2

$$Q_2 = r \cos\phi \qquad Q_3 = r \sin\phi \qquad (6.2.16)$$

代入式(6.2.15),得到

$$E = \frac{1}{2} kr^2 \pm \frac{cr}{2} \qquad (6.2.17)$$

由此可见,原来双重简并的势能面分裂成上(正号)下(负号)两个势能面。由式(6.2.17)可求出能量的最小值:

$$E_{\min} = -\frac{|c|^2}{8k} \qquad r_0 = \frac{|c|}{2k} \qquad (6.2.18)$$

对应于最低势能面的波函数为

$$\phi = d_{x^2-y^2} \sin\frac{1}{2}\phi - d_{z^2} \cos\frac{1}{2}\phi \qquad (6.2.19)$$

若稳定能 ΔE 远大于零点振动能,则 Born – Oppenheimer 近似仍然适用,体系仍然停留在低势能面上。ϕ 是周期性坐标,从经典力学角度看,$\frac{\phi}{2\pi} = vt$。电荷密度 ψ^2

周期性地随时间变化,因而不能确定处在原来体系的哪一个波函数中。然而,若 ΔE 近似地等于振动零点能,则运动不会局限于低电子势能面,电子和核运动产生偶合。

总之,由于 Jahn – Teller 效应八面体配位化合物简并基态 E_g 是不稳定的,它会由于变形而分裂成两个能级[式(6.2.17)]。其中一个不稳定,另一个较为稳定(图6.6)。在稳定轨道中的电子额外获得了能量 ΔE。更具体地讲,对于 O_h 群配位化合物中的简并 e_g 轨道,在畸变后可能是得到压缩的四个共面键(d_{z^2} 能级比 $d_{x^2-y^2}$ 稳定),也可能是拉长的四个共面键($d_{x^2-y^2}$ 能级比 d_{z^2} 低)。现在可以确定,当配位化合物 e_g 轨道中有奇数个电子时,下列电子组态的金属离子通常会变成四个短的键和两个长的键(因为在能量上短键比长键稳定,所以四个长键和两个短键的情况很少出现)

$d^4:(t_{2g})^3(e_g)^1$ Cr^{2+}, Mn^{3+} 高自旋
$d^7:(t_{2g})^6(e_g)^1$ Co^{2+}, Ni^{3+} 低自旋
$d^9:(t_{2g})^6(e_g)^3$ Cu^{2+}, Ag^{2+}

对 K_2CuCl_4、MnF_3、$NaNiO_2$、TiO_2(金红石)等配位化合物的晶体结构进行分析,都证实了上述结论。

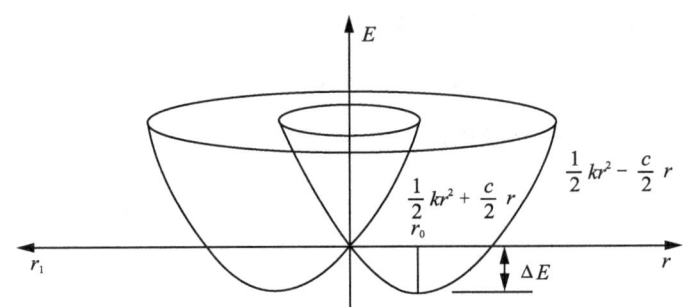

图6.6 双重简并电子能级的电子势能面

我们再举一个具有 D_{4h} 点群配位化合物 XL_4 的例子,在 D_{4h} 群中会出现 A_{1g}、A_{2g}、B_{1g}、B_{2g}、E_g 和 A_{1u}、A_{2u}、B_{1u}、B_{2u}、E_u 等不可约表示(参看附录Ⅱ中特征标表)。我们只分析具有简并态的 E_g 及 E_u 的 ψ_0 态。由式(6.2.4)求出其对称直积并进行约化,得到

$$[E_g^2] = [E_u^2] = A_{1g} + B_{1g} + B_{2g} \tag{6.2.20}$$

由振动光谱分析可以得到 XL_4 配位化合物的 $(3N-6)=9$ 个简正振动:

$$A_{1g}, B_{1g}, B_{2g}, A_{2u}, B_{2u}, 2E_u \tag{6.2.21}$$

同时我们也只分析那些引起畸变的非对称振动,即其中的 B_{1g}、B_{2g}、B_{2u} 和 $2E_u$。只有下列直积中包含 A_1 不可约表示:

$$B_{1g} \otimes (A_{1g} + B_{1g} + B_{2g}) \subset A_{1g} \tag{6.2.22}$$

$$B_{2g} \otimes (A_{1g} + B_{1g} + B_{2g}) \subset A_{1g} \tag{6.2.23}$$

所以 D_{4h} 群的配位化合物 XL_4 是遵循图 6.7 所示的 B_{1g} 和 B_{2g} 的振动方式畸变为低对称性的 D_{2h} 点群，从而使配位化合物更为稳定。

Jotham 等曾对由 Jahn – Teller 效应可能引起的结构畸变做了详尽的分析。除了式(6.2.6)的要求以外，他们还补充了两个规则：①只有当 Jahn – Teller 活性模式变为新点群的全对称表示时，新的点群才是可能的。这是由于微小的位移破坏了原来的点群，而为了保持连续性，Q 对新点群必须是全对称的。②在符合上述规则时，不能有中间点群。表 6.2 中列出各种起始的几何构型和电子态下的最终几何构型。

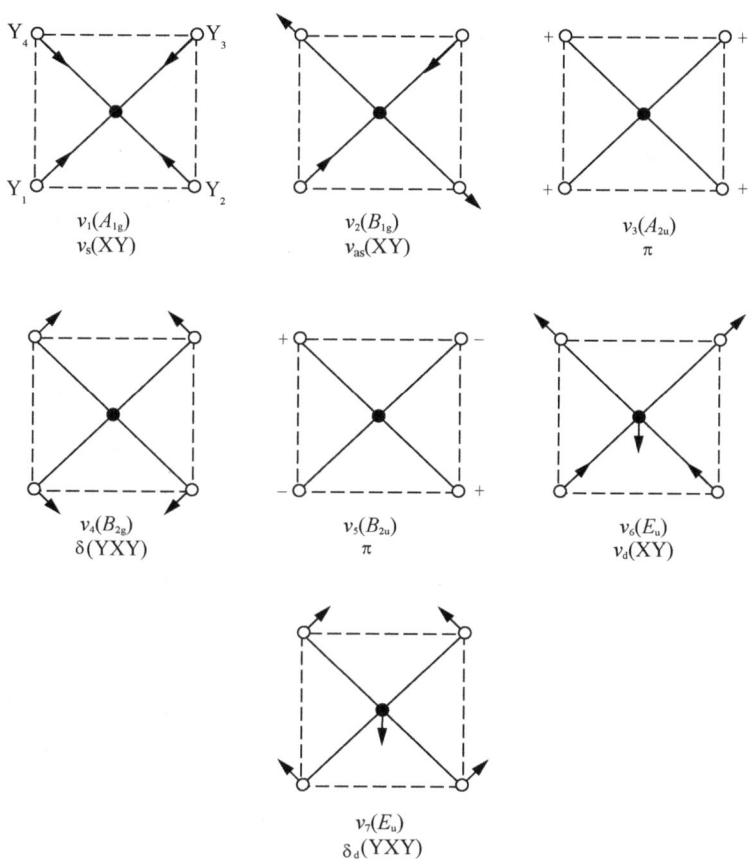

图 6.7　四方配位化合物 XL_4 的简正振动

高对称性的配位化合物在畸变时通常会产生几个等价的结构。如果它们之间的势垒较小，则由于分子的振动它们可以快速地互相变换。由于此时电子波函数和振动波函数彼此已不能分离，因而 Born-Oppenheimer 近似不适用，这种情况称为"动态 Jahn – Teller 效应"。这方面结论已被很多光谱证明。当势垒大到足以冻结一个结构时(至少保持 10^{-9} s)，称为"静态 Jahn-Teller 效应"。这一结论证据还不够确凿，因为即使对于 Cu(Ⅱ)的例子也有怀疑，一般只观察到它的四方形 Q_3 变形。有人用铜的 4s 和 3d 轨道相互混合的 SOJT 效应对它进行了解释。

表 6.2　Jahn–Teller 效应所起的几何构型

母体点群	活性振动	电子态分裂	和 Jahn–Teller 效应操作一致的基态对称性
O_h	E_g	$E_g, E_u, T_{1g}, T_{1u}, T_{2g}, T_{2u}, G_{3/2g}, G_{3/2u}$	D_{4h}, D_{2h}(斜方)
	T_{2g}	$T_{1g}, T_{1u}, T_{2g}, T_{2u}, G_{3/2g}, G_{3/2u}$	D_{3d}, D_{2h}(长方形)$, C_{2h}, C_1$
T_d	E	$E, T_1, T_2, G_{3/2}$	D_{2d}, D_2
	T_2	$T_1, T_2, G_{3/2}$	G_{3v}, C_{2v}, C_s, C_1
T_h	E_g	$E_g, E_u, T_g, T_u, G_{3/2g}, G_{3/2u}$	D_{2h}
	T_g	$T_g, T_u, G_{3/2g}, G_{3/2u}$	C_{2h}, S_6, C_1
D_{6h}	E_{2g}	$E_{1g}, E_{2g}, E_{1u}, E_{2u}$	D_{2h}, C_{2h}
D_{4h}	B_{1g}	E_g, E_u	D_{2h}(斜方)
	B_{2g}	E_g, E_u	D_{2h}(长方形)
D_{3h}	E	E', E''	C_2, C_s
C_{6h}	E_{2g}	$E_{1g}, E_{1u}, E_{2g}, E_{2u}$	C_{2h}
C_{4h}	$2B_g$	E_g, E_u	C_{2h}
C_{3h}	E	E', E''	C_3
C_{6v}	E_2	E_1, E_2	C_{2v}, C_2
C_{4v}	B_1	E	C_{2v}
	B_2	E	C_{2v}
C_{3v}	E	E	C_s, C_1
D_{3d}	E_g	E_g, E_u	C_{2h}, C_i
D_{2d}	B_1	E	D_2
	B_2	E	C_{2v}
S_4	$2B$	E	C_2
T_h	G_g	$G_g, G_u, H_g, H_u, I_{s/2g}, I_{s/2u}$	$T_h, D_{3d}, C_{2h}, S_6, C_i$
	$2H_g$	$T_{1g}, T_{1u}, T_{2g}, G_g, G_u, H_g, H_u, G_{3/2g}, G_{3/2u}, I_{5/2g}, I_{5/2u}$	$D_{5d}, D_{3d}, D_{2h}, C_{2h}, C_i$
$D_{\infty h}$	无1)		
D_{sh}	E_1	E'_2, E''_2	C_{2v}, C_s
	E_2	E'_1, E''_1	C_{2v}, C_s
C_{5h}	E_1	E'_2, E''_2	C_s
C_v	无1)		
C_{5v}	E_1	E_2	C_s, C_1

续表

母体点群	活性振动	电子态分裂	和 Jahn–Teller 效应操作一致的基态对称性
	E_2	E_1	C_s, C_1
D_{6d}	B_1	E_3	D_6
	B_2	E_3	C_{6v}
	E	E_1, E_5	D_2, C_{2v}, C_2
	E_4	E_2, E_4	D_{2d}, S_4
D_{5d}	E_{1g}	E_{2g}, E_{2u}	C_{2h}, C_i
	E_{2g}	E_{1g}, E_{1u}	C_{2h}, C_i
D_{4d}	B_1	E_2	D_4
	B_2	E_2	C_{6v}
	E	E_1, E_3	D_2, C_{2v}, C_2

1) 线形分子可能由于 Renner-Teller 效应而畸变。

6.2.3 二级 Jahn–Teller 效应的应用

初看起来要掌握 Jahn–Teller 效应似乎很困难，实际上只要熟悉分子轨道理论及一些群论知识，要应用它还是很方便的。下面举一个简单的例子，来分析一个不稳定分子变为稳定的途径。

假定从分子的特定核构型 Q_0 出发，沿正则振动方式中的一种做微小位移 Q，由式(6.2.2)，得到

$$E = E_0 + \frac{Q^2}{2}\langle\psi_0|\frac{\partial^2 V}{\partial Q^2}|\psi_0\rangle + \frac{\sum_k[Q\langle\psi_0|\frac{\partial V}{\partial Q}|\psi_k\rangle]^2}{(E_0 - E_k)} \quad (6.2.24)$$

我们假定基态为非简并，并且只注意会改变分子点群的非对称核位移，因此式(6.2.24)中不包括 Q 的线性项。分析处在势能曲线极大或极小处的情况，由于曲率 $\frac{\partial^2 U}{\partial Q^2}$ 在极小处为正，在极大处为负，势能极小，因此第三项大于第二项；势能极大，则第三项小于第二项。如果这两项在数量级上相差不多，则所假定的结构为非刚性，即 Q 振动的力常数 k 很小时就会产生较大的振动位移；只要较小的活化作用，就可以使分子变成和原来结构能量差别很小的另外一种结构。

当分析式(6.2.24)中引起 SOJT 的第三项的求和时，只考虑贡献较大的少数激发态 ψ_k。

1. 线形分子

首先以线形分子 H_2X 为例，说明 SOJT 效应的应用[12]。图 6.8 表示 BeH_2 和

H$_2$O 的分子轨道能级图。对于 BeH$_2$,其最低的激发对应于 $\sigma_u \to \pi_u$,根据直积公式[式(2.3.9)],得到

$$\Gamma_{\psi_0} \otimes \Gamma_{\psi_k} = \sigma_u \otimes \pi_u = \Pi_g \qquad (6.2.25)$$

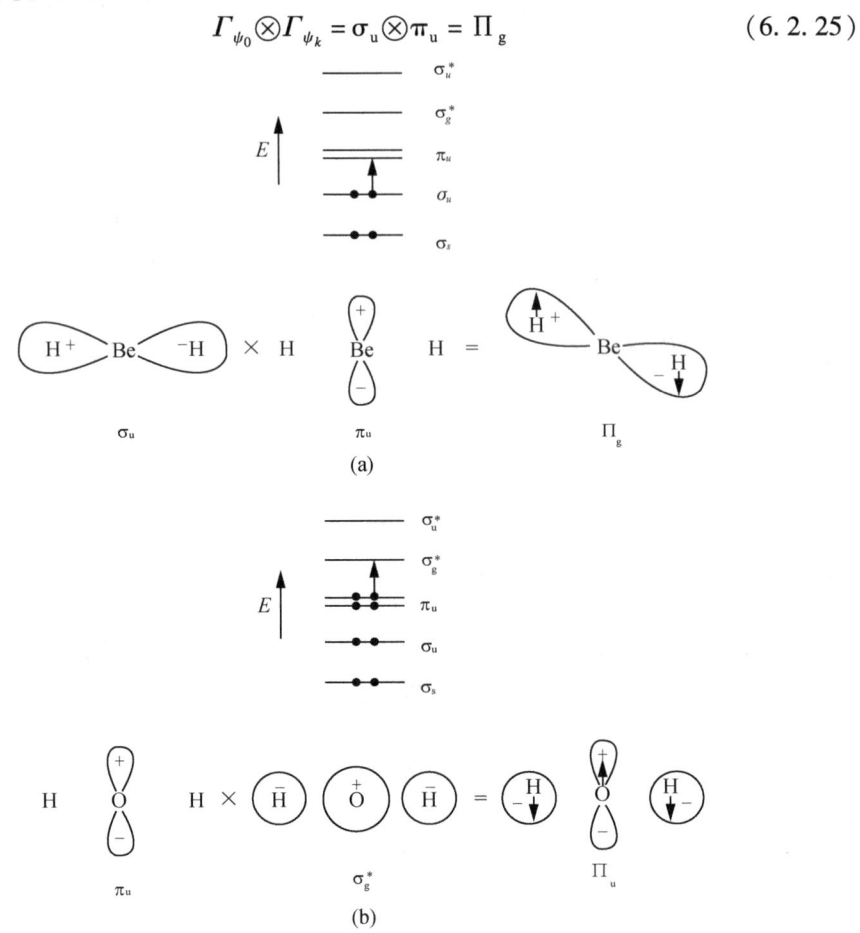

图 6.8 BeH$_2$ 分子中的 $(\sigma_u) \to (\pi_u)$ 激发对应于分子的旋转(a)
和线形 H$_2$O 分子中的 $(\pi_u) \to (\sigma_g^*)$ 激发引起分子的弯曲(b)

图 6.8 中也用图解的形式列出了这种 Π_g 对称性的跃迁电子密度。正号表示电子密度增加,负号表示电子密度降低。如果核随着这种电子密度变化,则结果只是 BeH$_2$ 分子发生旋转。同时,从附录 Ⅱ $D_{\infty h}$ 点群分子的特征标表中可以看出,这种分子的两个旋转运动确是属于 Π_g 表示。由于式(6.2.25)所得到的 Π_g 不属于该分子的简正振动 Σ_g、Σ_u 和 Π_u,所以 BeH$_2$ 不会发生畸变,而是以线性分子稳定地存在。可以看出,如果要求分子以弯曲方式旋转,则分子必须以 $(\sigma_g) \to (\pi_u)$ 的方式进行激发。但由于 σ_g 是个能级较低的稳定轨道,因此这种高能量过程是很不利的。

对于线形的 H$_2$O 分子,情况则完全不同。最低的激发态 $(\pi_u) \to (\sigma_g^*)$,$\pi_u \otimes \sigma_g^* = \pi_u$,和图 6.8(b)所示的弯曲简正振动很匹配。所以线形水分子不稳定,容易

通过弯曲振动 π_u 方式转化成 C_{2v} 点群。值得注意,当经历了初始的微小弯曲而破坏线型对称性后,激发就变为 C_{2v} 点群的 $2a_1 \to 3a_1$,因为这时只有激发态和基态对称性相同时才能混合。

2. 八面体配位化合物

对于 XL_6 分子离解反应的例子

$$XL_6 \Longleftrightarrow XL_5 + L \tag{6.2.26}$$

根据最小运动原理,参考其八面体简正振动模型,类似上节的分析可见在生成 C_{4v} 的 XL_5 时,至少在初期要有一个 T_{1u} 简正振动的反应模式。例如,对于非过渡金属的 SF_6,其分子轨道次序为

$$(2t_{1u})^6(t_{2u})^6(t_{2g})^6(2a_{1g})^0(3t_{1u})^0 \tag{6.2.27}$$

可以看出,要通过高能量间隙的跃迁而激发出 T_{1u} 简正振动是不容易的。所以 SF_6 分子很稳定,S—F 键很强。而 XeF_6 分子的电子组态为

$$(e_g)^4(2a_{1g})^2(3t_{1u})^0 \tag{6.2.28}$$

其中,$2a_{1g}$ 和 $3t_{1u}$ 的间隙较小,所以分子不稳定而易于离解,Xe—F 的键能只有 30kcal。XeF_6 常用作氟化剂。

当不包含配位体 π 群轨道成键时,过渡金属八面体的分子轨道次序为(参考图 2.17):

$$(a_{1g})^2(t_{1u})^6(e_g)^4(t_{2g})(e_g^*)(a_{1g}^*)(t_{1u}^*)^0 \tag{6.2.29}$$

由于激发跃迁的直积

$$(T_{1u} \otimes T_{2g}) = (A_{2u} + E_u + T_{1u} + T_{2u}) \tag{6.2.30}$$

和

$$(T_{1u} \otimes E_g) = (T_{1u} + T_{2u}) \tag{6.2.31}$$

因而有一系列产生 XL_5 分子所需要的 T_{1u} 反应模式。

3. $M(\eta^5 - C_5H_5)_2$ 化合物

我们熟知,π 键结合的二茂铁 $Fe(\eta^5 - C_5H_5)_2$ 具有夹心饼干式结构。由于 C_5H_5 基团相对金属自由旋转的活化能很小,所以我们取其为覆盖式的 D_{5h} 或交错式的 D_{5d},甚至 $D_{\infty h}$ 构型。在 σ 键结合的 $Fe(\eta^1 - C_5H_5)_2$ 基团中,每个环只有一个 C 原子和金属成键。图 6.9 中表示 η^5-型可以通过 E_{1u} 和 E_{1g} 两个正则振动而变换成 η^1-型配位化合物。

对于已成 18 电子层结构的二茂铁,其能级间隙较大,所以很稳定(参考图 4.27)。$Ni(\eta^5 - C_5H_5)_2$ 型 D_{5d} 配位化合物比二茂铁多两个电子,根据从头计算法及其他经验计算法得到其电子结构为($^3A_{2g}$ 基态)

$$(a_{1g})^2(e_{2g})^4(a_{2u})^2(e_{2u})^4(2e_g)^4(e_{1g})^4(e_{1u})^4(2e_{1g})^2(2e_{2u})^0(3e_{2g})^0 \tag{6.2.32}$$

它的几何结构类似于 $Fe(\eta^5 - C_5H_5)$,但缺乏刚性。所有金属和环之间的红外振动都处在低频,特别是 E_{1u} 和 E_{1g} 模式非常"软"。这可以认为很容易发生 $(2e_{1g}) \to (2e_{2u})$ 激发,

其直积为
$$(E_{1g} \otimes E_{2u}) = (E_{1u} + E_{2u})$$
以及 $(2e_{1g}) \rightarrow (3e_{2g})$ 激发,其直积为
$$(E_{1g} \otimes E_{2g}) = (E_{1g} + E_{2g})$$
两者都包含有图 6.9 中的 E_{1u} 或 E_{1g}。

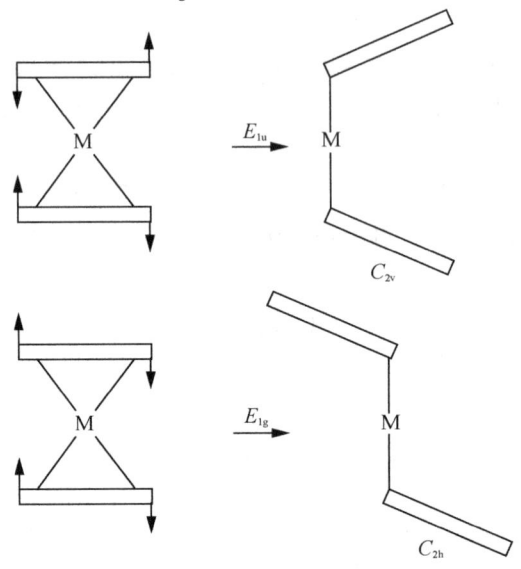

图 6.9 $M(\eta^5 - C_5H_5)$ 从 D_{5d} 夹心结构通过两个
简正振动转换成 σ 成键的 C_{2v} 或 C_{2h} 结构

如果同样的分子轨道适用于 $Hg(\eta^5 - C_5H_5)$,则其电子组态为
$$\cdots(e_{1u})^4(e_{1g})^4(e_{2u})^0(e_{2g})^0$$
这是一种更容易通过 E_{1u} 形式变形的方式。事实上,二茂汞确是一种 σ 键的 η^1-型配位化合物。但是仍不清楚它是采取 C_{2v} 还是 C_{2h} 结构。二茂钛的 C_{2v} 结构曾被认为也可以用二级 Jahn-Teller SOJT 效应来解释[13],但是可能要求其分子轨道能级具有与此不同的次序。目前还没有发现过 $M(\eta^3 - C_5H_5)_2$ 型配位化合物。

6.3 反应中的对称性规则

从 20 世纪 50 年代开始运用量子力学研究反应机理以来,主要采用两种方法来研究反应分子沿什么途径起反应。一种是静态法,先计算作用物中各个原子位置上的电荷分布,再分析亲电子或亲核基团向电荷密度较大或较小的位置进攻,等。一直到 60 年代初主要研究对象是作用物。另一种是动态法,先设想其可能的中间态,然后再研究通过哪种中间态容易发生反应。

从分子轨道对称性角度来分析有机反应的可能性后,近来在无机化学反应机理和配位催化方面的相关研究也日益增多。催化作用对反应的影响很大,本来从

轨道对称性角度来看是不允许发生的反应,在使用催化剂后却成为允许的了。显然,对于过渡金属,这和它的 d 轨道对称性及能级有关。1965 年,有机实验化学家 Woodward 和理论化学家 Hoffmann,基于大量的实验事实和近似的分子轨道计算及群论原理,共同提出了化学反应中的轨道对称性守恒原理,该原理的提出,为化学反应机理的研究开辟了一条新的途径[14~17]。为此,他们和福井谦一共同获得 1982 年诺贝尔奖。本节首先介绍绝热选择规则,再结合三类协同反应(电环合、环加成和 σ 键迁移反应)介绍这个规则的一些基本原理及其在无机和配位催化等反应中的应用和发展。

6.3.1 绝热相关规则

和在光谱跃迁中的选择规则类似,进行化学反应也遵循一定的规则。对于化学反应的选择规则也有不少提法,它们的出发点及表示形式可能有所不同,但大都强调体系本身的对称性,因而相互有密切的关联[10]。可以从量子力学,设波函数为 ψ_1 和 ψ_2 的两种状态在同一位置具有相近的能量 E_1 和 E_2。这时要用到简并态的一级微扰理论,从下列久期方程求出微扰能

$$\begin{vmatrix} H_{11} - E & H_{12} \\ H_{12} & H_{22} - E \end{vmatrix} = 0 \tag{6.3.1}$$

它的解是

$$E = \frac{E_1 + E_2}{2} \pm \left(\frac{(E_1 - E_2)^2}{4} + H_{12}^2 \right)^{\frac{1}{2}} \tag{6.3.2}$$

对应于 ψ_1 和 ψ_2 的两个势能面的交叉意味着 $E_1 = E_2$。这只有当作用项 $H_{12} = \int \psi_1 \hat{H} \psi_2 d\tau = 0$ 时才能出现,即只有当 ψ_1 和 ψ_2 这两种状态具有不同的对称性时(例如,$^1\Sigma_g$ 和 $^3\Pi$),它们的势能面才能够交叉(图 6.10)。当 ψ_1 和 ψ_2 具有相同的对称性时(例如,$^1\Sigma_g^+$ 和 $^1\Sigma_g^+$),由于它们可以相互组合(作用)而使 $H'_{12} \neq 0$,从而不可能交叉(图 6.11),这就导出了量子力学中的不相交原理[参看式(6.2.10)]:同一对称性的两种电子态(有时也指分子轨道)的势能曲线不能相交。

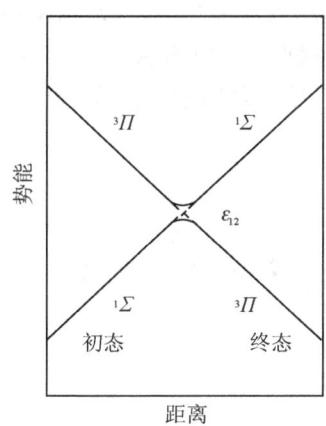

图 6.10 非绝热跃迁中两个状态的势能曲线

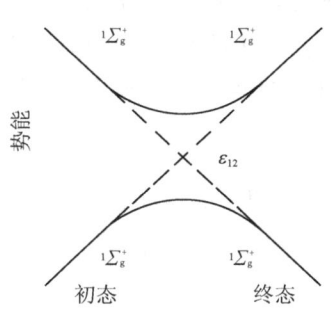

图 6.11 绝热跃迁中两个状态的势能曲线

图 6.11 中初始时 $\psi_1(^1\Sigma_g^+)$ 为基态，$\psi_2(^1\Sigma_g^+)$ 为激发态，两个对称性相同的势能面以相反的斜率 S_1 和 S_2（注意，不是自旋）彼此接近。在交叉点附近彼此靠近，但不会交叉。两个态因强烈的微扰而混合，结果产生较大的能级分裂 ε_{12}，初始的基态变为激发态，而低能量态由以 ψ_1 的状态为主变为以 ψ_2 的状态为主。反应物进入高势能状态的概率很低、因而仍处于最低能量的曲面，自旋 S 和角动量 L 等量子数不变，这种反应通常称为绝热反应。图 6.10 中则由于 $\psi_1(^1\Sigma)$ 和 $\psi_2(^3\Pi)$ 这两种对称性不同的状态允许交叉，基态 $^1\Sigma$ 的反应物可能转换成 $^3\Pi$ 激发态的产物基态反应，但难于转化成 $^1\Sigma$ 的产物基态反应，这是一种能量上不利的情况，这类反应称为非绝热反应。实际上，它们总是有一定相互作用，只是产生的能级分裂 H_{12} 较小而已。因而反应既可发生处在最低能量曲面的绝热反应，也可发生非绝热的跳跃。由包含时间的 Schrödinger 方程可以求出其跳跃概率为

$$P = \exp\left[-\left(\frac{4\pi^2\varepsilon_{12}^2}{h v |S_1 - S_2|}\right)\right] \quad (6.3.3)$$

其中，v 为沿着反应坐标的速率。当 ε_{12} 很小而 v 很大时，交叉的概率（非绝热行为）接近于 1。若曲线的斜率差 $|S_1 - S_2| = 2\times10^8 \text{eV/cm}$，$v = 2\times10^4 \text{cm/s}$，并假定 $\varepsilon_{12} = 2\times10^{-3}\text{eV}$，则计算出 $P = 7\times10^{-3}$，可见跳跃概率还是相当大的。

下面重点讨论绝热反应中初始物和产物的相关规则，以下举例说明，考虑下列基元反应[18]

$$A + \begin{matrix} B \\ | \\ C \end{matrix} \longrightarrow A\underset{X}{\overset{B}{\cdots}}C \longrightarrow \begin{matrix} B \\ | \\ A \end{matrix} + C \quad (6.3.4)$$

其中，反应物通过中间体 ABC 或中间配位化合物 X 而变为最终产物。如前所述，当反应进行时，只有激发态和基态具有相同对称性才能混合。对称性只涉及那些在反应中不变的对称元素，因此，反应时状态的对称性也不应该有变化。从群论角度讲，绝热相关规则是指，反应中体系始态和终态处于相同的势能面上，只有当中间配位化合物 X 至少有一个不可约表示和反应物（A + BC）及产物（AB + C）的状态按直积方法所产生的不可约表示相同时，反应物和产物的状态才能绝热相关。具体分析反应 $CH + O_2 \longrightarrow CO + OH^*$，它表明了烃在火焰中受激发后产生游离基 OH。我们来判断，该反应将按下列哪一个途径进行：

$$\text{CH}(^2\Pi) + O_2(^3\Sigma_u) \begin{matrix} \nearrow \overset{O-O}{\underset{H}{}} C(C_s) \searrow \\ \searrow \underset{O}{\overset{O}{}} CH(C_{2v}) \nearrow \end{matrix} \text{HO}(^2\Sigma^+) + \text{CO}(^1\Sigma^+) \quad (6.3.5)$$

(C_s) $\qquad\qquad\qquad\qquad\qquad\qquad (C_s)$

首先根据分子点群对称性，用群论的约化公式和直积公式[参看式(2.3.9)和(2.3.15)]得出表 6.3～表 6.5。我们根据分子几何结构考虑生成 C_s 对称性的不

对称中间体 O_2CH 的可能性。首先,反应物的 $CH(^2\pi)$ 和 $O_2(^3\Sigma_u^-)$ 在 C_s 群中分别分解为 $^2A'$、$^2A''$ 和 $^3A''$ 表示(表 6.3),再由表 6.5 求出这两个反应物状态的直积 $^2A'\otimes^3A'' = {}^2A'' + {}^4A''$ 和 $^2A'' \times {}^3A'' = {}^2A' + {}^4A'$。同样,对于产物 $CO(^1\Sigma^+)$ 和 $HO(^2\Sigma^+)$ 在 C_s 群中分解为 $^1A''$ 和 $^2A''$,其直积为 $^2A'$。由于反应物和产物都包含有 $^2A'$ 表示,所以 C_s 点群的中间体 O_2CH 是绝热相关的。其次,分析生成 C_{2v} 点群的对称中间体 CHO_2 的可能性。同理可以得到反应物产生表示 $^2B_2$、$^4B_1$ 和 $^4B_2$,产物产生表示 $^2A_1$ 和 $^4A_1$,它们之间没有相同的不可约表示,因此反应物经过 C_{2v} 中间体的转化是轨道禁阻的。不难论证,如果能将反应物 CH 的不成对电子从 $^2\Pi$ 基态激发至第一激发态 $^2\Delta$,则通过 C_{2v} 对称中间体的反应也变为轨道允许的了。

表 6.3 对称群中能态的表示

初态	分解态		
	C_{2v}	C_s	C_1
S_g	A_1	A'	A
S_u	A_2	A''	A
P_g	$A_2 + B_1 + B_2$	$A' + 2A''$	$3A$
P_u	$A_1 + B_1 + B_2$	$2A' + A''$	$3A$
D_g	$2A_1 + A_2 + B_1 + B_2$	$3A' + 2A''$	$5A$
D_u	$A_1 + 2A_2 + B_1 + B_2$	$2A' + 3A''$	$5A$
Σ_g^+, Σ_u^+	A_1	A''	A
Σ_g^-, Σ_u^-	A_2	A''	A
Π_g, Π_u	$B_1 + B_2$	$A' + A''$	$2A$
Δ_g, Δ_u	$A_1 + A_2$	$A' + A''$	$2A$

这些规律对于原子和简单自由基的分子较为适用。在 5.4 节中,我们介绍过自旋守恒原理。特别是很多分子(以及低对称性分子)都具有自旋 $S=0$ 的全对称基态,可以自由进行反应。但是自旋守恒原理和轨道相关原理一样,也受到很大限制。例如,下列单分子分解反应就是自旋禁阻的。

表 6.4 C_{2v} 的直积

	A_1	A_2	B_1	B_2
A_1	A_1	A_2	B_1	B_2
A_2	A_2	A_1	B_2	B_1
B_1	B_1	B_2	A_1	A_2
B_2	B_2	B_1	A_2	A_1

表 6.5 C_s 的直积

	A'	A''
A'	A'	A''
A''	A''	A'

$$N_2O(^1\Sigma) \longrightarrow N_2(^1\Sigma) + O(^3\Sigma_u^-) \tag{6.3.6}$$

由于催化剂有着削弱自旋守恒规则的效果,所以这类反应中催化剂及作用物间相互作用的程度和自旋-轨道偶合参数的大小有密切关系。对于很多复杂分子的反应,由于自旋-轨道偶合、振动相互作用等原因,自旋和轨道守恒规则不太有用。

配位化合物在化学反应中的催化作用,表现为消除或削弱非绝热反应的量子数 L 和 S 的对称性,从而为能量的传递提供了一个有效的途径[19]。在绝热反应中,配位催化的作用表现为使反应物相互接近并处于有利的空间形式(在生物体系中非化学计量的金属离子添加物则经常只是引起酶蛋白的构象变化(模板效应)而不是真正参与改变 L 或 S 的化学变化)。

按反应机理,通常将有机金属化学中研究较多的反应分为离子反应和自由基反应两大类,并通过取代效应、溶剂效应和捕捉中间体等实验方法来确定其类型。下面我们主要介绍另一类协同反应(concerted reaction),其反应过程中并不出现中间体而是通过多中心成环过渡态的电子重新组合。在这类研究中更大地发挥了对称性规则的优势。我国的唐敖庆等在这方面做了有意义的研究[20]。

6.3.2 电环合反应

由线性共轭体的两端间 π 电子环合而形成单键的一类反应,称为电环合反应(图 6.12)。反应的结果是少了一个 π 键,多了一个 σ 键。大量实验说明,其中有些反应在加热的条件下就能进行,有些却要在光照的条件下才能进行,而且得到的产物具有不同的立体化学构型。

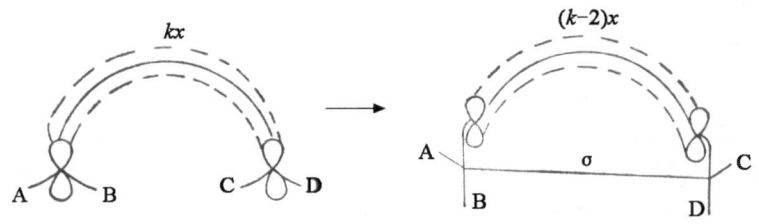

图 6.12 电环合反应

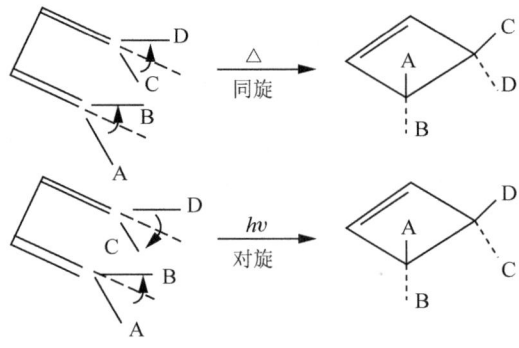

图 6.13 丁二烯型电环合反应

1. 电环合反应的选择规则

首先我们举出两种不同类型的实例。

例如,丁二烯型,反应后生成环丁烯型分子(图 6.13)。其中除 π 键外,σ 键在纸平面上。A、B、C、D 可以是不同的基团,环合后它们不再在同一平面上。实验证实环丁二烯型分子的空间分布有着一定的规律:在加热条件下生成物的 A 和 C 在平面的同一侧,而 B 和 D 在平面的另一侧,即作用物发生如图中箭头所示的同向旋转;而在光照条件下得到的生成物具有另一种构型,A 和 D 在同一侧,B 和 C 在另一侧,即作用物发生如图中箭头所示的对向旋转。

又如,己三烯型,反应后生成环己二烯型分子(图 6.14)。和例 1 结果恰恰相反,环己二烯型分子加热时发生对旋,即生成物的 A 和 D 在同一侧,B 和 C 在另一侧;而在光照时发生同旋,即生成物的 A 和 C 在同一侧,B 和 D 在另一侧。

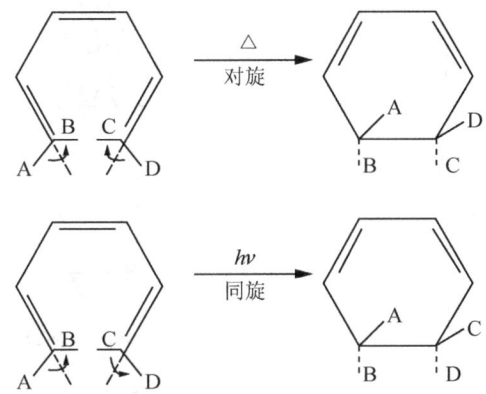

图 6.14 己三烯型电环合作用

表 6.6 丁二烯型和己三烯型电环合反应的选择规则

类型	加热	光反应
丁二烯型	同旋	对旋
己三烯型	对旋	同旋

大量实验,尤其是热反应实验,表明除非空间阻碍很大,一般情况都符合上述规则(表 6.6)。自然会提出如下两个问题:①为什么加热和光照所得的生成物空间构型不同;②为什么四个碳的丁二烯和六个碳的己三烯的情况恰恰相反。

这可以根据反应的过渡态对称性进行解释(图 6.15)。对于同旋,在整个成环过程中具有一个二重轴 C_2 对称性,它在 σ 键骨架平面上并通过分子中心。(注意,不是从取代基的几何对称性,而是从过渡态的 π 电子的波函数的对称性去理解 C_2 对称性)。同理,在对旋方式下整个反应过程具有镜面 σ_v 的对称性,它垂直于分子平面并对截分子。总之,对旋和同旋具有不同的对称性。

再进一步分析作用物和生成物的分子轨道对称性。例如,对于作用物丁二烯,其中四个碳原子上的 p 轨道相互靠近时形成四个相互作用的分子轨道,分别用 ψ_1、ψ_2、ψ_3、ψ_4 四个波函数表示[图 6.16,参考式(2.5.71)]。分子轨道能级按 $\psi_1 \to \psi_4$ 次序增高,其中 ψ_1 和 ψ_2 的能级处在未成键前的能量水平线(图 6.17 中虚线)以下,称为成键轨道;而 ψ_3 和 ψ_4 的能级处在未成键前的能量水平线以上,称为反键轨道。

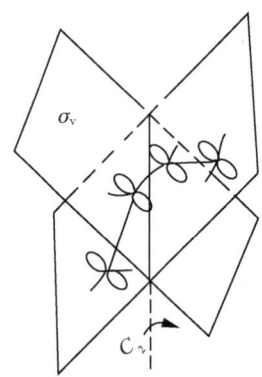

图 6.15　电环合反应的对称性

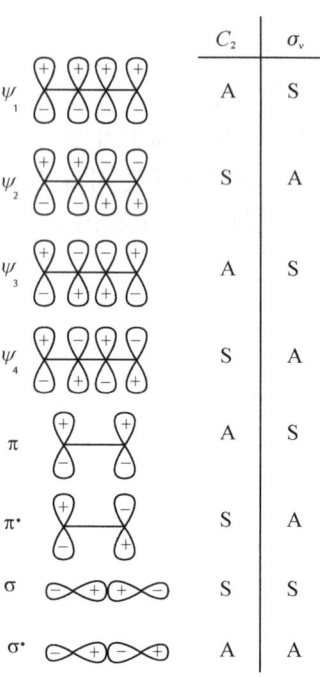

图 6.16　作用物和生成物的分子轨道及其对称性

再分析生成物环丁烯的分子轨道。我们关心的是剩下的两个 p 电子所组成的成键 π^* 轨道,以及新形成的 σ 轨道和反键 σ^* 轨道,其形状如图 6.16 下部所示。

这些分子轨道在 C_2 和 σ_v 的对称操作作用下有一定的对称性。例如,在 C_2 的对称操作作用下,ψ_1 绕 C_2 轴旋转 180° 后,正号变为负号,负号变为正号,整个波函数符号和原来的相反,即 ψ_1 变为 $-\psi_1$,具有这种性质的波函数,称为反对称波函数,用符号 A 表示;而波函数 ψ_2 则在 C_2 的作用下整个波函数的符号没有变化,即 ψ_2 仍为 ψ_2,具有这种性质的波函数称为对称波函数,用符号 S 表示。同理,ψ_3 具有 A 对称性,ψ_4 具有 S 对称性。对于环丁烯,在 C_2 的对称操作作用下,同理可以看出,最低的 σ 轨道具有 S 对称性,较低的 π 轨道具有 A 对称性,反键 σ^* 具有 A 对称性,π^* 具有 S 对称性。

类似地,可以分析对称面 σ_v 的对称操作作用在以上各个波函数上所应具有的对称性,其结果对应地列入图 6.16 右侧。值得注意的是,对于 π 轨道来说,在 σ_v 和 C_2 操作中所具的对称性不同,而 σ 轨道不论在 σ_2 和 C_2 操作中,成键的都是对称的,反键的都是反对称的。

根据这些关于分子轨道能级高低和对称性的概念,就可以作出反应的轨道相关图(图 6.17),其纵坐标表示能级,横坐标为反应程度坐标。在相关图中可以略去骨架中的 C—H 和 C—C 类 σ 键,因为在反应中虽然杂化作用有了变化,但它们的数目和近似的能级高低,特别是其对称性并无变化。在作出相关图时有两点值得注意:①首先,从作用物的两端按照一定的几何构型接近,经过过渡态,直至得到生成物的整个过程中轨道的对称性必须保持不变。例如,丁二烯以同旋方式生成环丁烯的过程中必须始终保持 C_2 对称性不变,即作用物的对称轨道 S 只能和生成物的对称轨道 S 相关联。在反应进程中轨道对称性必须守恒,从量子力学角度看,这是由于不同对称性的波函数正交的结果。②相关图两边都有几种 S(或 A)轨道,根据前节所述的不相交原理(图 6.11)可知,相同对称性的联线不能相交。但从量子力学角度来看,在相交处附近由于其相互作用很大,轨道因相互排斥而彼此分开,以致只允许依次由下而上的将相同对称性的轨道彼此相关联;对于不同对称性的连线,由于在相交处波函数的正交性,其排斥能可以忽略不计,因而它们是允许相交的。

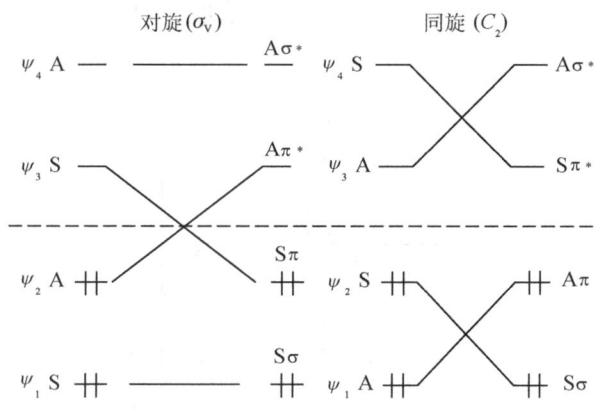

图 6.17 丁二烯 – 环丁烯的相关图

有了上述两条原则后就唯一地确定了相关图,并可以从图中得到一些重要的结论。可以看出,在同旋情况下,保持 C_2 对称性不变,则最明显的特征是成键轨道只和成键轨道关联,反键轨道只和反键轨道关联。因此,丁二烯的四个 π 电子在反应前后都处在对称性相关的成键轨道中。因此,在这类反应过程中,其反应活化能很低,只要加热就行了,这就解释了丁二烯在加热条件下得到同旋产物的事实。而在对旋的情况下,保持 σ_v 对称性不变,则其相关图的特征是成键轨道要与反键轨道相关联,即反应涉及基态和激发态间的跃迁问题,则反应的活化能必定较高,所以必须在具有较热能高的光能照射的条件下使反应物吸收一定频率光的能量才能进行反应(即属于光化学反应)。反应的途径可能有两条,一种是作用物 ψ_2 A 轨道中的电子在光照条件下先跃迁到 ψ_3 S 轨道再转化到生成物的 πS 轨道;另一种不太可能的途径是作用物 ψ_2 A 轨道中的电子预先转化为生成物的 π^* A 轨道,再回

到生成物的 πS 轨道。总之,这就解释了丁二烯在光照条件下得到对旋产物的事实。由此我们可以将轨道对称守恒规则总结为:在成键轨道中,若作用物的对称轨道的数目等于生成物的对称轨道的数目,则反应容易进行(仅需加热);若反应前后的对称轨道数目不等,则反应不易进行(必须光照)。

遵循上面同样的方式可以对己三烯型进行分析。例如,对于作用物己三烯,由六个原子轨道相互作用生成六个分子轨道,它们的能级高低及在 C_2 和 σ_v 对称操作作用下的对称性如图 6.18 所示。同理,分析生成物环己二烯,它所涉及到的六个分子轨道是由前面讨论过的丁二烯的四个分子轨道 ψ_1、ψ_2、ψ_3、ψ_4 及两个新形成的 σ 和 σ^* 轨道所组成。有了这些作用物和生成物分子轨道的对称性和相对能级后就可以分别作出其在同旋和对旋情况下的反应轨道相关图(图 6.19)。由图可以看出,环己二烯的对称性和丁二烯相反。对于同旋,因反应前后成键轨道中对称轨道的数目不同,基态必然要与激发态相关,所以活化能较高,加热条件不能满足反应需要,必须采用光照。在对旋的情况下,相关图中轨道的能级次序虽然仍和前面一样,但它们的对称性分类不同。这时在反应前后成键轨道中对称轨道的数目相同,基态只和基态相关联,所以活化能较小,只需加热就可进行反应。

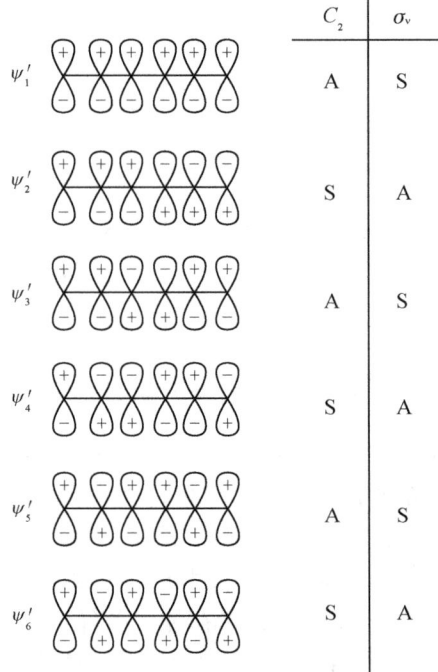

图 6.18 己三烯的分子轨道及其对称性

这样,我们就从轨道对称守恒的角度回答了前面所提出的问题,同时也可以看出,其实质是从能量的观点来解答问题。从更一般的讨论可以将上述结论推广到更多的 π 电子体系,其电环合反应的选择规则列于表 6.7。

2. 选择规则的一般推导

下面我们更基本地从量子力学的角度来分析这个问题。

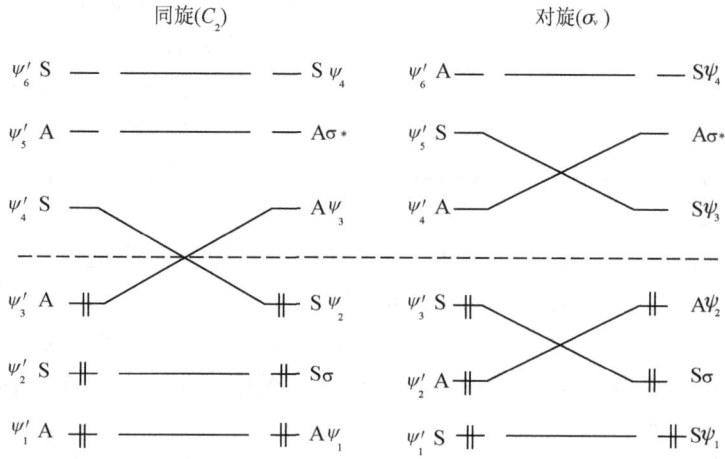

图 6.19　己三烯 – 环己二烯的相关图

表 6.7　中性分子电环合反应的选择规则

π 电子数	加　热	光反应
$4q$	同　旋	对　旋
$4q+2$	对　旋	同　旋

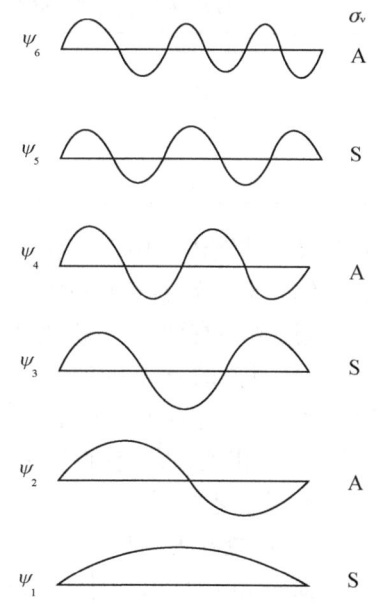

图 6.20　共轭分子的一维近似处理的波函数

对于共轭分子,虽然它是三维的,但其特点是主链很长,截面积很小,所以近似地看做一维的。又因为共轭分子上的 p 轨道在骨架上下有对称面,所以只需分析平面一边的波函数,另一边与其一样。电子在主链上活动,根据量子力学对一维箱子进行处理可以得到如图 6.20 所示的结果。显然波函数 ψ(纵坐标)是链长度坐标 L(横坐标)的函数。可以看出这些分子轨道的特点是:ψ_1 没有节点,ψ_2 有一个节点,$\cdots$,ψ_6 有五个节点(节点数目即等于图中曲线通过零点的次数)。在这里的讨论中我们可以不考虑具体的波函数,而只注重其波节结构和交替对称的特性就可以导出一般规则。首先,波函数的能级次序是,节点越多,能级越高,其中成键轨道数等于反键轨道数。由 Pauli 原理,每个轨道最多填充两个电子。其次,在对称面 σ_v 对称操作下的对称性质从能级最低的 ψ_1 开始向上至 ψ_6 依次交替标记为 SASASA 等。为了方便,不再讨论在二重轴 C_2 作用下的对称性,因为从前面对己三烯等的分析中可以看出,其结果和 σ_v 对称性操作作用所得的相反,必要时将其对称性填上去就行了。

由此我们能够算出共轭分子中成键轨道中的对称轨道数。例如,对于具有 $4q$ 个 p 轨道的共轭体系(其中有 $4q$ 个 π 电子),其中有 $2q$ 个是成键的,$2q$ 个是反键的。而 $2q$ 个成键轨道中又只有 q 个是对称轨道,另外 q 个是反对称轨道。同理,对于 $4q+2$ 共轭体系,其中有 $2q+1$ 个是成键的,这 $2q+1$ 个成键轨道中有 $q+1$ 个对称轨道,q 个反对称轨道。这时对称轨道之所以多一个,是因为根据图 6.20 从最低的对称轨道 S 开始向上排的。根据这种方式分析所得的结果列于表 6.8,其中 q 为整数 0、1、2、3 等。

表 6.8 电环合反应成键轨道中对称轨道数

π 电子数	环合前 (π)	环合后 (π)(σ)
$4q$	q	q　1
$4q+2$	$q+1$	q　1

在上面讨论的基础上可以求出共轭体系中电环合反应前后成键轨道中的对称轨道数,结果列于表 6.9,其中环合前的数值可直接引用表 6.8 的结果,但在引用表 6.8 以计算环合后的数值前必须注意到有两个 π 轨道转化为两个 σ 轨道(其中有一个是对称的 σ 轨道,另一个是反对称的 σ^* 轨道)的现象。从表 6.8 中可以得到结论:对于 $4q$ 个电子的共轭体系,反应前后成键轨道中对称轨道数不守恒(分别为 q 及 $q+1$ 个);基态必然要与激发态相关,所以在保持 σ_v 对称性的条件下,即对旋的电环合反应中必须在光照的情况下才能发生。反之,对于 $4q+2$ 个电子的共轭体系,反应前后成键轨道中对称轨道数守恒(都是 $q+1$ 个);基态只涉及基态,所以在保持 σ_v 对称性的条件下,即对旋的电环合反应中只要在加热的情况下就可以发生。前面已经提到,对于具有反应中保持 C_2 对称性的同旋电环合反应,其结论恰恰与此相反。这样,我们就证实了表 6.7 所列的选择规则。

表 6.9　一维共轭体系分子轨道的对称性分析

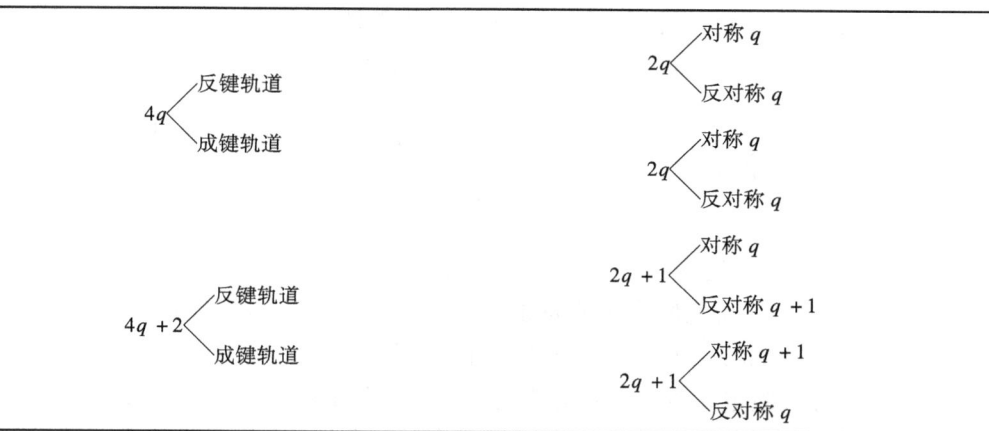

表 6.10　荷电分子(离子)电环合反应的选择规则

	加　热	光 反 应
$4q+1(+)$ $4q+3(-)$　$\approx 4q$	同　旋	对　旋
$4q+1(-)$ $4q+3(+)$　$\approx 4q+2$	对　旋	同　旋

上面的讨论都是对含偶数个原子的共轭体系而言的,那么对于含有奇数个原子的共轭体系的情况如何呢? 这个问题开始不太清楚,后来的研究已逐步明确了。我们知道像丙烯分子这类奇数个原子体系本身是不会环化的,而是以自由基、或带电的正离子、或负离子形式存在。它们的选择规则可以归纳为:对于含未成对电子的自由基,当它含有 $4q+1$ 个电子时,其规则和中性分子的 $4q+2$ 个 π 电子的规则相当(表6.7);当含有 $4q-1$ 个电子时,则和该表中的 $4q$ 个 π 电子的规则相当,因为在电子配布时只是最高层有一个电子而已。对于荷电分子(离子),其相应的选择规则如表 6.10 所示。例如,对于 $4q+1$ 个原子的共轭阳离子,其选择规则相当于表 6.7 中 $4q$ 个电子的选择规则,等等。由此可以说明式(6.3.7)中反应(a)在加热时是对旋,光照时是同旋;而反应(b)在加热时是同旋,光照时是对旋。

$$(6.3.7)$$

3. 过渡金属的催化作用[21,22]

众所周知,过渡金属是很好的均相催化剂。其中的一个作用是将反应分子聚集在一个特殊的几何位置,这就大大增加了配位反应的速率,这种优点被称为"模板反应";其另一个作用是使原来对称性禁阻反应变为对称性允许的反应,通过降低活化能而加速反应进行。例如,在下列开环反应中转化速率会受到 CO 的阻化作用,所以假定首先失去 CO 分子。其关键反应就相当于我们前面讨论的环丁烯开环成丁二烯。在没有过渡金属存在的情况下，它只能发生对旋。其相关图如图 6.17 左图所示。由于对关键反应[式(6.3.8)]的具体结构还不太清楚，我们假定在反应中仍保持一个对称面，通过铁原子和配位双键的中心。

$$\text{Fe(CO)}_4 \underset{+CO}{\overset{-CO}{\rightleftharpoons}} \text{Fe(CO)}_3 \longrightarrow \text{Fe(CO)}_3 \qquad (6.3.8)$$

图 6.21 表示丁二烯配位化合物反应前后的相关图。这里只考虑了两个 d 轨道。一个是反应前指向配位体双键的 d_{z^2} 轨道，另一个是反应后指向产物中两个新双键的 d_{xz} 轨道，其他的三个 d 轨道只和它自身相关而不进行分析。这里根据 Mango 等原来的想法，假定 d 轨道之间的能级差比有机分子中的 $\sigma - \sigma^*$ 或 $\pi - \pi^*$ 间的能级差小很多。零价铁配位化合物为 d^8 电子组态，其中六个在另外三个 d 轨道中的电子没有表示出来。根据在环丙烯配位化合物中 d_{xz} 的能级比 d_{z^2} 的低的分析可知，前者被占据而后者未被占据。而在开环后情况则相反，由于其 d_{xz} 轨道和被占据的具有相同 a'' 对称性的 π_2 轨道强烈作用而变成反键轨道。d_{z^2} 轨道和 π_1 轨道重叠而变成 σ 成键。结果 d_{xz} 轨道比 d_{z^2} 轨道高而未被占据。由相关图可以看出，占据轨道彼此对称性关联而没有交叉，反应就变为允许的了。

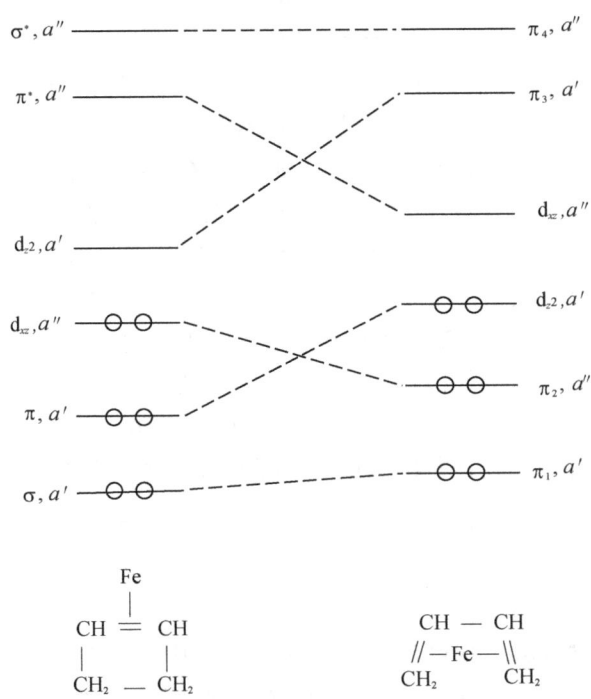

图 6.21 和 d^8 金属配位后环丁烯对旋开环的相关图

然而，这种巧妙的解释不能说明 Ag^+ 和 $CuCl_2$ 也具有催化作用的现象。根据图 6.21 可知，具有 d^{10} 组态的金属将使 d_{z^2} 和 d_{xz} 轨道都被占据，从而使轨道交叉，反应应该是禁阻的。曾经通过假设 Ag^+ 的空 5s 轨道也被填充,来说明其催化性能,但是,组态 $(4d)^8(5s)^2$ 比 $(4d)^{10}$ 高 11eV 的事实说明这种假设是不合理的。事实上,Ag^+ 并不和它们形成配位化合物,因此,关于它的催化作用必定是通过其他机理进行的。

6.3.3 环加成反应

现在分析多个共轭分子加合成环的一类反应,其特征是在反应中新形成的 σ 键的数目等于所消耗的 π 键的数目,并且在反应的过渡态中始终保持对称面 σ_v。最重要的是二聚合作用,但某些三聚合甚至四聚合的例子也是存在的。下面的分析前提是假定所有组分都按常见的顺式加成方式进行。

1. 选择规则

首先分析 2π→2σ 的环加成反应。

图 6.22 为 m 个 π 电子和 n 个 π 电子体系的二组分环加成反应的示意图。讨论由两个共轭分子从上下两个平面平行地接近而引起反应的情况(参看图 6.23)。显然,在整个反应过程中始终保持对称面 σ_v。为了研究环加成反应是否允许,我们按照前节所述方式来分析加成反应前后的成键轨道中对称轨道的数目,所得的结果列于表 6.11。由于两个共轭体系本身已具

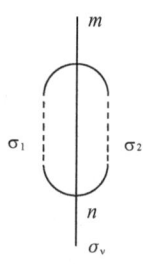

图 6.22 2π→2σ 环加成反应

有 σ_v 对称性,因此,加成前成键轨道中对称轨道数可直接引用表 6.8 所列的结果。下面对加成后的情况略加分析。反应中消耗了作用物的两个 π 键,同时形成两个新 σ 键,因此,反应后涉及四个电子、四个轨道的变化。加成后相当于原

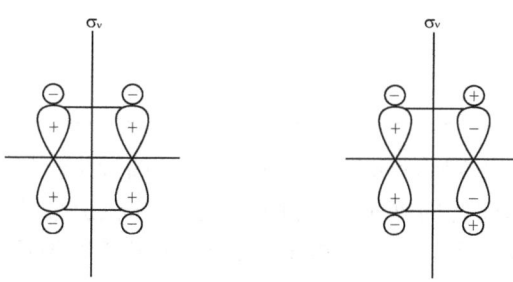

对称的:$\sigma_1 + \sigma_2$ 反对称的:$\sigma_1 - \sigma_2$

图 6.23 两个成键 σ 轨道的组合

来的两个共轭体系各少了两个 π 轨道,其中一个是成键的 π,另一个是反键的 π。

对于所少的那个成键轨道,当 m 或 n 为 $4q$ 时,它属于反对称轨道 A;而当 m 或 n 为 $4q+2$ 时,它属于对称轨道 S。所以,对于 $4q$ 个电子的共轭体系,加成合成键轨道中对称轨道数不变,而对于 $4q+2$ 体系,则少了一个。再分析加成后所形成的四个 σ 键的情况,其中有两个是成键的(σ_1 及 σ_2),另外两个是反键的(σ_1^* 及 σ_2^*)。若只考虑成键的 σ_1 或 σ_2 分子轨道,则它们既不是对称的,也不是反对称的,即不具有我们所要求的 σ_v 对称性,但如果将它们合并起来看(图 6.23),即将它们线性组合为

$$\sigma_S = 1/\sqrt{2}\,(\sigma_1 + \sigma_2)$$
$$\sigma_A = 1/\sqrt{2}\,(\sigma_1 - \sigma_2) \tag{6.3.9}$$

则具有 σ_v 对称性,前者为对称轨道 S,后者为反对称轨道 A。总之,在这类环加成反应后多了一个 σ 对称轨道。同理,可以由两个 σ^* 组合出

$$\sigma_S^* = 1/\sqrt{2}\,(\sigma_1^* + \sigma_2^*)$$
$$\sigma_A^* = 1/\sqrt{2}\,(\sigma_1^* - \sigma_2^*) \tag{6.3.10}$$

表 6.11 $2\pi \rightarrow 2\sigma$ 环加成反应的成键轨道中对称轨道数

π 电子数	加成前 (π)	加成后 (π)(σ)	
$m = 4q_1$ $n = 4q_2$	q_1 q_2	q_1 q_2	1
$m = 4q_1 + 2$ $n = 4q_2$	$q_1 + 1$ q_2	q_1 q_2	1
$m = 4q_1$ $n = 4q_2 + 2$	q_1 $q_2 + 1$	q_1 q_2	1
$m = 4q_1 + 2$ $n = 4q_2 + 2$	$q_1 + 1$ $q_2 + 1$	q_1 q_2	1

根据轨道对称守恒规则就可以将表 6.11 中的四种类型归纳为两类,即当总的 π 电子数为 $m + n = 4q$ 时,加成前后成键轨道中对称轨道数不同,在作相关图时基态必然和激发态相关,所以属于加热不允许而光照允许的反应;当 $m + n = 4q + 2$ 时,则加成前后成键轨道中对称轨道数守恒,基态必然和基态相关,所以属于加热允许的。表 6.12 中列出了这类反应的选择规则。由此可以得知两个乙烯分子加热是不反应的(图 6.24),只有在光照或加催化剂的情况下才可能反应;而丁二烯和乙烯之间的 Diels-Alder 反应却可以在加热的条件下进行反应。

表 6.12 $2\pi \to 2\sigma$ 电环合反应的选择规则

$m+n$	加 热	光 反 应
$4q$	不 允 许	允 许
$4q+2$	允 许	不 允 许

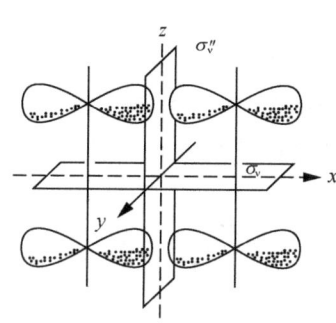

图 6.24 [2+2]电环合反应

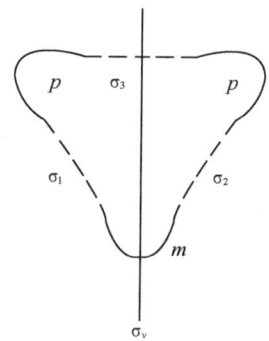

图 6.25 $3\pi-3\sigma$ 电环合反应

按照和上节相同的方式,可以讨论如图 6.25 所示的 $3\pi \to 3\sigma$ 三聚合反应。为了保持对称面 σ_v 的对称性,两边的共轭分子 p 必须相同。在考虑成键轨道中对称轨道数时仍然要记住,必须将轨道组合成在反应过程中始终保持 σ_v 对称性[类似(式 6.3.9)]。

对于这类反应,由轨道对称守恒规则,可以归纳成表 6.13 所列的两种情况。可以看出,这类反应的选择规则与共轭分子 p 无关,而只与 m 有关。例如,四氰乙烯和二环戊二烯的[2+2+2]环加成反应

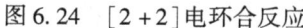

(6.3.11)

是加热允许的,它属于 $4q+2$ 中 $q=0$ 的情况。

表 6.13 $3\pi \to 3\sigma$ 电环合反应的选择规则

$p=$ 任意值	加 热	光 反 应
$m=4q$	不 允 许	允 许
$m=4q+2$	允 许	不 允 许

2. 过渡金属的作用

电加成和电环合反应都属于有机反应中的"成环反应"。其特点是不通过极性的或自由基的中间体,而是通过环中 σ 和 π 键的电子重排而进行反应。由于在大多数有机过渡金属配位化合物中的 M—C 或 M—H 键实质上是共价的,因此

Woodward-Hoffmann 规则对涉及这类共价键的反应就显得十分重要。

有机金属配位化合物中环加成反应的一些实例如下：

(1) 两个 M≡M 键成环而生成簇合物。

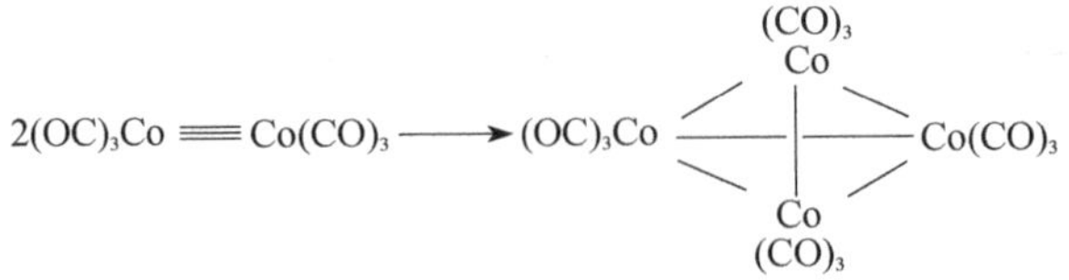

$$2(OC)_3Co \equiv Co(CO)_3 \longrightarrow (OC)_3Co \underset{Co(CO)_3}{\overset{Co(CO)_3}{\bowtie}} Co(CO)_3 \qquad (6.3.12)$$

(2) M≡M 和 C≡C 之间以 ($\pi 2_a + \pi 2_s$) 的形式反应。其中 a 和 s 分别表示同面式(antarafacial)和异面式(suprafacial)。通过这种环加成而生成桥式烯烃配位化合物(图 6.26)。

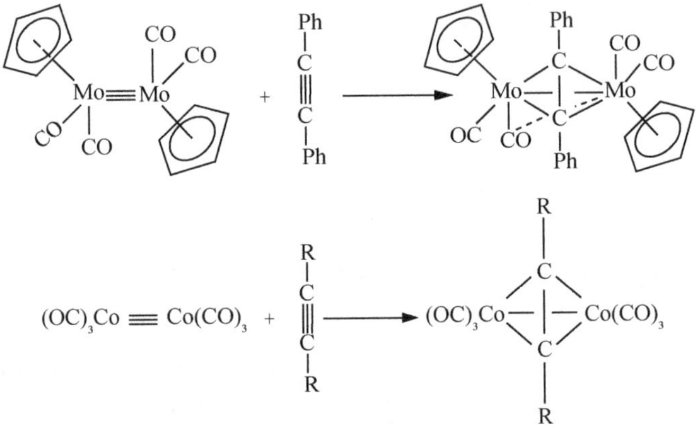

图 6.26 环加成生成烯烃配位化合物

非键的金属电子对一般可以看作是环加成反应的双电子组分，因而 H_2 分子(或烯烃)氧化加成于 d 电子较多的低价金属配位化合物，如[$RhCl(PPh_3)_3$]，而生成顺式双氢化物时，可以看做是[2+2]过程：

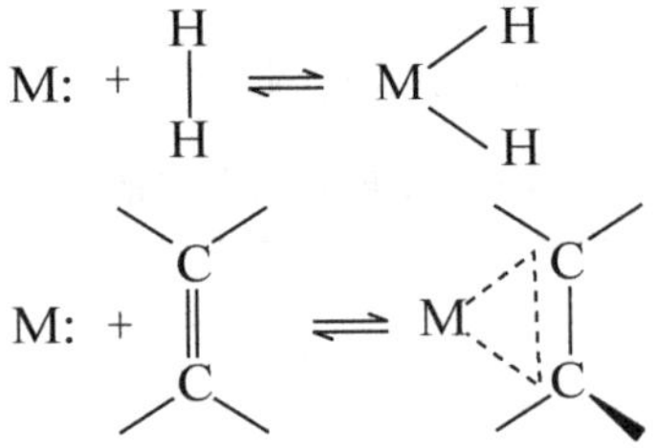

$$(6.3.13)$$

由轨道守恒规则预测它是热禁阻的。对于含 s 和 p 电子的非过渡金属的电子对，如 AsR_3 或 SeR_2，它是不和 H_2 发生反应的[图 6.27(b)]；但是，对于低价过渡金属配位化合物，由于充满的 d 轨道的参加而可以发生加氢反应[图 6.27(b)]，这时轨道对称规则降低了反应的势垒。下面我们举例进行较详细的讨论。以两个乙烯通过[2+2]环加成为环丁烷的反应为例。

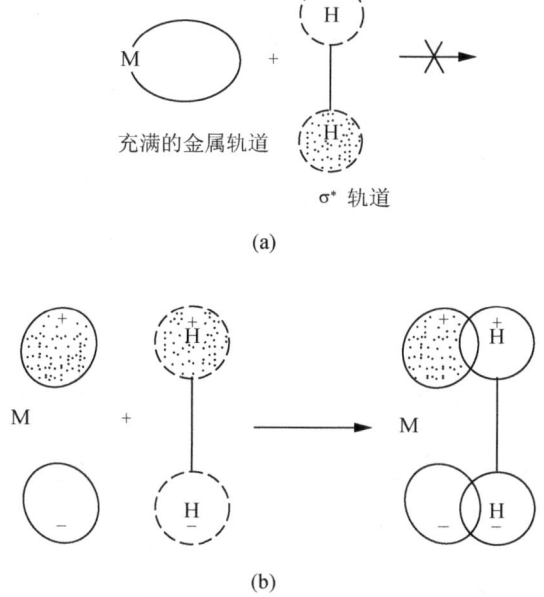

图 6.27 非过渡金属(a)和过渡金属(b)的协同加氢作用

$$\| + \| \longrightarrow \square \qquad (6.3.14)$$

根据前面所述,作出了反应物和产物的轨道相关图(图 6.28),其中对称性符号是相对于图 6.24 中的 zy 和 xy 对称面而言的。由于烯烃体系的基态 $(\pi+\pi)_{SS}^2$ $(\pi-\pi)_{AS}^2$ 和环丁烷高能激发态 $(\sigma)_{SS}^2 (\sigma^*)_{AS}^2$ 相关,高的势垒使反应为对称性禁阻的。

当将过渡金属配位化合物引入体系后,就有可能消除对称性限制。例如,对于图 6.29 中两个烯烃占据配位化合物的两个相邻配位位置的情况,其中烯烃的双键平行于 zx 面而垂直于 y 轴。对反应前后金属和配位体的成键情况进行分析[图 6.30(a) 和 (b)]。在所讨论的反应中金属原子轨道的对称性为 $SS(s, p_z, d_{z^2}, d_{x^2-y^2})$、$SA(p_y, d_{ys})$、$AS(p_x, d_{zx})$、$AA(d_{xy})$。图 6.31 和图 6.32 表示金属 d 轨道与参与变化的四种配位体 π 轨道(反应前)和四种 σ 轨道(反应后)按照对称性的成键组合的情况。对于图 6.30 中反应前的配位化合物(a)来说,其四个成键分子轨道的能量是遵循 $[\pi+\pi+d_{z^2}]_{SS} < [\pi-\pi+d_{zx}]_{AS} < [\pi^*+\pi^*+d_{yz}]_{SA} < [\pi^*-\pi^*+d_{xy}]_{AA}$ 的次序增加的。前两个轨道总是被占据的,因为它是由被占据的配位体 π 轨道组成的,可以看成是配位体到金属的给予键;后面两个轨道的占据度则视金属价电子的多少而定,可以看作是金属到配位体的反馈键。同理,对反应后的配位化合物(b)来说,其四个成键分子轨道能量次序是

$[\sigma+d_{z^2}]_{SS} < [\sigma+d_{yz}]_{SA} < [\sigma^*+d_{zx}]_{AS} < [\sigma^*+d_{xy}]_{AA}$。前两个轨道总是被占据的,因为它是由被占据的配位体 σ 轨道组成的。

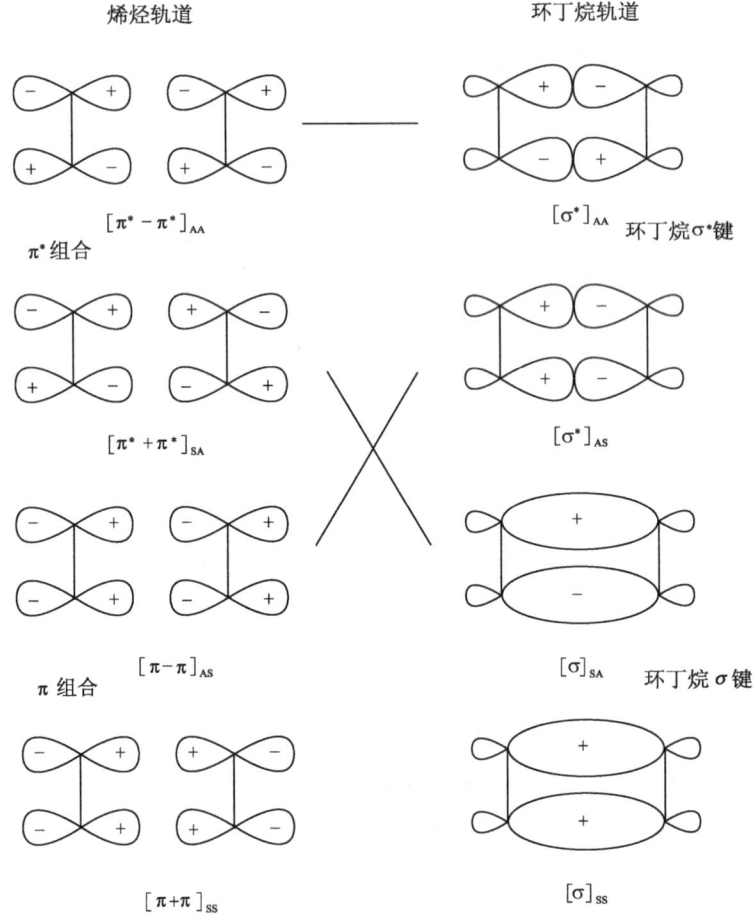

图 6.28 [2+2]环加成反应的相关图

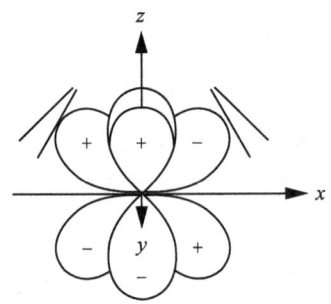

图 6.29 烯烃和金属上 d_{xz} 和 d_{yz} 轨道的配位情况

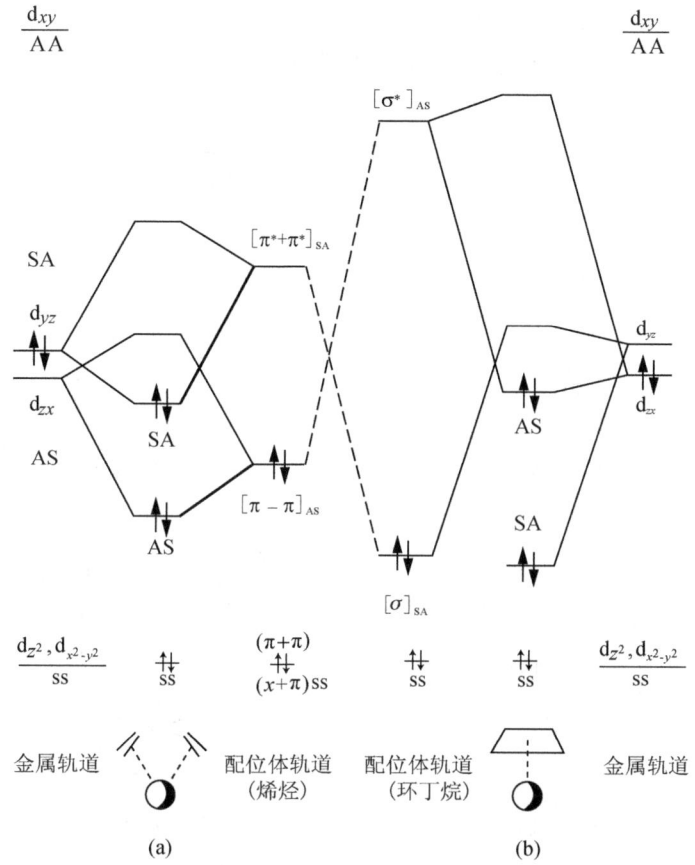

图 6.30 金属配位催化 [2+2] 环加成反应的能级图

对于具体给定的反应,我们只要考虑参与变化的键而不考虑其他无关轨道,因此由图 6.29 得到在金属催化下的反应能级图 6.30。由图左可以看出,当金属的 d_{yz} 和 d_{zx} 轨道在能量上位于配位体的 $[\pi^* + \pi^*]_A$ 和 $[\pi - \pi]_S$ 轨道之间时,重叠得最好。如果其他因素相同时,d^2 电子组态的金属有较好的催化作用。假如配位场使电子在配位化合物(a)中倾向于占据 d_{yz} 轨道而使 d_{zx} 空着,则两个相互作用的烯烃沿反应坐标变为环丁烷的倾向将由于重叠而随 $[\pi^* + \pi^*]_{SA}$ 中的电子密度的增加及 $[\pi - \pi]_{AS}$ 中电子密度的减小而增大。

由图 6.30 可以看出,在没有加入金属配位化合物时,反应沿着能量很不利的虚线陡坡进行,所以是禁阻的;但在加入金属配位化合物后,由于配位体轨道和 d 轨道混合,电子对可经过活化能较低的轨道(SA,AS)[图 6.30(a)]途径而直接达到配位化合物(b)的(AS,SA)轨道(粗黑线),从而使反应变为允许的。或者简单地讲,即金属在此配位催化过程中起到关键作用,将一对电子反馈到配位体的反键轨道中,而其空轨道接受一对配位体的成键电子。可以用式(6.3.15)表示金属和配位体之间的电子交换过程

$$\uparrow\downarrow (金属) + [\pi^* + \pi^*]_{SA} \rightleftharpoons [\sigma]_{SA}^2 + (金属) \qquad (6.3.15)$$

$$(金属) + [\pi-\pi]^2_{AS} \rightleftharpoons [\sigma^*]_{AS} + \uparrow\downarrow (金属) \tag{6.3.16}$$

作为催化剂的金属只是使其 d 电子进行重排,即

$$[d^2_{yz}, d_{zx}] \longrightarrow [d_{yz}, d^2_{zx}]$$

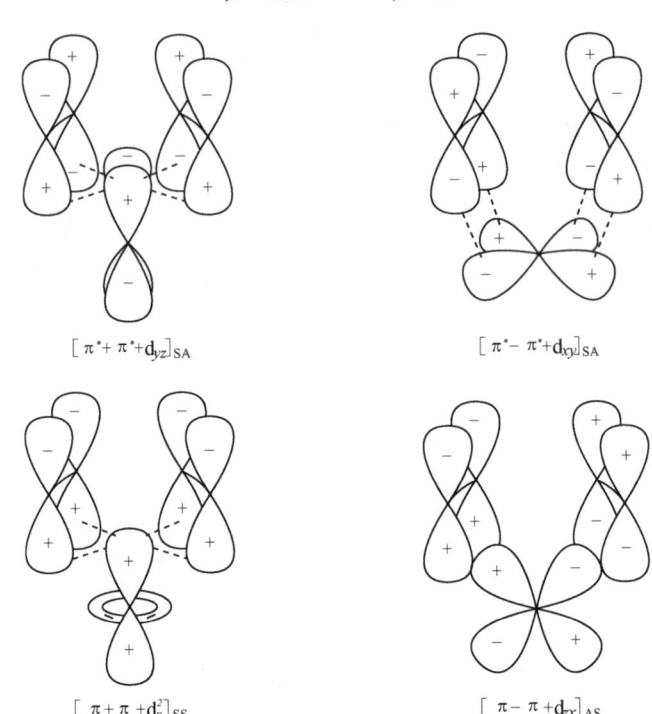

图 6.31 金属配位化合物(a)中的四个成键轨道

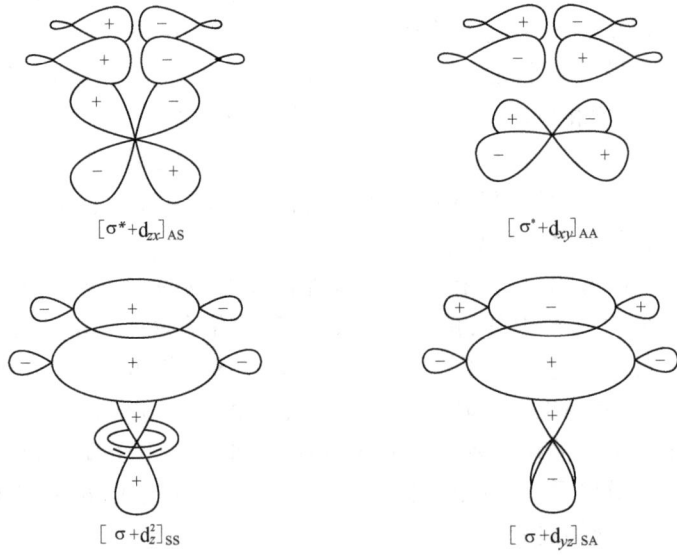

图 6.32 金属配位化合物(b)中的四个成键轨道

目前还没有报道过使简单的烯烃变为相应环丁烷衍生物的催化体系。在零价铁、镍和钴催化剂存在时,降冰片二烯通过二聚变生成环丁烷二聚物的反应:

$$\text{结构式} \xrightarrow{[M]} \text{二聚物结构式} \tag{6.3.17}$$

也许可以作为从禁阻到允许过程的一个例子。

6.3.4 σ键迁移反应

$[i,j]$σ键迁移反应是指σ键(其侧面为π电子体系)从原来成键的$j-1$位置迁移至新的$i-1$位置。首先分析全顺式聚烯烃中氢原子的$[i,j]$σ重排:

$$\underset{1}{R_2C}\underset{2\cdots\cdots j}{\overset{H}{-}(CH=CH)_k}-CH=CR_2 \rightarrow R_2C=CH\underset{i\cdots\cdots 2}{-(CH=CH)_k}-CHR_2 \tag{6.3.18}$$

1. σ键迁移的选择规则

从结构上看,σ键迁移可遵循两种方式进行(图6.33),氢原子迁移前后始终在σ体系的同一边,称为同面迁移过程;而当氢原子迁移前后分别处在σ体系的两边,则称为异面迁移过程。从构型上可以看出,同面过程容易实现,而异面过程则因为由于存在弯曲过程,活化能必定较高,因而不易实现。

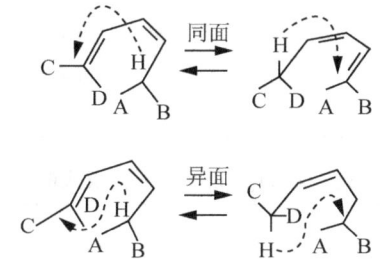

图6.33 σ键迁移反应

可以从过渡态角度来分析反应[式(6.3.18)]。将$[i,j]$σ迁移的过渡态看作是一个氢原子轨道和含$2k+3$个π电子的自由基所组成。因为参与反应的是最高被占据轨道中的价电子,由Pauling不相容原理,含奇数个原子的自由基的最高被占据轨道应为非键轨道,此非键轨道的对称性如图6.20所示。在图6.34中举出了三个这种非键轨道的例子。现在分析氢原子(其s态波函数可以看做是正的)和自由基末端成键而完成$[i,j]$σ键迁移的过程。为了避免过渡态中的高能量,需要氢原子和自由基非键轨道保持正的重叠,因此从图6.34可以看出$[1,3]$σ键迁移必须按照异面过程进行,$[1,5]$σ键迁移必须按照同面过程进行,等。以上讨论的是针对基态的,对于第一激发态,则由于波函数的对称性发生变化,因而得到与上述相反的结论。由此对于$[i,j]$σ键迁移反应我们得到表6.14所示的选择规则。

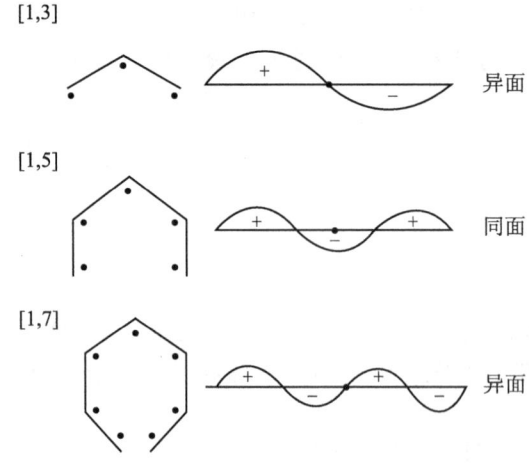

图 6.34 自由基的非键轨道

对于一般的 $[i,j]\sigma$ 键迁移反应,可以认为该体系分别具有 i 个和 j 个共轭原子的一对多烯自由基的相互作用而进行分析。由此得到表 6.15 所示的选择规则。

表 6.14 $[1,j]\sigma$ 键迁移反应的选择规则

$[1,j]$ 状态	基态	激发态
$[1,3]$	异面	同面
$[1,5]$	同面	异面
$[1,7]$	异面	同面
$[1,2k+3],k=0,2\cdots$	异面	同面
$[1,2k+3],k=1,3\cdots$	同面	异面

表 6.15 更一般的 $[i,j]\sigma$ 键迁移反应的选择规则

$[i,j]$ $i+j$	基态	激发态
$4q$	异面	同面
$4q+2$	同面	异面

2. $[1,3]\sigma$ 迁移反应的允许性

如前所述,下列烯丙基的 σ 迁移反应是禁阻的:

$$\text{(见图)} \tag{6.3.19}$$

在图 6.35 中左边列出了对反应体系有贡献的母体烯烃的分子轨道,它用烯烃的 π 和 π^* 及 C—H 的 σ 和 σ^* 这四个轨道来表示;右边为 σ 迁移过渡态的分子轨道(类似于环丁二烯的轨道)。图中所有轨道的相对大小略微表示了真实分子轨道的混合程度,并按照近似的能级次序进行排列。该图说明了相应轨道的对称性

匹配,以及沿反应坐标进行反应时轨道性质的变化。在接近过渡态时烯丙基原来的 $\sigma(\pi)$ 及 $\pi(-\sigma)$ 成键轨道分别变为成键的 ψ_1 及略微反键的 ψ_2 轨道,即 α-氢原子迁移时会损失一个成键轨道,这也正是对称性禁阻的原因。

为了了解过渡金属配位化合物在催化过程中使禁阻过程变为允许过程的作用,我们特别注意对氢原子迁移有贡献的分子轨道。由过渡态的四个分子轨道成分的位相关系可以看出,ψ_1 和 ψ_3 是成键的,ψ_2 是非键的,ψ_4 是反键的。当没有金属时,ψ_1 和 ψ_2 占据轨道,ψ_3 和 ψ_4 是空轨道。同时注意到 ψ_3 轨道在横跨重排通路时是成键的,因此在 ψ_3 轨道上填充电子就会有利于末端碳原子和迁移的氢原子之间的成键。考虑到过渡态的 ψ_3 和烯丙基的 π^* 轨道相关(图 6.35),由于该 π^* 轨道最易于和过渡金属中心的 d 轨道形成反馈键,因此可知金属的 d 电子会通过 π^* 而注入 ψ_3,以支持重排反应。

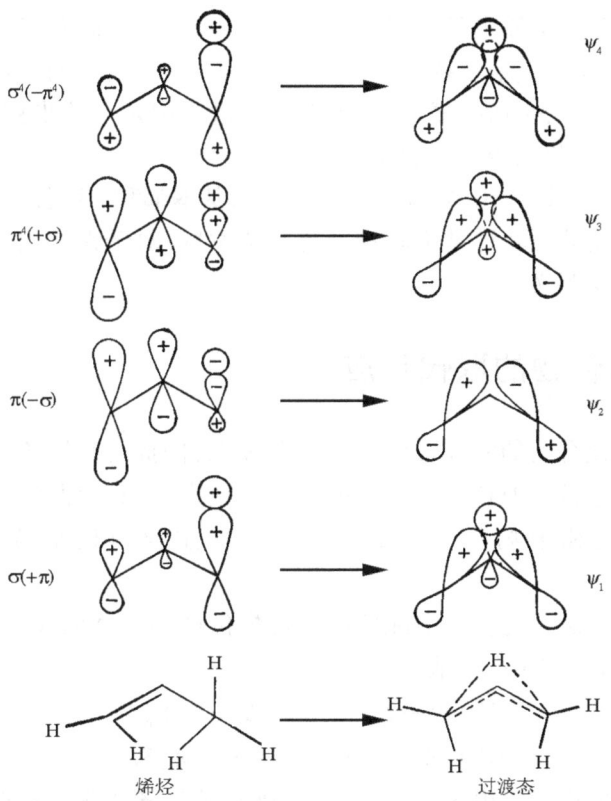

图 6.35 [1,3]σ 迁移中烯丙基轨道相关的过渡态分子轨道

这里又发生与前面讨论类似的情况,当金属的 d 轨道处在对应于 HOMO 的 ψ_2 和 LUMO 的 ψ_3 之间的适当位置时,会发生配位体的 ψ_2 到金属以及金属到配位体的 ψ_3 之间的电子转移作用。图 6.36 中表示出这种相互作用,其结果会降低反应的活化能。

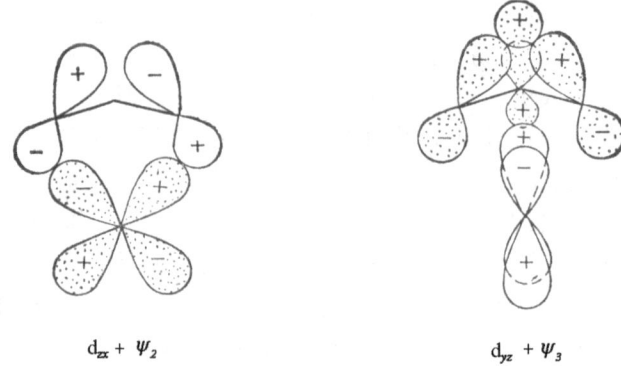

图 6.36 [1,3]σ 迁移中金属 d 轨道和烯丙基 ψ_2 及 ψ_3 分子轨道间的相互作用

当然,如果在不存在 π 键的体系中的 [1,3]σ 迁移就没有对称性限制。

分子轨道对称守恒原理只适用于协同的一步反应,上面介绍的三类反应都是一步反应;也可以用于其他复杂的体系,但能级高低的估计及对称性的确定都比较困难。对于多步反应,则情况复杂,因为在活化过程中是分几步克服势垒的,每步都很小,所以讨论活化能的大小就没有什么意义了。

从目前的研究可以看出,实验观察到的结果基本都和对称性守恒原理一致,而且该原理的提出使分子轨道理论本身也得到了发展,对于无机化学制备和反应历程的研究具有重要意义。

6.4 配位化合物的取代反应

大多数配位化合物的实际反应机理十分复杂,因此,我们还不能像前两节那样作严格的理论分析。但长期的实践已积累了很多知识,我们将讨论一些典型配位化合物的反应和影响其结构的因素。本节主要讨论配位化合物的取代反应[23~26]。

取代反应包括配位化合物中配位体取代配位体和金属取代金属两类,它们分别称为亲核取代 S_N 和亲电子取代 S_E,即

$$Y + M\text{—}X \longrightarrow M-Y + X \quad (S_N) \qquad (6.4.1)$$

$$M' + M\text{—}X \longrightarrow M'\text{—}X + M \quad (S_E) \qquad (6.4.2)$$

亲核试剂是在反应中给出电子,亲电子试剂则是从亲核试剂中获取电子。在配位化学中,当中心原子是亲电子试剂时,对应于氧化剂,甚至对应于酸;配位体为亲核试剂时,对应于还原剂,甚至对应于碱,但这种对应并不严格。实际上,S_N 和 S_E 的概念偏重用于动力学而不是热力学过程。好的亲核试剂快速地和亲电子试剂反应,但不一定是强碱。酸碱的概念则更多地用于讨论热力学性质。好的酸或碱形成稳定的产物。

Edward 根据很多有机和无机反应的动力学和热力学数据提出了下列双参数

方程[27]

$$\lg(k/k_0) = \alpha E \times \beta H \tag{6.4.3}$$

其中,k 为各种亲核试剂相对于水的速率或平衡常数;E 称为氧化还原因子($E = E^0 + 2.60$,E^0 为 $2X^- \rightleftharpoons X_2 + 2e^-$ 的标准电位),它是碱的特征亲核常数;H 称为质子碱性因子(相对于水,$H = pK_a + 1.74$);系数 α,β 取决于反应类型。对于有机反应中的速率常数,α 大,β 小;对于小的高电荷中心离子的配位化合物的生成常数,α 小,β 大。表 6.16 中列出了一些亲核试剂的 H 值和 E 值,E 值越大,则意味着亲核试剂越软。可惜的是,这些数据只适用于水溶液,而很多重要的有机金属反应在水中不能进行。

表 6.16 电子给予常数

给予体	E	H
F^-	-0.27	4.90
H_2O	0.00	0.00
NO_3^-	0.29	(0.40)
苦味酸根	0.50	2.0
SO_4^{2-}	0.59	3.74
$ClCH_2COO^-$	0.79	4.54
CH_3COO^-	0.95	6.46
吡啶	1.20	7.04
Cl^-	1.24	(-3.00)
HCO_3^-	1.46	9.37
HPO_4^{2-}	1.46	8.53
$C_6H_5O^-$	1.46	11.74
Br^-	1.51	(-6.00)
N_3^-	1.58	6.46
OH^-	1.65	17.48
NO_2^-	1.73	5.09
苯胺	1.78	6.28
SCN^-	1.83	(1.00)
NH_3	1.84	11.22
CN^-	2.04	10.88
I^-	2.06	(-9.00)
SH^-	2.10	9.50
硫脲	2.18	0.80
$S_2O_3^{2-}$	2.52	3.60
SO_3^{2-}	2.57	9.00
S^{2-}	3.08	14.66

注:括号内为估计的 H 值。

从机理角度看,取代机理又可以细分为[28]:

(1) 缔合机理(associative,简称 A 机理)

$$Y + M\!-\!X \underset{}{\overset{\text{慢}}{\rightleftharpoons}} Y\cdots M\cdots X \xrightarrow{\text{快}} Y\!-\!M + X \quad (6.4.4)$$

其中,包含有双分子速率决定步骤,即一个亲核试剂 Y 取代了另一个 X,因此常称为 S_N2 机理,反应速率和反应物本性与浓度都有关;同样也有生成过渡态 $M\cdots X\cdots M'$ 的 S_E2 反应。

(2) 离解机理(dissociative,简称 D 机理)

$$M\!-\!X \underset{}{\overset{\text{慢}\, k_1}{\rightleftharpoons}} M + X, M + Y \xrightarrow{\text{快}} M\!-\!Y \quad (6.4.5)$$

这是一个两步过程。M—X 键的破裂是由于其内部振动能及其与溶剂的作用。其中第一步是慢的单分子异裂离解,反应速率与 Y 无关,因此常称为 S_N1 机理。同样有第二步为 $X + M' \longrightarrow M' \longrightarrow X$ 的 S_E1 反应。

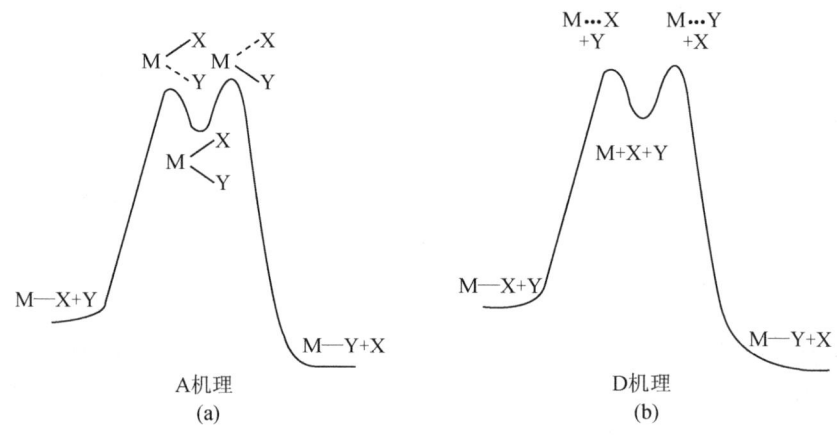

图 6.37 反应机理的活化能量曲线

(3) 为了讨论方便,还可以细分出一类:交换机理(interchange,简称 I 机理)

$$M\!-\!X + Y \longrightarrow M\!-\!X\cdots Y \longrightarrow M\!-\!Y\cdots X \longrightarrow M\!-\!Y + X \quad (6.4.6)$$

其中间体的配位数都相同。图 6.37 中表示了 A 机理和 D 机理的活化能量曲线。I 机理是金属内配位和外配位球之间 X 和 Y 进行协同交换作用。交换机理的过渡态比较复杂,也可以分为两类。当在过渡态中金属与进攻和离去基团明显成键,而且反应速率与进攻基团有关时,称为缔合交换机理 I_a;当金属与进攻和离去基团弱成键,而且反应速率与进攻基团关系不大时,称为离解交换机理 I_d。应该注意的是,双分子反应并不一定是二级动力学,单分子反应也不一定是一级动力学,具体情况与相对浓度、实验条件和总机理的复杂性有关。因而观察到的动力学并不能唯一地确定机理,机理不能唯一地被理论证明,而是随着实验事实而更接近事实。中间产物的鉴定、配位体 Y 对速率的影响、立体化学结果、溶剂效应和同位素标记等方法都有助于区分 S_N2 和 S_N1 机理。但也有介于 S_N1 和 S_N2 之间的机理,不仅是由于有时会出现 S_N1 和 S_N2 的混合,在外来的 Y(或 M′)参与反应的程度不大时这种情况也会发生。例如,当 Y 为溶剂时,它对体系的能量影响不大,这时就无法区分 S_N2 和 S_N1(不存在 Y)反应机理。

近来倾向于将亲核取代反应机理细分为:S_N1,速率决定步骤只涉及 M—X 键的断裂;S_N2,速率步骤涉及 M—X 键的断裂和 Y—M 键的生成;S_N2(lim),速率步骤只涉及 Y—M 的生成;S_N1(lim),对中间物的生成有明确的证据。表 6.17 列出了这种分类的特征。

八面体取代反应的一般规律是:①离去基团的成键能力越强,则速度越慢,螯合物比单齿配位体慢;②中心原子电荷越高,则速度越慢;③反应活性按第一、二和三周期金属次序而递减;④与 d 电子的组态有关。下面将针对这些因素进行讨论。

表 6.17 亲核取代反应的分类

分类特征	S_N1(lim)	S_N1	S_N2	S_N2(lim)
速率步骤的键断裂度	大	大	有	无
速率步骤的键生成度	无	无,或小	有	大
配位数降低的中间体的证据	有	不明确	无	无
配位数增加的中间体的证据	无	无	不明确	有

6.4.1 八面体配位化合物的取代机理

在第一过渡系离子的八面体 t_{2g}^6 电子组态配位化合物中,Cr^{3+} 和 Co^{3+} 配位化合物的取代反应特别慢,其 $t_{1/2}$ 约数小时以上,因此很多取代机理的实验结果是由它们的动力学研究得到的。在更深入地讨论影响各种取代反应速率的因素之前,从静电 Coulomb 作用观点就可以得到表 6.18 所列的结果(显然,它近似地适用于半满或全满 d 壳层的情况)[1]。

表 6.18 反应物大小和电荷对 S_N1 和 S_N2 反应速率的影响

情况	S_N1(lim)和 S_N1	S_N2	S_N2(lim)
增加中心原子正电荷	减小	相反的影响	增加
增加中心原子大小	增加	增加	增加
增加进入基团正电荷	无影响	增加	增加
增加进入基团大小	无影响	减小	减小
增加离去基团负电荷	减小	减小	减小
增加离去基团大小	增加	相反的影响	减小
增加其他基团负电荷	增加	相反的影响	减小
增加其他配位体大小	增加	减小	减小

不需经过严格的计算即可以理解,对于 D 机理,其反应速率将随着中心原子或离去基团的电荷的减小而增加(假定配位体和中心原子的作用大于配位体和溶剂的作用)。例如,$[Co(NH_3)_5Br]^{2+}$ 和水的取代反应比 $[Co(NH_3)_5Cl]^{2+}$ 的快。对于 S_N2 过程,当进入的基团体积越小,电荷越大,则反应越快。中心原子电荷增加对 S_N2 过程的影响不太明显,这时键破裂更难,键生成更容易。净效应和这两个因素的相对贡献有关。

作为一级近似,增加离去基团的大小和降低电荷时,不论哪种机理的反应速率都将增加。在很小的高电荷配位体的情况下,S_N1 机理变为不可能,只有通过 S_N2 机理移去这个基团。同样,对于很大的基团,S_N1 机理变得比 S_N2 机理更容易。因此不参加反应配位体的负电荷愈大,则推斥反应配位体而有利于 S_N1 机理,但不利于 S_N2 机理。显然,这里的讨论不适于有 π 成键或强共价成键的体系。

曾经用间接的方法估计水合阳离子 M^{2+} 和噻吩三氟乙酰丙酮阴离子(TTA^-)的反应速率 k_3:

$$M^{2+} + CF_3-C(O^-)=CH-C(=O)-\text{(thienyl)} \xrightarrow{k_3} CF_3-C(O-M)=CH-C(=O^+)-\text{(thienyl)} \quad (6.4.7)$$

该方法中考虑到金属离子和 H^+ 对 TTA^- 的竞争:

$$H^+ + CF_3-C(O^-)=CH-C(=O)-\text{(thienyl)} \underset{k_1}{\overset{k_2}{\rightleftharpoons}} CF_3-C(=O)-CH_2-C(=O)-\text{(thienyl)} \quad (6.4.8)$$

由于已知速率常数 TTA 的平衡电离常数 K_1,通过实验可以测定电离速率常数 k_1,因而可以计算 k_2。在某些情况下,k_1 是生成 TTA 金属配位化合物的决定步骤。表 6.19 列出了一些金属的速率常数 k_3,其与金属离子的电荷平方和离子半径比(q^2/r)成反比。说明了 Coulomb 静电作用在这类反应中的重要性。

表 6.19 金属水合离子和 TTA 配位化合物的生成速率常数(25℃)

离子	半径/Å	q^2/r	$k_3/[L/(mol\cdot min)]$
Zn^{2+}	0.74	5.4	
Cu^{2+}	0.74	5.4	
Mg^{2+}	0.70	5.7	大于 10^8
La^{3+}	1.18	7.6	
Ce^{2+}	1.18	7.6	
Sc^{3+}	0.82	11.0	
Be^{2+}	0.32	12.5	
Cr^{3+}	0.64	14.1	大于 10^6
Fe^{3+}	0.60	15.0	
Al^{3+}	0.50	18.0	

6.4.2 中心原子的电子结构影响

如前所述,只考虑中心原子的大小和电荷是不够的,还必须考虑 d 电子的结构。首先从较简单的价键理论进行介绍[29]。

Taube 曾经将反应活性的配位化合物称为不安定(labile)配位化合物,即它在混合的过程中就反应了(约 0.1mol/L 的溶液,1 min,室温);反应较慢或可以用通常的方法跟踪的配位化合物称为惰性(inert)配位化合物(注意不要将惰性和稳定(stable)这个名词混淆,前者是动力学含义,后者为热力学含义)。一般不安定配位化合物是外轨道型,或至少具有一个空低能级轨道的内轨型。表 6.20 中列出了一些 d^2sp^3 内轨道不安定及惰性配位化合物的电子组态。在确定这些电子组态时,假定空的低能级 d 轨道用于成键,磁矩数据不足以区分 d^2sp^3 和 sp^3d^2 杂化。

表 6.20 内轨道六配位配位化合物的中心金属电子结构

电子结构 d	s	p	
			不安定配位化合物
○○○○○	○	○○○[a]	Se(Ⅲ),Y(Ⅲ),稀土离子(Ⅲ),Ti(Ⅳ),Zr(Ⅳ),Ce(Ⅳ),Th(Ⅳ),Nb(Ⅴ),Ta(Ⅴ),Mo(Ⅵ),W(Ⅵ),
⊙○○○○	○	○○○[a]	Ti(Ⅲ),V(Ⅳ),Mo(Ⅴ),W(Ⅴ),Re(Ⅵ),
⊙⊙○○○	○	○○○[a]	Ti(Ⅱ),V(Ⅲ),Nb(Ⅲ),Ta(Ⅲ),Mo(Ⅳ),W(Ⅳ),Re(Ⅴ),Ru(Ⅵ)
			惰性配位化合物
⊙⊙⊙○○	○	○○○	V(Ⅱ),Cr(Ⅲ),Mo(Ⅲ),W(Ⅲ),Mn(Ⅳ),Re(Ⅳ)
⊙⊙⊙⊙○	○	○○○	[Cr(CN)$_6$]$^{4-}$,[Ci(bipy)$_3$]$^{2+}$,[Mn(CN)$_6$]$^{3-}$,Re(Ⅲ),Ru(Ⅳ),Os(Ⅴ)
⊙⊙⊙⊙⊙	○	○○○	[Cr(bipy)$_3$]$^{+1}$,[Mn(CN)$_6$]$^{4-}$,Re(Ⅱ),[Fe(CN)$_6$]$^{3-}$,[Fe(phen)$_3$]$^{2+}$,[Fe(bipy)$_3$]$^{2+}$,Ru(Ⅲ),Os(Ⅲ),Ir(Ⅳ)
⊛⊙⊙⊙⊙	○	○○○	[Mn(CN)$_6$]$^{5-}$,[Fe(CN)$_6$]$^{4-}$,[Fe(phen)$_6$]$^{2+}$,[Fe(bipy)$_3$]$^{2+}$,Ru(Ⅱ),Os(Ⅱ),Co(Ⅲ)([CoF$_6$]$^{3-}$ 例外)^3,Rh(Ⅲ),Ir(Ⅲ),Ni(Ⅳ),Pd(Ⅳ),Pt(Ⅳ)

a. 在确定电子结构时假定空的低能级 d 轨道用于成键。

对这些实验结果的合理解释是,这些配位化合物是按照 S_N2 机理进行反应的。当有空的低能级 d 轨道时,它可以允许接受进入的第七个配位体,因而反应易于进行。若不具有低能级的空 d 轨道,则第七个配位体只好用低稳定性的外轨道。这是一个要求高活化能的慢反应(这相当于要将内部 d 电子激发到外轨道,以腾空内轨道)。可见 $d^n(n>3)$ 的高自旋配位化合物没有多余的空轨道去和配位体成键,因此是惰性的。具有 sp^3d^2 组态的外轨道配位化合物是不安定的,例如,Mn(Ⅱ)、Fe(Ⅱ)、Fe(Ⅲ)、Co(Ⅱ)、Zn(Ⅱ)、Cd(Ⅱ)、Hg(Ⅱ)、Al(Ⅲ)、Ga(Ⅲ)、In(Ⅲ) 和 Tl(Ⅲ) 等。对于等电子系列,不安定性随中心离子的电荷增加而降低,例如

$$AlF_6^{3-} > SiF_6^{2-} > PF_6^- > SF_6 \tag{6.4.9}$$

后者实际上是惰性的。

可以用配位场理论更好地诠释反应机理[14]。Orgel 和 Jørgensen 早就定性地指出了配位化合物的反应速率和配位场稳定能 LFSE[参见式(5.1.43)]间的关系。根据表 6.21 和表 6.22 中各种几何构型的能量数据,首先计算出在弱场和强场中不同 d 电子的 LFSE;再计算出规则四方锥和五角双锥的 LFSE,它们可以分别近似地看成是 S_N1 和 S_N2 机理的活化配位化合物。值得注意的是,在配位场近似下形成三角双锥不如形成四方锥有利。

将活性配位化合物和原来八面体配位化合物之间的 LFSE 差看作是反应的总活化能 ΔE_a,计算结果如表 6.21 和表 6.22 所示。ΔE_a 越大,则反应越慢。负值实际上表示零值,它表示八面体变形后可以获得更大的 LFSE。这样,原来的状态就是一个变形的八面体。在上面的活化配位化合物形成过程中认为电子保持在原来的轨道上,有些情况下,在反应前电子经过重排。

表 6.21 D 机理的配位场活化能(八面体→四方锥)(单位:Dq)

体系	强场			弱场		
	八面体	四方锥	ΔE_a	八面体	四方锥	ΔE_a
d^0	0	0	0	0	0	0
d^1	4	4.57	-0.57	4	4.57	-0.57
d^2	8	9.14	-1.14	8	9.14	-1.14
d^3	12	10.00	2.00	12	10.00	2.00
d^4	16	14.57	1.43	6	9.14	-3.14
d^5	20	19.14	0.86	0	0	0
d^6	24	20.00	4.00	4	4.57	-1.57
d^7	18	19.14	-1.14	8	9.14	-1.14
d^8	12	10.00	2.00	12	10.00	2.00
d^9	6	9.14	-3.14	6	9.14	-3.14
d^{10}	0	0	0	0	0	0

表 6.22　A 机理的配位场活化能（八面体→五角双锥）（单位：Dq）

体系	强场			弱场		
	八面体	五角双锥	ΔE_a	八面体	五角双锥	ΔE_a
d^0	0	0	0	0	0	0
d^1	4	5.28	-1.28	4	5.28	-1.28
d^2	8	10.56	-2.56	8	10.56	-2.56
d^3	12	7.74	4.26	12	7.74	4.26
d^4	16	13.02	2.98	6	4.93	1.07
d^5	20	18.30	1.70	0	0	0
d^6	24	15.48	8.52	4	5.28	-1.28
d^7	18	12.66	5.34	8	10.56	-2.56
d^8	12	7.74	4.26	12	7.74	4.26
d^9	6	4.93	1.07	6	4.93	1.07
d^{10}	0	0	0	0	0	0

由表 6.21 和表 6.22 可以看出，无论生成 S_N1 或 S_N2 机理的过渡态，d^3 和自旋成对的 d^6 和 d^8 体系受到的影响最大，它们失去的 LFSE 最大，因而反应慢。而 d^0、d^1、d^2 和 d^{10} 体系则无论在什么机理下都不会失去 LFSE，它们比 ΔE_a 为正的配位化合物反应快。

对应于"内轨道"的强场 d^0 到 d^6 体系，不论是 S_N1 或 S_N2 机理，预计 d^0、d^1 和 d^2 反应较快，其他电子组态下速率降低的次序为 $d^5 > d^4 > d^3 > d^2$。对于"外轨道"的弱场 d^4 到 d^6 体系，不论哪种机理，都预计 d^8 的反应很慢。由此可见，和价键理论结果一样，晶体场理论也预测空的 d 轨道体系的反应速率较快，但并不要求是 S_N2 机理。

两种理论都预测非过渡元素、稀土元素和 d^{10} 体系，由于不存在 LFSE，因而反应速率较快；d^3 和自旋偶合的 d^4、d^5 和 d^6 体系反应较慢，无自旋的 d^4、d^5、d^6、d^7 和 d^9 体系反应较快。两种理论的主要差别在于对无自旋的 d^8 八面体配位化合物：价键理论预计它有和无自旋的 d^4、d^5、d^6、d^7 和 d^9 相似的不安定性，而配位场理论预计它有和 d^3 配位化合物相当的惰性。

理论预测和实验结果基本一致。事实上，很难发现慢的配位化合物的取代反应不是源于配位场稳定化的。例如，Cr(Ⅲ)，自旋偶合的 Fe(Ⅱ)、Fe(Ⅲ)、Co(Ⅲ) 和 Ir(Ⅲ) 等都是惰性的。当 d^8 体系中理论预测和实验结果不一致时，实验总是有利于晶体场理论。例如，对于无自旋的 Ni(Ⅱ) 配位化合物通常看作是不安定的。但是理论只是预测相对速率，而不是绝对速率。和对应的 Mn(Ⅱ)、Co(Ⅱ)、Cu(Ⅱ) 和 Zn(Ⅱ) 相比较，Ni(Ⅱ) 的反应较慢。

配位场理论也解释了惰性配位化合物的相对速率。由表 6.21 和表 6.22 可见，在强场中 Ni(Ⅱ) 配位化合物反应速率应该比 Fe(Ⅱ) 的快，这已被自旋成对的 Fe(Ⅱ) 和 Ni(Ⅱ) 的 2,2′-bipy 配位化合物所证实。但是它们的 1,10-菲绕啉配位化合物的离解速率却反常，即使在自旋成对的情况下铁配位化合物也比镍配位化合离解快。$[Fe(phen)_3]^{2+}$ 的离解活化能为 32kcal，而 $[Ni(phen)_3]^{2+}$ 的只有

25kcal,和 S_N1 机理所预测的 $2Dq$ 理论值非常一致。除了能量因素外,还因为铁配位化合物具有特别大的正活化熵,因而它具有较快的速率。当进一步考虑到配位体的 π 成键时,情况要复杂些。

八面体配位化合物的取代机理一般比四面体配位化合物的复杂些[23,28]。在某些取代反应中离解机理(D 或 I_d)优先于缔合机理(A 或 I_a),其证据可以从活化参数上获得。其特点是:①与进入基团无关;②配位化合物电荷增加,则取代反应速率降低;③立体卷曲性会增加取代反应速率;④不同离去基团对键的影响和它与金属的键强有关。表 6.23 中的数据表明,活化熵和活化体积几乎为零(在 ±10 之间则难以确定),说明是交换离解机理。

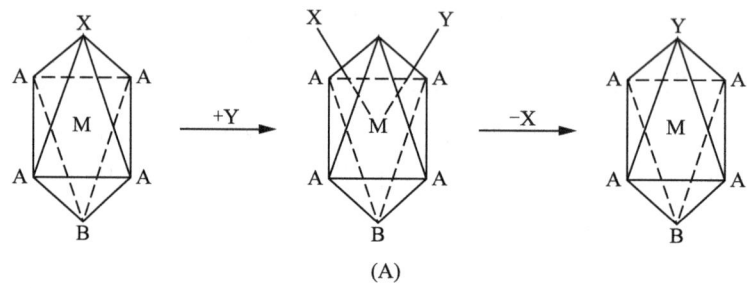

图 6.38 八面体配位化合物 S_N2 的顺式攻击方式

在 Pt(Ⅳ)和 Co(Ⅲ)配位化合物发生双分子反应时,构型变化不大,因而进入基团 Y 很可能采用在八面体面上进行顺式攻击的方式(图 6.38),而不是采取反式攻击的方式。其原因是,八面体棱方向有充满的 d_{xy}、d_{xz} 和 d_{yz} 轨道,受攻击的电荷密度最小的方向应在八面体面上。当从这些三角面上进入基团接近中心离子时,受到的空间阻碍也最小,从而可以在保留构型的情况下得到产物。反式攻击则要求原子重排,因而活化能过高。此外,根据微观可逆原理,要求进入基团和离去基团对于其他结构应具有相似的几何关系。对于 X 和 Y 基团从八面体相反方向顺式攻击来说相似几何关系是满足的。反式进攻则不然。当然,对于 d_{xy} 型轨道是空缺的配位化合物,上述结论并不一定有效。

表 6.23 八面体配位化合物取代反应的活化参数

配位化合物	$\Delta H^{\neq}$	$\Delta S^{\neq}$	$\Delta V^{\neq}$	产 物
$[Cr(H_2O)_5NO_2]^{2+}$	19.8	9	—	$[Cr(H_2O)_6]^{3+}$
$[Cr(H_2O)_5SO_4]^+$	26.5	-1	—	$[Cr(H_2O)_6]^{3+}$
$[Cr(H_2O)_5N_3]^{2+}$	23.2	-8	—	$[Cr(H_2O)_6]^{3+}$
$[Cr(H_2O)_5CN]^{2+}$	20.2	-6	—	$[Cr(H_2O)_6]^{3+}$
$[Cr(H_2O)_6]^{3+}$	30.3	9	—	$[Cr(H_2O)_5Cl]^{2+}$
$[Cr(en)(H_2O)_4]^{3+}$	27.1	-3	—	$[Cr(H_2O)_6]^{3+}$
$[Mn(H_2O)_6]^{2+}$	8.1	3	—	$[Mn(H_2O)_6]^{2+}$
$[Fe(H_2O)_6]^{2+}$	7.7	-3	—	$[Fe(H_2O)_6]^{2+}$
$[Co(H_2O)_6]^{2+}$	10.4	5	6~10	$[Co(H_2O)_6]^{2+}$

续表

配位化合物	$\Delta H^{\neq}$	$\Delta S^{\neq}$	$\Delta V^{\neq}$	产物
$[Ni(H_2O)_6^{2+}]$	13.9	9	7	$[Ni(H_2O)_6]^{2+}$
$[Co(NH_3)_5(H_2O)]^{3+}$	26.6	6.7	1.2	$[Co(NH_3)_5(H_2O)]^{3+}$
$[Rh(NH_3)_5(H_2O)]^{3+}$	24.6	0.8	-4.1	$[Rh(NH_3)_5(H_2O)]^{3+}$
$[Ir(NH_3)_5(H_2O)]^{3+}$	28.1	2.7	-3.2	$[Ir(NH_3)_5(H_2O)]^{3+}$
$[Co(NH_3)_5Cl]^{2+}$	23.3	-6.8	-10.6	$[Co(NH_3)_5(H_2O)]^{3+}$
$[Co(NH_3)_5Br]^{2+}$	23.2	-3.8	-9.2	$[Co(NH_3)_5(H_2O)]^{3+}$
$[Co(NH_3)_5(NCS)]^{2+}$	30.1	-0.8	-4.0	$[Co(NH_3)_5(H_2O)]^{3+}$
$[Co(NH_3)_5(NO_3)]^{2+}$	24.3	1.9	-6.3	$[Co(NH_3)_5(H_2O)]^{3+}$
$[Co(NH_3)_5(N_3)]^{2+}$	33.2	13.1	16.8	$[Co(NH_3)_5(H_2O)]^{3+}$

6.4.3 平面配位化合物的取代反应

最稳定的平面配位化合物是 d^8 组态的 Pt(Ⅱ) 配位化合物。然而,前面所讨论的原则也适用于反应速率很快的(约 10^6 倍) Ni(Ⅱ)、Au(Ⅲ)、Rh(Ⅰ)、Ir(Ⅰ) 等配位物。应该指出的是,这些平面配位化合物表现出自旋成对的反磁性。它的配位不饱和性,使它具有沿轴向和其他配位体加成为 18 电子层中间物而生成第五或第六配位基团的倾向,该配位基团与金属的距离比原来四方平面中配位体的距离要远些。这里我们将着重讨论 Pt(Ⅱ) 配位化合物的反式效应[30]。

一般预测平面型配位化合物将优先采取 S_N2 机理,因为进入配位体的成键不会受到什么空间阻碍,同时离去的配位体也仍然留在原来位置。例如,下列几个反应的速率常数就相当接近

$$[PtCl_4]^{2-} + H_2O \longrightarrow [Pt(H_2O)Cl_3]^- + Cl^- \quad (6.4.10)$$

$$[Pt(NH_3)Cl_3]^- + H_2O \longrightarrow [Pt(NH_3)(H_2O)Cl_2] + Cl^- \quad (6.4.11)$$

$$[Pt(NH_3)_2Cl_2] + H_2O \longrightarrow [Pt(NH_3)_2(H_2O)Cl]^+ + Cl^- \quad (6.4.12)$$

$$[Pt(NH_3)_3Cl]^+ + H_2O \longrightarrow [Pt(NH_3)_3(H_2O)]^{2+} + Cl^- \quad (6.4.13)$$

(前三个反应在 25℃,0.1 mol/L 反应物浓度下 $t_{\frac{1}{2}}$ 约 200 min^{-1},最后一个反应约 700 min^{-1})。参加上述反应的配位化合物带有不同的电荷,若是 S_N1 型机理,则它们的反应速率应有很大的差别;而从 S_N2 型机理则很容易解释上述结果。由于氯离子难以离去,水分子易于结合,因而反应速率变化不大,应该注意,二级反应速率并不足以确定反应的决定步骤是 S_N2 机理。事实上,通常观察到取代反应

$$[PtL_3X] + Y \longrightarrow [PtL_3Y] + X \quad (6.4.14)$$

的实验速率方程为

$$\frac{-d[PtL_3X]}{dt} = k_1[PtL_3X] + k_2[PtL_3X][Y] \quad (6.4.15)$$

其中,不参加反应的 L_3 可以是不同的配位体。将式(6.4.15)改写为

$$\frac{-d[PtL_3X]}{dt} = (k_1 + k_2[Y])[PtL_3X] = k_{obs}[PtL_3X] \quad (6.4.16)$$

其中,观察的速率常数为

$$k_{obs} = k_1 + k_2[Y] \tag{6.4.17}$$

因此只要对观察的速率常数 k_{obs} 与 $[Y]$ 作图,由截距求出 k_1,由斜率求出 k_2。由此可将上述实验结果解释为:其中第二项为对应于式(6.4.4)的 S_N2 机理

$$[PtL_3X] + Y \xrightarrow{\text{慢}} [PtL_3XY] \tag{6.4.18}$$

$$[PtL_3XY] \xrightarrow{\text{快}} [PtL_3Y] + X \tag{6.4.19}$$

而第一项为对应于反应

$$[PtL_3X] + H_2O \xrightarrow{\text{慢}} [PtL_3H_2O] + X \tag{6.4.20}$$

$$[PtL_3H_2O] + Y \xrightarrow{\text{快}} [PtL_3Y] + H_2O \tag{6.4.21}$$

即 $k_1[PtL_3X][H_2O] = k'[PtL_3X]$。假定水为溶剂,$H_2O$ 的量很大,可以将 $[H_2O]$ 作为常数和 k_1 并入 k' 中,这一项即对应于式(6.4.5)的 S_N1 反应。只有当溶剂本身为良的配位体时才会出现这一项。因而整个反应严格地说是两个平行反应。

式(6.4.22)表示了四方平面配位化合物的取代反应的立体化学特征[31]。

$$\begin{bmatrix} Cl \\ | \\ Cl-Pt-Cl \\ | \\ Cl \end{bmatrix}^{2-} \xrightarrow{+NO_2^-,\,-Cl^-} \begin{bmatrix} Cl \\ | \\ Cl-Pt-NO_2 \\ | \\ Cl \end{bmatrix}^{2-} \xrightarrow{+NH_3,\,-Cl^-} \begin{matrix} NO_2 \\ | \\ Cl-Pt-Cl \\ | \\ NH_3 \end{matrix} \tag{6.4.22}$$

$$\begin{matrix} Cl \\ | \\ Cl-Pt-Cl \\ | \\ Cl \end{matrix} \xrightarrow{NH_3,\,-Cl} \begin{matrix} Cl \\ | \\ Cl-Pt-NH_3 \\ | \\ Cl \end{matrix} \xrightarrow{+NO_2^-,\,-Cl} \begin{matrix} NO_2 \\ | \\ Cl-Pt-NH_3 \\ | \\ Cl \end{matrix} \tag{6.4.23}$$

这些反应式说明加入试剂的次序可以影响产物的几何结构。在影响这种取代反应速率的各种因素中,位于取代位置反应的基团作用最大。上面的第一个例子中,由于 NO_2^- 的引入,使 NO_2 对位上的 Cl^- 不稳定而被 NH_3 取代,剩下两个 Cl 处于对位,形成反式配位化合物。第二个例子中,NH_3 对位上的 Cl 稳定,不易被取代,而是取代邻位上的 Cl,形成顺式配位化合物。

1926 年前苏联配位化学奠基人 Chugaev 总结了大量实验结果,首先提出了反位效应理论。他提出在配位化合物的内界内,中心离子和被取代配位体之间的键常由于处于对位配位体的影响而被削弱,这种效应称为反位效应[32]。例如,不同反位配位体 L 与下列吡啶发生取代氯的反应:

$$\begin{matrix} PEt_3 \\ | \\ L-Pt-Cl \\ | \\ PEt_3 \end{matrix} + Py \longrightarrow \begin{matrix} PEt_3 \\ | \\ L-Pt-Py \\ | \\ PEt_3 \end{matrix} + Cl \tag{6.4.24}$$

实验结果如表 6.24 所示。取代速率随表中不同反位配位体自上而下剧减;由于对

位配位体的差别其取代速率相差可达 10^4 倍。提出这种机理的一个重要依据是 k_1 和 k_2 速率常数[参考式(6.4.17)]遵循同样的方式随反位配位体而变化,说明这二步的反应机理是相同的。由表 6.24 和其他很多实验数据得出下列反位效应次序[33]:

$$CN^- \sim C_2H_4 \sim CO > SC(NH_2)_2 \sim R_2S \sim PR_3 \sim SO_3H^-$$
$$\sim NO_2^- \sim I^- \sim NCS^- > Br^- > Cl^- > Py > RNH_2$$
$$\sim NH_3 > OH^- > H_2O \qquad (6.4.25)$$

它们引起的速率的差别达到 10^6 倍。这种近似的次序会随具体情况而略有改变。注意到其中反位效应较大的配位体是可以由 Pd(II) 接受电子而形成 π 键的那类配位体。卤素离子反位效应增加的次序和晶体场强度的次序相反,然而高反位效应的 CN^-、CO 和 NO_2^- 配位体却具有强的晶体场。

表 6.24　反位配位体对反式 $Pt-(PEt_3)_2L(Cl)$ 取代速率的影响

L	k_1/s^{-1}	$k_2/[L/(mol \cdot s)]$
PEt_3	1.7×10^{-2}	3.8
H^-	1.8×10^{-2}	4.2
CH_3^-	1.7×10^{-4}	6.7×10^{-2}
$C_6H_5^-$	3.3×10^{-5}	1.6×10^{-2}
$p-ClC_6H_4^-$	3.3×10^{-5}	1.6×10^{-2}
$p-CH_3OC_6H_4^-$	2.8×10^{-5}	1.3×10^{-2}
Cl^-	1.0×10^{-6}	4.0×10^{-4}

速率的变化既可以是由于基态也可以是由于过渡态能量的变化引起,如图 6.39 所示,基态的去稳定化(能量升高)或过渡态的去稳定化(能量降低)都会增加反应速率。最近用分子轨道理论研究了反位效应对这类势垒曲线的影响[34]。

反位效应(*trans*-effect)和反位影响(*trans*-influence)是有区别的,反位效应涉及配位体影响反位上配位体的取代速率,反位影响则是反位配位体对键长、红外伸缩频率等基态性质的影响。它们之间的差别类似于动力学和热力学的差别,热力学涉及基态测量,而动力学则涉及基态和过渡态之间的能量差;同样,反位效应涉及反位配位体对基态和过渡态的影响,而反位影响则只涉及反位配位体对基态的影响。当过渡态不存在差别时,反位效应和反位影响的次序一致。反位效应和反位影响之间的差别也显示了过渡态的能量差别。

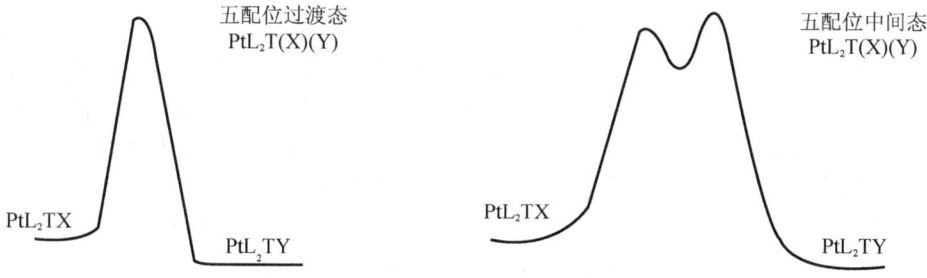

图 6.39　平面取代反应的反应坐标图(表明五配位过渡态和五配位中间态的区别)

除了最重要的反位效应外还有其他影响速率的因素,诸如顺位效应、离去基团及进入基团和溶剂效应等因素。顺位配位体的电子效应影响一般较小,例如

$$cis\text{-}Pt(PEt_3)_2LCl + Py \longrightarrow cis\text{-}Pt(PEt_3)_2L(Py) + Cl^- \qquad (6.4.26)$$

随着配位体 $L = Cl^-$、$C_6H_5^-$、CH_3^- 的不同,速率只有三倍的差别。但若由于配位体大小不同而引起空间效应起作用时,速率会有较大差别。

6.4.4 反位效应理论

目前已有几种解释反位效应的理论[4]。选择其中重要的内容简述如下。

1. 极化理论

Grinberg 首先从静电理论出发提出这个观点。当正方平面配位化合物的四个配位体 X 都相同时,中心离子和配位体相互极化所诱导的偶极矩呈对称分布,总的偶极矩为零[图 6.40(a)]。当其中一个 X 被更易极化的 Y 取代后就形成了图 6.40(b)所示的偶极矩,正极接近于 Y 的负极,负极接近于 X 的负极。由于带负电荷的 Y 对 X 的排斥增大,使 X 与中心离子间的键减弱,从而易于被其他进入配位体所取代。对于 Cu(Ⅰ)、Ag(Ⅰ)、Cd(Ⅱ)、Hg(Ⅱ)和 Pt(Ⅱ)等卤素配位化合物确实具有和极化率一致的反位效应次序。Cl^- 的反位效应比 F^- 大的另一个原因是由于 F、O、N 等原子没有空的 d 轨道,而具有空轨道的 Cl、S、P 等原子则可以通过 $dd\text{-}\pi$ 成键而增加金属-配位体的键强度,这和它们具有较高的单键离解能是一致的。从反位效应的极化理论看,这种取代反应应是 S_N1 机理。

$$I^- > Br^- > Cl^- > F^- \qquad (6.4.27)$$

虽然在上述情况下实验和极化理论是一致的,但这不是决定反位效应的唯一因素。有时重要的不是诱导偶极矩而是配位体在反位基团处所产生的总电势,它不仅与极化率有关,也与永久偶极矩、电荷基团和基团大小有关。

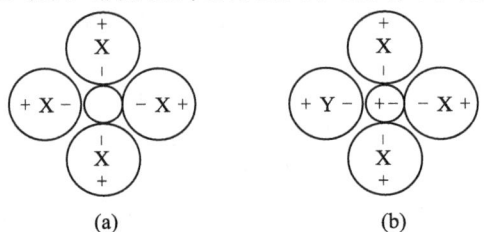

图 6.40 反位效应的极化理论示意图

2. 动力学静电理论

空 p_z 轨道的可用性以及四方 Pt(Ⅱ)配位化合物中心原子易于接近使得取代反应有可能按照双分子(S_N2)机理发生。这时进入基团 Y 产生五配位的双锥构型。按照图 6.41(a),当 Y(此处为 Cl^-)接近时,一个 NH_3 基团被压低到原来四方平面下方;这个被压下的基团和它反位的基团以及基团 Y 形成中间物的三角平面,其他两个 X 基团作为顶端基团。然后再很快地失去三角面中的一个 X,而 Y 及剩下的那个 X 基团再反转到原来平面中的反式位置。也可以看成是 Pt(Ⅱ)离子具有充满的 d_{z^2} 轨道,当配位体从 d_{z^2} 方向接近时,d_{z^2} 上的两个电子要转移,通过激发到 $d_{x^2-y^2}$ 上去而与 $d_{x^2-y^2}$ 上原来的配位体产生排斥作用,使该配位体离解出去。

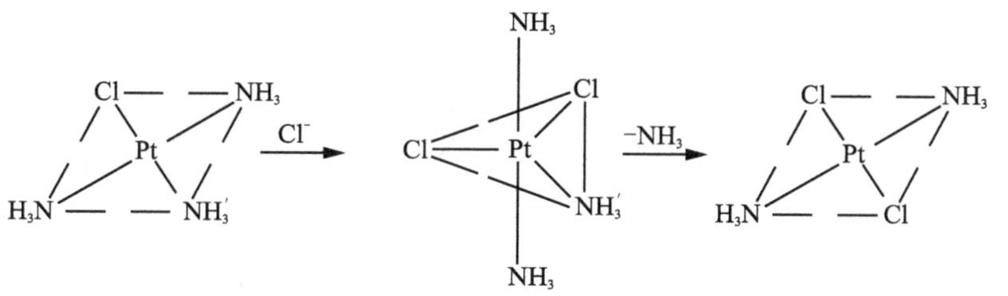

图 6.41 动力学静电理论应用于 S_N2 机理(a)和 S_N1 机理(b)

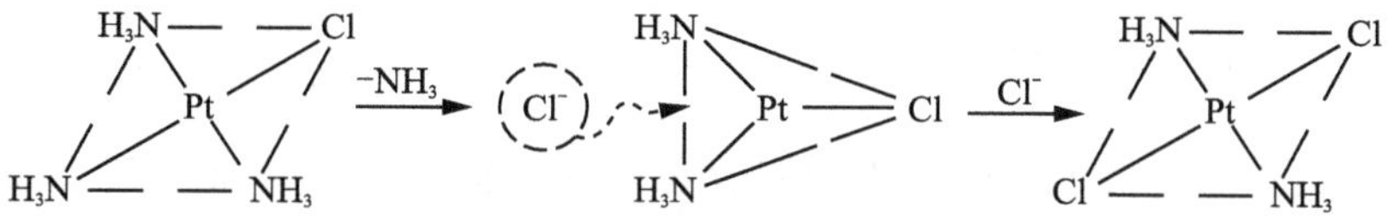

根据这种机理,最易于生成的三角双锥是这样的:最吸引电子的配位体处在顶端,最排斥电子的基团处在三角面上。因此,在 Cl^- 和 $[Pt(NH_3)_3Cl]^+$ 的反应中,反式结合的 NH_3—Cl 对比 NH_3—NH_3 对更能阻止 Cl^- 的进入,最终反式的 NH_3—Cl 变成三角面的一部分,从而生成 $trans$-$Pt(NH_3)_2Cl_2$。

上述理论意味着可能是双分子机理。但是应该注意,Pt(Ⅱ)离子具有充满的 d_{z^2} 轨道,这个电子会阻碍进入基团沿 z 轴接近,即在形成三角双锥结构时会失去 LFSE。实际上,为了说明取代反应的立体特性,并不一定要采用双分子机理。图 6.41(b) 中表示了生成 $trans$-$Pt(NH_3)_2Cl_2$ 的 S_N1 机理,这时进入的 Cl^- 沿着尽可能远离推电子的配位体(氯基团)的位置去接近配位化合物,在本例中为沿着靠近氨而和氯基团反位的方向。但是不论哪种静电理论都不适用于明显能生成 π 键的配位体。

3. π 成键理论

正如 4.2 节所述,在配位化合物中常会形成双键。图 6.42 为 Pt=PR_3 之间的双键示意图。磷之类的原子将一对孤对电子给予 Pt(Ⅱ) 的 p_x 轨道而形成 σ 键。这种 σ 键的反位效应和反式影响一般具有次序:

$$H^- > PR_3 > SCN^- > I^-, CH_3^-, CO, CN^- > Br^- > Cl^- > NH_3 > OH^- \quad (6.4.28)$$

此外,由于 Pt(Ⅱ) 的充满电子的 d 轨道和磷的空 d 轨道之间的重叠而形成 $d_{d-\pi}$ 键。若配位体 PR_3 和 X 在 xy 平面,则图中的 d 轨道是 d_{xz} 或 d_{yz}。这种 π 成键次序为

$$C_2H_4, CO > CN^- > NO_2^- > SCN^- > I^- > Br^- > Cl^- > NH_3 > OH^- \quad (6.4.29)$$

真实的反位效应是上述两个因素的综合。图 6.43 表示反应中配位体 L 形成双键的反位效应。由于配位体 L 的 π 成键特性,Pt(Ⅱ) 的 d_{xz} 轨道中的电子云大部分移向 L 而远离 X[图 6.43(b)],因而亲核性基团 Y 的攻击加强,并指向电子云密度低的 X 邻近;而当配位体 L 只有很小或没有 π 成键能力时,d_{xz} 轨道的电子密度不会受到明显影响,并在 L 和 X 附近保持较对称的分布[图 6.43(a)]。这时基团 Y 要从避开 xy 平面上电子云密度的方向接近,因而反应速率较慢。

$$trans\text{-}PtA_2LX + Y \longrightarrow trans\text{-}PtA_2LY + X \quad (6.4.30)$$

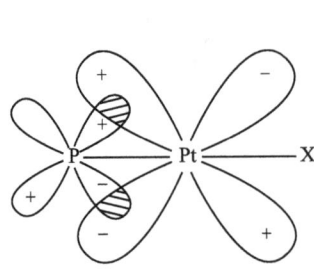

图 6.42 R_3P═Pt 的双重成键图

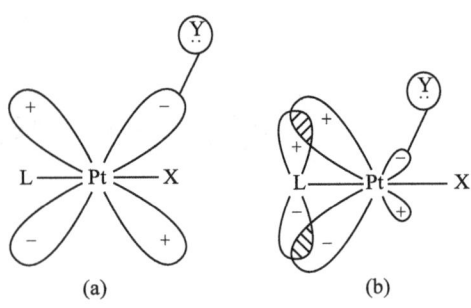

图 6.43 π 成键的反位效应
(a) L 不形成 π 键；(b) L 形成 π 键

Orgel 也提出过类似的图示来说明反位效应。但是他强调 π 成键增加过渡态的稳定性，而不强调进入基团的接近对活化反位键的影响。他认为取代反应中生成图 6.44 所示的三角双锥过渡态，其中进入基团和离去基团处于等价地位。晶体场理论认为，为使给定几何构型有最大的稳定性，则金属离子的 d 电子要避开配位体电子云最大的区域，因此，任何减少 Pt—X 和 Pt—Y 方向电子云密度的过程都会增加过渡态的稳定性而减少配位化合物的安定性。如果过渡态中 Pt、L、X 和 Y 处在 xz 平面，则 Pt(Ⅱ) 的 d_{xz} 轨道电子将密集在避开这些配位体的方向上，而 d_{xz} 轨道又正好可以和配位体 L 成键，从而也增加了五配位中间体的稳定性。

4. 离解理论

上面从动力学角度解释反位效应时要求形成稳定五配位或六配位的反位多面体。事实上确实从溶液中分离出了化合物 $[Pt(NH_3)_4(CH_3CN)_2]Cl_2$ 和 $[Rh(CNR)_4X]ClO_4$ 等五配位或六配位的配位化合物。这说明"四方"配位化合物不仅在 xy 平面上包含四个较强成键的配位体，也在第五方向上结合了较弱的配位体而形成四方结构配位化合物。这和静电理论或晶体场理论也是一致的。

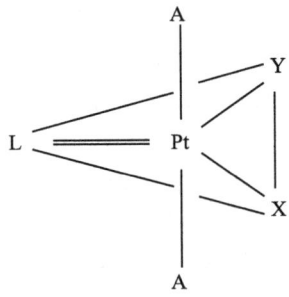

图 6.44 $trans$-$PtA_2LX \xrightarrow{Y}$
$trans$-PtA_2LY 反应的过渡态

由此可以提出取代反应的较统一的理论，即溶液中的反应与四方结构的离解有关。例如，对于一般反应

$$MA_2LX + Y \longrightarrow MA_2LY + X \qquad (6.4.31)$$

必定包含溶剂分子 S,按照图 6.45 所示的机理进行。虽然在这个反应中也包括五配位中间体,但与前述情况不同,它不是由于加入第五个配位体而产生的,而是由于原来六配位配位化合物离解而产生的,所以这种反应过程实质上类似于前述八面体配位化合物的取代。若反应按途径 I 进行,则 Y 的浓度为零级的;若按途径 II 进行则 Y 的浓度为一级的。

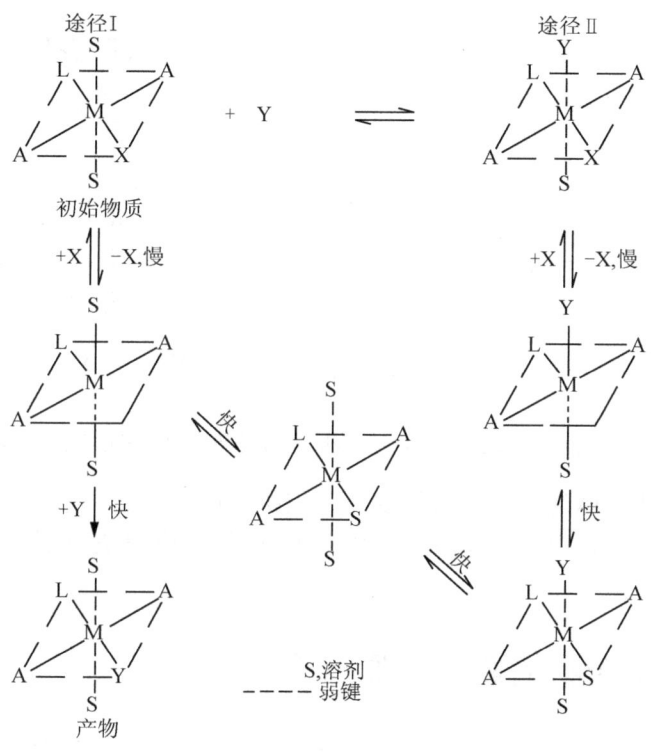

图 6.45　四方配位化合物取代反应的"离解机理"(通过四方锥中间体)

如果体系中包含一个或多个 π 成键配位体(不论是原有的或基团 Y 引入的),则如前所述,五配位的三角双锥将是稳定的(图 6.46),其中三角平面包含 π 成键配位体 L 及进入基团 Y。

综上所述,主要有两类解释反位效应的理论:一类强调静电因素,它可用于解释热力学和动力学的结果,并主要适用于形成双键倾向不大的体系(H_2O,NH_3);另一类是 π 成键理论,它只适用于解释动力学的结果,并主要适用于包含 π 成键配位体(PR_3,C_2H_4)的配位化合物。

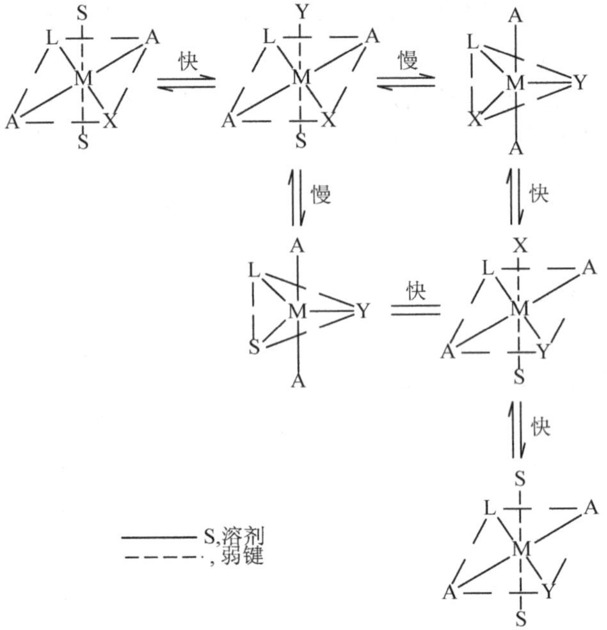

图 6.46　四方配位化合物取代反应的"离解机理"(通过三角双锥中间体)

目前关于四面体配位化合物的取代反应机理的研究还不多,原因之一是通常其过渡态结构并不是由于晶体场效应引起的,因而反应很快而不易于进行动力学和立体化学研究。

6.5　配位化合物的氧化还原反应

如前所述,动力学上可以将配位化合物分为惰性配位化合物和不安定配位化合物两大类,但其界线难于明确划分。通常认为,可以采用经典技术研究其反应的,称为惰性配位化合物,即对于在室温下约 0.1mol/L 的溶液,其半反应时间 $t_{\frac{1}{2}}$ 约大于 1min,从而可能在反应物溶液混合后使用适当的技术来跟踪反应物。而不安定配位化合物的研究较困难,对于它的反应机理也了解不多。由于很难将两个溶液在小于 1ms 时间内均匀混合,因此限制了经典技术在快速反应中的应用。目前研究快速反应的重要方法是停留法和其他弛豫现象。

配位化合物中最重要的两类反应为

氧化还原反应:$Ox_1 + Red_1 \longrightarrow Red_2 + Ox_2$ （6.5.1）

取代反应:　　　$EX + Y \longrightarrow EY + X$ （6.5.2）

讨论后者可以不涉及前者,反之,却不然。例如,下列氧化还原反应

$$SO_3^{2-} + OCl^- \longrightarrow SO_4^{2-} + Cl^-$$ （6.5.3）

就可以看做是 SO_3^{2-} 与 OCl^- 中 O 的亲核取代反应。在氧化还原反应中,各个反应中心金属的电子数经常会发生变化,即电子转移反应(electron transfer reaction,简记为

ET)引起金属的氧化态变化(例如,铬族的氧化态可从 -4 到 $+6$ 价)。

电子的转移可以分为两类:

(1)不引起化学变化的电子自交换反应(self-exchange reaction),例如

$$[Fe(CN)_6]^{4-} + [Fe(CN)_6]^{3-} \longrightarrow [Fe(CN)_6]^{3-} + [Fe(CN)_6]^{4-}$$
(6.5.4)

(2)引起化学变化的反应(称为交叉反应,cross reaction),即通常的氧化还原反应,例如

$$Ti^{3+}(aq) + Fe^{3+}(aq) \longrightarrow Ti^{4+}(aq) + Fe^{2+}(aq) \quad (6.5.5)$$

在配位化合物中的电子转移反应有各种形式,速率也不相同,例如

$$\Lambda-[Os(biby)_3]^{3+} + \Delta-[Os(bipy)_3]^{2+} \longrightarrow 外消旋化$$
$$k \geqslant 5 \times 10^{-4} L/(mol \cdot s) \quad (6.5.6)$$

$$[Cr(H_2O)_6]^{2+} + [Co(NH_3)_5Cl]^{2+} \xrightarrow{H^+} [Cr(H_2O)_5Cl]^{2+} + [Co(H_2O)_6]^{2+} + 5NH_4^+$$
$$k = 10^5 L/(mol \cdot s) \quad (6.5.7)$$

$$*[Co(NH_3)_6]^{2+} + [Co(NH_3)_6]^{3+} \longrightarrow *[Co(NH_3)_6]^{3+} + [Co(NH_3)_6]^{2+}$$
$$k = 10^{-8} L/(mol \cdot s) \quad (6.5.8)$$

$$[Fe(o-Phen)_3]^{2+} + [Fe(o-Phen)_3]^{3+} \longrightarrow [Fe(o-Phen)_3]^{3+} + [Fe(o-Phen)_3]^{2+}$$
$$k = 10^7 L/(mol \cdot s) \quad (6.5.9)$$

关于有机金属化合物中的电子转移反应,研究得不多。例如,有

$$Co_2(CO)_8 + 2PPh_3 \longrightarrow Co(CO)_3(PPh_3)_2^+ Co(CO)_4^- + CO \quad (6.5.10)$$

$$V(CO)_6 \xrightarrow{Et_2O} V(Et_2O_4)^{2+}[V(CO)_6^-]_2 \quad (6.5.11)$$

最近研究发现可以用电子转移试剂加强有机金属配位化合物的反应性[35]。电子转移的热力学行为和还原物的还原电位有关(参看5.2节)。我们所考虑的配位化合物反应都被认为是热力学可以进行的,但是有动力学势垒。因而下面的分析将重点集中在其动力学和机理上[24~26]。

电子转移反应是配位化合物中最简单的反应。以1983年诺贝尔奖金获得者Taube为代表的学派对此进行了开拓性的研究工作[36],他提出溶液中两种氧化还原的ET机理,即外界机理和内界机理,通常外界机理总是可以发生的,而内界机理则要满足一定的条件才会发生。这些看法对于深入了解生物体系中金属离子间的电子转移,以及一系列涉及氧化-还原动力学的研究具有基础性的指导意义。

6.5.1 电子转移的外界机理

将铁氰化钾和亚铁氰化钾溶液混合后会发生快速氧化-还原反应[式(6.5.4)],反应物各得失一个电子。这时由于混合物的组分没有变化而难以测定。若将其中的初始物$[Fe(CN)_6]^{4-}$用放射性同位素铁*或将其中的碳换用^{13}C标记,就可以研究这个反应了,已测出其二级速率常数在25℃时约为10^5,所以远

大于它们的配位体交换反应的速率,说明它是一个没有净化学变化和热变化的(其自由能变化 $\Delta G = 0$)电子自交换反应。

在外界机理中,两个反应物都是取代惰性,且在反应中配位界均保持不变(会受到微扰)。电子必须通过两个配位界,即电子通过两个金属离子未接触的配位界面进行转移。可以用下列基本步骤表示这种氧化还原过程:

对抗配位化合物的生成　　$\text{Ox} + \text{Red} \rightleftharpoons [\text{Ox}, \text{Red}]$　　　　　(6.5.12)

结构调整和活化　　　　　$[\text{Ox}, \text{Red}] \rightleftharpoons [\text{Ox}, \text{Red}]^*$　　　　(6.5.13)

电子转移　　　　　　　　$[\text{Ox}, \text{Red}]^* \rightleftharpoons [\text{Ox}^-, \text{Red}^+]$　　　(6.5.14)

离解成产物　　　　　　　$[\text{Ox}^-, \text{Red}^+] \rightleftharpoons \text{Ox}^- + \text{Red}^+$　　　(6.5.15)

其中,Ox 和 Red 分别代表以溶剂化或配位化合物形式存在的氧化剂或还原剂,方括号表示反应物十分靠近的对抗配位化合物(encounter complex)。第一步所形成的碰撞配位化合物中,金属离子之间的距离对电子的转移非常有利;经过第二步电子结构或空间取向的内部调整后达到化学活化;第三步为通过"中间态"而进行电子转移,生成 $[\text{Ox}^-, \text{Red}^+]$(图 6.47)。最后一步为生成离解离子。一般第二步是反应速率的控制步骤。

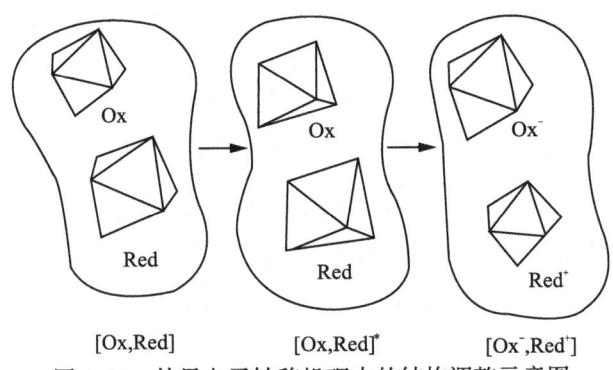

图 6.47　外界电子转移机理中的结构调整示意图

1. Franck-Condon 原理所加的限制

根据 Franck-Condon 原理,氧化剂和还原剂的核构型没有明显区别时才有利于电子转移的发生。因此氧化剂和还原剂或两者之一必须发生重排来达到某种"共同状态",从而使电子转移时没有核的构型变化。其中达到这种"共同状态"的能量变化包括配位场能、溶剂化能和静电作用能等的变化。

在过渡金属配位化合物中,d 电子一般处于非键 t_{2g} 或反键 e_g 轨道上。图 6.47 中假设 d 电子起反键作用,所以电子转移后氧化剂体积扩大了而还原剂体积缩小了。这种变化导致 M^{Ox}—L 键增长而 M^{Red}—L 键变短。根据 Frenck-Condon 原理,当 M^{Red}—L 和 M^{Ox}—L 键长近乎相等时,发生电子交换的活化能最小,反应速率较大。例如,对于水合 Fe(Ⅱ) 和 Fe(Ⅲ) 的反应,计算结果如图 6.48 所示。Fe(Ⅲ)—O 键的伸长和 Fe(Ⅱ)—O 键的压缩,使 Fe(Ⅱ)/Fe(Ⅲ) 体系能够发生电子转移。图中 x 点处 Fe(Ⅱ) 和 Fe(Ⅲ) 的能量相等,箭头表示达到该"共同状态"所需的重新组合能量。值得注意的是,当具有能形成反馈键的 CN^-、CO、NO_2^- 或 Phen 等配位体时,由于它们可以稳定 d 轨道而使 d 电子有成键作用,因而这时低氧化态的 M—L 键可能较短。例如,$V(CO)_6^-$ 的 V—C 键距 1.931Å 就比 $V(CO)_6$ 的 2.001Å 短。当非键的 t_{2g} 上电子数发生变化时(例如,t_{2g}^6 和 t_{2g}^5),一般 M—L 键距不易随金属氧化态而变化。在本节的讨论中,我们将假定高氧化态金属具有较短的 M—L 键。

当反应分子相互接近时,可以把它们看做一个大的准分子体系,并要求这个准分子保留一些对称元素,使它们仍属于分子所属点群的某一个子群。电子转移过程要求起关键作用的还原剂的 HOMO 和氧化剂的 LUMO 前线轨道属于该点群的同一不可约表示。显然,HOMO 和 LUMO 这两个能级越接近,对反应越有利(例如,在 6eV 范围内)。

对于八面体配位化合物,由于与 e_g 轨道相比,t_{2g} 轨道具有较小的 M—L 反键,或者说,由于 π 轨道(如 d_{xy})及其电子比 σ 轨道(如 $d_{x^2-y^2}$)更为"裸露"或受到配位体较小的屏蔽(参看图 2.2),因此 $t_{2g} \to t_{2g}$(或 π→π)转移以达到活化配位化合物所需的能量应比 $e_g \to e_g$(或 σ→σ)的小。因此,虽然从对称性角度分析,π→π 和 σ→σ 两种外界电子转移机理都是允许的,但由于上述原因,π→π 机理的电子转移速度总是比 σ→σ 的快。表 6.25 的数据证实了这个结论。例如,对于

$$[Co(NH_3)_6]^{2+} + [\,^*Co(NH_3)_6]^{3+} \rightleftharpoons [Co(NH_3)_6]^{3+} + [\,^*Co(NH_3)_6]^{2+}$$

(6.5.16)

$(\pi)^5(\sigma)^2 \qquad (\pi)^6 \qquad\qquad (\pi)^6 \qquad (\pi)^5(\sigma)^2$

这个 σ→σ 反应,Co(Ⅱ)/Co(Ⅲ) 的速率比相应的 π→π 反应 Ru(Ⅱ)/Ru(Ⅲ) 的速率慢得多,这是由于在 Co^{3+} 的低自旋(d^6) 和 Co^{2+} 的高自旋(d^7) 之间的电子转移中发生了自旋变化,而且 Co—NH_3 键距由 $d_{Co(Ⅲ)-NH_3}$ = 1.936Å 变为 $d_{Co(Ⅱ)-NH_3}$ = 2.14Å,差值 0.178Å 远比 Ru—NH_3 的相应变化 0.04Å 大得多。这和 Franck–Condon 原理也是一致的。

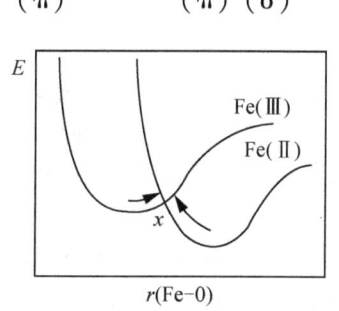

图 6.48 $[Fe(Ⅱ,Ⅲ)(H_2O)_6]^{2+,3+}$ 体系中 Fe—O 键长变化引起的能量变化

二氮杂菲(Phen)作为配位体时反应速率比 H_2O 或 NH_3 为配位体时大得多,这与它是良好的 π 接受体,且易于和还原剂及氧化剂的前线 π 轨道通过直接轨道重叠而实现电子转移有关。对于其他易于极化的 CN^- 或 bipy 等配位体也有类似情况,它们都会加速外界机理的电子转移。

表 6.25　外界电子转移反应的速率常数

反应		速率常数 /[L/(mol·s)]
净 π→π		
$[Fe(H_2O)_6]^{2+}$ $\pi^4\sigma^2$	$+ [Fe(H_2O)_6]^{3+}$ $\pi^3\sigma^2$	4.0
$[Fe(Phen)_3]^{2+}$ π^6	$+ [Fe(Phen)_3]^{3+}$ π^5	$\geq 3 \times 10^7$
$[Ru(NH_3)_6]^{2+}$ π^6	$+ [Ru(ND_3)_6]^{3+}$ π^5	8.2×10^2
$[Ru(Phen)_3]^{2+}$ π^6	$+ [Ru(Phen)_3]^{3+}$ π^6	$\geq 10^7$
净 σ→σ		
$[Co(H_2O)_6]^{2+}$ $\pi^5\sigma^2$	$+ [Co(H_2O)_6]^{3+}$ π^6	~5
$[Co(NH_3)_6]^{2+}$ $\pi^5\sigma^2$	$+ [Co(NH_3)_6]^{3+}$ π^6	$\leq 10^{-9}$
$[Co(en)_3]^{2+}$ $\pi^5\sigma^2$	$+ [Co(en)_6]^{3+}$ π^6	1.4×10^{-4}
$[Co(Phen)_3]^{2+}$ $\pi^5\sigma^2$	$+ [Co(Phen)_3]^{3+}$ π^6	1.1

2. Marcus 处理

外界反应机理中不包含键的破裂和生成,易于进行理论处理[37]。对于 $\Delta G^0 = 0$ 的自交换反应,Marcus 将活化的自由能 $\Delta G^{\neq}$ 分为下列几种贡献[38]:

$$\Delta G^{\neq} = RT\ln\frac{kT}{hz} + \Delta G_a^{\neq} + \Delta G_i^{\neq} + \Delta G_0^{\neq} \qquad (6.5.17)$$

其中,第一项为从反应物生成对抗配位化合物时的平动和转动自由能损失,z 为有效碰撞数,其他常数也易于计算;$\Delta G_a^{\neq}$ 为反应物在活化配位化合物距离时相对于无穷远时的静电相互作用能变化;$\Delta G_i^{\neq}$ 为配位界重排所要求的自由能变化(重排指活化配位化合物中 M—L 键的伸长或收缩,也可能包括配位体的重排),通常它是沿着分子正则振动模式进行的(参考 3.4 节);$\Delta G_0^{\neq}$ 代表溶剂界层的重排,一般溶剂都优先和高氧化态作用,重排必须在电子转移前进行。目前已有不少水化焓的数据可以引用。当配位化合物的氧化态或配位体差别不大时,外界反应性的差别不是由 $\Delta G_a^{\neq}$ 或 $\Delta G_0^{\neq}$,而是由 $\Delta G_i^{\neq}$ 的变化引起的。如前所述,不同氧化态的 $\Delta G_i^{\neq}$ 的大小是由 M—L 键距的变化决定的。当已知配位化合物的结构时,可以由下列经典方程计算电子转移的能垒

$$E = 3k_m(r^{\neq} - r_m)^2 + 3k_n(r_n - r^{\neq})^2 \qquad (6.5.18)$$

$$r^{\neq} = \frac{k_m r_m + k_n r_n}{k_m + k_n} \qquad (6.5.19)$$

其中,k_m 和 k_n 为振动力常数;r_m 和 r_n 分别为高、低氧化态的 M—L 键距;$r^{\neq}$ 为电子转移时的键距。利用这种方程可以求出 $[Co(NH_3)_6]^{2+}/[Co(NH_3)_6]^{3+}$ 的能垒为 6.8kcal/mol,而对于键距差小到只有 0.04Å 的 $[Ru(NH_3)_6]^{2+}/[Ru(NH_3)_6]^{3+}$ 的能

垒值则很小。但 6.8kcal/mol 的势垒不能说明为何这两个体系的自交换速率差别达到 10^{15} 倍，对于这个问题可借助于前述钴的自旋变化所引起的 2.46kcal/mol 能量差来解释。可见钴-配位体重组能小于自旋变化所引起的能量变化。

这种应用于自交换的 Marcus 理论曾被推广到交换反应势垒的计算中[26]：

$$Ox_1 + Red_1 \longrightarrow Red_1 + Ox_1 \quad k_{11}, \Delta G_{11}^{\neq} \tag{6.5.20}$$

$$Ox_2 + Red_2 \longrightarrow Red_2 + Ox_2 \quad k_{22}, \Delta G_{22}^{\neq} \tag{6.5.21}$$

$$Ox_1 + Red_2 \longrightarrow Red_1 + Ox_2 \quad k_{12}, \Delta G_{12}^{\neq} \tag{6.5.22}$$

因而可以由前两个自交换反应的势垒计算第三个交叉反应的势垒：

$$\Delta G_{12}^{\neq} = 0.5\Delta G_{11}^{\neq} + 0.5\Delta G_{22}^{\neq} + 0.5\Delta G_{12}^{0} \tag{6.5.23}$$

可见，$\Delta G_{12}^{\neq}$ 比自交换平均自由能低的原因是由于有利的自由能变化 ΔG_{12}^{0} [39]。对于一系列类似反应(相同的氧化剂或还原剂)，对 ΔG_{12}^{*} 和 ΔG^{0} 作图，可以得到一条斜率为 0.5 的直线。图 6.49 中表示一系列菲绕啉配位化合物被 Ce(IV) 氧化时所得到的结果[40]。速率公式可以表示为

$$k_{12} = (k_{11}k_{22}K_{12}f)^{\frac{1}{2}} \tag{6.5.24}$$

其中，f 定义为

$$\lg f = \frac{(\lg K_{12})^2}{4\lg(k_{11}k_{22}/z^2)} \tag{6.5.25}$$

实际上，这个公式只有在交换反应的平衡常数很大时才有意义。

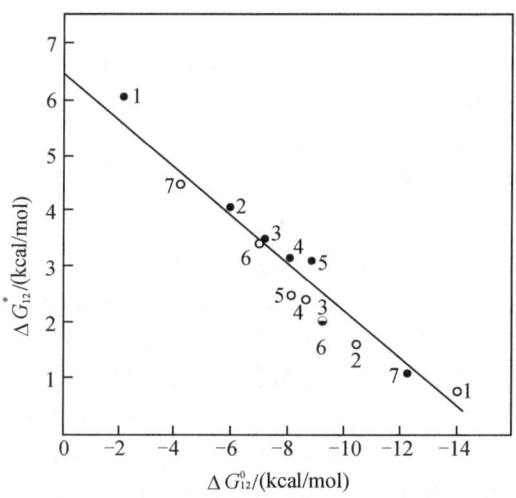

图 6.49　$\Delta G_{12}^{\neq}$-$0.5\Delta G_1^{\neq}$ 和氧化还原标准自由能变化间的关系
○ [Fe(Phen)$_3$]$^{2+}$-Ce(IV) 在 0.50mol/L H$_2$SO$_4$ 中的反应；
● Fe^{2+}-[Fe(Phen)$_3$]$^{2+}$ 在 0.50mol/L HClO$_4$ 中的反应

如图 6.50 所示，当给予体和接受体位置接近并偶合时，代表反应物和产物能量的两根曲线会彼此排斥(参看图 6.10)。$\Delta\varepsilon$ 是两个金属中心偶合的度量，是共振能的两倍。当 $\Delta\varepsilon$ 很大时，这种电子转移过程是绝热的；若 $\Delta\varepsilon$ 很小，则结果表现出非绝热行为，通过隧口的电子转移概率小于 1。很多电子转移过程是绝热的。

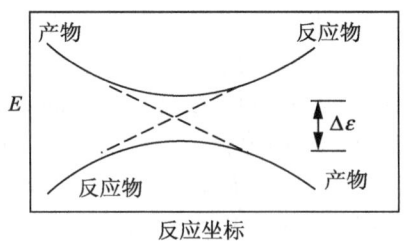

图 6.50 电子转移过程的能量变化

6.5.2 电子转移的内界机理

对于在水溶液中的反应[式(6.5.7)],实验发现,当初始物[Co(NH$_3$)$_5$Cl]$^{2+}$用^{36}Cl标记时,标记物都出现在[Cr(H$_2$O)$_5$Cl]$^{2+}$产物中。这说明反应物之间在配位内界中紧密接触,Cl$^-$从Co(Ⅲ)转移到Cr(Ⅱ),电子则向相反方向转移,因此形成了活化配位化合物[(NH$_3$)$_5$Co(Ⅲ)—Cl—Cr(Ⅱ)(H$_2$O)$_5$]$^{4+}$。同样,[Co(NH$_3$)$_5$X]$^{n+}$中的X配位体也会转移到Cr(Ⅱ),其中X = Cl$^-$、Br$^-$、N$_3^-$、Ac$^-$、SO$_4^{2-}$和PO$_4^{3-}$。支持这种观点的另一个证据是,X = NCS$^-$(形成Co—N键)时初始产物为[Cr(H$_2$O)$_5$SCN]$^{2+}$(具有Cr—S键),经过重排后才成为[Cr(H$_2$O)$_5$NCS]$^{2+}$(具有Cr—N键)。这种在溶液中的内界电子转移反应的基元反应可能为[41]:

碰撞配位化合物的生成:
$$\text{Red}(\text{H}_2\text{O}) + \text{L—Ox} \longrightarrow \text{Red}\cdots\text{L—Ox} + \text{H}_2\text{O} \qquad (6.5.26)$$

前身配位化合物的生成:
$$\text{Red}\cdots\text{L—Ox} \longrightarrow \text{Red—L—Ox} \qquad (6.5.27)$$

前身配位化合物的活化和电子转移:
$$\text{Red—L—Ox} \longrightarrow \text{Red}^+\text{—L—Ox}^- \qquad (6.5.28)$$

后继配位化合物(successor complex)的离解:
$$\text{Red}^+\text{—L—Ox}^- + \text{H}_2\text{O} \longrightarrow \text{Red}^+\text{—L} + \text{Ox}^-(\text{H}_2\text{O})^- \qquad (6.5.29)$$

其中,第一步反应形成碰撞配位化合物,为扩散控制;第二步反应形成前身配位化合物,即还原剂先进行配位体取代,与氧化剂生成双核活化配位化合物;第三步反应为电子转移而形成后继配位化合物;最后一步为后继配位化合物离解成产物。其中值得注意的是,氧化剂必须是取代惰性的,并且至少具有一个可以作为Lewis碱和两个金属中心配位的桥基配位体;还原剂则应为取代活性的。但桥配位体的转移并不是判断内界机理的必要条件,上式中任何一步反应都可能是速率决定步骤。我们最感兴趣的是第二步,对于下面要讨论的常见六配位离子,其桥式中间体的几何构型为化合物(1)。它的存在可由光谱检测或从速率公式中推导出来。有时也可直接从实验中分离出稳定的中间物。

$$—\text{M}_1—\text{X}—\text{M}_2—$$

(1)

反应[式(6.5.25)~(6.5.28)]的净过程可以表示为

$$\text{OxL} + \text{Red} \underset{k_2}{\overset{k_1}{\rightleftharpoons}} [\text{Ox—L—Red}] \underset{k_4}{\overset{k_3}{\rightleftharpoons}} \text{Ox}^- + \text{LRed}^+ \quad (6.5.30)$$

其速率方程为

$$V_f = \frac{k_1 k_4}{k_2 + k_3}[\text{Ox—L}][\text{Red}] \quad (6.5.31)$$

它表现为二级动力学行为。其中 k_3 是反应[式(6.5.27)和式(6.5.28)]的总反应速率常数,通常这一步是速率的决定步骤,即 $k_3 < k_2$。

在内界电子转移机理中,除了式(6.5.29)所示的化学机理或两步机理外,另一种是从一个金属中心直接到另一个金属中心的所谓共振机理或一步机理。后文我们将着重讨论经常出现的共振机理。

和外界机理一样,Franck-Condon 原理也适用于内界机理,即反应前键长也要进行调节。但由于反应中涉及键的解离,所以在内界机理理论中必须分析桥基的作用。

表 6.26 中给出了一些用 Cr^{2+} 还原 $[Co(NH_3)_5L]^{3+}$ 的实验结果[26],其中 L 为桥基配位体。当 L 为卤原子或 H_2O 时,它们可以同时用两个孤对电子与两个金属配位。当 L 为 SCN^- 时,它有两种方式起桥基作用。如果第二个金属和硫成键,则称为邻近攻击反应;如果和氮成键,则称为远距离攻击。当用 Cr^{2+} 作为还原剂时,这两种情况都被观察到。邻近攻击导致不稳定的硫键合异构体,它经重排后成为更稳定的氮键合异构体:

表 6.26 $[Co(NH_3)_5L]^{3+}$ 被 $[Cr(H_2O)_6]^{2+}$ 还原的速率常数

L	$k/[\text{L}/(\text{mol} \cdot \text{s})]$
NH_3	8.0×10^{-5}
F^-	2.5×10^5
Cl^-	6.0×10^5
Br^-	1.4×10^6
I^-	3.0×10^6
N_3^-	3.0×10^5
OH^-	1.5×10^6
NCS^-	19
SCN^-	1.9×10^5
H_2O	~0.1

$$[Co(NH_3)_5SCN]^{2+} + [Cr(H_2O)_6]^{2+} \longrightarrow [(NH_3)_5Co\text{ S }Cr(H_2O)_5]^{4+}$$
$$\underset{}{\overset{}{}}\begin{array}{c}\text{C}\\\text{N}\\\downarrow\end{array}$$
$$[Cr(H_2O)_5(NCS)]^{2+} \longleftarrow [Cr(H_2O)_5(SCN)]^{2+} + 2Co^{2+} + 5NH_3 \quad (6.5.32)$$

远距离攻击则直接生成稳定的氮键合异构体:

$$[Co(NH_3)_5SCN]^{2+} + [Cr(H_2O)_6]^{2+} \longrightarrow [(NH_3)_5CoSCNCr(H_2O)_5]^{4+}$$
$$\downarrow$$
$$[Cr(H_2O)_5NCS]^{2+} + Co^{2+} + 5NH_3 \quad (6.5.33)$$

一般来说,动力学中的反应活化能和热力学的反应自由能 ΔG^0 之间有一定关系。反应的 ΔG^0 越负,则电子的转移速度就越快,因此 $\Delta G^0 < 0$ 的氧化还原反应的活化能要比对应的 $\Delta G^0 = 0$ 的电子交换反应活性能低。但实验表明,当桥基配位体 X 为 N⌬—C=O 之类有 π 键载电子轨道的配位体时,用 $(\pi)^5(\sigma)^1$ 的
           |
           NH$_2$

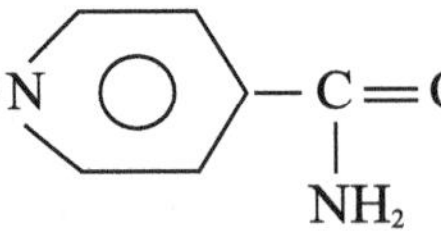

Cr^{2+}(aq) 去还原 $\pi^3\sigma^0$ 的 $Cr(H_2O)_5X^{2+}$、$\pi^6\sigma^0$ 的 $Co(NH_3)_5X^{2+}$ 和 $\pi^5\sigma^0$ 的 $Ru(NH_3)_5X^{2+}$ 的反应速率 k 分别为 $1.8 L/(mol \cdot s)$、$17.4 L/(mol \cdot s)$ 和 $3.8 \times 10^5 L/(mol \cdot s)$。意外的是,该实验表明用 Cr(Ⅱ) 去还原电动势差别很大的 Cr(Ⅲ) 与 Co(Ⅲ) 时,反应速率差别不大;而用 Cr(Ⅱ) 去还原电动势差别不大的 Ru(Ⅲ) 时,反应速率却差别很大。当出现这种情况时,我们要特别细致地分析它们之间电子结构的差别,其对电荷转移机理有很大的影响。由于 Cr(Ⅱ) 从远距离进攻,因此可以用图 6.51 所示的轨道对称性进行说明:它们的差别在于 Co(Ⅲ) 和 Cr(Ⅲ) 的 LUMO 是 σ 对称性,而 Ru(Ⅲ) 的是 π 对称性,桥基配位体的 π 轨道既不和 Cr(Ⅲ) 或 Co(Ⅲ) 配位化合物的 LUMO 对称性匹配,也不和 Cr(Ⅱ) 的 HOMO 匹配,所以有两个不匹配的接界,则活化能较高,反应速率较慢;但配位体 π 轨道却和氧化剂 Ru(Ⅲ) 的 LUMO 对称性匹配,只是有一个和 Cr(Ⅱ) 不匹配的接界,则活化能较低,反应速率较快。在上面的讨论中不必考虑配位体的 π^* 载电子轨道,它不会和 Co(Ⅲ) 或 Cr(Ⅲ) 的给予体或接受体轨道重叠。

总之,在分析内界电子转移机理时,要考虑到反应物前线轨道和桥基载电子轨道间的对称性匹配[42]。当都是 σ 型轨道,或都是 π 型轨道时,则最有利于反应的进行。同样,在比较相应的外界机理和内界机理的反应速率时也要根据轨道对称性匹配情况具体对待。例如,式(6.5.17)所示的内界电子转移反应就比下列相应的外界电子转移反应快得多

$$[Co(NH_3)_6]^{3+} + [Cr(H_2O)_0]^{2+} + 6H_3O^+ \longrightarrow [Co(H_2O)_6]^{2+} + [Cr(H_2O)_6]^{3+} + 6NH_4^+$$

$$k = 1.6 \times 10^{-3} L/(mol \cdot s) \tag{6.5.34}$$

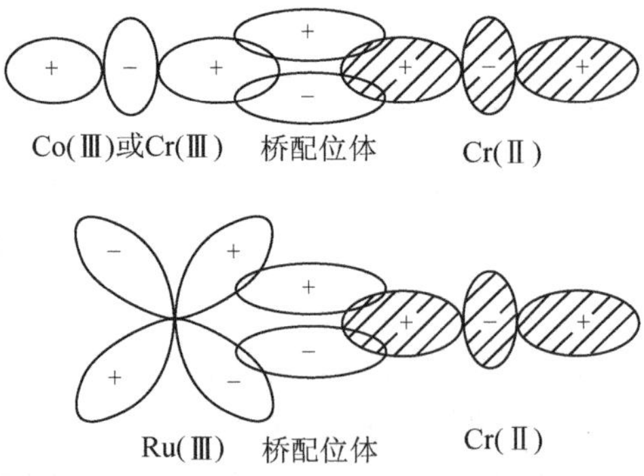

图 6.51 涉及 Cr^{2+} 和 Co(Ⅲ)、Cr(Ⅲ) 及 Ru(Ⅲ) 之间电荷转移的轨道对称性(阴影为占据轨道)

对于式(6.5.16)的外界机理,由于 HOMO 和 LUMO 都是 σ 型轨道,因此活化能较大,速率较小。对于式(6.5.7)的内界机理,则由于其 HOMO、LUMO 和单齿桥基的载电子轨道都是 σ 型轨道,因而是对称性允许的电子转移反应,活化能较低,速率较大。所述结果对应于表 6.27 中第一行。表中也列出了一些其他轨道对称性匹配时的结果。一般来说,内界电子转移速率都比外界的大很多。但是如表 6.25 所示,当两种反应物都具有 π 型轨道而桥基具有 σ 型轨道时,却是有利于外界机理而不利于内界机理。

表 6.27 外界和内界电子转移反应速率的比值[1]

HOMO	LUMO	体系	$k_{内界}/k_{外界}$
σ	σ	Cr^{2+}/Co^{3+}	10^{10}
σ	π	Cr^{2+}/Ru^{3+}	10^{2}
π	σ	V^{+}/Co^{3+}	10^{4}
π	π	V^{2+}/Ru^{3+}	外界机理

1) 假定桥基的电子轨道为 σ 型。

一般从简单的产物分布很难区分内界机理和外界机理。这两种反应机理在动力学上对氧化剂和还原剂都是一级反应,因此从速率定律上不能对它们进行区分。外界机理的活化焓一般比内界的低一些,它们都具有负的活化熵,所以标准的动力学参数也不能有效地区分这两种机理(参考5.1节)。当交换反应速率比在金属上发生的取代反应更快时,则是外界反应机理的最有力证据。目前外界机理已有适当的理论处理,而涉及桥基的内界机理则较为复杂。

上面讨论的是两个反应物在反应中只发生一个电子变化的反应,特称为互补反应。当氧化剂和还原剂在反应中电子的数目不同时,则称为非互补反应,例如,反应

$$2Fe^{2+} + Tl^{3+} \longrightarrow 2Fe^{3+} + Tl^{+} \quad (6.5.35)$$

这种三分子反应的概率很低,所以其反应速率比互补反应慢得多。通常很难确定这两个电子的转移是通过一个双电子步骤还是两个单电子步骤。最近报道了一个"四电子同时转移"的反应[43]:

$$(6.5.36)$$

6.5.3 电子转移的分子轨道理论

下面将从轨道对称性和重叠性更详细地介绍内界中间体或过渡态的分子轨道结构[44]。

1. 内界中间态或过渡态的分子轨道

以 M_2X_{11} 型配合物为例。首先分析图 6.52 上方不含对称桥基(b)的分子轨道,把它看成是如图(b)所示的两个 C_{4v} 四方锥 ML_5 单位所组成(参见图 2.14)。如同 Hoffmann 所指出的,ML_5 分子片的前线轨道图 6.52(a)包含有:一组来自八面体 t_{2g} 轨道的三个低能量轨道[图 6.52 中左方的(b_1)和(e)];两个来自 e_g 的 a_1 和 b_1 高能级轨道。主要由 nd_{z^2} 轨道贡献[混有 $(n+1)s$、p_z 轨道]的 a_1 轨道,在空间上有利于沿 z 轴和另一个 ML_5 碎片的 nd_{z^2} 轨道作用,从而导致较大的分裂,并得到对应于 $\sigma_g \sim [(d_{z^2})_1 + (d_{z^2})_2]$ 和 $\sigma_u \sim [(d_{z^2})_1 - (d_{z^2})_2]$ 的两个能级。较高能级的 $d_{x^2-y^2}$ 轨道处在 xy 平面,对这种相互作用不明显,其能级变化不大。

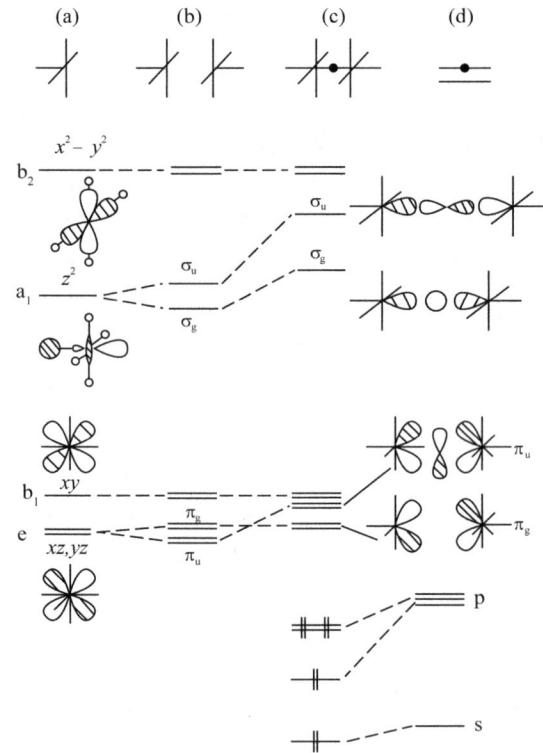

图 6.52 由对称的 M_2X_{10} 单元(b)和桥原子 X(d)
组合出对称桥联 M_2X_{11} 型的分子轨道(c)

很多配位体可以用作桥基,图 6.52(c)中以单个卤素桥 X 为例进行说明。(d)列中四个主要由配位体 X 贡献的低能级定域轨道 s、p_x、p_y、p_z 总是被占据的,

其稳定化能代表 M_1XM_2 配位化合物的结合能。(b)中双金属的最低轨道为 π 型。桥基 X(d) 列中没有适当对称性的轨道能和 $π_g$ 匹配；而 $π_u$ 则介入了反键的 M—X 作用。两个 d_{xy} 的同相和异相组合的能级相近，而且不包括 X 特性，因而能级变化不大。能级最高的轨道是由两个中心的 $d_{x^2-y^2}$ 组合成的 δ 型轨道，它们的能级近似相等。对于其他桥基，总的情况也是类似的，只是 $σ_g$ 和 $σ_u$（用 M_1XM_2 单元的 $D_{∞h}$ 对称性标记，参见附录Ⅲ）的次序可能会倒过来。用氢原子作桥时，由于氢原子不含 p 轨道，从图 6.52(b) 到图 6.52(c) 时 $σ_u$ 轨道的能级不变。

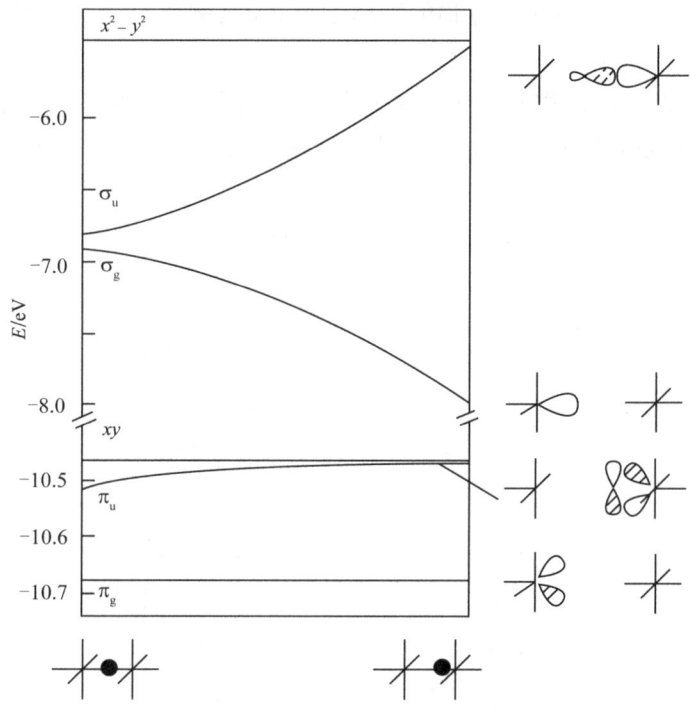

图 6.53　$Cr_2Cl_{11}^{6-}$ 轨道能级随桥联原子非对称转移的变化

图 6.53 表示内界机理中原子迁移时的能级变化。当桥基变为非对称时（图 6.56 中 B→A 或 C），分子轨道发生如图 6.53 所示的变化（采用 EHMO 法），其中来自两个 MX_5 的 d_{xy} 和 $d_{x^2-y^2}$ 各自同相和异相组合出来的轨道的能级实际上是相等的。能量坐标上的波折线是为了将"e_g"和"t_{2g}"轨道分开并采用不同的标度。$σ(z^2)$ 和 $π(xz,yz)$ 为 MXM 单元中 $D_{∞h}$ 点群的轨道对称性。由图 6.53 可见"t_{2g}"轨道 π 在由图左到图右的非对称化过程中的能级变化不大。由于一长一短的 MX 距离比两个平均的 MX 距离有更大的电子排斥作用，因此 $σ_u$ 轨道能量上升使体系更不稳定。而较低能量的 $σ_g$ 轨道则使体系更为稳定，这个轨道对应于一个五配位分子片的 d_{z^2} 轨道。在非对称化微扰中，$σ_g$ 和 $σ_u$ 的强烈混合引起较大的互相排斥。Hoffmann 把这种通过桥基将两个金属中心的 d_{z^2} 轨道偶合起来而引起 $σ_g$ 和 $σ_u$ 间的分裂[图

6.52(b)、(c)]称为"通过键的偶合"方式。另外一种变形的方式是使对称结构绕着中心原子进行弯曲,其 d 轨道能级的变化如图 6.54 中所示。在弯曲时 σ_g 及 σ_u 将分别和 π_u 及 π_g 轨道混合。σ 轨道的能量变化较大,但是也仍然比图 6.51 中所示 σ 的能量变化小。

2. 单桥双核配位化合物的结构

我们将利用上述分析来阐明实验上不同金属 d 电子的 MXM 骨架结构特征,这对于下面讨论过渡态的对称性质很重要。文献常采用两种记号来表示这种体系的电子结构。首先,把两个反应物的组态记为 $d^n d^m$,例如,Cr^{II}/Cr^{III} 体系记作 hsd^4、lsd^3,而 Fe^{II}/Co^{III} 记作 hsd^6、hsd^6(hs 代表高自旋,ls 代表低自旋)。其次,将双核配位化合物的占据情况记作 $\pi^n \sigma_u^m \sigma_g^l$,它确定了处于图 6.52 和图 6.54 中六个最低的 π 型(相当于八面体几何构型的 t_2)d 轨道和两个较高 σ 型(相当于 e)d 轨道中电子的数目。

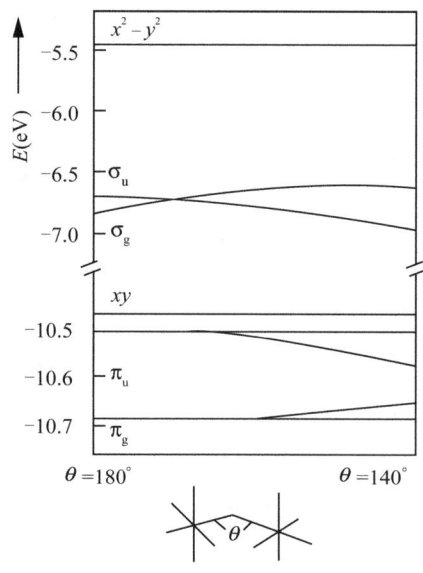

图 6.54 $[Cr_2Cl_{11}]^{6-}$ 中绕桥式 Cl 原子弯曲时的轨道能级图

由图 6.52 可见,对于所有 π^n 组态($n=0\sim 12$)的体系,预测对称的结构最为稳定。以处于 $d^0 d^0$、π^0 组态的 $[Nb_2F_{11}]^-$ 为例,实验表明,它有点变形,但却是近似对称的稳定几何构型。类似地,MF_5(M = Nb,Ta,Mo,W)等 d^0 和 d^1 结构也具有对称的桥式四聚体单元(**2**)。对于 hsd^3、hsd^3、π^6,例如,Cr(III)的氧桥和羟基桥的配位化合物(**3**),前者为线性对称结构,后者由于氢原子的存在而采取绕氧原子对称弯曲的结构。

（2）

（3）

$\pi^6\sigma_g^1$：Cr(Ⅲ)hsd³，Cr(Ⅱ)hsd⁴，
"CrF₅"非对称结构
（4）

（5）

低能级 σ 轨道被占据会导致对称几何构型的不稳定，而且这种 σ 效应远比 π 所引起的效应强得多（参看图6.53），根据微扰理论，σ_u 和 σ_g 通过非对称变形后会引起强烈混合。我们也可以将这种对称几何构型下 $\pi^n\sigma_g^1$ 组态的不稳定性视为二级 Jahn–Teller 效应的结果（参考6.2节）。事实上，从几何结构及光谱分析证实，大多数 $\pi^n\sigma_g^1$、$\pi^n\sigma_g^2$ 或 $\pi^n\sigma_g^2\sigma_u^1$ 组态的对称性桥联配位化合物都是不稳定的。例如，"CrF₅"可以看作是处于假八面体中的 Cr(Ⅱ) 和 Cr(Ⅲ) 离子的混合物（Ⅲ）。把它看成双核配位化合物则应具有 hsd⁴、hsd³ 的 $\pi^6\sigma_g^1$ 组态，它是一个围绕 F 离子而有点弯曲的结构。由图 6.53 可知它是一个对于弯曲不稳定的结构。对于 $\pi^n\sigma^2$ 组态，可以用经典的混合价 Pt(Ⅱ)/Pt(Ⅳ)分子（lsd⁸，lsd⁶）作为例子。它也具有不对称结构，两个 Pt-Br 键的键长并不一样。

将结构（5）看做（6＋4）配位结构，而不看做我们前面讨论的（6＋5）这样一对结构。注意到四方平面型碎片的分子轨道结构在 d 轨道区内和四方锥类似，只是 d_{z^2} 轨道能量较低，因而离 $d_{x^2-y^2}$ 轨道更远。同样，组成为 $Fe_4(Ⅲ)[Fe(Ⅱ)(CN)_6]_3 \cdot xH_2O$ 的普鲁士蓝可以近似看成高自旋"Fe(Ⅲ)(CN)₆"和低自旋 Fe(Ⅱ)(CN)₆ 环境（hsd⁵，lsd⁶）的 $\pi^n\sigma_g^1$ 组态。高自旋的 Fe(Ⅲ) 有一个电子在 σ_g，而

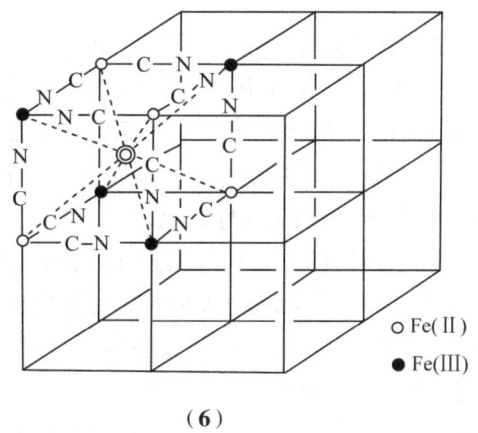

（6）

另一个在 $d_{x^2-y^2}$。普鲁士蓝的真实结构很复杂，直到最近才由单晶结构分析证实它是一个具有 25% Fe(Ⅱ) 的缺位立方多聚的无序结构，（6）为其单胞结构。低自旋的 Fe(Ⅲ) 处于 6 个 CN⁻ 的碳八面体中，而高自旋 Fe(Ⅱ) 处于具有平均组

分为$Fe(III)N_{4.5}O_{1.5}$的混合氮(CN) – 氧(H_2O)环境中。

上面三个例子都属于 Robin 和 Day 的第二类混合价化合物(参考 4.5 节),因为可以观察到Pt^{II}和Pt^{IV}位置的区别。而第三类混合物中电子在不同的金属中心间离域,因而在晶体结构上变为不可区分的。由于电子来回地"跳跃"(hopping),因此对称结构是第三类混合价化合物的必要条件。

将理论和实验结合可以预测过渡态的对称性,总结桥联中间体的结构,如图 6.55 所示。$\pi^n\sigma_g^1$,$\pi^n\sigma_g^2$ 和 $\pi^n\sigma_g^2\sigma_u^1$ 组态的高能过渡态对应于不稳定的对称几何构型。原子转移时其反应轮廓图如图 6.55 上部所示,称为第 I 类轮廓图。对于其他 π^n,$\pi^n\sigma_g^2\sigma_u^2$ 等组态的低能过渡态,可以发现其存在一个稳定的对称中间体。其反应轮廓图如图 6.55 下部所示,称为第 II 类轮廓图。成键能较大的 σ 效应决定了类型 I 的势垒,而 π 效应决定了类型 II 的势阱,所以类型 I 的势垒远大于类型 II 的势阱。这也解释了前述的"$e_g \to e_g$"或($\sigma \to \sigma$)电子转移速率较小,而"$t_g \to t_g$"(或 $\pi \to \pi$)电子转移速率较大的现象。

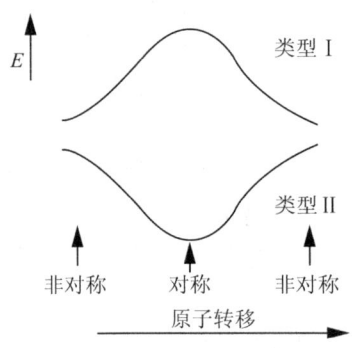

图 6.55 桥原子转移时的两类轮廓图

3. 内界反应机理的阐明

图 6.56 表示由于桥基移动而形成非对称位置时能量的变化。核运动和电子运动的关系可由图 6.56 所示的 $\pi^n\sigma_g^1$ 组态中 σ 轨道(图 6.53)的变化情况来说明(参看图 6.50)。在 A 中传递的奇数电子完全处于五配位单元,在 B 中该电子为两个金属原子共享,在 C 中电子完全转移到另一个金属原子,并使其成为五配位。共振能 $\frac{1}{2}\Delta\varepsilon$ 来自金属 – 金属重叠和桥基所引起的 σ_g 和 σ_u 能级分裂,在两者具有相同的能量处避免交叉。电子平稳地转移时要克服图 6.56 底部所示的势垒,它随金属和桥配位体相互作用的增大而增大。采用 EHMO 法对模型化合物 $Cr_2Cl_{11}^{6-}$ 进行计算,结果表明(图 6.57),当反应坐标变化时,电荷密度平稳地由一个金属原子转移到另一金属原子,桥原子上电荷没有变化。对于 π 型电子,也可得到电子平稳传递的类似结论。

应该指出的是,除了上述的电子平稳转移过程外,当一些桥联的五配位和六配位分子片相互接触时,也可能出现突发电子转移过程(sudden electron transfer),类似于 Na 和 Cl 原子在一起发生电子跳跃而生成 Na^+—Cl^- 分子。从分子轨道观点来看,各个分子轨道的电荷密度分布不一样,所以电子的突发"跳跃"可以导致电荷分布的突然变化。在下述两种情况下可能发生这种突发电子转移:①电子从一个原子的轨道跳跃到另一个与 MXM 单元具有不同对称性的金属原子上(如 $\sigma \to \pi$);②如果每个金属中心上两个轨道(如 d_{x^2})的能量很不一样,则电子会以和图 6.55 所示不同的交叉方式沿反应坐标从一个原子转移到另一个原子。显然,在突发电子转移过程中并不要求原子转移,其他因素决定了由哪一个金属原子持有桥基。

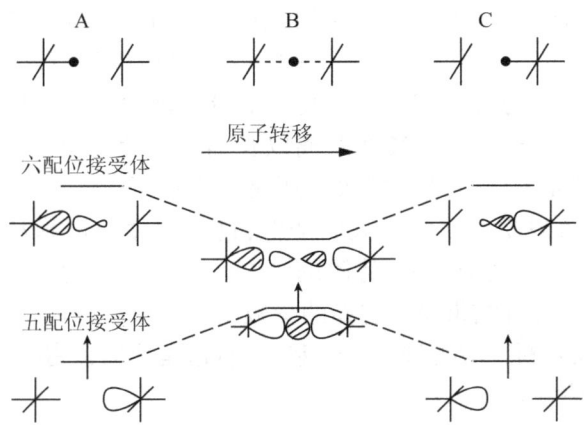

图 6.56　M_2X_{11} 单元中桥基转移时 σ 轨道的变化性质

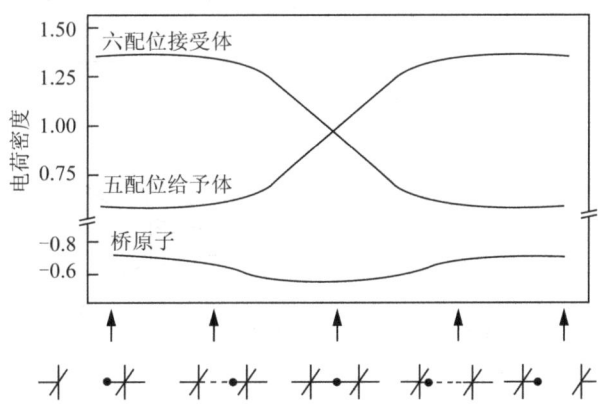

图 6.57　$[Cr_2Cl_{11}]^{6-}$ 中两个金属和桥原子上电荷密度随反应坐标的变化

现在我们将上述分析结果和实验对比得到,实际的能量轮廓图可能比图 6.55 所示的情况复杂。从图 6.55 所示的势垒和势阱的相对大小来看,在讨论前述的配位化合物的生成时应该更加注意类型 Ⅱ,因为类型 Ⅰ 体系中能量变化较大。在下面的讨论中将忽略溶剂化能、静电作用以及其他和金属配位的配位体的影响。讨论中假定 MXM 的线性几何构型并应用图 6.55 所示的两类过程。

这里我们以最简单的 σ 型 $d_{z^2} \to d_{z^2}$ 转移为例。对于 Cr(Ⅱ)/Cr(Ⅲ)X 体系 (hsd^{4}hsd^3,$\pi^6\sigma_g^1$),一个电子从作为给体 D 的 Cr(Ⅱ)的 d_{z^2} 轨道转移到作为受体的 Cr(Ⅲ)的 d_{z^2} 轨道。根据八面体记号将这种转移称为"$e_g \to e_g$"转移。当用卤素、N_3^-、SCN^-、NCS^-、OAc^- 等作为桥基时,就按照内界机理进行;若用 H_2O、NH_3 和 Py 等作为桥基时,则倾向于按照外界机理进行。根据前面的讨论,由于它具有成键能较大的 σ 效应,所以这是一个典型的第 Ⅰ 类型势垒的例子。由于原子转移而诱导其中电子平稳地进行转移(不考虑已被 12 个电子充满的双核中六个 t_{2g} 轨道),电子转移反应的速率取决于在对称过渡态处的势垒高度。通过分析卤素桥基的本性对反应速率的影响,可以对反应的机理进行分类。对于 Cr(Ⅱ)/Cr(Ⅲ)X 体系,反应速率随 $X^- = F^- < Cl^- < Br^- < I^-$ 的次序而增加,称为正常次序。当次序与上述相反时,则称为"倒转"次序。简单的分子轨道理论难以严格重现这个次序,因为不清楚对称结构中 M—X 的距离以及确定其计算参数。但近似计算结果却可以从类型 I 或 Ⅱ 去预测是正常次序还是"倒转"次序。对于类型 I 的电子组态,其势垒的高度随桥联卤素的增大而降低,这种次序与计算参数的选择关系不大。但是,对于 π^n 组态的类型 Ⅱ,势阱的深度随桥联卤素的增大而增加。对于其他组态的类型 Ⅱ,则计算结果对所选择的参数十分灵敏。因此得到的结论是,从卤素离子的次序可以判断反应类型,当 σ_g 和 σ_u 轨道是非对称占据时,类型 I 是正常次序,类型 Ⅱ 是反常次序。

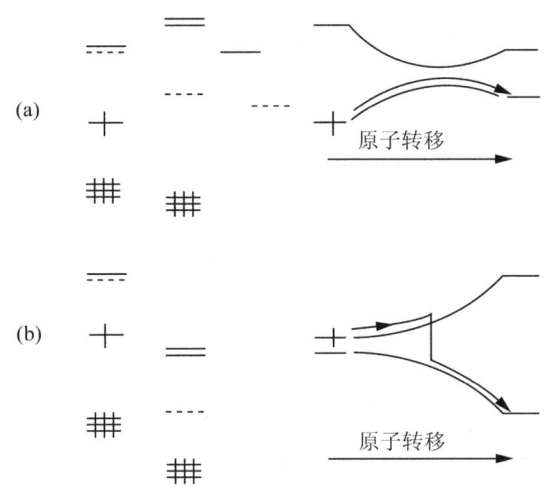

图 6.58 取决于给予体和接受体相对能级的两种不同电子转移机理

在图 6.56 中我们假定只要 Cr(Ⅱ) 和 Cr(Ⅲ)X 的配位体相同,则过渡态两边的能量也相同。但是,当两者的配位体不同时,可能发生图 6.58 所示的两种情况。在图 6.58(a) 中,当原子逐渐转移时,Cr(Ⅱ) 上的 d_{z^2} 轨道能级按箭头方向上升并与六配位 Cr(Ⅲ) 上的 d_{z^2} 轨道相交,从而产生图 6.58(a) 中的非对称体系;但是,当具有图 6.58(b) 中所示的能级轮廓图时,给予体和接受体轨道并不相交,体系能级开始上升,然后电子从给予轨道跳跃到接受轨道。可见这时并不一定要自始至终伴随有原子转移,且桥基将优先和占据 d_{z^2} 的金属原子结合。在这个例子中即优先和 Cr(Ⅲ) 结合,原子自始至终进行转移。即通常所说的,Cr(Ⅱ) 是不安定离子而 Cr(Ⅲ) 是惰性离子。

6.5.4 外界反应机理的推广

对外界机理过渡态的研究不太多,但可以对比上述内界机理进行类似的分析[44]。对于相反电荷的离子反应,外界"配位化合物"类似于离子对;对于相同电荷的离子反应,电子转移过程受到电荷相反平衡离子的强烈地催化作用,即负电荷离子可以将两个正电荷分子片连接起来,就像在 H_2^+ 中电子将核联接在一起一样,为了简化,假定外界反应离子采用四重轴 C_4 轴相连,则情况和内界机理十分相似,只是在桥连位置具有两个原子或基团[(**7**)上]。如前所述,在这种外界氧化还原作用时,例如,Cr(Ⅱ)体系的配位球收缩而 Co(Ⅲ)体系的配位球膨胀,因此其协同运动和用双原子分子(如 CN^-)作桥基的内界机理情况[(**7**)下]十分相似。

外界 ✲···✲ ✲··✲ ✲·✲

内界 ✲···✲ ✲··✲ ✲·✲

(**7**)

由于这两种机理的相似性,上述内界配位化合物的一些结论可以定性地应用于外界电子转移过程。首先,这种双原子桥的分子轨道图和对称桥基结构的内界配位化合物类似(图 6.52),当然精确的情况(图 6.59)并不相同。和前面一样,预测 σ_g^1、σ_g^2 和 $\sigma_g^2\sigma_u^1$ 组态的对称排列并不稳定,而所有其他组态都应导致稳定的对称结构。图 6.54 也适于描述非对称过程。通常情况下,图 6.59 中两个 d_{z^2} 的同相组合和异相组合的间距比内界机理中所对应组合的小,因为电子密度主要集中在金属上,而两个六配位单元的分子轨道之间也重叠得较少。也会出现类型 Ⅰ 和类型 Ⅱ 的行为。σ_u 和 σ_g 轨道的能级差是确定类型 Ⅰ 势垒大小的主要参数。微扰理论证实,这个差别越大,则电子转移的势垒越小。显然,两个桥连配位体间重叠越多,则分裂越大,势垒越小。同样,两个分子间作用越大,则电子越容易转移。实验中,经常发现反应速率对外界卤化物具有敏感性,这是由于端基卤配位体和另一个分子有较大的重叠。

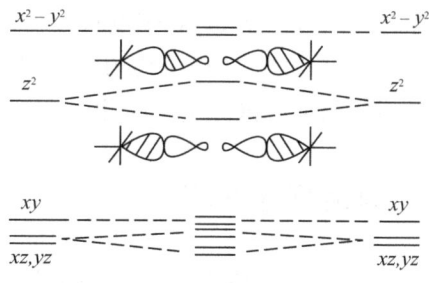

图 6.59 M_2X_{12} 单元的分子轨道示意图

对于给定的体系,如何通过增加 σ_g 和 σ_u 的分裂而使类型 Ⅰ 的电子转移势垒降低呢?办法之一是在反应离子之间插入另一个离子。如图 6.60 所示,σ_g 和 σ_u 能级移动的结果使它们之间的能隙增加(类似图 6.56 右),金属中心间的偶合也随之增加(类似图 6.56 右),而电子之间转移的势垒大大降低。EHMO 法的计算表明,在距离为~9Å的低自旋$1sd^6$和$1sd^7$离子之间插入一个含s和p轨道的Na^+,使得势垒降低1~2kcal/mol。平衡离子催化外界反应有三个原因:①从分子轨道理论看,减小了反应势垒;②减少了离子间的静电作用;③保证了绝热行为。例如,用V(Ⅱ)还原$[Co(NH_3)_6]^{3+}$和$\{[(NH_3)_5Co]_2NH_2\}^{5+}$时,对于不同的电荷平衡离子$Cl^-$、$SO_4^{2-}$和$F^-$,其速率常数比$k_{催化}/k_{非催化}$分别为10、$10^3$和$10^5$。

除了带电的平衡离子外,其他具有π键的乙烯型分子[烯、酮等,分子(8)和(9)],甚至具有反对称b_{2g}-型HOMO[分子(10)]的溶剂分子水也具有催化作用。好的催化剂必须能使桥轨道σ_g和σ_u组分具有不同的稳定性。溶剂的对称性使σ_u组分稳定而使σ_g轨道实际上没有变化,这就说明了在外界氧化还原过程中溶剂所起的重要作用。

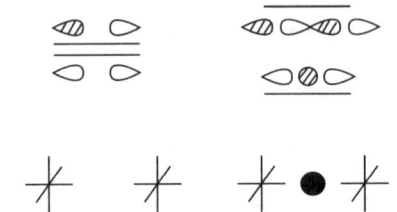

图6.60 反应离子间插入另一离子的能级变化

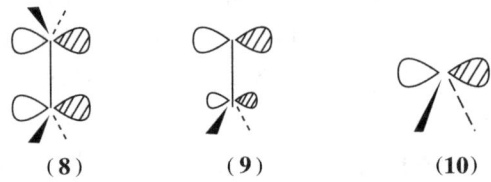

(8)　　　　(9)　　　　(10)

对于电子转移反应,实验上的困难在于难以将核和电子因素的影响分开;在理论上,Libby、Marcus、Hush、Hopfield、Schmidt和原苏联学派都作了大量研究,但很多问题有待深入。例如,对于没有共轭桥基相连的生物体系中,在相隔25Å的两个氧化-还原中心之间仍可能发生长程电子转移作用,其机理仍然不太清楚[45]。目前这类问题已引起国际上配位化学家的广泛关注[46,47]。

6.6 均相配位催化

在工业中,广泛应用均相催化剂,目前大约有几十个主要工业反应过程应用过渡金属均相催化剂(表6.28),而且过渡金属配位催化的研究日益受到重视[48~52]。和复相催化比较,均相催化具有高选择性、高活性、较低的反应温度和压力、节约原料和能源等优点。它不像复相催化剂那样具有复杂表面结构和性质,而是结构明确、易于利用各种谱学方法追踪其反应,从而便于对其反应及机理进行基础研究。均相催化的主要缺点是反应后催化剂难以分离、寿命较短、高温不稳定,因而难以应用于大规模的工业生产。这些缺点正在通过均相催化剂载接于无机或高分子载体上而使之复相化,或者应用多金属簇合物使同时发生多种反应来克服上述缺点。

均相催化和复相催化在实验技术、理论和实际应用中有很大的不同。但是从基本化学反应步骤看两者有相似之处,例如,复相催化中的"表面化学吸附"对应于均相催化中的"与金属配位"。

表6.28　一些工业用均相催化剂

反应物	催化剂	产物	条件
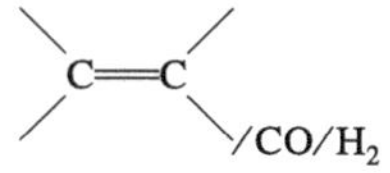 C=C /CO/H_2	$Co_2(CO)_8$ 或 $[Rh(CO)_2(PR_3)_2]_2$	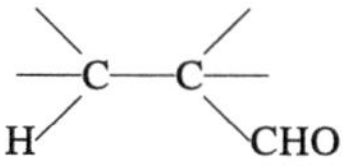 H-C-C-CHO	H_2/CO, 30~200atm, 140~180℃(CO), 100°(Rh)
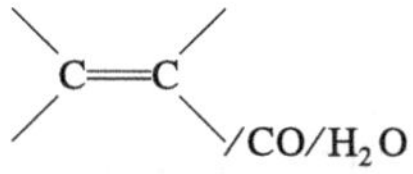 C=C /CO/H_2O	$Ni(CO)_4$	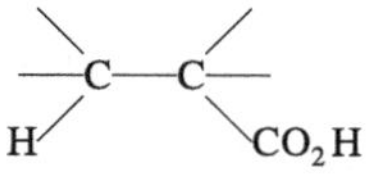 H-C-C-CO_2H	CO,200 atm, 在水中 270~320℃
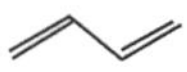 CH$_2$=CH-CH=CH$_2$	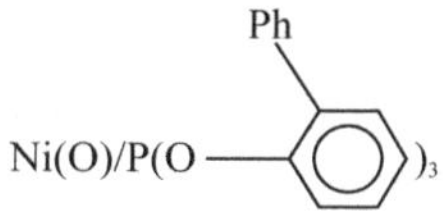 Ni(O)/P(O-C$_6$H$_4$-Ph)$_3$	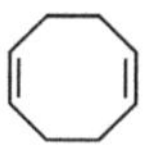 环辛二烯	30℃
C_2H_4/AcOH/空气 C_2H_4/H_2O/空气	$Pd(OAc)_2$/CuCl $PdCl/CuCl/HCl$	CH_2=CHOAc CH_3CHO	100℃ 120~130℃,3atm
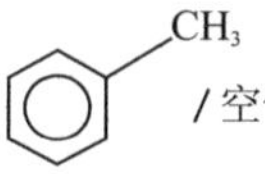 甲苯/空气	Co^{II} 盐	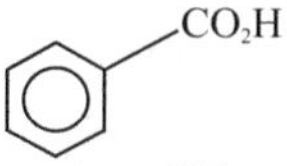 苯甲酸	110~120℃, 2~3atm
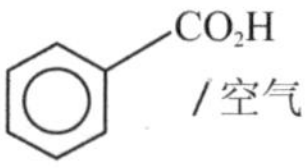 苯甲酸/空气	$Cu(O_2CPh)_2$	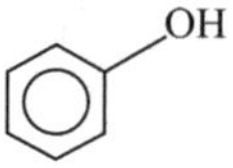 苯酚	190~250℃
 环己烷 空气	$Co(OAc)_2$ 或 Co 环烷酸盐	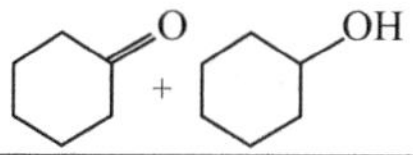 环己酮+环己醇	125~165℃, 8~15atm

最简单的均相催化剂是酸(H^+)或碱(OH^-),进而推广到广义的酸(亲电体)和碱(亲核体)催化剂。金属离子可以作为"超酸"(superacid)而大大加强某些反应,有些具有氧化还原性质的金属(如 Cu^+ 和 Cu^{2+}),则常用来催化电子转移反应。

金属酶作为催化剂引起人们极大的兴趣,它具有高度选择性及专一性(一般指选择性>95%)的特点[53]。例如,L-乳酸除氢酶只催化L-乳酸而不催化D-乳酸的除氢:

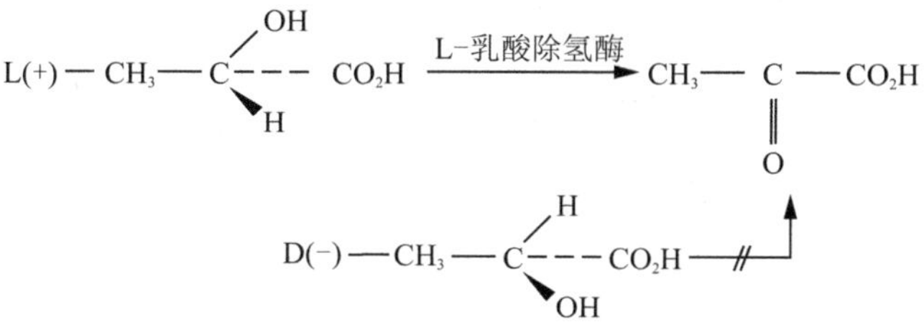

$$L(+)-CH_3-\underset{H}{\overset{OH}{C}}-CO_2H \xrightarrow{\text{L-乳酸除氢酶}} CH_3-\underset{O}{\overset{\|}{C}}-CO_2H$$

$$D(-)-CH_3-\underset{OH}{\overset{H}{C}}-CO_2H \not\longrightarrow$$

(6.6.1)

目前已发现一些手性金属配位化合物可以作为高效的对映异构选择催化剂,例如

$$\underset{\text{NHCOCH}_3}{\underset{|}{\text{C}}}=\text{CH}-\text{Ph} \xrightarrow[\text{室温}]{\text{手性 Rh(I)催化剂}\atop(0.1\%,\text{摩尔分数})\text{H}_2}$$

（式中产物：3% 的 S-型 与 97% 的 R-型 N-乙酰基苯丙氨酸） (6.6.2)

一般化学反应则难以实现这类"对映体选择性"。

此外，还出现另外一些类型的选择性。例如，式(6.6.3)所示的"立体选择性"

$$\text{CH}_3-\text{C}\equiv\text{C}-\text{CH}_3 \xrightarrow{\text{H}_2/\text{Pd-C}} \text{(顺式)}$$
$$\xrightarrow{\text{Na/液态 NH}_3} \text{(反式)} \qquad (6.6.3)$$

和式(6.6.4)所示的"区域选择性"

$$\text{RCH}=\text{CH}_2 + \text{H}_2 + \text{CO} \xrightarrow{[\text{Co(CO)}_3(\text{PK}_3)]_2} \text{R}-\text{CH}-\text{CH}_3 + $$

R—CH$_2$—CH$_2$—CHO (90%区域选择性)　(10%支链醛) (6.6.4)

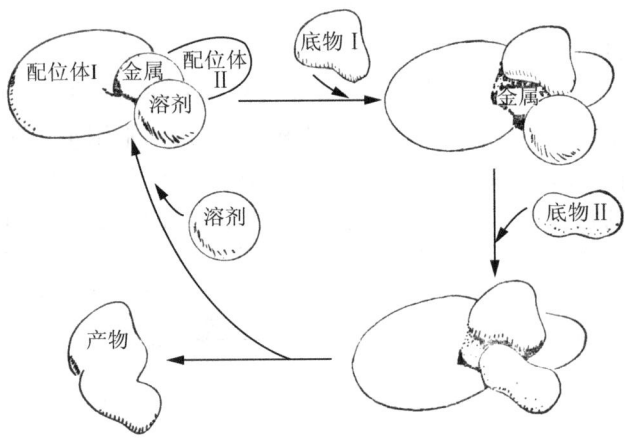

图 6.61　配位催化作用示意图

配位化学对于了解及发展生物化学反应催化剂具有重要的意义。图 6.61 形象地表示了金属配位催化剂作用的示意图。在这种简单的情况下，金属配位化合物催化剂使底物(substrate)围绕金属活性位置进行适当排列,并通过一定的电子给予-接受作用或空间效应来催化反应。

6.6.1 配位催化中的基本反应

在均相催化的整个循环中包含很多不同的配位平衡和离解过程。目前对于不安定的 d^8 或 d^{10} 配位化合物研究较多,因为它们对于很多催化反应起着重要作用。对于熟知的 $RhCl(PPh_3)_3-H_2-$烯烃体系,其中均相加氢催化就包含了下列一系列基本反应:

$$RhClP_3 \rightleftharpoons RhClP_2 + P \quad \text{配位体离解} \quad (6.6.5a)$$

$$RhClP_3 \rightleftharpoons [RhClP_2]_2 + 2P \quad \text{离解双聚} \quad (6.6.5b)$$

$$RhClP_2 + Un \rightleftharpoons RhCl(Un)P_2 \quad \text{烯烃配位} \quad (6.6.5c)$$

$$[RhClP_2]_2 + 2Un \rightleftharpoons 2RhCl(Un)P_2 \quad \text{烯烃配位} \quad (6.6.5d)$$

$$RhClP_3 + H_2 \rightleftharpoons RhH_2ClP_3 \quad H_2\text{的氧化加成} \quad (6.6.5e)$$

$$RhH_2ClP_3 \rightleftharpoons RhH_2ClP_2 + P \quad P\text{的离解} \quad (6.6.5f)$$

$$RhH_2ClP_3 + Un \rightleftharpoons RhH_2(Un)ClP_2 + P \quad \text{烯烃配位} \quad (6.6.5g)$$

$$RhH_2(Un)ClP_2 \rightleftharpoons RhH(R')ClP_2 \longrightarrow R'H + RhClP_2 \quad \text{加氢产物的生成}$$
$$(6.6.5h)$$

其中,$P = Ph_3P$,$Un = $烯烃,$R' = $烷基。在过渡金属反应中除了式(6.6.5)所包含的配位体离解和配位、氧化加成和双聚等过程外,还有插入反应、$\sigma-\pi$重排、配位体活化、成环(图 6.13)、瞬变[式(4.2.16)]等反应,改变这些单个反应的数目和顺序就会构成不同的催化过程。下面对几类重要反应进行介绍。

1. 配位体的离解和配位

例如,对于低价金属磷配位化合 $M(PR_3)_n$ ($M = Ni$、Pd 和 Pt),其离解平衡为

$$MP_4 \underset{}{\overset{K_1}{\rightleftharpoons}} MP_3 + P \quad (6.6.6)$$

$$MP_3 \underset{}{\overset{K_2}{\rightleftharpoons}} MP_2 + P \quad (6.6.7)$$

当存在不饱和烯烃配位化合物 Un 时,有平衡

$$MP_3 + Un \rightleftharpoons MP_2(Un) + P \quad (6.6.8)$$

$$MP_2 + Un \rightleftharpoons MP_2(Un) \quad (6.6.9)$$

对于 $Pt(PPh_3)_4$ 配位化合物,可以由实验得到 $K_1^{300°} = 1 mol/L$,$K_2^{300°} \approx 10^{-6} mol/L$。第二个平衡常数 K_2 虽然很小,但是,产物的活性很高,很容易和 CO、O_2、NO、TCNE 等 π 酸分子反应而生成 $Pt(NO)_2(PPh_3)_2$、$Pt(CO)_2(PPh_3)_2$、$Pt(TCNE)(PPh_3)$、$Pt(O_2)(PPh_3)_2$ 配位化合物。PtP_2 对下列顺反异构化有很大活性:

$$\rightleftharpoons \left[\begin{array}{c}\text{Ph}\overset{\overset{\displaystyle\text{P}\quad\text{P}}{\diagdown\diagup}}{\underset{\underset{\displaystyle\text{Ph}}{\diagdown\diagup}}{\text{Pt}}}\text{N}\!=\!\!\!=\!\text{N}\end{array}\right]\xrightleftharpoons[]{-\text{PtP}_2}\quad\text{Ph}\diagdown\text{N}\!=\!\!\!=\!\text{N}\diagdown\text{Ph} \quad (6.6.10)$$

已经发现很多零价金属 $M(C_2H_4)(PPh_3)_2$ 配位化合物中 C_2H_4 的离解规律。在周期表中同一族平衡常数 Pd > Pt > Ni,这是由于金属—乙烯键主要由金属到烯烃的反馈键(Ni > Pt > Pd)所控制。同样,由反馈键也可说明 Co > Ir > Rh 和 Fe > Os > Ru 的规律。

和电子结构因素一样,几何因素也会影响 η^2 配位作用。对于 HN=NH 分子,配位作用主要由金属反馈到 π^* 轨道进行控制,因而反式的 η^2 配位作用比顺式的强。理论计算表明,反式 HN=NH 确实具有比顺式更强的 π^* 接受作用。反之,当烯烃和电正性的金属配位主要由烯烃的 π_b 轨道的 σ 型给予作用控制时,则顺式配位优先于反式配位。

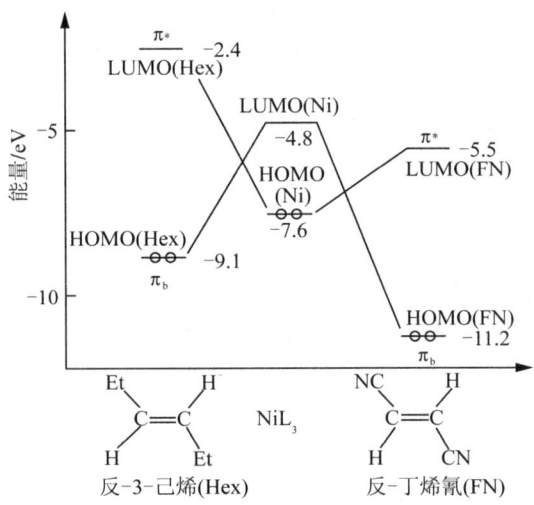

图 6.62　不同烯烃对 Ni(0)配位的前线分子
轨道及其间的 d-π^* 反馈作用

连接在 C=C 键上的取代基对平衡常数也会有很大影响。相对于 Et 取代基,—CN 加强了 η^2-烯烃对零价金属的配位,这种倾向来自金属-η^2-烯烃键中反馈的作用。图 6.62 为通过分子轨道计算所得的空的烯烃 π^* 轨道和满的 HOMO 金属 d 轨道间的反馈作用图[54]。

X 射线结构分析的结果表明,四方平面化合物中配位的烯烃倾向垂直于平面取向,而在三角形或三角双锥配位化物中其取向处于三角平面中(图 6.63)。在溶液中的烯烃并不采取固定的取向,可能绕乙烯分子的 C—C 轴旋转,或绕金属—烯烃键轴作类似螺旋浆式的翻动。根据图 6.63(b)配位化合物的核磁共振谱可以解释这类问题,由于其中乙烯双键两边的质子是等价的,但是 H^1 不同于 H^2,且绕 C—C 轴的旋转不会改变这种情况,因而在任何温度下都应呈现两组峰。但对于螺旋桨式翻动,会交换不等价质子。这就解释了在 -90℃ 时 NMR 实验中出现两个独立峰,在 -65℃ 时由于翻动而使两个峰合而为一的现象。

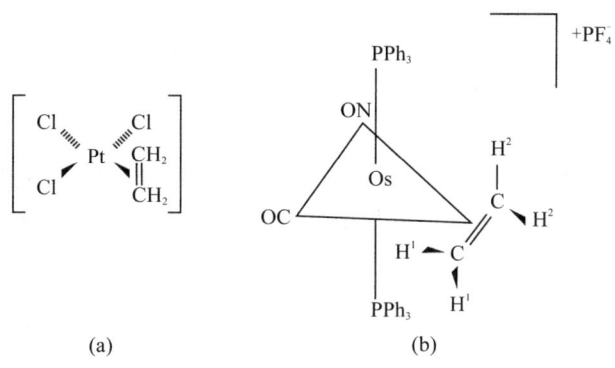

图 6.63 烯烃的两种配位形式
(a) Zeise 盐;(b) $\{Os(CO)(NO)(C_2H_4)[P(C_6H_5)_3]_2\}PF_4$

2. 氧化加成和还原消除

众所周知,平面型 Ir(Ⅰ) 配位化合物 $Ir(CO)(PPh_3)_2X$ 可以根据式(6.6.11)和小分子 H_2、HX、O_2 等加合生成八面体 Ir(Ⅲ) 配位化合物。后来发现 $Pt(PPh_3)_4$、$RhCl(PPh_3)_3$ 和 $Fe(CO)_3(PPh_3)$ 等金属配位化合物都具有这种使其金属形式的氧化态增加的氧化加成性质[55]。其中加合分子(addenda)可以分为两类:① $2 \times \eta^1$ 加合分子,如 X—Y,反应时单键破裂成 X— 及 Y—;② η^2 加合分子,例如,O=N—R 等双键分子,反应时以 η^2 的形式和金属配位。

$$\begin{array}{c}\text{(图式)}\end{array} \qquad (6.6.11)$$

加合分子 X—Y 的 LUMO 能级高低和对称性对氧化加成作用有很大的影响。它和充满的金属轨道 HOMO 作用时电子由金属迁移到加合分子,当加合分子的 LUMO(σ 或 π)的对称性和充满的 d 轨道具有图 4.25 所示的正重叠时,它们之间的能级关系就决定了氧化加成的难易。例如,在很多四方型 d^8 配位化合物中,氧化加成的趋势是

$$Ir(Ⅰ) > Pt(Ⅱ) \gg Au(Ⅲ) \qquad (6.6.12)$$

即具有高能级充满 d 轨道的金属有利于氧化加成小分子。同样,对于五配位的 d^8 金属配位化合物,其氧化加成趋势为

$$Fe(0) > Co(Ⅰ) > Ni(Ⅱ) \qquad (6.6.13)$$

当对称性符合时,小分子 X—Y 的 HOMO 能级越低,则和低价金属的作用越强。这就说明了卤素分子 X_2 一般比 H_2 更易于氧化加成,而 H_2 分子又比饱和 C—H 键更易于氧化加成。

氧化加成的能量不仅涉及参与键的破裂和形成能量 E,还与金属配位数及氧化态增加所需要的促进能 P(promotion energy)有关。为使氧化加成反应

$$M + XY \longrightarrow Y—M—X \tag{6.6.14}$$

能够进行,必须符合能量关系:

$$E_{MX} + E_{MY} \geq E_{XY} + P \tag{6.6.15}$$

其中,E 为相应下标键的键能。实际上只有 E_{XY} 是已知的,因而这个关系实用性不大。

氧化加成反应的立体化学也很重要。我们分析下列反应产物在溶液中的几何构型[56]。

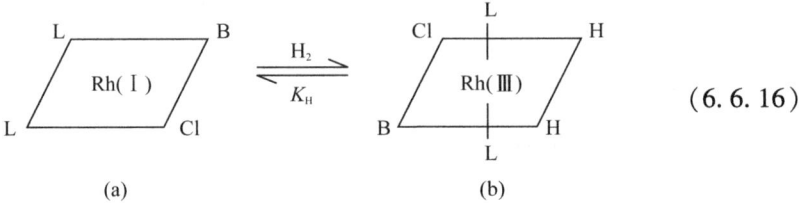

$$\tag{6.6.16}$$

其中,L = PPh_3,B = 3 - Cl - Py。研究了四配位 Rh(Ⅰ)和六配位 Rh(Ⅲ)配位化合物的质子去偶合 ^{31}P 核磁共振谱(图 6.64 和图 6.65)。结果表明 Rh(Ⅰ)配位化合物具有式(6.6.16)左边的四方平面结构,其中碱和氯配位体处于顺式位置。其光谱可以解释为两个不同环境的磷分别被 ^{103}Rh 分裂为双重峰,然后磷之间的作用彼此再分裂为双重峰。基于 Brown 等的工作,我们认为氯原子为反式的 J_{Rh-P} 值比顺式的要大。

Rh(Ⅲ)氢化物的 ^{31}P 谱由两条线组成。其中去偶合的双重峰反映了式(6.6.16)右边的八面体结构,它具有

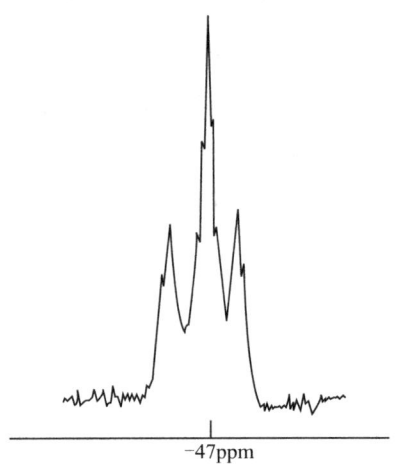

图 6.64 $[RhCl(P-(p-\text{tolyl})_3)]_2 - 3 - Cl - Py$ 的 $\{^1H\}^{31}P$ 谱

两个等价的反式磷。双重峰不随温度发生变化的现象证实了在核磁共振时间标度内 P 和 Rh(Ⅲ)结合较牢,不存在包含有磷交换的分子间动力学过程。

Rh(Ⅲ)配位催化作用的关键是它在金属上提供了一个可以结合 H_2 的配位位置。为了进一步确定其结构及动力学行为,我们研究了它从 -66℃ 到 +55℃ 的质子核磁共振谱。结果和式(6.6.16)右方所示的结构也是一致的,它具有反式的磷

和顺式的氢。其中具有多重结构的两个分立的峰代表两个不同环境的氢分别同时与 Rh(Ⅲ) 和顺式磷核偶合。当温度升高时,两个氢共振峰彼此靠近,最终合并成一个强度比为 1:3:3:1 的四重峰,这个事实可以解释为动力学过程平均了氢的共振,并且具有几乎相等的 Rh—H 和 P—H 偶合常数。两个等价的快速交换氢和其他三个 $I=\frac{1}{2}$ 的核偶合后呈现出四重峰,这种偶合的出现也证实了氢和磷并没有离开铑的配位球。在整个温度范围内均出现氢谱表明二氢加合物的

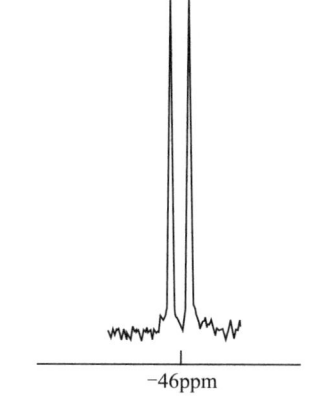

图 6.65 $[RhCl(P-(p-tolyl)_3)]_2H_2(3-Cl-Py)$ 的 $\{^1H\}^{31}P$ 谱

形成在热力学上是有利的,这和采用电子光谱法测得较大的 K_H 值是一致的。

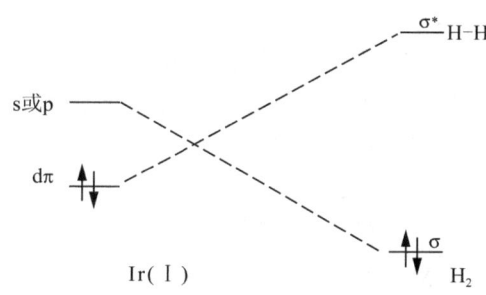

图 6.66 Ir(Ⅰ)和 H_2 前线轨道间的相互作用

实验已经证实,当 L 为吡啶或乙腈时,会阻碍氢化反应。这一类研究对于进一步探讨金属配位化合物的金属-配位体作用以及发展新的催化剂有一定意义。

类似地,H_2 也以顺式加成于 $[IrCl(CO)(PPH_3)_2]$ [式(6.6.11)],这意味着实际上是一个协同双分子机理。图 6.66 表示相应的分子轨道图,其中 Ir(Ⅰ)的充满的 $d\pi$ 轨道和 H_2 分子的 σ_{H1}^* 空轨道具有正的重叠,通过反馈从而稳定反应的双分子过渡态;另一个重要的轨道相互作用是 Ir(Ⅰ)的空 p 轨道和 H_2 的 σ_b 轨道的作用(图 6.67)。由于充满的 $d\pi$ 轨道比 σ_{H2}^* 的能量低,较高的 $d\pi$ 轨道将使两者能级更为接近,因此金属离子电荷易于转移到 σ^*,从而加速 H_2 的氧化加成作用。事实上,$IrF(CO)(PPh_3)_2$ 的加 H_2 反应比 $IrCl(CO)(PPh_3)_2$ 或 $IrBr(CO)(PPh_3)_2$ 的都快。因为 F^- 可以作为有效的 π 给予轴向配位体,使金属的 π 碱性增加,而 σ 碱性降低。氧化加成反应是一个热允许的可逆过程,可以通过很多方式达到平衡,因此它的平衡速率和位置受到一系列未知因素的影响。

还原消除反应可以看做是氧化加成的逆反应,它的能量条件和对应的氧化加成反应正好相反。Y—Y 的键能和 ML_n 的促进能 P 越大,会越有利于被 $L_nM{\genfrac{}{}{0pt}{}{X}{Y}}$

还原消除而生成 X—Y。当还原态 L_nM 被某些 π 酸配位体稳定时，P 的增大也会有利于还原消除。

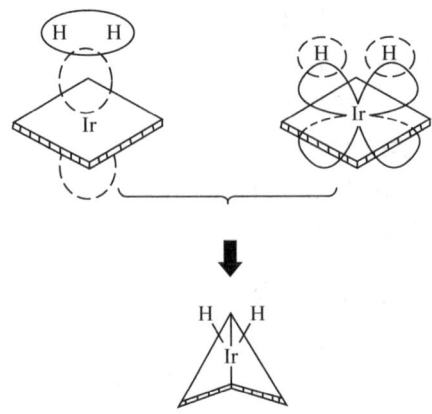

图 6.67　H_2 对四方平面 Ir(Ⅰ)配位化合物的氧化加成反应

3. 插入和反插入反应

将化合物 XY 插入 M—Z 或 M—C 键是均相催化中的一个重要基本反应[57]。一般来说，其中 MZ 为 M—H，M—C 或 M—N；X═Y 为 C═C、C═N、N═N 等，而 :X—Y 为 C≡O, :C≡N—R 或 :CR_2 等

$$M-Z \begin{array}{c} \xrightarrow{X=Y} M-X-Y-Z \\ \\ \xrightarrow{:X-Y} M-\overset{Y}{\underset{}{X}}-Z \end{array} \qquad (6.6.17)$$

这类反应也可以看做是 M—Z 键对 X═Y 双键的 1,2-加成，或者是 M—Z 键对 :X—Y 分子中 X 原子的 1,1-加成。这类反应的例子很多，它们都是按照协同反应的方式进行的。典型的例子如下：

(1) 插入极性的 M—Z 键。铝或硼的氢化物中的 M—H 键具有一定的极性，这种极性会使不饱和键诱导极化而插入 M—H 键中。例如，由 C_2H_4 和 "$AlEt_3$" 通过 Ziegler 过程产生直链高级醇中所发生的反应：

$$[R_2AlH] + H_2C=CH_2 \longrightarrow \overset{\delta^-}{H_2C}\cdots\overset{\delta^+}{CH_2} \longrightarrow$$
$$R_2Al-H^{\delta^-}$$
$$R_2Al-CH_2-CH_3 \xrightarrow{\text{再插入} C_2H_4} R_2Al(CH_2-CH_2)_nCH_2CH_3 \qquad (6.6.18)$$

极性酮 C═O 键插入 Al—H 键，为

$$[R_2AlH] + \underset{R}{\overset{R}{>}}C=O \longrightarrow R_2Al-O-\underset{R}{\overset{R}{C}}H \qquad (6.6.19)$$

(2) 插入极性弱的 M—Z 键。过渡金属 M—H 和 M—C 键常为极性很弱的共价键,尽管它是共价性的,烯烃还是容易插入进去。特别是对于 ZrH_2Cp_2、$ZrHClCp_2$ 和 $NiH(X)(PR_3)_2$ 这类不安定的 d^1,d^2 或 d^8,d^9 配位化合物,很容易插入烯烃而得到不安定的金属烷链配位化合物。在加热条件下,插入 M—H 键产生金属烷烃配位化合物的反应是可逆的

$$(L_n)M\cdots\underset{C}{\overset{R}{\underset{\parallel}{C}}} \rightleftharpoons \left[\begin{matrix}\delta^-R\cdots\overset{\delta^+}{C}\\ \vdots\quad\parallel\\ \delta^+M\cdots\underset{\delta^-}{C}\\ (L_n)\end{matrix}\right] \longrightarrow L_nM-\underset{C}{\overset{C}{C}}-R \qquad (6.6.20)$$

因为插入和去插入(β-氢化物消除)都是热允许的可逆过程。

烯烃的嵌入过程经常符合 Markownikoff 规则,即当 H^+X^- 加成到不对称的取代烯烃上时,负离子则连接到含氢原子数较少的不饱和碳上。后来的量子力学计算为此规则提供了理论基础。例如,对于丙烯,其 π 电子密度为

$$\underset{0.972}{CH_3\text{——}CH}\underset{1.042}{=\!\!=CH_2}$$

这种极化的双键和 $M^{\delta+}$—$C^{\delta-}$ 或 $M^{\delta+}$—$H^{\delta-}$ 极化键是按照式(6.6.20)的中间态进行反应。当用钛和钒催化剂催化丙烯的配位聚合时就符合这种规则。但是也有可能出现"反 Markownikoff"方式的现象,这时金属阳离子进攻含较多取代基的碳,特别是在 Ni 等第Ⅷ族过渡金属催化剂中,L_n 为强的电子给予性配位体时,带有高 d 电子布居数的金属中心会引起双键极化方向的逆转。

相关的其他反应类型及反应机理也都可以从结构和成键的观点进行阐述,这里就不细述了。

6.6.2 配位体效应和配位体的反应性

过渡金属在配位催化中的重要作用主要在于它的成键特性、可变氧化态、可变配位数以及配位体效应。配位体可以通过修正活性位置的空间环境及电子结构来影响催化剂的行为及反应的进程。

1. 配位体效应

除了 6.4 节中所述的反位效应外,下列两个重要概念也常用于讨论含 P,As 等原子的配位体效应[58]。

(1) 电子给予和接受性质——电子参数 ν:和过渡金属相连接的 CO 基的伸缩振动频率 ν 与配位化合物中其他配位体 L 的本性和数目有关。例如,对于 $Ni(CO)_3L$ 配位化合物,其中 CO 基的 A_1 伸缩振动频率可以作为配位体给予接受

性质的标度。当 L 为膦基 $PX_1X_2X_3$ 时,其频率 ν 和三个连接于膦原子基团 X 的本性有关,它具有下列加和性：

$$\nu = 2056.1 + \sum_{i=1}^{3} x_i (c_m^{-1}) \qquad (6.6.21)$$

其中,2056.1cm^{-1} 是配位体为三特丁基膦(碱性最大的膦)时 A_1 振动的频率,x_i 为各个基团 X 的取代贡献(表 6.29)。表 6.30 中列出了计算和实验的 ν 值。

(2)圆锥角——立体参数 θ：对于一系列膦配位体,对 Ni(0) 上配位位置的取代反应

$$NiL_4 + 4L' \rightleftharpoons NiL'_4 + 4L \qquad (6.6.22)$$

的研究表明,其取代能力不能由配位体的电子特性进行解释,而是与膦配位体 L 的体积大小有关。采用 CPK 分子模型(用范氏半径)导出配位体的大小,由此可以估计出可能的"圆锥角"。其定义为这样一种圆锥的张角(图 6.68),此圆锥的顶点离中心膦原子 2.28Å,并正好接触到模型最外面球的 van der Waals 半径。实验发现圆锥角越大,则配位体的取代能力越低。同样,当用 L 取代 Ni(CO)$_4$ 中的 CO 时,实验结果和物理上测量的圆锥角密切相关。显然利用这些规则去预测同系列的绝对稳定性并不可靠,但它有助于了解配位效应中的电子效应及空间效应大小,以及设计新的配位体,从而利于了解金属-配位体的结合能力。

表 6.29　某些选择性基团的取代贡献值 x

在 $PX_1X_2X_3$ 基团中的配位体 X	x/cm^{-1}
t-Bu	0.0
环己基	0.1
i-Py	1.0
Bu	1.4
Et	1.8
Me	2.6
o-甲苯基	3.5
m-甲苯基	3.7
p-甲苯基	3.5
Ph	4.3
OMe	7.7
H	7.3
OPh	9.7
C_6F_6	11.2
CF_3	19.6

表 6.30　某些选择性的电子参数:$PX_1X_2X_3$ 型配位体的
ν 值和 $Ni(CO)_3L$ 型配位化合物的 A_1 带频率

$PX_1X_2X_3$	ν/cm^{-1}	A_1/cm^{-1}
PMe_3	2063.9	2064.1
PEt_3	2061.5	2061.7
$P(i-Py)_3$	2059.1	2059.2
$P(t-Bu)_3$	2056.1	2056.1
$P(p-tol)_3$	2066.6	2066.7
$P(o-tol)_3$	2066.6	2066.6
$PMePh_2$	2067.3	2065.3
PEt_2Ph	2064.0	2063.7
$P(OMe)Ph_2$	2072.4	2072.0
$P(OPh)_3$	2085.2	2085.3

值得注意的是,圆锥角只是涉及配位体的最大位阻或空间效应,并不代表配位状态的真实大小。例如,$P(t-Bu)_3$ 为圆锥角 ~180°,但 $RhCl[P(t-Bu)_3]_2$ 仍然可以结合一个或两个其他小配位体。其他相关的圆锥角数据是,$P(CH_3)_3$,118°;$P(C_2H_5)_3$,132°;$P(C_6H_5)_3$,145°;$P(i-C_3H_7)_3$,160°。

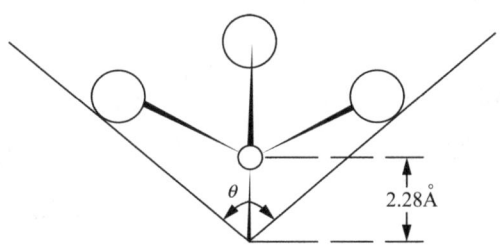

图 6.68　PR_3 型对称膦配位体的圆锥角 θ

2. 配位体的反应性

配位化学研究中常常注重中心金属离子的反应及性质。实际上,有机分子在形成配位化合物前后的化学活性可能有很大的差别,配位体在与金属配位后可以加速或减慢配位体原有的一些反应,甚至产生一些新的反应[56,60]。由于无机化学和有机化学间的相互渗透,这个领域得到更多进展,对催化和有机合成具有基本的意义。

在阴离子配位化合物中金属离子起着"超酸"作用,它会极化配位体并降低给予原子的碱性,从而有利于各种对配位体进行亲核进攻的反应的进行;而原来进攻自由配位体中给予体原子的亲电子体就要在配位原子中寻找另一个反应点,因此金属可以起着保护基团的作用。

在配位化合物中总的电荷也是很重要的,因为电荷不是定域在金属离子上而会离域到配位体上,所以阳离子配位化合物通常有利于亲核进攻而不利于亲电子进攻。中性配位化合物和荷电配位化合物的一个区别反映在反应溶剂上。荷电配位化合物的反应经常局限于水溶液,因而对进攻试剂的酸碱强度和氧化还原电位有一定的限制;另外水的亲核性远远大于非极性有机溶剂。

最大的影响可能来自金属离子引起的立体化学效应,金属离子对参与催化过程的配位体底物有严格的要求。最重要的是,金属离子使反应基团处于配位球的周围而减少配位体的熵(5.1节)。这对于金属酶反应、螯合形成"模板"缩合、有机金属的插入反应和烯烃的环寡聚作用等有着重要影响。

金属离子也可以通过提供一个反常稳定的过渡态而加速反应的进行。在很多情况下,金属离子也可以通过稳定某种产物而影响反应热力学。

本节将主要就反应类型进行介绍。配位体的反应一般可以分为两大类:①在反应的整个过程中配位体始终和金属配位;②反应中金属催化不稳定的中间产物。但这两种类型的反应在原则上并无太大区别,区别只在于参加反应的配位化合物的相对稳定性。

1) σ键合配位体原子的反应

我们首先举一个配位硫亲核反应的例子,研究已经发现配位的硫醇盐比起自由的硫醇具有更大的亲核特性。金属螯合物分子和 C_2H_5Br 可以快速反应生成可分离为苦味酸盐的阴离子配位化合物。

$$(6.6.23)$$

金属离子对卤素离子也起着亲电子极化的作用。对于多核镍硫醇配位化合物的亲核反应的动力学实验表明,桥基硫、配位的硫醚等都不受烷基化试剂的进攻。

利用这个配位体活化原理,Busch 等发展了一个利用顺式配位硫醇盐基团合成大环配位化合物的方法[61]。

$$(6.6.24)$$

这是体现金属离子"模板效应"的一个典型例子。模板效应是指将几个分子汇集在相同的催化中心上,因此要求它们有空的配位位置。

不直接和金属配位的羰基的行为和它在一般有机反应中的行为类似。但在某些特殊条件下,特别是空间阻碍效应和配位化合物的总电荷效应的影响下,它的活化会发生变化。例如,下列不配位的酯基和 HOR′ 所发生的反应

$$(6.6.25)$$

只有在反式结构下才能通过分子内配位的酚氧基进行反应,顺式的结构则不能。

2) 芳香性金属配位化合物中配位体原子的反应

一般 π 型金属配位化合物具有和芳香物质相似的化学活性。芳香性的概念已广为应用。首先我们着重讨论准芳香性的亲电子取代反应。

二茂铁通常被认为具有芳香性。它和典型有机芳香杂环化合物的一个区别是在其 a_{1g} 轨道上有一对非键电子(参考图 4.28),它环绕在两个环间的铁的周围。因此很容易从该轨道移去一个电子而形成阳离子自由基。铁上的非键电子对具有弱碱性,可以被强酸(HCl 和 $AlCl_3$)质子化。质子化后的二茂铁在质子核磁共振谱中化学位移 12 和 5τ 处出现 1:10 的谱峰,低场为双峰,反常的高场信号就是 Fe—H 基团。通常认为某些二茂铁的亲电子取代反应的发生是通过亲电试剂 X^+ 和铁上的 a_{1g} 轨道(参见图 4.27)预先生成配合物:

$$(6.6.26)$$

$$(6.6.27)$$

若用四丁基锂进行上述反应,则可通过还原反应生成单锂和双锂代二茂铁。由这

些中间体进而制备其他衍生物

$$\text{(6.6.28)}$$

Ru 和 Os 的环戊二烯配位化合物也是芳香性金属茂化合物,但它们的非键电子具有较低的亲电子取代活性,因为它们的氧化电位及碱性按 Fe > Ru > Os 次序降低。其他的金属茂化合物不发生这种亲电子取代反应,因为在周期表左边的金属茂化合物是缺电子的,因而在金属上而不在配位体上发生反应。在周期表右边的金属茂化合物是富电子的,和配位体反应时金属分散它多余的电子,以保持惰性气体结构,从而形成新的配位化合物。

金属对配位体的微扰作用曾经被成功地应用于均相催化。例如,应用水化 Hg^{2+} 离子对炔烃的催化水合作用,高极化能力的 Hg^{2+} 使炔烃羰原子变成部分正电荷,从而易于被 MeOH 和 H_2O 等进行亲核攻击:

$$\text{(6.6.29)}$$

又如,可以用 W(Ⅵ) 或 Mo(Ⅵ) 配位化合物作为催化剂使 H_2O_2 活化,从而发生烯烃的环氧化作用,这主要是通过金属的高正电性诱导出 O—O 键的强烈极化而实现的。

$$H_2O_2 \xrightarrow[+L]{WO_4^{2-}} \left[\begin{array}{c} \text{O-W-O-W-O} \\ \text{(peroxo-tungstate complex)} \\ L \quad\quad L \quad\quad O^+ \end{array} \right] \xrightarrow{>C=C<} \begin{array}{c} \text{O} \\ \text{O-W=O}^+ \\ L \end{array} >C-C< $$

(6.6.30)

其中,氧的正电荷对烯烃的 π 成键轨道的电子云有高度的极化作用。

6.6.3 配位催化中的相互作用

我们将结合一些实验结果再次讨论配位催化中的相互作用。

1. 亲电子和亲核相互作用[51]

在均相催化中往往涉及质子在反应物和催化剂之间的转移,例如,羰基质子化后在羰基碳上成为高活性的亲核攻击位置,它易于和亲核试剂 NH_2-R 等反应:

$$\left[>C=O \xrightleftharpoons{+H^+} >C^+-OH \right] \xrightarrow{NH_2-R} \left[>\!\!\!\underset{H_2NR}{\overset{}{C}}\!\!-OH \right]^+ \begin{array}{l} \xrightarrow{-H^+} >C<\!\!\!\!{\overset{OH}{NHR}} \text{ (加成产物)} \\ \xrightarrow{-H_3O^+} >C=N-R \text{ (缩合产物)} \end{array}$$

(6.6.31)

除了 H^+ 这种特定质子酸外,还有一般的酸 HX,它们的酸碱作用强度常可用质子离解常数 pK_a 表示。其次序为

$HClO_4(-10)$, $HCl(-7)$, $H_3O^+(-1)$, $HF(3.17)$, $RCO_2H(4\sim5)$, $[WH_3(CP)_2]^+(5.4)$, $H_2CO_3(6.35)$, $NH_4^+(9.24)$, $RSH(12)$, $CH_2(CN)_2$ (12), $H_2O(15.7)$, $PhC\equiv CH(18.5)$, $Me_2CH-H(44)$ (6.6.32)

亲电体 Mg^{2+},Zn^{2+} 等也是有效的酸催化剂,它们和 σ 给予体作用的能力符合 Irving-Williams 顺序

$$Zn^{2+} < Cu^{2+} > Ni^{2+} > Co^{2+} > Fe^{2+} > Mn^{2+} \quad (5.1.50)$$

某些通用的酸催化剂催化 Friedel-Craft 反应的效率近似地具有下列次序:

$$BF_3 > BCl_3 > ZnCl_4 > SbCl_5 > FeCl_3 > GaCl_3 > AlCl_3 > AlBr_3 \quad (6.6.33)$$

严格地讲,其次序与底物和实验条件也有关系。对于碱催化也可以进行类似的分析,通常涉及的各种酸碱催化的概念如图 6.69 中所示。

软硬酸碱规则广泛地用于研究各种亲核取代反应速率。易于极化的软亲核试剂(S^{2-}、I^- 等)很容易和易于极化的软底物(如 CH_3Hg^+ 和 CH_3Br)反应;同样,难以极化的硬亲核试剂(如 OH^-,NH_3)则很容易和硬底物(如 H^+ 或 $R-\underset{\underset{OR}{|}}{C}=O$)反应。

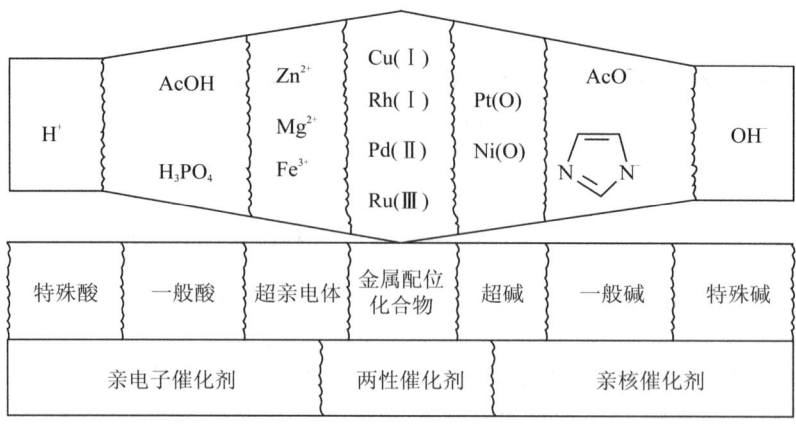

图 6.69 各种酸碱催化剂之间的关系

对于平面形 Pt(Ⅱ)配位化合物的取代反应(参考 6.4 节),曾提出由下列定义的亲核反应常数 n_{Pt}^0 作为亲核性指标

$$\lg\left(\frac{k_Y}{k_S}\right) = n_{Pt}^0 \tag{6.6.34}$$

其中,k_Y 和 k_S 为在甲醇溶液中反式 $PtCl_2(Py)_2$ 的 Cl^- 被亲核试剂及溶剂取代的速率常数。表 6.31 中列出了一些典型的 n_{Pt}^0 值。为了比较,也列出了同种亲核试剂对 CH_3I 反应的 $n_{CH_3I}^0$ 值。一些阴离子型金属螯合物具有很高的亲核性,例如,天然维生素 B_{12} 或其合成模拟物的 $n_{CH_3I}^0$ 值可达 14.4,这意味着它的反应比 OH^- 快 10^{14} 倍,这类化合物称为"超亲核试剂"。

表 6.31 某些亲核反应常数和 pK_a 值

亲核试剂	n_{Pt}^0	$n_{CH_3I}^0$	pK_a
AcO^-	<2.4	4.3	4.75
CH_3O^-	<2.4	6.29	15.8
NH_3	3.06	5.50	9.25
Me_2S	4.73	5.54	-5.3
CN^-	7.0	6.7	9.1
Ph_3P	8.79	7.0	2.61
Et_3P	8.85	8.72	8.86
PhS^-	7.17	9.92	6.52
Ph_3Sn^-	—	11.5	—

2. 电子的给予和接受反应[62]

通常当给予体 HOMO 和接受体 LUMO 之间为有利的成键电子相互作用时就发生给予-接受作用(参考图 5.5),其作用程度主要取决于它们之间的相对轨道能级差和有效重叠性,主要分为三种情况:①重叠不够好但能量差别较大,足以引起一些电荷从 HOMO 转移到 LUMO,从而使体系稳定(图 6.70 左),这时发生的电子给予-接受作用(EDA),称为电荷转移;②若 HOMO 和 LUMO 之间有较好的重叠及能量匹配,则形成 DA 配位化合物(图 6.70 右);③若 HOMO 和 LUMO 之间的能量差小到足以克服从给予体移去一个电子到接受体所要求的总能量,则发生单电子转移。若电子在有机化合物之间转移,则得到自由基阳离子或阴离子(图6.71),这种自由基的活性一般很高。某些均相催化剂可以通过电子转移转移到特定的反应物上从而活化底物。

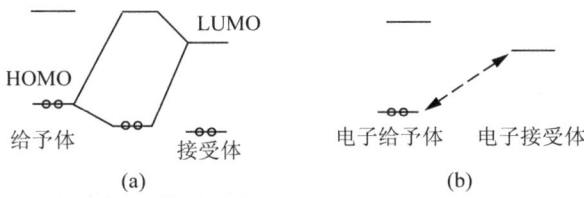

图 6.70　理想的电子给予-接受(EDA)作用(a)
和生成 DA 配位化合物的能级图(b)

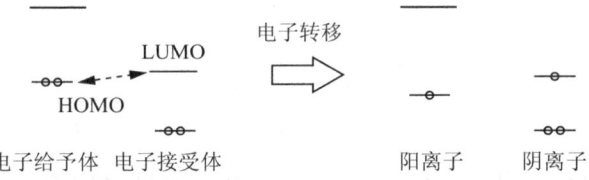

图 6.71　阳离子自由基和阴离子自由基形成的单电子转移

在过渡金属化学中,不同金属原子间的电子转移速率因金属及氧化态的不同而有很大差别,最快的可以达到扩散控制的双分子过程的速率 $10^9 \sim 10^{10}$ L/(mol·s)(表 6.32),水化电子和过渡金属离子反应的速率常数大都处在这种扩散范围。例如

$$[Fe(H_2O)_6]^{2+} \xrightarrow{e^-} [Fe(H_2O)_6]^+ \quad k = 3.5 \times 10^8 \quad (6.6.35)$$

另外,具有不同氧化态的不同金属离子间的电子转移也可能很慢,例如,Fe^{2+} 和 Ce^{3+} 之间的 k_1 小于 4.01 L/(mol·s),这种较慢的速率可以用 Franck-Condon 原理进行解释(参见图 6.48)。当金属-配位体的键长随氧化态变化时,发生电子转移需要有一定的激发能(活化能 $\Delta H^{\neq}$),对于水化的 Fe^{2+}/Fe^{3+} 反应,该能量约为

表 6.32　在 25℃水中的氧化还原速率

还原剂	电子组态	氧化剂	电子组态	二级速率常数 k_1 /[L/(mol·s)]
Fe^{2+}	d^6	Mn^{3+}	d^4	1.7×10^4
$[Fe^{II}(CN)_6]^{2+}$	$(t_{2g})^6$	$[Fe^{III}(Phen)_3]^{3+}$	$(t_{2g})^5$	10^8
$[Co^{II}(NH_3)_{3n}]^{2+}$	$(t_{2g})^5(e_g)^2$	$[Co^{III}(NH_3)_6]^{3+}$	$(t_{2g})^6$	10^{-9}
$Cu^I Cl_2^-$	d^{10}	$Cu^{II} Cl_4^{2-}$	d^9	5×10^7
Cyt $c^{II a}$	$(t_{2g})^6$	Cyt-$c^{III a}$	$(t_{2g})^5$	3×10^3
Fe^{2+}	$(t_{2g})^4(e_g)^2$	$[Fe^{III}(edta)]^-$	$(t_{2g})^3(e_g)^2$	4×10^{-4}

注:Cyt-c^{II} = 细胞色素 cFe^{II},Cyt-c^{III} = 细胞色素 cFe^{III}。

10.8kcal。图6.48表明,电子沿垂直过程从 M^{2+}—L 键长能量曲线转移到 M^{3+}—L 曲线时需要活化能;当相同金属不同氧化态间电子转移前后的 M—L 键长完全相同时,则不需要活化能。这就说明了金属簇合物 $[M_nL_m]^{q+}$ 间的电子转移的活化能较低,因为几个金属都在同一配位化合物中,一个电子的转移对相关的 M—L 和 M—M 的键长不会产生明显的影响,因而金属簇合物可以作为很好的电子转移催化剂。

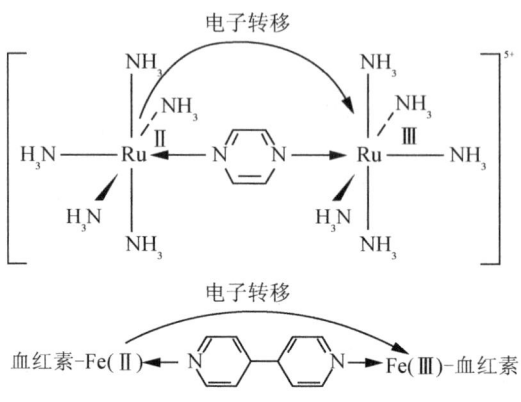

图6.72 混合价配位化合物中的电子交换

分子内的氧化还原反应可以通过共轭桥基而明显地加强。例如,对于图6.72 所示的钌混合价配位化合物,其电子交换的频率可达到 $5\times10^9 s^{-1}$;由4.4′-联吡啶所联结的 Fe(Ⅲ)血红素和 Fe(Ⅱ)血红素间的电子交换频率估计 $>6\times10^9 s^{-1}$(图6.72)。曾经用化学方法研究细胞(呼吸)色素 $c^{Ⅲ}$ 中生物电子转移途径[63]。其过程包括通过适当的桥基直接转移到 Fe(Ⅲ)中心,或者通过沿着卟啉配位体所暴露的棱边进行电子转移(参考图4.72)。关于这类电子交换反应的进一步讨论,请参考4.5节和6.5节。

6.6.4 轨道相互作用和催化活性

在确定化学活性时,环绕特定原子的立体构型和相关物种间的轨道对称性是均相催化要分析的基本因素(参考6.3节)。

对于最简单的给予体质子 H^+,有一个全对称的1s轨道,因而它和σ型给予体相互作用时没有任何空间要求。图6.73(a)中的平面型 D_{3h} 对称性分子 BF_3 在 z 轴 (C_3) 上有一个空轨道,因而在分子平面上下形成了反应强的 σ 接受中心(酸中心或亲电子试剂)。NH_3 分子具有 C_{3v} 三角锥结构,沿着 z 轴有充满的非键氮轨道(主要是 s 和 p 贡献),该轴和 BF_3 之类的亲电子试剂强烈作用形成 σ 给予-接受(σDA)配位化合物。类似地,对于更复杂的分子,其轨道形状及对称性将变得更复杂。例如,乙烯的 π^* 轨道可作为 π 接受体[π 酸,图6.73(b)],而在肼中氮原子的两个孤对电子可以起着 π 给予体作用[π 碱,图6.73(b)]。

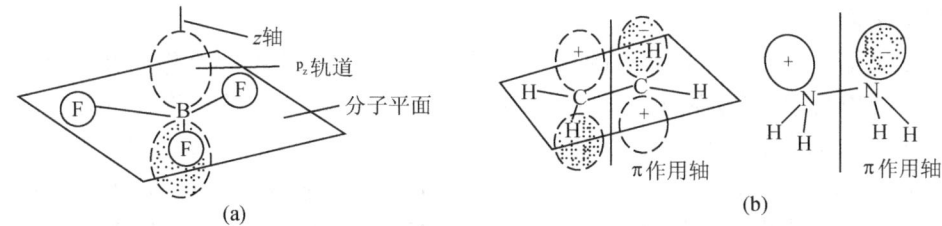

图 6.73　BF_3 的亲电 p_z 轨道(a)与乙烯的 π 酸轨道($π^*$)和肼的 π 碱轨道(b)

过渡金属的 d 轨道具有 σ、π 或 δ 对称性。例如,Vaska 型铱配位化合物 $IrCl(CO)(PPh_3)_2$ 不仅可以作为 σ 接受体和 SO_2 反应,作为 π 接受体和四氰乙烯(TCNE)反应,而且也可以同时作为 σ 接受体和 π 给予体及 CO 反应(图 6.74)。在包含 f 轨道的锕系配位化合物中 f 轨道也可能参与成键。例如,在 $U(C_8H_8)_2$ 中的 f 轨道就可以作为 δ 接受体(图 6.75)。

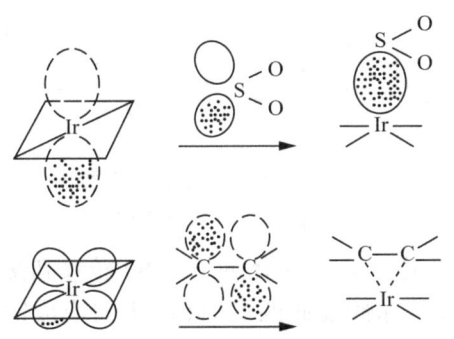

图 6.74　用 σ 酸金属轨道起 σ 酸作用和用 π 碱金属轨道起 π 碱作用

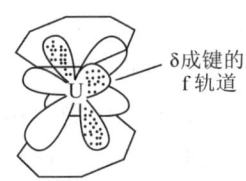

图 6.75　轴烯 $[U(η^6-C_8H_8)_2]$ 中可能的 δ 型酸碱作用

众所周知,d 电子的数目和配位化合物的对称性及催化性质有关。在全满的 d^{10} 或半满的高自旋 d^5 配位化合物中电子密度呈全对称的球状分布,它们和单齿配位体结合时没有优先方向,其几何构型采取空间及静电上最为有利的(参考 4.1 节)。一般来说,配位体的数目及几何排列取决于空间因素及电子因素间的相互制约。例如,对于 Cu^+(d^{10} 离子)可以形成二、三、四和非常活性的五配位化合物。这种价态变异性特别适用于以金属为活性中心的催化剂。

对称性较低的 d^6 金属离子倾向于形成八面体 O_h 对称性结构(按配位场理论为 t_{2g}^6,或价键理论为 d^2sp^3 杂化)。这种稳定的电子组态使其配位体不管发生离解还是与其他配位体产生缔合都需要较高的能量,因而它在动力学上是惰性的。除非在光作用条件下或加入适当试剂来破坏 $O_h - d^6$ 电子组态从而活化配位体,否则它将不是一个具有良好效果的催化剂。

第二和第三过渡系的低自旋 d^8 过渡金属则常以 dsp^2 形式强烈倾向于形成四方平面的四配位配位化合物[例如,Wilkinson 均相催化剂 $RhCl(PPh_3)_3$]。它们既可通过加入另一个反应物而形成五配位的空位,也可以离解成更为活性的三配位近代化学反应理论将轨道的相互作用分为两类[64]：交换相互作用和广义的给予－接受相互作用(实际上这两种作用也可能并存)。典型的交换相互作用是热允许的[4s+2s]环加成作用(下标 s 表示异面式反应,参考 6.3 节),这类反应的特点是 HOMO 和 LUMO 相互交叉作用(图 6.76)。在金属催化的烯烃加氢反应中,一个关键步骤是共价过渡金属－氢键和 C═C 双键间的 HOMO－LUMO 相互作用(图 6.77);η^2 配位于低价金属的烯烃也可视为是两个 HOMO－LUMO 同时发生相互作用时的一类交换相互作用(图 6.78),这类交换作用的结果是只有微小的静电荷转移。

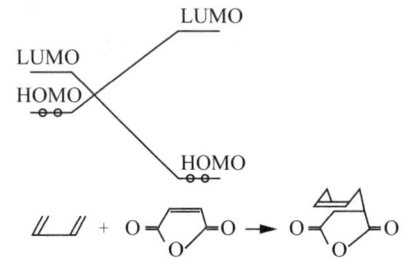

图 6.76　热允许环加成反应的前线轨道相互作用

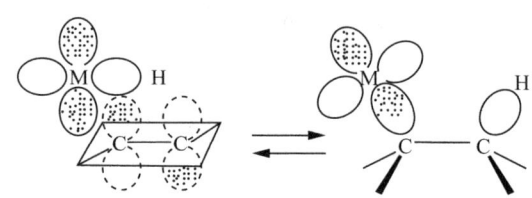

图 6.77　烯烃插入金属－氢键而形成的金属－烷烃配位化合物时的轨道相互作用

在广义的给予－接受(DA)相互作用中,电子从给予体的 HOMO 转移到接受体的 LUMO(图 6.70)。当相互作用的轨道对称性彼此匹配时(即正的或成键作用),电子从给予体注入接受体。这种作用意味着极性的产生。

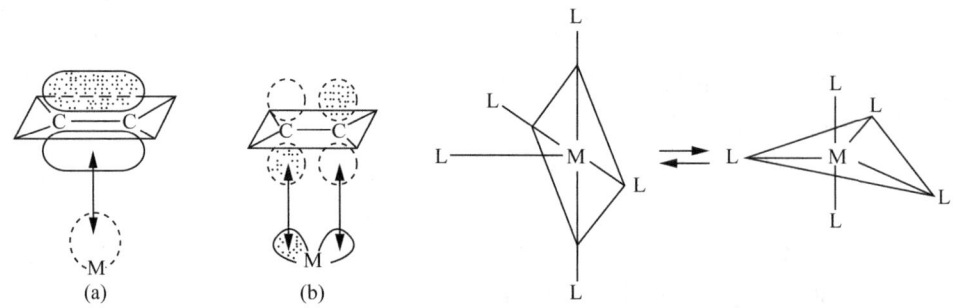

图 6.78　金属－η^2 烯烃键中协同的(a)σ 和(b)π 相互作用

图 6.79　四方锥结构和三角双锥结构间的变换

在有机化合物中 sp^n 杂化轨道有明确的方向性,但金属－配位体键的方向性则一般不强,在热活化时即容易变形而改变结构,因而五配位的四方锥结构热活化后会逐渐生成三角双锥结构(图 6.79)。在溶液中这两种结构还可能共存,例如,考虑 D_{4h} 对称性的四方 d^8 配位化合物经过 C_{2v} 畸变后前线轨道的变化方式。Hoffmann 得到的能级图如图 6.80 所示[65],其特点是:C_{2v} 变形后,一个 π 给予轨道的

(b_2)轨道能量明显上升,因而成为在特定方向上更为有效的 π 碱,图 6.81 中采用了更为形象化的等电子云密度图表示这种轨道。可见和未变形的四方面 d^8 配位化合物比较,C_{2v} 变形的四方面 d^8 配位化合物更易于和 π 酸配位体作用。预测这种 C_{2v} 变形下的配位体,对于烃或乙烯反应将有更大的活性。

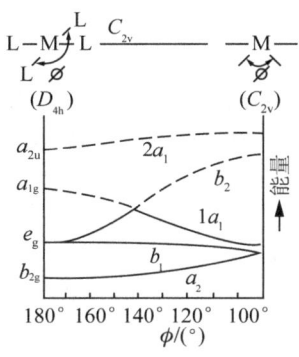

图 6.80　ML_4 中金属轨道的能级图

分析将惰性 $d^6 - O_h$ 配位化合物移去一个配位体后金属轨道的形状和能级(参看图 4.24),这个过程对应于光化学活化,Hoffmann 计算了 $Cr(CO)_5$ 呈四方锥结构(C_{4v} 对称性)时的前线轨道的形状和能级。结果表明,O_h 对称性中一个原来空的金属 e_g 轨道的能级降低了,从而遵循图 2.14 成为 C_{4v} 对称性中一个混有一些金属 4s 和 4p 轨道的 σ 型空 a_1 轨道(LUMO)[图 6.82(a)];t_{2g} 轨道中的充满的 d_{xz} 和 d_{yz} 轨道降低到 C_{4v} 的 e 轨道,并起着 π 给予轨道的作用[图 6.82(b)],在能级上非常接近于空的 σ 轨道(a_1,LUMO)。这种四方锥 Cr(0) 原子的构型非常有利于通过交换作用而和 CO 分子中的 $\sigma(a_1)$ 和 π^* 轨道成键(图 6.83),即同时发生图 6.70 所示的 σDA 的 σ 作用和 πDA 的 π 作用。

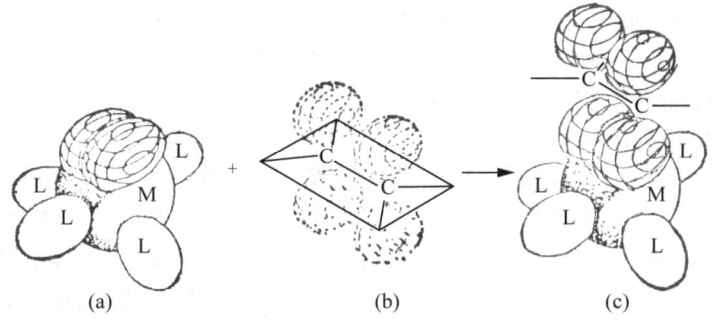

图 6.81　C_{2v} 畸变四方金属配位化合物和烯烃间的 π 相互作用
(a) C_{2v} 变形 ML_4 中的 π 给予轨道;(b) 烯烃的 π 接受轨道;
(c) η^2-烯烃配位化合物 M(η^2-烯烃)L_4

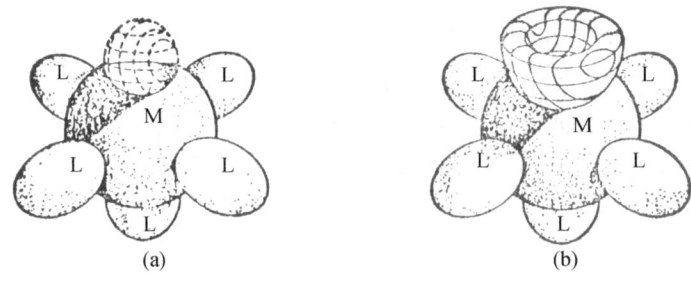

图 6.82 四方锥结构中五配位 d^6 金属碎片的前线轨道形状

(a)金属 a_1 空轨道(虚线)表示为一个空穴;(b)上方 π 对称性充满的(实线)e 轨道

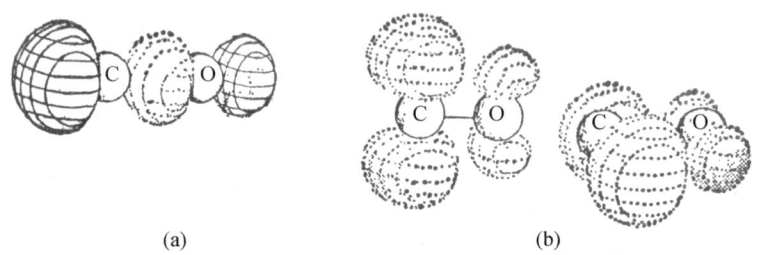

图 6.83 (a)CO 分子的充满的 σ 给予轨道($E=-0.5544$)和(b)空着的 2π 接受轨道($E=0.1268$)

6.6.5 簇合物的催化作用

前面主要讨论了单核配位化合物的催化作用。具有独特性能的多核簇合物在催化研究中的应用与日俱增,特别是它以明确的结构作为复相催化的理论模型和对生物活性物质进行模拟的研究已引起国内外学者的极大兴趣[66]。

1. 簇合物催化作用的特点

目前,对簇合物催化作用的定义不够明确,一般可有三种不同层次的定义:①最严格的是催化机理中有簇合物的两个以上的金属介入;②至少有一个位置(金属)从机理上介入催化作用;③最低的要求是在催化循环中至少有一步有金属簇合物介入了。为此,一些判据被提出来确定是否发生了簇合物催化反应。但依据太严格的定义可能不太实际,因为在催化反应中它们可能形成本身就具有催化活性的聚集体或裂解为单核产物。

图 6.84 表示一个烯烃异构化的催化过程。簇合物作为催化剂的一般要求是:①对反应分子提供多重结合的位置;②必要时邻近金属原子可以使另一个反应分子靠近;③配位体可以通过 M—M 键转移电子而改变其活性;④配位体可以从一个中心迁移到另一个中心。催化剂在本质上应具有不饱和活性,例如,四方结构的 $[HRh(Py)_3]$ 和 $(RML_2)_x$ 型的 Wilkinson 催化剂在催化加氢作用中就具有空位。

簇合物的能量随 M—M 键距的变化出现较为平坦的最低点,这一点和簇合物中金属原子表现的瞬变性一样。很多不饱和有机化合物(苯是例外)以及 CH_3CN、NO、CO 和 H 等配位体和多核化合物结合后都呈现出瞬变行为,多中心的 M—M 键使簇合物在反应中成为一个类似接受和给予电子的仓库。M—M 键的瞬变性和"柔软性"使它可以发生亲核及亲电子攻击、均裂及异裂、氧化及还原以及取代等反应。

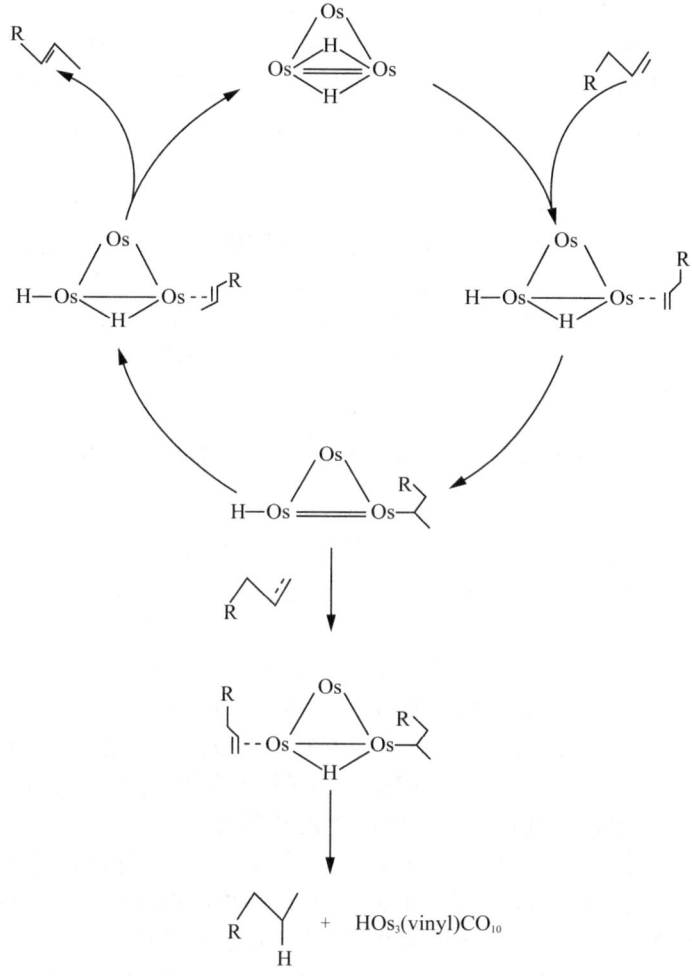

图 6.84 三核锇簇合物催化烯烃异构化的循环
(为了简化,略去了 Os 上的羰基)

2. 簇合物催化的应用

在有些反应中,例如,乙炔聚合成苯时用 $Ni_4(CNR)_7$ 簇合物作催化剂的专一性很好,而单核催化剂则无能为力。又如,作为均相催化剂的 $Ru_3(CO)_{12}$,具有单核催化剂所没有的对饱和碳氢化合物中的 C—C 裂解、C—H 活化、CO 和 N_2 的还原等催化活性。煤炭化学的复活(所谓的 C_1 化学)也反映了这方面的进展。例如[67]

$$HC\equiv CH \xrightarrow[250℃]{1\ atm} \text{苯} \tag{6.6.36}$$

$$CO + H_2O \xrightarrow{Ru_3(CO)_{12}} CO_2 + H_2 (\text{水煤气精化}) \tag{6.6.37}$$

由于第三过渡系元素具有较强的 M—M 键,不易分解成单核,所以常用作多核催化剂。美国联合炭化公司已研制出一种活性组分为 $[Rh_5(CO)_{15}]^-$ 和

$[Rh(CO)_4]^-$ 的催化剂,用来由合成气(CO, H_2)制造乙二醇[50],被认为是近年来均相催化中最振奋人心的一项发展。表 6.33 中列出一些簇合物催化的均相反应。

均相催化剂复相化是综合均相和复相催化剂优点的有效途径,受到了人们的广泛重视。例如,$Ir_4(CO)_{11}Rh_2P-Ⓟ$ 用于乙烯氢化,$HAuOs_3(CO)_{10}(Ph_2P-SiL)$ 用于丁烯异构化(其中Ⓟ为聚苯乙烯-二乙烯基苯等高聚物,SiL 为氧化硅)。又如,在分子筛空腔内原位产生簇合物,具有使簇合物稳定的优点。例如,在 NaY 型分子筛中产生 $[Rh(NH_3)_6]Cl_3$,既具有使簇合物稳定的优点,又可以由分子筛孔径提高选择性。

在簇合物研究中,有时可以将催化剂活性金属位置周围的其他金属和配位体作为一个整体,将它称为"广义配位体"(extended ligand)。这种广义配位体的概念,就像在研究单核催化剂中的配位体效应一样,可以研究广义配位体的结构对簇合物活性的影响。例如,在氢甲酰化反应中

$$RCH=CH_2 + H_2 + CO \xrightarrow{M(L)_x} RCH_2CH_2CHO \quad (6.6.38)$$

多核中间体 $[Rh_6(CO)_{15}\overset{O}{\overset{\|}{C}}-R]^-$ 就可以看做是广义的配位体 $(L)_x = Rh_5(CO)_{15}$。这个概念也有助于了解混合簇合物中杂原子的影响,以及复相催化的反应性和稳定性等。

簇合物不仅在均相催化中有着广阔的应用前景,与其相关的基础研究也有助于了解复相催化剂和发展新的均相催化剂。由于采用表面物理方法进行研究时只反映低压情况,和实际催化的压力差 4~12 个数量级,因此实际讨论时在热力学和机理上会有重大差别。后来化学家们就提出了结构明确的簇合物可以作为复相催化的模型,即可以把它看做是周围有吸附物的小块金属。

学者们曾经对比了簇合物和金属表面的大小、形状、配位数、结构、立体化学、热力学、配位体迁移性等,以研究分子簇合物作为化学吸附和催化过程模型的合理性[68]。作为初级近似,这种结构明确的模型有助于了解结合分子的结构、动力学和迁移机理特性、催化的机理和化学计量的关系等。簇合物的研究对于单晶金属表面的微观性质以及表面晶体学、动力学和热力学及表面吸附物的成键本性的认识也有很大的帮助。

过渡金属羰基化合物和 CO 在金属表面上被吸附的状态进行对比最为恰当。例如,光电子能谱证实 CO 在 Ru 的(001)晶面上的吸附光谱和 $Ru_3(CO)_{12}$ 的结果相当一致。

但是精确和细致地比较这两种过程的能量和机理还有一定的困难,主要是还不具备关键的数据信息,而且在模型方面也有一定的局限性。金属的平面边界条件和簇合物也不一样。配位体在金属表面上的淌度就不能用已有的金属簇合物进行模拟,因为除了 $Pt_{19}(CO)_{12}^{4-}$ 这种个别例子外,几乎所有的簇合物都是配位饱和的,每一个金属原子都不少于一个配位体。配位不饱和的金属簇合物应该和金属表面更为接近,但是困难在于大部分簇合物的工作是在溶液中进行的,而表面的环境很不对称,且位置是多种多样的。块状金属的高电荷密度可以改变表面的电荷密度从而影响表面上高氧化态的稳定性,因此需要开展更多的实验和理论工作来弄清两者之间的异同。

表 6.33　簇合物作为均相反应催化剂的例子

反　应	簇合物或其前身	注　解
$\diagup C=C\diagdown$ 和 $-C\equiv C-$ 反应: $RCH=CHCOR'+CO+H_2O \xrightarrow[130°]{100atm} RCH_2CH_2COR'+CO_2$	$Rh_6(CO)_{16}$	$R=Rh, R'=H, Me, Ph$
$\diagup C=O$ 的还原: ⬡=O + $H_2 \xrightarrow[100°C]{100atm}$ ⬡-OH	$H_4Ru_4(CO)_{12}$	簇合物不变
$-C=O$ 的还原: $2CO+3H_2 \xrightarrow[200\sim240°C]{2000atm} \begin{matrix}CH_2OH \\ | \\ CH_2OH\end{matrix}$	$M_2[Rh_{12}(CO)_{30}]$	Rh 羰基阴离子催化
$-N=C$ 和 $-C=N$ 的反应: $RNC+H_2 \xrightarrow[90°C]{1\sim 3atm} RNHCH_3+RNH_2$	$Ni_4(CNR)_7$	$R=C(CH_3)_3$,转化率很低
$-NO_2$ 的还原: $RhNO_2+3CO+H_2O \xrightarrow[125\sim180°C]{35atm} PhNH_2+3CO_2$	$Os_3(CO)_{12}$	分子氢可能不太重要
氢甲酰化: $RCH=CH_2+CO+H_2 \xrightarrow[75°C]{100atm} RCH_2CH_2CHO$	$Rh_4(CO)_{12}$	R 变化, 正、异构体比 $n/i \approx 1$

续表

反　应	簇合物或其前身	注　解
水煤气转化: $CO + H_2O \xrightarrow[100℃]{1atm} CO_2 + H_2$	$Ru_3(CO)_{12}/KOH$	混合金属效率高
异构化: ⋀⋀ $\xrightarrow[66℃]{60atm\ H_2}$ ⋀⋀	$[Co(CO)_2PBu_3^n]_3$	顺反式比例 $c/t=0.26$, 在 N_2 气下速率低
成环反应: $2HC≡CH + 2CO + H_2 \xrightarrow[200℃]{120atmCO\ 10atmH_2}$ ⬡(OH)(OH)	$Ru_3(CO)_{12}$	用 CO/H_2O 产率高于 58%
$HC≡CH \xrightarrow[25℃]{1atm}$ ⬡	$Ni_4(CNR)_7$	$R = C(CH_3)_3$
氧化: $CO + O_2 \xrightarrow[100℃]{34atm}$	$Rh_6(CO)_{16}$	在纯 O_2 下无反应, 簇合物分解
⬡=O $+ CO + O_2 \xrightarrow[100℃]{30atm} HO_2C(CH_2)_4CO_2H$	$Rh_6(CO)_{16}$	DMF 作溶剂时条件温和

6.7 小结和进展 —— 固-液界面的光催化反应和太阳能源

前几章我们分别从不同配位化合物的主体(bulk)结构和性质研究的基础上介绍了在分子材料中有关分子组装和工程设计的进展;且从配位化合物的物理化学性质讨论的基础上小结了其在光电信息科学中的应用前景。本节将重点简述界面(interface)配位催化在当前另一个前沿领域——光催化和太阳能源方面的应用[69,70]。

6.7.1 激发态的光电化学

前面我们讨论过配位化合物的光化学反应及其光电化学反应(5.4 节及 5.5 节),现在转向固-液界面上发生的化学反应[式(5.2.44)]和光诱导的电子转移相结合的光催化反应[71]。它是一个涉及热力学和动力学的基础研究课题,在目前国际上十分关注的涉及能源枯竭及环境保护研究中,有关太阳能转换的应用方面涉及下面两个内容:[72]

1. 固-液界面上的电荷分布及能量

当分析溶液中电活性物质和固体界面相互作用而发生氧化-还原反应时,可以直接引用电化学电池的概念和方法。当设计电子激发态系统的电极时一般采用半导体电极,因为向金属的能量转移可能会引起猝灭作用[式(5.4.13)],而且易于引起不利的逆向电子转移。当半导体和含有给予电子 D 及接受电子 A 这类活性物种接触时将会在它们的界面上形成空间电荷(图 6.85)。对于 n 型半导体,按照半导体的能带理论(参考 2.8 节),其能级结构如图 6.85(a)下方所示,其表面和

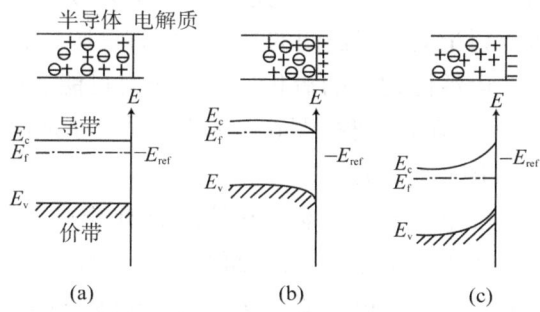

图 6.85 n 型半导体-溶液界面上空间电荷的形成及其能量关系

(a)平带电位;(b)积累层;(c)耗尽层

⊖电子 ⊕空穴 –、+ 给体的氧化态和受体的还原态离子或电解质离子

体相的电荷分布是均匀的,因而在界面间不会发生电荷转移,而是形成所谓的平带电位。一旦半导体表面由于结构上的缺陷存在不饱和键(悬挂键)或者存在外来吸附物时,使表面能级结构发生变化(作为掺有杂质的特例,参考文献[73])。例如,当溶液中存在有电子给体 D,若其能级和半导体相匹配,界面的给体将会向半导体注入电子,如图 6.85(b)所示将在界面形成正电荷,半导体表面电子增多从而形成电子积累层,因而导致半导体的 Fermi 能级 E_F 升高,表面层能级朝界面向下弯曲。反之,当溶液中存在有电子受体 A 时,半导体的电子将向界面的给体转移,如图 6.85(c)所示,在界面上形成负电荷,从而半导体表面电子减少而形成耗散层,导致半导体的 Fermi 能级朝界面向上弯曲。

由此可见,界面形成的空间电荷层宽度 W 与耗散层能带弯曲所引起的静电位降 $\Delta\Phi$ 大小和粒子大小成正比。对于较大的粒子,有利于光诱导产生电子-空穴对的分离。在图 6.85 所示的 n 型半导体中,耗散层的电场 $\Delta\Phi$ 使导带中的光生电子沿着低电位弯带曲线漂流到体相,而使价带的光生空穴更易于沿着高电位的弯带转移到半导体的表面(即光入射在半导体电极上所产生的电子-空穴对的寿命较长,不易复合),从而有利于之后发生的氧化还原化学过程更有效地与复合作用进行竞争。对于纳米级的微粒子半导体,由于其带弯 $\Delta\Phi$ 较小,其电子-空穴的分离主要是通过扩散的形式进行,因而最好将反应物 D 和 A 直接吸附在半导体微粒胶体的表面上来提高光诱导界面上的电荷转移速率;这时也可能由于纳米粒子的尺寸效应而使光生载流子直接贯穿整个胶粒而转移到半导体表面。这对于今后讨论光导电荷分离的动力学过程起着重要作用。

2. 半导体界面上的光诱导催化

我们曾经从热力学观点讨论过均相反应中基态时的氧化-还原反应(图5.9),也讨论过它们在涉及激发态时的光化学反应式(5.4.36)。同样我们可以类似地应用热力学观点讨论复相界面间的光电子转移反应。显然,如上所述,当研究半导体电极和溶液中电活性物质的氧化还原反应时可能有两种进行方式:①电子从固相转移到激发分子[阴极过程(图 6.86(a))];②电子从溶液中的激发态分子转移到固相[阳极过程(图 6.86(b))]。

图 6.86(a)的直接光催化中受体 A 和给体 D 起着猝灭剂的作用;图 6.86(b)的间接光催化中则是吸附在半导体上,表面的分子 S 作为光敏剂,作为猝灭剂的半导和激发态的 S^+,它们分别和电子受体 A 和电子给体 D 发生电荷转移而完成光催化反应[这里的情况与均相反应中的式(5.4.34)和式(5.4.35)类似],这种光反应的热力学也必须满足能量匹配关系,即要求半导体的导带底必须比 $E(A/A^-)$ 负,价带顶的电位必须比给体的 $E(D/D^+)$ 正。

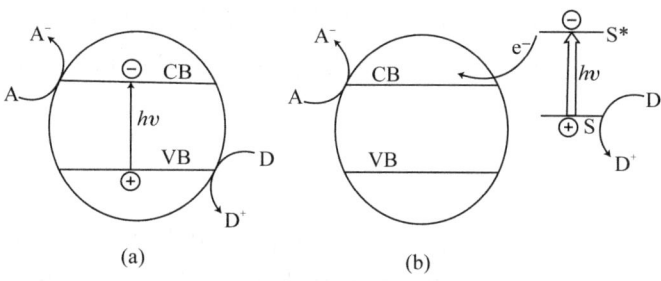

图 6.86　半导体界面上光诱导的直接光催化(a)
和间接光催化反应(b)

值得注意的是,和均相光反应不同,在上述复相光反应中所采取的能级零点标准不同。在物理的氧化-还原讨论中其氧化-还原势是以 $E=0$ 的真空自由电子为绝对标度,电子给体和电子受体的能级分别对应于气相功函数 W 和电子亲和势 Y。在化学溶液中导带和价带的电位通常采用标准氢电极的电位 $E_0=0$(简记为 NHE)来表示。在电极—电解质界面处两个系统的能级必须采用公共能量标度进行比较。图 6.87 中列出了几种离子性和共价性半导体的光谱带边位置和禁带宽度,实验是在半导体水溶液(pH=1 电解质)接触体系中进行的。由图可见半导体中电子的化学势为

$$E_{F\text{氧化还原}} = -\Delta G_{\text{真空}} = -4.5 - E_{\text{NHE}}(\text{eV}) \tag{6.7.1}$$

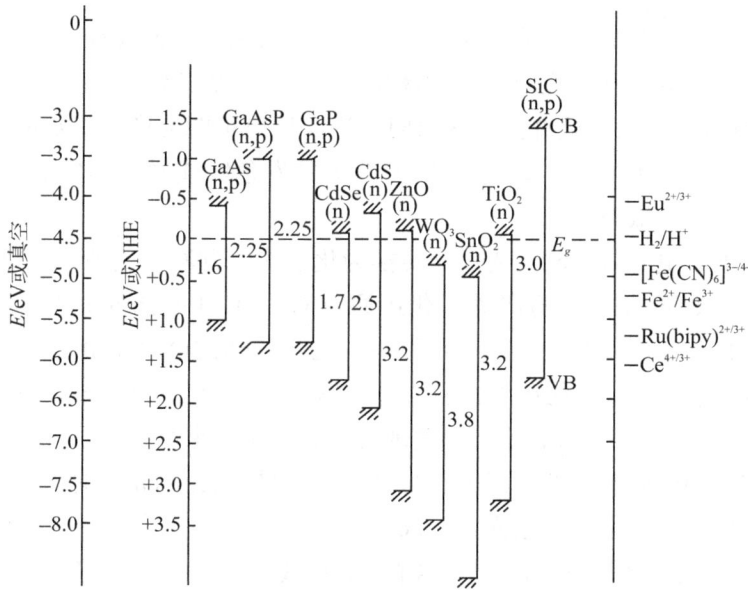

图 6.87　几种半导体的价带和导带边的能量和禁带宽度

在绝对能级标度中,氢电极中电子的 Fermi 能级约在标准氢电极(NHE)E_0 之上约 4.5eV 处(即将电子移到真空中比移到标准氢电极需要更多的能量)。其具

体数值和半导体微粒大小及溶液的 pH 大小等因素有关。带隙宽度 E_g 的半导体电极作为太阳能收集器至关重要,若 E_g 太大则会引起溶液中物质成分发生电化学氧化或还原。

6.7.2 光能储存的光反应

人们在向自然界学习的过程中发现绿色叶绿素中的光合成薄膜类似于半导体电极,它们都可以使体系中的正电荷和负电荷分离。例如,这种生物膜中所含的叶绿素 a 可以在波长为 680nm(称为 P680)的太阳光激发下经过多步电子转移将导致环球污染的 CO_2 和空气中的 H_2O 转化为人们需要的葡萄糖和 O_2:

$$nCO_2 + nH_2O \xrightarrow{\text{叶绿素}} (CH_2O)_n + nO_2 \qquad \Delta G > 0 \qquad (6.7.2)$$

从而将太阳能转化成了化学能,即将太阳能储存在式右产物中。但从热力学来看,由于这种反应的自由能变化为正值($\Delta G > 0$),所以是非自发。人们为了利用这种光反应从而达到储能的目的,就必须研究类似于叶绿素这种含 Mn 和 Mg 卟啉类配位化合物的人工催化剂,以使其在动力学受到抑制的光反应得以进行。

为此,对于一些单纯的协同反应,我们可以应用图 6.24 所述的反应对称性规则加以设计和控制。例如,对于有太阳能储能应用前景的降冰片(NBD)二烯发生异构化生成四环烯的价异构反应(电环化重排反应):

$$\Delta H = 260 \text{ cal/g} \qquad (6.7.3)$$

根据前线轨道对称性理论,对于这种 $(n+2)\pi$ 体系,这是一个光化学上允许,而加热时禁阻的反应,反之亦然。热禁阻的逆向反应可能会产生稳定的光产物,但是它的吸收光谱并不处在可见波段,需要改进其发色团或敏化剂性质以提高其太阳能的光 - 热转换效率。

目前发展了更有效的利用光反应转换为化学能的方法。这种光电化学方法的原理可以示例如下:对于具有吸着氧化还原对 Ox - Red 电偶的 n 型半导体电极,其氧化还原机理如图 6.88 所示。由图 6.85,当半导体的电解质由于主要载流子的迁移而得到平衡的 Fermi 能级 E_F 时,在半导体中会产生一个图 6.88 中阴影所示的空间电荷区域,结果导带和价带都呈现弯曲而产生一个势垒,这个势垒阻止电子进一步转移。当吸收能量等于或大于半导体电极带隙 E_g 的光子时,在空间电荷区域会产生一些分离的电子 - 空穴对。Fermi 能级 E_F 处在价带和导带能级之间(参见 2.8 节)。对于这里示例的 n 型半导体,多数载流子电子将吸着的 O_x 还原空穴扩散到电极表面,光产生的少数载流子空穴注入电解质,而氧化吸着的 Red 又重新被溶液中还原物质按照反应[式(5.2.45)]重新生成。这种太阳能转换的氧化还原反应方式可以用于光合成氧化以及保护半导体晶格、避免受阴极腐蚀。

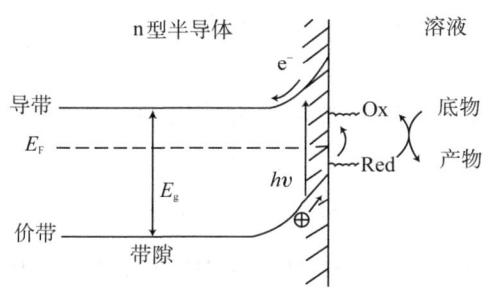

图 6.88　半导体光诱导电化学转换示意图

基于这种原理,目前最热门的课题是水的光敏化催化分解制备氢气和氧气:

$$H_2O(l) \longrightarrow H_2 + 1/2O_2 \qquad \Delta H^0 = 295kJ \qquad \Delta G^0 = 237kJ \qquad (6.7.4)$$

对于这个强吸收反应,我们知道在 1.23eV 的外加电压下在两个电极上分别发生下列双电子氧化还原电化学反应:

$$阴极: 2H^+ + 2e^- \longrightarrow H_2 \qquad (6.7.5)$$

$$阳极: 2OH^- \longrightarrow O_2 + 2H^+ + 4e^- \qquad (6.7.6)$$

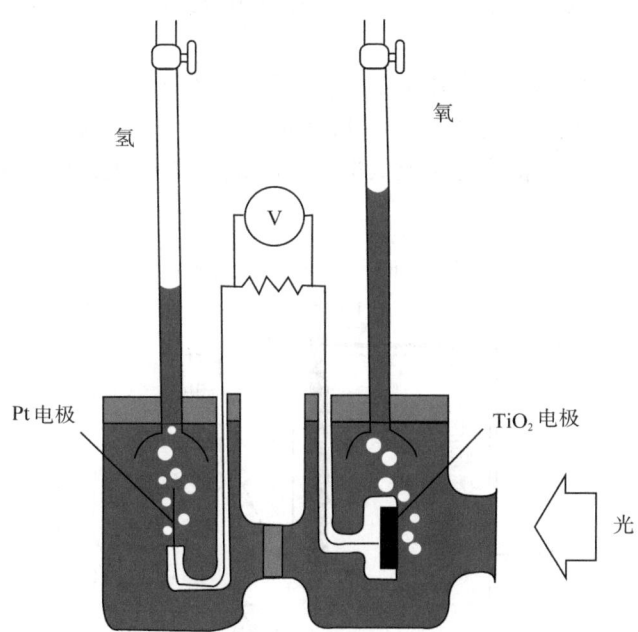

图 6.89　TiO_2 电极的水光解电池

因而预计也可以用光化学方法对水分子输入能量相当于 237kJ 的两个能量为 2.46eV 的光量子 $h\nu$,也可以将水按式(6.7.4)分解出 H_2 和 O_2,当然也可以采用单个光量子过程波长小于 500nm 的光束进行这个光解反应。但太阳谱带为从紫外(<0.40μm)、经可见(0.40~0.76μm)、到红外(>0.76μm),主要部分在 0.3~3.0μm,因此在这个波段的强度很弱,利用率差。因此适当的选择光敏剂及催化剂十分重要。

研究表明,以 TiO_2 之类的 n 型半导体作为阳极和以镀铂的电极作为阴极的电池,在 0.1mol/L 的 NaOH 溶液中可以导致水的光解(图 6.89)。这时 H_2O 离解为 H^+ 和 OH^- 离子,受照射的 TiO_2 半电极端放出 O_2,镀铂黑端的暗电极则放出 H_2。其光催化的电解机理[参考图(6.86)]大致为:

$$TiO_2 + 2h\nu \longrightarrow 2e^- + 2h^+ (空穴) \tag{6.7.7}$$

$$2h^+ + H_2O \longrightarrow 1/2O_2 + 2H^+ (在\ TiO_2\ 阳极上) \tag{6.7.8}$$

$$2e^- + 2H^+ \longrightarrow H_2 (在\ Pt\ 阴电极上) \tag{6.7.9}$$

这种收集起来的氢气可用作未来的汽车能源,它们在未来的燃料电池中的应用正在大力开发中。

6.7.3 光电转换的光反应——光敏纳米太阳能电池

研究溶液中的分子和固体之间的电荷转移时方便的途径是采用光电化学电池所发生的氧化还原反应方法进行。太阳能的开发具有重要意义,目前可以采用光电解池方法将太阳能转化成化学能,也可以采用光伏电池方法将太阳能转化成电能。

随着人类物质生活水平需求的提高、化石能源的日益枯竭、环境污染的逐渐加剧,廉价太阳能能源的开发备受关注。除了硅系等 p-n 结型太阳能电池外,目前重要的研究方向之一就是激子型的光伏电池,例如,染料敏化太阳能电池,其一般的构造如图 6.90 所示[74]。

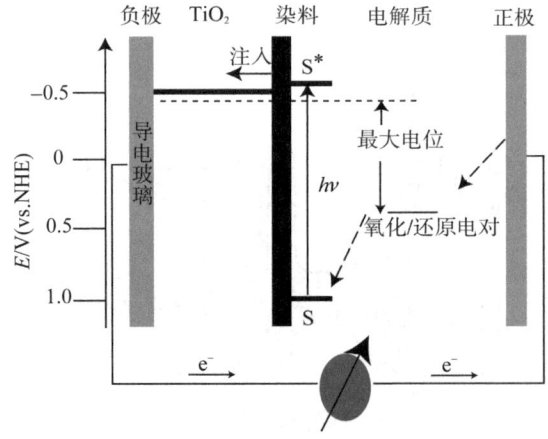

图 6.90 染料敏化太阳能电池
$(-)TiO_2$ 薄膜导电玻璃|有机染料敏化电解质|I^-/I_3^- 液体电解质|对电极(Pt)$(+)$

将跃迁能量和太阳光谱匹配的有机或聚合物染料作为光敏剂 S,吸附到导电玻璃上的宽带隙垒多孔纳米 TiO_2 半导体表面,使体系的光谱响应延伸到可见区。通常用碘化物 I^-/I_3^- 之类的氧化/还原电偶水溶液作为电解质。一般用镀了铂的金属作为对电极,它除了能导电之外,还能反射光线,增加光吸收,并催化正电极上 I_3^- 的还原,使之再生为 I_2。目前,倾向于发展全固态和凝胶固态电解质。通过类似图 6.90 中部的染料分子 S 吸收了透过导电玻璃和 TiO_2 的日光后,从基态跃迁到激发态形成激子,激发态 S^* 的电子转移到半导体 TiO_2 的导带中,导带电子可以瞬间到达导电玻璃,从而流向外电路,输出电能。和物理中使用单晶硅的 p-n 异质结型太阳能光伏电池相比,染料敏化太阳能电池的优势在于:吸收光子和传导电子两项任务被分开,分别由常用的配位化合物顺式 $RuL_2(NCS)_2$ (L = 2,2'-bipy-4,4'-dicarboxylicacid) 和所谓的 N_3 (简称)等有机染料敏化剂及 TiO_2 无机半导体共同承担,大大提高了电池的性能。

继 1993 年 Gratzel 以多吡啶钌类制成的有机太阳能电池以来,经多年发展,光电转化效率 η 已高达 11%;染料敏化纳米晶太阳能电池以其廉价的原材料、简单的制作工艺和稳定的性能,成为人们研究的焦点。太阳光化学电池具有广泛的应用前景,为进一步提高光电转换效率,目前关注的主要问题是:使 TiO_2 纳米电池具有宽频的光电响应(掺杂和选择光敏剂),制备以透明衬底 Pt(Ni) 等为基的透明纳米晶镀膜。2003 年以铜酞菁和 C_{60} 制成塑料太阳能电池的 η 达到 6%。研发实用的柔性太阳能电池也是未来的一个方向。

参 考 文 献

[1] (a) 巴索洛 F,皮尔逊 R G. 无机反应历程——溶液中金属络各物的研究. 陈荣悌,姚斌译. 北京:科学出版社,1987;

(b) Houston P L. Chemical Kinetics and Reaction Dynamics. New York:Dover Publications,2006.

[2] Tobe M L,Burgess J. Inorganic Reaction Mechanisms. New York:Addison Wesley,Longman,1999.

[3] (a) Atwood J D. Inorganic and Organomettallic Reaction Mechanisms. California:Brooks Cole Publishing Co.,1985;

(b) Kotz J C,Treichel P M,Weaver G C. Chemistry and Chemistry Reactivity(ISE with General Chemistry Now CD-ROM). 6th ed. California:Brooks Cole,2006.

[4] Wikson R G. The Study of Kinetics and Mechanism of Reactions of Transition Meal Complexes. Boston:Allyn and Bacon,1974.

[5] Hammelt L P. Physical Organic Chemistry. 2nd ed. New York:McGraw-Hill,1970.

[6] Workulich M J,Atwood J D, J. Organomet Chem,1979,184:77.

[7] Hansch C,Leo A,Onger S H,et al. J Med Chem,1973,16:1207.

[8] (a) 艾林 H,林 S H,林 S M. 基础化学动力学. 王作新,潘强余译. 北京:科学出版社,1984.

(b) 赵成大. 化学反应量子理论. 长春:东北师范大学出版社,1989.

[9] (a) Brown T L. Inorg Chem,1986,7:2673;

(b) Levine R D. Molecular Reaction Dynamics. Cambridge:Cambridge University Press,2009.

[10] (a) Bersuker I. The Jahn-Teller Effect. Cambridge:Cambridge University Press,2006;

(b) Pearson R G. Symmetry Rules for Chemical Reaction——Orbital Topology and Elementary Processes. New York:John Wiley and Sons,1976. 中译本:石宝林,封继康,李志儒. 化学反应对称规则——轨道拓扑学和基元过程. 北京:科学出版社,1986.

[11] Ballhausen C J. Introduction to Ligand Field Theory. New York: McGraw-Hill, 1962.

[12] (a) Bartell L S, J Chem Ed, 1968, 45:754;
(b) Köppel H, Yarkony D R, Barentzen H(ed.). The Jahn-Teller Effect: Fundamentals and Implications for Physics and Chemistry(Springer Series in Chemical Physics. Berlin, Heidelberg: Springer, 2010.

[13] Brintzinger H H, Bartell L S. J Am Chem Soc, 1970, 92:1105.

[14] 伍德沃德 R B, 霍夫曼 R, 轨道对称性守恒. 王志中, 杨忠志译. 北京: 科学出版社, 1978.

[15] (a) 福井谦一. 化学反应与电子轨道. 李荣森译. 北京: 科学出版社, 1985;
(b) Fukui K. Accounts Chem Res, 1971, 4:57.

[16] Gilchrist T L, Storr R C. Organic Reaction and Orbital Symmetry. 2nd ed. Cambridge: Cambridge University Press, 1979.

[17] Dewar M J S. Angew Chem Intem Ed, 1971, 10:761.

[18] 许劳策 G N. 均相催化中的过渡金属. 中国科学院化学研究所络合物组译. 北京: 科学出版社, 1976.

[19] 守谷一郎, 村桥俊一. 化学, 1972, 8:249.

[20] 唐敖庆, 孙家钟. 科学通报, 1979, 24:736.

[21] Mango F D. Advance in Catalysis, 1969, 20:291.

[22] Nakamura A, Tsutsui M. Principles and Applications of Homogeneous Catalysis. New York: John Wiley & Sons, 1980.

[23] (a) Henderson R A. The Mechanisms of Reaction at Transition Metal Sites. Oxford: Oxford University Press Inc, 1993;
(b) Frost A A, Pearson R C. Kinetics and Mechanism. New York: John Wiley & Sons, 1953.

[24] Taylor E. J Chem, Ed, 1965, 42:618.

[25] Wilkins R G. Quart Rev, 1962, 16:316.

[26] Swaddle T W. Coord Chem Rev, 1974, 14:217.

[27] Edward J G. J Am Chem Soc, 1953, 75:141.

[28] Langford C H, Gray H B. Ligand Substitution Processes. New York: W A Benjamin, 1965.

[29] Taube H. Mechanisms of Redox Reaction of Simple Chemlstry. In: Emeleus H J, Sharp A G. Advances in Inorganic Chemistry and Radiochemistry. Vol. 1. New York: Academic, 1959:1-50.

[30] Mason R, Meck D W. Angew Chem Int Ed Eng, 1978, 17:183.

[31] Basolo F, Pearson R G. Prog Inorg Chem, 1964, 4:381.

[32] Grinberg A A. The Chemistry of Complex Compounds. London: Pergamon Press, 1962.

[33] Basolo F. Adv Chem Ser, 1965, 49:81.

[34] Cooper M K, Downes J M. J Chem Soc, 1981, (8):381.

[35] (a) Lappin A G, Marusak R A. Stereoselectivity in electron transfer reactions involving metal ion complexes. Coord Chem Rev, 1991, 109(1):125;
(b) Basolo F. Adv Chem Ser, 1965, 49:81.

[36] (a) Taube H. Angw Chem, 1984, 23:329;
(b) Taube H. 金属配合物的电子传递——历史的回顾(诺贝尔演讲词). 无机化学, 游效曾等译. 1985, 1(全):175-186.

[37] Sutin N. Prog Inorg Chem, 1983, 36:441.

[38] Marcus R A. Ann Rev Phys Chem, 1964, 15:155.

[39] Bennett L E. Prog Inorg Chem, 1973, 18:2.

[40] Dulz G, Sutin N. Inorg Chem, 1963, 2:917.

[41] Haim A. Prog Inorg Chem, 1983, 30:273.

[42] Haim A. Acc Chem Res, 1975, 8:264.

[43] Rajasekar N, Subramaniam R, Gould E S. Inorg Chem, 1982, 21:4110.
[44] Burdett J K. Inorg Chem, 1978, 17:2537.
[45] Devault D. Quart Rev Biophy, 1980, 13:390.
[46] Burdett J K. Comments Inorg Chem, 1981, 1:85.
[47] Twigg M V. Mechanisms of Inorganic and Organometallic Reaations. Vol. 1. New York: Plenum, 1983.
[48] Schrauzer N G(ed.). Transition Metals in Homogeneous Catalysis. New York: Deller, 1971.
[49] 奥利韦 G H, 奥利韦 S, 配位与催化. 徐吉庆. 徐利娟等译. 北京: 科学出版社, 1986.
[50] (a) Bhaduri S, Mukesh D. Homogeneous Catalysis: Mechanisms and Industrial Applications. New York: Wiley-Interscience, 2000;
(b) Swiegers G. Mechanical Catalysis: Methods of Enzymatic, Homogeneous, and Heterogeneous Catalysis. New York: Wiley-Interscience, 2008.
[51] Nakamura A, Tsutsui M. Principles and Applications of Homogeneous Catalysis. New York: Wiley-Interscience Publication, 1980.
[52] Masters C. Homogeneous Transition-Metal Catalysis. London: Chapman and Hall, 1981.
[53] Mc Lendon G, Martell A E. Coord Chem Rev, 1976, 19:1.
[54] Tolman G A. J Am Chem Soc, 1974, 96:2780.
[55] Stille J K, Lau K S Y. Acc Chem Res, 1977, 10:434.
[56] 游效曾, Drago R S, Miller J G. 化学学报, 1984, 42:14.
[57] Nakamuta A, Otsuka S. J Am Chem Soc, 1973, 95:7262.
[58] Tolman C A. Chem Rev, 1977, 77:313.
[59] Collman J P. In: Carlin R L Transition Metal Chemistry. Vol. 2. New York: Marcel Dekker Inc., 1966.
[60] Dwyer F P, Meilor D P. Chelating Agents and Metal Chelates. New York: Academic Press, 1963.
[61] Busch D H, Burke Jr J A, et al. Reactions of Coordnated Ligands and Homogeneous Catalysis. (Advances in Chemistry Series, No. 37). Am Chem Soc, 1963:135.
[62] Tamare K, Chikawa M I. Catalysis by Electron Donor-Acceptor Complexes. Tokyo: Kodansha Halsted, 1975.
[63] Wherland S, Gray H B. In: Addison A W, et al. Biological Aspects of Inorganic Chemistry. New York: Wiley-Interscience, 1977.
[64] Fleming I. Frontier Orbitals and Organic Chemical Reaction. New York: Wiley, 1976.
[65] Rosch N, Hoffmann R. Inorg Chem, 1974, 13:2656.
[66] Muetterties E L, Krause M J. Angew Chem, Int Ed Eng, 1983, 22:235.
[67] Muetterties E L. Catal Rev Sci Eng, 1981, 23:69.
[68] Muetterties E L, et al. Chem Rev, 1981, 79:91.
[69] Ren R D, McConnell S. Energ Rev, 2002, 6:273.
[70] Grätgle M. Energy Resources Photochemistry and Catalysis. New York: Acdemic Press, 1983.
[71] Nazeeruddin M K, Humphry-Baker R, Pechy P, Rotzinger F R, Grätzel M. 10th International Conference on Photochemical Conversion and Storage of Solar Energy, Interlaken, Switzerland, 1994:201.
[72] Archer M D, Nozik A J (ed.). Nanostructured and Photoeletrochem; Cal System for Solar Photo Conversion. London: ICP Imperial College Press, 2009.
[73] 罗哈吉-慕克吉 K K. 光化学基础. 丁革非等译. 北京: 科学出版社, 1991.
[74] Grätzel M. Prog Photovoltaics, 2000, 8:171.

附录 I 一些常见配位体的缩写符号和化学式

缩写符号	中英文名称	化学式
bpy (或 dipy)	2,2'-联吡啶 (2,2'-bipyridine 或 2,2'-dipyridine)	(结构式：两个吡啶环相连)
dtc⁻	二乙基二硫代氨基甲酸根 (diethyldithiocarbamate)	$(C_2H_5)_2NCSS^-$
dtp	二乙基二硫代磷酸根 (diethyldithiophosphate)	$(C_2H_5O)_2PS_2^-$
dien	二乙(烯)三胺 (diethylenetriamine)	$H_2NC_2H_4NHC_2H_4NH_2$
diphos	1,2-亚基双(二苯基膦) [ethylene-bis(diphenylphosphine)]	$Ph_2PCH_2CH_2PPh_2$
edta⁴⁻	乙二胺四乙酸根 (ethylenediaminetetraacetate)	$(COCCH_2)_2NCH_2^-$ $CH_2N(CH_2COO)_2^{4-}$
en	乙二胺 (ethylenediamine)	$H_2NCH_2CH_2NH_2$
Et_2S	二乙硫 (ethyl-sulfide)	$(C_2H_5)_2S$
Et_3P (或 PEt_3)	三乙基膦 (triethyl phosphine)	$(C_2H_5)_3P$
Et_3As (或 $AsEt_3$)	三乙基胂 (triethyl arsine)	$(C_2H_5)_3As$
Hacac	乙酰丙酮 (acetylacetone)	$CH_3COCH_2COCH_3$
Hbg	双胍 (biguanide)	$H_2NC(NH)NHC(NH)NH_2$
Hsald	水杨醛 (salicyialdehyde)	(苯环带 —OH 和 —CHO)
Htta	噻吩甲酰三氟丙酮 (thenoyltrifluoroacetone)	(噻吩环)—C(=O)—CH$_2$—C(=O)—CF$_3$
H_2dmg	二甲基乙二肟或丁二酮肟 (dimethylglyoxime)	$CH_3C(=NOH)C(=NOH)CH_3$

附录 I 一些常见配位体的缩写符号和化学式

续表

缩写符号	中英文名称	化 学 式
H_2Ox	乙二酸 (oxalic acid)	HOOC—COOH
H_2tart	酒石酸(2,3-二羟基丁二酸) (tartaric acid)	HOOCCHOHCHOHCOOH
H_2sal	水杨酸 (salicylic acid)	邻羟基苯甲酸结构 (苯环连接 —OH 和 —COOH)
$H_3hed\,ta$	2-羟乙基乙二胺三乙酸 (2-hydroxyethylethylenediaminetriacetic acid)	$\begin{array}{l}\text{HOOCCH}_2\\ \quad\quad\quad\text{NCH}_2\text{—CH}_2\text{N}\\ \text{HOOCCH}_2\end{array}\begin{array}{l}\text{CH}_2\text{CH}_2\text{OH}\\ \\ \text{CH}_2\text{COOH}\end{array}$
H_3nta	氮三乙酸 (nitrilotriacetic acid)	$N(CH_2COOH)_3$
H_4dcta	1,2-二氨基环己烷四乙酸 (1,2-diaminocyclohexanetetraacetic acid)	环己烷-1,2-二基上各连 $N(CH_2COOH)_2$
H_4eedta	二乙醚二胺四乙酸 (ethyletherdiaminetetraacetic acid)	$(CH_2COOH)_4N_2(CH_2CH_2)_2O$
H_4egta	乙二醇二乙醚二胺四乙酸 [ethylenelglycol-bis(2-aminoethylether) tetraacetic acid]	$(CH_2COOH)_4N_2(C_2H_4)_3O_2$
H_3dtpa	二乙烯三胺五乙酸 (diethylenetriaminepentaa-cetic acid)	$(CH_2COOH)_5N_3(C_2H_4)_2$
H_5ttha	三乙烯四胺六乙酸 (triethylenetetraminehexaacetic acid)	$(CH_2COOH)_6N_4(C_2H_4)_5$
mai	丙二酸根离子 (malonate ion)	$CH_2(COO^-)_2$
$OP(Ph)_3$ (或 Ph_3PO)	三苯基氧膦 (triphenyl phosphine oxide)	$(C_6H_5)_3PO$
Ox^{2-}	乙二酸根离子 (oxalate ion)	$C_2O_4^{2-}$
penten	四胺乙基乙二胺 [N,N,N',N'-tetrakis(2'-aminoethyl)-1, 2-diamino-thane]	$\begin{array}{l}\text{CH}_2\text{N}\\ \quad\end{array}\begin{array}{l}\text{CH}_2\text{CH}_2\text{NH}_2\\ \text{CH}_2\text{CH}_2\text{NH}_2\end{array}$
Ph_3P	三苯基膦 (triphenyl phosphine)	$(C_6H_5)_3P$

续表

缩写符号	中英文名称	化学式
Phen	1,10-菲绕啉(邻二氮菲) (1,10-phenanthloline)	(结构式：1,10-菲绕啉)
pa	丙二胺-[1,2] (propylenediamine)	$CH_3CH(NH_2)CH_2NH_2$
Pr_3P (或PPr_3)	三丙基膦 (tripropyl phosphine)	$(C_3H_7)_3P$
Pr_2S (或SPr_2)	二丙基硫 (dipropyl sulfide)	$(C_3H_7)_2S$
Pr_3Sb (或$SbPr_3$)	三丙基䏲 (tripropyl stibine)	$(C_3H_7)_3Sb$
PY	吡啶 (pyridine)	(结构式：吡啶)
PR_3	三烷基膦 (trialkyl phosphine)	$(C_nH_{2m+1})_3P$
Ptn	1,2,3-三氨基丙烷(或丙三胺-[1,2,3]) (1,2,3-triaminopropane 或 propylenetriamine)	$NH_2CH_2CH(NH_2)CH_2NH_2$
tetren	四乙烯五胺 (tetraethylenepentamine)	$HN(C_2H_4NHC_2H_4NH_2)_2$
tn	丙二胺-[1,3] (trimethylene diamine)	$H_2NCH_2CH_2CH_2NH_2$
tren	2,2′,2″-三氨基三乙基胺 (2,2′,2″-triaminotriethylamine)	$N(CH_2CH_2NH_2)_3$
trien	三乙烯四胺 (triethylenetetraamine)	$(CH_2CH_2)_3(NH_2)_4$
tscaz	氨基硫脲 (thiosermicarbazide)	$NH_2NHCSNH_2$
tu	硫脲 (thiourea)	$CS(NH_2)_2$
ur	脲(尿素) (urea)	$(H_2N)_2CO$

注：在有机化学中常使用的缩写符号，如Me(甲基)、Et(乙基)、Ph(苯基)，以及其他常用的缩写词也可参考《英汉化学化工词汇》第四版附录(科学出版社，2000年)。

有关命名法可参考：

(1) IUPAC. Nonmenclature of Inorganic Chemistry. 2nd ed. London：Butter-Worths, 1971.

(2) IUPAC. Nomenclature of Inorganic Chemistry. J Am Chem Soc, 1960, 82：5523.

(3) 中国化学会. 无机化学命名原则. 北京：科学出版社, 1980.

(4) Thewalt U, Jensen K A, Schäffer C E. Inorg Chem, 1972, 11：2129.

附录 Ⅱ 重要点群的特征标及 O_h 群分解表

1. C_{nv}群

C_{2v}	E	C_2	$\sigma_v(xz)$	$\sigma'_v(yz)$		
A_1	1	1	1	1	z	x^2, y^2, z^2
A_2	1	1	-1	-1	R_z	xy
B_1	1	-1	1	-1	x, R_y	xz
B_2	1	-1	-1	1	y, R_x	yz

C_{4v}	E	$2C_4$	C_2	$2\sigma_v$	$2\sigma_d$		
A_1	1	1	1	1	1	z	x^2+y^2, z^2
A_2	1	1	1	-1	-1	R_z	
B_1	1	-1	1	1	-1		x^2-y^2
B_2	1	-1	1	-1	1		xy
E	2	0	-2	0	0	$(x,y)(R_x, R_y)$	(xz, yz)

2. C_{nh} 群

C_{6h}	E	C_6	C_3	C_2	C_3^2	C_6^5	i	S_3^5	S_6^5	σ_h	S_6	S_3		$\varepsilon = \exp(2\pi i/6)$
A_g	1	1	1	1	1	1	1	1	1	1	1	1	R_z	x^2+y^2, z^2
B_g	1	-1	1	-1	1	-1	1	-1	1	-1	1	-1		
E_{1g}	$\begin{Bmatrix}1\\1\end{Bmatrix}$	ε / ε^*	$-\varepsilon^*$ / $-\varepsilon$	-1 / -1	$-\varepsilon$ / $-\varepsilon^*$	ε^* / ε	1 / 1	ε / ε^*	$-\varepsilon^*$ / $-\varepsilon$	-1 / -1	$-\varepsilon$ / $-\varepsilon^*$	ε^* / ε	(R_x, R_y)	(xz, yz)
E_{2g}	$\begin{Bmatrix}1\\1\end{Bmatrix}$	$-\varepsilon^*$ / $-\varepsilon$	$-\varepsilon$ / $-\varepsilon^*$	1 / 1	$-\varepsilon^*$ / $-\varepsilon$	$-\varepsilon$ / $-\varepsilon^*$	1 / 1	$-\varepsilon^*$ / $-\varepsilon$	$-\varepsilon$ / $-\varepsilon^*$	1 / 1	$-\varepsilon^*$ / $-\varepsilon$	$-\varepsilon$ / $-\varepsilon^*$		(x^2-y^2, xy)
A_u	1	1	1	1	1	1	-1	-1	-1	-1	-1	-1	z	
B_u	1	-1	1	-1	1	-1	-1	1	-1	1	-1	1		
E_{1u}	$\begin{Bmatrix}1\\1\end{Bmatrix}$	ε / ε^*	$-\varepsilon^*$ / $-\varepsilon$	-1 / -1	$-\varepsilon$ / $-\varepsilon^*$	ε^* / ε	-1 / -1	$-\varepsilon$ / $-\varepsilon^*$	ε^* / ε	1 / 1	ε / ε^*	$-\varepsilon^*$ / $-\varepsilon$	(x, y)	
E_{2u}	$\begin{Bmatrix}1\\1\end{Bmatrix}$	$-\varepsilon^*$ / $-\varepsilon$	$-\varepsilon$ / $-\varepsilon^*$	1 / 1	$-\varepsilon^*$ / $-\varepsilon$	$-\varepsilon$ / $-\varepsilon^*$	-1 / -1	ε^* / ε	ε / ε^*	-1 / -1	ε^* / ε	ε / ε^*		

3. D_{4h} 群

D_{4h}	E	$2C_4$	C_2	$2C'_2$	$2C''_2$	i	$2S_4$	σ_h	$2\sigma_v$	$2\sigma_d$		
A_{1g}	1	1	1	1	1	1	1	1	1	1		x^2+y^2, z^2
A_{2g}	1	1	1	-1	-1	1	1	1	-1	-1	R_z	
B_{1g}	1	-1	1	1	-1	1	-1	1	1	-1		x^2-y^2
B_{2g}	1	-1	1	-1	1	1	-1	1	-1	1		xy
E_g	2	0	-2	0	0	2	0	-2	0	0	(R_x, R_y)	(xz, yz)
A_{1u}	1	1	1	1	1	-1	-1	-1	-1	-1		
A_{2u}	1	1	1	-1	-1	-1	-1	-1	1	1	z	
B_{1u}	1	-1	1	1	-1	-1	1	-1	-1	1		
B_{2u}	1	-1	1	-1	1	-1	1	-1	1	-1		
E_u	2	0	-2	0	0	-2	0	2	0	0	(x, y)	

4. D_{5d} 群

D_{5d}	E	$2C_5$	$2C_5^2$	$5C_2$	i	$2S_{10}^3$	$2S_{10}$	$5\sigma_d$		
A_{1g}	1	1	1	1	1	1	1	1		x^2+y^2, z^2
A_{2g}	1	1	1	-1	1	1	1	-1	R_x	
E_{1g}	2	2cos72°	2cos144°	0	2	2cos72°	2cos144°	0	(R_x, R_y)	(xz, yz)
E_{2g}	2	2cos144°	2cos72°	0	2	2cos144°	2cos72°	0		(x^2-y^2, xy)
A_{1u}	1	1	1	1	-1	-1	-1	-1		
A_{2u}	1	1	1	-1	-1	-1	-1	1	z	
E_{1u}	2	2cos72°	2cos144°	0	-2	-2cos72°	-2cos144°	0	(x, y)	
E_{2u}	2	2cos144°	2cos72°	0	-2	-2cos144°	-2cos72°	0		

5. 立方体群

T_d	E	$8C_3$	$3C_2$	$6S_4$	$6\sigma_d$		
A_1	1	1	1	1	1		$x^2+y^2+z^2$
A_2	1	1	1	-1	-1		
E	2	-1	2	0	0		$(2z^2-x^2-y^2, x^2-y^2)$
T_1	3	0	-1	1	-1	(R_x, R_y, R_z)	
T_2	3	0	-1	-1	1	(x, y, z)	(xy, xz, yz)

O	E	$8C_3$	$6C_2$	$6C_4$	$3C_2(=C_4^2)$		
A_1	1	1	1	1	1		$x^2+y^2+z^2$
A_2	1	1	-1	-1	1		
E	2	-1	0	0	2		$(2z^2-x^2-y^2, x^2-y^2)$
T_1	3	0	-1	1	-1	$(R_x, R_y, R_z); (x, y, z)$	
T_2	3	0	1	-1	-1		(xy, xz, yz)

O_h	E	$8C_3$	$6C_2$	$6C_4$	$3C_2(=C_4^2)$	i	$6S_4$	$8S_6$	$3\sigma_h$	$6\sigma_d$		
A_{1g}	1	1	1	1	1	1	1	1	1	1		$x^2+y^2+z^2$
A_{2g}	1	1	-1	-1	1	1	-1	1	1	-1		
E_g	2	-1	0	0	2	2	0	-1	2	0		$(2z^2-x^2-y^2, x^2-y^2)$
T_{1g}	3	0	-1	1	-1	3	1	0	-1	-1	(R_x, R_y, R_z)	
T_{2g}	3	0	1	-1	-1	3	-1	0	-1	1		(xz, yz, xy)
A_{1u}	1	1	1	1	1	-1	-1	-1	-1	-1		
A_{2u}	1	1	-1	-1	1	-1	1	-1	-1	1		
E_u	2	-1	0	0	2	-2	0	1	-2	0		
T_{1u}	3	0	-1	1	-1	-3	-1	0	1	1	(x, y, z)	
T_{2u}	3	0	1	-1	-1	-3	1	0	1	-1		

6. 双值群

O'	E	R	$4C_3$ $4C_3^2R$	$4C_3^2$ $4C_3R$	$3C_2$ $3C_2R$	$3C_4$ $3C_4^3R$	$3C_4^2$ $3C_4R$	$6C'_2$ $6C'_2R$
$\Gamma_1 A'_1$	1	1	1	1	1	1	1	1
$\Gamma_2 A'_2$	1	1	1	1	1	-1	-1	-1
$\Gamma_3 E'_1$	2	2	-1	-1	2	0	0	0
$\Gamma_4 T'_1$	3	3	0	0	-1	1	1	-1
$\Gamma_5 T'_2$	3	3	0	0	-1	-1	-1	1
$\Gamma_6 E'_2$	2	-2	1	-1	0	$\sqrt{2}$	$-\sqrt{2}$	0
$\Gamma_7 E'_3$	2	-2	1	-1	0	$-\sqrt{2}$	$\sqrt{2}$	0
$\Gamma_8 G'$	4	-4	-1	1	0	0	0	0

7. 线性分子的 $D_{\infty h}$ 群

$D_{\infty h}$	E	$2C_\infty^\Phi$	$\cdots$	$\infty \sigma_v$	i	$2S_\infty^\Phi$	$\cdots$	∞C_2		
Σ_g^+	1	1	$\cdots$	1	1	1	$\cdots$	1		x^2+y^2, z^2
Σ_g^-	1	1	$\cdots$	-1	1	1	$\cdots$	-1	R_z	
Π_g	2	$2\cos\Phi$	$\cdots$	0	2	$-2\cos\Phi$	$\cdots$	0	(R_x, R_y)	(xz, yz)
Δ_g	2	$2\cos2\Phi$	$\cdots$	0	2	$2\cos2\Phi$	$\cdots$	0		(x^2-y^2, xy)
$\cdots$	$\cdots$	$\cdots$	$\cdots$	$\cdots$	$\cdots$	$\cdots$	$\cdots$	$\cdots$		
Σ_u^+	1	1	$\cdots$	1	-1	-1	$\cdots$	-1	z	
Σ_u^-	1	1	$\cdots$	-1	-1	-1	$\cdots$	1		
Π_u	2	$2\cos\Phi$	$\cdots$	0	-2	$2\cos\Phi$	$\cdots$	0	(x, y)	
Δ_u	2	$2\cos2\Phi$	$\cdots$	0	-2	$-2\cos2\Phi$	$\cdots$	0		
$\cdots$										

8. O_h 群的分解表

当配位化合物的对称性改变或降低时，O_h 群的表示可以改变(或分解)成它的子群表示。对于其他点群的对称性，更完全的相关表可在 E. B. Wilson, Jr., J. C. Decius 和 P. C. Cross 等所著的 "*Molecular Vibrations*" (McGraw-Hill, New York, 1955) 一书中查到。

O_h	O	T_d	D_{4h}	D_{2d}	C_{4v}	C_{2v}	D_{3d}	D_3	C_{2h}
A_{1g}	A_1	A_1	A_{1m}	A_1	A_1	A_1	A_{2g}	A_1	A_g
A_{2g}	A_2	A_2	B_{1g}	B_1	B_1	A_2	A_{2g}	A_2	B_g
E_g	E	E	$A_{1g}+B_{1g}$	A_1+B_1	A_1+B_1	A_1+A_2	E_g	E	A_g+B_g
T_{1g}	T_1	T_1	$A_{2g}+E_g$	A_2+E	A_2+E	$A_2+B_1+B_2$	$A_{2g}+E_g$	A_2+E	A_g+2B_g
T_{2g}	T_2	T_2	$B_{2g}+E_g$	B_2+E	B_2+E	$A_1+B_1+B_2$	$A_{1g}+E_g$	A_1+E	$2A_g+B_g$
A_{1m}	A_1	A_2	A_{1m}	B_1	A_2	A_2	A_{1m}	A_1	A_m
A_{2m}	A_2	A_1	B_{1m}	A_1	B_2	A_1	A_{2m}	A_2	B_m
E_m	E	E	$A_{1m}+B_{1m}$	A_1+B_1	A_2+B_2	A_1+B_2	E_m	E	A_m+B_m
T_{1m}	T_1	T_2	$A_{2m}+E_m$	B_2+E	A_1+E	$A_1+B_1+B_2$	$A_{2m}+E_m$	A_2+E	A_m+2B_m
T_{2m}	T_2	T_1	$B_{2m}+E_m$	A_2+E	B_1+E	$A_2+B_1+B_2$	$A_{1m}+E_m$	A_1+E	$2A_m+B_m$

附录Ⅲ 八面体对称场中 $d^2 \sim d^8$ 组态的能级图[①]

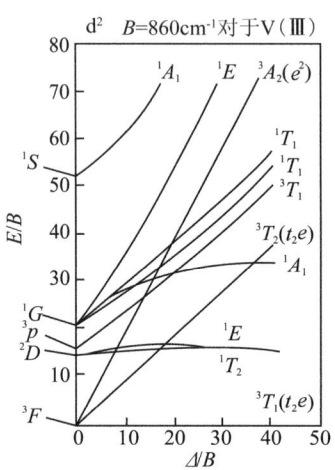

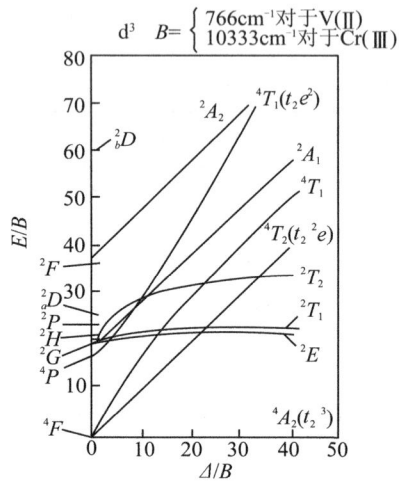

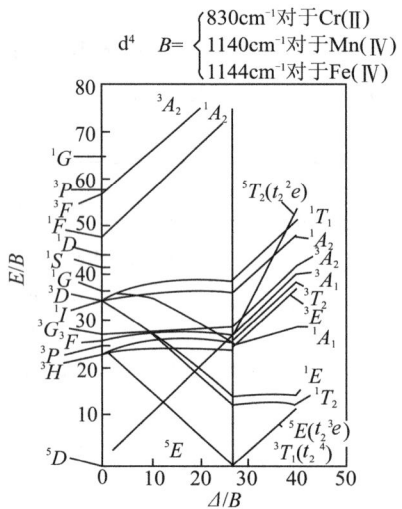

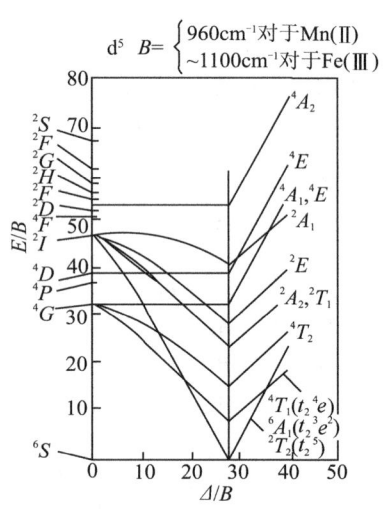

---

① 取自 Tanabe Y, Sugano S J. Phys Soc Japan, 1954, 9:753(1954)

附录Ⅲ 八面体对称场中 $d^2 \sim d^8$ 组态的能级图

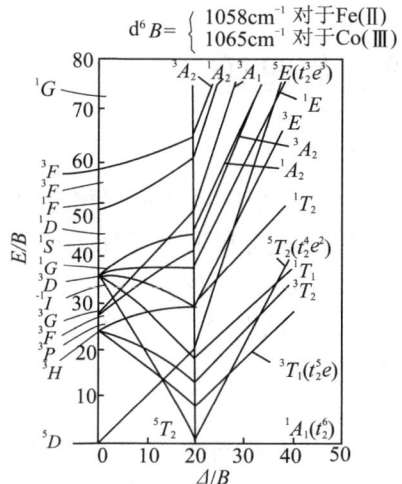

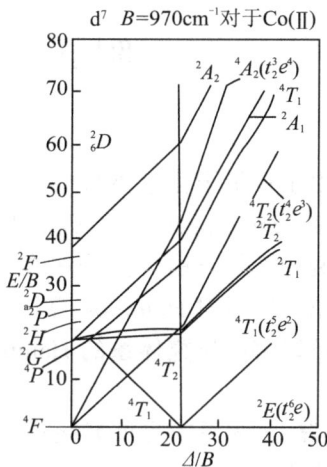

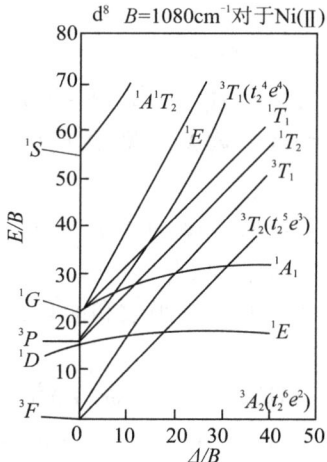

附录Ⅳ 定态微扰理论

由于在量子化学体系中,只有像类氢原子的少数几个体系才能严格通过数学求解其 Schrodinger 方程,因而近似方法是不可避免的。通常采用变分法和微扰理论这两种近似方法。变分法在分子轨道理论中,如,式(2.3.18)和式(2.5.12)已有介绍。这里对 Hamilton 算符中与时间无关的定态微扰理论作一简单介绍。

可以将所研究体系的 Hamilton 算符 $\hat{H}$ 分为两部分:

$$\hat{H} = \hat{H}_0 + \hat{H}' \tag{1}$$

其中,$\hat{H}_0$ 为体系未受外界微扰时的 Halmilton 算符,其本征函数 φ_n 和本征值 ε_n 是可以求出的,因而可认为是已知的;$\hat{H}'$ 则是加在 $\hat{H}_0$ 上的外加微扰,其值比 $\hat{H}_0$ 小得多。为了明显地表示 $\hat{H}'$ 微小的程度,可以引入一个参数 λ 并将 λ 写成 $\lambda\hat{H}'$,而在运算过程的最后令 $\lambda = 1$ 即可。假设我们要求的 $\hat{H}$ 的本征函数为 ψ,本征值为 E,则可以列出:

$$\hat{H}_0 \varphi_n = \varepsilon_n \varphi_n \tag{2}$$

$$\hat{H}\psi = (\hat{H}_0 + \lambda\hat{H}')\psi = E\psi \tag{3}$$

由于 ψ 和 E 值是与微扰程度参数 λ 有关,因而可以将它们表示为参数 λ 的函数,使之按升幂级数展开为

$$\psi = \psi_0 + \lambda\psi_1 + \lambda^2\psi_2 + \cdots \tag{4}$$

$$E = E_0 + \lambda E'_1 + \lambda^2 E'_2 + \cdots \tag{5}$$

其中,ψ_0 和 E_0 分别为未微扰作用时的波函数和能量,因此称为零级近似结果。将式(4)和式(5)代入式(3)得到

$$(\hat{H}_0\psi + \lambda\hat{H}') + (\psi_0 + \lambda\psi_1 + \lambda^2\psi_2 + \cdots)$$
$$= (E_0 + \lambda E'_1 + \lambda^2 E'_2 + \cdots)(\psi_0 + \lambda\psi_1 + \lambda^2\psi_2 + \cdots) \tag{6}$$

式(6)中 $\psi_1, \psi_2, \cdots$ 和 $E'_1, E'_2, \cdots$ 与 λ 无关。等号两边的 λ 各同幂次项的系数应该相等,因而得到一系列方程:

λ^0 $\qquad \hat{H}_0\psi = E_0\psi_0 \tag{7}$

λ^1 $\qquad \hat{H}_0\psi_1 + \hat{H}'\psi_0 = E_0\psi_1 + E'_1\psi_0 \tag{8}$

λ^2 $\qquad \hat{H}_0\psi_2 + \hat{H}'\psi_1 = E_0\psi_2 + E'_1\psi_1 + E'_2\psi_0 \tag{9}$

λ^2 $\qquad \hat{H}_0\psi_3 + \hat{H}'\psi_2 = E_0\psi_3 + E'_1\psi_2 + E'_2\psi_1 + E'_3\psi_0 \tag{10}$

… ……

如前所述,由式(7)已经可以求出未微扰体系 $\hat{H}_0$ 的本征函数 $\psi_0 = \Phi_m$ 和本征值 $E_0 = \varepsilon_m$。因而如果能够据此求解第二个方程中的 ψ_1 和 E'_1(称为一级近似修正值),则进而可以由方程式(9)求出 ψ_2 和 E'_2(称为二级近似修正值)等。

现在我们由式(8)推导其一级微扰近似解。将 ψ_1 按 $\hat{H}_0$ 的本征函数 φ_n(正交

归一化)展开为

$$\psi_1 = \sum_n a_n^{(1)} \varphi_n \tag{11}$$

其中,$a_n^{(1)}$ 为待定系数,右上标(1)表示它是一级波函数修正值的系数。将式(11)代入式(8)得到

$$\sum_n a_n^{(1)} \hat{H}_0 \varphi_n + \hat{H}' \varphi_m = \sum_n a_n^{(1)} \varepsilon_m \varphi_n + E'_1 \varphi_m \tag{12}$$

根据式(2)可以将式(12)写成

$$\sum_n \varepsilon_n a_n^{(1)} \varphi_n + \hat{H}' \varphi_m = \sum_n \varepsilon_m a_n^{(1)} \varphi_n + E'_1 \varphi_m \tag{13}$$

将式(13)两边左乘 φ_l^*,并对整个空间 $d\tau$ 积分得到

$$\sum_n \varepsilon_n a_n^{(1)} \int \varphi_l^* \varphi_n d\tau + \int \varphi_l^* \hat{H}' \varphi_m d\tau$$
$$= \sum_n \varepsilon_m a_n^{(1)} \int \varphi_l^* \varphi_n d\tau + E'_1 \int \varphi_l^* \varphi_m d\tau \tag{14}$$

根据本征函数 φ_n 的正交归一性 $\int \varphi_l^* \varphi_n d\tau = \delta_{ln}$(其中 Dirac 符号含义为当 $l = n$ 时 $\delta_{ln} = 1$;当 $l \neq n$ 时 $\delta_{ln} = 0$),并定义微扰矩阵元 $\int \varphi_l^* \hat{H}' \varphi_m d\tau = \hat{H}_{lm}$,则可将式(14)写为

$$\sum_n \varepsilon_n a_m^{(1)} \delta_{ln} + H'_{lm} = \sum_n \varepsilon_m a_n^{(1)} \delta_{ln} + E'_1 \delta_{lm}$$
$$\varepsilon_l a_l^{(1)} + H'_{lm} = \varepsilon_m a_l^{(1)} + E'_1 \delta_{lm} \tag{15}$$

只有当 $l = m$ 时 $\delta_{lm} = 1$,从而确定了一级微扰能为

$$E'_1 = H'_{mm} \tag{16}$$

即体系的一级微扰能 E'_1 就是 $\hat{H}'$ 在未微扰体系 φ_m 态的平均值。

现在我们继续根据式(11)推导式(9)中的波函数 ψ_1,显然,对于式(15),当 $l \neq m$ 时,很快就得到系数

$$a_l^{(1)} = \frac{H'_{lm}}{\varepsilon_m - \varepsilon_l}$$

至此我们得到了除 $a_m^{(1)}$ 以外的所有 $a^{(1)}$ 值。然后将式(4)代入波函数 ψ 的归一化条件 $\int \varphi^* \varphi d\tau = 1$ 从而得到

$$\int (\psi_0 + \lambda \psi_1 + \lambda^2 \psi_2 + \lambda^3 \psi_3 \cdots)^* + (\psi_0 + \lambda \psi_1 + \lambda^2 \psi_2 + \lambda^3 \psi_3 \cdots) d\tau = 1$$

将上式中各 λ 同次幂的系数集合,得到下列方程:

$$\lambda^1 \quad \int (\psi_0^* \psi_1 + \psi_1^* \psi_0) d\tau = 0 \tag{17}$$

$$\lambda^2 \quad \int (\psi_0^* \psi_2 + \psi_1^* \psi_1 + \psi_2^* \psi_0) d\tau = 0 \tag{18}$$

… ……

当讨论一级近似时只需考虑方程式(17)。将式(11)代入式(17)得到

$$\sum_n \int \varphi_m^* a_n^{(1)} \varphi_n \mathrm{d}\tau + \sum_n \int a_n^{(1)*} \varphi_n^* \varphi_m \mathrm{d}\tau = 0$$

因而有
$$\sum_n a_n^{(1)} \delta_{mn} + \sum_n a_n^{(1)*} \delta_{mn} = 0 \qquad (19)$$

$$a_m^{(1)} + a_m^{(1)*} = 0$$

这只能是 $a_m^{(1)} = 0$。 $\qquad (20)$

采用和上面对一级微扰处理类似的方法,也可以用二级微扰近似的方法求出式(4)和式(5)中的 ψ_2 和 E'_2 修正值,这里对其过程不再细述。令最后所得公式中的,对于一个受微扰的体系。式(21)总结了其一级和二级微扰的结果:

$$E = \varepsilon_m + H'_{mm} + \sum_n{}' \frac{|H_{mn}|^2}{\varepsilon_m - \varepsilon_n} + \cdots \qquad (21)$$

$$\psi = \psi_0 + \lambda \psi_1 + \lambda^2 \psi_2 + \cdots$$
$$= \varphi_m \sum_n{}' \frac{H'_{mn}}{\varepsilon_m - \varepsilon_n} \varphi_n + \sum_l{}' \left[\sum_n{}' \frac{H'_{ln} H'_{nm}}{(\varepsilon_m - \varepsilon_n)(\varepsilon_m - \varepsilon_l)} - \frac{H'_{ln} H'_{mm}}{(\varepsilon_m - \varepsilon_l)^2} \right] \varphi_l$$
$$- \frac{1}{2} \sum_n{}' \frac{|H'_{nm}|^2}{(\varepsilon_m - \varepsilon_n)^2} \varphi_m + \cdots \qquad (22)$$

式(21)和式(22)中右边第一项为未微扰体系的本征值和本征函数;第二项为一级微扰修正项;第三项后为二级微扰修正项。$\sum_n{}'$ 求和号中右上角表示对除了 $n = m$ 以外的所有 n 求和。

值得强调的是,由式(22)可以看出只有在 $\left| \dfrac{H'_{mn}}{\varepsilon_m - \varepsilon_n} \right| \ll 1, n \neq m$ 的条件下,微扰理论才能适用,否则应用变分法有更好的效果。再者上面只讨论了一个本征值只有一个本征函数的简并体系,对于一个 K 重简并体系的微扰理论,其情况较为复杂,这时和变分法中类似,要求解 K 阶的久期方程。

附录 V 向量符号及其运算

数学上的向量符号及其运算在简化和深化描述物理与化学问题时是一个很有用的工具。这里扼要地而不加详细讨论地介绍一些书中要用到的基本定义及公式。

任意向量 A 是一个既有大小又有方向的量。在直角坐标中它可以表示为
$$A = Ax\boldsymbol{i} + Ay\boldsymbol{j} + Az\boldsymbol{k}$$
式中,Ax、Ay、Az 分别为在单位向量为 $\boldsymbol{i}$、$\boldsymbol{j}$、$\boldsymbol{k}$ 右手坐标系中的分量。我们熟知两个向量 A 和 B 之间的加法运算
$$A + B = (Ax + Bx)\boldsymbol{i} + (Ay + By)\boldsymbol{j} + (Az + Bz)\boldsymbol{k} = C \tag{1}$$
是按平行四边形的向量方式进行。两个夹角为 θ 的向量 A 和 B 之间的乘积则有两种形式:其中之一为标量积(有时也称为点乘或直积) $A \cdot B$,可以把他看做 A 和 B 向量间的投影,其数值为 $|A||B|\cos\theta$,以分量的形式表示为

$$A \cdot B = AxBx + AyBy + AzBz = |Ax \quad Ay \quad Az| \begin{vmatrix} Bx \\ By \\ Bz \end{vmatrix} \tag{2}$$

后者为其矩阵乘法表示。其中单位向量的运算规则为 $\boldsymbol{i}^2 = \boldsymbol{j}^2 = \boldsymbol{k}^2 = 1$,其他乘积 $\boldsymbol{i} \cdot \boldsymbol{j} = \boldsymbol{j} \cdot \boldsymbol{k} = \boldsymbol{k} \cdot \boldsymbol{i} = 0$。

另一种为向量积(或称为叉乘) $A \times B$,它是垂直于 A 和 B 平面的向量 C,其标量值为 $|C| = |A||B|\sin\theta$。以分量的形式表示为

$$C = A \times B = (AyBz - AzBy)\boldsymbol{i} + (AzBx - AxBz)\boldsymbol{j} + (AxBy - AyBx)\boldsymbol{k}$$
$$= \begin{vmatrix} \boldsymbol{i} & \boldsymbol{j} & \boldsymbol{k} \\ Ax & Ay & Az \\ Bx & By & Bz \end{vmatrix} \tag{3}$$

在对于向量乘积间的作用时,按上定义其单位向量的运算规则应为 $\boldsymbol{i} \times \boldsymbol{i} = \boldsymbol{j} \times \boldsymbol{j} = \boldsymbol{k} \times \boldsymbol{k} = 0$,$-\boldsymbol{j} \times \boldsymbol{i} = \boldsymbol{i} \times \boldsymbol{j} = \boldsymbol{k}$ 等(注意依次循环关系)。

进而讨论包含微分算符,在直角坐标中通常用简写符号 ∇(del)表示为
$$\nabla = \boldsymbol{i}\frac{\delta}{\delta x} + \boldsymbol{j}\frac{\delta}{\delta y} + \boldsymbol{k}\frac{\delta}{\delta z} \tag{4}$$
将它作用于标量函数 φ 后得到一个向量,称为"φ"的梯度,记为
$$\mathrm{grad}\varphi = \nabla\varphi = \boldsymbol{i}\frac{\delta\varphi}{\delta x} + \boldsymbol{j}\frac{\delta\varphi}{\delta y} + \boldsymbol{k}\frac{\delta\varphi}{\delta z} \tag{5}$$
若以标量积形式作用于向量 A,则可以得到标量函数,称之为 A 的"散度",记为
$$\mathrm{div}A = \nabla \cdot A = \frac{\delta Ax}{\delta x} + \frac{\delta Ay}{\delta y} + \frac{\delta Az}{\delta z} \tag{6}$$
若以向量积形式作用于 A,则得到的新向量为 A 的"旋度",记为

$$\text{cur}A = \nabla \times A = \left(\frac{\delta Az}{\delta y} - \frac{\delta Ay}{\delta z}\right)\boldsymbol{i} + \left(\frac{\delta Ax}{\delta z} - \frac{\delta Az}{\delta x}\right)\boldsymbol{j} + \left(\frac{\delta Ay}{\delta x} - \frac{\delta Ax}{\delta y}\right)\boldsymbol{k}$$

$$= \begin{vmatrix} \boldsymbol{i} & \boldsymbol{j} & \boldsymbol{k} \\ \frac{\delta}{\delta x} & \frac{\delta}{\delta y} & \frac{\delta}{\delta z} \\ Ax & Ay & Az \end{vmatrix} \tag{7}$$

本书常用到这些向量符号表示,例如,对于以质量为 m、速度为 v 的质点相对于不动点运动,经典力学的动量 p 可以简单地用叉乘表示为 $r \times m v = m(r \times v)$,并注意从经典力学过渡到量子力学时用 $\left(\frac{h}{2\pi i}\nabla\right)$ 代替动量 p。

显然,量子力学中常用的 Schrödingerr 方程式(2.1.13)中的 Laplace 算符 ∇^2 就是 ∇ 的自乘量标积:

$$\nabla^2 = \nabla \cdot \nabla = \frac{\delta^2}{\delta x^2} + \frac{\delta^2}{\delta y^2} + \frac{\delta^2}{\delta z^2} \tag{8}$$

对于一些特定的向量函数 A、B、C 和标量函数 f、g 等,可以从上述点乘和叉乘的基本定义推导出一系列向量恒等式。如

$$A \times (B \times C) = (A \cdot C)B - (A \cdot B)C \tag{9}$$

$$\text{div}(A \times B) = B \cdot \text{curl}A - A \cdot \text{curl}B$$

$$\textbf{grad}(fg) = f\textbf{grad}g + g\textbf{grad}f$$

$$\textbf{curlgrad}f = \text{div curl}fA = 0 \tag{10}$$

$$\text{div}(f \cdot A) = \textbf{grad} \cdot A + f \cdot \text{div } A \tag{11}$$

在实际化学的光、电、磁、热等性质的研究中经常用到散度和旋度概念和公式。理论上常用的是用含有电势 $\psi(r)$ 和磁势 $A(r)$ 的一些公式来方便地描述。但在实验上则是用电场($E = -\nabla\psi$)和磁场强度 $B(=\text{curl}A)$ 来实际讨论观察的现象。我们可以考虑物理化学上任何热、电荷、物质等量通过一个体积单元 $d = (dxdydz)$ 的物流看成具体散度的物理意义。例如,对于电流的传输,若 J 为沿一定方向单位面积的电流速度,则体积元总的电荷流失速率为

$$\left(\frac{\delta J_x}{\delta x} + \frac{\delta J_y}{\delta y} + \frac{\delta J_z}{\delta z}\right)_{x_0 y_0 z_0} d \tag{12}$$

向量 J 的散度 $\nabla \cdot J$ 就是单位体积的净流出流量。若以 $\rho(x,y,z,t)$ 表示电荷密度,则单位体积的电荷损失速率为 $-\frac{\delta\rho}{\delta t}$。因此根据(能量、电荷或物质的)守恒定律可以得到熟知的连续性方程:

$$\nabla \cdot J + \frac{\delta\rho}{\delta t} = 0 \tag{13}$$

当 J 代表电流密度、ρ 代表区域内的电荷密度时,则根据电荷守恒定律,当电流是稳定时,电流密度不变,则有 $\text{div}J = 0$。

对于旋度 $\nabla \times A$ 这个向量的概念较难理解。较为简单的理解是设想一个小螺旋浆,放在流体场 A 的流体中时,若 $\text{curl}A \neq 0$,则发生旋转,而当 $\text{curl} = 0$ 时,则保持静止不动。在纯粹的磁场 B 中,定义 $B = \text{curl}A$,因而在静止的区域中有 $\text{curl}A = 0$。

内 容 索 引

A

ab initio 法　74
Arrhenius 方程　573

B

Beer 定律　146
Bent 经验规则　121
Bloch 理论　122
Bohr 半径　25
Bohr 磁子　500
Born – Haber 循环　449
"冰山"结构　447
布居数　86
半导体界面　677
卟啉类配位化合物　324
比旋光　162

C

Chugaev　626
CNDO　76
Cotton 效应　167
CD 和 MCD 光谱　356
重叠积分　92
插入反应　307
猝灭过程　528
弛豫能　184
弛豫法　572
弛豫现象　233
弛豫效应　87
成环效应　462
磁化率　492
磁化学　492
磁光记录器　548
磁圆二色谱　178
磁矩　65
超分子化学　9,429
超精细作用　266
超精细偶合常数　235

D

Dewar-Chatt-Duncanson　421
DNA 双螺旋结构　430
Doppler 效应　266
电化学 – 化学偶联反应　484
电位 – pH　469
电荷控制反应　465
电荷转移谱带　150
电导率　543
电沉积　474
电溅射质谱　283
电子 – 振动偶合　149
电子光谱　144
电子四极子作用　269
电子转移　363,392,569
电子成对能　107
电子配对理论　111
电环合反应　596
倒易格子　125
对称元素　38
对称性配位化合物　63
导带　128
大环配位化合物　322
大环醚配位化合物　336

带隙　128
多面体骨架电子对理论　410
多核配位化合物　375
惰性配位化合物　621
定域轨道　121
缔合机理　618
点群　38
点群谱项　54
蛋白质　345
等瓣相似理论　419

E

E–C 方程　466
(EHMO) 法　79

F

Faraday 效应　549
Fermi 能级　128
Fermi 接触贡献　233
FG 矩阵　206
Franck-Condon 原理　147
非对称碳原子　160
非绝热反应　594
反位效应　628
反馈作用　316
反馈成键　316
反应的轨道相关图　599
反磁性　494
反铁磁性　381, 499
发射光谱　156
分子电子器件　550
分子基铁电体　565
分子组装　437
分子轨道理论　68
分子轨道稳定能　98
分子片　420
辅助因子　352

辅酶　352

G

光电功能　542
光电池　550
光电子能谱　180, 185
光催化　677
光谱化学序列　154
光谱烧孔法　547
光谱项　30
光学异构体　300
光解反应　539
功能配位化合物及　7
孤子开关　556
构象分析　303
轨道对称性守恒原理　593
轨道控制反应　465
轨道禁阻　527

H

Hammett 关系　575
Hammett 方程　468
Hartree-Fock-Roothaan 方程　73
Hermite 多项式　198
HMO　86
Hopfield 的理论　363
化学位移　219, 268
化学修饰电极　487
活化体积　575
活化焓　574
活化熵　574
活度系数　445
混合价配位化合物　387
还原消除　655
还原结合反应　308
环加成反应　604
核苷酸　350

核磁共振　218
核的 Zeeman 效应　272
横向弛豫　252
横向弛豫　234

I

INDO 方法　79
Irving-Williams　460

J

Jablonski 图　526
Jahn – Teller 效应　584
σ 给予 – 接受(σDA)配位化合物　668
σ 键迁移反应　613
价电子对互斥理论　291
价带　127
价间谱带　391
价键理论　111, 114
几何异构体　299
交叉反应　633
交换作用　385
交换机理　618
计算的程序包　136
加合物　195, 335
均相配位催化　650
经验关系式　451
结合能　181
给予数　486
绝对构型　173
绝热反应　594
绝热相关规则　593
晶体工程　431
晶格能　456
简正振动　197
角重叠模型　92
金属 – 金属成键的判据　403
金属离子探针　364

K

Koopmans 理论　187
Kramer 双重简并　583
可约表示　51
快离子导体　546
空穴规则　63

L

Lagrange 方程　200
Landé 因子　65
Langmuir-Blodgett 膜　560
Laplace 算符　22
Laporte 禁阻　148
Legendre 多项　25
Legendre 多项式　25
Lennard-Jones 势能函数　305
离子对　242
离子选择性　337
离解机理　618
力常数　210
磷光光谱　157
镧系化学位移　364
镧系收缩效应　456
立体化学非刚性　319
量子产率　527
零场分裂　246
零场分裂参数　246
L-S 偶合　65

M

Markownikoff 规则　659
Mössbauer 谱　263
摩尔消光系数　147
密度泛函理论　137
模型　422

N

(n + 1) 规则　220

(nxcπ)规则　418
内消旋　301
内界机理　637
内界配位化合物　454
能带理论　122
能量转移　568

O

偶合常数　227
偶极-偶极位移　240

P

Pascal 常量　494
Peierls 效应　131
Pfeiffer 效应　176
平衡电位　470
平移群　123
屏蔽常数　219
配位化合物　1
配位化合物的生成热　450
配位体的反应性　659
配位体的离解　653
配位体的圆锥角　661
配位聚合物　433
配位场活化能　622
配位场稳定能　457
配位萃取　477

Q

亲电子取代　616
亲核取代　616
取代反应　616
取代效应　461
强场方案　59
球谐函数　25

R

Racah 参数　36
Randleš-Sevčik 方程　480

Robin-Day 模型　387
Russell-Saunders 偶合　32
二维 NMR　371
弱场方案　54
溶液电化学　469
溶液热力学　444
软硬酸碱规则　463

S

Schrödinger 第一方程　22
Slater 行列式　31
Soret 谱带　329
Stern-Volmer 关系　538
生物分子配位化合物　344
生物膜　16
索烃　16
隧穿效应　363
势能面　579
双螺旋结构　352
时间分辨　280
时间标度　280
水合离子　448
水的光解　540
手性(chiral)分子　300
碎片　404
瞬变性　320
锁与钥匙学说　354
顺磁共振　242
顺磁性　498
酸碱催化　665

T

Tanabe-Sugano 图　62
投影算符　45
推广的 18 电子数规则　418
推广的 Hückel 法　79
太阳能　682

椭圆偏振光　161
椭圆度　163
特征标　41
特征频率　209
态密度　129
铁磁性　499
铜蛋白　355
跳跃机理　543

V
van Vleck 方程　506

W
Wade 规则　413
Wilkinson 催化剂　579
Williams　451
无反冲辐射　263
无机螺旋体　17
外消旋物　302
外界机理　633,648
外界配位化合物　453
位置优先能　458
微观可逆性原理　580
微扰理论　464,696
稳定常数　444

X
Xα 方法　88
循环伏安图　480
线性自由能关系　575
细胞　344
细胞色素　360
旋转强度　166
旋转群　44,55
穴醚　14
穴醚配位化合物　341

Y
一维晶体　124

有机金属　544
有机金属化合物　307
有效原子序数规则　309
原子单位　72
原子结构　23
荧光光谱　156
氧化加成　655
氧化还原反应　632
跃迁偶极矩　146

Z
中间场　62
直积　44
真实(unitary)平衡常数　446
坐舱式(compartment)配位体　323
振动光谱　196
振动力常数　198
纵向弛豫　251
纵向弛豫　234
杂化轨道　114
震上峰　191
震出峰　191
簇状化合物　397
自交换反应　633
自组装　430
自旋–轨道偶合和双值群　65
自旋–自旋偶合　380
自旋 Hamilton　244
自旋交叉平衡　514
自旋离域机理　238
自旋禁阻　527
自旋成对理论　332
自旋–晶格弛豫　251
自然杂化轨道法　121